学电脑从入门到精通

中文版 3ds Max 2014 从入门到精通（全彩版）

达分奇工作室 编著

清華大學出版社
北 京

内容简介

本书从实际应用的角度出发，本着易学易用的特点，采用零起点学习软件基本操作、提升设计水平的应用实例写作结构，全面、系统地介绍了 3ds Max 的基本功能与应用技巧。

本书共分为 18 章，第 1 章～第 7 章主要介绍了 3ds Max 2014 基本操作和应用技巧，包括 3ds Max 2014 的工作界面，创建三维模型、修改器的应用；第 8 章～第 17 章讲述了环境设置中各种工具的使用、文件的渲染输出、VRay 渲染器的相关知识和使用方法、常用的特效工具和毛发系统以及制作动画的基础知识；第 18 章为综合实例章节，通过制作完整的案例来对各种工具的功能进行讲解。读者只要认真按照书中内容一步一步地学习，将会轻松成为从不会操作到熟练操作、从不懂应用到完全精通的使用高手。

本书内容详实、结构清晰、实例丰富、图文并茂，完全能满足读者学习和工作中应用的需求。

本书既适合无基础又想快速掌握 3ds Max 的读者自学，也可作为电脑培训班、职业院校以及大中专院校室内设计、建筑设计、影视动画、产品造型艺术设计类专业教学用书。

图书在版编目（CIP）数据

中文版 3ds Max 2014 从入门到精通：全彩版 / 达分奇工作室编著. —北京：清华大学出版社，2016
（学电脑从入门到精通）
ISBN 978-7-302-41487-2

I. ①中…　II. ①达…　III. ①三维动画软件　IV. ① TP391.41

中国版本图书馆 CIP 数据核字（2015）第 212882 号

责任编辑：朱英彪
封面设计：刘洪利
版式设计：魏　远
责任校对：王　云
责任印制：沈　露

出版发行：清华大学出版社
　　网　　址：http://www.tup.com.cn，http://www.wqbook.com
　　地　　址：北京清华大学学研大厦 A 座　　**邮　　编：**100084
　　社 总 机：010-62770175　　**邮　　购：**010-62786544
　　投稿与读者服务：010-62776969，c-service@tup.tsinghua.edu.cn
　　质量反馈：010-62772015，zhiliang@tup.tsinghua.edu.cn
印 刷 者：北京鑫丰华彩印有限公司
装 订 者：三河市吉祥印务有限公司
经　　销：全国新华书店
开　　本：203mm×260mm　**印　　张：**33.75　**字　　数：**981 千字
　　（附光盘 1 张）
版　　次：2016 年 10 月第 1 版　**印　　次：**2016 年 10 月第 1 次印刷
印　　数：1 ～ 3500
定　　价：99.80 元

产品编号：059191-01

前言 PREFACE

需求关系

随着计算机不断智能化的发展，社会生活的各方面都在不断地提高。无处不在的房地产行业、影视行业、广告动画行业也逐渐进入炙热的竞争状态，人们的需求已不仅仅停留在平面效果的层面，三维设计已成为计算机图形领域应用的热点之一。

3D Studio Max，常简称为 3ds Max 或 MAX，是 Autodesk 公司开发的基于 PC 系统的三维动画渲染和制作软件。其前身是基于 DOS 操作系统的 3D Studio 系列软件。该软件以强大的功能、形象直观的使用方法和高效的制作流程赢得了广大用户的喜爱。

3ds Max 作为功能强大的三维制作软件，包含了大量的功能和技术。显而易见，随着量的增加，用户学习时的难度也有大大的提高。想要制作出一幅让人满意的作品，需应用到 3ds Max 各方面的功能，例如对模型的分析和分解，创建各种复杂的模型，然后应用逼真的材质，还要设置灯光和环境来营造真实的气氛，最后利用渲染器输出作品。对于初学者而言，如此复杂的制作过程确实困难。但就学习本身来讲，都要从基础开始，然后通过不断地实践，才能创作出好的作品来。所以，本书贯穿这一思想，带领初学者一起遨游 3ds Max 的世界。

内容结构

本书共分为 18 章，第 1 章介绍了 3ds Max 2014 的相关知识以及最基本的操作；第 2 章介绍了 3ds Max 2014 的工作界面；第 3 章讲述了如何使用基本三维体、扩展三维体创建三维模型；第 4 章介绍了对三维模型的修改处理的参数设置；第 5 章～第 7 章分别讲述了利用样条线、NURBS、多边形及网格进行建模；第 8 章～第 11 章分别讲述了环境设置中各种工具的作用和使用；第 12 章介绍了文件最后的渲染输出；第 13 章和第 14 章介绍了常用的 VRay 渲染器的相关知识和使用方法，第 15 章介绍了常用的特效工具粒子系统和空间扭曲；第 16 章介绍了怎样利用毛发系统创建毛发效果；第 17 章讲述了制作动画的基础知识；第 18 章为综合实例章节，综合运用各种工具制作完整的作品。本书的实例安排由浅入深，操作步骤也很详细。所有的实例既具备较强的连续性，又可作为独立的实例。因此，读者既可从头学起，也可选择感兴趣的实例进行学习。

本书特色

本书不同于一般的基础类图书和实例类图书，这是一本与行业实际应用紧密结合的实战型图书，所以实用性是本书的最大特色。大量的图片有利于读者在学习的过程中更容易接受新的知识，力求让读者通过有限的篇幅，学习尽可能多的知识。基础部分采用参数讲解与举例应用相结合的方法，使读者明白参数意义的同时，能最大限度地学会应用。每章后面都有实例操作，该实例分为 3 部分，分别是案例分析、操作思路和操作步骤。这样不仅使读者熟练地掌握操作技巧，制作出各种美妙的三维模型和精彩的动画效果，而且帮助读者学会分析一个全新的案例，这对读者以后的制作过程是非常有利的。

本书在基础部分还添加了“技巧秒杀”、“答疑解惑”和“知识解析”内容，有利于读者对 3ds Max 2014 的各种非常用工具有更加全面的认识，也有利于读者解决操作过程中遇到的各种小状况。

配套光盘

本书配套光盘包括本书实例的所有源文件和素材文件，方便读者在学习的过程中能够紧跟步骤操作。

适读人群

本书适用于初、中级 3ds Max 用户，同时也可供大中专院校、各类电脑培训学校作为教材使用，也可作为各类计算机职业资格考试的教材和自学用书。

编辑团队

本书由达分奇工作室编著，参与本书编写工作的人员有尹新梅、杨仁毅、邓建功、李勇、赵阳春、王进修、胥桂蓉、蒋竹、朱世波、唐蓉、杨路平、黄刚、王政、曹洪菲、陈冲、黄君言、李思佳、邓春华、何紧莲、寇吉梅、胡勇、李彪、刘可立、罗玲、王雨楠、胡勇等。在此，向所有参与本书编写的人员表示衷心的感谢。更要感谢购买本书的读者，因为您的支持是我们最大的动力，我们将不断努力，为您奉献更多更优秀的图书！读者如有问题，请与作者交流（邮箱：452009641@qq.com）。

编　者

目录 CONTENTS

01 02 03 04 05 06 07 08 09 10 11 12 ……

走进 3ds Max 2014 的世界

本章导读

3ds Max 是一款综合性很强的三维制作软件。本章主要涉及软件的起源及发展史、功能特点、应用领域、对计算机的配置需求、项目工作流等方面的内容。通过这些内容的学习，读者将会对 3ds Max 有一个初步的了解。

1.1 认识 3ds Max

3ds Max 广泛应用于广告、影视、工业设计、建筑设计、三维动画、多媒体制作、游戏、辅助教学以及工程可视化等领域。其性价比高，制作流程简捷高效，使用者众多，便于交流，是便于入门并且容易精通的一个优质三维软件。

1.1.1 什么是 3ds Max

3D Studio Max 简称 3ds Max 或 MAX，是 Autodesk 公司开发的基于PC系统的三维动画渲染和制作软件。其前身是基于 DOS 操作系统的 3D Studio 系统软件，在 Discreet 3ds Max 7 后，正式更名为 Autodesk 3ds Max，目前的最新版本是 3ds Max 2014。

3ds Max 是由 Autodesk 公司出品的 3D 制作软件，不仅功能强大，而且操作方式简单快捷，广泛应用于广告、影视、工业设计、建筑设计、多媒体制作、游戏、辅助教学以及工程可视化等领域。

1.1.2 3ds Max 的发展历史

1990 年，Autodesk 成立多媒体部，推出了第一款动画软件——3D Studio。

1996 年，Autodesk 成立 Kinetix 分部负责 3D Studio 的发行。

1999 年，Autodesk 收购 Discreet Logic 公司，并与 Kinetix 合并成立了新的 Discreet 分部。

DOS 版本的 3D Studio 诞生于 20 世纪 80 年代末，那时只要有一台 386DX 以上的微机就可以圆一个电脑设计师的梦。但是进入 20 世纪 90 年代后，随 PC 业以及 Windows 操作系统的进步，DOS 下的设计软件在颜色深度、内存、渲染和速度上存在严重不足，同时基于工作站的大型三维设计软件 Softimage、Lightwave 等在电影特技行业取得了巨大的成功。这使 3D Studio 的设计者决心迎头赶上。与前述软件不同，3D Studio 从 DOS 向 Windows 移植非常困难，所以 3ds Max 的开发几乎是从零开始的，下面简要介绍它的发展历程。

◆ 3D Studio MAX 1.0

1996 年 4 月，3D Studio MAX 1.0 诞生了，这是 3D Studio 系列的第一个 Windows 版本。

◆ 3D Studio MAX R2

1997 年 8 月 4 日在加利福尼亚洛杉矶 Siggraph 97 上正式发布。新的软件不仅具有超过以往 3D Studio MAX 几倍的性能，而且还支持各种三维图形应用程序开发接口，包括 OpenGL 和 Direct 3D。3D Studio MAX 针对 Intel Pentium Pro 和 Pentium II 处理器进行了优化，特别适合 Intel Pentium 多处理器系统。

◆ 3D Studio MAX R3

该版本在 1999 年 4 月加利福尼亚圣何塞游戏开发者会议上正式发布，这是带有 Kinetix 标志的最后版本。

◆ Discreet 3ds Max 4

该版本在新奥尔良 Siggraph 2000 上发布。从 4.0 版开始，软件名称改写为小写的 3ds Max。3ds Max 4 主要在角色动画制作方面有了较大提高。

◆ Discreet 3ds Max 5

2002 年 6 月 26 日和 27 日分别在波兰、西雅图、华盛顿等地举办的 3ds Max 5 演示会上发布。这是第一版本支持早先版本的插件格式，3ds Max 4 的插件可以用在 3ds Max 5 上，不用重新编写。3ds Max 5 在动画制作、纹理、场景管理工具、建模、灯光等方面都有所提高，加入了骨头工具（Bone Tools）和重新设计的 UV 工具（UV Tools）。

◆ Discreet 3ds Max 6

2003 年 7 月，Discreet 发布了著名的 3D 软件 3ds Max 的新版本 3ds Max 6，主要是集成了 Mental Ray 渲染器。

◆ Discreet 3ds Max 7

Discreet 公司于 2004 年 8 月 3 日发布该版本。这个版本是基于 3ds Max 6 的核心上进化的。3ds Max 7 为了满足业内对威力强大而且使用方便的非线性动画工具的需求，集成了获奖的高级人物动作工具套件 Character Studio，并且这个版本开始 3ds Max 正式支持法线贴图技术。

◆ Autodesk 3ds Max 8

2005 年 10 月 11 日，Autodesk 宣布其 3ds Max 软件的最新版本 3ds Max 8 正式发售。

◆ Autodesk 3ds Max 9

Autodesk 在 Siggraph 2006 User Group 大会上正式公布 3ds Max 9 与 Maya 8，首次发布包含 32 位和 64 位的版本。

◆ Autodesk 3ds Max 2008

2007 年 10 月 17 日在加利福尼亚圣地亚哥 Siggraph 2007 上发布，该版本正式支持 Windows Vista 操作系统。是 Vista ™ 32 位和 64 位操作系统以及 Microsoft DirectX® 10 平台正式兼容的第一个完整版本。

◆ Autodesk 3ds Max 2009

2008 年 2 月 12 日，Autodesk 宣布推出 Autodesk 3ds Max 建模、动画和渲染软件的两个新版本。3ds Max 2009 软件是用于开发游戏的领先的创造工具，面向娱乐专业人士。同时该公司也首次推出 3ds Max Design 2009 软件，这是一款专门为建筑师、设计师以及可视化专业人士而量身定制的 3D 应用软件。Autodesk 3ds Max 的两个版本均提供了新的渲染功能，增强了与包括 Revit 软件在内的行业标准产品之间的互通性，以及更多的节省大量时间的动画和制图工作流工具。3ds Max Design 2009 还提供了灯光模拟和分析技术。

◆ Autodesk 3ds Max 2010

2009 年 4 月，3ds Max 2010 终于浮出水面，新版本增加了不少特色功能，如石墨建模（Graphite）工具、网络分析（x View Mesh Analyzer）工具和超级优化（ProBooleans）工具等。

◆ Autodesk 3ds Max 2011

3ds Max 2011 于 2011 年 4 月发布，Autodesk 对 3ds Max 2011 的核心部件进行了重新设计，推出了新的基于节点的材质编辑器工具，并为这款软件加入了包括 Quicksilver 硬件渲染等许多新功能，在 3ds Max 2011 的帮助下，3D 创作者将能在更短时间内创作出更高质量的 3D 作品。

◆ Autodesk 3ds Max 2012

3ds Max 2012 提供了全新的创意工具集、增加型叠加工作流和加速图形核心，能够帮助用户显著提高整体工作效率。3ds Max 2012 拥有先进的渲染和仿真功能，更强大的绘图、纹理和建模工具集以及更流畅的多应用工作流。

◆ Autodesk 3ds Max 2013

在 3ds Max 2013 中，MassFX 工具新增了布料系统（mCloth）与布娃娃系统（Regdoll）模块，而 State Sets 全新的 Render Pass 系统支持 PSD 多图层，还可同步更新到 After Effect 软件中进行特效处理；另外，3ds Max 2013 与各软件的互操作性也得到了提高。

◆ Autodesk 3ds Max 2014

3ds Max 2014 的界面设计更加美观，启动方式更多，运转速度更加流畅。在场景中又增加了一项新功能，之前如果想要实现下述效果是需要使用一个插件的，3ds Max 2014 中内置了群集动画这一模块，实现起来非常方便，在众多角色一起动时也很流畅，这是之前的 Max 无法做到的。

1.1.3 3ds Max 的功能特点

（1）功能强大，扩展性好

3ds Max 是迄今为止功能最强、应用领域最宽、使用人群最广的 3D 软件之一。首先它的建模功能强大，无论是在建筑模型、工业产品模型、生物模型等各领域，使用 3ds Max 都可以轻松做出最逼真的模型效果；其次是它的动画功能，3ds Max 几乎可以制作任何领域的三维动画，最常见的就是建筑动画、产品动画、影视动画和游戏动画；另外，还有它的渲染功能，虽然 3ds Max 本身的渲染功能极为一般，但是它的扩展性好，可以很好地配合其他渲染插件来进行工作，如 VRay、Mental Ray 等。

（2）操作简单，容易上手

与强大的功能相比，3ds Max 可以说是最容易上手的 3D 软件，只要有一本专业的 3D 操作手册，零基础的用户都可以很快跨入 3ds Max 的殿堂。

（3）和其他相关软件配合流畅

在建筑可视化、影视制作、游戏开发、工业

设计等领域，3ds Max 都牢牢地占据着三维实现这个环节。在实际工作中，3ds Max 往往要配合 AutoCAD、Photoshop、After Effects 等软件来使用，这样才能组成完整的工作流。

在效果图领域，用户一般用 AutoCAD 绘制施工图，然后使用 3ds Max 根据施工图建模并渲染，最后使用 Photoshop 进行后期处理，完成制作。

在电视包装领域，用户一般用 Photoshop 进行前期创意构思（如绘制分镜、草稿等），然后使用 3ds Max 制作需要的模型并渲染动画，最后使用 After Effects 进行后期合成输出，完成制作。

由此可见，在数字多媒体领域，绝大部分实际工作都需要多软件配合，而 3ds Max 在这些工作流中都承担着至关重要的角色，是不可或缺的软件工具。

（4）制作效果形象逼真

3ds Max 作为一款三维制作软件，它具备极强的建模、渲染和动画功能，能够做出完全满足物理真实要求的 3D 作品。

在效果图领域，3ds Max 配合 VRay、Mental Ray 可以制作出照片级的效果图，如图 1-1 所示。

图 1-1　效果图展示

在工业设计领域，3ds Max 可以制作出最真实的产品模型，如图 1-2 所示。

图 1-2　工业产品效果图展示

在影视动画领域，3ds Max 可以制作出最逼真的动画和电影特效，如图 1-3 和图 1-4 所示。

图 1-3　影视效果图展示

图 1-4　动画效果图展示

1.1.4 学习 3ds Max 的一些建议

虽然 3ds Max 内容相对比较庞大，但是并不复杂和混乱，它的功能划分都非常清晰，学习非常便捷。这里结合该软件的功能特点，给读者提供一些学习建议。

1. 三维空间能力

三维空间能力的锻炼在学习 3ds Max 中非常重要，必须熟练掌握视图、坐标与物体的位置关系，以培养三维空间意识。具有空间意识时，放眼过去就可以判断物体的空间位置关系，可以随心所欲地控制物体的位置。

2. 基本操作命令

熟练掌握几个操作命令：选择、移动、旋转、缩放、镜像、对齐、阵列、视图工具，这些是最常用、也是最基本的命令，几乎所有制作都会用到。

另外，几个常用的二维和三维几何体的创建及参数也必须要非常熟悉，这样就掌握了 3ds Max 的基本操作习惯。

3. 二维图形编辑

二维图形的编辑是非常重要的一部分内容，很多三维物体的生成和效果都是取决于二维图形。编辑二维图形主要通过“编辑样条线”来实现，对于曲线图形的点、段、线编辑主要涉及几个常用的命令：焊接、连接、相交、圆角、切角、轮廓等。熟练掌握这些命令，才可以自如地编辑各类图形。

4. 常用编辑命令

在 3ds Max 中，多边形是比较核心的建模功能，尤其是多边形的编辑命令，这是工作中最常用的一些功能命令，如挤出、分割、切角、连接等命令。多边形的子对象包括顶点、边、边界、多边形，它们分别都有对应的编辑命令，熟练掌握这些命令，基本上就可以完成大部分模型的制作工作。

5. 材质、灯光

材质、灯光是不可分割的，材质效果是靠灯光来体现的，材质也应该影响灯光效果表现，没有灯光的世界都是黑暗的。如何掌握好材质、灯光，大概也有以下几个途径和方法：

（1）掌握常用的材质参数、贴图的原理和应用。

（2）熟悉灯光的参数及与材质效果的关系。

（3）灯光、材质效果的表现主要是物理方面的体现，应该加强实际常识的认识。

（4）想掌握好材质、灯光效果，除了以上的几方面，感觉也是很重要的，也是突破境界的一个瓶颈。所谓的感觉，就是艺术方面的修养，这就需要我们不断加强美术方面的修养，多注意观察实际生活中的效果，加强色彩方面的知识等。

?答疑解惑：

AutoCAD 与 3ds Max 的区别是什么?

在 AutoCAD 中画的模型必须特别精确，但出图的效果不好，而 3ds Max 虽然不够精确，但能渲染出很好的效果，因此 AutoCAD 主要用于工程设计，3ds Max 主要用于效果图展示。

1.2 启动与退出 3ds Max

3ds Max 是世界顶级的三维制作软件之一，经过了逐步的完善和更新，Autodesk 公司推出的 3ds Max 2014 是目前最新版本的软件。本节主要介绍 3ds Max 2014 的启动与退出等入门知识。

1.2.1 启动 3ds Max

安装 3ds Max 2014 后，在 Windows 操作窗口的桌面上会出现一个快捷图标，通过该图标有两种方式可以启动 3ds Max 2014。

（1）双击快捷图标启动 3ds Max 2014，是最方便、最快捷的启动方式。

Step 1 ▶ 在 3ds Max 2014 的快捷图标上双击鼠标左键，可迅速启动软件，如图 1-5 所示。

Step 2 ▶ 在启动的过程中会出现如图 1-6 所示的初始化界面，启动完成后的界面如图 1-7 所示。

图 1-5　3ds 程序图标　　图 1-6　程序启动界面

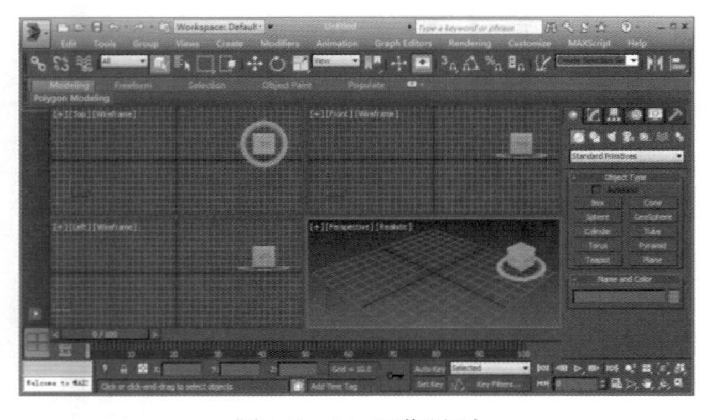

图 1-7　3ds 工作界面

（2）在快捷图标上单击鼠标右键，在弹出的快捷菜单中选择“打开”命令，即可启动 3ds Max 2014，如图 1-8 所示。也可以双击已存盘的“*.max”格式的图形文件，其文件图标为▶，如图 1-9 所示。

除此之处，在“开始”菜单中也可以找到相应的启动项来启动软件。

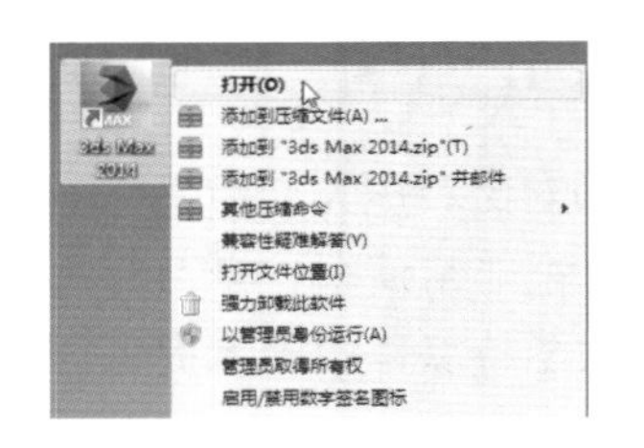

图 1-8　启动 3ds 程序

图 1-9　文件图标

读书笔记

?答疑解惑：

如果需要使用中文版的 3ds Max 2014 怎么办呢？

如果需要使用中文版进行操作，可单击“开始”菜单，选择“所有程序”→ Autodesk → Autodesk 3ds Max 2014 → 3ds Max 2014-Simplified Chinese 命令，如图 1-10 所示，即可完成启动，如图 1-11 所示。

图 1-10　启动中文版 3ds 程序

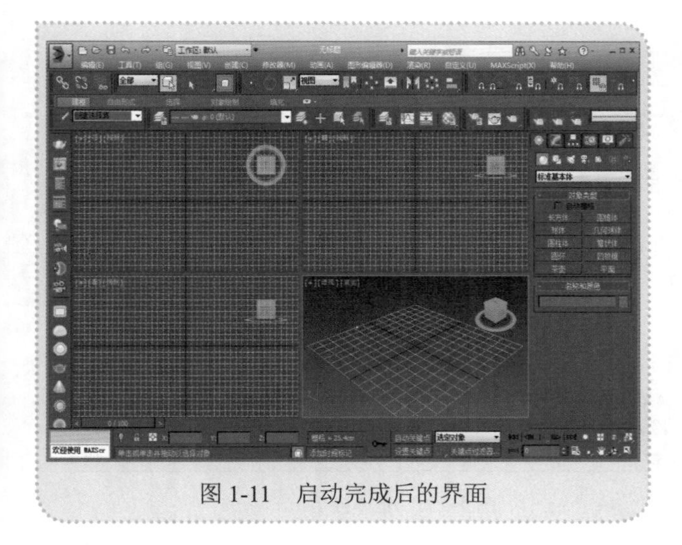
图 1-11　启动完成后的界面

技巧秒杀

3ds Max 2014 程序安装完成后，默认为英文版界面。除这次启动外，其他每次启动打开的界面都是上一次打开的版本。即当前以中文版打开，接下来的一次程序启动后界面依然是中文版；如果当前以英文版打开，接下来的一次程序启动后界面依然是英文版。

1.2.2 退出 3ds Max

当 3ds Max 2014 使用完成后，可使用如下两种方法退出 3ds Max 2014 应用程序。

（1）单击 3ds Max 2014 应用程序窗口右上角的“关闭”按钮，即可退出 3ds Max 2014 应用程序，如图 1-12 所示。

（2）单击“应用程序”下拉按钮，再单击“退出 3ds Max”按钮，即可退出 3ds Max 2014 应用程序，如图 1-13 所示。

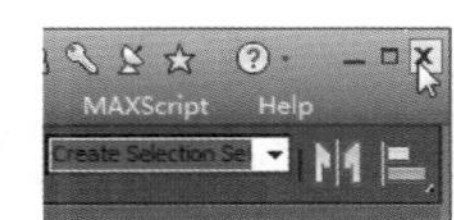

图 1-12　单击“关闭”按钮

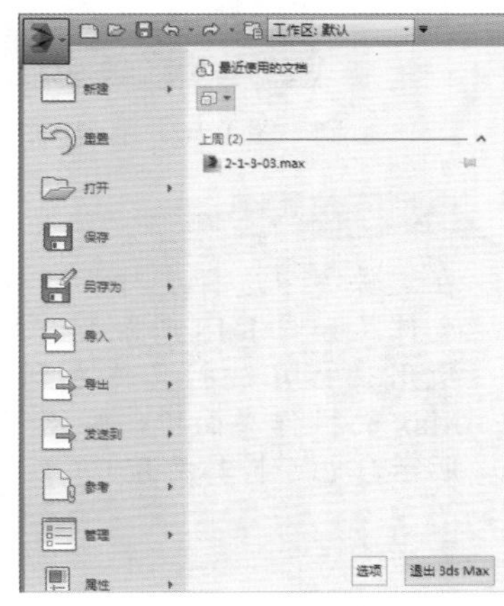

图 1-13　单击按钮

1.3 3ds Max 的基本操作

本节主要讲解 3ds Max 的基本操作，包括文件的新建、打开、保存、另存等内容。

1.3.1 新建文件

在 3ds Max 2014 中，可在“新建场景”对话框中选择一个需要的选项创建文件，作为新图形文件的基础。

单击“新建场景”按钮，如图 1-14 所示，即可打开“新建场景”对话框，如图 1-15 所示。

图 1-14　单击按钮

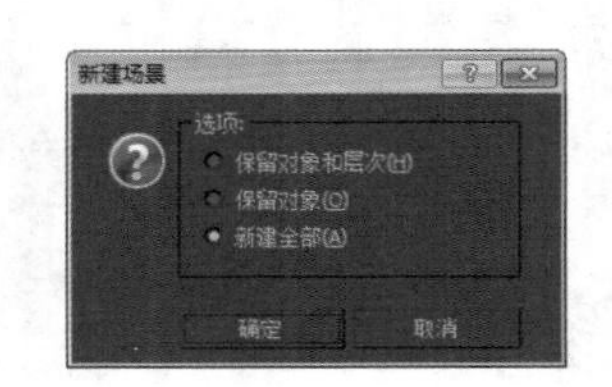

图 1-15　选择内容

知识解析：“新建场景”对话框

- 新建全部：新建一个场景，并清除当前场景中的所有内容。
- 保留对象：保留场景中的对象，但是删除它们之间的任意链接以及任意动画键。
- 保留对象和层次：保留对象以及它们之间的层次链接，但是删除任意动画键。

技巧秒杀

按 Ctrl+N 快捷键，可快速打开“新建场景”对话框，新建场景对象。

1.3.2 打开文件

在实际操作中有时会根据需要打开已经保存在计算机中的图形文件。

单击“打开文件”按钮，如图 1-16 所示，即可弹出“打开文件”对话框，单击选择要打开的3ds Max场景文件，单击“打开”按钮即可打开场景文件，如图1-17所示。

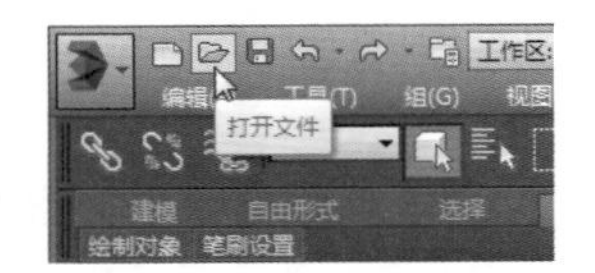

图 1-16　单击按钮

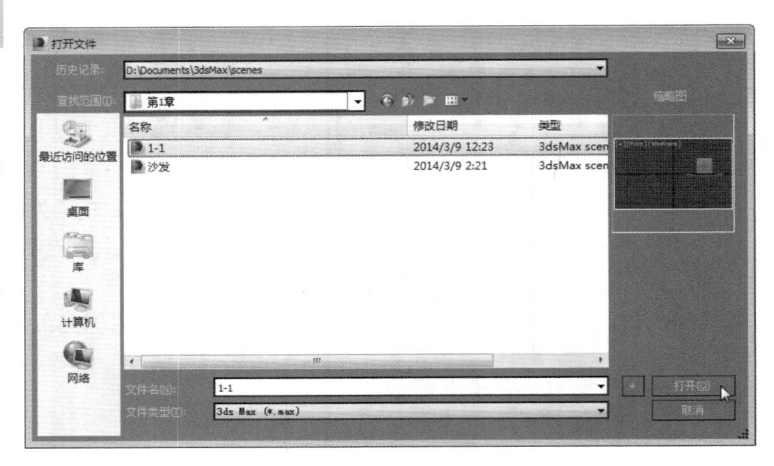

图 1-17　选择内容

技巧秒杀

在文件夹中选择要打开的场景文件（如图 1-18 所示），然后使用鼠标左键将其拖曳到 3ds Max 的操作界面中，如图 1-19 所示，也可将其打开。

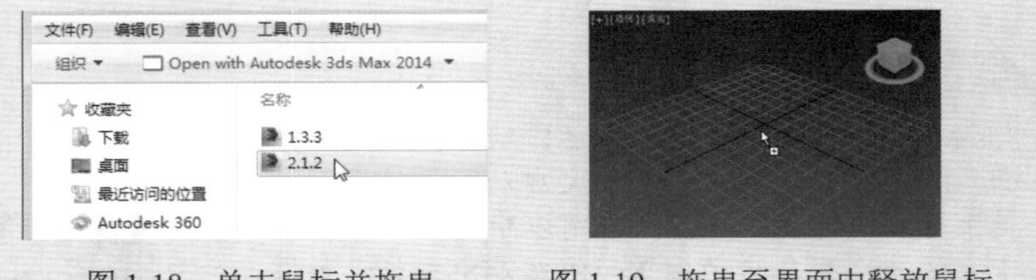

图 1-18　单击鼠标并拖曳　　图 1-19　拖曳至界面中释放鼠标

1.3.3 保存文件

当文件建立或图形绘制完成以后，就需要对文件进行保存，以确定文件名称及存储位置，保存文件可以避免因死机或停电等意外状况而造成数据丢失。

在 3ds Max 中，每次启动 3ds Max 2014 应用程序都将建立名为 Autodesk 3ds Max 2014 x64 的图形文件，如图 1-20 所示。

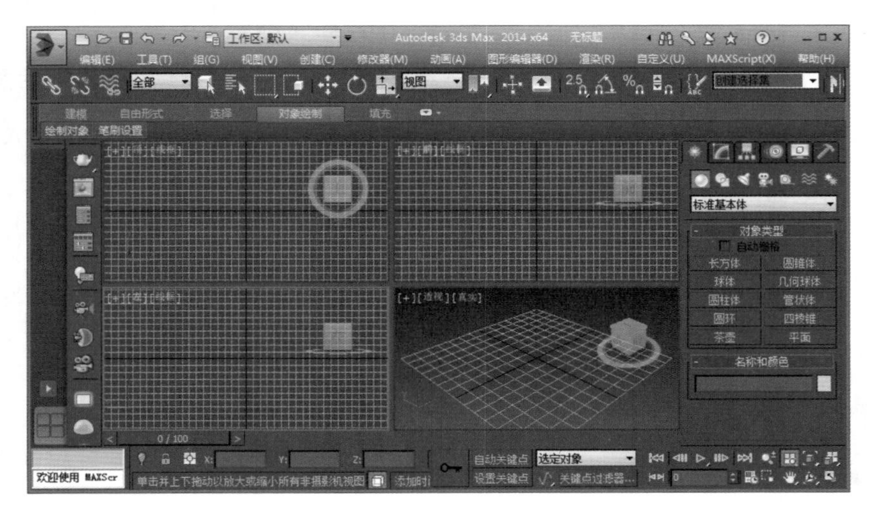

图 1-20　新建图形文件

单击“保存文件”按钮，如图 1-21 所示，即可弹出“文件另存为”对话框，如图 1-22 所示。

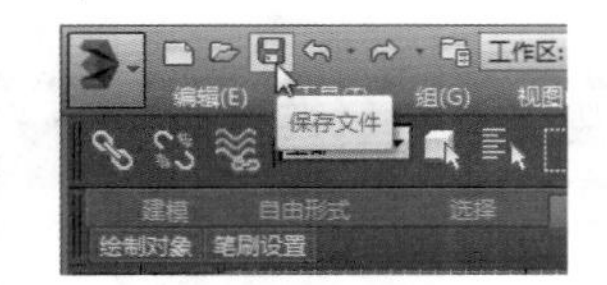

图 1-21　单击按钮

图 1-22　“文件另存为”对话框

指定图形文件的存储路径，指定存储的文件类型并保存文件，如图 1-23 所示。

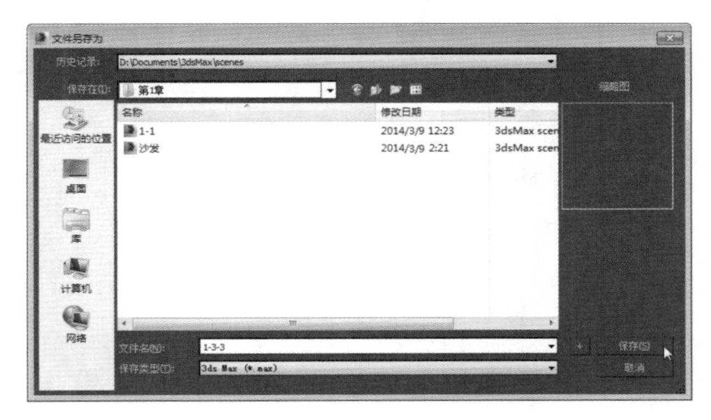

图 1-23　设置内容

文件保存完成，如图 1-24 所示。

技巧秒杀

当文件第一次保存时，按 Ctrl+S 快捷键，即可弹出“文件另存为”对话框。

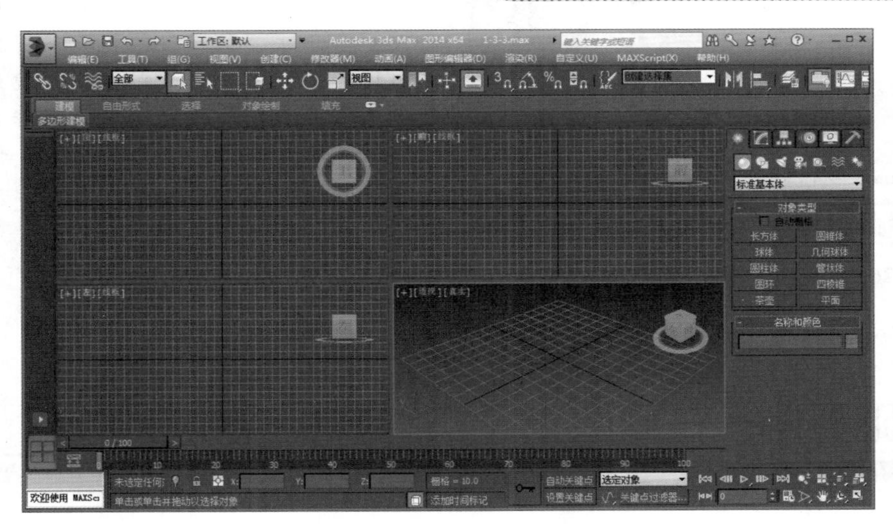

图 1-24　完成保存

1.3.4 另存文件

在实际操作中有时会根据需要打开已经保存在计算机中的图形文件，这些图形文件经过改动后，需要将修改前的文件和修改后的文件都保留下来，此时就用“另存为”命令将修改后的文件重新存储。

单击程序左上角的“程序图标”，选择“另存为”命令，如图 1-25 所示，弹出“文件另存为”对话框，如图 1-26 所示。

技巧秒杀

使用 Shift+Ctrl+S 组合键可快速打开“图形另存为”对话框，可另存为图形文件。

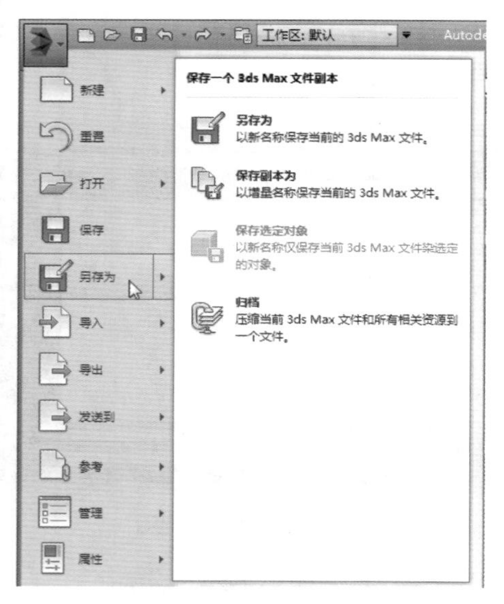

图 1-25　单击按钮

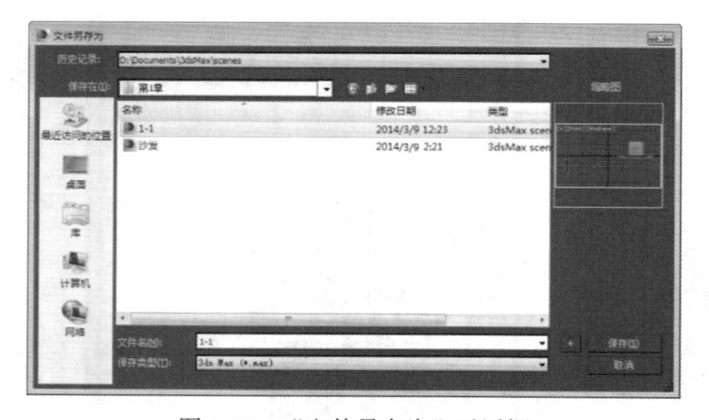

图 1-26　“文件另存为”对话框

输入新的文件名，单击“保存”按钮，如图 1-27 所示，即可另存文件。

图 1-27　另存文件

?答疑解惑：

为什么使用“保存”命令和“另存为”命令保存文件时，都会打开“文件另存为”对话框?

使用“保存”命令保存文件时，“文件另存为”对话框只在第一次保存时出现，后续保存只需要单击“保存”按钮即保存完成，不会再出现“文件另存为”对话框；使用“另存为”命令保存文件是指已存在的文件打开后经过了修改，此时修改前和修改后的文件都需要保存，但另存时一定要更改文件名，“另存为”文件时每次都会显示“文件另存为”对话框，方便更改文件名和存储更改后的图形文件。

1.4 基础实例——更改对象方向并保存为低版本

1.4.1 案例分析

在实际应用中，改变对象方向是很基本的操作，当给对象做了相应编辑或修改后，为了保证在其他的计算机上也能打开使用，最好保存为比较低的版本。

本例将把打开的素材文件存储为较低的版本，方便后期更好地使用。

1.4.2 操作思路

为更快完成本例的制作，并且尽可能运用本章讲解的知识，本例的操作思路如下。

（1）打开素材文件。

（2）选择工具。

（3）旋转对象。

（4）存储文件。

1.4.3 操作步骤

具体操作步骤如下。

Step 1 ▶ 双击素材文件“沙发.max”，打开对象，如图 1-28 所示。

图 1-28 打开文件

Step 2 ▶ 单击“选择工具”按钮，单击选择对象，如图 1-29 所示。

图 1-29 选择对象

Step 3 ▶ 在对象上右击，在弹出的快捷菜单中单击“旋转”命令后的按钮，如图 1-30 所示。

图 1-30 选择“旋转”命令

Step 4 ▶ 打开“旋转变换输入”对话框，在“绝对：世界”坐标的 Y 轴中输入值 90，如图 1-31 所示。

图 1-31 输入旋转方向及值

Step 5 ▶ 在场景中的任意空白处单击，即可更改所选对象的方向，如图 1-32 所示。

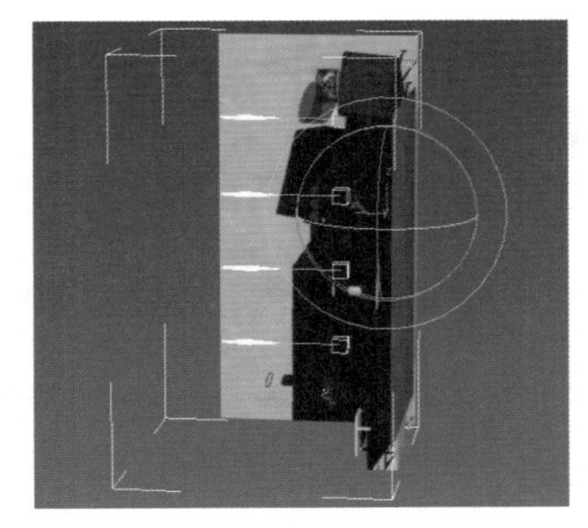

图 1-32 旋转对象

Step 6 ▶ 单击“应用程序”按钮，选择“另存为”命令，如图 1-33 所示。

图 1-33 选择命令

Step 7 ▶ 设置对象的保存位置，单击“保存类型”下拉按钮，选择版本 3ds Max 2011，如图 1-34 所示。

图 1-34　设置内容

?答疑解惑：

答疑解惑：什么是三维视图?

从对象的一面到三面进行显示的三维空间的投影视图。三向投影视图中的线不会像在透视视图中一样会聚为消失点，因此在 3D 空间中平行的线在该视图中也是平行的。因此，对角线和弯曲线条可以显示为扭曲状态。等距和正交视图是三向投影视图的特例，如图 1-35 所示。

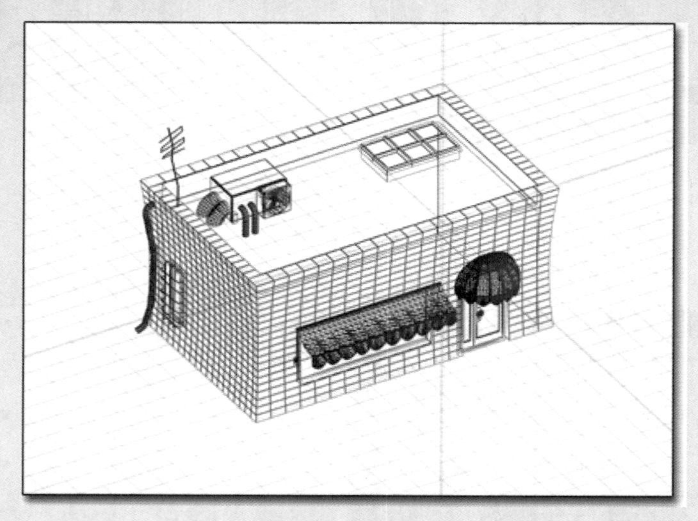

图 1-35　三维视图显示原理及效果

01 02 03 04 05 06 07 08 09 10 11 12……

3dx Max的工作界面

本章导读

工作界面是软件可以进行工作的基础，本章带领读者认识 3ds Max 2014 的工作界面，从本章开始，我们正式进入 3ds Max 2014 的软件技术学习阶段。

2.1 认识 3ds Max 的工作界面

3ds Max 2014 的默认工作界面是四视图显示，如果要切换到单一的视图显示，可以单击界面右下角的“最大化视口切换”按钮或按 Alt+W 快捷键。

启动 3ds Max 2014 后，会弹出“欢迎使用 3ds Max”对话框，如图 2-1 所示。该界面用于帮助用户了解新增功能和一些入门知识。

读书笔记

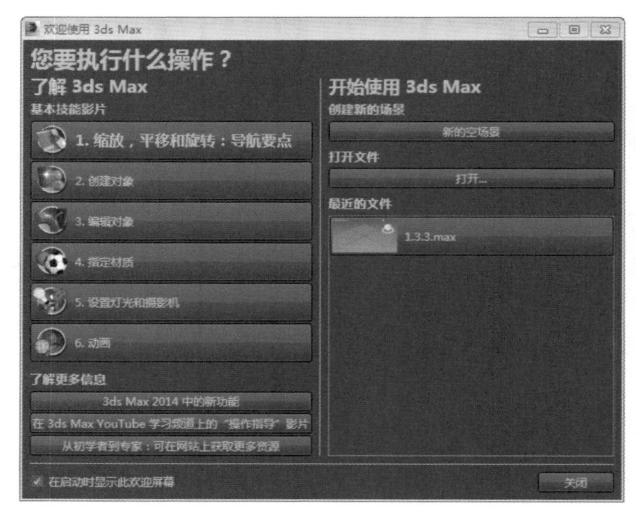

图 2-1 欢迎界面

技巧秒杀

如果不想每次启动软件时都弹出该界面，可以取消选中该界面左下角的“在启动时显示此欢迎屏幕”复选框，如图 2-2 所示。若要恢复“欢迎使用 3ds Max”对话框，可以执行“帮助”→“欢迎屏幕”命令来打开对话框，如图 2-3 所示。

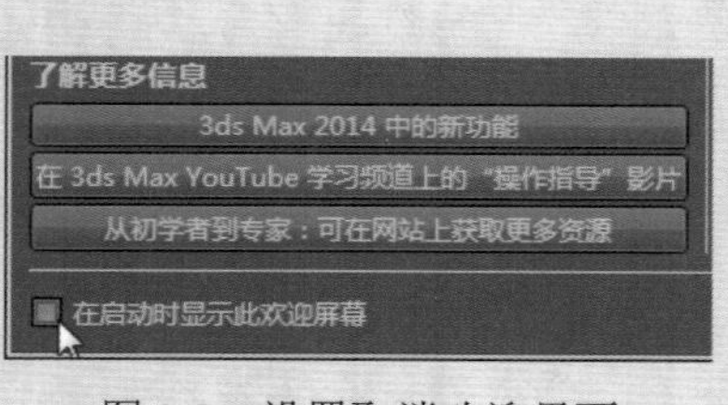

图 2-2 设置取消欢迎界面

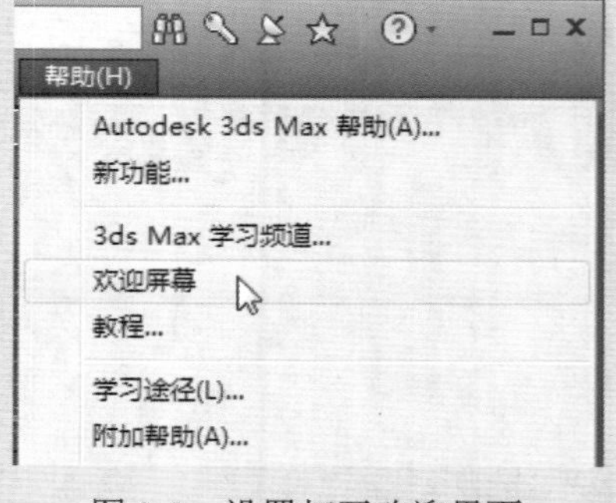

图 2-3 设置打开欢迎界面

2.1.1 3ds Max 2014 的工作界面

3ds Max 2014 的工作界面分为“标题栏”、“菜单栏”、“主工具栏”、“功能区”、“视口区域”、“命令面板”、“时间尺”、“状态栏”和“时间控制按钮”9 大部分，如图 2-4 所示。

默认状态下的主工具栏和命令面板分别停靠在界面的上方和右侧，如图 2-5 所示，也可以将主工具栏和命令面板以浮动面板形态呈现在视图中，如图 2-6 所示。

将鼠标指向主工具栏的边界线，当鼠标箭头呈重叠文件显示（如图 2-7 所示）时，单击并按住鼠标左键不放即可进行拖曳（如图 2-8 所示），拖曳至适当位置，然后释放鼠标左键，即可将其移动到视图的其他位置，如图 2-9 所示。

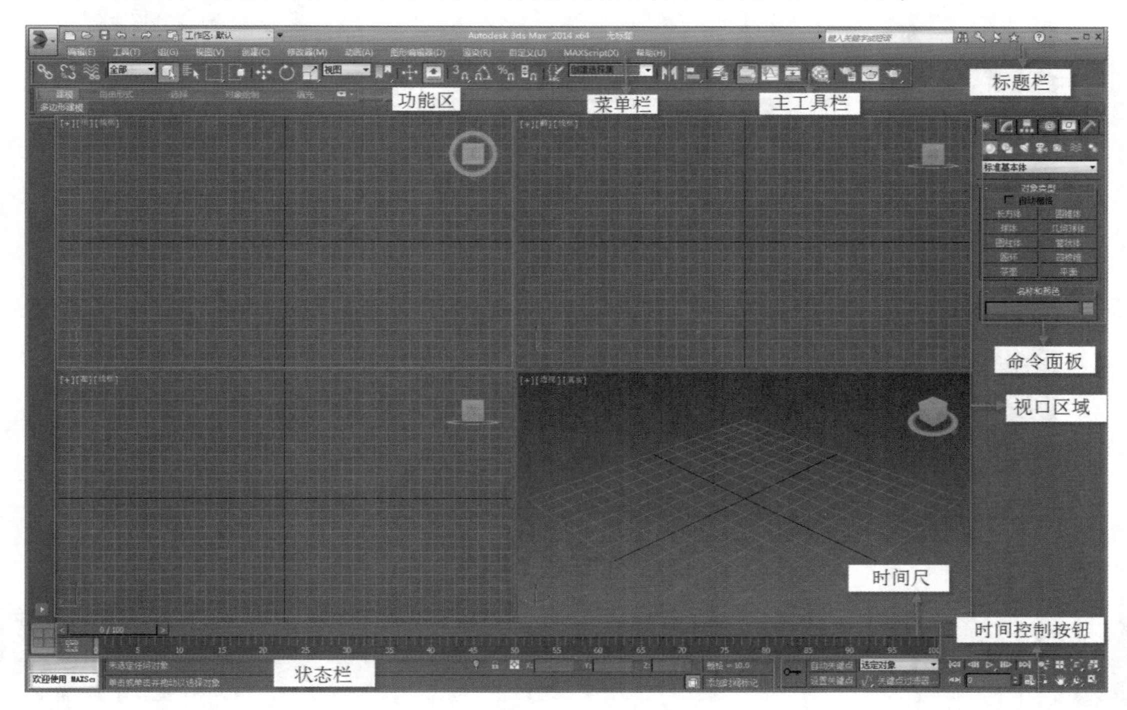

图 2-4　3ds Max 2014 的工作界面

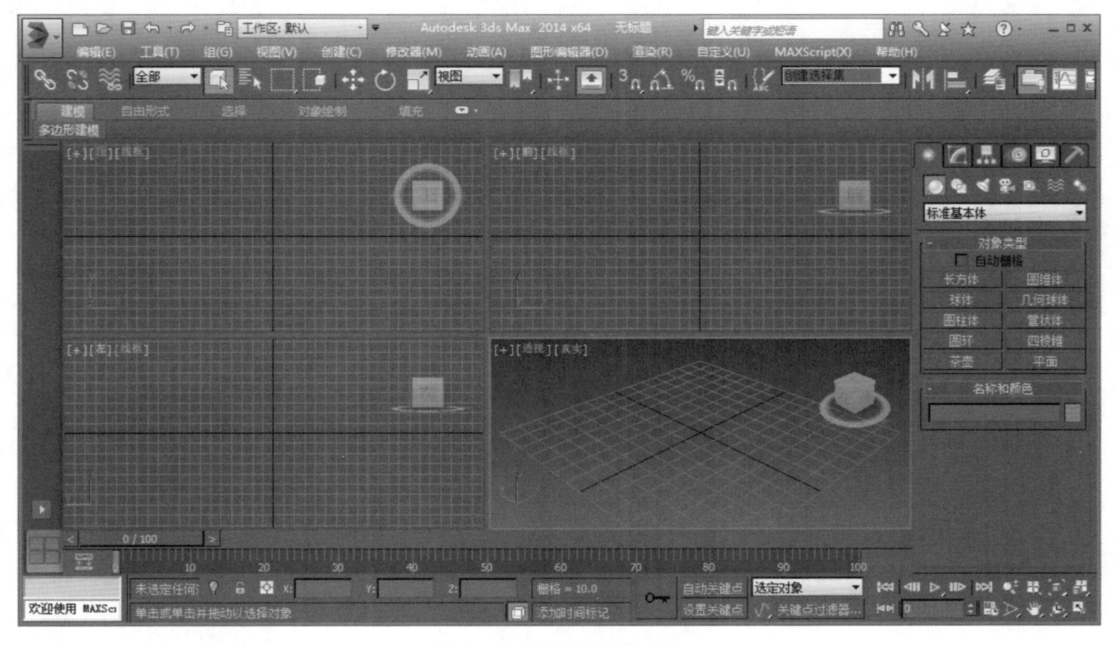

图 2-5　面板呈停靠状态

在主工具栏浮动面板的空白处单击并按住鼠标左键不放，可将其拖曳到主工具栏默认区域，如图 2-10 所示。然后，释放鼠标左键即可将主工具栏还原显示。

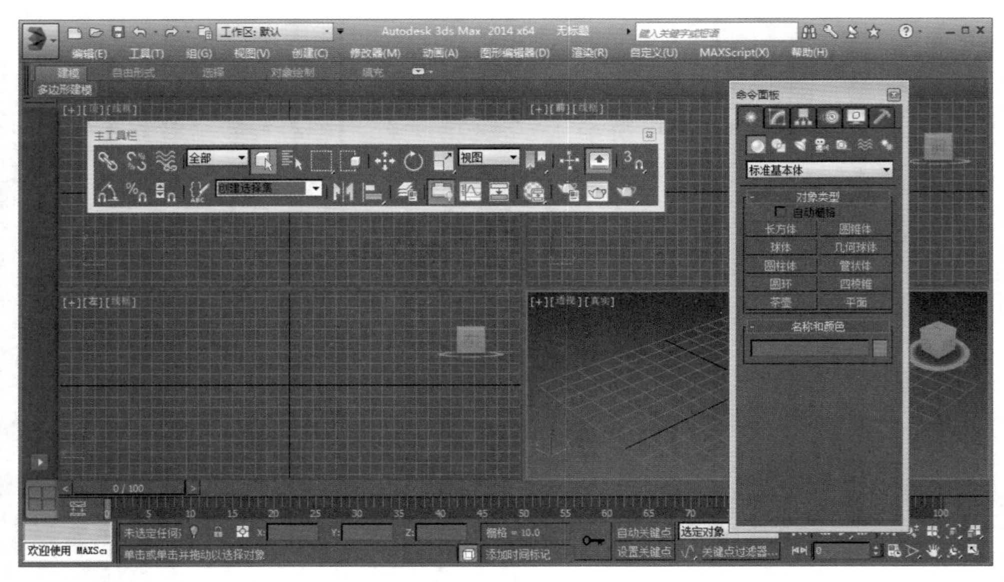

图 2-6　面板呈浮动状态

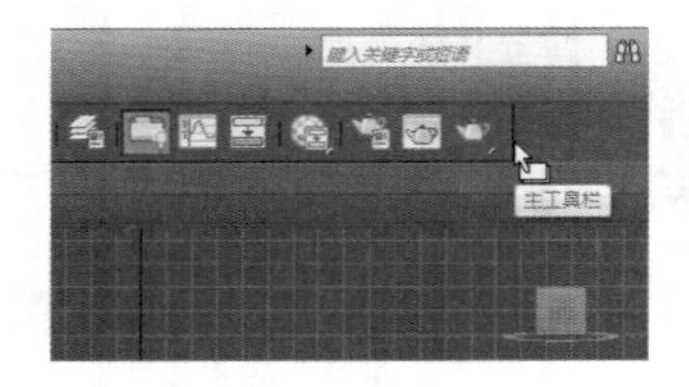

图 2-7　鼠标指向

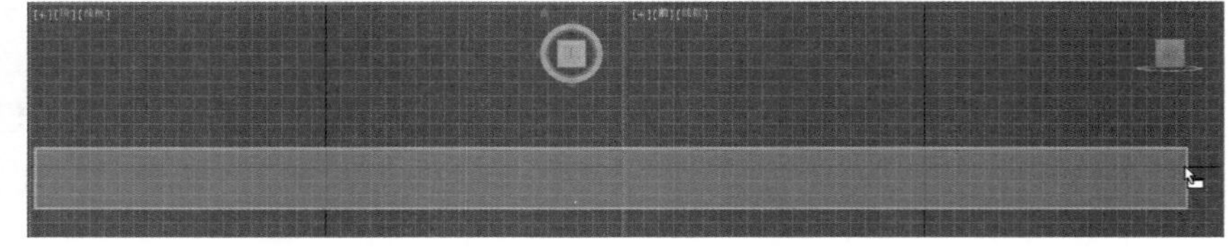

图 2-8　拖曳

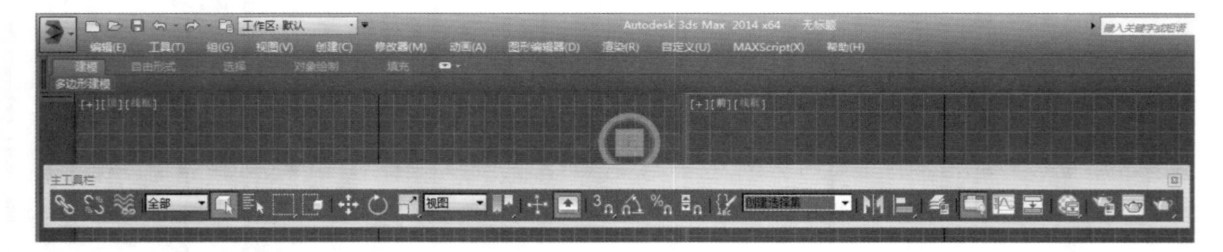

图 2-9　释放鼠标

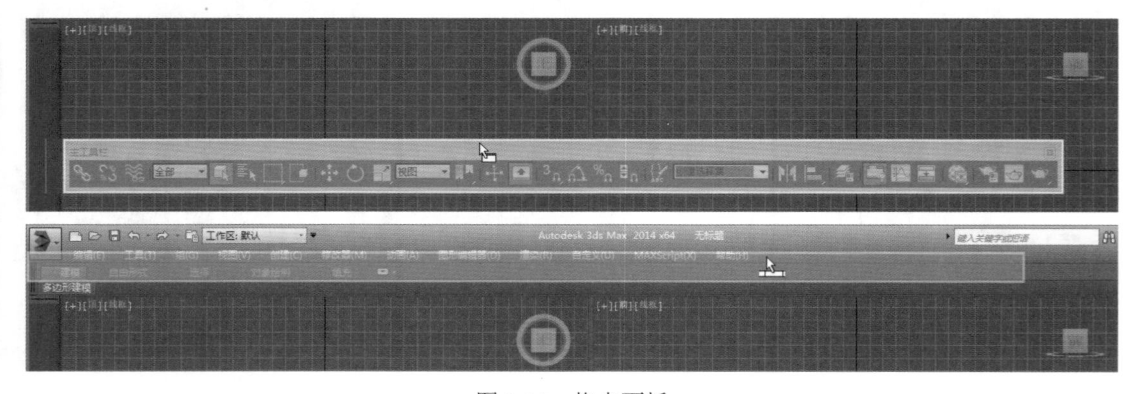

图 2-10　拖曳面板

技巧秒杀

双击命令面板的标题名称部分(如图 2-11 所示),也可将浮动的命令面板切换到默认的停靠状态,如图 2-12 所示。也可以在命令面板的顶部单击鼠标右键,在弹出的快捷菜单中选择“停靠”菜单下的子命令来选择停靠位置,如图 2-13 所示。

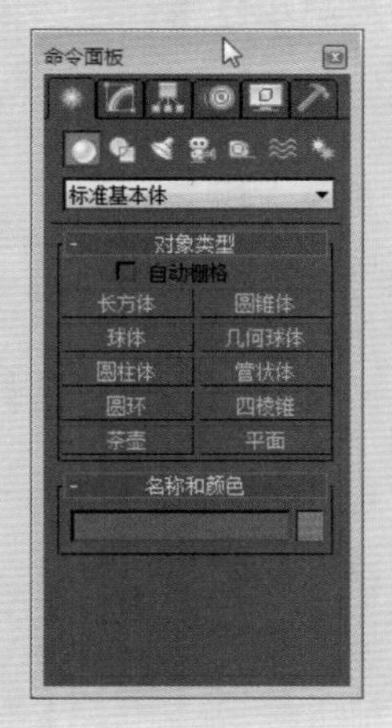

图 2-11　双击标题名称

图 2-12　停靠面板

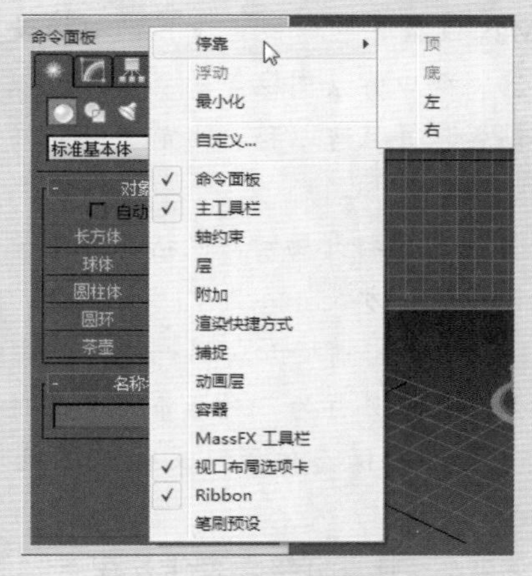

图 2-13　指定停靠位置

2.1.2 标题栏

3ds Max 2014 的标题栏位于界面的最顶部。标题栏上包含当前编辑的文件名称、软件版本信息,同时还有软件图标、快速访问工具栏、文件名称和信息中心 4 个部分,如图 2-14 所示。

图 2-14　标题栏

1. 应用程序

单击“应用程序”图标,弹出一个用于管理场景文件的下拉菜单,如图 2-15 所示。这个菜单与之前版本的“文件”菜单类似,主要包括管理图形文件的命令和最近使用的文档两个部分。单击“最近使用的文档”下方的“切换显示方式”按钮,可以切换图标的显示方式,如图 2-16 所示。

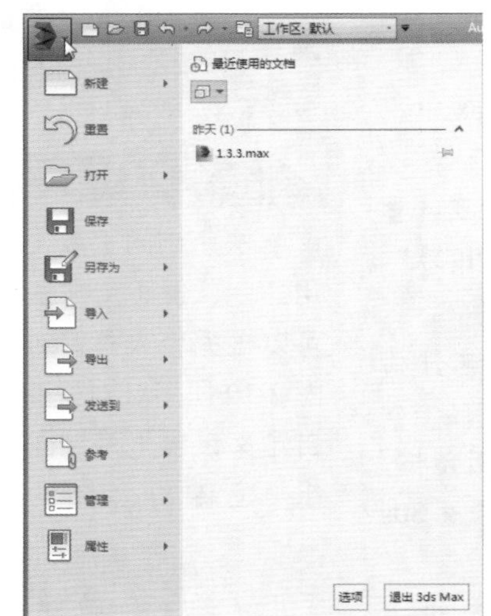

图 2-15　打开应用菜单

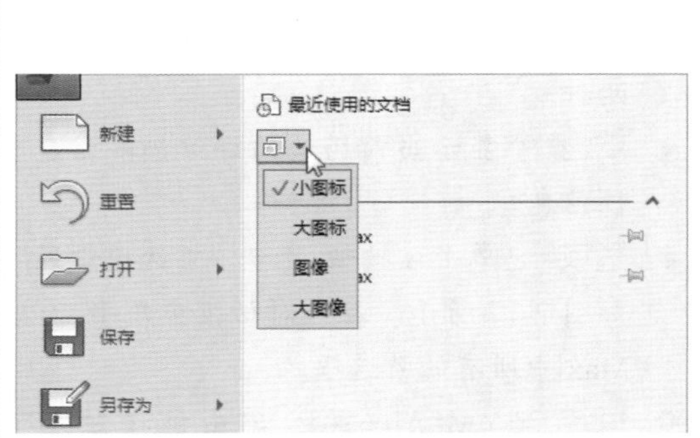

图 2-16　切换图标显示方式

知识解析：“应用程序”面板

- 新建：用于新建场景，包含新建全部、保留场景、保留对象和层次 3 种方式。
- 重置：执行该命令可以清除所有数据，重置 3ds Max 设置（包括视口设置、捕捉设置、材质编辑器、视口背景图像等）。重置可以还原启动默认设置，并且可以移除当前所做的任何自定义设置。
- 打开：用于打开场景，包括“打开”“从 Vault 中打开”两种方式。
- 保存：保存当前场景。第一次保存当前场景，会打开“文件另存为”对话框，在该对话框中可以设置文件的保存位置、文件名以及保存的类型等。
- 另存为：可将当前场景文件另存一份，包含“另存为”、“保存副本为”、“保存选定对象”和“归档”4 种方式。
- 导入：该命令可以加载或合并当前 3ds Max 场景文件中以外的几何体文件，包含“导入”、“合并”、“替换”、“链接 Revit”、“链接 FBX”和“链接 AutoCAD”等 6 种方式。
- 导出：将场景中的几何体对象导出为各种其他格式的文件，包含“导出”、“导出选定对象”和“导出到 DWF”等 3 种方式。
- 发送到：将当前场景发送到其他软件中，以实现交互式操作，可发送的软件有 3 种。
- 参考：将外部的参考文件插入到 3ds Max 中，以供用户进行参考，可供参考的对象有 4 种。
- 管理：用于对 3ds Max 相关资源进行管理，管理方式分为“设置项目文件夹”和“资源追踪”两种。
- 属性：显示当前场景的详细摘要信息和文件属性信息。
- 选项：单击该按钮，打开“首选项设置”对话框，如图 2-17 所示。在该对话框中几乎可以设置 3ds Max 中所有的首选项。
- 退出 3ds Max：单击该按钮，即可退出 3ds Max。

图 2-17　“首选项设置”对话框

技巧秒杀

按 Alt+F4 快捷键可退出 3ds Max。无论是未保存或已保存过的文件，只要当前场景中有编辑过的对象，退出时都会弹出一个 3ds Max 对话框，提示“场景已修改。保存更改？”，如图 2-18 所示。

图 2-18　提示对话框

2. 快速访问工具栏

快速访问工具栏集合了用于管理场景文件的常用命令，便于用户快速管理场景文件。同时用户也可以根据个人喜好对快速访问工具栏进行设置，如图 2-19 所示。对快速访问工具栏中的图标可以进行自定义设置（控制图标的显示），单击下拉按钮弹出下拉菜单，如图 2-20 所示。

图 2-19　快速访问工具栏

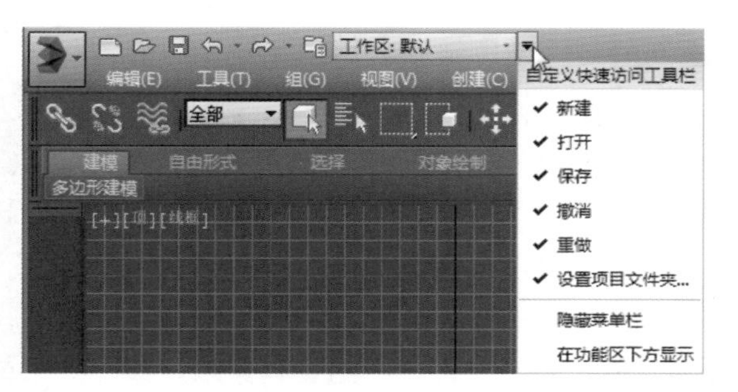

图 2-20　自定义“快速访问工具栏”图标

Step 1 ▶ 在下拉菜单中选择“隐藏菜单栏”命令，如图 2-21 所示，即可隐藏菜单栏。

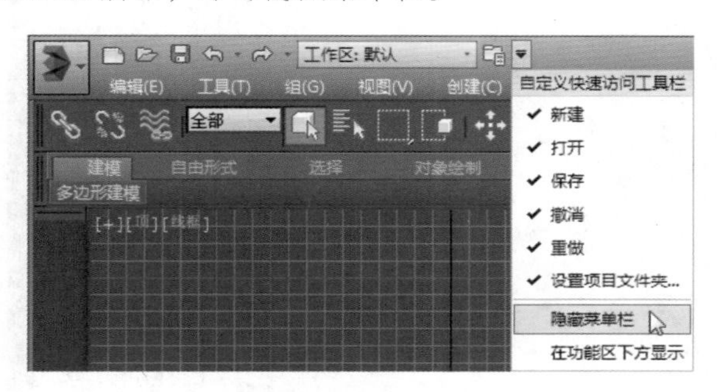

图 2-21　隐藏菜单栏

Step 2 ▶ 单击快速访问工具栏后的下拉按钮，在弹出的下拉菜单中选择“显示菜单栏”命令，如图 2-22 所示，即可打开隐藏的菜单栏。

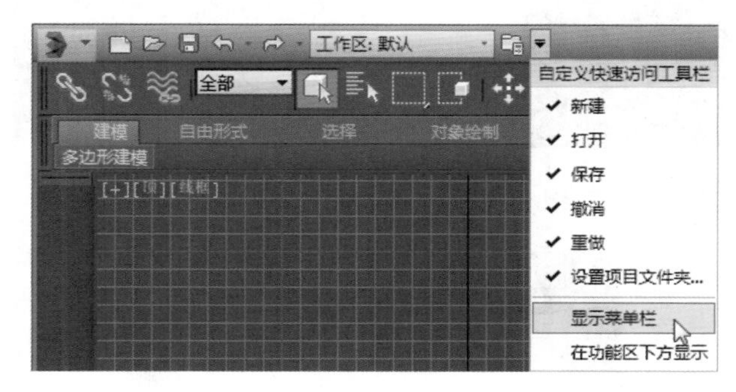

图 2-22　显示菜单栏

3. 文件名称

文件名称包含程序名称及文件名，当打开程序时，名称显示为“Autodesk 3ds Max 2014 x64 无标题”，如图 2-23 所示。

输入文件名称并保存后，则显示当前文件名，如图 2-24 所示。

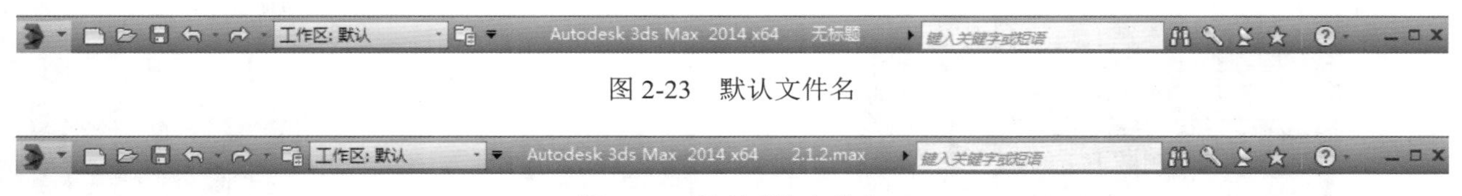

图 2-23　默认文件名

图 2-24　保存后的文件名

4. 信息中心

“信息中心” 用于访问 3ds Max 2014 和其他 Autodesk 产品的信息。

2.1.3 菜单栏

菜单栏位于工作界面的顶端，分为 12 个主菜单，如图 2-25 所示。单击主菜单即可显示下拉菜单，如图 2-26 所示。这里面集成了很多相应的功能命令，包括当前软件中的绝大部分功能命令。

技巧秒杀

在执行菜单栏中的命令时，可以发现有些命令后面有与之对应的快捷键，如“移动”命令的快捷键为 W 键，按 W 键即可切换到“选择并移动”工具。牢记这些快捷键能节省很多操作时间。

若下拉菜单命令后面带有省略号，则表示执行该命令后会弹出一个独立的对话框。例如，选择“编辑”→“变换输入”命令，如图 2-27 所示。弹出“变换输入”对话框，如图 2-28 所示。

编辑(E)　工具(T)　组(G)　视图(V)　创建(C)　修改器(M)　动画(A)　图形编辑器(D)　渲染(R)　自定义(U)　MAXScript(X)　帮助(H)

图 2-25　菜单栏

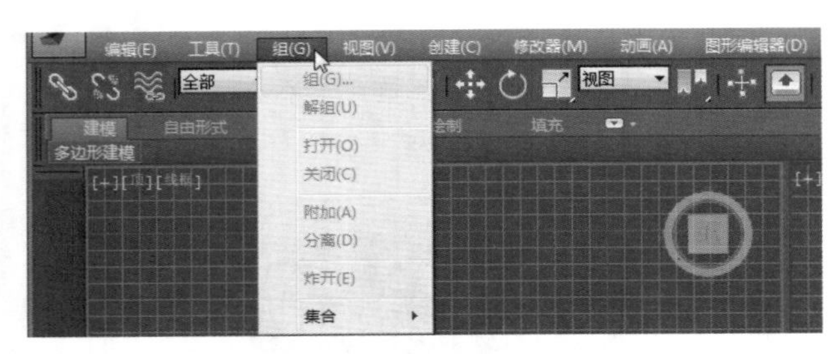

图 2-26　下拉菜单

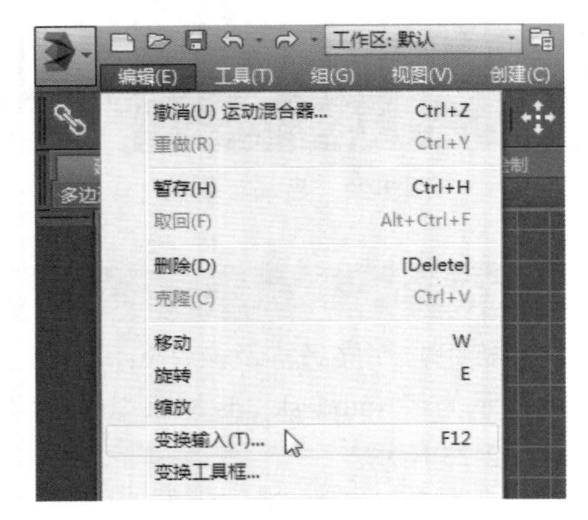

图 2-27　执行菜单命令

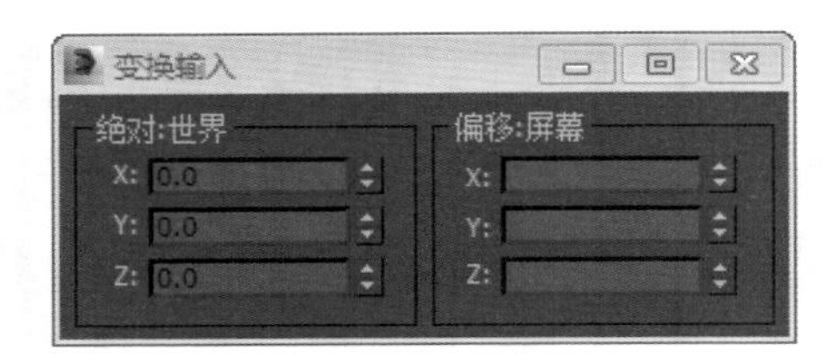

图 2-28　打开对话框

若下拉菜单命令后面带有小箭头图标，则表示该命令还含有子命令，如图 2-29 所示。

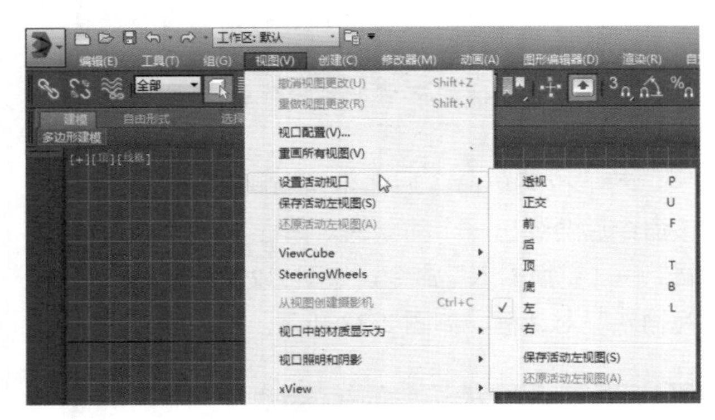

图 2-29　激活子命令

技巧秒杀

当某些命令显示为灰色时，表示这些命令不可用，这是因为当前操作中该命令没有合适的操作对象。

例如，在没有选择任何对象的情况下，“组”菜单下的命令只有一个“集合”命令处于可用状态，如图 2-30 所示。当选择了组合对象后，该下拉菜单中很多命令即可使用，如图 2-31 所示。

图 2-30　不可用的命令

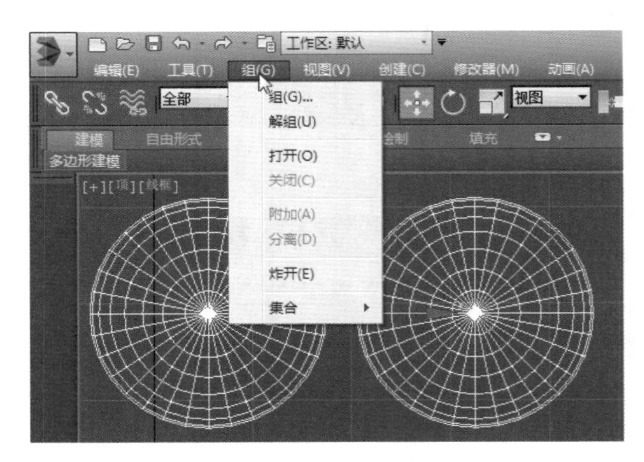

图 2-31　可用命令

1. “编辑”菜单

“编辑”菜单中集成了一些常用于文件编辑的命令，如移动、缩放、旋转等，使用的频率极高，如图 2-32 所示。这些常用命令基本都配有快捷键。如撤销命令的快捷键为 Ctrl+Z。

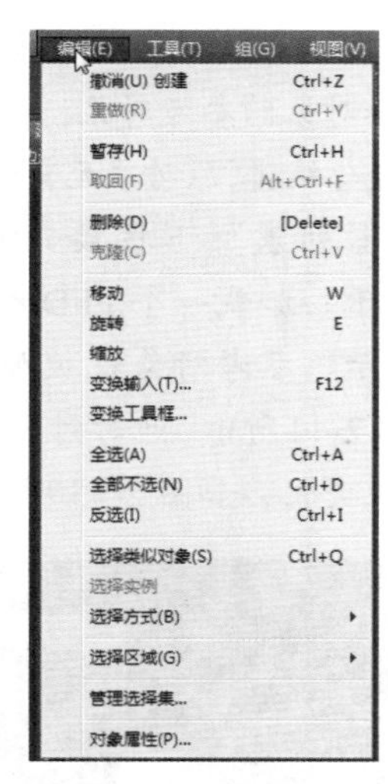

图 2-32 “编辑”菜单

知识解析

（1）撤销：用于撤销上一步操作，可以连续使用，撤销的次数可以控制。如果上一步创建了一个对象，使用该命令时显示为“撤销创建”，如图 2-33 所示。上一步选择了对象，使用该命令时显示为“撤销选择”，如图 2-34 所示。

图 2-33 创建对象后的撤销命令

图 2-34 选择对象后的撤销命令

（2）重做：用于恢复上一次撤销的操作，可连续使用，直到不能恢复为止。

（3）暂存：使用该命令可以将场景设置保存到基于磁盘的缓冲区，可存储的信息包括几何体、灯光、摄影机、视口配置以及选择集。

（4）取回：使用了“暂存”命令后，使用该命令可以还原上一个“暂存”命令存储的缓冲内容。

（5）删除：选择对象以后，执行该命令或按 Delete 键可将其删除。

（6）克隆：使用该命令可创建对象副本、实例或参考对象。

?答疑解惑：

克隆的 3 种方式区别是什么？

选择需要操作的对象，执行“克隆”命令（按 Ctrl+V 快捷键），打开“克隆选项”对话框。其中显示有 3 种克隆方式，分别是复制、实例和参考，如图 2-35 所示。

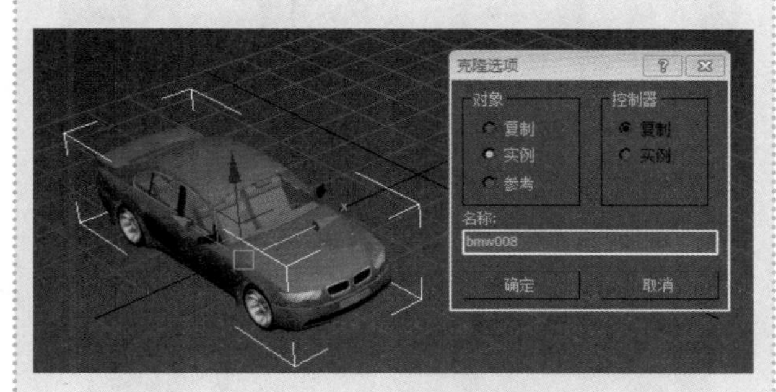

图 2-35 克隆选项

◆ 复制：选中“复制”单选按钮，可以创建一个原始对象的副本对象，如图 2-36 所示。对两个对象中的任何一个进行操作，另一个都不会受到影响，如图 2-37 所示。

图 2-36 创建副本

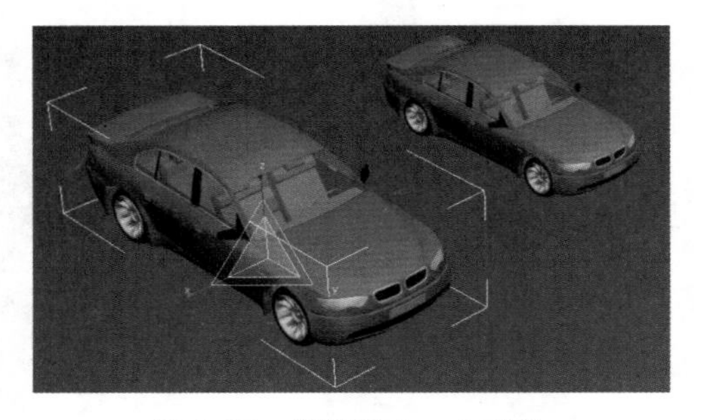

图 2-37 编辑其中一个对象

◆ 实例：选中“实例”单选按钮，创建一个原始对象的实例对象，如图 2-38 所示。如果对其中一个对象进行编辑，另一个也随之发生变化，如图 2-39 所示。

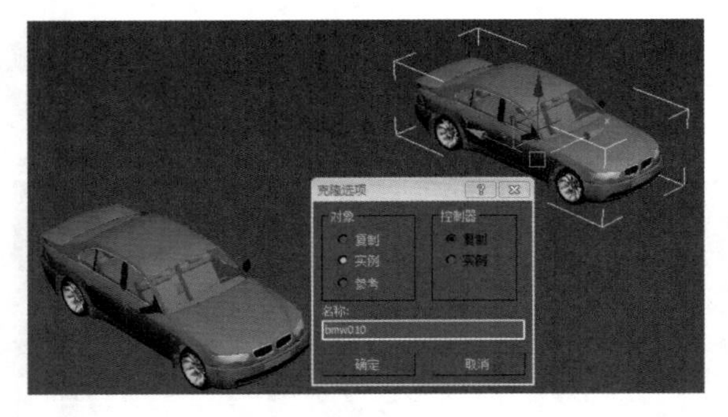

图 2-38　创建实例对象

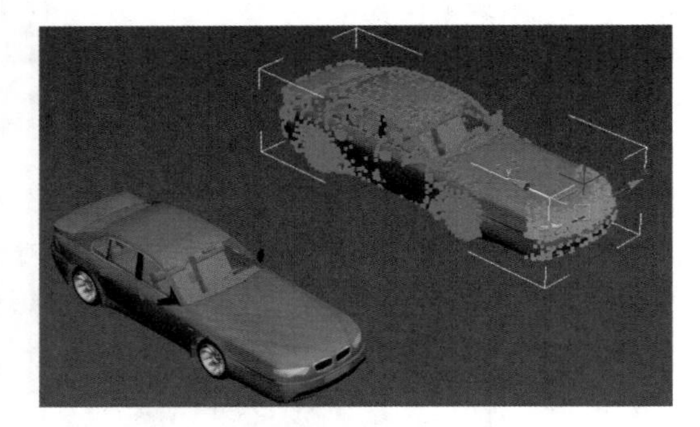

图 2-39　编辑对象

技巧秒杀

“实例”复制方式很实用，如在一个场景中创建一盏灯光，调节好各项参数后，使用此方式复制若干盏灯到其他位置；此时修改其中一盏灯的参数，所有目标灯光的参数都会发生相同的变化。

◆ 参考：选中“参考”单选按钮，如图 2-40 所示。创建一个原始对象的参考对象，如图 2-41 所示。对参考对象进行编辑，原对象无变化。选择原对象，单击“修改器列表”下拉按钮 修改器列表，如图 2-42 所示。加载一个 FFD×4×4 修改器，如图 2-43 所示。参考对象也被加载一个相同的修改器，如图 2-44 所示。此时对原对象进行编辑，参考对象随之变化，如图 2-45 所示。

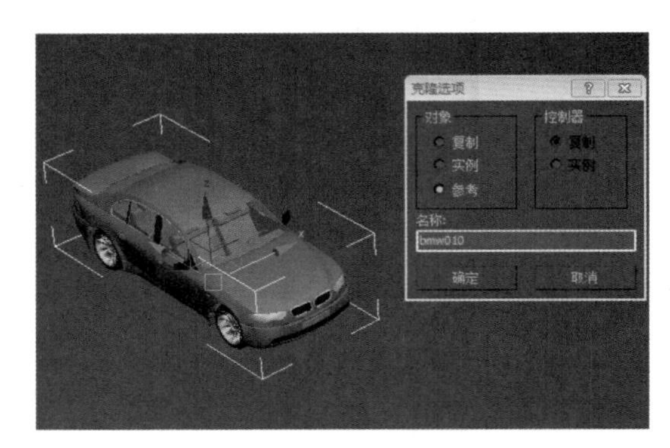

图 2-40　创建参考对象

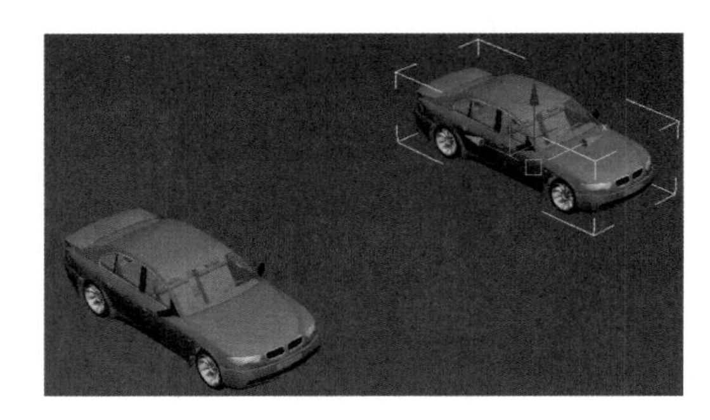

图 2-41　编辑对象

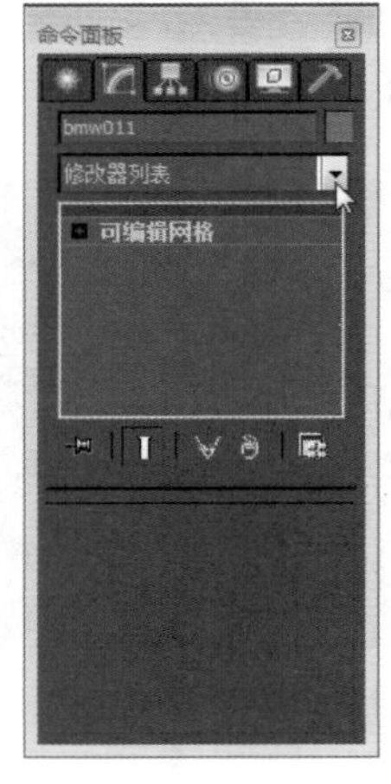

图 2-42　单击下拉按钮

图 2-43　在下拉菜单中选择对象

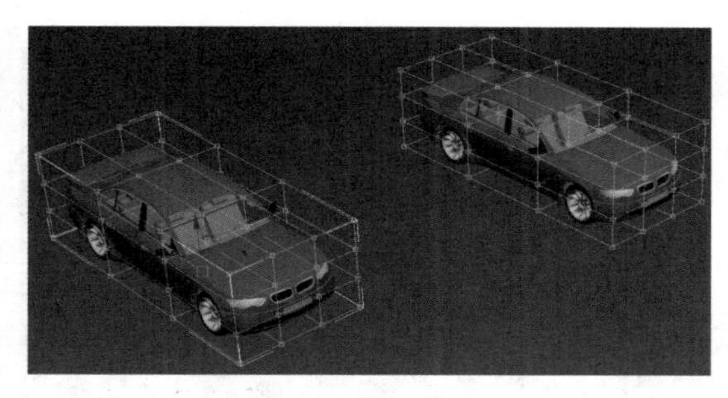

图 2-44　加载修改器

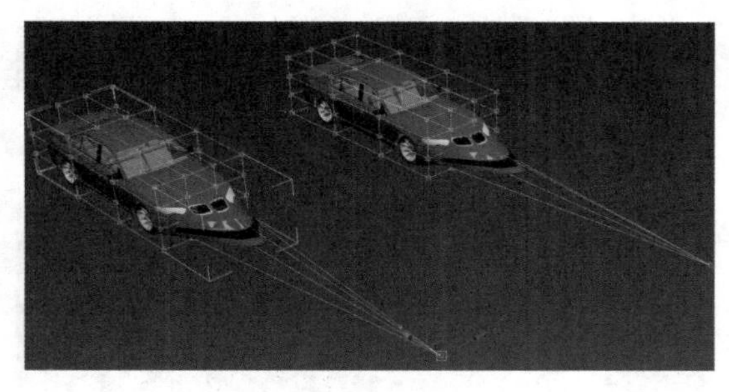

图 2-45　编辑对象

（7）移动：选择并移动对象，选择该命令将激活主工具栏中的“移动”按钮。

Step 1 打开素材文件“2-1-3-02.max”，如图 2-46 所示。选择“编辑”→“移动”命令，单击需要移动的对象，该对象中即显示坐标移动控制器，如图 2-47 所示。

图 2-46　打开素材

图 2-47　选择对象

技巧秒杀

在默认的四视图中，只有透视图显示 X、Y、Z 共 3 个轴向，即三维视图；其他 3 个视图都只显示其中的某两个轴向，即对象的其中 3 个平面，如图 2-48 所示。

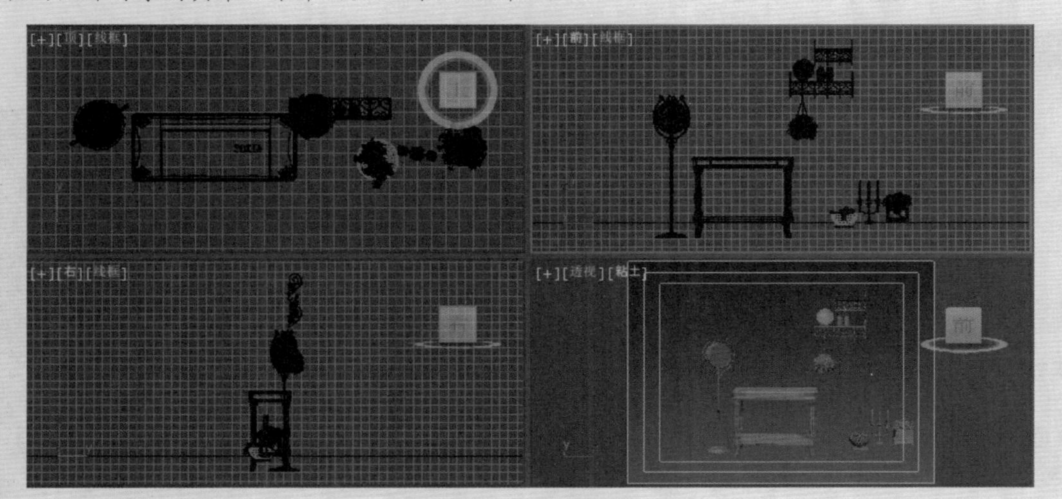

图 2-48　四视图窗口

Step 2 ▶ 向上拖动坐标控制器中垂直的坐标轴，对象即向上移动，如图 2-49 所示。向左移动坐标控制器中水平的坐标轴，对象即向左移动，如图 2-50 所示。

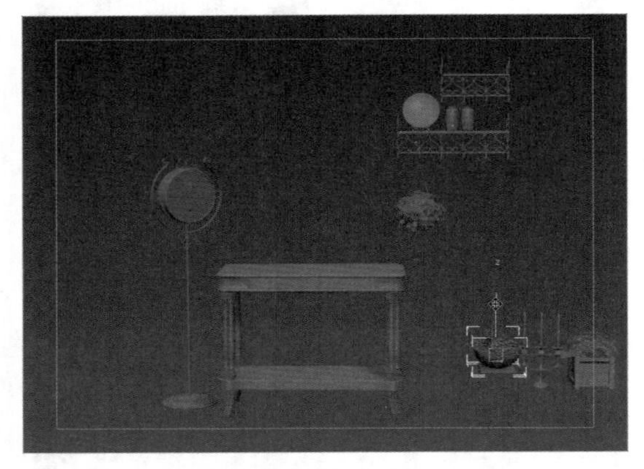

图 2-49　拖动坐标轴移动对象（1）

图 2-50　拖动坐标轴移动对象（2）

读书笔记

技巧秒杀

选择对象进行移动时，拖曳垂直坐标轴可将对象上下移动；拖曳水平坐标轴可将对象左右移动；拖曳表示深度的坐标轴时，将对象向当前视图中心点拖曳时，对象越接近视图中心点越小，如图 2-51 所示。离中心点越远对象越大，如图 2-52 所示。

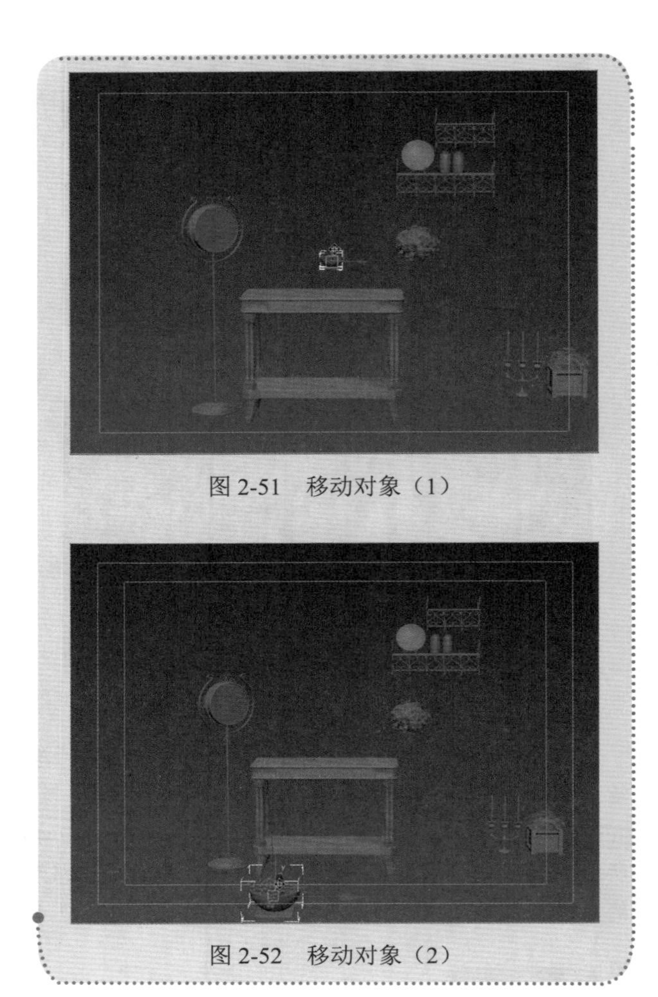

图 2-51　移动对象（1）

图 2-52　移动对象（2）

Step 3 ▶ 选择对象，拖动坐标控制器左下角的方块，即可任意移动对象，如图 2-53 所示。选择对象，将其移动到指定位置，从四视图中观察效果，如图 2-54 所示。

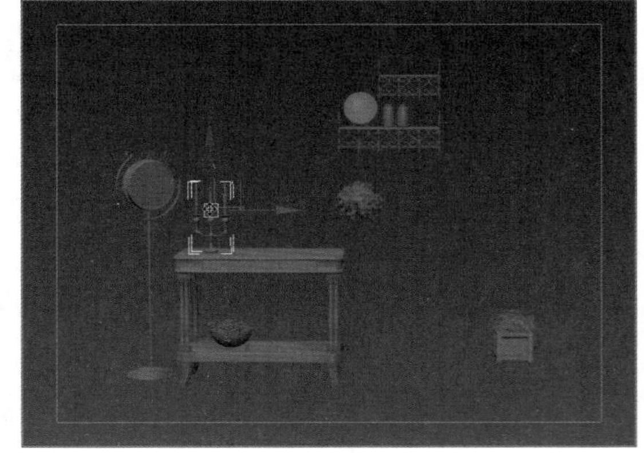

图 2-53　移动对象（3）

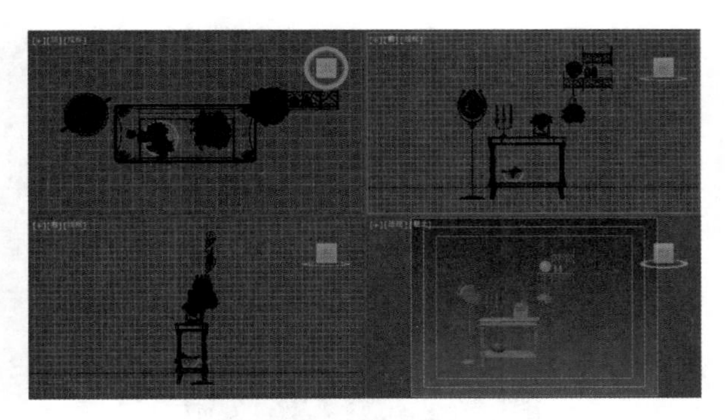

图 2-54　移动对象（4）

?答疑解惑：

怎样将对象移动到精确位置？

要将对象精确移动一定距离，可以在“选择并移动”工具上右击，在弹出的“移动变换输入”对话框中输入“绝对：世界”或“偏移：世界”的数值，如图 2-55 所示。“绝对”坐标是指对象目前所在的世界坐标位置；“偏移”坐标是指对象以屏幕为参考对象所偏移的距离。

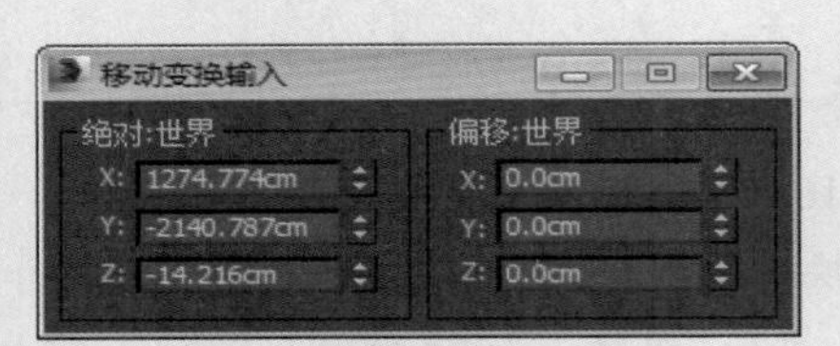

图 2-55　“移动变换输入”对话框

（8）旋转：选择并旋转对象，选择该命令将激活主工具栏中的“旋转”按钮。

Step 1 ▶ 打开素材文件“2-1-3-03.max”，选择“编辑”→“旋转”命令，单击需要旋转的对象，该对象中即显示坐标旋转控制器，如图 2-56 所示。

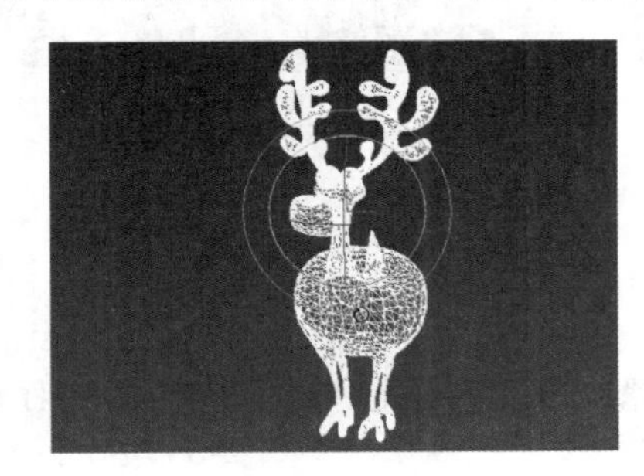

图 2-56　选择对象

Step 2 ▶ 单击并拖曳坐标旋转控制器最外沿的圈，即可以坐标旋转控制器的中心点旋转对象，如图 2-57 所示。

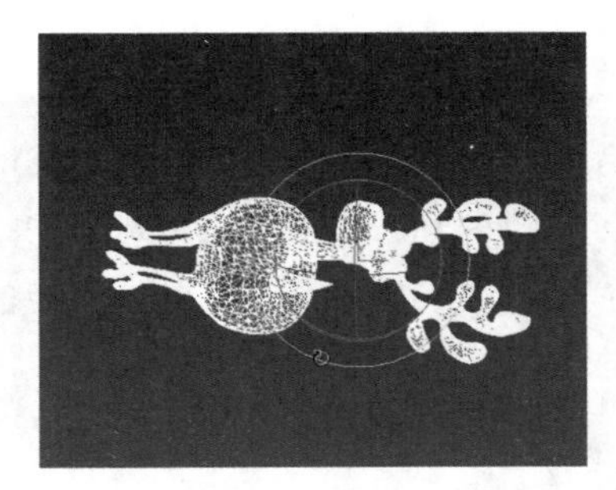

图 2-57　以中心点旋转

Step 3 ▶ 单击并拖曳坐标旋转控制器中其中一种颜色的轴向，旋转的角度内即显示相应轴向颜色，如图 2-58 所示。

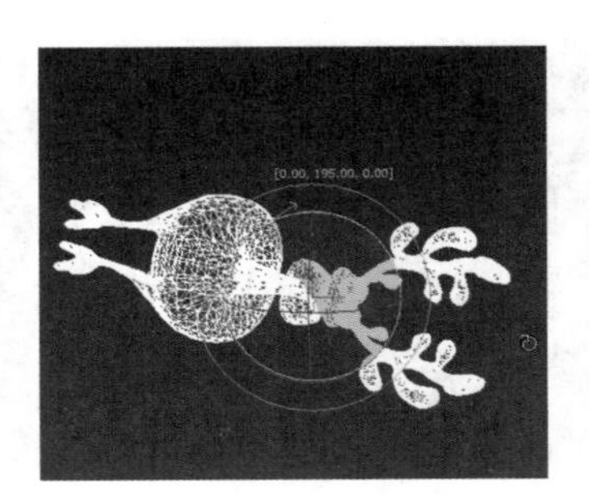

图 2-58　设置旋转角度

技巧秒杀

在“旋转”按钮上右击，在弹出的“旋转变换输入”对话框中输入旋转角度，即可精确旋转对象的角度。

（9）缩放：选择并缩放对象，选择该命令将激活主工具栏中的“缩放”按钮。

Step 1 ▶ 选择“编辑”→“缩放”命令，单击需要缩放的对象，该对象中即显示坐标缩放控制器，如图 2-59 所示。

图 2-59　选择对象

Step 2 ▶ 在坐标缩放控制器中心处单击并向上拖曳可等比放大对象，在坐标缩放控制器中心处单击并向下拖曳可等比缩小对象，如图 2-60 所示。

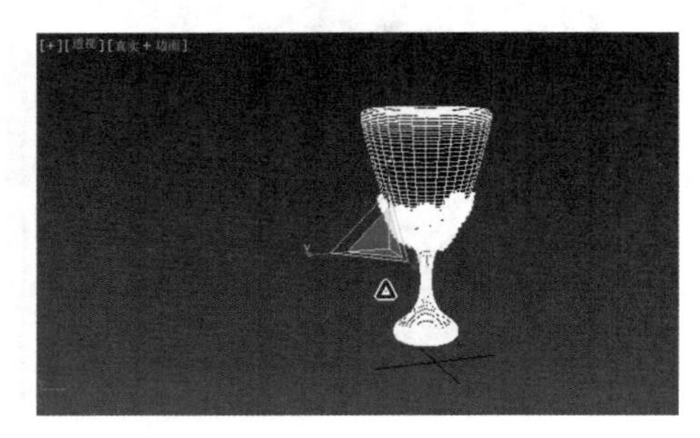

图 2-60　缩放对象

Step 3 ▶ 单击并拖曳坐标缩放控制器的某一轴向，即可将对象沿当前轴缩放，如图 2-61 所示。

图 2-61　以当前轴缩放

技巧秒杀

在坐标缩放控制器上右击（如图 2-62 所示），在弹出的快捷菜单中单击“缩放”命令后方的■按钮（如图 2-63 所示），弹出“缩放变换输入”对话框，如图 2-64 所示，在其中输入缩放值即可精确缩放对象的大小。

图 2-62　在对象上右击

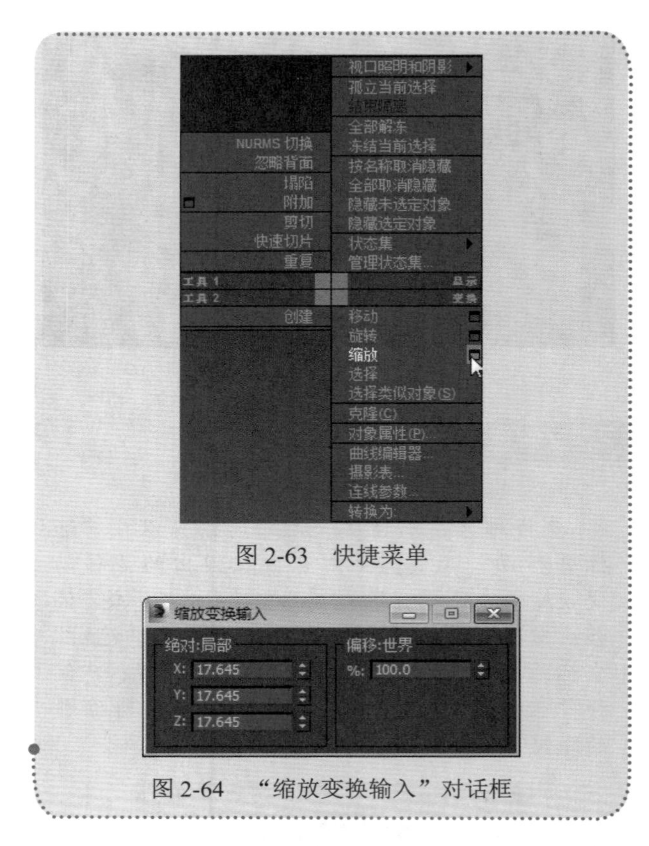

图 2-63　快捷菜单

图 2-64　“缩放变换输入”对话框

（10）变换输入：用于精确设置移动、旋转和缩放变换的数值，如果当前选择的是“选择并移动”工具，执行“编辑”→“变换输入”命令，将打开“移动变换输入”对话框，如图 2-65 所示。在该对话框中可精确设置对象的 X、Y、Z 轴的坐标值。

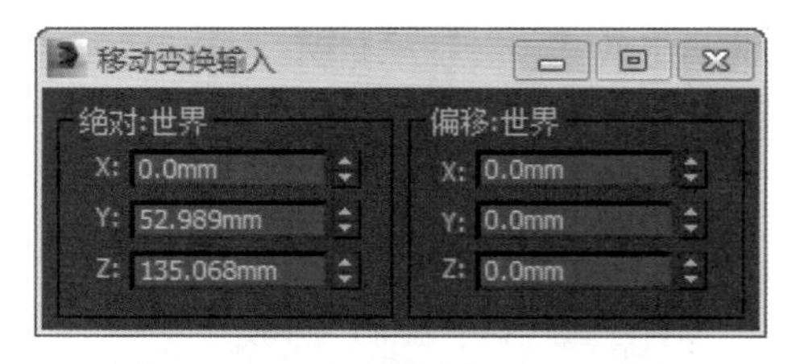

图 2-65　“移动变换输入”对话框

技巧秒杀

“编辑”→“变换输入”命令会根据当前使用的选择、旋转、缩放命令的不同而打开不同的对话框。如果当前使用的是“旋转”命令，可打开“旋转变换输入”对话框，如图 2-66 所示。如果当前使用的是“缩放”命令，可打开“缩放变换输入”对话框，如图 2-67 所示。

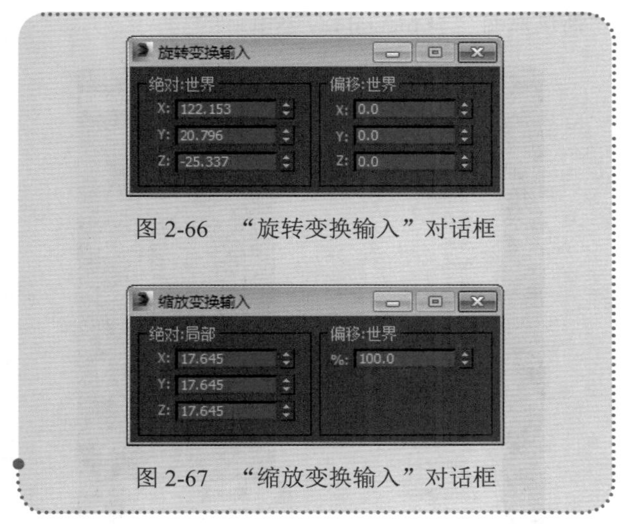

图 2-66 “旋转变换输入”对话框

图 2-67 “缩放变换输入”对话框

（11）变换工具框：执行该命令，打开“变换工具框”对话框，如图 2-68 所示。在该对话框中可以调整对象旋转、缩放、定位以及对象的轴。

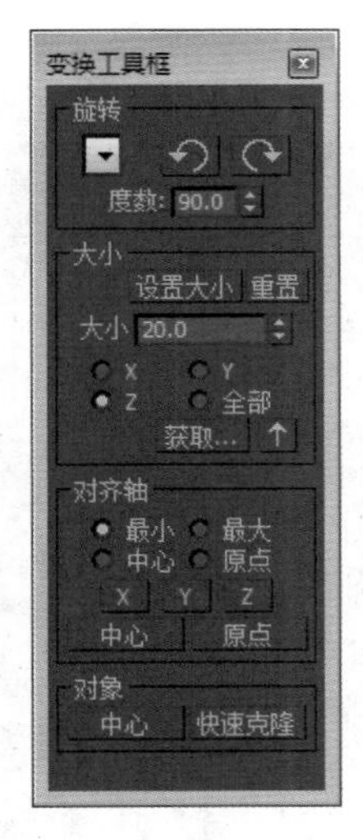

图 2-68 “变换工具框”对话框

（12）全选：执行该命令或按 Ctrl+A 快捷键，可选择场景中的所有对象。

技巧秒杀

“全选”命令是基于“主工具栏”中的“过滤器”列表而言。例如，在“过滤器”列表中选择“全部”选项，执行“全选”命令将选择场景中所有的对象；如果在“过滤器”列表中选择“L-灯光”选项，执行“全选”命令将选择场景中所有灯光，不会选择其他任何对象。

（13）全部不选：执行该命令或按 Ctrl+D 快捷键，取消对任何对象的选择。

（14）反选：执行该命令或按 Ctrl+I 快捷键，反向选择对象。

（15）选择类似对象：执行该命令或按 Ctrl+Q 快捷键，自动选择与当前选择对象类似的所有对象。

技巧秒杀

类似对象是指这些对象位于同一层中，并且应用了相同的材质或不应用材质。

（16）选择实例：选择选定对象的所有实例化对象。如果对象没有实例或选定了多个对象，该命令不可用。

（17）选择方式：该命令包含 3 个子命令，如图 2-69 所示。

图 2-69 菜单命令

◆ 名称：执行该命令或按 H 键，可打开“从场景选择”对话框，如图 2-70 所示。

技巧秒杀

“名称”命令与主工具栏中的“按名称选择”工具是相同的。

◆ 层：执行该命令，打开“按层选择”对话框，如图 2-71 所示。在该对话框中选择一个或多个层以后，这些层中的所有对象被选择。

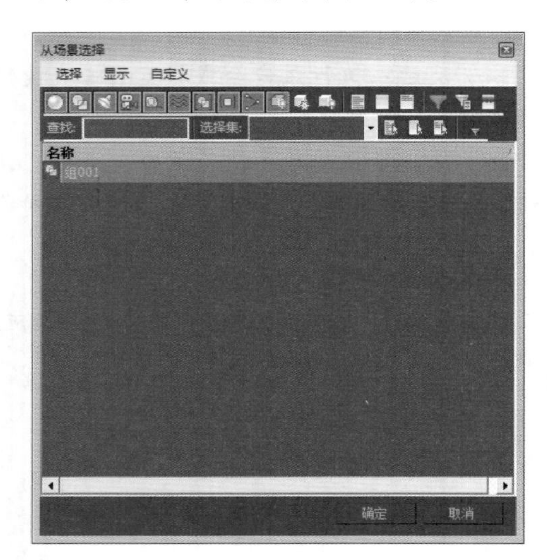

图 2-70 “从场景选择”对话框

图 2-71 “按层选择”对话框

◆ 颜色：执行该命令，选择与选定对象具有相同颜色的所有对象。

（18）选择区域：选择对象的各种方式。该命令包含 7 个子命令，如图 2-72 所示。

（19）管理选择集：3ds Max 可以对当前选择集合指定名称，以方便操作。如制作效果图时，选择将要使用同一材质的对象，对它们的选择集合命名，方便后期的更改。

（20）对象属性：选择一个或多个对象以后，执行该命令，打开“对象属性”对话框，如图 2-73 所示。在该对话框中可以查看和编辑对象的“常规”、“高级照明”和 mental ray 参数。

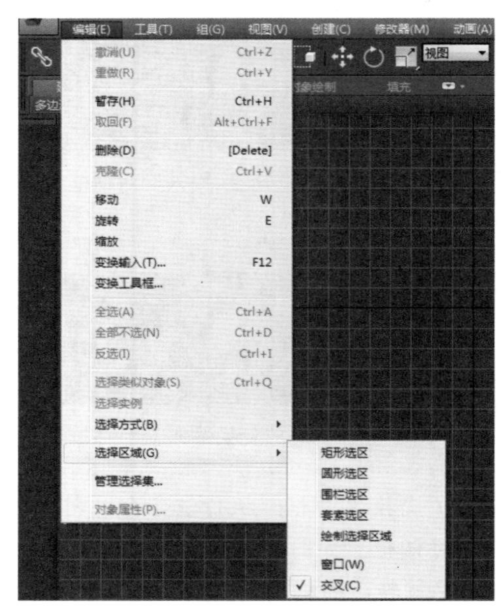

图 2-72 “选择区域”菜单命令

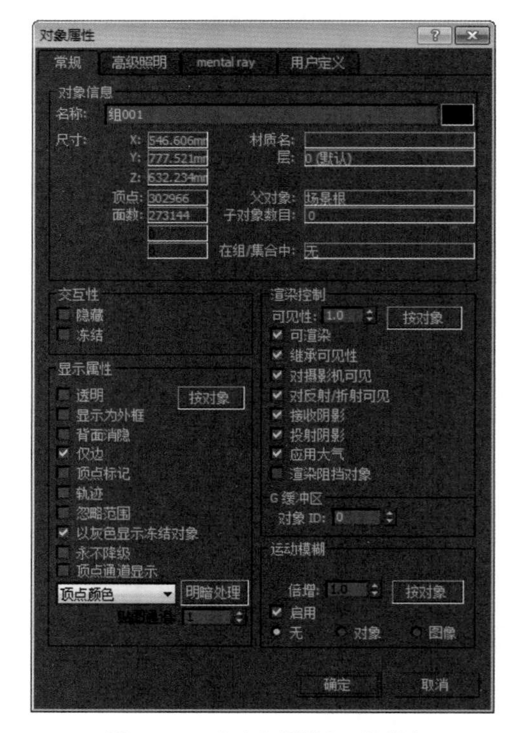

图 2-73 “对象属性”对话框

2. “工具”菜单

“工具”菜单主要包括对物体进行基本操作的

命令，如图 2-74 所示。这些命令在主工具栏中都有相应的命令按钮，直接操作更快捷方便。部分不太常用的命令需要使用菜单命令执行。

3. “组”菜单

“组”菜单中的命令主要将场景中两个或两个以上的对象编辑成一组，如图 2-75 所示，也可以将成组的对象拆分为单个对象。

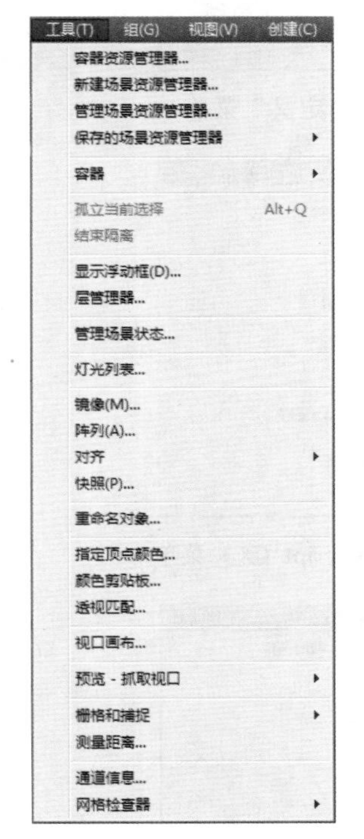

图 2-74 “工具”菜单

图 2-75 “组”菜单

4. “视图”菜单

“视图”菜单中的命令主要用来控制视图的显示方式以及视图的相关参数设置，如图 2-76 所示。

5. “创建”菜单

“创建”菜单中的命令主要用来创建几何体、二维图形、灯光和粒子等对象，如图 2-77 所示。

6. “修改器”菜单

“修改器”菜单中集合了所有修改器，如图 2-78 所示。

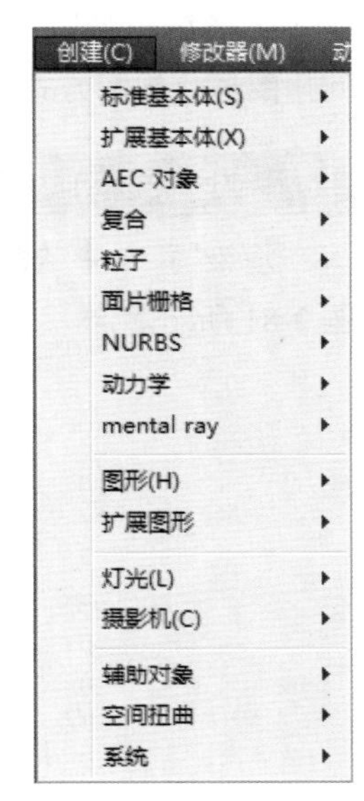

图 2-76 “视图”菜单　　图 2-77 “创建”菜单

7. “动画”菜单

“动画”菜单中的命令主要用来制作动画，包括正向动力学、反向动力学以及创建和修改骨骼的命令，如图 2-79 所示。

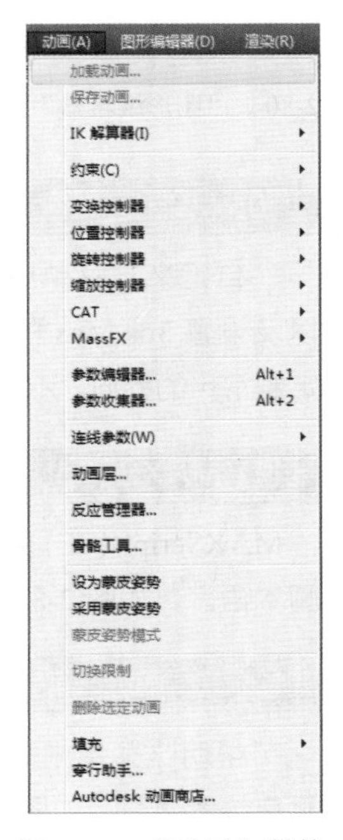

图 2-78 “修改器”菜单　　图 2-79 “动画”菜单

8. “图形编辑器”菜单

“图形编辑器”菜单中的命令主要将场景元素之间用图形化视图方式来表达关系，如图 2-80 所示。

9. “渲染”菜单

“渲染”菜单中的命令主要用来设置渲染参数，如图 2-81 所示。

图 2-80 “图形编辑器”菜单　图 2-81 “渲染”菜单

10. “自定义”菜单

“自定义”菜单中的命令主要用来更改用户界面以及设置 3ds Max 的首选项，如图 2-82 所示。可以定制常用的界面，还可以对 3ds Max 系统进行设置。

11. MAXScript（X）菜单

MAXScript（X）菜单中的命令是 3ds Max 的内置脚本语言，如图 2-83 所示。

12. “帮助”菜单

“帮助”菜单中的命令主要是一些帮助信息，供用户参考学习，如图 2-84 所示。

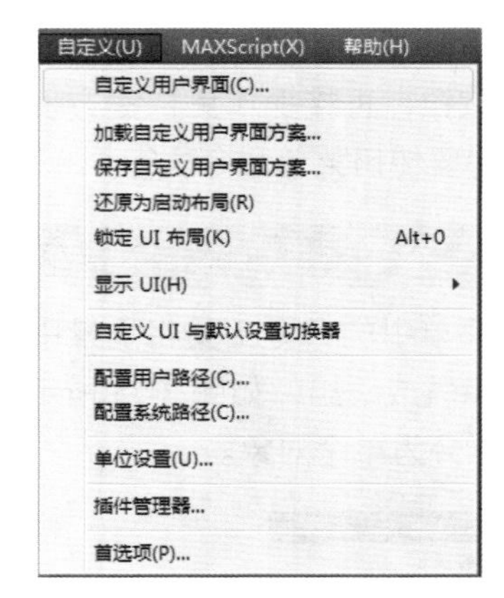

图 2-82 “自定义”菜单

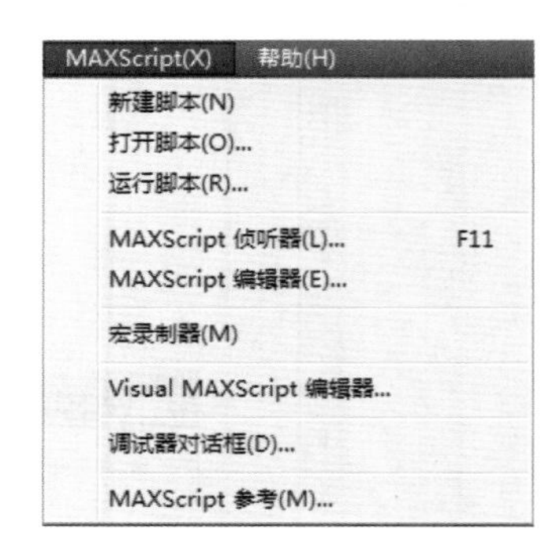

图 2-83 MAXScript（X）菜单

图 2-84 “帮助”菜单

2.1.4 主工具栏

主工具栏中集合了最常用的一些编辑工具，默认状态下的主工具栏如图 2-85 所示。

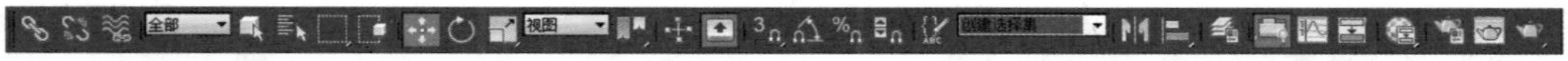

图 2-85　主工具栏

其中一些工具的右下角有三角形图标，单击该图标，并按住鼠标左键不放就会弹出下拉工具列表，如图 2-86 所示。

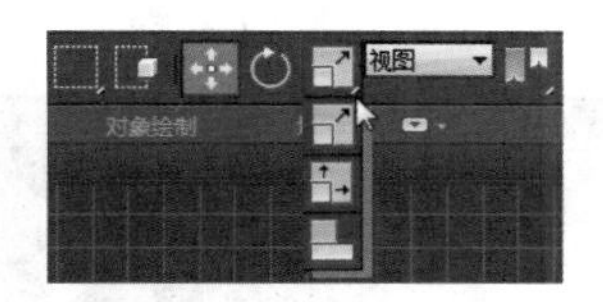

图 2-86　下拉工具列表

技巧秒杀

要调出隐藏的工具栏，在主工具栏的空白处单击鼠标右键，在弹出的快捷菜单（见图 2-87）中选择该工具栏名称，如“层”，如图 2-88 所示，则显示“层”工具栏，如图 2-89 所示。

图 2-87　快捷菜单

图 2-88　选择命令

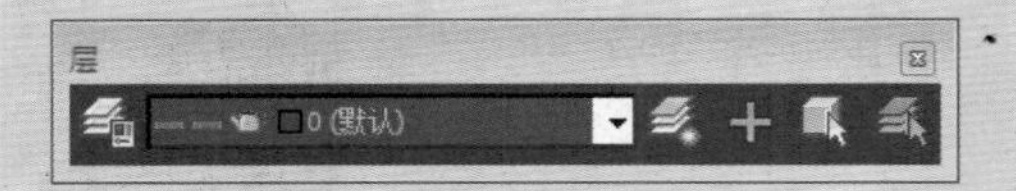

图 2-89　打开工具栏

?答疑解惑：

为什么有时候在主工具栏中找不到一些常用工具？

当需要查看主工具栏中没有完全显示出来的工具时，将光标放置在“主工具栏”上的空白处，光标变成手形，如图 2-90 所示，按住鼠标左键不放拖动主工具栏，即可查看没有显示出来的工具，如图 2-91 所示。

图 2-90　光标停放在主工具栏

图 2-91　拖动鼠标

1. 选择并链接

“选择并链接”工具主要用于建立对象之间的父子链接与定义层级关系，但是只能父级对象带动子级物体。

Step 1 选择“选择并链接”工具，在子级物体上单击并按住鼠标左键不放，如图 2-92 所示。

图 2-92　选择对象

Step 2 拖动鼠标箭头到父级物体上，即会引出虚线，虚线由鼠标箭头控制，如图 2-93 所示。

Step 3 释放鼠标左键，父级物体会闪烁一下外框，表示链接操作成功，如图 2-94 所示。

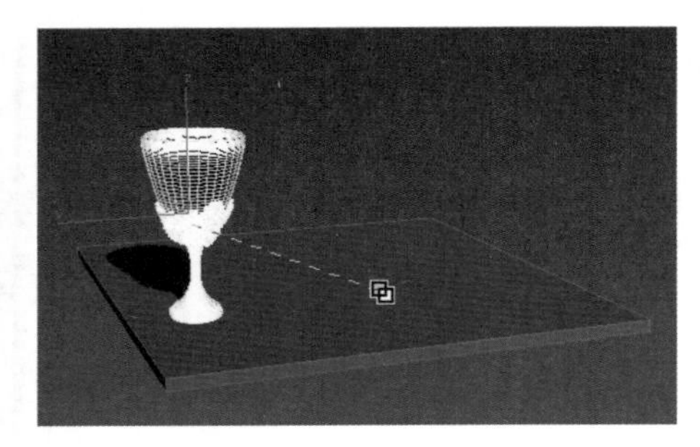

图 2-93 拖动鼠标

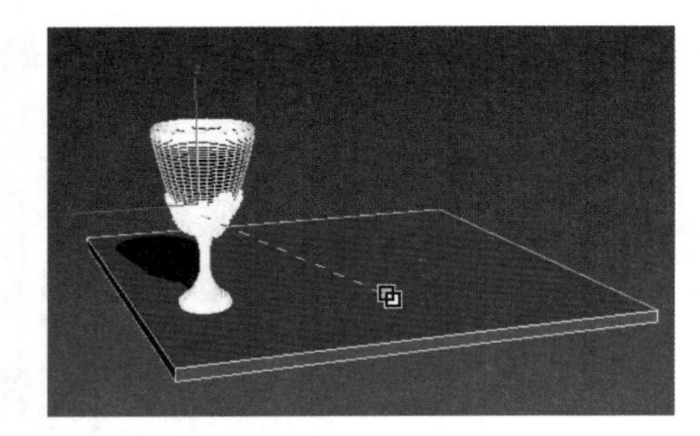

图 2-94 链接对象

Step 4 ▶ 链接成功后，移动子物体杯状物，底板不会随之移动，如图 2-95 所示。

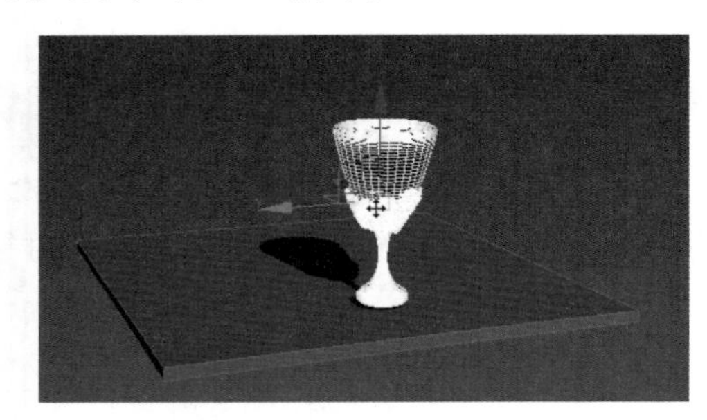

图 2-95 移动对象（1）

Step 5 ▶ 移动父物体底板，子物体杯状物随着底板一起移动，如图 2-96 所示。

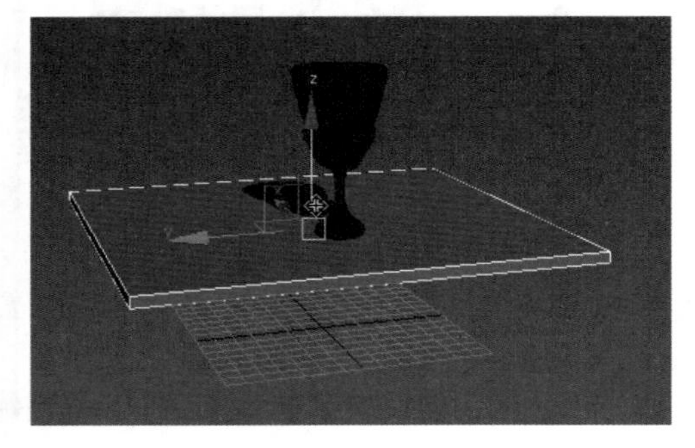

图 2-96 移动对象（2）

2. 断开当前选择链接

"断开当前选择链接"工具与"选择并链接"工具作用相反，主要用于取消对象之间的层级链接关系，即取消对象的父子级链接关系，此工具是针对子级物体执行的。

Step 1 ▶ 选择父级对象，如图 2-97 所示。

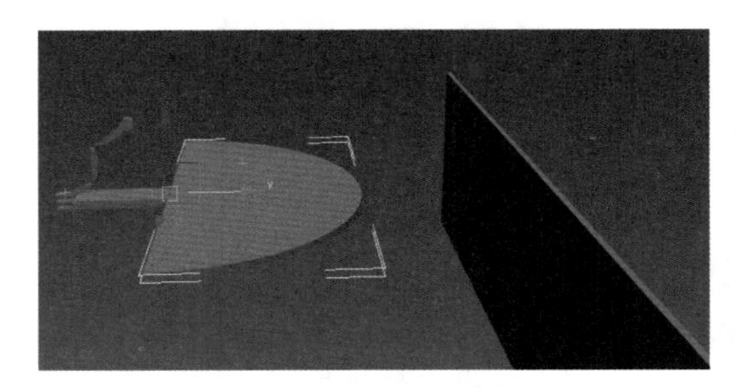

图 2-97 选择对象

Step 2 ▶ 拖动父级物体，子级物体随之移动，如图 2-98 所示。

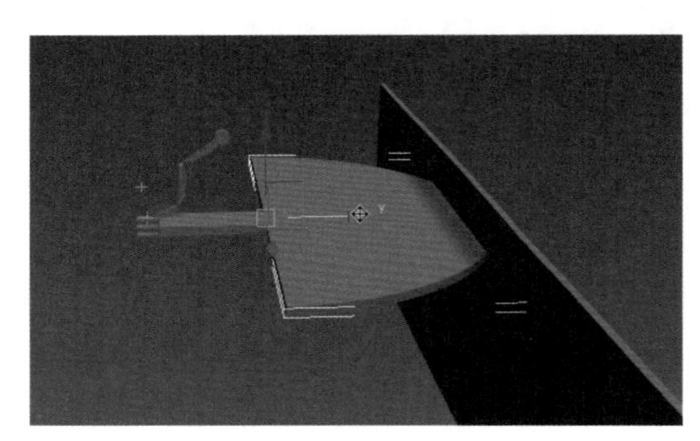

图 2-98 移动对象

Step 3 ▶ 选择子级物体，单击"断开当前选择链接"工具，取消链接关系，如图 2-99 所示。

Step 4 ▶ 再次拖动父级物体，子级物体不会随之移动，如图 2-100 所示。

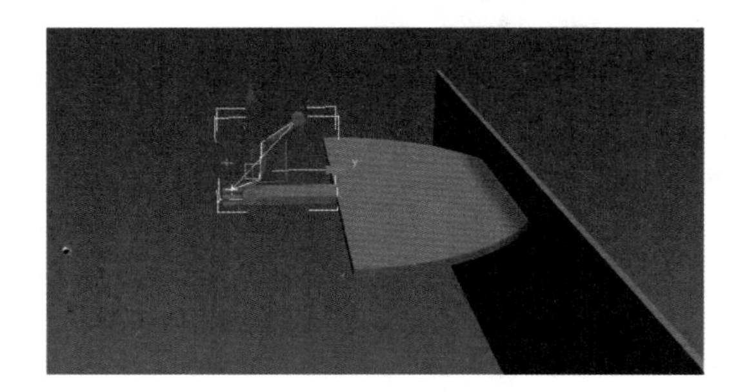

图 2-99 取消链接关系

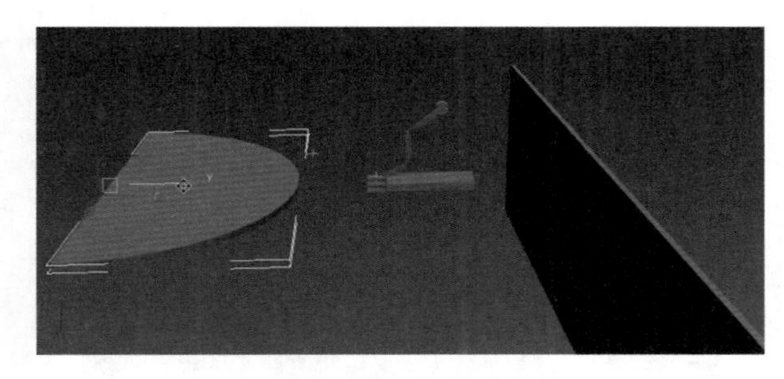

图 2-100　移动对象

3. 绑定到空间扭曲

“绑定到空间扭曲”工具可以将选定的对象绑定到空间扭曲对象上，使其受空间扭曲对象的影响。空间扭曲对象是一类特殊对象，本身不能被渲染，主要作用是限制或加工绑定的对象，如风力、波浪、磁力、爆炸影响等。

4. 过滤器全部

“过滤器”工具全部主要用来过滤不需要选择的对象类型，这对于批量选择同一种类型的对象非常有用。

技巧秒杀

单击“过滤器”下拉按钮全部，展开下拉列表，如图 2-101 所示。在列表中选择如“摄影机”，除摄影机外，在场景中单击如几何体、图形、灯光等对象时，对象不会被选中。这个工具在当前场景中对象庞大复杂时非常有用。

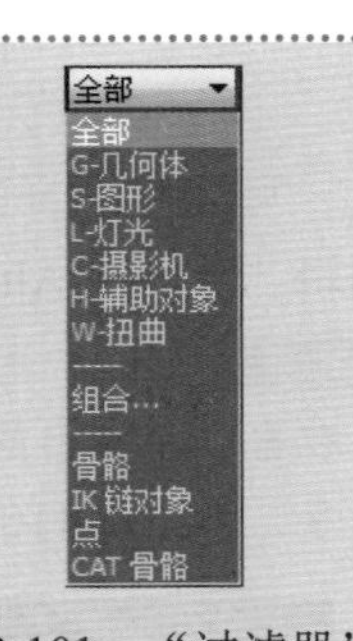

图 2-101　“过滤器”下拉列表

5. 选择对象

“选择对象”工具主要用来选择对象，配合其他方式有多种选择对象的方法。

（1）单选对象

选择“选择对象”工具，在对象上单击即可选择该对象。

（2）框选对象

选择“选择对象”工具，在视图中拉出一个选框，与这个选框相交以及选框内的对象全部被选中，适合选择一个区域的对象。

Step 1 选择“选择对象”工具，在需要选择的多个物体处单击并拖动绘制选框，即会引出虚线，如图 2-102 所示。

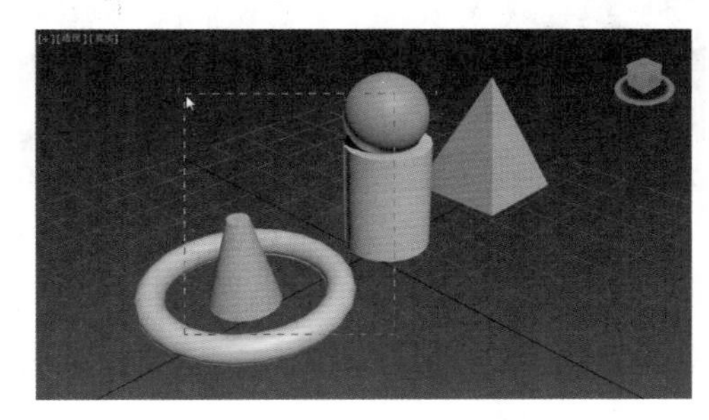

图 2-102　创建选框

Step 2 释放鼠标显示与选框相交以及选框内的对象都被选中，如图 2-103 所示。

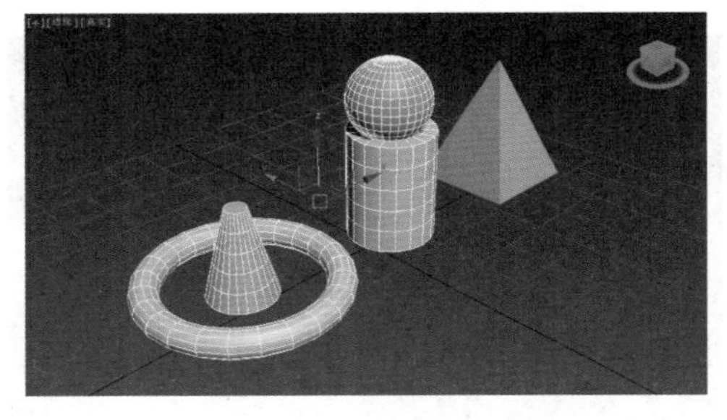

图 2-103　选中对象

（3）加选对象

在当前场景中选择一个对象后，要继续加选其他对象，按住 Ctrl 键单击其他对象，即可依次选择多个对象。

Step 1 选择“选择对象”工具，单击选择对象，如图 2-104 所示。

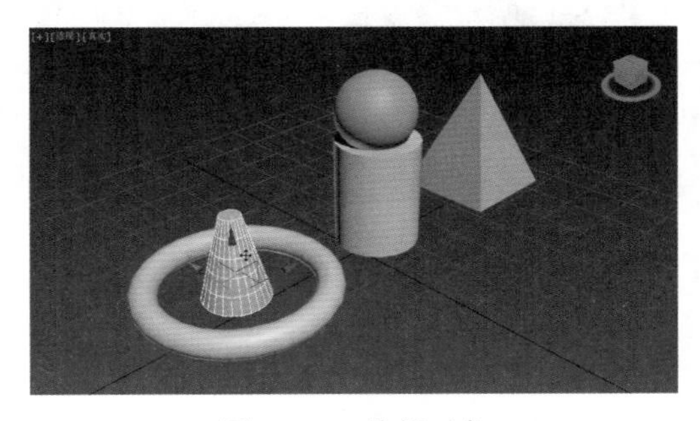

图 2-104　选择对象

Step 2 ▶ 按住 Ctrl 键单击其他对象，如图 2-105 所示。

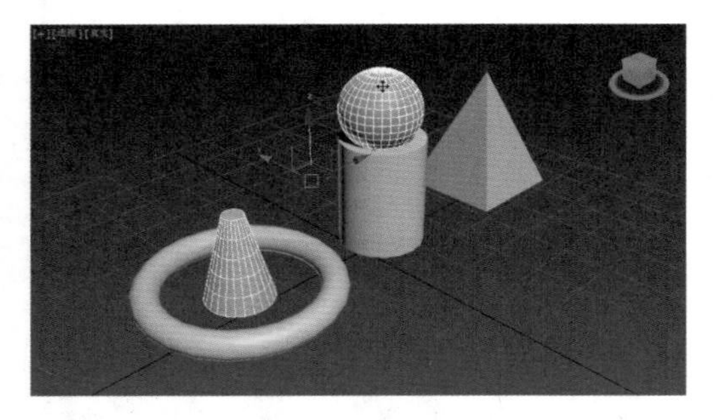

图 2-105　加选对象

（4）减选对象

在当前场景中选择了多个对象后，要减去其中的某个对象，按住 Alt 键单击需要减去的对象，即可减去当前单击的对象。

Step 1 ▶ 使用"选择对象"工具选择对象，如图 2-106 所示。

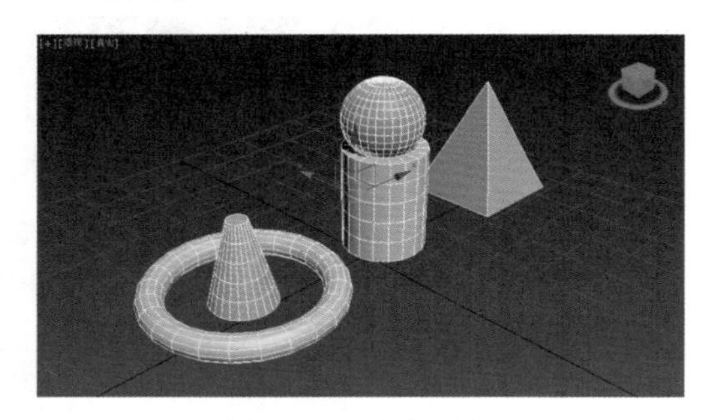

图 2-106　选择对象

Step 2 ▶ 按住 Alt 键单击需要减去的对象，如图 2-107 所示。

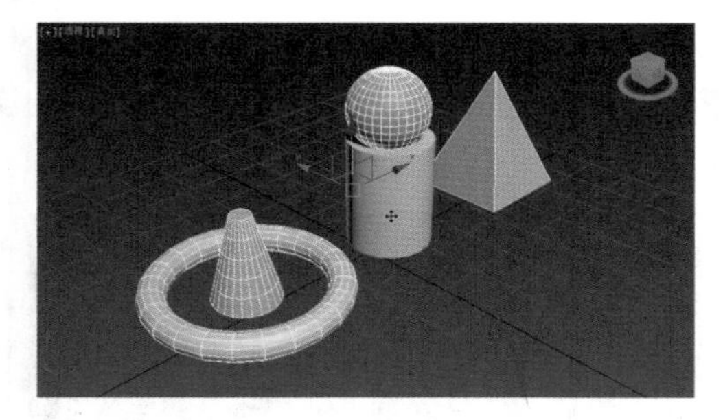

图 2-107　减选对象

（5）反选对象

如果当前选择了某些对象，又要选择除去当前选择对象的其他对象，可以按 Ctrl+I 快捷键来完成。

Step 1 ▶ 使用"选择对象"工具选择对象，如图 2-108 所示。

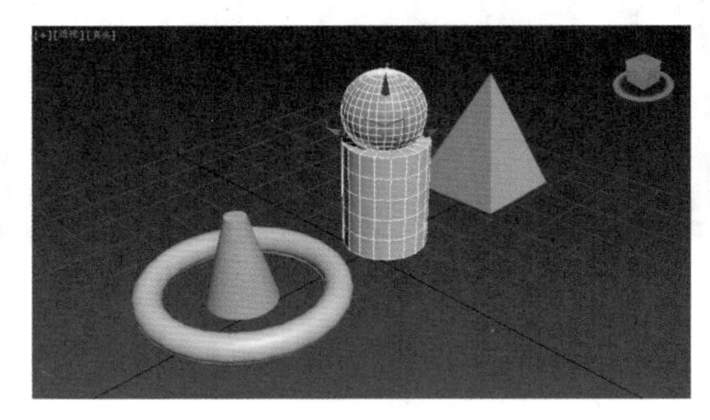

图 2-108　选择对象

Step 2 ▶ 按 Ctrl+I 快捷键反选对象，如图 2-109 所示。

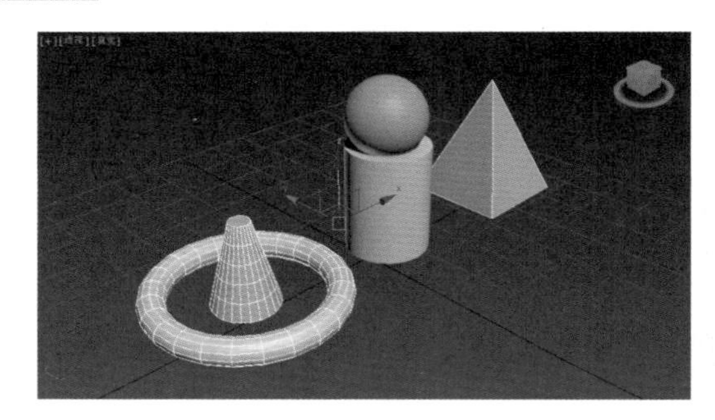

图 2-109　反选对象

（6）孤立选择对象

可以将选择的对象单独显示，以方便对其进行编辑。可以按 Alt+Q 快捷键来完成。

Step 1 ▶ 使用"选择对象"工具选择对象，在对象上右击，在弹出的快捷菜单中选择"孤立当前选择"命令，如图 2-110 所示。

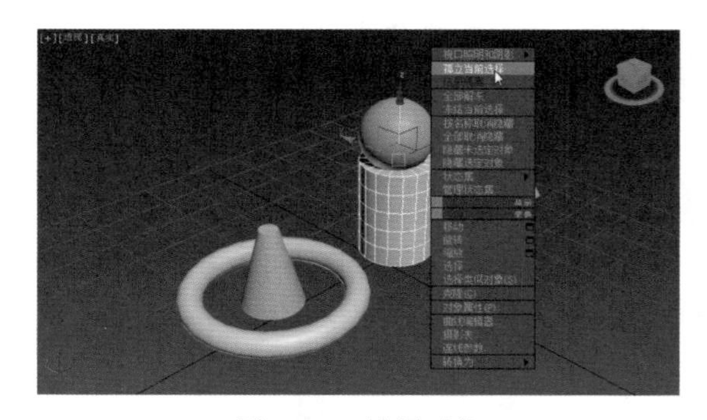

图 2-110　选择对象

Step 2 ▶ 所选对象在当前视图中将最大化单独显示，如图 2-111 所示。

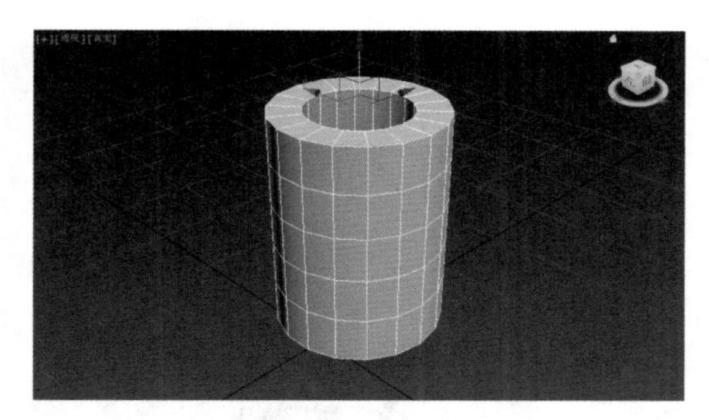

图 2-111　最大化显示所选对象

?答疑解惑：

当对象被孤立显示后，要再观看其他物体怎么操作？要如何取消选择对象？

如果要结束当前视图中孤立显示的对象，使其他物体也显示出来，可在对象上右击，在弹出的快捷菜单中选择“结束隔离”命令。

要取消对当前对象的选择状态，可在视图空白处单击。

6. 按名称选择

根据物体的名称选择对象。

Step 1 单击“按名称选择”工具，将弹出“从场景选择”对话框，如图 2-112 所示。

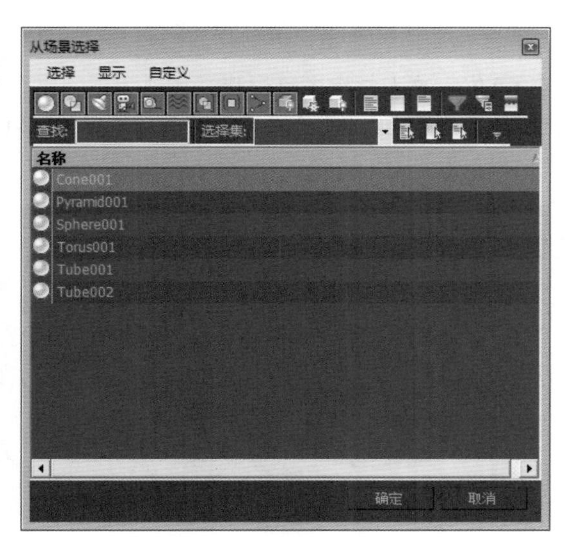

图 2-112　“从场景选择”对话框

Step 2 在该对话框中选择对象名称，单击“确定”按钮，如图 2-113 所示。

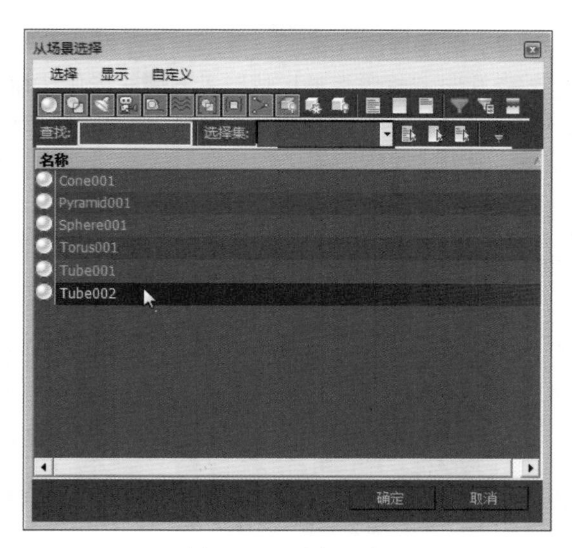

图 2-113　选择对象

Step 3 视图中显示被选择状态的对象，如图 2-114 所示。

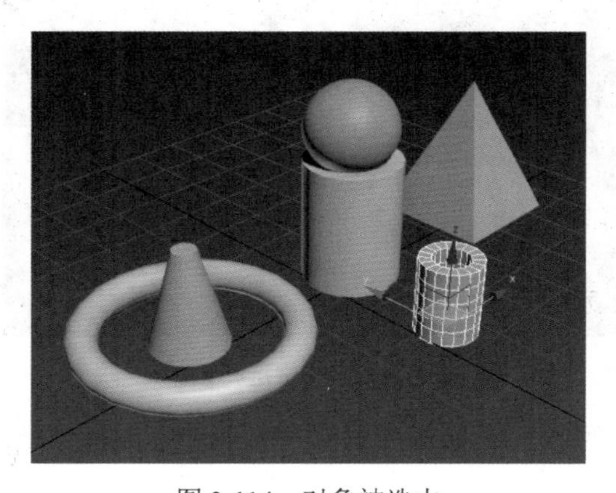

图 2-114　对象被选中

7. 选择区域

该命令主要配合“选择对象”一起使用，可根据需要使用不同的选择区域选择对象，一共包括 5 种模式。

（1）矩形选择区域

系统默认的方式是“矩形选择区域”。使用方法是根据所选对象在视图中拉一个矩形选框，与该选框边缘接触以及选框内的所有对象都将被选中。

技巧秒杀

在使用“选择对象”工具框选对象时，按 Q 键可以切换选框类型。

（2）圆形选择区域

Step 1 单击“矩形选择区域”工具并按住鼠标左键不放向下拖动，单击下拉列表中的“圆形选择区域”按钮，如图 2-115 所示。

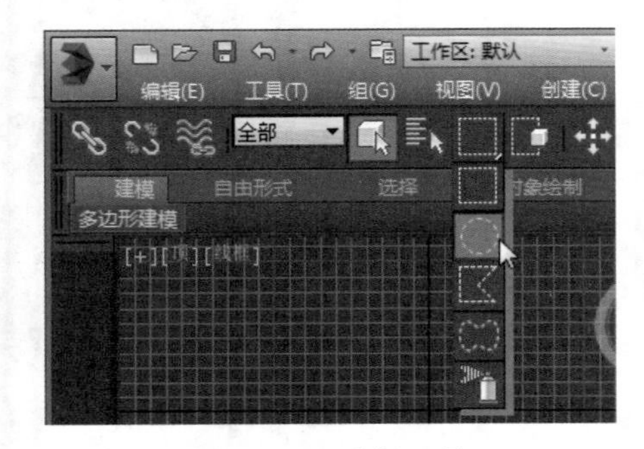

图 2-115 选择工具

Step 2 在视图中单击并按住鼠标左键不放拖动指定选择区域，如图 2-116 所示。

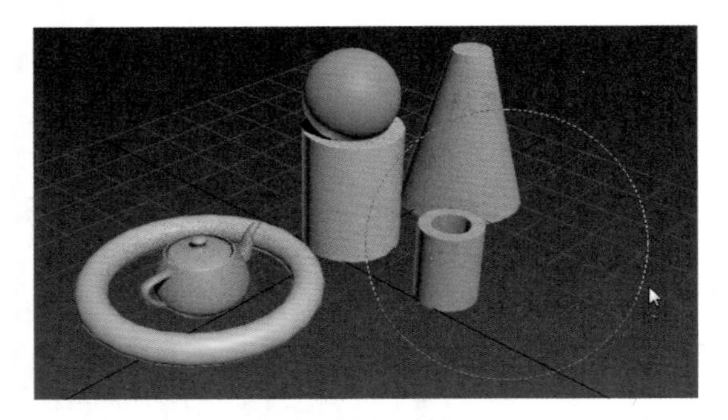

图 2-116 指定选择区域

Step 3 释放鼠标左键，与该圆形选框边缘接触及选框内所有对象都被选中，如图 2-117 所示。

图 2-117 对象被选中

（3）多边形选择区域

Step 1 按 Q 键两次选择“多边形选择区域”工具，在适当位置单击并按住鼠标左键不放拖动至适当位置释放鼠标，如图 2-118 所示。

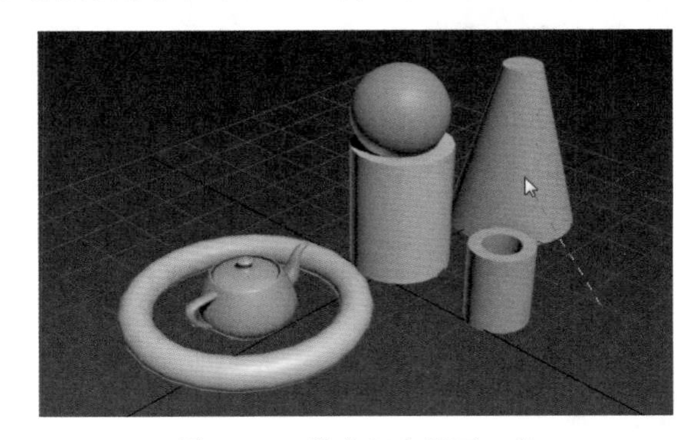

图 2-118 指定起点及下一点

Step 2 至适当位置单击指定多边形选择区域的下一点，如图 2-119 所示。

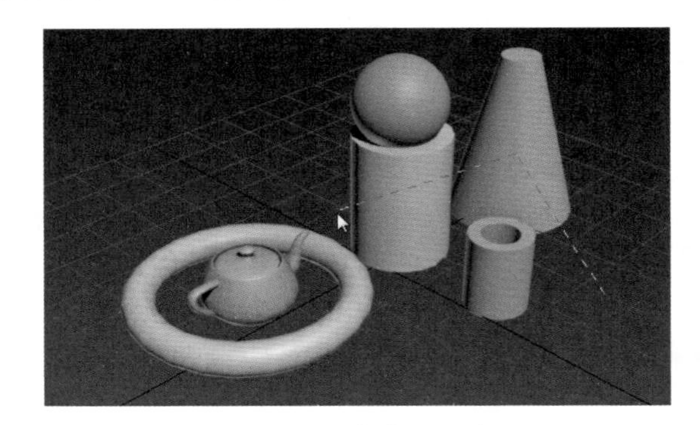

图 2-119 指定下一点

Step 3 依次单击指定多边形选择区域的下一点，至起点处鼠标呈时单击闭合多边形选择区域，如图 2-120 所示。

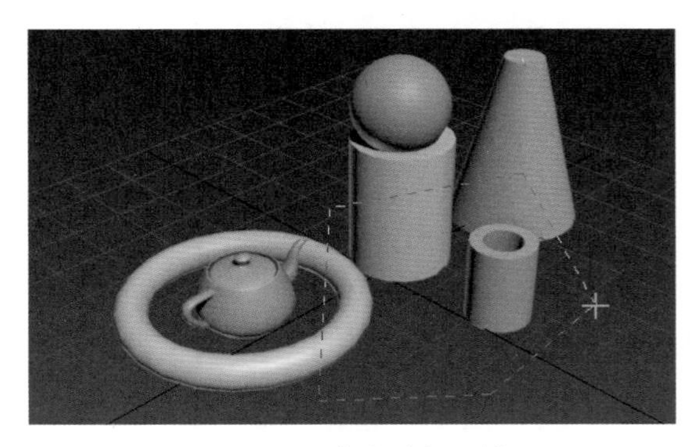

图 2-120 指定选择区域

Step 4 与该多边形选框边缘接触及选框内所有对象都被选中，如图 2-121 所示。

图 2-121　对象被选中

（4）套索选择区域

在适当位置单击指定“套索选择区域”工具的起点，并按住鼠标左键不放拖动，至适当位置释放鼠标左键，与该套索选框边缘接触及选框内所有对象都被选中。

（5）绘制选择区域

使用“绘制选择区域”工具在物体上单击，即可选择对象。

8. 窗口 / 交叉

该工具主要控制选择区域所能选择的对象。当该工具处于未激活状态时，使用选择工具选择对象时，只要区域包含对象的一部分都会选中该对象；当该工具处于激活状态时，只有将对象全部包含在选框区域内才会将其选中。实际工作时，该工具一般为未激活状态。

9. 选择并移动

该工具主要用来选择并移动对象，选择对象的方法与“选择对象”工具相同，可以将选定的对象移动到任何位置，在工具按钮上右击，将打开“移动变换输入”对话框。

10. 选择并旋转

该工具主要用来选择并旋转对象，在工具按钮上右击，将打开“旋转变换输入”对话框。

11. 选择并缩放

选择并缩放对象，在工具按钮上右击，将打开“缩放变换输入”对话框，输入数值即可精确缩放所选对象。该工具包含 3 种方式。

（1）选择并均匀缩放

将所选对象 3 个轴同时以相同量进行缩放。如图 2-122 所示为原对象，如图 2-123 所示为使用“选择并均匀缩放”按钮的效果。

图 2-122　缩放对象（1）

图 2-123　缩放对象（2）

（2）选择并非均匀缩放

拖曳坐标缩放控制器其中一个轴进行缩放，另两个轴保持不变。在“选择并缩放”按钮上单击并按住鼠标左键不放，移动至下拉菜单中的“选择并非均匀缩放”按钮处释放鼠标，如图 2-124 所示。单击选择对象，如图 2-125 所示。拖曳对象的其中一个轴进行缩放，如图 2-126 所示。

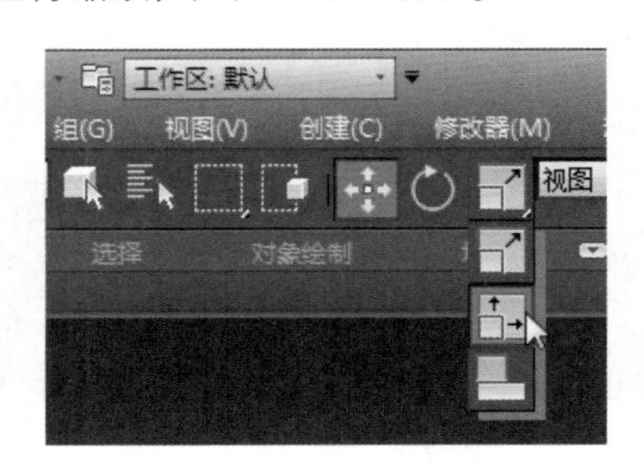

图 2-124　选择工具

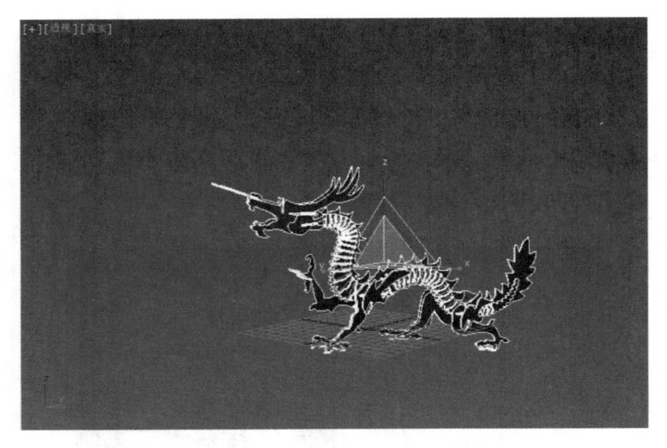

图 2-125 选择对象

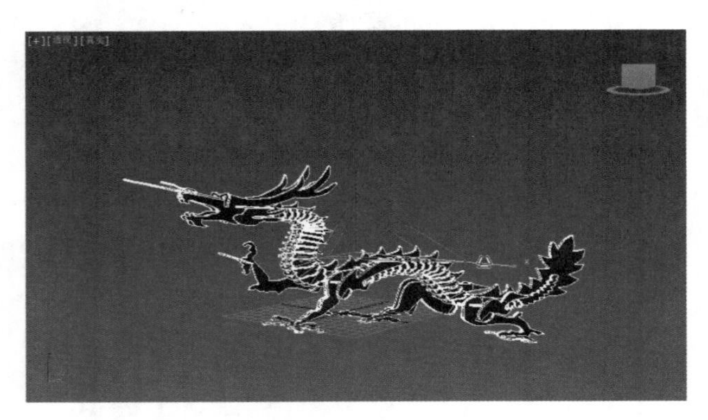

图 2-126 缩放对象

（3）选择并挤压

选择对象后创建“挤压”和“拉伸”效果。在“选择并非均匀缩放”按钮上单击并按住鼠标左键不放，移动至下拉菜单中的“选择并挤压”按钮处释放鼠标，如图 2-127 所示。单击选择对象，如图 2-128 所示。拖曳对象的其中一个轴进行缩放，如图 2-129 所示。

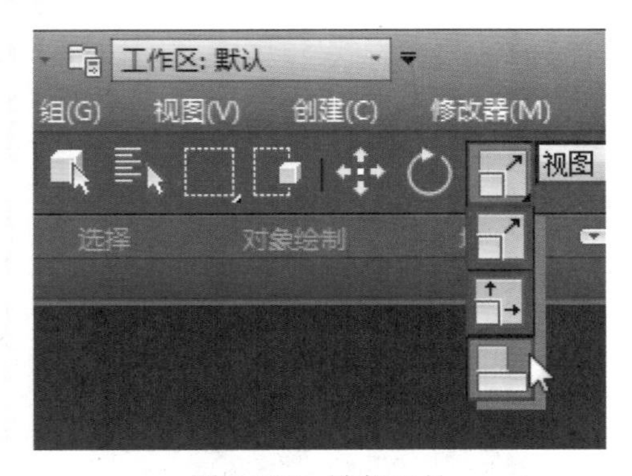

图 2-127 选择工具

图 2-128 选择对象

图 2-129 缩放对象

12. 参考坐标系

用来指定变换操作（如移动、旋转、缩放等）所使用的坐标系统，包括 9 种坐标系：视图、屏幕、世界、父对象、局部、万向、栅格、工作和拾取，如图 2-130 所示。

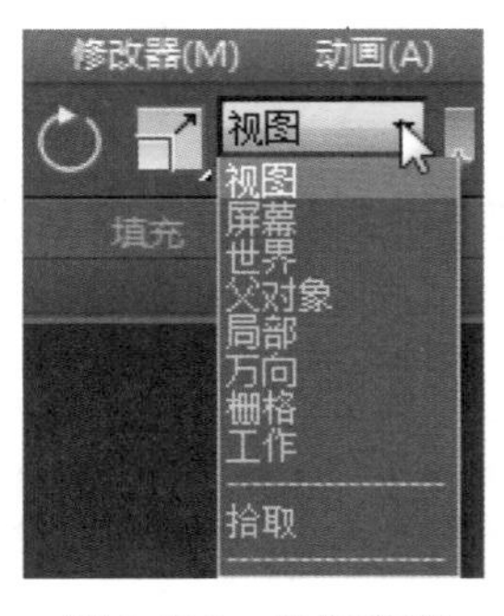

图 2-130 坐标系统

知识解析

- 视图：“视图”为系统默认坐标系，所有正交视图中的 X、Y、Z 轴都相同。使用该坐标系移动对象时，可以相对于视图空间移动对象。
- 屏幕：将活动视口屏幕用作坐标系。单击“参考坐标系”下拉按钮视图，选择“屏幕”选项，如图 2-130 所示。
- 世界：使用世界坐标系。
- 父对象：使用选定对象的父对象作为坐标系。如果对象未链接至特定对象，则其为世界坐标系的子对象，其父坐标系与世界坐标系相同。
- 局部：使用选定对象的轴心点作为坐标系。
- 万向：万向坐标系与 Euler XYZ 旋转控制器一同使用，与局部坐标系类似，但其 3 个旋转轴相互之间不一定垂直。
- 栅格：使用活动栅格作为坐标系。
- 工作：使用工作轴作为坐标系。
- 拾取：使用场景中的另一个对象作为坐标系。

13. 使用轴点中心

轴点中心工具包括 3 种方式：“使用轴点中心”工具、“使用选择中心”工具和“使用变换坐标中心”工具，如图 2-131 所示。

图 2-131　轴点中心工具

知识解析

- 使用轴点中心：可以围绕其各自的轴点旋转或缩放一个或多个对象。
- 使用选择中心：围绕其共同的几何中心旋转或缩放一个或多个对象。如果变换多个对象，该工具会计算所有对象的平均几何中心，并将该几何中心用作变换中心。
- 使用变换坐标中心：围绕当前坐标系的中心旋转或缩放一个或多个对象。当使用“拾取”功能将其他对象指定为坐标系时，其坐标中心在该对象轴的位置上。

14. 选择并操纵

该工具可以在视图中通过拖曳“操纵器”来编辑修改器、控制器和某些对象的参数。这个工具不能独立应用，需要与其他选择工具配合使用。

技巧秒杀

“选择并操纵”工具的状态不是唯一的，只要选择模式或变换模式之一为活动状态，并且启用了“选择并操纵”工具，就可以操纵对象。但选择一个操纵器辅助对象之前必须禁用“选择并操纵”工具。

15. 键盘快捷键覆盖切换

未激活该工具时，只识别主用户界面快捷键；激活该工具后，可同时识别主用户界面快捷键和功能区域快捷键。一般情况下需要开启该工具。

16. 捕捉开关

该工具主要用于捕捉对象，快捷键为 S。包括“2D 捕捉”工具、“2.5D 捕捉”工具和“3D 捕捉”工具 3 种，如图 2-132 所示。在“捕捉开关”按钮上右击，将打开“栅格和捕捉设置”对话框，在该对话框中可以设置捕捉类型和捕捉的相关选项，如图 2-133~ 图 2-135 所示。

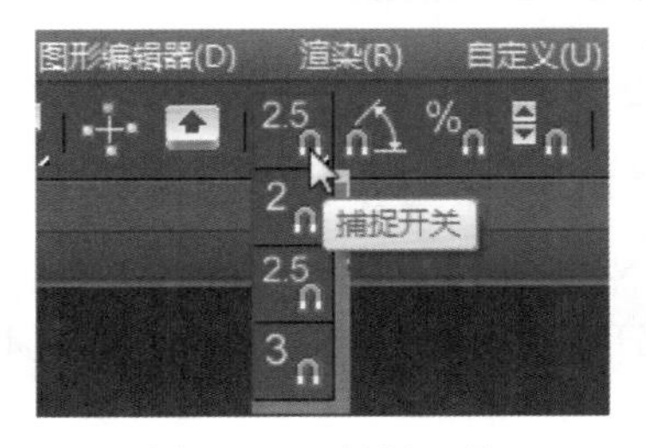

图 2-132　捕捉工具

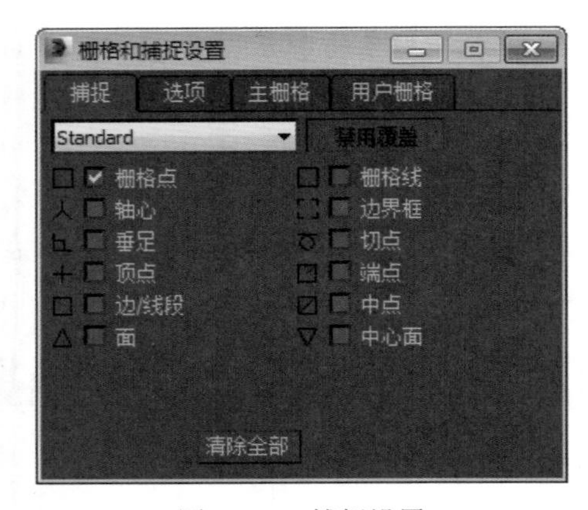

图 2-133　捕捉设置

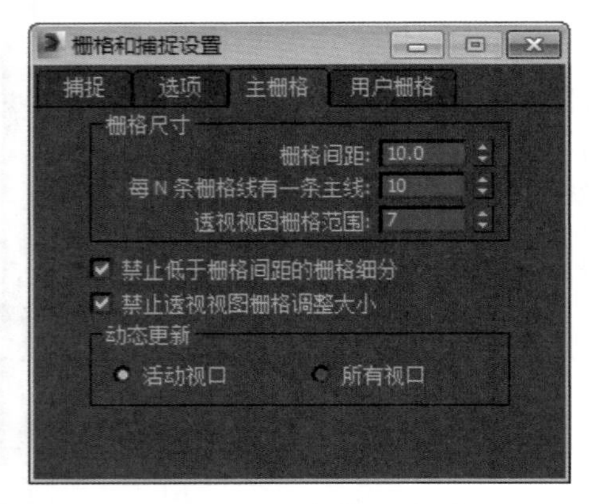

图 2-134　“主栅格”选项卡

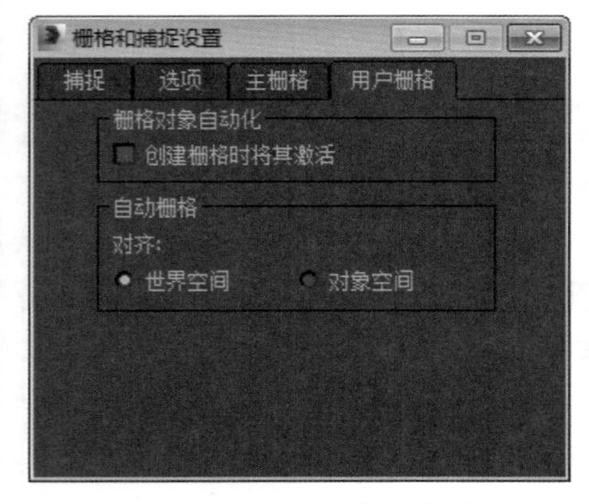

图 2-135　“用户栅格”选项卡

知识解析

- 2D 捕捉：捕捉活动的栅格。
- 2.5D 捕捉：捕捉结构或捕捉根据风格得到的几何体。
- 3D 捕捉：捕捉 3D 空间中的任何位置。

17. 角度捕捉切换

该工具用来指定捕捉的角度，快捷键为 A。激活该工具后，角度捕捉将影响所有旋转变换，在默认状态下以 5° 为增量进行旋转。

若要更改旋转增量，可以右击“角度捕捉切换”工具，在弹出的“栅格和捕捉设置”对话框中选择“选项”选项卡，在“角度”数值框中输入相应原旋转增量角度即可，如图 2-136 所示。

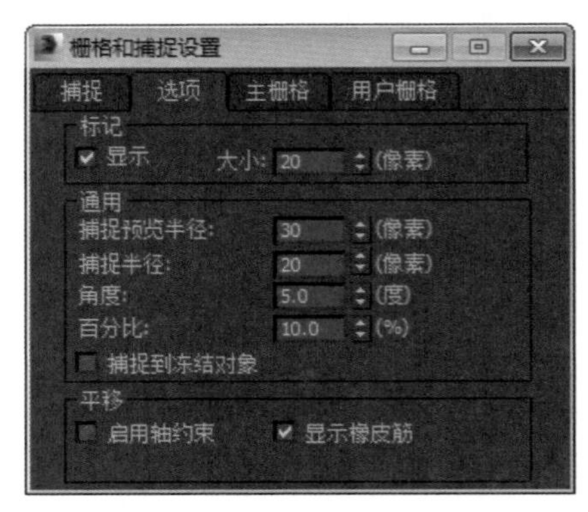

图 2-136　“选项”选项卡

18. 百分比捕捉切换

使用该工具可以将对象缩放捕捉到自定的百分比，在缩放状态下默认每次的缩放百分比为 10%。该工具快捷键为 Shift+Ctrl+P。

技巧秒杀

右击“百分比捕捉切换”工具，在弹出的“栅格和捕捉设置”对话框中选择“选项”选项卡，在“百分比”数值框中输入相应的百分比数，即可更改默认缩放百分比。

19. 微调器捕捉切换

使用该工具可以设置微调器单次单击的增加值或减少值。

技巧秒杀

右击“微调器捕捉切换”工具，打开“首选项设置”对话框，如图 2-137 所示。在“常规”选项卡的“微调器”选项组中设置相关参数即可，如图 2-138 所示。

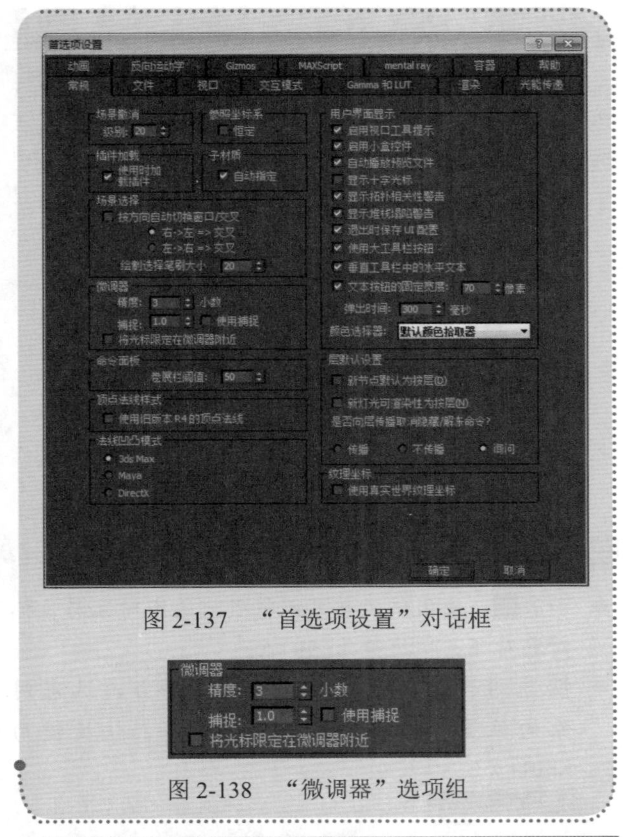

图 2-137 “首选项设置”对话框

图 2-138 “微调器”选项组

20. 编辑命名选择集

使用该工具可以为单个或多个对象创建选择集。

Step 1 ▶ 选择一个或多个对象，单击“编辑命名选择集”工具，如图 2-139 所示。

图 2-139 选择工具

Step 2 ▶ 打开“命名选择集”对话框，如图 2-140 所示。在该对话框中可创建新集、删除集以及添加、删除选定对象等操作。

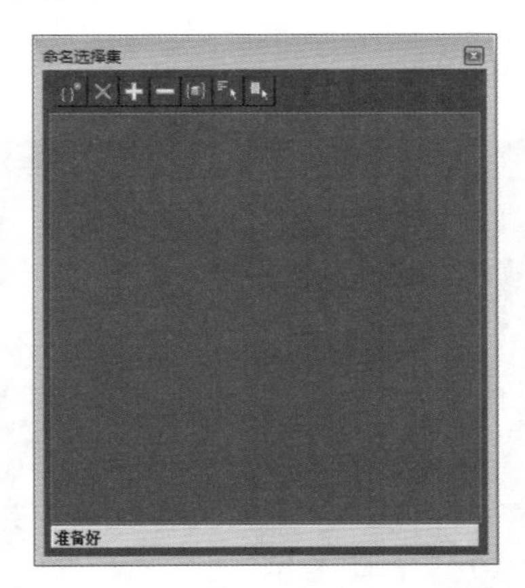

图 2-140 “命名选择集”对话框

21. 创建选择集

如果选择了对象，在“创建选择集”中输入名称，即可创建一个新的选择集；如果已经创建了选择集，在列表中可以选择创建的集。

22. 镜像

使用该工具可以围绕一个轴心镜像出一个或多个副本对象。选中对象，单击“镜像”工具，将打开“镜像：世界坐标”对话框，可以对“镜像轴”、“克隆当前选择”和“镜像 IK 限制”进行设置。

实例操作：镜像圆锥体

操作步骤如下。

Step 1 ▶ 选中圆锥体，单击“镜像”工具，打开“镜像：世界坐标”对话框，如图 2-141 所示。

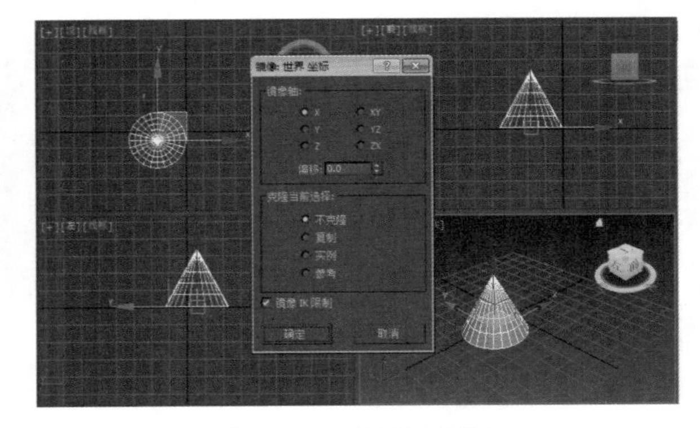

图 2-141 打开对话框

Step 2 ▶ 单击选择镜像轴“YZ”，在“克隆当前选择”选项组中选中“复制”单选按钮，单击“确定”按钮，如图 2-142 所示。

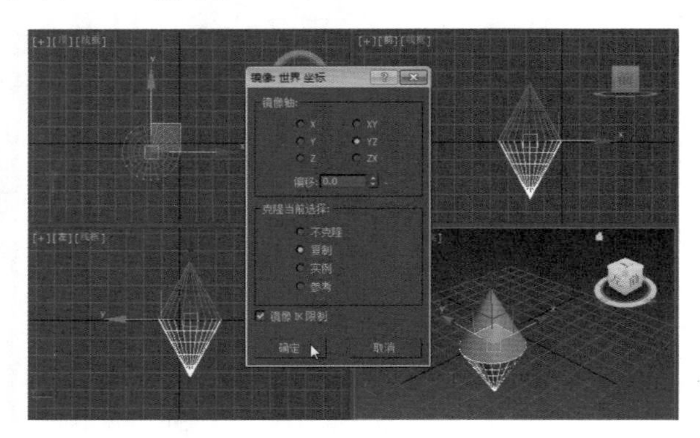

图 2-142　选择选项

Step 3 ▶ 选中圆锥体，打开“镜像：世界坐标”对话框，在“克隆当前选择”选项组中选中“复制”单选按钮，单击选择镜像轴“X”，效果如图 2-143 所示。

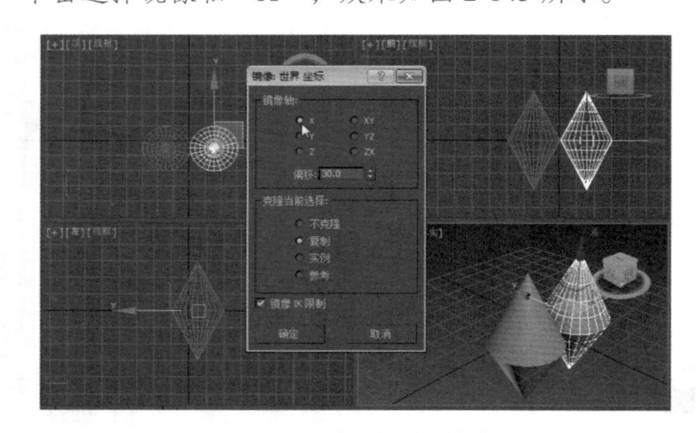

图 2-143　选择选项及镜像轴

Step 4 ▶ 单击选择镜像轴“Z”，效果如图 2-144 所示，单击“确定”按钮。

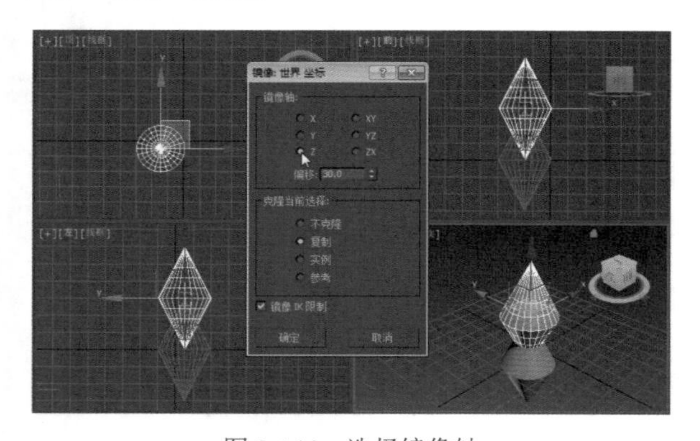

图 2-144　选择镜像轴

23. 对齐

使用该工具可以根据对象的分类进行各种对齐。该工具包含“对齐”工具、“快速对齐”工具、“法线对齐”工具、“放置高光”工具、“对齐摄影机”工具和“对齐到视图”工具，如图 2-145 所示。

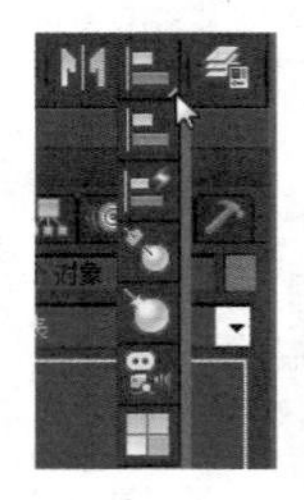

图 2-145　“对齐”工具组

知识解析

- 对齐：使用该工具可以将当前选定对象与目标对象对齐，快捷键为 Alt+A。
- 快速对齐：使用该工具可以将当前选定对象的位置与目标对象的位置对齐，快捷键为 Shift+A。

技巧秒杀

如果当前选择的是单个对象，该工具需要使用到两个对象的轴；如果当前选择了多个对象或多个子对象，使用该工具可以将选中对象的选择中心对齐到目标对象的轴。

- 法线对齐：基于每个对象的面或是以选择的法线方向来对齐两个对象，快捷键为 Alt+N。

技巧秒杀

先选择对齐的对象，然后单击对象上的面，接着单击第 2 个对象上的面，释放鼠标就可以打开“法线对齐”对话框。

- 放置高光：使用该工具可以将灯光或对象对齐到另一个对象，以便可以精确定位其高光或反射。在该模式下，可以在任一视图中单击并拖动光标。

技巧秒杀

“放置高光”是一种依赖于视图的功能，所以要使用渲染视图。在场景中拖动光标时，会有一束光线从光标处射入到场景中。

◆ 对齐摄影机：使用该工具可以将摄影机与选定的面法线进行对齐。该工具的工作原理与“放置高光”相似。不同的是，该工具是在面法线上进行操作，而不是入射角；在释放鼠标时完成，不是在拖曳鼠标期间完成。

◆ 对齐到视图：使用该工具可以将对象或子对象的局部轴与当前视图进行对齐。该工具适用于任何可变换的选择对象。

实例操作：对齐休闲椅

Step 1 ▶ 选择没有对齐的椅子作为当前对象，单击“对齐”工具，单击选择目标对象，如图 2-146 所示。

图 2-146　选择对象

Step 2 ▶ 打开“对齐当前选择”对话框，如图 2-147 所示。

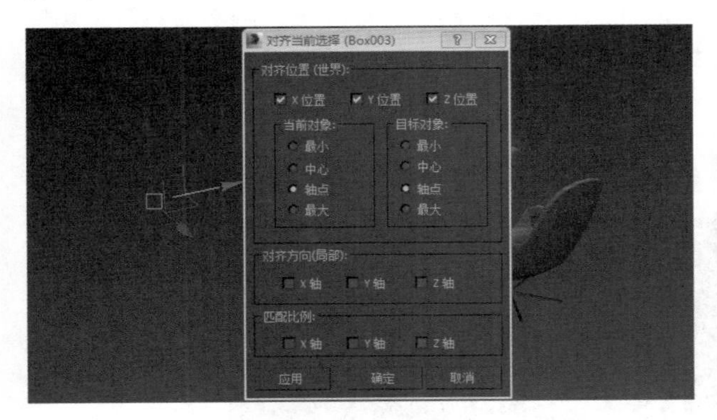

图 2-147　打开对话框

Step 3 ▶ 单击选择“Y 位置”，当前对象选择“最大”选项，目标对象选择“最小”选项，完成设置单击“确定”按钮，如图 2-148 所示。

Step 4 ▶ 完成对齐后的效果如图 2-149 所示。

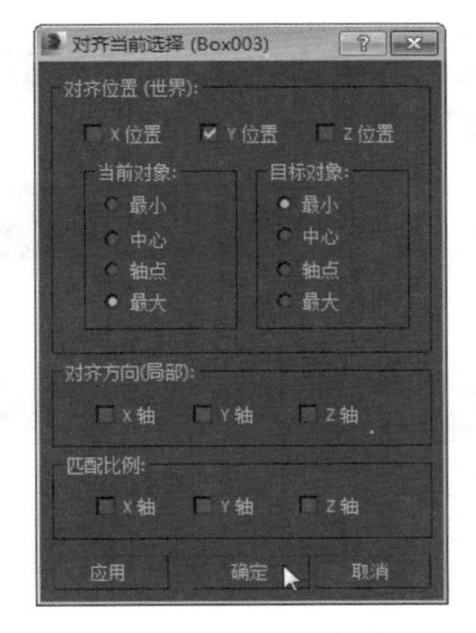

图 2-148　选择选项

图 2-149　完成对齐

24. 层管理器

使用该工具可以创建和删除层，也可以用来查看和编辑场景中所有层的设置以及与其相关联的对象。单击“层管理器”工具，打开“层”对话框，如图 2-150 所示。在该对话框中可以指定光能传递中的名称、可见性、渲染性、颜色以及对象和层的包含关系等。

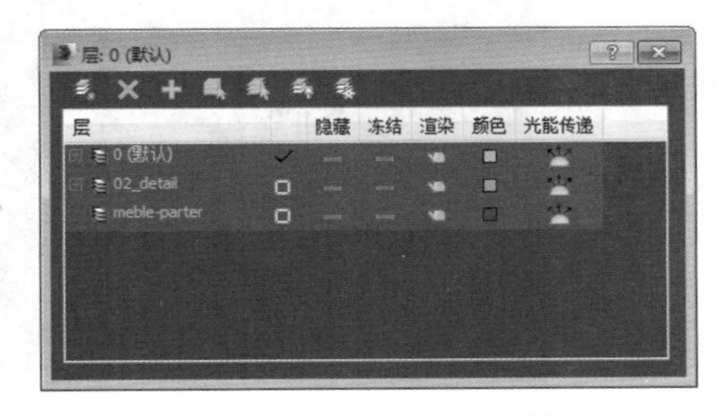

图 2-150　“层”对话框

25. 切换功能区

使用该工具可以显示或隐藏功能区。当该按钮呈激活状态时，将显示功能区，如图 2-151 所示。

图 2-151　显示功能区

26. 曲线编辑器

单击该工具，打开“轨迹视图 - 曲线编辑器”窗口，如图 2-152 所示。“曲线编辑器”是一种“轨迹视图”模式，可以用曲线来表示运动，而“轨迹视图”模式可以使运动的插值以及软件在关键帧之间创建的对象变换更加直观化。

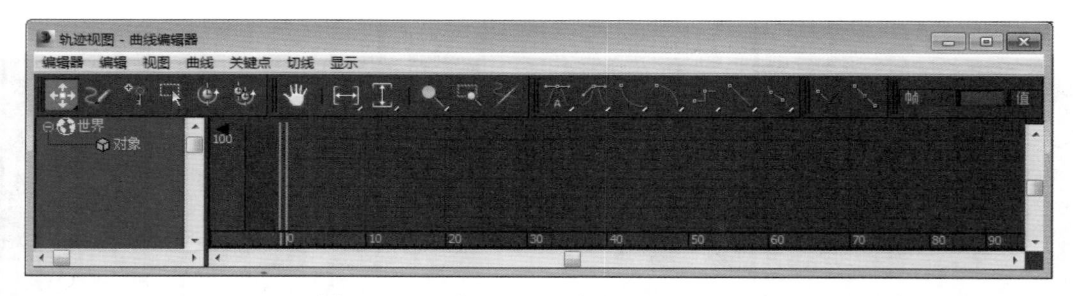

图 2-152　“轨迹视图 - 曲线编辑器”窗口

技巧秒杀

使用曲线上关键点的切线控制手柄可以轻松地观看和控制场景对象的运动效果和动画效果。

27. 图解视图

该工具是基于节点的场景图，通过它可以访问对象的属性、材质、控制器、修改器、层次和不可见场景关系，同时在“图解视图”窗口中可以查看、创建并编辑对象间的关系，也可以创建层次，指定控制器、材质、修改器和约束等，如图 2-153 所示。

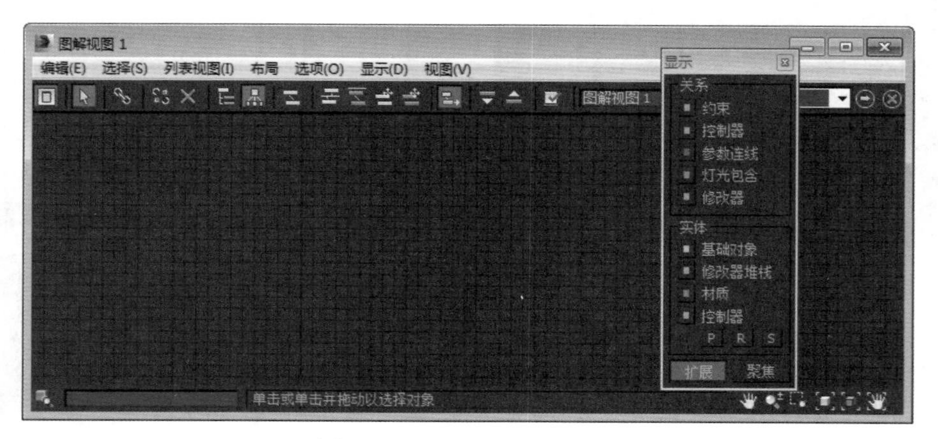

图 2-153　“图解视图”窗口

技巧秒杀

在“图解视图”窗口的列表视图的文本列表中可以查看节点，这些节点的排序是有规则性的，通过这些节点可以迅速浏览极其复杂的场景。

28. 材质编辑器

该工具主要用来编辑对象的材质，快捷键为 M。分为“精简材质编辑器”和“Slate 材质编辑器”两种，如图 2-154 和图 2-155 所示。

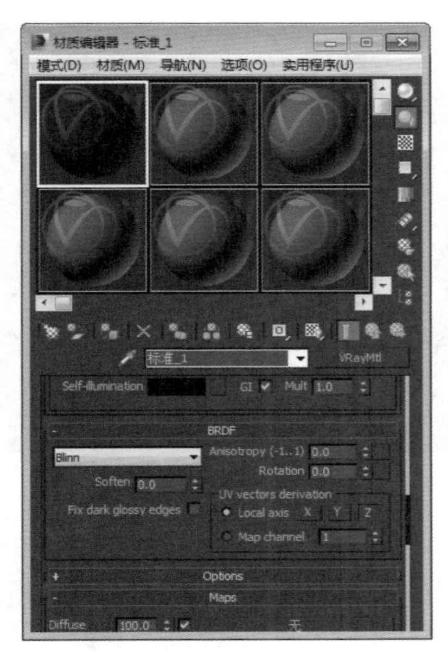

图 2-154　精简材质编辑器

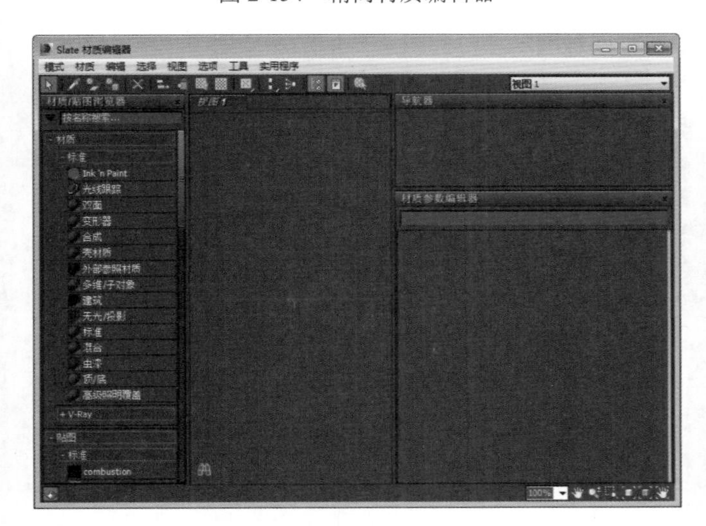

图 2-155　Slate 材质编辑器

29. 渲染设置

单击该按钮，打开“渲染设置”窗口，所有渲染设置参数基本上都在该对话框中完成，如图 2-156 所示。

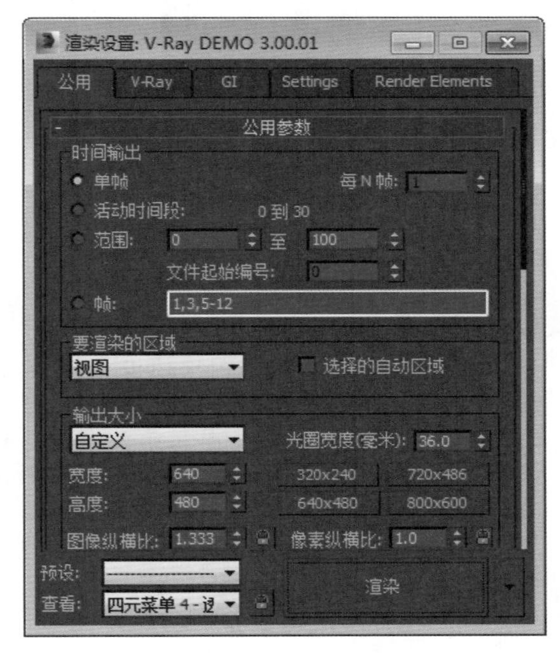

图 2-156　“渲染设置”窗口

30. 渲染帧窗口

单击该按钮，打开“渲染帧窗口”窗口，在该窗口中可执行选择渲染区域、切换图像通道和存储渲染图像等任务，如图 2-157 所示。

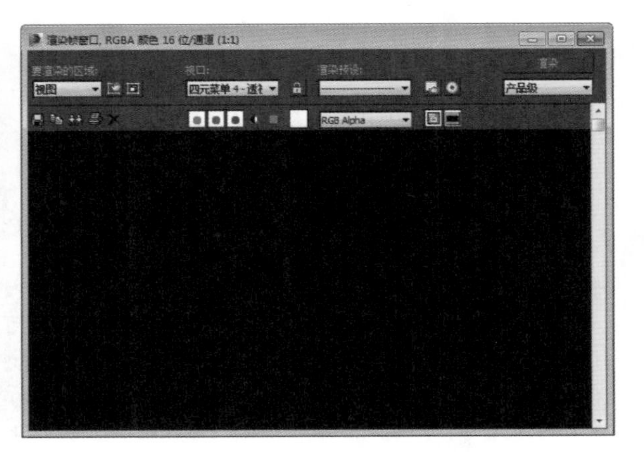

图 2-157　“渲染帧窗口”窗口

31. 渲染工具

渲染工具包括“渲染产品”工具、“渲染迭代”工具、ActiveShade 工具3 种，如图 2-158 所示。

图 2-158 “渲染”工具组

?答疑解惑：

选择视口渲染方法对渲染速度和渲染质量有影响吗？

渲染方法不但影响视图显示的质量，还对显示性能有着较深的影响。使用较高的质量渲染级别和逼真选项会降低显示性能。设置渲染方法后，可选择调节显示性能的附加选项。作为这些控件之一，“自适应降级”可在使用逼真渲染级别时，提高显示性能。如图 2-159 所示是不同渲染方法下的模型效果。

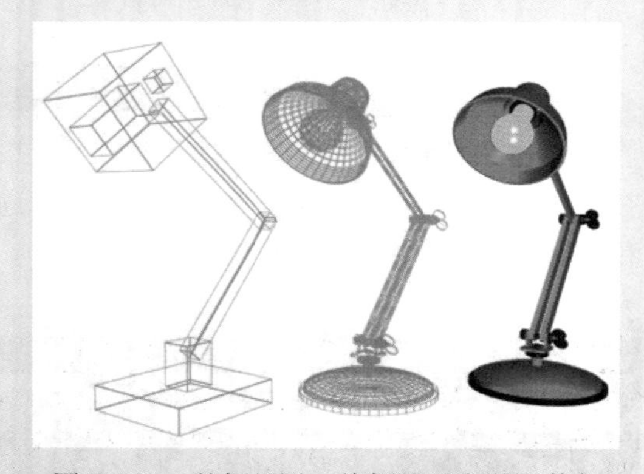

图 2-159 外框显示、线框显示和平滑着色

技巧秒杀

如果要显示单个对象并将其渲染为线框，那么可以使用“标准”或“光线跟踪”材质，并且将其明暗器设置为线框。或者，若要将单个对象显示为外框，则可选择对象，然后在“显示”面板的“显示属性”卷展栏中选择显示为外框。

2.1.5 视口区域

视口区域是操作界面中最大的一个区域，也是 3ds Max 中用于实际操作的区域，默认状态下为四视图显示，包括顶视图、左视图、前视图和透视图 4 个视图，在这些视图中可以从不同的角度对场景中的对象进行观察和编辑。每个视图的左上角都会显示视图的名称以及模型的显示方式，右上角的导航器显示状态根据当前视图的不同而有所变化，如图 2-160 所示。

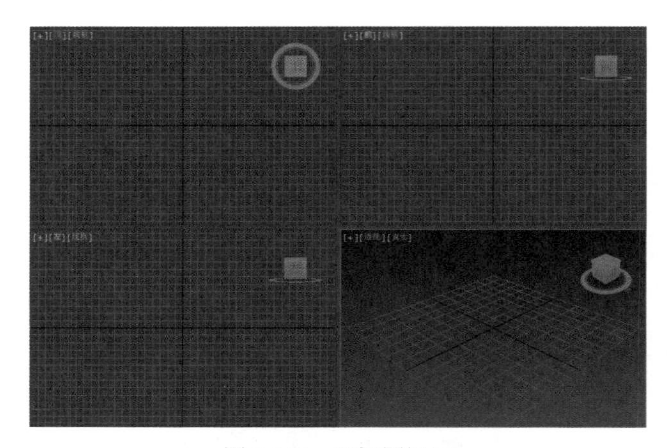

图 2-160 四视图视口

在 3ds Max 2014 中，视图名称区分为 3 个小部分，用鼠标右键分别单击这 3 个部分，会弹出相应的菜单。

第 1 个部分为“视口控件”，单击该按钮，将弹出用于还原、激活、禁用视口以及设置导航器等内容的菜单，如图 2-161 所示。

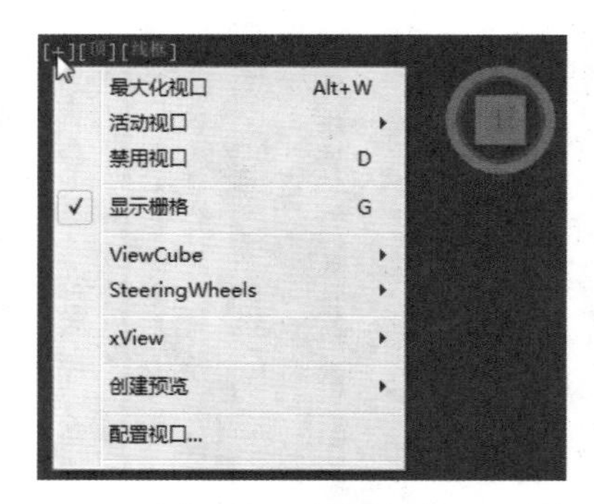

图 2-161 视口控件

第 2 个部分为“视图控件”，单击该按钮，将弹出用于切换视图类型的菜单，如图 2-162 所示。

第 3 个部分为“视觉样式控件”，单击该

按钮，将弹出用于设置对象在视口中显示方式的菜单，如图 2-163 所示。

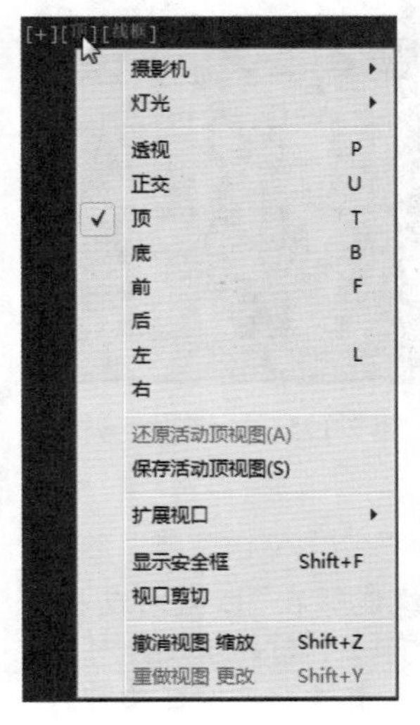

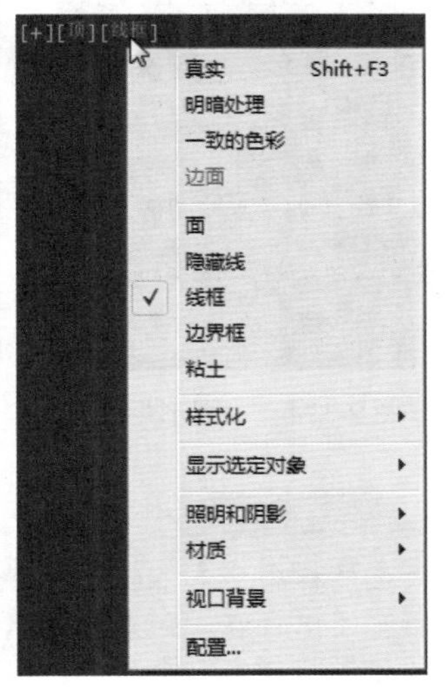

图 2-162　视图控件　　图 2-163　视觉样式控件

通过视图导航器可以快速转换视图，从各个方位查看场景中的对象。系统默认的视图导航器如图 2-164 所示。当鼠标指向视图导航器时效果如图 2-165 所示。

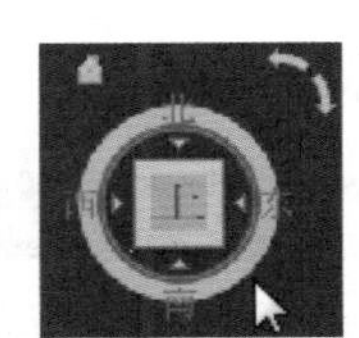

图 2-164　视图导航器　　图 2-165　指向视图导航器

以“顶视图”中的视图导航器为例进行相应操作，具体操作步骤如下。

Step 1 打开“茶壶”文件，顶视图效果如图 2-166 所示。

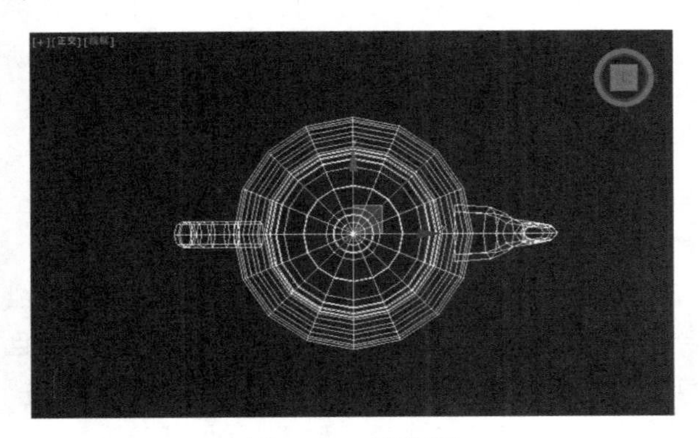

图 2-166　顶视图

Step 2 单击视图导航器右上角向左的箭头，效果如图 2-167 所示。每单击一次视图转换一次。

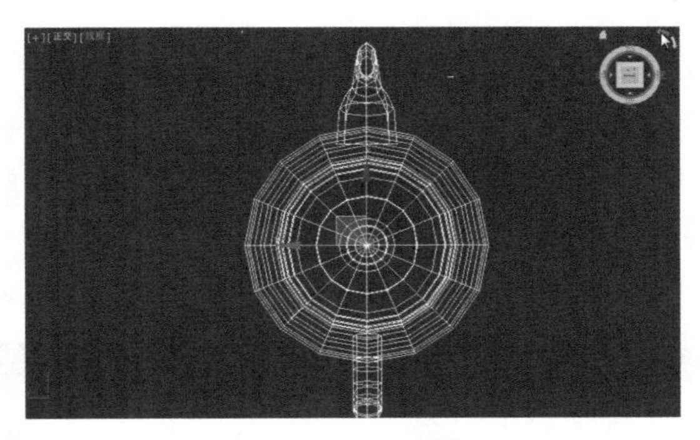

图 2-167　将视图旋转 90°

Step 3 单击视图导航器方块上方的向下箭头，效果如图 2-168 所示。

图 2-168　前视图

Step 4 在视图导航器下方的圆圈上单击并拖动，效果如图 2-169 所示。

图 2-169　透视图

2.1.6 命令面板

在 3ds Max 中，场景对象的操作都可以在命令面板中完成。命令面板由 6 个用户界面面板组成。默认状态下显示的是“创建”面板，如图 2-170 所示。其他面板分别是“修改”面板、“层次”面板、“运动”面板、“显示”面板和“实用程序”面板。

图 2-170　命令面板

1. “创建”面板

在“创建”面板中可以创建 7 种对象，即几何体、图形、灯光、摄影机、辅助对象、空间扭曲和系统，如图 2-171 所示。

图 2-171　“创建”面板

（1）几何体：“创建”面板中默认显示“几何体”对象，如图 2-172 所示。主要用来创建长方体、球体和锥体等基本几何体，单击“标准基本体”下拉按钮，在下拉列表中选择相应选项，也可以创建出高级几何体，如布尔、阁楼以及粒子系统中的几何体，如图 2-173 所示。

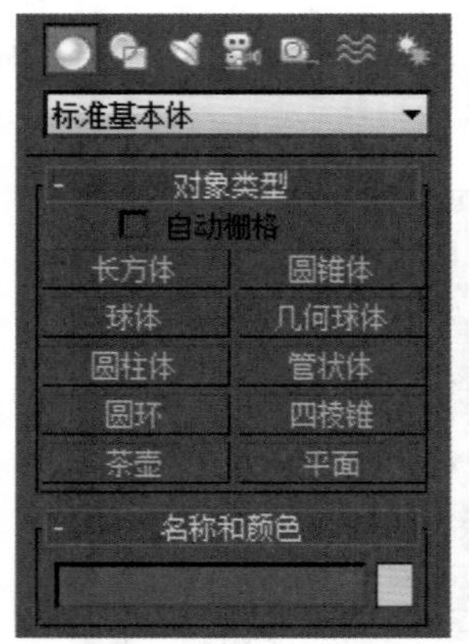

图 2-172　“几何体”面板　图 2-173　“几何体”类型

（2）图形：该对象主要用来创建样条线和 NURBS 曲线，默认显示“样条线”面板，如图 2-174 所示。单击“图形”按钮，即可显示相应内容，如图 2-175 所示。

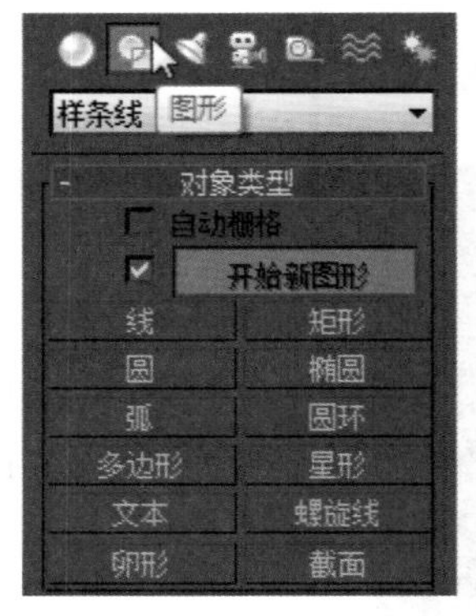

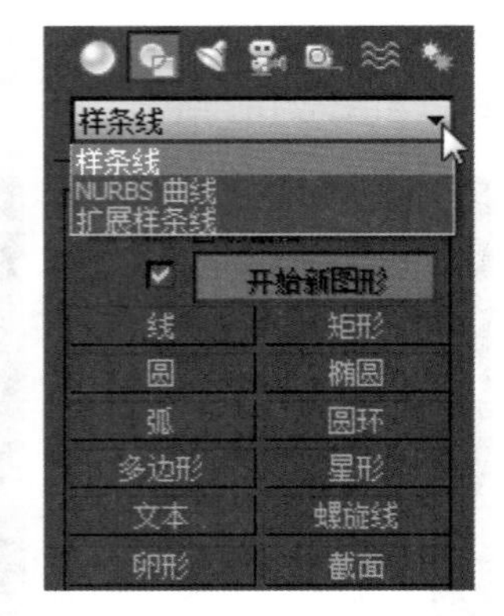

图 2-174　“图形”面板　图 2-175　“图形”类型

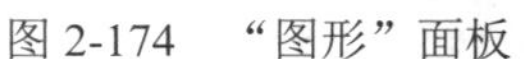

技巧秒杀

虽然样条线和 NURBS 曲线能够在 2D 空间或 3D 空间中存在，但是它们只有一个局部维度，可以为形状指定一个厚度，以便于渲染，但这两种线条主要用于构建其他对象或运动轨迹。

（3）灯光：主要用来创建场景中的灯光，如图 2-176 所示。

（4）摄影机：主要用来创建场景中的摄影机，如图 2-177 所示。

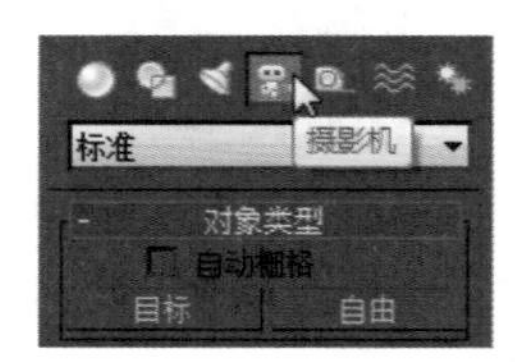

图 2-176　“灯光”面板　图 2-177　“摄影机”面板

（5）辅助对象：主要用来创建有助于场景制作的辅助对象。这些辅助对象可以定位、测量场景中的可渲染几何体，并且可以设置动画。单击“辅助对象”按钮，即可显示相应内容，如图 2-178 所示。

（6）空间扭曲：使用空间扭曲功能可以在围绕其他对象的空间中产生各种不同的扭曲效果。单击“空间扭曲”按钮，即可显示相应内容，如图 2-179 所示。

（7）系统：可以将对象、控制器和层次对象组合在一起，提供与某种行为相关联的几何体，并且包含模拟场景中的阳光系统和日光系统。单击“系统”按钮，即可显示相应内容，如图 2-180 所示。

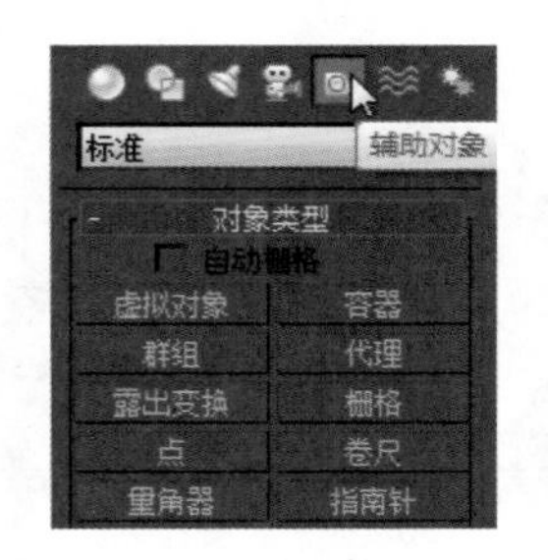

图 2-178 “辅助对象”面板

图 2-179 “空间扭曲”面板

2. “修改”面板

“修改”面板主要用于调整场景对象的参数，同样可以使用该面板中的修改器来调整对象的几何形体，默认状态下的“修改”面板如图 2-181 所示。创建对象后，“修改”面板如图 2-182 所示。要对所选对象进行编辑，单击“修改器列表”下拉按钮，在下拉菜单中选择相应命令即可，如图 2-183 所示。

图 2-180 “系统”面板

图 2-181 “修改”面板

图 2-182 创建对象

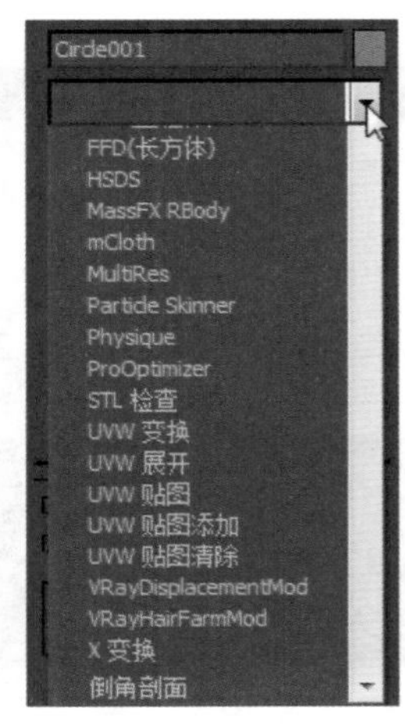

图 2-183 修改器列表

3. “层次”面板

“层次”面板中可以访问调整对象间的层次链接信息，通过将一个对象与另一个对象相链接，可以创建对象之间的父子关系，如图 2-184 所示。

◆ 轴：该工具下的参数主要用来调整对象和修改器中心位置，以及定义对象之间的父子关系和反向动力学 IK 的关节位置等，如图 2-185 所示。

图 2-184 “层次”面板

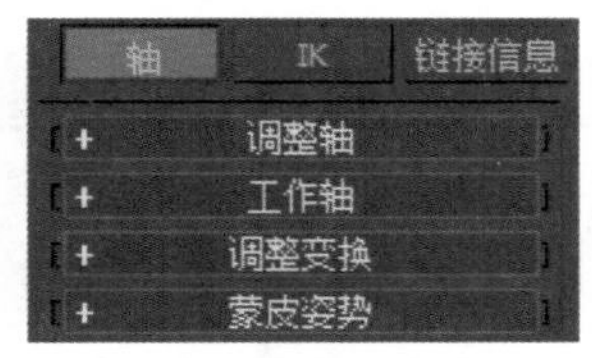

图 2-185 “轴”面板

◆ Ik：该工具下的参数主要用来设置动画的相关属性，如图 2-186 所示。

◆ 链接信息：该工具下的参数主要用来限制对象在特定轴中的移动关系，如图 2-187 所示。

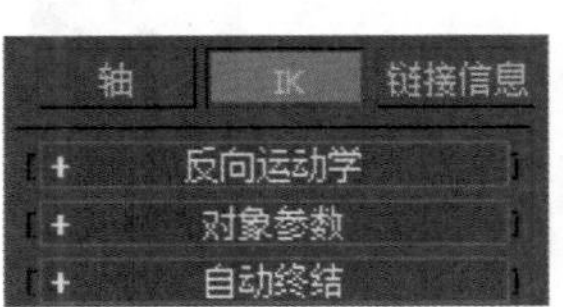

图 2-186 IK 面板

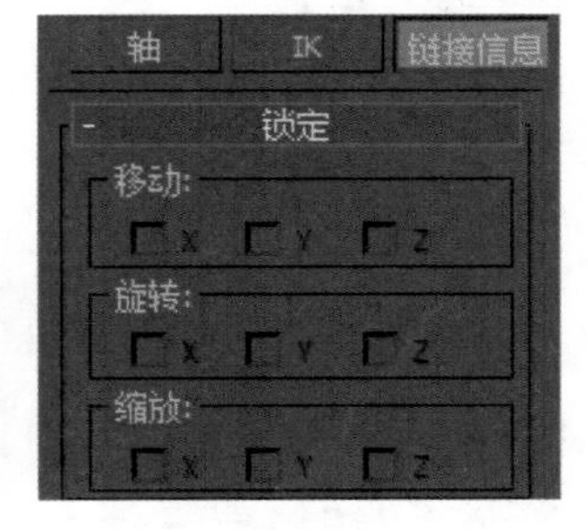

图 2-187 “链接信息”面板

4. “运动”面板

该面板中的工具与参数主要用来调整选定对象的运动属性，如图 2-188 所示。除“参数”调整面板外，还可以对“轨迹”面板进行设置，如图 2-189 所示。

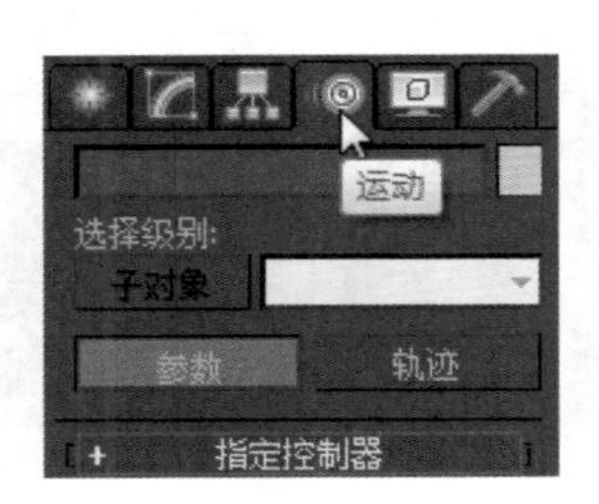

图 2-188 “运动”面板

图 2-189 “轨迹”面板

技巧秒杀

可以使用“运动”面板中的工具来调整关键点的时间及其缓入和缓出效果。面板中还提供了“轨迹视图”的替代选项来指定动画控制器，如果指定的动画控制器具有参数，则在“运动”面板中可以显示其他卷展栏；如果“路径约束”指定给对象的位置轨迹，则“路径参数”卷展栏将添加到“运动”面板中。

5. “显示”面板

该面板中的参数主要用来设置场景中控制对象的显示方式，如图 2-190 所示。

6. “实用程序”面板

该面板中可以访问各种工具程序，包含用于管理和调用的卷展栏，如图 2-191 所示。

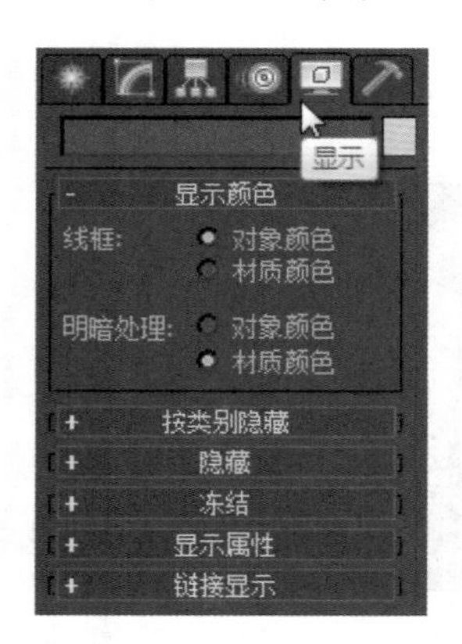

图 2-190 “显示”面板

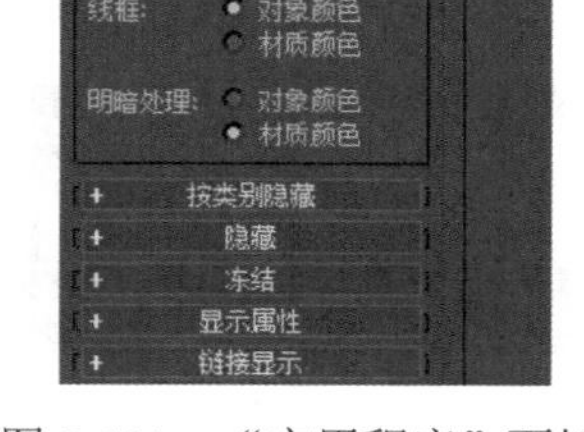

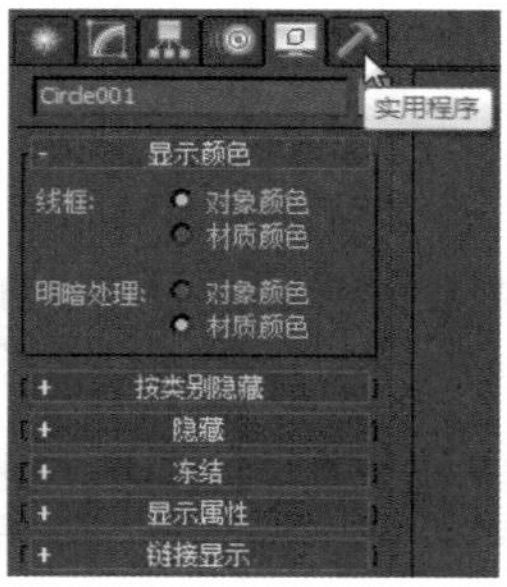

图 2-191 “实用程序”面板

读书笔记

2.1.7 时间尺

“时间尺”包括时间线滑块和轨迹栏两大部分。时间线滑块位于视图的最下方，主要用于制定帧，默认的帧为 100 帧，具体数值可以根据动画长度来进行修改。拖曳时间线滑块可以在帧之间迅速移动，单击时间线滑块向左箭头图标可向前移动一帧，单击向右箭头图标可向后移动一帧，如图 2-192 所示。

图 2-192 时间滑块

轨迹栏位于时间线滑块的下方，主要用于显示帧数和选定对象的关键点，在这里可以移动、复制、删除关键点以及更改关键点的属性，如图 2-193 所示。

图 2-193 轨迹栏

技巧秒杀

单击轨迹栏左侧的“打开迷你曲线编辑器”按钮，可以显示轨迹视图，如图 2-194 所示。

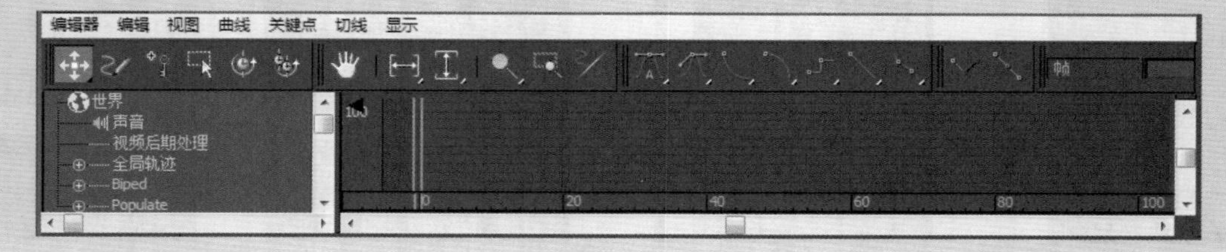

图 2-194 轨迹视图

2.1.8 状态栏

状态栏位于轨迹栏下方，提供了选定对象的数目、类型、变换值和栅格数目等信息，如图 2-195 所示，还可以基于当前光标位置和当前活动程序来提供动态反馈信息，如图 2-196 所示。

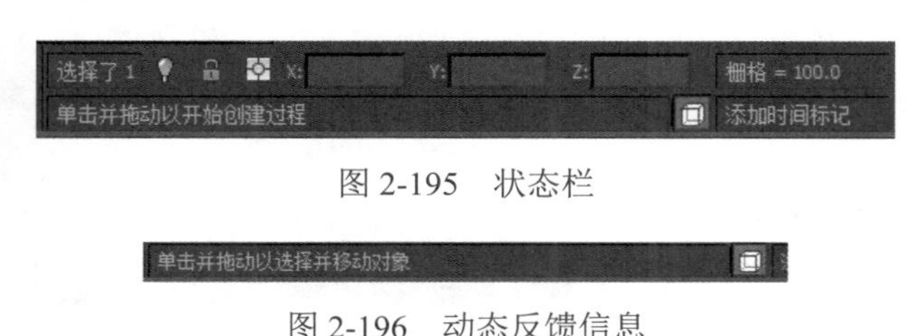

图 2-195 状态栏

图 2-196 动态反馈信息

2.1.9 时间控制按钮

时间控制按钮位于状态栏右侧，这些按钮主要用来控制动画的插入效果，包括关键点控制和时间控制等，如图 2-197 所示。

图 2-197 时间控制按钮

2.1.10 视图导航控制按钮

视图导航控制按钮在状态栏最右侧，主要用来控制视图的显示和导航。使用这些按钮可以缩放、平移和旋转活动的视图，如图 2-198 所示。

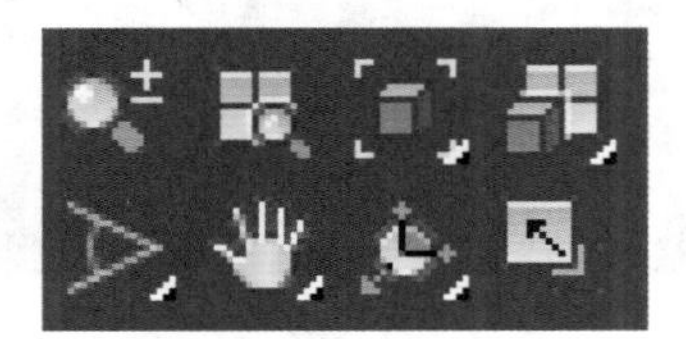

图 2-198 视图导航控制按钮

1. 所有视图中可用控件

包含“所有视图最大化显示”工具、“所有视图最大化显示选定对象”工具和“最大化视口切换”工具，如图 2-199 所示。

图 2-199 视图中可用控件

- 所有视图最大化显示：将场景中的对象在所有视图中居中显示。
- 所有视图最大化显示选定对象：将可见选定对象或对象集在所有视图中居中最大化显示。
- 最大化视口切换：将活动视口在正常大小和全屏大小之间进行切换，快捷键为 Alt+W。

技巧秒杀

如果按下该快捷键不能最大化显示当前视图，可重启 3ds Max 程序；重启后若该快捷键仍然不能使用，则可能是由于某个程序占用了该组合键，可修改为其他快捷键。

2. 透视图和正交视图可用控件

透视图和正交视图可用控件包括“缩放”工具、“缩放所有视图”工具、“所有视图最大化显示”工具、“所有视图最大化显示选定对象”工具、“视野”工具、“缩放区域”工具、“平移视图”工具、“环绕”工具、“选定的环绕”工具、“环绕子对象”工具和“最大化视口切换”工具。

技巧秒杀

按住 Ctrl 键可随意移动平移视图；按住 Shift 键可以在垂直方向和水平方向平移视图。

3. 摄影机视图可用控件

创建摄影机后，按 C 键可切换到摄影机视图，该视图中可用控件包括“推拉摄影机”工具、“推拉目标”工具、“推拉摄影机+目标”工具、“透视”工具、“侧滚摄影机”工具、“所有视图最大化显示”工具、“所有视图最大化显示选定对象”

工具、“视野”工具、“平移摄影机”工具、“穿行”工具、“环游摄影机”工具、“摇移摄影机”工具和“最大化视口切换”工具，如图 2-200 所示。

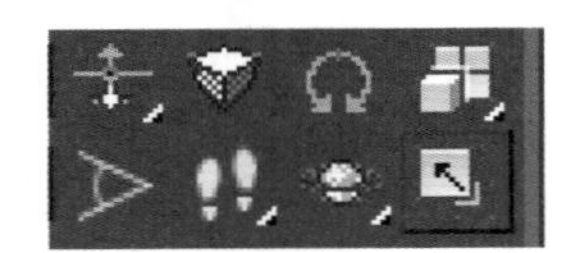

图 2-200　摄影机视图可用控件

技巧秒杀

在处于摄影机视图的场景中设置好摄影机后，使用摄影机视图控制可将投影机的位置进行任意调整。要从摄影机视图切换回默认视图，可以按相应视图名称的首字母。例如要将摄影机视图切换到前视图，可按 F 键。

2.2 基础实例——复制并制作茶壶

2.2.1 案例分析

本例将主要制作一个变形的茶壶，茶壶是生活必备品，在设计的过程中本着以人为本、美观实用的准则，才能设计出满意的作品。

在实际应用中，本节内容都是很基本的操作，复制、移动、缩放是使用 3ds Max 要掌握的最基本知识。

2.2.2 操作思路

首先制作一个茶壶，使用选择工具复制对象，接着移动对象位置，然后使用缩放工具对复制得到的茶壶进行变形，完成茶壶的制作。

为更快完成本例的制作，并且尽可能运用本章讲解的知识，本例的操作思路如下。

（1）制作一个茶壶。

（2）使用“选择并移动”工具复制茶壶。

（3）使用“缩放”工具对茶壶变形。

2.2.3 操作步骤

具体操作步骤如下。

Step 1 在“创建”面板中选择“几何体”，在标准基本体中单击“茶壶”按钮，如图 2-201 所示。

Step 2 在顶视图中单击并拖动鼠标创建茶壶，如图 2-202 所示。

图 2-201　单击“茶壶”按钮

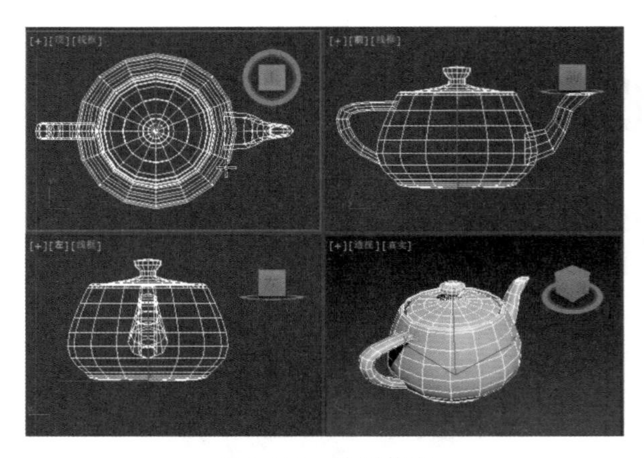

图 2-202　绘制茶壶

Step 3 在透视图中单击视口左上角的“视口控件”按钮，在下拉菜单中选择“最大化视口”命令，切换到透视图，如图 2-203 所示。

Step 4 用“选择并链接”工具单击选择茶壶，按住 Shift 键拖曳 X 轴，如图 2-204 所示。

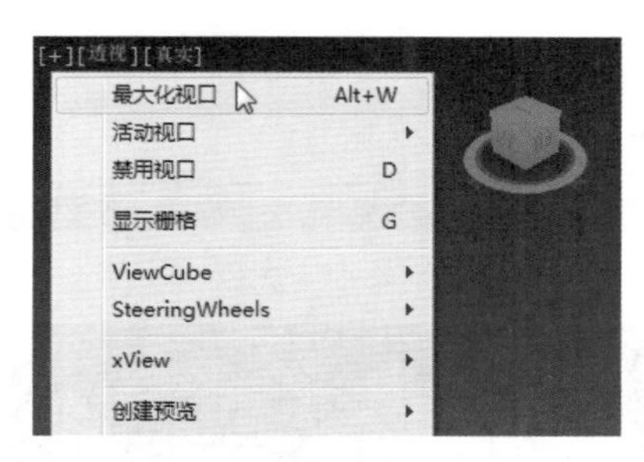

图 2-203　最大化视口

图 2-204　复制对象

技巧秒杀

按住 Shift 键后，使用鼠标拖曳 X 轴的过程中，即可释放 Shift 键，复制的过程不会被打断。

Step 5 至适当位置释放鼠标，打开“克隆选项”对话框，选中“复制”单选按钮，设置“副本数”为 1，单击“确定”按钮，如图 2-205 所示。

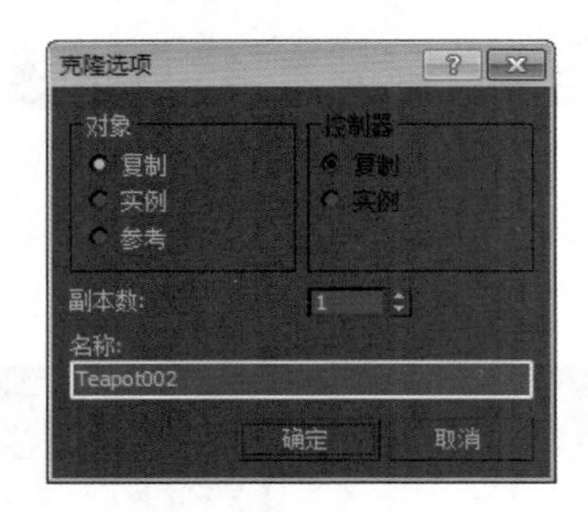

图 2-205　“克隆选项”对话框

Step 6 按 R 键进入缩放模式，在 Z 轴上按住鼠标不放向上拖动进行缩放，如图 2-206 所示。

Step 7 在坐标中心点按住鼠标不放向下拖动，将茶壶缩小到适当大小，如图 2-207 所示。

Step 8 单击视口左上角的“视口控件”按钮，在下拉菜单中选择“还原视口”命令，切换到四视图，如图 2-208 所示。

图 2-206　缩放对象（1）

图 2-207　缩放对象（2）

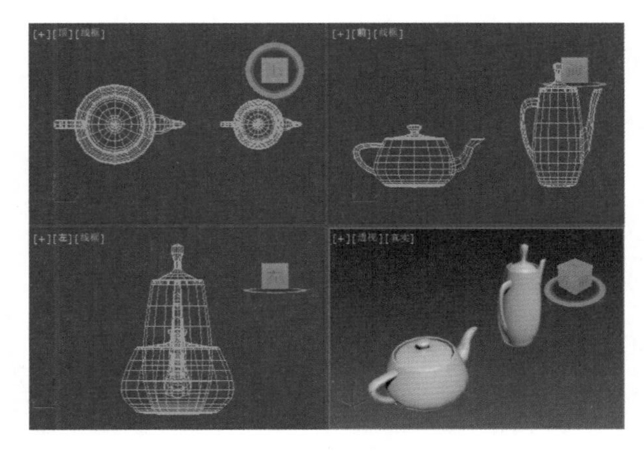

图 2-208　切换视图

?答疑解惑：

用户在实际操作中，不小心将命令面板隐藏了，如何将命令面板找回来？

这是由于不小心将命令面板隐藏了，这时可以通过选择“自定义”→“显示 UI”→“显示命令面板”命令，即可显示命令面板。

2.3 基础实例——静物写生

2.3.1 案例分析

本例将主要通过对基本物体的复制、移动、缩放、旋转等操作制作一个静物写生场景，该实例的内容都是很基本的操作，掌握这些知识是后期使用 3ds Max 建模的基础。

2.3.2 操作思路

首先制作一个展台，然后依次使用球体、圆柱体、圆锥体和长方体制作静物模型，接着使用移动工具和旋转工具调整对象位置，最后使用缩放工具对当前各个静物对象进行大小、摆放位置、方式等的调整，完成展台静物写生的制作。

为更快完成本例的制作，并且尽可能运用本章讲解的知识，本例的操作思路如下。

（1）制作一个展台。

（2）使用球体、圆柱体、圆锥体和长方体制作静物模型。

（3）使用移动工具、旋转工具、缩放工具对静物对象进行布置。

读书笔记

2.3.3 操作步骤

具体操作步骤如下。

Step 1 ▶ 打开素材文件“静物写生 .max”，在工具栏中单击“选择并移动”工具，在顶视图中单击选择球体，如图 2-209 所示。

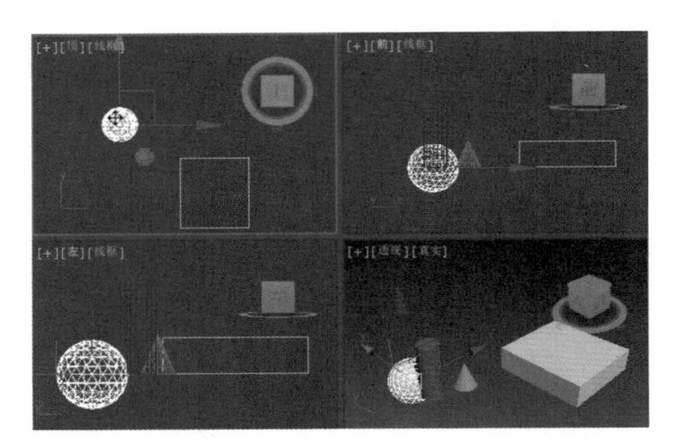

图 2-209　选择对象

Step 2 ▶ 在球体上按住鼠标左键不放拖曳到长方体中，释放鼠标即完成球体的移动，如图 2-210 所示。

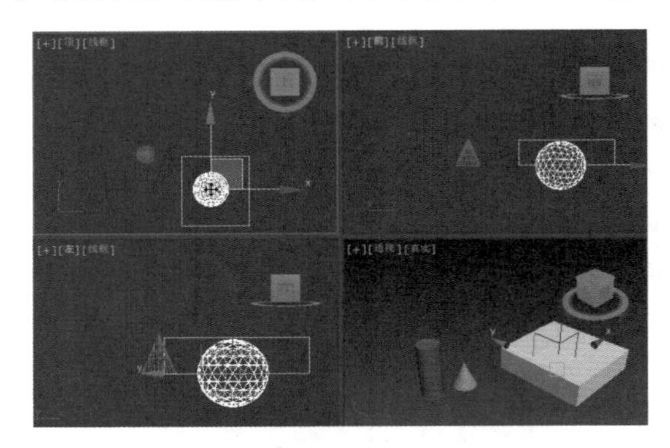

图 2-210　移动对象（1）

Step 3 ▶ 在前视图中的球体上按住鼠标左键不放，向上拖曳至长方体上方释放鼠标，如图 2-211 所示。

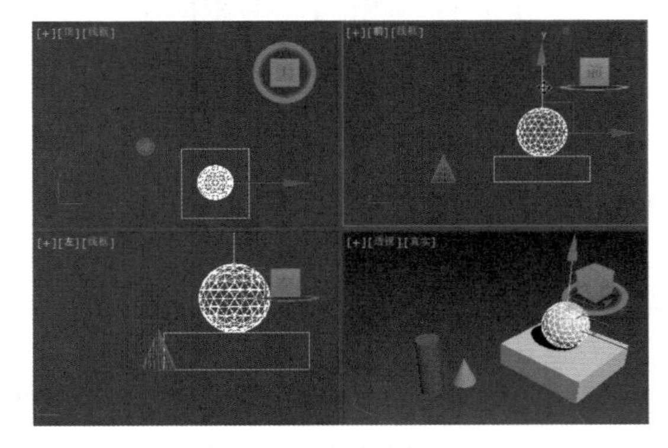

图 2-211　移动对象（2）

Step 4 在左视图中的圆柱体上按住鼠标左键不放，拖曳至长方体上方释放鼠标，如图 2-212 所示。

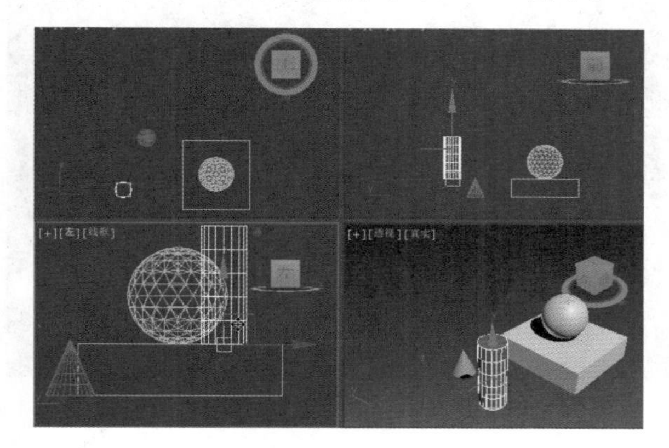

图 2-212　移动对象（3）

Step 5 在顶视图中的圆柱体上按住鼠标左键不放，拖曳至长方体上释放鼠标，如图 2-213 所示。

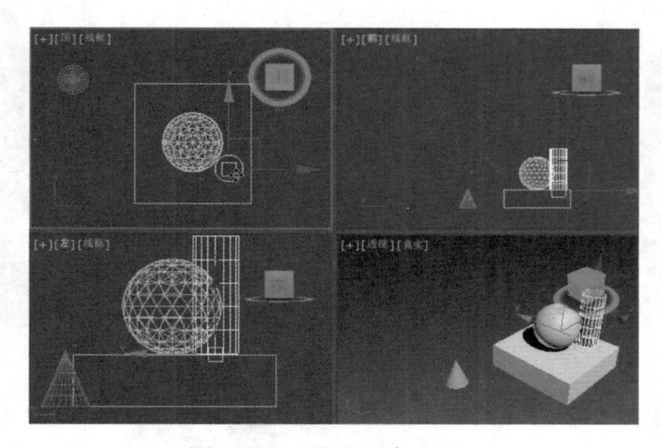

图 2-213　移动对象（4）

Step 6 在透视图中的圆锥体上按住鼠标左键不放，拖曳至长方体上的适当位置释放鼠标，效果如图 2-214 所示。

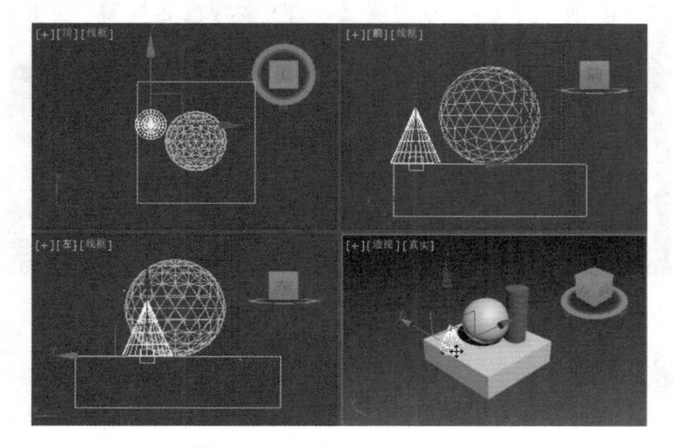

图 2-214　移动对象（5）

Step 7 在“选择并均匀缩放”工具上单击并按住鼠标左键不放，向下移动至“选择并挤压”工具上时释放鼠标，如图 2-215 所示。

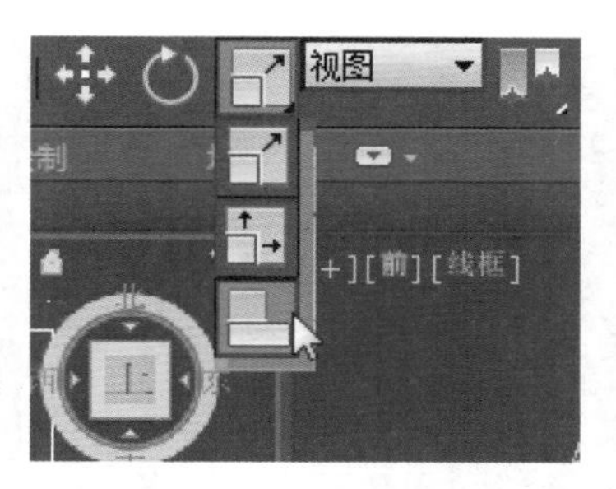

图 2-215　选择工具

Step 8 在顶视图中单击选择长方体，按住鼠标左键不放并向上拖曳挤压长方体，如图 2-216 所示。

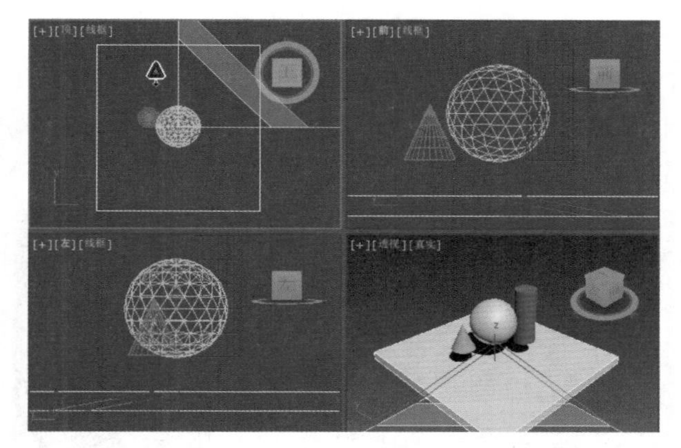

图 2-216　缩放对象

Step 9 释放鼠标完成长方体的挤压，在透视图中使用“选择并移动”工具将长方体上移到适当位置，效果如图 2-217 所示。

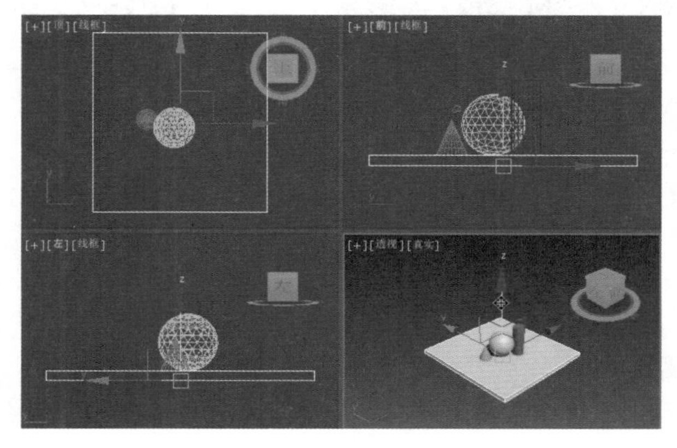

图 2-217　移动对象

Step 10 ▶ 在顶视图中使用“选择并移动”工具将圆柱体向右拖曳，至适当位置释放鼠标，打开“克隆选项”对话框，复制圆柱体，如图 2-218 所示。

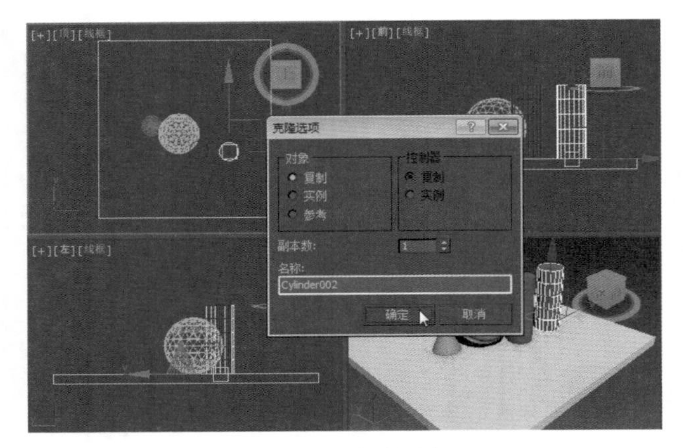

图 2-218　复制对象

Step 11 ▶ 在“选择并旋转”工具上右击，打开“旋转变换输入”窗口，在“绝对：世界”选项组中设置 X 轴为 45，Y 轴为 90，如图 2-219 所示。

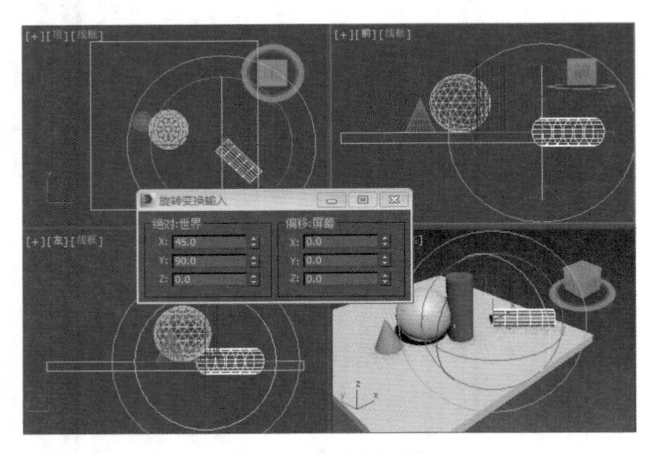

图 2-219　旋转对象

Step 12 ▶ 在各视图中调整复制圆柱体的位置，效果如图 2-220 所示。

Step 13 ▶ 单击“选择并均匀缩放”工具，单击选择圆锥体，按住鼠标左键不放并向上拖曳，将长方体放大，如图 2-221 所示。

Step 14 ▶ 在“顶视图”中使用“选择并移动”工具将长方体展台向上拖曳，至适当位置释放鼠标，打开“克隆选项”对话框，复制长方体，如图 2-222 所示。

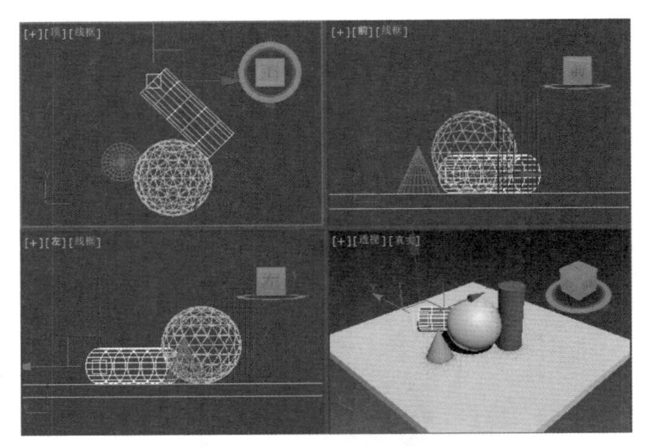

图 2-220　移动对象

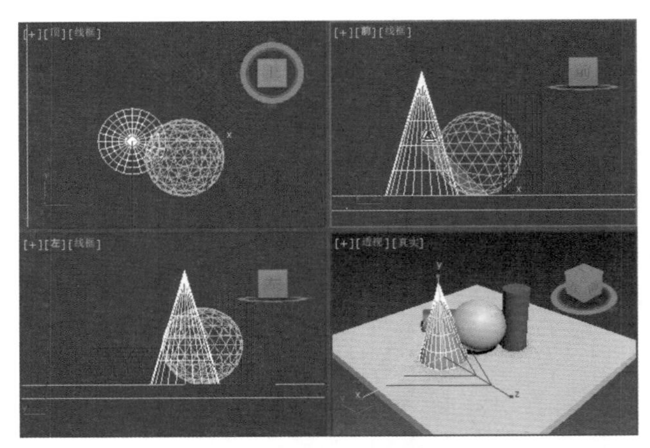

图 2-221　缩放对象

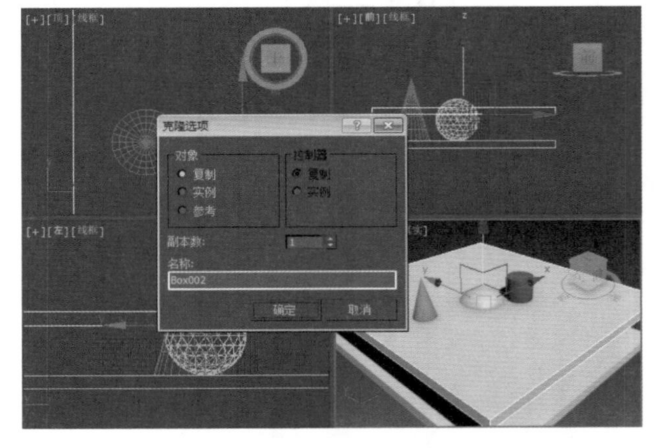

图 2-222　复制对象

Step 15 ▶ 单击“选择并均匀缩放”工具，单击选择球体，按住鼠标左键不放并向下拖曳，将球体缩小，如图 2-223 所示。

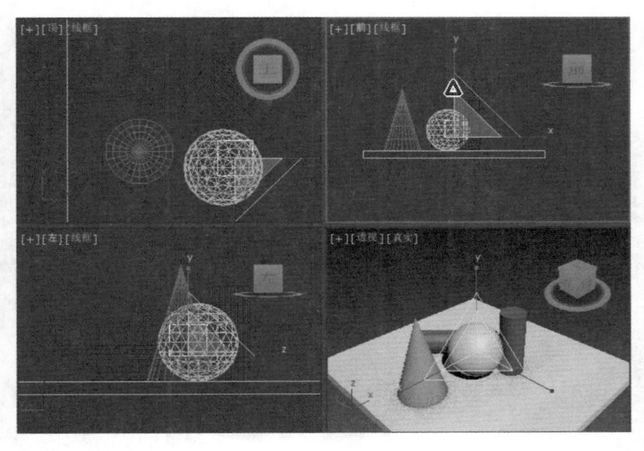

图 2-223　缩放对象

Step 16 ▶ 在“顶视图”中单击“选择并均匀缩放”工具，单击选择复制得到的长方体，在透视图中对象的单个轴向上按住鼠标左键不放进行拖曳，调整长方体大小，完成长方体的布置，如图 2-224 所示。

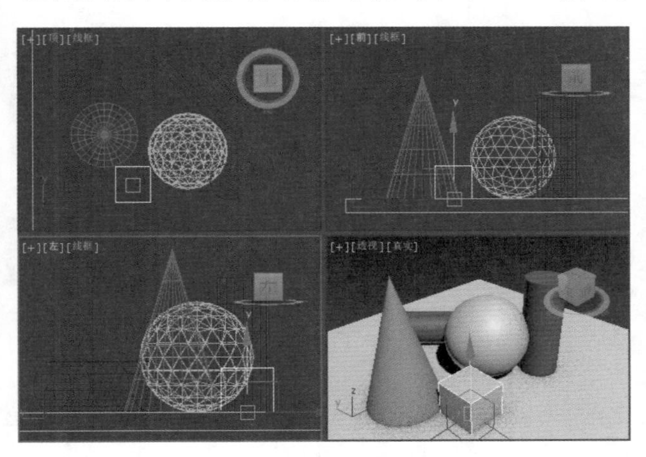

图 2-224　移动对象

读书笔记

01 02 03 04 05 06 07 08 09 10 11 12 ......

内置几何体建模

本章导读

内置几何体建模是 3ds Max 中最基础，也是非常重要的建模功能，是学习 3ds Max 必须掌握的技术。在制作模型前，首先要明白建模的重要性、建模的思路以及建模的常用方法等。只有掌握了这些最基本的知识，才能在建模时得心应手。

3.1 标准基本体

标准基本体是 3ds Max 中自带的一些模型，用户可以直接创建出这些模型。在“创建”面板中默认显示“几何体”以及“标准基本体”类型，如图 3-1 所示。

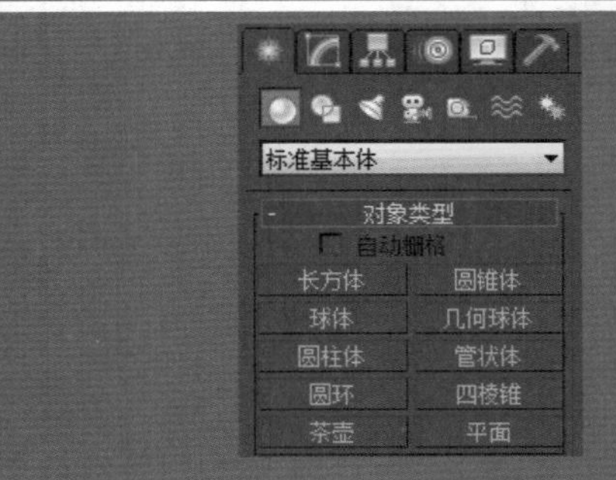

图 3-1　“创建”面板默认显示的内容

3.1.1 长方体

长方体是建模中最常用的几何体，可以选择创建立方体还是长方体，在参数栏还可以设置长方体的长、宽、高等参数。

实例操作：制作长方体

Step 1 ▶ 单击“长方体”按钮，在相应视图（如透视图）中单击指定起点，如图 3-2 所示。

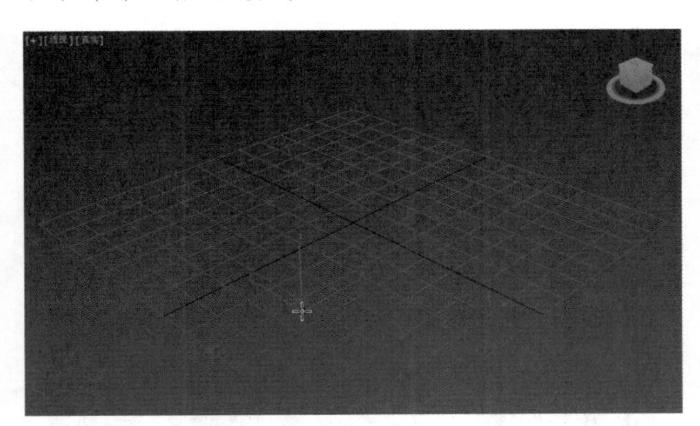

图 3-2　指定长方体起点

Step 2 ▶ 按住鼠标左键不放拖动，至适当位置释放鼠标以确定长方体的长和宽，如图 3-3 所示。

Step 3 ▶ 向上或向下拖动鼠标，至适当位置单击以指定长方体高度，如图 3-4 所示。

Step 4 ▶ 完成长方体的绘制后，右侧的“参数”面板如图 3-5 所示。

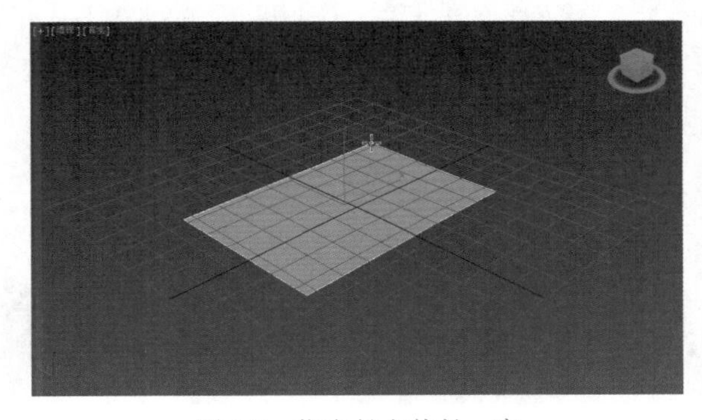

图 3-3　指定长方体长、宽

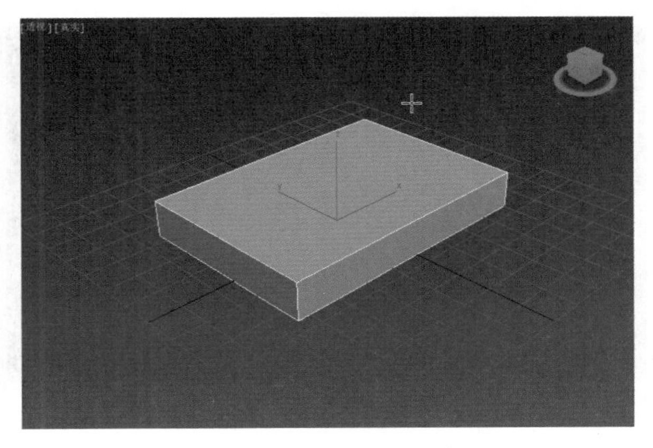

图 3-4　指定长方体高度

Step 5 ▶ 在完成长方体的绘制没有进行任何操作的情况下，在右侧的“参数”面板中修改长方体的长度、宽度和高度值，如图 3-6 所示。

Step 6 ▶ 可根据需要依次设置长、宽、高的分段数，如图 3-7 所示。

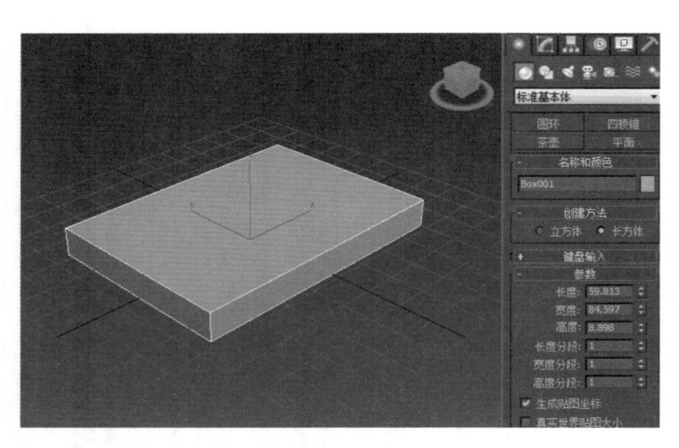

图 3-5　完成创建后的面板内容

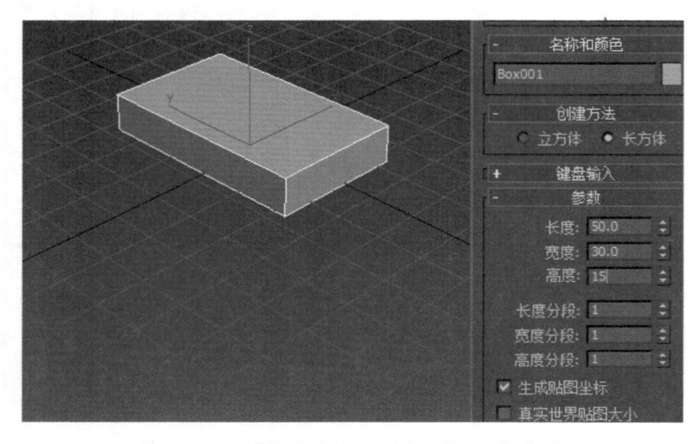

图 3-6　从面板中设置长、宽、高参数

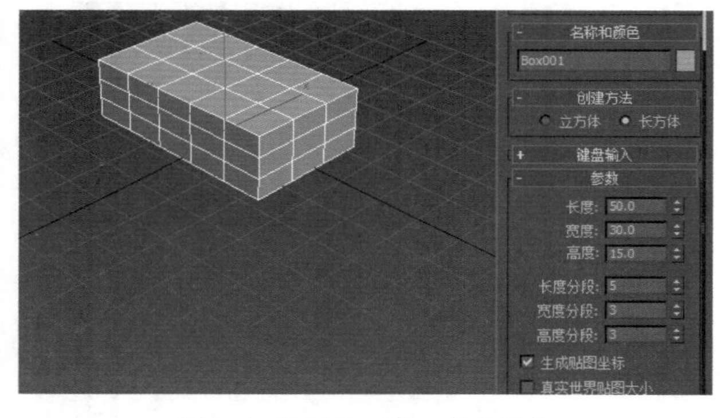

图 3-7　设置长、宽、高分段数

技巧秒杀

“真实世界贴图大小”复选框没有选中时，贴图大小符合创建对象的尺寸；选中该复选框后，贴图大小由绝对尺寸决定。在几何体的创建过程中，只要没有单击“确定”按钮，即可从“参数”面板修改几何体的形状。

知识解析：长方体创建面板

- 立方体：直接创建立方体模型。
- 长方体：通过确定长、宽、高来创建长方体模型。
- 长度 / 宽度 / 高度：可以决定长方体的外形，用来设置其长、宽、高。
- 长度分段 / 宽度分段 / 高度分段：这 3 个参数用来设置沿着对象每个轴的分段数量。
- 生成贴图坐标：自动产生贴图坐标。
- 真实世界贴图大小：不选中该复选框时，贴图大小符合创建对象的尺寸；选中该复选框后，贴图大小由绝对尺寸决定。

?答疑解惑：

为什么在建模时，系统坐标变为灰色？

这是由于操作者无意中按到了 X 键，导致坐标变为了灰色，这时再次按一下 X 键，就可以恢复为彩色坐标。

3.1.2 圆锥体

圆锥体以圆或椭圆为底面，以对称方式垂直向上变细直至一点。

实例操作：制作圆锥体

Step 1 ▶ 单击“圆锥体”按钮，在视图中单击指定起点，并按住鼠标左键不放拖动，至适当位置释放鼠标左键以指定底面半径，如图 3-8 所示。

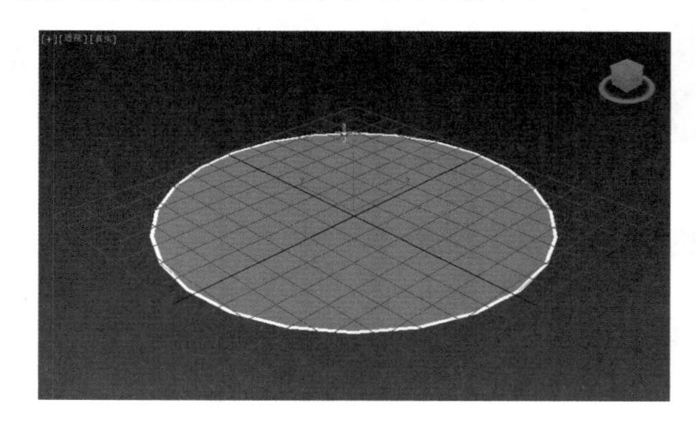
图 3-8　指定圆锥体底面半径

Step 2 ▶ 向上拖动至适当位置单击以指定圆锥体高

度，如图 3-9 所示。

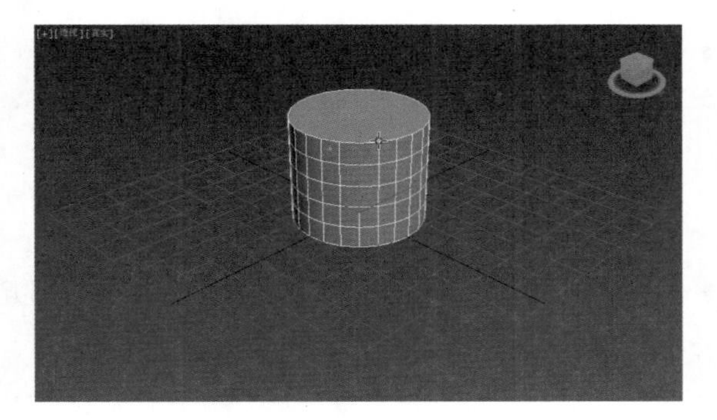

图 3-9　指定圆锥体高度

Step 3 ▶ 拖动鼠标左键以指定圆锥体顶面半径，如图 3-10 所示。

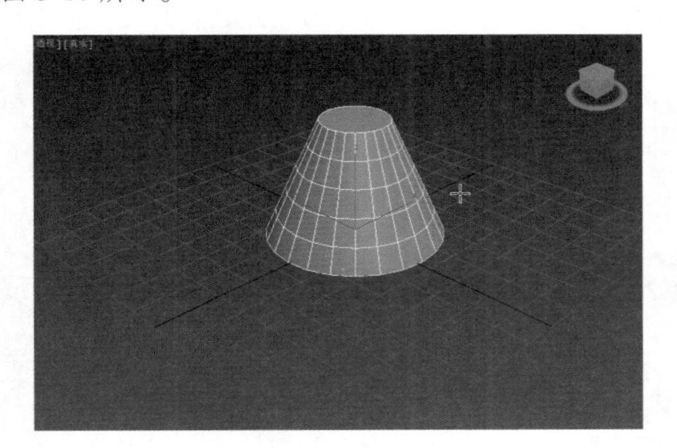

图 3-10　指定圆锥体顶面半径

Step 4 ▶ 拖动鼠标左键至顶面完全成锥形时单击，此时右侧面板显示如图 3-11 所示。

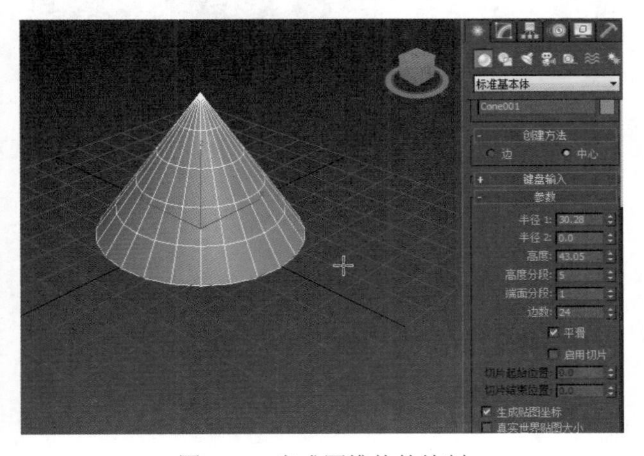

图 3-11　完成圆锥体的绘制

Step 5 ▶ 设置“半径 1”为 30，“半径 2”为 50，高度为 40，效果如图 3-12 所示。

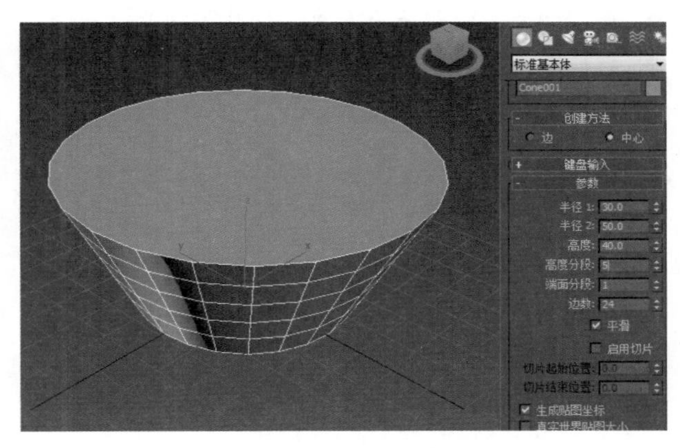

图 3-12　输入圆锥体顶面半径

Step 6 ▶ 设置“半径 2”为 0，“边数”为 6，效果如图 3-13 所示。

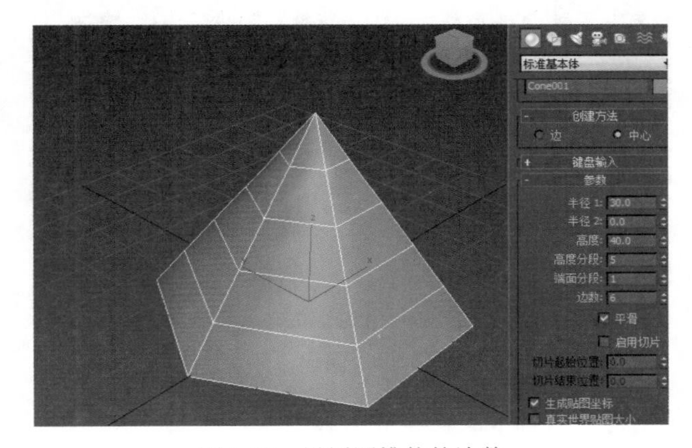

图 3-13　设置圆锥体的边数

知识解析：圆锥体创建面板

- 边：按照边来绘制圆锥体，通过移动鼠标可以更改中心位置。
- 中心：从中心开始绘制圆锥体。
- 半径 1/2：设置圆锥体的第 1 和第 2 个半径，两个半径的最小值都是 0。
- 高度：设置圆锥体从底面到顶部的高度值。
- 高度分段：设置沿着圆锥体主轴的分段数。
- 端面分段：设置围绕圆锥体顶部和底部的中心同心分段数。
- 边数：设置圆锥体周围边数。
- 平滑：混合圆锥体的面，从而在渲染视图中创建平滑的外观。

◆ 启用切片：控制是否开户“切片”功能。

◆ 切片起始 / 结束位置：设置从局部 X 轴的零点开始围绕局部 Z 轴的度数。

3.1.3 球体

球体是通过半径或直径及球心来定义的。可以创建完整的球体，也可以创建半球体或球体的其他部分。

Step 1 ▶ 单击“球体”按钮，在视图中单击指定起点，并按住鼠标左键不放拖动，至适当位置释放鼠标左键完成球体的绘制，如图 3-14 所示。

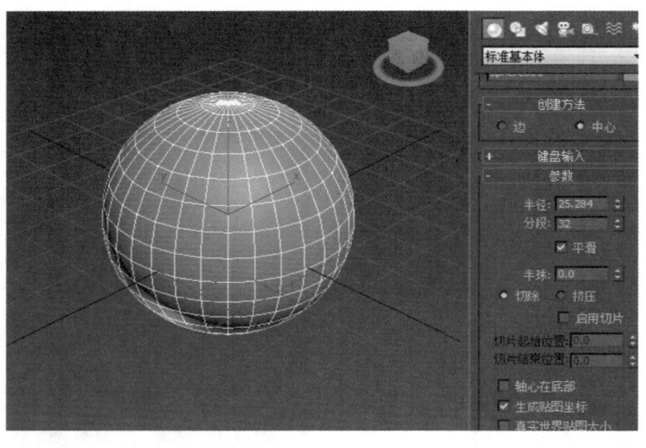

图 3-14 创建球体

Step 2 ▶ 在右侧的“参数”面板中，设置“半径”为 30，“分段”为 20，取消选中“平滑”复选框，设置“半球”为 0.5，如图 3-15 所示。

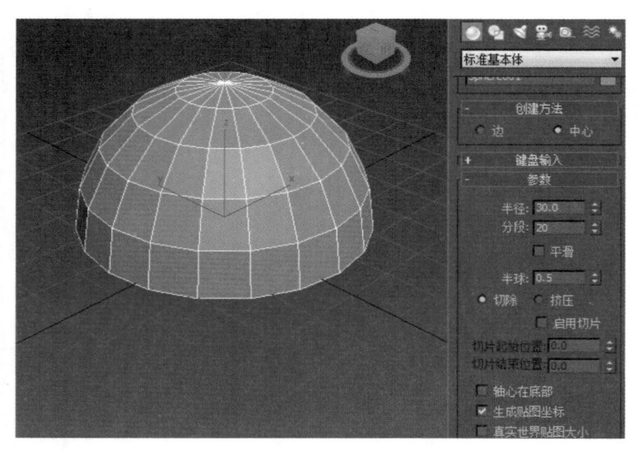

图 3-15 设置为半球

知识解析：球体创建面板

◆ 半径：指定球体的半径。

◆ 分段：设置球体多边形分段的数目。分段越多，球体越圆滑，反之则越粗糙。

◆ 平滑：混合球体的面，从而在渲染视图中创建平滑的外观。

◆ 半球：该值过大将从底部“切断”球体，以创建部分球体，取值范围可以从 0 ～ 1。值为 0 时可以生成完整的球体；值为 0.5 时可以生成半球，值为 1 时会使球体消失。

◆ 切除：通过半球断开时将球体中的顶点数和面数“切除”来减少它们的数量。

◆ 挤压：保持原始球体中的顶点数和面数，将几何体向着球体的顶部挤压为越来越小的体积。

◆ 轴心在底部：默认情况下，轴点位于球体中心的构造平面上，如果选中该复选框，会将球体沿着其局部 Z 轴向上移动，使轴点位于其底部。

3.1.4 几何球体

几何球体可以创建由三角面拼接成的球体或半球体，不能如球体般可控制切片局部的大小。

Step 1 ▶ 单击“几何球体”按钮，在视图中单击指定起点，并按住鼠标左键不放拖动，至适当位置释放鼠标左键完成几何球体的绘制，如图 3-16 所示。

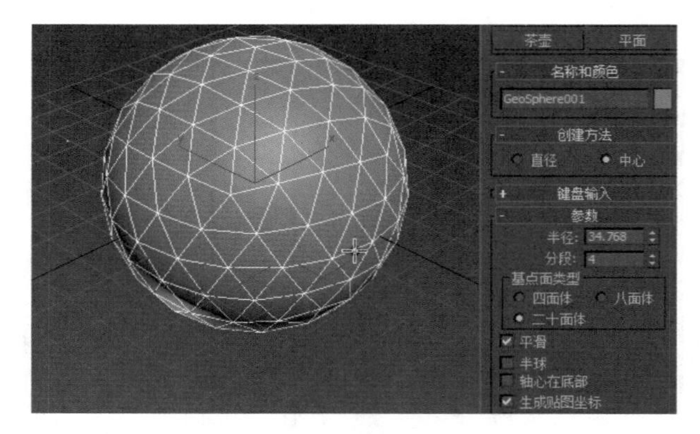

图 3-16 创建二十面体

Step 2 ▶ 选择“四面体”基点面类型，在视图中绘制几何球体，如图 3-17 所示。

Step 3 ▶ 选择“八面体”基点面类型，在视图中绘制

几何球体，如图 3-18 所示。

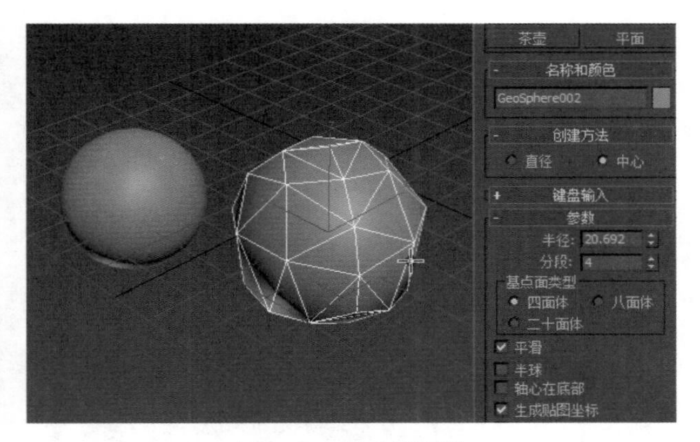

图 3-17　创建四面体

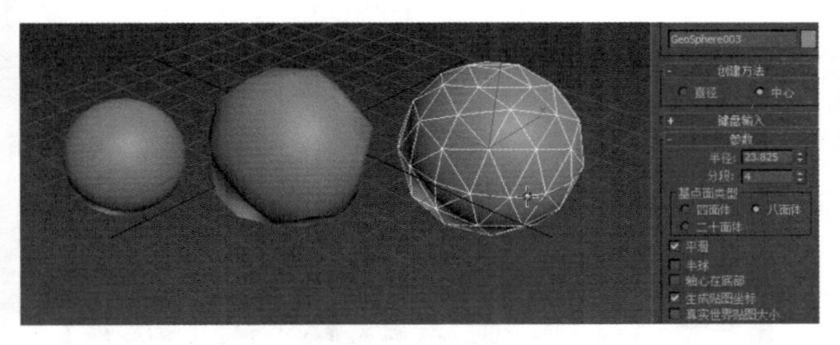

图 3-18　创建八面体

Step 4 ▶ 在右侧的“参数”面板中设置“分段”为“10”，取消选中“平滑”复选框，选中“半球”复选框，如图 3-19 所示。

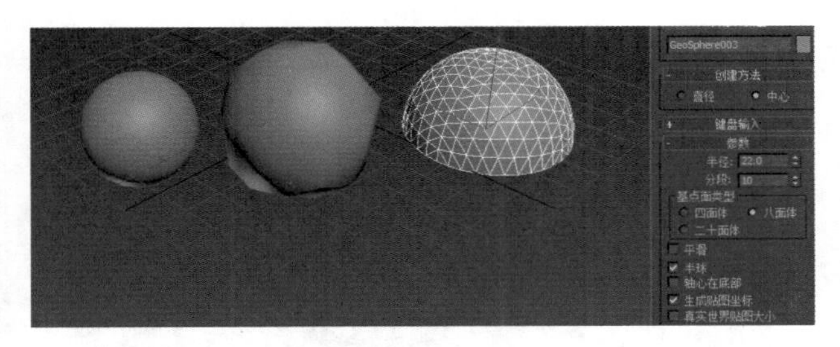

图 3-19　修改参数面板

知识解析：几何球体创建面板

◆ 直径：按照边来绘制几何球体，通过移动鼠标可以更改中心位置。

◆ 中心：从中心开始绘制几何球体。

◆ 半径：设置几何球体的半径。

◆ 分段：设置几何球体的分段数。

◆ 基点面类型：选择几何体表面的基本组成单位类型，可供选择的有“四面体”、“八面体”和“二十面体”。

◆ 平滑：选中该复选框后，创建出来的几何球体表面是光滑的；取消选中该复选框，效果则反之。

◆ 半球：选中该复选框后，创建出来的几何球体是一个半球体。

技巧秒杀

几何球体与球体只是外形相近，但有本质的区别：几何球体由三角面构成，球体由四角面构成。

3.1.5 圆柱体

圆柱体是由完全相同的两个圆作为顶面和底面，中间由一个侧面连接组成的。

Step 1 ▶ 单击“圆柱体”按钮，在视图中单击指定起点，并按住鼠标左键不放拖动，至适当位置释放鼠标左键，完成圆柱体底面的绘制，如图 3-20 所示。

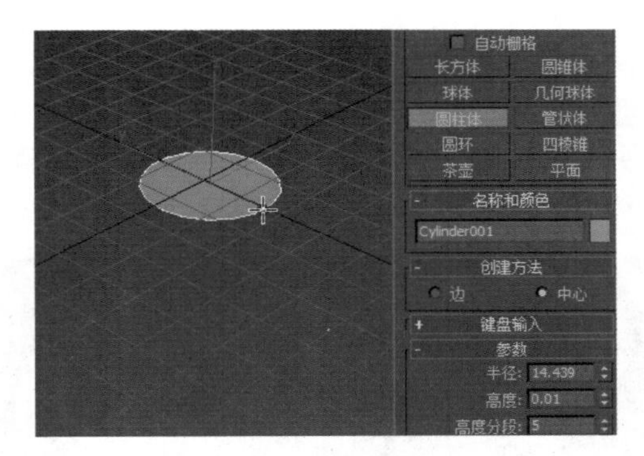

图 3-20　创建八面体

Step 2 ▶ 上移鼠标至适当位置单击，完成圆柱体顶面的绘制，如图 3-21 所示。

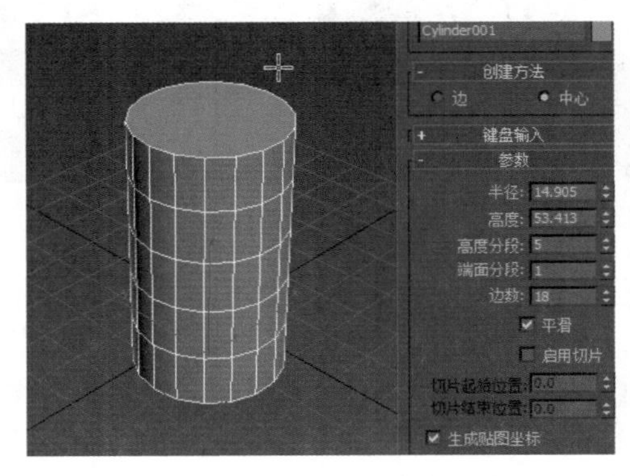

图 3-21　修改参数面板

技巧秒杀

可以先将圆柱体转换成可编辑多边形，再对细节进行调整。

知识解析：圆柱体创建面板

- 半径：设置圆柱体的半径。
- 高度：设置沿着中心轴的高度。负值将在构造平面下方创建圆柱体。
- 高度分段：设置沿着圆柱体主轴的分段数量。
- 端面分段：设置围绕圆柱体顶部和底部的中心同心分段数量。
- 边数：设置圆柱体周围的边数。

3.1.6 管状体

管状体外形与圆柱体相似，但内部是空心的。因此管状体有外径和内径两个半径。

Step 1 ▶ 单击“管状体”按钮，在视图中单击指定起点，并按住鼠标左键不放拖动，至适当位置释放鼠标左键指定管状体外径，如图 3-22 所示。

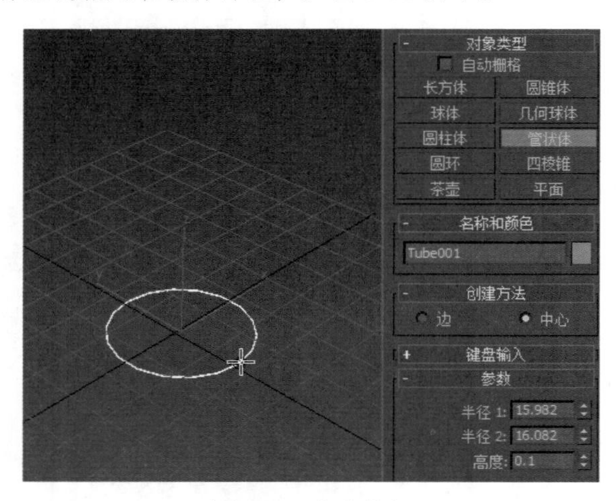

图 3-22　指定外径

Step 2 ▶ 移动鼠标至适当位置单击指定管状体的内径，如图 3-23 所示。

Step 3 ▶ 上移鼠标单击指定管状体的高度，如图 3-24 所示。

Step 4 ▶ 设置“边数”为 5，取消选中“平滑”复选框，如图 3-25 所示。

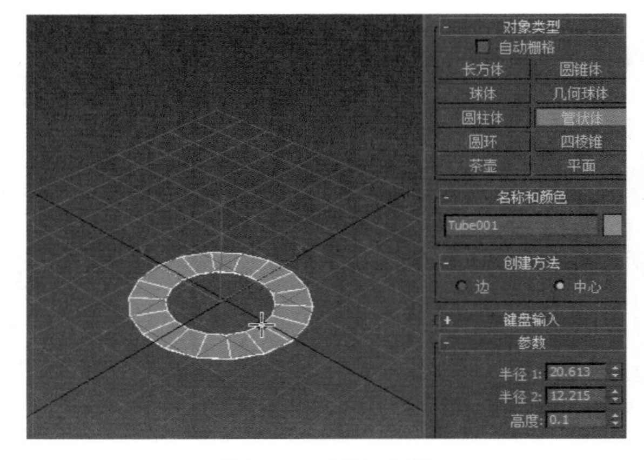

图 3-23　指定内径

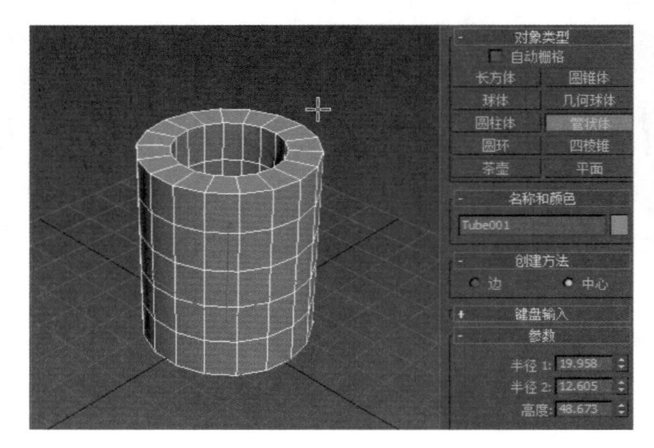

图 3-24　指定高度

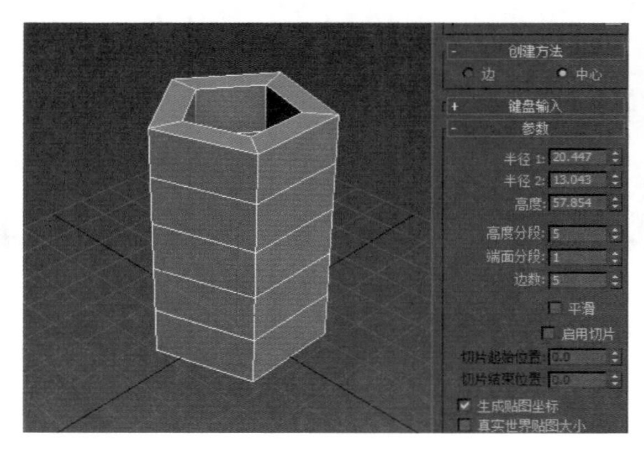

图 3-25　设置参数

读书笔记

知识解析：管状体创建面板

- 半径 1/ 半径 2：“半径 1”是指管状体的外径，“半径 2”是指管状体的内径。
- 高度：设置沿着中心轴的高度。负值将在构造平面下方创建管状体。
- 高度分段：设置沿着管状体主轴的分段数量。
- 端面分段：设置围绕管状体顶部和底部的中心同心分段数量。
- 边数：设置管状体周围的边数。

3.1.7 圆环

圆环可创建环形或具有圆形横截面的环状物体。

Step 1 单击“圆环”按钮，在视图中单击指定起点，并按住鼠标左键不放拖动，至适当位置释放鼠标左键指定圆环外径，如图 3-26 所示。

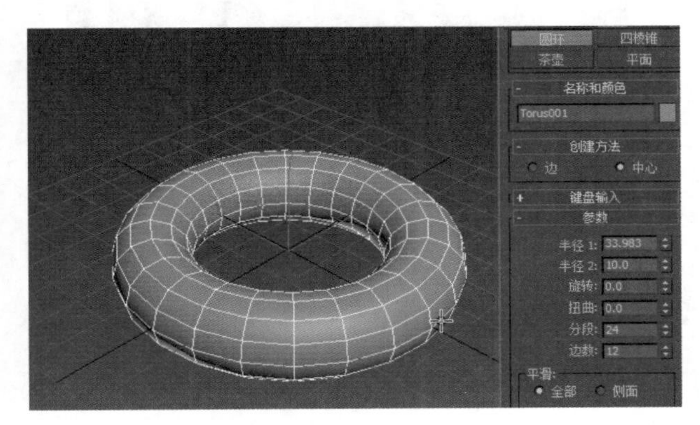

图 3-26 指定外径

Step 2 移动鼠标至适当位置单击指定圆环内径，如图 3-27 所示。

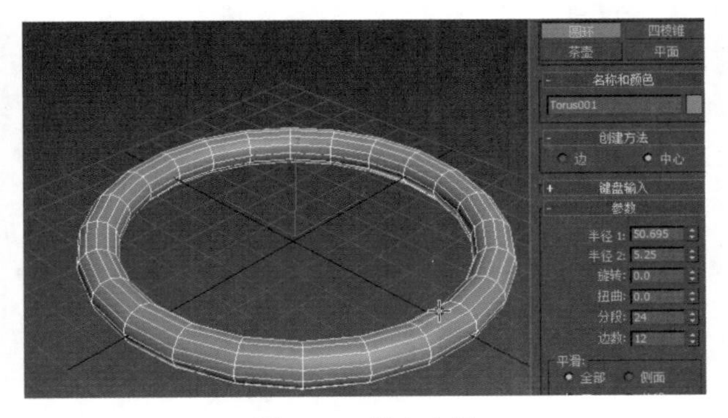

图 3-27 指定内径

Step 3 设置“扭曲”为 200，“平滑”为“侧面”，如图 3-28 所示。

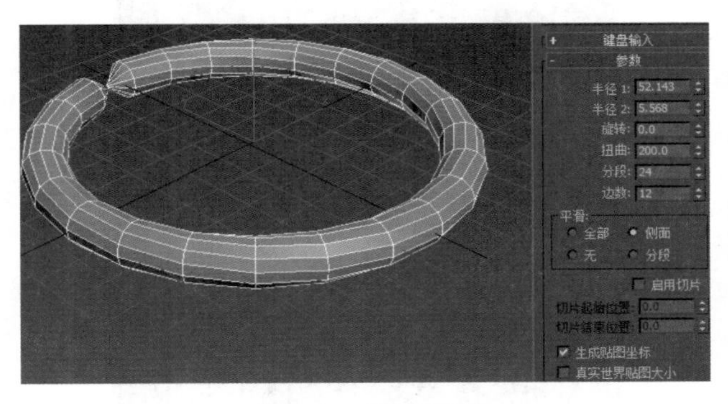

图 3-28 设置参数

知识解析：圆环创建面板

- 半径 1：设置从环形中心到横截面的中心距离，这是环形的半径。
- 半径 2：设置横截面圆形的半径。
- 旋转：设置旋转的度数，顶点将围绕通过环形中心的圆形非均匀旋转。
- 扭曲：设置扭曲的度数，横截面将围绕通过环形中心的圆形逐渐旋转。
- 分段：设置围绕环形的分段数目。通过减小该数值，可以创建多边形环，而不是圆形。
- 边数：设置环形横截面圆形的边数。通过减小该数值，可以创建类似于棱锥的横截面，而不是圆形。

读书笔记

3.1.8 四棱锥

四棱锥是由两个部分构成的，底面一般是正方形或矩形，侧面是三角形，所以最终的形状呈锥体。

Step 1 单击“四棱锥”按钮，在视图中单击指定起点，并按住鼠标左键不放拖动，至适当位置释放鼠标左键指定四棱锥底面大小，如图 3-29 所示。

Step 2 上移鼠标至适当位置单击指定四棱锥的高度，如图 3-30 所示。

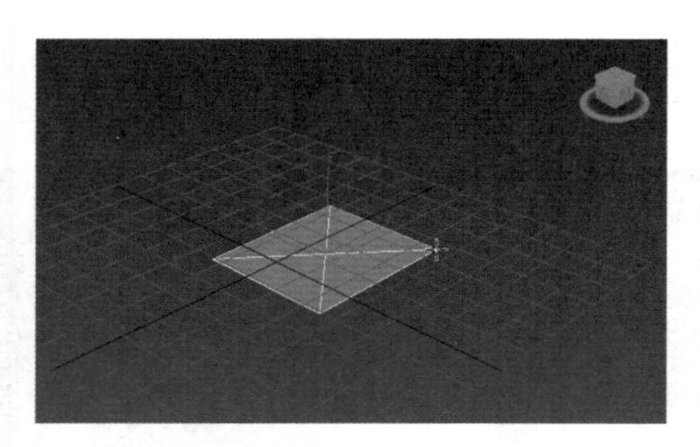

图 3-29　指定棱体底面

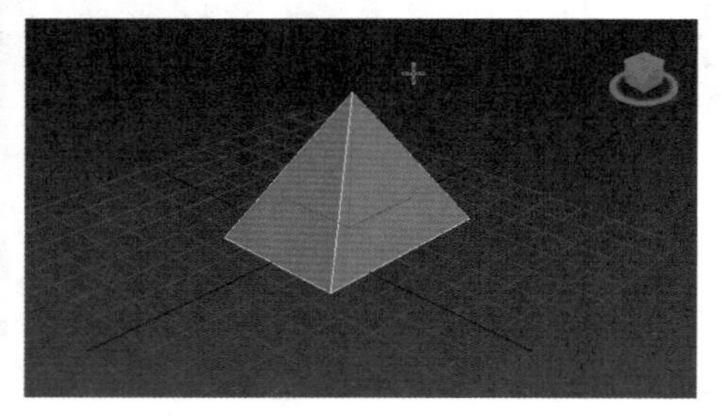

图 3-30　指定棱体高度

知识解析：四棱锥创建面板

- 宽度 / 深度 / 高度：设置四棱锥各个面的参数。
- 宽度分段 / 深度分段 / 高度分段：设置四棱锥对应面的分段数。

3.1.9 茶壶

茶壶可以快速创建一个茶壶模型，在室内场景中经常使用。选择“茶壶”工具，在视图中单击指定起点并按住鼠标左键不放拖动，至适当位置释放鼠标左键，完成茶壶的绘制，如图 3-31 所示。但用此方法创建的茶壶精度比较低。

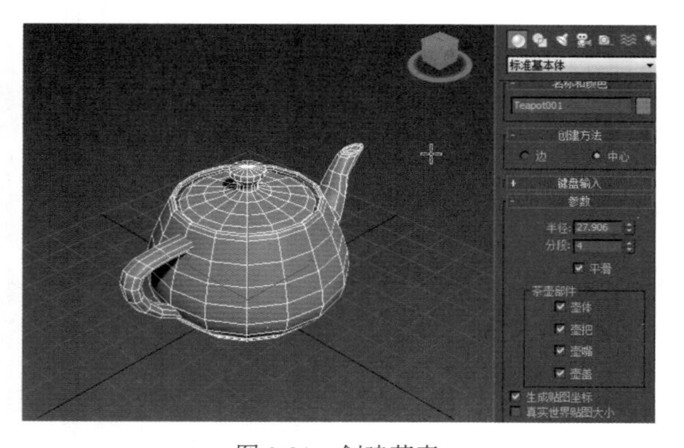

图 3-31　创建茶壶

知识解析：茶壶创建面板

- 半径：设置茶壶的半径。
- 分段：设置茶壶或其单独部件的分段数。
- 平滑：混合茶壶的面，从而在渲染视图中创建平滑的外观。
- 茶壶部件：选择要创建的茶壶部件，包含“壶体”、“壶把”、“壶嘴”和“壶盖”4 个部件，如图 3-32 所示是一个完整的茶壶与茶壶部件。

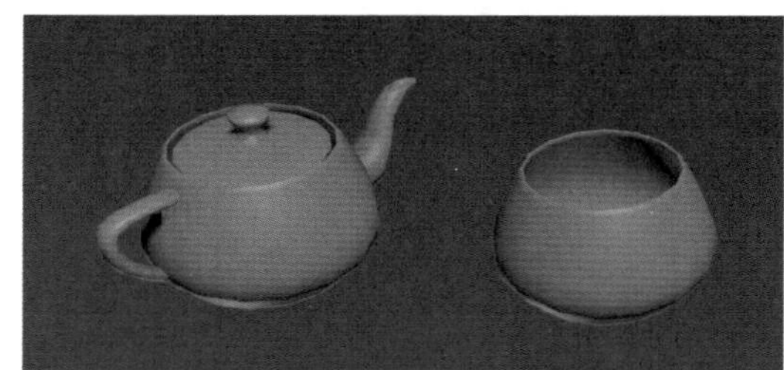

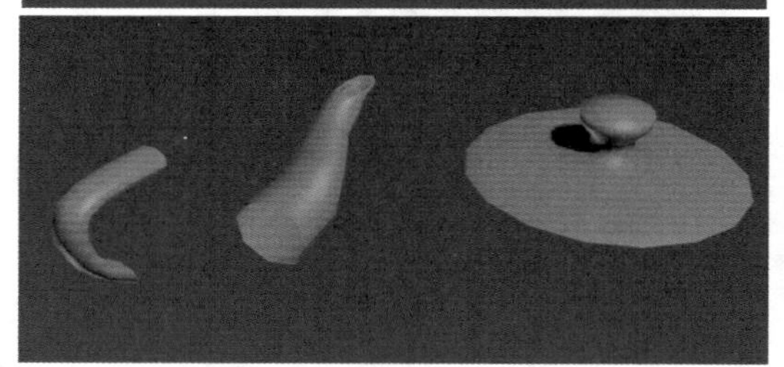

图 3-32　茶壶及茶壶的各部件

读书笔记

3.1.10 平面

平面在建模过程使用的频率非常高，如墙面和地面等。选择“平面”工具，在视图中单击指定起点，并按住鼠标左键不放拖动，至适当位置释放鼠标即可，如图 3-33 所示。

知识解析：平面创建面板

- 长度 / 宽度：设置平面对象的长度和宽度。
- 长度分段 / 宽度分段：设置沿着对象每个轴的分段数量。

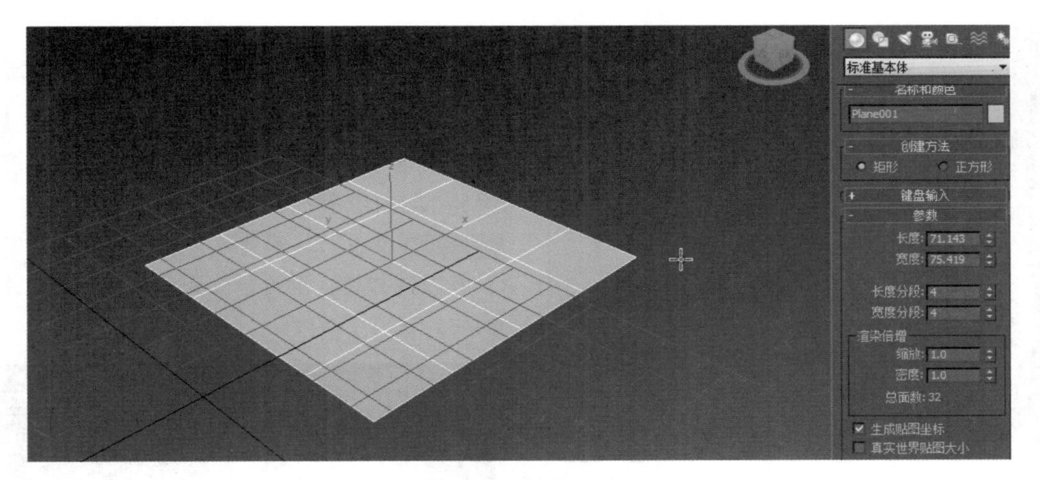

图 3-33　创建平面

3.2 扩展基本体

扩展基本体是基于标准基本体的一种扩展物体。有了这些几何体，可以快速地创建出一些简单的模型。

单击“标准基本体”下拉按钮，选择“扩展基本体”类型，如图 3-34 所示。在弹出的“扩展基本体”面板中共有 13 种基本体，如图 3-35 所示。

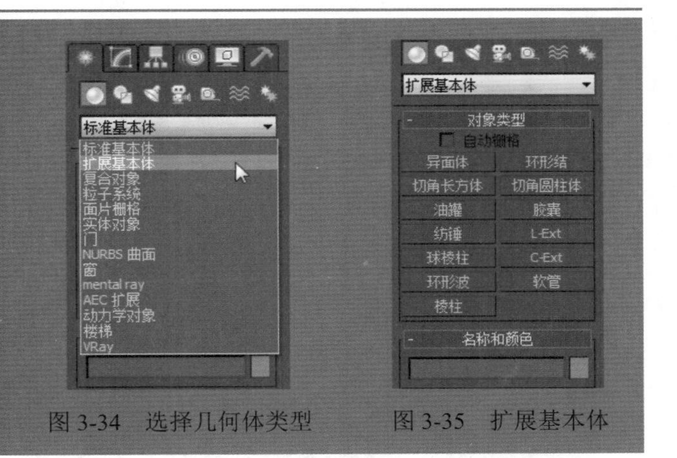

图 3-34　选择几何体类型　　图 3-35　扩展基本体

3.2.1 异面体

异面体是一种很典型的扩展基本体，可以用它来创建四面体、立方体和星形等。

Step 1 ▶ 单击“异面体”按钮，在视图中单击并按住鼠标左键拖动，至适当位置释放鼠标，效果如图 3-36 所示。

Step 2 ▶ 在面板中单击“星形 1”选项，效果如图 3-37 所示。

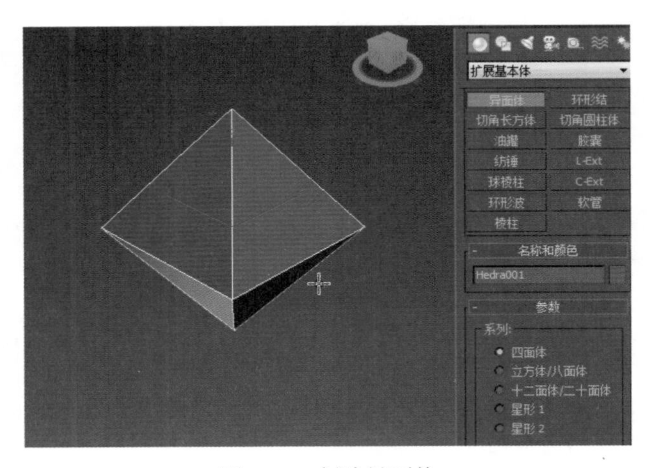

图 3-36　创建异面体

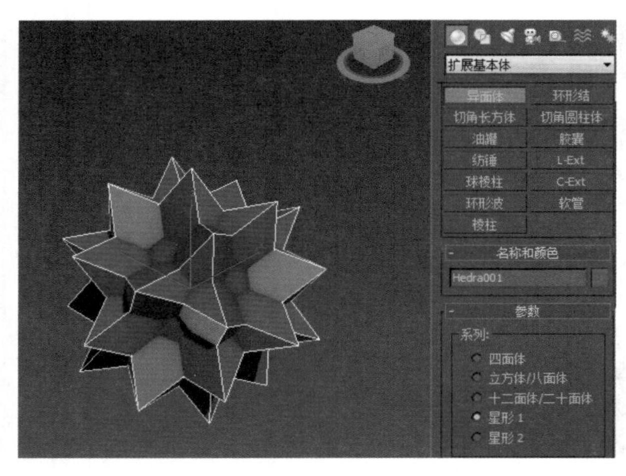

图 3-37　更改异面体形状

知识解析：异面体创建面板

◆ 系列：在该选项组下可以选择体的类型，如图 3-38 所示是 5 种类型的效果。

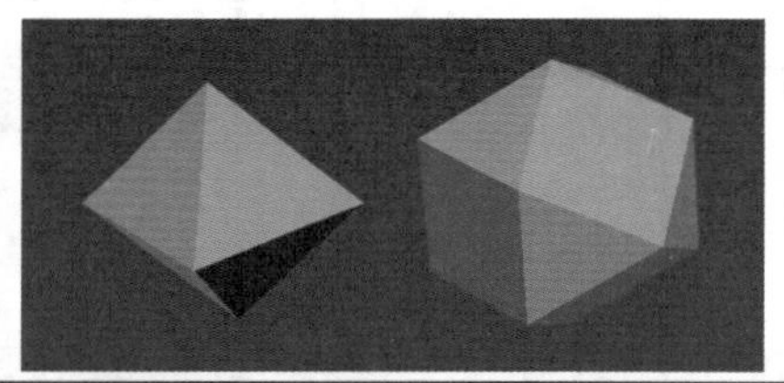

图 3-38　异面体的 5 种类型

◆ 系列参数：P、Q 两个选项主要切换多面体顶点与面之间的关联关系，其数值范围为 0 ～ 1。

◆ 轴向比率：多面体可以拥有多达 3 种规则或不规则的多面体的面，如三角形、方形或五角形。P、Q、R 控制多面体一个面反射的轴。如果调整了参数，单击“重置”按钮，可以将 3 个数值恢复到默认值 100。

◆ 顶点：决定多面体每个面的内部几何体。“中心”与“中心和边”选项会增加对象中的顶点数，从而增加面数。

◆ 半径：设置任何多面体的半径。

3.2.2 环形结

这是扩展基本体中最复杂的一个建模工具，可控制的参数很多，组合产生的效果也比较多，可转换为 NURBS 表面对象。

Step 1 单击“环形结”按钮，在视图中单击并按住鼠标左键拖动，至适当位置释放鼠标，效果如图 3-39 所示。

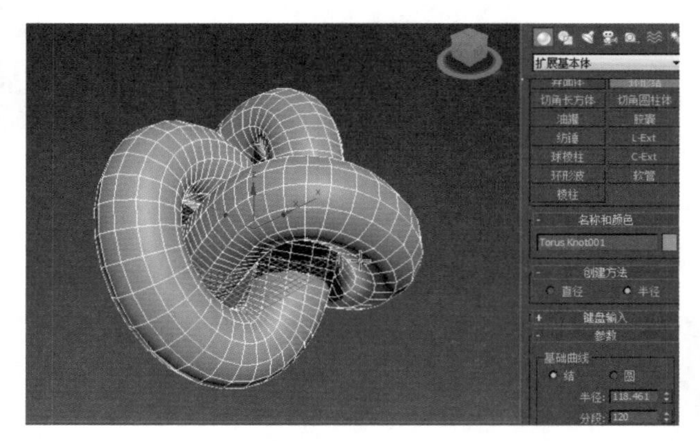

图 3-39　创建环形结

Step 2 拖动并单击指定环形的直径，效果如图 3-40 所示。

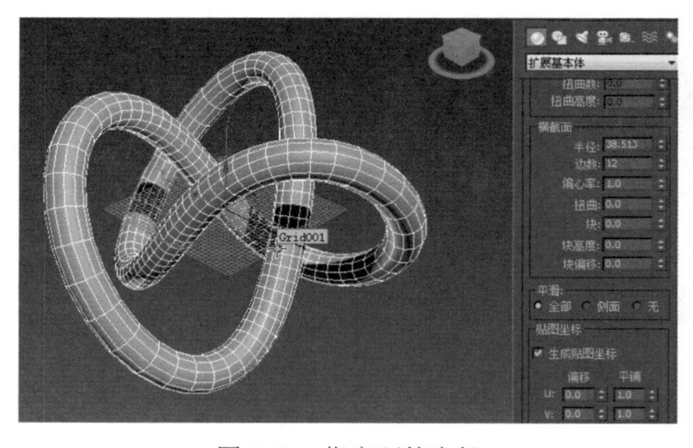

图 3-40　指定环的直径

读书笔记

知识解析：环形结创建面板

（1）基础曲线

- 结：选择该选项，环形将基于其他各种参数自身交织。
- 圆：选择该选项，基础曲线是圆形的。如果在其默认设置中保留“扭曲”和“偏心率”这两个参数，则会产生标准环形。
- 半径：控制曲线半径的大小。
- 分段：确定在曲线路径上片段的划分数目。
- P/Q：选中“结”单选按钮，这两项参数才能被激活。用于控制曲线路径蜿蜒缠绕的圈数。
- 扭曲数/扭曲高度：选中“圆”单选按钮，这两项参数才能被激活。用于控制在曲线路径上产生的弯曲数目和弯曲的高度。

（2）横截面

- 半径：设置截面图形的半径大小。
- 边数：设置截面图形的边数，确定它的圆滑度。
- 偏心率：设置截面压扁的程度。
- 扭曲：设置截面沿路径扭曲旋转的程度，当有偏心率或弯曲设置时，会显示出效果。
- 块：设置环形结中的凸出数量。
- 块高度：设置凸出块隆起的高度。
- 块偏移：在路径上移动凸出块的位置。

（3）平滑

- 全部：对整个造型进行平滑处理。
- 侧面：只对路径方向的面进行平滑处理。
- 无：不进行表面平滑处理。

（4）贴图坐标

- 生成贴图坐标：基于环形结的几何体指定贴图坐标，默认设置为启用。
- 偏移U/V：沿着U向和V向偏移贴图坐标。
- 平铺U/V：沿着U向和V向平铺贴图坐标。

3.2.3 切角长方体

切角长方体是长方体的扩展物体，可以快速创建带圆角效果的长方体。

Step 1 单击“切角长方体”按钮，在视图中单击并按住鼠标左键拖动，至适当位置释放鼠标指定长方体的长和宽，上移鼠标单击指定长方体的高，如图3-41所示。

图3-41　绘制长方体

Step 2 移动鼠标指定长方体的圆角，效果如图3-42所示。

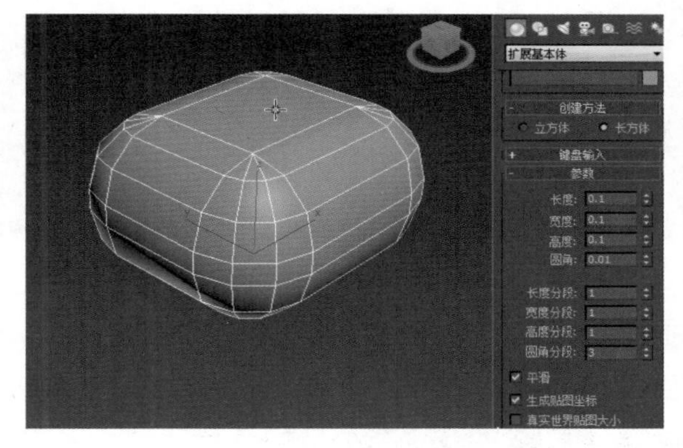

图3-42　指定圆角

知识解析：切角长方体创建面板

- 长度/宽度/高度：设置长角长方体的长度、宽度和高度。
- 圆角：切开倒角长方体的边，以创建圆角效果。
- 长度分段/宽度分段/高度分段：设置沿着相应轴的分段数量。
- 圆角分段：设置切角长方体圆角边时的分段数。

?答疑解惑：

在创建圆角几何体时，如何为几何体倒圆角？

使用3ds Max 2014中的扩展几何体，就可以轻松创建圆角几何体。

3.2.4 切角圆柱体

切角圆柱体是圆柱体的扩展物体，可以快速创建带圆角效果的圆柱体。

Step 1 ▶ 单击“切角圆柱体”按钮 切角圆柱体 ，在视图中单击并按住鼠标左键拖动，至适当位置释放鼠标指定圆柱体的底面半径，上移鼠标单击指定圆柱体的高，如图 3-43 所示。

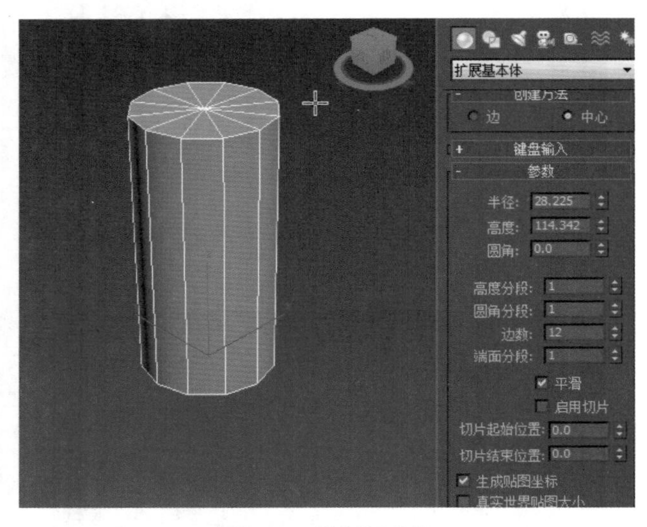

图 3-43　绘制圆柱体

Step 2 ▶ 上移鼠标指定圆柱体的圆角，效果如图 3-44 所示。

图 3-44　指定圆角

知识解析：切角圆柱体创建面板

- 半径：设置切角圆柱体的半径。
- 高度：设置沿着中心轴的高度。负值将在构造平面下面创建切角圆柱体。
- 圆角：斜切切角圆柱体的顶部和底部封口边。
- 高度分段：设置沿着相应轴的分段数量。
- 圆角分段：设置切角圆柱体圆角边时的分段数。
- 边数：设置切角圆柱体周围的边数。
- 端面分段：设置沿着切角圆柱体顶部和底部的中心和同心分段数量。

读书笔记

3.2.5 油罐

创建带有球状凸出顶部的类圆柱体。

Step 1 ▶ 单击“油罐”按钮 油罐 ，在视图中单击并按住鼠标左键拖动，至适当位置释放鼠标指定圆柱体的底面半径，上移鼠标单击指定圆柱体的高，如图 3-45 所示。

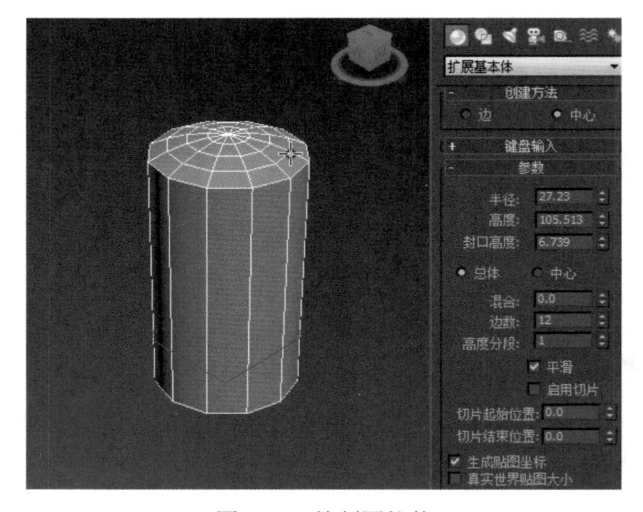

图 3-45　绘制圆柱体

Step 2 上移鼠标确定油罐的形状，效果如图3-46所示。

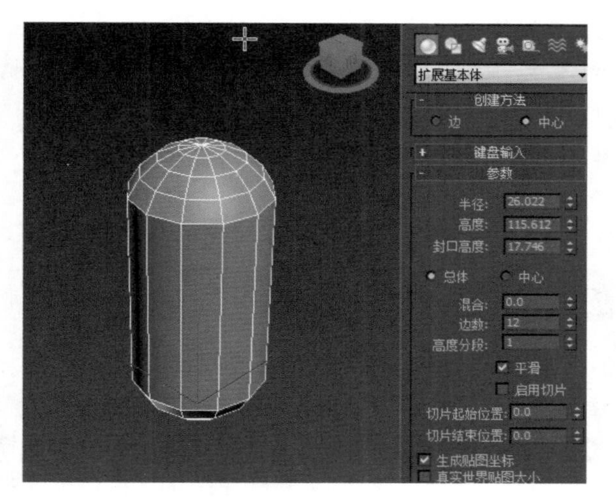

图3-46　指定圆角

知识解析：油罐创建面板

- 半径：设置油罐底部的半径。
- 高度：设置油罐的高度。负值将在构造平面以下创建油罐。
- 封口高度：设置凸面封口的高度，最小值是“半径”的2.5%。除非“高度”的绝对值小于两倍“半径”，否则最大值为“半径”的99%。
- 总体：确定油罐的总体高度。
- 中心：确定油罐柱状高度，不包括顶盖高度。
- 混合：当该参数设置大于0时，将在封口的边缘创建倒角。
- 边数：设置油罐周围的片段划分数。值越高，油罐越圆滑。
- 高度分段：设置油罐高度上的片段划分数。

3.2.6 胶囊

使用“胶囊”工具可以创建出半球状带有封口的圆柱体。

Step 1 单击“胶囊”按钮，在视图中单击并按住鼠标左键拖动，至适当位置释放鼠标确定胶囊半径，如图3-47所示。

Step 2 上移鼠标单击指定胶囊的高度，如图3-48所示。

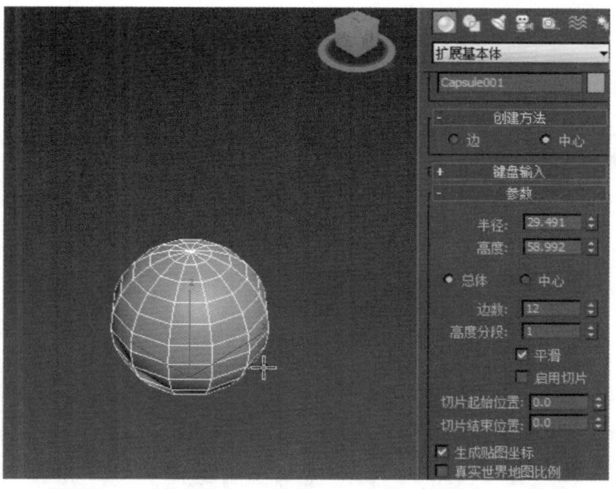

图3-47　指定胶囊半径

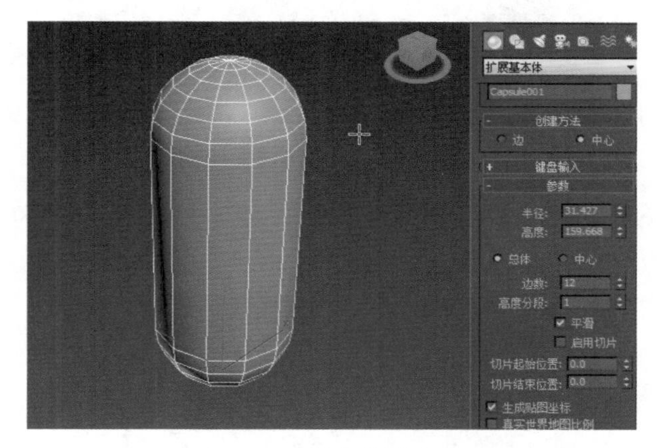

图3-48　指定胶囊高度

知识解析：胶囊创建面板

- 半径：设置胶囊的半径。
- 高度：设置胶囊中心轴的高度。
- 总体 / 中心：决定“高度”值指定的内容。“总体”指定对象的总体高度；“中心”指定圆柱体中部的高度，不包括其圆顶封口。
- 边数：设置胶囊周围的边数。
- 高度分段：设置沿着胶囊主轴的分段数量。
- 平滑：启用该选项时，胶囊表面会变得平滑，反之则有明显的转折效果。
- 启用切片：控制是否启用“切片”功能。
- 切片起始 / 结束位置：设置从局部X轴的零点开始围绕局部Z轴的度数。

3.2.7 纺锤

使用“纺锤”工具可以制作两头带有圆锥尖顶的柱体。

Step 1 ▶ 单击“纺锤”按钮，在视图中单击并按住鼠标左键拖动，至适当位置释放鼠标确定圆柱半径，上移鼠标单击指定圆柱高度，如图 3-49 所示。

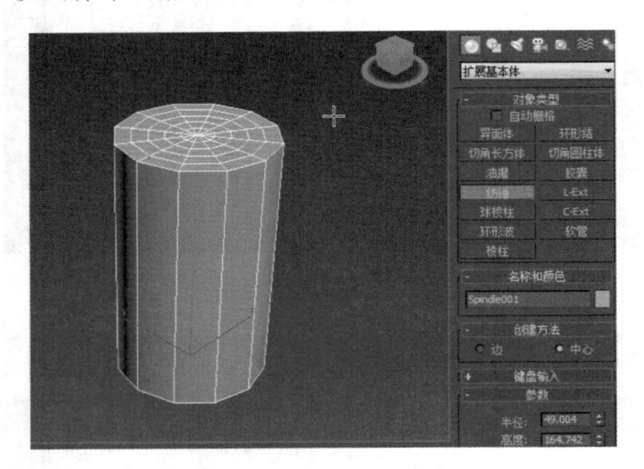

图 3-49　指定纺锤半径

Step 2 ▶ 向左或上移鼠标单击指定纺锤的高度，如图 3-50 所示。

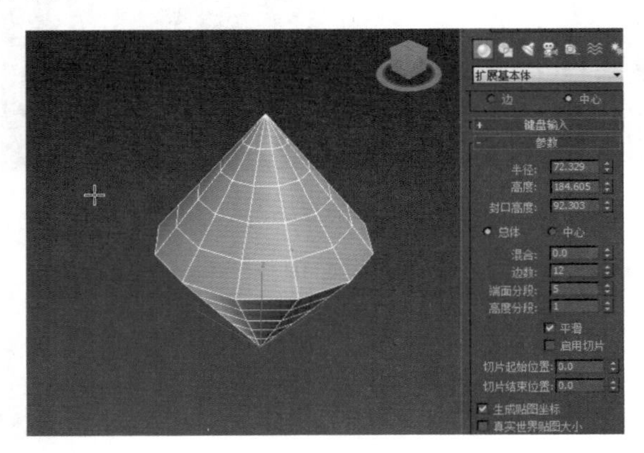

图 3-50　指定封口高度

知识解析：纺锤创建面板

- ◆ 半径：设置底面的半径大小。
- ◆ 高度：确定纺锤体柱体的高度。
- ◆ 封口高度：确定纺锤体两端的圆锥高度。最小值是 0.1，最大值是“高度”的一半。
- ◆ 总体：以纺锤体的全部来计算高度。
- ◆ 中心：以纺锤体的柱状部分来计算高度，不计算两端圆锥的高度。
- ◆ 混合：当参数设置大于 0 时，将在纺锤主体与顶盖的结合处创建圆角。
- ◆ 边数：设置圆周上的片段数。值越高，纺锤体越平滑。
- ◆ 端面分段：设置圆锥顶盖的片段数。
- ◆ 高度分段：设置柱体高度方向上的片段数。

3.2.8 L-Ext/C-Ext

使用 L-Ext 工具可以创建并挤出 L 形的对象；使用 C-Ext 工具可以创建并挤出 C 形的对象。

Step 1 ▶ 单击 L-Ext 按钮，在视图中单击并按住鼠标左键拖动，至适当位置释放鼠标；拖动鼠标至适当位置单击确定对象高度，拖动鼠标至适当位置单击确定对象厚度，如图 3-51 所示。

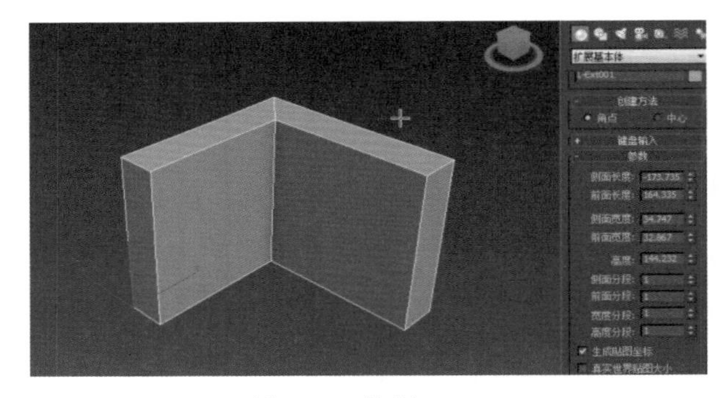

图 3-51　绘制 L-Ext

Step 2 ▶ 单击 C-Ext 按钮，在视图中单击并按住鼠标左键拖动，至适当位置释放鼠标；拖动鼠标至适当位置单击确定对象高度，拖动鼠标至适当位置单击确定对象厚度，如图 3-52 所示。

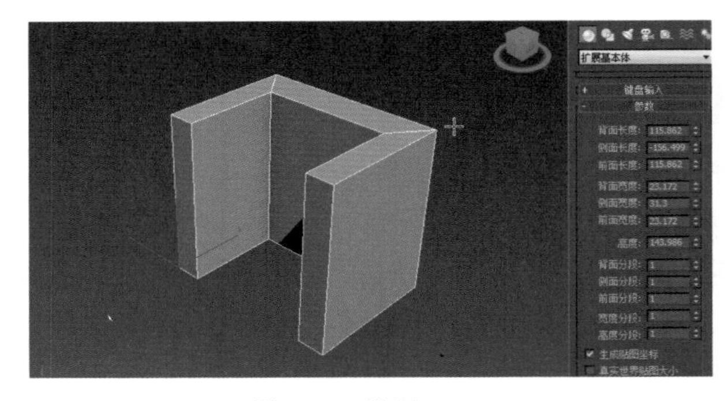

图 3-52　绘制 C-Ext

知识解析：L-Ext 创建面板

◆ 侧面长度 / 前面长度：设置底面侧边和前边的长度。
◆ 宽度 / 前面宽度：设置底面侧边和前边的宽度。
◆ 高度：设置高度。
◆ 侧面 / 前面 / 宽度 / 高度分段：设置各边上的片段数。

知识解析：C-Ext 创建面板

◆ 背面长度 / 侧面长度 / 前面长度：设置 3 边的长度。
◆ 背面宽度 / 侧面宽度 / 前面宽度：设置 3 边的宽度。
◆ 高度：设置高度。
◆ 背面 / 侧面 / 前面 / 宽度 / 高度分段：设置各边上的片段数。

读书笔记

3.2.9 球棱柱

使用“球棱柱”工具可以创建类似于圆柱的柱体状对象，例如创建规则的三棱柱、五棱柱等多边棱体。

Step 1 ▶ 单击“球棱柱”按钮，在视图中单击并按住鼠标左键拖动，至适当位置释放鼠标确定球棱柱半径，如图 3-53 所示。

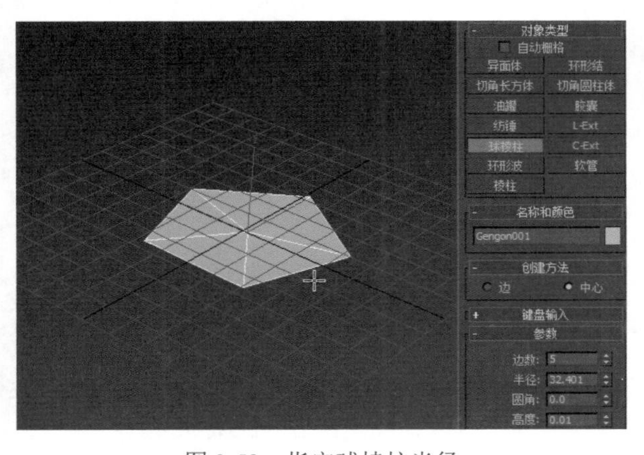

图 3-53　指定球棱柱半径

Step 2 ▶ 上移鼠标单击指定球棱柱高度，如图 3-54 所示。

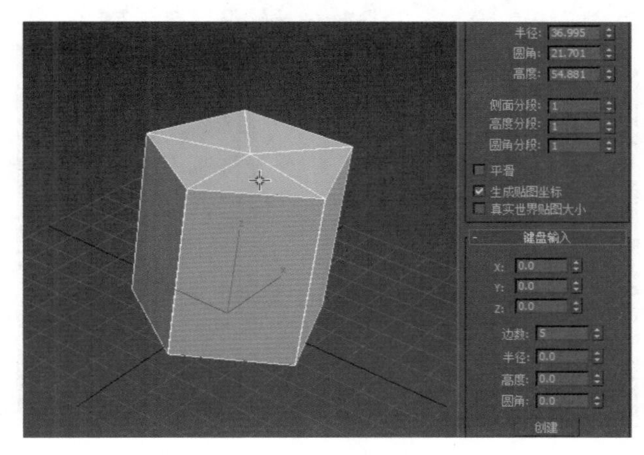

图 3-54　指定球棱柱高度

知识解析：球棱柱创建面板

◆ 边数：设置该参数值，可以制作多边棱柱体，当边数越大时，棱柱表面越光滑，越接近圆柱体，如图 3-55 所示。

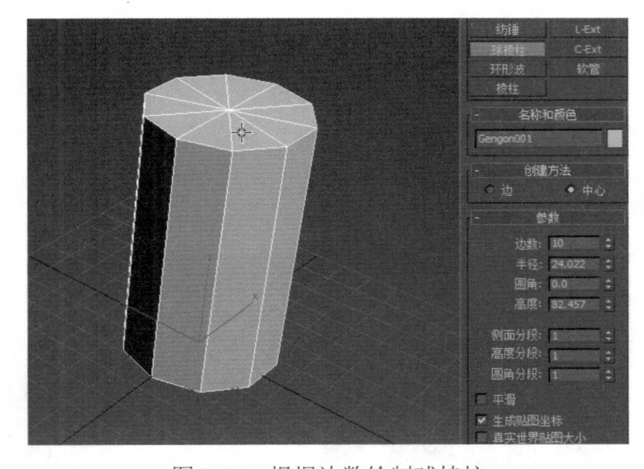

图 3-55　根据边数绘制球棱柱

◆ 半径：设置切角圆柱体的半径。
◆ 圆角：设置球棱柱圆角的参数值，确定球棱柱高度以后，可以通过拖动鼠标对多边棱柱每个角进行圆角。圆角效果由“圆角分段”参数控制，“圆角分段”参数越大，圆角效果越明显，如图 3-56 所示。
◆ 高度：设置沿着中心轴的高度。负值将在构造平面下面创建切角圆柱体。

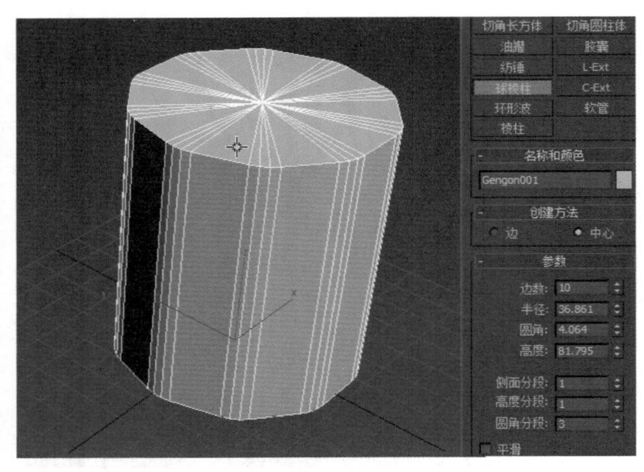

图 3-56　根据段数指定球棱柱圆角

◆ **侧面 / 高度 / 圆角分段：** 分别设置侧面 / 高度 / 圆角上的片段数。

3.2.10 环形波

环形波对象具有不规则的内部和外部边缘效果，使用“环形波”对象来创建一个环形，利用它的图形可以设置动画，例如制作星球爆炸产生的冲击波。

Step 1 单击“环形波”按钮，在视图中单击并按住鼠标左键拖动，至适当位置释放鼠标确定环形波半径，如图 3-57 所示。

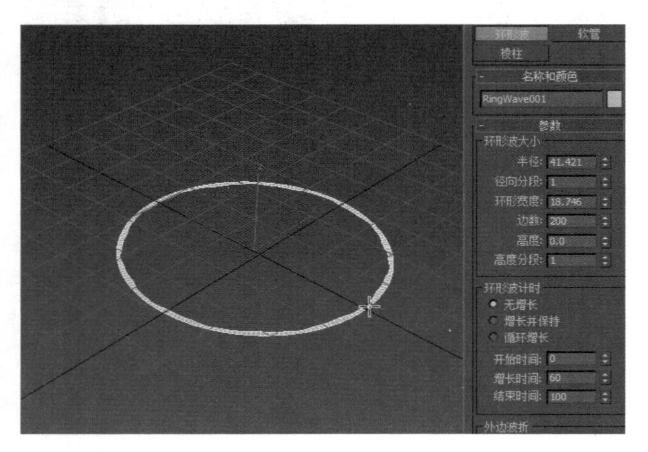

图 3-57　指定环形波半径

Step 2 移动鼠标单击指定环形波内边波折，如图 3-58 所示。

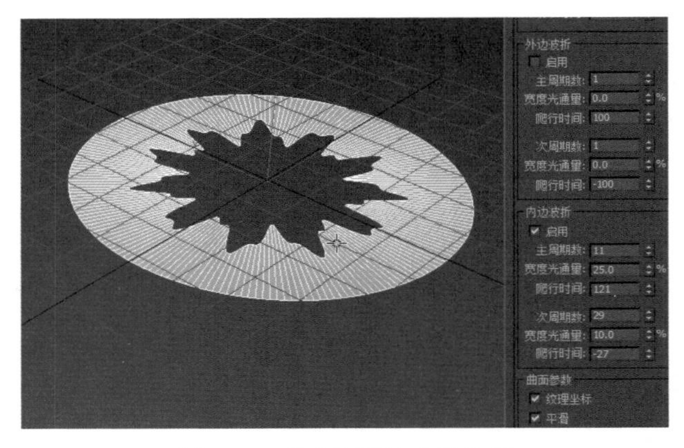

图 3-58　指定环形波内边波折

知识解析：环形波创建面板

（1）环形波大小

◆ **半径：** 设置环形波的外沿半径。

◆ **径向分段：** 设置内沿半径与外沿半径之间的分段。

◆ **环形宽度：** 设置从外沿半径向内的环形宽度的平均值。

◆ **边数：** 设置环形波圆周上的片段数。

◆ **高度：** 设置环形波沿主轴方向上的高度。

◆ **高度分段：** 设置环形波高度上的片段数。

（2）环形波计时

◆ **无增长：** 阻止对象扩展。

◆ **增长并保持：** 选中该单选按钮，环形波将从“开始时间”扩展到“增长时间”，并保持这种状态到“结束时间”。

◆ **循环增长：** 选中该单选按钮，环形波将从“开始时间”扩展到“增长时间”，再从“增长时间”扩展到“结束时间”进行循环增长。

◆ **开始时间：** 设置环形从零开始的那一帧。

◆ **增长时间：** 设置达到最大时需要的帧数。

◆ **结束时间：** 设置环形波停止的那一帧。

（3）外边波折

◆ **主周期数：** 设置围绕环形波外边缘运动的主波纹数量。

◆ **宽度光通量：** 设置围绕环形波外边缘运动的主波纹尺寸，以波动幅度的百分比表示。

◆ **爬行时间**：设置每一个主波纹围绕环形波外边缘运动一周所用的帧数。
◆ **次周期数**：设置主波纹上随即尺寸的次波纹数量。
◆ **宽度光通量**：设置次波纹的尺寸，以波动幅度的百分比表示。
◆ **爬行时间**：设置第一个次波纹围绕主波纹运动一周所用的帧数。

（4）内边波折

◆ **主周期数**：设置围绕环形波内边缘运动的主波纹数量。
◆ **宽度光通量**：设置围绕环形波内边缘运动的主波纹尺寸，以波动幅度的百分比表示。
◆ **爬行时间**：设置每一个主波纹围绕环形波内边缘运动一周所用的帧数。
◆ **次周期数**：设置主波纹上随即尺寸的次波纹数量。
◆ **宽度光通量**：设置次波纹的尺寸，以波动幅度的百分比表示。
◆ **爬行时间**：设置第一个次波纹围绕主波纹运动一周所用的帧数。

（5）曲面参数

◆ **纹理坐标**：设置将贴图材质应用于对象时所需的坐标，默认设置为启用。
◆ **平滑**：通过将所有多边形设置为平滑组 1，并将平滑应用到对象上，默认设置为启用。

读书笔记

3.2.11 软管

软管是一个能连接两个对象的弹性物体，因而能反映这两个对象的运动。它类似于弹簧，但不具备动力学属性。

Step 1 单击“软管”按钮，在视图中单击并按住鼠标左键拖动，至适当位置释放鼠标确定软管半径，如图 3-59 所示。

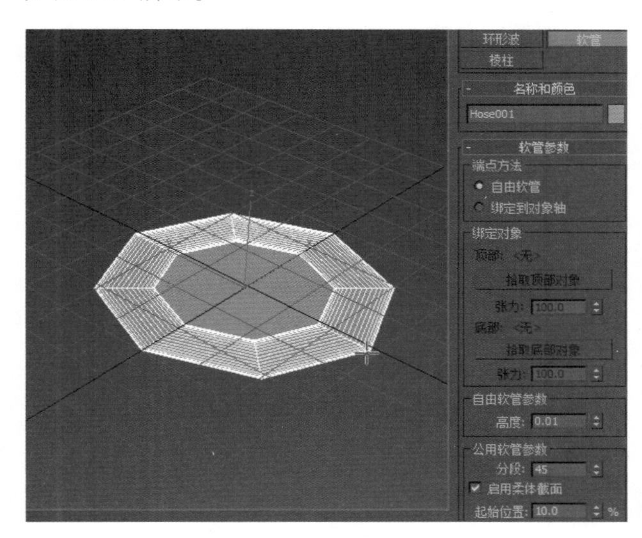

图 3-59　指定软管半径

Step 2 向上移动鼠标单击指定软管高度，如图 3-60 所示。

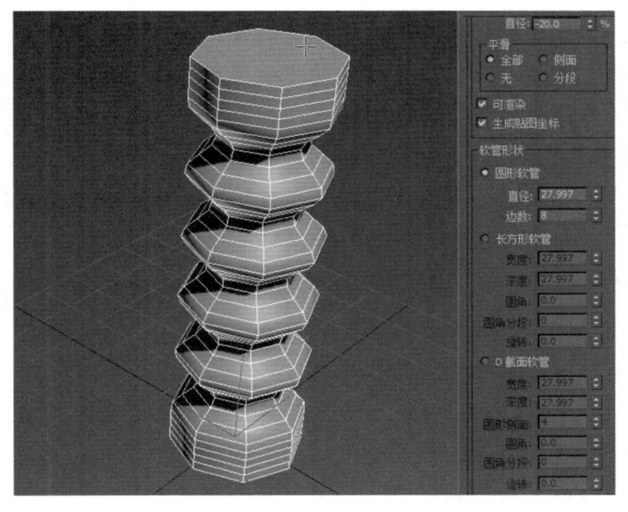

图 3-60　指定软管高度

知识解析：软管创建面板

（1）端点方法

◆ **自由软管**：该选项为系统默认选项。
◆ **绑定到对象轴**：如果要把软管绑定到对象，必须选中该复选框。

（2）绑定对象

- ◆ 顶部：显示顶部绑定对象的名称。
- ◆ 拾取顶部对象：单击该按钮可以拾取顶部对象。
- ◆ 张力：当软管靠近底部对象时，该选项主要用来设置顶部对象附近软管曲线的张力大小。若减少张力，顶部对象附近将产生弯曲效果；若增长张力，远离顶部对象的地方将产生弯曲效果。
- ◆ 底部：显示底部绑定对象的名称。
- ◆ 拾取底部对象：单击该按钮可以拾取底部对象。
- ◆ 张力：当软管靠近顶部对象时，该选项主要用来设置底部对象附近软管曲线的张力大小。若减少张力，底部对象附近将产生弯曲效果；若增长张力，远离底部对象的地方将产生弯曲效果。

（3）自由软管参数

- ◆ 高度：用于设置软管未绑定时的垂直高度或长度。

（4）公用软管参数

- ◆ 分段：设置软管长度的总分段数。当软管弯曲时，增大该值可以使曲线更加平滑。
- ◆ 启用柔体截面：选中该复选框，其选项组中的参数才可用。设置软管的中心柔体截面；若取消选中该复选框，软管的直径和长度会保持一致。
- ◆ 起始位置：软管的始端到柔体截面开始处所占软管长度的百分比。默认情况下，软管的始端是指对象轴出现的一端，默认值为 10%。
- ◆ 结束位置：软管的末端到柔体截面结束处所占软管长度的百分比。默认情况下，软管的末端是指与对象轴出现的相反端，默认值为 90%。
- ◆ 周期数：柔体截面中的起伏数目。可见周期的数目受限于分段的数目。如果分段值不够大，不足以支持周期数目，则不会显示出所有的周期。默认值为 5。

（5）软管形状

- ◆ 圆形软管：设置软管为圆形的横截面。
- ◆ 长方形软管：设置软管为长方形的横截面，如图 3-61 所示。
- ◆ D 截面软管：与"长方形软管"相似，但有一条边呈圆形，以成 D 形状的横截面，如图 3-62 所示。

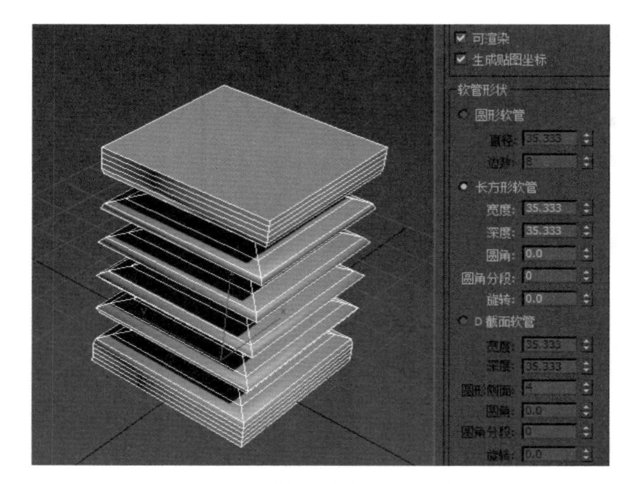

图 3-61　软件形状为长方形

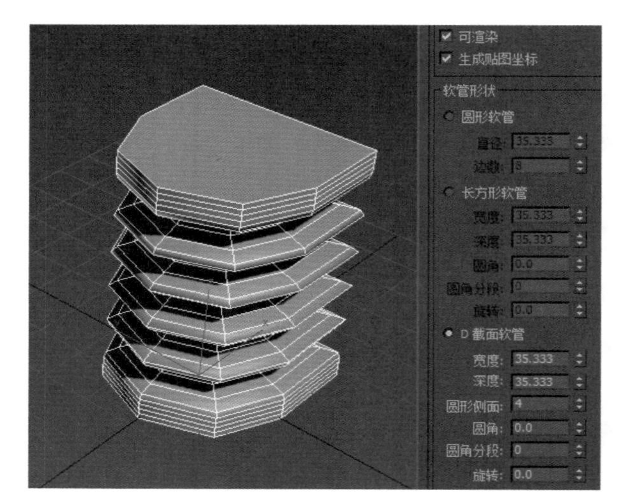

图 3-62　软件形状为 D 截面

3.2.12 棱柱

棱柱可以创建带有独立分段面，底面为等腰三角形或不等边三角形的三棱柱。

Step 1 ▶ 单击"棱柱"按钮，在视图中单击并按住鼠标左键不放指定棱柱底面起点，如图 3-63 所示。

Step 2 ▶ 向上拖动至适当位置释放鼠标指定棱柱底面的第二个点，如图 3-64 所示。

Step 3 ▶ 移动鼠标至适当位置单击指定棱柱的第三个点，如图 3-65 所示。

Step 4 ▶ 向上移动鼠标单击指定棱柱的高度，如图 3-66 所示。

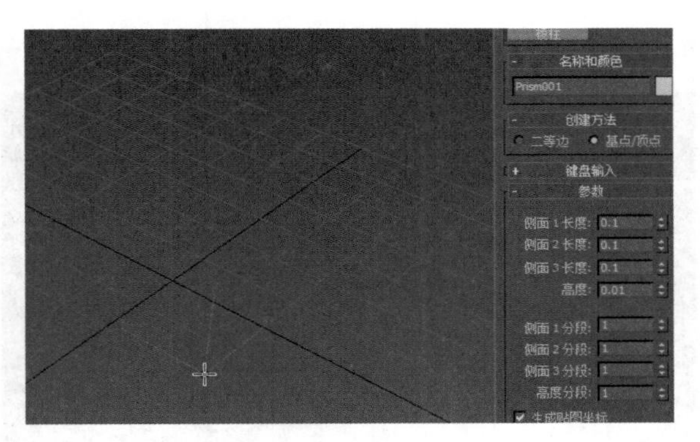

图 3-63　指定棱柱底面起点

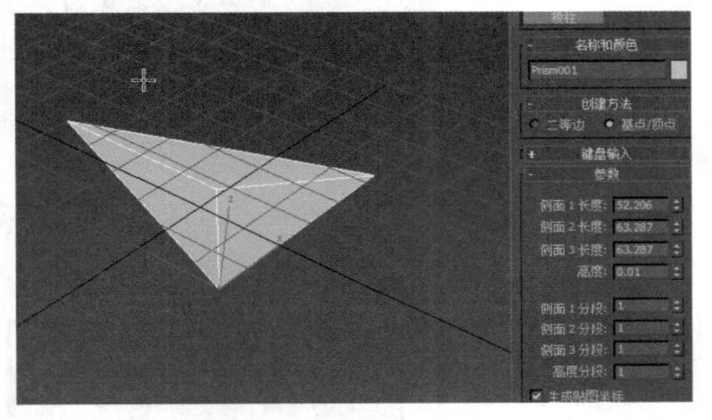

图 3-64　指定棱柱底面第二点

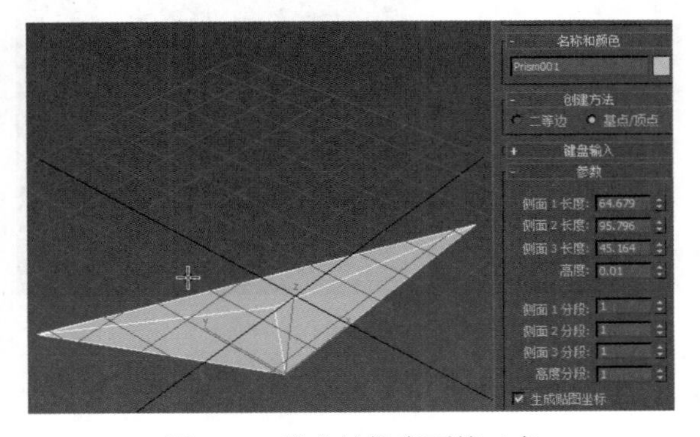

图 3-65　指定棱柱底面第三点

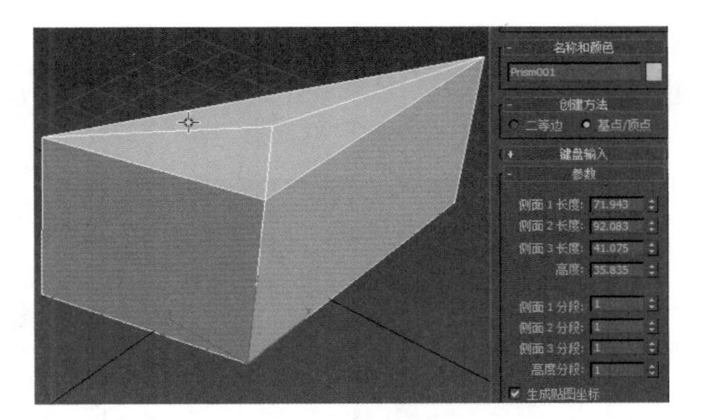

图 3-66　指定棱柱高度

知识解析：棱柱创建面板

- 二等边：用于创建等腰三棱柱，配合 Ctrl 键可以创建底面为等边三角形的棱柱。
- 基点/顶点：用于创建底面是不等边三角形的棱柱。
- 侧面 1/2/3 长度：设置底面三角形 3 条边的长度。
- 高度：设置棱柱的高度。
- 侧面 1/2/3 分段：分别设置各条边的片段数。
- 高度分段：设置沿棱柱高度方向的片段数。

读书笔记

3.3 门

门是建筑场景中最基本的建筑构件之一，3ds Max 2014 提供了 3 种创建门的命令。“枢轴门”是在一侧装有铰链的门；“折叠门”的铰链装在中间以及侧端，就像许多壁橱的门那样；推拉门有一半固定，另一半可以推拉。

3.3.1 枢轴门

枢轴门是大家熟悉的，仅在一侧装有铰链的门，也可以制作成为双门，双门具有两个门元素，每个元素在其外边缘处用铰链进行连接。

Step 1 ▶ 单击“枢轴门”按钮，在视图中单击并按住鼠标左键不放指定枢轴门门框起点，如图 3-67 所示。

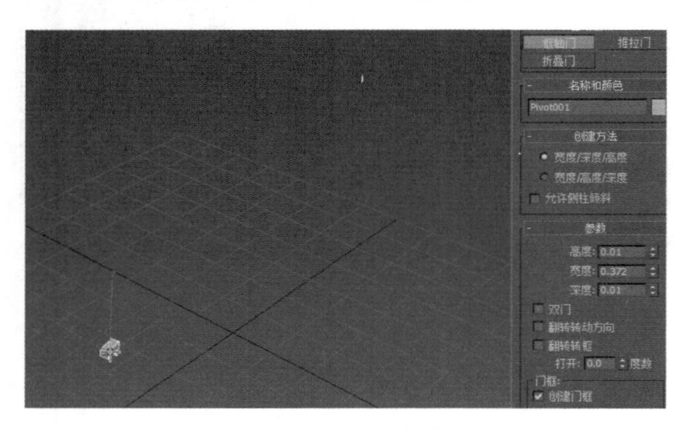

图 3-67　指定门框起点

Step 2 ▶ 拖动至适当位置释放鼠标确定枢轴门门框的终点，如图 3-68 所示。

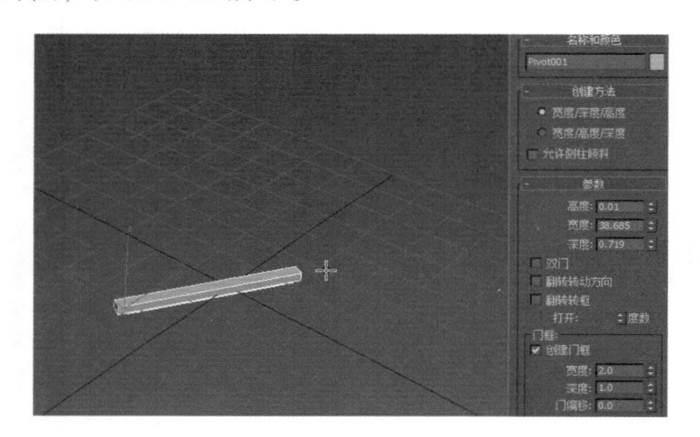

图 3-68　指定门框终点

Step 3 ▶ 移动鼠标至适当位置单击确定门框深度，如图 3-69 所示。

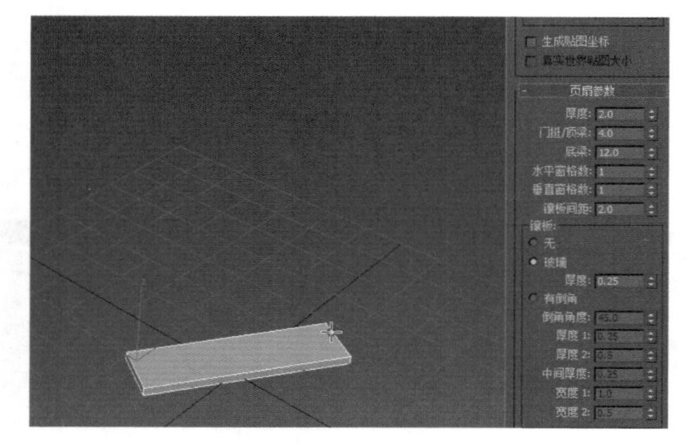

图 3-69　指定门框深度

Step 4 ▶ 向上移动鼠标单击指定门的高度，如图 3-70 所示。

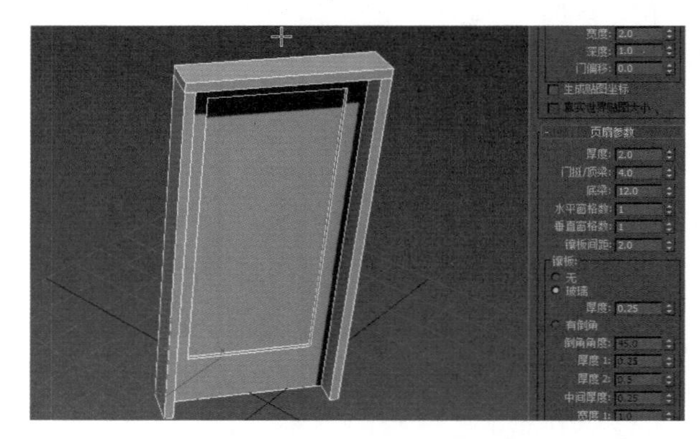

图 3-70　指定门的高度

知识解析：枢轴门创建面板

◆ **高度/宽度/深度**：指定门的高、宽、深度，如图 3-71 所示。

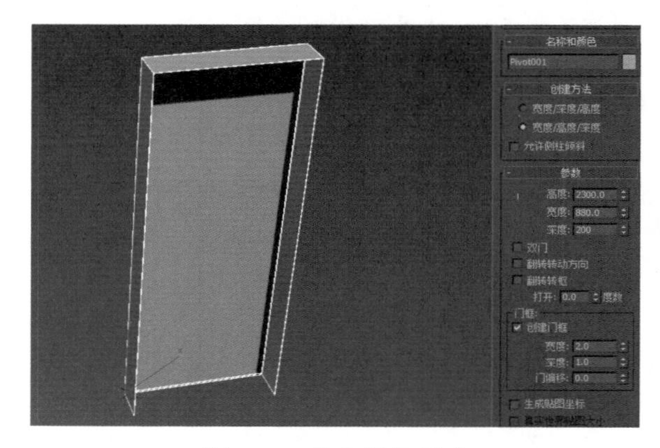

图 3-71　输入门的尺寸

◆ **打开度数**：门的打开度数，如图 3-72 所示。

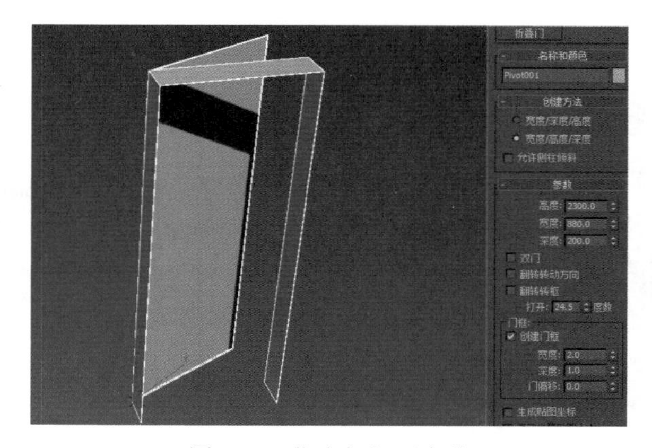

图 3-72　指定门打开度数

◆ 双门：制作一个双门，如图 3-73 所示。

图 3-73　转换为双门

◆ **翻转转动方向：**更改门转动的方向，如图 3-74 所示。

图 3-74　翻转门的方向

◆ **翻转转枢：**在与门面相对的位置上放置门转枢（不能用于双门）。

3.3.2 推拉门

推拉门又称滑动门，该类型的门有两个门元素，一个是保持固定，而另一个可以移动，就像在轨道上滑动一样。

Step 1▶ 单击“推拉门”按钮，在视图中单击并按住鼠标左键不放指定门框起点，拖动至适当位置释放鼠标确定门框的终点，如图 3-75 所示。

Step 2▶ 移动鼠标至适当位置单击确定门框深度，向上移动鼠标单击指定门的高度，如图 3-76 所示。

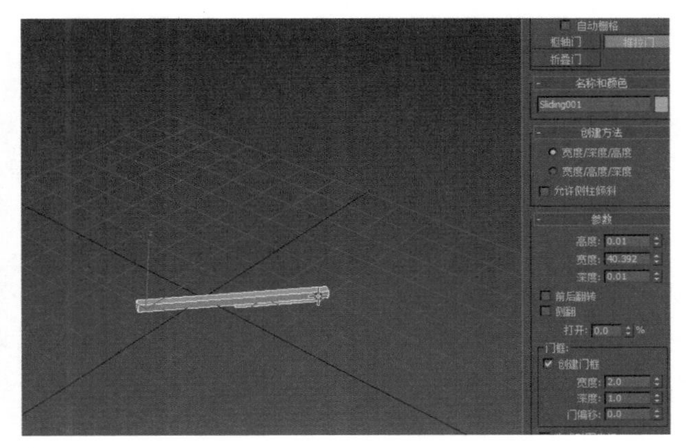

图 3-75　指定门框的长度

图 3-76　指定门的深度和高度

知识解析：推拉门创建面板

◆ **前后翻转：**指定哪个门位于最前面，如图 3-77 所示。

图 3-77　改变门的顺序

◆ **侧翻：**指定哪个门保持固定。

◆ **打开度数：**门的打开度数，如图 3-78 所示。

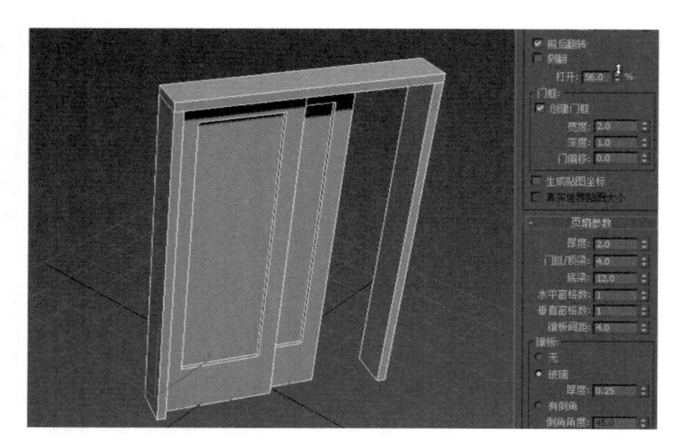

图 3-78　指定门打开度数

读书笔记

3.3.3 折叠门

折叠门是指门的页扇可沿中间的转枢或侧面转枢进行折叠，它的所有页扇均为可移动元素。通俗地讲，就是可以折叠起来的门。

Step 1 ▶ 单击“折叠门”按钮，在视图中单击并按住鼠标左键不放指定门框起点，拖动至适当位置释放鼠标确定门框的终点，如图 3-79 所示。

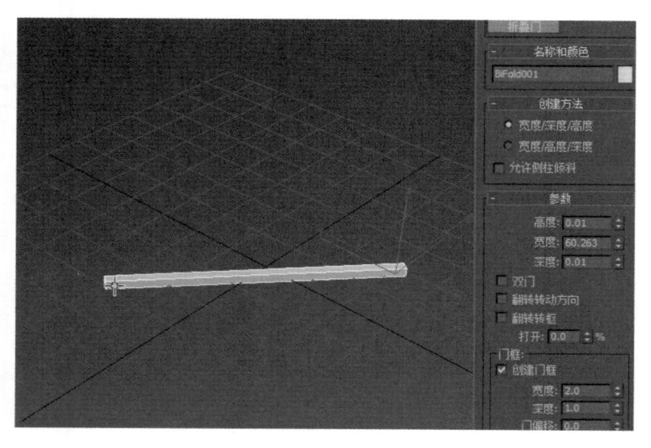

图 3-79　指定门框的长度

Step 2 ▶ 移动鼠标至适当位置单击确定门框深度，向上移动鼠标单击指定门的高度，如图 3-80 所示。

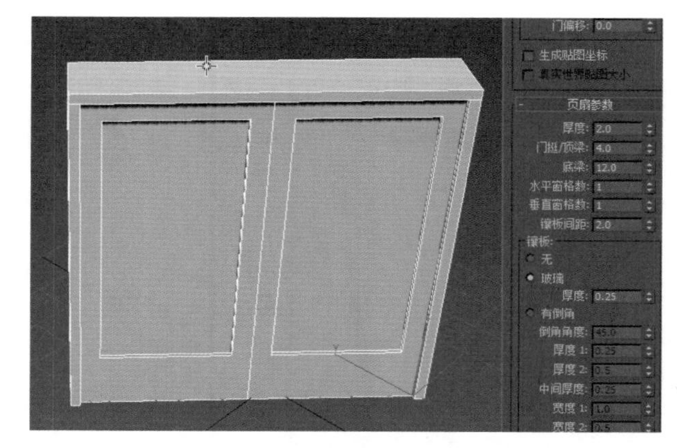

图 3-80　指定门的深度和高度

知识解析：折叠门创建面板

◆ 双门：制作一个双门，如图 3-81 所示。

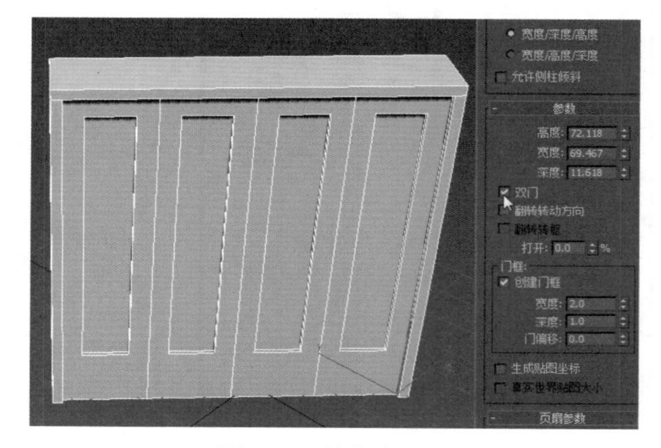

图 3-81　转换为双门

◆ 翻转转动方向：更改门转动的方向。
◆ 打开度数：门的打开度数，如图 3-82 所示。

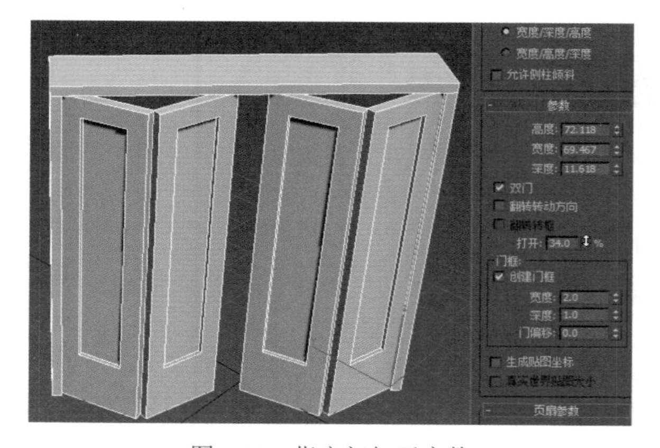

图 3-82　指定门打开度数

3.4 窗

窗也是建筑场景中不可缺少的建筑元素，是房屋采光和空气流通的主要通道。3ds Max 2014 提供了 6 种内置的窗户模型，如图 3-83 所示。

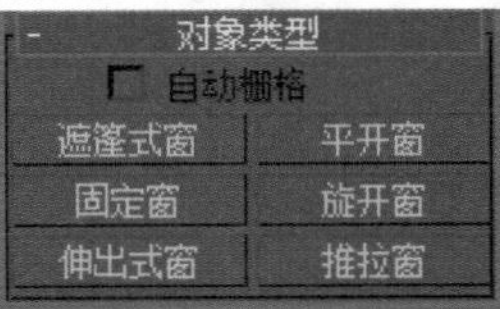

对象类型
自动栅格
遮篷式窗 平开窗
固定窗 旋开窗
伸出式窗 推拉窗

图 3-83 窗户类型

3.4.1 窗的分类

（1）遮篷式窗：这种窗户有一扇通过铰链与其相连，如图 3-84 所示。

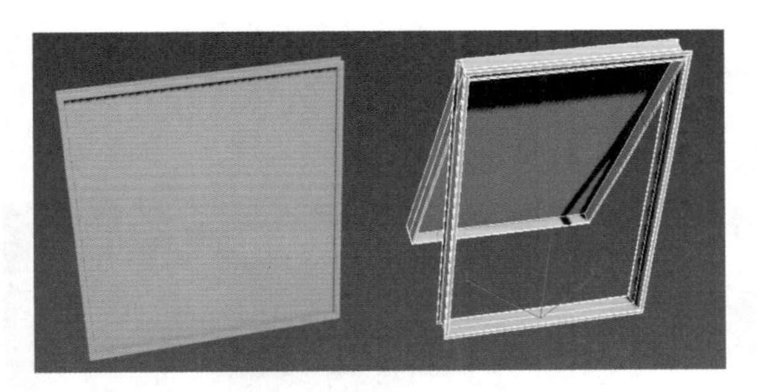

图 3-84 遮篷式窗关闭和打开时的状态

（2）平开窗：这种窗户其中一侧有一个固定的窗框，可以向内或向外转动，如图 3-85 所示。

图 3-85 平开窗关闭和打开时的状态

（3）固定窗：这种窗户是固定的，不能打开，如图 3-86 所示。

（4）旋开窗：这种窗户可以在垂直中轴或水平中轴上进行旋转，如图 3-87 所示。

（5）伸出式窗：这种窗户有 3 扇窗框，其中两扇窗框打开时就像反向的遮蓬，如图 3-88 所示。

图 3-86 固定窗关闭和打开时的状态

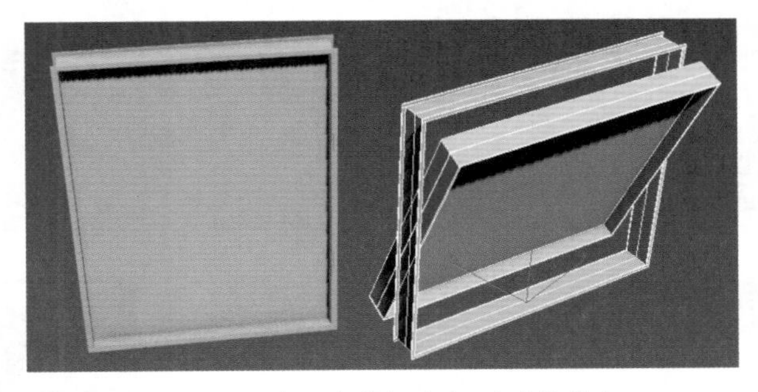

图 3-87 旋开窗关闭和打开时的状态

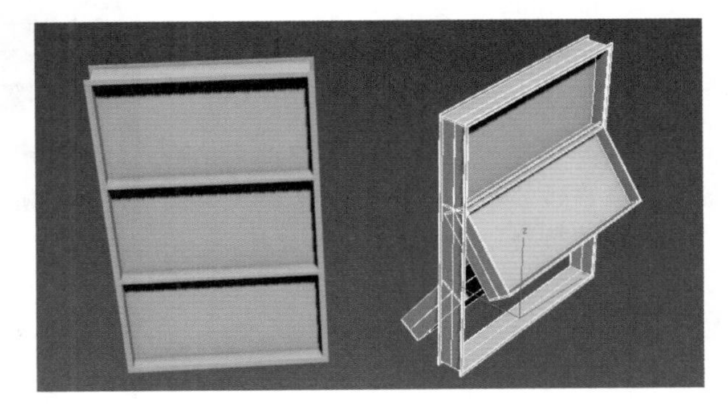

图 3-88 伸出式窗关闭和打开时的状态

（6）推拉窗：有两扇窗框，其中一扇窗框可以沿着垂直或者水平方向滑动，如图 3-89 所示。

图 3-89　推拉窗关闭和打开时的状态

3.4.2 窗的公共参数

由于窗户的参数比较简单，而且大部分的参数都相同，所以这里统一讲解。

知识解析：窗创建面板

（1）高度 / 宽度 / 深度：设置窗户的总体高度 / 宽度 / 深度。

（2）窗框：控制窗框的宽度和深度。

- 水平宽度：设置窗口框架在水平方向的宽度（顶部和底部）。
- 垂直宽度：设置窗口框架在垂直方向的宽度（两侧）。
- 厚度：设置框架的厚度。

（3）玻璃：用来指定玻璃的厚度等参数。

（4）窗格：用于设置窗格的宽度与空格数量。

- 宽度：设置窗框中窗格的宽度（深度）。
- 窗格数：设置窗中的窗框数。

（5）开窗：设置窗户的打开程度。

3.5 AEC 扩展

3ds Max 2014 中的 AEC 扩展对象是专为建筑、工程与构造领域中的应用而设计的。3ds Max 2014 的创建面板中内置了 3 种 AEC 扩展对象，如图 3-90 所示。

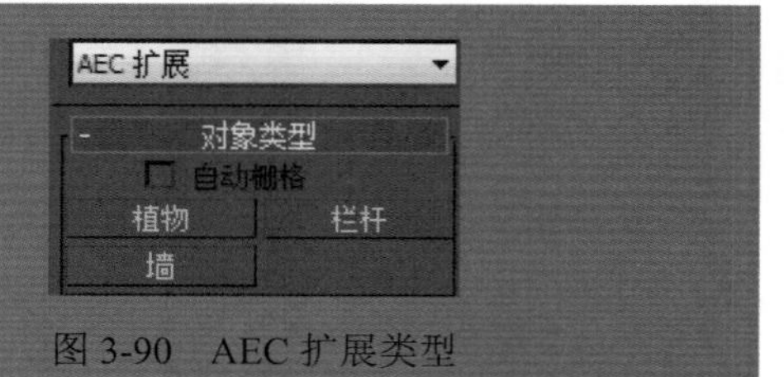

图 3-90　AEC 扩展类型

3.5.1 植物

使用“植物”工具可以快速地创建出 3ds Max 预设的植物模型。通常应用于建筑、工程和构造领域中，表现三维环境所在的“平面”，即用来表现整体环境的平面关系。

Step 1 ▶ 单击“植物”按钮，在展开的“收藏的植物”卷展栏下选择树种，如图 3-91 所示。

Step 2 ▶ 在绘图区单击创建植物，如图 3-92 所示。

图 3-91　选择植物种类

图 3-92　创建植物

知识解析：植物创建面板

（1）高度：设置植物的近似高度。

（2）密度：用于设置植物上叶子和花朵的数量。值为 1 时表示植物具有全部的叶子和花朵；值为 0.5 时表示具有一半的叶子和花朵；值为 0 时表示植物没有叶子和花朵。

（3）修剪：只适用于具有树枝的植物。删除位于一个与构造平面平行的不可见平面之下的树枝。值为 0 表示不进行修剪；值为 0.5 表示根据一个比构造平面高出一半高度的平面进行修剪；值为 1 表示尽可能修剪植物上的所有树枝。

技巧秒杀

3ds Max 从植物上修剪何物取决于植物的种类。如果是树干，则永不会进行修剪。

（4）新建：显示当前植物的随机变体。3ds Max 在按钮旁的数值字段中显示了种子值。

（5）显示：控制植物的叶子、果实、花、树干、树枝和根的显示。选项是否可用取决于所选的植物种类。

（6）视口树冠模式：用来控制植物树冠在视图中的表示方法，在 3ds Max 中，植物的树冠是覆盖植物最远端（如叶子或树枝和树干的尖端）的一个壳。

◆ 未选择对象时：表示未选择植物时以树冠模式显示植物。

◆ 始终：始终以树冠模式显示植物。

◆ 从不：表示从不以树冠模式显示植物，但是会显示植物的所有特性。

（7）详细程度等级：用来控制 3ds Max 渲染植物的方式。

◆ 低：表示以最低的细节级别渲染植物树冠。

◆ 中：表示对减少了面数的植物进行渲染。

◆ 高：表示以最高的细节级别渲染植物的所有面。

技巧秒杀

减少面数的方式因植物而异，通常是删除植物中较小的元素（如数枝或树干中的面数）。

3.5.2 栏杆

栏杆是三维建模中常见的三维模型，如常见的围栏、小院的栅栏以及楼房的护栏等。

Step 1 单击“栏杆”按钮，在绘图区单击指定栏杆宽度，如图 3-93 所示。

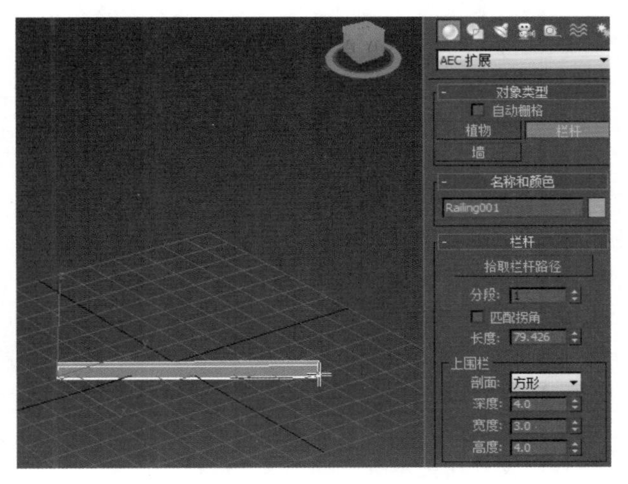

图 3-93　指定栏杆宽度

Step 2 上移鼠标单击指定栏杆高度，如图 3-94 所示。

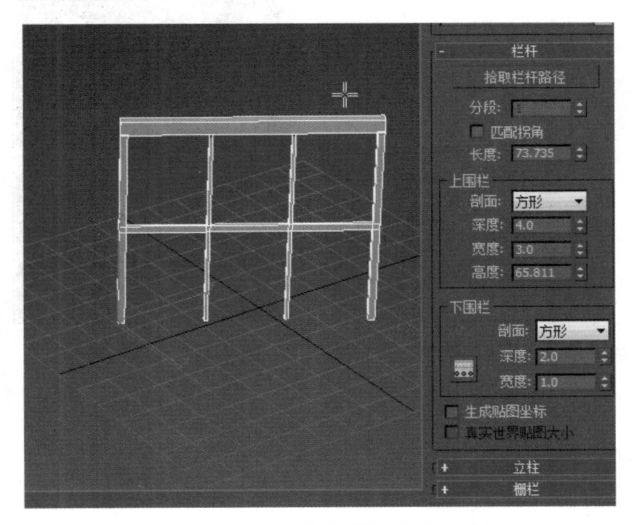

图 3-94　指定栏杆高度

知识解析：栏杆创建面板

（1）“栏杆”卷展栏

◆ 拾取栏杆路径：单击该按钮，可以拾取视口中的样条线作为栏杆路径。

◆ 分段：设置栏杆对象的分段数。只有使用栏杆路径时，才能使用该选项。

◆ 匹配拐角：在栏杆中放置拐角，以便与栏杆路径的拐角相符。系统默认为选中状态。

◆ 长度：设置栏杆的长度。

◆ 上围栏：控制上围栏的外形和大小，其中“剖面”下拉列表框用于控制上围栏的横截面形状，系统默认为方形显示。

◆ 下围栏：控制下栏杆的剖面、深度和宽度以及其间的间隔。其中“剖面”下拉列表框用于选择下围栏剖面的形状。

（2）“立柱”卷展栏

◆ 剖面：指定立柱的横截面形状。

◆ 深度：设置立柱的深度。

◆ 宽度：设置立柱的宽度。

◆ 延长：设置立柱在上栏杆底部的延长量。

◆ 立柱间距：设置立柱的间距，如图 3-95 所示。单击该按钮时，将会显示“立柱间距”对话框，可以设置相关参数，如图 3-96 所示。

立柱
剖面：方形
深度：2.0
宽度：2.0
立柱间距 0.0

图 3-95　单击“立柱间距”按钮　　图 3-96　显示对话框

（3）“栅栏”卷展栏

◆ 类型：设置立柱之间的栅栏类型，包括“无”、“支柱”或“实体填充”，如图 3-97 所示。

技巧秒杀

如果将“剖面”设置为“无”，将不会显示立柱。使用实体填充栅栏之间的间距创建栏杆时，可能需要这样做。或者可以使用该选项创建栏杆，使其开口位于支柱组之间。这与在“立柱间隔”对话框中将支柱数设置为 0 是不同的。

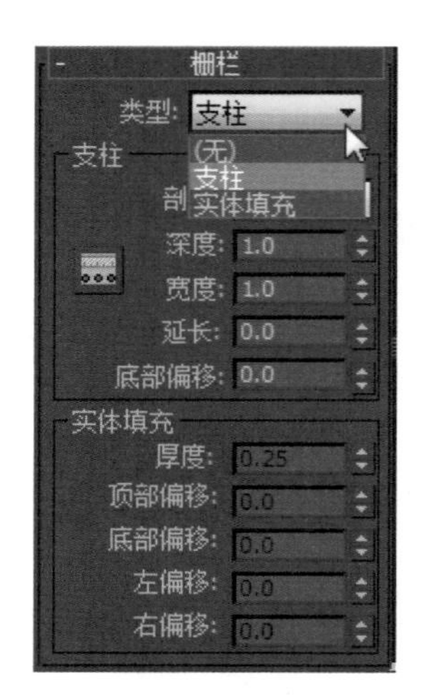

图 3-97　栅栏类型

◆ 厚度：设置实体填充的厚度。

◆ 顶部偏移：设置实体填充与上栏杆底部的偏移量。

◆ 底部偏移：设置实体填充与栏杆对象底部的偏移量。

◆ 左偏移：设置实体填充与相邻左侧立柱之间的偏移量。

◆ 右偏移：设置实体填充与相邻右侧立柱之间的偏移量，如图 3-98 所示。

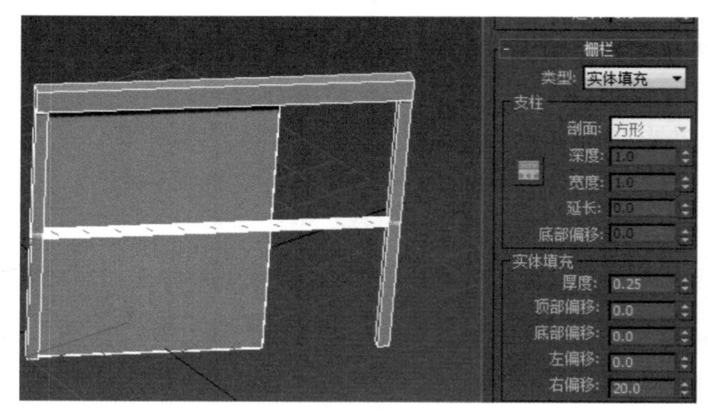

图 3-98　设置右偏移值

3.5.3 墙

墙是组成建筑物的基本构件之一，使用 AEC 扩展面板中的墙命令可以很轻松地创建任意具有拐角的墙，也可以结合捕捉操作创建精准走向的墙。

Step 1 单击“墙”按钮，在绘图区单击指定起点，移动鼠标单击指定下一点，如图 3-99 所示。

Step 2 转换方向单击指定下一点，如图 3-100 所示。

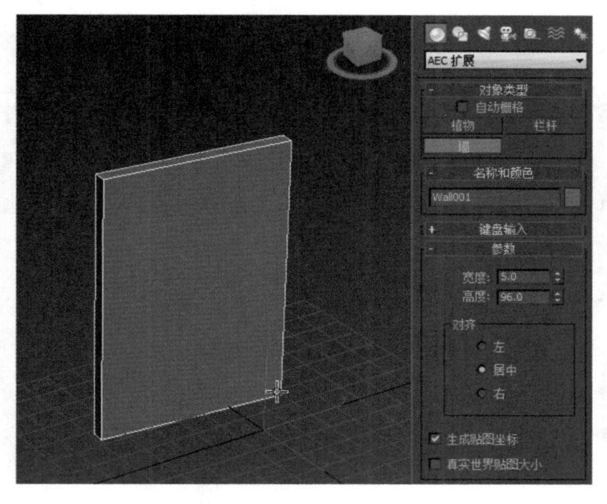

图 3-99　指定起点

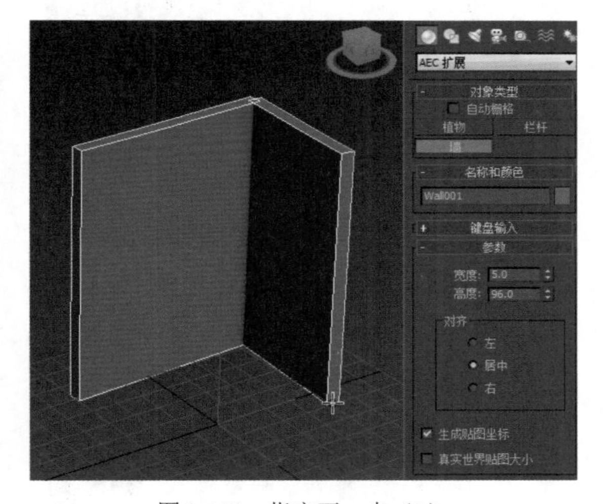

图 3-100　指定下一点（1）

Step 3 ▶ 继续转换方向单击指定下一点，如图 3-101 所示。

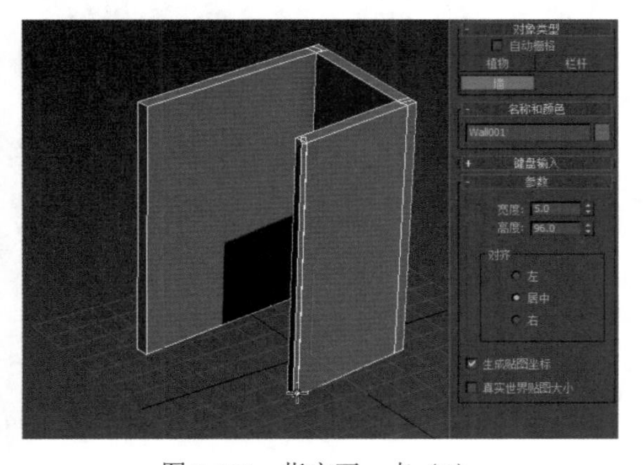

图 3-101　指定下一点（2）

Step 4 ▶ 单击鼠标右键结束墙的绘制，如图 3-102 所示。

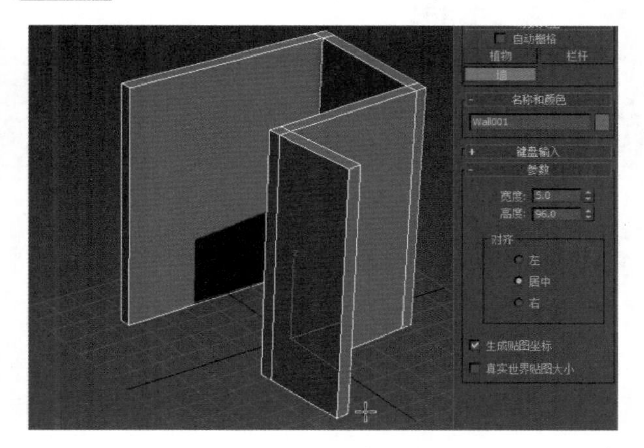

图 3-102　结束绘制

?答疑解惑：

怎么样才能创建封闭的墙体?

如果要封闭墙体，只需单击墙的起点，并在打开的“是否要焊接？”对话框中单击“是”按钮。

知识解析：墙创建面板

- 宽度：设置墙的厚度，其范围为 0.01 ～ 100mm，默认设置为 5mm。
- 高度：设置墙的高度，其范围为 0.01 ～ 100mm，默认设置为 96mm。
- 对齐：指定门的对齐方式。“左”对齐是指根据墙基线的左侧边进行对齐。“居中”是根据墙基线的中心进行对齐。“右”对齐是根据墙基线的右侧边进行对齐。

读书笔记

3.6 楼梯

楼梯也是建筑场景中不可缺少的建筑元素之一。3ds Max 2014 中提供了直线楼梯、L 型楼梯、U 型楼梯和螺旋楼梯等 4 种内置楼梯。

3.6.1 直线楼梯

使用“直线楼梯”对象可以创建没有休息平台的直线楼梯模型。

Step 1 ▶ 单击“直线楼梯”按钮，在绘图区单击指定楼梯的起点，按住鼠标左键不放拖动至适当位置释放鼠标指定楼梯长度，如图 3-103 所示。

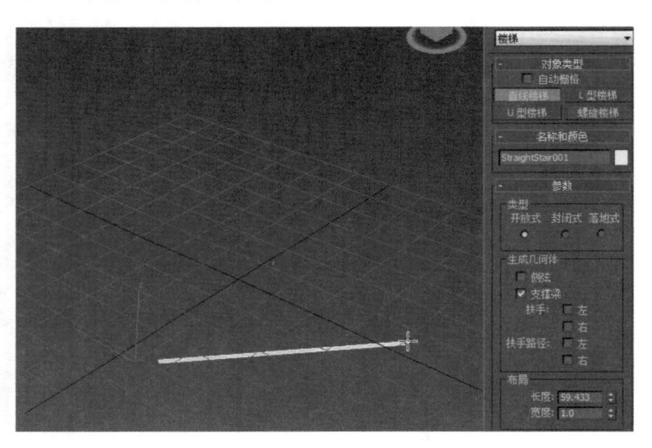

图 3-103　指定楼梯长度

Step 2 ▶ 移动鼠标单击指定台阶的宽度，上移鼠标单击指定楼梯高度，如图 3-104 所示。

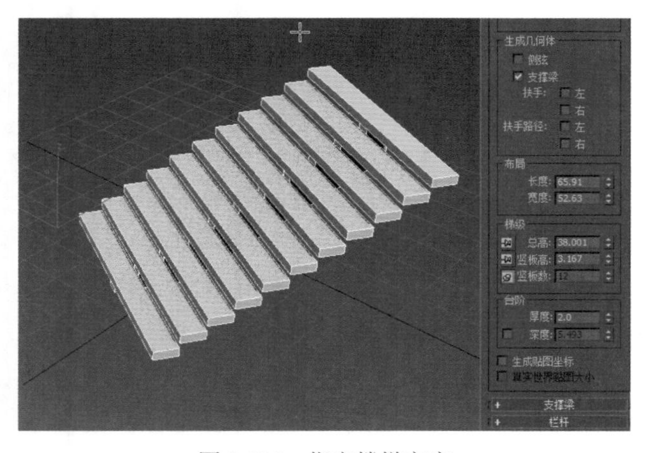

图 3-104　指定楼梯高度

知识解析：楼梯创建面板

（1）类型：设置楼梯的类型。

◆ 开放式：创建一个开放式的梯级竖板楼梯。

◆ 封闭式：创建一个封闭式的梯级竖板楼梯，如图 3-105 所示。

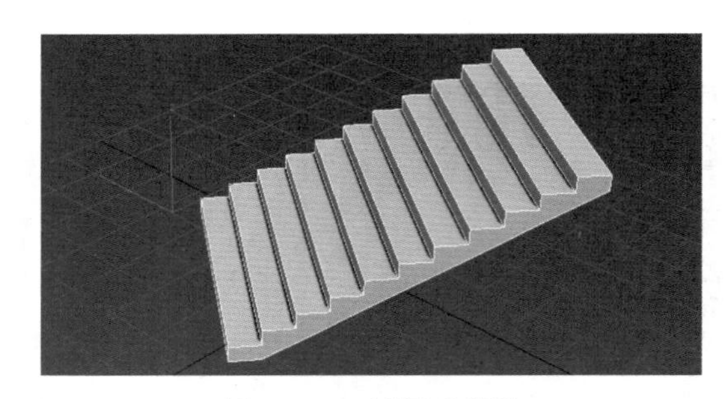

图 3-105　封闭式楼梯

◆ 落地式：创建一个带有封闭式的梯级竖板和两侧具有封闭式侧弦的楼梯，如图 3-106 所示。

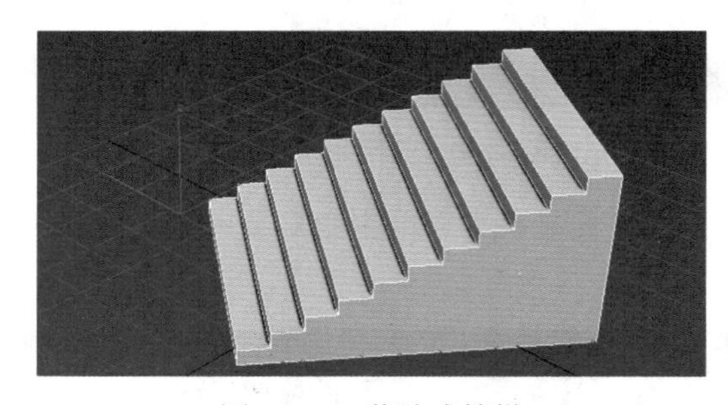

图 3-106　落地式楼梯

（2）生成几何体：设置需要生成的楼梯零部件。

◆ 侧弦：沿楼梯梯级的端点创建侧弦。

◆ 支撑梁：在梯级下创建一个倾斜的切口梁，该梁支撑着台阶。

◆ 扶手：创建左扶手和右扶手。

◆ 扶手路径：创建左扶手路径和右扶手路径。

（3）布局：设置楼梯的布局效果，如控制楼梯段的长度、宽度、角度和偏移量。

（4）梯级：用来挖掘梯级的高度和级数，要锁定一个选项，单击其左侧的图钉按钮即可，要解除锁定选项，再次单击该按钮即可。锁定一个参数项后，该参数项对应的值将不可调整，调整其他参数根据该参数进行。

（5）台阶：该选项组中的“厚度”用来控制台阶的厚度；“深度”用来控制台阶的深度，要设置该参数，必须先选中其左侧的复选框。

（6）支撑梁：该选项组中的“深度”数值用来控制支撑梁离地面的深度；“宽度”用来控制支撑梁的宽度。

（7）栏杆：设置栏杆的高度、偏移、分段、半径等。分段值越高，栏杆越平滑。

（8）侧弦：设置栏杆的深度、宽度、偏移值等。“从地面开始”是指控制侧弦是从地面开始，还是与第1个梯级竖板的开始平齐，或是否将侧弦延伸到地面以下。

技巧秒杀

只有在“生成几何体”选项组中选中“侧弦”复选框时，该卷展栏中的参数才可用。

3.6.2 L型楼梯

使用“L型楼梯”对象可以创建带有彼此成直角的两段楼梯。L型楼梯具有开放式、封闭式和落地式3种类型。

Step 1 单击“L型楼梯”按钮，在视图中单击并按住鼠标左键不放拖动，至适当位置释放鼠标，如图3-107所示。

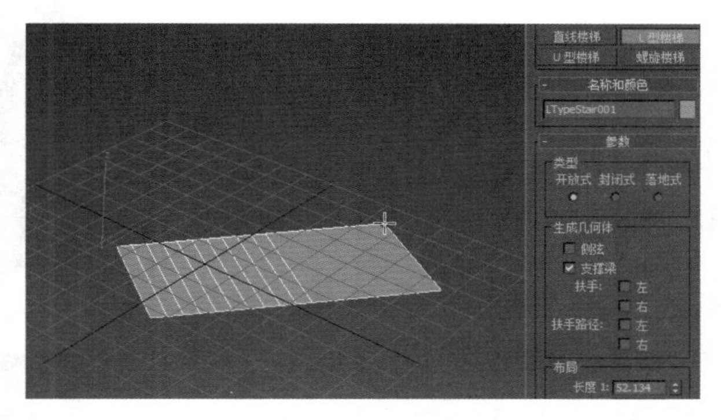

图3-107　指定楼梯长度

Step 2 单击指定楼梯转角的长度，如图3-108所示。

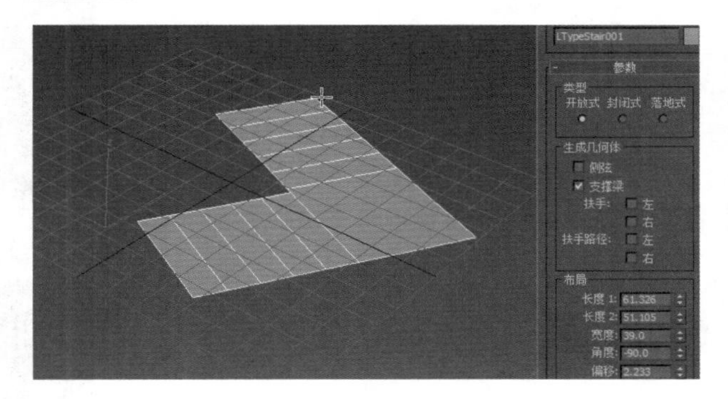

图3-108　指定楼梯转角长度

Step 3 上移鼠标至适当位置单击指定楼梯高度，如图3-109所示。

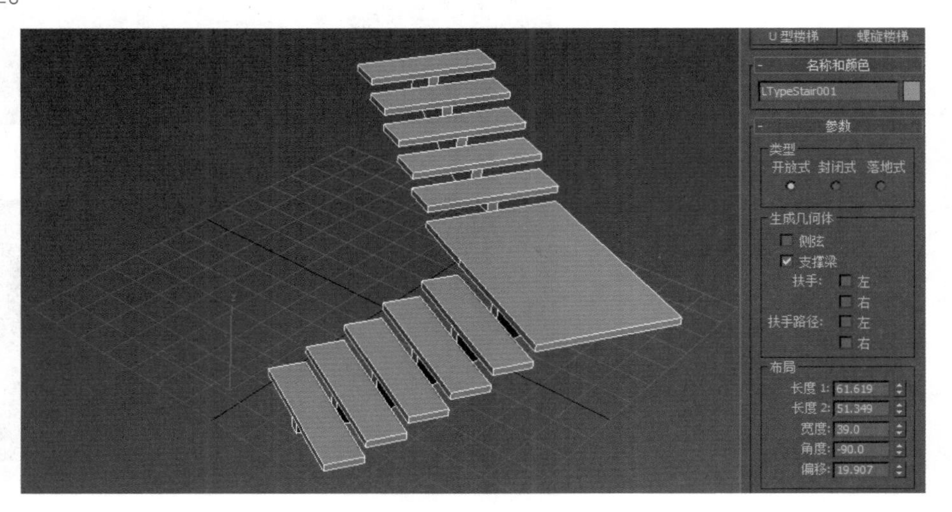

图3-109　指定楼梯高度

3.6.3 U 型楼梯

使用“U 型楼梯”对象可以创建一个带有休息平台的 U 型楼梯模型。

Step 1 ▶ 单击“U 型楼梯”按钮，在视图中单击并按住鼠标左键不放拖动，至适当位置释放鼠标指定楼梯长度，如图 3-110 所示。

Step 2 ▶ 单击指定楼梯的总宽度，如图 3-111 所示。

Step 3 ▶ 上移鼠标至适当位置单击指定楼梯高度，如图 3-112 所示。

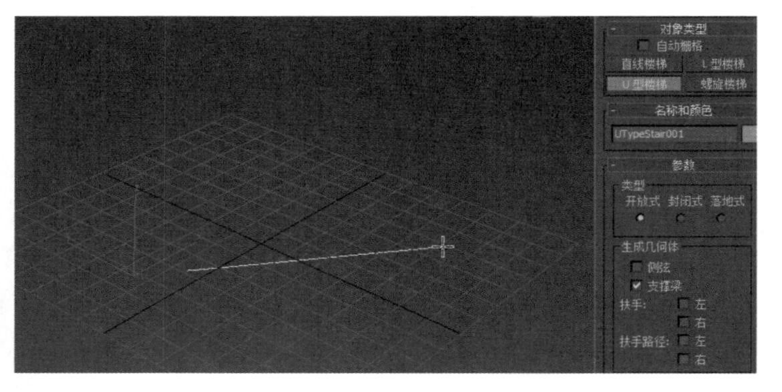

图 3-110 指定楼梯长度

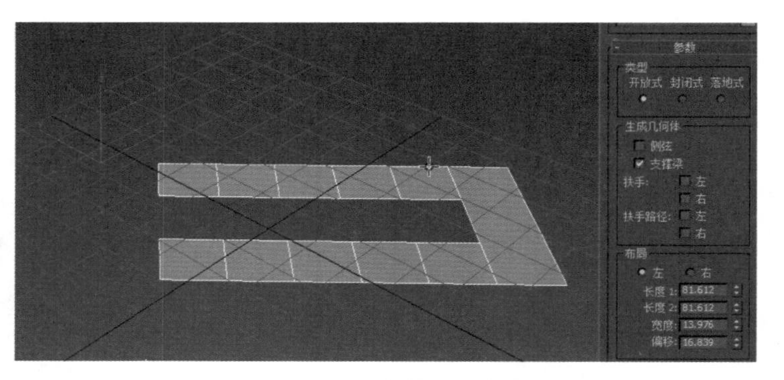

图 3-111 指定楼梯总宽度

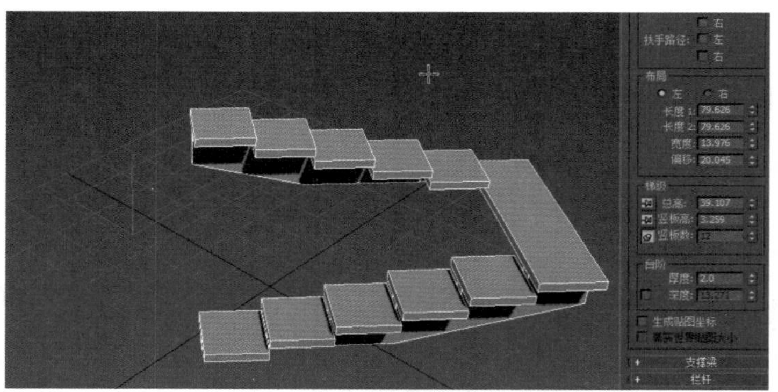
图 3-112 指定楼梯高度

3.6.4 螺旋楼梯

使用“螺旋楼梯”对象可以创建螺旋型楼梯模型。

Step 1 ▶ 单击“螺旋楼梯”按钮，在视图中单击并按住鼠标左键不放拖动，至适当位置释放鼠标指定楼梯长度，如图 3-113 所示。

Step 2 ▶ 单击指定楼梯的总宽度，如图 3-114 所示。

读书笔记

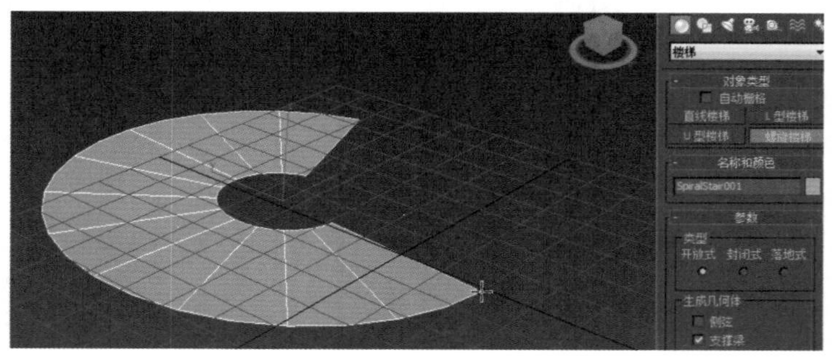

图 3-113 指定楼梯长度

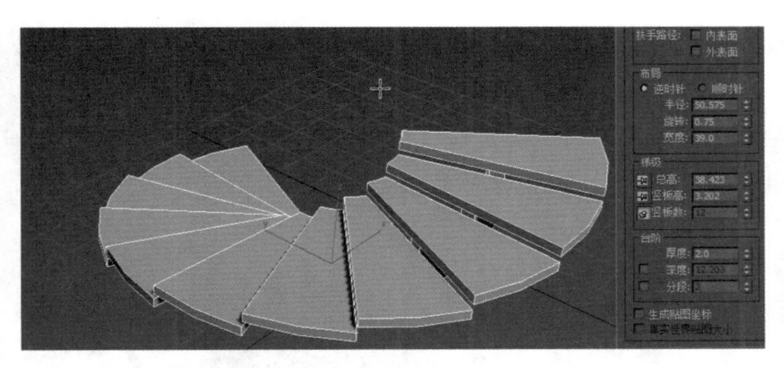
图 3-114 指定楼梯总宽度

知识解析：螺旋楼梯创建面板

◆ 中柱：只有在“生成几何体”选项组中选中“中柱”复选框，该选项组中的参数才能被激活。
  - ◎ 半径：设置中心圆柱体的半径。
  - ◎ 分段：设置中心圆柱体在圆周方向的分段数，值越大，圆柱越光滑。
  - ◎ 高度：设置中柱的高度。

3.7 复合对象

使用 3ds Max 内置的模型就可以创建出许多优秀的模型，但是使用复合对象可以创建出更复杂、更完美的模型，而且使用复合对象可以极大地节省建模时间。

3.7.1 散布

“散布”是复合对象的一种形式，将所选源对象散布为阵列，或散布到分布对象的表面，这是一个非常有用的造型工具，通过它可以制作头发、胡须、草地、羽毛或刺猬的刺，这些是一般造型工具难以做到的。

?答疑解惑：

为什么有时“散布”工具用不了？

源对象必须是网格对象或者是可以转换为网格对象的对象。如果当前所选的对象无效，则“散布”工具不可用。

读书笔记

实例操作：制作小树林

本实例将使用散布制作小树林，实例结果如图 3-115 所示。

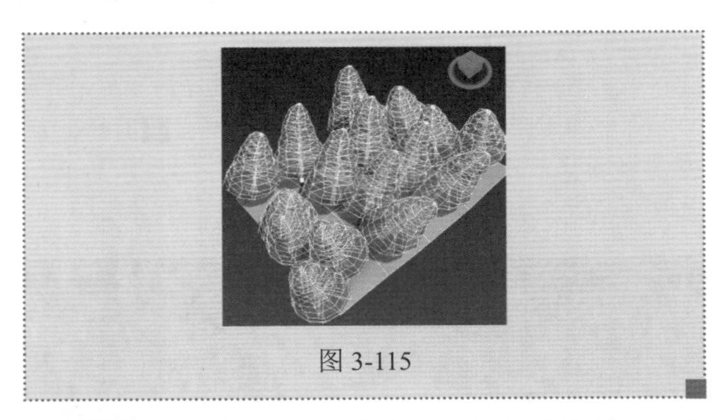
图 3-115

Step 1 ▶ 在“创建”面板中选择“标准基本体”，单击“平面”按钮，在视图中单击指定起点并按住鼠标左键不放拖动，至适当位置释放鼠标创建平面，如图 3-116 所示。

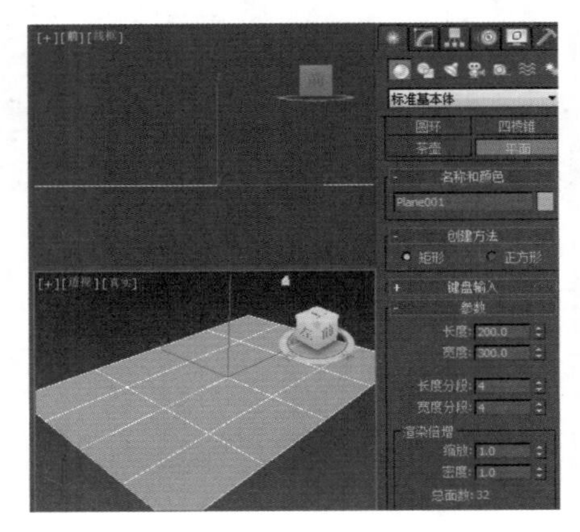
图 3-116 创建平面

Step 2 ▶ 单击“修改”面板，在“修改器”下拉列表中选择“FFD 4×4×4”选项，如图 3-117 所示。

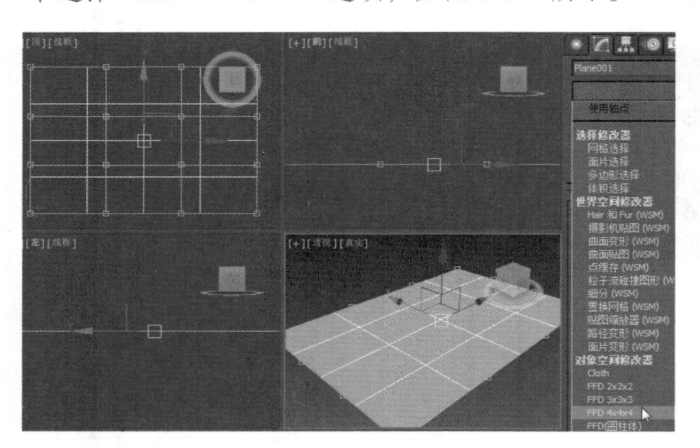

图 3-117　添加修改器

技巧秒杀

FFD 4×4×4 修改器是一种非常重要的修改器，它可以利用控制点来改变几何体的形状。

在 FFD 4×4×4 修改器左侧单击⊞图标，展开次级物体层级列表，单击“控制点”次物体层级，如图 3-118 所示。

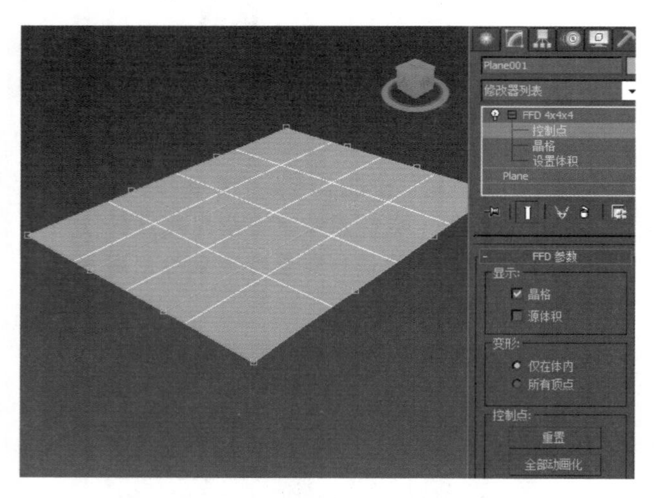

图 3-118　选择次级层

读书笔记

Step 4 ▶ 切换到顶视图，使用“选择并移动”工具框选如图 3-119 所示的两点。

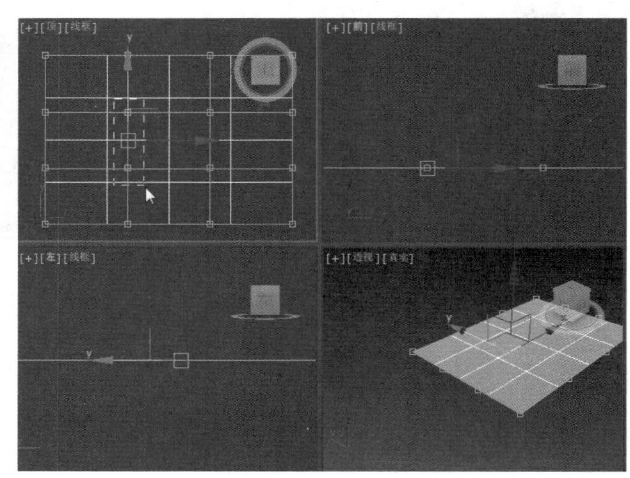

图 3-119　选择控制点

技巧秒杀

要在三维软件中建立立体对象，并且要对其各个面调整，或者要多个对象组合时，必须在 4 个视图中观察效果，哪个视图窗口更方便操作，即在哪个视图中进行。

Step 5 ▶ 切换到前视图，将所选顶点向上拖动一段距离，如图 3-120 所示。

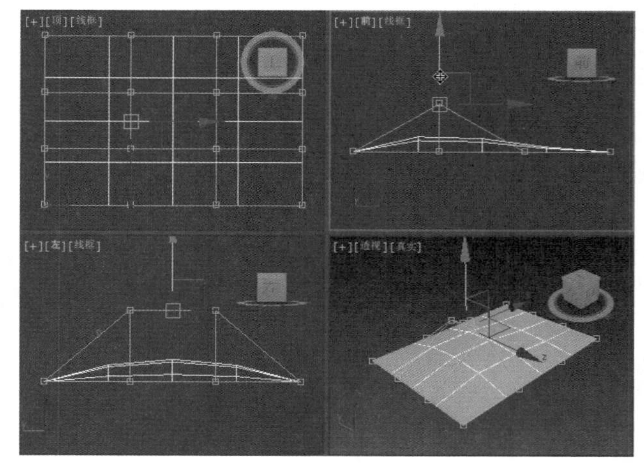

图 3-120　调整控制点

Step 6 ▶ 在顶视图中选择顶点，向下拖动一段距离，完成小丘陵的制作，如图 3-121 所示。

Step 7 ▶ 将“植物 .max”拖曳到当前场景中，释放鼠标弹出快捷菜单，选择“合并文件”命令，如图 3-122 所示。

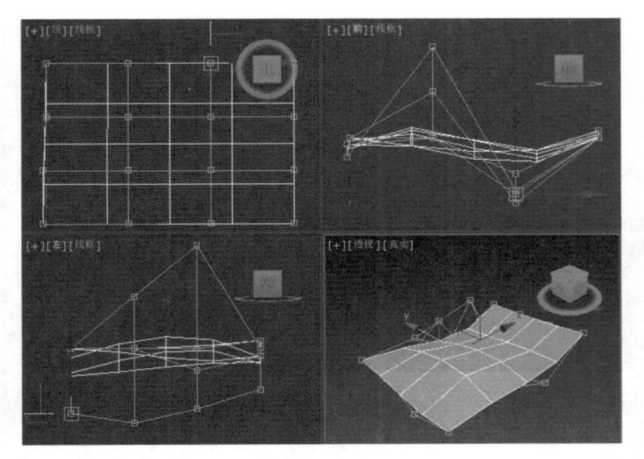

图 3-121　调整控制点

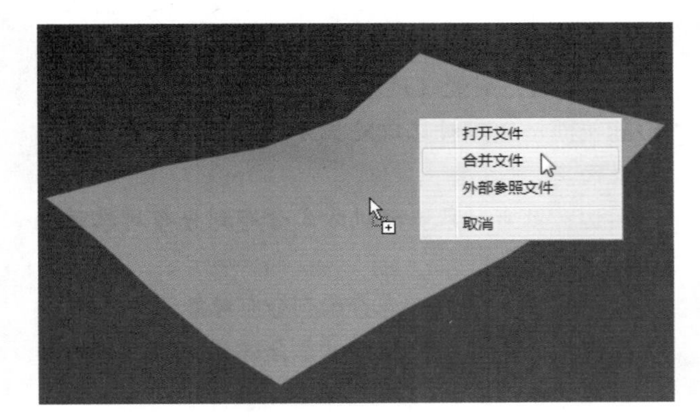

图 3-122　合并文件

Step 8 ▶ 文件合并后，调整植物在场景中的位置，设置“几何体”类型为“复合对象”，在选择植物的状态下单击“散布”按钮，如图 3-123 所示。

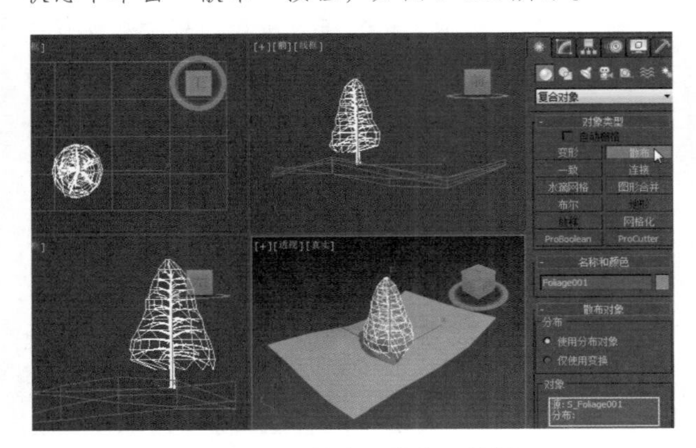

图 3-123　单击“散布”按钮

Step 9 ▶ 在“拾取分布对象”卷展栏下单击“拾取分布对象”按钮，在场景中单击拾取平面，如图 3-124 所示。

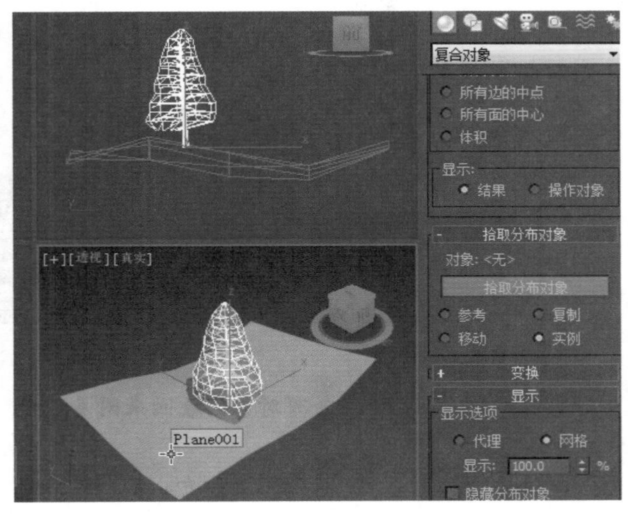

图 3-124　拾取分布对象

Step 10 ▶ 在“散布对象”卷展栏下设置“重复数”为 16，“跳过 N 个”为 3，具体参数设置如图 3-125 所示。

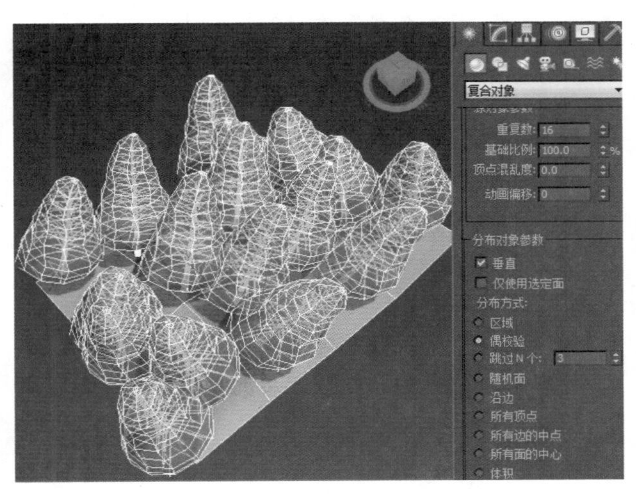

图 3-125　完成散布操作

?答疑解惑:

为什么有的电脑使用不了“散布”功能?

由于该例对计算机硬件配置的要求相当高，如果用户的计算机硬件配置达不到要求，就可能无法正常使用“散布”功能。

知识解析：散布创建面板

（1）“散布对象”卷展栏

“散布对象”卷展栏包括分布、对象、源对象参数、分布对象参数、显示 5 个部分，如图 3-126 所示。

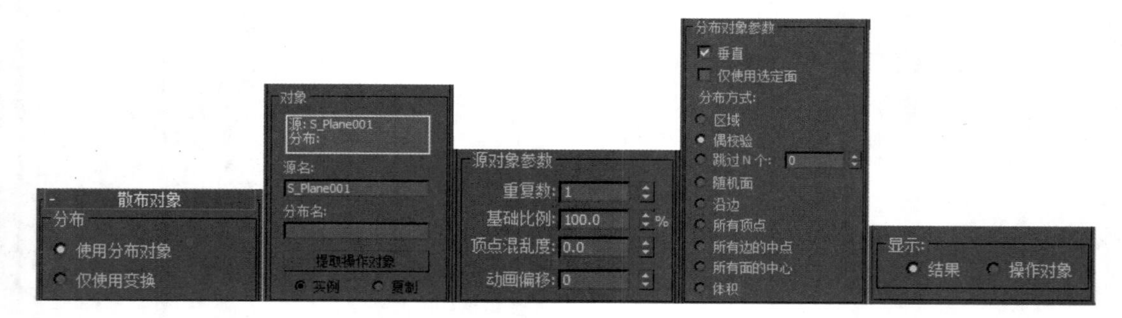

图 3-126　“散布对象”卷展栏

- 使用分布对象：使用分布对象的表面来附着被散布的对象。
- 仅使用变换：在参数面板的下方有一个“变换”卷展栏，专门用于对散布对象进行变动设置。如果选择该选项，则将不使用分布对象，只通过“变换”卷展栏的参数设置来影响散布对象的分布。
- 源名：显示散布源对象的名称，可以进行修改。
- 分布名：显示分布对象的名称，可以进行修改。
- 重复数：设置散布对象分配在分布对象表面的复制数目，这个值可以设置得很大。
- 基础比例：设置散布对象尺寸的缩放比例。
- 顶点混乱度：设置散布对象自身顶点的混乱程度。当值为 0 时，散布对象不发生形态改变，值增大时，会随机移动顶点的位置，从而使造型变得扭曲，不规则。
- 动画偏移：如果散布对象本身带有动画设置，这个参数可以设置每个散布对象开始自身运动所间隔的帧数。
- 垂直：选择该选项，每一个复制的散布对象都与它所在的点、面或边界垂直，否则它们都保持与源对象相同的方向。
- 仅使用选定面：使用选择的不分配散布对象。
- 区域：在分布对象表面所有允许区域内均匀分布散布对象。
- 偶校验：在允许区域内分配散布对象，使用偶校验方式进行过滤。
- 跳过 N 个：在放置重复项时，跳过 N 个面。后面的参数指定了在放置下一个重复项之前要跳过的面数。如果设置为 0，则不跳过任何面；如果设置为 1，则能跳过相邻的面，依次类推。
- 随机面：散布对象以随机方式分布到分布对象的表面。
- 沿边：散布对象以随机方式分布到分布对象的边缘上。
- 所有顶点：把散布对象分配到分布对象的所有顶点。
- 所有边的中点：把散布对象分配到分布对象的每条边的中心点上。
- 所有面的中点：把散布对象分配到分布对象的每个三角面的中心处。
- 体积：把散布对象分配在分布对象体积范围中。
- 结果：在视图中直接显示散布的对象。
- 操作对象：分别显示散布对象和分布对象散布之前的样子。

（2）“拾取分布对象”卷展栏（如图 3-127 所示）。

图 3-127　“拾取分布对象”卷展栏

- 对象：< 无 >：显示使用“拾取分布对象”工具选择的分布对象的名称。

◆ **拾取分布对象**：单击该按钮，然后在场景中单击一个对象，可将其指定为分布对象。

◆ **参考/复制/移动/实例**：用于指定将分布对象转换为散布对象的方式。它可以作为参考、副本（复制）、实例或移动的对象（如果不保留原始图形）进行转换。

（3）“变换”卷展栏

变换控制包含4种类型，如图3-128所示。

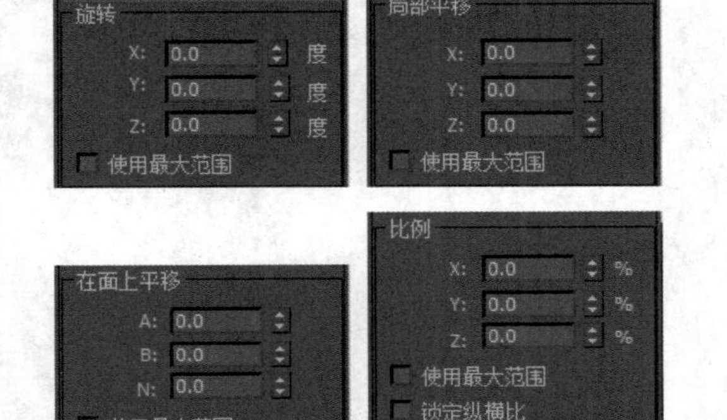

图3-128 “变换”卷展栏

◆ **旋转**：在3个轴向上旋转散布对象。

◆ **局部平移**：沿散布对象的自身坐标进行位置改变。

◆ **在面上平移**：沿所依附面的重心坐标进行位置改变。

◆ **比例**：在3个轴向上缩放散布对象。

（4）“显示”卷展栏（如图3-129所示）

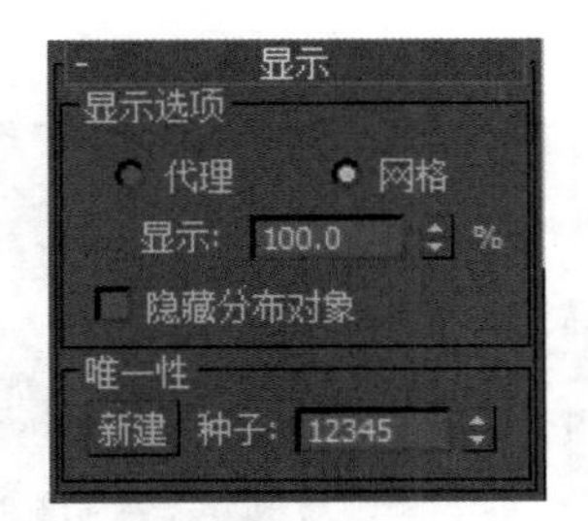

图3-129 “显示”卷展栏

◆ **代理**：将散布对象以简单的广场替身方式显示，当散布对象过多时，采用这个方法可以提高显示速度。

◆ **网格**：将散布对象以标准网格对象方式显示。

◆ **显示**：控制占多少百分比的散布对象显示在视图中。

◆ **隐藏分布对象**：将分布对象隐藏，只显示散布对象。

◆ **新建**：产生一个新的随机种子数。

◆ **种子**：产生不同的散布分配效果。

（5）“加载/保存预设”卷展栏（如图3-130所示）

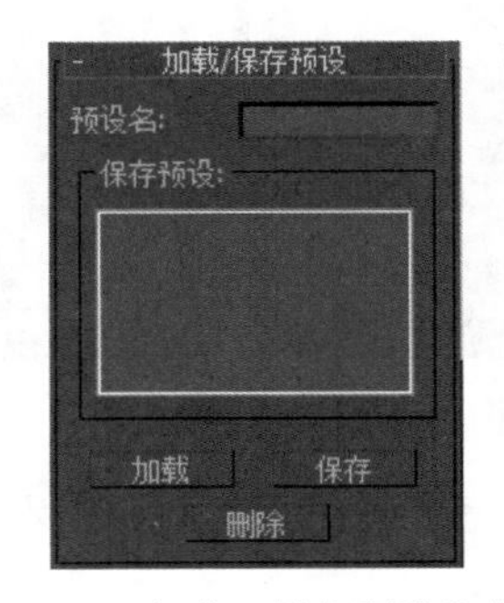

图3-130 “加载/保存预设”卷展栏

◆ **预设名**：输入名称，为当前的参数设置命名。

◆ **保存预设**：列出以前所保存的参数设置，在退出程序后仍旧有效。

◆ **加载**：载入在列表中选择的参数设置，并且将它用于当前的分布对象。

◆ **保存**：将当前设置以预设名中的命名进行保存，它将出现在参数列表框中。

◆ **删除**：删除在参数列表框中选择的参数设置。

3.7.2 图形合并

使用图形合并工具可以将一个或多个图形嵌入到其他对象的网格中或从网格中移除。

知识解析：图形合并创建面板

（1）“拾取操作对象”卷展栏（如图3-131所示）

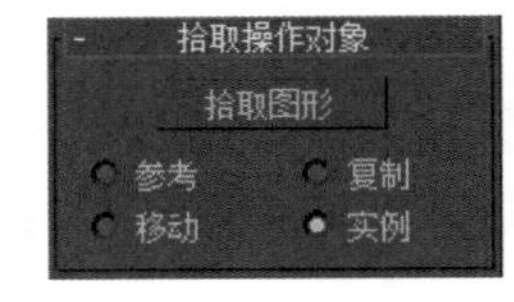

图3-131 “拾取操作对象”卷展栏

◆ **拾取图形**：单击该按钮，再单击要嵌入网格对象中的图形，图形可以沿图形局部的Z轴负方向投射到网格对象上。

◆ **参考/复制/移动/实例**：指定如何将图形传输到复合对象中。

（2）“参数”卷展栏（如图 3-132 所示）

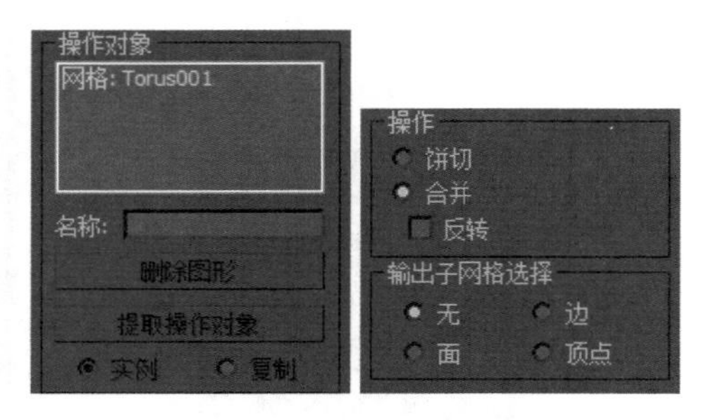

图 3-132 “参数”卷展栏

- **操作对象**：在复合对象中列出所有操作对象。
- **删除图形**：从复合对象中删除选中图形。
- **提取操作对象**：提取选中操作对象的副本或实例。在“操作对象”列表中选择操作对象时，该按钮才可用。
- **实例 / 复制**：指定如何提取操作对象。
- **操作**：该选项组中的参数决定如何将图形应用于网格中。
- **输出子网格选择**：该选项组中的参数提供了指定将哪个选择级别传送到“堆栈”中。

（3）“显示 / 更新”卷展栏（如图 3-133 所示）

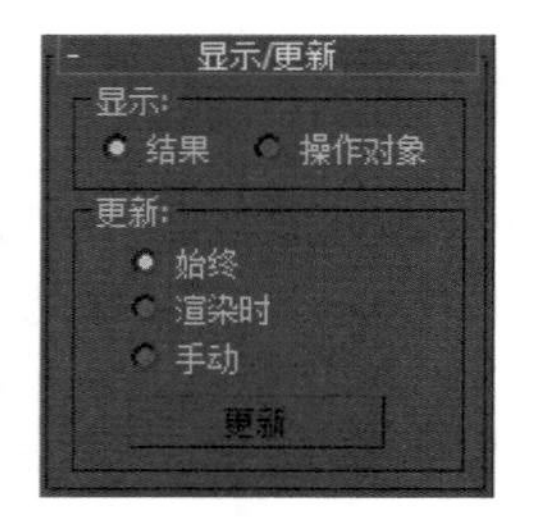

图 3- 133 “显示 / 更新”卷展栏

- **显示**：确定是否显示图形操作对象。
- **更新**：该选项组中的参数用来指定何时更新显示结果。

3.7.3 布尔

“布尔”运算是通过对两个或两个以上的对象进行并集、差集、交集运算，从而得到新的物体形态。

实例操作：制作骰子

本实例将使用布尔工具对切角长方体和球体进行运算，制作骰子，实例结果如图 3-134 所示。

图 3-134 骰子效果图

具体操作步骤如下。

Step 1 使用“切角长方体”工具在场景中创建一个切角长方体，在“参数”卷展栏下设置“长度”/“宽度”/“高度”均为 80，“圆角”为 5，“圆角分段”为 5，具体参数设置及模型效果如图 3-135 所示。

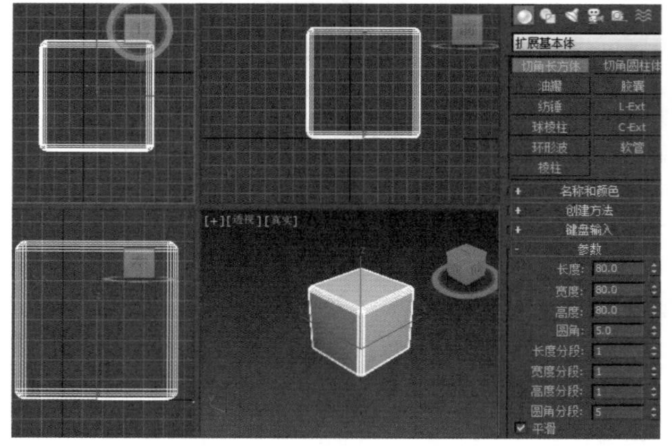

图 3-135 创建骰子主体

Step 2 使用“球体”工具在场景中创建一个球体，

在“参数”卷展栏下设置“半径”为 8.2，将其移动到如图 3-136 所示的位置。

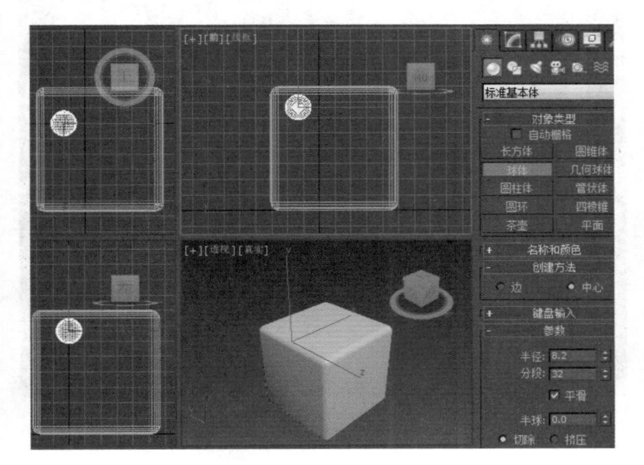

图 3-136 创建球体

技巧秒杀

骰子的点数由 1~6 个内陷的半球组成，为了在切角长方体中制作出这些点数，即可使用布尔工具来制作。

Step 3 按照每个面的点数复制球体，并将其分别摆放在切角长方体的 6 个面上，如图 3-137 所示。

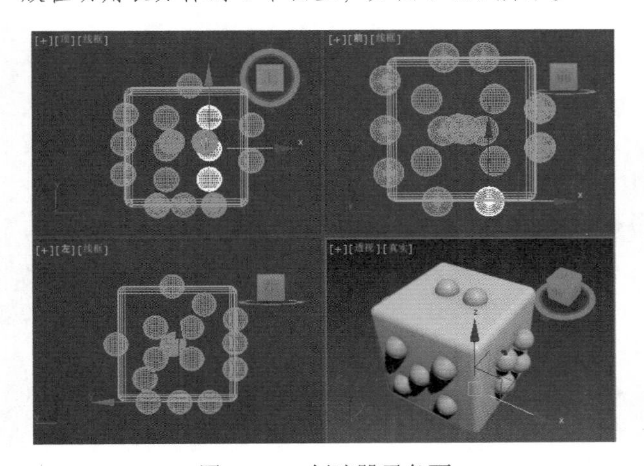

图 3-137 创建骰子各面

操作解谜

在除透视图外的其他 3 个操作窗口中，默认显示为顶 / 前 / 左视图，为了在其他 3 个面进行球体的复制操作，可分别在 3 个视图窗口中单击“视图控制”按钮，分别选择底 / 后 / 右视图进行操作即可。

Step 4 在切角长方体上右击，在弹出的快捷菜单中选择“冻结当前选择”命令，然后在视图中框选所有球体，如图 3-138 所示。

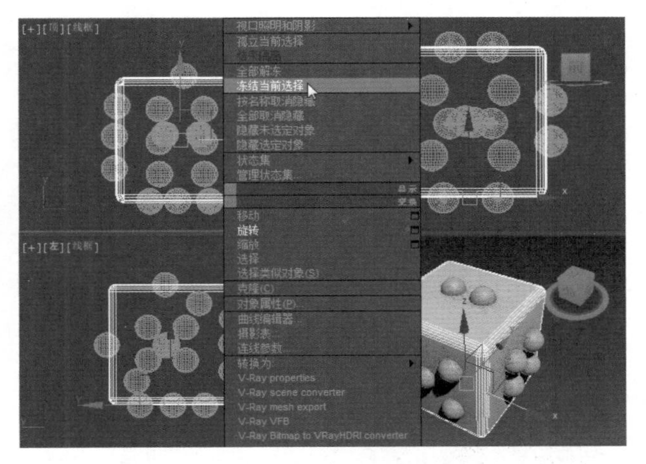

图 3-138 冻结主体

技巧秒杀

要选择所有球体，也可以先选择切角长方体，然后按 Ctrl+I 快捷键反选物体。

Step 5 选择所有球体后，在“命令”面板中单击“实用程序”按钮，然后单击“塌陷”按钮，在“塌陷”卷展栏下单击“塌陷选定对象”按钮，即可将所有球体塌陷成一个整体，如图 3-139 所示。

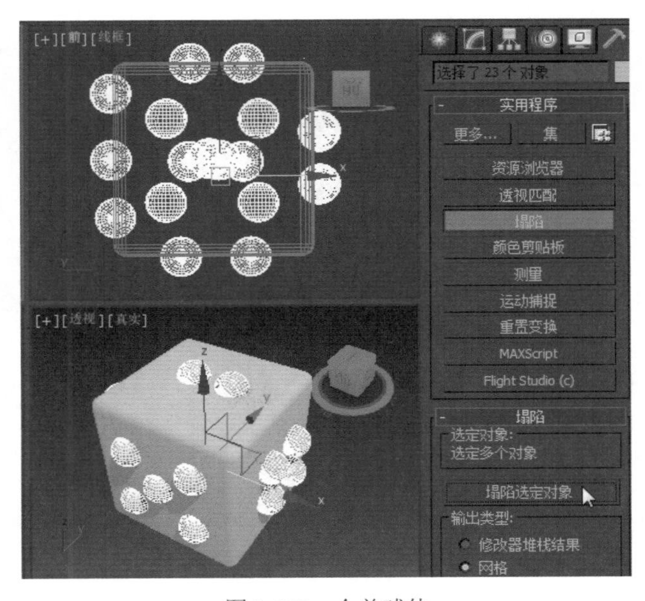

图 3-139 合并球体

技巧秒杀

将球体塌陷成一个整体后，要将切角长方体解冻，方便后面进行布尔运算。

Step 6 ▶ 选择切角长方体，设置几何体类型为“复合对象”，单击“布尔”按钮，在“拾取布尔”卷展栏下设置运算为“差集（A-B）”，如图 3-140 所示。

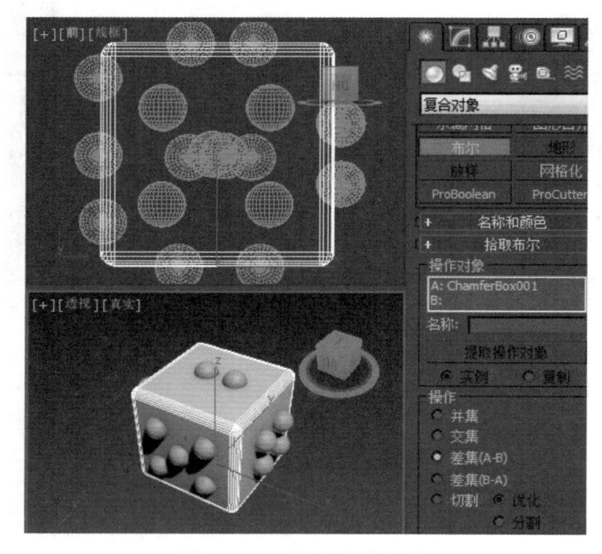

图 3-140　执行布尔运算

Step 7 ▶ 单击“拾取操作对象 B”按钮，在视图中拾取球体，如图 3-141 所示。

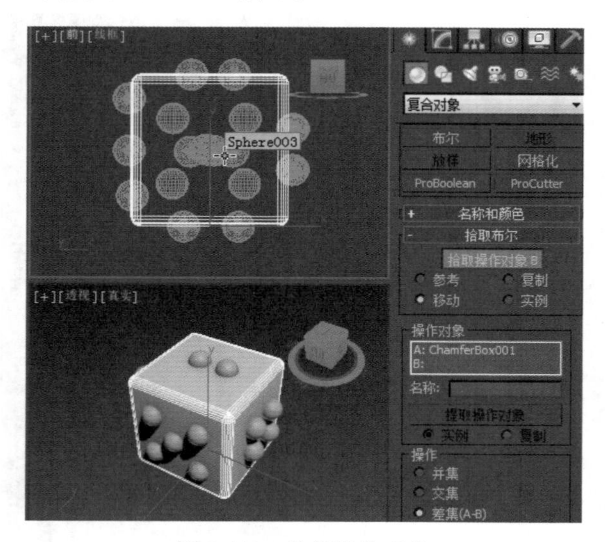

图 3-141　选择操作对象

Step 8 ▶ 最终效果如图 3-142 所示。

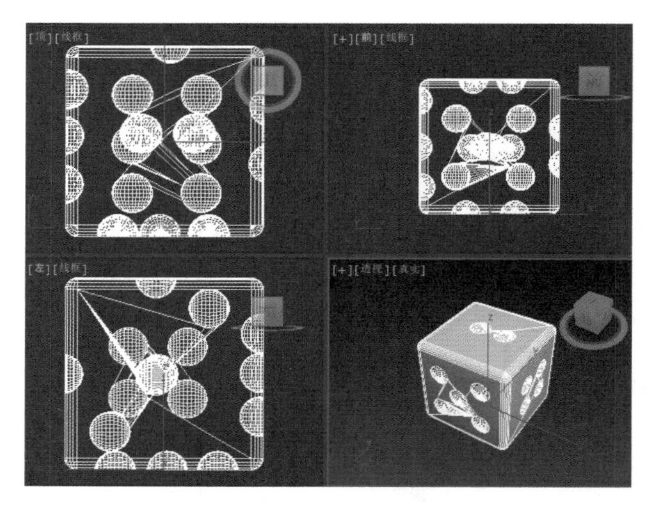

图 3-142　完成布尔运算

知识解析：“布尔”创建面板

（1）“拾取布尔”卷展栏（如图 3-143 所示）

图 3-143　“拾取布尔”卷展栏

- 拾取操作对象 B：单击该按钮，可以在场景中选择另一个运算物体来完成布尔运算。以下 4 个选项用来控制操作对象 B 的方式，必须在拾取操作对象 B 之前确定采用哪种方式。
- 参考：将原始对象的参考复制品作为操作对象 B，若以后改变原始对象，同时也会改变布尔物体中的操作对象 B，但是改变操作对象 B 时，不会改变原始对象。
- 复制：复制一个原始对象作为操作对象 B，而不改变原始对象（当原始对象还要用在其他地方时采用这种方式）。
- 移动：将原始对象直接作为操作对象 B，而原始对象本身不再存在。
- 实例：将原始对象的关联复制品作为操作对象 B，若以后对两者的任意一个对象进行修改时都会影响另一个。

（2）“参数”卷展栏（如图 3-144 所示）

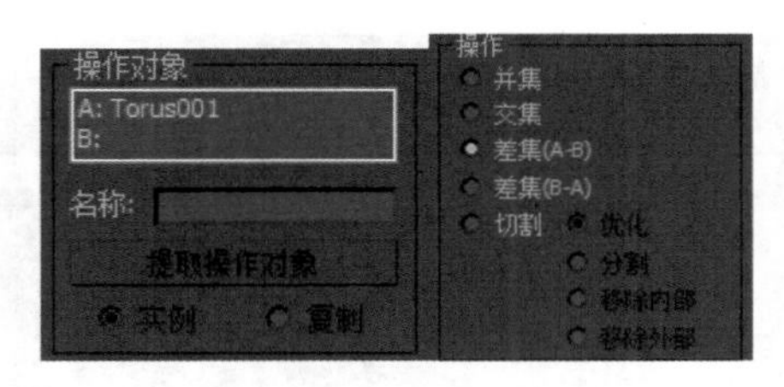

图 3-144 “参数”卷展栏

① 操作对象：主要用来显示当前运算对象的名称。

② 操作：指定采用哪种方式进行“布尔”运算。

◆ **并集**：将两个对象合并，相交的部分被删除，运算完成后两个物体合成一个物体。

◆ **交集**：将两个对象相交的部分保留下来，删除不相交的部分。

◆ **差集（A-B）**：在 A 物体中减去与 B 物体重合的部分。

◆ **差集（B-A）**：在 B 物体中减去与 A 物体重合的部分。

◆ **切割**：用 B 物体切除 A 物体，但不在 A 物体上添加 B 物体的任何部分，共有“优化”、“分割”、“移除内部”和“移除外部”4 个选项。“优化”是在 A 物体上沿着 B 物体与 A 物体相交的面来增加顶点和边数，以细化 A 物体的表面；“分割”是在 B 物体切割 A 物体部分的边缘，并且增加了一排顶点，利用这种方法可以根据其他物体的外形将一个物体分成两个部分；“移除内部”是删除 A 物体在 B 物体内部的所有片段面；“移除外部”是删除 A 物体在 B 物体外部的所有片段面。

（3）“显示 / 更新”卷展栏（如图 3-145 所示）

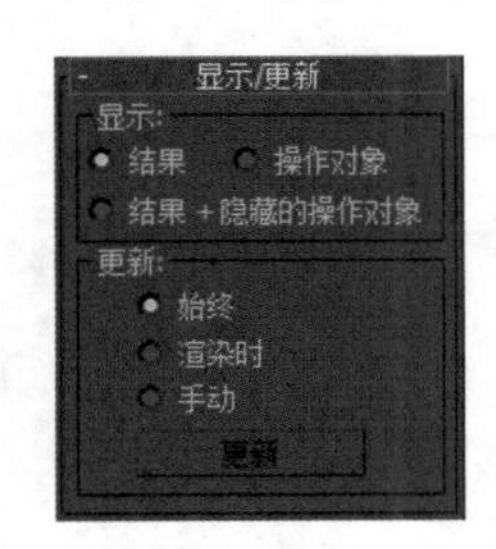

图 3-145 “显示 / 更新”卷展栏

◆ **显示**：确定是否显示图形操作对象。

◆ **更新**：该选项组中的参数用来指定何时更新显示结果。

3.7.4 放样

“放样”是将一个二维图形作为沿某个路径的剖面，从而生成复杂的三维对象。“放样”是一种特殊的建模方法，能快速地创建出多种模型，其参数设置面板如图 3-146 所示。

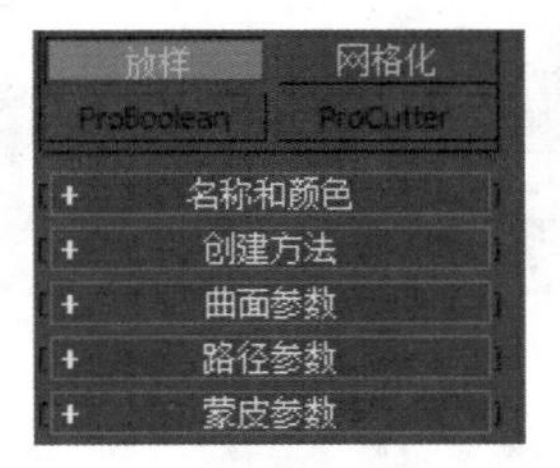

图 3-146 “放样”参数设置面板

实例操作：操作花瓶

本实例将使用星形及直线作为放样对象和路径，放样完成后通过“缩放变形”完善花瓶形状，实例结果如图 3-147 所示。

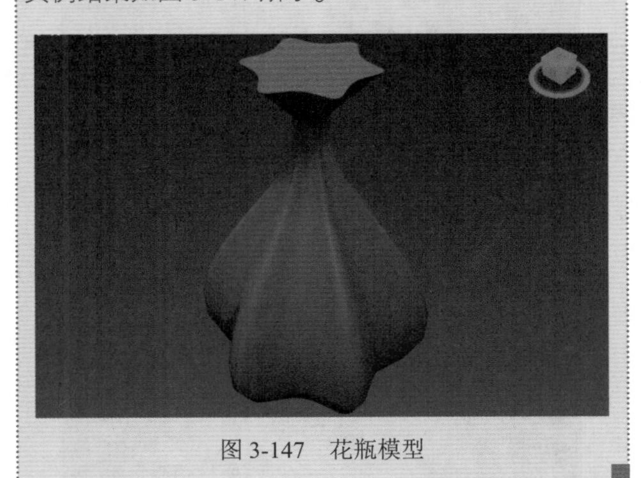
图 3-147 花瓶模型

具体操作步骤如下。

Step 1 在“创建”面板中单击“图形”按钮，设置图形类型为“样条线”，单击“星形”按钮，在视图中绘制一个星形，如图 3-148 所示。

Step 2 在“参数”卷展栏下设置“半径 1”为 50，“半径 2”为 34，“点”为 6，“圆角半径 1”为 7，“圆角半径 2”为 8，具体参数设置如图 3-149 所示。

Step 3 在“图形”面板中单击“线”按钮，在前视图中按住 Shift 键绘制一条样条线作为放样路径，如

图 3-150 所示。

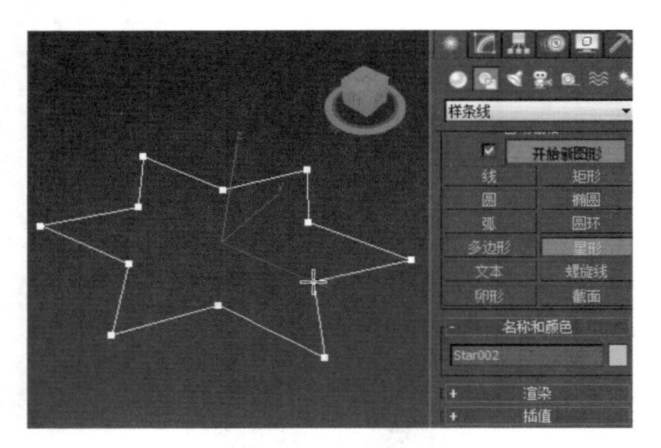

图 3-148 创建星形

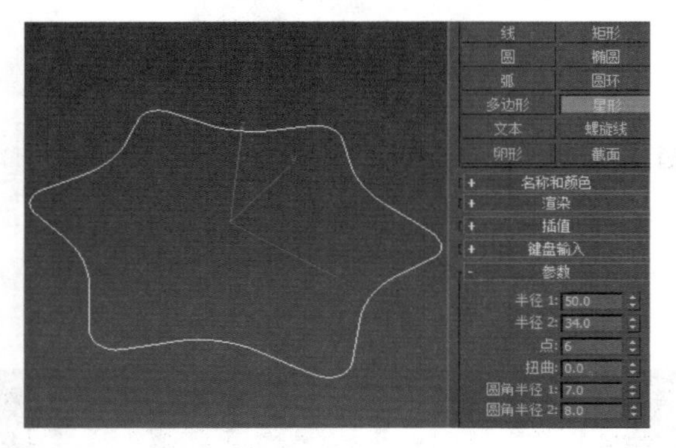

图 3-149 设置参数

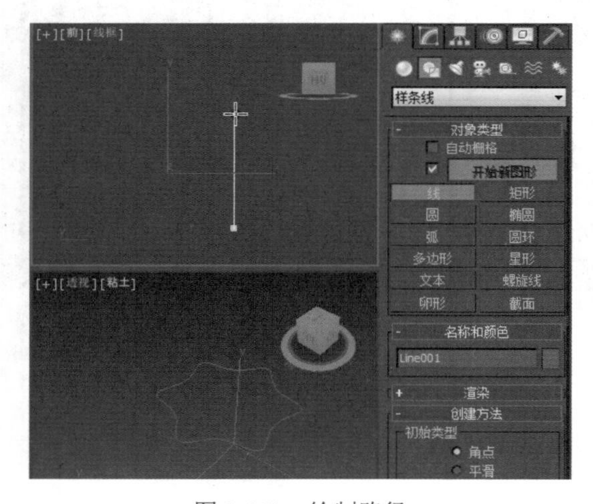

图 3-150 绘制路径

Step 4 ▶ 选择星形，设置几何体类型为“复合对象”，单击“放样”按钮，在“创建方法”卷展栏中单击“获取路径”按钮，如图 3-151 所示。

Step 5 ▶ 在视图中拾取之前绘制的样条线路径，如图 3-152 所示。

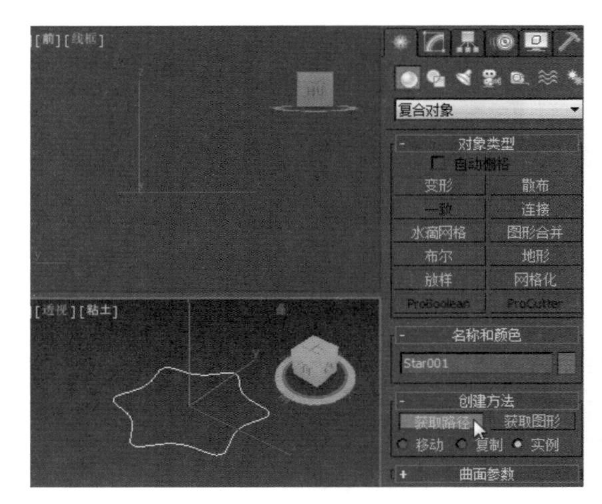

图 3-151 执行“放样”命令

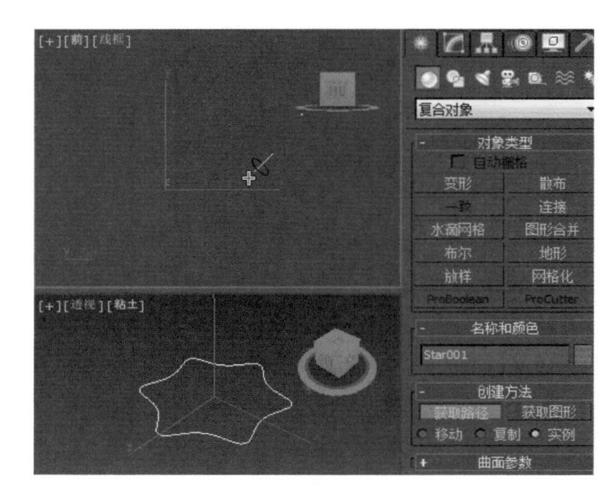

图 3-152 选择路径

Step 6 ▶ 放样效果如图 3-153 所示。

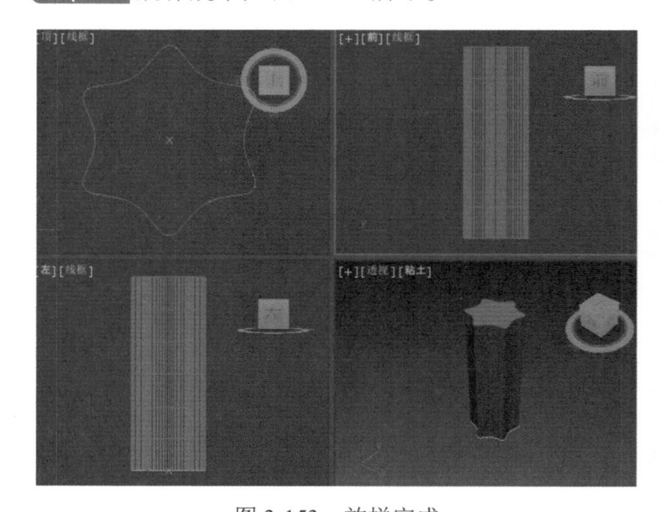

图 3-153 放样完成

Step 7 进入“修改”面板，在“变形”卷展栏中单击“缩放”按钮，如图 3-154 所示。

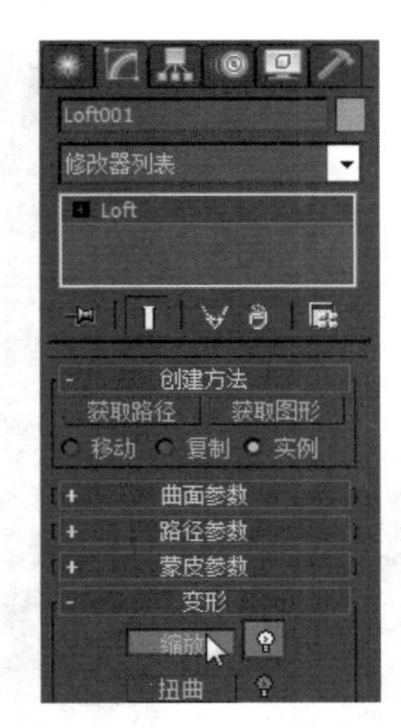

图 3-154　单击按钮

Step 8 打开“缩放变形”对话框，如图 3-155 所示。

图 3-155　打开“缩放变形”对话框

Step 9 单击“插入角点”按钮，在曲线上单击插入角点，如图 3-156 所示。

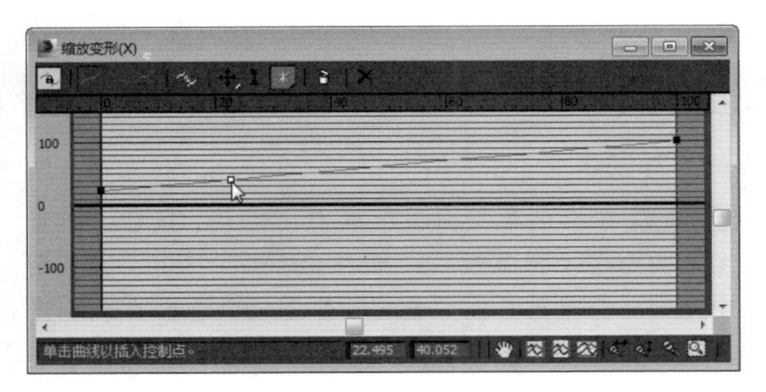

图 3-156　插入角点

Step 10 在角点上右击，在弹出的快捷菜单中选择“Bezier 平滑”命令，如图 3-157 所示。

图 3-157　更改角点类型

Step 11 调整缩放曲线，依次添加角点，并用相同的方法进行调节，如图 3-158 所示。

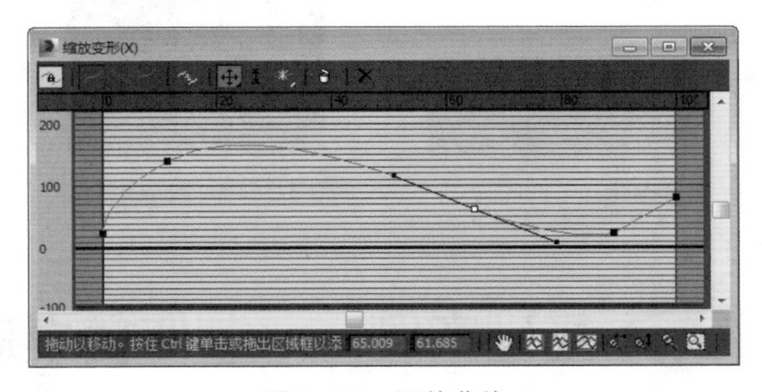

图 3-158　调整曲线

Step 12 最终效果如图 3-159 所示。

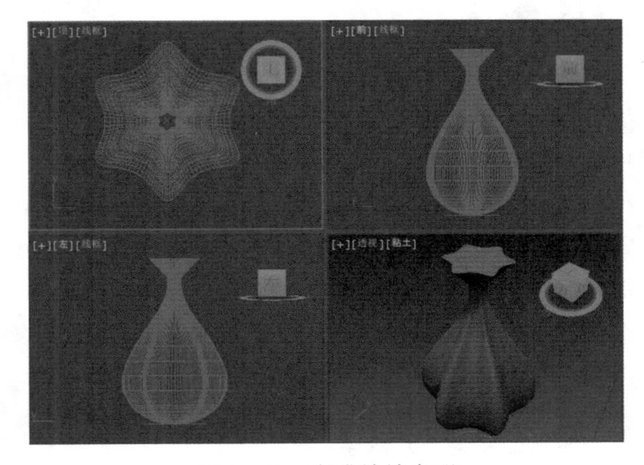

图 3-159　完成缩放变形

知识解析：“放样”创建面板

（1）“创建方法”卷展栏，如图 3-160 所示。

◆ **获取路径**：将路径指定给选定图形或更改当前指定的路径。

◆ **获取图形**：将图形指定给选定路径或更改当前指

定的图形。

◆ **移动 / 复制 / 实例**：用于指定路径或图形转换为放样对象的方式。

（2）“曲面参数”卷展栏，如图 3-161 所示。

图 3-160 “创建方法”卷展栏

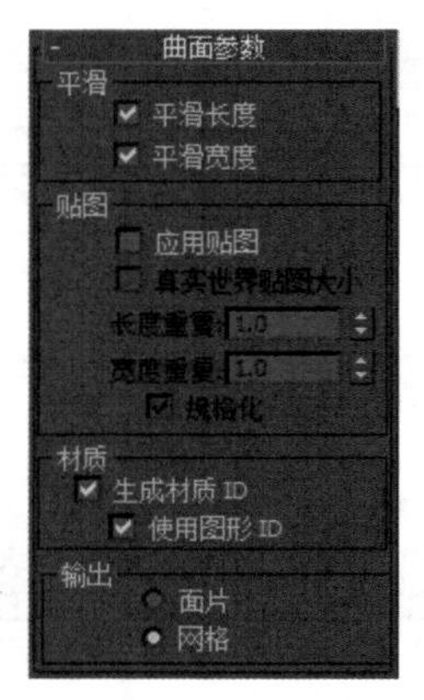

图 3-161 “曲面参数”卷展栏

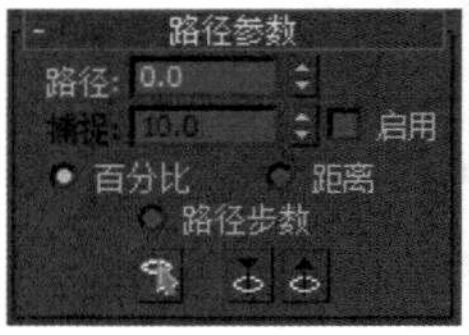

（3）“路径参数”卷展栏，如图 3-162 所示。

（4）“蒙皮参数”卷展栏，如图 3-163 所示。

图 3-162 “路径参数”卷展栏

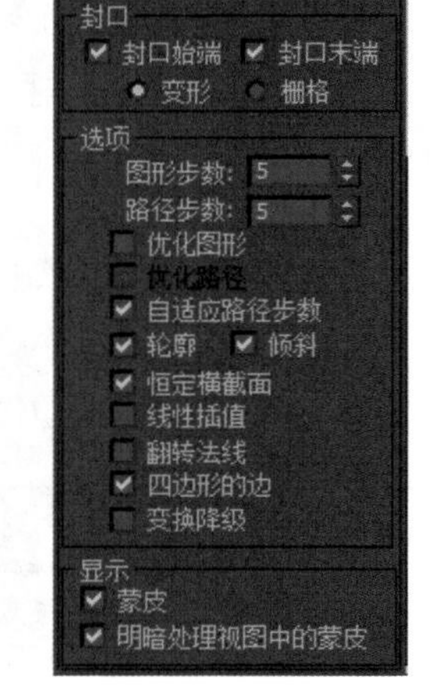

图 3-163 “蒙皮参数”卷展栏

3.8 基础实例——制作餐桌椅

3.8.1 案例分析

使用 3ds Max 创建餐桌椅是建筑设计、室内外设计、工业产品设计等行业中都会涉及的部分，应用范围极广。

本例将制作建筑行业里面的一个附属行业——家具设计中常见的餐桌椅模型，家具设计中的餐桌椅根据需要的不同有着各式各样的形状、材质、尺寸，在设计过程中，需要考虑到使用群体和使用环境的整体风格，才能设计出满意的作品。近年来，家具设计在以人为本这一主导思想的指引下，得到了飞速发展，也更受人们的重视。

3.8.2 操作思路

本例使用二维图形放样得到餐桌的支撑部分，接着使用切角长方体创建桌面；再使用切角长方体创建餐椅的底部，然后创建靠背，将餐椅各部分创建为组，复制并移动到相应位置，即完成本实例的制作。

为更快完成本例的制作，并且尽可能运用本章讲解的知识，本例的操作思路如下。

（1）建立餐桌支撑部分。

（2）创建桌面。

（3）建立餐椅底部。

（4）建立餐厅靠背。

（5）建立组并复制餐椅。

3.8.3 操作步骤

具体操作步骤如下。

Step 1 在“创建”面板中单击“图形”按钮，设置图形类型为“样条线”，单击“星形”按钮，在视图中绘制一个星形，在“参数”卷展栏中设置“半径 1”为 350，“半径 2”为 100，“点”为 4，“圆角半径 1”为 200，“圆角半径 2”为 50，如图 3-164 所示。

Step 2 在“图形”面板中单击“线”按钮，在前视图中按住 Shift 键绘制一条样条线作为放样路径，具体参数设置如图 3-165 所示。

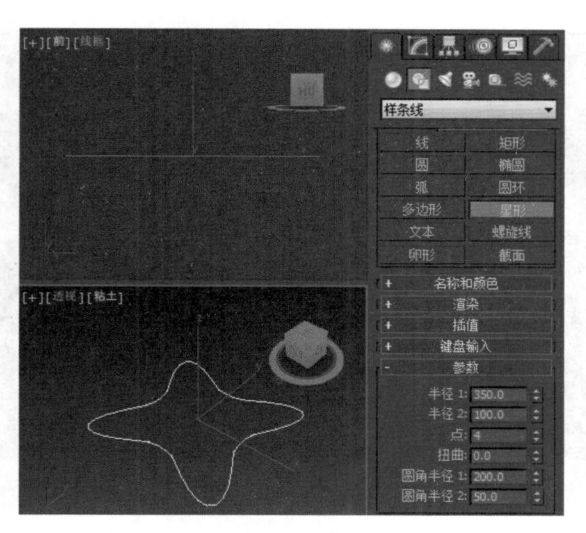

图 3-164　创建平面

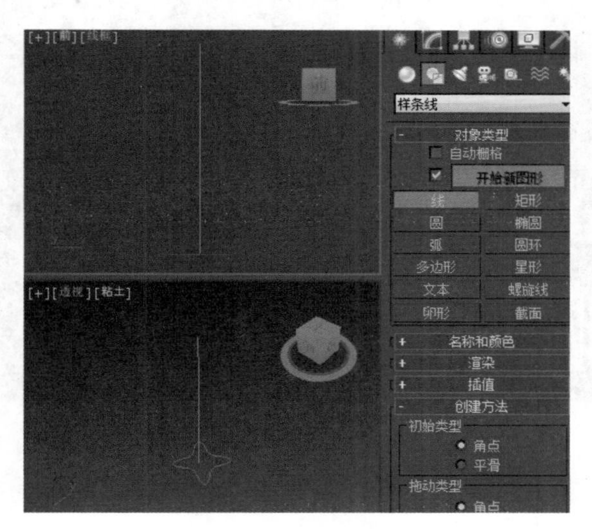

图 3-165　添加修改器

Step 3 ▶ 选择星形，设置几何体类型为“复合对象”，单击“放样”按钮，在“创建方法”卷展栏中单击“获取路径”按钮，在视图中拾取之前绘制的样条线路径，放样效果如图 3-166 所示。

Step 4 ▶ 使用“切角长方体”工具在场景中创建一个切角长方体，在“参数”卷展栏中设置“长度”/“宽度”均为 1200，“高度”为 40，“圆角”为 5，“圆角分段”为 5，具体参数设置如图 3-167 所示。

Step 5 ▶ 将桌面移动到适当位置，创建一个切角长方体，在“参数”卷展栏中设置“长度”/“宽度”均为 850，“高度”为 600，“圆角”为 20，“圆角分段”为 5，具体参数设置如图 3-168 所示。

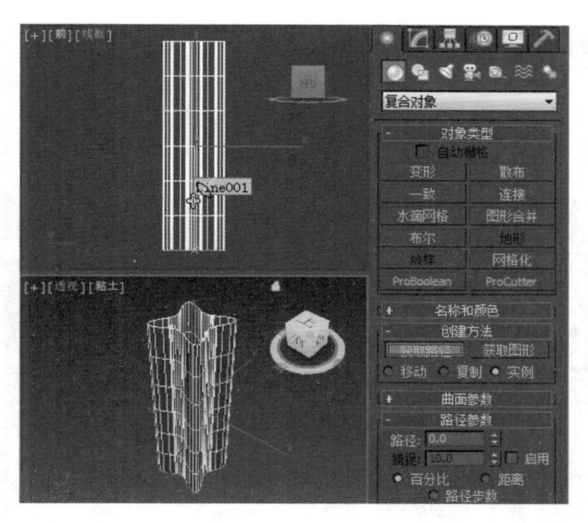

图 3-166　选择次级层

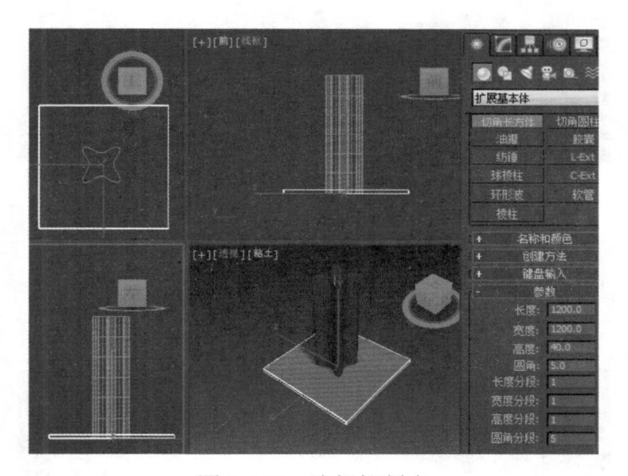

图 3-167　选择控制点

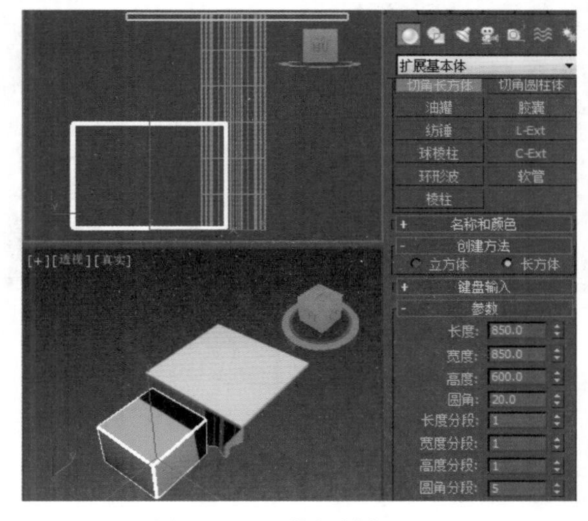

图 3-168　调整控制点（1）

Step 6 ▶ 创建一个切角长方体，在“参数”卷展栏中设置“长度”为 80，“宽度”为 850，“高度”为 550，“圆角”为 50，“圆角分段”为 3，具体参数设置如图 3-169 所示。

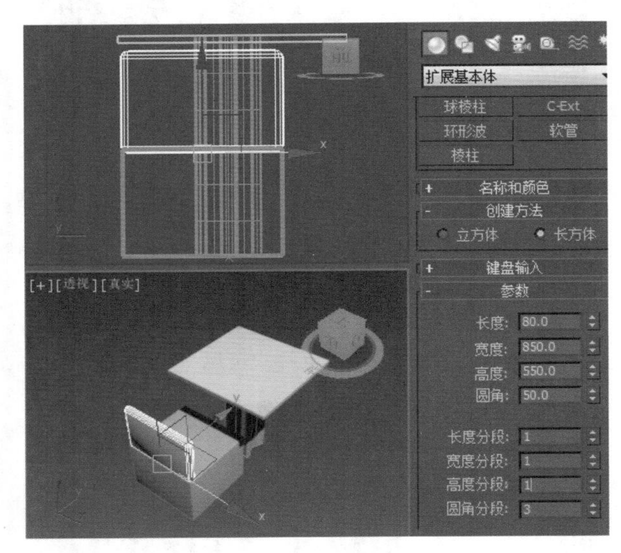

图 3-169　调整控制点（2）

Step 7 ▶ 单击“旋转”按钮，按住 Shift 键旋转黄色轴线至 90° 时释放鼠标，在“克隆选项”对话框中单击“确定”按钮复制对象，如图 3-170 所示。

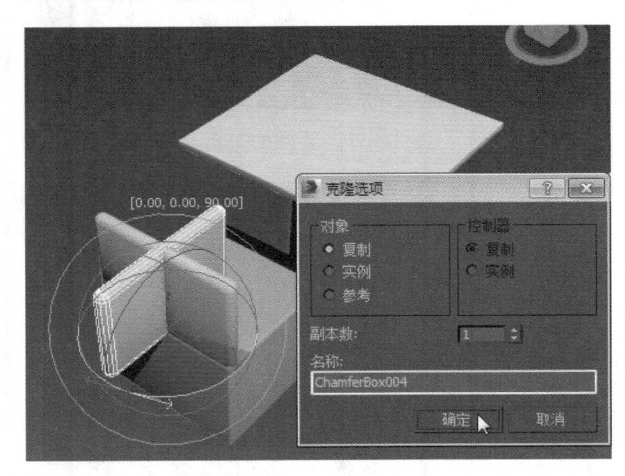

图 3-170　复制对象

Step 8 ▶ 选择组成椅子的所有对象，执行“组”→“组”命令，在“组”对话框中输入组名“椅子”，单击“确定”按钮创建组，如图 3-171 所示。

Step 9 ▶ 选择组“椅子”，按住 Shift 键使用“选择并移动”工具复制 3 组椅子，如图 3-172 所示。

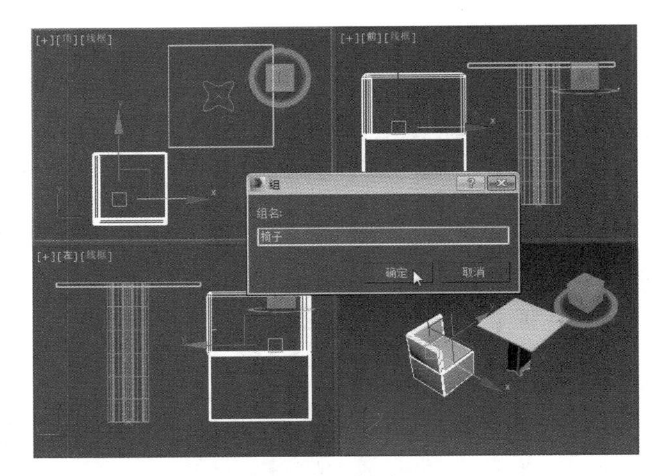

图 3-171　创建组

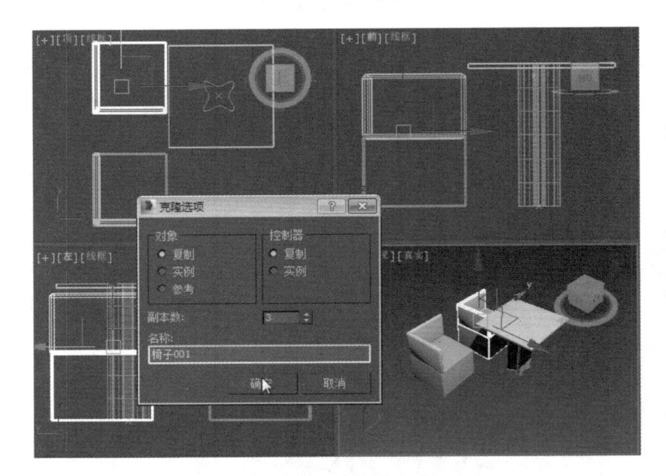

图 3-172　合并文件

Step 10 ▶ 分别将椅子旋转并移动至适当位置，最终效果如图 3-173 所示。

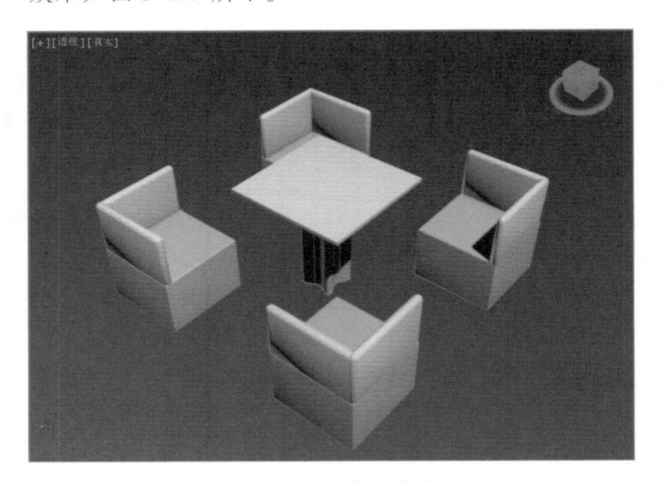

图 3-173　最终效果

01 02 03 04 05 06 07 08 09 10 11 12 ……

3ds Max 2014 的修改器

本章导读

在 3ds Max 中，不管是网格建模、NURBS 建模，还是多边形建模，都会涉及修改器的使用，因为只有通过修改器才能对模型进行更精细的处理，以获得所需要的模型效果。修改器位于 3ds Max 的“修改”面板中，是“修改”面板最核心的组成部分。

4.1 修改器的基础知识

修改器是 3ds Max 非常重要的功能之一，主要用于改变现有对象的创建参数、调整一个对象或一组对象的几何外形，进行子对象的选择和参数修改、转换参数对象为可编辑对象。

修改器实质是很多应用程序的集合，3ds Max 2014 强大的建模功能主要体现在修改器，通过修改器的应用，用户可以快速完成多种三维建模，如图 4-1 所示。

图 4-1　三维模型

4.1.1 “修改”面板

3ds Max 的“修改”面板如图 4-2 所示，由名称、颜色、修改器列表、修改堆栈和通用修改区构成。如果给对象加载了某一个修改器，则通用修改区下方将出现该修改器的详细参数。

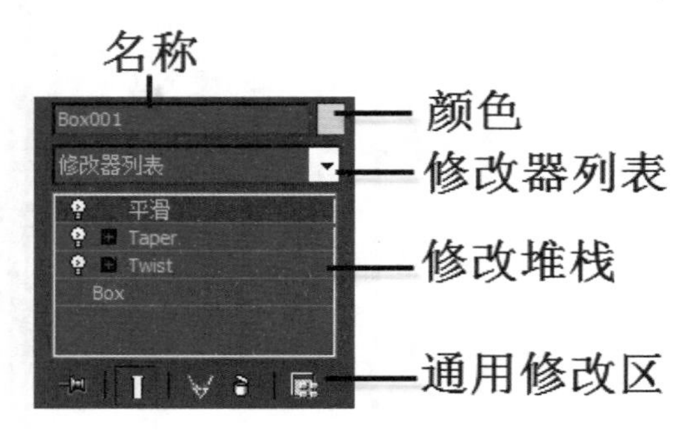

图 4-2　“修改”面板

技巧秒杀

修改器可以在“修改”面板的“修改器列表”中进行加载，也可以在“菜单栏”的“修改器”菜单下进行加载，这两个地方的修改器完全一样。

“修改”面板主要包括以下几部分内容。

（1）名称：显示修改对象的名称，操作时也可以根据需要更改这个名称。在 3ds Max 中，程序允许同一场景中有第一名的对象存在。

（2）颜色：单击该按钮，可以打开“对象颜色”对话框，用于对象颜色的选择，如图 4-3 所示。

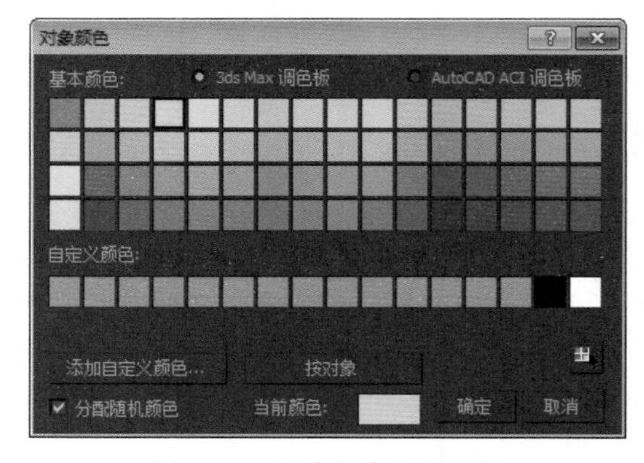

图 4-3　“对象颜色”对话框

（3）修改器列表：单击修改器列表，系统会弹出修改器命令列表，里面列出了所有可用的修改器。

（4）修改堆栈：是记录所有修改命令信息的集

合，并以分配缓存的方式保留各项命令的影响效果，方便用户对其进行再次修改。修改命令按照使用的先后顺序依次排列在堆栈中，最新使用的修改命令总是放置在堆栈的最上面。

（5）通用修改区：这里提供了通用的修改操作命令，对所有修改器有效，起着辅助修改的作用。

- **锁定堆栈**：激活该按钮可以将堆栈和“修改”面板所有控件锁定到选定对象的堆栈中。即使在选择了视图中的另一个对象之后，也可以继续对锁定堆栈的对象进行编辑。
- **显示最终结果开 / 关切换**：激活该按钮后，会在选定的对象上显示整个堆栈的效果。
- **使唯一**：激活该按钮，可以将关联的对象修改成独立对象，这样可以对选择集中的对象单独进行操作（只有在场景中拥有选择集时该按钮才可用）。
- **从堆栈中移除修改器**：若堆栈中存在修改器，单击该按钮可以删除当前的修改器，并清除由该修改器引发的所有更改。

技巧秒杀

使用 Delete 键不能在“修改”面板中直接删除选中的修改器，那样删除的是物体本身而不是修改器。要删除某个修改器，需要先选择该修改器，然后单击“从堆栈中移除修改器”按钮。

- **配置修改器集**：单击该按钮将弹出一个子菜单，其中的命令主要用于配置在“修改”面板中怎样显示和选择修改器，如图 4-4 所示。

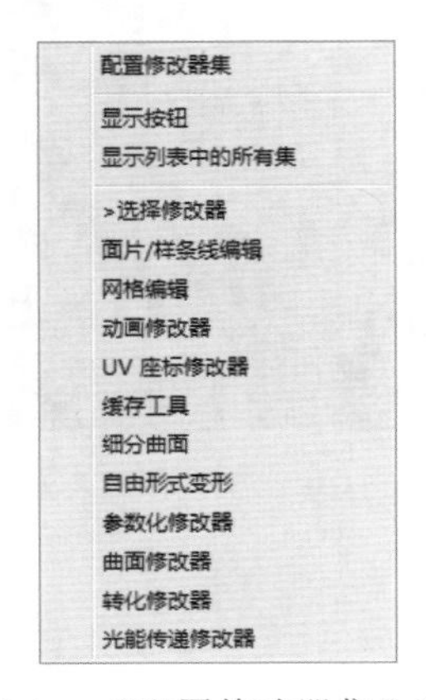

图 4-4　“配置修改器集”菜单

技巧秒杀

在“配置修改器集”菜单中选择“显示按钮”命令，可以在“修改”面板中显示修改工具按钮，如图 4-5 所示。选择“配置修改器”命令，可以打开“配置修改器集”对话框，如图 4-6 所示。

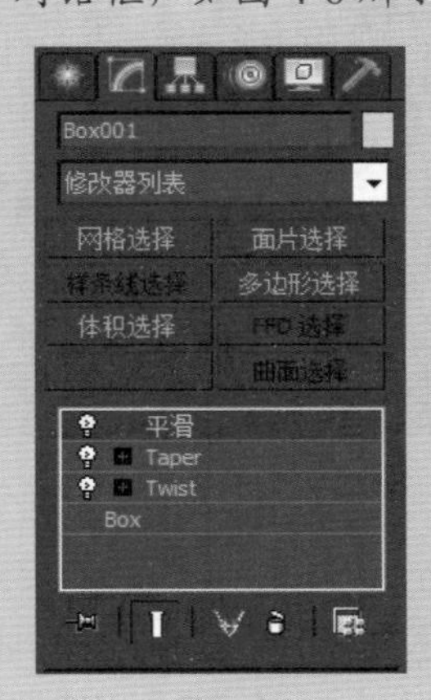

图 4-5　“修改”面板

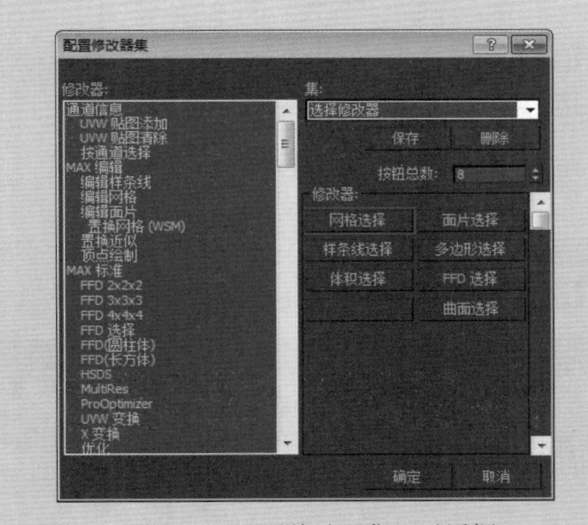

图 4-6　“配置修改器集”对话框

4.1.2 为对象加载修改器

要使用修改器，首先要选择对象，进入“修改”面板，单击“修改器列表”后的按钮，在下拉列表中为对象添加修改器，然后设置修改器参数。

Step 1 ▶ 单击选择球体，单击“修改器列表”后的按钮，打开修改器列表，如图 4-7 所示。

Step 2 ▶ 单击选择修改器，如“FFD 2×2×2”，对象效果如图 4-8 所示。

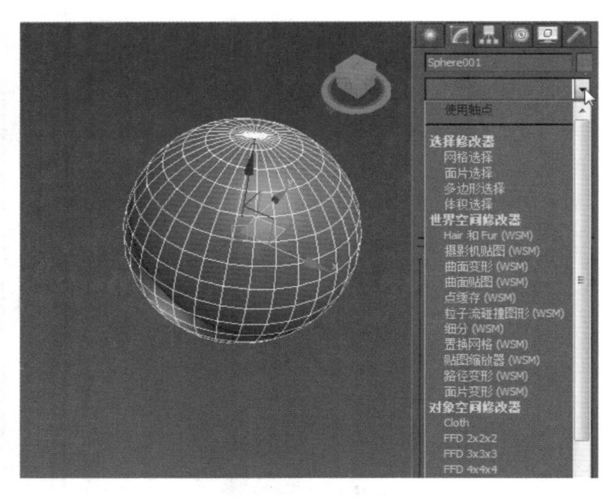

图 4-7　打开修改器列表

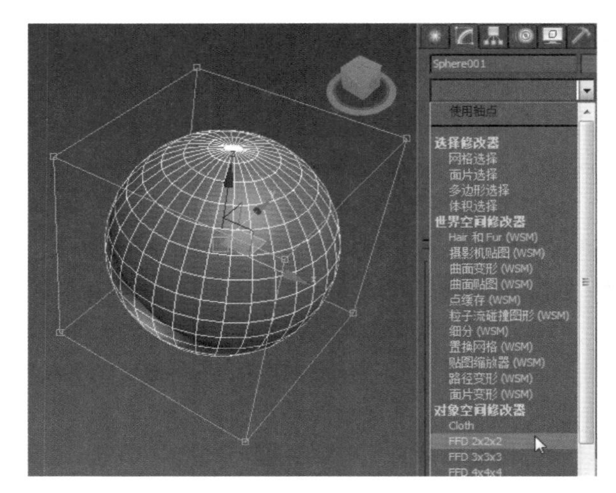

图 4-8　指定修改器

知识大爆炸——修改器的子对象

（1）3ds Max 中的修改器可分为二维修改器和三维修改器，二维修改器只对二维图形有效，三维修改器只对三维几何体有效。

（2）有些修改器是独立的，没有子对象；有些修改器有子对象，可在修改堆栈中展开修改器，并选择子对象，然后再对子对象进行修改。

Step 1 在场景中创建一个球体，添加“多边形选择”修改器，单击修改器前的+按钮，如图 4-9 所示。

Step 2 展开子对象后，单击即可选择子对象，如单击“多边形”选项，如图 4-10 所示。

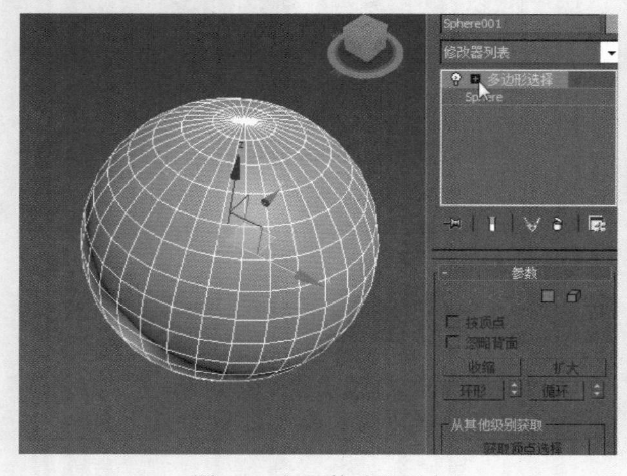

图 4-9　打开修改器列表

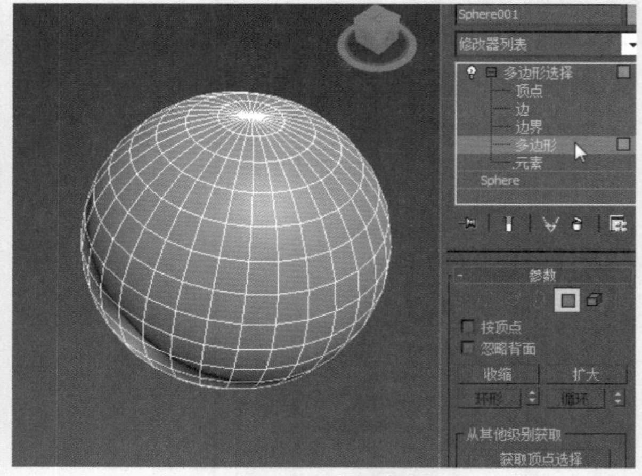

图 4-10　选择子对象

Step 3 在场景中的对象上单击即可选择多边形，如图 4-11 所示。

Step 4 在修改堆栈中单击子对象“顶点”，当前对象中所有的顶点即显示出来，如图 4-12 所示。

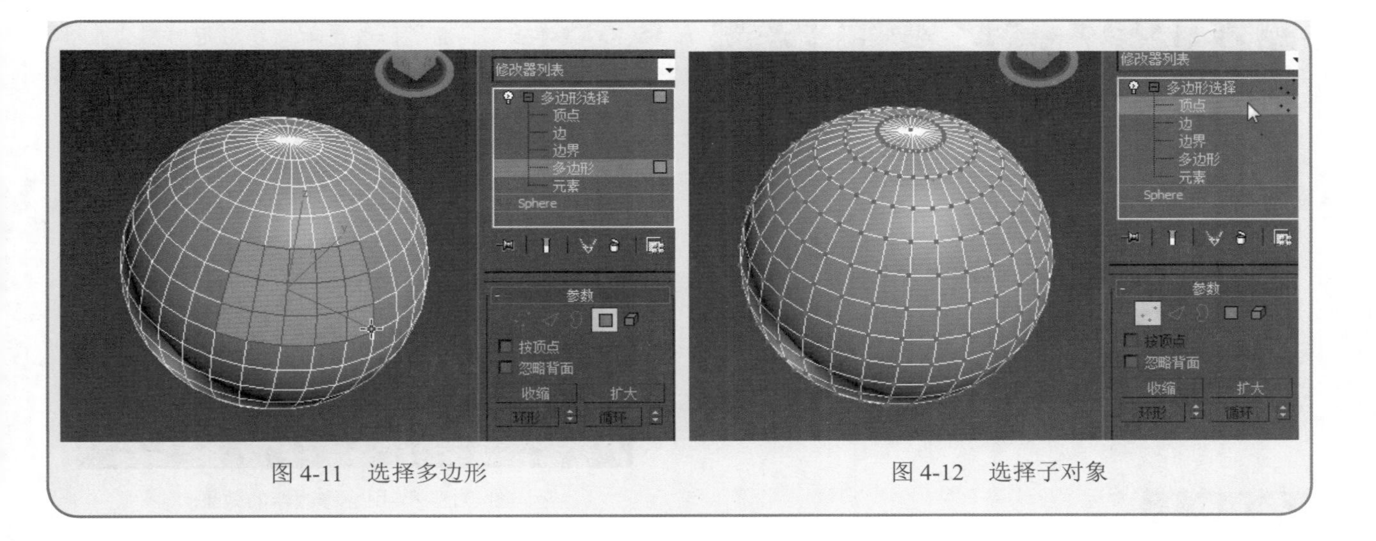

图 4-11　选择多边形　　图 4-12　选择子对象

4.1.3 修改器的排序

修改器的排列顺序非常重要，先加入的修改器位于修改堆栈的下方，后加入的修改器则在修改器堆栈的顶部，不同的顺序对同一物体起到的效果是不一样的。

Step 1 绘制一个圆环，添加“扭曲”修改器，如图 4-13 所示。

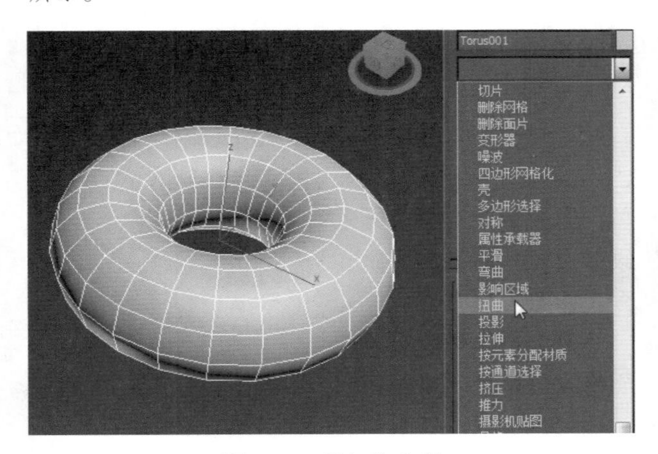

图 4-13　添加修改器

Step 2 设置“角度”为 140，如图 4-14 所示。

Step 3 添加“弯曲”修改器，设置“角度”为 130，如图 4-15 所示。

Step 4 在修改器堆栈中将“弯曲”修改器拖曳至“扭曲”下方，效果如图 4-16 所示。

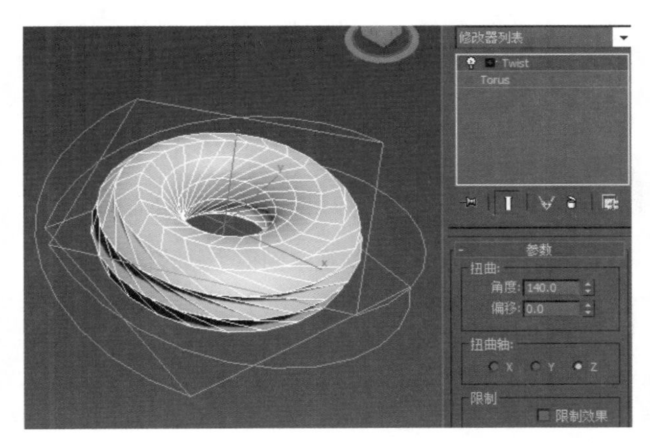

图 4-14　扭曲对象

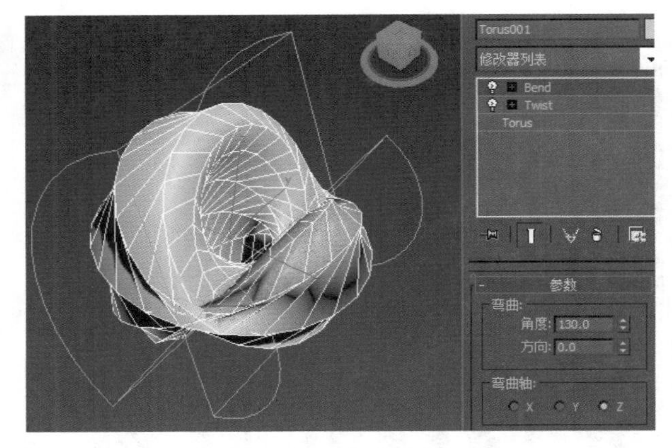

图 4-15　弯曲对象

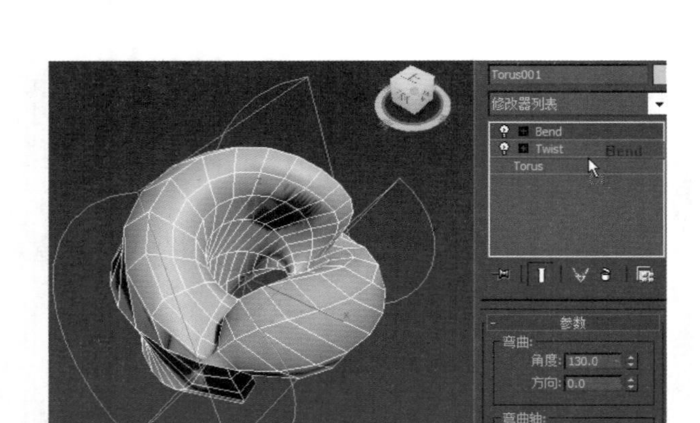

图 4-16　更换修改器位置

?答疑解惑：

怎样才能在修改器堆栈中选择多个修改器呢?

在修改器堆栈中，如果要同时选择多个修改器，可以先选中一个修改器，再按住 Ctrl 键单击其他修改器进行加选，如果按住 Shift 键则可以选中多个连续的修改器。

4.1.4 启用与禁用修改器

在修改器堆栈中可以观察到每个修改器前面都有个小灯光图标，这个图标表示这个修改器的启用或禁用状态。当小灯泡显示为亮的状态时，代表这个修改器是启用的；当小灯光显示为暗的状态时，代表这个修改器被禁用了。单击这个小灯泡即可切换启用和禁用状态。

Step 1 ▸ 为一个球体加载了 3 个修改器，这些修改器都呈启用状态，如图 4-17 所示。

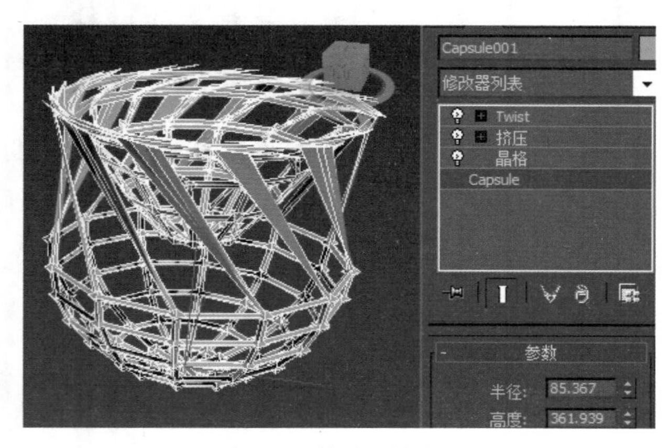

图 4-17　修改器均启用

Step 2 ▸ 单击“晶格”修改器前的小灯泡禁用“晶格”修改器，如图 4-18 所示。

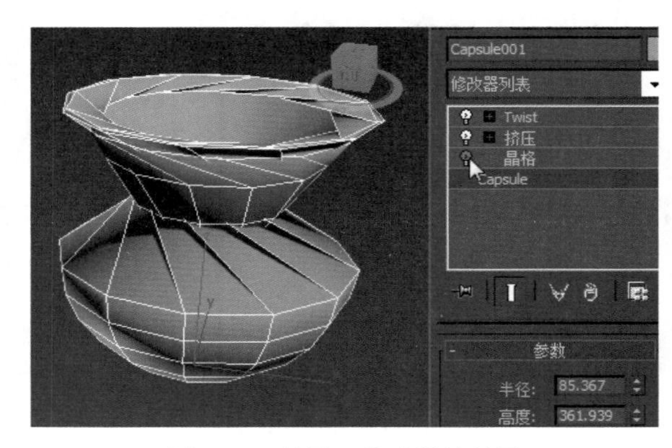

图 4-18　禁用一修改器的效果

?答疑解惑：

如何快速把一个对象的修改器添加给另一个对象呢?

在选中某一个修改器后，如果按住 Ctrl 键将其拖曳到其他对象上，可以将这个修改器作为实例粘贴到其他对象上；如果按住 Shift 键将其拖曳到其他对象上，就相当于将源物体上的修改器剪切并粘贴到新对象上。

4.1.5 编辑修改器

在修改器堆栈中右击，会弹出一个快捷菜单，里面包括一些对修改器进行编辑的常用命令，如图 4-19 所示。

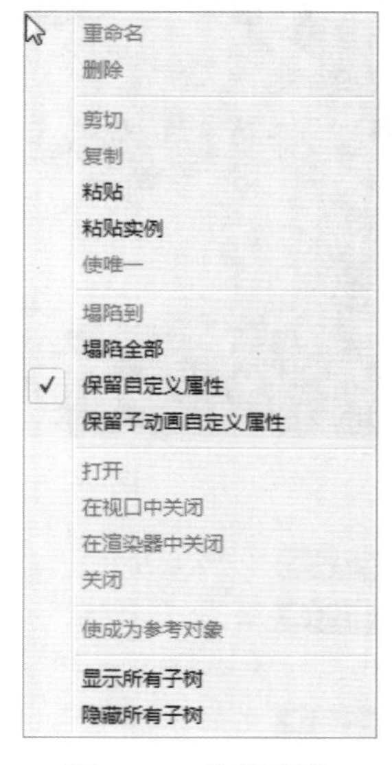

图 4-19　快捷菜单

从菜单中可以观察到修改器是可以复制到其他物体上的，复制的方法有以下两种。

（1）在修改器上右击，在弹出的快捷菜单中选择“复制”命令，接着在需要的位置右击，在弹出的快捷菜单中选择“粘贴”命令即可。

（2）直接将修改器拖曳到场景中的某一物体上。

4.1.6 塌陷修改器堆栈

塌陷修改器会将该物体转换为可编辑网格，并删除其中所有的修改器，这样可以简化对象，并且还能够节约内存。但是塌陷之后就不能对修改器的参数进行调整，并且也不能将修改器的历史恢复到基准值。

塌陷修改器有“塌陷到”和“塌陷全部”两种方法。使用“塌陷到”命令可以塌陷到当前选定的修改器，也就是说删除当前及列表中位于当前修改器下面的所有修改器，保留当前修改器上面的所有修改器；而使用“塌陷全部”命令，会塌陷整个修改器堆栈，删除所有修改器，并使对象变成可编辑网格。

知识大爆炸

——“塌陷到”和“塌陷全部”命令的区别

当前修改器堆栈中，处于最底层的是一个圆柱体，可以将其称为基础物体（基础物体一定是处于修改器堆栈最底层），而在基础物体之上有弯曲、挤压、晶格 3 个修改器。接下来分别以“塌陷到”和“塌陷全部”讲解两者的区别。

1. “塌陷到”命令的具体操作步骤

Step 1 在“弯曲”修改器上右击，在弹出的快捷菜单中选择“塌陷到”命令，如图 4-20 所示。

Step 2 弹出“警告：塌陷到”对话框，单击“是”按钮，如图 4-21 所示。

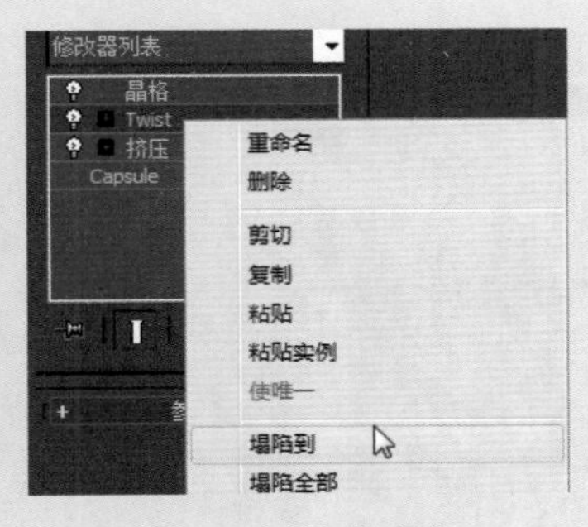

图 4-20 选择命令

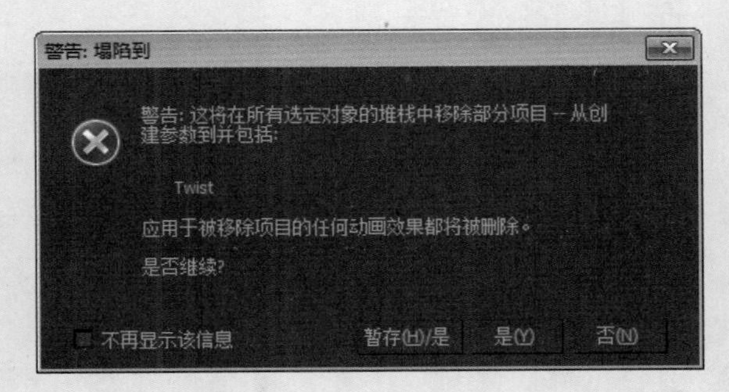

图 4-21 打开对话框

Step 3 基础物体变成“可编辑网格”物体，除晶格外的其他修改器被删除，如图 4-22 所示。

知识解析：“警告：塌陷到”对话框

- 暂存 / 是：单击该按钮，可以将当前对象的状态保存到“暂存”缓冲区，然后才应用“塌陷到”命令，执行“编辑”→“取回”命令，可以恢复到塌陷前的状态。
- 是：单击该按钮，可以将所选修改器下方的所有修改器进行塌陷，同时基础物体会变成“可编辑网格”物体。
- 否：不进行塌陷。

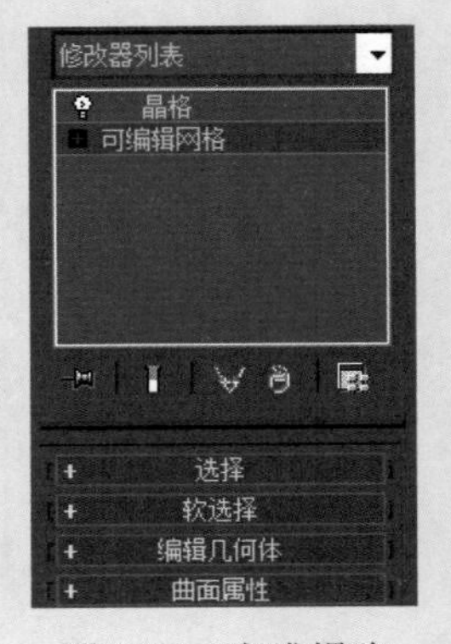

图 4-22 完成塌陷

2. “塌陷全部”命令的具体操作步骤

Step 1 ▶ 在“弯曲”修改器上右击，在弹出的快捷菜单中选择“塌陷全部”命令，如图 4-23 所示。

Step 2 ▶ 弹出“警告：塌陷全部”对话框，单击“是”按钮，如图 4-24 所示。

Step 3 ▶ 基础物体变成“可编辑网格”物体，其他 3 个修改器被删除，如图 4-25 所示。

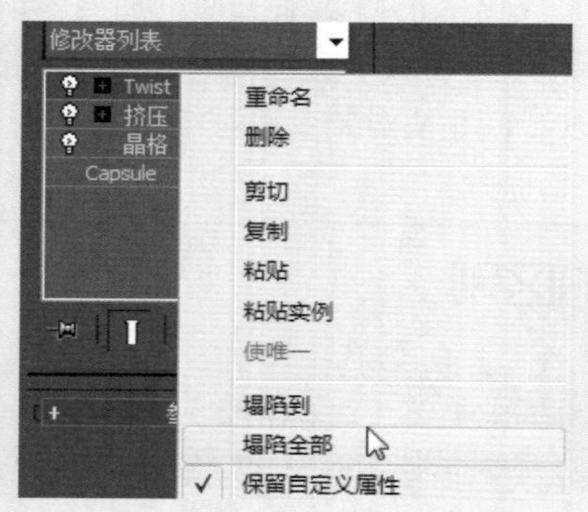

图 4-23　选择命令

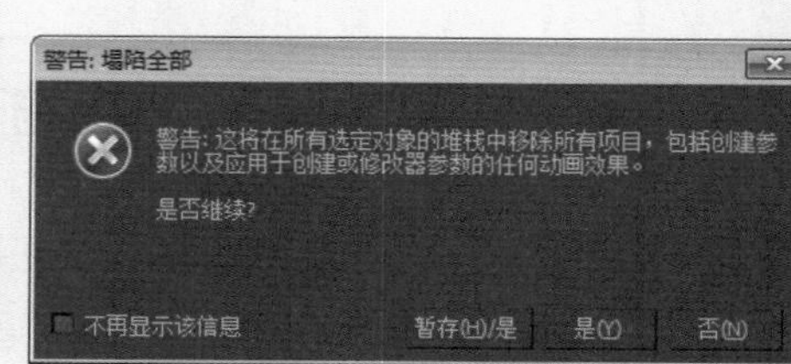

图 4-24　打开对话框

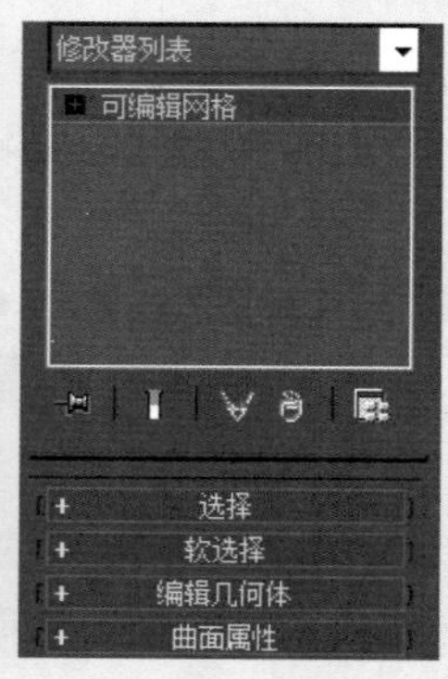

图 4-25　完成塌陷

4.2 选择修改器

单击通用修改器中的按钮，在弹出的菜单中单击显示列表中的所有集命令，此时修改器列表中的所有命令将按照图 4-26 所示的分类方式排列。

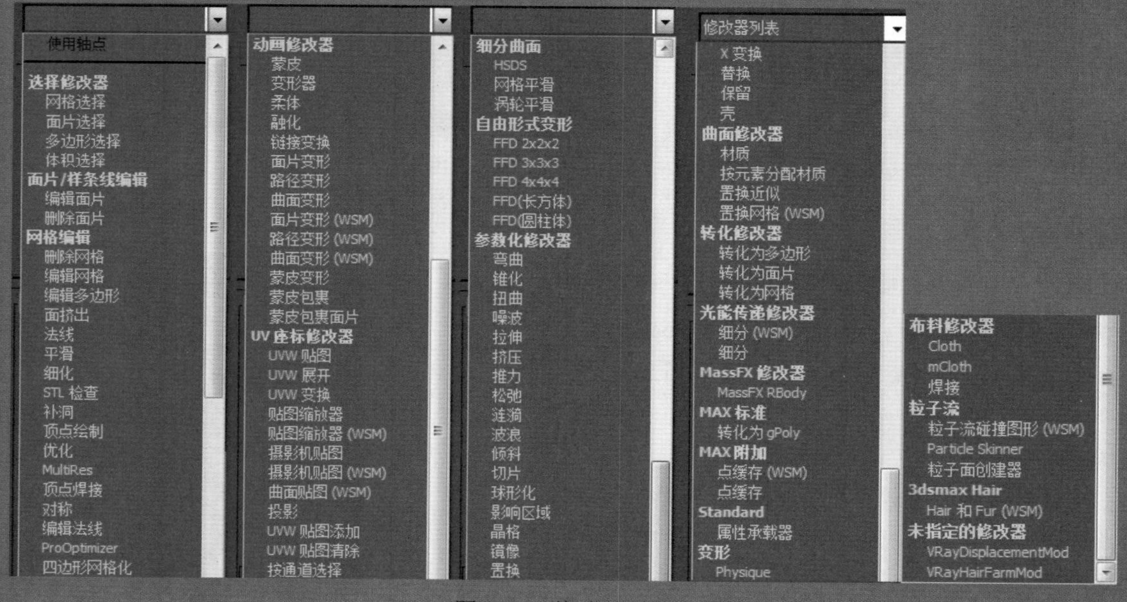

图 4-26　修改器列表

?答疑解惑：

为什么“修改器列表”中的内容有时不一样？

修改器列表中显示的命令会根据所选对象的不同而呈现一些差异。

4.2.1 网格选择

对多边形网格对象进行子对象的选择操作，包括顶点、边、面、多边形和元素 5 种子对象级别，其参数面板如图 4-27 所示。

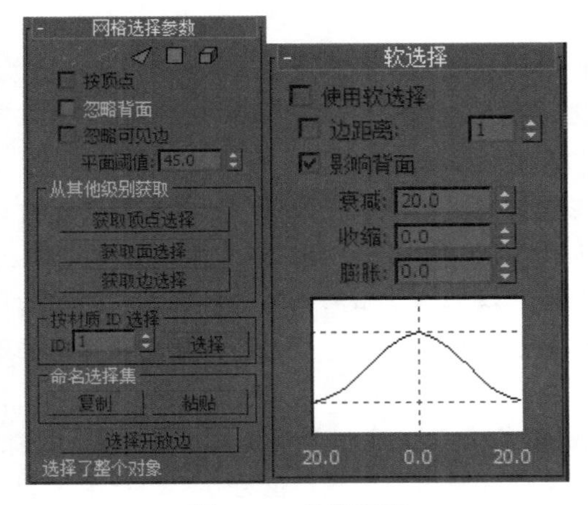

图 4-27　参数列表

知识解析：“网格选择”参数面板

（1）“网格选择参数”卷展栏

- **顶点：**以顶点为最小单位进行选择，如图 4-28 所示。

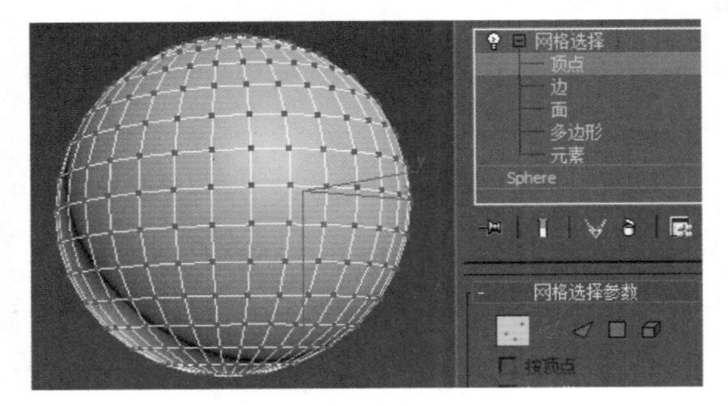

图 4-28　选择顶点

- **边：**以边为最小单位进行选择，如图 4-29 所示。
- **面：**以三角面为最小单位进行选择，如图 4-30 所示。

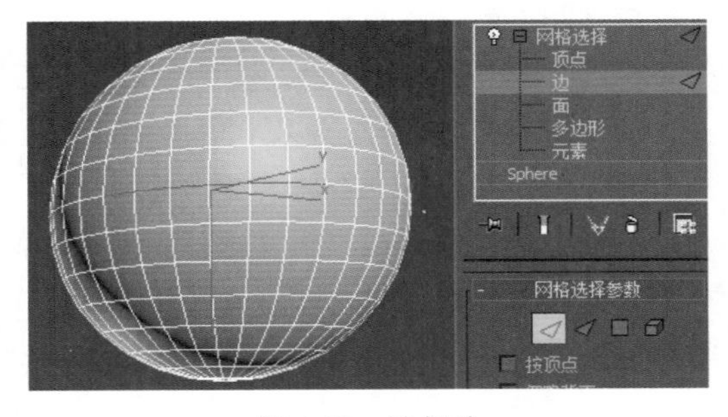

图 4-29　选择边

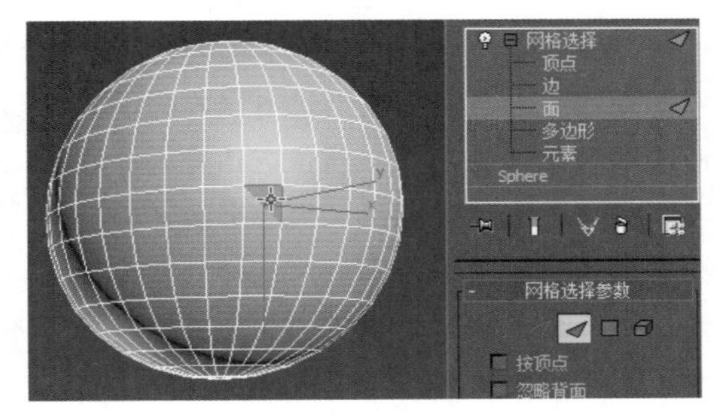

图 4-30　选择面

- **多边形：**以多边形为最小单位进行选择，如图 4-31 所示。

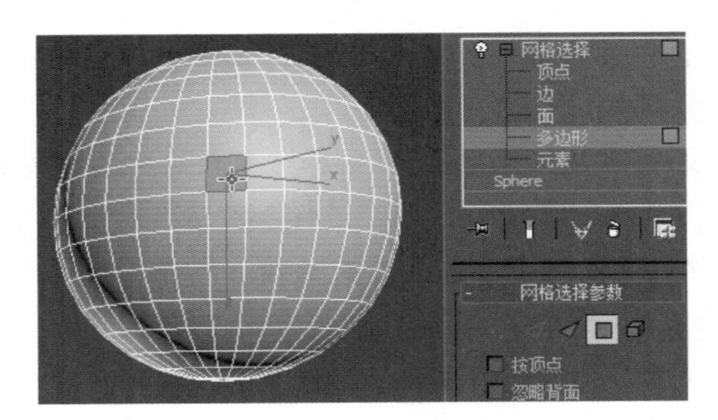

图 4-31　选择多边形（1）

- **元素：**选择对角中所有的连续面，如图 4-32 所示。

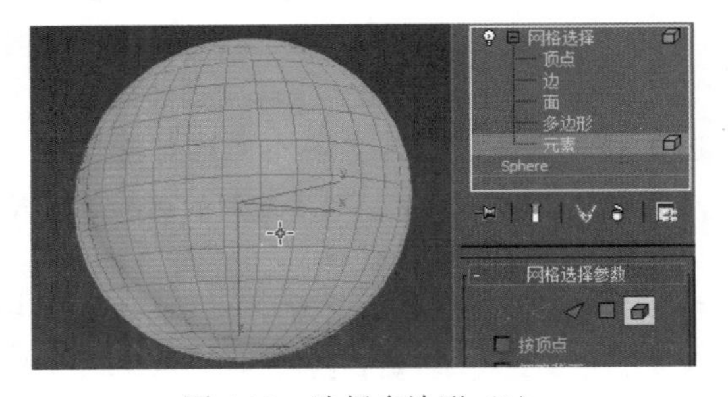

图 4-32　选择多边形（2）

◆ **按顶点**：选中该复选框后，在选择一个顶点时，与该顶点相连的边或面会一同被选中。

◆ **忽略背面**：根据法线的方向，模型有正反面之说。在选择模型的子对象时，如果取消选中该复选框，在选择一面的同时，也会将其背面的顶点选择，尤其是框选时；如果选中该复选框，则只选择正对摄像机的一面，也就是可以看到的一面。

◆ **忽略可见边**：如果取消选中该复选框，在多边形级别进行选择时，每次单击只能选择单一的面积；选中该复选框时，可通过下面的平面阈值来调节选择范围，每次单击，范围内的所有面会被选中。

◆ **平面阈值**：在多边形级别进行选择时，用来指定两面共面的阈值范围，阈值范围是两个面的法线之间夹角，小于这个值说明两个面共面。

◆ **获取顶点选择**：根据上一次选择的顶点选择面，选择所有共享被选中顶点的面。当“顶点”不是当前子级对象层级时，该功能才可用。

◆ **获取面选择**：根据上一次选择的面、多边形、元素选择顶点。只有当面、多边形、元素不是当前子对象层级时，该功能才可用。

◆ **获取边选择**：根据上一次选择的边选择面，选择含有该边的那些面。只有当“边”不是当前子对象层级时，该功能才可用。

◆ **ID**：这是“按材质 ID 选择”参数组中的材质 ID 号之后，单击后面的“选择”按钮，所有具有这个 ID 号的子对象就会被选择。配合 Ctrl 键可以加选，配合 Shift 键可以减选。

◆ **复制 / 粘贴**：用于在不同对象之间传递命名选择信息，要求这些对象必须是同一类，而且必须在相同子对象级别。例如两个可编辑网格对象，在其中一个顶点子对象级别先进行选择，然后在工具栏中为这个选择集合命名，接着单击“复制”按钮，从弹出的对话框中选择刚创建的名称（如图 4-33 所示），进入另一个网格对象级别，然后单击“粘贴”按钮，刚才复制的选择就会粘贴到当前的顶点子对象级别。

◆ **选择开放边**：选择所有只有一个面的边。在大多数对象中，这会显示何处缺少面。该参数只能用于“边”子对象层级。

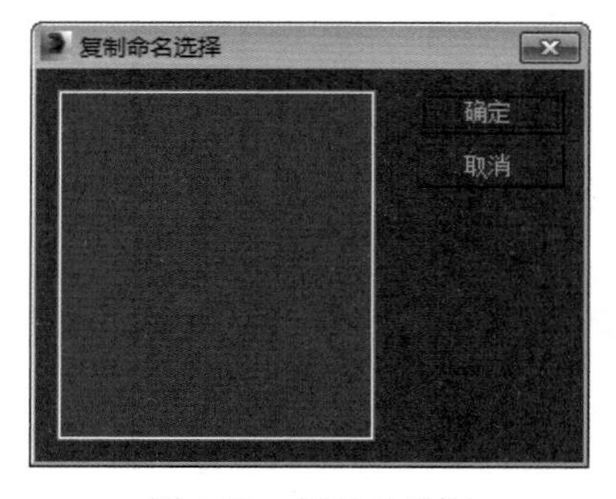

图 4-33　打开对话框

（2）“软选择”卷展栏

◆ **使用软选择**：控制是否开启软选择。

◆ **边距离**：通过设置衰减区域内边的数目来控制受到影响的区域。

◆ **影响背面**：选中该复选框时，对选择的子对象背面产生同样的影响，否则只影响当前操作的一面。

◆ **衰减**：设置从开始衰减到结束衰减之间的距离。以场景设置的单位进行计算，在图表显示框下面也会显示距离范围，

◆ **收缩**：沿着垂直轴提升或降低顶点。值为负数时，产生弹坑状图形曲线；值为 0 时，产生平滑的过度效果。默认值为 0。

◆ **膨胀**：沿着垂直轴膨胀或收缩顶点。收缩为 0、膨胀为 1 时，产生一个最大限度的光滑膨胀曲线；负值会使膨胀曲线移动到曲面，从而使顶点下压形成山谷的形态。默认值为 0。

读书笔记

4.2.2 面片选择

该修改器用于对面片类型的对象进行子对象级别的选择操作，包括顶点、控制柄、边、面片和元素 5 种子对象级别，其参数面板如图 4-34 所示。

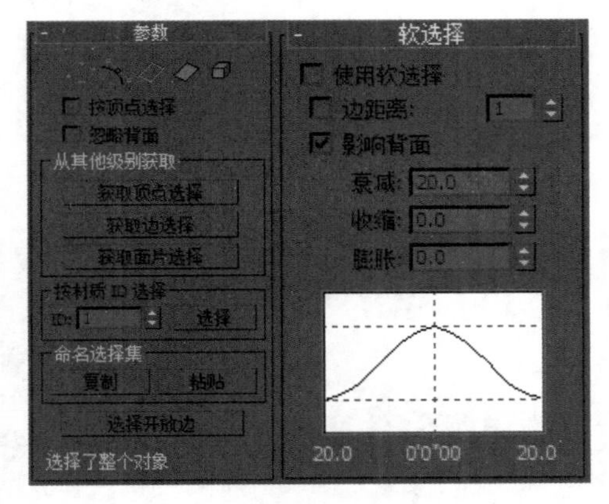

图 4-34 “面片选择”参数面板

知识解析：“面片选择”创建面板

◆ 顶点：以顶点为最小单位进行选择，如图 4-35 所示。

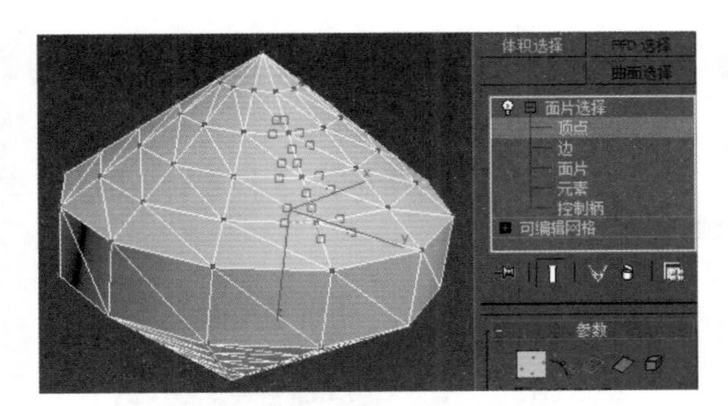

图 4-35 选择顶点

◆ 边：以边为最小单位进行选择，如图 4-36 所示。

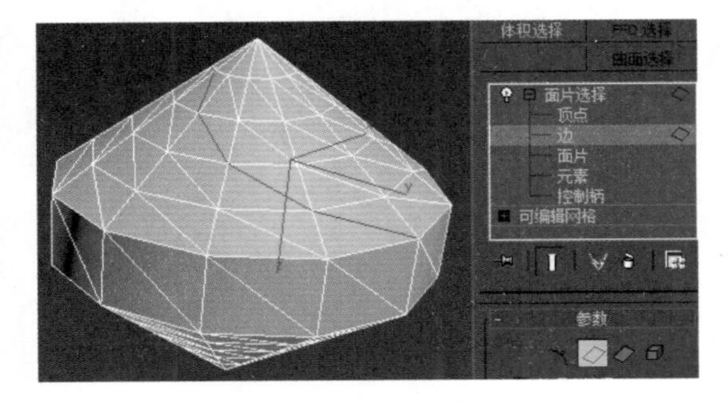

图 4-36 选择边

◆ 面片：以面片为最小单位进行选择，如图 4-37 所示。

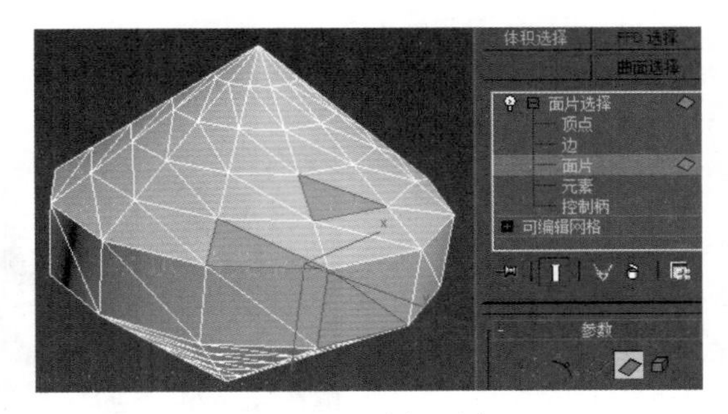

图 4-37 选择面片

◆ 元素：选定对象中所有的连续面，如图 4-38 所示。

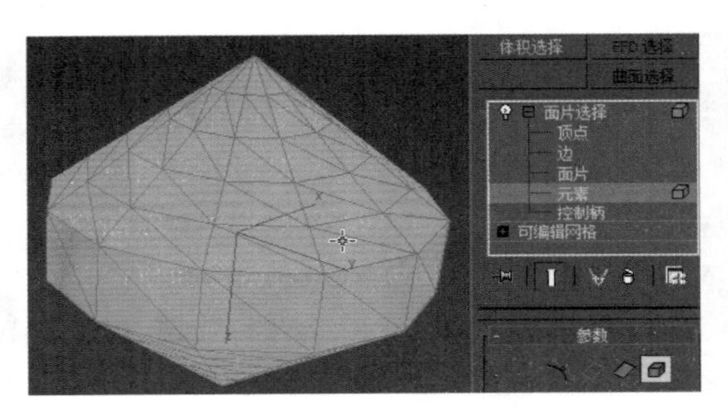

图 4-38 选择元素

◆ 控制柄：以控制柄为最小单位进行选择，如图 4-39 所示。

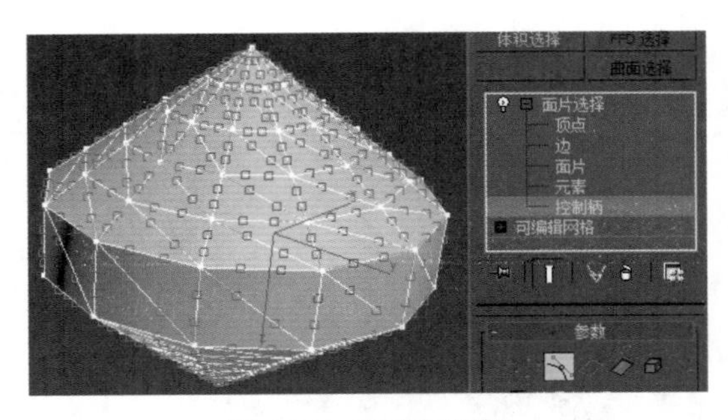

图 4-39 选择控制柄

读书笔记

4.2.3 样条线选择

用于对样条线进行子对象级别的选择操作，包括顶点、分段和样条线 3 种子对象级别。当选择顶点时，其参数面板如图 4-40 所示；当选择分段时，其参数面板如图 4-41 所示；当选择样条线时，其参数面板如图 4-42 所示。

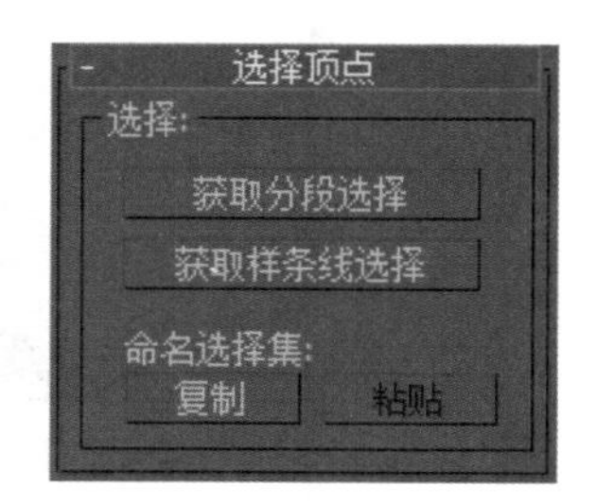

图 4-40　选择顶点参数

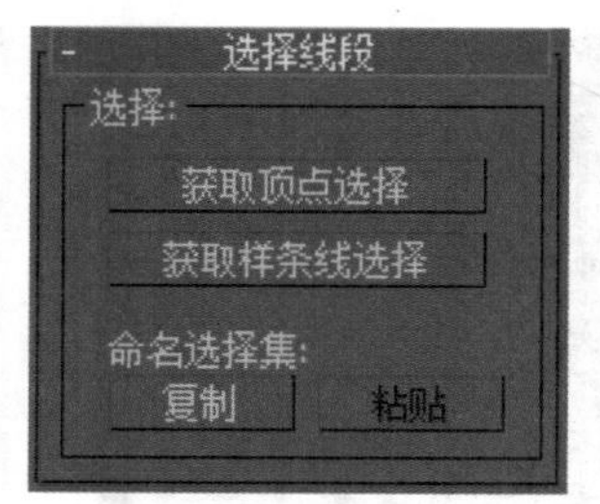

图 4-41　选择线段参数

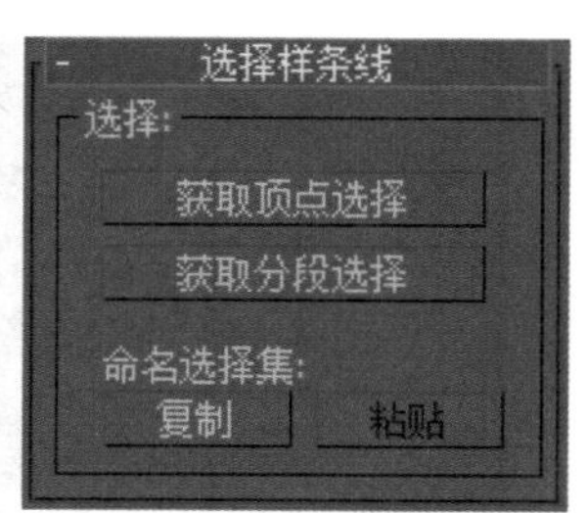

图 4-42　选择样条线参数

知识解析：“样条线选择”面板

- **顶点**：以顶点为最小单位进行选择，如图 4-43 所示。

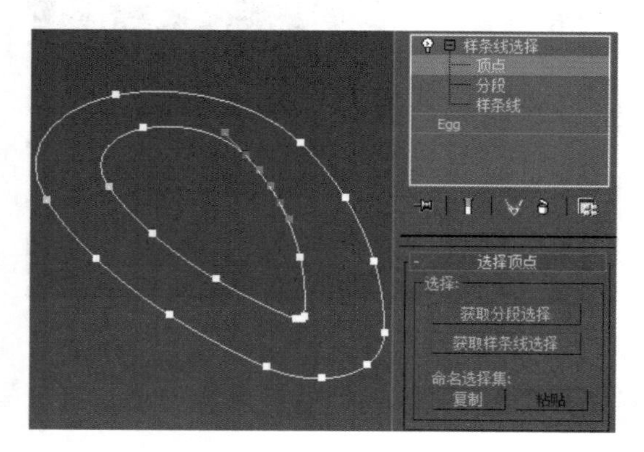

图 4-43　选择顶点

- **分段**：以分段为最小单位进行选择，如图 4-44 所示。
- **样条线**：以样条线为最小单位进行选择，如图 4-45 所示。

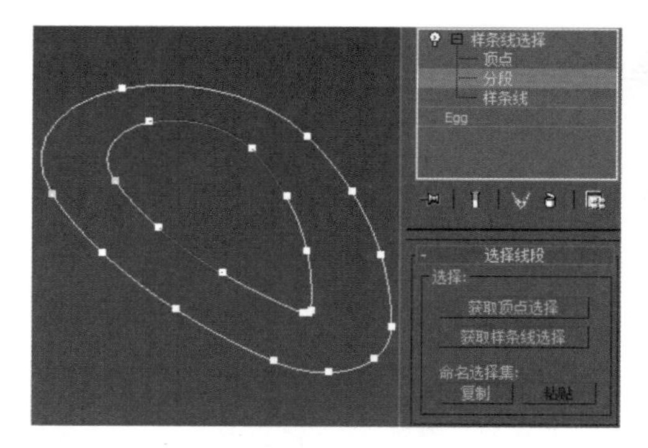

图 4-44　选择线段

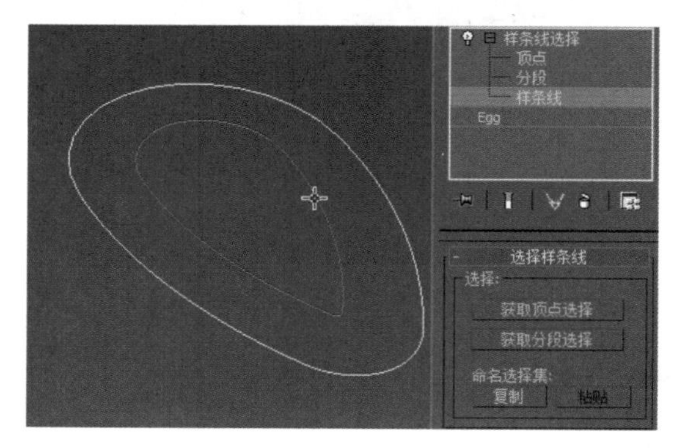

图 4-45　选择样条线

4.2.4 多边形选择

对多边形进行子对象级别的选择操作，包括顶点、边、边界、多边形和元素 5 种子对象级别，其参数面板如图 4-46 所示。

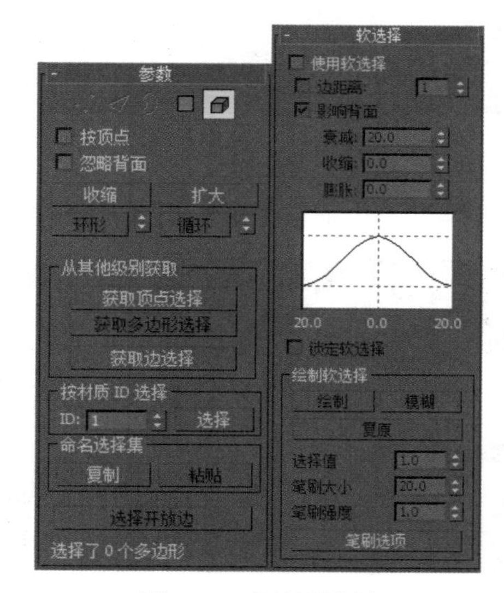

图 4-46　多边形选择

知识解析：“多边形选择”面板

- ◆ 顶点：以顶点为最小单位进行选择。
- ◆ 边：以边为最小单位进行选择。
- ◆ 边界：以模型的开放边界为最小单位进行选择。
- ◆ 多边形：以四边形为最小单位进行选择。
- ◆ 元素：选定对象中所有的连续面。

4.3 自由形式变形

FFD 是“自由形式变形”的意思，FFD 修改器即“自由形式变形”修改器。FFD 修改器包含 5 种类型，分别是 FFD 2×2×2 修改器、FFD 3×3×3 修改器、FFD 4×4×4 修改器、FFD（长方体）修改器和 FFD（圆柱体）修改器，如图 4-47 所示。这种修改器是使用晶格框包围住选中的几何体，然后通过调整晶格的控制点来改变封闭几何体的形状。

FFD 2x2x2
FFD 3x3x3
FFD 4x4x4
FFD(圆柱体)
FFD(长方体)

图 4-47 “自由形式变形”修改器

4.3.1 FFD 修改

FFD 2×2×2、FFD 3×3×3、FFD 4×4×4 修改器的参数面板完全相同，如图 4-48 所示。

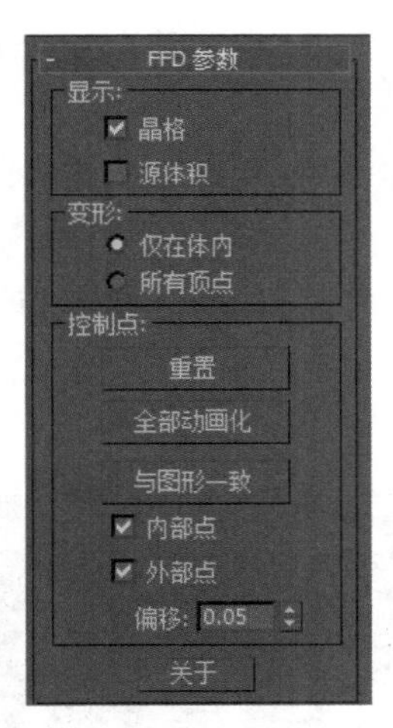

图 4-48 “自由形式变形”修改

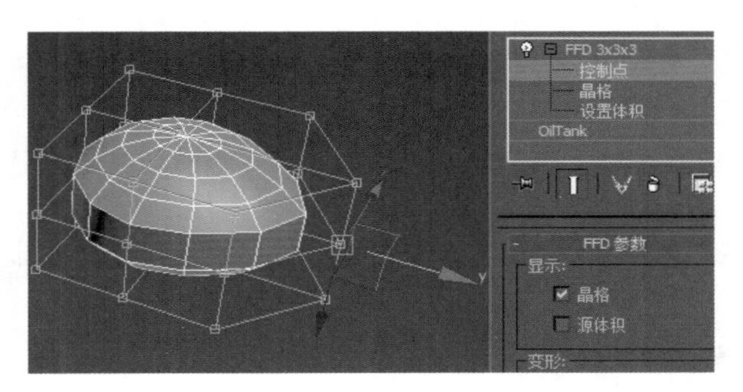

图 4-49 控制点

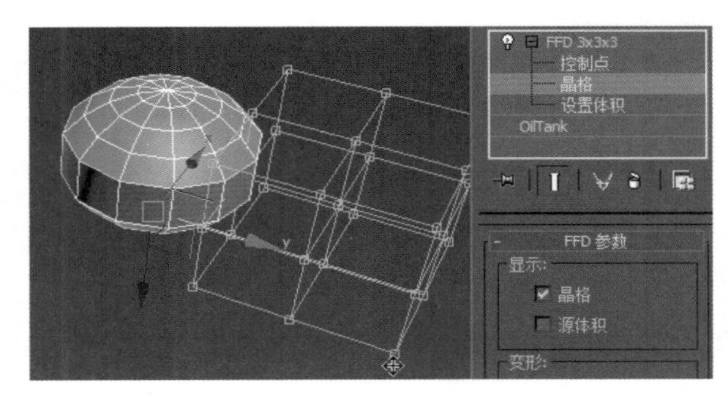

图 4-50 晶格

知识解析：FFD 修改器面板

- ◆ 控制点：在这个子对象级别，可以对晶格的控制点进行编辑，通过改变控制点的位置影响外形，如图 4-49 所示。
- ◆ 晶格：对晶格进行编辑，可以通过移动、旋转、缩放使晶格与对象分离，如图 4-50 所示。
- ◆ 设置体积：在这个子对象级别下，控制点显示为绿色，对控制点的操作不影响对象形态，如图 4-51 所示。
- ◆ 晶格：控制是否使连接控制点的线条形成栅格。
- ◆ 源体积：选中该复选框，可以将控制点和晶格以未修改的状态显示出来。

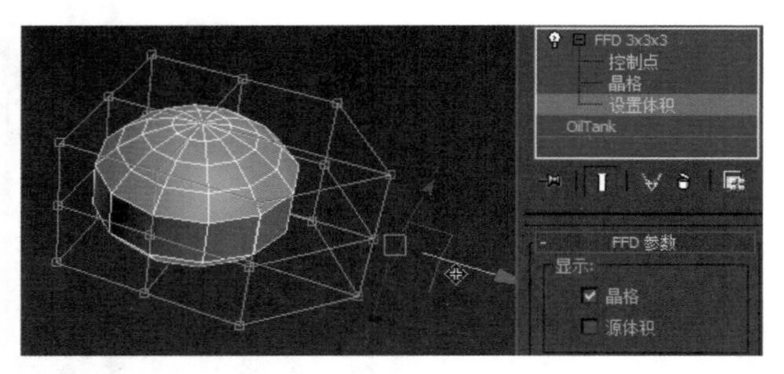

图 4-51　设置体积

- ◆ 仅在体内：只有位于源体积内的顶点会变形。
- ◆ 所有顶点：所有顶点都会变形。
- ◆ 重置：将所有控制点恢复到原始位置。
- ◆ 全部动画：单击该按钮，可以按控制器指定给所有的控制点，使它们在轨迹视图中可见。
- ◆ 与图形一致：在对象中心控制点位置之间沿直线方向来延长线条，可以将每一个 FFD 控制点移到修改对象的交叉点上。
- ◆ 内部点：仅控制受“与图一致”影响的对象内部的点。
- ◆ 外部点：仅控制受“与图一致”影响的对象外部的点。
- ◆ 偏移：设置控制点偏移对象曲面的距离。
- ◆ 关于：显示版权和许可信息。

读书笔记

4.3.2 FFD 长方体 / 圆柱体

FFD（长方体）和 FFD（圆柱体）修改器的功能与 4.3.1 节介绍的 FFD 修改器基本一致，只是参数面板略有一些差异，如图 4-52 所示，这里只介绍其特有的相关参数。

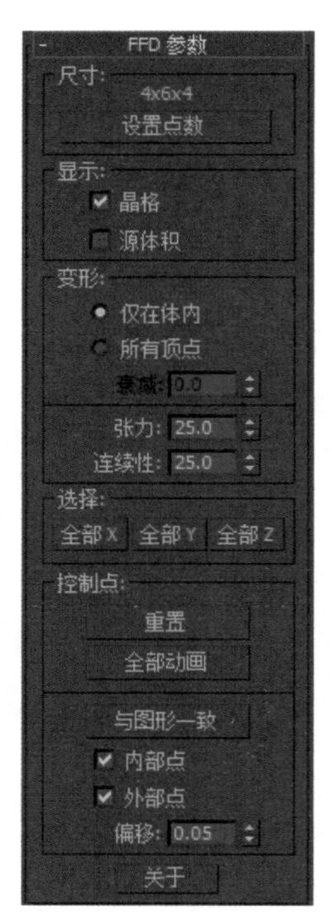

图 4-52　“FFD 长方体 / 圆柱体”参数面板

知识解析：FFD（长方体）和 FFD（圆柱体）创建面板

- ◆ 点数：显示晶格中当前的控制点数目，例如 4×4×4、2×2×2 等。
- ◆ 设置点数：单击该按钮，打开“设置 FFD 尺寸”对话框，在该对话框中可以设置晶格中所需控制点的数目，如图 4-53 所示。

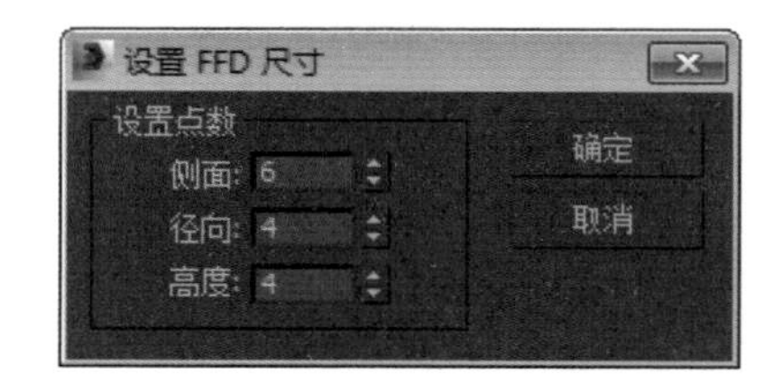

图 4-53　设置点数

- ◆ 衰减：决定 FFD 的效果减为 0 时离晶格的距离。
- ◆ 张力 / 连续性：调整变形样条线的张力和连续性。虽然无法看到 FFD 中的样条线，但晶格和控制点代表着控制样条线的结构。
- ◆ 全部 X/ 全部 Y/ 全部 Z：选中沿着由这些轴指定的局部维度的所有控制点。

4.4 参数化修改器

4.4.1 弯曲

“弯曲”修改器可以使物体在任意 3 个轴上控制弯曲的角度和方向，也可以对几何体的一段限制弯曲效果，其参数设置面板如图 4-54 所示。

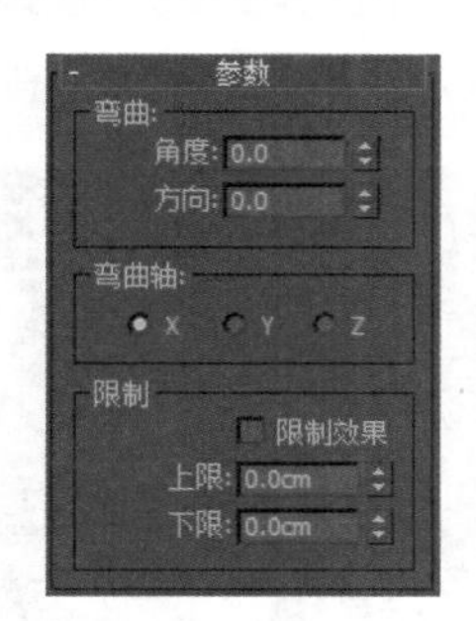

图 4-54　“弯曲”参数面板

知识解析：“弯曲”修改器面板

◆ 角度：从顶点平面设置要弯曲的角度，范围为 -999999 ~ 999999。如图 4-55 所示弯曲角度为 150，如图 4-56 所示弯曲角度为 -200。

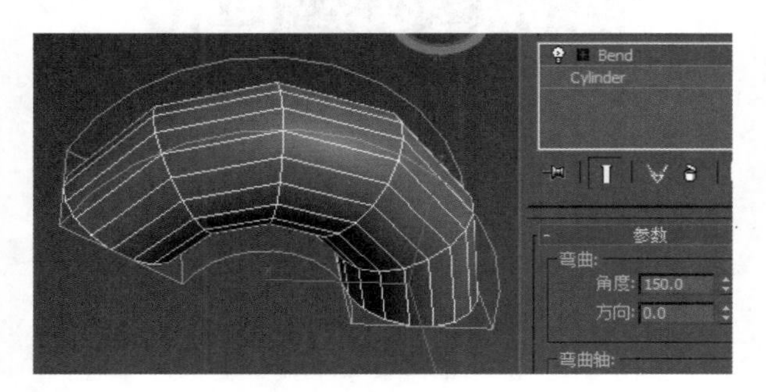

图 4-55　弯曲角度为 150

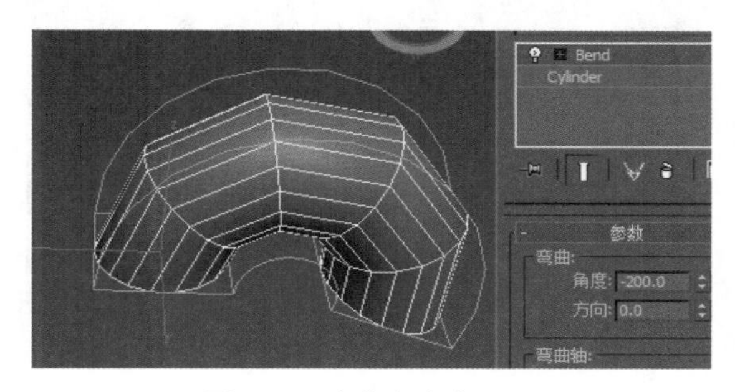

图 4-56　弯曲角度为 -200

◆ 方向：设置弯曲相对于水平面的方向，范围为 -999999 ~ 999999。当弯曲角度为 100 时，如图 4-57 所示弯曲方向为 200；如图 4-58 所示弯曲方向为 -200。

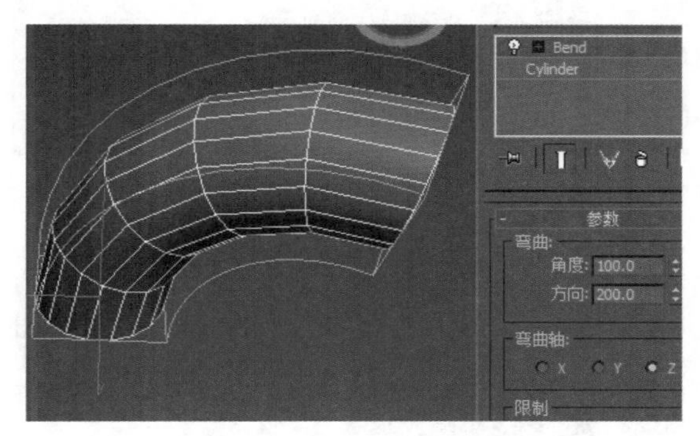

图 4-57　弯曲方向为 200

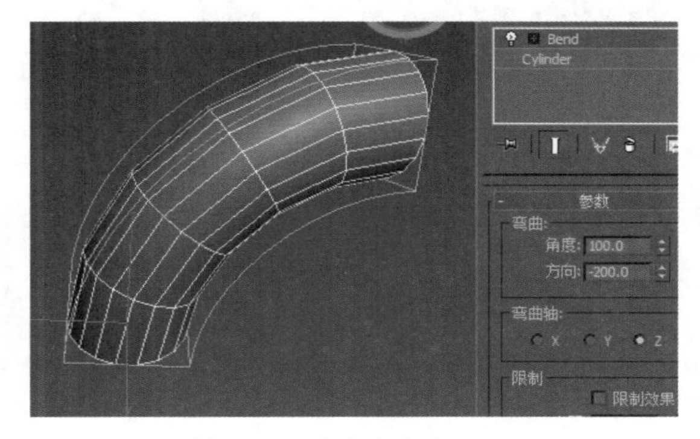

图 4-58　弯曲方向为 -200

◆ X/Y/Z：指定要弯曲的轴，默认轴为 Z 轴。当弯曲角度为 200 时，弯曲轴为 X 时效果如图 4-59

所示；弯曲轴为 Y 时效果如图 4-60 所示；弯曲轴为 Z 时效果如图 4-61 所示。

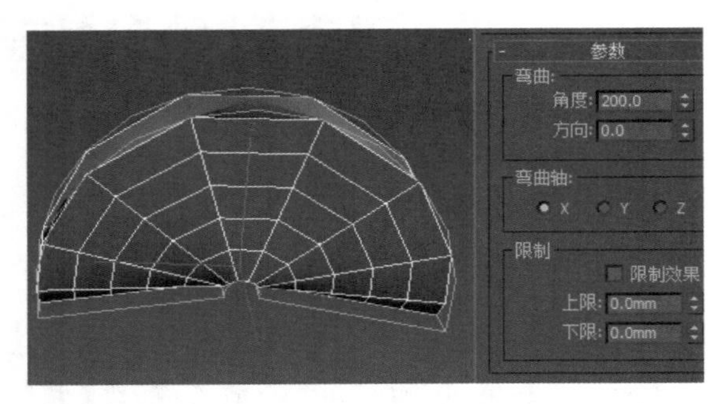

图 4-59 “弯曲轴”X

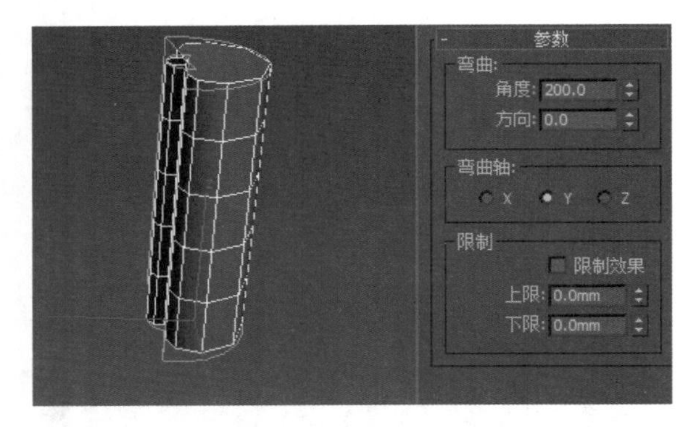

图 4-60 “弯曲轴”Y

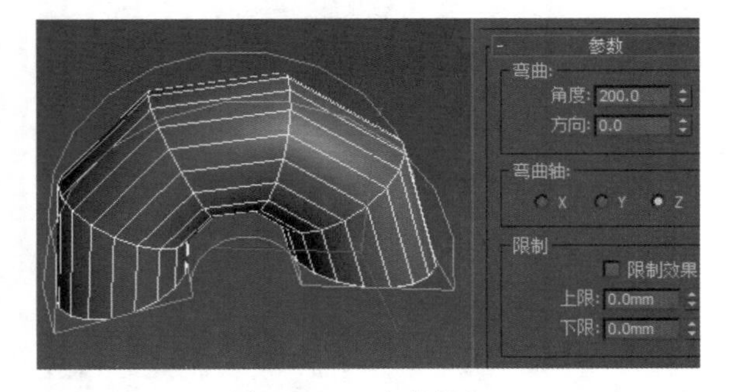

图 4-61 “弯曲轴”Z

- 限制效果：将限制约束应用于弯曲效果。当启用并设置上限和下限后，弯曲角度为 0 时，效果如图 4-62 所示；角度为 80 时，效果如图 4-63 所示。
- 上限：以世界单位设置上部边界，该边界位于弯曲中心点的上方，超出该边界弯曲不再影响几何体，其范围为 0 ~ 999999。
- 下限：以世界单位设置下部边界，该边界位于弯曲中心点的下方，超出该边界弯曲不再影响几何体，其范围为 -999999 ~ 0。

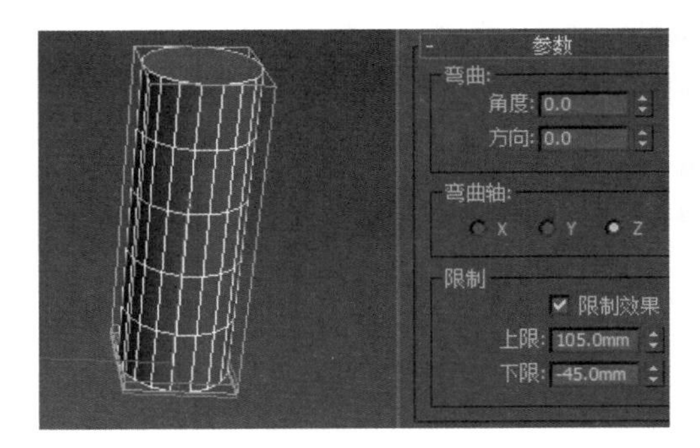

图 4-62 角度为 0 时的限制效果

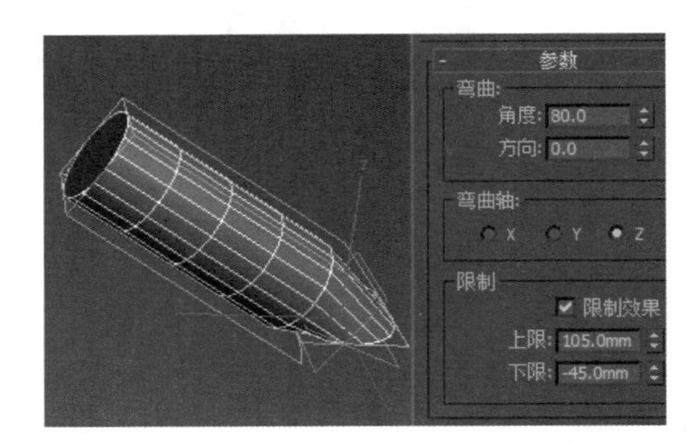

图 4-63 角度为 80 时的限制效果

实例操作：制作花朵

本例将使用弯曲修改器制作花朵。首先打开素材文件，使用“移动并复制”工具复制花朵，接着使用“弯曲”修改器依次弯曲花朵；最后依次将花朵移动到花瓶中，完成花朵的制作，实例效果如图 4-64 所示。

图 4-64 花朵

具体操作步骤如下。

Step 1 ▶ 打开素材文件“花朵.max”，如图 4-65 所示。

图 4-65　打开素材

Step 2 ▶ 选择其中一枝花朵，使用“移动并复制”工具复制花朵，如图 4-66 所示。

图 4-66　复制花朵

Step 3 ▶ 选择原花朵，单击“修改器列表”下拉按钮，选择“弯曲”修改器，如图 4-67 所示。

图 4-67　添加修改器

Step 4 ▶ 设置“弯曲轴”为 Z 轴，弯曲“角度”为 -46.5，弯曲“方向”为 300，如图 4-68 所示。

图 4-68　设置弯曲值

Step 5 ▶ 选择另一花朵，为其加载“弯曲”修改器，设置“弯曲轴”为 Z 轴，弯曲“角度”为 -20，弯曲“方向”为 0，如图 4-69 所示。

图 4-69　弯曲花朵

Step 6 ▶ 选择原花朵模型，按住 Shift 键使用“选择并旋转”工具旋转复制 10 朵花朵，依次将花朵调整为如图 4-70 所示的效果。

图 4-70　复制花朵

Step 7 ▶ 继续使用“选择并旋转”工具对另一枝花朵复制5朵，依次将花朵调整为如图4-71所示的效果。

图4-71　复制花朵

Step 8 ▶ 使用“选择并移动”工具将两组花朵移动到花瓶中，再将另一丛花朵也移动到花瓶中，如图4-72所示。

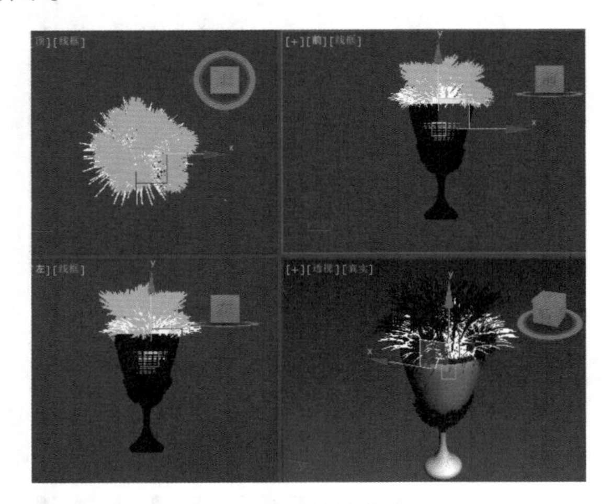

图4-72　移动花束

?答疑解惑：

怎么调整物体对象的中心轴到需要的位置上？

（1）为几何体加载弯曲修改器后，几何体将被一个变换框（Gizmo）包围，变换框中显示的坐标中心表示弯曲的中心，且该修改器对应的参数控制区如图4-73所示。

（2）先在“修改堆栈”列表框中选择“中心”子对象，然后在视图中拖动坐标即可，如图4-74所示。

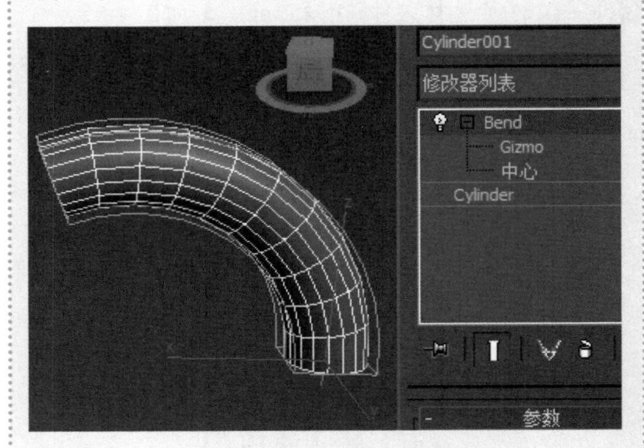

图4-73　打开子对象

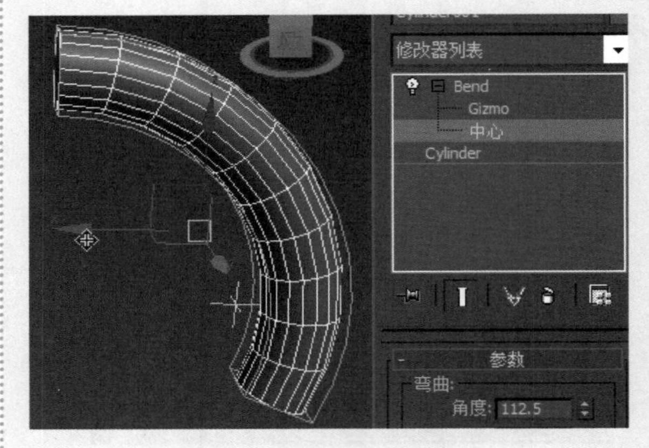

图4-74　调整变换中心

?答疑解惑：

为什么在使用“弯曲”命令时，弯曲后的模型变得非常难看？

这是由于被弯曲的模型的“段数”不够，段数越多的模型，弯曲后也会很光滑；而段数少的模型，在弯曲后会导致面目全非。

4.4.2 锥化

“锥化”修改器通过缩放对象的两端产生锥形轮廓，同时在中央加入平滑的曲线变形，用户可以控制锥化的倾斜度、曲线轮廓的曲度，还可以限制局部锥化效果，其参数面板如图4-75所示。

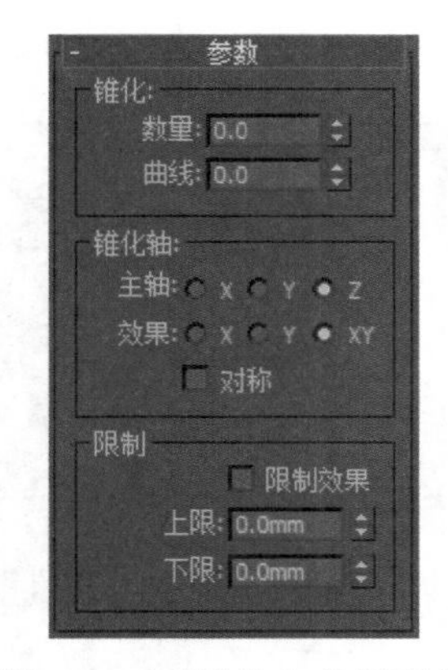

图 4-75　“锥化”参数面板

知识解析：“锥化”参数面板

◆ **数量**：设置锥化倾斜的程度，缩放扩展的末端，这个量是一个相对值，最大为 10，默认值为 0。当锥化数量为 1 时，效果如图 4-76 所示；当锥化数量为 -1 时，效果如图 4-77 所示。

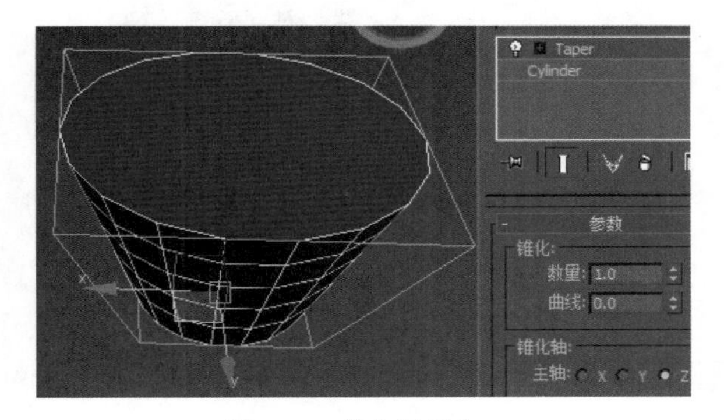

图 4-76　锥化数量为 1

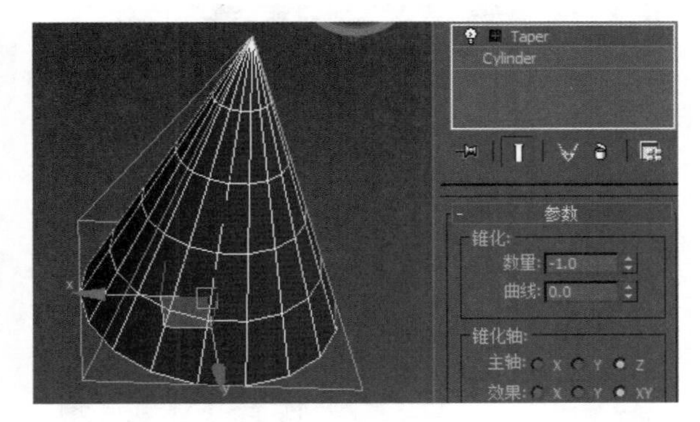

图 4-77　锥化数量为 -1

◆ **曲线**：设置锥化曲线的弯曲程度，正值会沿着锥化侧面产生向外的曲线，负值产生向内的曲线。值为 0 时，侧面不变，默认值为 0。当锥化数量为 -0.5，曲线值为 5 时，效果如图 4-78 所示；当曲线为 -5 时，效果如图 4-79 所示。

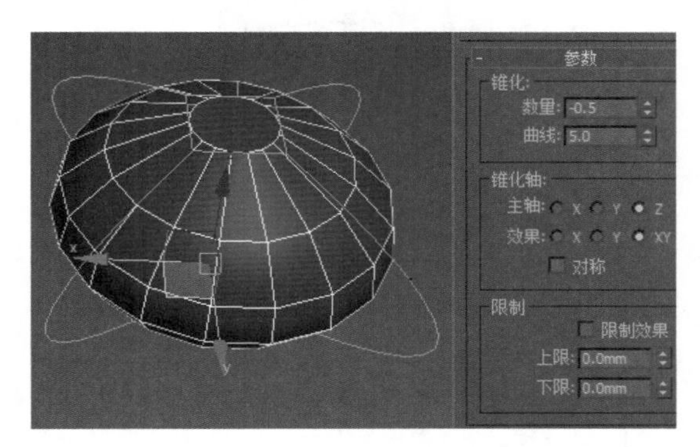

图 4-78　锥化曲线为 5

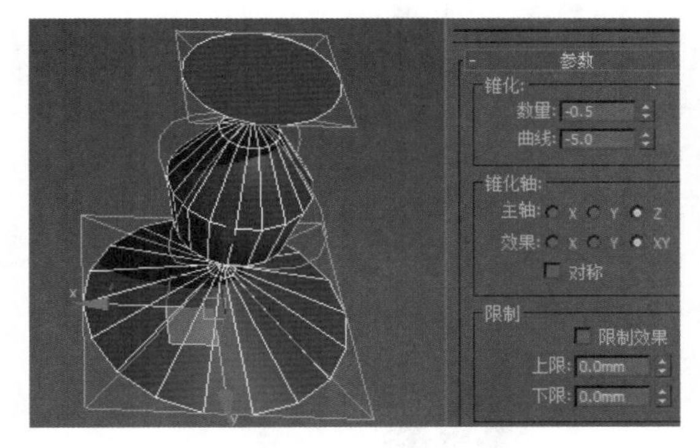

图 4-79　锥化曲线为 -5

◆ **主轴**：设置基本依据轴向。

◆ **效果**：设置影响效果的轴向。

◆ **对称**：设置一个对称的影响效果。

◆ **限制效果**：选中该复选框，允许在 Gizmo（线框）上限制锥化影响效果的范围。

◆ **上限 / 下限**：分别设置锥化限制的区域。

4.4.3 扭曲

“扭曲”修改器与“弯曲”修改器的参数比较相似，但是“扭曲”修改器产生的是扭曲效果，而“弯曲”修改器产生的是弯曲效果。“扭曲”修改器可以在对象几何体中产生一个旋转效果（就像拧湿抹布），并且可以控制任意 3 个轴上的扭曲角度，同时也可以对几何体的一段限制扭曲效果，其参数设置面板如图 4-80 所示。

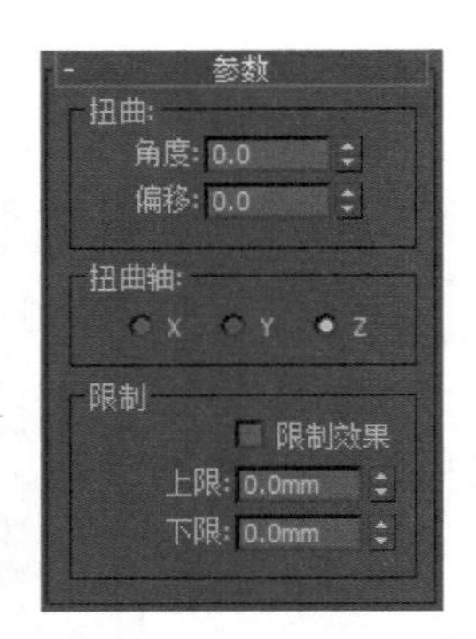

图 4-80 “扭曲”修改器参数面板

实例操作：制作大厦

本例将使用“扭曲”修改器制作大厦。首先创建长方体并设置参数，然后添加“扭曲”修改器并进行设置，接着添加 FFD 4×4×4 修改器并对模型进行相应修改；最后添加“编辑多边形”修改器，进行相应的编辑修改后完成大厦的制作，实例效果如图 4-81 所示。

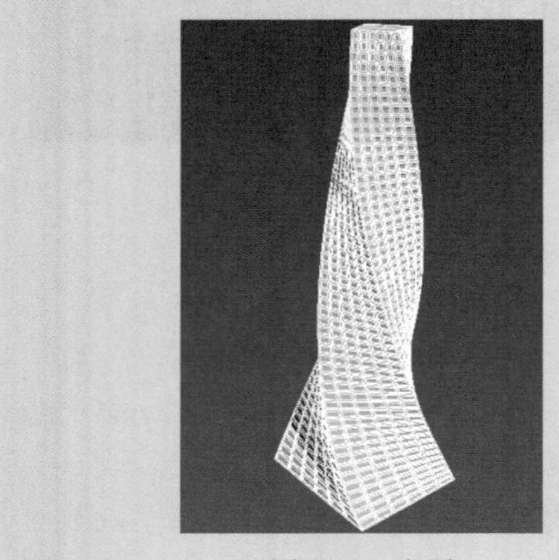

图 4-81 大厦

具体操作步骤如下。

Step 1 ▶ 使用“长方体”工具在场景中创建一个长方体，在“参数”卷展栏中设置“长度”为 30，“宽度”为 27，“高度”为 205，“长度分段”和“宽度分段”均为 2，“高度分段”为 18，具体参数设置及模型效果如图 4-82 所示。

Step 2 ▶ 为模型添加“扭曲”修改器，在“参数”卷展栏中设置扭曲的“角度”为 150，“扭曲轴”为 Z 轴，如图 4-83 所示。

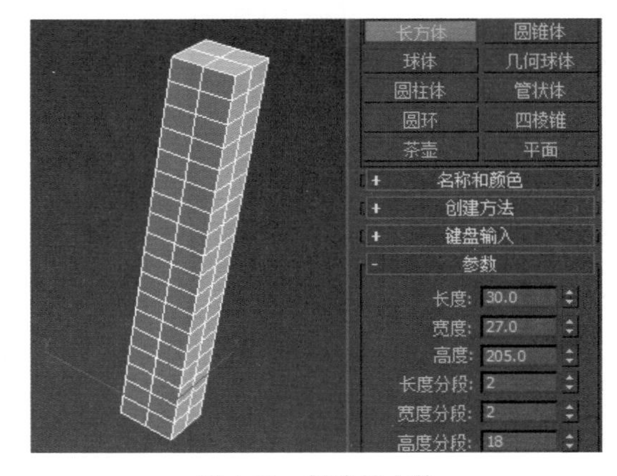

图 4-82 创建长方体

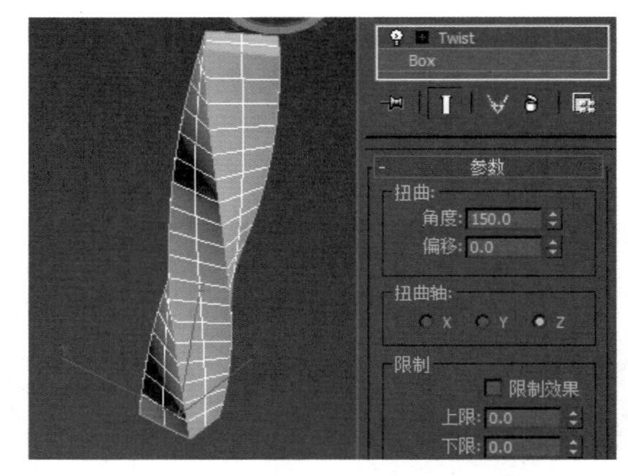

图 4-83 添加修改器

Step 3 ▶ 为模型加载“FFD 4×4×4”修改器，选择“控制点”层级，如图 4-84 所示。

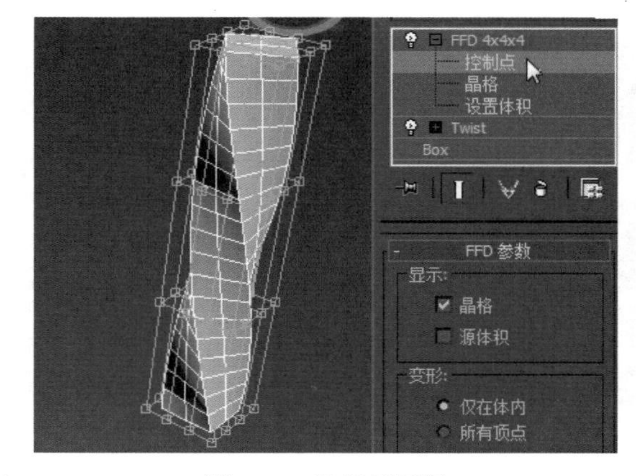

图 4-84 选择子层级

Step 4 ▶ 选择“选择并均匀缩放”工具，框选顶部的控制点，如图 4-85 所示。

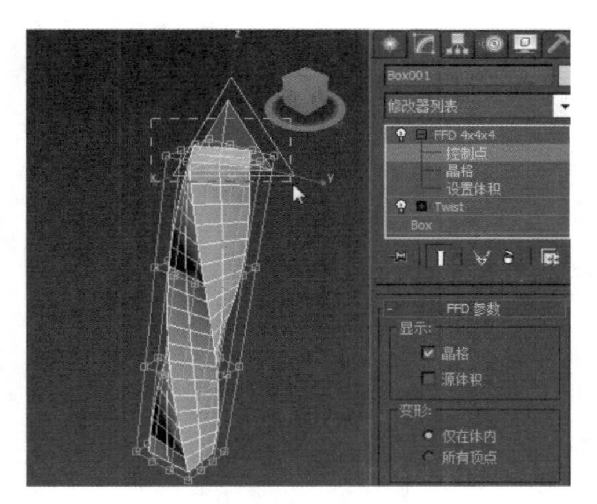

图 4-85　选择控制点

Step 5▶将选择的控制点向内适当缩放，如图 4-86 所示。

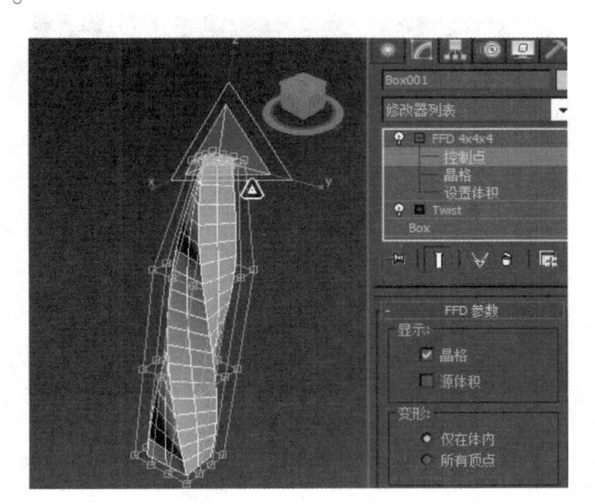

图 4-86　缩小选择点

Step 6▶框选底部的控制点，如图 4-87 所示。

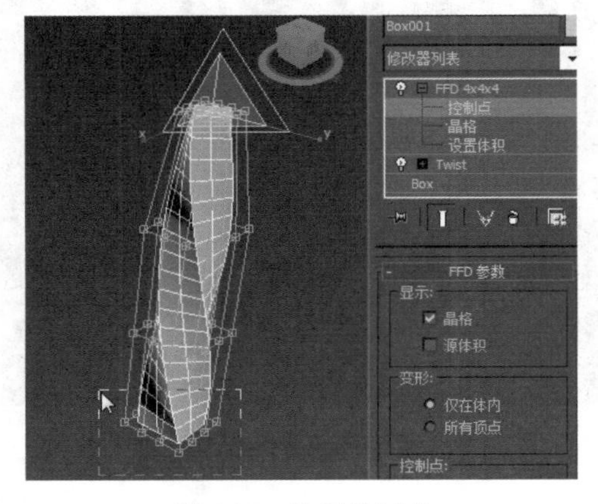

图 4-87　选择控制点

Step 7▶将所选控制点向外适当缩放，形成底面大、顶点小的效果，如图 4-88 所示。

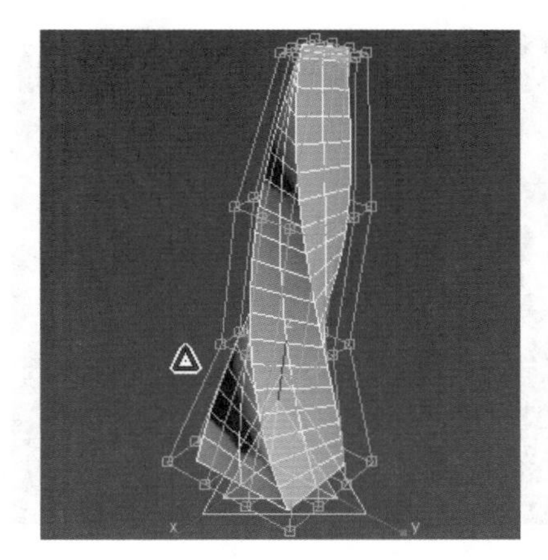

图 4-88　放大控制点

Step 8▶为模型加载“编辑多边形”修改器，在“选择”卷展栏中单击“边”按钮，进入边级别，如图 4-89 所示。

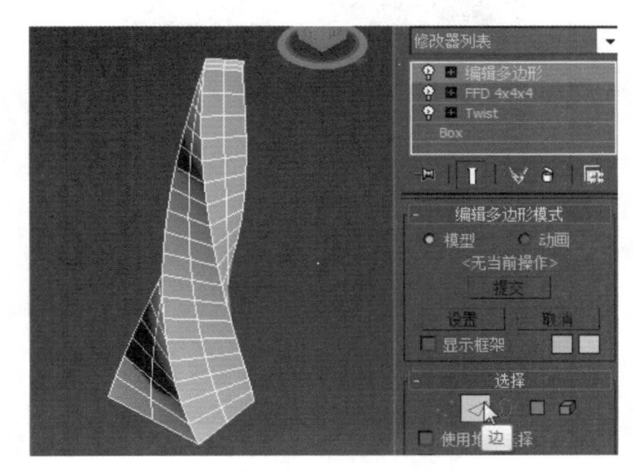

图 4-89　选择子层级

Step 9▶切换到前视图，框选竖向边，如图 4-90 所示。

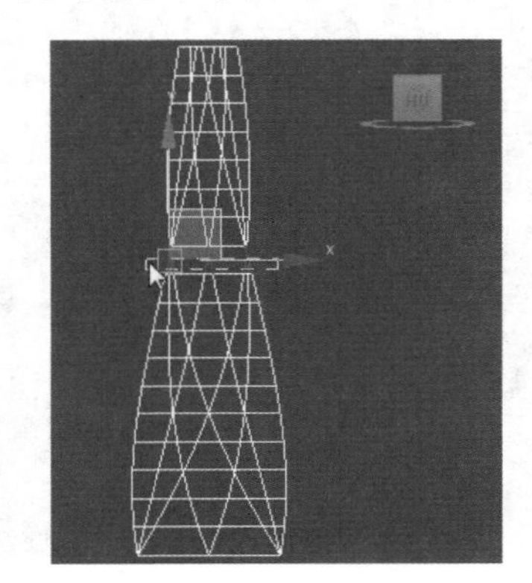

图 4-90　选择边

Step 10 ▶ 在“选择”卷展栏中单击“循环”按钮，效果如图 4-91 所示。

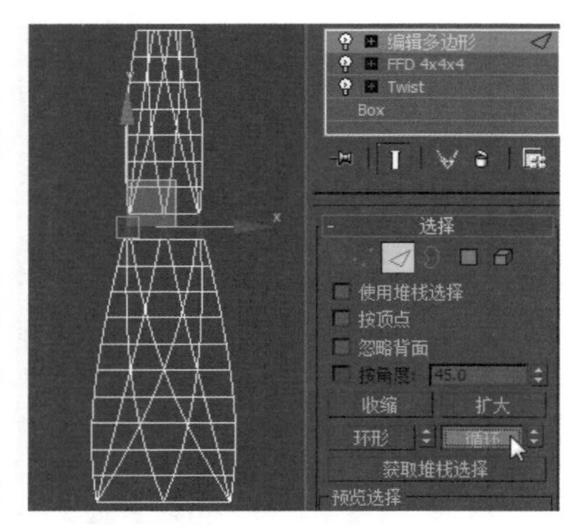

图 4-91　单击按钮

Step 11 ▶ 即可选择所有竖向边，效果如图 4-92 所示。

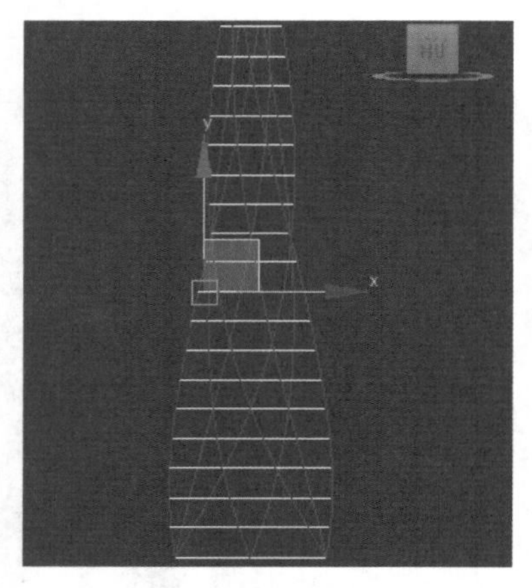

图 4-92　选择边

Step 12 ▶ 切换到顶视图，效果如图 4-93 所示。

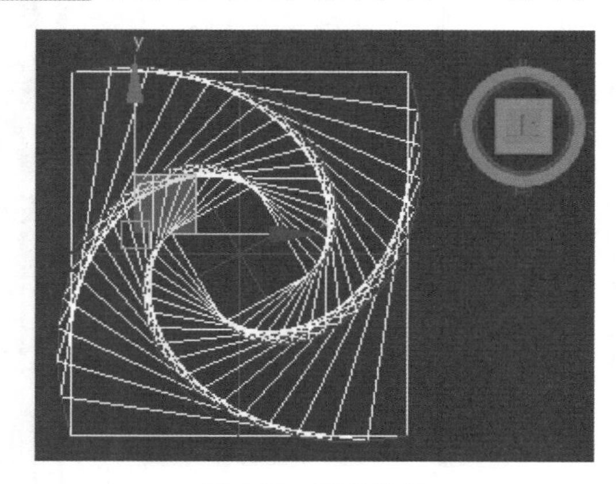

图 4-93　转换视图

Step 13 ▶ 按住 Alt 键在模型中心区域拖曳创建选框，如图 4-94 所示。

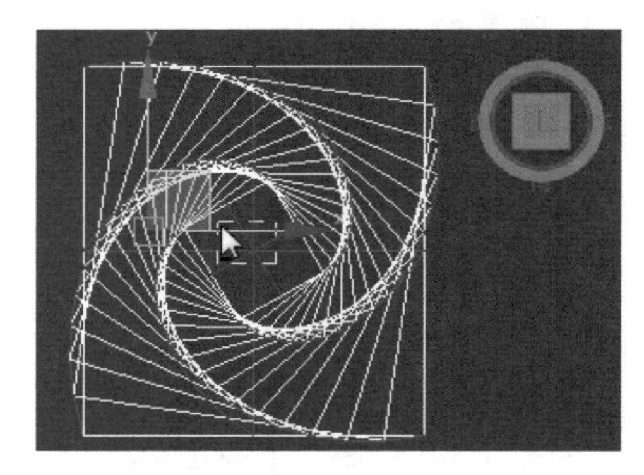

图 4-94　拖曳选框

Step 14 ▶ 即可减去顶部与底部的边，减去后的效果如图 4-95 所示。

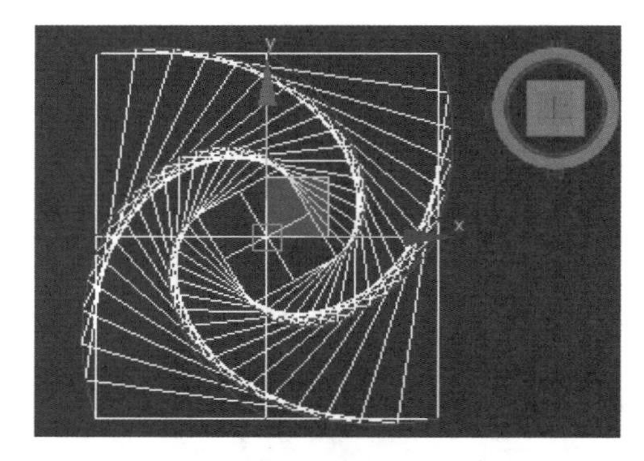

图 4-95　减去边

Step 15 ▶ 切换到透视图，在“编辑边”卷展栏中单击“连接”按钮后的“设置”按钮■，如图 4-96 所示。

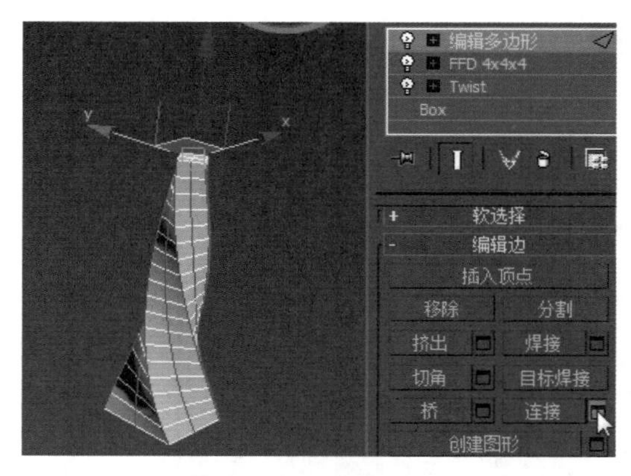

图 4-96　单击按钮

Step 16 ▶ 设置“分段”为 2，单击“确定”按钮☑，如图 4-97 所示。

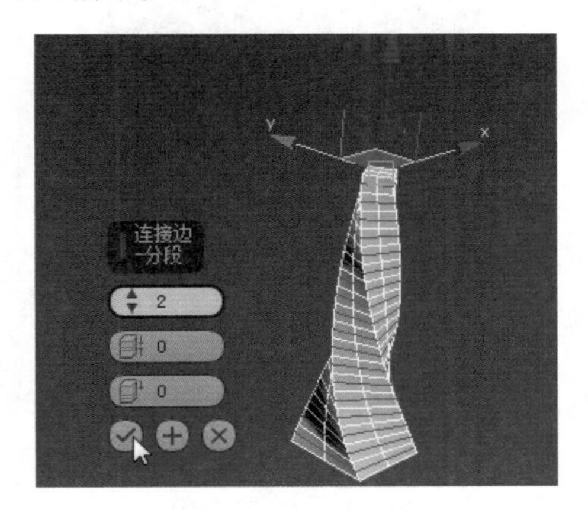

图 4-97　设置参数

Step 17 ▶ 设置完成后效果如图 4-98 所示。

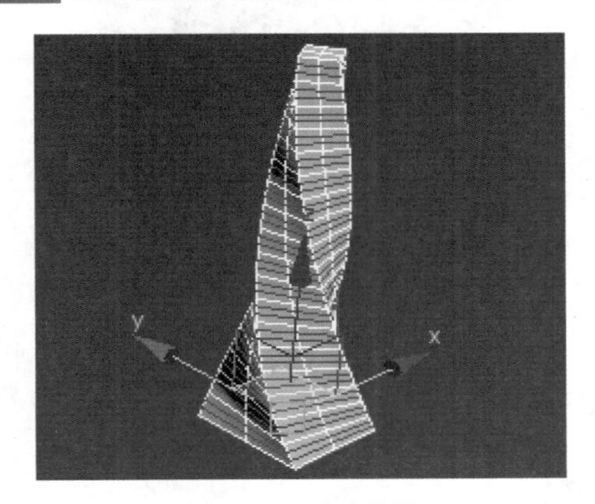

图 4-98　显示效果

Step 18 ▶ 在前视图中任意选择一条横向上的边，在“选择”卷展栏中单击“循环”按钮，如图 4-99 所示。

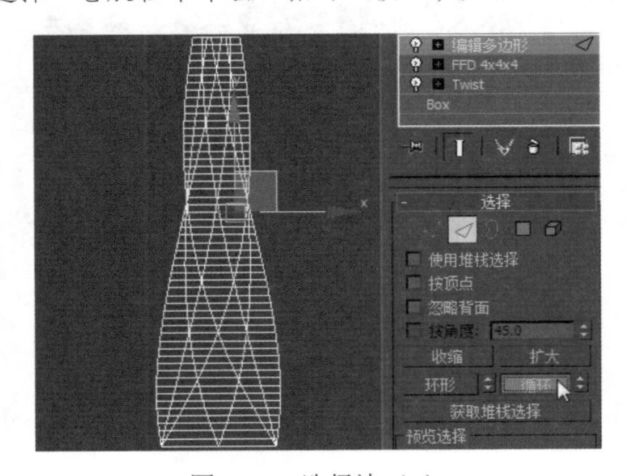

图 4-99　选择边（1）

Step 19 ▶ 即可选择这个经度上的所有横向边，如图 4-100 所示。

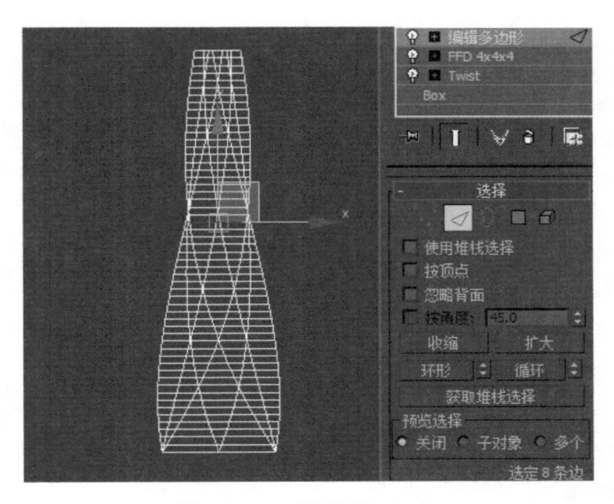

图 4-100　选择边（2）

Step 20 ▶ 在“选择”卷展栏中单击“环形”按钮，即可选择纬度上的所有横向边，如图 4-101 所示。

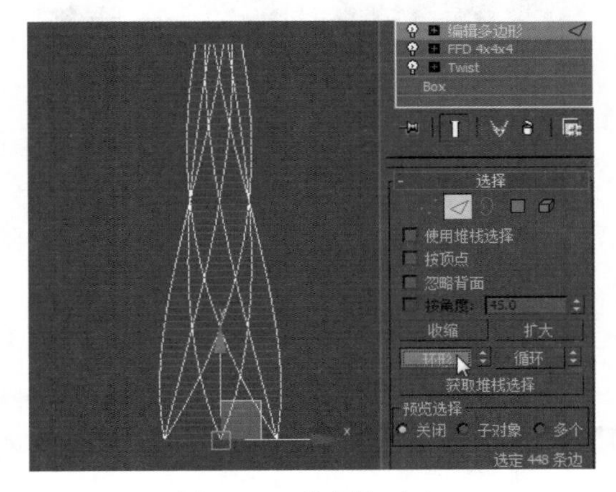

图 4-101　选择边（3）

Step 21 ▶ 切换到顶视图，按住 Alt 键在模型中心区域拖曳创建选框，如图 4-102 所示。

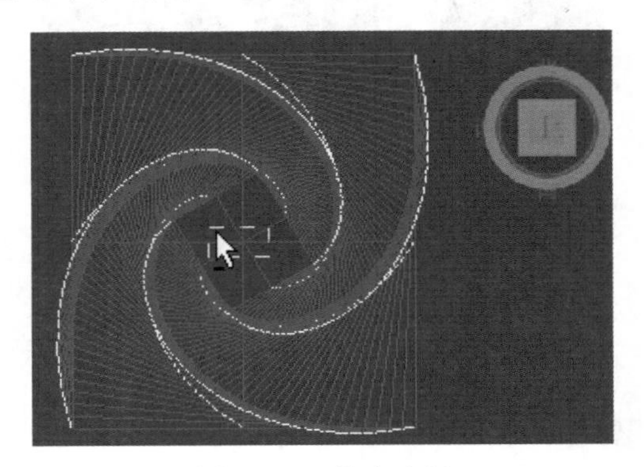

图 4-102　拖曳选框

Step 22 ▶ 即可减去顶部与底部的边，这样就只选择了横向上的边，如图 4-103 所示。

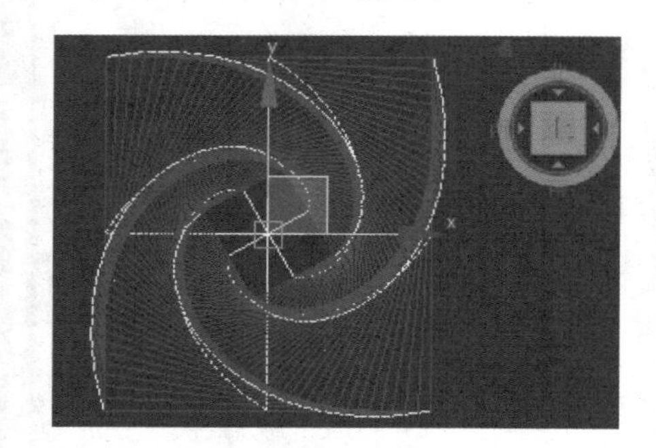

图 4-103　减去边

Step 23 ▶ 保持当前选择，在“编辑边”卷展栏中单击“连接”按钮后的“设置”按钮■，设置“分段”为 2，单击“确定”按钮☑，如图 4-104 所示。

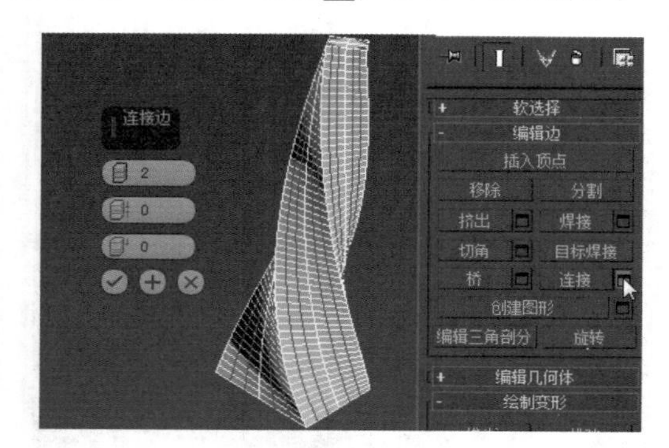

图 4-104　设置参数

Step 24 ▶ 在“选择”卷展栏中单击“多边形”按钮，进入“多边形”级别，如图 4-105 所示。

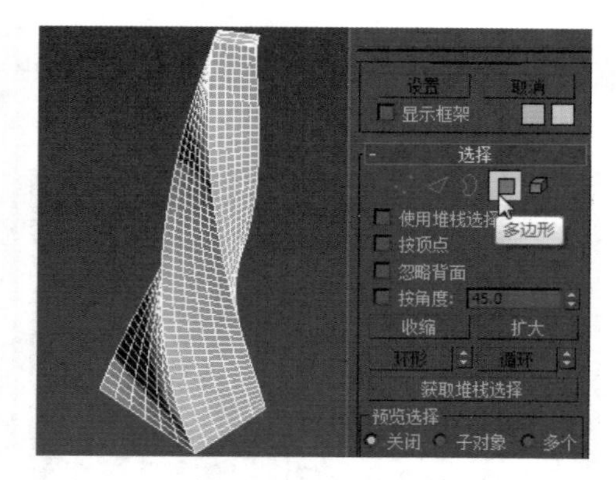

图 4-105　选择子层级

Step 25 ▶ 在前视图中框选除了顶部和底部以外的所有多边形，效果如图 4-106 所示。

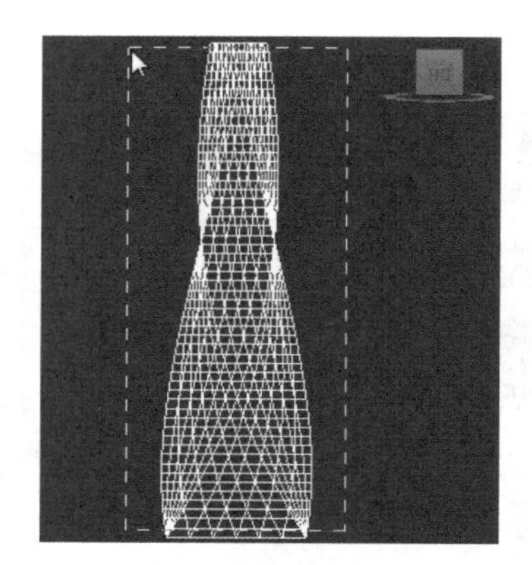

图 4-106　创建选框

Step 26 ▶ 完成选择的效果如图 4-107 所示。

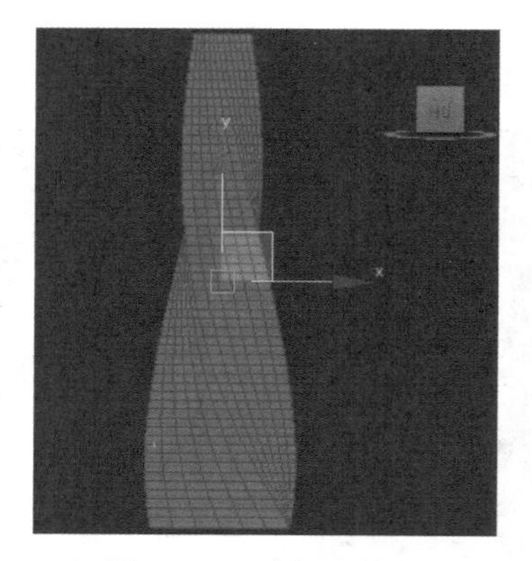

图 4-107　选择多边形

Step 27 ▶ 保持当前选择，在“编辑多边形”卷展栏中单击“插入”按钮后的“设置”按钮■，如图 4-108 所示。

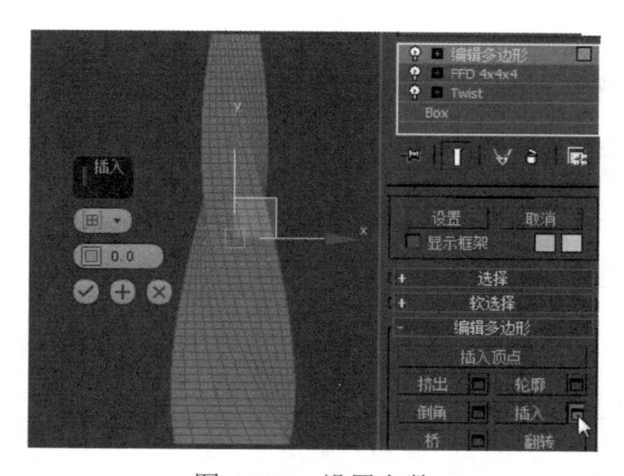

图 4-108　设置参数

Step 28 ▶ 设置“插入类型”为“按多边形”，如图 4-109 所示。

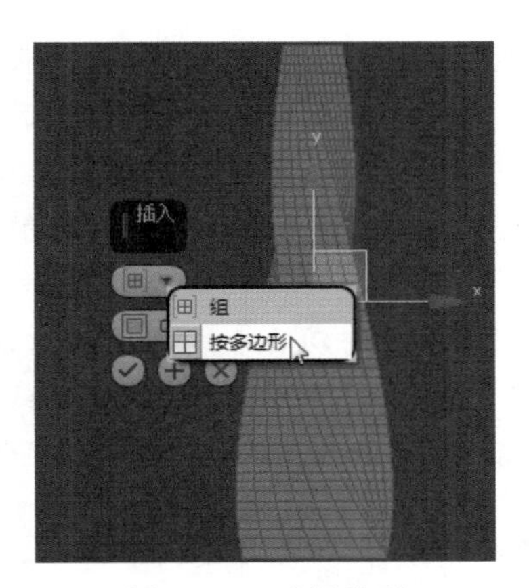

图 4-109　选择类型

Step 29 ▶ 设置插入“数量”为 0.7，如图 4-110 所示。

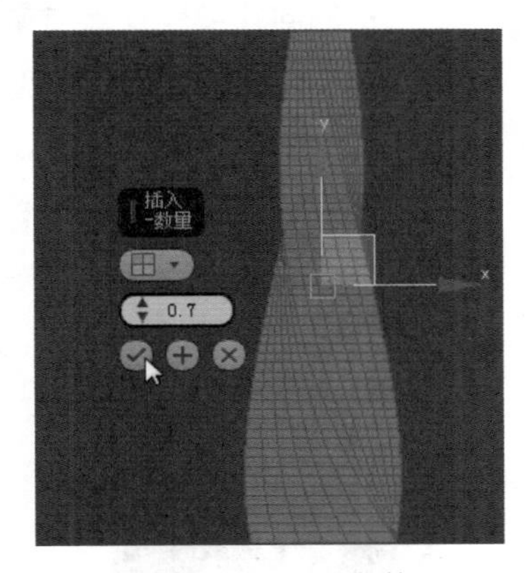

图 4-110　设置参数

Step 30 ▶ 保持当前选择，在“编辑多边形”卷展栏中单击“挤出”按钮后的“设置”按钮，如图 4-111 所示。

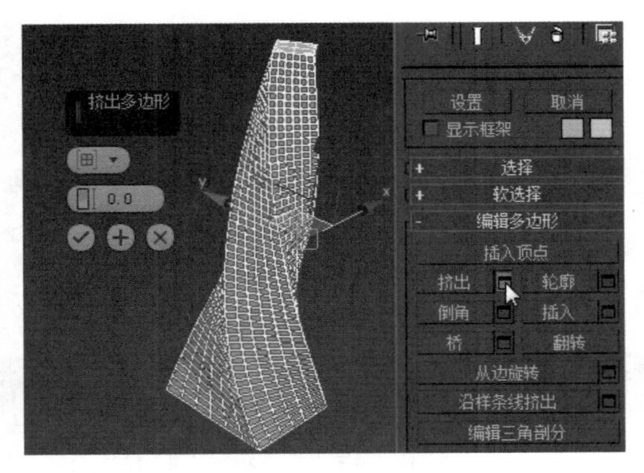

图 4-111　单击按钮

Step 31 ▶ 设置“挤出类型”为“按多边形”，如图 4-112 所示。

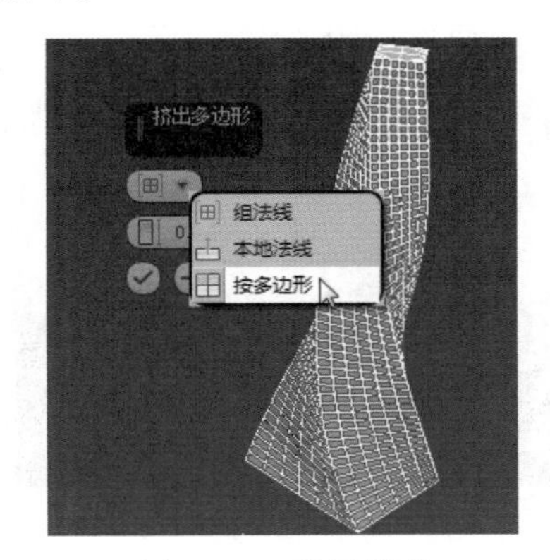

图 4-112　设置类型

Step 32 ▶ 设置挤出“高度”为 -0.7，单击“确定”按钮，具体参数设置及模型效果如图 4-113 所示。

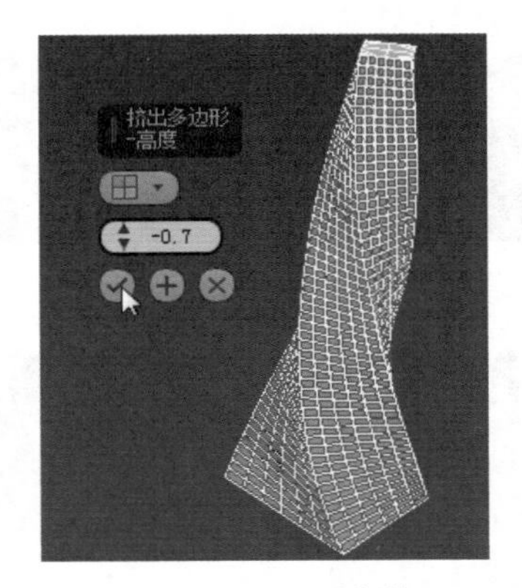

图 4-113　设置参数

4.4.4 噪波

“噪波”修改器可以使用对象表面的顶点进行随机变动，从而让表面变得起伏不规则，常用于制作复杂的地形、地面和水面效果，并且“噪波”修改器可以应用在任何类型的对象上，其参数设置面板如图 4-114 所示。

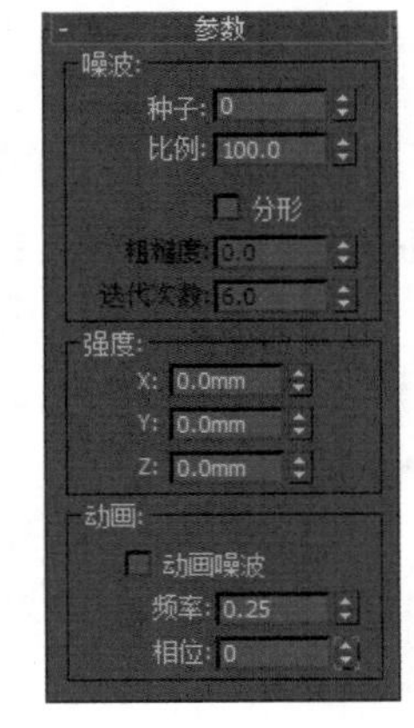

图 4-114　“噪波”修改器参数面板

如图 4-115 所示为应用“噪波”修改器前的平面；如图 4-116 和图 4-117

所示分别为对平面应用“噪波”修改器后编辑得到的表现平静水面和波涛汹涌的水面效果。

图 4-115　原图

图 4-116　平静水面

图 4-117　有波浪的水面

知识解析：“噪波”参数面板

- ◆ **种子**：从设置的数值中生成一个随机起始点。该参数在创建地形时非常有用，因为每种设置都可以生成不同的效果。
- ◆ **比例**：设置噪波影响的大小（不是强度）。较大的值可以产生平滑的噪波，较小的值可以产生锯齿现象非常严重的噪波。
- ◆ **分形**：控制是否产生分形效果。选中该复选框后，下面的“粗糙度”和“迭代次数”选项才可用。
- ◆ **粗糙度**：决定分形变化的程度。
- ◆ **迭代次数**：控制分形功能所使用的迭代数目。
- ◆ **X/Y/Z**：设置噪波在 X/Y/Z 坐标轴上的强度（至少为其中一个坐标轴输入强度数值）。
- ◆ **动画噪波**：控制噪波影响和强度参数的合成效果，提供动态噪波。
- ◆ **频率**：设置噪波抖动的速度，值越高，波动越快。
- ◆ **相位**：设置起始点和结束点在波形曲线上的偏移位置，默认的动画设置就是由相位的变化产生的。

4.4.5 拉伸

模拟传统的挤出拉伸动画效果，在保持体积不变的前提下，沿指定轴向拉伸或挤出对象的形态。可以用于调节模型的形状，也可以用于卡通动画的制作，其参数面板如图 4-118 所示。

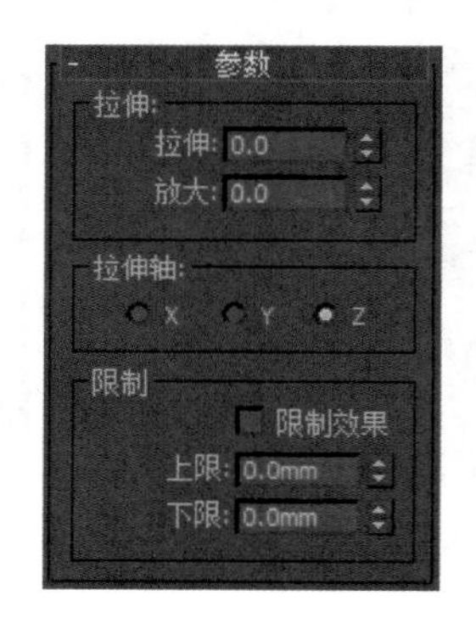

图 4-118　“拉伸”修改器参数面板

知识解析：“拉伸”参数面板

- ◆ **拉伸**：设置拉伸的强度大小。
- ◆ **放大**：设置拉伸中部扩大变形的程度。
- ◆ **拉伸轴**：设置拉伸依据的坐标轴向。
- ◆ **限制效果**：打开限制影响，允许用户限制拉伸影响在 Gizmo（线框）上的范围。
- ◆ **上限 / 下限**：分别设置拉伸限制的区域。

4.4.6 挤压

挤压类似于拉伸效果，沿指定轴向拉伸或挤出对象，即可保持体积不变的前提下改变对象的形态，也可以通过改变对象的体积来影响对象的形态，其参数面板如图 4-119 所示。

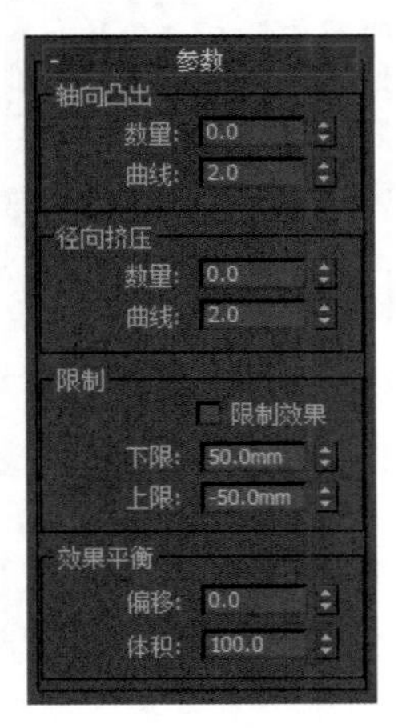

图 4-119 “挤压”修改器参数面板

知识解析：“挤压”参数面板

（1）轴向凸出：沿自 Gizmo（线框）自用轴的 Z 轴进行膨胀变形。在默认状态下，Gizmo（线框）的自用轴与对象的轴向对齐。

- **数量**：控制膨胀作用的程度。
- **曲线**：设置膨胀产生的变形弯曲程度，控制膨胀的圆滑和尖锐程度。

（2）径向挤压：用于沿着 Gizmo（线框）自用轴 Z 轴的挤出对象。

- **数量**：设置挤出的程度。
- **曲线**：设置挤出作用的弯曲影响程度。

（3）限制。

- **限制效果**：打开限制影响，在 Gizmo（线框）对象上限制挤压影响的范围。
- **下限 / 上限**：分别设置限制挤压的区域。

（4）效果平衡。

- **偏移**：在保持对象体积不变的前提下改变挤出和拉伸的相对数量。
- **体积**：改变对象的体积，同时增加或减少相同数量的拉伸和挤出效果。

4.4.7 推力

沿着顶点的平均法线向内或向外推动顶点，产生膨胀或缩小的效果，其参数面板如图 4-120 所示。

图 4-120 “推力”修改器参数面板

知识解析：“推力”参数面板

- 设置顶点相对于对象中心移动的距离。

4.4.8 松弛

该修改器可以通过向内收紧表面的顶点或向外松弛表面的顶点来改变对象表面的张力，松弛的结果会使原对象更平滑，体积也更小。它不仅可以作用于整个对象，也可以作用于子对象，将对象的局部进行松弛修改。在制作人物动画时，弯曲的关节常会产生坚硬的拆解，使用松弛修改可以将它抚平。

如果使用面片建模，最终的模型表面由于三角面和四边形面的拼接，往往出现一些不平滑的褶皱，这时可以加入“松弛”修改器，从而平滑模型表面。“松弛”修改器的参数面板如图 4-121 所示。

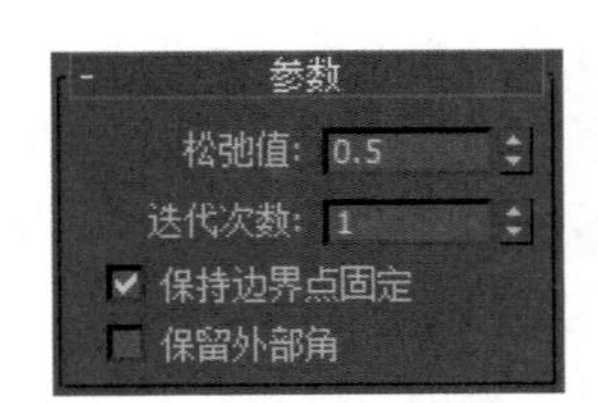

图 4-121 “松弛”修改器参数面板

知识解析：“松弛”参数面板

- **松弛值**：设置顶点移动距离的百分比值，范围为 -1.0 ~ 1.0，值越大，顶点越靠近，收缩度越大；如果为负值，则表现为膨胀效果。
- **迭代次数**：设置松弛计算的次数，值越大，松弛效果越强烈。
- **保持边界点固定**：如果选中该复选框，在开放网格对象边界上的点将不进行松弛修改。
- **保留外部角**：选中该复选框时，距对象中心最远的点将保持在初始位置不变。

4.4.9 涟漪

使用这个修改器，可以在对象表面产生一串同心波，从中心向外辐射，振动对象表面的顶点，形成涟漪效果。用户可以对一个对象指定多个涟漪修改，通过移动 Gizmo 对象和涟漪中心，还可以改变或增加涟漪效果，其参数面板如图 4-122 所示。

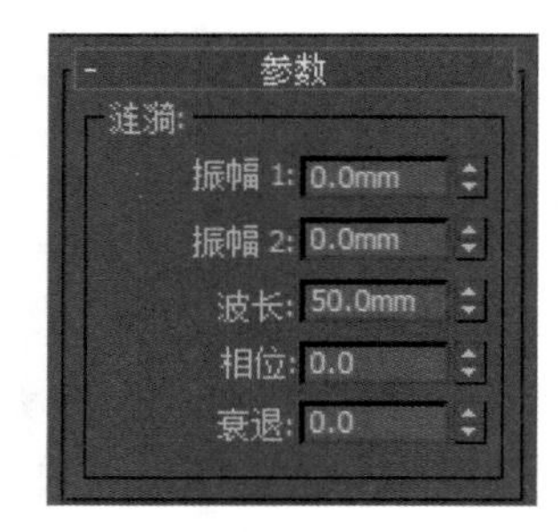

图 4-122 “涟漪”修改器参数面板

知识解析：“涟漪”参数面板

- 振幅 1：设置沿着涟漪对象自身 X 轴向上的振动幅度。
- 振幅 2：设置沿着涟漪对象自身 Y 轴向上的振动幅度。
- 波长：设置每一个涟漪波的长度。
- 相位：设置波从涟漪中心点发出的振幅偏移。此值的变化可记录为动画，产生从中心向外连续波动的涟漪效果。
- 衰退：设置从涟漪中心向外衰减振动影响，靠近中心的地区振动最强，随着距离的拉远，振动也逐渐变弱，以符合自然界中的涟漪现象，当水滴落入水中后，水波向四周扩散，振动衰减直到消失。

4.4.10 波浪

该修改器可以在对象表面产生波浪起伏影响，提供两个方向的振幅，用于制作平行波动效果。通过“相位”的变化可以产生动态的波浪效果。这也是一种空间扭曲对象，用于影响大量对象，其参数面板如图 4-123 所示。

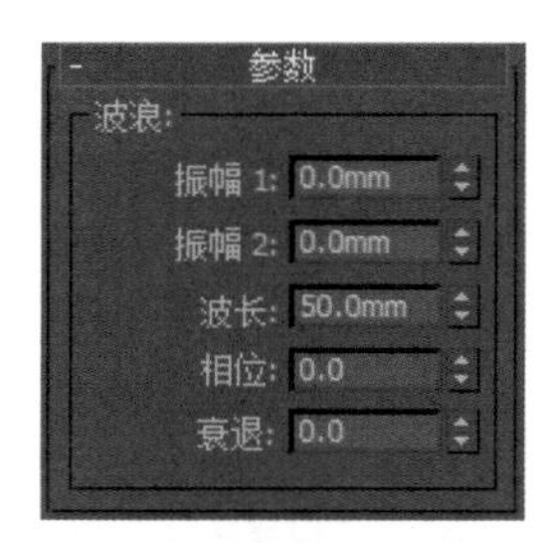

图 4-123 “波浪”修改器参数面板

知识解析：“波浪”参数面板

- 振幅 1：沿着扭曲对象自身 Y 轴的振动幅度。
- 振幅 2：沿着扭曲对象自身 X 轴的振动幅度。
- 波长：设置沿着波浪自身 Y 轴每一个波动的长度，波长越小，扭曲就越多。
- 相位：设置波动的起始位置。此值的变化可记录为动画，产生连续波动的波浪。
- 衰减：设置从波浪中心向外衰减的振动影响，靠近中心的地区振动强，远离中心的地区振动弱。

4.4.11 倾斜

该修改器用于将对象或对象的局部在指定轴向上产生倾斜变形，其参数面板如图 4-124 所示。

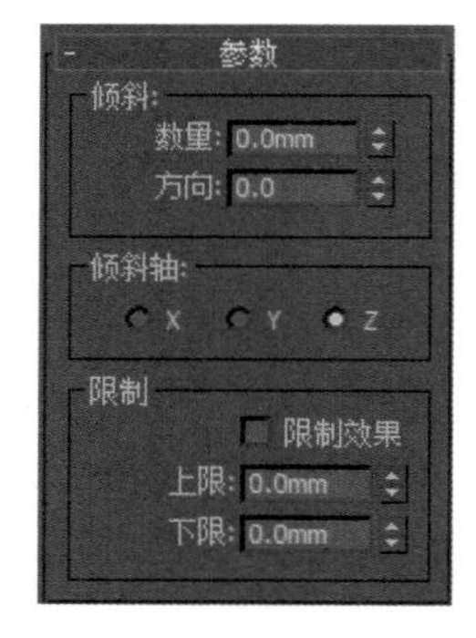

图 4-124 “倾斜”修改器参数面板

知识解析：“倾斜”参数面板

- 数量：设置与垂直平面倾斜的角度，值范围为 1 ～ 360，值越大，倾斜越大。
- 方向：设置倾斜的方向（相对于水平面），值范围为 1 ～ 360。
- X/Y/Z：选择倾斜依据的坐标轴向。

- **限制效果**：打开限制影响，允许用户限制倾斜影响在 Gizmo（线框）对象上的范围。
- **上限 / 下限**：分别设置倾斜限制的区域。

4.4.12 切片

该修改器用于创建一个穿过网格模型的剪切平面，基于剪切平面创建新的点、线、面，从而将模型切开。“切片”的剪切平面是无边界的，尽管它的黄色线框没有包围模型的全部，但仍然对整个模型有效。如果针对选择的局部表面进行剪切，可以在其下加入一个“网格选择”的修改，打开面层级，将选择的面上传。其参数面板如图 4-125 所示。

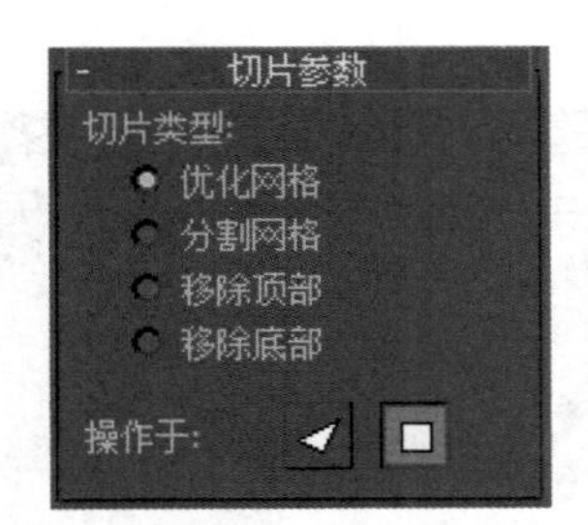

图 4-125 “切片”修改器参数面板

知识解析：“切片”参数面板

- **优化网格**：在对象和剪切平面相交的地方增加新的点、线和面，被剪切的网格对象仍然是一个对象。
- **分割网格**：在对象和剪切平面相交的地方增加双倍的点和线，剪切后的对象被分离为两个对象。
- **移除顶部**：删除剪切平面顶部全部的点和面。
- **移除底部**：删除剪切平面底部全部的点和面。
- **面**：指定切片操作基于三角面，即使是三角面的隐藏边也会产生新的节点。
- **多边形**：基于对象的可见边进行切片加点，隐藏的边不加点。

4.4.13 球形化

该功能用于给对象进行球形化处理，将对象表面顶点向外膨胀，使其趋向于球体。它只有一个百分比参数可调，控制球形化的程度。使用这种工具，可以制作变形动画效果，将一个对象变为球体，这时用另一个已变为球体的对象替换，再变回到另一个对象，使用球体作为中间过渡，其参数面板如图 4-126 所示。

图 4-126 “球形化”修改器参数面板

知识解析：“球形化”参数面板

- **百分比**：控制球形化的程度，值为 0 时不产生球形化效果；值为 100 时，对象将完全变成球形。

4.4.14 影响区域

该修改器用于将对象表面区域进行凹下或凸起处理，任何可以渲染的对象都可以进行“影响区域”处理。如果需要对影响区域进行限制，则可以通过选择修改器来进行子对象选择，其参数面板如图 4-127 所示。

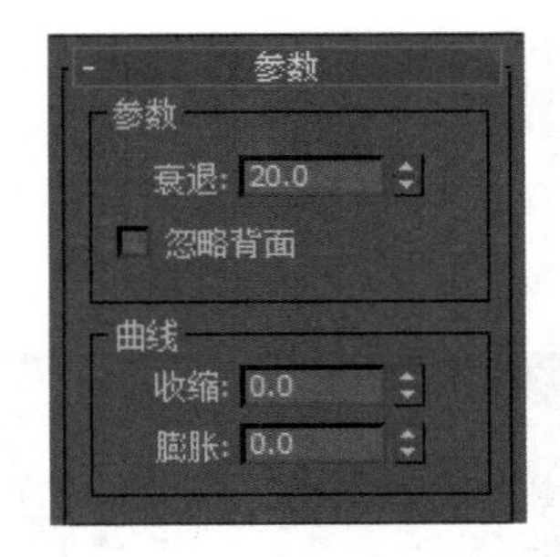

图 4-127 “影响区域”修改器参数面板

知识解析：“影响区域”参数面板

- **衰退**：设置影响的半径。值越大，影响面积也越大，凸起也越平缓。
- **忽略背面**：在凸起时是否也对背面进行处理。选中该复选框时，背面将不受凸起影响，否则将一起凸起。
- **收缩**：设置凸起尖端的尖锐程度，值为负时表面平坦，值为正时表面尖锐。
- **膨胀**：设置向上凸起的趋势。当值为 1 时会产生一个半圆形凸起，值降低时，圆顶会变得倾斜而陡峭。

4.4.15 晶格

“晶格”修改器可以将图形的线段或边转换为圆柱形结构，并在顶点上产生可选择的关节多面体，其参数面板如图 4-128 所示。

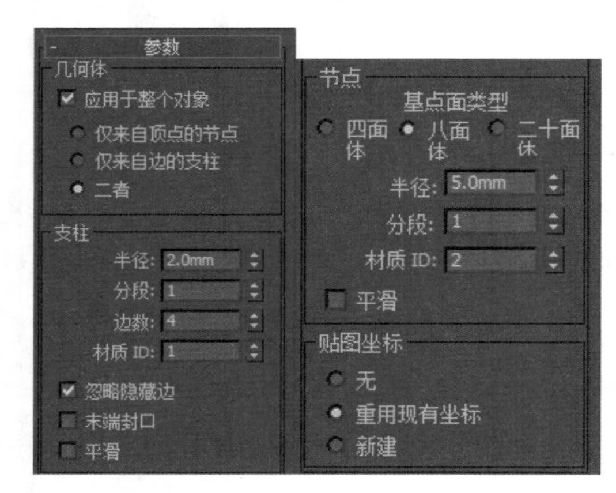

图 4-128 “晶格”修改器参数面板

实例操作：制作鸟笼

本例将使用晶格修改器制作鸟笼。首先创建长方体并设置参数，然后将长方体转换为可编辑多边形，再添加“晶格”修改器并设置参数，完成鸟笼的制作，实例效果如图 4-129 所示。

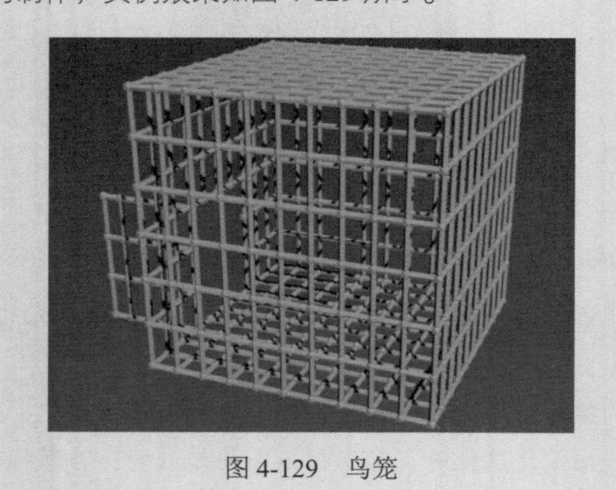

图 4-129 鸟笼

Step 1 使用“长方体”工具在场景中创建一个长方体，在参数卷展栏中设置“长度”、“宽度”和“高度”均为 50，“长度分段”和“宽度分段”均为 10，“高度分段”为 6，具体参数设置及模型效果如图 4-130 所示。

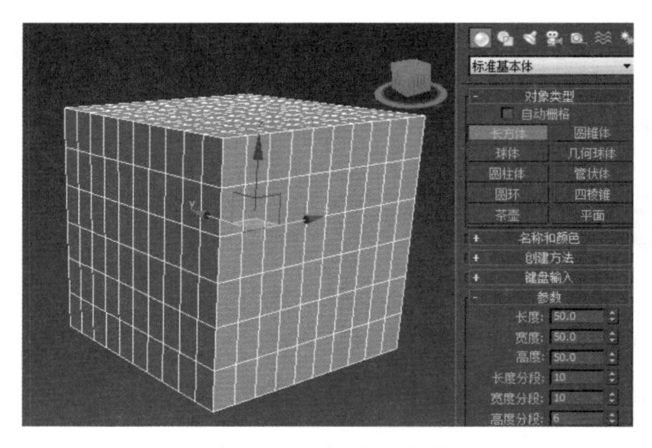

图 4-130 创建长方体

Step 2 在长方体上右击，在弹出的快捷菜单中选择“转换为”→“转换为可编辑多边形”命令，如图 4-131 所示。

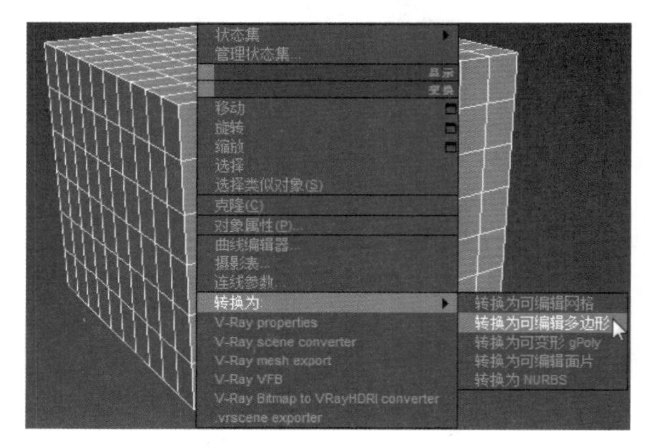

图 4-131 转换对象类型

Step 3 进入“修改”面板，在“选择”卷展栏中单击“多边形”按钮，进入多边形级别，选择如图 4-132 所示的多边形。

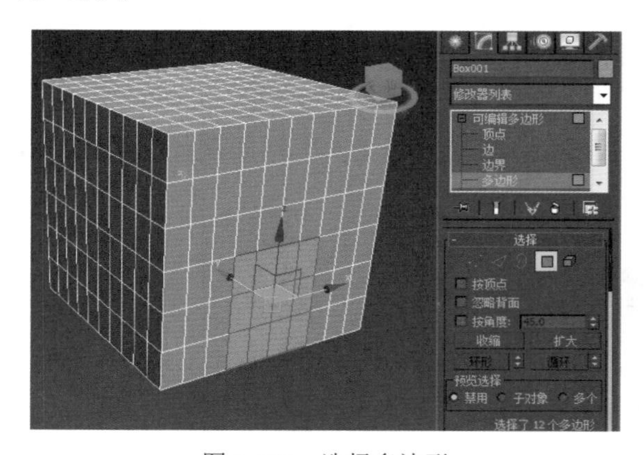

图 4-132 选择多边形

Step 4 ▶ 按 Delete 键删除所选多边形，效果如图 4-133 所示。

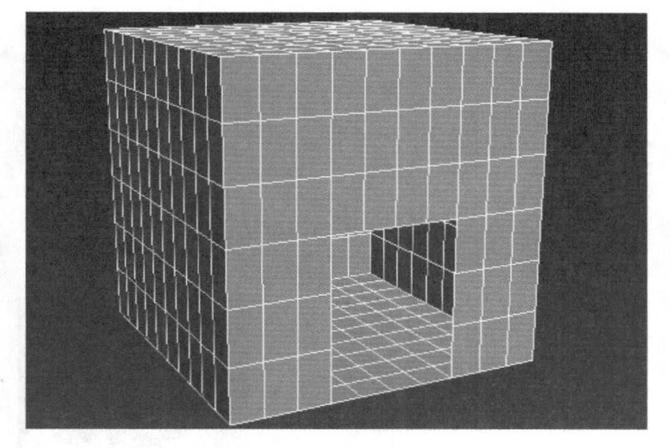

图 4-133　删除所选多边形

Step 5 ▶ 在“选择”卷展栏中单击“边”按钮，进入“边”级别，选择如图 4-134 所示的 3 条边。

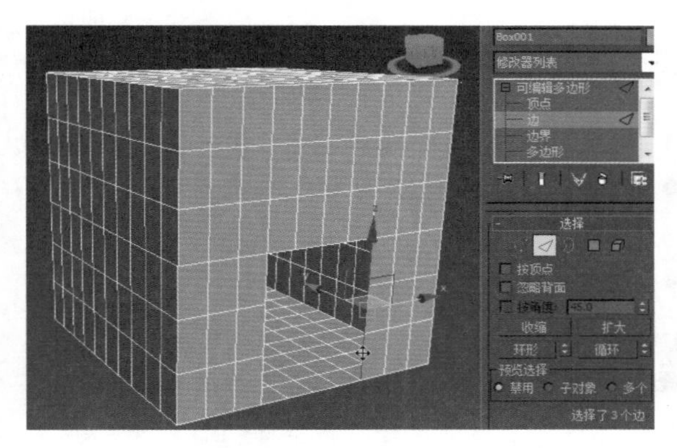

图 4-134　选择边

Step 6 ▶ 按住 Shift 键沿 Y 轴向外侧拖曳，如图 4-135 所示。

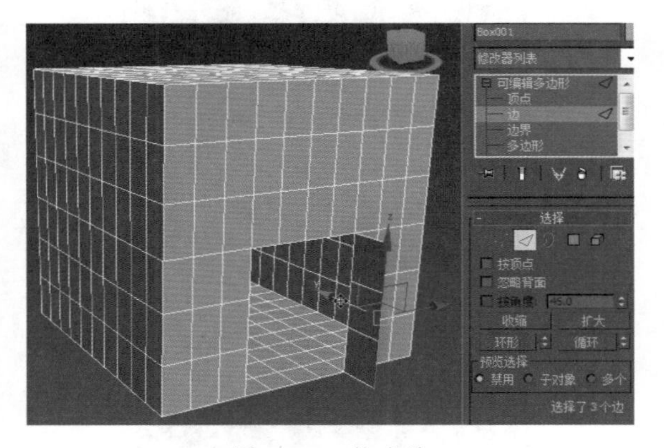

图 4-135　拖曳边

Step 7 ▶ 继续按住 Shift 键沿 Y 轴向外再均匀拖曳 3 次，如图 4-136 所示。

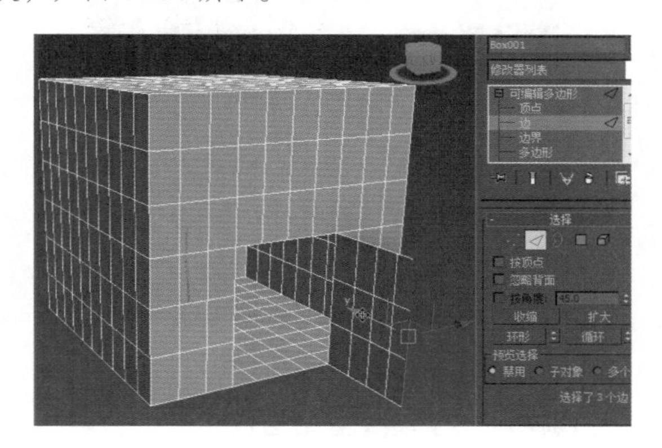

图 4-136　拖曳边

Step 8 ▶ 为模型加载一个“晶格”修改器，如图 4-137 所示。

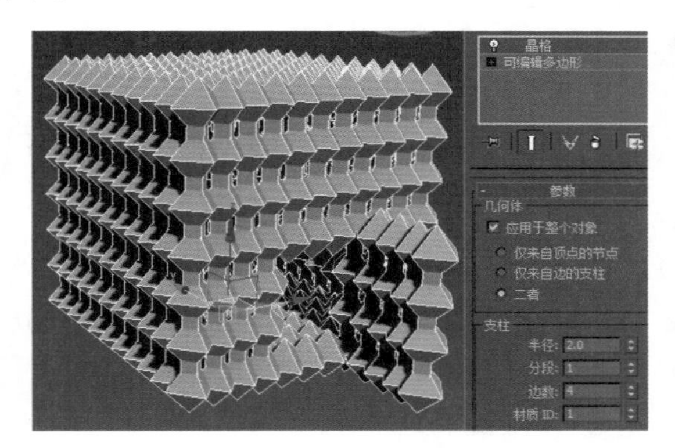

图 4-137　添加修改器

Step 9 ▶ 在“参数”卷展栏中设置“支柱”的“半径”为 0.5，“节点”的“基点面类型”为“二十面体”，“半径”为 0.8，具体参数设置如图 4-138 所示。

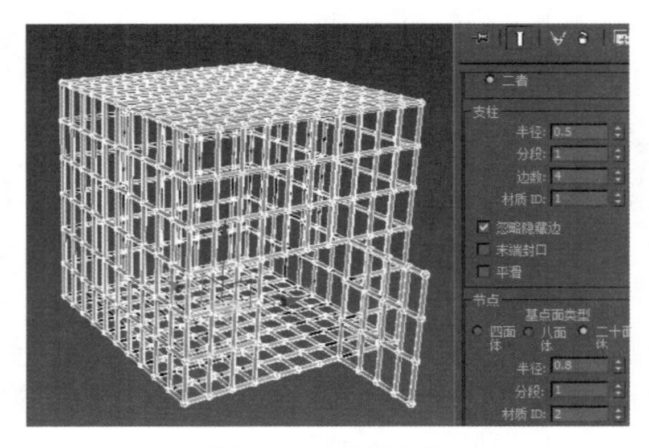

图 4-138　设置参数

Step 10 ▶ 设置完成后最终效果如图 4-139 所示。

图 4-139　显示效果

知识解析：“晶格”参数面板

（1）“几何体”选项组

- **应用于整个对象**：将“晶格”修改器应用到对象的所有边或者线段上。
- **仅来自顶点的节点**：仅显示由原始网格顶点产生的关节（多面体）。
- **仅来自边的支柱**：仅显示由原始网格线段产生的支柱（多面体）。
- **二者**：显示支柱和关节。

（2）“支柱”选项组

- **半径**：指定结构的半径。
- **分段**：指定沿分段数目。
- **边数**：指定结构边界的边数目。
- **材质 ID**：指定用于结构的材质 ID，这样可以使结构和关节具有不同的材质 ID。
- **忽略隐藏边**：仅生成可视边的结构。如果取消选中该复选框，将生成所有边的结构，包括不可见边。

（3）“节点”选项组

- **基点面类型**：指定用于关节的“多面体”、“八面体”和“二十面体”3 种类型。注意，“基点面类型”对“仅来自边的支柱”选项不起作用。
- **半径**：设置关节的半径。
- **分段**：指定关节中的分段数目。分段数越多，关节形状越接近球形。
- **材质 ID**：指定用于结构的材质 ID。
- **平滑**：将平滑应用于关节。

（4）“贴图坐标”选项组

- **无**：不指定贴图。
- **重用现有坐标**：将当前贴图指定给对象。
- **新建**：将圆柱形贴图应用于每个结构和关节。

技巧秒杀

使用“晶格”修改器可以基于网络拓扑来创建可渲染的几何体结构，也可以用来渲染线框图。

4.4.16 镜像

该修改器用于沿着指定轴向镜像对象或对象选择集，适用于任何类型的模型，对镜像中心的位置变动可以记录成动画，其参数面板如图 4-140 所示。

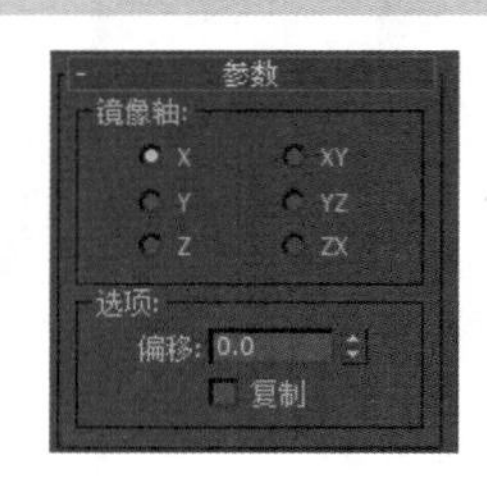

图 4-140　“镜像”修改器参数面板

知识解析：“镜像”参数面板

- **X/Y/Z/XY/YZ/ZX**：选择镜像作用依据的坐标轴向。
- **偏移**：设置镜像后的对象与镜像轴之间的偏移距离。
- **复制**：是否产生一个镜像复制对象。

4.4.17 置换

该修改器是以力场的形式来推动和重塑对象的几何外形，可以直接从修改器的 Gizmo（也可以使用位图）来应用它的变量力，其参数面板如图 4-141 所示。

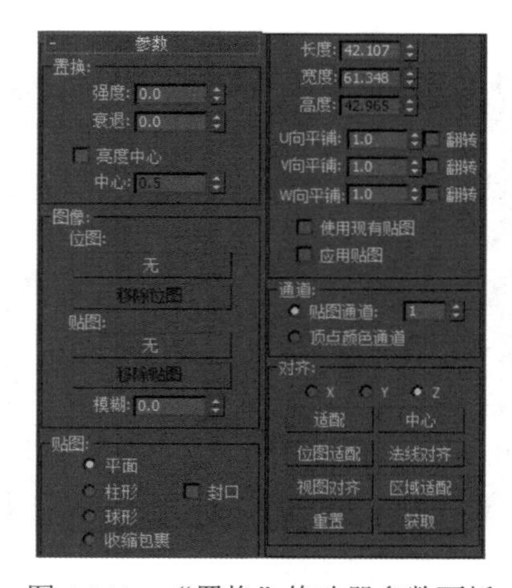

图 4-141　“置换”修改器参数面板

实例操作：制作海面

本例将使用置换和噪波修改器制作海面。首先创建平面并设置参数，添加“置换”修改器，然后将噪波贴图添加到材质编辑器中进行调整，最后渲染平面，完成海面的制作，实例效果如图 4-142 所示。

图 4-142　海面

具体操作步骤如下。

Step 1 使用“平面”工具在场景中创建一个平面，在“参数”卷展栏中设置“长度”为 185，“宽度”为 307；“长度分段”和“宽度分段”均为 400，具体参数设置及平面效果如图 4-143 所示。

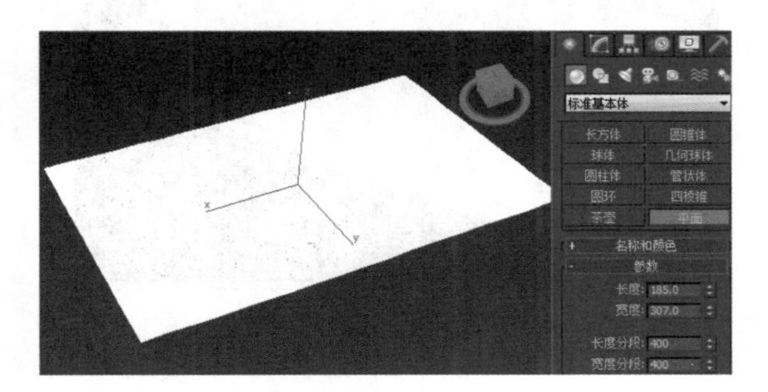

图 4-143　创建平面

Step 2 切换到“修改”面板中，为平面添加“置换”修改器，在“参数”卷展栏中设置“强度”为 3.8，在“贴图”通道中单击“无”按钮，如图 4-144 所示。

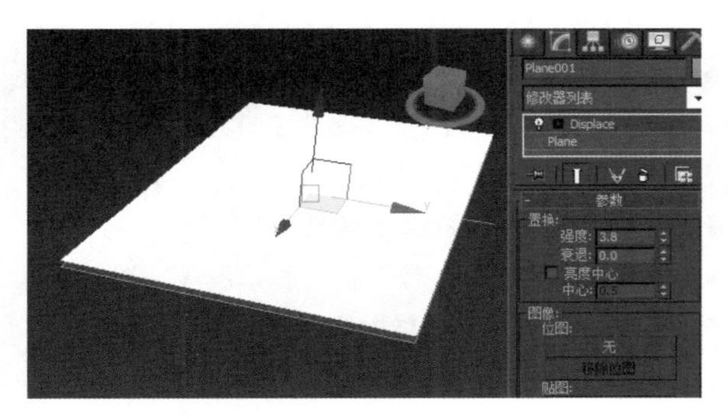

图 4-144　添加修改器

?答疑解惑：

为什么分段值设置这么高?

由于海面是由无数起伏的波涛组成的，如果分段值设置过低，虽然会产生波涛效果，但却不够真实。

Step 3 进入“材质 / 贴图浏览器”对话框，在“标准”卷展栏中选择“噪波”程序贴图，单击“确定”按钮，如图 4-145 所示。

Step 4 在“贴图”通道的“噪波”程序贴图上按住鼠标左键不放，效果如图 4-146 所示。

图 4-145　打开对话框　　图 4-146　单击并拖动

Step 5 将其拖曳到一个空白材质球上，释放鼠标弹出对话框，设置“方法”为“实例”，单击“确定”按钮，如图 4-147 所示。

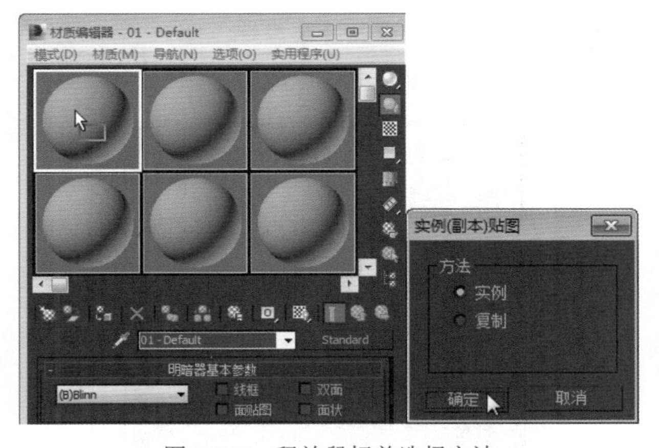

图 4-147　释放鼠标并选择方法

Step 6 展开“坐标”卷展栏，如图 4-148 所示。

Step 7 设置瓷砖的 X 为 40，Y 为 160，Z 为 1，具体参数设置如图 4-149 所示。

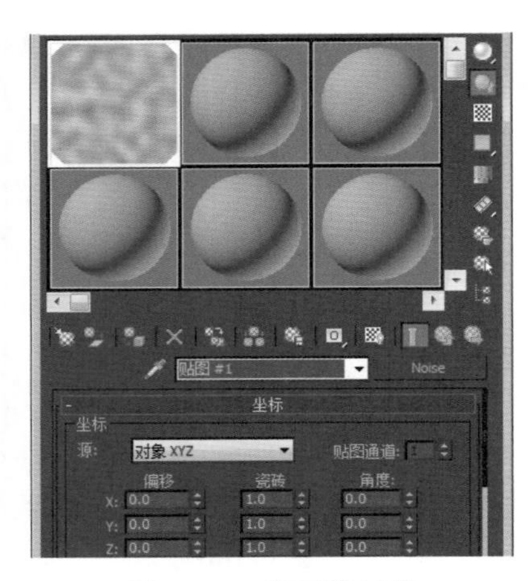

图 4-148　展开卷展栏

图 4-149　设置参数

Step 8 ▶ 展开“噪波参数”卷展栏，设置“大小”为55，具体参数设置如图 4-150 所示。

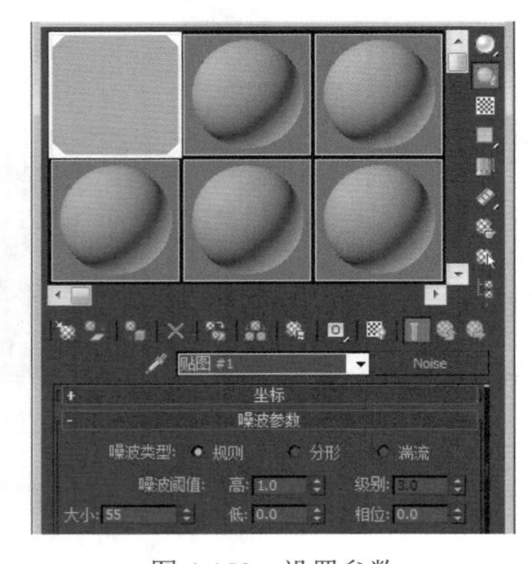

图 4-150　设置参数

Step 9 ▶ 设置完成后平面的最终效果如图 4-151 所示。

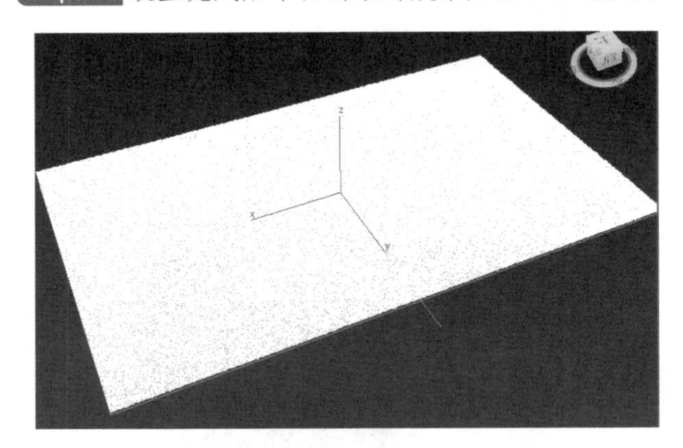

图 4-151　显示效果

Step 10 ▶ 按 F9 键渲染当前模型，效果如图 4-152 所示。

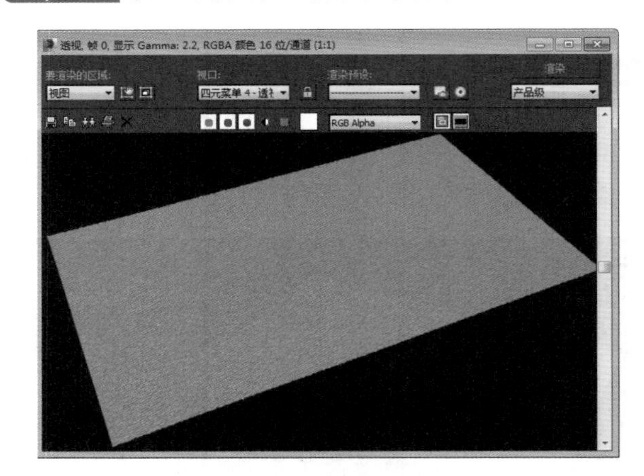

图 4-152　渲染效果

知识解析：“置换”参数面板

（1）“置换”选项组

- 强度：设置置换的强度，数值为 0 时没有任何效果。
- 衰退：如果设置衰减数值，则置换强度会随距离的变化而衰减。
- 亮度中心：决定使用什么样的灰度作为 0 置换值。选中该复选框后，可以设置下面的“中心”数值。

（2）“图像”选项组

- 位图 / 贴图：加载位图或贴图。
- 移除位图 / 贴图：移除指定的位图或贴图。
- 模糊：模糊或柔化位图的置换效果。

（3）“贴图”选项组

- 平面：从单独的平面对贴图进行投影。

◆ 柱形：以环绕在圆柱体上的方式对贴图进行投影。选中该单选按钮，可以从圆柱体的末端投射贴图副本。

◆ 球形：从球体出发对贴图进行投影，位图边缘在球体两极的交汇处均为奇点。

◆ 收缩包裹：从球体投影贴图，与球形贴图类似，但是它会裁去贴图的各个角，然后在一个单独的极点将它们全部结合在一起，在底部创建一个奇点。

◆ 长度/宽度/高度：指定置换 Gizmo 的边界框尺寸，其中高度对"平面"贴图没有任何影响。

◆ U/V/W 向平铺：设置位图沿指定尺寸重复的次数。

◆ 翻转：沿相应的 V/U/W 轴翻转贴图的方向。

◆ 使用现有贴图：让置换使用堆栈中较早的贴图设置，如果没有为对象应用贴图，该功能将不起作用。

◆ 应用贴图：将置换 UV 贴图应用到绑定对象。

（4）"通道"选项组

◆ 贴图通道：指定 UVW 通道用来贴图，其后面的数值框用来设置通道的数目。

◆ 顶点颜色通道：选中该单选按钮，可以对贴图使用顶点颜色通道。

（5）"对齐"选项组

◆ X/Y/Z：选择对齐的方式，可以选择沿 X/Y/Z 轴进行对齐。

◆ 适配：缩放 Gizmo 以适配对象的边界框。

◆ 中心：相对于对象的中心来调整 Gizmo 的中心。

◆ 位图适配：单击该按钮，打开"选择图像"对话框，可以缩放 Gizmo 来适配选定位置的纵横比。

◆ 法线对齐：单击该按钮，可以将曲面的法线进行对齐。

◆ 视图对齐：使 Gizmo 指向视图的方向。

◆ 区域适配：单击该按钮，可以将指定的区域进行适配。

◆ 重置：将 Gizmo 恢复到默认值。

◆ 获取：选择另一个对象并获得它的置换 Gizmo 设置。

4.4.18 替换

这是一个非常实用的工具，不论在视图显示或渲染输出都可以迅速将场景模型用二维图形替换，如 AutoCAD 中绘制的图形。另外，DWG 格式文件被导入后转换为 VIZBlocks（VIZ 块），必须先调整使它的轴心点与替换物体的轴心点匹配，才能得到正确的结果。要去除替换对象，从堆栈中移除该修改器即可，其参数面板如图 4-153 所示。

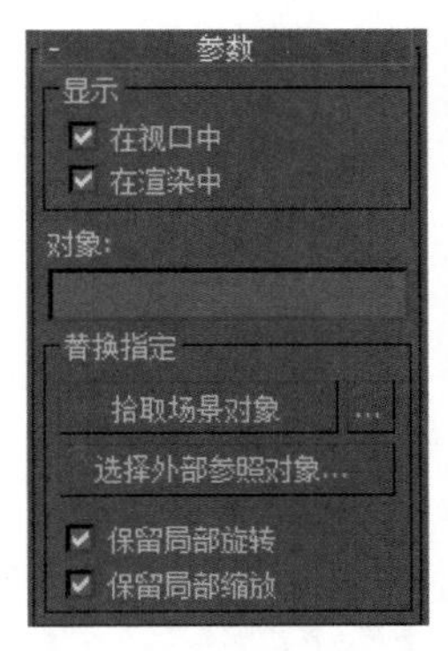

图 4-153 "替换"修改器参数面板

知识解析："替换"参数面板

◆ 在视口中：控制是否在视口中显示为替换对象。

◆ 在渲染中：控制是否在渲染时显示为替换对象。

◆ 对象：显示替换对象的名称，在此允许改名。

◆ 拾取场景对象：用于从场景中拾取替换对象。单击该按钮后，移动光标指针到替换对象，待指针变为＋后，便可单击对象。也可单击右侧的■图标，打开"选择替换对象"对话框，如图 4-154 所示，从中进行替换对象的选择。

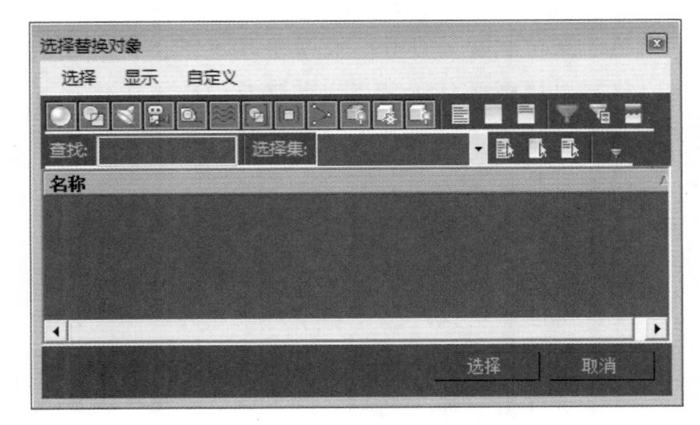

图 4-154 "选择替换对象"对话框

◆ 选择外部参照对象：以外部参照对象作为替换对象。

◆ **保留局部旋转 / 缩放**：这两个参数必须在指定替换对象前进行选取，在指定完替换对象后，对它的操作都不会再产生影响。

4.4.19 保留

在给对象指定修改堆栈前复制一个备份对象，对对象进行各种点面的变形操作，保留修改就是尽可能使得变形后的对象在边的长度、面的长度、对象体积各方面更接近原始对象，其参数面板如图 4-155 所示。

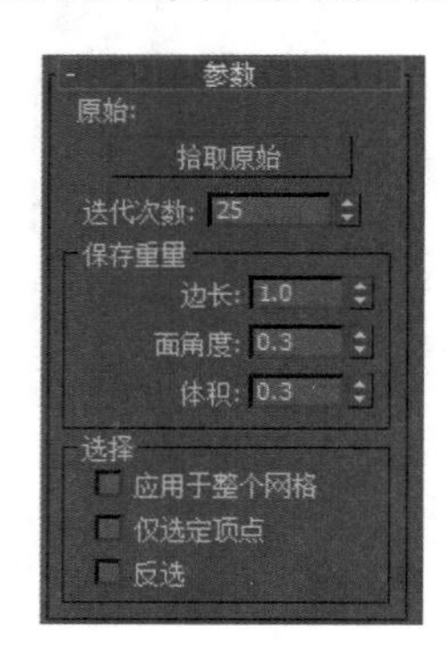

图 4-155 “保留”修改器参数面板

知识解析：“保留”参数面板

◆ **拾取原始**：单击该按钮，可在视图中拾取未做任何修改的备份对象，作为保留依据的对象，要求此对象与当前对象具有相同的顶点数目。
◆ **迭代次数**：指定保留计算的级别，值越高，越近似于原始对象。
◆ **边长 / 面角度 / 体积**：调整相关的对象参数，以便于保留相应的部分。大多数情况下，使用默认值可以达到最佳效果。当然调节它们可以得到一些特殊效果，如增加面的角度值，可以产生更多网格对象。
◆ **应用于整个网格**：将保留作用指定给整个对象，忽略其下层向上传递的子对象选择集。
◆ **仅选定顶点**：仅对上一层子对象点的选择集合指定保留作用，要注意一点，只要选择的点被指定了保留作用，那么无论它是否取消选择，保留作用仍然针对该点存在。
◆ **反选**：对上一层子对象点的选择集合进行反向选择，然后指定保留作用。

4.4.20 壳

该修改器可以通过拉伸面为曲面添加一个真实的厚度，还能对拉伸面进行编辑，非常适合建造复杂模型的内部结构，它是基于网格来工作的，也可以添加在多边形、面片和 NURBS 曲面上，但是终会将它转换为网格。

“壳”修改器的原理是通过添加一组与现有面方向相反的额外面，以及连接内外面的边来表现出对象的厚度。可以指定内外面之间的距离（也就是厚度大小）、边的特性、材质 ID、边的贴图类型等，其参数面板如图 4-156 所示。

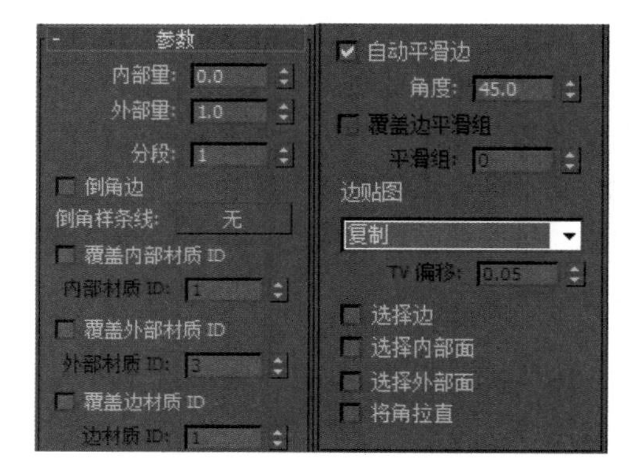

图 4-156 “壳”修改器参数面板

读书笔记

知识解析：“壳”参数面板

◆ **内部量**：将内部曲面从原始位置向内移动，内、外部的值之和为壳的厚度，也就是边的宽度。如图 4-157 所示，物体的该值为 0 时，没有显示厚度；设置该值为 10 时，即向物体内部移动。
◆ **外部量**：将外部曲面从原始位置向外移动，内、外部的值之和为壳的厚度，也就是边的宽度，设置物体的外部量值为 10 时，效果如图 4-158 所示。

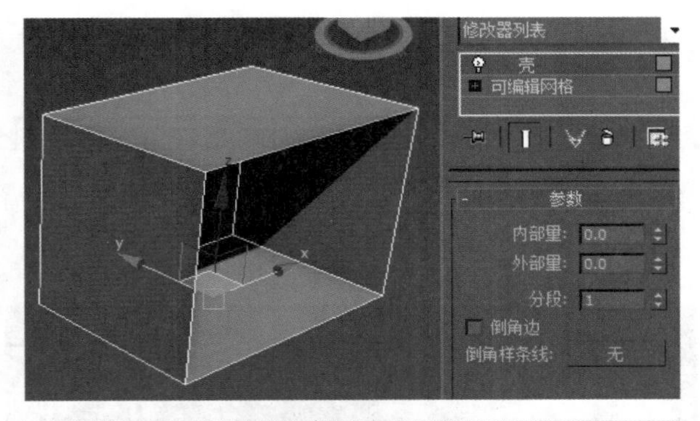

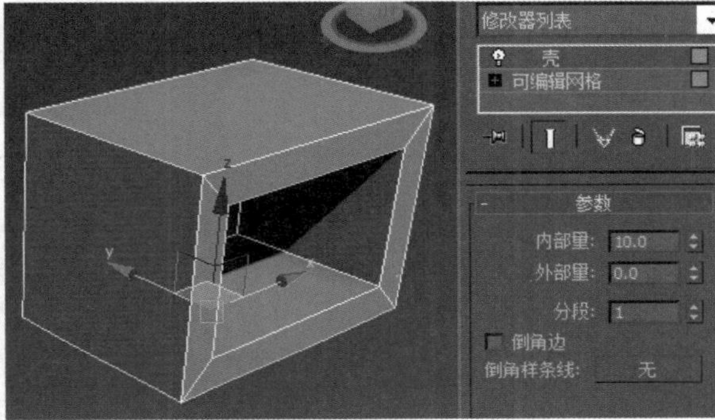

图 4-157　内部量效果

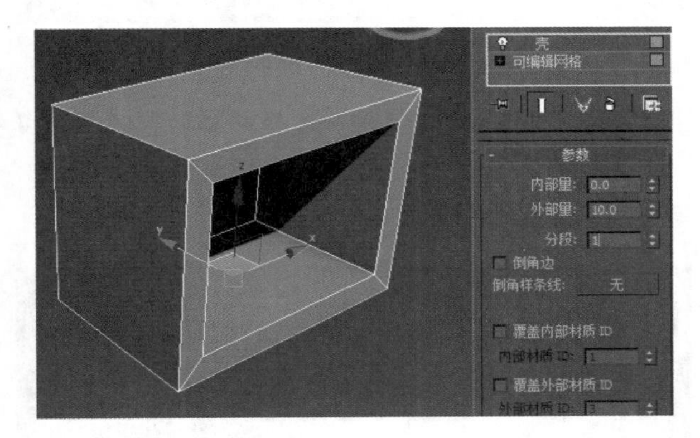

图 4-158　外部量效果

- **分段**：设置每个边的分段数量。
- **倒角边**：选中该复选框可以让用户对拉伸的剖面自定义一个特定的形状。当指定了“倒角样条线”后，该选项可以作为直边剖面的自定义剖面之间的切换开关。
- **倒角样条线**：单击 无 按钮后，可以在视图中拾取自定义的样条线。拾取的样条线与倒角样条线是实例复制关系，对拾取的样条线的更改会反映在倒角样条线中，但对其闭合图形的拾取将不起作用。
- **覆盖内部材质 ID**：选中该复选框后，可使用“内部材质 ID”参数为所有内部曲面上的多边形指定材质 ID。如果没有指定材质 ID，曲面会使用同一材质 ID 或者和原始面一样的 ID。
- **边材质 ID**：为新边组成的剖面多边形指定材质 ID。
- **自动平滑边**：选中该复选框后，软件自动基于角度参数平滑边面。
- **角度**：指定由“自动平滑边”所平滑的边面之间的最大角度，默认为 45°。
- **覆盖边平滑组**：选中该复选框后，可使用平滑组设置，该选项只有在禁用了“自动平滑组”选项后才可用。
- **平滑组**：可为多边形设置平滑组。平滑组的值为 0 时，不会有平滑组指定为多边形。要指定平滑组，值的范围为 1 ～ 32。
- **边贴图**：指定了将应用于新边的纹理贴图类型。
- **TV 偏移**：确定边的纹理顶点之间的间隔。该选项仅在“边贴图”中的“剥离”和“插补”时才可用，默认设置为 0.05。
- **选择边**：选中该复选框后可选择边部分。
- **选择内部面**：选中该复选框后可选择内部面。
- **选择外部面**：选中该复选框后可选择外部面。
- **将角拉直**：选中该复选框后可调整角顶点来维持上线的边。

读书笔记

4.5 基础实例——制作沙发

4.5.1 案例分析

本例将制作建筑行业里面的一个附属行业——家具设计中常见的沙发模型，家具设计中的沙发根据需要的不同有着各式各样的形状、材质，在设计过程中，需要考虑到使用区域、使用群体和使用环境的整体风格，才能设计出满意的作品。近年来，家具设计在以人为本这一主导思想的指引下，得到了飞速发展，也更受人们的重视。

4.5.2 操作思路

为更快完成本例的制作，并且尽可能运用本章讲解的知识，本例的操作思路如下。

（1）建立沙发扶手。

（2）建立沙发坐垫。

（3）建立沙发靠背。

（4）建立沙发底座。

读书笔记

4.5.3 操作步骤

具体操作步骤如下。

Step 1 ▶ 使用“切角长方体”工具在场景中创建一个切角长方体，在“参数”卷展栏中设置“长度”为1000，“宽度”为300，“高度”为600，“圆角”为50；“长度分段”为5，“宽度分段”为1，“高度分段”为6，“圆角分段”为5，具体参数设置如图4-159所示。

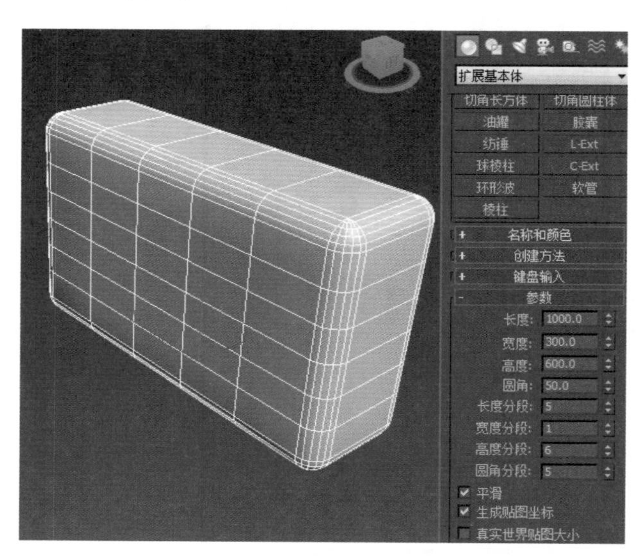

图4-159　绘制切角长方体

Step 2 ▶ 按住Shift键使用“选择并移动”工具复制对象，在弹出的“克隆选项”对话框中设置“对象”为“实例”，如图4-160所示。

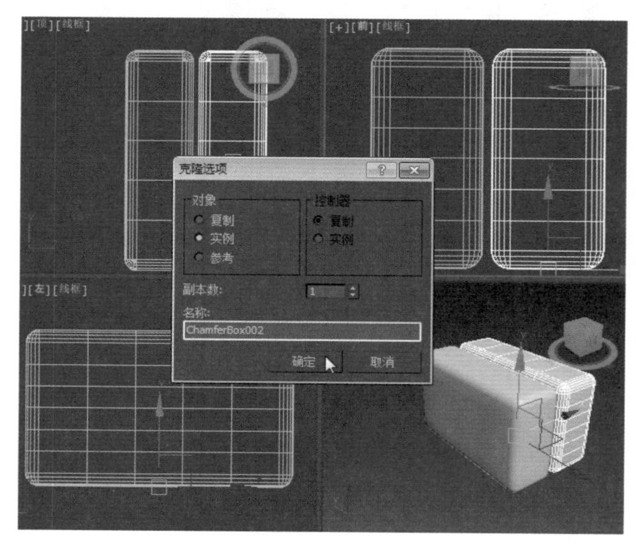

图4-160　复制切角长方体

读书笔记

Step 3 为其中一个切角长方体加载一个 FFD 2×2×2 修改器，选择“控制点”子对象层级，在左视图中框选右上角的两个控制点，如图 4-161 所示。

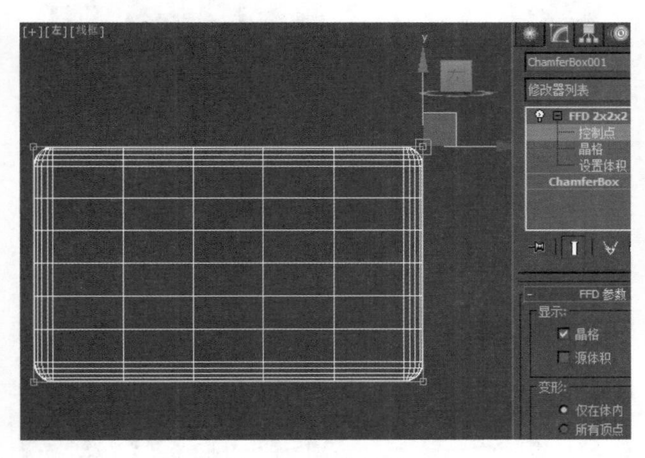

图 4-161　选择顶点

Step 4 将 Y 轴向下拖曳一段距离，如图 4-162 所示。

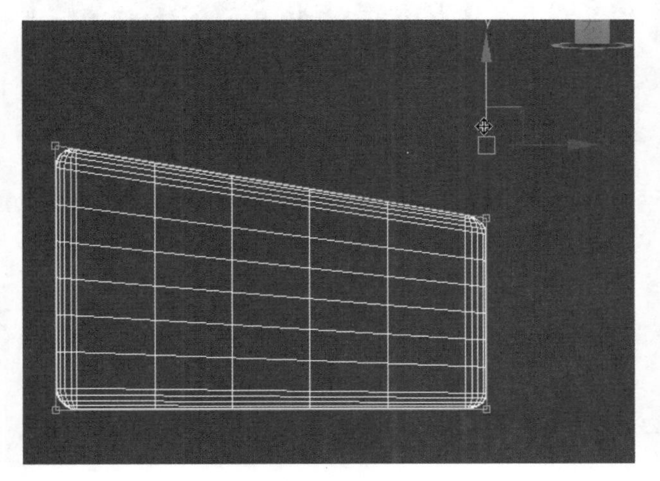

图 4-162　拖曳顶点

技巧秒杀

在复制对象时选择的是“实例”选项，所以在使用修改器顶点进行调整时，调整任何一个对象，另一个都会出现相同的效果。

Step 5 在前视图中框选需要的顶点，如图 4-163 所示。

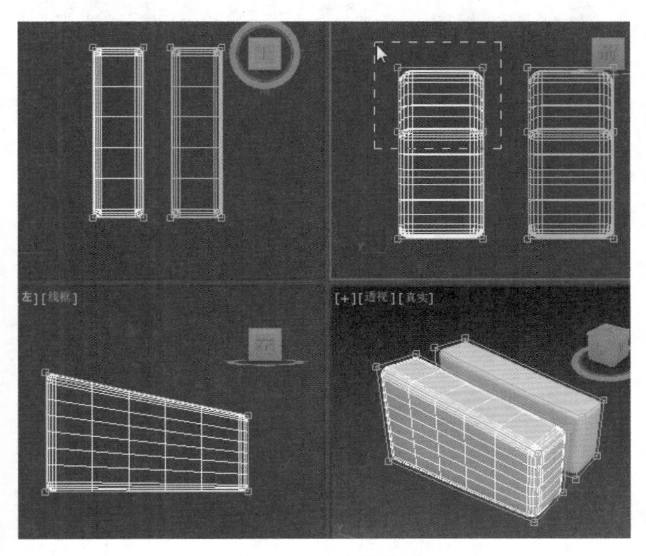

图 4-163　选择顶点

Step 6 使用“选择并链接”工具将 Y 轴向上拖曳一段距离，如图 4-164 所示。

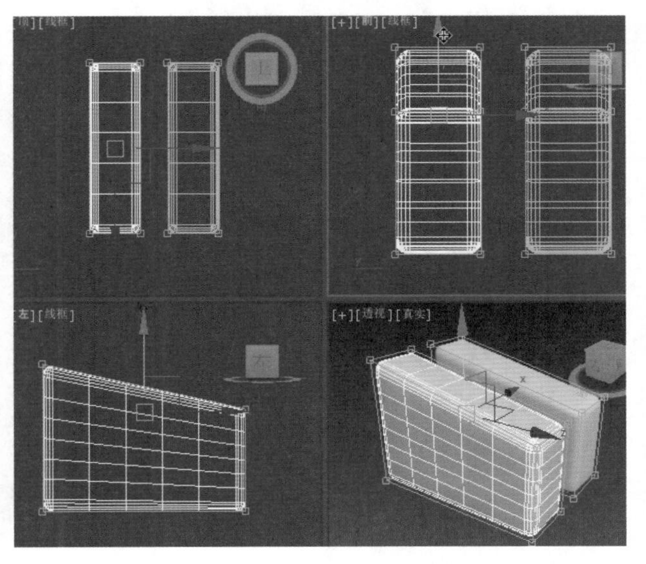

图 4-164　拖曳顶点

Step 7 ▶ 退出控制点子对象层级，复制切角长方体，如图 4-165 所示。

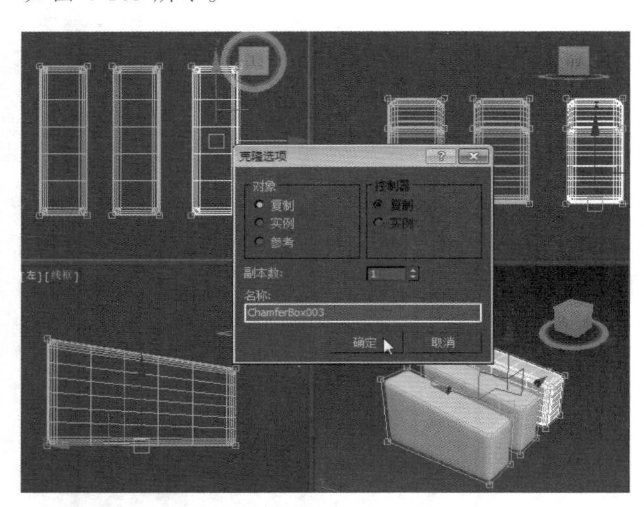

图 4-165　复制切角长方体

技巧秒杀

退出“控制点”子对象层级的方法有两种。第一种是在修改器堆栈中选择该修改器的顶层级，如图 4-166 所示；第二种是在视图中右击，在弹出的快捷菜单中选择“顶层级”命令，如图 4-167 所示。

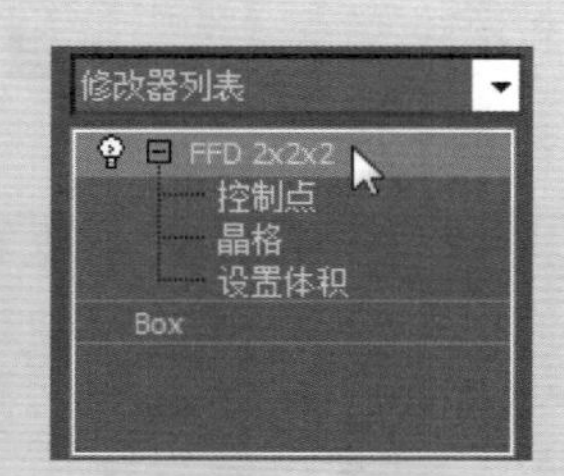

图 4-166　选择顶层级

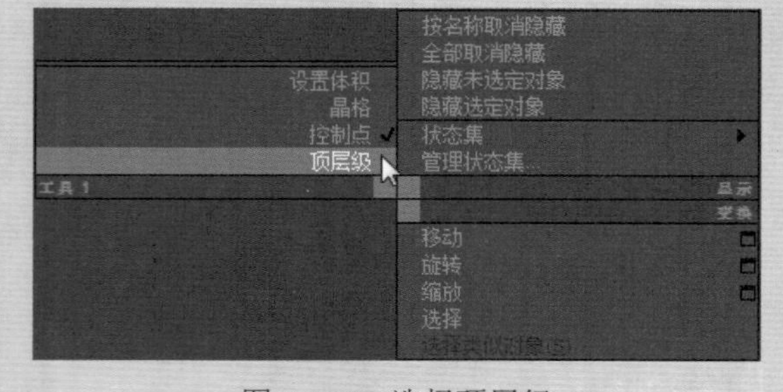

图 4-167　选择顶层级

Step 8 ▶ 展开“参数”卷展栏，在“控制点”选项组中单击“重置”按钮，将控制点产生的变形效果恢复到原始状态，如图 4-168 所示。

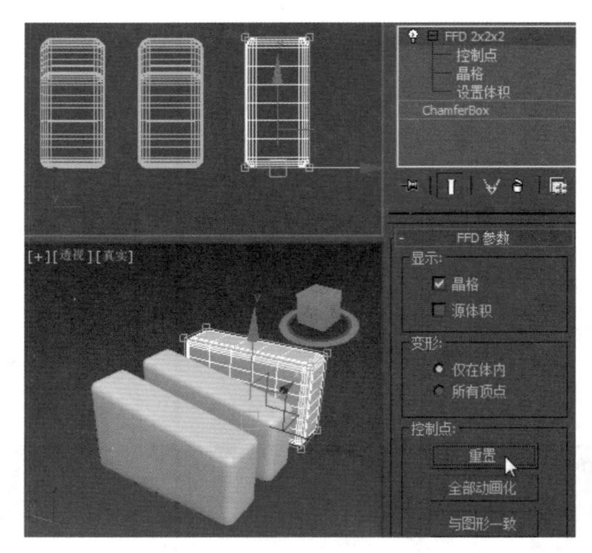

图 4-168　重置切角长方体

Step 9 ▶ 按 R 键选择“选择并均匀缩放”工具，在前视图中沿 X 轴将中间的模型横向放大，如图 4-169 所示。

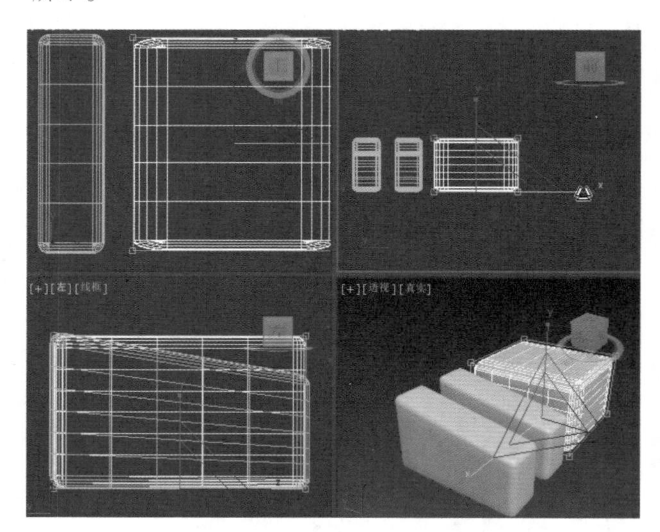

图 4-169　放大切角长方体

Step 10 ▶ 进入“控制点”子对象层级，在前视图中框选顶部的 4 个控制点，如图 4-170 所示。

Step 11 ▶ 在 Y 轴上向下拖动至适当位置，如图 4-171 所示。

Step 12 ▶ 退出“控制点”子对象层级，复制缩放完成的切角长方体，如图 4-172 所示。

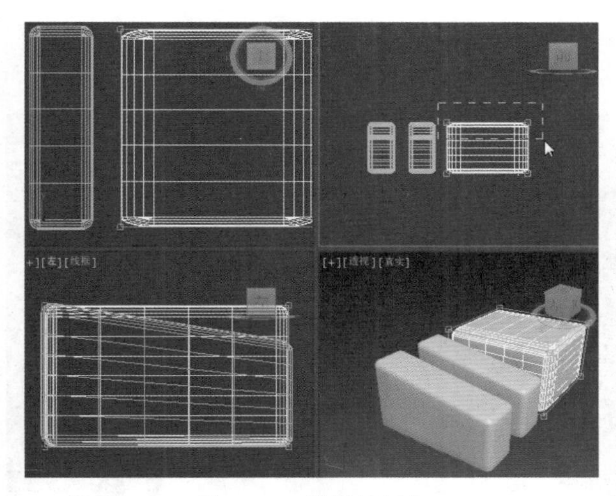
图 4-170　选择控制点

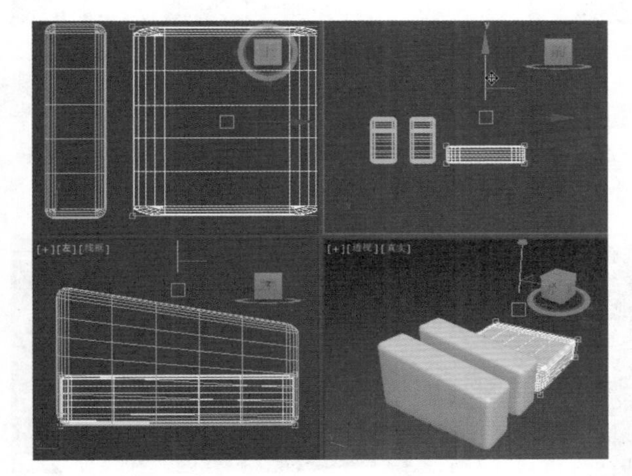
图 4-171　缩小切角长方体

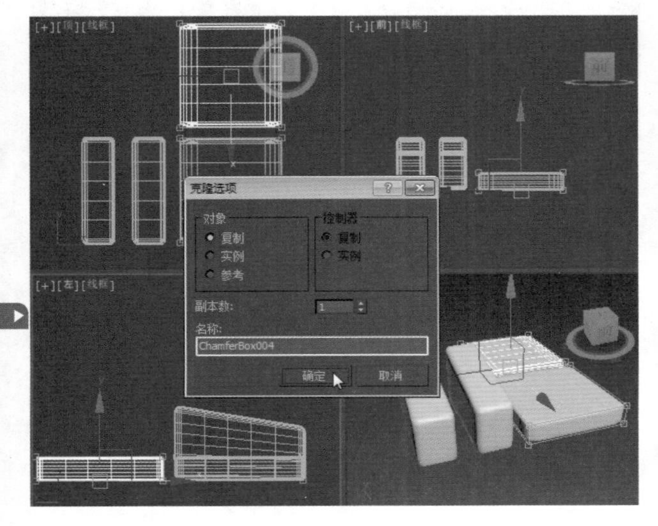

图 4-172　复制切角长方体

Step 13 ▶ 按 R 键选择“选择并均匀缩放”工具，在顶视图中将模型沿 Y 轴向下拖动，缩小对象，如图 4-173 所示。

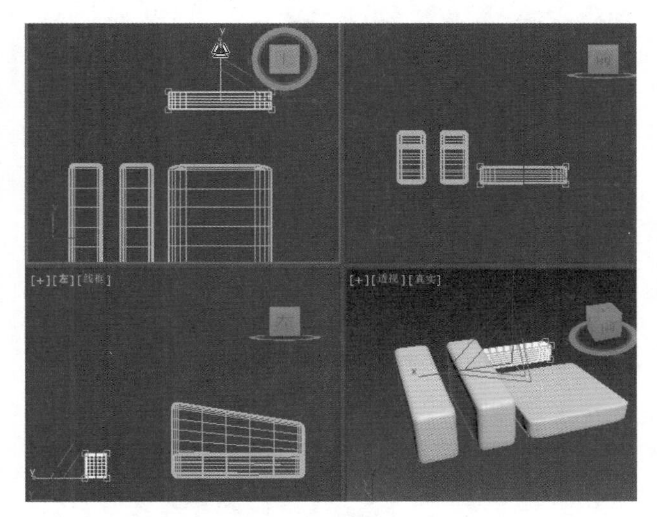
图 4-173　缩小切角长方体

Step 14 ▶ 在前视图中将模型沿 Y 轴向上拖动，放大对象，如图 4-174 所示。

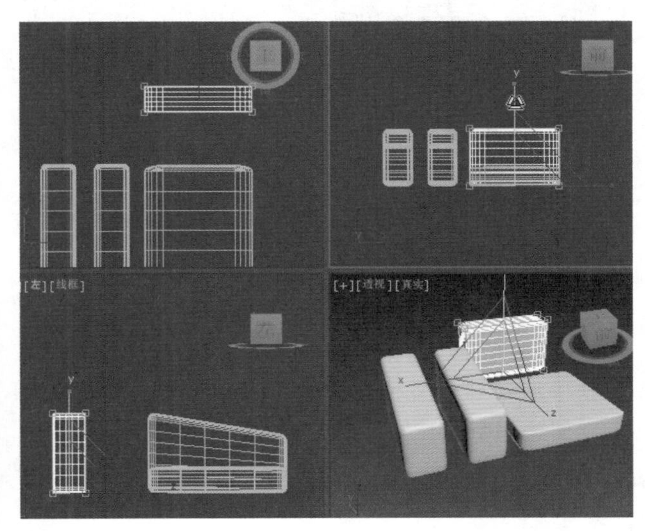
图 4-174　放大切角长方体

Step 15 ▶ 进入“控制点”子对象层级，在左视图中框选顶部的 4 个控制点，沿 X 轴向左拖曳一段距离，如图 4-175 所示。

Step 16 ▶ 退出“控制点”子对象层级，使用“选择并移动”工具将沙发靠背移动到适当位置，如图 4-176 所示。

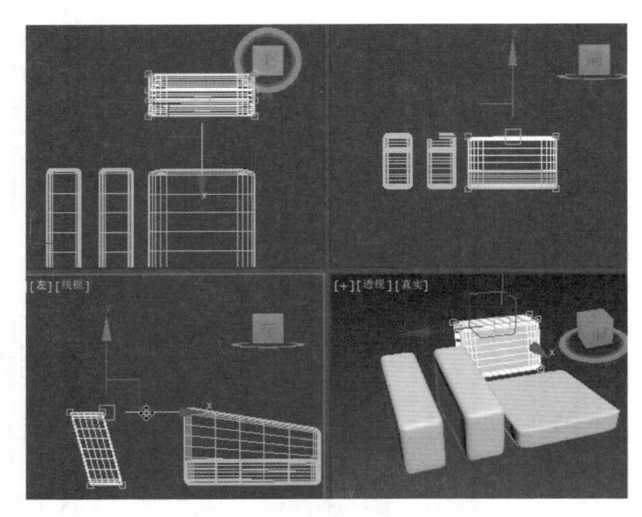

图 4-175 移动控制点

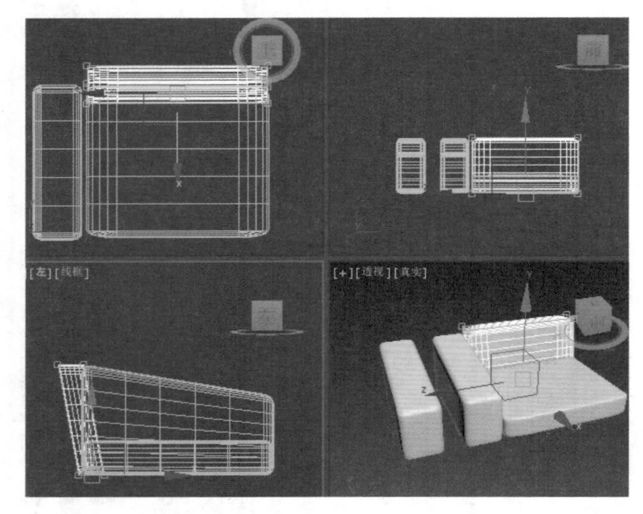

图 4-176 移动切角长方体

Step 17 ▶ 使用“选择并移动”工具依次将沙发两个扶手移动到适当位置；使用“圆柱体”工具在场景中创建一个圆柱体，在“参数”卷展栏中设置“半径”为 50，“高度”为 500，“高度分段”为 1，具体参数设置及模型位置如图 4-177 所示。

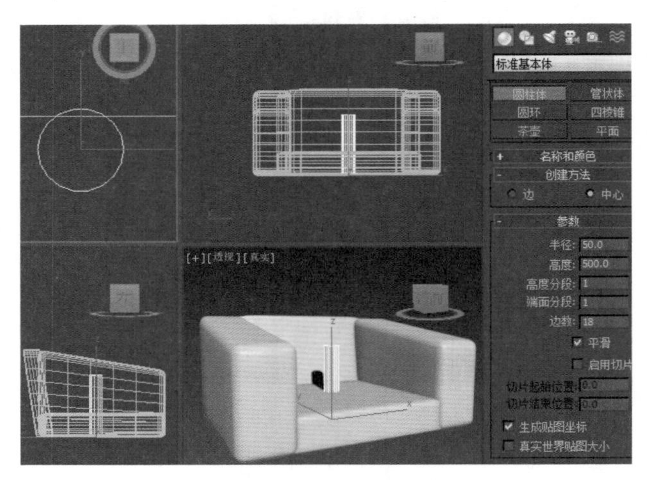

图 4-177 绘制圆柱体

Step 18 ▶ 复制圆柱体，在“参数”卷展栏中设置“半径”为 350，“高度”为 50，“边数”为 32，具体参数设置及模型位置如图 4-178 所示。

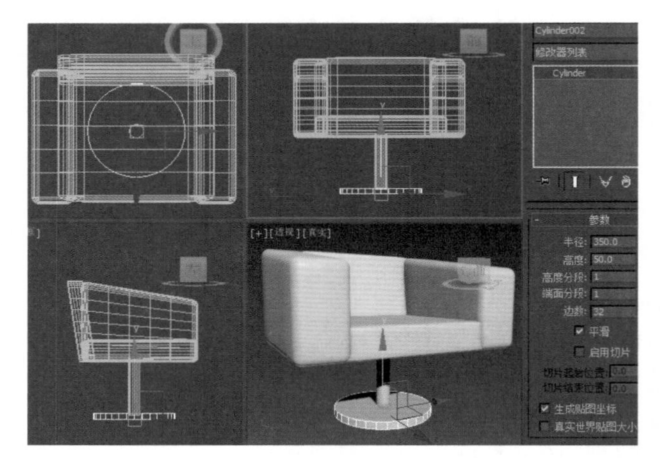

图 4-178 绘制圆柱体

读书笔记

01 02 03 04 05 06 07 08 09 10 11 12……

样条线建模

本章导读

样条线建模主要是通过二维样条线来生成三维模型，所以创建样条线是建立三维模型的基础。从空间概念来看，三维是指具有长、宽、高 3 个部分数据内容的对象，二维线是只有长和宽的二维图形，是一个没有深度的连续线，可以是开放的，也可以是封闭的。在默认情况下，样条线是不可渲染的对象。

5.1 样条线

二维图形由一条或多条样条线组成，而样条线又是由顶点和线段组成，所以只要调整顶点的参数及样条线的参数，就可以生成复杂的二维图形，利用这些二维图形可以生成三维模型，如图 5-1 所示。

图 5-1　三维模型

在“创建”面板中单击“图形”按钮，“图形类型”文本框中默认显示“样条线”，面板即显示样条线的内容，如图 5-2 所示。

图 5-2　“样条线”面板

技巧秒杀

要在 3ds Max 中制作三维文字，可以直接使用“文本”工具输入文本，再将其转换为三维模型。另外，也可导入 AI 矢量图形生成三维物体。

5.1.1 线

线是建模中最常用的一种样条线，可以是封闭的，也可以是开放的。线构成的角可以是尖锐的，也可以是圆滑的。具体操作步骤如下。

Step 1 ▶ 在“创建”面板中单击“图形”按钮，单击“线”工具，在前视图中单击指定起点，如图 5-3 所示。

Step 2 ▶ 拖曳光标，至适当位置单击指定下一点，如图 5-4 所示。

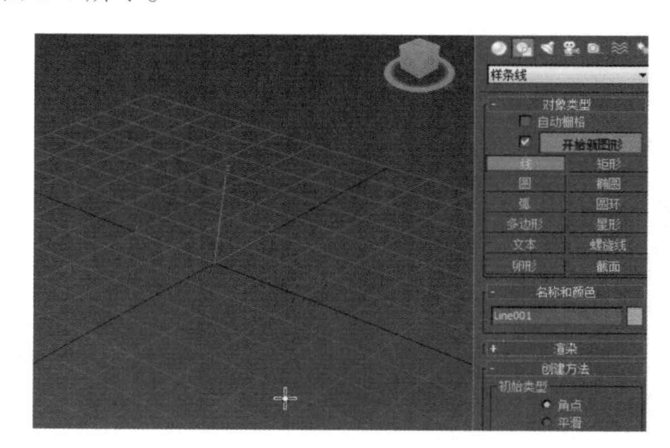

图 5-3　选择工具指定起点

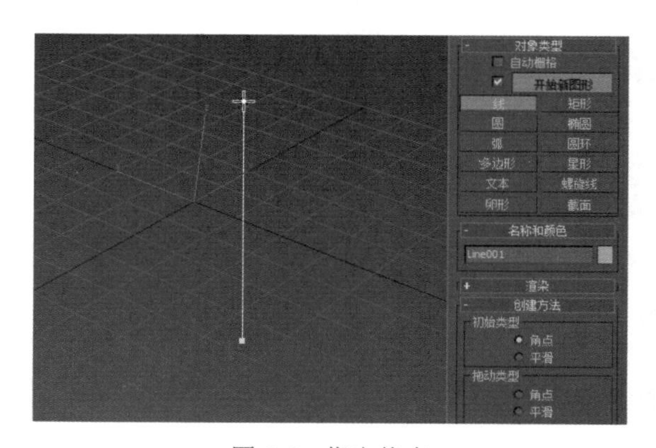

图 5-4　指定终点

Step 3 ▶ 按住 Shift 键拖曳光标单击指定下一点，如图 5-5 所示。

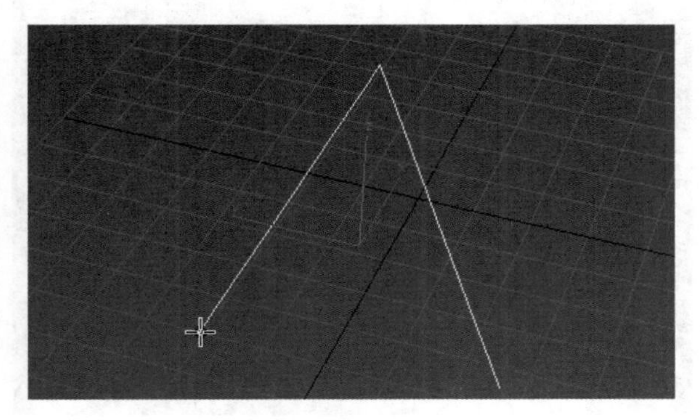

图 5-5　绘制直线

Step 4 ▶ 拖曳光标，至直线起点处单击，弹出“样条线”对话框，提示“是否闭合样条线”，如图 5-6 所示。根据需要单击选择，完成绘制。

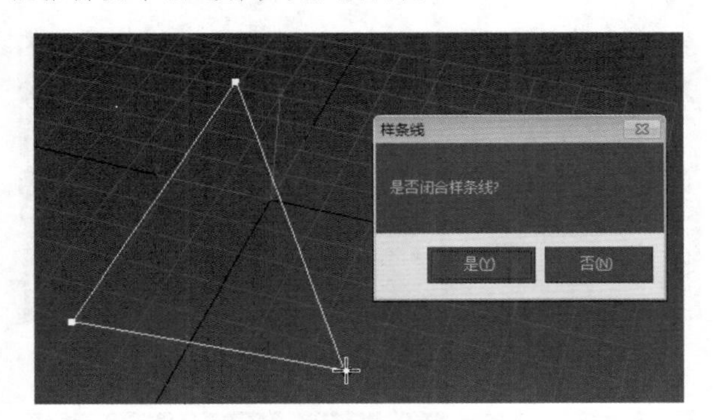

图 5-6　闭合直线

技巧秒杀

如果要绘制直线，可按住 Shift 键进行绘制。

知识解析：线创建面板

线的参数包括 4 个卷展栏，分别是“渲染”卷展栏、“插值”卷展栏、“创建方法”卷展栏和“键盘输入”卷展栏，如图 5-7 所示。

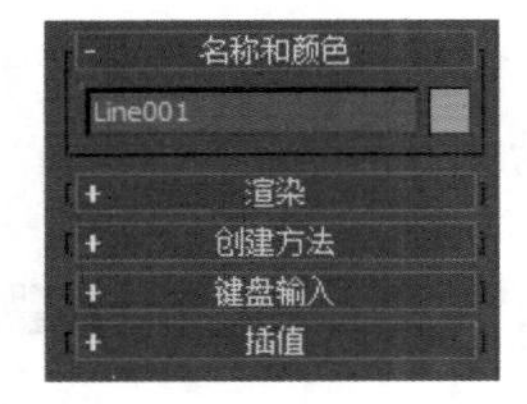

图 5-7　线的参数卷展栏

（1）“渲染”卷展栏

- 在渲染中启用：选中该复选框才能渲染出样条线；若不选中该复选框，将不能渲染出样条线。
- 在视口中启用：选中该复选框后，样条线会以网格的形式显示在视图中。
- 使用视口设置：该选项只有在选中“在视口中启用”复选框时才可用，主要用于设置不同的渲染参数。
- 生成贴图坐标：控制是否应用贴图坐标。
- 真实世界贴图大小：控制应用于对象的纹理贴图材质所使用的缩放方法。
- 视口 / 渲染：当选中“在视口中启用”复选框时，样条线将显示在视图中；当同时选中“在视口中启用”和“渲染”复选框时，样条线在视图中和渲染中都可以显示出来。
- 径向：将 3D 网格显示为圆柱形对象。“厚度”选项用于指定视图或渲染样条线网格的直径，其默认值为 1，范围为 0 ~ 100；“边”选项用于在视图或渲染器中为样条线网格设置边数或面数；“角度”选项用于调整视图或渲染器中横截面的旋转位置。
- 矩形：将 3D 网格显示为矩形对象。“长度”选项用于设置沿局部 Y 轴的横截面大小；“宽度”选项用于设置沿局部 X 轴的横截面大小；“角度”选项用于调整视图或渲染器中横截面的旋转位置；“纵横比”选项用于设置矩形横截面的纵横比。
- 自动平滑：启用该选项可以激活下面的“阈值”选项，调整“阈值”数值可以自动平滑样条线。

（2）“创建方法”卷展栏

- 初始类型：指定创建第 1 个顶点类型。“角点”可以通过顶点产生一个没有弧度的尖角。“平滑”通过顶点产生一条平滑的、不可调整的曲线。
- 拖动类型：当拖曳顶点类型时，设置所创建顶点的类型。“角点”通过顶点产生一个没有弧度的尖角；“平滑”通过顶点产生一条平滑、不可调整的曲线；Bezier 通过顶点产生一条平滑、可以调整的曲线。

（3）“键盘输入”卷展栏

该卷展栏下的参数可以通过键盘输入来完成样条线的绘制。

（4）“插值”卷展栏

◆ 步数：手动设置每条样条线的步数。
◆ 优化：启用该选项后，可以从样条线的直线线段中删除不需要的步数。
◆ 自适应：启用该选项后，系统会自适应设置每条样条线的步数，以生成平滑的曲线。

实例操作：制作台历

本例将使用样条线创建台历。首先使用线创建台历形状，接着创建台历主体，然后创建纸张效果，最后创建台历的圆圈。

Step 1 在“创建”面板中单击“图形”按钮，单击“线”按钮，在左视图中单击指定起点，单击指定下一点，单击并按住鼠标左键不放拖动以绘制下一点，如图 5-8 所示。

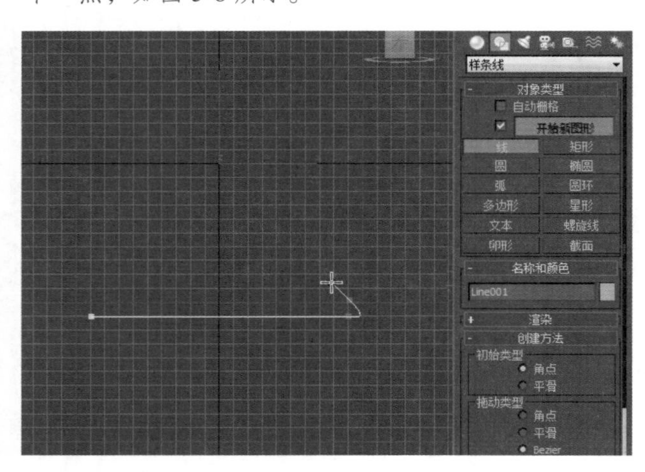

图 5-8　绘制直线

Step 2 继续绘制样条线，如图 5-9 所示。

Step 3 切换到“修改”面板，在“选择”卷展栏中单击“样条线”按钮，选择整条样条线，如图 5-10 所示。

Step 4 展开“几何体”卷展栏，在“轮廓”按钮后的文本框中输入“2”，单击“轮廓”按钮，如图 5-11 所示。

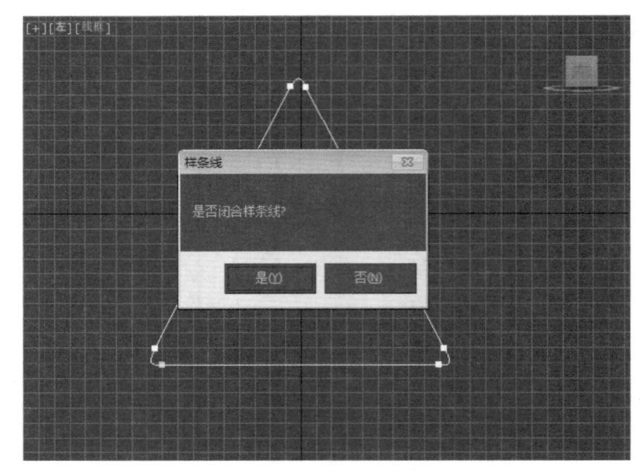

图 5-9　闭合直线

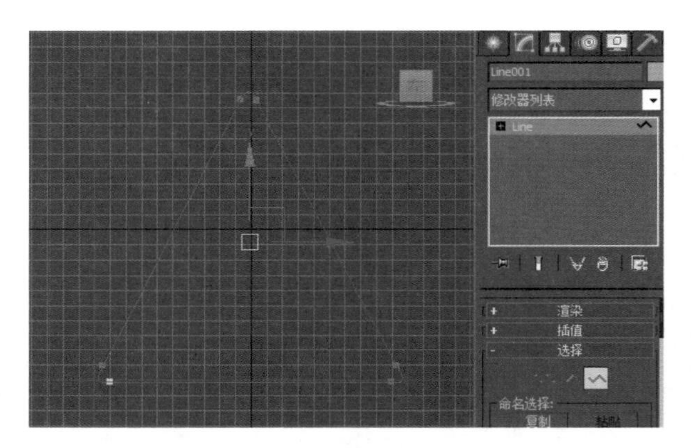

图 5-10　选择样条线

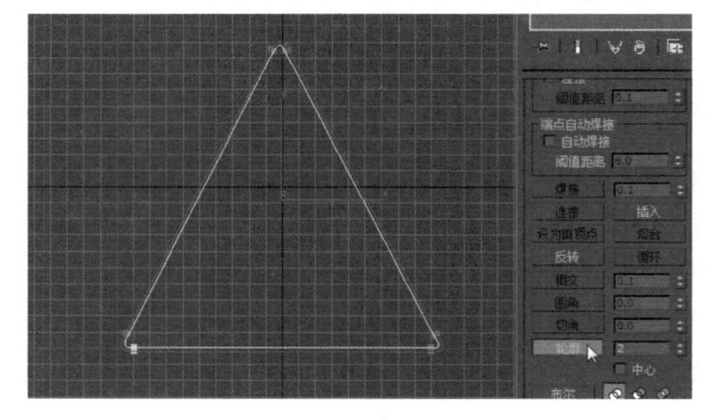

图 5-11　创建轮廓

Step 5 选择“挤出”修改器，在“参数”卷展栏中设置“数量”为 180，如图 5-12 所示。

Step 6 切换到“透视”视图，效果如图 5-13 所示。

Step 7 创建纸张，在“创建”面板中单击“图形”按钮，单击“线”按钮，在左视图中绘制一些独

立的样条线，如图 5-14 所示。

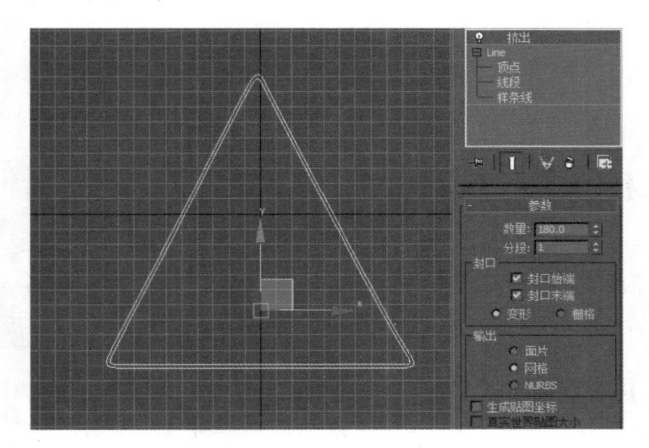

图 5-12　挤出对象

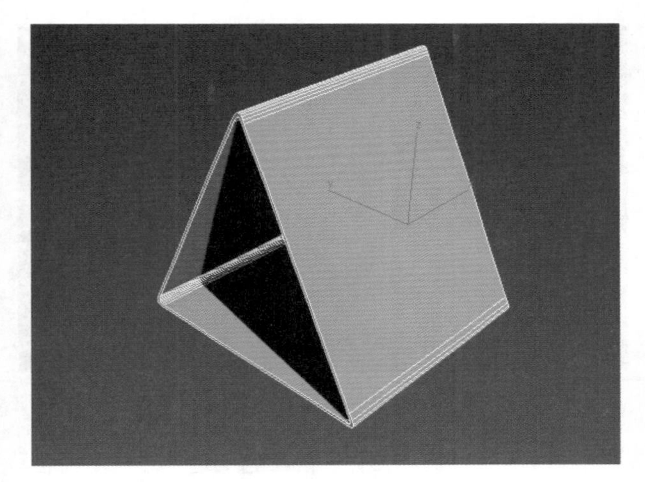

图 5-13　显示效果

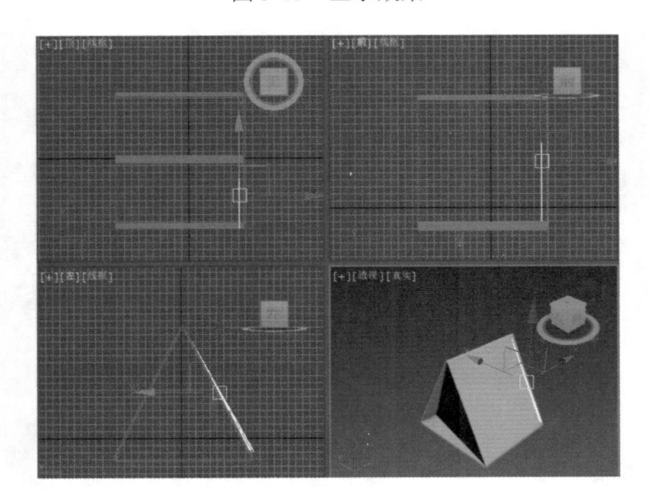

图 5-14　绘制直线

Step 8 ▶ 为每条样条线设置“轮廓”边为 0.5，再依次加载“挤出”修改器，在“参数”卷展栏中设置“数量”为 160，效果如图 5-15 所示。

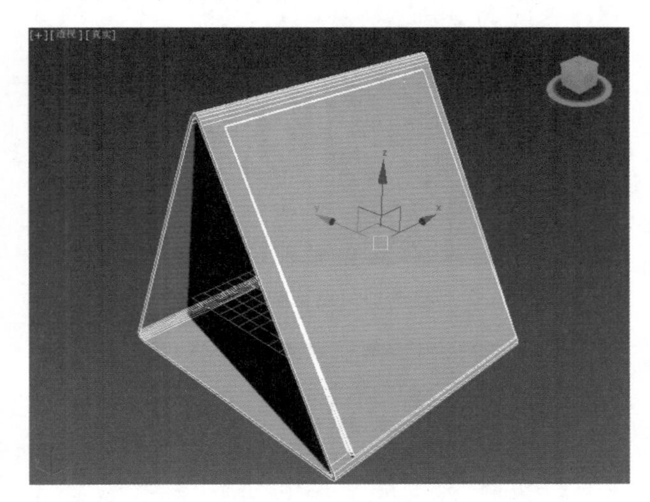

图 5-15　创建纸效果

Step 9 ▶ 制作圆扣，在“创建”面板中单击“图形”按钮，单击“圆”按钮，在左视图台历上方的适当位置绘制圆，在“参数”卷展栏中设置“半径”为 8，如图 5-16 所示。

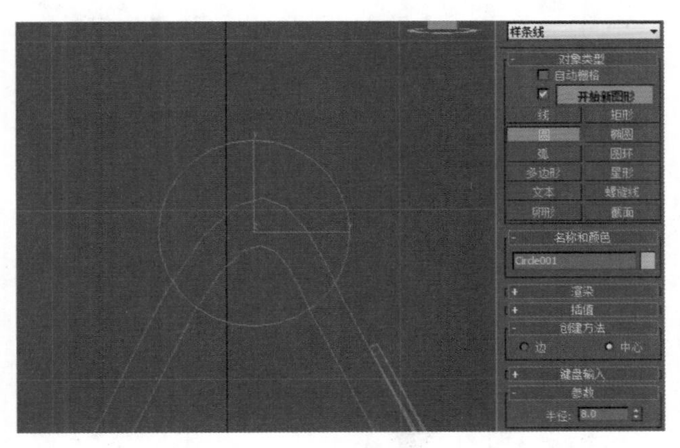

图 5-16　绘制圆

Step 10 ▶ 选择圆形，切换到“修改”面板，在“渲染”卷展栏中选中“在渲染中启用”和“在视口中启用”复选框，设置“径向”的“厚度”为 0.5，如图 5-17 所示。

Step 11 ▶ 在前视图中复制并移动圆扣，如图 5-18 所示。

Step 12 ▶ 最终效果如图 5-19 所示。

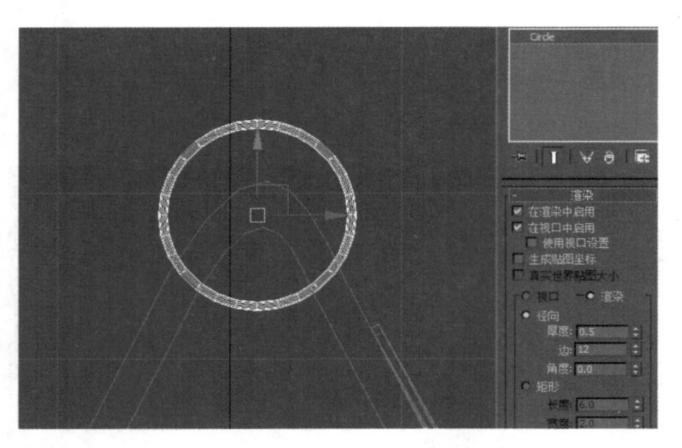

图 5-17　设置圆效果

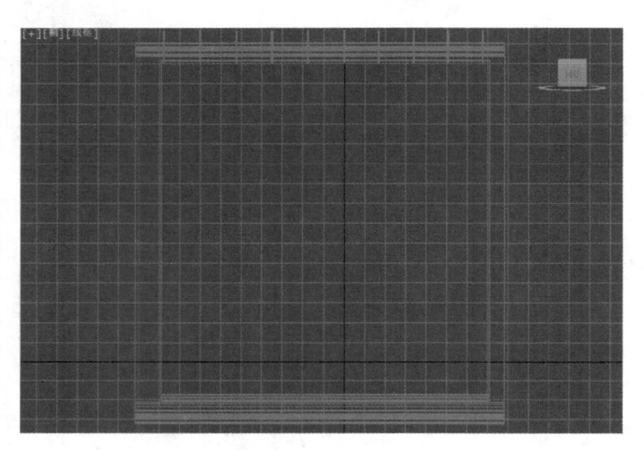

图 5-18　复制圆扣

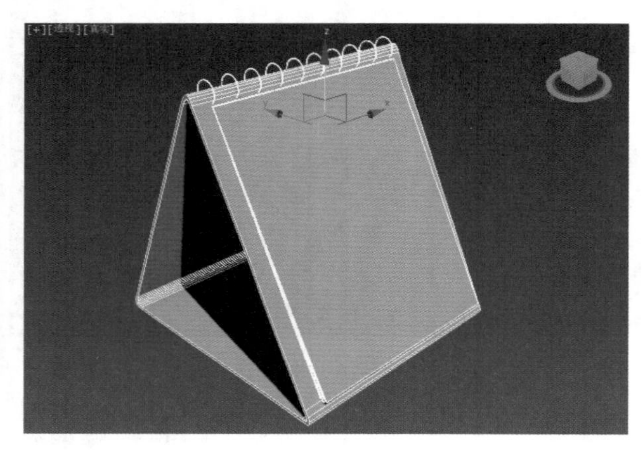

图 5-19　显示效果

读书笔记

5.1.2 文本

使用“文本”样条线工具可以很方便地在视图中创建文字模型，并且可以更改字体类型和字体大小。

实例操作：跳跃的字母

本例将使用文字工具创建跳跃的字母。首先使用文本工具创建文本图形，接着经过调整修改相应选项，使用挤出创建字母。

Step 1 在“创建”面板中单击“图形”按钮，单击“文本”按钮，在前视图中单击创建默认的文本图形，如图 5-20 所示。

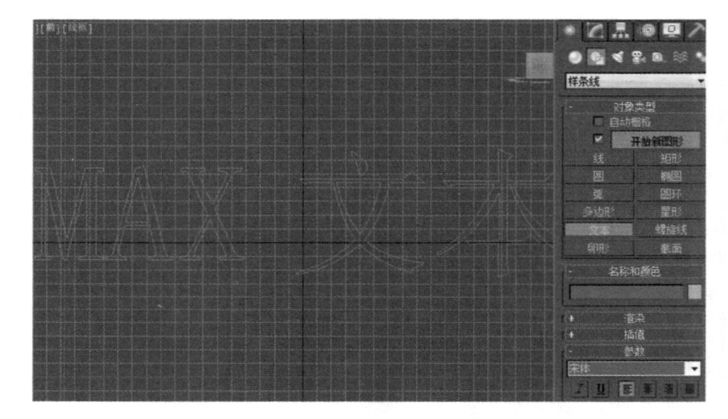

图 5-20　创建文本图形

Step 2 单击“视口控件”按钮，选择“显示栅格”选项，如图 5-21 所示。

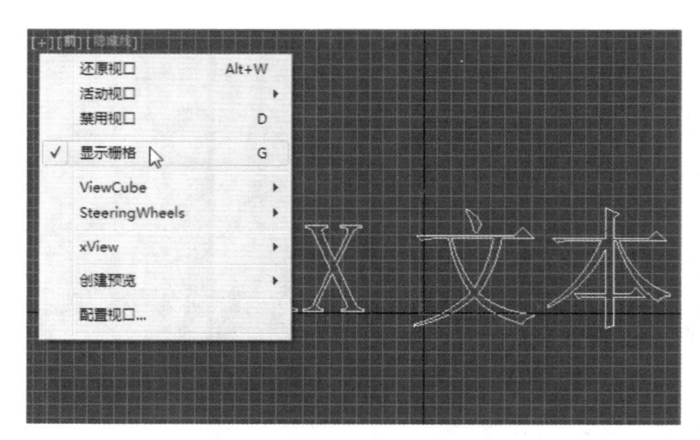

图 5-21　设置栅格显示

Step 3 在“参数”卷展栏中设置“字体”为 Arial Black，“大小”为 80，在文本框中输入字母 G，在视图中单击，效果如图 5-22 所示。

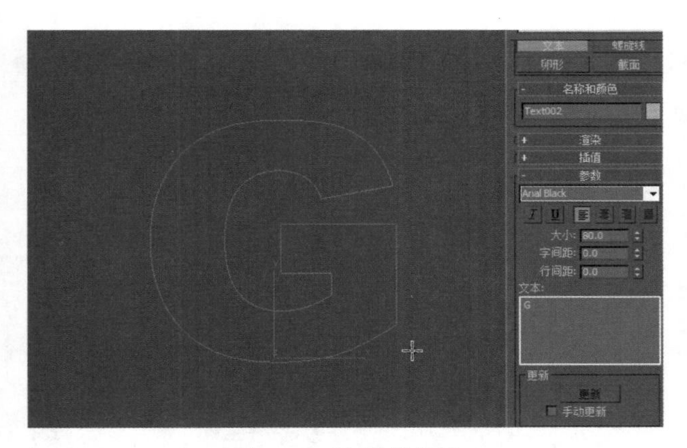
图 5-22　选择样条线

Step 4 ▶ 选择“挤出”修改器，在“参数”卷展栏中设置“数量”为 20，如图 5-23 所示。

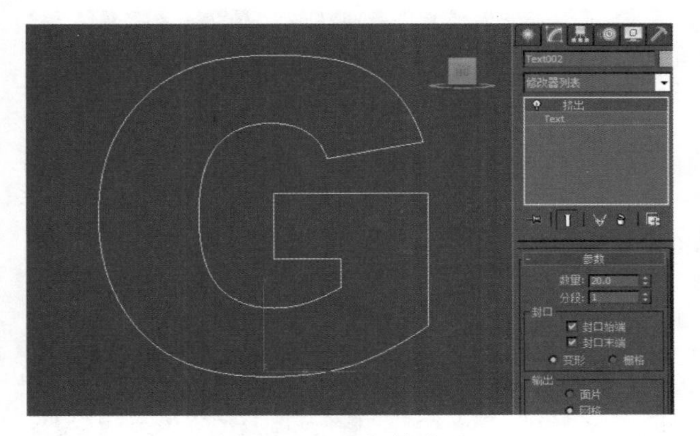
图 5-23　添加修改器

Step 5 ▶ 在“透视图”中单击即可创建文字，如图 5-24 所示。

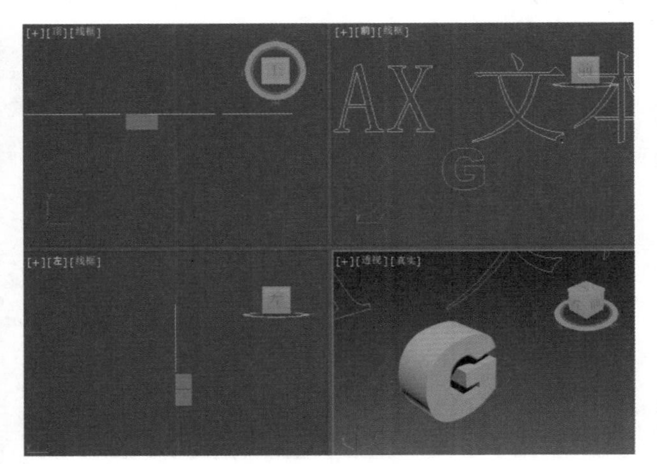
图 5-24　创建字母

Step 6 ▶ 选择之前的文本对象并删除，依次使用“选择并移动”工具复制对象，在修改器堆栈中选择文本，在“参数”卷展栏的文本框中输入字母，更改文字内容，最终效果如图 5-25 所示。

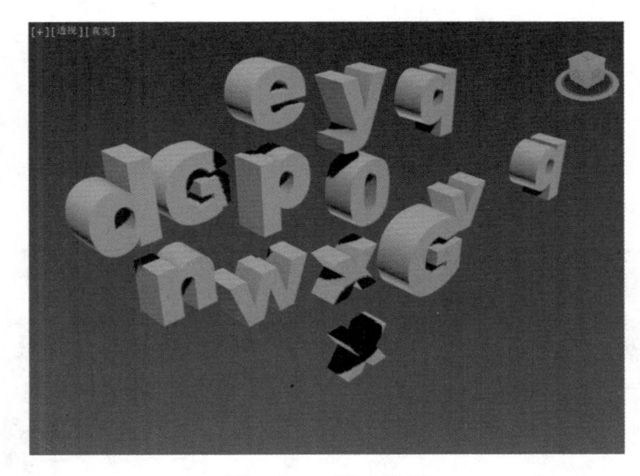
图 5-25　显示效果

?答疑解惑：

在编辑二维图形时，如何将 A、B 点结合为一个点？

首先将两条线结合：选择其中一条线，单击鼠标右键，在弹出的快捷菜单中选择“附加”命令，选择另一条线将其结合。编辑结合后的线的“点”层级，选择两个顶点，在“几何体”卷展栏中单击“焊接”按钮即可。

读书笔记

5.1.3 螺旋线

使用“螺旋线”工具可创建开口平面或螺旋线。

实例操作：制作创意沙发

本例将使用文字工具创建跳跃的字母。首先使用文本工具创建文本图形，接着经过调整修改相应选项，使用挤出创建字母。

Step 1 ▶ 使用“螺旋线”工具，在左视图中绘制一条螺旋线，在“参数”卷展栏中设置“半径 1”和“半径 2”为 500，“高度”为 2000，“圈数”为 12，如图 5-26 所示。

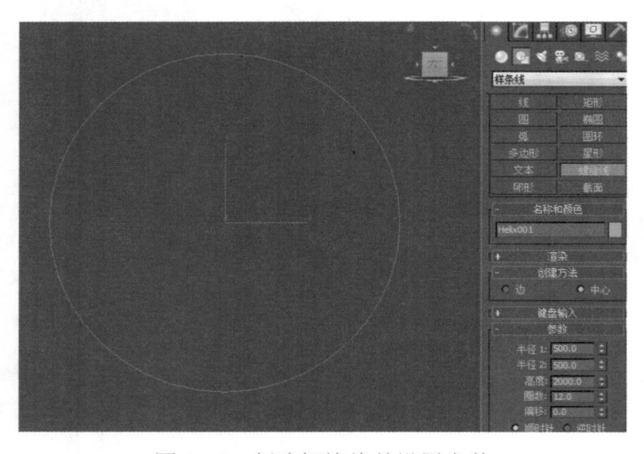

图 5-26 创建螺旋线并设置参数

Step 2 ▶ 设置完成后三维效果如图 5-27 所示。

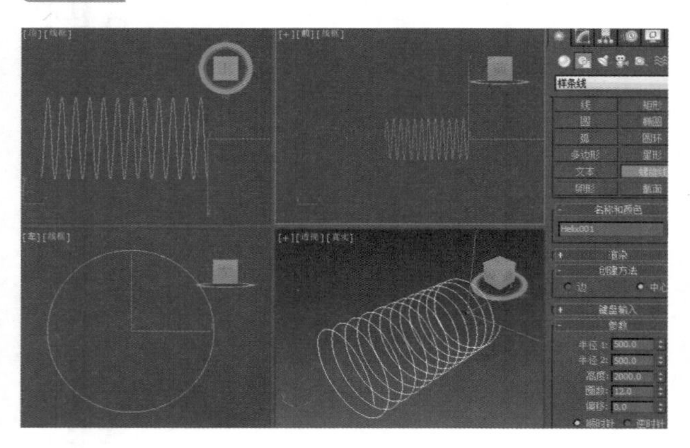

图 5-27 显示效果

Step 3 ▶ 在螺旋线上右击，在弹出的快捷菜单中选择“转换为”→“转换为可编辑样条线”命令，如图 5-28 所示。

Step 4 ▶ 切换到“修改”面板，在“选择”卷展栏中单击“顶点”按钮，在左视图中选择如图 5-29 所示的顶点。

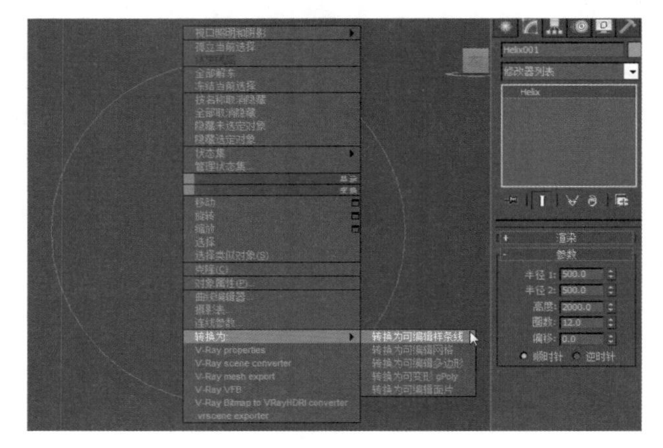

图 5-28 转换线类型

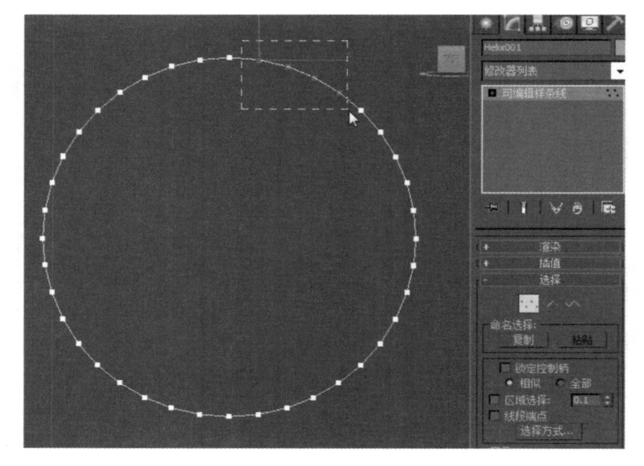

图 5-29 选择顶点

Step 5 ▶ 按住 Shift 键继续选择如图 5-30 所示顶点。

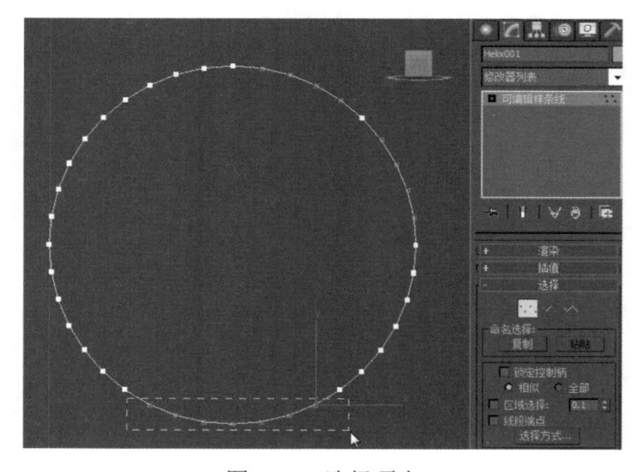

图 5-30 选择顶点

Step 6 ▶ 按 Delete 键删除所选顶点，效果如图 5-31 所示。

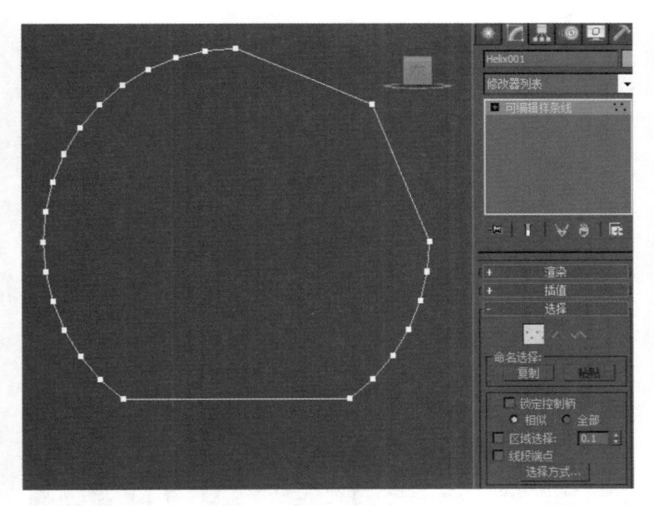

图 5-31　删除顶点

Step 7 ▶ 使用“选择并移动”工具在左视图中框选顶点，如图 5-32 所示。

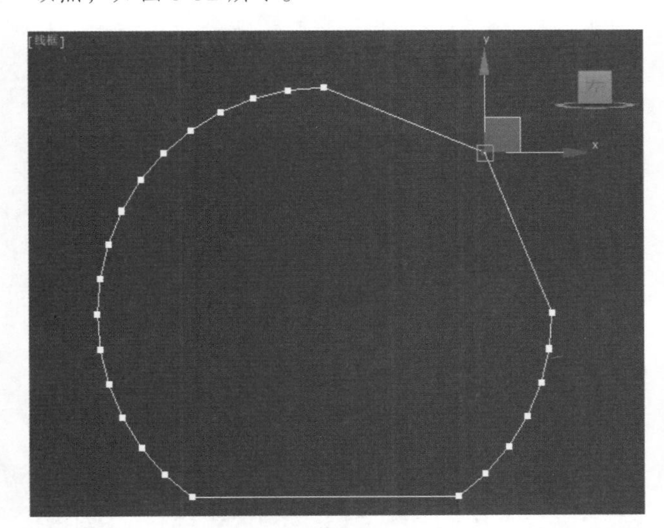

图 5-32　选择顶点

Step 8 ▶ 将其拖曳至适当位置，如图 5-33 所示。

Step 9 ▶ 展开“几何体”卷展栏，在“圆角”按钮后面的文本框中输入“120”，按 Enter 键确认操作，如图 5-34 所示。

Step 10 ▶ 使用“选择并移动”工具在左视图中框选如下顶点，如图 5-35 所示。

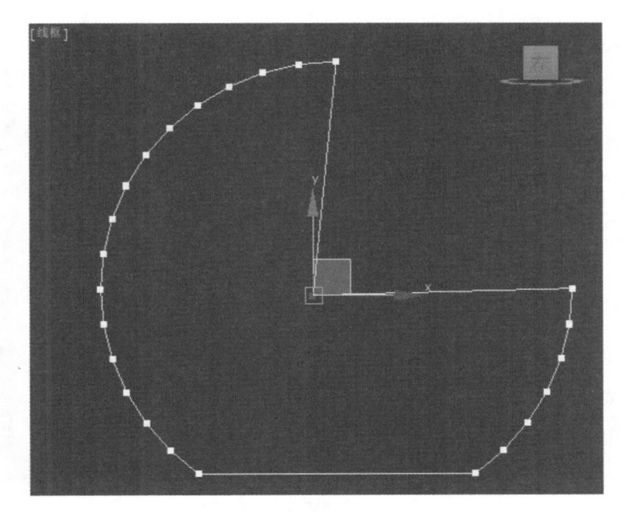

图 5-33　调整顶点

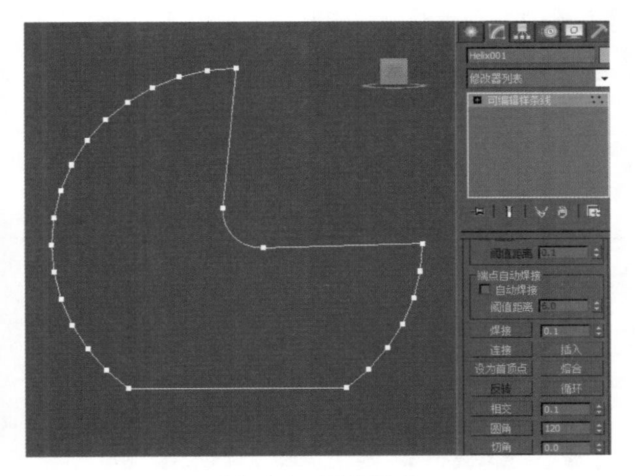

图 5-34　圆角顶点

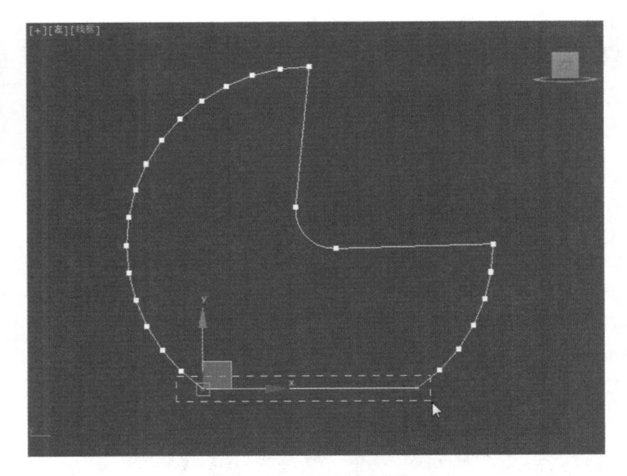

图 5-35　调整顶点

Step 11 ▶ 将其向下拖曳至适当位置，如图 5-36 所示。

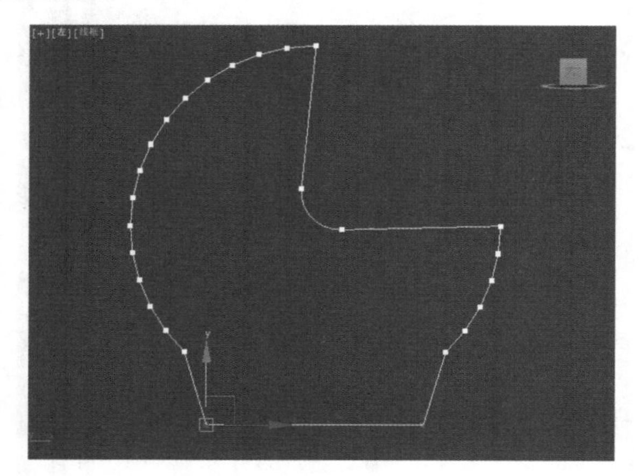

图 5-36　调整顶点位置

Step 12 ▶ 将所选顶点向内收拢，如图 5-37 所示。

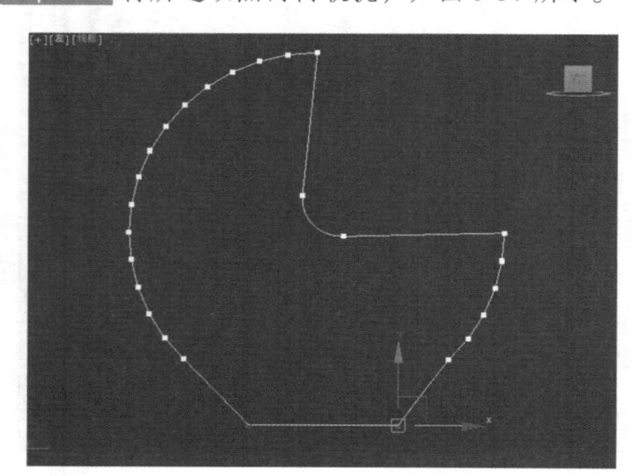

图 5-37　调整顶点

Step 13 ▶ 在左视图中选择如下顶点，如图 5-38 所示。

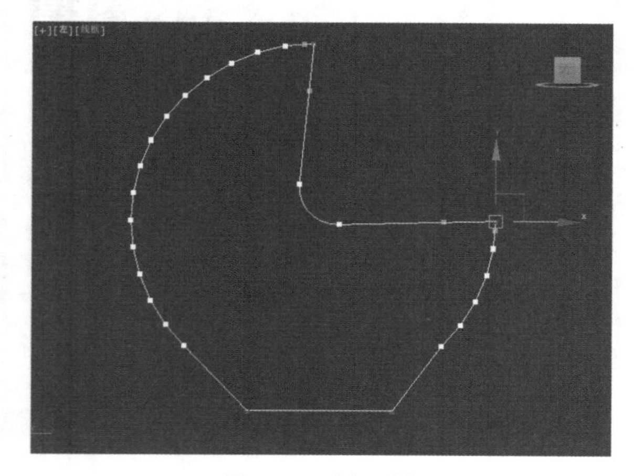

图 5-38　选择顶点

Step 14 ▶ 展开“几何体”卷展栏，在“圆角”按钮后面的文本框中输入 50，按 Enter 键确认操作，如图 5-39 所示。

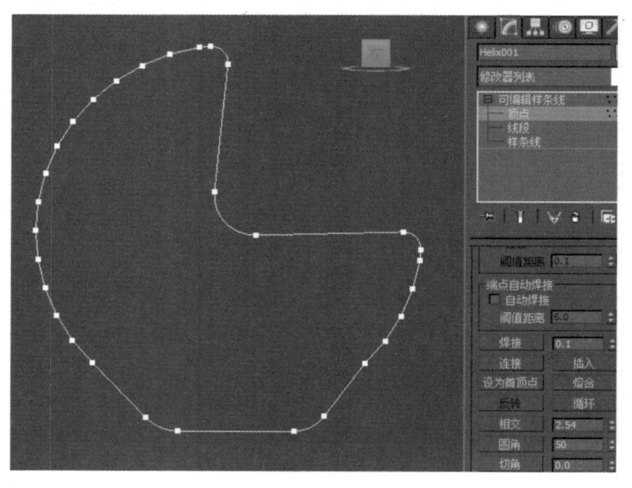

图 5-39　圆角顶点

Step 15 ▶ 在“选择”卷展栏中单击“顶点”按钮，退出“顶点”级别；在“渲染”卷展栏中选中“在渲染中启用”和“在视口中启用”复选框，设置“径向”的“厚度”为 40，如图 5-40 所示。

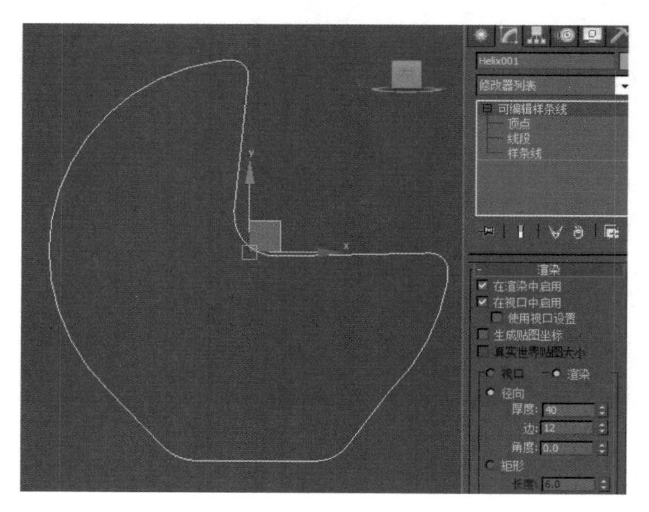

图 5-40　设置厚度

Step 16 ▶ 切换到透视视图，效果如图 5-41 所示。

Step 17 ▶ 使用“选择并移动”工具选择模型，按住 Shift 键向左或向右复制一个模型，如图 5-42 所示。

Step 18 ▶ 调整两个模型的位置，最终效果如图 5-43 所示。

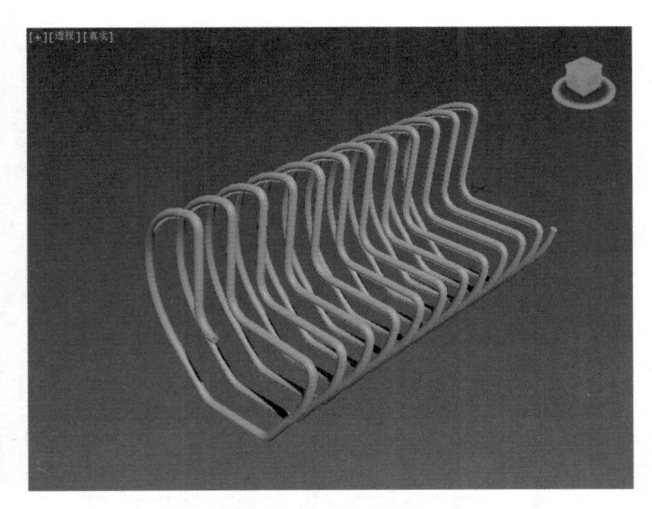

图 5-41　显示效果

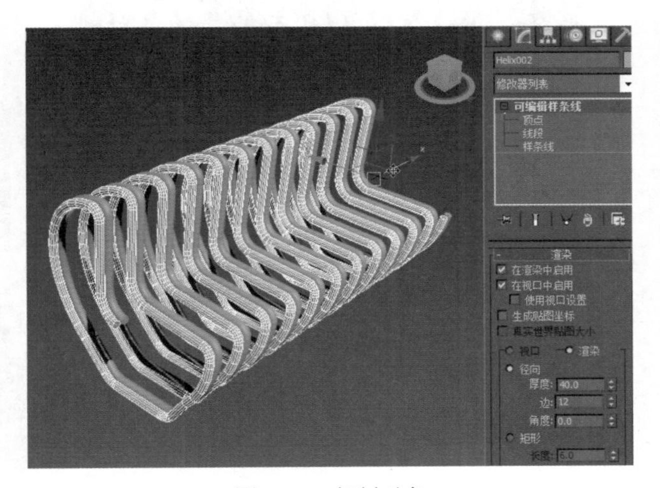

图 5-42　复制对象

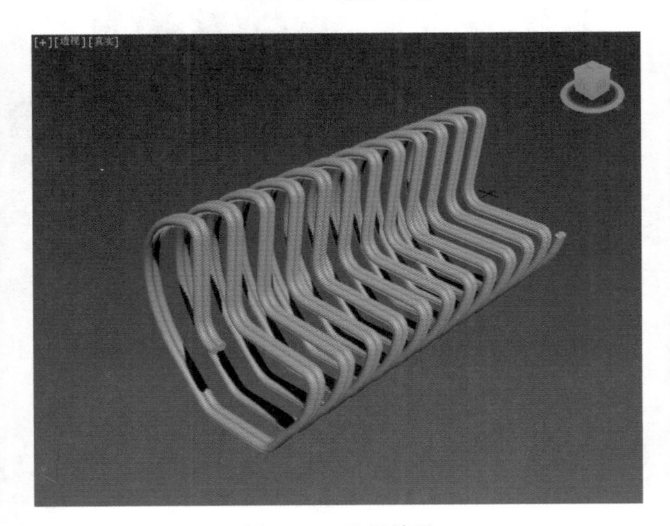

图 5-43　显示效果

5.1.4 其他样条线

在“样条线”面板中，还有另外 8 种样条线，分别是矩形、圆、椭圆、弧、圆环、多边形、星形和截面。

实例操作：制作儿童玩具

Step 1 在“创建”面板中单击“图形”按钮，使用“星形”工具在前视图中创建一个星形，如图 5-44 所示。

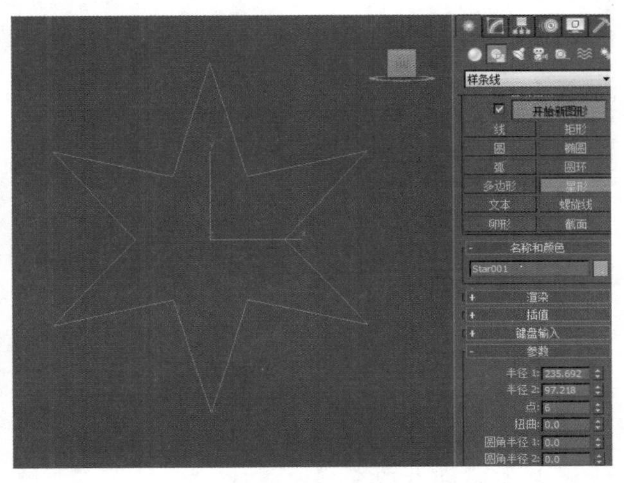

图 5-44　绘制对象

Step 2 设置“半径 1”为 200，“半径 2”为 80，“点”为 5，“圆角半径 1”为 50，“圆角半径 2”为 20，具体参数设置如图 5-45 所示。

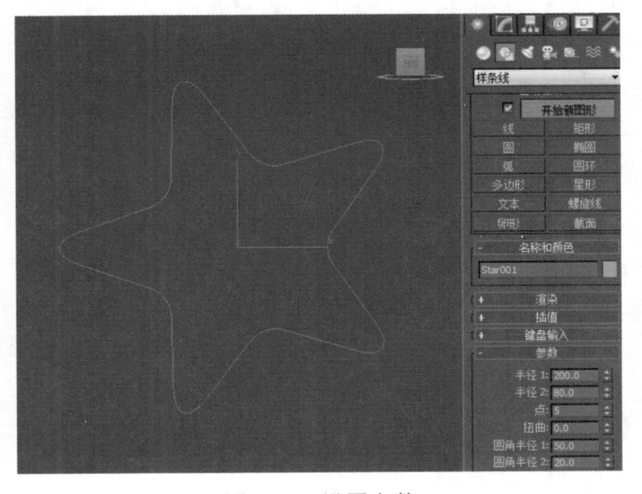

图 5-45　设置参数

Step 3 ▶ 在“渲染”参数栏选中“在渲染中启用”和“在视口中启用”复选框，设置“厚度”为 100，“边”为 10，具体参数设置如图 5-46 所示。

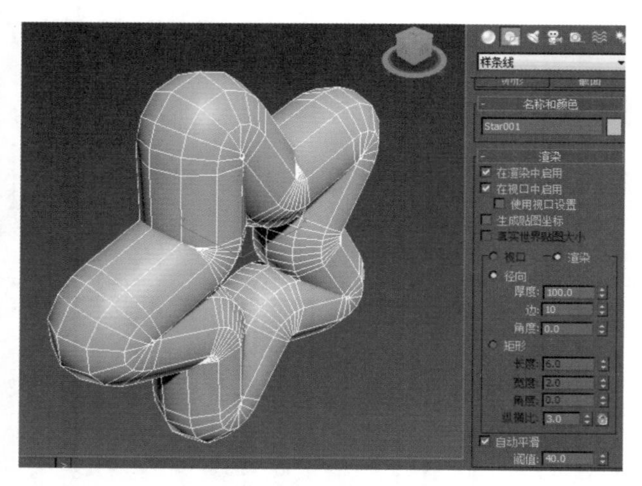

图 5-46　渲染对象

Step 4 ▶ 使用“弧”工具在前视图中创建一个弧，在“参数”卷展栏中设置“半径”为 100，“从”为 220，“到”为 150，具体参数设置如图 5-47 所示。

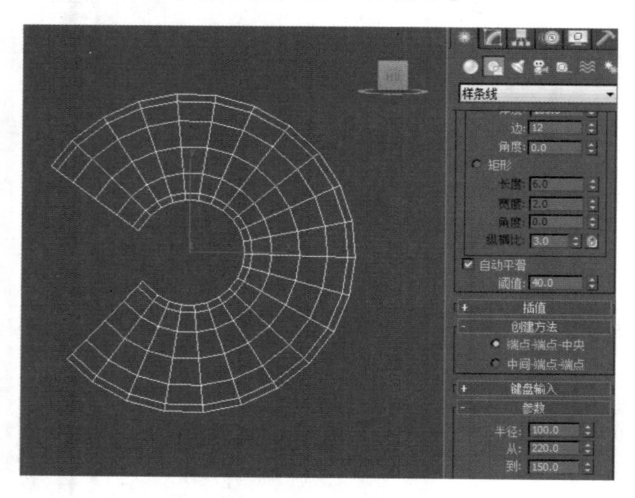

图 5-47　绘制对象

Step 5 ▶ 按住 Shift 键使用“选择并旋转”工具复制对象，在“选择并旋转”工具上右击，弹出“旋转变换输入”对话框，在“绝对：世界”选项组中输入 X 轴为 -90，Y 轴为 -180，如图 5-48 所示。

Step 6 ▶ 关闭“旋转变换输入”对话框，使用“选择并移动”工具将复制的对象移动到适当位置，如图 5-49 所示。

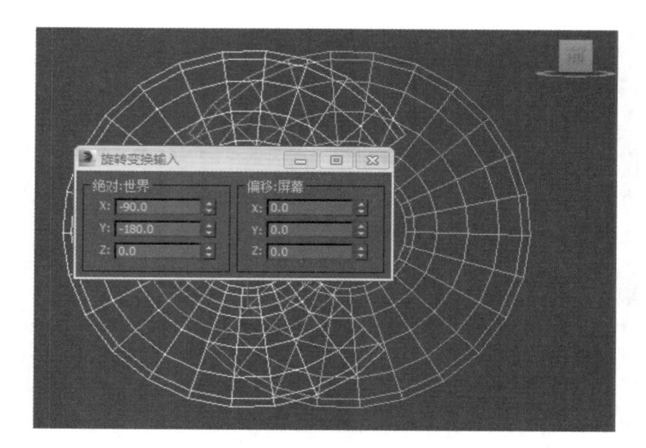

图 5-48　旋转复制

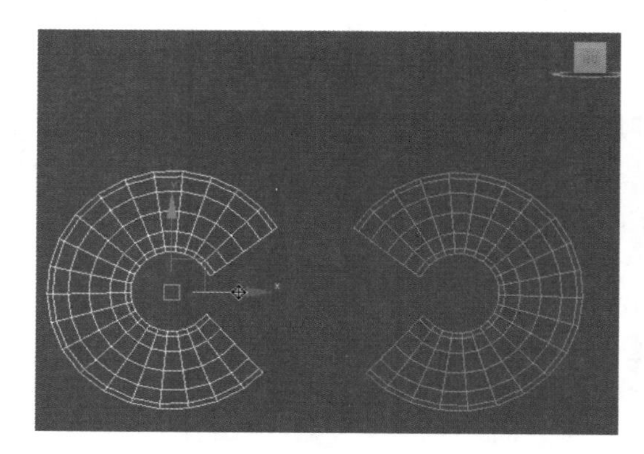

图 5-49　移动对象

Step 7 ▶ 单击“圆环”按钮，在前视图中创建一个圆环，使用“选择并均匀缩放”工具放大对象至适当大小，如图 5-50 所示。

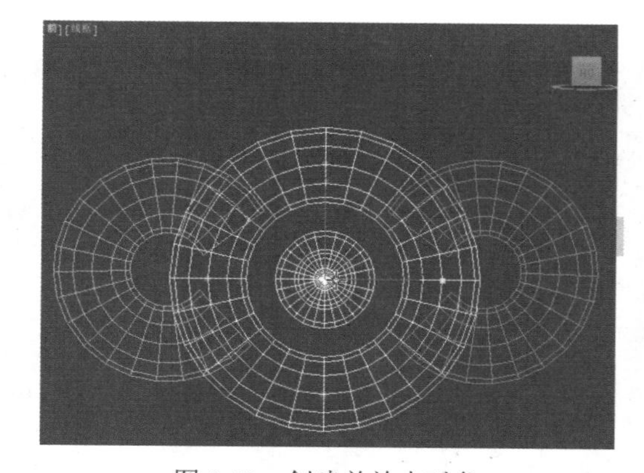

图 5-50　创建并放大对象

Step 8 ▶ 框选两个弧和一个圆环，执行“组”/“组”命令，在弹出的“组”对话框中，输入组名为“组 001”，单击“确定”按钮，效果如图 5-51 所示。

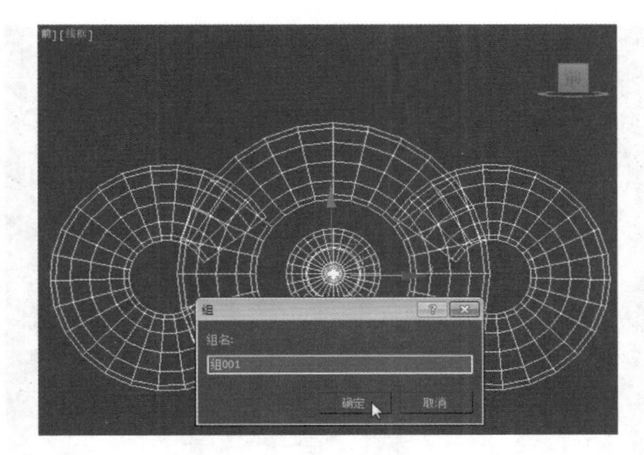
图 5-51　将对象创建为组

Step 9 ▶ 切换到透视图，效果如图 5-52 所示。

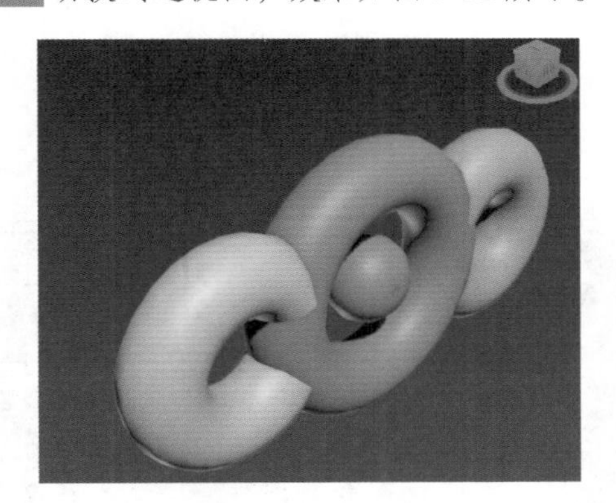
图 5-52　观察效果

Step 10 ▶ 在前视图中使用“卵形”工具创建对象，在“渲染”卷展栏选中“在渲染中启用”和“在视口中启用”复选框，设置“厚度”为 100，“边”为 12，具体参数设置如图 5-53 所示。

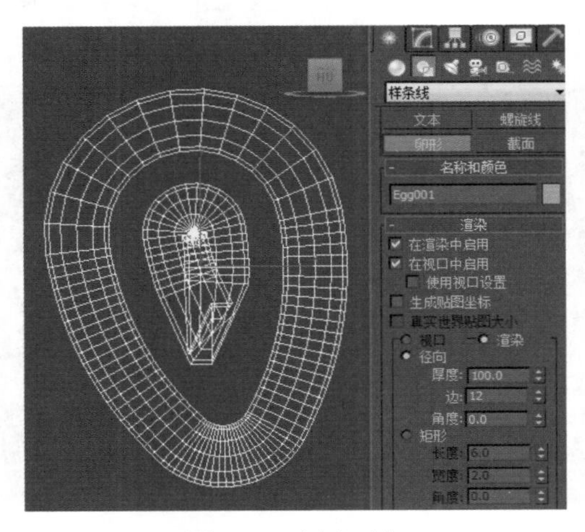
图 5-53　创建对象

Step 11 ▶ 在“渲染”卷展栏中设置“厚度”为 60，在“参数”卷展栏中设置“长度”为 525，“宽度”为 350，“厚度”为 -80，“角度”为 180，具体参数设置如图 5-54 所示。

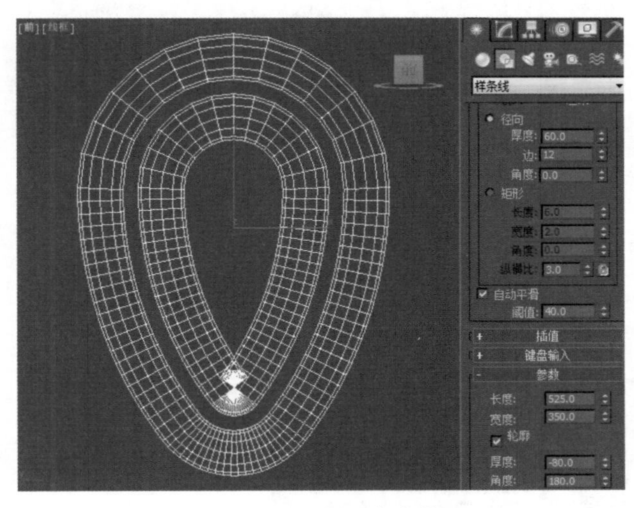
图 5-54　设置对象参数

Step 12 ▶ 切换到透视视图，在“创建”面板中单击“几何体”工具，绘制一个圆柱体，在“参数”卷展栏中设置“半径”为 10，“高度”为 200，具体参数设置如图 5-55 所示。

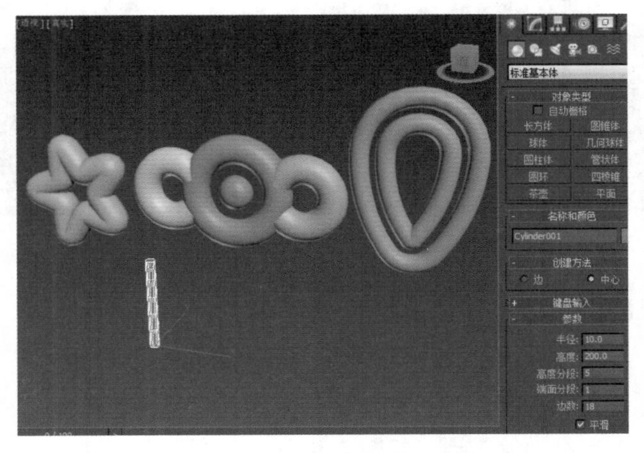
图 5-55　绘制对象并设置参数

Step 13 ▶ 还原视口，使用“选择并移动”工具将圆柱体移动到星形下方的适当位置，如图 5-56 所示。

Step 14 ▶ 按住 Shift 键使用“选择并旋转”工具复制圆柱体，并将其移动到卵形下方，最大化显示“透视”视图，效果如图 5-57 所示。

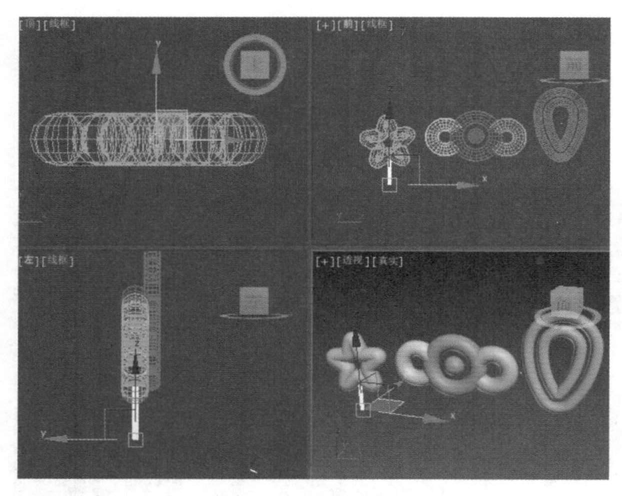

图 5-56　复制对象

图 5-57　显示效果

5.2 扩展样条线

扩展样条线的创建和编辑方法与样条线相似，并且也可以直接转换为 NURBS 曲线。

在“创建”面板中单击“图形”按钮，再单击“图形类型”下拉按钮，选择“扩展样条线”选项，如图 5-58 所示，面板即扩展样条线的内容，如图 5-59 所示。

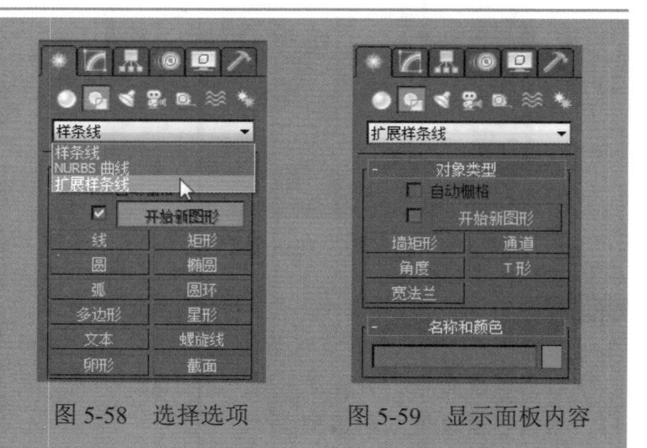

图 5-58　选择选项　　图 5-59　显示面板内容

5.2.1 墙矩形

利用“墙矩形”工具可以创建两个嵌套的矩形，并且内外矩形的边保持相同间距。适合创建窗框、方管截面等图形，如图 5-60 所示。配合 Ctrl 键可以创建嵌套的正方形，如图 5-61 所示。

读书笔记

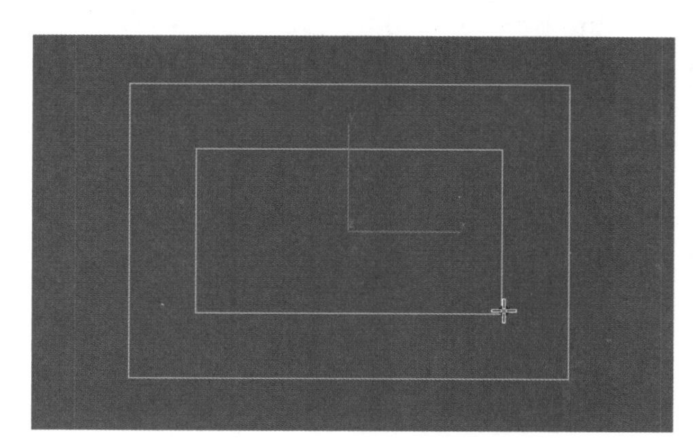

图 5-60　创建对象（1）

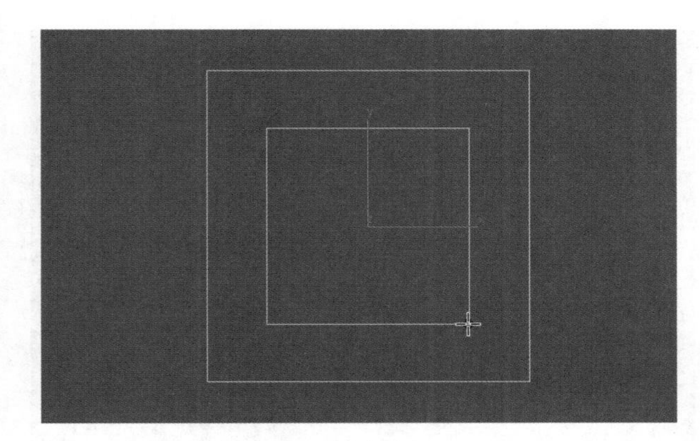

图 5-61　创建对象（2）

知识解析：墙矩形创建面板

- 长度：设置墙矩形的外围矩形长度。
- 宽度：设置墙矩形的外围矩形宽度。
- 厚度：设置墙矩形的厚度，即内外矩形的间距。
- 同步角过滤器：选中该复选框时，墙矩形的内外矩形圆角保持平行，同时下面的“全额半径2”失效。
- 角半径1/角半径2：设置墙矩形内外矩形的圆角值。当“角半径1”为20，“角半径2”为0时，效果如图5-62所示；当“角半径1”为0，“角半径2”为10时，效果如图5-63所示。

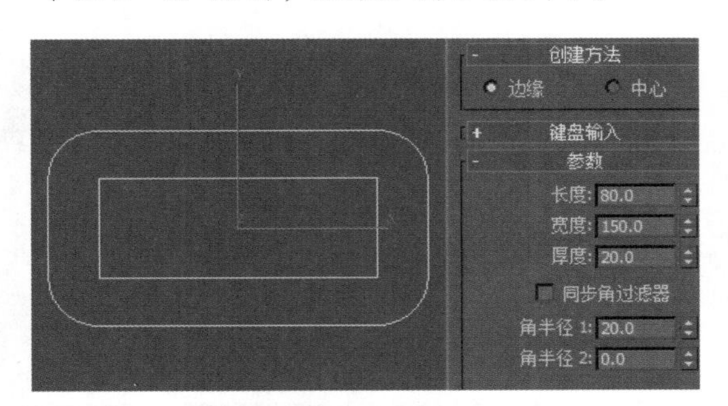

图 5-62　显示效果（1）

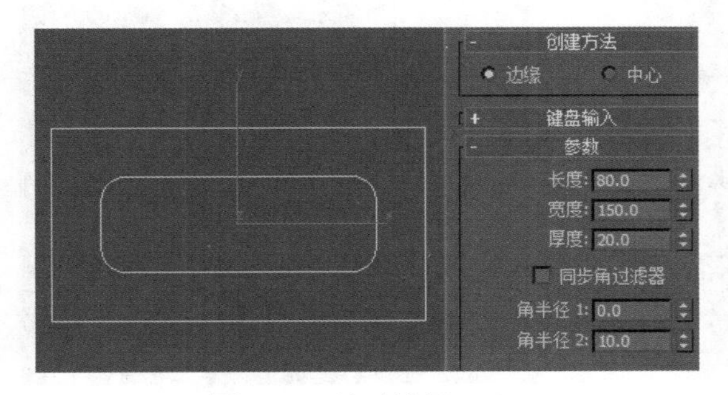

图 5-63　显示效果（2）

5.2.2 通道

使用“通道”可以创建C形槽轮廓图形，如图5-64所示；配合Ctrl键可以创建边界框为正方形的C形槽，如图5-65所示；并可以在槽底和槽壁的转角处设置圆角，如图5-66所示。

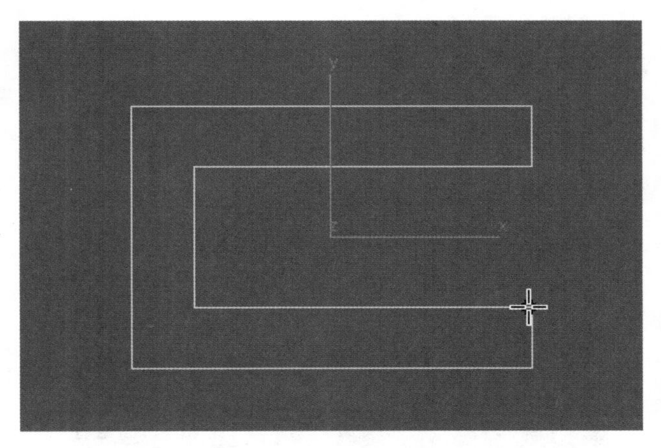

图 5-64　创建对象（1）

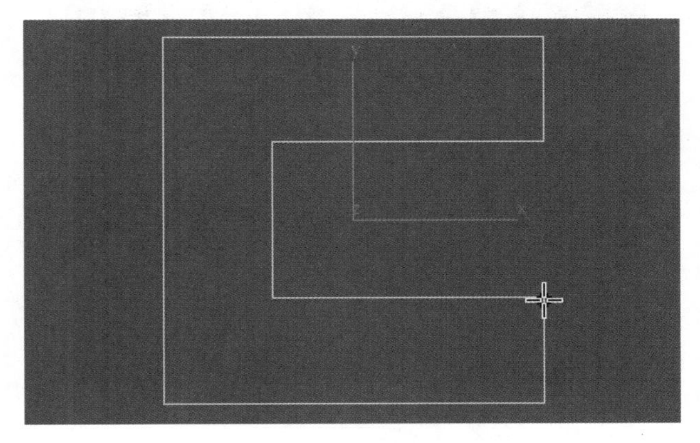

图 5-65　创建对象（2）

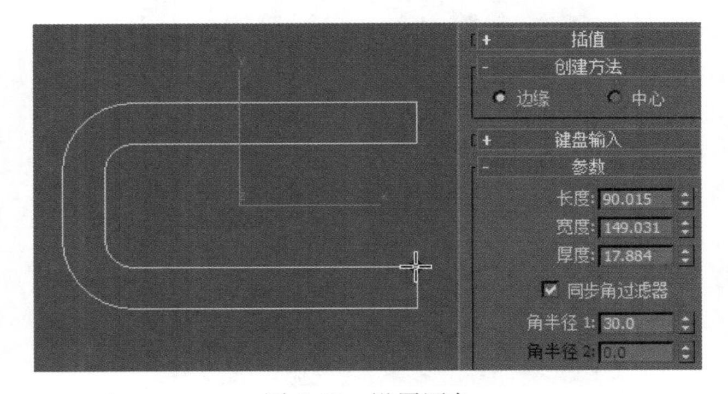

图 5-66　设置圆角

知识解析：通道创建面板

◆ 长度：设置 C 形槽边界长方形的长度。
◆ 宽度：设置 C 形槽边界长方形的宽度。
◆ 厚度：设置槽的厚度。
◆ 同步角过滤器：选中该复选框后，C 形槽外侧和内侧的圆角保持平行，同时下面的“角半径 2”失效。
◆ 角半径 1/ 角半径 2：分别设置外侧和内侧的圆角值。

5.2.3 角度

“角度”选项可以创建角线图形，单击指定起点并按住鼠标左键不放拖动，释放鼠标确定长和宽，拖动鼠标创建角度图形，如图 5-67 所示；配合 Ctrl 键可以创建边界框为正方形的角线，如图 5-68 所示；并可以设置圆角，如图 5-69 所示；常用于创建角钢、包角的截面图形。

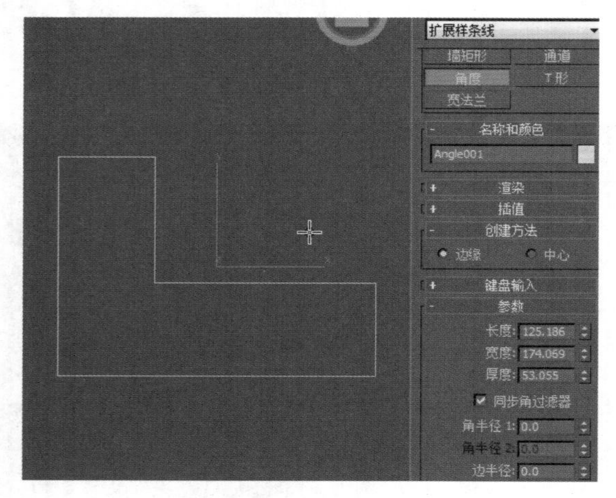

图 5-67　创建对象（1）

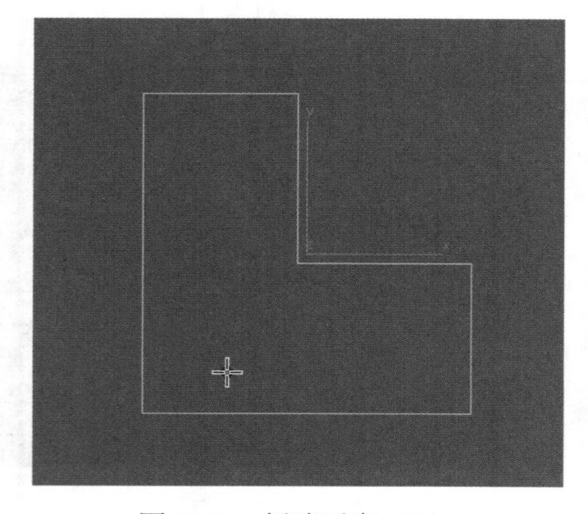

图 5-68　创建对象（2）

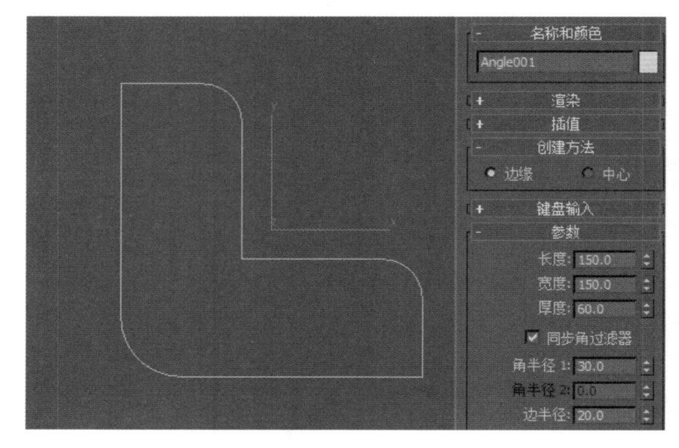

图 5-69　圆角对象

读书笔记

知识解析：角度创建面板

◆ 长度：设置角线边界长方形的长度。
◆ 宽度：设置角线边界长方形的宽度。
◆ 厚度：设置角线的厚度。
◆ 同步角过滤器：选中该复选框后，角线拐角处外侧和内侧的圆角保持平行，同时下面的“角半径 2”失效。
◆ 角半径 1/ 角半径 2：分别设置角线拐角处外侧和内侧的圆角值。设置“角半径 1”为 50，效果如图 5-70 所示。

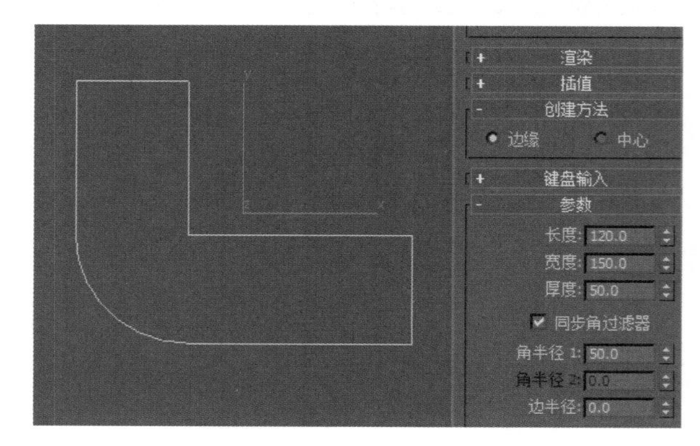

图 5-70　设置角半径效果

◆ 边半径：设置角线两个顶端内侧的圆角值。设置“边半径”为 30，效果如图 5-71 所示。

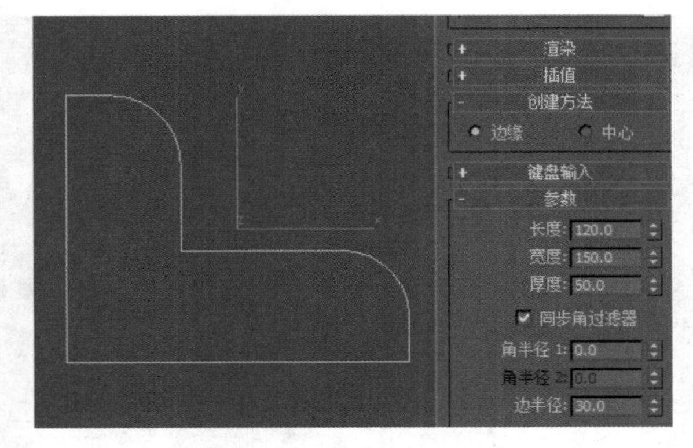

图 5-71　设置边半径效果

读书笔记

5.2.4 T形

T 形用于创建一个闭合的 T 形样条线，单击指定起点并按住鼠标左键不放向右下角拖动，释放鼠标确定长和宽，向左上角拖动并单击指定图形厚度，如图 5-72 所示；配合 Ctrl 键可以创建边界框为正方形的 T 形，如图 5-73 所示。

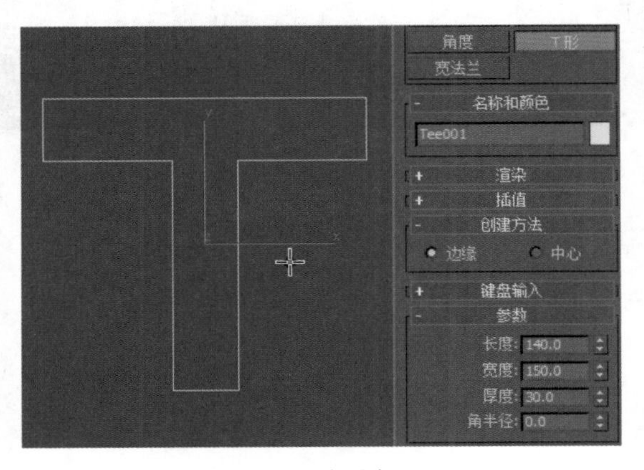

图 5-72　创建对象（1）

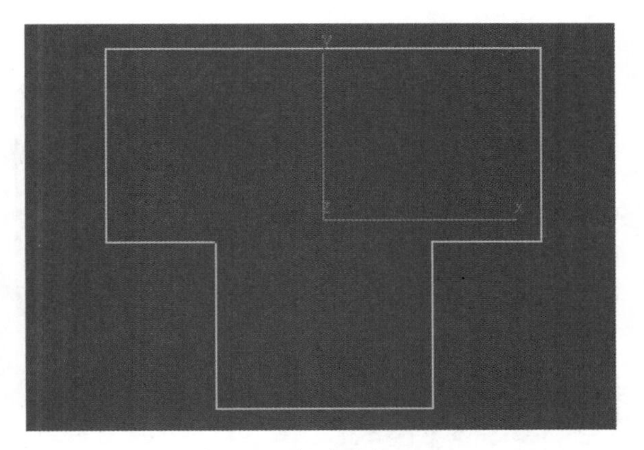

图 5-73　创建对象（2）

知识解析：T 形创建面板

◆ 长度：设置 T 形边界长方形的长度。
◆ 宽度：设置 T 形边界长方形的宽度。
◆ 厚度：设置对象厚度。
◆ 角半径：给 T 形的腰和翼交接处设置圆角。

技巧秒杀

创建 T 形图形时，单击指定起点后，按住鼠标左键拖动的方向不同，创建的图形也不同。

（1）单击“T 形”按钮，在视图中单击鼠标指定起点，按住鼠标左键不放向右拖动至适当位置释放鼠标，如图 5-74 所示。

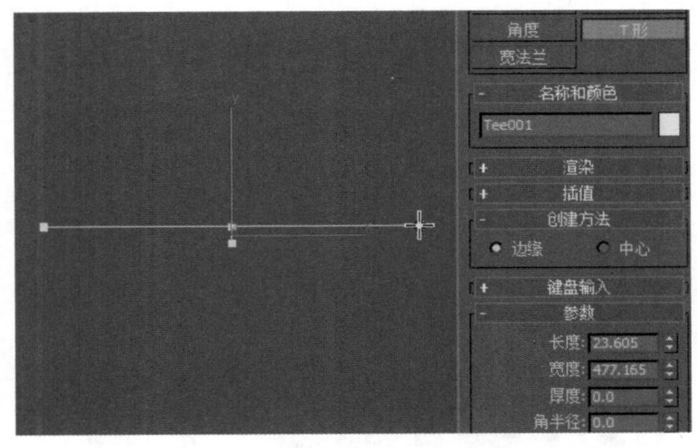

图 5-74　绘制对象（1）

（2）拖动并单击指定 T 形的厚度，如图 5-75 所示。

（3）单击鼠标指定起点，按住鼠标左键不放向上拖动至适当位置以指定 T 形长度，如图 5-76 所示。

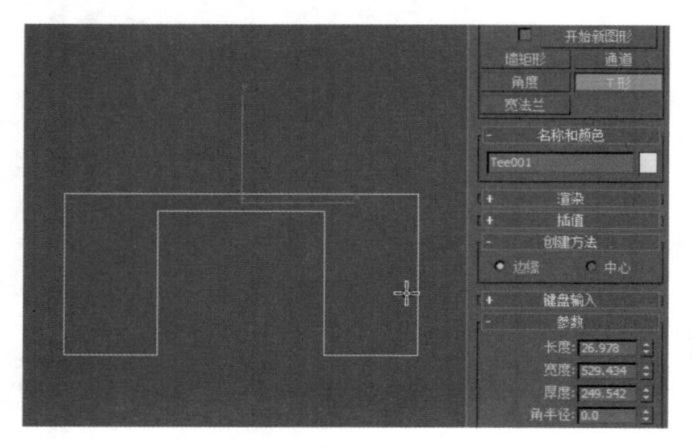

图 5-75　绘制对象（2）

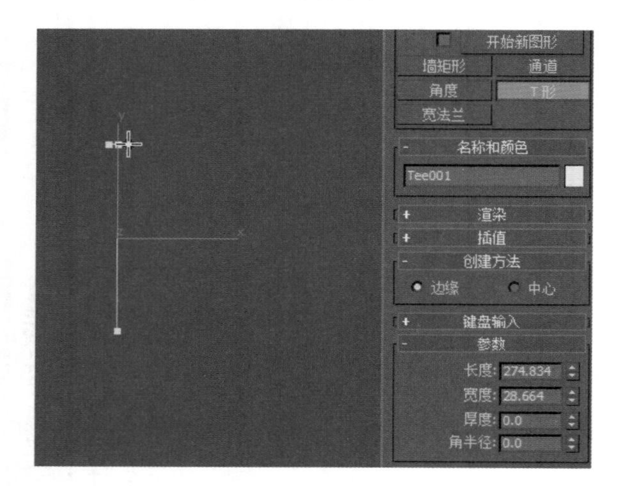

图 5-76　指定对象长度

（4）在没有释放鼠标的情况下继续向右拖动至适当位置，释放鼠标确定 T 形宽度，如图 5-77 所示。

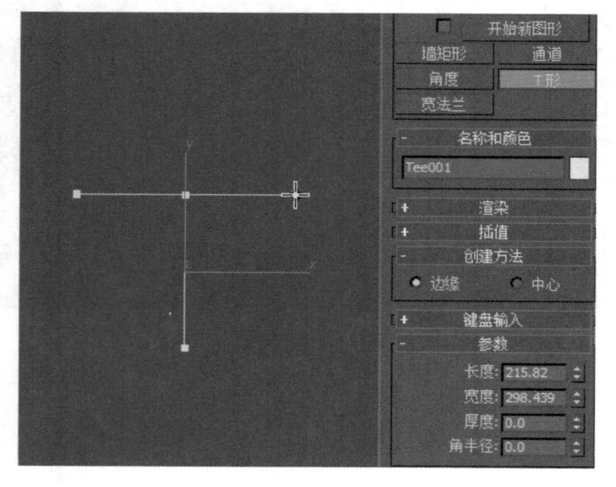

图 5-77　指定对象宽度

（5）向右下拖动鼠标并单击指定 T 形的厚度，如图 5-78 所示。

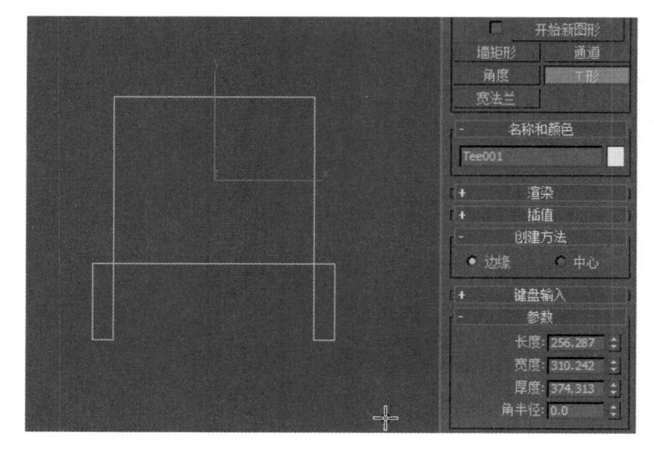

图 5-78　指定对象厚度

5.2.5 宽法兰

宽法兰用于创建一个工字形图案，配合 Ctrl 键可以创建边界框为正方形的工字形图案，如图 5-79 所示。

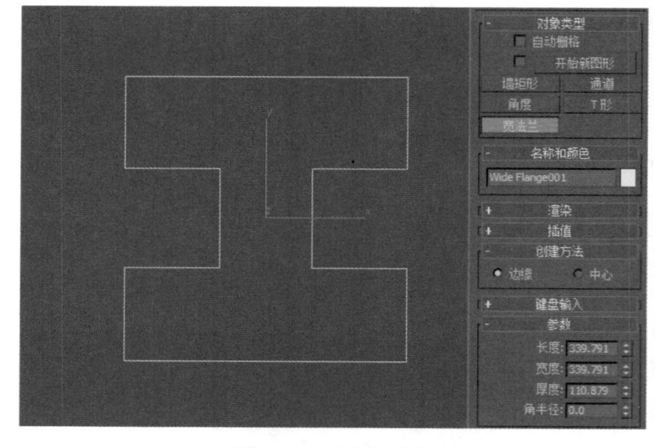

图 5-79　创建对象

知识解析：宽法兰创建面板

- 长度：设置宽法兰边界长方形的长度。
- 宽度：设置宽法兰边界长方形的宽度。
- 厚度：设置对象厚度。
- 角半径：设置宽法兰 5 个凹角的圆角半径。

5.3 对样条线进行编辑

在 3ds Max 中，为了创建系统没有提供但又需要的复杂模型，可以对样条线的形状进行修改，并且由于绘制出来的样条线都是参数化对象，只能对参数进行调整，所以就需要将样条线转换为可编辑样条线。

5.3.1 把样条线转换为可编辑样条线

要对样条线进行修改调整，必须将其转换为可编辑样条线。创建并选择样条线，如图 5-80 所示；单击“修改器列表”，再单击加载“编辑样条线”修改器，如图 5-81 所示；“修改”面板更改为如图 5-82 所示。

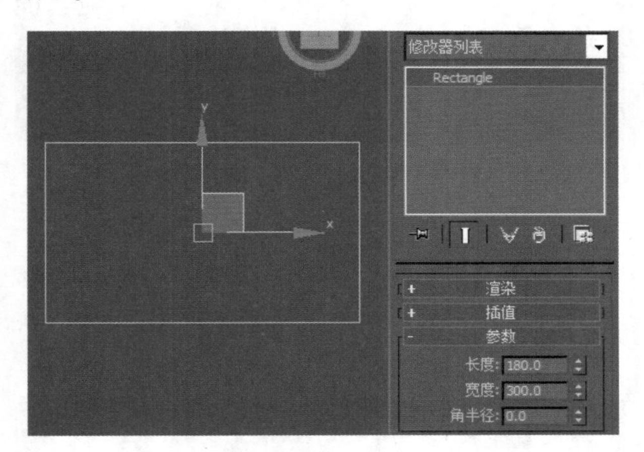

图 5-80 创建并选择对象

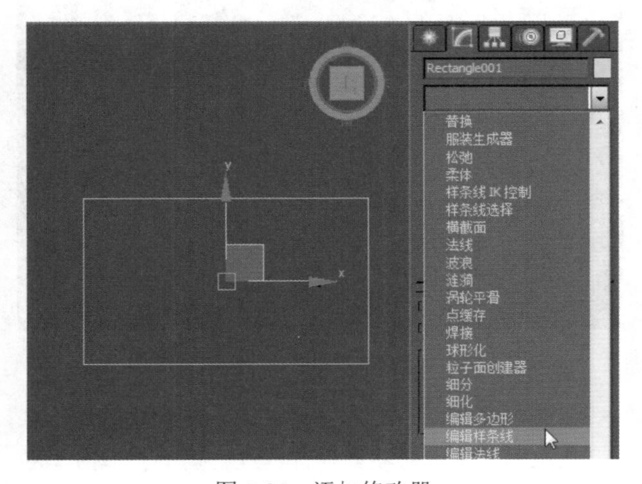

图 5-81 添加修改器

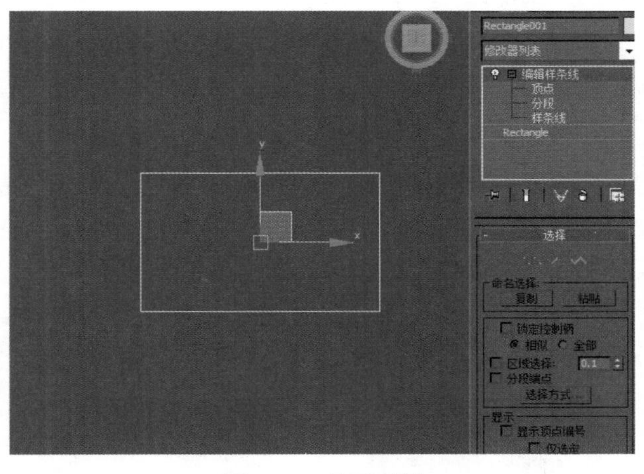

图 5-82 显示面板

技巧秒杀

选择样条线并右击，在弹出的快捷菜单中选择“转换为”→“转换为可编辑样条线”命令，如图 5-83 所示；也可以将样条线转换为可编辑样条线。

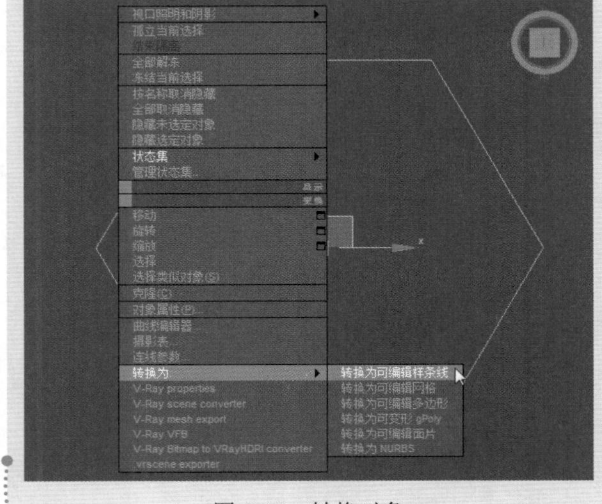

图 5-83 转换对象

使用“修改器列表”包含了“编辑样条线”选项，也保留了原始的样条线；使用菜单转换样条线，就没有了“参数”卷展栏，但增加了“选择”、“软选择”和“几何体”3个卷展栏。

在3ds Max的修改器中，能够用于样条线编辑的修改器包括编辑样条线、横截面、删除样条线、车削、规格化样条线、圆角 / 切角、修剪 / 延伸等。

5.3.2 编辑样条线

“编辑样条线”修改器主要针对样条线进行修改和编辑，当样条线转换为可编辑样条线后，选择“编辑样条线”选项时，面板中包含3个卷展栏，分别是“选择”、“软选择”和“几何体”，如图5-84所示；选择对象，如选择Star时，面板中包含3个卷展栏，“渲染”、“插值”和“参数”，如图5-85所示。

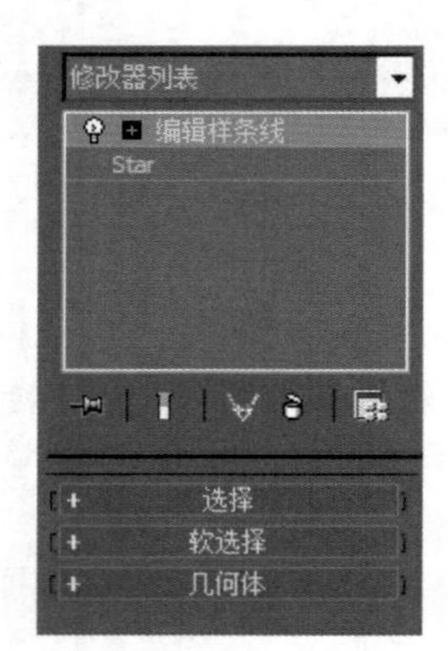

图5-84 显示面板（1）

图5-85 显示面板（2）

读书笔记

知识解析：“编辑样条线”面板

“选择”卷展栏：主要用来切换可编辑样条线的操作级别。

◆ 顶点 ：用于进入“顶点”子对象级别，如图5-86所示；在该级别下可以对样条线的顶点进行调节，如图5-87所示。

图5-86 进入“顶点”子级别

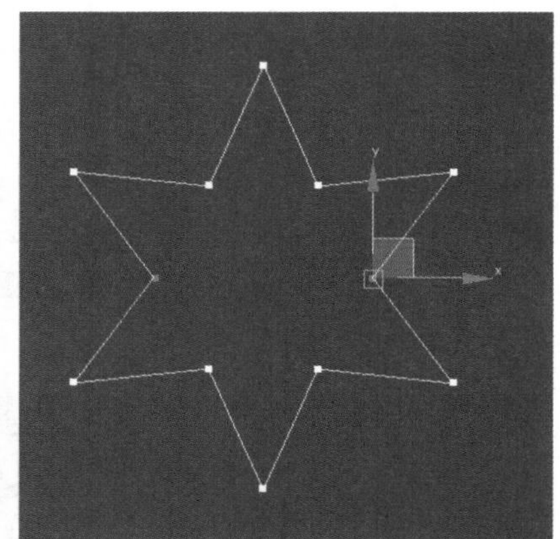

图5-87 选择顶点

◆ 线段 ：用于进入“线段”子对象级别，在该级别下可以对样条线的线段进行调节，如图5-88所示。

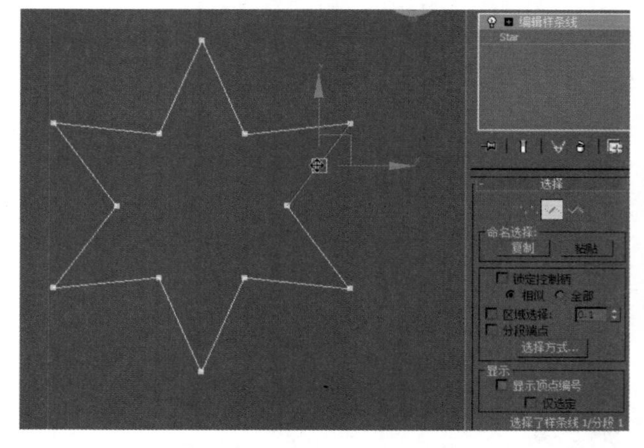

图5-88 在“线段”子级别编辑对象

◆ 样条线 ：用于进入“样条线”子对象级别，在该级别下可以对整条样条线进行调节，如图5-89所示。

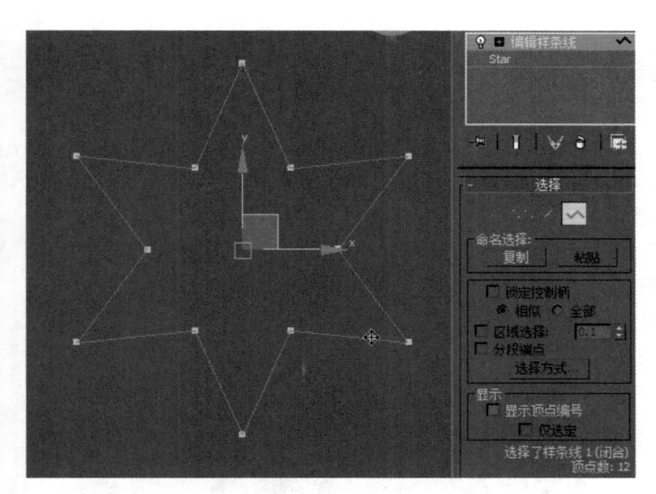

图 5-89　在“样条线”子级别编辑对象

5.3.3 横截面

“横截面”修改器常用于建筑内部结构，通过连接多个三维曲线的顶点形成三维线框，再通过“曲面”修改器创建表面面片，如图 5-90 所示。

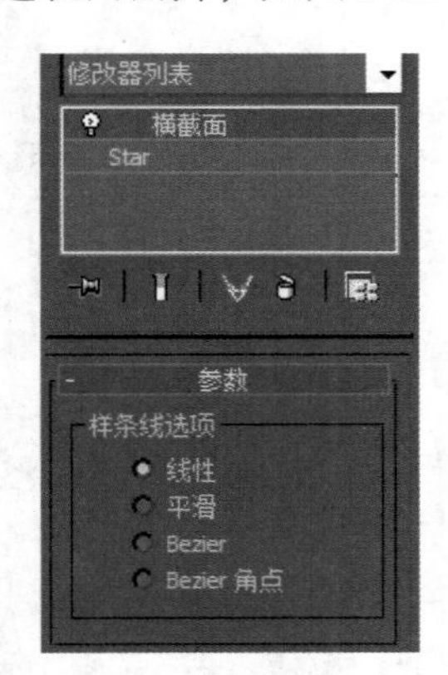

图 5-90　“横截面”面板

知识解析：“横截面”面板

- 线性：顶点之间以直线连接，角点处无平滑过渡。
- 平滑：强制把线段变成加油曲线，但仍和顶点呈相切状态，无调节手柄。
- Bezier：提供两根调节杆，但两根调节杆呈一支线并与顶点相切，使顶点两侧的曲线总保持平衡。
- Bezier 角点：两根调节杆均可随意调节自己的曲率。

5.3.4 曲面

“曲面”修改器主要用于配合“横截面”工具完成模型的制作。优点在于能以准确、简练的线条构建出模型的空间网格，每一点都是网框上线条的交点，没有独立的点存在，而且对内存的利用率高，系统运算快，其参数面板如图 5-91 所示。

图 5-91　“曲面”面板

5.3.5 删除样条线

“删除样条线”修改器用于删除其下修改堆栈中选择的子对象集合，包括顶点、分段和样条线，它是针对“样条线选择”的修改命令，不会将指定部分真正删除。当用户重新需要那些被删除的部分时，只要将这个修改命令删除即可。这个修改器没有可调节的参数，直接使用即可。

5.3.6 车削

“车削”修改器可以通过围绕坐标轴旋转一个图形或 NURBS 曲线来生成 3D 对象。

读书笔记

实例操作：制作高脚杯

本例将使用车削修改器创建高脚杯。首先使用“线”创建高脚杯的形状，接着添加车削修改器并设置参数，然后创建另一个高脚杯，完成高脚杯的制作。

具体操作步骤如下。

Step 1 在“创建”面板中单击“图形”按钮，单击“线”按钮，在前视图中绘制样条线，加载“车削”修改器，如图 5-92 所示。

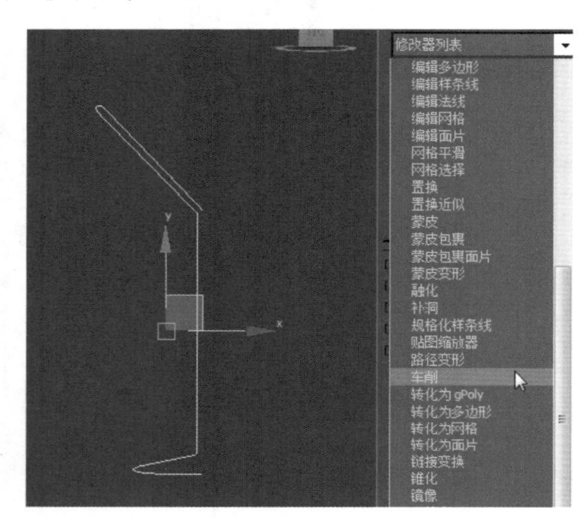

图 5-92　添加修改器

Step 2 在“参数”卷展栏中设置“分段”为 50，“方向”为 Y 轴，“对齐”为“最大”，如图 5-93 所示。

图 5-93　设置参数

Step 3 制作另一个形状不同的高脚杯，使用“线”工具在前视图中绘制样条线，如图 5-94 所示。

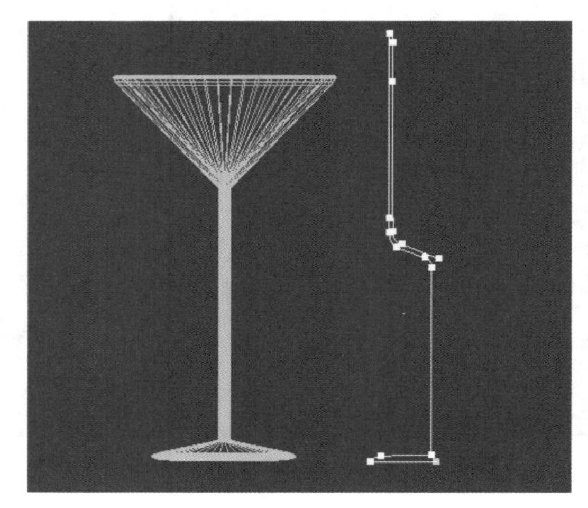

图 5-94　绘制图形

Step 4 加载“车削”修改器，在“参数”卷展栏中设置“分段”为 50，“方向”为 Y 轴，“对齐”为“最大”，如图 5-95 所示。

图 5-95　添加修改器

知识解析：“车削”面板

- 度数：设置对象围绕坐标轴旋转的角度，其范围为 0°~360°，默认值为 360°。
- 焊接内核：通过焊接旋转轴中的顶点来简化网格。
- 翻转法线：使物体的法线翻转，翻转后物体的内部会外翻。
- 分段：在起始点之间设置在曲面上创建的插补线段的数量。

5.3.7 规格化样条线

“规格化样条线”修改器用于增加新的控制点到曲线，并且重新调节顶点的位置，使它们均匀分布在曲线上。常用于路径动画中，保持运动对象的速度不变，其参数面板如图 5-96 所示。

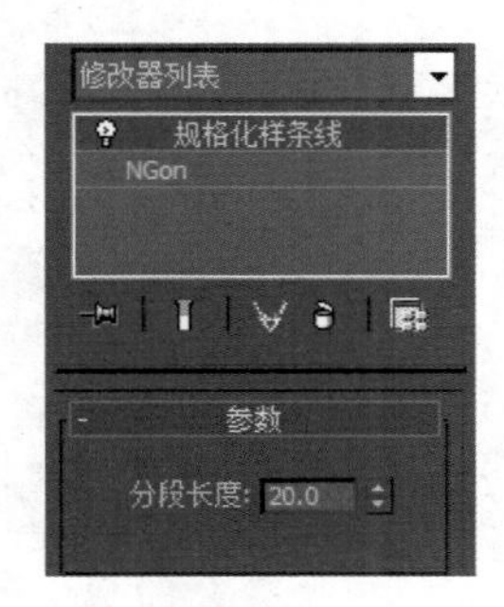

图 5-96 “规格化样条线”面板

知识解析：“规格化样条线”面板

◆ 分段长度：控制重新分布到曲线上的顶点数量。

5.3.8 圆角/切角

“圆角/切角”修改器专用于样条线的加工，对直角转折点进行加线处理，产生圆角或切角效果。圆角会在转角处增加更多的顶点；切角会倒折角，增加一个点与选择点之间形成一个线段。在“编辑样条线”修改器的子对象级别中也有圆角和倒角功能，与这里产生的效果是一样的。但这里进行的圆角和倒角操作会记录在堆栈层级中，方便以后的反复编辑。

Step 1 ▶ 在“创建”面板中单击“图形”按钮，使用“矩形”工具在顶视图中创建一个矩形，加载“圆角/切角”修改器，如图 5-97 所示。

Step 2 ▶ 框选矩形其中一个顶点，如图 5-98 所示。

Step 3 ▶ 在“编辑顶点”卷展栏中设置圆角“半径”为 50，单击“应用”按钮，如图 5-99 所示。

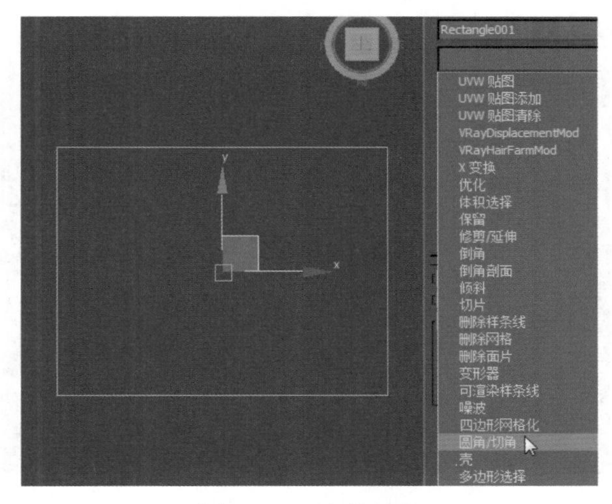

图 5-97 添加修改器

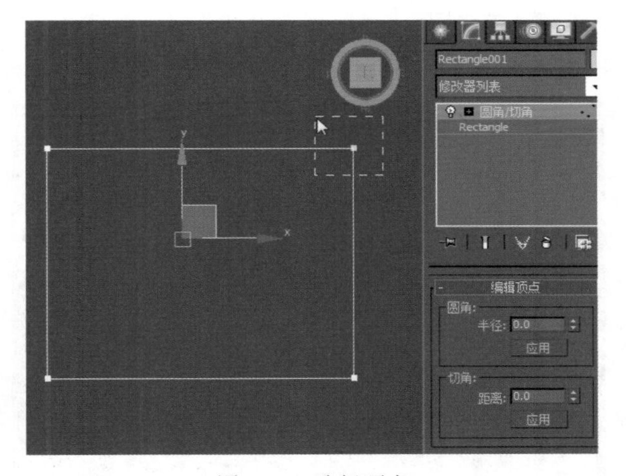

图 5-98 选择顶点

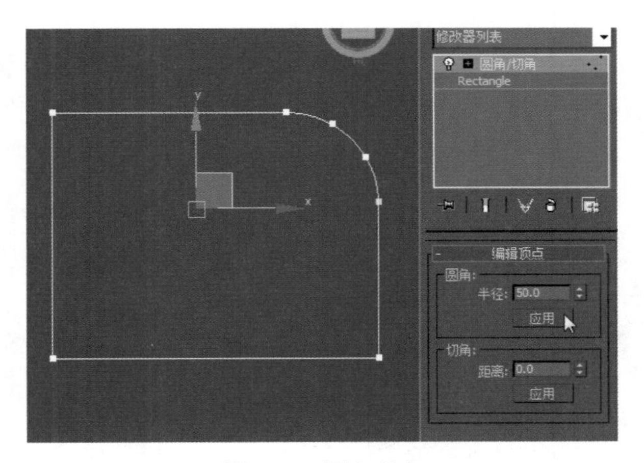

图 5-99 圆角顶点

Step 4 ▶ 单击进入“顶点”子层级，使用“选择并移动”

工具框选矩形下方的两个顶点，如图 5-100 所示。

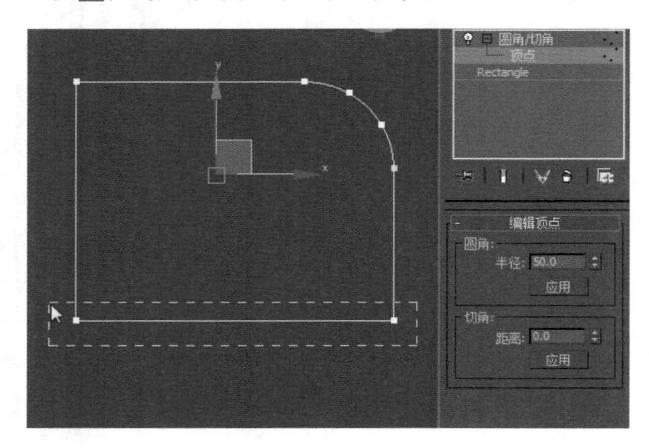

图 5-100　选择顶点

Step 5 ▶ 在“编辑顶点”卷展栏中设置切角“距离”为 20，单击“应用”按钮，如图 5-101 所示。

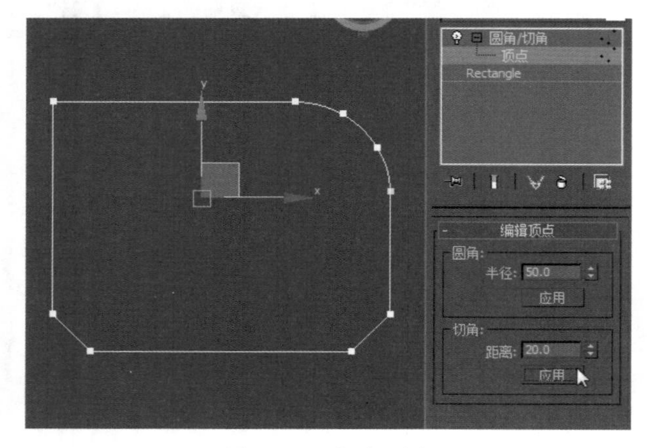

图 5-101　切角顶点

知识解析：“圆角 / 切角”编辑面板

- 半径：设置圆角的半径大小。
- 距离：设置切角的距离大小。
- 应用：将当前设置指定给选择点。

5.3.9 修剪 / 延伸

“修剪 / 延伸”修改器专用于样条线的加工，对于复杂交叉的样条线，使用这个工具可以轻松地去掉交叉或重新连接交叉点，被去掉交叉的断点会自动重新闭合。在“编辑样条线”修改器中也有同样的功能，用法也相同。但这里进行的圆角和倒角操作会记录在堆栈层级中，方便以后的反复编辑。

Step 1 ▶ 在“创建”面板中单击“图形”按钮，使用“线”工具在前视图中绘制图形，加载“修剪 / 延伸”修改器，如图 5-102 所示。

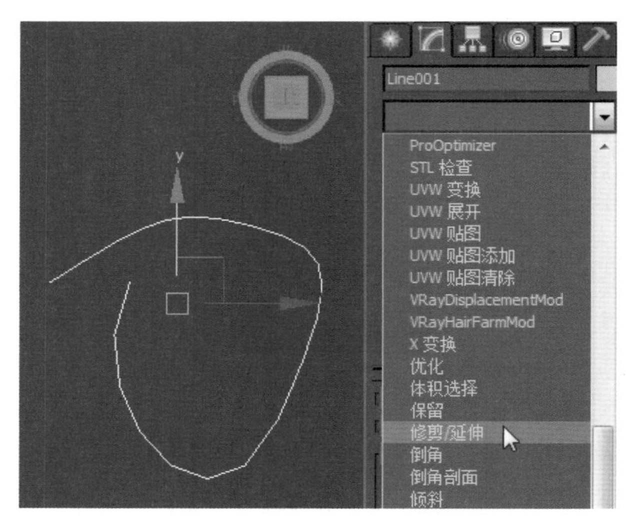

图 5-102　加载修改器

Step 2 ▶ 单击“拾取位置”按钮，如图 5-103 所示。

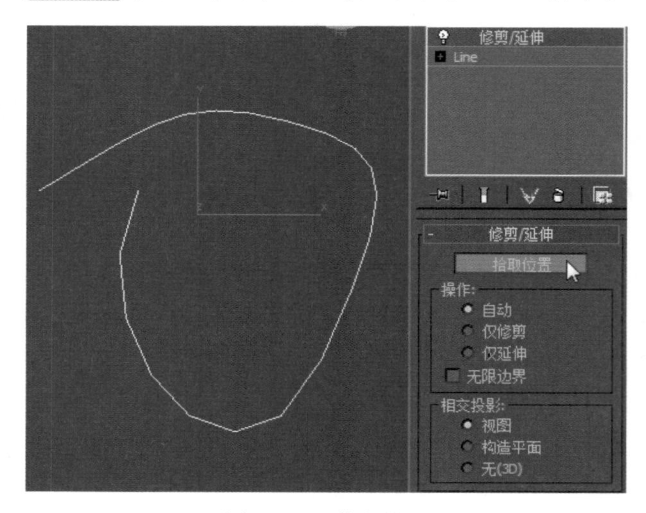

图 5-103　单击按钮

Step 3 ▶ 在需要延伸的线端点处单击拾取，效果如图 5-104 所示。

Step 4 ▶ 该端点自动延伸，如图 5-105 所示。

Step 5 ▶ 单击“拾取位置”按钮，在需要修剪的线端点处单击拾取，如图 5-106 所示。

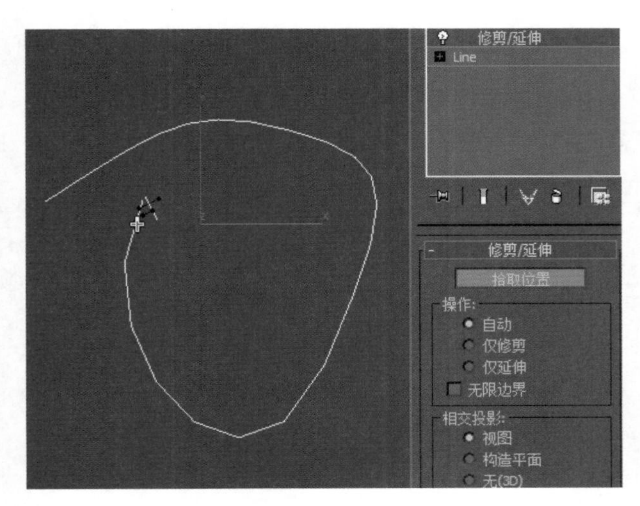

图 5-104　拾取对象

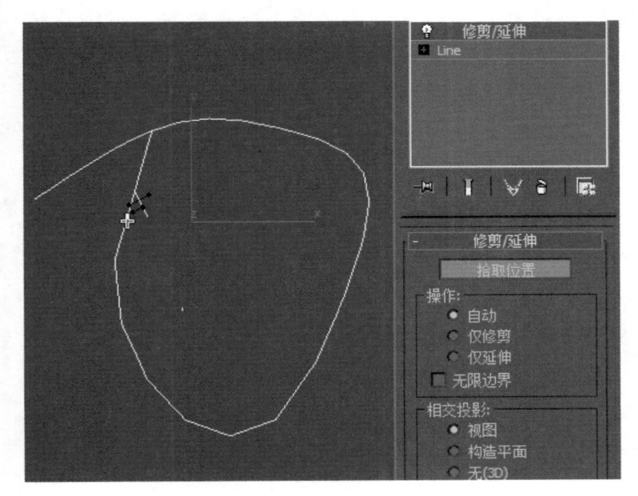

图 5-105　延伸对象

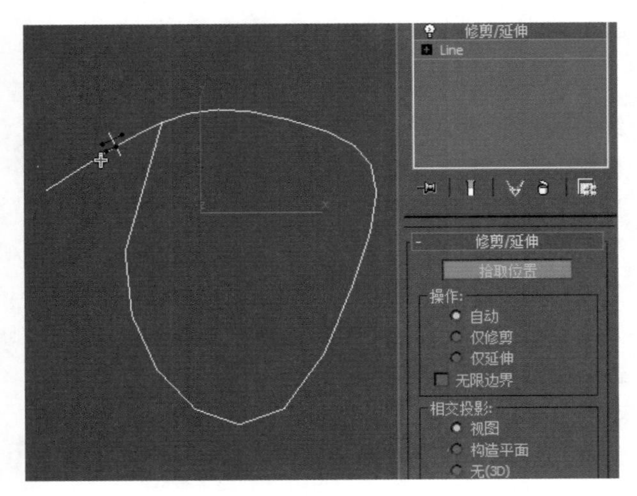

图 5-106　拾取修剪对象

Step 6 ▶ 该线段即被修剪，效果如图 5-107 所示。

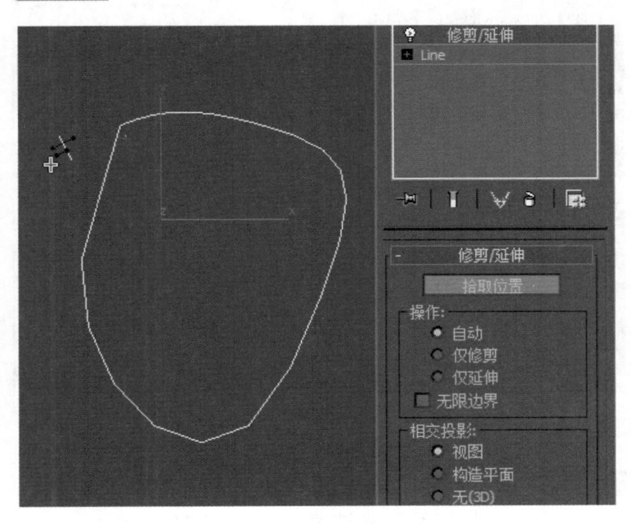

图 5-107　显示效果

知识解析：“修剪 / 延伸”编辑面板

- 拾取位置：单击该按钮，在视图中选择位置单击，进行修剪或者延伸修改。
- 自动：自动进行修剪或延伸，在单击位置点后，系统自动进行判断，能修剪的进行修剪，能延伸的进行延伸。
- 仅修剪：只进行修剪操作。
- 仅延伸：只进行延伸操作。
- 无限边界：选中该复选框，系统将以无限远为界限进行修剪，扩展计算。
- 视图：对当前视图显示的交叉进行修改。
- 构造平面：对构造平面上的交叉进行修改。
- 无（3D）：仅对三维空间中真正的交叉进行修改。

5.3.10 可渲染样条线

“可渲染样条线”修改器可以直接设置样条线的可渲染属性，而不用将样条线转换为可编辑样条线。可以同时对多个样条线应用该修改器。

Step 1 ▶ 在“创建”面板中单击“图形”按钮，然后单击“文本”按钮，在前视图中单击创建默认的文本图形，添加“可渲染样条线”修改器，如图 5-108 所示。

图 5-108　创建文本图形

Step 2 ▶ 在“渲染”卷展栏中选中“在渲染中启用”和“在视口中启用”复选框，如图 5-109 所示。

图 5-109　设置栅格显示

Step 3 ▶ 在“参数”卷展栏中设置“厚度”为 5，其他参数设置如图 5-110 所示。

图 5-110　设置厚度

知识解析：“可渲染样条线”面板

- 在渲染中启用：选中该复选框，线条在渲染时具有实体效果。
- 在视口中启用：选中该复选框，线条在视口中显示实体效果。
- 使用视口设置：当选中“在视口中启用”复选框时，此选项才可用。不选中该复选框，样条线在视口中的显示设置保持与渲染设置相同；选中该复选框，可以为样条线单独设置显示属性，通常用于提高显示速度。
- 生成贴图坐标：用于控制贴图位置。
- 真实世界贴图大小：不选中该复选框，贴图大小符合创建对象的尺寸；选中该复选框，贴图大小由绝对尺寸决定，与对象的相对尺寸无关。
- 视口：设置图形在视口中的显示属性。只有选中“在渲染中启用”和“在视口中启用”复选框时，此选项才可用。
- 渲染：设置样条线在渲染输出时的属性。
- 径向：将样条线渲染或显示为圆形或多边形的实体。
- 矩形：将样条线渲染或显示为长方体的实体。
- 自动平滑：选中该复选框，按照下面的“阈值”设定对可渲染的样条线实体进行自动平滑处理。
- 阈值：如果两个相邻表面法线之间的夹角小于阈值的角（单位为度），则指定相同的平滑组。

5.3.11 扫描

“扫描”修改器可用于将样条线或 NURBS 曲线路径挤压出截面，它类似“放样”操作，但与放样相比，扫描工具会显得更加简单而有效率，能让用户轻松快速地得到想要的结果。而且自带截面图形，同时还允许用户自定义截面图形的形状，以便生成各种复杂的三维实体模型。在创建结构钢细节、建模细节或任何需要沿着样条线挤出截面的情况时，该修改器都会非常有用。

Step 1 ▶ 在“创建”面板中单击“图形”按钮，使用“星形”工具创建一个星形，添加“扫描”修改器，如图 5-111 所示。

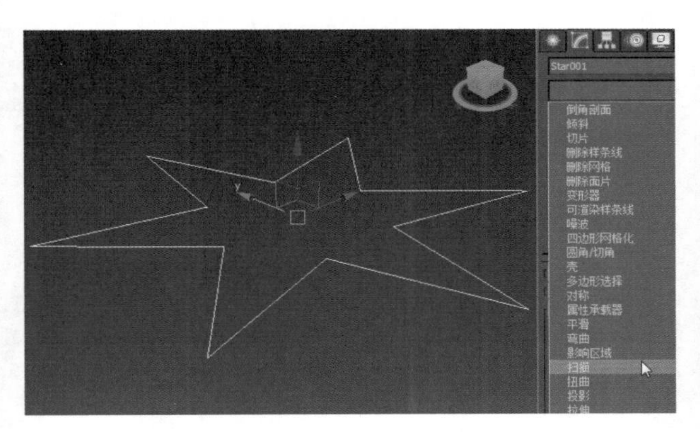

图 5-111　创建图形

Step 2 ▶ 在“截面类型”卷展栏中的“内置截面”下拉按钮中选择“T 形”，如图 5-112 所示。

图 5-112　选择类型

Step 3 ▶ 在“参数”卷展栏中设置“长度”为 12，“宽度”为 6，“厚度”为 0.5，“角半径”为 0.5，效果如图 5-113 所示。

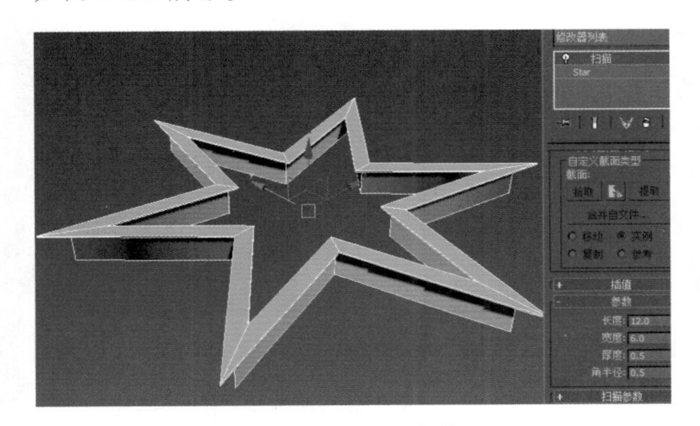

图 5-113　设置参数

Step 4 ▶ 在“参数”卷展栏中修改“厚度”为 20，“角半径”为 10，其他参数设置如图 5-114 所示。

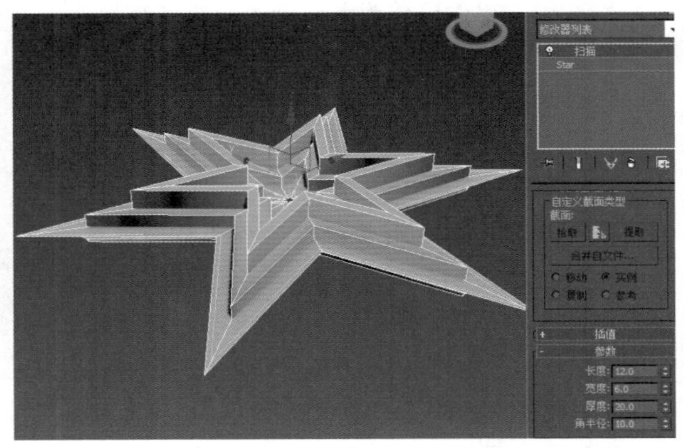

图 5-114　修改参数

知识解析：“扫描”面板

（1）“截面类型”卷展栏（如图 5-115 所示）

◆ 使用内置截面：选中该单选按钮后，用户可以选择内置任一可用截面，选定了截面后还可以在参数栏中对截面进行修改。

◆ 内置截面：在其下拉列表中还可以选择内置截面图形，如图 5-116 所示。

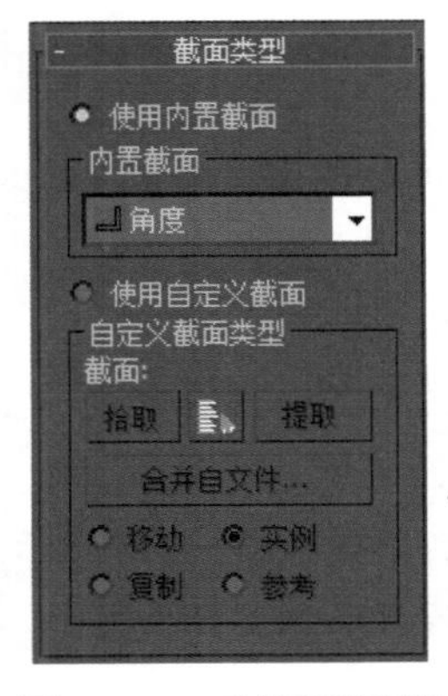

图 5-115　“截面类型”卷展栏

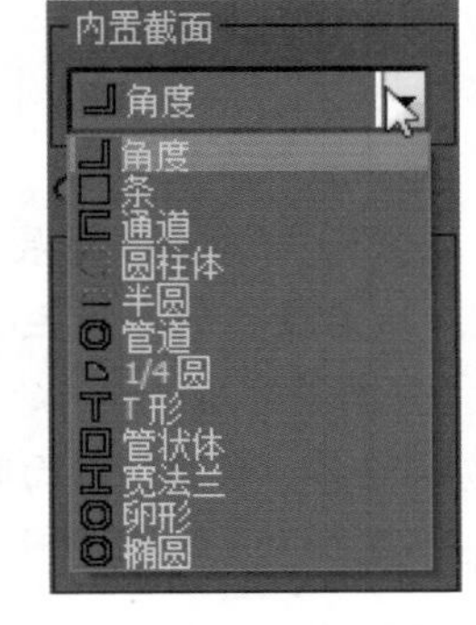

图 5-116　“内置截面”选项内容

◆ 角度：一种结构角的截面类型，这是默认的截面类型。

◎ 条：以 2D 矩形条作为截面对曲线进行扫描。

◎ 通道：以 U 形通道结构曲线作为截面沿着曲线进行扫描。

◎ 圆柱体：以圆柱体作为截面沿着曲线进行扫描。

◎ 半圆：以半圆作为截面沿着曲线进行扫描。

◎ 管道：以管道作为截面沿着曲线进行扫描。

◎ 1/4 圆：以四分之一圆作为截面沿着曲线进行扫描。

◎ T 形：以 T 形字母结构为截面沿着曲线进行扫描。

◎ 管状体：以方形管状结构作为截面沿着曲线进行扫描。

◆ 使用自定义截面：选中该单选按钮：用户可以自定义截面，也可以选择场景中的对象或其他 3ds Max 文件中的对象作为截面。

◆ 自定义截面类型：在其选项组中提供了定制截面的一些功能和参数。

（2）“插值”卷展栏（如图 5-117 所示）

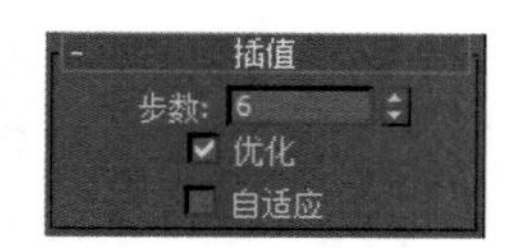

图 5-117 “插值”卷展栏

◆ 步数：设置截面图形的步数。值越高，扫描对象的表面越光滑。

◆ 优化：选中该复选框，系统自动去除直线截面上多余的步数。

◆ 自适应：系统自动对截面进行处理，不理会设置的步数值和优化。

（3）“参数”卷展栏

该卷展栏的参数主要为内置截面设置角度、弧度、大小等性质，不同的截面图形有着不同的参数。

◆ 当选择“角度”截面时，其参数如图 5-118 所示。

◆ 当选择“条”截面时，其参数如图 5-119 所示。

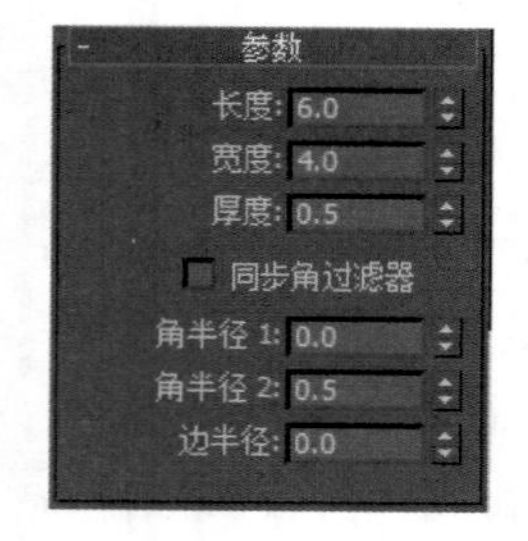

图 5-118 “角度”截面的参数

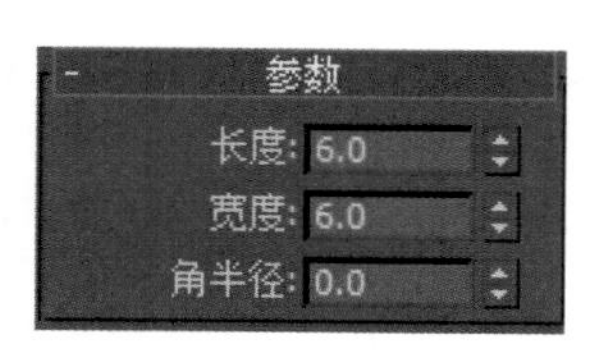

图 5-119 “条”截面的参数

◆ 当选择“通道”截面时，其参数如图 5-120 所示。

◆ 当选择“圆柱体”截面时，其参数如图 5-121 所示。

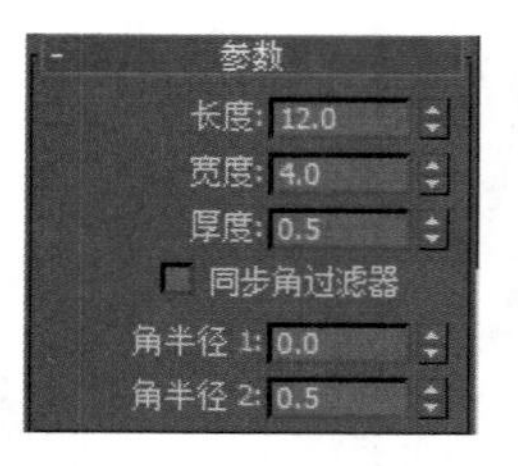

图 5-120 “通道”截面的参数

图 5-121 “圆柱体”截面的参数

◆ 当选择“半圆”截面时，其参数如图 5-122 所示。

◆ 当选择“管道”截面时，其参数如图 5-123 所示。

图 5-122 “半圆”截面的参数

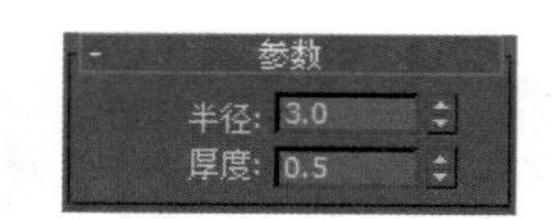

图 5-123 “管道”截面的参数

◆ 当选择“1/4”截面时，其参数如图 5-124 所示。

◆ 当选择“T 形”截面时，其参数如图 5-125 所示。

图 5-124 “1/4”截面的参数

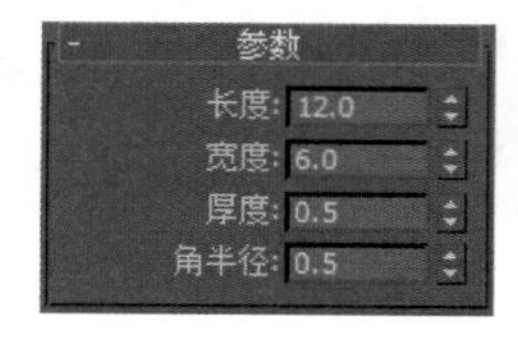

图 5-125 “T 形”截面的参数

◆ 当选择“管状体”截面时，其参数如图 5-126 所示。

◆ 当选择“宽法兰”截面时，其参数如图 5-127 所示。

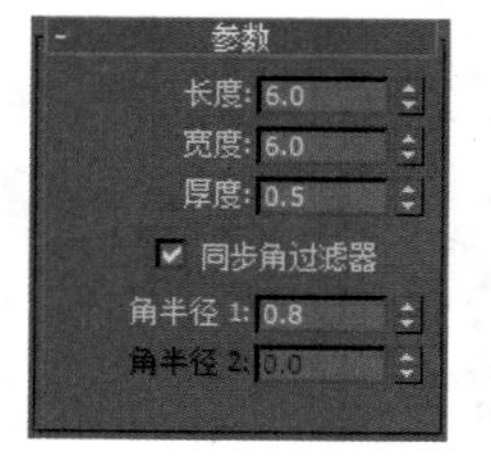

图 5-126 “管状体”截面的参数

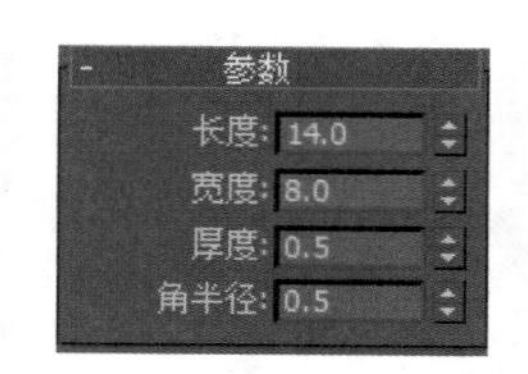

图 5-127 “宽法兰”截面的参数

◆ 当选择“卵形”截面时，其参数如图 5-128 所示。

◆ 当选择“椭圆”截面时，其参数如图 5-129 所示。

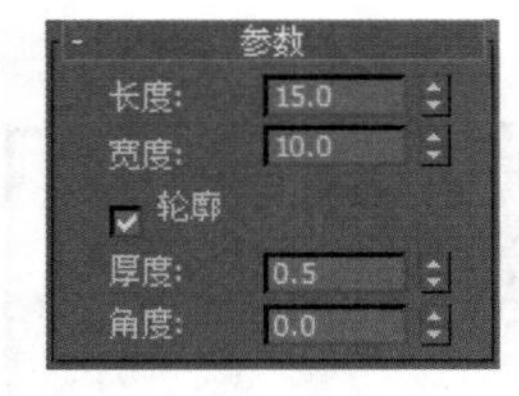

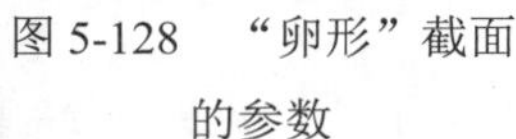
图 5-128 “卵形”截面的参数

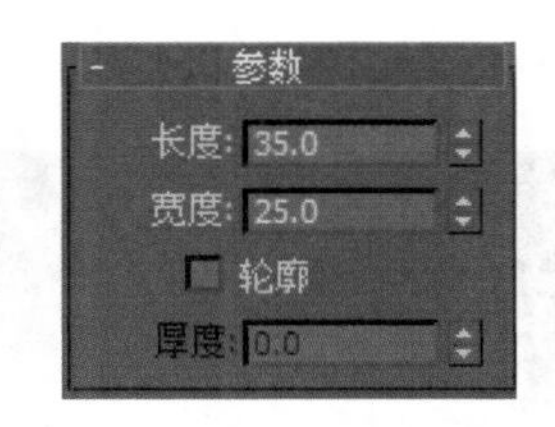

图 5-129 “椭圆”截面的参数

（4）“扫描参数”卷展栏

- XZ 平面上镜像：选中该复选框，截面将沿着 XZ 平面进行镜像翻转。
- XY 平面上镜像：选中该复选框，截面将沿着 XY 平面进行镜像翻转。
- X 偏移量：相当于基本样条线移动截面的水平位置。
- Y 偏移量：相当于基本样条线移动截面的垂直位置。
- 角度：相当于基本样条线所在的平面旋转截面。
- 平滑截面：生成扫描对象时自动加油扫描对象的截面表面。
- 平滑路径：生成扫描对象时自动加油扫描对象的路径表面。
- 轴对象：提供帮助将截面与基本样条线路径对象的 2D 栅格。选择 9 个按钮之一来围绕样条线路径移动截面的轴。
- 对齐轴：单击该按钮将直接在视口中选择要对齐的轴心点。
- 倾斜：选择该选项，只要路径弯曲并改变其局部 Z 轴的高度，截面便围绕样条线路径旋转。如果样条线路径为 2D，则忽略倾斜。如果禁用，则图形在穿越 3D 路径时不会围绕其 Z 轴一同旋转。默认设置为启用。
- 并集交集：当样条线自身存在相互交叉的线段时，选中该复选框表示在生成扫描对象时，交叉的线段的公共部分会生成新面，而取消选中该复选框则表示交叉部分不生成新面，交叉的线段仍然按照各自的走向生成面。
- 生成贴图坐标：生成扫描对象时自动生成贴图坐标。
- 真实世界贴图大小：用来控制给指定对象应用材质纹理贴图时的贴图缩放方式。
- 生成材质 ID：扫描时生成材质 ID。
- 使用截面 ID：使用截面 ID。
- 使用路径 ID：使用路径 ID。

读书笔记

5.4 对面片进行编辑

面片建模是一种独立的模型类型，是在多边形建模基础上发展而来，面片建模解决了多边形表面不易进行弹性编辑的难题，可以使用类似于编辑 Bezier 曲线的方法来编辑曲面。

面片建模的优点在于用来编辑的顶点很少，非常类似于 NURBS 曲面建模，但是没有 NURBS 要求那么严格，只要是三角形或四边形的面片，都可以自由拼接在一起。面片建模适合于生物建模，不仅容易做出平滑的表面，而且容易生成表皮的褶皱，易于产生各种变形体。

5.4.1 把对象转换为可编辑面片

选择目标对象并右击，在弹出的快捷菜单中选择“转换为”→“转换为可编辑面片”命令，即可将对象转换为可编辑的面片，如图 5-130 所示。

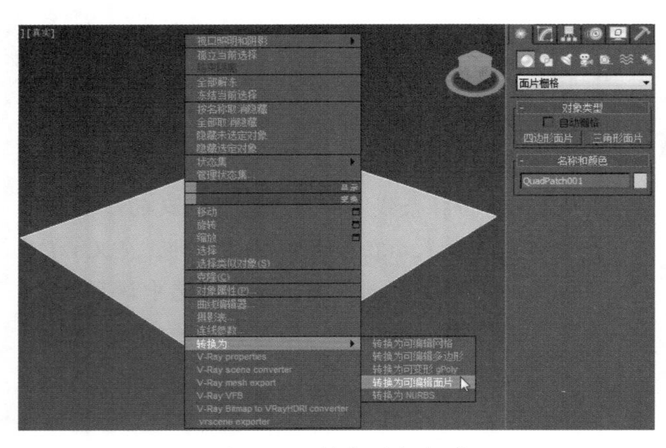

图 5-130　转换对象类型

技巧秒杀

也可在“修改器列表”中给对象加载“编辑面片”修改器，操作方法与编辑样条线相同。

5.4.2 编辑面片

“编辑面片”修改器是面片建模最核心的工具，通过该修改器可以对面片的子对象层级进行编辑操作，以便获得需要的模型效果。

Step 1 在“创建”面板中单击“创建”按钮，在下拉按钮中选择“面片栅格”，使用“四边形面片”创建一个面片，加载“编辑面片”修改器，如图 5-131 所示。

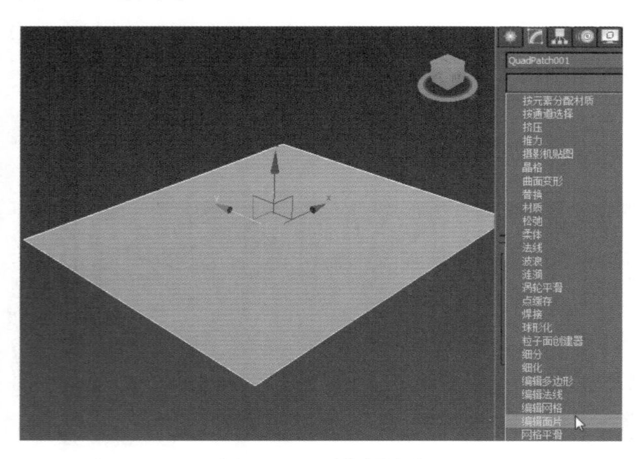

图 5-131　创建图形

Step 2 在修改器堆栈中单击修改器前方的按钮，展开“编辑面片”修改器的子对象层级，如图 5-132 所示。

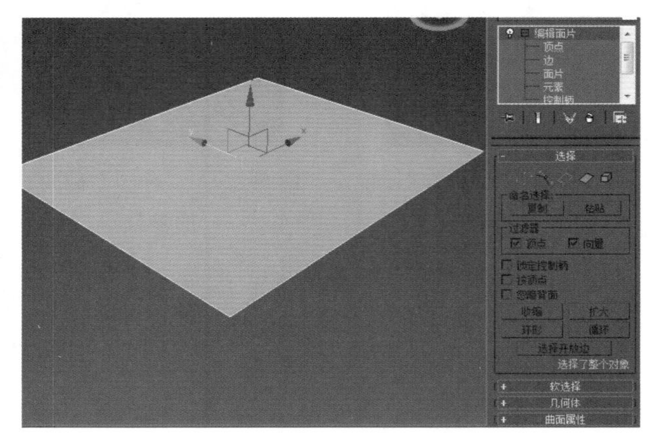

图 5-132　展开“编辑面片”子对象层级

知识解析：“编辑面片”面板

（1）“选择”卷展栏（如图 5-133 所示）

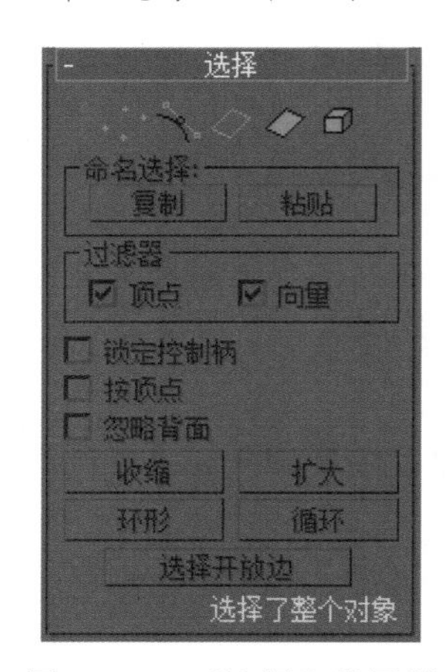

图 5-133　“选择”卷展栏

◆ 复制：将当前于对象级命名的选择集合复制到剪贴板中。

◆ 粘贴：将剪贴板中复制的选择集合指定到当前子对象级别中。

◆ 顶点：选中该复选框时，可以选择和移动顶点。

◆ 向量：控制对复合顶点进行曲度调节矢量点，它位于控制杆顶端，显示为绿色。

◆ 锁定控制柄：将一个顶点的所有控制手柄锁定，移动一个，也会带动其他的手柄移动。

◆ 按顶点：选中该复选框，在选择一个点时，与这个点相连的控制柄、边或面会一同被选择，此选项可在除“顶点”子层级之外的其他子层级中使用。

◆ 忽略背面：控制子对象的选择范围，取消选中该复选框后，不管法线的方向如何，可以选择所有的子对象，包括不被显示的部分。

◆ 收缩：单击该按钮后，可以通过取消选择当前选择集最外围的子对象的方式来缩小选择范围。

◆ 扩大：单击该按钮后，可以朝所有可用方向向外扩展选择范围，“控制柄”子层级不能使用该选项。

◆ 环形：单击该按钮后，通过选择与选定边同方向对齐的所有边来选定整个对象的四周，仅用于“边”子对象层级。

◆ 选择开放边：单击该按钮后，对象表面不闭合的边会被选择。仅用于“边”子对象层级。

（2）“软选择”卷展栏（如图 5-134 所示）

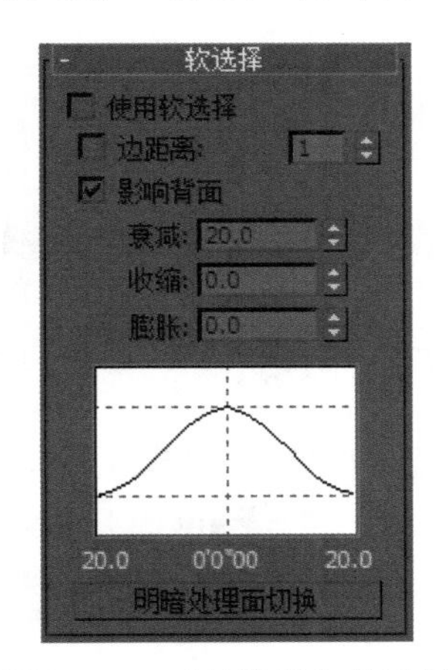

图 5-134　“软选择”卷展栏

◆ 使用软选择：控制是否开启软选择。

◆ 边距离：通过设置衰减区域内边的数目来控制受到影响的区域。

◆ 影响背面：选中该复选框时，对选择的子对象背面产生同样的影响，否则只影响当前操作的一面。

◆ 衰减：设置从开始衰减到结束衰减之间的距离。以场景设置的单位进行计算，在图表显示框的下面也会显示距离范围。

◆ 收缩：沿着垂直轴提升或降低顶点。值为负数时，产生弹坑状图形曲线；值为 0 时，产生平滑的过渡效果。默认值为 0。

◆ 膨胀：沿着垂直轴膨胀或收缩定点。收缩为 0、脚长为 1 时，产生一个最大限度的光滑脚长曲线；负值会使膨胀曲线移动到曲面，从而使顶点下压形成山谷的形态。默认值为 0。

（3）“几何体”卷展栏（如图 5-135 所示）

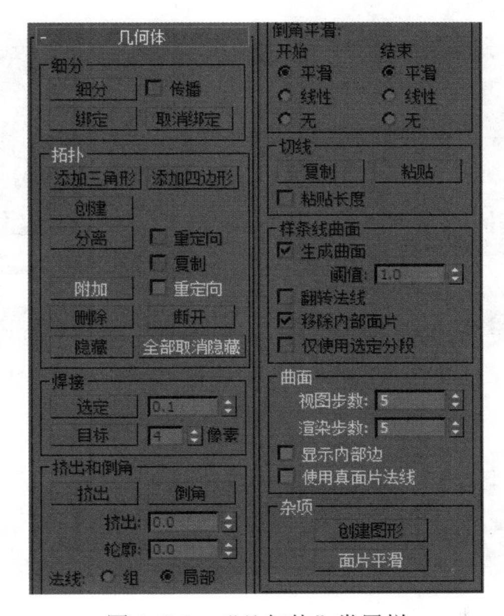

图 5-135　“几何体”卷展栏

（4）“曲面属性”卷展栏（如图 5-136 所示）

在编辑面片修改命令中“曲面属性”卷展栏比较特殊，在不同的子级别中，曲线属性的内容也不同。在总层级中，曲面属性主要起到松弛网格的作用，如图 5-136 所示。在顶点子级别中，曲面属性主要用来控制曲面顶点的颜色，如图 5-137 所示。面片与元素子级别的曲面属性可以对曲面的法线、顶点颜色进行编辑和设置，如图 5-138 所示。边和控制柄子级别没有曲面属性。

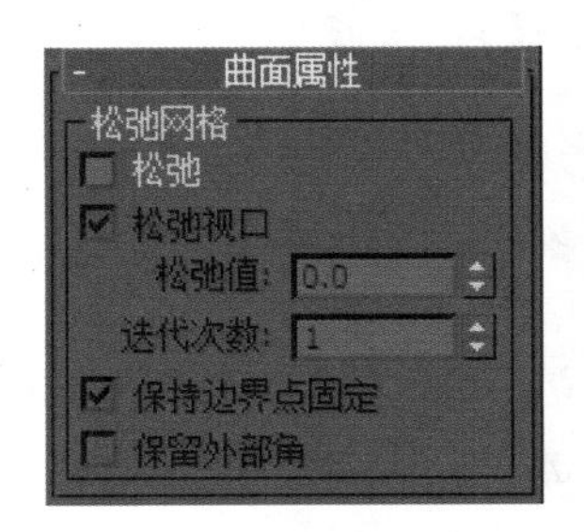

图 5-136　“曲面属性”卷展栏（1）

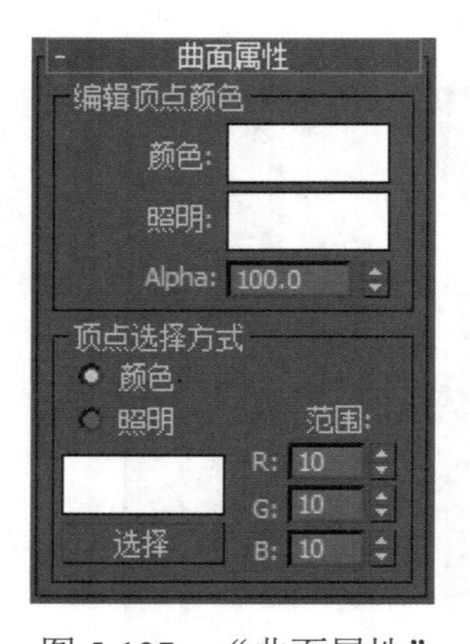

图 5-137 “曲面属性”卷展栏（2）

图 5-138 “曲面属性”卷展栏（3）

5.4.3 删除面片

“删除面片”修改器与“删除网格”修改器相似，用于删除其下修改堆栈中选择的子对象集合，它是针对“面片选择”的修改命令，不会将指定部分真正删除。当用户重新需要那些被删除的部分时，只要将这个修改命令删除即可。这个修改器没有可调节的参数，直接使用即可。

读书笔记

5.5 基础实例——制作水晶灯

5.5.1 案例分析

本例主要讲解工业产品行业里面灯具设计的部分制作过程，吊灯是在灯具设计里所占比重比较大的类型，在设计过程中，需要考虑到使用位置、使用群体和使用环境等方向内容，才能设计出满意的作品。近年来，灯具设计在以尽量使用节能、环保、美观、新材质这一主导思想的指引下，得到了飞速发展，也更受人们的重视。

5.5.2 操作思路

为更快完成本例的制作，并且尽可能运用本章讲解的知识，本例的操作思路如下。

（1）建立吊灯主体。

（2）建立吊灯底座。

（3）建立吊灯延伸的部分。

（4）制作灯具的形状。

（5）建立装饰部分。

5.5.3 操作步骤

制作水晶灯的具体操作步骤如下。

Step 1 ▶ 在“创建”面板中单击“图形”按钮，单击“线”按钮，在前视图中绘制样条线，如图 5-139 所示。

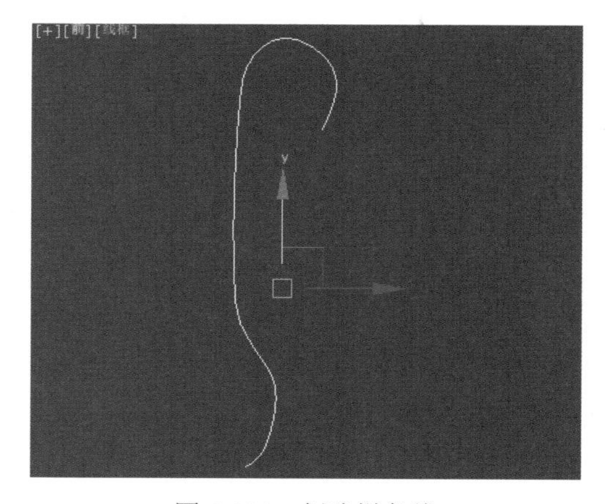

图 5-139 创建样条线

Step 2 ▶ 选择样条线，在“渲染”卷展栏中选中“在渲染中启用”和“在视口中启用”复选框，设置“长度”为 7，“宽度”为 4，具体参数设置如图 5-140 所示。

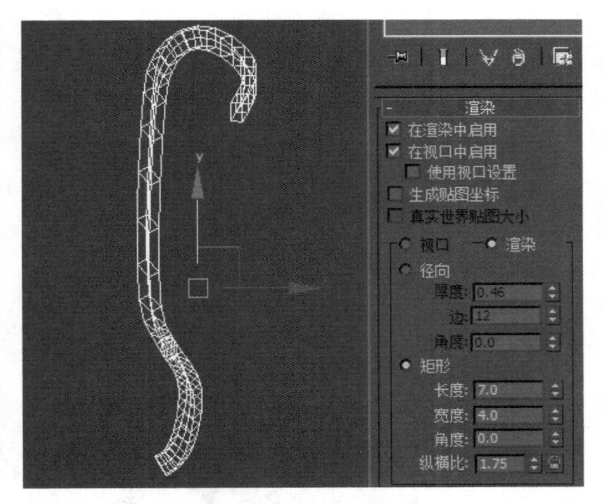

图 5-140　设置渲染效果

Step 3 ▶ 选择模型，在“创建”面板中单击“层级”按钮，切换到“层级”面板，在“调整轴”卷展栏中单击“仅影响轴”按钮，如图 5-141 所示。

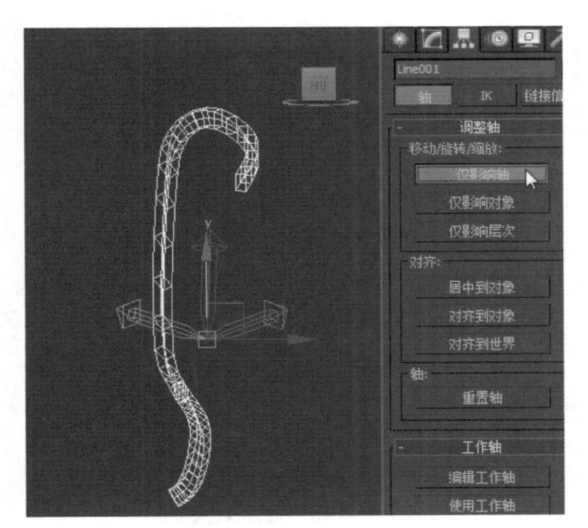

图 5-141　单击按钮

Step 4 ▶ 在前视图中将轴心点拖曳到适当位置，如图 5-142 所示。

技巧秒杀

“仅影响轴”技术是一个非常重要的轴心点调整技术。利用该技术调整好轴点的中心以后，就可以围绕这个中心点旋转复制出具有一定规律的对象。

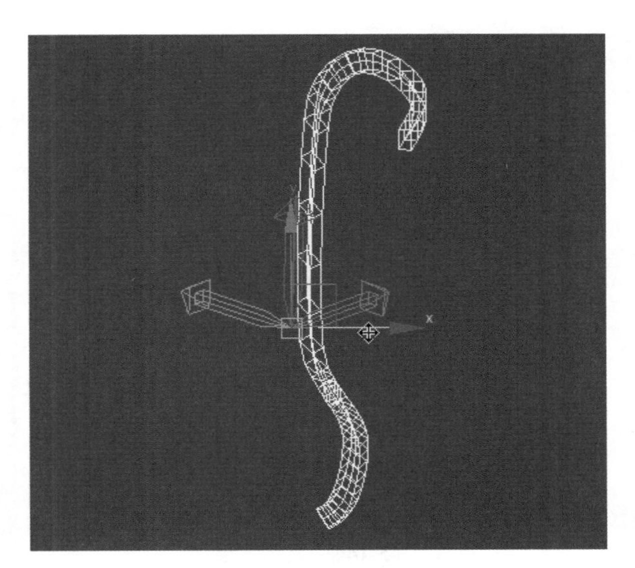

图 5-142　调整轴心点

Step 5 ▶ 再次单击“仅影响轴”按钮，退出“仅影响轴”模式；按住 Shift 键使用“选择并旋转”工具复制对象，在弹出的“克隆选项”对话框中设置“副本数”为 3，单击“确定”按钮，如图 5-143 所示。

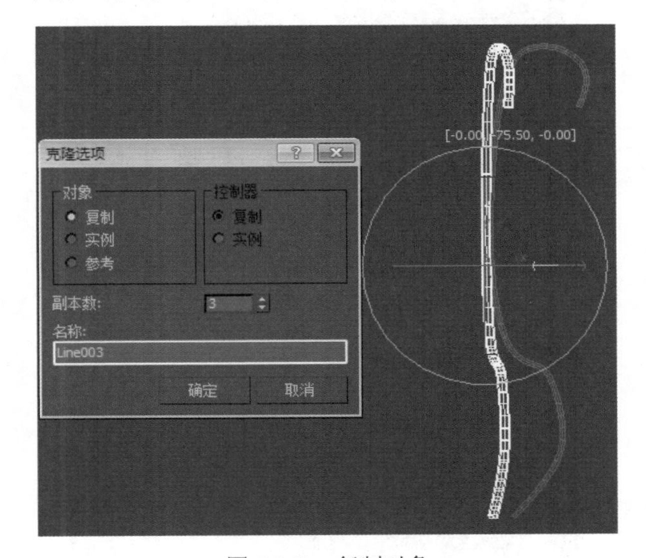

图 5-143　复制对象

Step 6 ▶ 当前模型复制得到的效果如图 5-144 所示。

Step 7 ▶ 使用“线”工具在前视图中绘制一样条线，如图 5-145 所示。

Step 8 ▶ 选择样条线，在“修改器列表”中为其加载一个“车削”修改器，在“参数”卷展栏中设置“方向”为 Y 轴，“对齐”为“最小”，如图 5-146 所示。

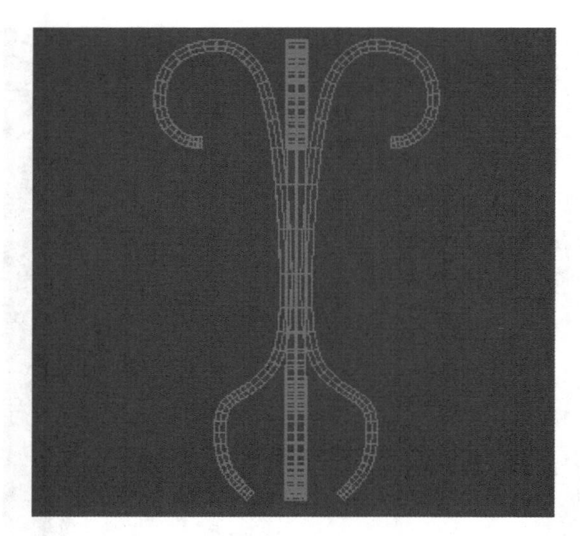

图 5-144　显示效果

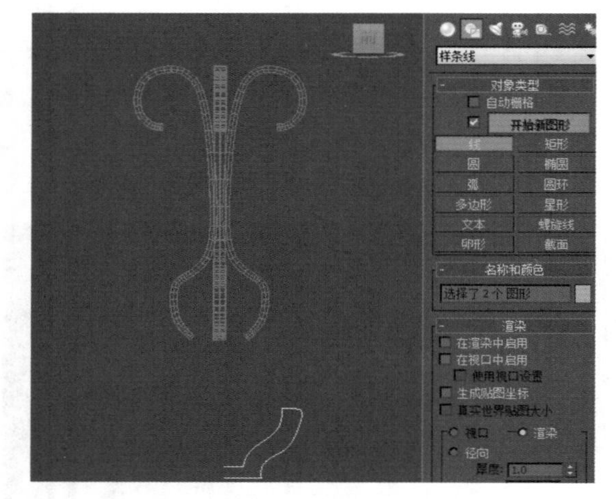

图 5-145　绘制样条线

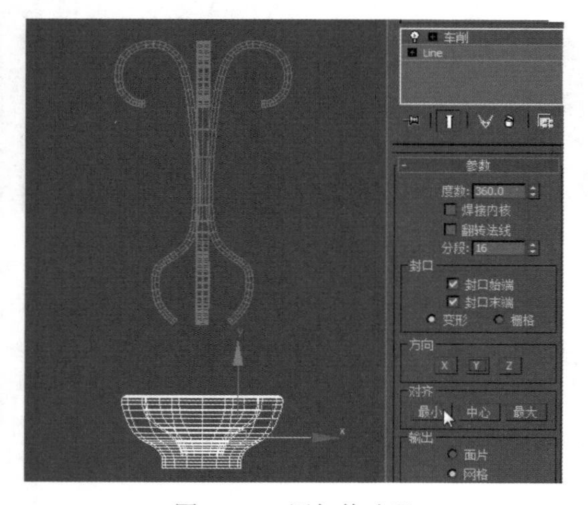

图 5-146　添加修改器

Step 9 使用“线”工具在前视图中绘制一样条线，在“渲染”卷展栏中选中“在渲染中启用”和“在视口中启用”复选框，接着选中“矩形”单选按钮，最后设置“长度”为 6，“宽度”为 4；使用旋转复制将该模型复制 3 个，如图 5-147 所示。

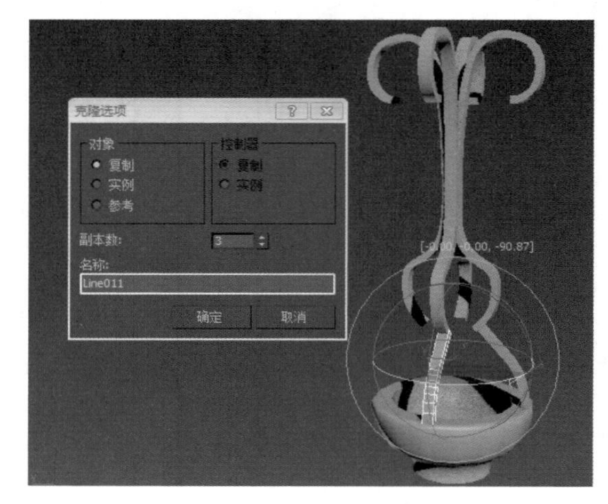

图 5-147　复制对象

Step 10 完成后效果如图 5-148 所示。

图 5-148　显示效果

Step 11 使用“线”工具在前视图中绘制一样条线，如图 5-149 所示。

Step 12 在“渲染”卷展栏中选中“在渲染中启用”和“在视口中启用”复选框，接着选中“矩形”单选按钮，最后设置“长度”为 10，“宽度”为 4，具体参数设置及模型效果如图 5-150 所示。

Step 13 使用“线”工具在前视图中绘制一样条线，如图 5-151 所示。

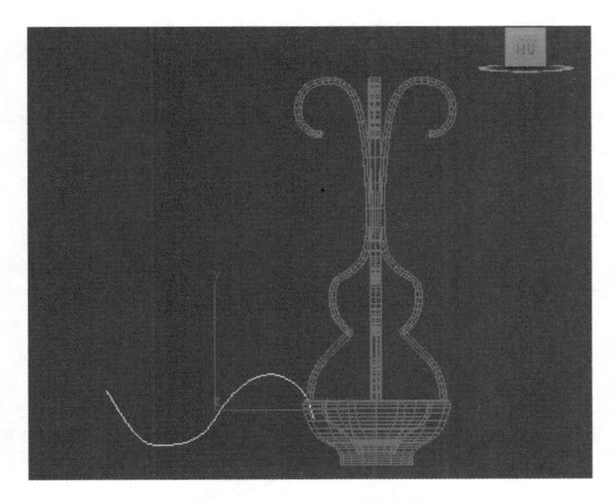

图 5-149　创建样条线

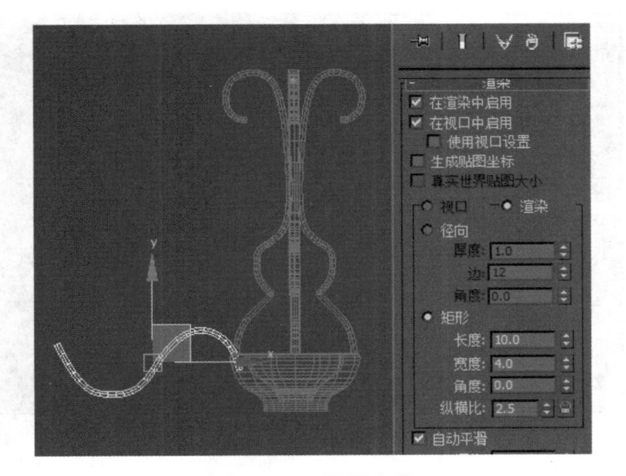

图 5-150　设置参数

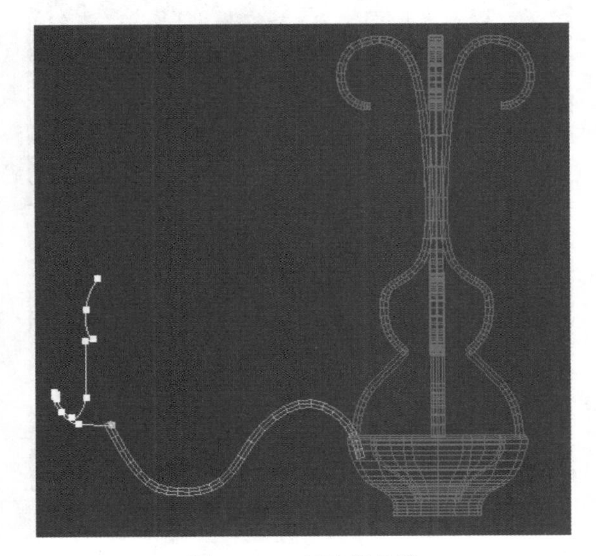

图 5-151　创建样条线

Step 14 ▶ 在“修改器列表”中为其加载一个“车削”修改器，在“参数”卷展栏中设置“方向”为 Y 轴，“对齐”为“最大”，具体参数设置及模型效果如图 5-152 所示。

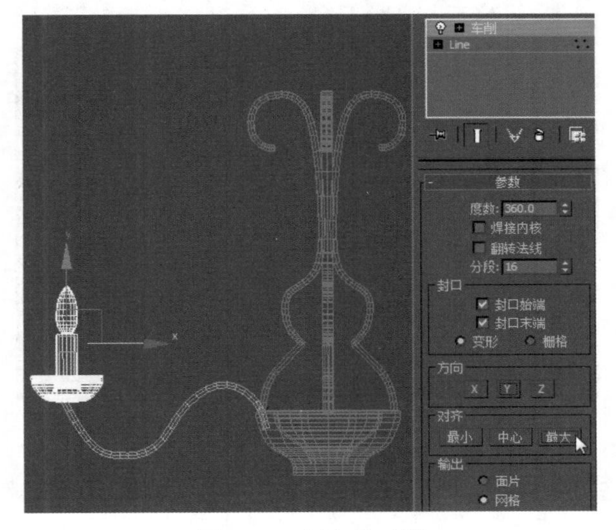

图 5-152　添加修改器

Step 15 ▶ 再次使用“线”工具在前视图中绘制一样条线，如图 5-153 所示。

图 5-153　创建样条线

Step 16 ▶ 使用“异面体”工具在场景中创建一个大小合适的异面体，在“参数”卷展栏中设置“系列”为“十二面体 / 二十面体”，如图 5-154 所示。

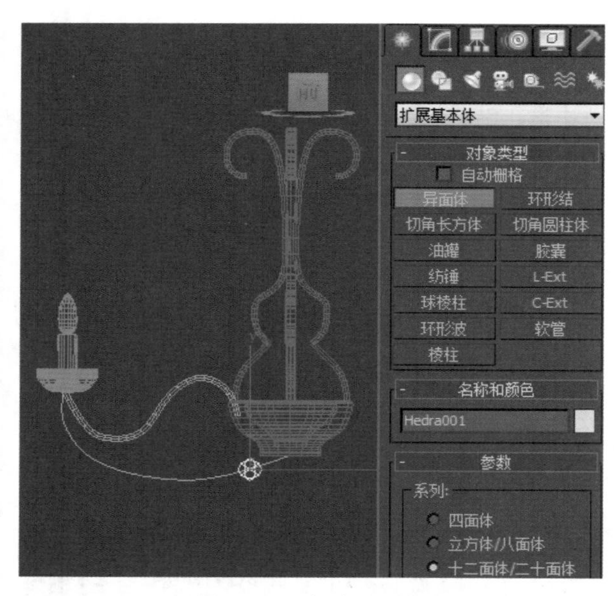

图 5-154　创建异面体

Step 17 ▶ 在主工具栏的空白处右击，在弹出的快捷菜单中选择“附加”命令，以调出“附加”工具栏，如图 5-155 所示。

Step 18 ▶ 选择异面体，在“附加”工具栏中单击“间隔工具”按钮，打开“间隔工具”对话框，如图 5-156 所示。

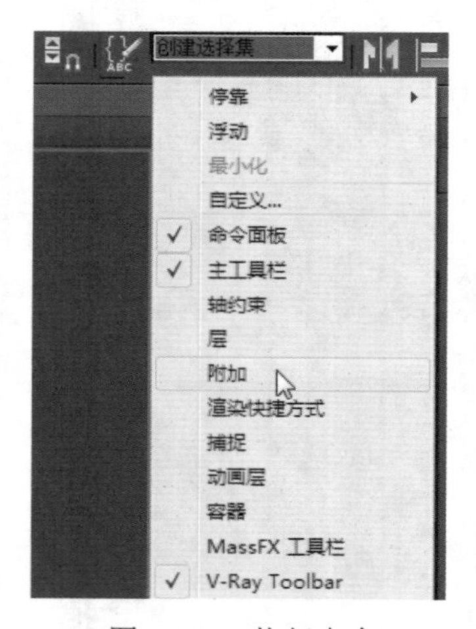

图 5-155　执行命令

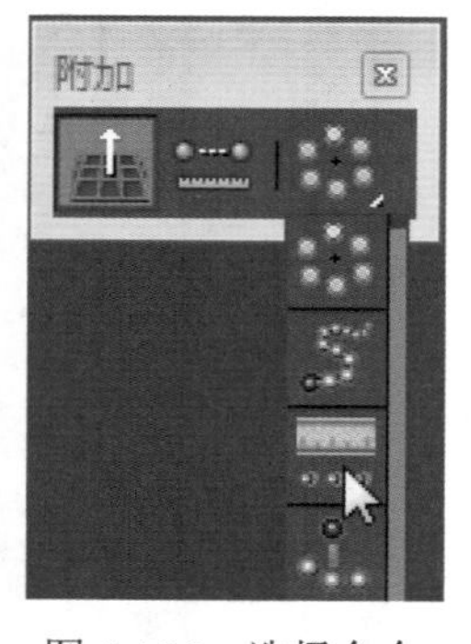

图 5-156　选择命令

Step 19 ▶ 在“间隔工具”对话框中单击“拾取路径”按钮，如图 5-157 所示。

Step 20 ▶ 在视图中拾取样条线，如图 5-158 所示。

Step 21 ▶ 即可在当前路径中显示附加对象，使用“选择并移动”工具调整对象的位置，如图 5-159 所示。

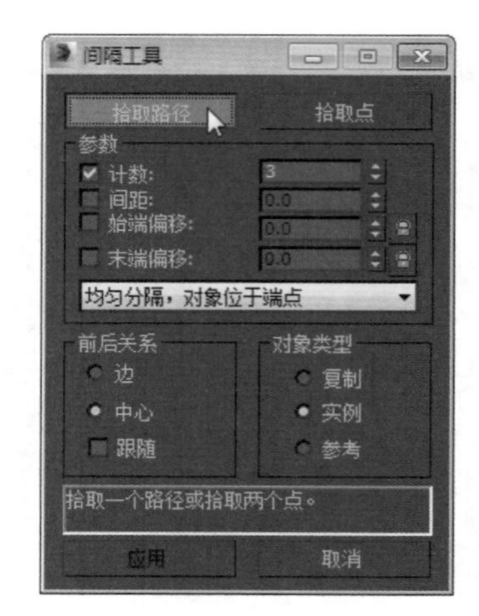

图 5-157　单击按钮

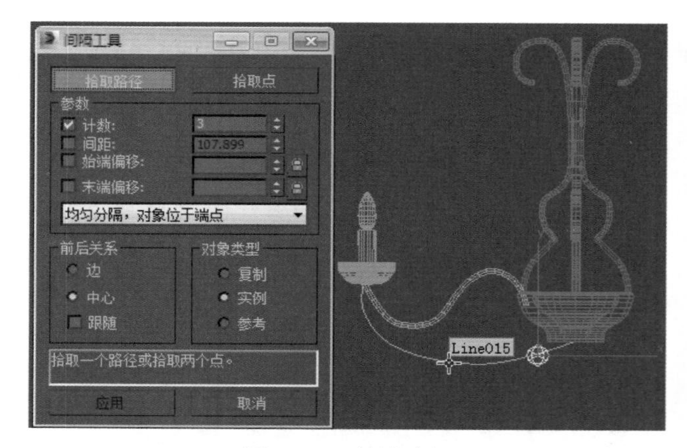

图 5-158　拾取路径

图 5-159　调整距离

Step 22 ▶ 在“参数”选项组中设置“计数”为 20，

单击“应用”按钮，再单击“关闭”按钮，如图 5-160 所示。

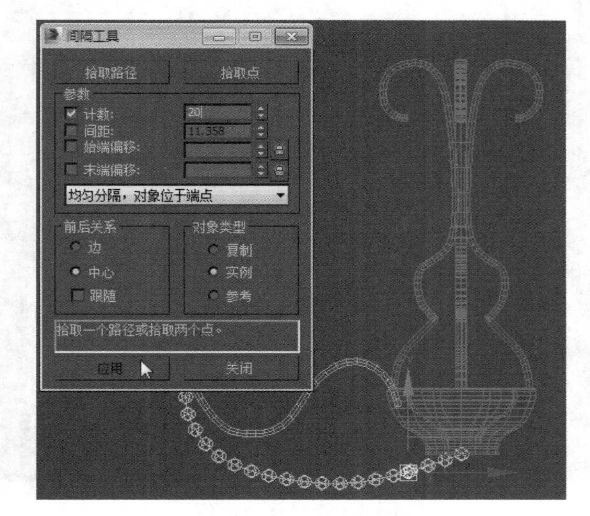

图 5-160　设置内容

Step 23 ▶ 使用复制功能制作出其他的异面体装饰物，完成效果如图 5-161 所示。

图 5-161　复制模型

Step 24 ▶ 使用“异面体”工具在场景中创建两个大小合适的异面体，在“参数”卷展栏中设置“系列”为“十二面体 / 二十面体”；在下面的异面体上右击，在弹出的快捷菜单中选择“转换为”→“转换为可编辑多边形”命令，如图 5-162 所示。

Step 25 ▶ 在“选择”卷展栏中单击“点”按钮，进入“顶级”级别，选择所有顶点后使用“选择并缩放”工具将其向内缩放压扁，如图 5-163 所示。

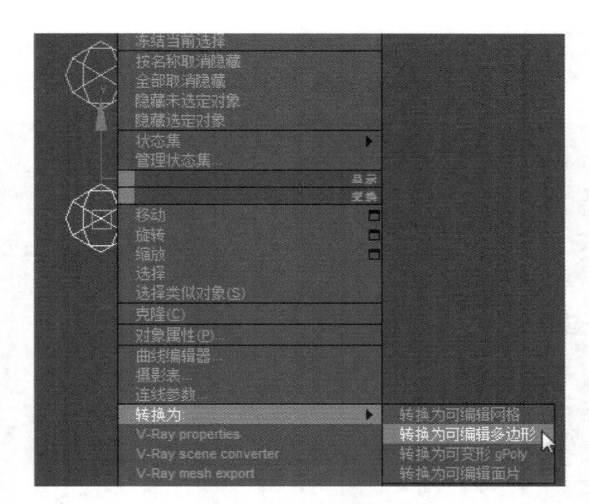

图 5-162　转换类型

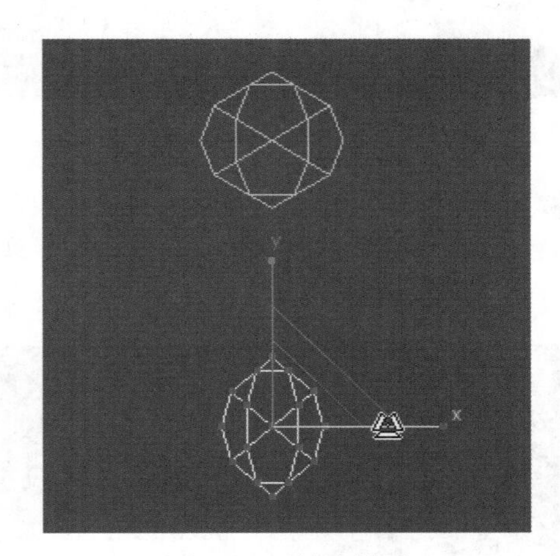

图 5-163　缩小模型

Step 26 ▶ 选择顶部的 3 个顶点，用“选择并移动”工具将其向上拖曳至一定距离，如图 5-164 所示。

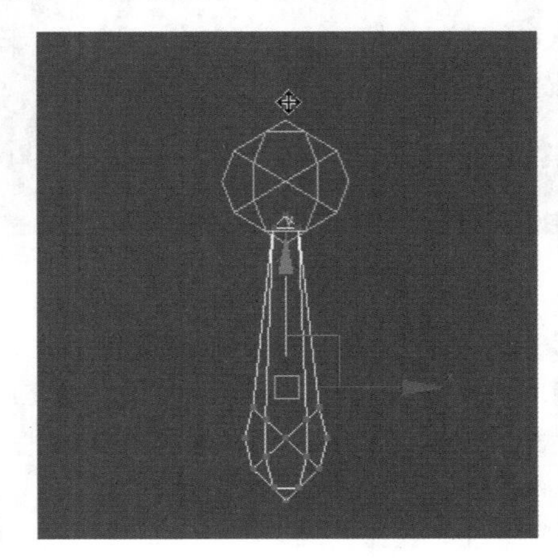

图 5-164　调整顶点

Step 27 ▶ 利用复制功能将制作好的吊坠复制到相应的位置，完成效果如图 5-165 所示。

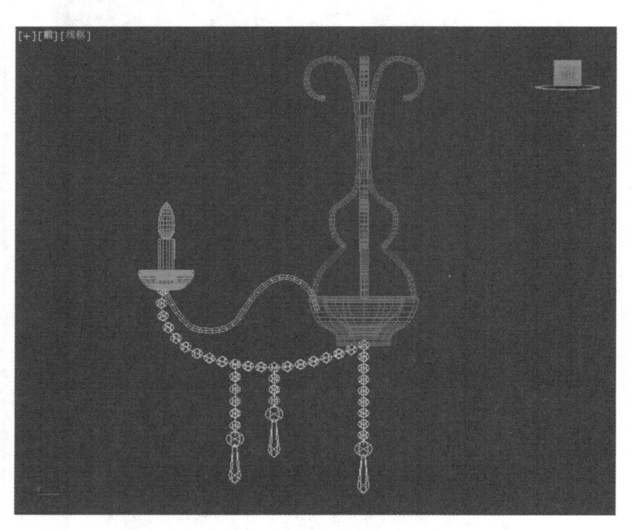

图 5-165　复制对象

Step 28 ▶ 选择吊灯左侧的所有模型，执行“组”→“组”命令，在“组”对话框中输入组名为“灯饰”，单击“确定”按钮，如图 5-166 所示。

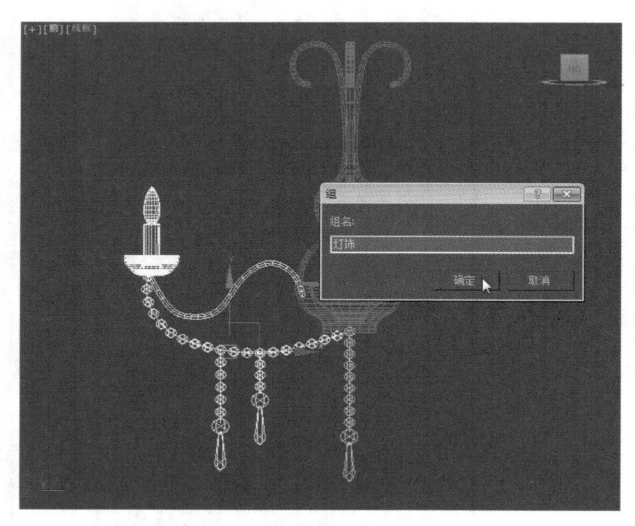

图 5-166　创建组

Step 29 ▶ 选择组，在“创建”面板中单击“层级”按钮，切换到“层级”面板，在“调整轴”卷展栏中单击“仅影响轴”按钮，在前视图中将轴心点拖曳到适当位置，如图 5-167 所示。

Step 30 ▶ 单击“仅影响轴”按钮；退出“仅影响轴”模式；按住 Shift 键使用“选择并旋转”工具复制 3 个对象，最终效果如图 5-168 所示。

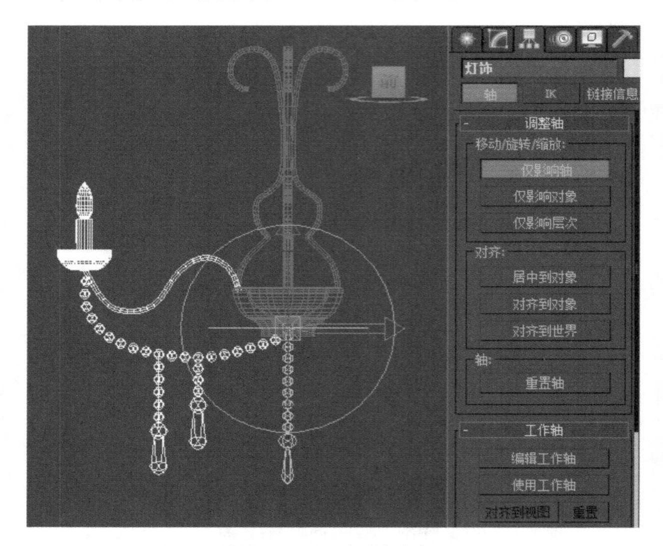

图 5-167　复制对象

图 5-168　显示效果

读书笔记

01 02 03 04 05 06 07 08 09 10 11 12 ……

NURBS 建模

本章导读

NURBS 建模是 3ds Max 的一种高级建模方法，专门做曲面物体的一种造型方法。它的造型总是由曲线和曲面来定义的，所以要在 NURBS 表面中生成一条有棱角的边是很困难的。就因为这一特点，用户可以用它做出各种复杂的曲面造型和表现特殊的效果，如人的皮肤、面貌或流线型的跑车等。

6.1 创建 NURBS 对象

NURBS 建模是一种高级建模方法，所谓 NURBS 就是 Non-Uniform Rational B-Spline（非均匀有理 B 样条线曲线）。NURBS 建模适合于创建一些复杂的弯曲曲面，如图 6-1 所示。

图 6-1　效果图

6.1.1 NURBS 对象类型

NURBS 对象包含 NURBS 曲面以及 NURBS 曲线，如图 6-2 和图 6-3 所示。

图 6-2　NURBS 曲面

图 6-3　NURBS 曲线

1. NURBS 曲面

NURBS 曲面包含“点曲面”和“CV 曲面”两种。“点曲面”由点来控制曲面的形状，每个点始终位于曲面的表面上，如图 6-4 所示；“CV 曲面”由控制顶点（CV）来控制模型的形状，CV 形成围绕曲面的控制晶格，而不是位于曲面上，如图 6-5 所示。

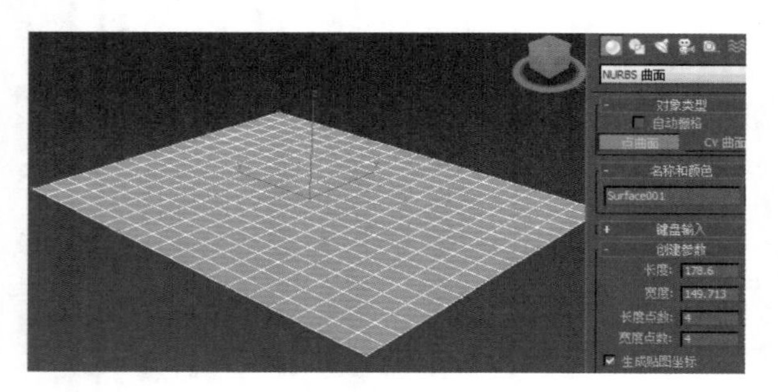

图 6-4　点曲面

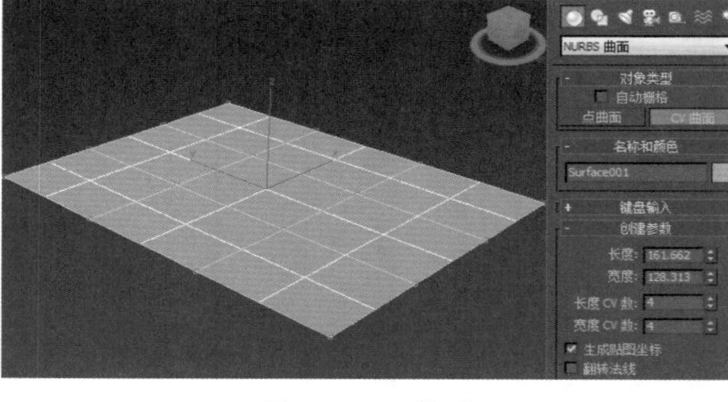

图 6-5　CV 曲面

2. NURBS 曲线

NURBS 曲线包含“点曲线”和“CV 曲线”两种。“点曲线”由点来控制曲面的形状，每个点始终位于曲面的表面上，如图 6-6 所示；“CV 曲线”由控制顶点（CV）来控制曲线的形状，这些控制顶点不必位于曲线上，如图 6-7 所示。

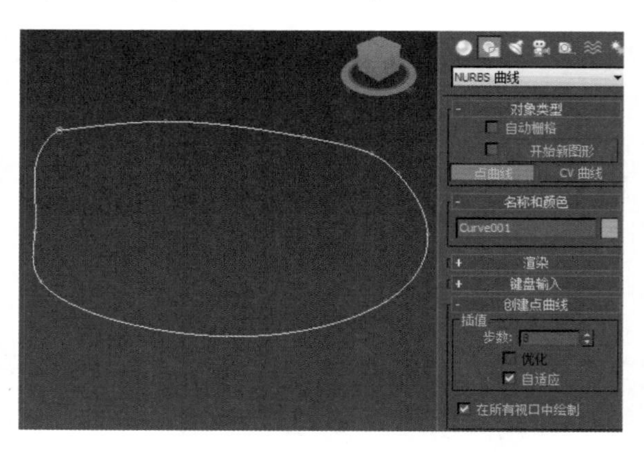

图 6-6　点曲线

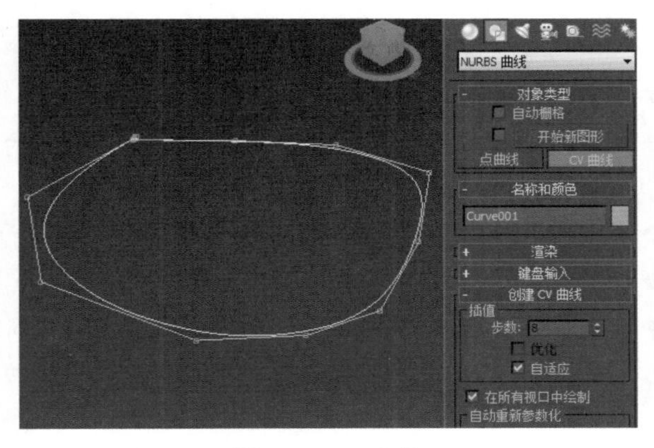

图 6-7　CV 曲线

读书笔记

6.1.2 创建 NURBS 对象

创建 NURBS 对象的方法主要有 4 种，即“点曲面”、“CV 曲面”、“点曲线”和“CV 曲线”。

1. 点曲面

点曲面是由矩形点的阵列构成的曲面，创建时可以修改它的长度、宽度以及各边上的点数。

Step 1 ▶ 单击“几何体类型”下拉按钮，选择“NURBS 曲面”选项，如图 6-8 所示。

图 6-8　选择选项

Step 2 ▶ 单击“点曲面”按钮，在视图中单击指定起点，如图 6-9 所示。

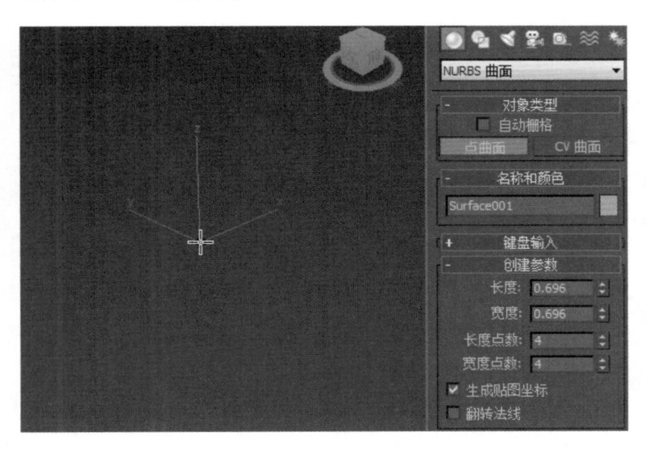

图 6-9　指定起点

Step 3 ▶ 按住鼠标左键不放拖动，至适当位置释放鼠标左键创建曲面，如图 6-10 所示。

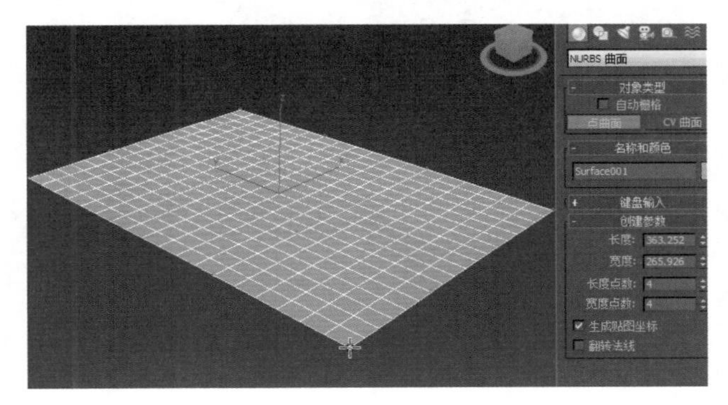

图 6-10　创建曲面

Step 4 ▶ 在右侧的面板中输入具体数值，效果如图 6-11 所示。

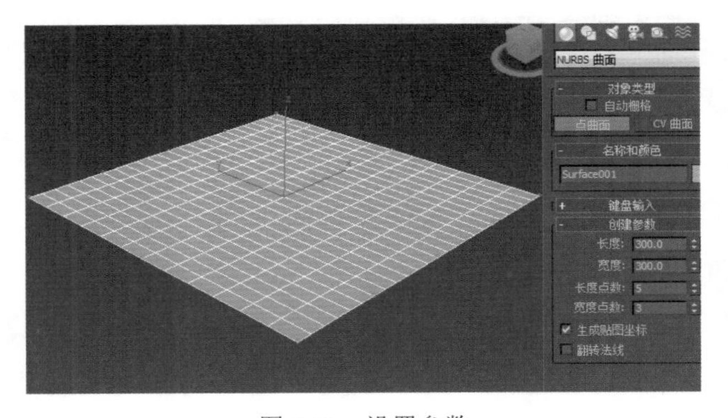

图 6-11　设置参数

知识解析：点曲面创建面板

- 长度 / 宽度：分别设置曲面的长度和宽度。
- 长度点数 / 宽度点数：分别设置长宽边上的点数目。
- 生成贴图坐标：自动产生贴图坐标。
- 翻转法线：翻转曲面法线。

2. CV 曲面

CV 曲面就是由可控制的点组成的曲面，这些点不在曲面上，但是能对曲面起到控制作用，每一个控制点都有权重值可以调节，以改变曲面的形状。

Step 1 单击“CV 曲面”按钮，在视图中单击指定起点并按住鼠标左键不放拖动，至适当位置释放鼠标左创建曲面，如图 6-12 所示。

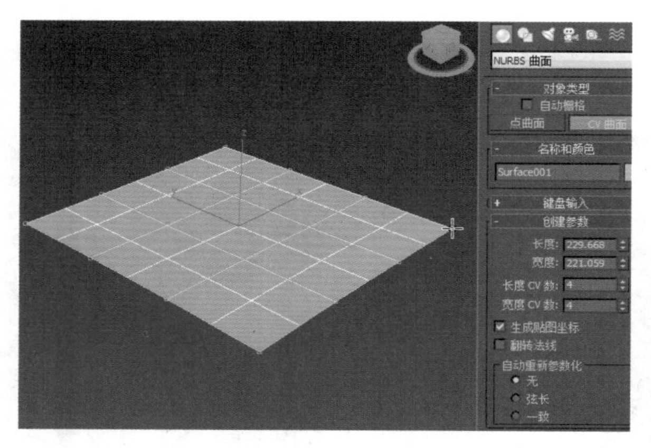

图 6-12　创建曲面

Step 2 单击“修改”面板，在修改器堆栈中单击总层级前的按钮，单击“曲面 CV”子层级，效果如图 6-13 所示。

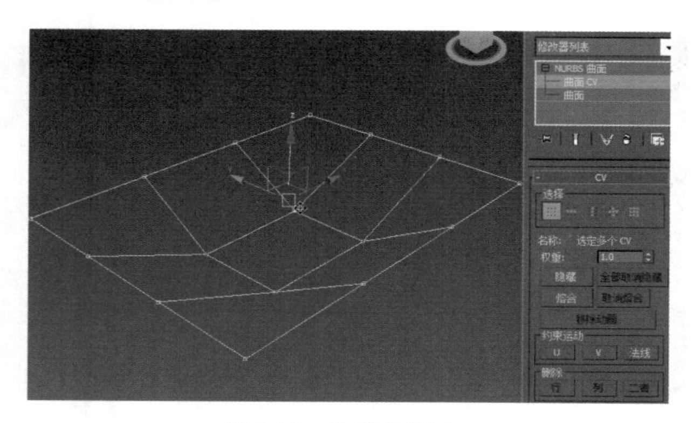

图 6-13　选择曲面 CV

知识解析：CV 曲面创建面板

- 长度 / 宽度：分别设置曲面的长度和宽度。
- 长度 CV 数 / 宽度 CV 数：分别设置长宽边上的控制点数目。
- 生成贴图坐标：自动产生贴图坐标。
- 翻转法线：翻转曲面法线。
- 无：不使用自动重新参数化功能。所谓自动重新参数化，就是对象表面会根据编辑命令进行自动调节。
- 弦长：应用弦长度运算法则，即按照每个曲面片段长度的平方要在曲线上分布控制点的位置。
- 一致：按一致的原则分配控制点。

3. 点曲线

点曲线是由一系列点构成有弧度的曲线。

Step 1 单击“图形”按钮，再单击“样条线”下拉按钮，选择“NURBS 曲线”选项，单击“点曲线”按钮，在场景中单击指定起点，如图 6-14 所示。

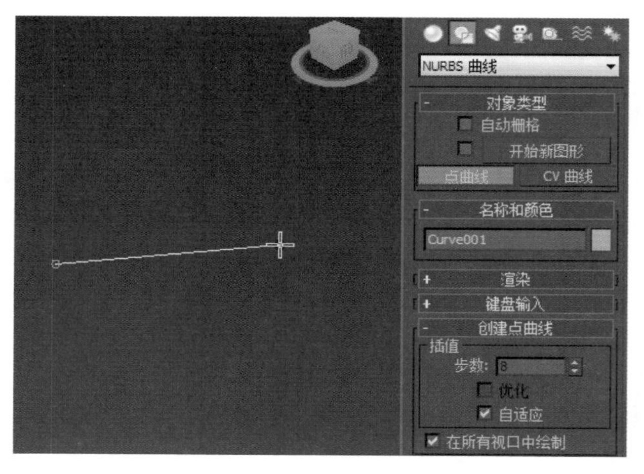

图 6-14　指定起点

Step 2 单击指定下一点，依次单击可继续指定下一点，如图 6-15 所示。

Step 3 依次单击指定下一点，将鼠标指针移动到曲线起点处时，弹出提示“是否闭合曲线”的警示框，如图 6-16 所示。

Step 4 需要闭合时单击“是”按钮，效果如图 6-17 所示。

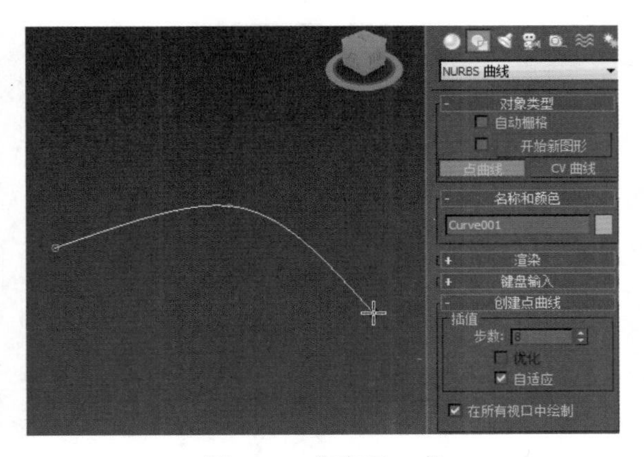

图 6-15　指定下一点

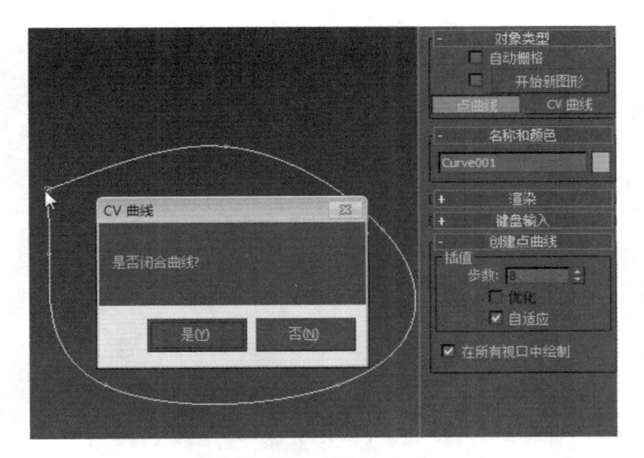

图 6-16　闭合曲线

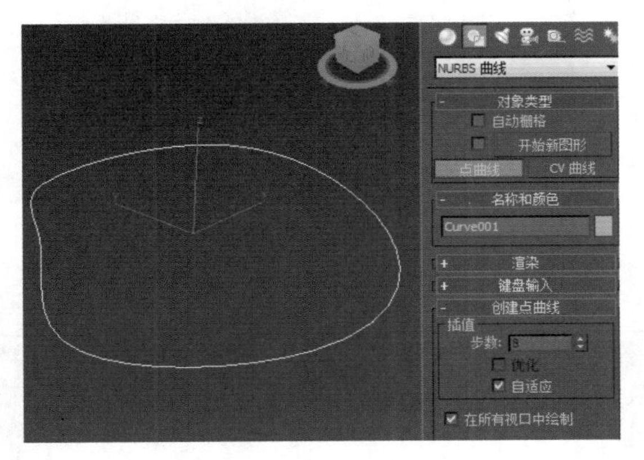

图 6-17　显示效果

读书笔记

知识解析：点曲线创建面板

- 步数：设置两点之间的分段数目。值越高，曲线越圆滑。
- 优化：对两点之间的分段进行优化处理，删除直线段上的片段划分。
- 自适应：由系统自动指定分段，以产生平滑的曲线。
- 在所有视口中绘制：选中该复选框，可以在所有的视图中绘制曲线。

4. CV 曲线

CV 曲线是由一系列线外控制点来调整曲线形态的曲线。

Step 1 单击“CV 曲线”按钮，在场景中单击指定起点，单击指定下一点，如图 6-18 所示。

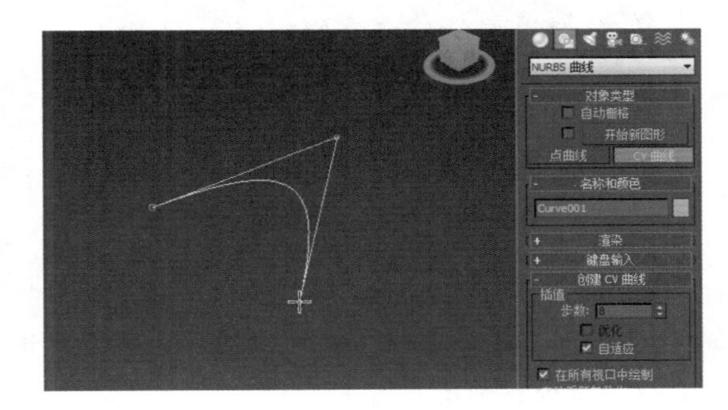

图 6-18　指定起点

Step 2 在视图中依次单击指定下一点，如图 6-19 所示。

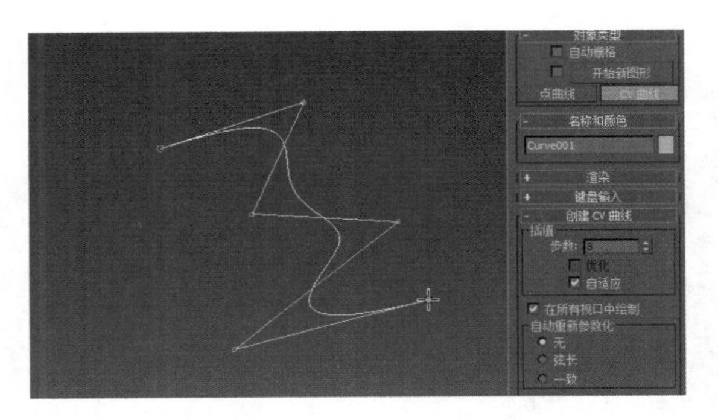

图 6-19　指定下一点

6.1.3 转换 NURBS 对象

NURBS 对象可以直接创建出来，也可以通过转换的方法将对象转换为 NURBS 对象。

知识解析：转换对象的方法

（1）右键转换

① 选择对象并右击，在弹出的快捷菜单中选择“转换为”→“转换为 NURBS”命令，如图 6-20 所示。

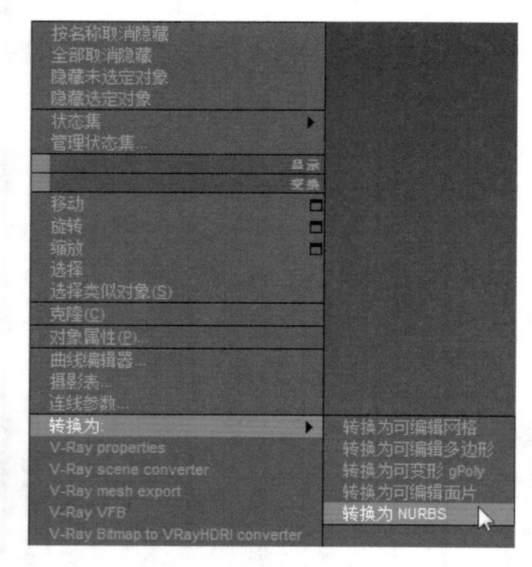

图 6-20　转换对象类型

② 选择对象，进入“修改”面板，在修改器堆栈的对象上单击鼠标右键，在弹出的快捷菜单中选择 NURBS 命令，如图 6-21 所示。

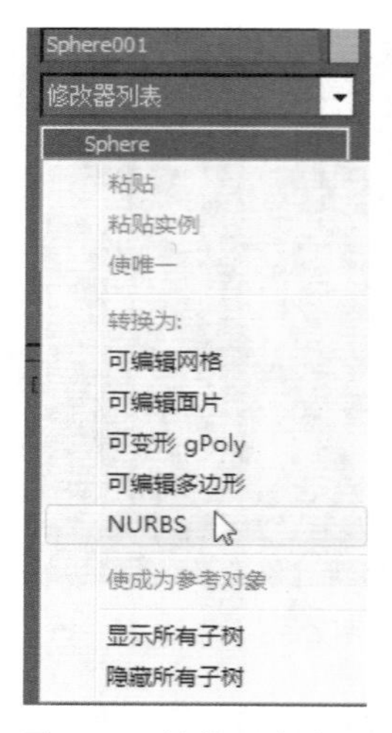

图 6-21　转换对象类型

（2）为对象加载修改器

为对象加载“车削”修改器，在参数面板中设置“输出”为 NURBS，如图 6-22 所示。

图 6-22　加载修改器并设置

6.2 编辑 NURBS 对象

在 NURBS 对象的修改参数面板中共有 7 个卷展栏，如图 6-23 所示。

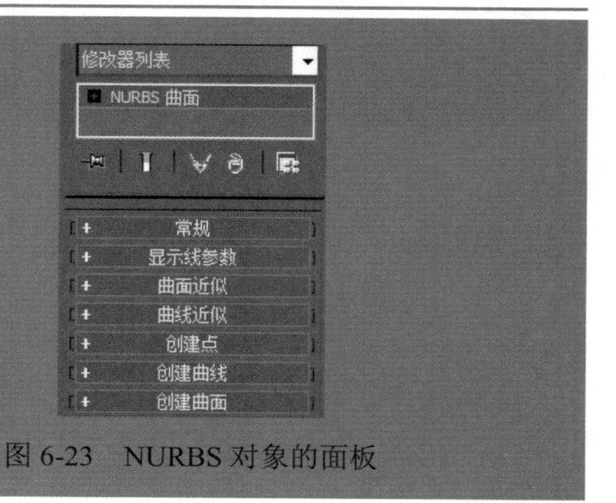

图 6-23　NURBS 对象的面板

6.2.1 “常规”卷展栏

“常规”卷展栏规划包含用于编辑 NURBS 对象的常用工具以及 NURBS 对象的显示方式，另外还包含一个“NURBS 创建工具箱”按钮，如图 6-24 所示。

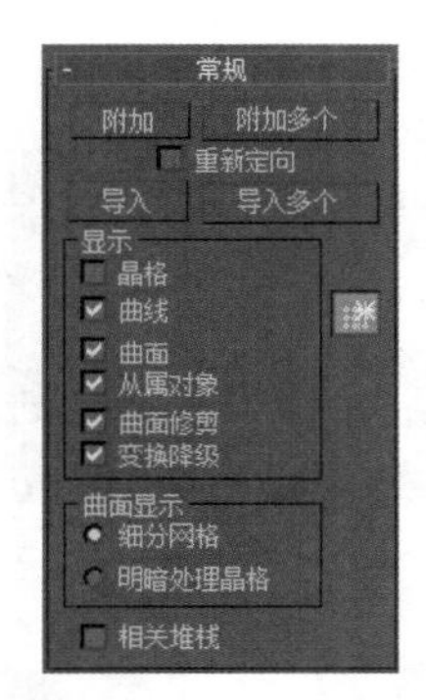

图 6-24 “常规”卷展栏

知识解析：“常规”卷展栏面板

- 附加：单击该按钮，在视图中单击选择 NURBS 允许接纳的对象，可将它附加到当前 NURBS 造型中。
- 附加多个：单击该按钮，程序打开一个名称选择框，可以通过名称来选择多个对象合并到当前 NURBS 造型中。
- 导入：单击该按钮，在视图中单击选择 NURBS 允许接纳的对象，可将它转换为 NURBS 对象，并且作为一个导入造型合并到当前 NURBS 造型中。
- 导入多个：单击该按钮，程序打开一个名称选择框，可以通过名称来选择多个对象导入到当前 NURBS 造型中。
- “显示”选项组：控制造型 5 种组合因素的显示情况，包括晶格、曲线、曲面、从属对象、曲面修剪。最后的“变换降级”复选框比较重要，默认是选中的，如果在这时进行 NURBS 顶点编辑，则曲面形态不会显示出加工效果，所以一般要取消选择，以便于实时编辑操作。
- “曲面显示”选项组：选择 NURBS 对象表面的显示方式。
- 相关堆栈：选中该复选框，NURBS 会在修改堆栈中保持所有的相关造型。

6.2.2 “显示线参数”卷展栏

“显示线参数”卷展栏规划的参数主要用来指定显示 NURBS 曲面所用的“U 向线数”和“V 向线数”的数值，如图 6-25 所示。

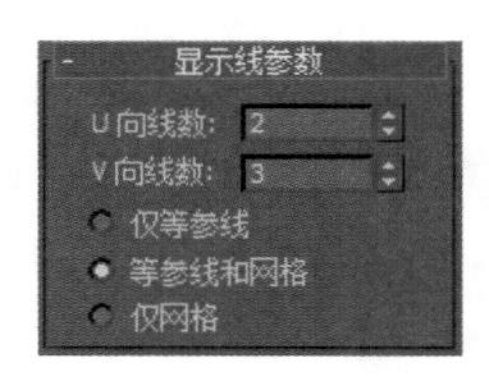

图 6-25 “显示线参数”卷展栏

知识解析：“显示线参数”卷展栏面板

- U 向线数 /V 向线数：分别设置 U 向和 V 向等参数的条数。
- 仅等参线：选择此项，仅显示等参线。
- 等参线和网格：选中该单选按钮，在视图中同时显示等参线和网格划分。
- 仅网格：选中该单选按钮，仅显示网格划分，这是根据当前的精度设置显示的 NURBS 转多边形后的划分效果。

6.2.3 “曲面 / 曲线近似”卷展栏

“曲面近似”卷展栏下的参数主要用于控制视图和渲染器的曲面细分，可以根据不同的需要选择细分预设，如图 6-26 所示；“曲线近似”卷展栏与“曲面近似”卷展栏相似，主要用于控制曲线的频数及曲线的细分级别，如图 6-27 所示。

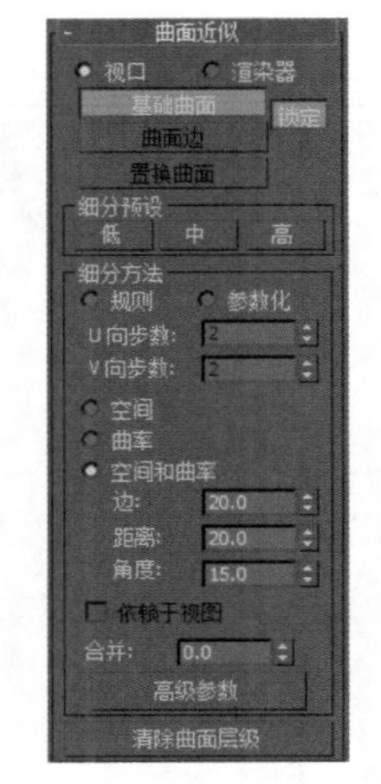

图 6-26 “曲面近似”卷展栏

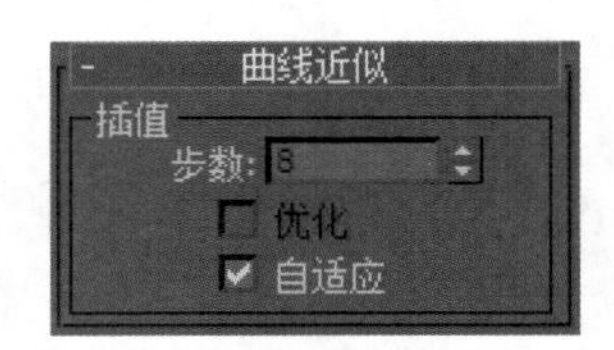

图 6-27 “曲线近似”卷展栏

知识解析：“曲面近似”/“曲线近似”卷展栏面板

（1）曲面近似

- **视口**：选中该单选按钮，下面的设置只针对视图显示。
- **渲染器**：选中该单选按钮，下面的设置只针对最后的渲染结果。
- **基础曲面**：设置影响整个表面的精度。
- **曲面边**：对于有相接的几个曲面，如修剪、混合、墙角等产生的相接曲面，它们由于各自的等参线的数目、分布不同，导致转换为多边形后无法一一对应，这时必须使用更高的细分精度来处理相接的两个表面，才能使相接的曲面不产生缝隙。
- **转换曲面**：对于有转换贴图的曲面，可以进行转换计算时曲面的精度划分，决定转换对曲面造成的形变影响大小。
- **“细分预设”选项组**：提供各种可以选用的细分方法。

（2）曲线近似

- **步数**：设置每个点之间曲线上的步数值，值越高，插补的点越多，曲线越平滑，取值范围是 0 ~ 100。
- **优化**：以固定的步数值进行优化适配。
- **自适应**：自动进行平滑适配，以一个相对平滑的插补值设置曲线。

6.2.4 “创建点/曲线/曲面”卷展栏

“创建点”、“创建曲线”和“创建曲面”卷展栏中的工具与 NURBS 工具箱中的工具相对应，主要用来创建点、曲线和曲面对象，如图 6-28 ~ 图 6-30 所示。

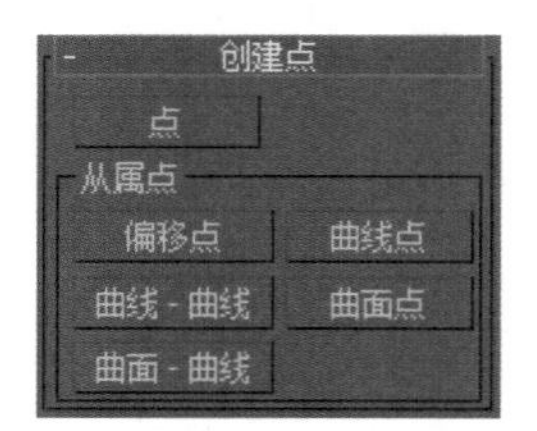

图 6-28 “创建点”卷展栏

图 6-29 “创建曲线”卷展栏

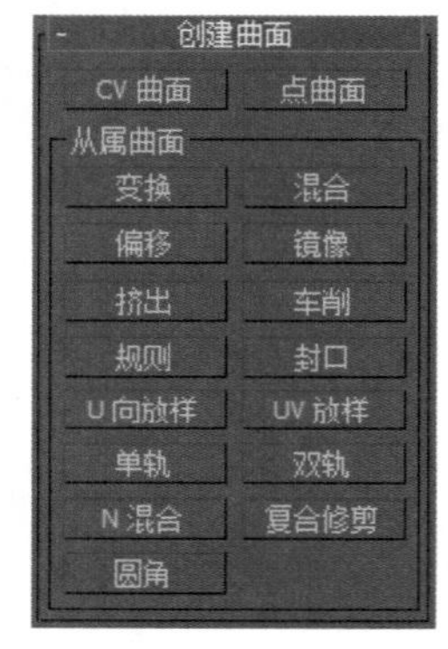

图 6-30 “创建曲面”卷展栏

6.3 NURBS 创建工具箱

在“常规”卷展栏中单击“NURBS 创建工具箱”按钮，打开 NURBS 工具箱，如图 6-31 所示。NURBS 工具箱包含用于创建 NURBS 对象的所有工具，分为点、线、曲面 3 个功能区。

图 6-31 NURBS 创建工具箱

6.3.1 创建点的工具

创建点的工具包括以下几种。

- 创建点：创建单独的点。
- 创建偏移点：根据一个偏移量创建一个点。
- 创建曲线点：创建从属曲线上的点。
- 创建曲线 - 曲线点：创建一个从属于“曲线 - 曲线”的相交点。
- 创建曲面点：创建从属于曲面上的点。
- 创建曲面 - 曲线点：创建从属于“曲面 - 曲线”的相交点。

6.3.2 创建曲线的工具

创建曲线的工具包括以下几种。

- 创建 CV 曲线：创建一条独立的 CV 曲线子对象。
- 创建点曲线：创建一条独立点曲线子对象。
- 创建拟合曲线：创建一条从属的拟合曲线。
- 创建变换曲线：创建一条从属的变换曲线。
- 创建混合曲线：创建一条从属的混合曲线。
- 创建偏移曲线：创建一条从属的偏移曲线。
- 创建镜像曲线：创建一条从属的镜像曲线。
- 创建切角曲线：创建一条从属的切角曲线。
- 创建圆角曲线：创建一条从属的圆角曲线。
- 创建曲面 - 曲面相交曲线：创建一条从属于“曲面 - 曲面”的相交曲线。
- 创建 U 向等参曲线：创建一条从属的 U 向等参曲线。
- 创建 V 向等参曲线：创建一条从属的 V 向等参曲线。
- 创建法向投影曲线：创建一条从属于法线方向的投影曲线。
- 创建向量投影曲线：创建一条从属于向量方向的投影曲线。
- 创建曲面上的 CV 曲线：创建一条从属于曲面上的 CV 曲线。
- 创建曲面上的点曲线：创建一条从属于曲面上的点曲线。
- 创建曲面偏移曲线：创建一条从属于曲面上的偏移曲线。
- 创建曲面边曲线：创建一条从属于曲面上的边曲线。

6.3.3 创建曲面的工具

创建曲面的工具包括以下几种。

- 创建 CV 曲面：创建独立的 CV 曲面子对象。
- 创建点曲面：创建独立的点曲面子对象。
- 创建变换曲面：创建从属的变换曲面。
- 创建混合曲面：创建从属的混合曲面。
- 创建偏移曲面：创建从属的偏移曲面。
- 创建镜像曲面：创建从属的镜像曲面。
- 创建挤出曲面：创建从属的挤出曲面。
- 创建车削曲面：创建从属的车削曲面。
- 创建规则曲面：创建从属的规则曲面。
- 创建封口曲面：创建从属的封口曲面。
- 创建 U 向放样曲面：创建从属的 U 向放样曲面。
- 创建 UV 放样曲面：创建从属的 UV 向放样曲面。
- 创建单轨扫描：创建从属的单轨扫描曲面。
- 创建双轨扫描：创建从属的双轨扫描曲面。
- 创建多边混合曲面：创建从属的多边混合曲面。
- 创建多重曲线修剪曲面：创建从属的多重曲线修剪曲面。
- 创建圆角曲面：创建从属的圆角曲面。

读书笔记

6.4 基础实例——制作抱枕

6.4.1 行业分析

本例主要讲解工业产品中抱枕的部分制作过程，抱枕是每个家庭的必备品，使用频繁，在设计过程中，需要考虑到使用人群、使用环境等方面的内容，注意颜色、材质、图案等内容，才能设计出满意的作品。本例效果如图 6-32 所示。

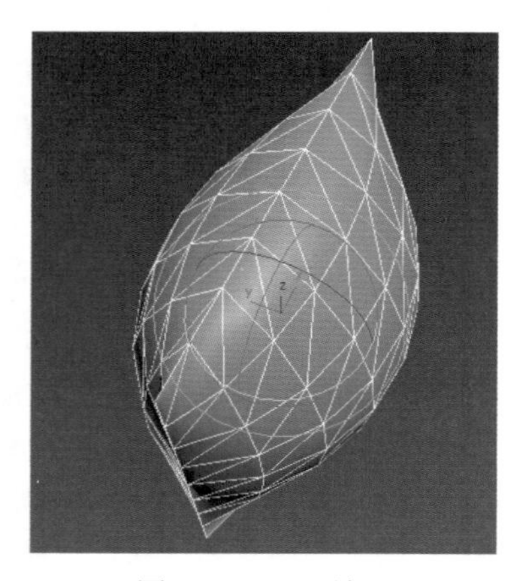

图 6-32 显示效果

6.4.2 操作思路

为更快完成本例的制作，并且尽可能运用本章讲解的知识，本例的操作思路如下。

（1）创建抱枕的单面。

（2）调整参数后添加修改器。

（3）调整形状。

（4）复制面。

（5）完成制作。

6.4.3 操作步骤

制作抱枕的具体操作步骤如下。

Step 1 ▶ 在“创建”面板中单击“几何体”按钮，选择“NURBS 曲面”，使用“CV 曲面”工具在前视图中创建一个 CV 曲面，如图 6-33 所示。

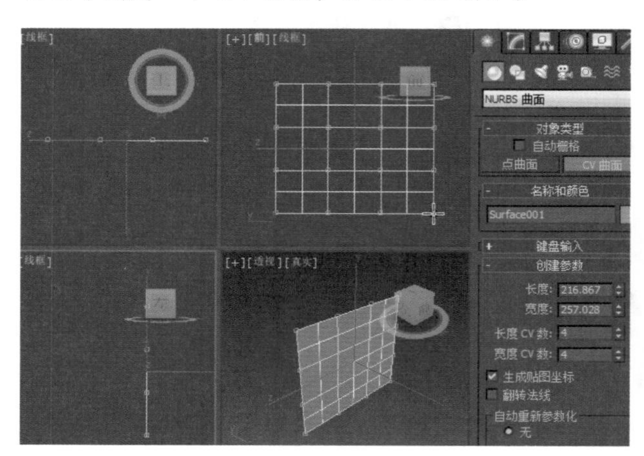

图 6-33 创建 CV 曲面

Step 2 ▶ 在“创建参数”卷展栏中设置“长度”和“宽度”为 300，“长度 CV 数”和“宽度 CV 数”为 4，接着按 Enter 键确认操作，具体参数设置及模型效果如图 6-34 所示。

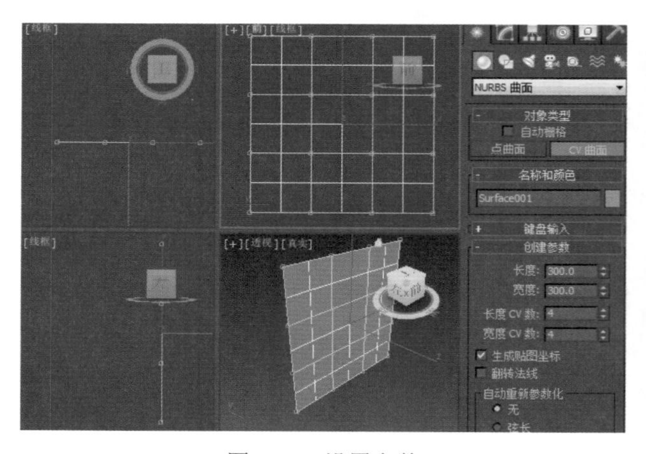

图 6-34 设置参数

Step 3 ▶ 进入“修改”面板，选择 NURBS 曲面的“曲面 CV”次物体层级，然后选择中间的 4 个 CV 点，如图 6-35 所示。

Step 4 ▶ 使用“选择并均匀缩放”工具在前视图中将其向外缩放，如图 6-36 所示。

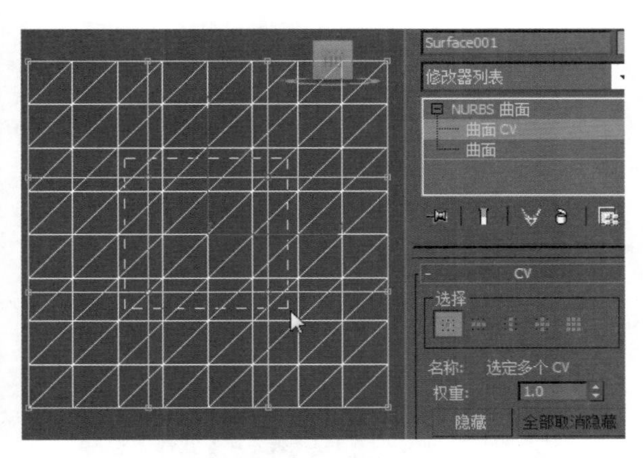

图 6-35　选择 4 个 CV 点

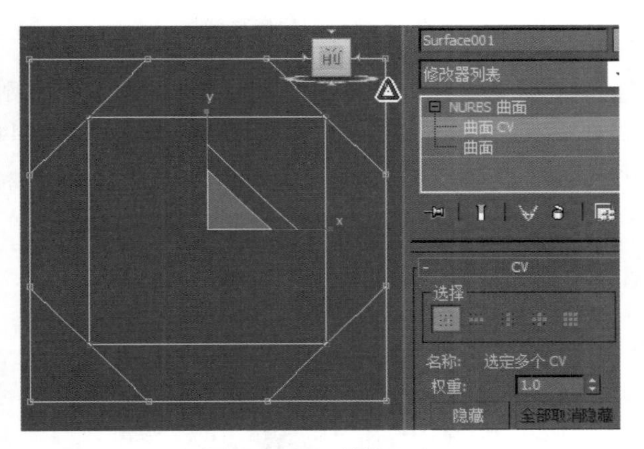

图 6-36　调整轴心点

Step 5 ▶ 选择如图 6-37 所示的 CV 点。

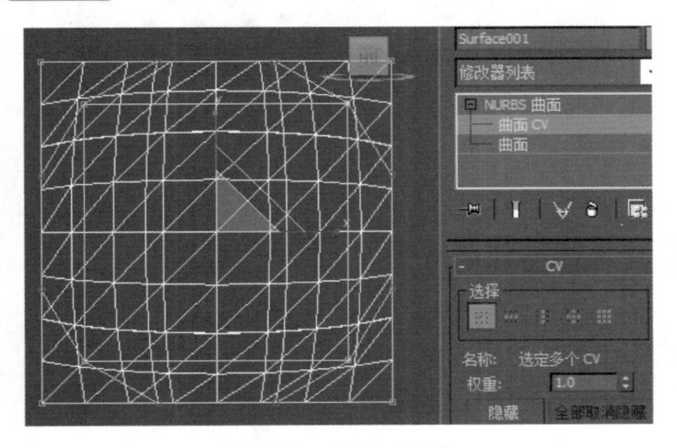

图 6-37　选择 CV 点

Step 6 ▶ 使用“选择并均匀缩放”工具在前视图中将其向内缩放，如图 6-38 所示。

Step 7 ▶ 使用“选择并移动”工具选取中间的 4 个 CV 点，如图 6-39 所示。

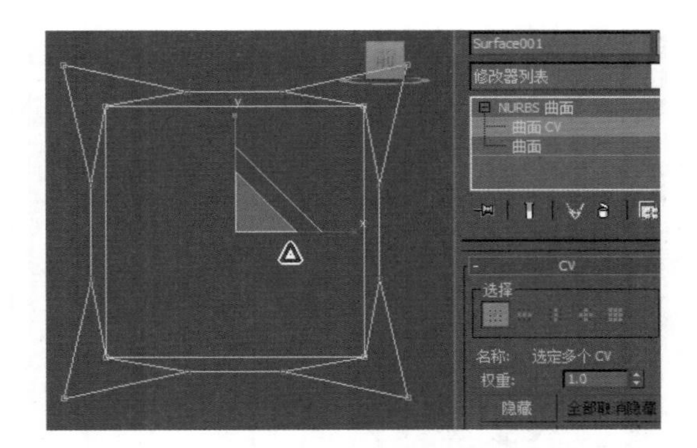

图 6-38　缩放显示效果

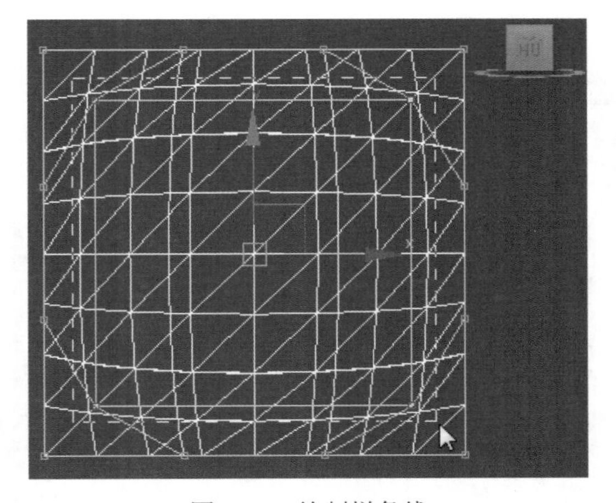

图 6-39　绘制样条线

Step 8 ▶ 切换到左视图，将其向右拖曳一段距离，如图 6-40 所示。

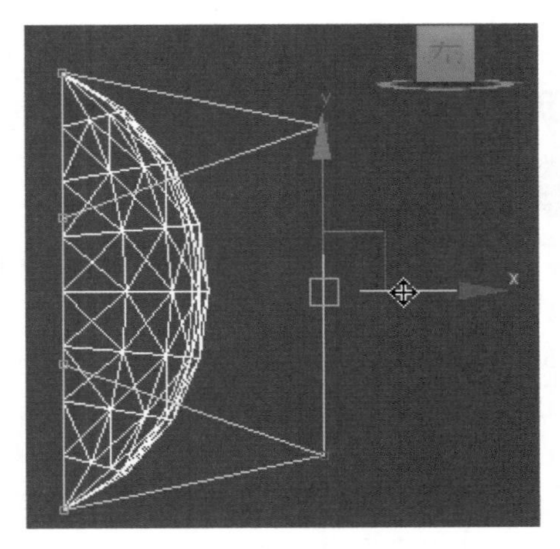

图 6-40　添加修改器

Step 9 ▶ 切换到透视图，加载一个“对称”修改器，如图 6-41 所示。

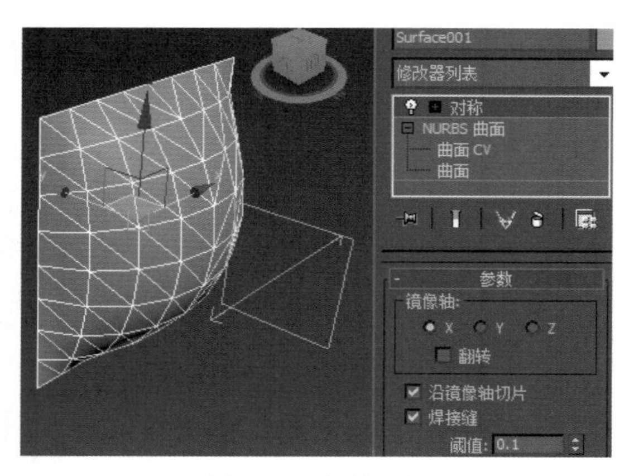

图 6-41　复制对象

Step 10 ▶ 在“参数”卷展栏中设置“镜像轴”为 Z 轴，接着取消选中“沿镜像轴切片”复选框，最后设置“阈值”为 2.5，具体参数设置如图 6-42 所示。

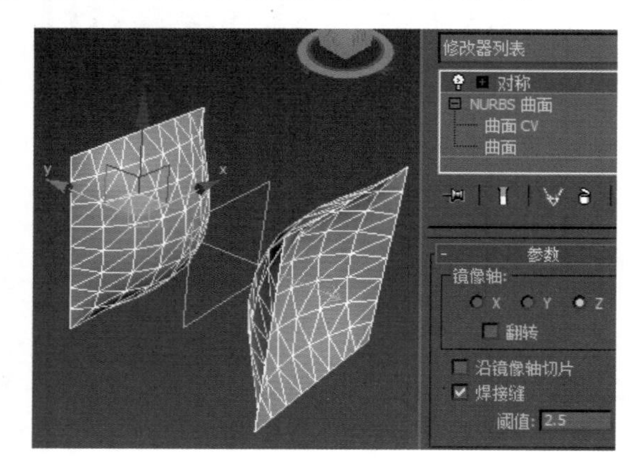

图 6-42　显示效果

Step 11 ▶ 切换到左视图，选择“对称”修改器的“镜像”次物体层级，如图 6-43 所示。

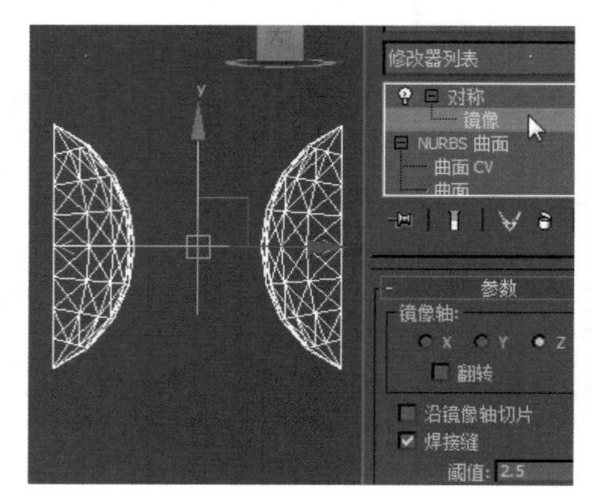

图 6-43　创建样条线

Step 12 ▶ 在左视图中将镜像轴调整好，使两模型刚好拼合在一起，具体参数设置及模型效果如图 6-44 所示。

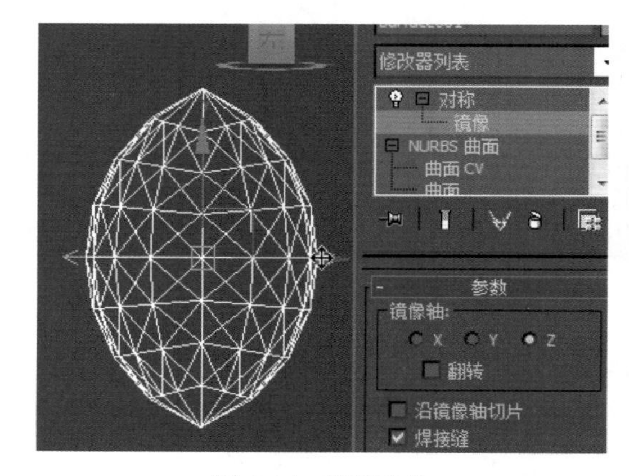

图 6-44　设置参数

知识大爆炸

3D 空间中对象的定位和对齐的工具

3ds Max 提供用于控制 3D 空间中对象的定位和对齐的工具。使用这些工具，可以执行以下操作：

（1）从最常用的真实测量系统中选择显示单位或进行自定义。

（2）将主栅格用作构造平面，或使用栅格对象定位自定义构造平面。

（3）选择不同的选项用栅格、点和法线对齐对象。

（4）当在场景中构建和移动几何体时，使用无模式对话框中的 3D 对象捕捉。栅格点和线位于很多捕捉选项中。

（5）工作中使用“辅助对象”。此类别包括栅格对象和用于定位和测量的对象。

6.5 基础实例——制作树叶

6.5.1 案例分析

本例主要讲解树叶的制作过程，树叶是自然环境中最常见的元素，在设计过程中，需要考虑到使用位置、与周围环境的影响等内容，注意颜色、形状、排列等细节，才能设计出满意的作品。本例效果如图 6-45 所示。

图 6-45 显示效果

6.5.2 操作思路

为更快完成本例的制作，并且尽可能运用本章讲解的知识，本例的操作思路如下。

（1）创建树叶的雏形。

（2）调整参数后选择子层级。

（3）调整形状。

（4）合并文件。

（5）复制树叶。

（6）完成制作。

6.5.3 操作步骤

制作树叶的具体操作步骤如下。

Step 1 在“创建”面板中单击“几何体”按钮，选择“NURBS 曲面”，使用“CV 曲面”工具在前视图中创建一个 CV 曲面，在“创建参数”卷展栏中设置“长度”为 12，“宽度”为 26，“长度 CV 数”和“宽度 CV 数”均为 5，接着按 Enter 键确认操作，如图 6-46 所示。

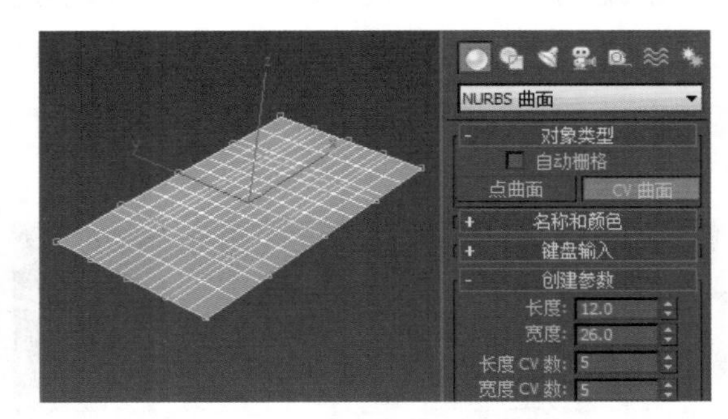

图 6-46 创建 CV 曲面

Step 2 进入“修改”面板，选择 NURBS 曲面的“曲面 CV”子物体层级，如图 6-47 所示。

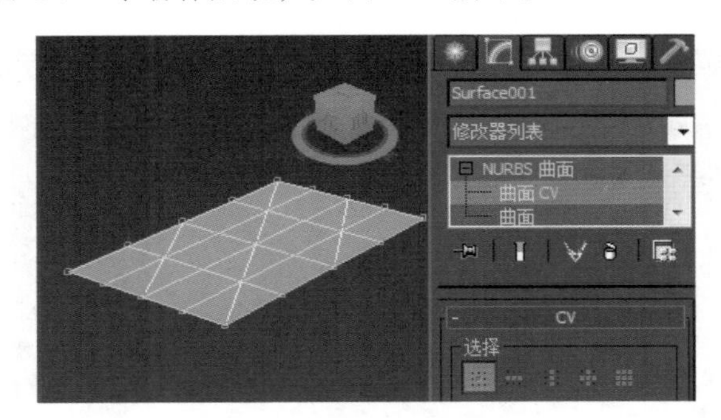

图 6-47 进入子层级

Step 3 使用“选择并移动”工具选取左侧中间的 CV 点，将其向左侧移动，如图 6-48 所示。

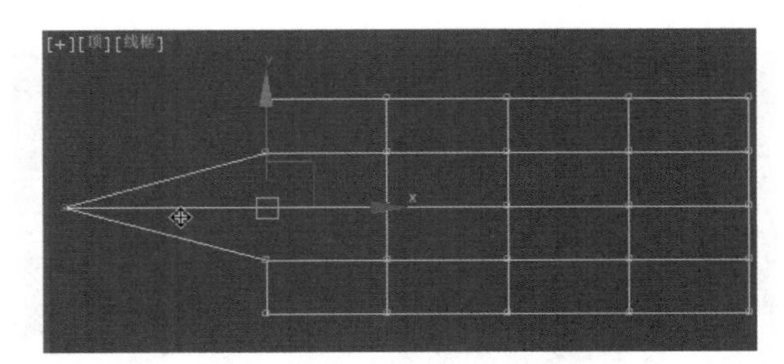

图 6-48 选择 CV 点并移动

Step 4 ▶ 移动后的位置及模型效果如图 6-49 所示。

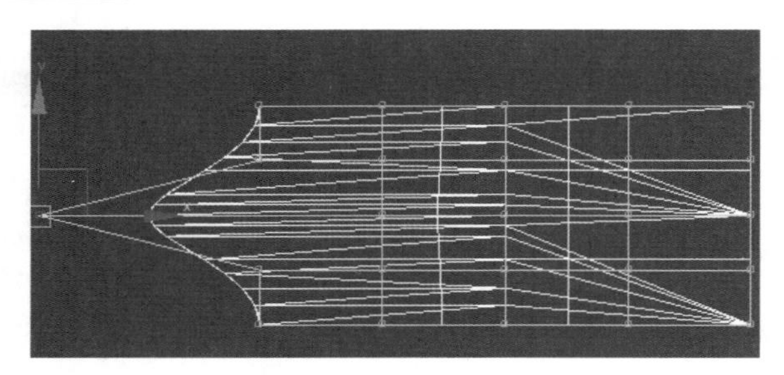

图 6-49　显示效果

Step 5 ▶ 使用“选择并移动”工具选取左上角和左下角的 CV 点，如图 6-50 所示。

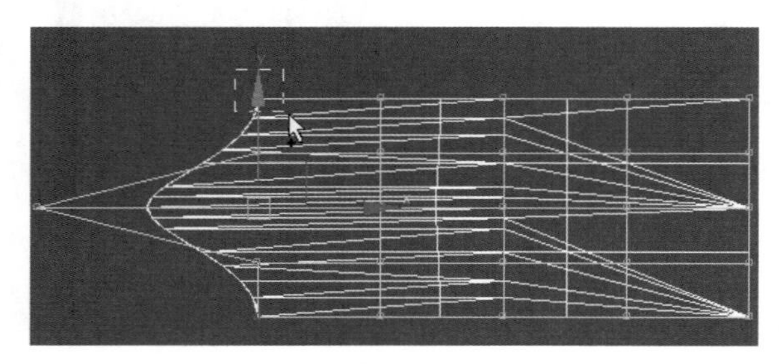

图 6-50　选择 CV 点

Step 6 ▶ 将其向右侧拖曳一段距离，如图 6-51 所示。

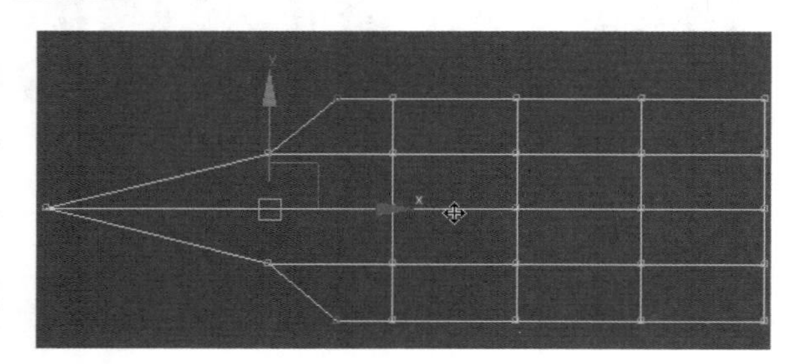

图 6-51　移动位置

Step 7 ▶ 使用“选择并移动”工具选取如图 6-52 所示的 CV 点。

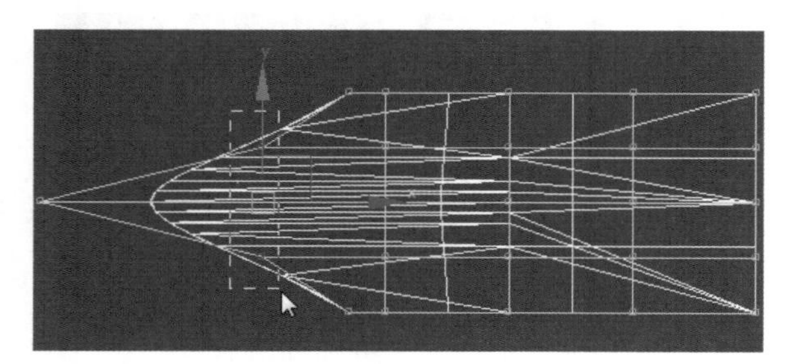

图 6-52　选择 CV 点

Step 8 ▶ 使用“选择并均匀缩放”工具将其向内缩放，如图 6-53 所示。

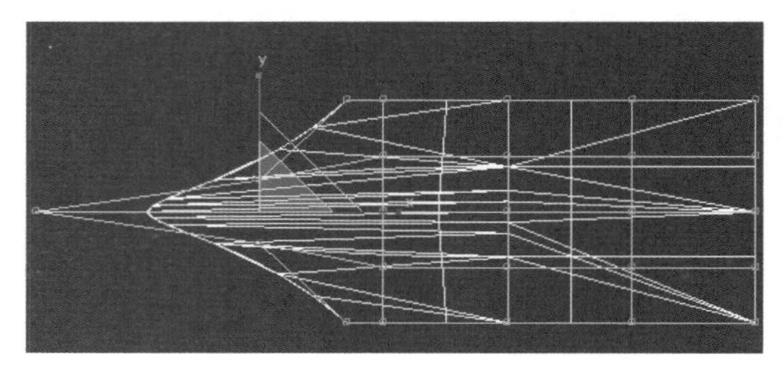

图 6-53　缩放对象

Step 9 ▶ 依次选择 CV 点，使用“选择并移动”工具和“选择并均匀缩放”工具进行调整，如图 6-54 所示。

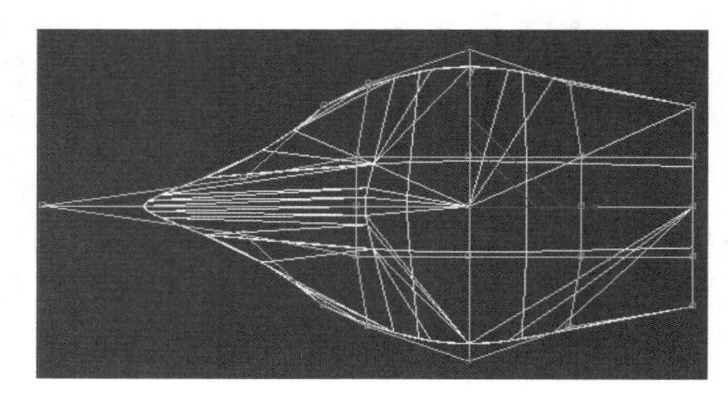

图 6-54　选择 CV 点并缩放

Step 10 ▶ 完成调整后，模型效果如图 6-55 所示。

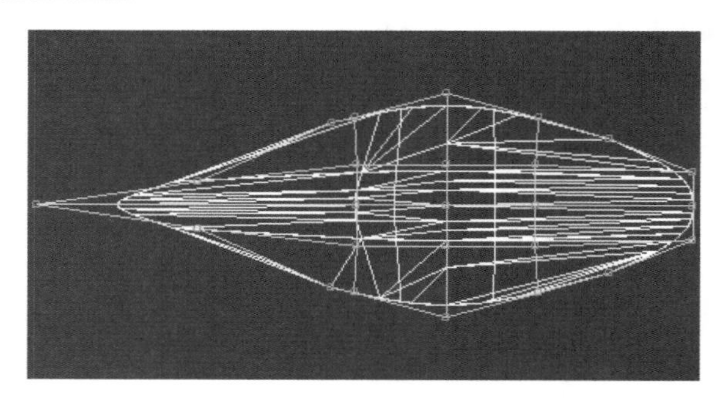

图 6-55　调整对象

Step 11 ▶ 使用“选择并移动”工具框选如图 6-56 所示的 CV 点。

Step 12 ▶ 在前视图中将所选顶点向上拖曳一段距离，如图 6-57 所示。

Step 13 ▶ 调整完成后，四视图中的模型效果如图 6-58 所示。

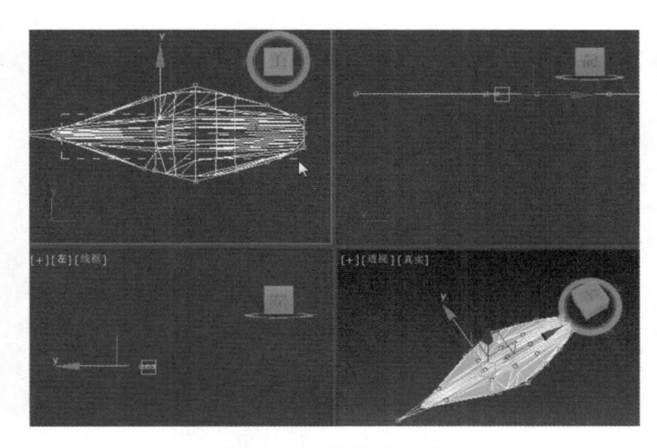

图 6-56　选择 CV 点

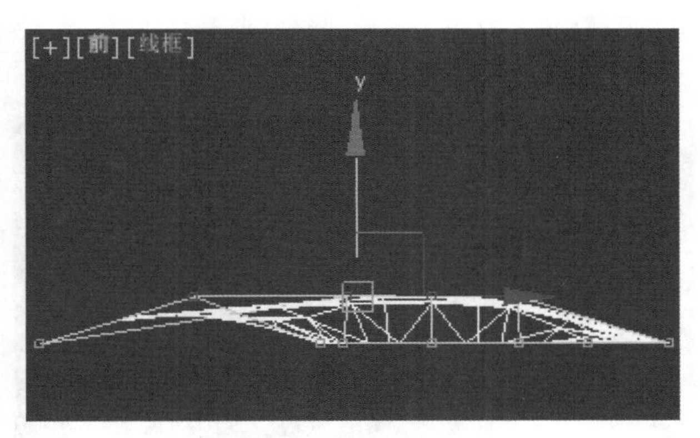

图 6-57　移动选择的 CV 点

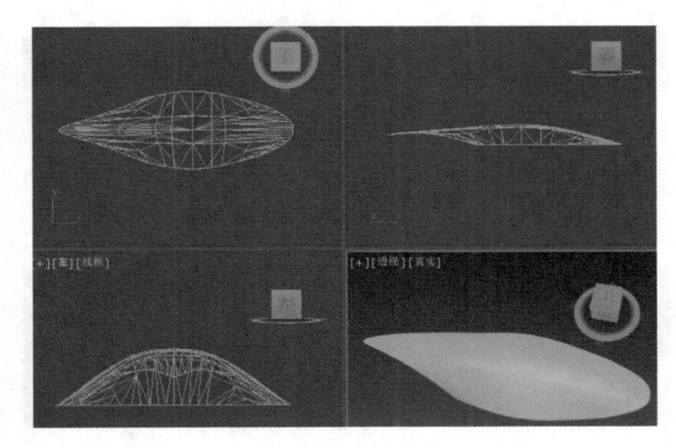

图 6-58　显示效果

Step 14 ▶ 单击“应用程序”按钮，指向“导入”下拉按钮，选择“合并”命令，如图 6-59 所示。

Step 15 ▶ 在“合并文件”对话框中选择需要合并的素材文件“树干 .max”，单击“打开”按钮，即可打开“合并 - 树干”对话框，单击选择要合并的对象，然后单击“确定”按钮，如图 6-60 所示。

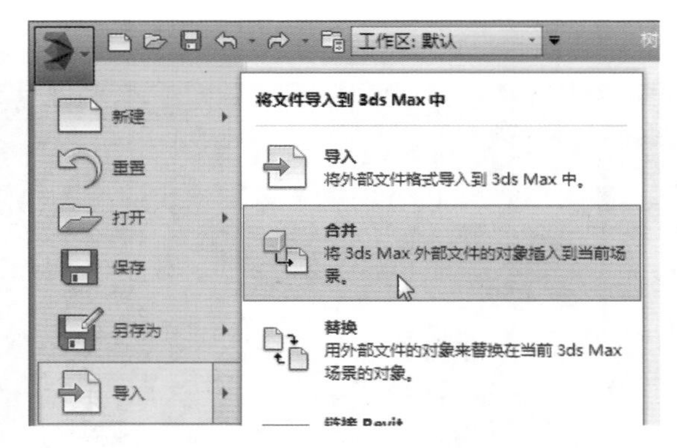

图 6-59　选择命令

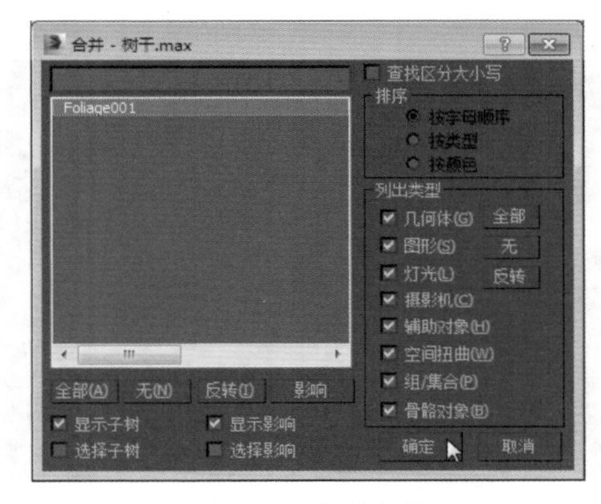

图 6-60　合并文件

Step 16 ▶ 在各个视图中将模型调整好，使两模型刚好拼合在一起，模型效果如图 6-61 所示。

图 6-61　移动对象

Step 17 ▶ 选择树叶模型，切换到顶视图，单击“层级”面板，在“调整轴”卷展栏中单击“仅影响轴”按钮，如图 6-62 所示。

Step 18 ▶ 在视图中将树叶的轴点移动到适当位置，

如图 6-63 所示。

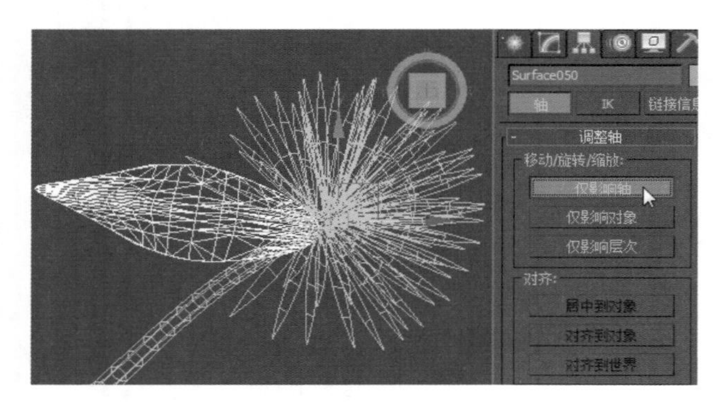

图 6-62　单击按钮

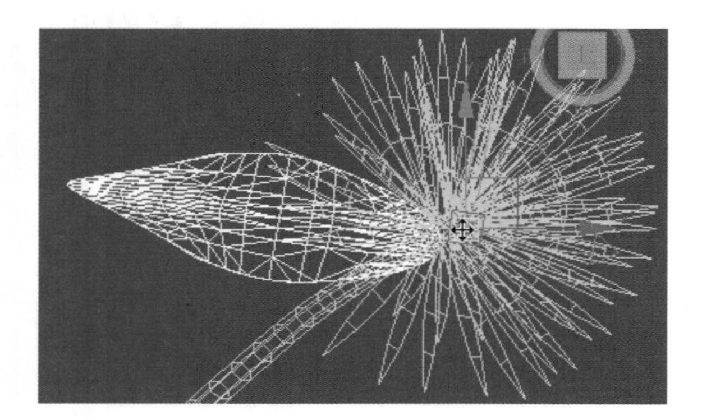

图 6-63　移动轴点

Step 19 ▶ 按住 Shift 键使用“选择并旋转”工具旋转树叶，释放 Shift 键和鼠标左键即可打开“克隆选项”对话框，设置“副本数”为 6，单击“确定”按钮，如图 6-64 所示。

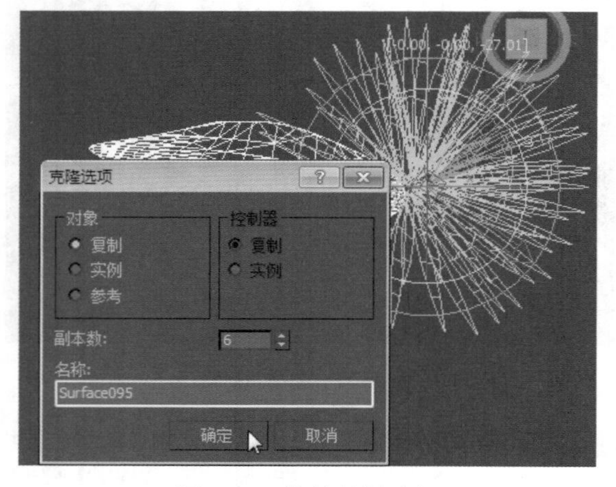

图 6-64　旋转复制对象

Step 20 ▶ 复制完成后，模型效果如图 6-65 所示。

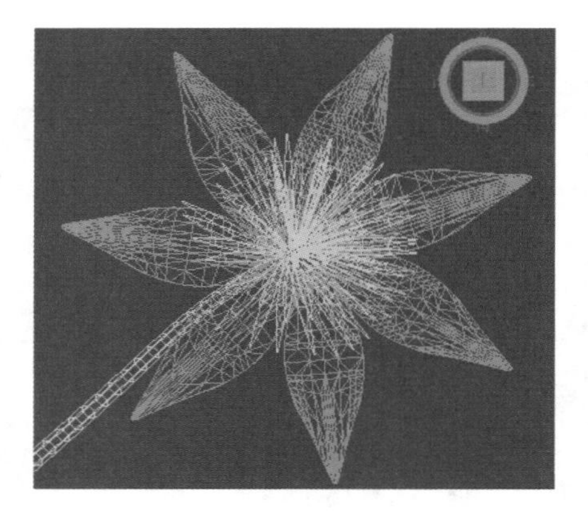

图 6-65　显示效果

Step 21 ▶ 依次对每一个叶片进行调整，使每一片叶子的形状都不同，模型效果如图 6-66 所示。

图 6-66　调整每片树叶的形状

Step 22 ▶ 复制树叶并调整位置，模型最终效果如图 6-67 所示。

图 6-67　完成制作

01 02 03 04 05 06 07 08 09 10 11 12……

网格及多边形建模

本章导读

网格建模和多边形建模都是 3ds Max 中重要的建模方式。网格建模是 3ds Max 中最为经典和基础的建模方式，这种方式兼容性好，不容易出错，占用系统资源少，运算速度快。多边形建模在早期主要用于游戏领域，现在已被广泛应用于电影、建筑、工业设计、电视包装等众多领域；多边形建模比较容易掌握，在创建复杂表面时，细节部分可以任意加线，在结构穿插关系很复杂的模型中就能体现出它的优势。

7.1 网格编辑

网格建模是 3ds Max 高级建模方法中的一种，与多边形建模的思路比较相似。网格建模是很多三维软件默认的建模类型，许多被导入的模型也被显示为网格对象。网格对象也不是创建出来的，而是经过转换而成的。

网格模型是由“顶点”、“边”、“面”、“多边形”和“元素”组成的，这些功能可以对网格的各组成部分进行修改，包括推拉、删除、创建顶点和平面，并且可以让这些修改记录为动画。

如何转换网格对象为可编辑对象？可以按以下步骤进行操作。

Step 1 在对象上单击鼠标右键，在弹出的快捷菜单中选择“转换为”→“转换为可编辑网格”命令，如图 7-1 所示。转换为可编辑网格对象后，在修改堆栈中可以观察到对象会变成“可编辑网格”对象，如图 7-2 所示。

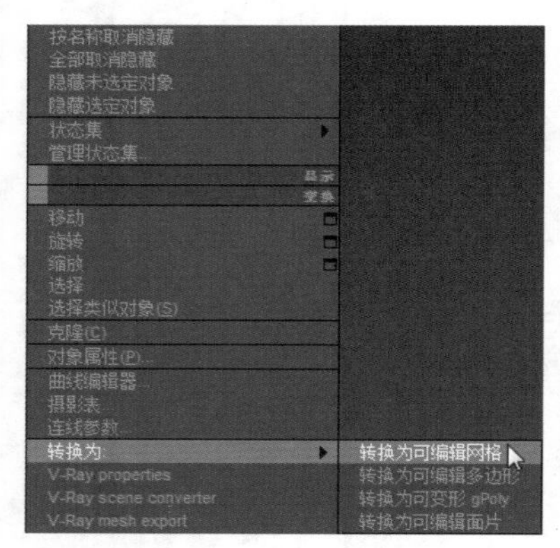

图 7-1　转换对象类型

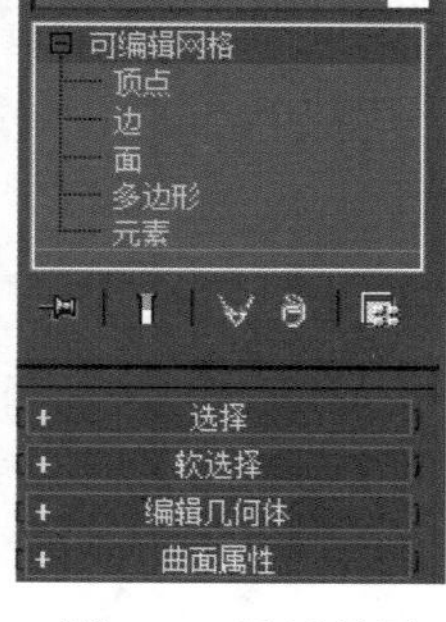

图 7-2　显示结果

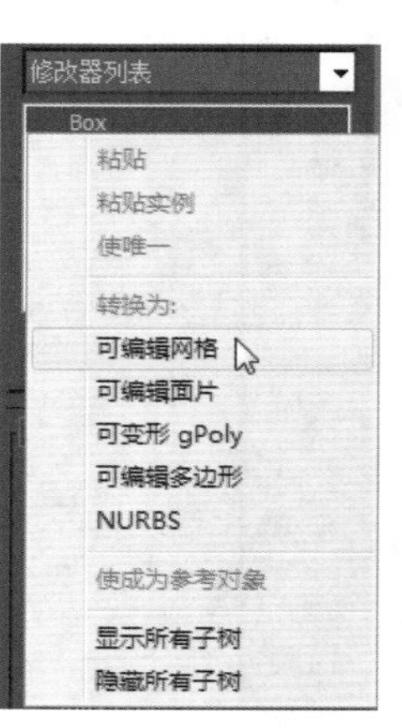

图 7-3　转换对象类型

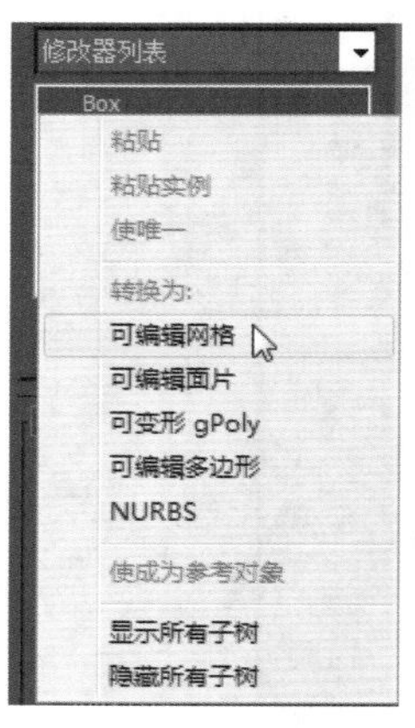

图 7-4　添加修改器

技巧秒杀

通过这种方法转换成的可编辑网格对象的创建参数将全部丢失。

Step 2 选中对象，在修改器堆栈中的对象上右击，在弹出的快捷菜单中选择“可编辑网格”命令，如图 7-3 所示，转换后的对象创建参数将全部丢失。

Step 3 选中对象，为其加载一个“编辑网格”修改器，如图 7-4 所示。转换后的对象不仅可以进行编辑网格的操作，而且创建参数不会丢失，仍然可以调整。

Step 4 选中对象，在“创建”面板中单击“实用程序”按钮，切换到“实用程序”按钮，单击“塌陷”按钮，如图 7-5 所示；在“塌陷”卷展栏中设置“输出类型”为“网格”，最后单击“塌陷选定对象”按钮，如图 7-6 所示。

图 7-5　单击按钮

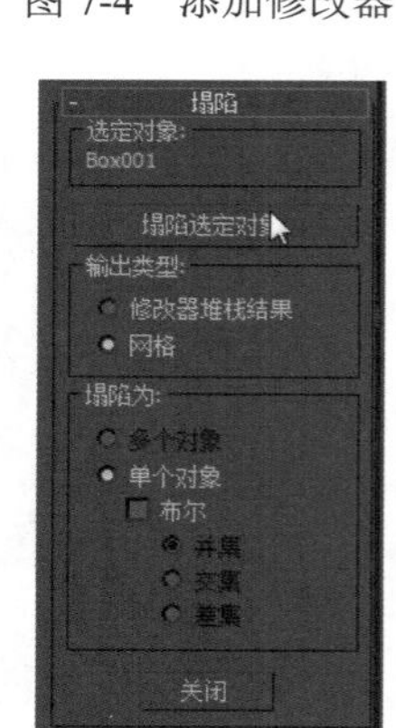

图 7-6　设置内容

技巧秒杀

多边形建模是当前 3ds Max 中默认的建模方式，建模技术先进，有着比网格建模更多、更方便的修改功能，但是网格建模的稳定性要高于多边形建模。其实这两种建模方法思路基本相同，不同点在于网格建模所编辑的对象是三角面，多边形建模所编辑的对象是三边面、四边面或者更多边的面，因此多边形建模具有更高的灵活性。

7.1.1 删除网格

“删除网格”修改器用于删除修改堆栈中选择的子对象集合，如点、面、边界、对象等，它与直接按 Delete 键效果一致，但它提供了更优秀的修改控制，因为它是一个变动修改，不会真的将选择集删除，当用户需要那些被删除的部分时，只要将这个修改命令关闭或删除即可。

7.1.2 编辑网格

“编辑网格”修改器主要针对网格对象的不同层级进行编辑，网格子对象包含顶点、边、面、多边形和元素 5 种。网格对象的参数设置面板共有 4 个卷展栏，分别是“选择”、“软选择”、“编辑几何体”和“曲面属性”卷展栏。

实例操作：制作元宝

Step 1 绘制一个几何球体，单击“修改”面板，然后单击“修改器列表”下拉按钮，选择“编辑网格”命令，如图 7-7 所示。

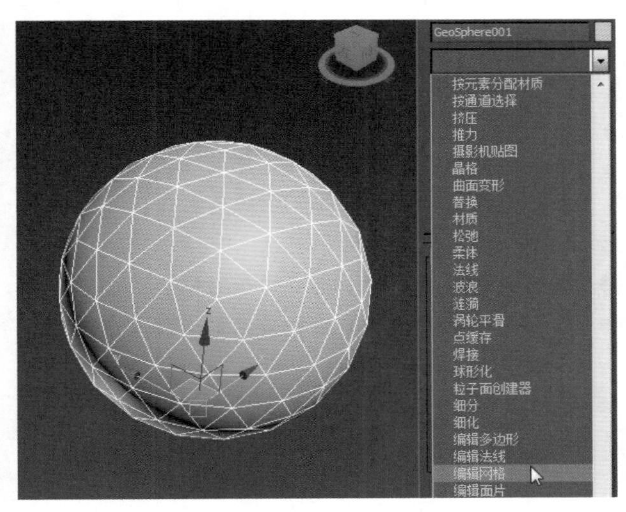

图 7-7　添加修改器

技巧秒杀

将所选顶点移动到适当位置后，再单击选择最下面的顶点，继续向上移动，即可将这些顶点移动到同一水平位置。

Step 2 单击“顶点”按钮，在对象中选择顶点，使用“选择并移动”工具将所选顶点向上移动，如图 7-8 所示。

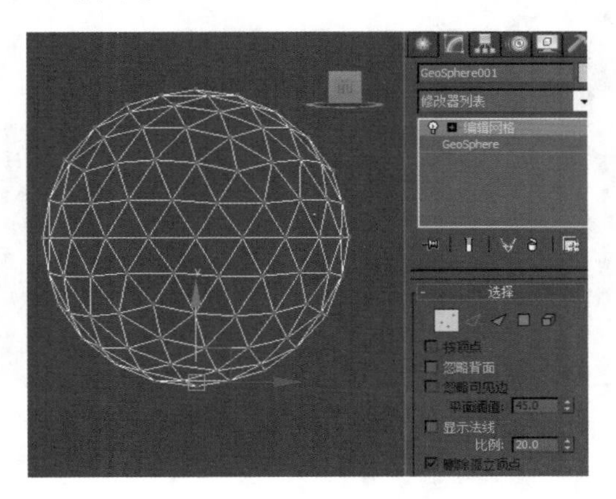

图 7-8　选择顶点

Step 3 单击“边”按钮，按住 Ctrl 键，选择边，如图 7-9 所示。

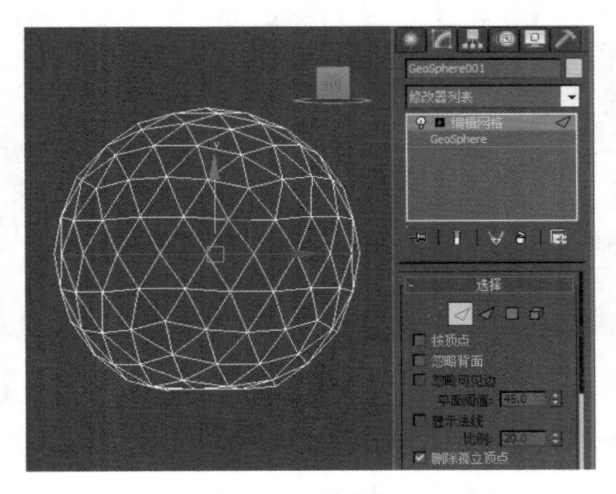

图 7-9　选择边

Step 4 使用缩放命令将所选边进行缩放，如图 7-10 所示。

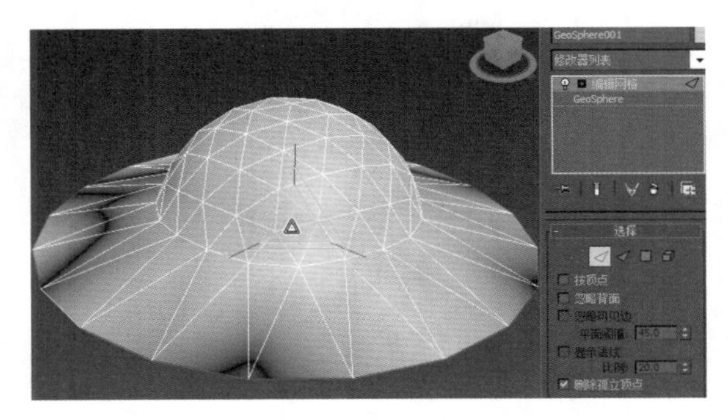

图 7-10　缩放对象

Step 5 ▶ 使用“选择并移动”工具将所缩放的边向上移动至适当位置，如图 7-11 所示。

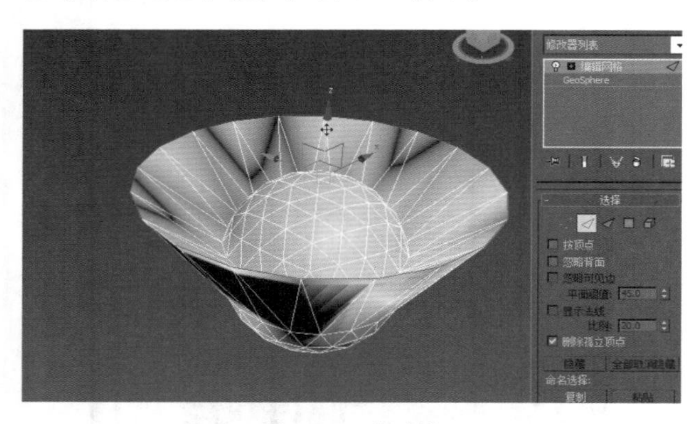

图 7-11　移动边

Step 6 ▶ 选择“选择并缩放”工具，拖动对象其中的一个轴进行放大，效果如图 7-12 所示。

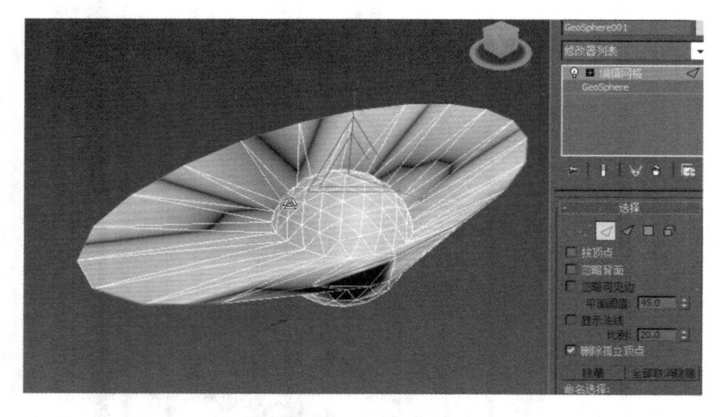

图 7-12　放大边

知识解析：编辑网格创建面板

（1）“选择”卷展栏

“选择”卷展栏的参数面板如图 7-13 所示。

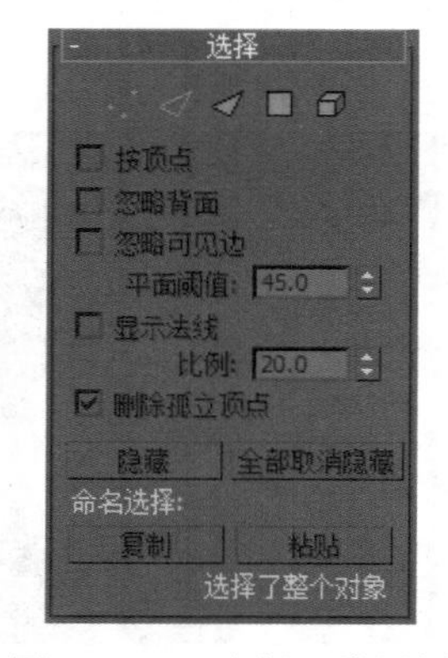

图 7-13　“选择”卷展栏

◆ 顶点：用于选择顶点子对象级别。
◆ 边：用于选择边子对象级别。
◆ 面：用于选择三角面子对象级别。
◆ 多边形：用于选择多边形子对象级别。
◆ 元素：用于选择元素子对象级别，可以选择对象的所有连续的面。
◆ 按顶点：选中该复选框后，在选择一个顶点时，与该顶点相连的边或面会一同被选中。
◆ 忽略背面：由于表面法线的原因，对象表面有可能在当前视角不被显示。看不到的表面一般不能被选择，选中该复选框，可以对其进行选择操作。
◆ 忽略可见边：取消选中该复选框时，在多边形子对象层级进行选择时，每次单击只能选择单一的面；选中该复选框时，可以通过下面的“平面阈值”数值框调节选择范围，每次单击，范围内的所有面会被选择。
◆ 平面阈值：在多边形级别进行选择时，用来指定两面共面的阈值范围，阈值范围是两个面的面线之间夹角，小于这个值说明两个面共面。
◆ 显示法线：控制是否显示法线，法线在场景中显示为蓝色，并可以通过下面的“比例”参数进行调节。
◆ 删除孤立顶点：选中该复选框后，在删除子对象（除顶点以外的子对象）的同时会删除孤立的顶点，而取消选中该复选框，删除子对象的孤立顶点会被保留。
◆ 隐藏：隐藏被选择的子对象。
◆ 全部取消隐藏：显示隐藏的子对象。
◆ 复制：将当前子对象级中命名的选择集合复制到剪贴板中。
◆ 粘贴：将剪贴板中复制的选择集合指定到当前子对象级别中。

（2）“软选择”卷展栏

“软选择”卷展栏的参数面板如图 7-14 所示。

◆ 使用软选择：控制是否开启软选择。
◆ 边距离：通过设置衰减区域内边的数目来控制受到影响的区域。
◆ 影响背面：选中该复选框时，对选择的子对象背面产生同样的影响，否则只影响当前操作的一面。

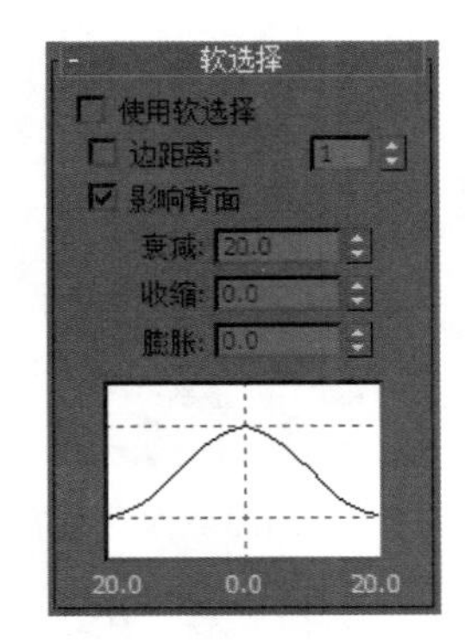

图 7-14 “软选择”卷展栏

◆ 衰减：设置从开始衰减到结束衰减之间的距离。以场景设置的单位进行计算，在图表显示框的下面也会显示距离范围。
◆ 收缩：沿着垂直轴提升或降低顶点。值为负数时，产生弹坑状图形曲线；值为 0 时产生平滑的过渡效果。默认值为 0。
◆ 膨胀：沿着垂直轴膨胀或收缩定点。收缩为 0，膨胀为 1 时，产生一个最大限度的光滑膨胀曲线；负值会使膨胀曲线移动到曲面，从而使顶点下压形成山谷的形态。默认值为 0。

（3）“编辑几何体”卷展栏

“编辑几何体”卷展栏的参数面板如图 7-15 所示。

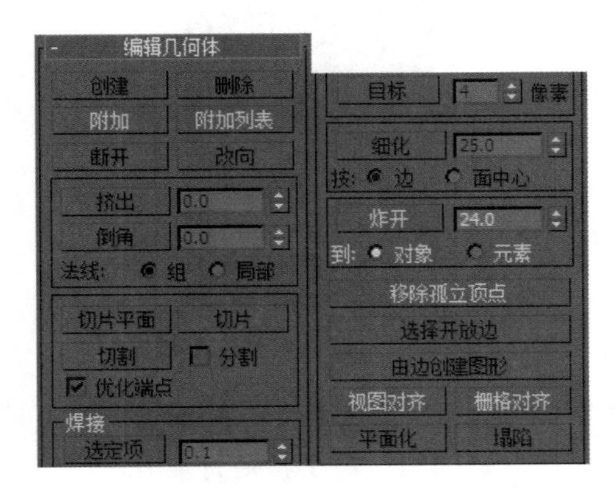

图 7-15 “编辑几何体”卷展栏

◆ 创建：建立新的单个顶点、面、多边形或元素。
◆ 删除：删除被选择的子对象。
◆ 附加：单击该按钮，在视图中单击其他对象（任何类型的对象均可），可以将其合并到当前对象中，同时转换为网格对象。
◆ 分离：将当前选择的子对象分离出去，成为一个独立的新对象。
◆ 断开：单击该按钮，再单击对象，可以对选择的表面进行分裂处理，以产生更多的表面用于编辑。
◆ 改向：将对角面中间的边换向，改为另一种对角方式，从而使三角面的划分方式改变。
◆ 挤出：将当前选择的子对象加一个厚度，使它凸出或凹入表面，厚度值由数值来决定。
◆ 倒角：对选择面进行挤出成形。
◆ 法线：选中“组”单选按钮时，选择的面片将沿着面片组平均法线方向挤出；选中“局部”单选按钮时，面片将沿着自身法线方向挤出。
◆ 切片平面：一个方形化的平面，可以通过移动或旋转改变将要剪切对象的位置。单击该按钮后，“切片”按钮才能被激活。
◆ 切片：单击该按钮，将在切片平面处剪切被选择的子对象。
◆ 切割：通过在边上添加点来细分子对象。单击该按钮后，需要在细分的边上单击，然后移动鼠标到下一边，依次单击，完成细分。
◆ 分割：选中该复选框时，在进行切片或剪切操作时，会在细分的边上创建双重的点，这样可以很容易地删除新的面来创建洞，或者像分散的元素一样操作新的面。
◆ 优化端点：选中该复选框时，在相邻的面之间进行平滑过渡；反之，在相邻面之间产生生硬的边。
◆ “焊接”选项组：用于顶点之间的焊接操作，这种空间焊接技术比较复杂，要求在三维空间内移动和确定顶点之间的位置。
◆ “细化”参数组：对表面进行分裂复制，产生更多的面。
◆ “炸开”参数组：将当前选择面打开后分享出当前对象，使它们成为独立新个体。
◆ 移除孤立顶点：单击该按钮后，将删除所有孤立的点，不管是否选择那些点。
◆ 选择开放边：仅选择对象的边缘线。

◆ 由边创建图形：选择一个或更多的边后，单击该按钮，将以选择的边界为模板创建新的曲线，也就是把选择的边变成曲线独立出来使用。

◆ 视图对齐：单击该按钮后，选择点或子对象被放置在同一平面，且这一平面平行于选择视图。

◆ 栅格对齐：单击该按钮后，选择点或子对象被放置在同一平面，且这一平面平行于活动视图的栅格平面。

◆ 平面化：将所有的选择面强制压成一个平面。

◆ 塌陷：将选择的点、线、面、多边形或元素删除，留下一个顶点与四周的面连接，产生新的表面，这种方法不同于删除面，它是将多余的表面吸收掉，膨胀的表皮会收缩塌陷下来。

（4）“曲面属性”卷展栏

“曲面属性”卷展栏的参数面板如图 7-16 所示。

“曲面属性”卷展栏只有在子对象级别下才可用，根据所选择的子对象不同，其参数面板中的参数也会呈现出差异。

当选择网格的“顶点”子对象时，“曲面属性”卷展栏如图 7-17 所示。

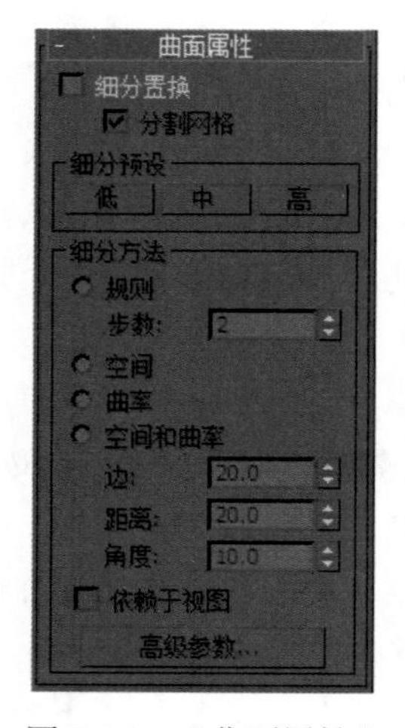

图 7-16 “曲面属性”卷展栏

图 7-17 “曲面属性”卷展栏

◆ 权重：显示和改变顶点的权重。

◆ “编辑顶点颜色”选项组：用于调整顶点的颜色、亮度和透明值。

◆ “顶点选择方式”选项组：用于设置顶点的选择方式等。

当选择网格的“边”子对象时，“曲面属性”卷展栏如图 7-18 所示。

图 7-18 “曲面属性”卷展栏

◆ 可见 / 不可见：选择边后，通过这两个按钮直接控制边的显示。

◆ 自动边：提供了另外一种控制边显示的方式。

◆ 设置和清除边可见性：只选择当前参数的子对象。

◆ 设置：保留上次选择的结果并加入新的选择。

◆ 清除：从上一次选择结果进行筛选。

当选择网格的“面”、“多边形”和“元素”子对象时，其“曲面属性”卷展栏如图 7-19 所示。

图 7-19 “曲面属性”卷展栏

◆ “法线”选项组：用于指定法线的方向。

◆ “材质”选项组：用于指定材质 ID 以及对材质的编辑等。

◆ “平滑组”选项组：用于指定对象的平滑处理。

◆ “编辑顶点颜色”选项组：用于调整顶点的颜色、亮度和透明值。

7.1.3 挤出

“挤出”修改器可以深度添加到二维图形中，并且可以将对象转换成一个参数化对象。

实例操作：制作灯罩

Step 1 ▶ 使用“星形”工具在场景中创建一个星形，在“参数”卷展栏中设置“半径 1”为 70，“半径 2”为 60，“点”为 12，“圆角半径 1”为 10，“圆角半径 2”为 6，具体参数设置如图 7-20 所示。

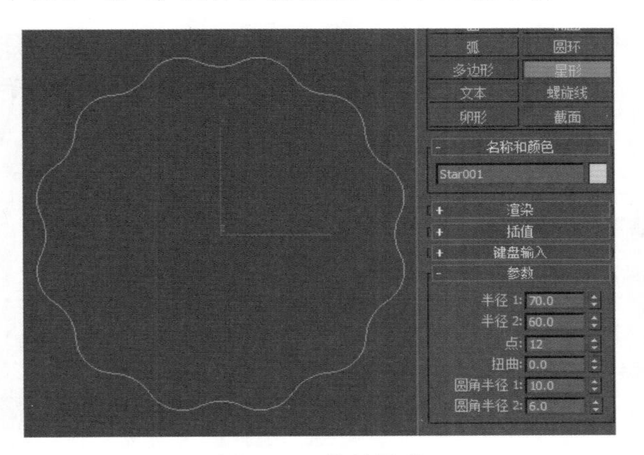

图 7-20　绘制星形

Step 2 ▶ 选择星形，在“渲染”卷展栏中选中“在渲染中启用”和“在视口中启用”复选框，设置“厚度”为 2.5，“边”为 12，具体参数设置如图 7-21 所示。

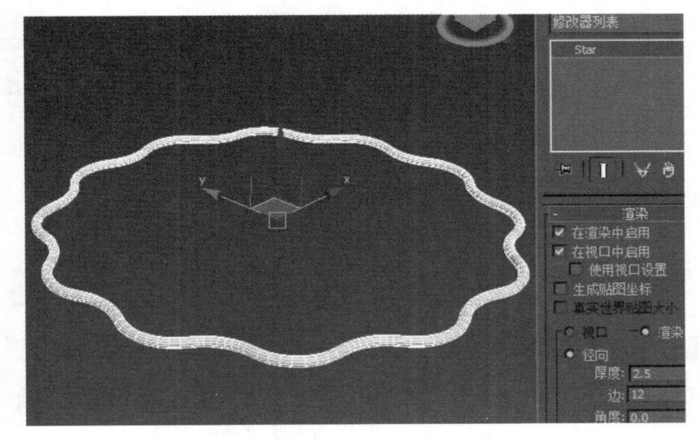

图 7-21　调整选项

Step 3 ▶ 按住 Shift 键使用“选择并移动”工具向下移动复制对象，在弹出的“克隆选项”对话框中设置复制对象为 2，单击“确定”按钮，如图 7-22 所示。

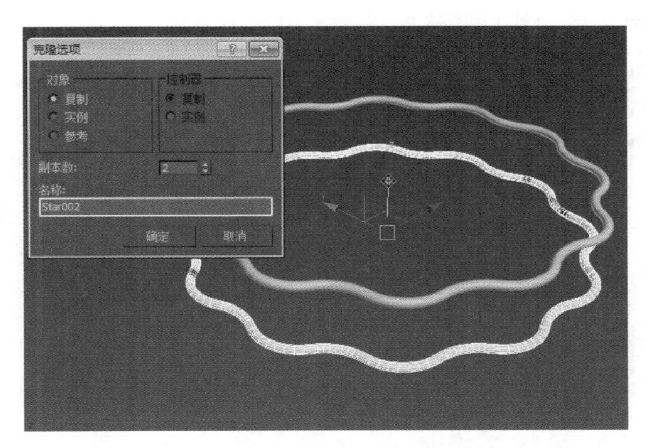

图 7-22　复制对象

Step 4 ▶ 使用“选择并移动”工具选择中间的星形，将其向上拖曳一定的距离，如图 7-23 所示。

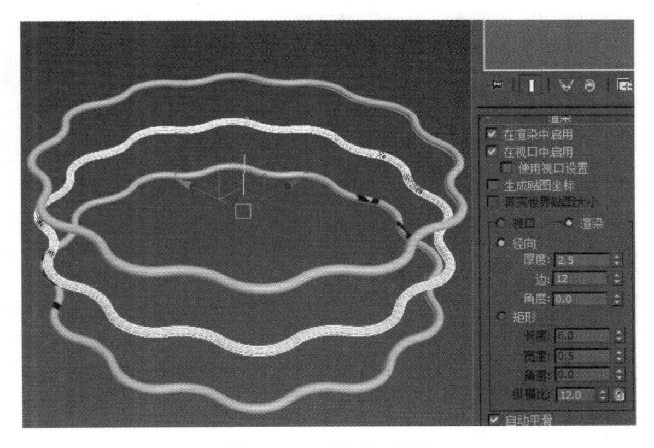

图 7-23　移动对象

Step 5 ▶ 在“渲染”卷展栏中选中“矩形”单选按钮，设置“长度”为 40，“宽度”为 0.5，具体参数设置及模型效果如图 7-24 所示。

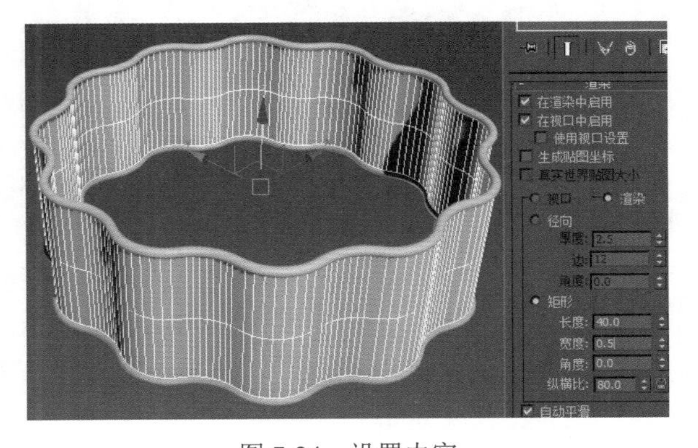

图 7-24　设置内容

Step 6 ▶ 选择最上方的星形，在“修改器”下拉列表中选择“挤出”修改器，如图 7-25 所示。

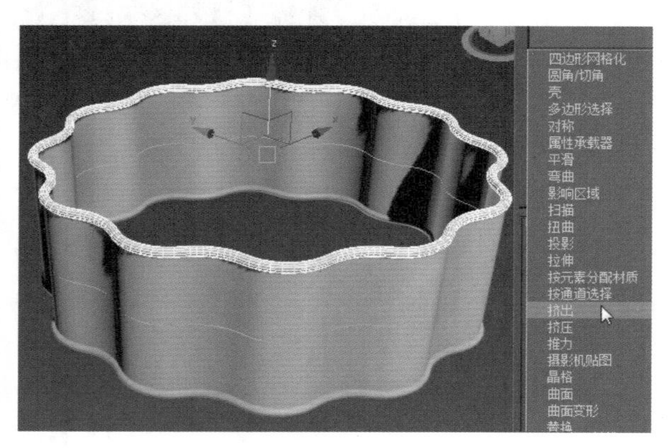

图 7-25　添加修改器

Step 7 ▶ 加载后的效果如图 7-26 所示。

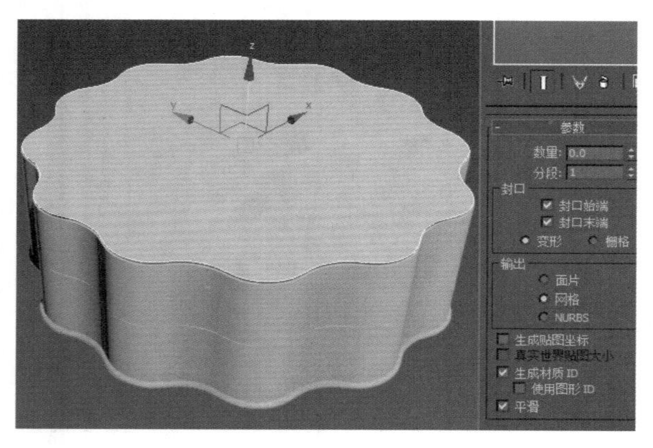

图 7-26　显示效果

Step 8 ▶ 在“参数”卷展栏中设置“数量”为 5，“分段”为 3，最终效果如图 7-27 所示。

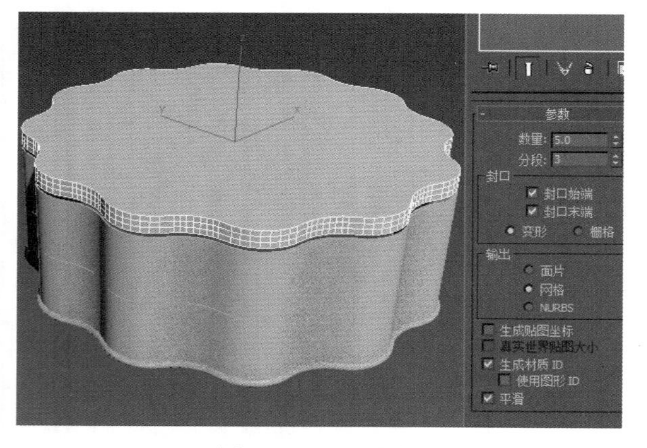

图 7-27　设置参数

知识解析：挤出创建面板

- ◆ 数量：设置挤出的深度。
- ◆ 分段：指定要在挤出对象创建的线段数目。
- ◆ 封口：用来设置对象的封口。
- ◆ 输出：指定挤出对象的输出方式。
- ◆ 生成贴图坐标：将贴图坐标应用到挤出对象中。
- ◆ 真实世界贴图大小：控制应用于对象的纹理贴图材质所使用的缩放方法。
- ◆ 生成材质 ID：将不同的材质 ID 指定给挤出对象的侧面与封口。
- ◆ 使用图形 ID：将材质 ID 指定给挤出生成的样条线线段，或指定给在 NURBS 挤出生成的曲线子对象。
- ◆ 平滑：将平滑应用于挤出图形。

读书笔记

7.1.4 面挤出

“面挤出”修改器与“编辑网格”修改器内部的挤出面功能相似，主要用于给对象的“面”子对象进行挤出成型，从原对象表面挤出或陷入。

实例操作：制作木人桩

Step 1 ▶ 使用“圆柱体”工具在顶视图中绘制一个圆柱体，在“参数”卷展栏中设置“半径”为 100，“高度”为 1500，具体参数设置如图 7-28 所示。

Step 2 ▶ 在对象上右击，在弹出的快捷菜单中选择“转换为”→“转换为可编辑网格”命令，如图 7-29 所示。

Step 3 ▶ 选择“面”子级别，按住 Ctrl 键，使用“选择并移动”工具单击选择面，如图 7-30 所示。

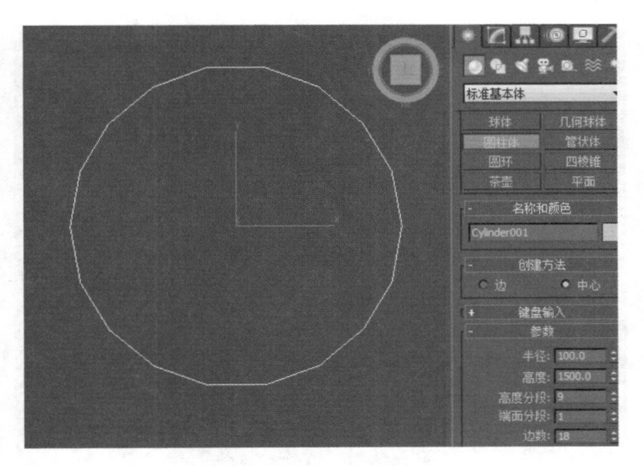

图 7-28　创建圆柱体

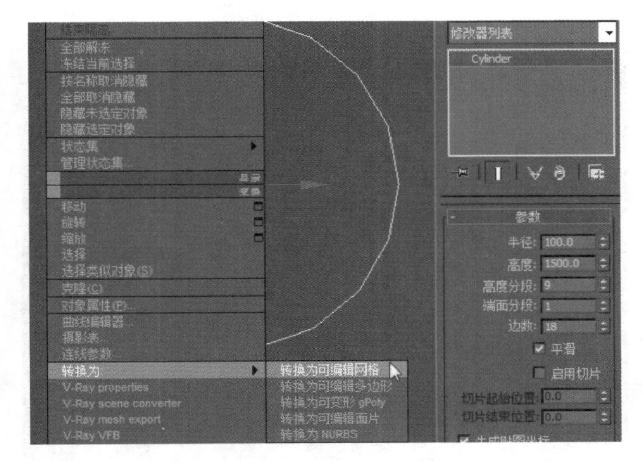

图 7-29　转换对象类型

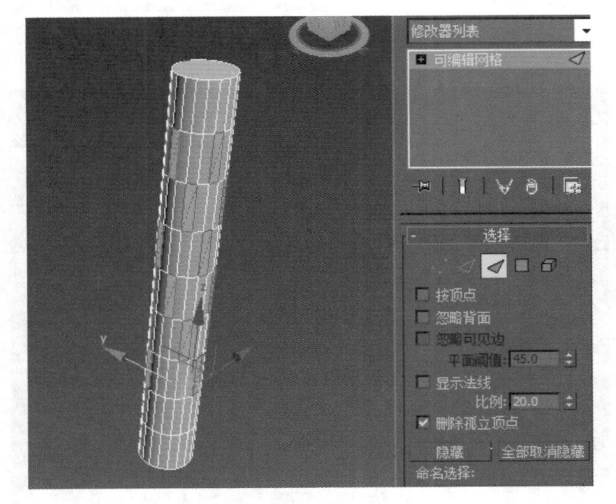

图 7-30　选择面

Step 4 添加“面挤出”修改器，在“参数”面板中设置“数量”为 500，“比例”为 100，如图 7-31 所示。

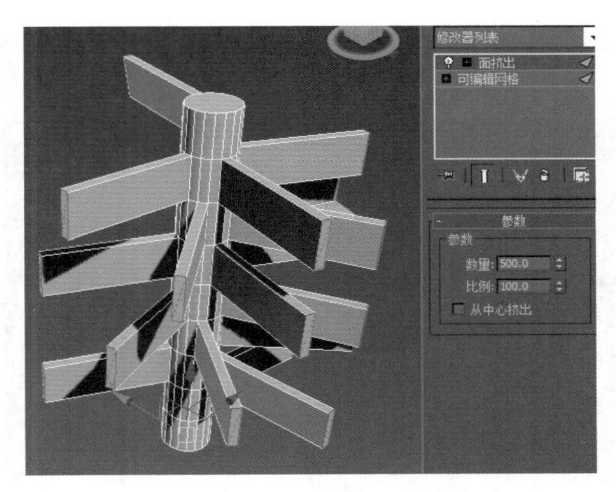

图 7-31　设置参数

知识解析：面挤出创建面板

- **数量**：设置挤出的数量，当它为负值时，表面为凹陷效果。
- **比例**：对挤出的选择面进行大小缩放。
- **从中心挤出**：沿中心点向外放射性挤出被选择的面。

7.1.5 法线

使用这个修改器，不用加入“编辑网格”修改命令就可以统一或翻转对象的法线方向。面片对象加入这个修改命令后依然保持为面片对象，它的材质也不会发生改变。

Step 1 单击选择对象，在“修改器”下拉列表中选择“法线”修改器，如图 7-32 所示。

图 7-32　加载修改器

Step 2 ▶ 在“参数”面板中取消选中“统一法线”复选框，模型的显示效果如图 7-33 所示。

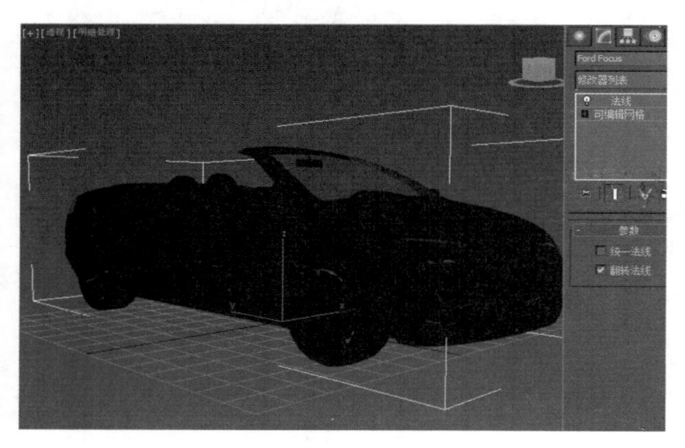

图 7-33 调整参数

知识解析：法线创建面板

- 统一法线：将对象表面的所有法线都转向一个相同的方向，通常是向外，以保证正确的渲染结果。有时一些来自其他软件的造型会产生法线错误，使用它可以很轻松地校正法线方向。
- 翻转法线：将对象或选择面集合的法线反向。

7.1.6 平滑

“平滑”修改器用于给对象指定不同的平滑组，产生不同的表面平滑效果。

Step 1 ▶ 选择对象后，添加“平滑”修改器，如图 7-34 所示。

Step 2 ▶ 当前图形自动产生平滑效果，如图 7-35 所示。

Step 3 ▶ 在“参数”面板的“平滑组”选项组中单击指定平滑组群号码，如 1，效果如图 7-36 所示。

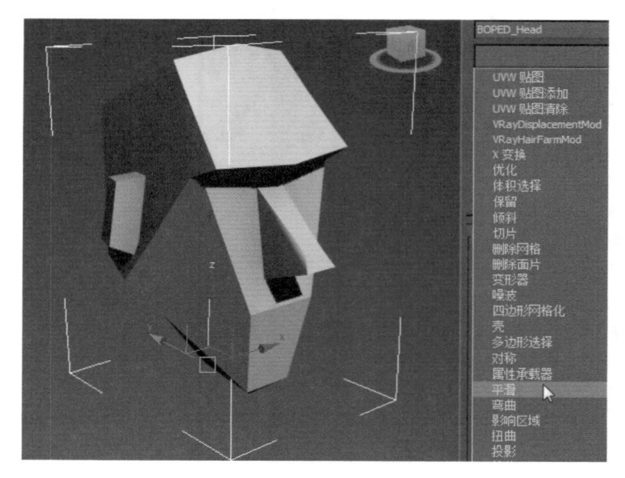

图 7-34 添加修改器

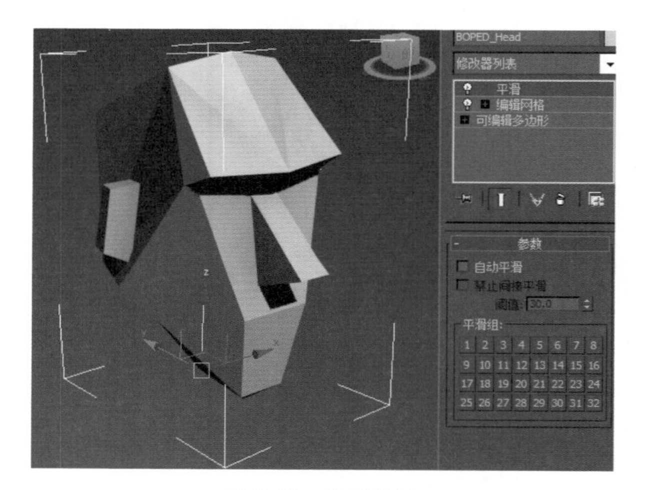

图 7-35 显示效果

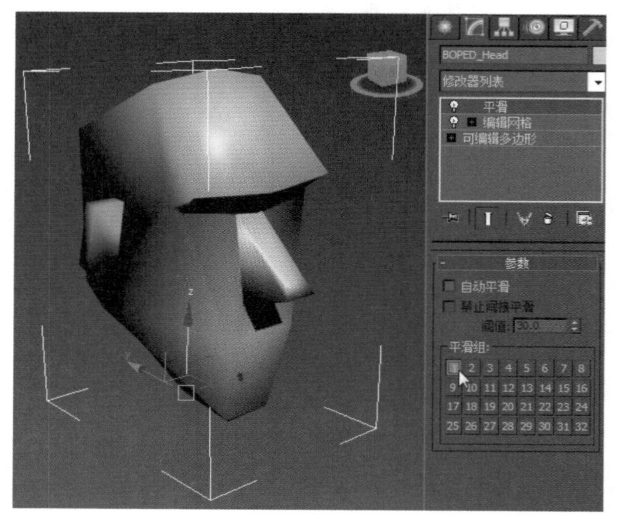

图 7-36 指定号码

Step 4 ▶ 单击指定平滑组群号码，如 32，效果如图 7-37 所示。

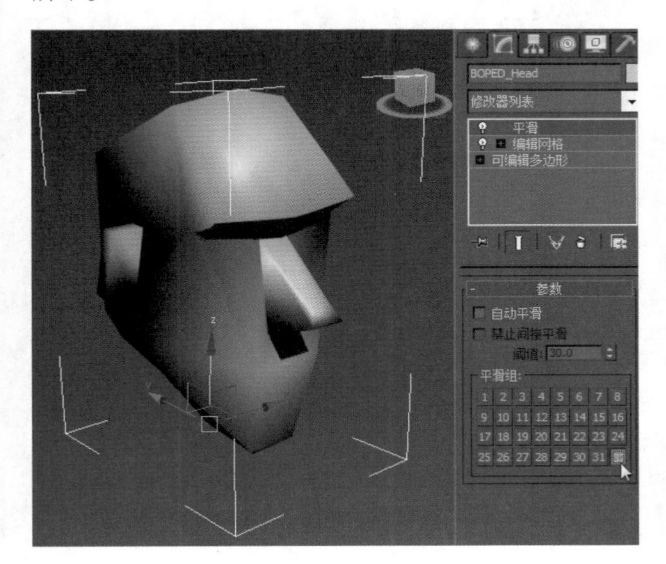

图 7-37 指定号码

知识解析：平滑创建面板

- **自动平滑**：如果选中该复选框，则可以通过“阈值”来调节平滑的范围。
- **禁止间接平滑**：选中该复选框，可避免自动平滑的漏洞，但会使计算速度下降，只影响自动平滑效果。
- **阈值**：设置平滑依据的面之间夹角度数。
- **平滑组**：提供了 32 个平滑组群供待批指定，它们之间没有高低强弱之分，只要相邻的面拥有相同的平滑组群号码，它们就产生平滑的过渡，否则就产生接缝。

7.1.7 细化

给当前对象或子对象选择集合进行面的细划分，产生更多的面，以便于进行其他修改操作。另外，在细分面的同时，还可以调节“张力”值来控制细分后对象产生的弹性变形。

Step 1 ▶ 选择对象后，添加“细化”修改器，如图 7-38 所示。

Step 2 ▶ 添加修改器后模型效果如图 7-39 所示。

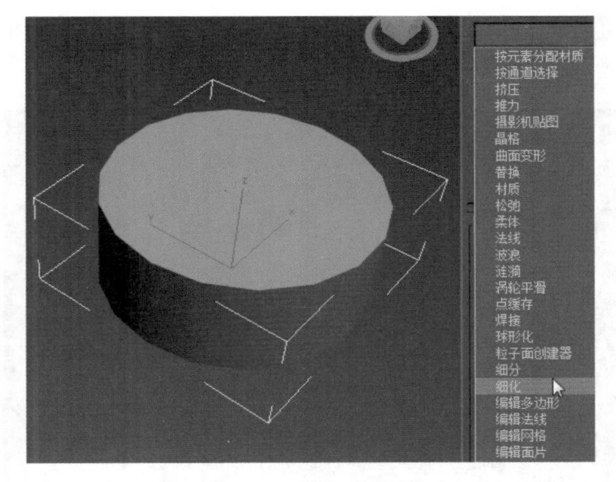

图 7-38 添加修改器

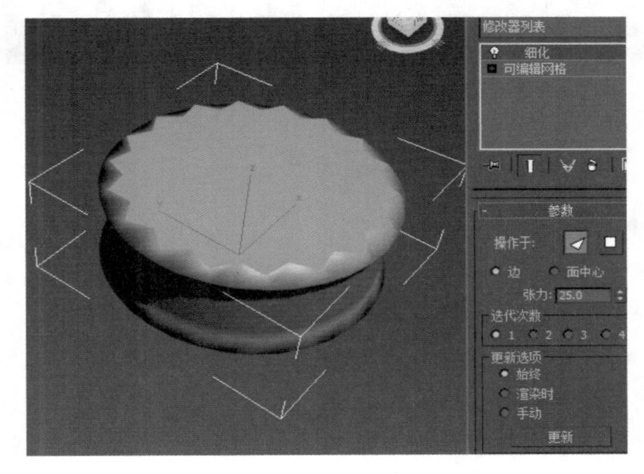

图 7-39 显示效果

Step 3 ▶ 在“参数”面板中选择“多边形”选项■，选中“面中心”单选按钮，效果如图 7-40 所示。

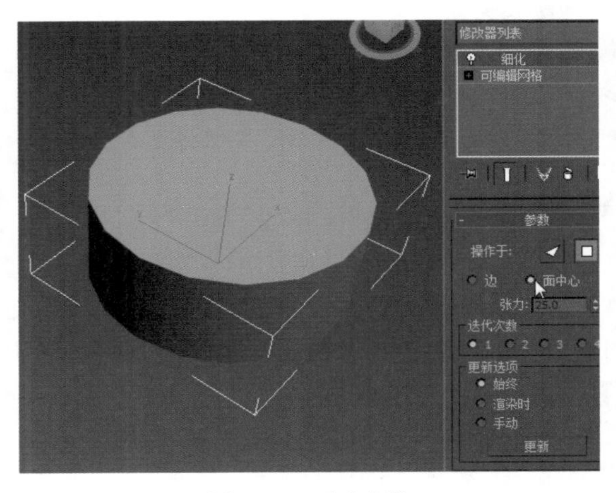

图 7-40 更改参数

Step 4 ▶ 设置“迭代次数”为 4，其他参数设置及模型效果如图 7-41 所示。

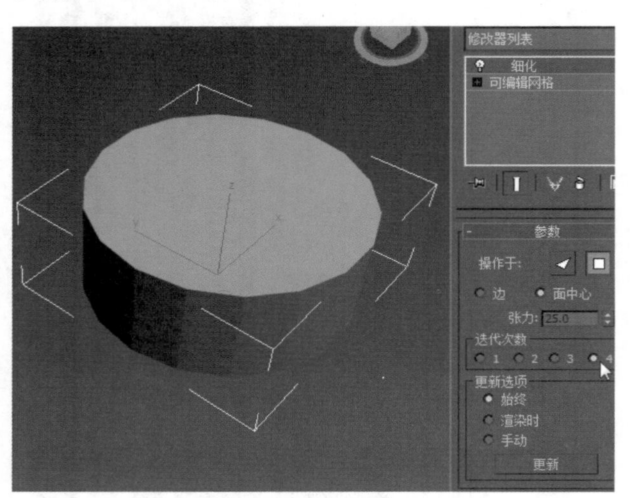

图 7-41　显示效果

知识解析：细化创建面板

- 面：以面进行细划分。
- 多边形：以多边形面进行细划分。
- 边：从每一条边的中心处开始分裂新的面。
- 面中心：从每一个面的中心点处开始分裂从而产生新的面。
- 张力：设置细划分后的表面是平的、凹陷的，还是凸起的。值为正数时，向外挤出点；值为负数时，向内吸收点；值为 0 时，保持面的平整。
- 迭代次数：设置表面细划分的次数，次数越多，面就越多。
- 始终：选择后，随时更新当前的显示。
- 渲染时：控制是否在渲染时更新显示。
- 手动：选择后，单击“更新”按钮将更新当前显示。

7.1.8 补洞

将对象表面破碎的地方加盖，进行补漏处理，使对象成为封闭的实体，并且会尽量不留下缝隙和棱角。

Step 1 ▶ 为所选对象添加“补洞”修改器，如图 7-42 所示。

Step 2 ▶ 在“参数”面板中选中“平滑新面”复选框，效果如图 7-43 所示。

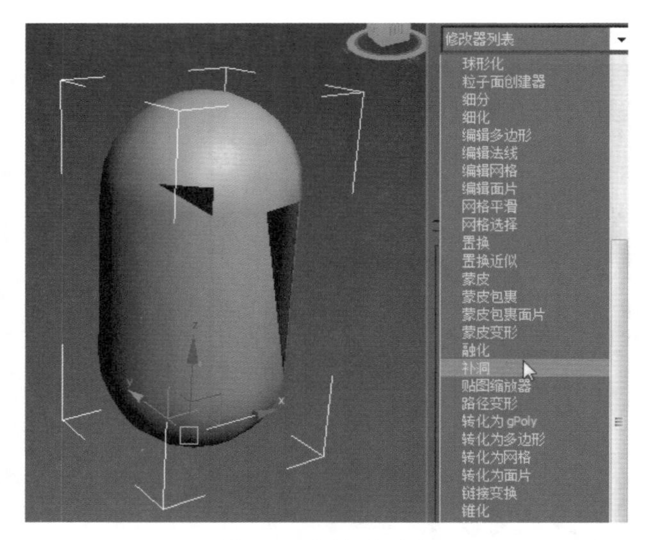

图 7-42　添加修改器

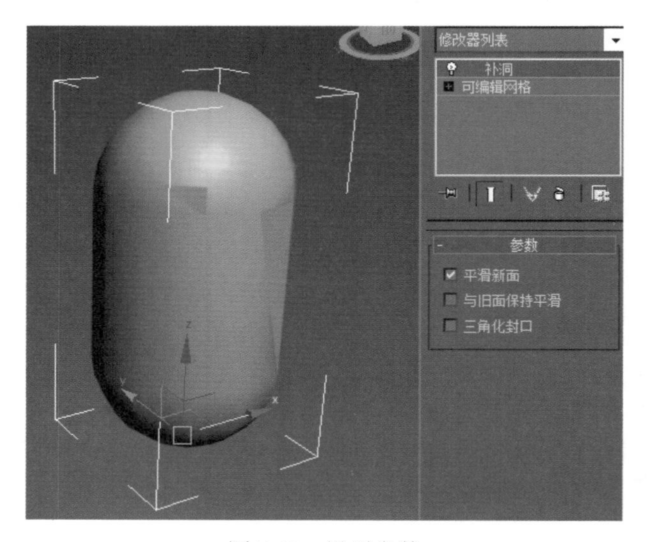

图 7-43　设置参数

知识解析：补洞创建面板

- 平滑新面：为所有新建的表面指定一个平滑组。
- 与旧面保持平滑：为裂口边缘的原始表面指定一个平滑组，一般选中该复选框和“平滑新面”复选框，以获得较好的效果。
- 三角化封口：选中该复选框，新加入的表面的所有边界都变为可视。如果需要对新增表面的可见边进行编辑，应先选中该复选框。

7.1.9 优化

使用“优化”修改器可以减少对象中面和顶点的数目，这样可以简化几何体并回忆渲染速度。

Step 1 ▶ 为所选对象加载“优化”修改器，如图 7-44 所示。

图 7-44　添加修改器

Step 2 ▶ 在“参数”面板中设置相关参数，具体参数内容和模型效果如图 7-45 所示。

图 7-45　设置数值

知识解析：优化创建面板

（1）“详细信息级别”选项组

◆ 渲染器 L1/L2：设置默认扫描线渲染器的显示级别。

◆ 视口 L1/L2：同时为视图和渲染器设置优化级别。

（2）“优化”选项组

◆ 面阈值：设置用于决定哪些面会塌陷的阈值角度。值越低，优化越少，但是会更好地接近原始形状。

◆ 边阈值：为开放边（只绑定了一个面的边）设置不同的阈值角度。较低的值将会保留开放边。

◆ 偏移：帮助减少优化过程中产生的细长三角形或退化三角形，它们会导致渲染时产生缺陷效果。

◆ 最大边长度：指定最大长度，超出该值的边在优化时将无法拉伸。

◆ 自动边：控制是否启用任何开放边。

（3）“保留”选项组

◆ 材质边界：保留跨越材质边界的面塌陷。

◆ 平滑边界：优化对象并保持其平滑。启用该选项时，只允许塌陷至少共享一个平滑组的面。

（4）“更新”选项组

◆ 更新：使用当前优化设置来更新视图显示效果。只有启用“手动更新”选项时，该按钮才可用。

◆ 手动更新：开启该选项后，可以使用上面的“更新”按钮。

（5）“上次优化状态”选项组

◆ 前 / 后：使用顶点和面数来显示上次优化结果。

7.1.10 对称

“对称”修改器可以将当前模型进行对称复制，并产生接缝整合效果，这个修改器可以应用到任何类型的模型上，在构建角色模型、船只或飞行器时特别有用。其参数设置面板如图 7-46 所示。

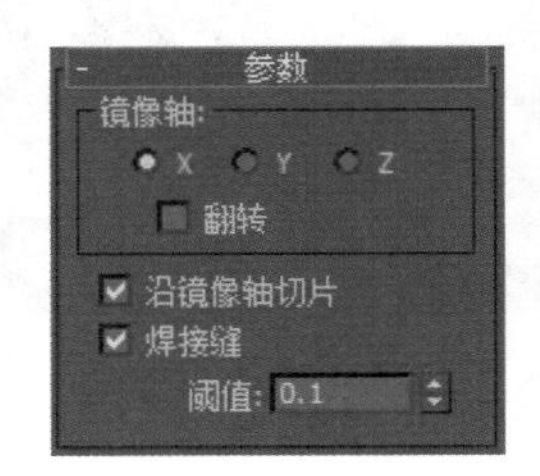

图 7-46　“参数”卷展栏

知识解析：对称创建面板

◆ 镜像轴：用于设置镜像的轴。

◆ X/Y/Z：选择镜像的作用轴向。

◆ 翻转：选中该复选框后，可以翻转对称效果的方向。

◆ 沿镜像轴切片：选中该复选框后，可以沿着镜像轴对模型进行切片处理。

◆ **焊接缝**：选中该复选框后，可以确保沿镜像轴的顶点在阈值以内时能被自动焊接。

◆ **阈值**：设置顶点被自动焊接到一起的接近程序。

7.1.11 四边形网格化

“四边形网格化”修改器可以把对象表面转换为相对大小的四边形，可以与网格平滑修改器结合使用，在保持模型基本形体的同时为其制作平滑倒角效果，其参数设置面板如图 7-47 所示。

图 7-47 “参数”卷展栏

知识解析：四边形创建面板

◆ **四边形大小 %**：设置四边形相对于对象的近似大小，该值越低，产生的四边形越小，模型上的四边形就越多。当该值为 8 时，对象效果如图 7-48 所示；当该值为 1 时，对象效果如图 7-49 所示。

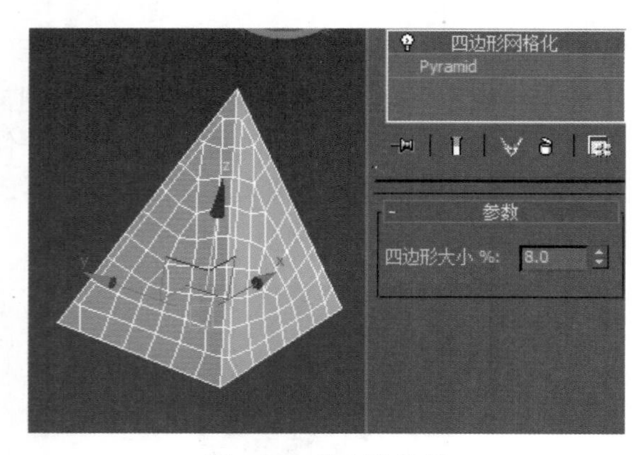

图 7-48 值高的效果

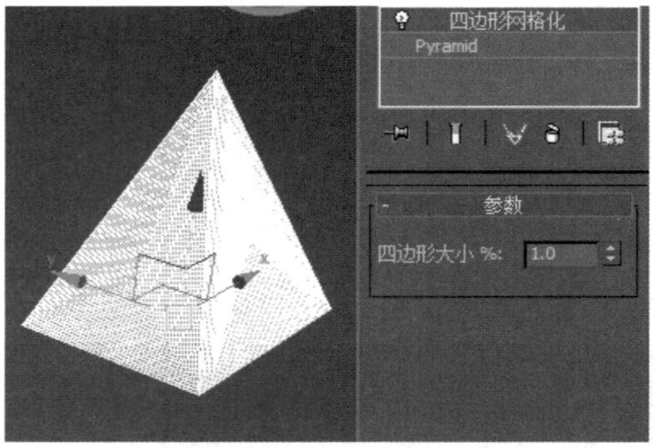

图 7-49 值低的效果

7.1.12 顶点绘制

“顶点绘制”修改器用于在对象上喷绘顶点颜色，在制作游戏模型时，过大的纹理贴图会浪费系统资源，使用顶点绘制工具可以直接为每个顶点绘制颜色，相邻点之间的不同颜色可以进行插值计算来显示其面的颜色。直接绘制的优点是可以大大节省系统资源，文件小，而且效率高；缺点就是这样绘制出来的颜色效果不够精细。

“顶点绘制”修改器可以直接作用于对象，也可以作用于限定的选择区域。如果需要对喷绘的顶点颜色进行最终渲染，需要为对象指定“顶点颜色”材质贴图。

读书笔记

7.2 细分曲面

所谓细分曲面，就是通过反复细化初始的多边形网格，可以产生一系列网格趋向于最终的细分曲面，每个新的细分步骤产生一个新的有更多多边形元素并且更光滑的网格，其结果是让模型对象更加圆滑。

7.2.1 HSDS

HSDS 就是分级细分曲面，它的最大特点就是可以在同一表面拥有不同的细分级别，它主要作为完成工具而不是建模工具使用。

知识解析："HSDS 参数"卷展栏面板

（1）"HSDS 参数"卷展栏，其参数面板如图 7-50 所示。

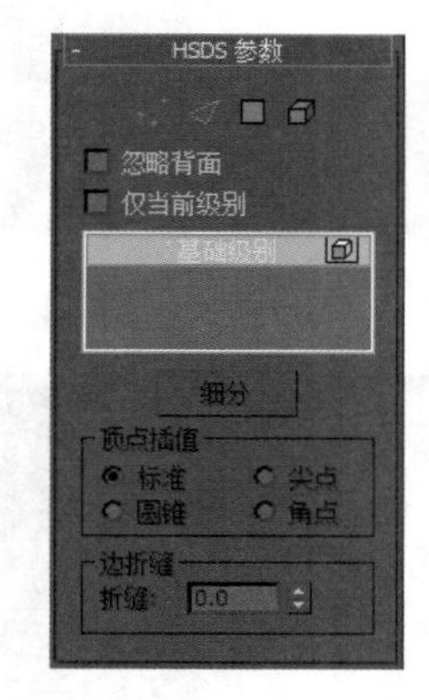

图 7-50 "HSDS 参数"卷展栏

- 顶点：以选择点为中心分裂出新的面。
- 边：从每一条边的中心点处开始分裂出新的面。
- 多边形：对多边形面进行细划分。
- 元素：对元素进行细划分。
- 忽略背面：控制子对象的选择范围。取消选中该复选框时，不管法线的方向如何，可以选择所有的子对象，包括不被显示的部分。
- 仅当前级别：选中该复选框时，只显示当前级别中的子对象。对于复杂模型，可以通过这个选项来提高效率。
- 细分：对当前选择的集合执行细分和平滑，增加细分级别到细分堆栈中。
- 标准 / 尖点 / 圆锥 / 角点：仅在顶点子对象层级有用，控制选择点的细分方式。标准和圆锥细分后的结构更接近原对象的表面。尖点和角点产生的新的细分点相对于原表面产生较大的偏移。角点选项只针对不封闭对象边界线上的顶点选择。
- 折缝：控制细分表面的尖锐度，仅在边子对象级别中可用。低值产生的细分表面相对平滑，高值会在细分表面产生硬边。

（2）"高级选项"卷展栏，其参数面板如图 7-51 所示。

- 强制四边形：选中该复选框，转换多边形或三角形的面为四边形面。

图 7-51 "高级选项"卷展栏

- 平滑结果：选中该复选框，对所有的曲面应用相同的平滑组。
- 材质 ID：显示指定给当前选中对象的材质 ID，仅在多边形和元素子对象层级中可用。如果选中多个子对象而它们不共享 ID，则显示为灰色。
- 隐藏：隐藏选择的多边形。
- 全部取消隐藏：显示隐藏的多边形。
- 删除多边形：删除当前选择的多边形，会在表面创建一个洞口。仅在多边形子对象层级中可用。
- 自适应细分：单击该按钮，可以打开"自适应细分"对话框，如图 7-52 所示。

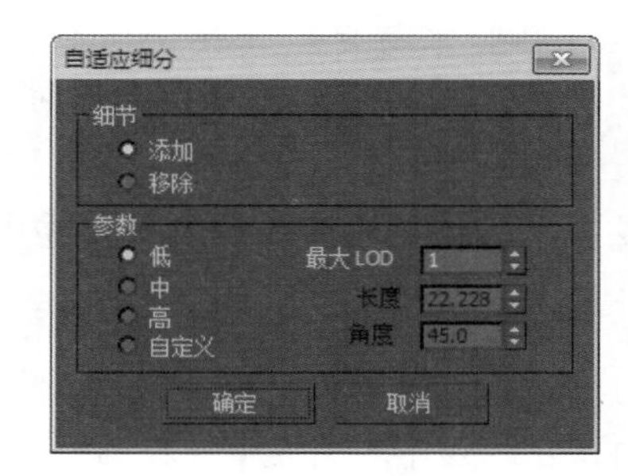

图 7-52 "自适应细分"对话框

（3）"软选择"卷展栏，其参数面板如图 7-53 所示。

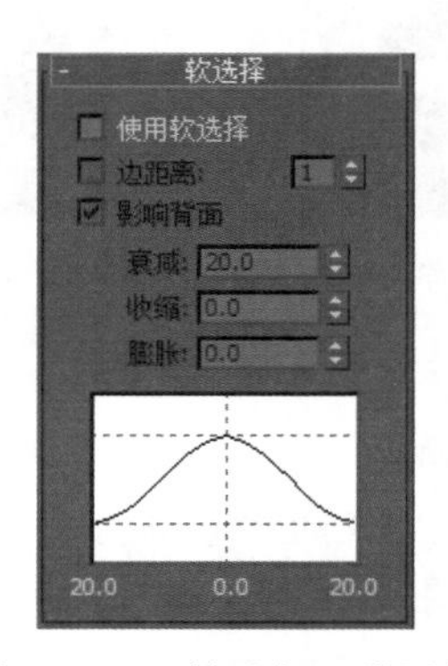

图 7-53 "软选择"卷展栏

◆ 使用软选择：选中 HSDS 子层级对象时，该选项才可以使用；选中该复选框时，下面的各选项才可以使用。

7.2.2 网格平滑

“网格平滑”修改器可以通过多种方法来平滑场景中的几何体，它允许细分几何体，同时可以使角和边变得平滑。

?答疑解惑：

网格平滑、平滑、涡轮平滑之间有什么相同点和不同点？

“平滑”、“网格平滑”和“涡轮平滑”修改器都可以用来平滑几何体，但是在效果和可调性上有所差别。简单地说，对于相同的物体，“平滑”修改器的参数比其他两种修改器要简单一些，但平滑的强度不大；“网格平滑”与“涡轮平滑”修改器的使用方法相似，但后者能够更快并更有效率地利用内存，不过“涡轮平滑”修改器在运算时容易发生错误。因此，“网格平滑”修改器是在实际工作中最常用的一种。

知识解析：“网格平滑”参数设置面板

（1）“细分方法”卷展栏，其参数面板如图 7-54 所示。

◆ 细分方法：在该下拉列表中选择细分的方法，共有“经典”、NURMS 和“四边形输出”3 种方法，如图 7-55 所示。

图 7-54 “细分方法”卷展栏

图 7-55 细分方法

◎ “经典”可以生成三面和四面的多面体，如图 7-56 所示。

◎ NURMS 生成的对象与可以为每个控制顶点设置不同权重的 NURBS 对象相似，这是默认设置，如图 7-57 所示。

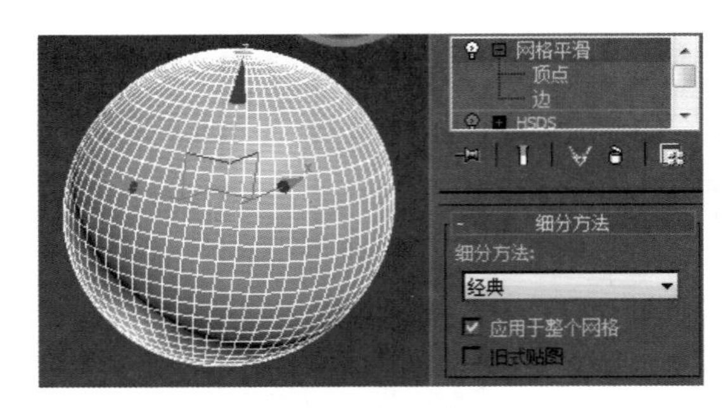

图 7-56 经典

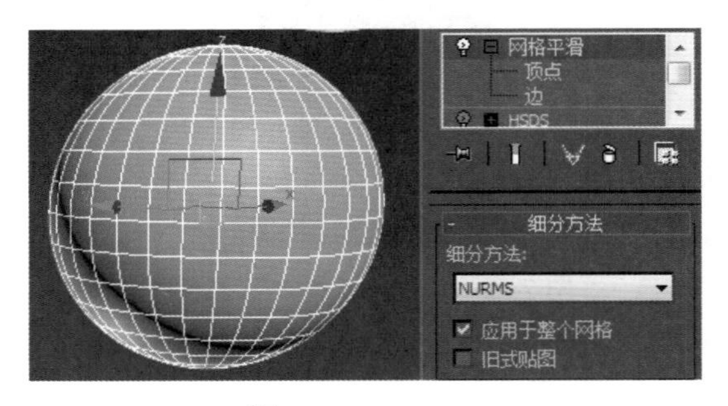

图 7-57 NURMS

◎ “四边形输出”方法仅生成四面多面体，如图 7-58 所示。

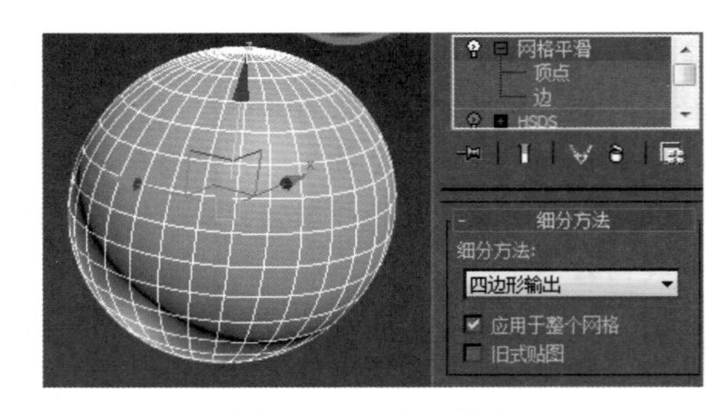

图 7-58 四边形输出

◆ 应用于整个网格：选中该复选框后，平滑效果将应用于整个对象。

（2）“细分量”卷展栏，其参数面板如图 7-59 所示。

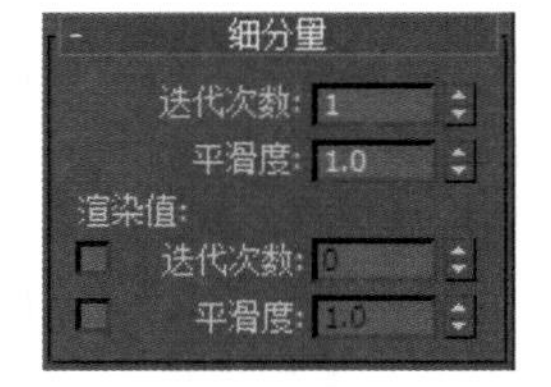

图 7-59 “细分量”卷展栏

◆ 迭代次数：设置网格细分的次数，这是最常用的一个参数，其数值的大小直接决定了平滑的效果，取值范围为 0 ～ 10。增加该值时，每次新的迭代会通过在迭代之前对顶点、边和曲面创建平滑差补顶点来细分网格，如图 7-60 所示是迭代次数分别为 1、3、5 时的平滑效果对比。

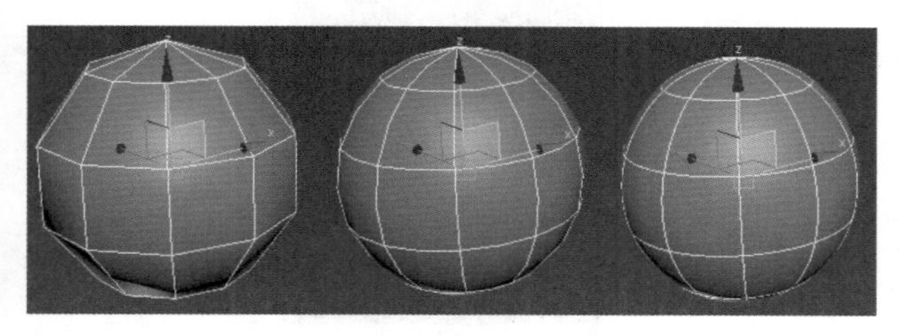

图 7-60　迭代次数对比效果

技巧秒杀

“网格平滑”修改器的参数虽然有 7 个卷展栏，但常用的是“细分方法”和“细分量”，特别是“细分量”卷展栏下的“迭代次数”。

◆ 平滑度：为尖锐的锐角添加面以平滑锐角，计算得到的平滑度为顶点连接的所有边的平均角度。

◆ 渲染值：用于在渲染时对对象应用不同平滑迭代次数和不同的平滑度值。在一般情况下，使用较低的迭代次数和较低的平滑度值进行建模，而使用较高值进行渲染。

（3）“局部控制”卷展栏，其参数面板如图 7-61 所示。

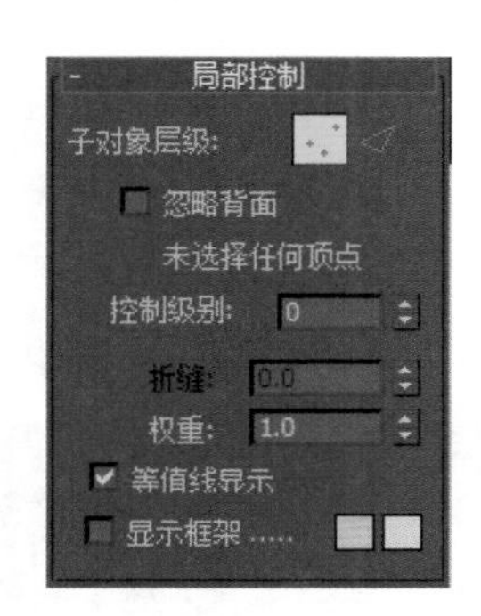

图 7-61　“局部控制”卷展栏

◆ 子对象层级：启用或禁用“顶点”或“边”层级。如果两个层级都被禁用，将在对象层级进行工作。

◆ 忽略背面：控制子对象的选择范围。取消选中该复选框时，不管法线的方向如何，可以选择所有的子对象，包括不被显示的部分。

◆ 控制级别：用于在一次或多次迭代后查看控制网格，并在该级别编辑子对象点和边。

◆ 折缝：在平滑的表面上创建尖锐的转折过渡。

◆ 权重：设置点或边的权重。

◆ 等值线显示：选中该复选框，细分曲面之后，软件也只显示对象在平滑之前的原始边。取消选中该复选框后，3ds Max 会显示所有通过涡轮平滑添加的曲面，因此更高的迭代次数会产生更多数量的线条，默认设置为禁用状态。

◆ 显示框架：选中该复选框后，可以显示出细分前的多边形边界。其右侧的第 1 个色块代表“顶点”子对象层级未选定的边，第 2 个色块代表“边”子对象层级未选定的边，单击色块可以更改其颜色。

（4）“软选择”卷展栏，其参数面板如图 7-62 所示。

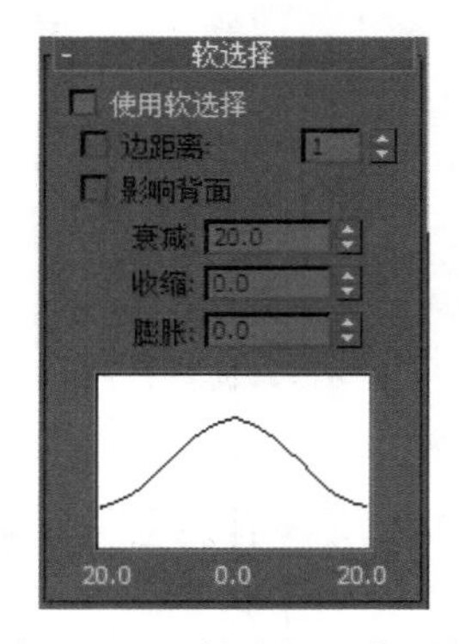

图 7-62　“软选择”卷展栏

使用软选择选中子层级对象时，该选项才可以使用；选中该复选框，下面的各选项才可以使用。

（5）“参数”卷展栏，其参数面板如图 7-63 所示。

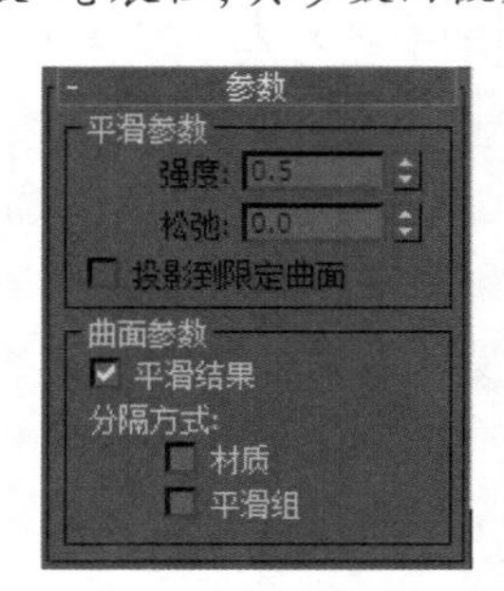

图 7-63　“参数”卷展栏

◆ 强度：设置增加面的大小范围，仅在平滑类型选择为“经典”或“四边形输出”时可用。值范围为 0 ～ 1。

◆ 松弛：对平滑的顶点指定松弛影响，仅在平滑类型选择为“经典”或“四边形输出”时可用。值范围为 -1 ～ 1，值越大，表面收缩越紧密。

◆ 投影到限定曲面：在平滑结果中将所有的点放到“限定表面”中，仅在平滑类型选择为“经典”时可用。

◆ 平滑结果：选中该复选框，对所有的曲面应用相同的平滑组。

◆ 分隔方式：有两种方式供用户选择。材质：防止在不共享材质 ID 的面之间创建边界上的新面；平滑组：防止在不共享平滑组（至少一组）的面之间创建边界上的新面。

（6）“设置”卷展栏，其参数面板如图 7-64 所示。

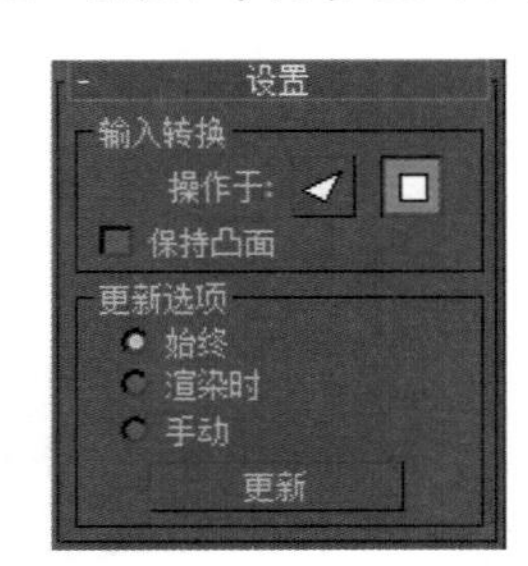

图 7-64 “设置”卷展栏

◆ 操作于：以两种方式进行平滑处理，三角形方式对每个三角面进行平滑处理，包括不可见的三角面边，这种方式细节会很清晰；多边形方式只对可见的多边形面进行平滑处理，这种方式整体平滑度较好，细节不明显。

◆ 保持凸面：只能用于多边形模式，选中该复选框时，可以保持所有的多边形是凸起的，防止产生一些折缝。

（7）“重置”卷展栏，其参数面板如图 7-65 所示。

图 7-65 “重置”卷展栏

◆ 重置所有层级：恢复所有子对象级别的几何编辑、折缝、权重等为默认或初始设置。

◆ 重置该层级：恢复当前子对象级别的几何编辑、折缝、权重等为默认或初始设置。

◆ 重置几何体编辑：恢复对点或边的变换为默认状态。

◆ 重置边折缝：恢复边的折缝值为默认值。

◆ 重置顶点权重：恢复顶点的权重设置为默认值。

◆ 重置边权重：恢复边的权重设置为默认值。

◆ 全部重置：恢复所有设置为默认值。

读书笔记

7.3 编辑多边形对象

在 3ds Max 中建模时，需要在保持模型形态完整的情况下尽量减少模型的细节，模型的细节可以体现模型表面分段数的多少，分段数越多，模型的细节就越多，其所包含的面就越多，在渲染时花费的时间也就越多。多边形建模属于一种高级建模技术，通过它创建的模型可以尽量优化减少细节。

通过本书前面介绍的建模方法创建的模型都不是多边形对象，如果要对它们进行多边形编辑，必须在编辑前将它们转换为可编辑多边形对象。选择要转换成多边形的对象，在“修改”面板的“修改器”下拉列表框中选择“编辑多边形”修改器，如图 7-66 所示，参数面板显示可操作内容，如图 7-67 所示。

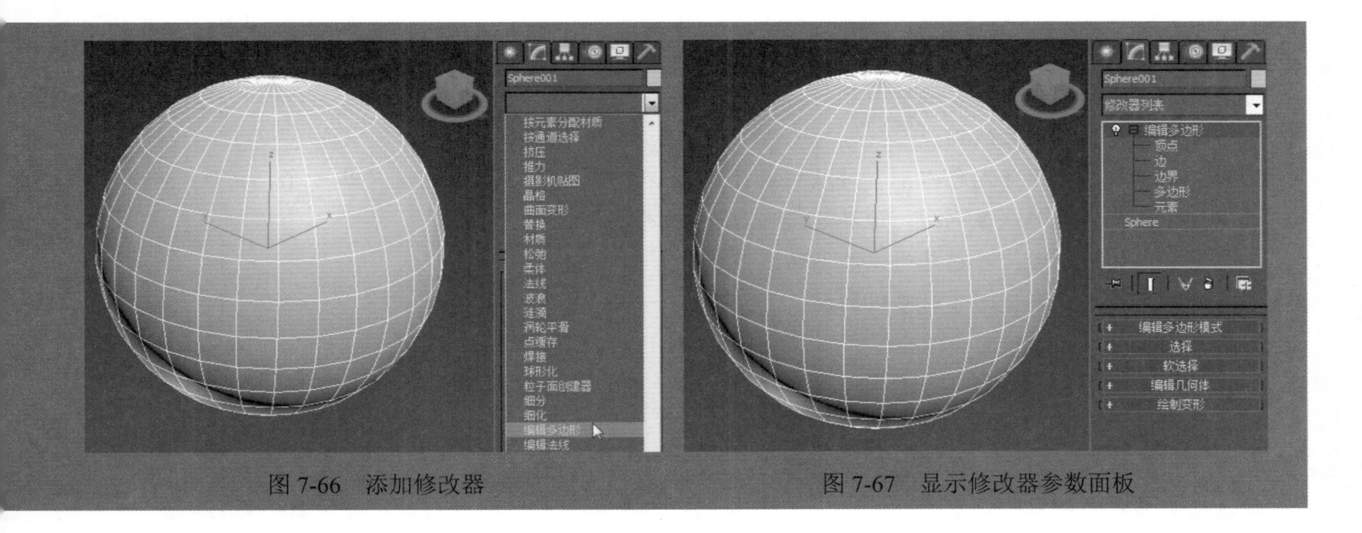

图 7-66　添加修改器　　　　图 7-67　显示修改器参数面板

技巧秒杀

上面的方法是将对象转换为可逆转的多边形对象，可逆转是指将对象转换成多边形对象后，当前对象可以随时再转换到以前的状态，修改列表内容如图 7-68 所示。还有一种不可逆转是指将对象转换成多边形对象后，当前对象便不能再转换到以前的状态。选择要转换成多边形的对象，单击鼠标右键，在弹出的快捷菜单中选择“转换为”→“转换为可编辑多边形”命令，转换后修改列表内容如图 7-69 所示。

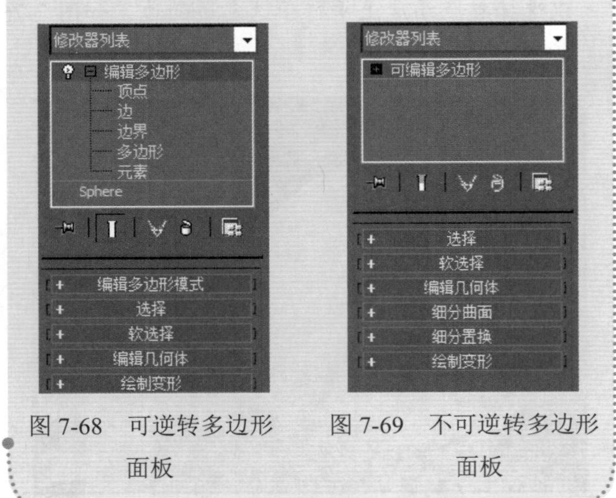

图 7-68　可逆转多边形面板　　图 7-69　不可逆转多边形面板

7.3.1 “编辑多边形模式”卷展栏

该卷展栏可以编辑多边形的模式，如图 7-70 所示。

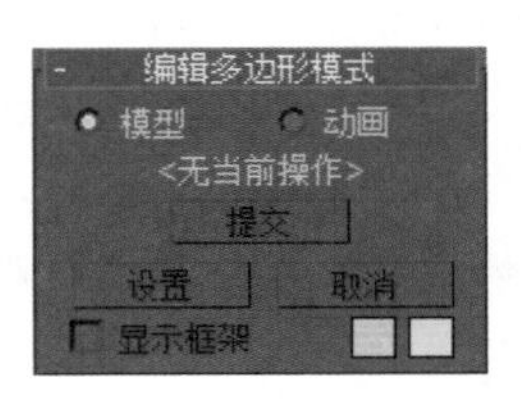

图 7-70　“编辑多边形模式”卷展栏

知识解析：“编辑多边形模式”卷展栏

- 模型：将多边形创建为模型。
- 动画：将多边形创建为动画。

7.3.2 “选择”卷展栏

该卷展栏下的工具与选项主要用来访问多边形子对象级别以及快速选择子对象，如图 7-71 所示。

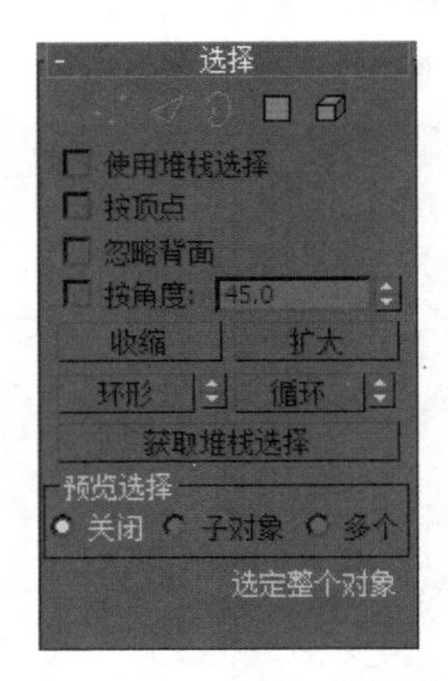

图 7-71　“选择”卷展栏

知识解析：“选择”卷展栏

◆ 顶点：用于选择顶点子对象级别。

◆ 边：用于选择边子对象级别。

◆ 边界：用于选择边界子对象级别，可从中选择构成网格中孔洞边框的一系列边。边界总是由仅在一侧带有面的边组成，并总是为完整循环。

◆ 多边形：用于选择多边形子对象级别。

◆ 元素：用于选择元素子对象级别。

◆ 使用堆栈选择：用于选择多个元素。

◆ 按顶点：选中该复选框时，只有通过选择所用的顶点，才能选择子对象。单击顶点时，将选择使用该选定顶点的所有子对象。

◆ 忽略背面：选中该复选框后，只能选中法线指向当前视图的子对象。如选中该复选框后，在前视图中框选球体顶点，则只能选择正面的顶点，背面的则不会被选择到，如图 7-72 所示。如果取消选中该复选框，在前视图中选择同样的顶点，正面和背面的顶点都会被选择到，如图 7-73 所示。

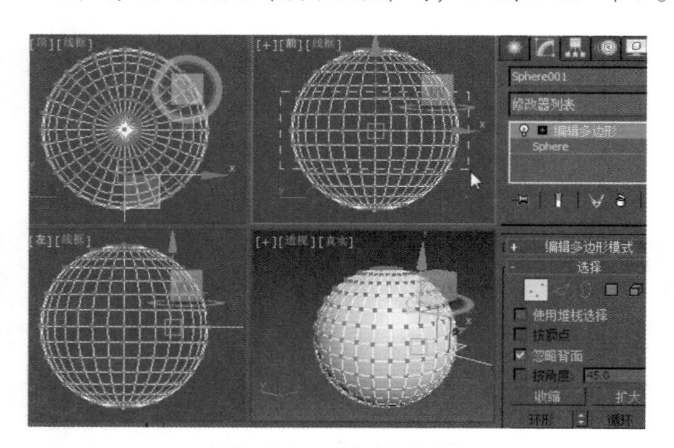

图 7-72　选择顶点（1）

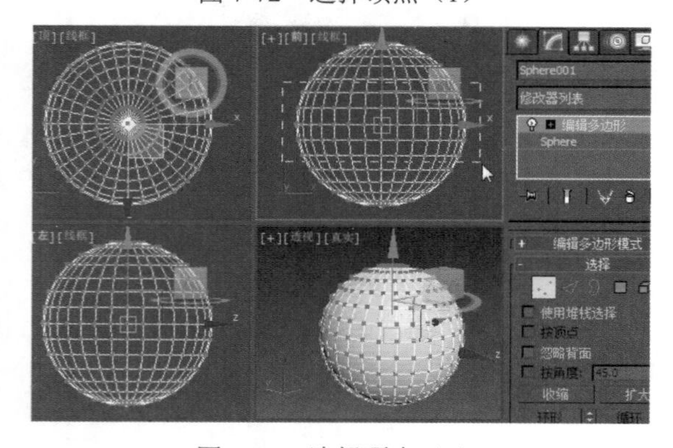

图 7-73　选择顶点（2）

◎ 禁用（默认值）时，无论可见性或面向方向如何，都可以选择光标下的任何子对象。

技巧秒杀

如果光标下的子对象不止一个，请反复单击在其中循环切换。

◎ 如果禁用“忽略背面”，区域选择会包含所有子对象，而无须考虑它们的朝向。

技巧秒杀

“显示”面板中的“背面消隐”设置的状态不影响子对象选择。这样，如果“忽略背面”已禁用，仍然可以选择子对象，即使看不到它们。

◆ 按角度：该选项只能在“多边形”子对象层级可用。

◆ 收缩：单击一次该按钮，可以在当前选择范畴中向内减少一圈对象。

◆ 扩大：单击一次该按钮，可以在当前选择范畴中向外增加一圈对象。

◆ 环形：该工具只能在“边”和“边界”级别中使用。在选中一部分子对象后，单击该按钮，可以自动选择平行于当前对象的其他对象。例如，选择一条边，如图 7-74 所示；单击“环形”按钮，可以选择整个纬度上平行于选定边的边，如图 7-75 所示。

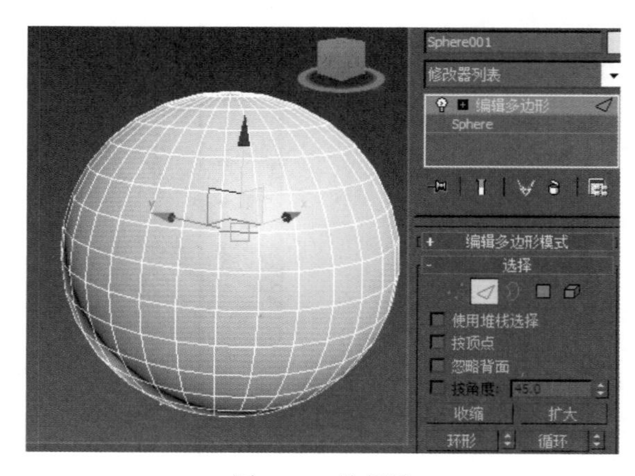

图 7-74　选择边

◆ 循环：该工具也只能在“边”和“边界”级别中使用。在选中一部分子对象后，单击该按钮，可以自动选择平行于当前对象的其他对象。例如，选择一条边，如图 7-76 所示；单击“循环”按钮，可以选择整个经度上的边，如图 7-77 所示。

图 7-75　单击按钮

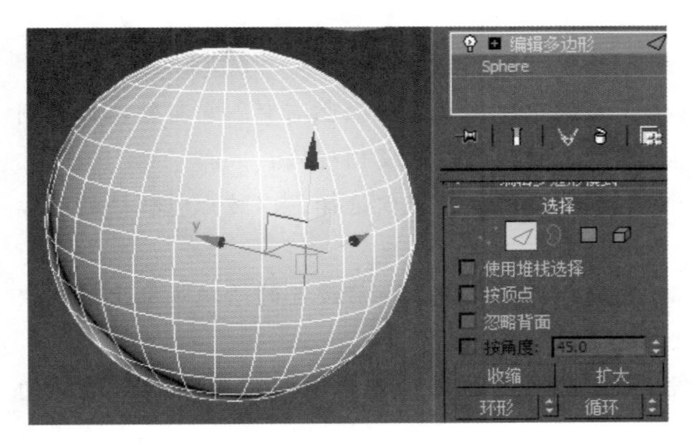

图 7-76　选择边

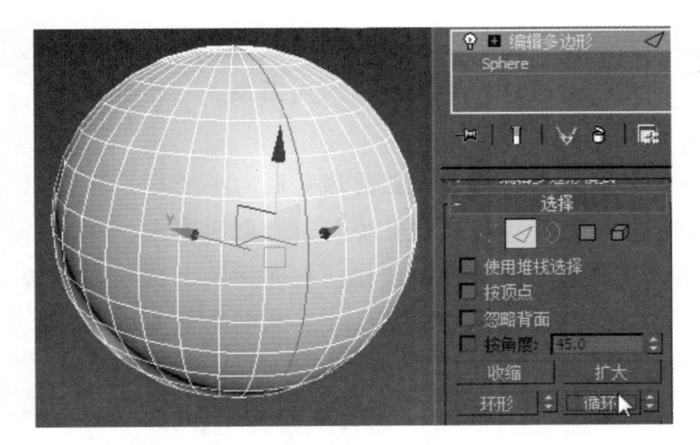

图 7-77　单击按钮

◆ 预览选择：在选择对象之前，通过这里的选项可以预览光标滑过处的子对象，有“关闭”、“子对象”和“多个”3 个选项可供选择。

7.3.3 “软选择”卷展栏

“软选择”是以选中的子对象为中心向四周扩散，以放射状方式来选择子对象。在对选择的部分子对象进行变换时，可以让子对象以平滑的方式进行过渡。另外，可以通过控制“衰减”、“收缩”和“膨胀”的数值来调整所选子对象区域的大小及对子对象控制力的强弱，并且“软选择”卷展栏还包含了绘制软选择的工具，如图 7-78 所示。

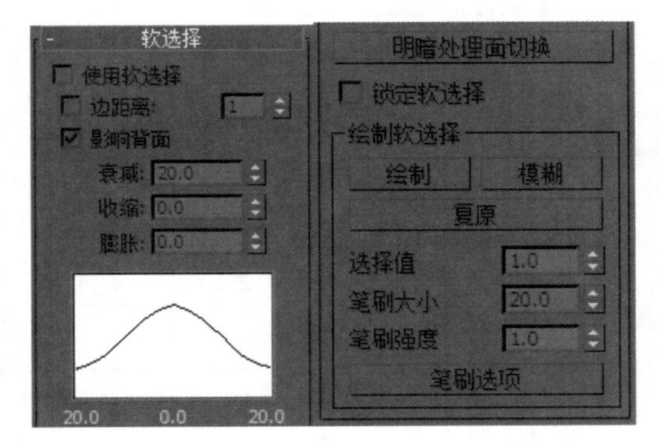

图 7-78　“软选择”卷展栏

知识解析：“软选择”卷展栏

◆ 使用软选择：控制是否开启软选择功能。选中该复选框后，选择一个或一个区域的子对象，那么会以这个子对象为中心向外选择其他对象。例如框选如图 7-79 所示的顶点，那么软选择就会以这些顶点为中心向外进行扩散选择，如图 7-80 所示。

图 7-79　框选顶点

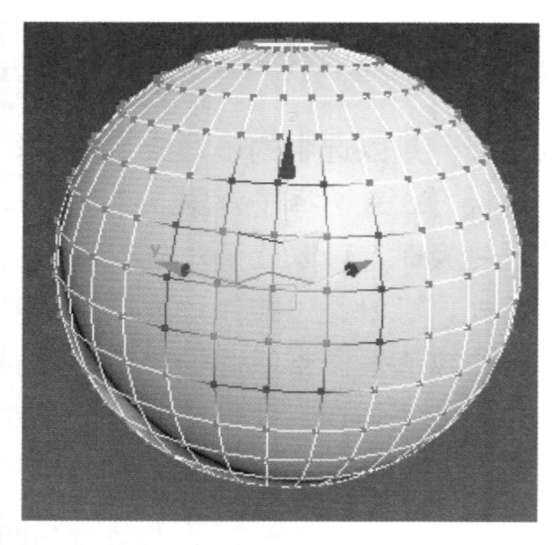

图 7-80　显示效果

?答疑解惑：

为什么使用软选择所选定的对象出现几种颜色？

在使用软选择选择子对象时，选择的子对象是以红、橙、黄、绿、蓝 5 种颜色进行显示的。处于中心位置的子对象显示为红色，表示这些子对象被完全选择，在操作这些子对象时，它们将被完全影响，然后依次是橙、黄、绿、蓝的子对象。

◆ 边距离：选中该复选框后，可以将软选择限制到指定的面数。

◆ 影响背面：选中该复选框后，那些与选定对象法线方向相反的子对象也会受到相同的影响。

◆ 衰减：用以定义影响区域的距离，默认值为 20。“衰减”数值越高，软选择的范围也就越大，当“衰减”数值为 50 时，效果如图 7-81 所示；当“衰减”数值为 100 时，效果如图 7-82 所示。

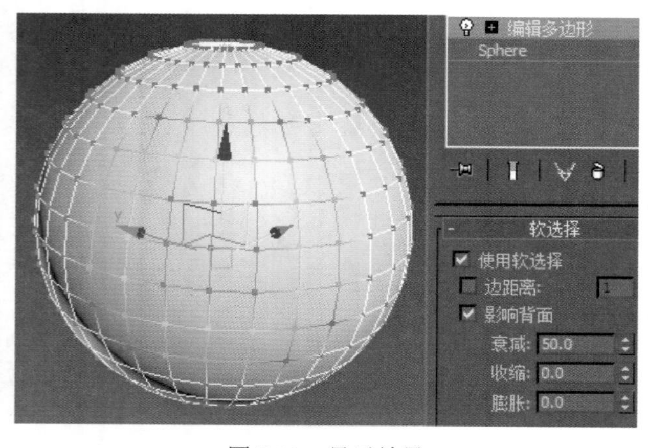

图 7-81　显示效果

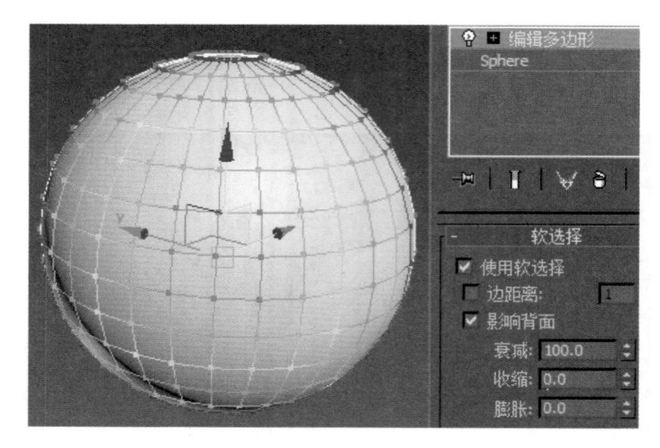

图 7-82　显示效果

◆ 收缩：设置区域的相对“突出度”。

◆ 膨胀：设置区域的相对“丰满度”。

◆ 软选择曲线图：以图形的方式显示软选择是如何进行工作的。

◆ 明暗处理面切换：只能用在“多边形”和“元素”子层级中，用于显示颜色渐变。它与软选择范围内面上的软选择权重相对应。

◆ 锁定软选择：锁定软选择，以防止对程序的选择进行更改。

◆ 绘制：可以在使用当前设置的活动对象上绘制软选择。

◆ 模糊：可以通过绘制来软化现有绘制软选择的轮廓。

◆ 复原：以通过绘制的方式还原软选择。

◆ 选择值：整个值表示绘制的或还原的软选择的最大相对选择。笔刷半径内周围顶点的值会趋向于 0 衰减。

◆ 笔刷大小：用来设置圆形笔刷的半径。

◆ 笔刷强度：用来设置绘制子对象的速率。

◆ 笔刷选项：单击该按钮，打开“绘制选项”对话框，在该对话框中可以设置笔刷的更多属性。

7.3.4 “编辑几何体”卷展栏

“编辑几何体”卷展栏下的工具适用于所有子对象级别，主要用来全局修改多边形几何体，如图 7-83 所示。

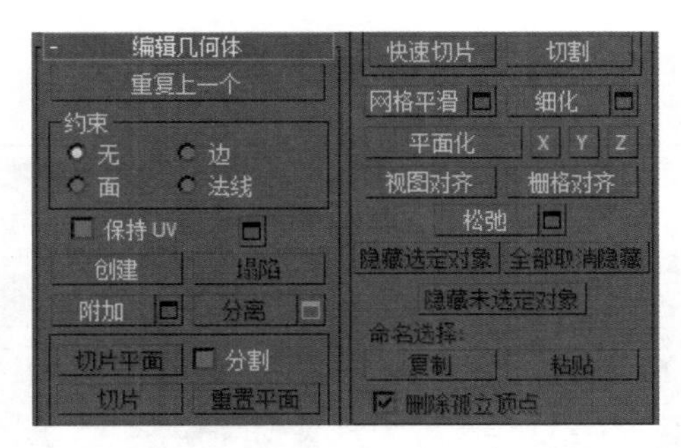

图 7-83 “编辑几何体”卷展栏

知识解析：“编辑几何体”卷展栏

- 重复上一个：单击该按钮，可以重复使用上一次使用的命令。
- 约束：使用现有的几何体来约束子对象的变换，共有无、边、面和法线 4 种方式可供选择。
- 保持 UV：选中该复选框后，可以在编辑子对象的同时不影响该对象的 UV 贴图。
- 设置■：单击该按钮，打开“保持贴图通道”对话框，如图 7-84 所示。该对话框可以指定要保持的顶点颜色通道或纹理通道。

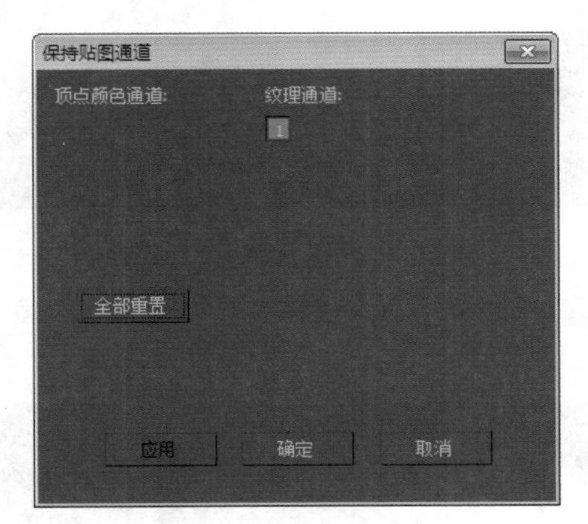

图 7-84 “保持贴图通道”对话框

- 创建：创建新的几何体。
- 塌陷：通过将顶点与选择中心的顶点焊接，使连续选择子对象的组产生塌陷。
- 附加：半场景中的其他对象附加到选择的可编辑多边形中。
- 分离：将选择的子对象作为单独的对象或元素分离出来。
- 切片平面：使用该工具可以沿某一平面分开网格对象。
- 分割：通过快速切片工具和切割工具在划分边的位置处创建出两个顶点集合。
- 切片：可以在切片平面位置处执行切割操作。
- 重置平面：将执行切片的平面恢复到之前的状态。
- 快速切片：可以将对象进行快速切片，切片线沿着对象表面，所以可以更加准确地进行切片。
- 切割：可以在一个或多个多边形上创建出新的边。
- 网格平滑：使选定的对象产生平滑效果。
- 细化：增加局部网格的密度，从而方便处理对象的细节。
- 平面化：强制所有选定的子对象成为共面。
- 视图对齐：使对象中的所有顶点与活动视图所在的平面对齐。
- 栅格对齐：使选定对象中的所有顶点与活动视图所在的平面对齐。
- 松弛：使当前选定的对象产生松弛现象。
- 隐藏选定对象：隐藏所选定的子对象。
- 全部取消隐藏：将所有的隐藏对象还原为可见对象。
- 隐藏未选定对象：隐藏未选定的任何子对象。
- 命名选择：用于复制和粘贴子对象的命名选择集。
- 删除孤立顶点：选中该复选框后，选择连续子对象时会删除孤立顶点。
- 完全交互：选中该复选框后，如果更改数值，将直接在视图中显示最终的结果。

读书笔记

7.4 基础实例——制作足球

7.4.1 案例分析

本例将制作足球，众所周知，足球是世界上最多人喜欢的运动，关于足球的形状从来没有变过，但是外层的颜色、图案等之类的包装，却是可以根据自己的喜好来改变；而且关于足球的宣传、海报、活动等却是层出不穷的，大家可以发挥想象制作出满意的作品。

7.4.2 操作思路

为更快完成本例的制作，并且尽可能运用本章讲解的知识，本例的操作思路如下。

（1）创建足球主体。

（2）修改细节。

（3）加载修改器。

（4）完成制作。

7.4.3 操作步骤

具体操作步骤如下。

Step 1 ▶ 使用“异面体”工具绘制一个异面体，如图 7-85 所示。

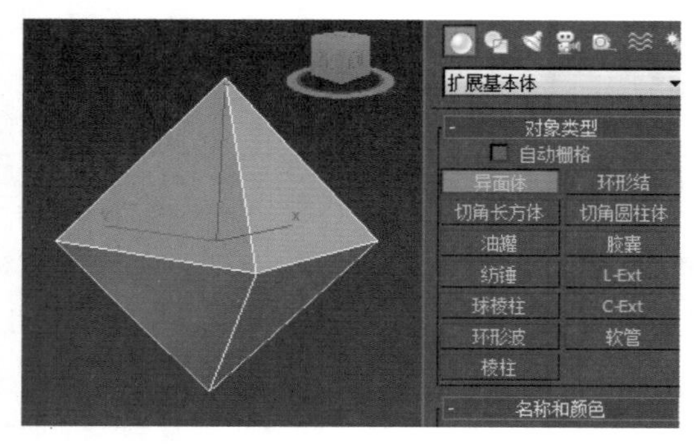

图 7-85　绘制异面体

Step 2 ▶ 在“参数”卷展栏中设置“系列”为“十二面体 / 二十面体”，设置“系列参数”选项组中的 P 为 0.33，具体参数设置如图 7-86 所示。

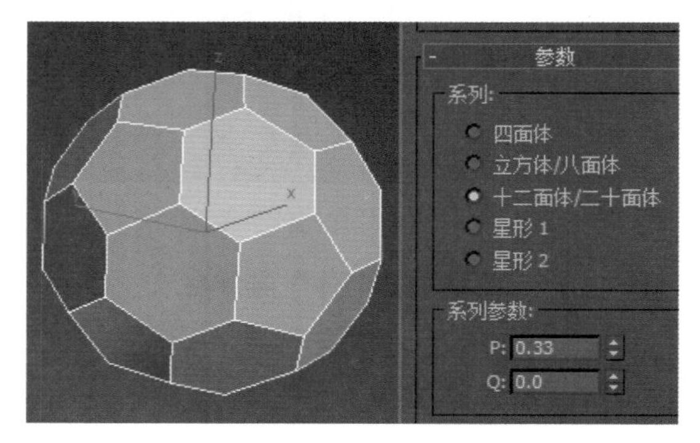

图 7-86　设置参数

Step 3 ▶ 设置“半径”为 100，完成设置后模型效果如图 7-87 所示。

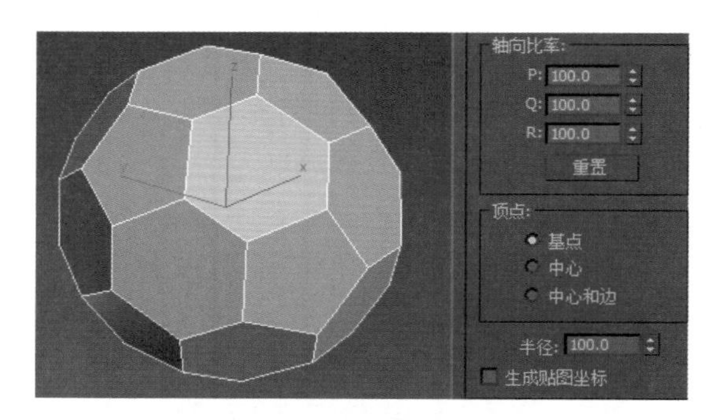

图 7-87　设置参数

Step 4 ▶ 将异面体转换为可编辑多边形，如图 7-88 所示。

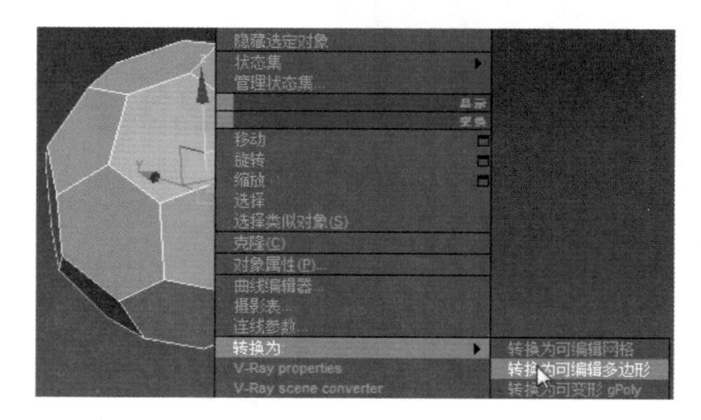

图 7-88　转换对象类型

Step 5 ▶ 在“选择”卷展栏中单击“多边形”按钮，进入多边形级别，选择多边形，如图 7-89 所示。

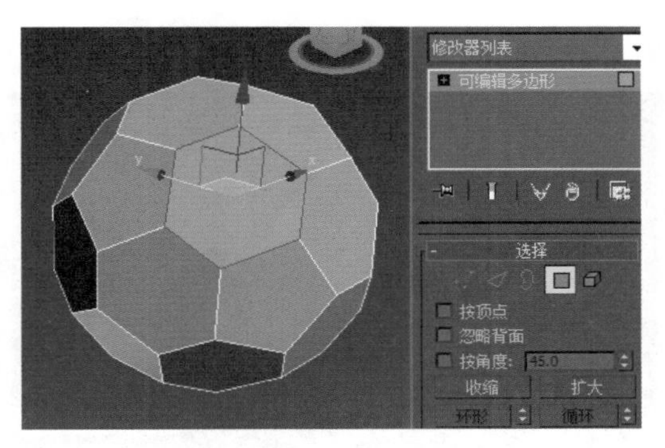

图 7-89　选择多边形

Step 6 在“编辑几何体”卷展栏中单击“分离”按钮，如图 7-90 所示。

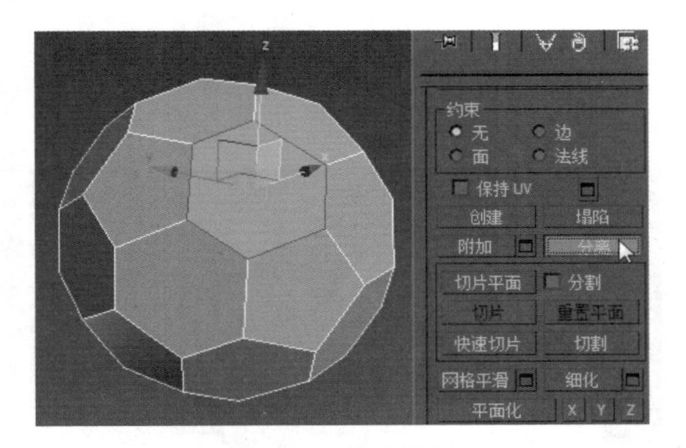

图 7-90　单击按钮

Step 7 在弹出的“分离”对话框中选中“分离到元素”复选框，单击“确定”按钮，如图 7-91 所示。

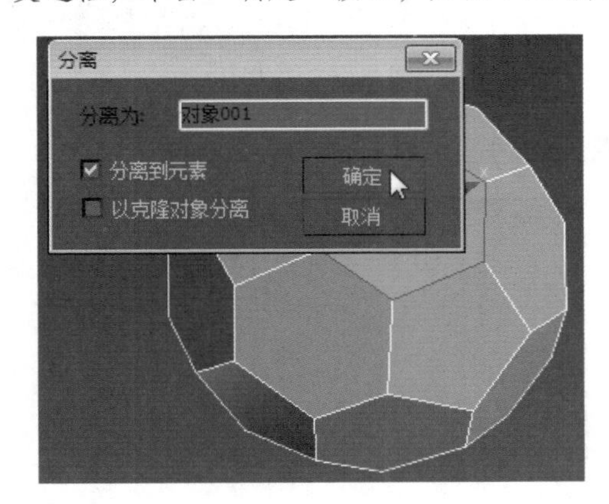

图 7-91　打开对话框

Step 8 采用相同的方法将所有的多边形都分离到元素，再为模型加载一个“网格平滑”修改器，在“细分量”卷展栏中设置“迭代次数”为 2，具体参数设置及模型效果如图 7-92 所示。

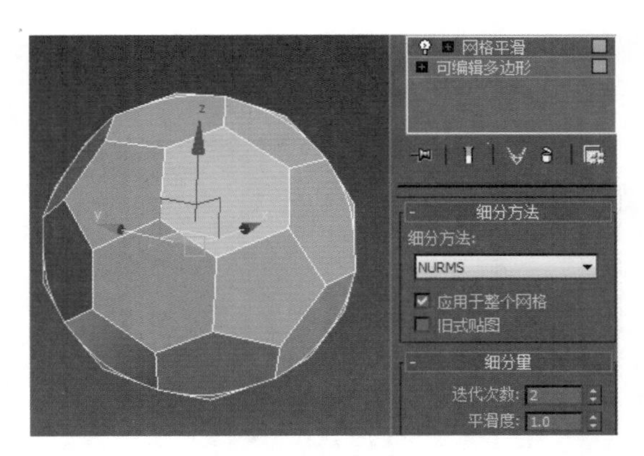

图 7-92　添加修改器

技巧秒杀

此时虽然为模型加载了“网格平滑”修改器，但模型并没有产生平滑效果，这里只是为模型增加面数而已。

Step 9 为模型加载一个“球形化”修改器，在“参数”卷展栏中设置“百分比”为 100，如图 7-93 所示。

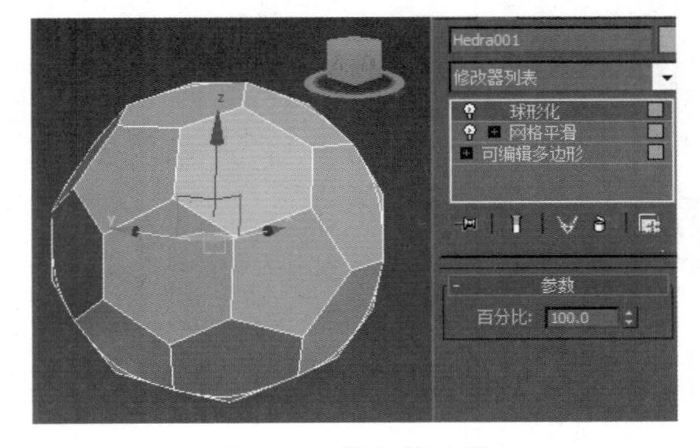

图 7-93　添加修改器

Step 10 再次将模型转换为可编辑多边形，如图 7-94 所示。

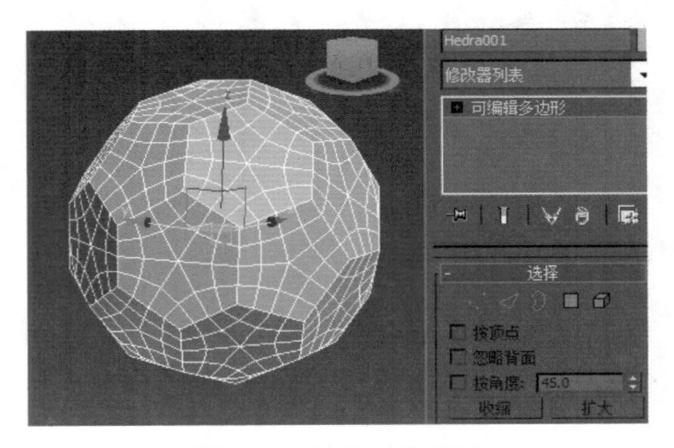

图 7-94　转换对象类型

Step 11 ▶ 进入“多边形”级别，使用“选择并移动”工具框选所有多边形，如图 7-95 所示。

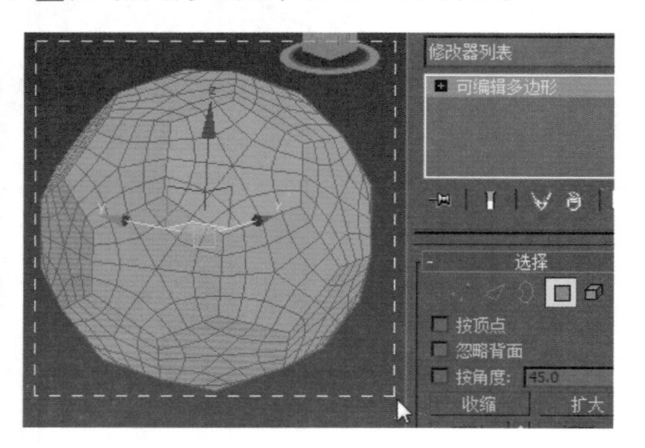

图 7-95　选择对象

Step 12 ▶ 在“编辑多边形”卷展栏中单击“挤出”按钮后面的“设置”按钮，如图 7-96 所示。

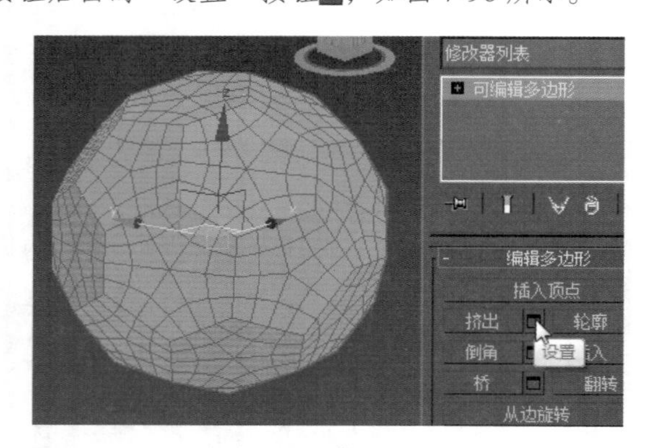

图 7-96　单击按钮

Step 13 ▶ 设置模型高度为 2，单击“确定”按钮，如图 7-97 所示。

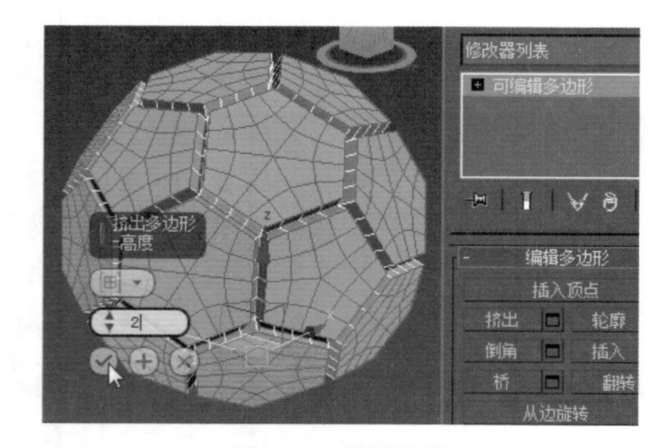

图 7-97　设置参数

Step 14 ▶ 为模型加载一个“网格平滑”修改器，如图 7-98 所示。

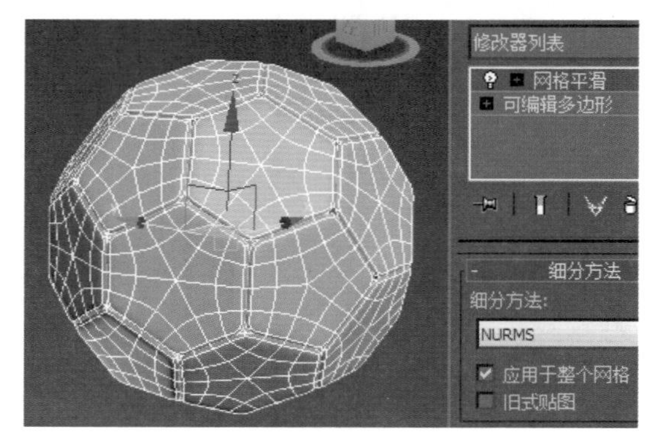

图 7-98　添加修改器

Step 15 ▶ 在“细分方法”卷展栏中设置“细分方法”为“四边形输出”，在“细分量”卷展栏中设置“迭代次数”为 1，具体参数设置如图 7-99 所示。

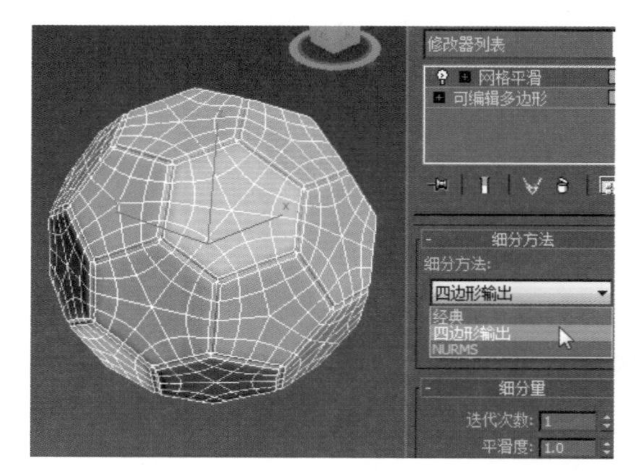

图 7-99　选择边

Step 16 ▶ 模型最终效果如图 7-100 所示。

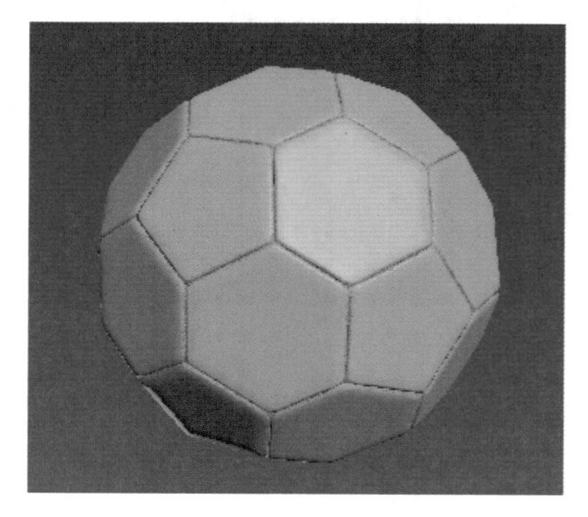

图 7-100　缩放对象

01 02 03 04 05 06 07 08 09 10 11 12 ......

灯光

本章导读

灯光是 3ds Max 提供的用来模拟现实生活中不同类型光源的对象，从居家办公用的普通灯具到舞台、电影布景中使用的照明设备，甚至太阳光都可以模拟。不同种类的灯光对象用不同的方法投影灯光，也就形成了 3ds Max 中多种类型的灯光对象。灯光是沟通作品与观众之间的桥梁，通过为场景打灯可以增强场景的真实感，增加场景的清晰程度和三维纵深度。

8.1 灯光的应用

没有灯光的世界将是一片黑暗，在三维场景中也是一样，即使有复杂精美的模型、真实完美的材质以及动感活泼的动画，如果没有灯光的照射就是漆黑一片，所以灯光在三维软件中是不可或缺的。

8.1.1 灯光的作用

灯光是模拟实际灯光(例如家庭或办公室的灯、舞台和电影工作中的照明设备以及太阳本身) 的对象。不同种类的灯光对象用不同的方法投影灯光，模拟真实世界中不同种类的光源。

灯光是创建真实世界视觉感受的最有效手段之一，合适的灯光不仅可以增加场景气氛，还可以表现对象的立体感以及材质的质感，如图 8-1 所示。

图 8-1　效果图

灯光不仅有照明的作用，更重要的是为营造环境气氛与装饰的层次感而服务，特别是在夜幕降临的时候，灯光会营造整个环境空间的节奏氛围，如图 8-2 所示。

图 8-2　效果图

8.1.2 3ds Max 灯光的基本属性

3ds Max 中的照明原则是模拟自然光照效果，当光线接触到对象表面后，表面会反射或至少部分反射这些光线，这样该表面就可以被我们看见了。对象表面所呈现的效果取决于接触到表面上的光线和表面自身材质的属性相结合的结果。

1. 亮度

灯光光源的亮度影响灯光照亮对象的程序。暗淡的光源即使照射在很鲜艳的颜色上，也只能产生暗淡的颜色效果。在 3ds Max 中，灯光的亮度就是它的 HSV 值 (色相、饱和度、亮度)，取最大值 255 时，灯光最亮；取最小值 0 时，没有照明效果。如图 8-3 所示为模拟镜头光产生的效果；如图 8-4 所示为模拟太阳光产生的效果。

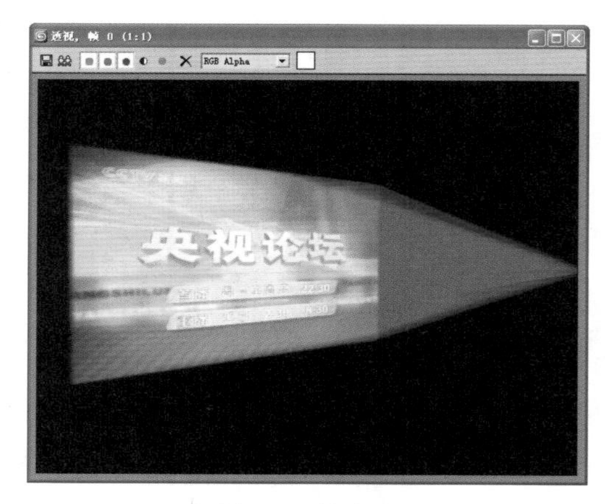

图 8-3　镜头光

2. 入射角

表面法线相对于光源之间的角度称为灯光的入射角。表面偏离光源的程度越大，它所接收到的光线越少，表面越暗。当入射角为 0 时，表面受到完全亮度的光源照射。随着入射角增大，照明亮度不断降低。

图 8-4　阳光

3. 衰减

在现实生活中，灯光的亮度会随着距离增加逐渐变暗，离光源远的对象比离光源近的对象暗，这种效果就是衰减效果。自然界中灯光按照平方反比进行衰减，也就是说灯光的亮度按照光源距离的平方削弱。通常在受大气粒子的遮挡后衰减效果会更加明显，尤其在阴天和雾天的情况下。

3ds Max 默认的灯光没有衰减设置，因此灯光的对象间的距离是没有意义的，用户在设置时，只需考试灯光与表面间的入射角度。除了可以手动调节泛光灯和聚光灯的衰减外，还可以通过光线跟踪方式计算反射和折射，应该对场景中的每一盏灯都进行衰减设置，因此一方面它可以提供更为精确和真实的照明效果，另一方面由于不必计算衰减以外的范围，所以还可以大大地缩短渲染时间。

对于 3ds Max 中的标准灯光对象，用户可以自由设置衰减开始和结束的位置，无须严格遵循真实场景中灯光与被照射对象间的距离。更为重要的是，可以通过此功能对衰减效果进行优化。

4. 反射光与环境光

对象反射后的光能够照亮其他的对象，反射的光越多，照亮环境中其他对象的光越多。反射光产生环境光，环境光没有明确的光源和方向，不会产生清晰的阴影。

在 3ds Max 中使用默认的渲染方式和灯光设置无法计算出对象的反射光线，因此采用标准灯光照明时往往要设置比实际多得多的灯光对象。如果使用具有计算机光能传递效果的渲染引擎，就可以获得真实的反射光效果。如果不使用光能传递方式的话，用户可以在“环境”面板中调节环境光的颜色和亮度来模拟环境光的影响。

环境光的亮度影响场景的对比度，亮度越高，场景的对比度就越低；环境光的颜色影响场景整体的颜色，有时环境光表面为对象的反射光线，颜色为场景中其他对象的颜色，但大多数情况下，环境光应该是场景中主光源颜色补色。

5. 颜色和灯光

灯光的颜色部分依赖于生成该灯的过程。灯光的颜色也具备加色混合性，灯光的主要颜色为红、绿、蓝。当多种颜色混合在一起时，场景中总的灯光将变得更亮且逐渐变为白色。

8.1.3 场景中的布光方法

在 3ds Max 2014 中，效果图三维场景中的灯光不止一盏，因此，只有合理分布场景中的光源才能发挥灯光的最佳作用。现在最流行的灯光分布方法主要有三点布光法和实地布光法。

1. 三点布光法

三点布光法又称三角照明法，指的是在场景主体周围 3 个位置上布置灯光，从而获得良好光影效果的方法。这 3 个位置上的灯光分别称为“主光源”、“辅光源”和“背光源”。视场景需要，有时还可以增加补光、背景光等光源。

- 主光源：就是场景中的主要光源。通常用来照亮场景中的主要对象及与周围区域，并且担任给主体对象投射阴影的功能。它通常是场景中最亮且唯一打开阴影功能的灯光。
- 辅光源：主要用于软化主光源投下的阴影，并且提高场景主体的亮度，调和明暗区域之间的反差。辅光源的亮度一般为主光源的一半左右，使场景更具有纵深感和层次感。

◆ 背光源：通常位于物体的背部上方，它的作用都是为了突出场景主体轮廓或制造光晕效果，从而将场景主体从背景中分离出来，增加主体的深度感、立体感。

技巧秒杀

一般情况下，主光源与场景主体大致成 35 ~ 45 度角。

布光的顺序是：先定主体光的位置与强度，再决定辅助光的强度与角度，最后分配背景光与装饰光。这样产生的布光效果应该能达到主次分明，互相补充。

2. 实地布光法

实地布光法就是根据场景实际的需要在合适的位置创建合适的灯光，如模拟台灯的灯光、模拟电视屏发出的荧光效果等。

3. 布光注意事项

布光还有几个地方需要特别注意：

（1）灯光不宜过多。过多的灯光不仅使工作过程变得复杂，难以处理，而且使显示与渲染速度也会受到影响。因此，只有保留场景中必要的灯光，切忌随意布光，坚决去掉场景中可有可无的灯光。

（2）灯光一定要体现场景的纵深感、层次感，要充分发挥每个灯光的不同效果，切记不可把所有灯光一概处理。

（3）布光时不仅要遵循一定的顺序，还应该遵循由主题到局部、由简到繁的过程。对于灯光效果，应该首先确定主格调，通过调节灯光的衰减等特性来增强现实感，然后再调整灯光的颜色做细致修改。例如，在室内效果图的制作中，为了表现出一种金碧辉煌的效果，通常会把一些主灯光的颜色设置为淡淡的橘黄色，这样可以达到材质不容易做到的效果。

（4）要学会运用灯光的排除功能来体现照明或投影作用。在建筑效果图中，也往往会通过排除的方法使灯光不对某些物体产生照明或投影效果。例如，要模拟烛光的照明与投影效果，通常在蜡烛灯芯位置放置一盏泛光灯，如果这盏灯不对蜡烛主体进行投影排除，那么蜡烛主体产生在桌面上的很大一片阴影就会影响灯光的整体效果。

总之，只要多实践、勇于实践，就可以掌握用光的方法和原则。

8.1.4 3ds Max 灯光的分类

利用 3ds Max 中的灯光可以模拟出真实的“照片级”画面，如图 8-5 所示就是两张利用 3ds Max 制作的室内外效果图。

图 8-5　效果图展示

在“创建”面板中单击“灯光”按钮，在其下拉列表中可以选择灯光的类型。3ds Max 2014 包含了 3 种灯光类型，如图 8-6 所示。

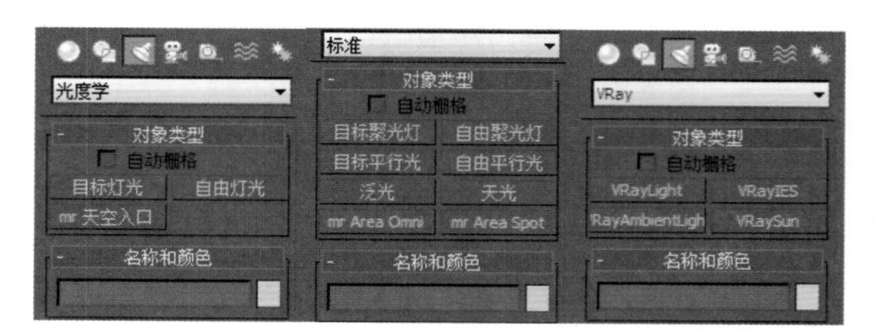

图 8-6　灯光类型

?答疑解惑：

为什么有的电脑中没有 VRay 灯光？

如果 3ds Max 没有安装 VRay 渲染器，系统默认的只有“光度学”灯光和“标准”灯光。

8.2 光度学灯光

光学度灯光是可以通过设置灯光的光度学值来模拟现实场景中的灯光效果。用户可以为灯光指定各种分布方式、颜色，还可以导入特定的光度学文件。

“光度学”灯光是软件默认的灯光，共有 3 种类型，分别是“目标灯光”、“自由灯光”和“mr 天空入口”。

技巧秒杀

光度学灯光使用平方反比衰减、持续、衰减，并依赖于使用实际单位的场景。

8.2.1 目标灯光

目标灯光带有一个目标点，用于指向被照明的物体，如图 8-7 所示。目标灯光主要用来模拟现实中的筒灯、射灯和壁灯等，其卷展栏参数如图 8-8 所示。

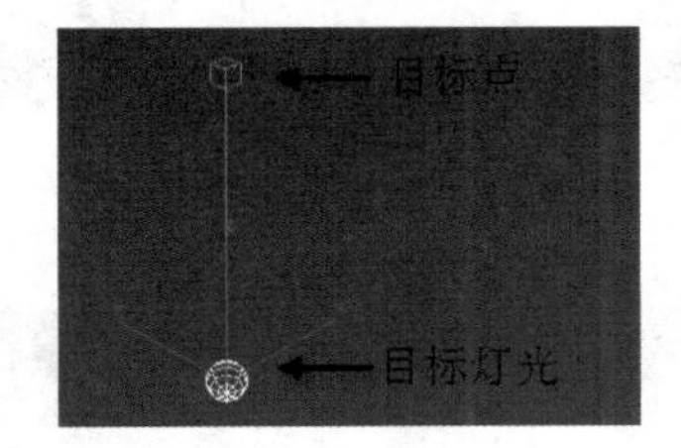

图 8-7　目标灯光

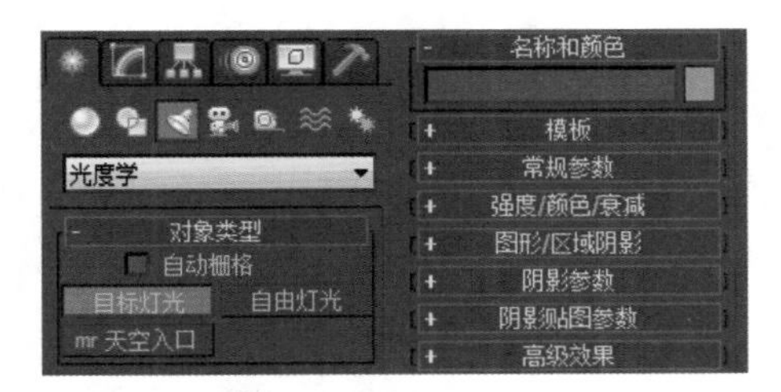

图 8-8　目标灯卷展栏

读书笔记

实例操作：添加目标灯

本例将给素材文件添加目标灯。首先打开素材文件，使用泛光灯创建一盏泛光灯并调整其位置，接着为了增强效果再添加两盏泛光灯并调整其位置，最终实例效果如图 8-9 所示。

图 8-9　显示效果

具体操作步骤如下。

Step 1 打开“目标灯 .max”文件，在“创建”面板中单击“灯光”按钮，如图 8-10 所示。

Step 2 单击“目标灯光”工具，在场景中创建目标灯光，如图 8-11 所示。

Step 3 还原视口，在四视图中调整目标灯的位置，如图 8-12 所示。

Step 4 由于灯光太暗，所以继续再创建一盏目标灯，并调整位置，效果如图 8-13 所示。

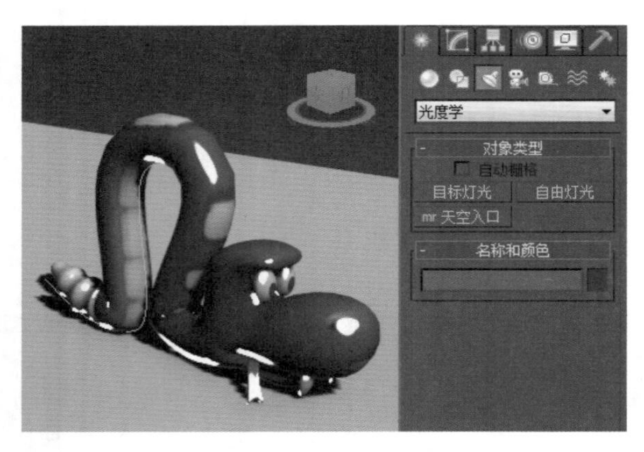

图 8-10　打开文件

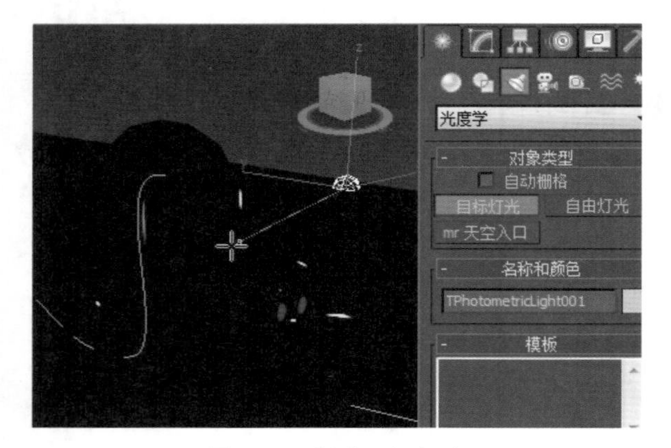

图 8-11　创建目标灯光

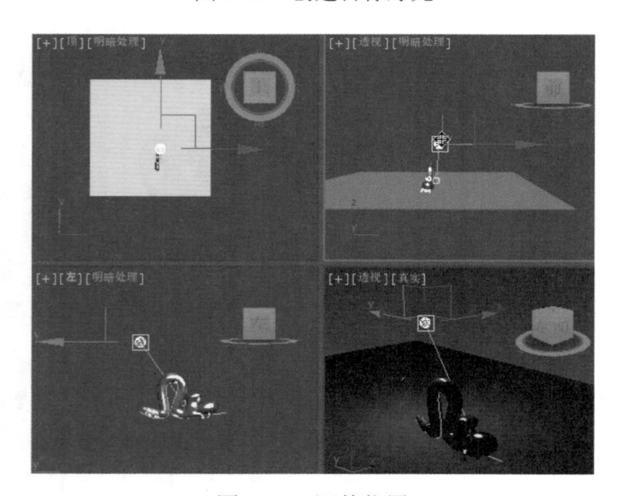

图 8-12　调整位置

Step 5 ▶ 为了使对象更加清晰，所以继续再创建一盏目标灯，并调整位置，最终效果如图 8-14 所示。

Step 6 ▶ 单击工具栏中的按钮，渲染透视图，最终效果如图 8-15 所示。

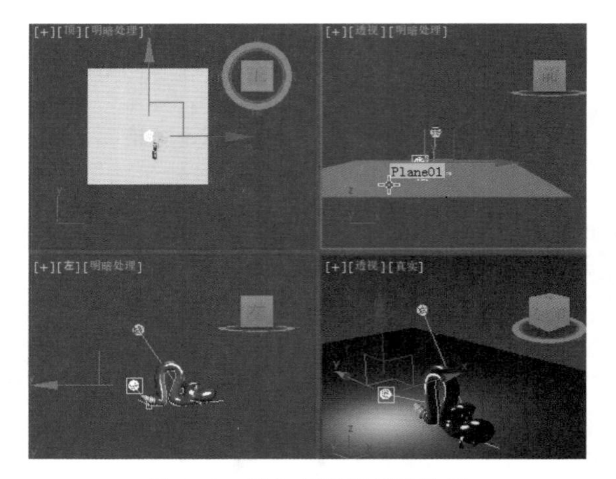

图 8-13　添加灯光并调整位置

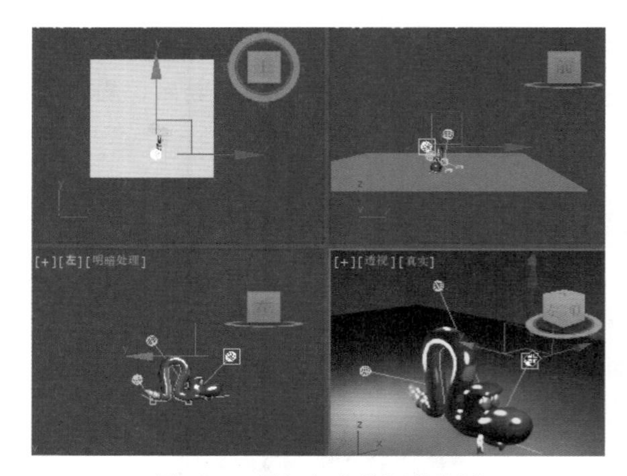

图 8-14　添加灯光并调整位置

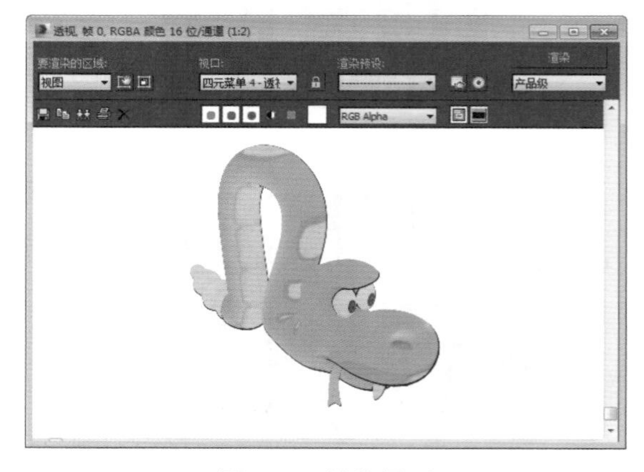

图 8-15　渲染图形

读书笔记

知识解析：目标灯光创建面板

（1）“模板”卷展栏如图 8-16 所示。

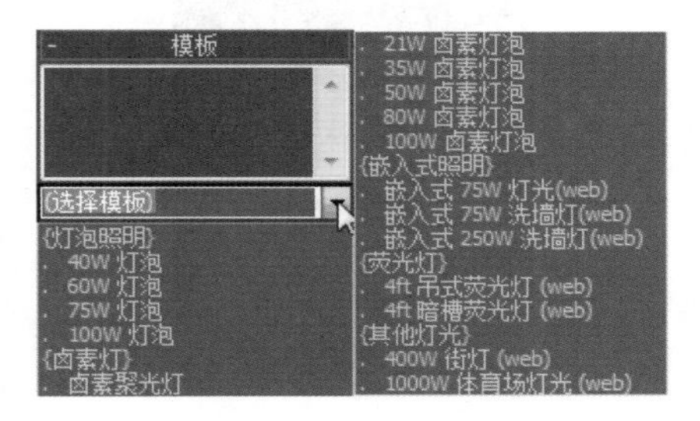

图 8-16 “模板”卷展栏

“选择模板”下拉按钮：可以在这里选择灯光模板。

（2）“常规参数”卷展栏如图 8-17 所示。

图 8-17 “常规参数”卷展栏

- “灯光属性”选项组：用来设置是否开启灯光及设置目标距离。
- “阴影”选项组：用来设置阴影效果。其中单击“排除”按钮，可以打开“排除 / 包含”对话框，如图 8-18 所示。

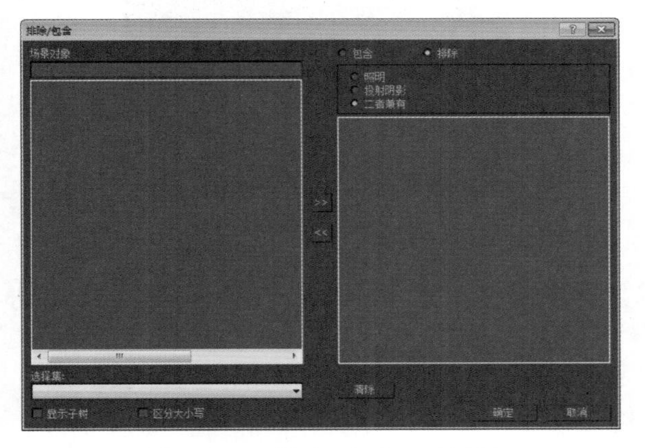

图 8-18 “排除 / 包含”对话框

- “灯光分布”选项组：设置灯光的分布类型。

（3）“强度 / 颜色 / 衰减”卷展栏如图 8-19 所示。

图 8-19 “强度 / 颜色 / 衰减”卷展栏

- “颜色”选项组：用来设置灯光及光源颜色。
- “强度”选项组：用来设置灯光的强度。
- “暗淡”选项组：用来设置灯光显示暗淡所产生的强度等。
- “远距衰减”选项组：用来设置灯光的距离等内容。

（4）“图形 / 区域阴影”卷展栏如图 8-20 所示。

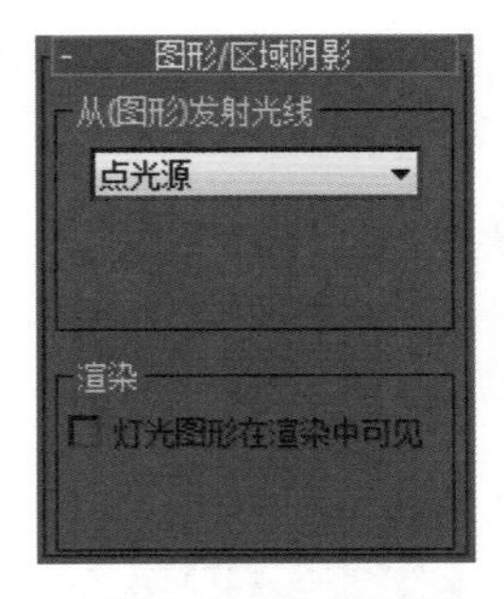

图 8-20 “图形 / 区域阴影”卷展栏

- 从（图形）发射光线：选择阴影生成的图形类型，包括点光源、线、矩形、圆形、球体和圆柱体 6 种。
- 灯光图形在渲染中可见：选中该复选框后，如果灯光对象位于视野之内，那么灯光图形在渲染中会显示为自供照明的图形。

（5）“阴影参数”卷展栏如图 8-21 所示。

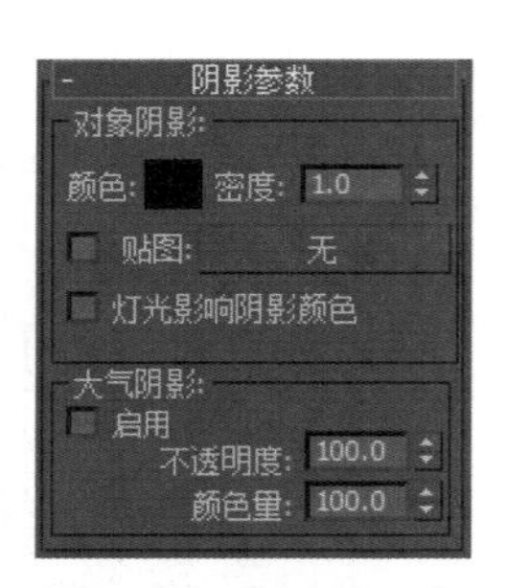

图 8-21　“阴影参数”卷展栏

- “对象阴影”选项组：设置灯光、阴影、贴图等内容。
- “大气阴影”选项组：设置大气效果与阴影效果。

（6）“阴影贴图参数”卷展栏如图 8-22 所示。

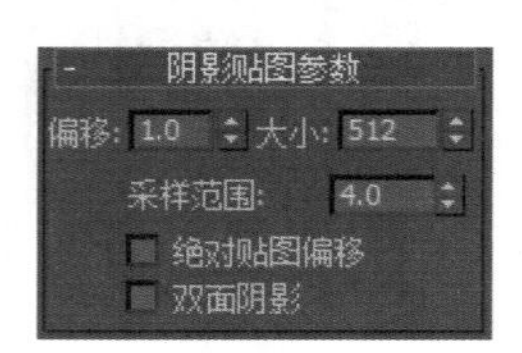

图 8-22　“阴影贴图参数”卷展栏

- 偏移：将阴影移向或投射阴影的对象。
- 大小：设置用于计算灯光的阴影贴图的大小。
- 采样范围：决定阴影内平均有多少个区域。
- 绝对贴图偏移：选中该复选框后，阴影贴图的偏移是不标准化的，但是该偏移在固定比例的基础上会以 3ds Max 为单位来表示。
- 双面阴影：选中该复选框后，计算阴影时物体的背面也将产生阴影。

（7）“高级效果”卷展栏如图 8-23 所示。

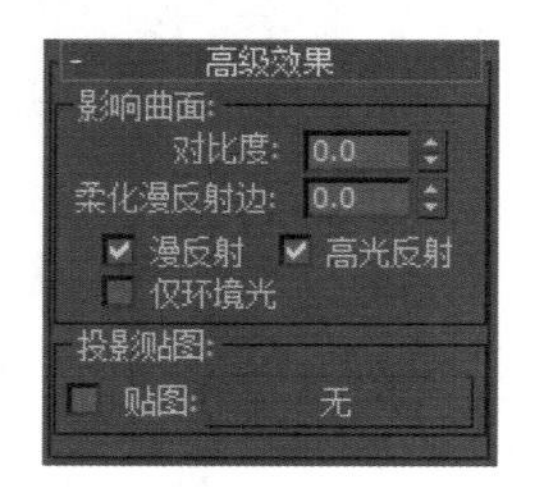

图 8-23　“高级效果”卷展栏

8.2.2 自由灯光

自由灯光没有目标点，常用来模拟发光球、台灯等。自由灯光的参数与目标灯光的参数完全一样，如图 8-24 所示。

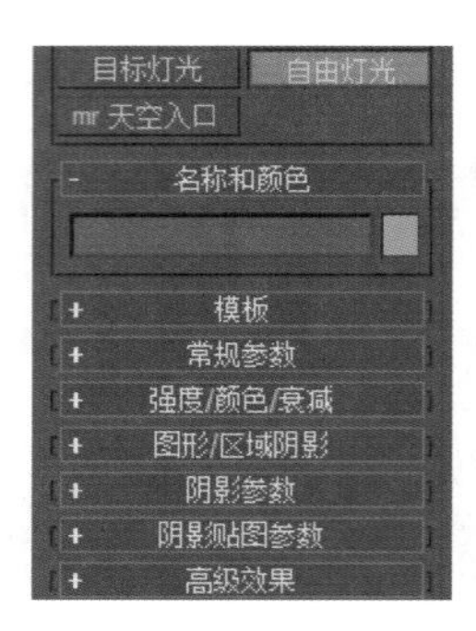

图 8-24　自由灯光

实例操作：添加自由灯

本例将给素材文件添加自由灯。首先打开素材文件，使用自由灯创建一盏自由灯并调整其位置，实例效果如图 8-25 所示。

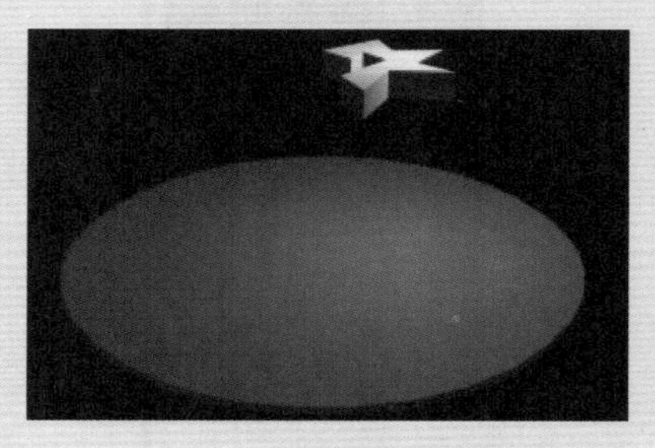

图 8-25　最终效果

添加自由灯的具体操作步骤如下。

Step 1 ▶ 打开“自由灯 .max”文件，如图 8-26 所示。

图 8-26　打开文件

Step 2 ▶ 在“创建”面板中单击“灯光”按钮，然后单击“自由灯光”工具，弹出“创建光度学灯光”对话框，提示是否更改默认灯光，单击“是”按钮，如图 8-27 所示。

Step 3 ▶ 在场景中创建目标灯光，如图 8-28 所示。

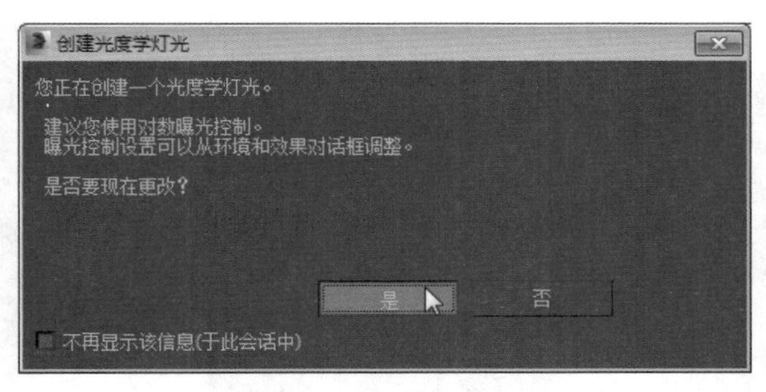

图 8-27 单击按钮

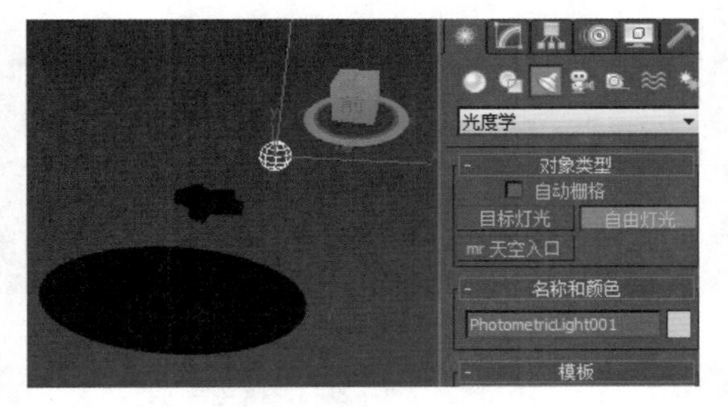

图 8-28 创建自由灯

Step 4 ▶ 还原视口，在四视图中调整目标灯的位置，效果如图 8-29 所示。

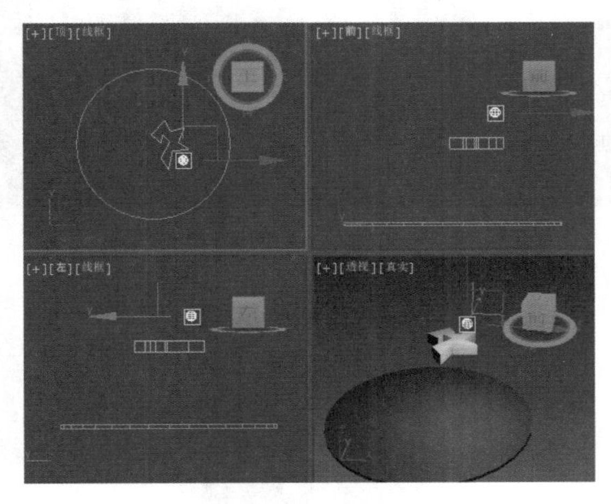

图 8-29 调整位置

技巧秒杀

当添加目标灯光时，3ds Max 会自动为其指定注视控制器，且灯光目标对象指定为“注视”目标。用户可以使用“运动”面板上的控制器设置将场景中的任何其他对象指定为“注视”目标。

8.2.3 mr 天空入口

mr 天空入口灯光是一种 mental ray 灯光，与 VRay 光源比较相似，不过该灯光必须配合天光才能使用，在实际工作中很少用到。其参数设置面板如图 8-30 所示。

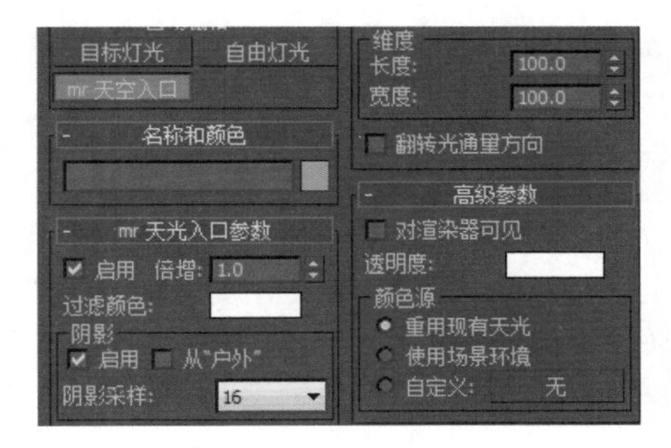

图 8-30 mr 天空入口灯光

技巧秒杀

为使 mr Sky 门户正确工作，场景必须包含天光组件。此组件可以是 IES 天光、mr 天光，也可以是天光。

读书笔记

8.3 标准灯光

标准灯光是基于计算机的模拟灯光对象，如家用或办公室灯、舞台和电影工作时使用的灯光设备和太阳光本身。不同类型的灯光对象可用不同的方法投射灯光，模拟不同种类的光源。与光度学灯光不同，标准灯光不具有基于物理的强度值。使用标准灯光烘托气氛而非追求逼真效果的夜间场景如图 8-31 所示。

在 3ds Max 中，“标准”灯光包括 8 种类型，分别是“目标聚光灯”、“自由聚光灯”、“目标平行光”、“自由平行光”、“泛光”、“天光”、mr Area Omni 和 mr Area Spot，如图 8-32 所示。

图 8-31　夜间场景

图 8-32　标准灯光对象

?答疑解惑：

在制作室内、室外、商品级效果图过程中，对场景中的间接照明分别采用哪两种算法与之搭配能达到速度和效果的最优化？

在制作室内效果图时，通常要求速度快，质量好，但是其渲染尺寸要求并不高，通常 2048×1556 左右的尺寸即可。因为室内效果图是针对客户个人看的，满意不满意是客户个人说了算，所以在这种情况下，国内通常都是“首次反弹”采用“发光贴图”，“二次反弹”采用“灯光缓冲”的搭配来进行渲染的。“灯光缓冲”在制作室内效果时的优点就是其光线是完全模拟真实的，光线经过无数次反弹直到没有能量，因而“发光贴图”加“灯光缓冲”组合在质量、时间上都是很容易把握的。

8.3.1 目标聚光灯

在 3ds Max 中，目标聚光灯可以产生一个锥形的照射区域，区域外的对象不会受到灯光的影响，主要用来模拟吊灯、手电筒等发出的灯光。目标聚光灯由透射点和目标点组成，其方向性非常好，对阴影的塑造能力也很强，如图 8-33 所示；其参数设置面板如图 8-34 所示。

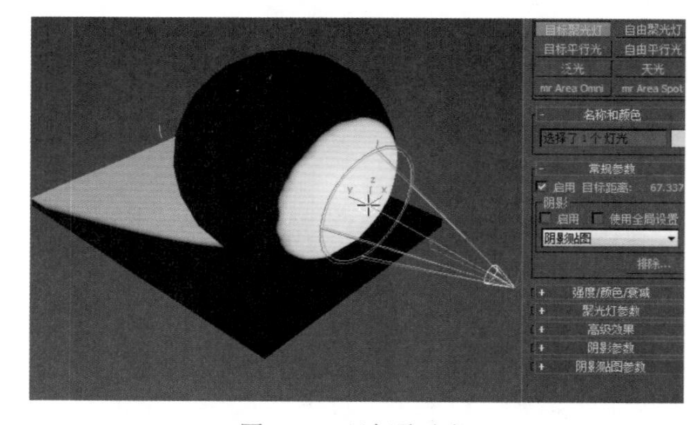

图 8-33　目标聚光灯

目标聚光灯 自由聚光灯
目标平行光 自由平行光
泛光 天光
mr Area Omni mr Area Spot
名称和颜色
常规参数
强度/颜色/衰减
聚光灯参数
高级效果
阴影参数
阴影贴图参数

图 8-34　“目标聚光灯”参数面板

读书笔记

知识解析：“目标聚光灯”参数面板

（1）“常规参数”卷展栏如图 8-35 所示。

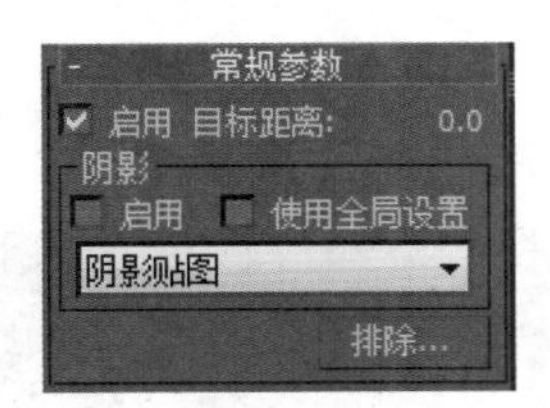

图 8-35 “常规参数”卷展栏

◆ 类型：单击阴影类型下拉按钮，设置灯光的阴影效果，如图 8-36 所示。

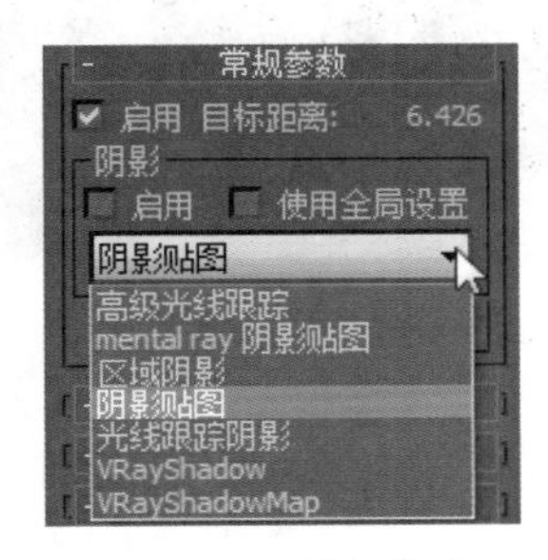

图 8-36 阴影类型

（2）“强度 / 颜色 / 衰减”卷展栏如图 8-37 所示。

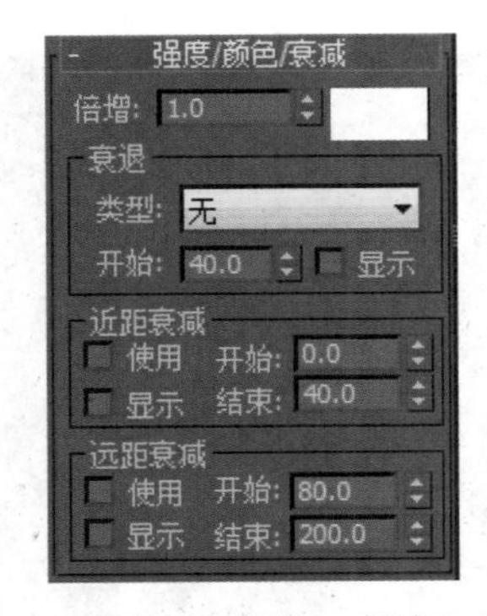

图 8-37 “强度 / 颜色 / 衰减”卷展栏

（3）“聚光灯参数”卷展栏如图 8-38 所示。

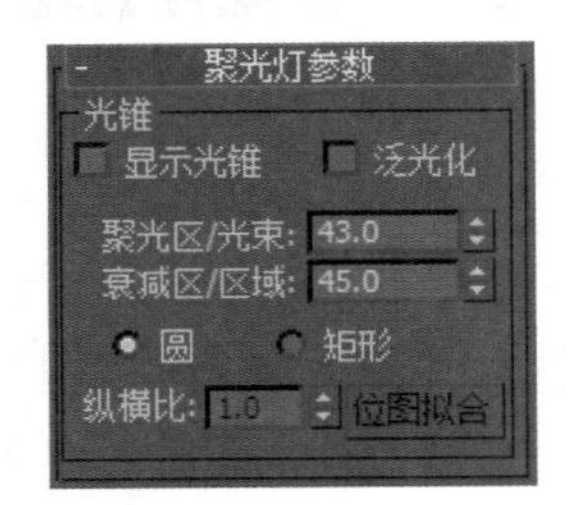

图 8-38 “聚光灯参数”卷展栏

◆ 显示光锥：控制是否在视图中开户聚光灯的圆锥显示效果。

◆ 泛光化：选中该复选框时，灯光将在各个方向投射光线。

◆ 聚光区 / 光束：用来调整灯光圆锥体的角度。

◆ 衰减区 / 区域：设置灯光衰减区的角度。

◆ 圆 / 矩形：选择聚光区和衰减区的形状。

◆ 纵横比：设置矩形光束的纵横比。

◆ 位图拟合：如果灯光的投影纵横比为矩形，应设置纵横比以匹配特定的位置。

（4）“高级效果”卷展栏如图 8-39 所示。

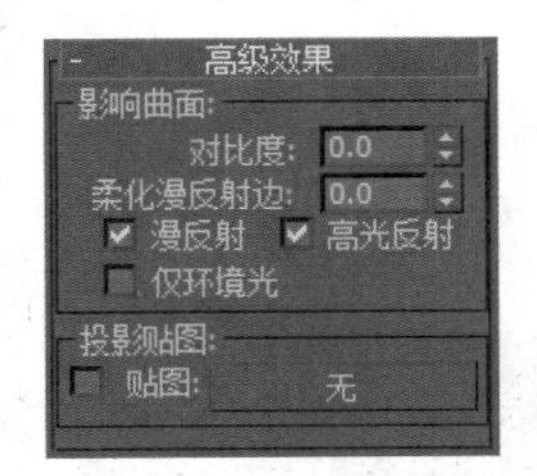

图 8-39 “高级效果”卷展栏

（5）“阴影参数”卷展栏如图 8-40 所示。

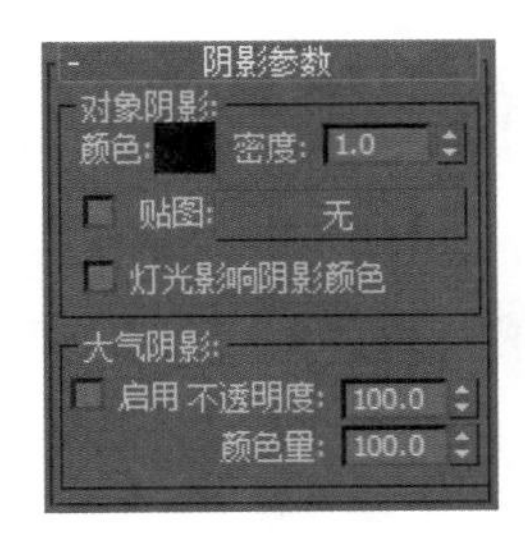

图 8-40 “阴影参数”卷展栏

（6）“阴影贴图参数”卷展栏如图 8-41 所示。

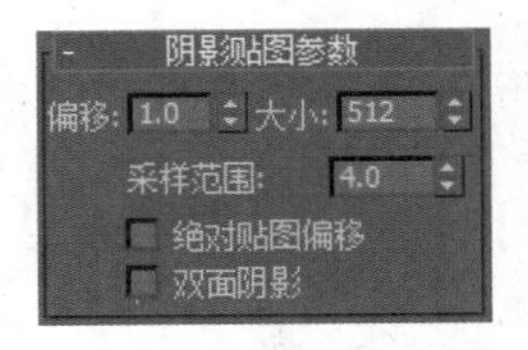

图 8-41 “阴影贴图参数”卷展栏

8.3.2 自由聚光灯

自由聚光灯与目标聚光灯的参数基本一致，只是它无法对发射点和目标点分别进行调节。自由聚光灯特别适合用来模拟一些动画灯光，如舞台上的射灯。

自由聚光灯没有目标点，只能够整体调整，可以准确地控制光束大小，并且聚光灯的光照区域可以是矩形或圆形，当为矩形时可表现电影投影图像效果，如图 8-42 所示。

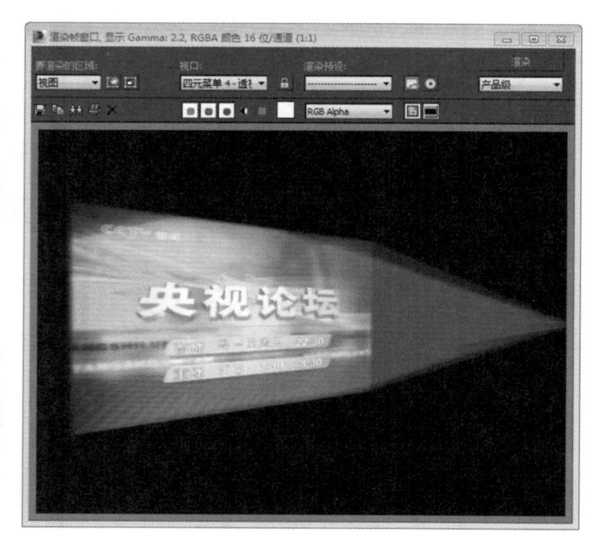

图 8-42　显示效果

8.3.3 目标平行光

目标平行光可以产生一个照射区域，主要用来模拟自然光线的照射效果（如太阳光照射），如图 8-43 所示，如果将目标平行光作为体积光来使用的话，可以用它模拟出激光束等效果。

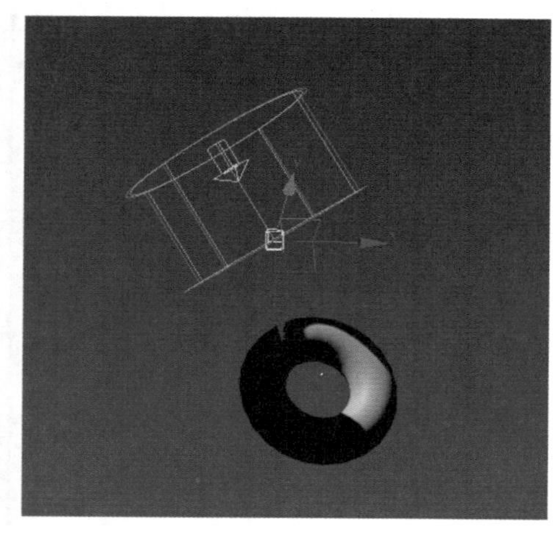

图 8-43　显示效果（1）

技巧秒杀

虽然目标平行光可以用来模拟太阳光，但灯光类型却不同。目标聚光灯是聚光灯，从外形上看，更像锥形；而目标平行光是平行光，更像筒形，如图 8-44 所示。

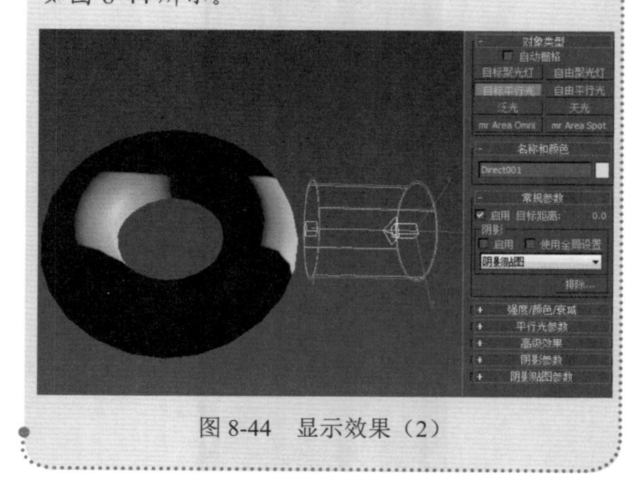

图 8-44　显示效果（2）

8.3.4 自由平行光

自由平行光能产生一个平等的照射区域，常用来模拟太阳光，如图 8-45 所示。

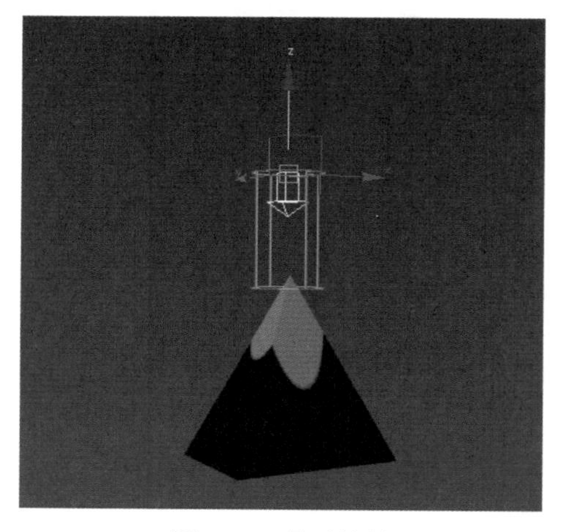

图 8-45　显示效果

8.3.5 泛光灯

泛光灯可以向周围发散光线，其光线可以到达场景中无限远的地方，效果如图 8-46 所示。泛光灯比较容易创建和调节，能够均匀地照射场景，但是在一个场景中如果使用太多泛光灯，可能会导致场景明暗层次变暗，缺乏对比。在泛光灯的使用过程中，其“强度 / 颜色 / 衰减”卷展栏是比较重要的，参数设置面板如图 8-47 所示。

图 8-46　显示效果

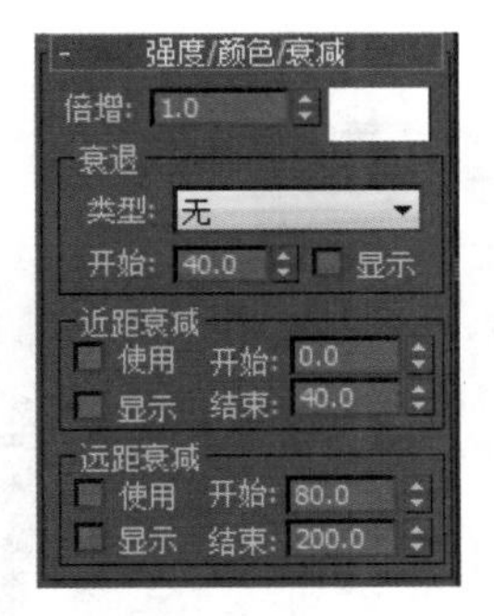

图 8-47　“强度 / 颜色 / 衰减”卷展栏

技巧秒杀

是将光源以各个方向的方式进行平均照射，与现实生活中的烛光或灯泡的光效果相同，效果如图 8-48 所示。

图 8-48　显示效果

8.3.6 天光

天光主要用来模拟天空光，以穹顶方式发光，如图 8-49 所示。天光不是基于物理学，可以用于所有需要基于物理数值的场景。天光可以作为场景唯一的光源，也可以与其他灯光配合使用，实现高光和投射锐边阴影。天光的参数比较少，只有一个“天光参数”卷展栏，如图 8-50 所示。

图 8-49　显示效果

图 8-50　“天光参数”卷展栏

知识解析：“天光参数”卷展栏面板

- 启用：控制是否开启天光。
- 倍增：控制天光的强弱程度。
- 使用场景环境：使用“环境与特效”对话框中设置的“环境光”颜色作为天光颜色。
- 天空颜色：设置天光的颜色。
- 贴图：指定贴图来影响天光的颜色。
- 投影阴影：控制天光是否投射阴影。
- 每采样光线数：计算藻在场景中每个点的光子数目。
- 光线偏移：设置光线产生的偏移距离。

技巧秒杀

标准的天光灯光与光度学日光灯光是截然不同的。天光灯光与光跟踪一起使用。光跟踪如图 8-51 所示。

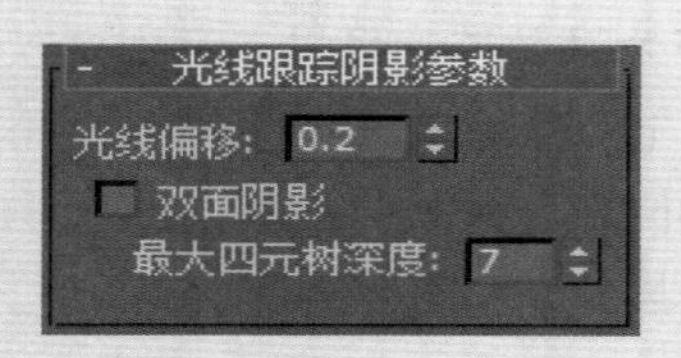

图 8-51　“光线跟踪阴影参数”卷展栏

8.3.7 mr Area Omni

使用 mental ray 渲染器渲染场景时，该灯光效果可以从球体或圆柱体区域发射光线，而不是从点发射光线。如果使用的是默认扫描线渲染器，会像泛光灯一样发射光线。其参数面板如图 8-52 所示。

mr Area Omni 相对于泛光灯的渲染速度要慢一些，它与泛光灯的参数基本相同，只是该灯光增加了一个“区域灯光参数”卷展栏，如图 8-53 所示。

图 8-52　mr Area Omni 参数面板

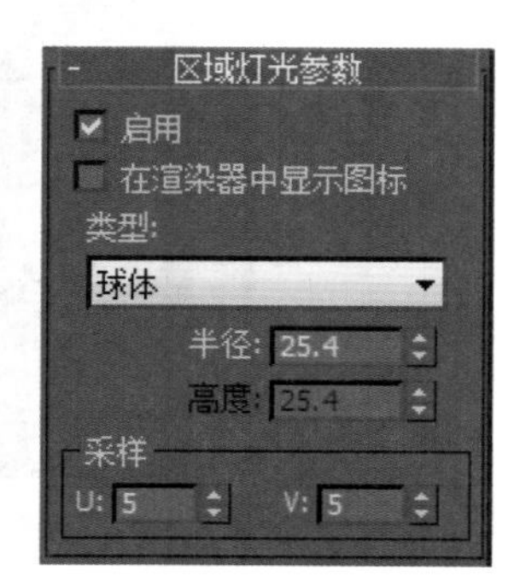

图 8-53　“区域灯光参数”卷展栏

知识解析：“区域灯光参数”卷展栏面板

- 启用：控制是否开启区域灯光。
- 在渲染器中显示图标：选中该复选框后，mental ray 渲染器将渲染灯光位置的黑色形状。
- 类型：指定区域灯光的形状。球形体积灯光一般采用“球体”类型，而圆柱形体积灯光一般采用“圆柱体”类型。
- 半径：设置球体或圆柱体的半径。
- 高度：设置圆柱体的高度，只有区域灯光为“圆柱体”类型时才可用。
- 采样 U/V：设置区域灯光投射阴影的质量。

8.3.8 mr Area Spot

使用 mental ray 渲染器渲染场景时，该灯光效果可以从矩形或蝶形区域发射光线，而不是从点发射光线。如果使用的是默认扫描线渲染器，会像其他默认聚光灯一样发射光线。

mr Area Spot 与 mr Area Omni 的参数很相似，只是该灯光的灯光类型为“聚光灯”，因此增加了一个“聚光灯参数”卷展栏，如图 8-54 所示。

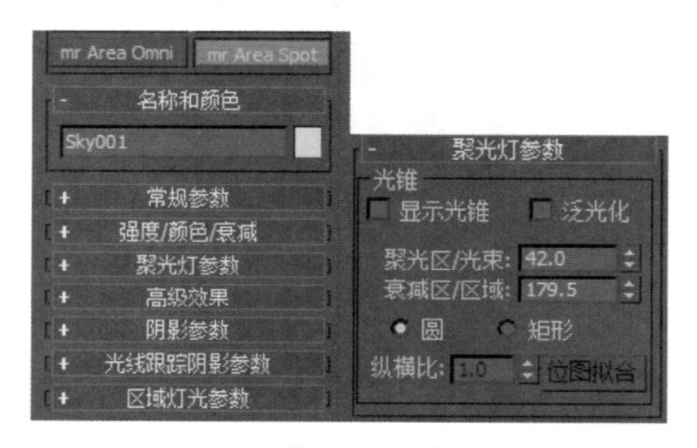

图 8-54　“聚光灯参数”卷展栏

?答疑解惑：

什么是 mr Area？

mr Area 就是 mr 区域光，分为 mr 区域泛光灯和 mr 区域聚光灯，其作用如下：

（1）不仅可以设置灯光位置的动画，而且可以设置其颜色、强度和一些其他创建参数的动画。

（2）可以使用放置高光命令更改灯光的位置。

（3）灯光视口对调整灯光非常有用，而对调整泛光灯没有多大用处。

（4）要模拟太阳光，请使用日光或太阳光系统，这样可以设置日期、时间和模型的地理位置。日光系统是光度学，而太阳光系统使用标准的平行光。

8.4 提高实例——制作荧光棒

8.4.1 案例分析

本例将制作一个绚丽的荧光棒，荧光棒在各种节日、欢庆活动和晚上的演出中使用得非常频繁。

8.4.2 操作思路

为更快完成本例的制作，并且尽可能运用本章讲解的知识，本例的操作思路如下。

（1）建立环形结。

（2）设置参数。

（3）添加材质。

（4）添加灯光。

（5）渲染效果。

8.4.3 操作步骤

制作荧光棒的具体操作步骤如下。

Step 1 在“创建”面板中单击“几何体”按钮，在“扩展基本体”类型中单击“环形结”按钮，在场景中创建一个环形结，如图 8-55 所示。

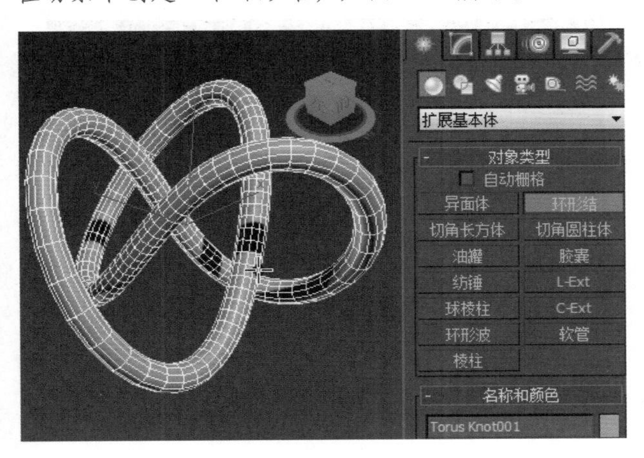

图 8-55　创建图形

Step 2 在“参数”卷展栏中设置基础曲线半径为 100，横截面半径为 20，其他参数设置如图 8-56 所示。

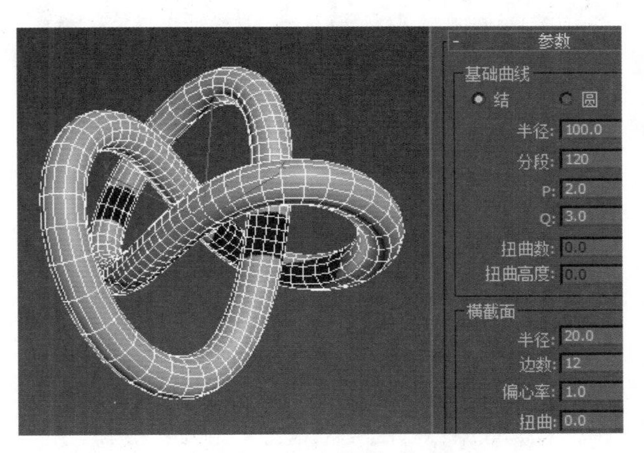

图 8-56　设置参数

Step 3 在主工具栏中单击“材质编辑器”按钮，打开“材质编辑器”面板，单击选择一个材质球，单击 Standard 按钮，如图 8-57 所示。

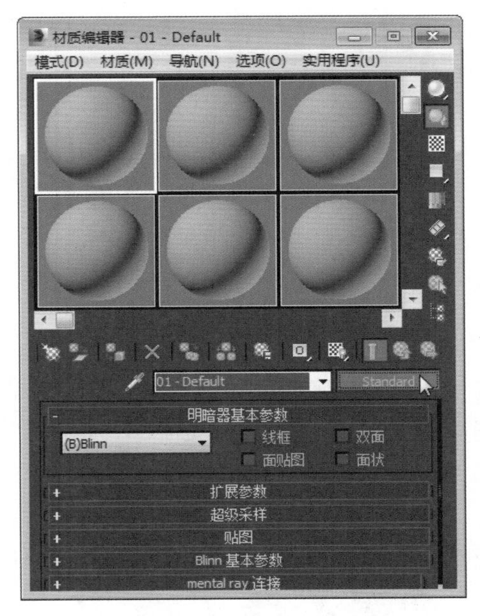

图 8-57　打开面板

Step 4 打开“材质 / 贴图浏览器”面板，在“标准”材质下方双击“光线跟踪”选项，如图 8-58 所示。

Step 5 材质球显示添加光线跟踪材质后的效果，如

图 8-59 所示。

图 8-58　选择材质

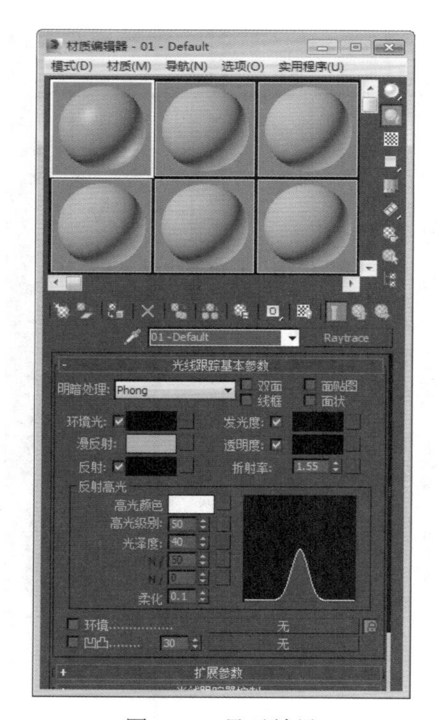

图 8-59　显示效果

Step 6 在“光线跟踪基本参数”卷展栏中取消选中“透明度”复选框，设置透明度参数为 70，其他参数设置如图 8-60 所示。在设置完成的材质球上单击并按住鼠标左键不放。

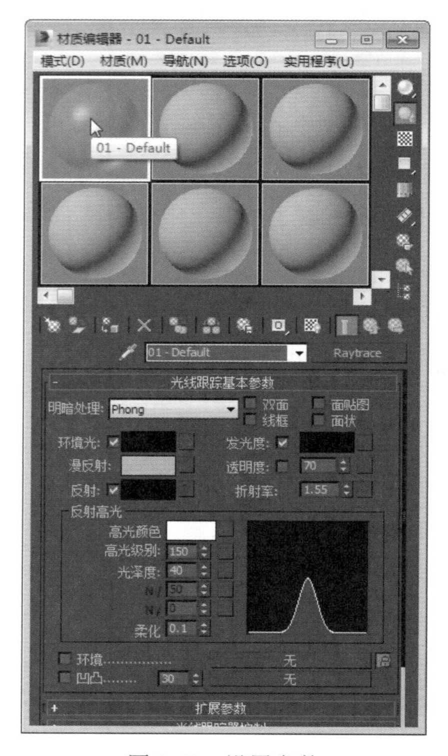

图 8-60　设置参数

Step 7 将其拖动到场景中的对象上释放鼠标左键，如图 8-61 所示。

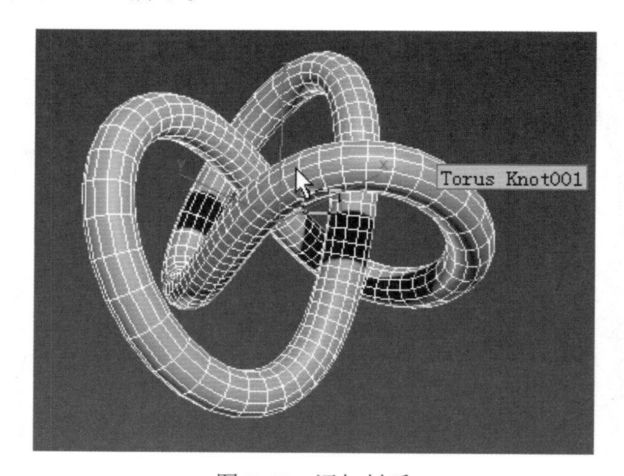

图 8-61　添加材质

Step 8 添加材质后模型效果如图 8-62 所示。

Step 9 设置灯光类型为“标准”，在场景中的模型处创建一盏 mr Area Omni 灯，如图 8-63 所示。

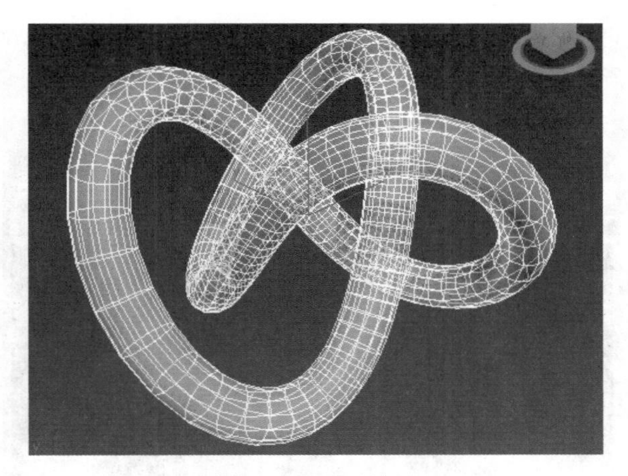

图 8-62　显示效果

图 8-63　添加灯

Step 10 ▶ 选择创建的灯，进行“修改”面板，在“常规参数”卷展栏的“阴影”选项组中选中“启用”复选框，接着设置阴影类型为“光线跟踪阴影”，具体参数设置如图 8-64 所示。

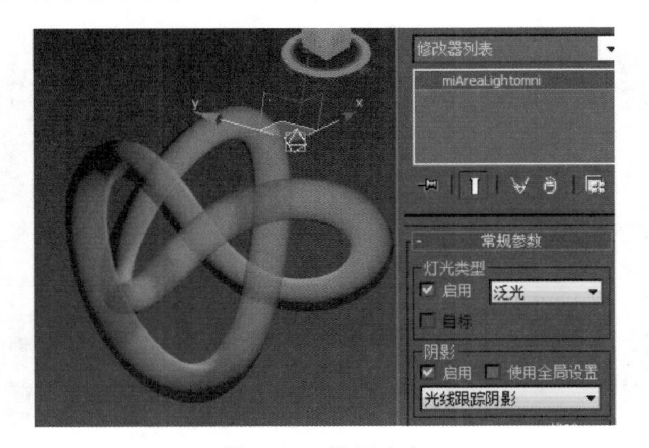

图 8-64　设置内容

Step 11 ▶ 展开“强度 / 颜色 / 衰减”卷展栏，设置“倍增”为 0.2，单击“颜色”按钮，如图 8-65 所示。

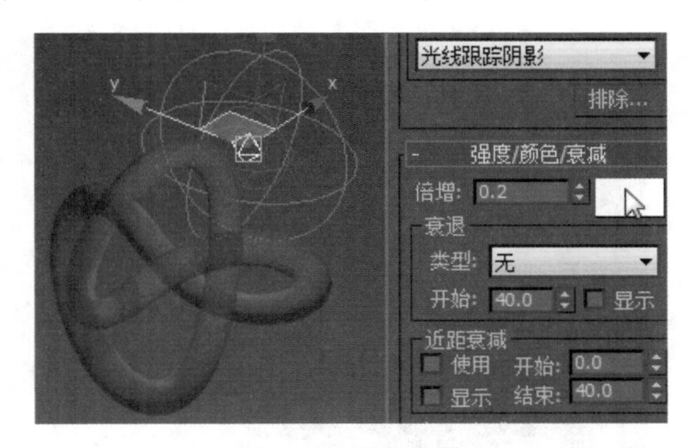

图 8-65　设置参数

Step 12 ▶ 打开“颜色选择器：灯光颜色”对话框，设置颜色为“红：112”，“绿：162”，“蓝：255”；单击“确定”按钮，如图 8-66 所示。

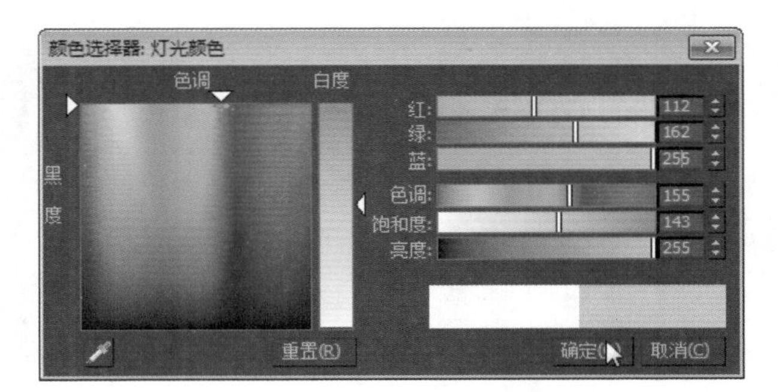

图 8-66　设置颜色参数

Step 13 ▶ 在“远距衰减”选项组中选中“显示”复选框，设置“开始”为 66，“结束”为 154，其他参数设置如图 8-67 所示。

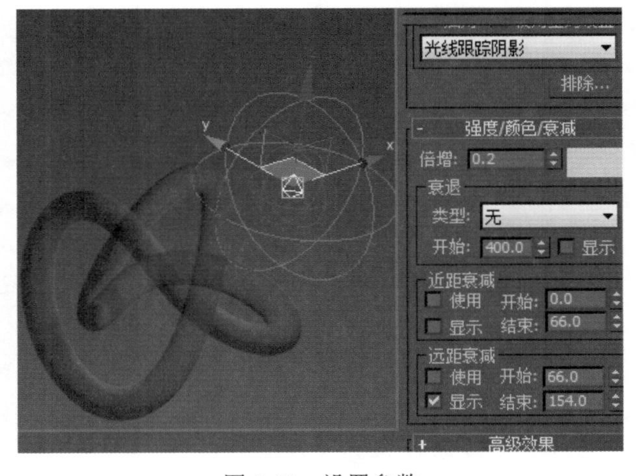

图 8-67　设置参数

Step 14 还原视口，使用“选择并移动”工具复制一些 mr Area Omni 灯到其他位置，如图 8-68 所示。

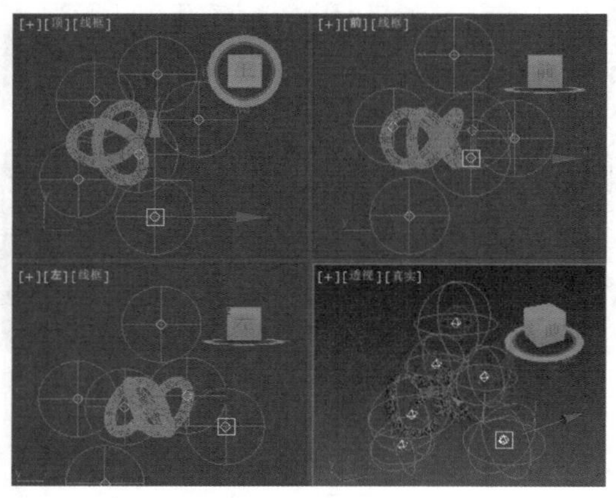

图 8-68　复制灯光

技巧秒杀

如果要荧光效果更绚丽，可多复制一些 mr Area Omni 灯均匀分布在荧光管内（如 50 盏）。

Step 15 按 F9 键渲染当前场景，最终效果如图 8-69 所示。

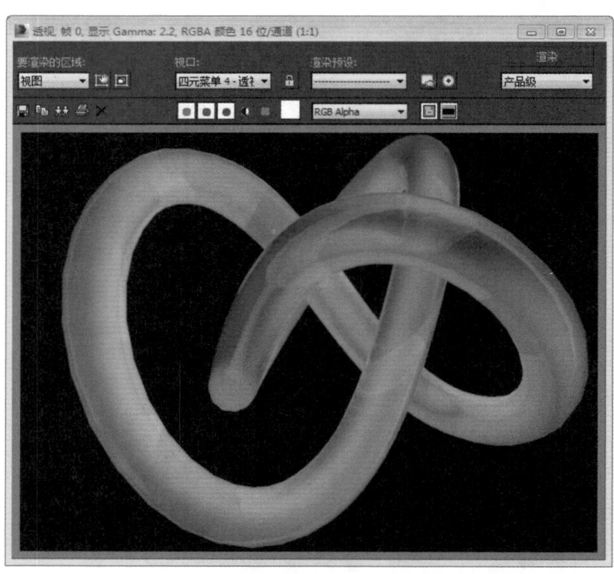

图 8-69　显示效果

读书笔记

01 02 03 04 05 06 07 08 09 10 11 12……

材质与贴图

本章导读

在大自然中，物体表面问题具有各种各样的特性，如颜色、透明度、表面纹理等。对于 3ds Max 而言，制作一个物体除了造型之外，还要将其表面特性表现出来，才能在三维虚拟世界中真实地再现物体本身的面貌。本章将对各种材质的制作方法以及 3ds Max 为用户提供的多种程序贴图进行全面而详细的介绍，为读者深度剖析 3ds Max 的材质和贴图技术。

9.1 材质属性

“材质”用来指定物体的表面或数个面的特性，它决定这些平面在着色时的特性，如颜色、光亮程度、自发光度及不透明度等。制定到材质上的图形称为“贴图”。

材质简单地说就是物体看起来的质地。材质可以看成是材料和质感的结合。在渲染程序中，它是表面各可视属性的结合，这些可视属性是指表面的色彩、纹理、光滑度、透明度、反射率、折射率、发光度等。正是有了这些属性，才能让我们识别三维中的模型是什么做成的，也正是有了这些属性，我们计算机三维的虚拟世界才会和真实世界一样缤纷多彩。我们必须仔细分析产生不同材质的原因，才能让我们更好地把握质感。材质的真相仍然是光，离开光材质是无法体现的。举例来说，借助夜晚微弱的天空光，我们往往很难分辨物体的材质，而在正常的照明条件下，则很容易分辨。另外，在彩色光源的照射下，我们也很难分辨物体表面的颜色，在白色光源的照射下则很容易。这种情况表明了物体的材质与光的微妙关系。下面将具体分析两者间的相互作用。

9.1.1 色彩（包括纹理）

色彩是光的一种特性，我们通常看到的色彩是光作用于眼睛的结果。但光线照射到物体上时，物体会吸收一些光色，同时也会漫反射一些光色，这些漫反射出来的光色到达我们的眼睛之后，就决定物体看起来是什么颜色，这种颜色在绘画中称为“固有色”。这些被漫反射出来的光色除了会影响我们的视觉之外，还会影响它周围的物体，这就是光能传递。当然，影响的范围不会像我们的视觉范围那么大，它要遵循光能衰减的原理。另外，有很多资料把 Radiosity 翻译成“热辐射”，其实这也蛮贴切的，因为物体在反射光色时，光色就是以辐射的形式发散出去的，所以，它周围的物体才会出现“染色”现象。

9.1.2 光滑与反射

一个物体是否有光滑的表面，往往不需要用手去触摸，视觉就会告诉我们结果。因为光滑的物体，总会出现明显的高光，如玻璃、瓷器、金属等，而没有明显高光的物体，通常都是比较粗糙的，如砖头、瓦片、泥土。这种差异在自然界无处不在，但它的产生依然是光线的反射作用，但和上面“固有色”的漫反射方式不同，光滑的物体有一种类似“镜子”的效果，在物体的表面还没有光滑到可以镜像反射出周围的物体时，它对光源的位置和颜色是非常敏感的。所以，光滑的物体表面只“镜射”出光源，这就是物体表面的高光区，它的颜色是由照射它的光源颜色决定的（金属除外），随着物体表面光滑度的提高，对光源的反射会越来越清晰，这就是在三维材质编辑中，越是光滑的物体高光范围越小，强度越高。当高光的清晰程度已经接近光源本身后，物体表面通常就要呈现出另一种面貌了，这就是 Reflection 材质产生的原因，也是古人磨铜为镜的原理。但必须注意的是，不是任何材质都可以在不断地“磨炼”中提高自己的光滑程度。例如我们很清楚瓦片是不会磨成镜的，原因是瓦片是很粗糙的，这个粗糙不单指它的外观，也指它内部的微观结构。瓦片质地粗糙里面充满了气孔，无论怎样磨它，也只能使它的表面看起来整齐，而不能填补这些气孔，所以无法成镜。在编辑材质时，一定不能忽视材质光滑度的上限，有很多初学者作品中的物体看起来都像是塑料做的就是这个原因。

9.1.3 透明与折射

自然界的大多数物体通常会遮挡光线，当光线可以自由地穿过物体时，这个物体肯定就是透明的。这里所指的“穿过”，不单指光源的光线穿过透明物体，还指透明物体背后的物体反射出来的光线也要再次穿过透明物体，这样使我们可以看见透明物体背后的东西。由于透明物体的密度不同，光线射入后会发生偏转现象，这就是折射。例如插进水里的筷子，看起来就是弯的。不同的透明物质其折射率也不一样，即使同一种透明的物质，温度的不同也会影响其折射率，例如当我们穿过火焰上方的热空气观察对面的景象，会发现有明显的扭曲现象。这就是因为温度改变了空气的密度，不同的密度产生了不同的折射率。正确地使用折射率是真实再现透明物体的重要手段。

在自然界中还存在另一种形式的透明，在三维软件的材质编辑中把这种属性称之为“半透明”，如纸张、塑料、植物的叶子，还有蜡烛等。它们原本不是透明的物体，但在强光的照射下背光部分会出现“透光”现象。

在现实生活中，人们所看到的任何物体都具有自己的属性和特性，例如，不同的玻璃具有不同的透明度、反射和折射等性质；防滑地砖具有表面粗糙、防滑等性质。因此，在材质编辑器中调节各种属性时，必须考虑到场景中的光源，并参考基础光学现象，最终以达到良好的视觉效果为目的，而不是孤立地调节它们。

材质是营造空间氛围的重要表现手法，通过 3ds Max 软件中的“材质编辑器”可以使创建的模型更形象、逼真，从而营造出室内空间真实的色彩与质感，如图 9-1 所示，可以制作出照片质量的设计作品。

图 9-1　材质效果

材质属性与灯光属性相辅相成；明暗处理或渲染将两者合并，用于模拟对象在真实世界设置下的情况。因此，材质可以使对象看起来更真实，如图 9-2 所示。

图 9-2　材质属性效果

?答疑解惑：

为什么添加了“无光 / 投影”材质后看不见效果?

“无光 / 投影”效果仅当渲染场景之后才可见，在视口中不可见。

读书笔记

9.2 材质编辑器

“材质编辑器”对话框非常重要，因为所有的材质都在这里完成。打开“材质编辑器”对话框的方法有以下两种。

（1）执行“渲染”→“材质编辑器”→“精简材质编辑器”命令，如图 9-3 所示；也可执行“渲染”→“材质编辑器”→“Slate 材质编辑器”命令，即可打开“材质编辑器”对话框，如图 9-4 所示。

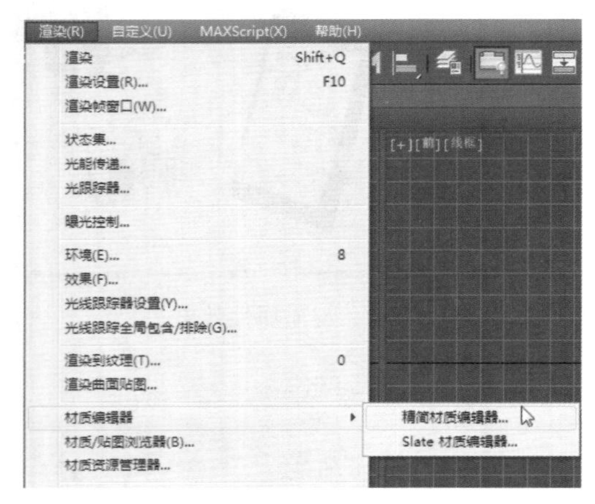

图 9-3　执行命令

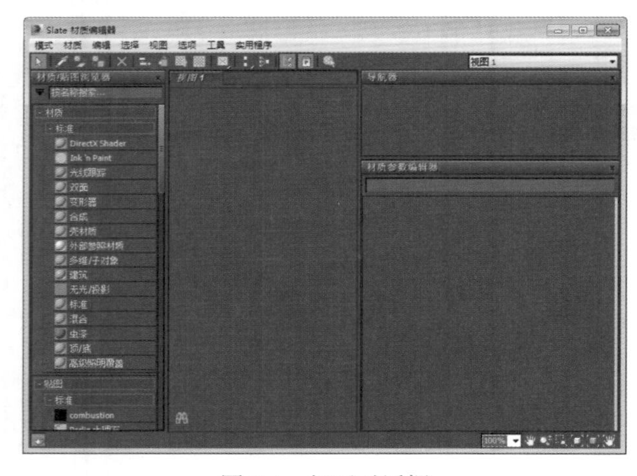

图 9-4　打开对话框

（2）直接按 M 键，即可打开“材质编辑器”对话框，执行“模式”→“精简材质编辑器”命令，即可打开精简版“材质编辑器”对话框，包括“材质示例区”、“菜单栏”、“工具栏”和“参数控制区”4 个部分，如图 9-5 所示。

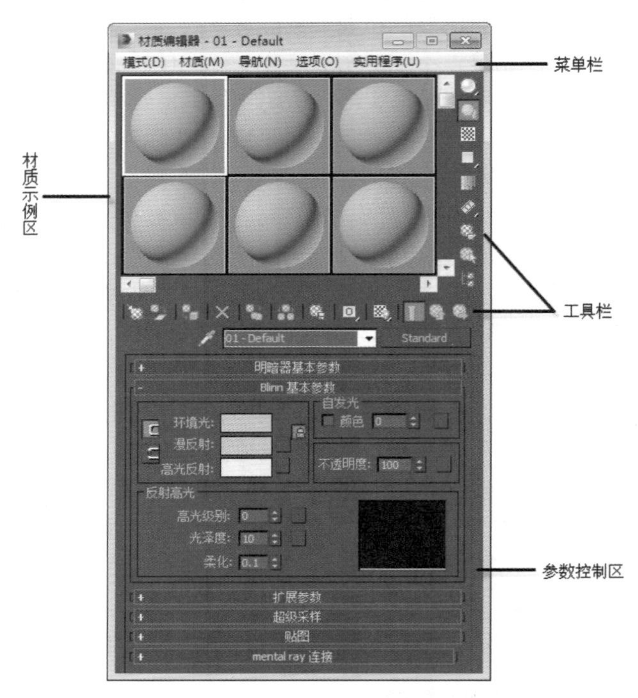

图 9-5　精简材质编辑器

9.2.1 菜单栏

“材质编辑器”对话框的菜单栏包含 5 个菜单，分别是“模式”菜单、“材质”菜单、“导航”菜单、“选项”菜单和“实用程序”菜单。

1. “模式”菜单

主要用来切换“Slate 材质编辑器”和“精简材质编辑器”，如图 9-6 所示。

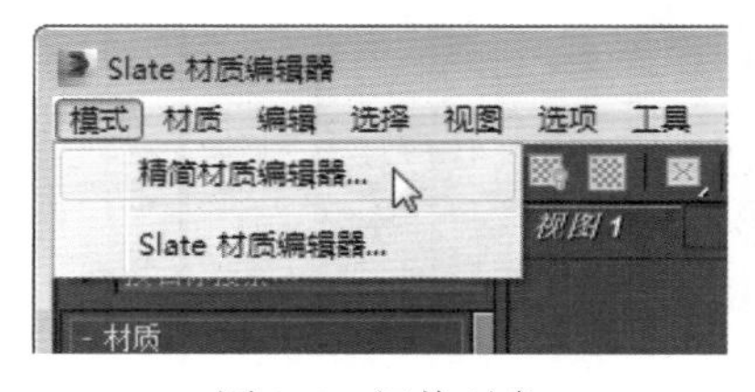

图 9-6　切换对象

知识解析：“材质编辑器”面板

- 精简材质编辑器：这是一个简化了的材质编辑界面，使用的对话框比“Slate 材质编辑器”小，也是 3ds Max 2011 版本之前唯一的材质编辑器，如图 9-7 所示。

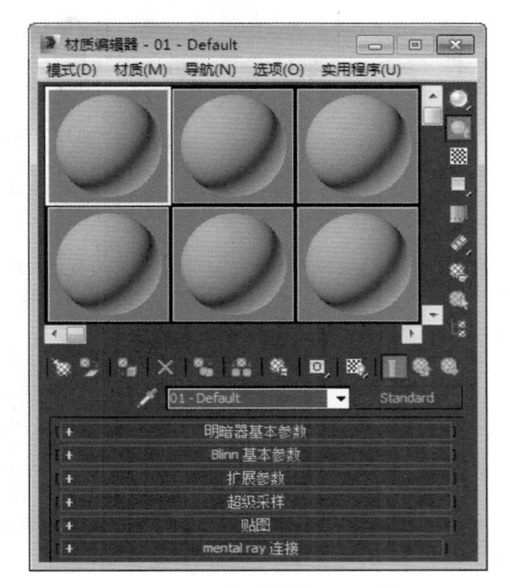

图 9-7 “材质编辑器”面板

- Slate 材质编辑器：这是一个完整的材质编辑界面，在设计和编辑材质时使用节点和关联以图形方式显示材质的结构。

技巧秒杀

因“精简材质编辑器”对话框使用直接方便，所以本书的材质都是使用该模式进行操作。

2. “材质”菜单

主要用来获取材质、从对象选取材质等，如图 9-8 所示。

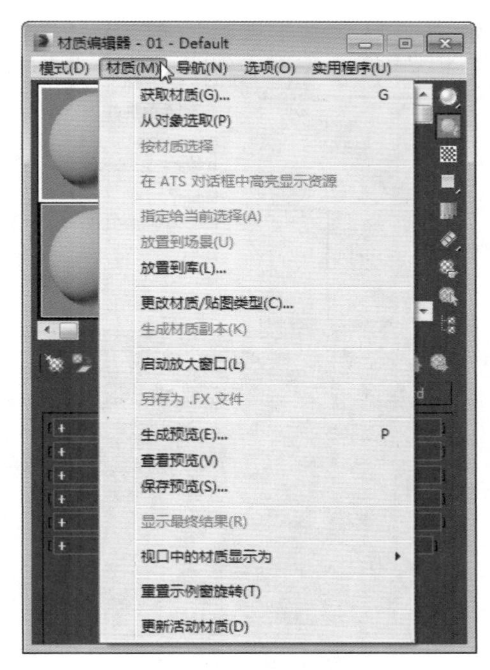

图 9-8 “材质”菜单

3. “导航”菜单

主要用来切换材质或贴图的层级，如图 9-9 所示。

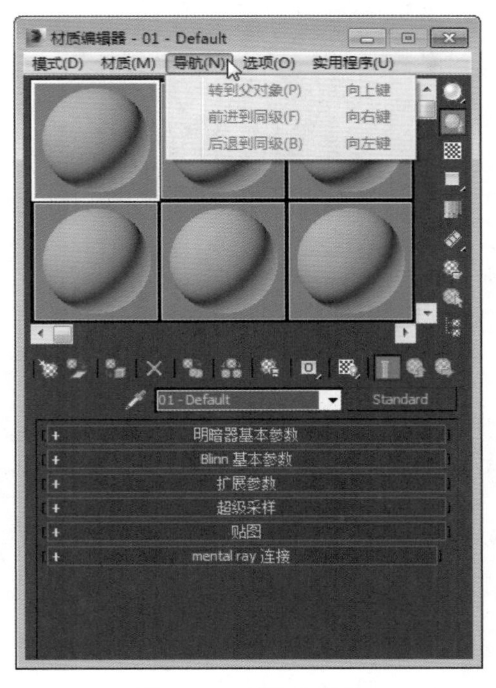

图 9-9 “导航”菜单

4. “选项”菜单

主要用来更换材质球的显示背景等，如图 9-10 所示。

技巧秒杀

执行“选项”→“选项”命令，打开“材质编辑器选项”对话框，如图 9-11 所示。

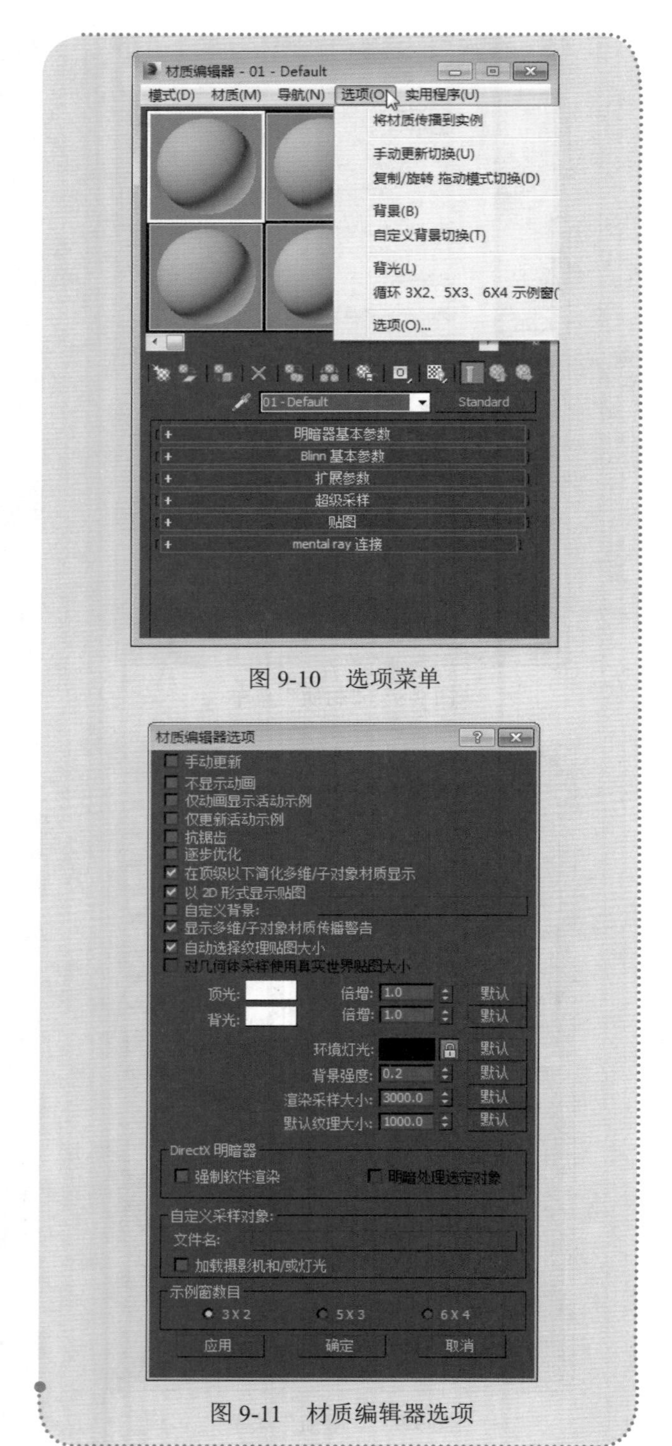

图 9-10　选项菜单

图 9-11　材质编辑器选项

5. “实用程序”菜单

主要用来更换材质球的显示背景等，如图 9-12 所示。

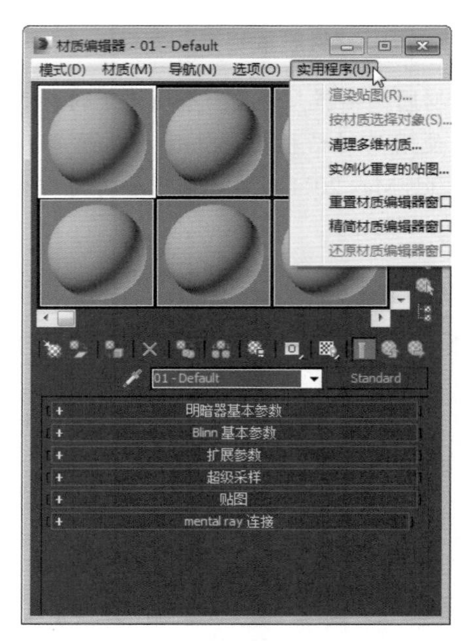

图 9-12　“实用程序”菜单

知识解析：实用程序菜单

- Slate 材质编辑器：这是一个完整的材质编辑界面，在设计和编辑材质时使用节点和关联以图形方式显示材质的结构。
- 渲染贴图：对贴图进行渲染。
- 按材质选择对象：可以基于“材质编辑器”对话框中的活动材质来选择对象。
- 清理多维材质：对“多维 / 子对象”材质进行分析，然后在场景中显示所有包含未分配任何材质 ID 的材质。
- 实例化重复的贴图：在整个场景中查找具有重复位图贴图的材质，并提供将它们实例化的选项。
- 重置材质编辑器窗口：用默认的材质类型替换“材质编辑器”对话框中的所有材质。
- 精简材质编辑器窗口：将“材质编辑器”对话框中所有未使用的材质设置为默认类型。
- 还原材质编辑器窗口：利用缓冲区的内容还原编辑器的状态。

9.2.2 材质球示例窗

材质球示例窗主要用来显示材质效果，通过它可以直观地观察出材质的基本属性，如反光、纹理和凹凸等，如图 9-13 所示；双击材质球会弹出一个独立的材质球显示窗口，可以将该窗口进行放大或缩小来观察当前设置的材质效果，如图 9-14 所示。

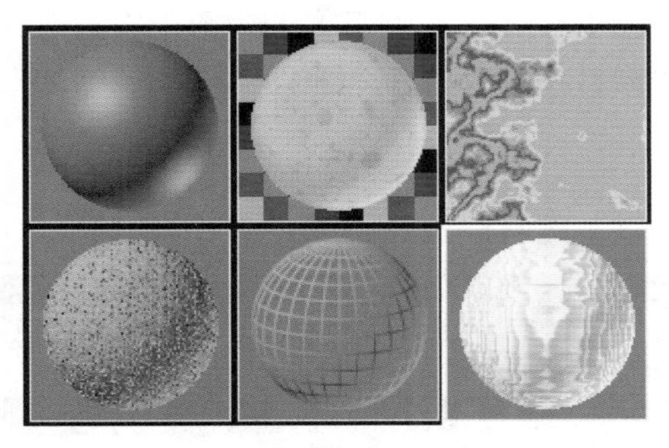

图 9-13　挤出对象

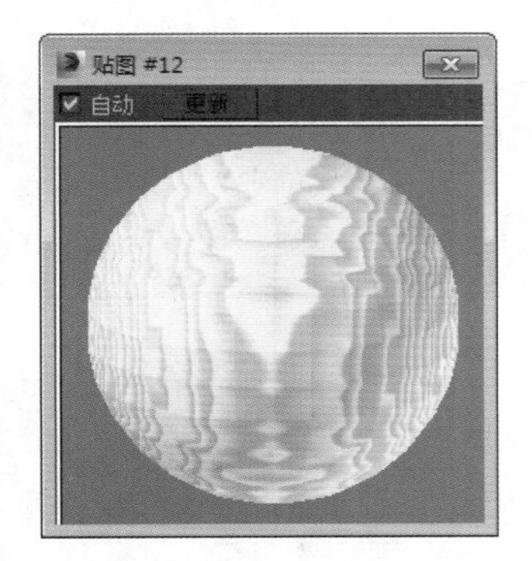

图 9-14　显示效果

9.2.3 工具栏

工具栏主要提供了一些快捷材质处理工具，分别位于材质球示例窗的右侧和下方，如图 9-15 所示，方便用户使用。

图 9-15　工具栏

知识解析：工具栏按钮

- 获取材质：为选定的材质打开“材质 / 贴图浏览器”对话框。
- 将材质放入场景：在编辑好材质后，单击该按钮可以更新已应用于对象的材质。
- 将材质指定给选定对象：将材质指定给选定对象。
- 重置贴图 / 材质为默认设置：删除修改对象的所有属性，将材质属性恢复到默认值。
- 生成材质副本：在选定的示例图中创建当前材质的副本。
- 使唯一：将实例化的材质设置为独立的材质。
- 放入库：重新命名材质并将其保存到当前打开的库中。
- 材质 ID 通道：为应用后期制作效果设置唯一的 ID 通道。
- 在视口中显示明暗处理材质：在视口对象上显示 2D 材质贴图。
- 显示最终结果：在实例图中显示材质以及应用的所有层次。
- 转到父对象：将当前材质上移一级。
- 转到下一个同级项：选定同一层级的下一贴图或材质。
- 采样类型：控制示例窗显示的对象类型，默认为球体类型，还有圆柱体和立方体类型。
- 背光：打开或关闭选定示例窗中的背景灯光。
- 背景：在材质后面显示方格背景图像，这在观察透明材质时非常有用。
- 采样 UV 平铺：为示例窗中的贴图设置 UV 平铺显示。
- 视频颜色检查：检查当前材质中 NTSC 和 PAL 制式的不支持颜色。
- 生成预览：用于产生、浏览和保存材质预览渲染。
- 选项：打开“材质编辑器选项”对话框，在该对话框中可以启用材质动画、加载自定义背景、定义灯光亮度或颜色，以及设置示例窗数目等。
- 按材质选择：选定使用当前材质的所有对象。
- 材质 / 贴图导航器：单击该按钮，打开“材质 /

贴图导航器”对话框，在该对话框中会显示当前材质的所有层级。

技巧秒杀

在开始使用材质时，务必为材质指定一个唯一的且有意义的名称。

9.2.4 参数控制区

参数控制区用于调节材质的参数，基本上所有的材质参数都在这里调节。注意，不同的材质拥有不同的参数控制区，在下面的内容中将对各种重要材质的参数控制区进行详细讲解。

9.3 材质管理器

“材质管理器”主要用来浏览和管理场景中的所有材质。执行“渲染”→“材质资源管理器”命令，打开“材质管理器”对话框。“材质管理器”对话框分为“场景”面板和“材质”面板两大部分，如图 9-16 所示。

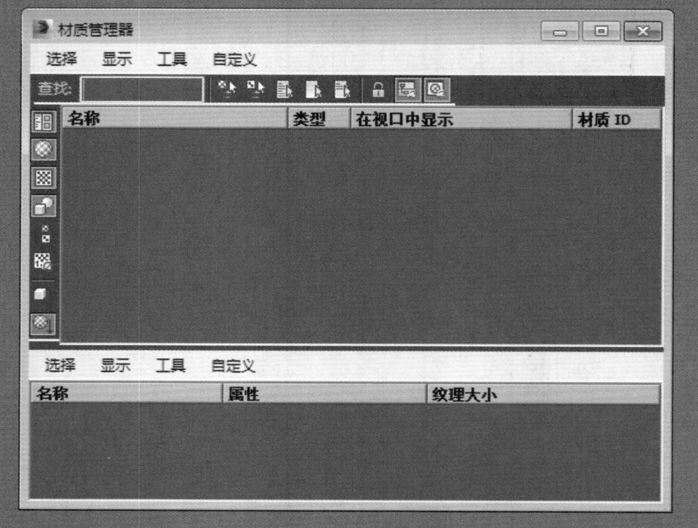

图 9-16 “材质管理器”对话框

?答疑解惑：

“材质管理器”有什么作用？

使用“材质管理器”可以直观地观察到场景对象的所有材质，如图 9-17 所示。在“场景”面板中选择一个材质后，在下面的“材质”面板中就会显示出与该材质的相关属性以及加载的纹理贴图。

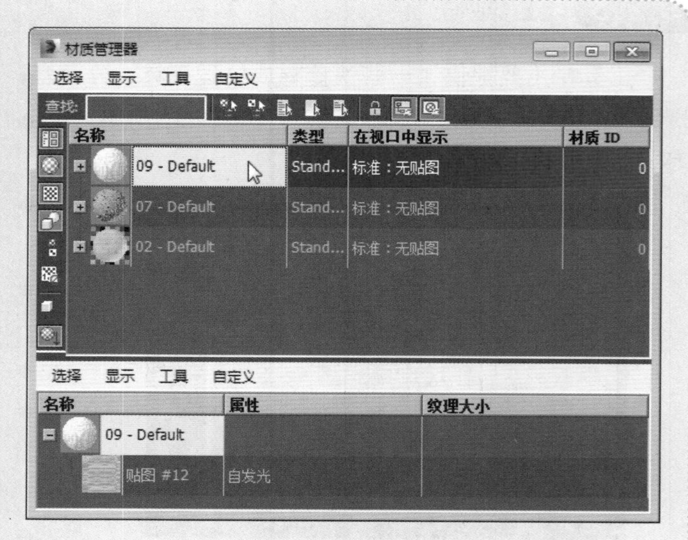

图 9-17 挤出对象

9.3.1 “场景”面板

“场景”面板主要用来显示场景对象的材质，包括菜单栏、工具栏、显示按钮和列4个部分，如图9-18所示。

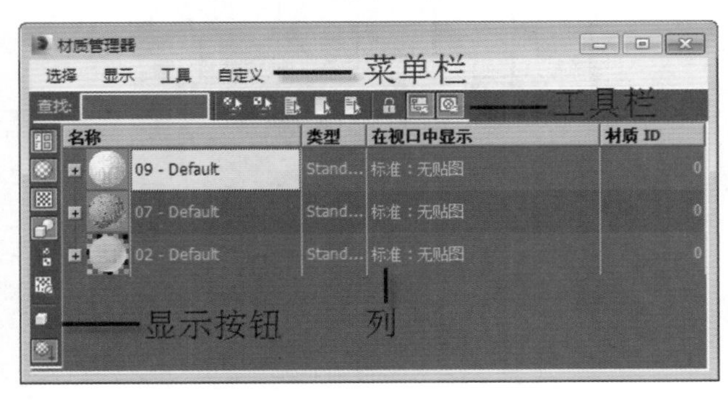

图9-18 “场景”面板

9.3.2 “材质”面板

“材质”面板主要用来显示当前材质的属性和纹理，包括菜单栏和列两大部分，如图9-19所示。

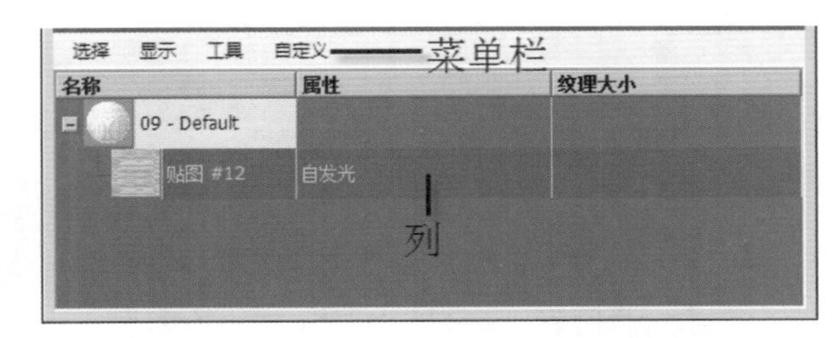

图9-19 “材质”面板

读书笔记

9.4 材质/贴图浏览器

材质/贴图浏览器不仅用于选择材质与贴图，还可以通过它管理材质与贴图，会根据当前的情况而变换，如果允许选择材质和贴图，会将两者都显示在列表窗中，否则会仅显示材质或贴图。

在3ds Max 2014中，执行“渲染”→“材质/贴图浏览器”命令，如图9-20所示，即可打开“材质/贴图浏览器”对话框，如图9-21所示。

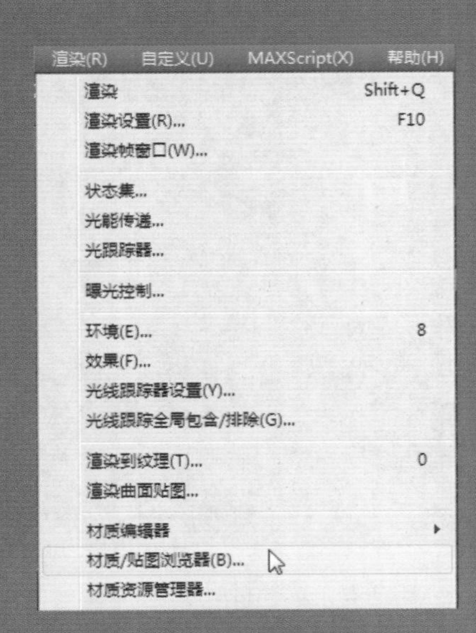

图9-20 执行命令

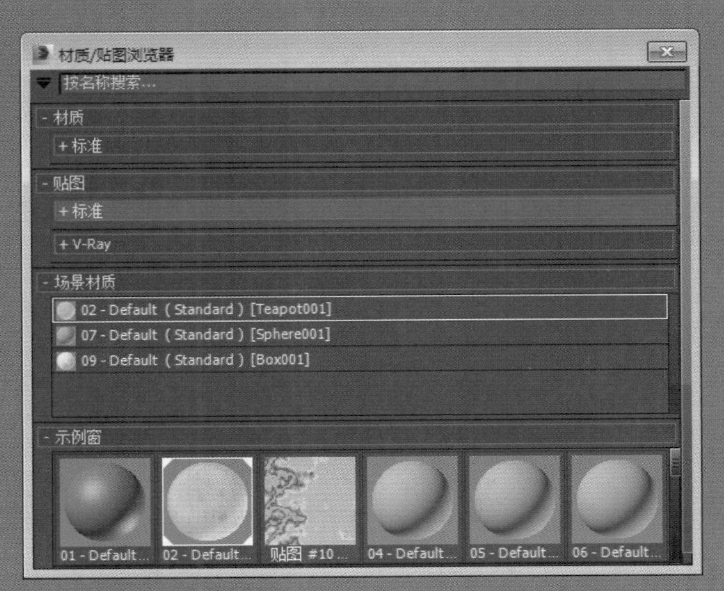

图9-21 “材质/贴图浏览器”对话框

9.4.1 选择材质

3ds Max 2014 内置了多种材质，默认状态下的当前材质为标准材质，其识别标记为材质编辑器工具栏中显示 Standard 按钮，如图 9-22 所示。

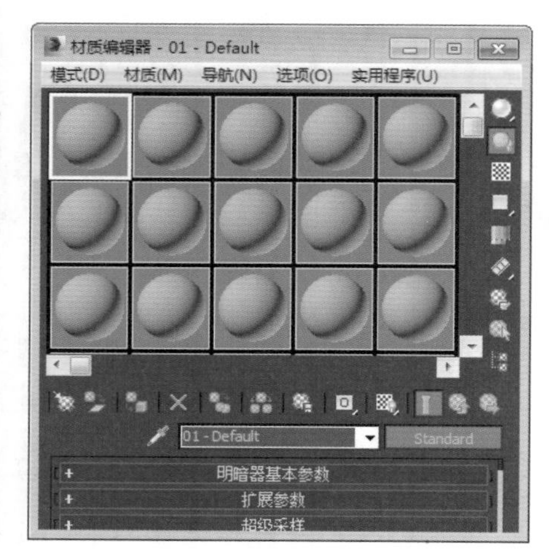

图 9-22 材质编辑器

Step 1 在材质编辑器中单击 Standard 按钮，然后在打开的“材质 / 贴图浏览器”对话框右侧的“材质”卷展栏中选择需要的材质，如选择“光线跟踪”，如图 9-23 所示。

图 9-23 选择材质

Step 2 单击“确定”按钮，即可将标准材质转换成“光线跟踪”材质，如图 9-24 所示。

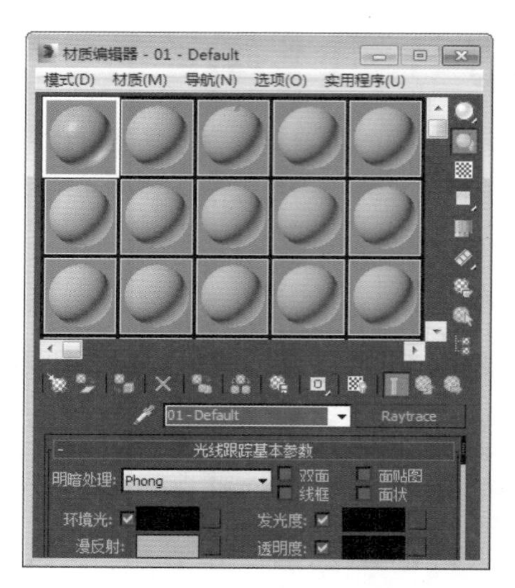

图 9-24 显示材质属性

9.4.2 获取材质

获取贴图就是将贴图指定给材质编辑器中的材质，使模型表面显示出不同的图案。

Step 1 单击材质编辑器行工具栏中的“获取材质”按钮，双击打开的“材质 / 贴图浏览器”对话框右侧的“贴图”卷展栏中的贴图，如双击“木材”贴图，如图 9-25 所示。

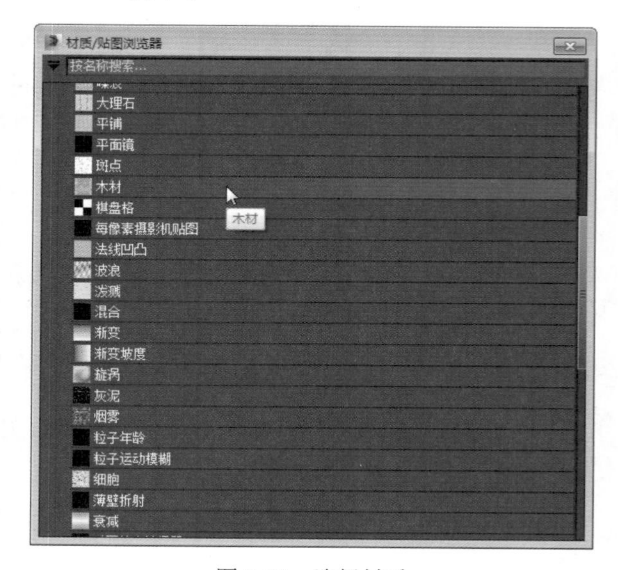

图 9-25 选择材质

Step 2 这样即可将所选择的贴图显示在示例窗中，如图 9-26 所示。

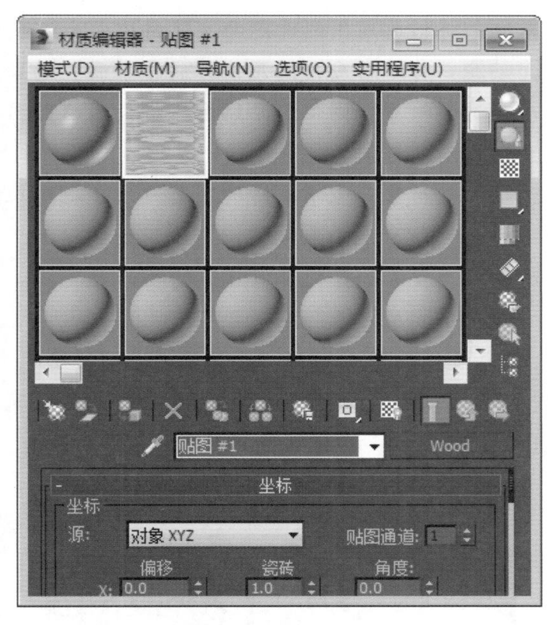

图 9-26 显示材质属性

读书笔记

9.5 3ds Max 标准材质

在材质编辑器中，单击 Standard（标准）按钮，然后在弹出的“材质 / 贴图浏览器”对话框中可以观察到“标准”材质类型，如图 9-27 所示；本书将挑选一些常用的材质进行介绍。

图 9-27 “材质 / 贴图浏览器”对话框

9.5.1 标准材质

标准材质是 3ds Max 默认的材质，也是使用频率最高的材质之一，它几乎可以模拟真实世界中的任何材质，其参数设置面板如图 9-28 所示。

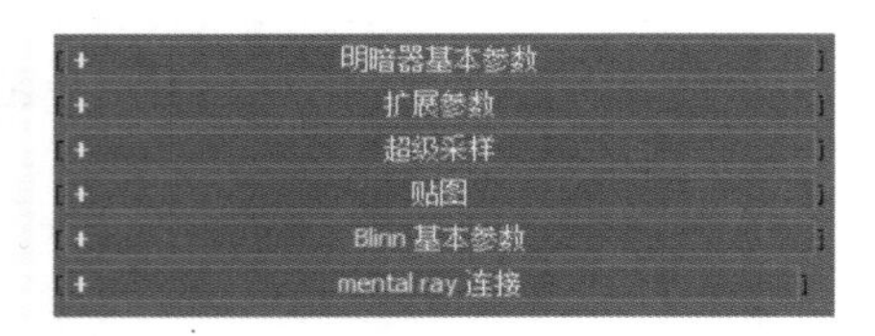

图 9-28　参数设置面板

知识解析：“标准材质”面板

（1）“明暗器基本参数”卷展栏

在“明暗器基本参数”卷展栏中可以选择明暗器的类型，还可以设置“线框”、“双面”、“面贴图”和“面状”等参数，如图 9-29 所示。

图 9-29　“明暗器基本参数”卷展栏

◆ **明暗器列表：**在该列表中包含了 8 种明暗器，如图 9-30 所示。

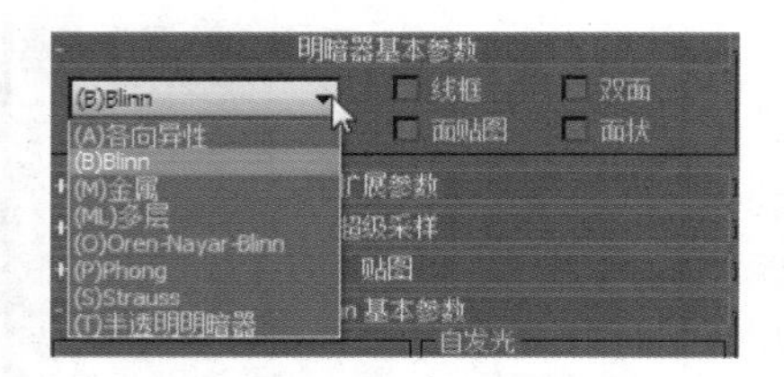

图 9-30　明暗器列表

◆ **线框：**以线框模式渲染材质，用户可以在“扩展参数”卷展栏中设置线框的“大小”参数，如图 9-31 所示。

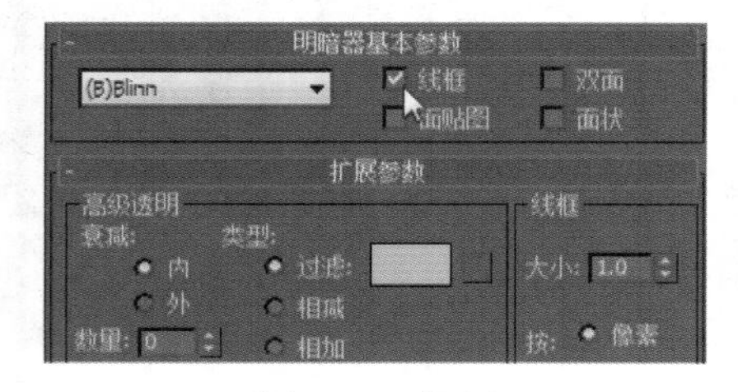

图 9-31　线框

◆ **双面：**将材质应用到选定面，使材质成为双面。

◆ **面贴图：**将材质应用到几何体的各个面。如果材质是贴图材质，则不需要贴图坐标，因为贴图会自动应用到对象的每一个面。

◆ **面状：**使对象产生不光滑的明暗效果，把对象的每个面都作为平面来渲染，可以用于制作加工过的钻石、宝石和任何带有三边的物体表面。

（2）“扩展参数”卷展栏

该卷展栏如图 9-32 所示，参数内容涉及透明度、反射以及线框模式，还有标准透明材质真实程度的折射率设置。

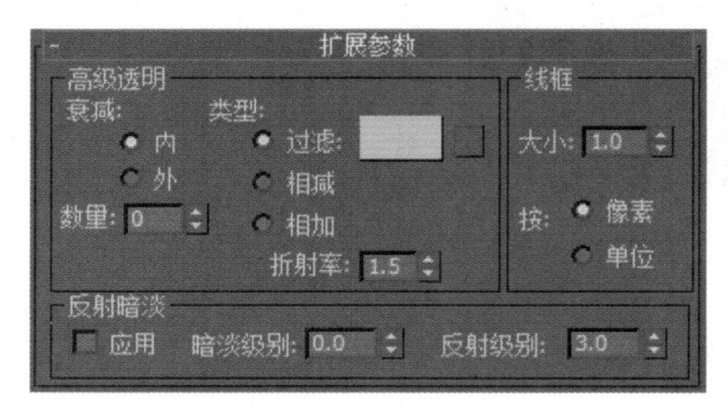

图 9-32　扩展参数

◆ **“高级透明”选项组：**控制透明材质的透明衰减设置。

◆ **“线框”选项组：**设置线框特性。

◆ **“反射暗淡”选项组：**用于设置对象阴影区中反射贴图的暗淡效果。当一个对象表面有其他对象投影时，这个区域将会变得暗淡。但是一个标准的反射材质却不会考虑这一点，它会在对象表面进行全方位反射计算，失去投影的影响，对象变得通体光亮，场景也变得不真实。这时可以打开反射暗淡位置，它的两个参数分别控制对象被投影区和未被投影区域的反射强度，这样可以将被投影区的反射强度值降低，使投影效果表现出来，同时增加未被投影区域的反射强度，以补偿损失的反射效果。

（3）“超级采样”卷展栏

超级采样是 3ds Max 中几种抗锯齿技术之一。在 3ds Max 中，纹理、阴影、高光，以及光线跟踪的反射和折射都具有自身抗锯齿的功能，与之相比，超级采样则是一种外部附加的抗锯齿方式，作用于标准材质和光线跟踪材质，参数面板如图 9-33 所示。

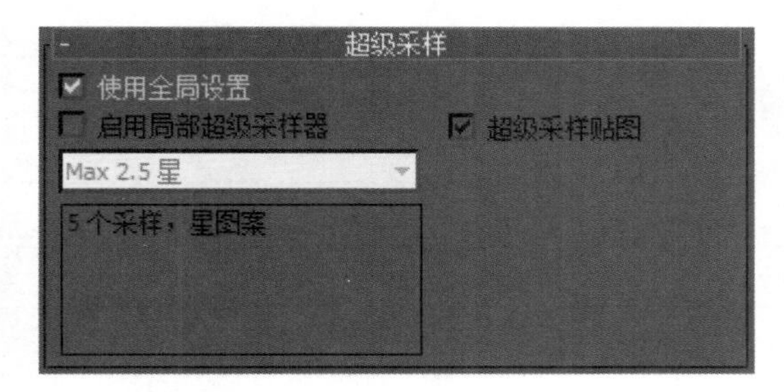

图 9-33　超级采样

- **使用全局设置**：该选项是对材质使用“默认扫描线渲染器”卷展栏中设置的超级采样选项。
- **启用局部超级采样器**：该选项可以将超级采样结果指定给材质，默认设置为禁用状态。
- **超级采样贴图**：该选项可以对应用于材质的贴图进行超级采样。禁用该选项后，超级采样器将以平均像素表示贴图。默认设置为启用，该选项对于凹凸贴图的品质非常重要，如果是特定的凹凸贴图，打开超级采样可以带来非常优秀的品质。
- **质量**：自适应 Halton、自适应均匀和 Hammersley 这 3 种方式可以调节采样的品质。数值范围为 0 ~ 1，0 为最小，分配在每个像素上的采样约为 4 个；1 为最大，分配在每个像素上的采样在 36~40 个之间。
- **自适应**：对于自适应 Halton 和自适应均匀方式有效，选中该复选框，当颜色变化小于阈值的范围，将自动使用低于“质量”所设定的采样值进行采样。这样可以节省一些运算时间，推荐选中。
- **阈值**：自适应 Halton 和自适应均匀方式还可以调节“阈值”。当颜色变化超过了“阈值”也没了放入范围，则依照“质量”的设置情况进行全部的采样计算；当颜色变化在“阈值”范围内时，则会适当减少采样计算，从而节省时间。

（4）“贴图”卷展栏

该参数面板提供了很多贴图通道，如环境光颜色、漫反射颜色、高光颜色、光泽度等通道，如图 9-34 所示。通过给这些通道添加不同的程序贴图可以在对象的不同区域产生不同的贴图效果。

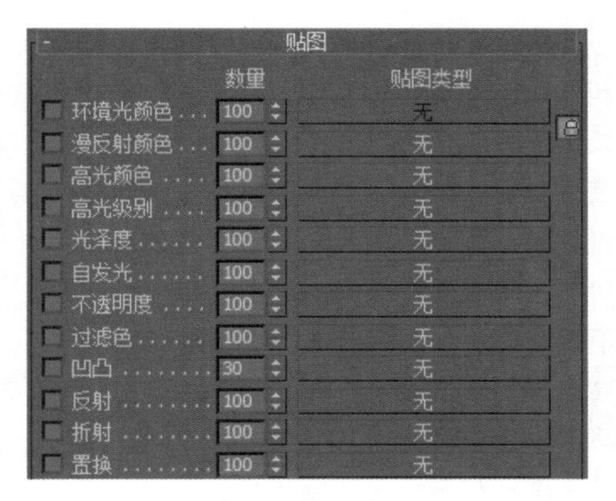

图 9-34　贴图

在每个通道的右侧有一个很长的按钮，单击它们可以调出材质 / 贴图浏览器，并可从中选择不同的贴图。当选择了一个贴图类型后，系统会自动进入其贴图设置层级中，以便进行相应的参数设置。

“数量”参数用于控制贴图的程度（通过设置不同的数值来控制），例如对漫反射贴图，值为 100 时表示完全覆盖，值为 50 时表示以 50% 的透明度进行覆盖，一般最大值都为 100，表示百分比值。只有凹凸、高光级别和转换等除外，最大可以设为 999。

（5）“Blinn 基本参数”卷展栏

在该卷展栏的明暗器列表中选择不同的明暗器，卷展栏的名称和参数也会有所不同，如选择 Blinn 明暗器后，这个卷展栏就叫“Blinn 基本参数”，如图 9-35 所示。如果选择“各向异性”明暗器，这个卷展栏就叫“各向异性基本参数”。

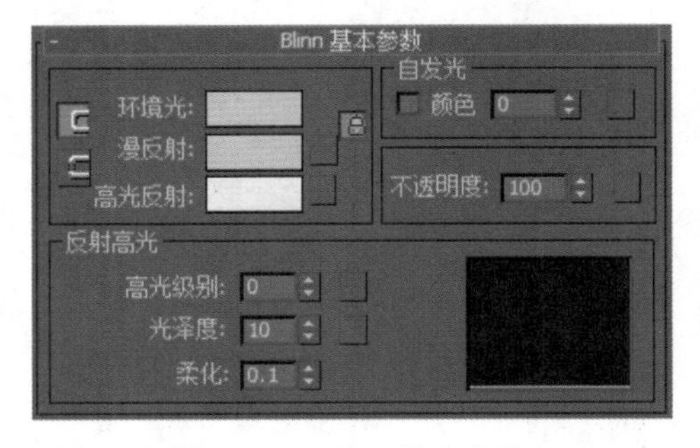

图 9-35　Blinn 基本参数

- **环境光**：用于模拟间接光，也可以用来模拟光能传递。

◆ 漫反射：在光照条件较好的情况下（如在太阳光和人工光直射的情况下）物体反射出来的颜色，又被称作物体的“固有色”，即物体本身的颜色。
◆ 高光反射：物体发光表面高亮显示部分的颜色。
◆ 自发光：使用“漫反射”颜色替换曲面上的任何阴影，从而创建出白炽效果。
◆ 不透明度：控制材质的不透明度。
◆ 高光级别：控制“反射高光”的强度。数值越大，反射强度越强。
◆ 光泽度：控制镜面高亮区域的大小，即反光区域的大小。数值越大，反光区域越小。
◆ 柔化：设置反光区和无反光区衔接的柔和度。0 表示没有柔化效果；1 表示应用最大量的柔化效果。

9.5.2 混合材质

混合材质可以在模型的单个面上将两种材质通过一定的百分比进行混合，其材质参数设置面板如图 9-36 所示。

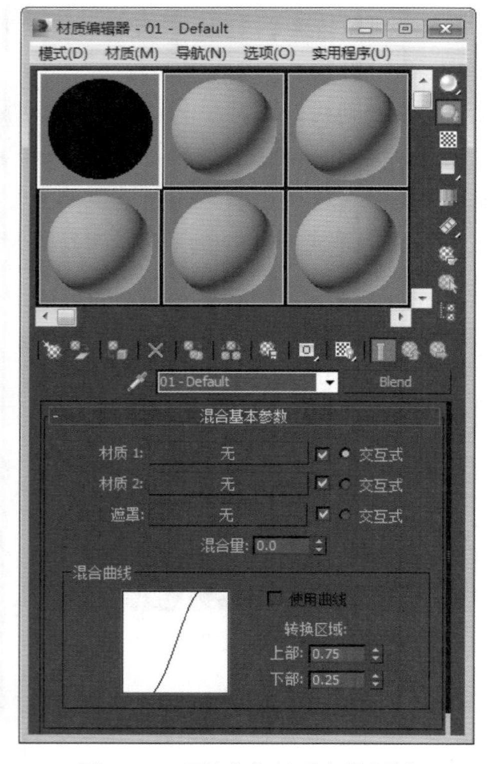

图 9-36 “混合”材质参数面板

读书笔记

实例操作：制作游泳桶

本例将通过给模型添加材质创建游泳桶。首先打开素材文件，接着添加材质，然后调整参数，再创建贴图，最后渲染完成游泳桶的制作。

具体操作步骤如下：

Step 1 打开素材文件“游泳桶 .max”，执行“渲染”→“材质编辑器”→“精简材质编辑器”命令，如图 9-37 所示。

图 9-37 执行命令

Step 2 打开“材质编辑器”对话框，单击选择一个材质球，单击 Standard 按钮，如图 9-38 所示。

Step 3 打开“材质 / 贴图浏览器”对话框，在“标准”材质下方双击“混合”选项，如图 9-39 所示。

Step 4 弹出“替换材质”对话框，选中“丢弃旧材质”单选按钮，单击“确定”按钮，如图 9-40 所示。

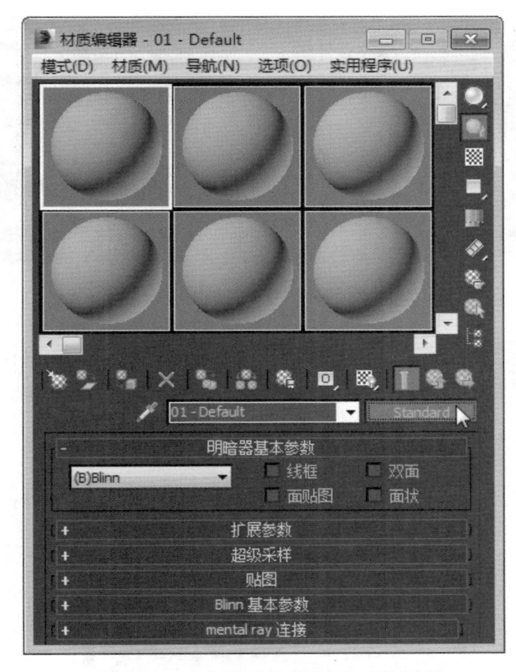

图 9-38 “材质编辑器”对话框

图 9-39 选择材质

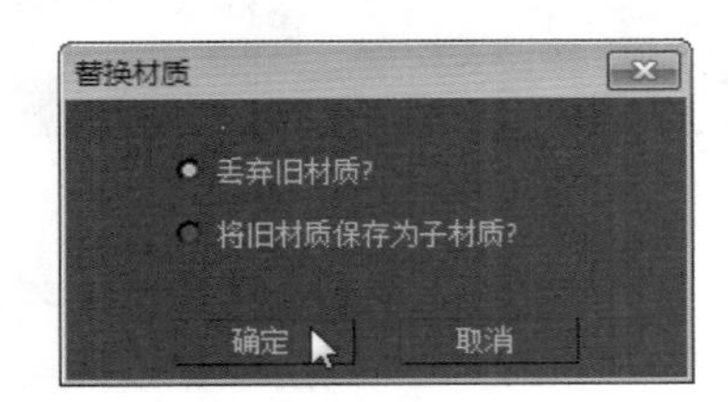

图 9-40 “替换材质”对话框

Step 5 ▸ 返回到“材质编辑器”对话框，在“混合基本参数”卷展栏的材质 1 后的按钮上右击，在弹出的快捷菜单中选择“清除”命令，如图 9-41 所示。

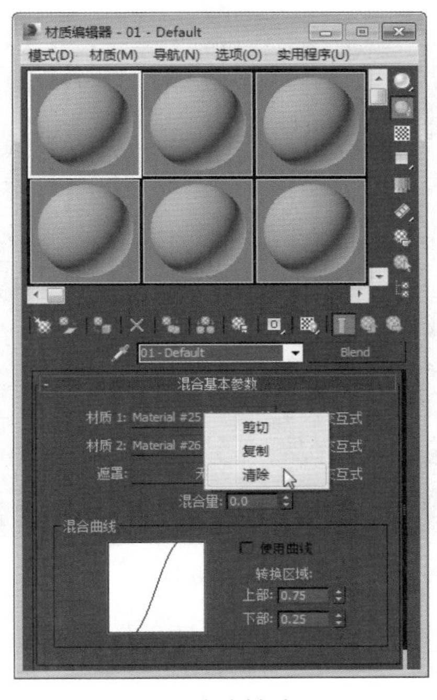

图 9-41 清除材质（1）

Step 6 ▸ 依次清除原材质，如图 9-42 所示。

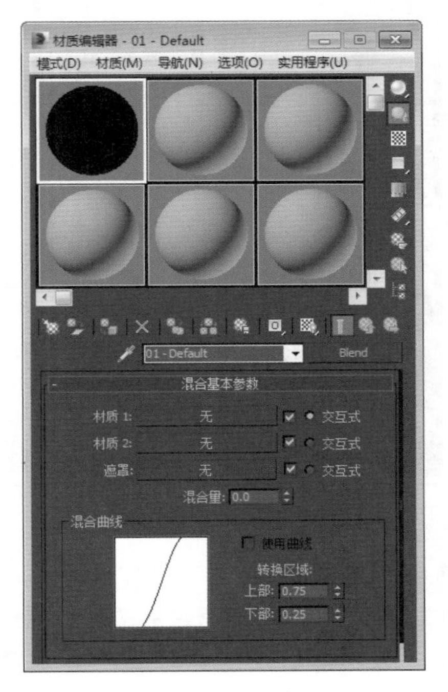

图 9-42 清除材质（2）

Step 7 ▶ 单击“材质 1”后的“无”按钮，打开“材质/贴图浏览器”对话框，双击“双面”材质，如图 9-43 所示。返回“材质编辑器”对话框。

图 9-43　选取材质

Step 8 ▶ 在“双面基本参数”卷展栏的“正面材质”后的按钮上单击，如图 9-44 所示。

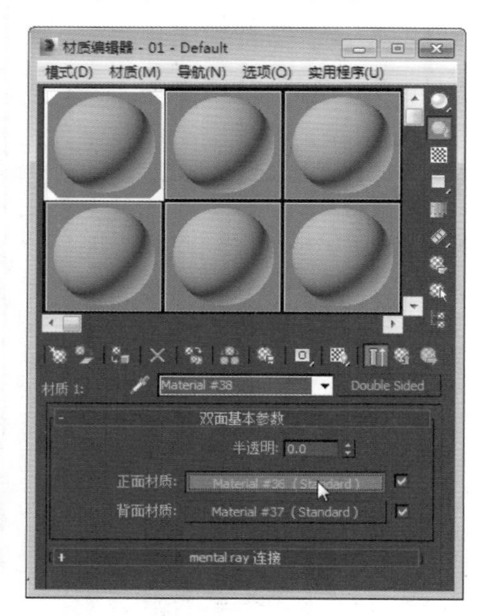

图 9-44　单击按钮

Step 9 ▶ 在“Blinn 基本参数”卷展栏的“漫反射”后的按钮上单击，打开“颜色选择器：漫反射颜色”对话框，设置颜色参数，具体参数设置如图 9-45 所示。

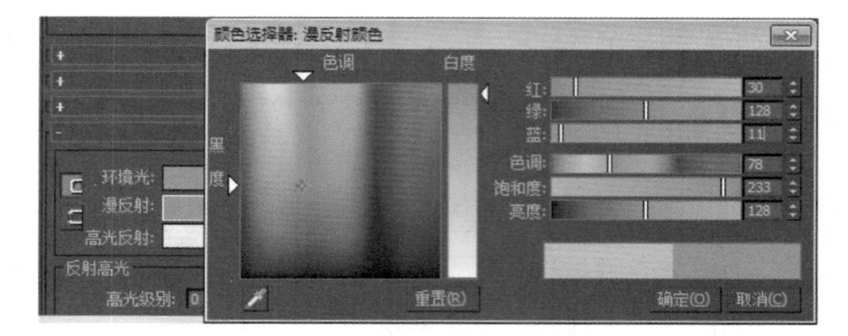

图 9-45　选取颜色

Step 10 ▶ 单击“转到父对象”按钮，在“双面基本参数”卷展栏的“背面材质”后的按钮上单击，如图 9-46 所示。

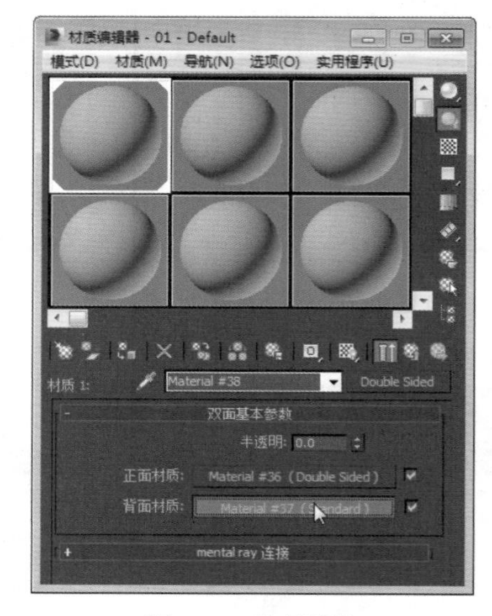

图 9-46　选择颜色

Step 11 ▶ 在“Blinn 基本参数”卷展栏的“漫反射”后的按钮上单击，打开“颜色选择器：漫反射颜色”对话框，设置颜色参数，具体参数设置如图 9-47 所示。

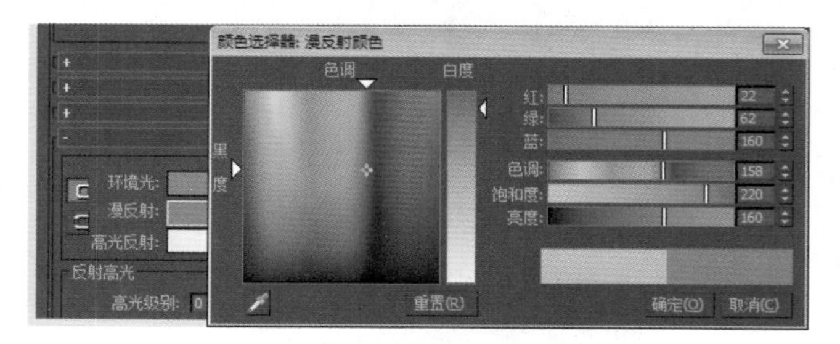

图 9-47　选择颜色

Step 12 ▶ 设置完成后单击“转到父对象”按钮，返回“材质编辑器”对话框，材质球显示效果如图 9-48 所示。

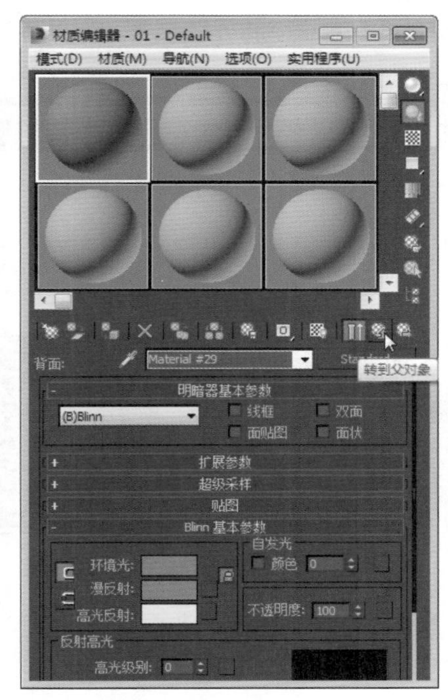

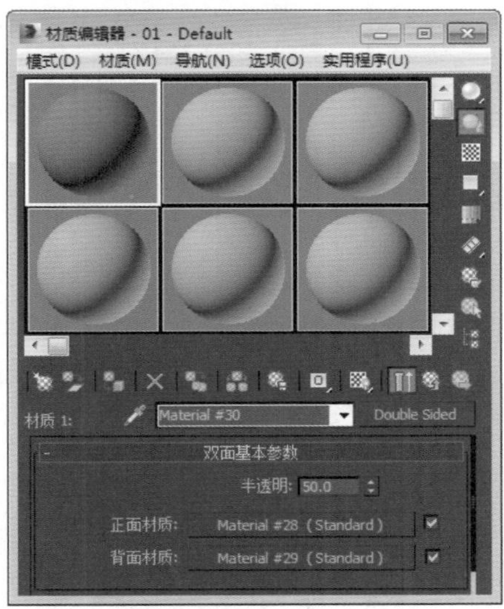

图 9-48　设置栅格显示

Step 13 ▶ 单击“转到父对象”按钮，返回“混合基本参数”卷展栏，在“材质 2”后的按钮上单击，如图 9-49 所示。

Step 14 ▶ 打开“材质 / 贴图浏览器”对话框，双击“标准”材质，如图 9-50 所示。

Step 15 ▶ 在“Blinn 基本参数”卷展栏的“漫反射”后的按钮上单击，打开“颜色选择器：漫反射颜色”对话框，设置颜色参数，具体参数设置如图 9-51 所示。

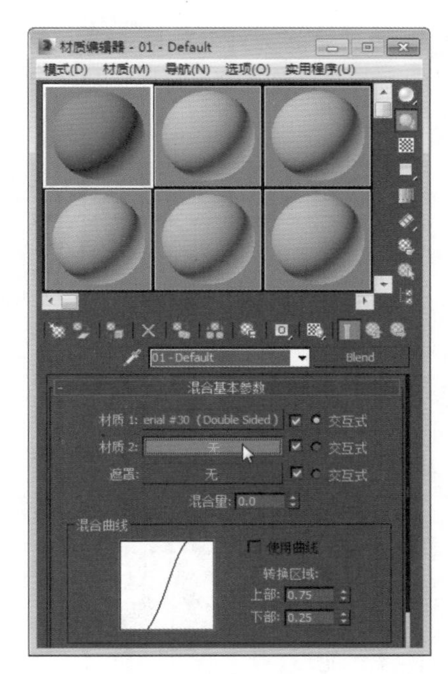

图 9-49　单击按钮

图 9-50　选择材质

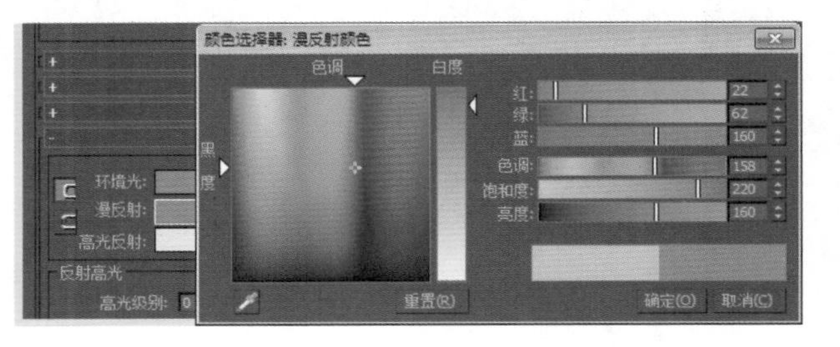

图 9-51　选取颜色

Step 16 单击“转到父对象”按钮，返回“混合基本参数”卷展栏，单击“遮罩”后的“无”按钮，如图 9-52 所示。

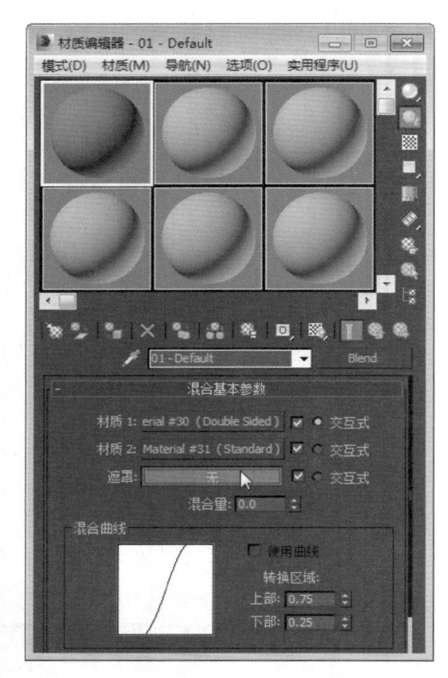

图 9-52　单击按钮

Step 17 打开“材质 / 贴图浏览器”对话框，双击“位图”材质，如图 9-53 所示。

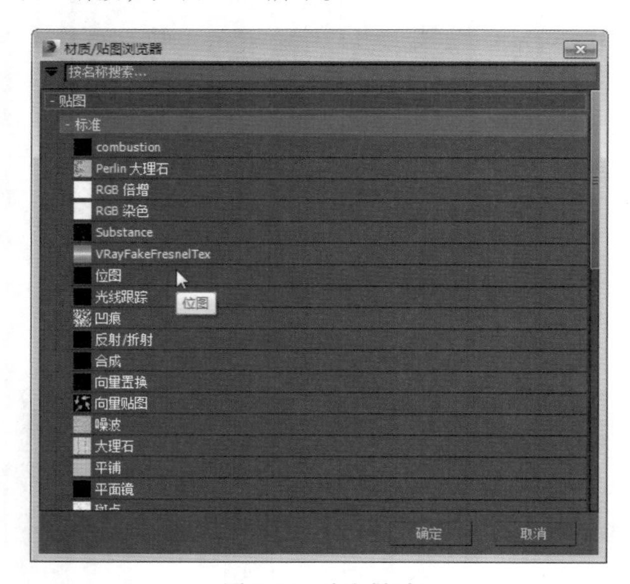

图 9-53　选取材质

Step 18 打开“选择位图图像文件”对话框，单击选择位图，然后单击“打开”按钮，如图 9-54 所示。

图 9-54　选择位图

Step 19 材质球即显示当前贴图效果，各卷展栏参数设置如图 9-55 所示。

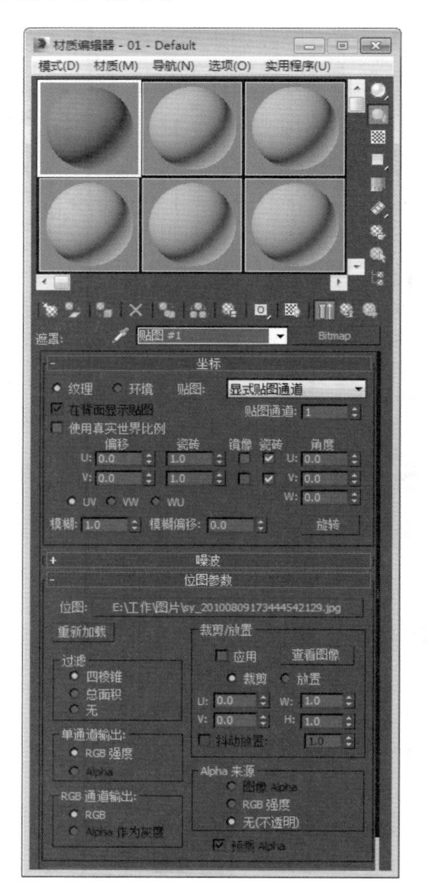

图 9-55　设置参数

Step 20 ▶ 双击材质球，打开小窗口，可观察效果，在设置完成的材质球上单击并按住鼠标左键不放，如图 9-56 所示。

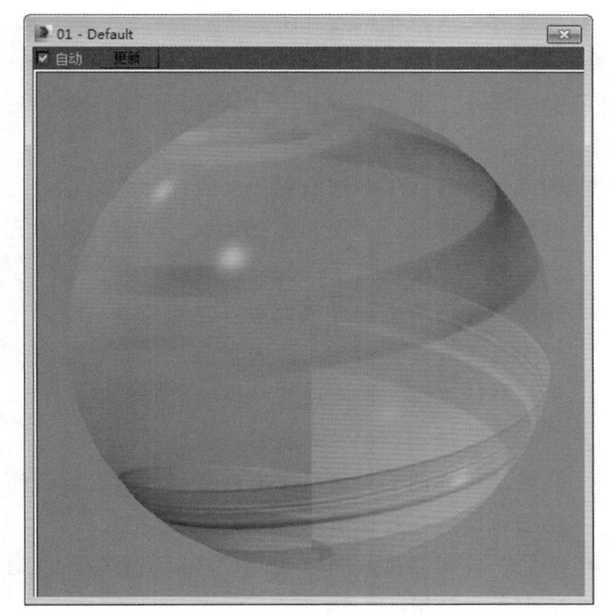

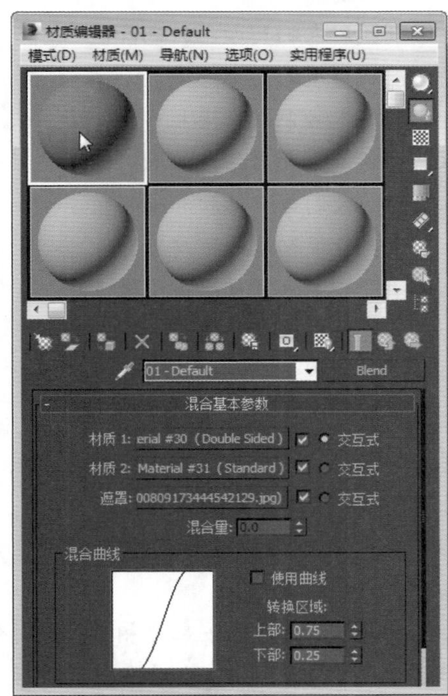

图 9-56　观察效果

Step 21 ▶ 拖曳到游泳桶上释放鼠标，如图 9-57 所示。

Step 22 ▶ 按 F9 键，打开渲染窗口，渲染效果如图 9-58 所示。

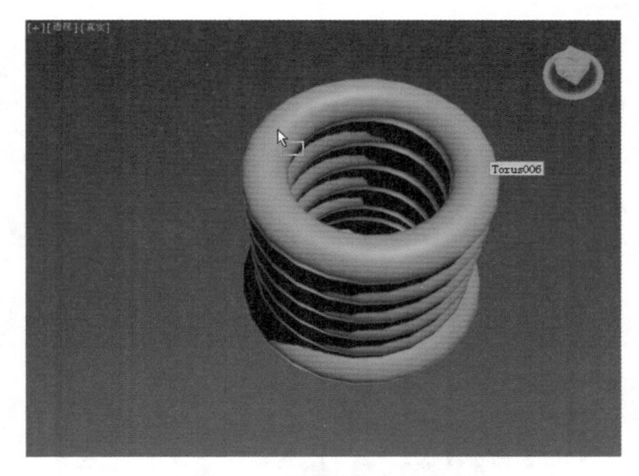

图 9-57　给对象赋予材质

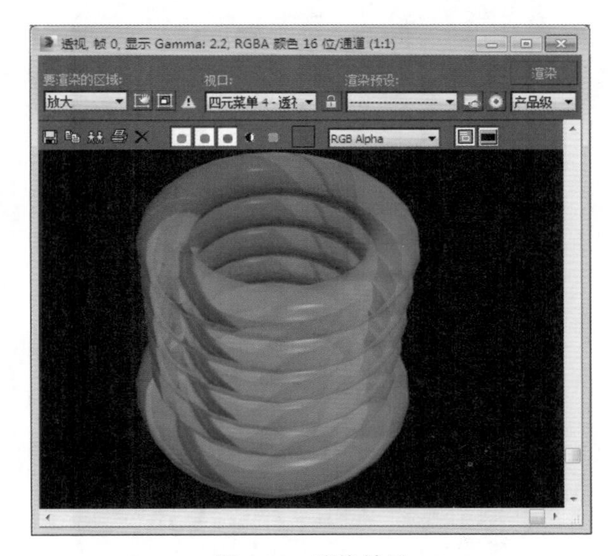

图 9-58　渲染效果

知识解析：“混合”材质面板

- 材质 1/ 材质 2：可在其后面的材质通道中对两种材质分别进行设置。
- 遮罩：可以选择一张贴图作为遮罩。利用贴图的灰度值可以决定“材质 1”和“材质 2”的混合情况。
- 混合量：控制两种材质混合百分比。如果使用遮罩，则“混合量”选项将不起作用。
- 交互式：用来选择哪种材质在视图中以实体着色方式显示在物体的表面。
- 混合曲线：对遮罩贴图中的黑白色过渡区进行调节。

9.5.3 Ink’n Paint 材质

Ink’n Paint（墨水油漆）材质可以用来制作卡通效果，其参数包含“基本材质扩展”卷展栏、“绘制控制”卷展栏和“墨水控制”卷展栏，如图 9-59 所示。

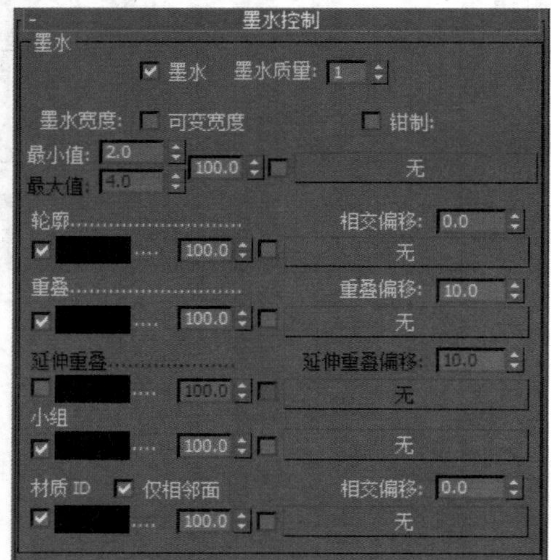

图 9-59　Ink’n Paint 材质

知识解析：“Ink’n Paint 材质”面板

（1）“基本材质扩展”卷展栏

- 双面：把与对象法线相反的一面也进行渲染。
- 面贴面：把材质指定给造型的全部面。
- 面状：将对象的每个表面均平面化进行渲染。
- 未绘制时雾化背景：当“绘制”关闭时，材质颜色的填色部分与背景相同，选中该复选框后，能够在对象和摄影机之间产生雾的效果，对背景进行老化处理，默认为关闭。
- 不透明 Alpha：选中该复选框后，即使在“绘制”和“墨水”关闭的情况下，Alpha 通道也保持不透明，默认为关闭。
- 凹凸：为材质添加凹凸贴图。左侧的复选框设置贴图是否有效，右侧的贴图按钮用于指定贴图，中间的调节按钮用于设置凹凸贴图的数量。
- 置换：为材质添加转换贴图。左侧的复选框设置贴图是否有效，右侧的贴图按钮用于指定贴图，中间的调节按钮用于设置转换贴图的数量。

（2）“绘制控制”卷展栏

- 亮区：用来调节材质的固有颜色，可以在后面的贴图通道中加载贴图。
- 暗区：控制材质的明暗度，可以在后面的贴图通道中加载贴图。
- 绘制级别：用来调整颜色的色阶。
- 高光：控制材质的高光区域。

（3）“墨水控制”卷展栏

- 墨水：控制是否开启描边效果。
- 墨水质量：控制边缘形状和采样值。
- 墨水宽度：设置描边的宽度。
- 最小值：设置墨水宽度的最小像素值。
- 最大值：设置墨水宽度的最大像素值。
- 可变宽度：选中该复选框后可以使描边的宽度在最大值和最小值之间变化。
- 钳制：选中该复选框后可以使描边宽度的变化范围限制在最大值与最小值之间。
- 轮廓：选中该复选框后可以使物体外侧产生轮廓线。
- 重叠：当物体与自身的一部分相交重叠时使用。
- 延伸重叠：与“重叠”类似，但多用在较远的表面上。
- 小组：用于勾画物体表面光滑组部分的边缘。
- 材质 ID：用于勾画不同材质 ID 之间的边界。

9.5.4 多维 / 子对象材质

使用“多维 / 子对象”材质可以采用几何体的子对象级别分配不同的材质，其参数设置面板如图 9-60 所示。

图 9-60 “多维 / 子对象”材质面板

知识解析：“多维 / 子对象”材质面板

- 数量：显示包含在“多维 / 子对象”材质中的子材质的数量。
- 设置数量：单击该按钮，可打开“设置材质数量”对话框，在该对话框中可设置材质的数量。
- 添加：单击该按钮可以添加子材质。
- 删除：单击该按钮可以删除子材质。
- ID：单击该按钮将对列表进行排序，其顺序开始于最低材质 ID 的子材质，结束于最高材质 ID。
- 名称：单击该按钮可以用名称进行排序。
- 子材质：单击该按钮可以通过显示于“子材质”按钮上的子材质名称进行排序。
- 启用 / 禁用：启用或者是禁用子材质。
- 子材质列表：单击子材质后面的“无”按钮，可以创建或编辑一个子材质。

读书笔记

?答疑解惑：

“多维 / 子对象”材质的用法是依据了什么原理呢？

“多维 / 子对象”材质的子材质的 ID 号对应模型的材质 ID 号。以给一个多边形添加子材质为例进行介绍，首先设置多边形的材质 ID 号，然后设置“多维 / 子对象”材质，最后将设置好的材质指定给多边形。

Step 1 创建一个多边形，每个多边形都有自己的 ID 号，进入“多边形”级别，选择一个多边形，在“多边形：材质 ID”卷展栏中将这个多边形的材质 ID 设置为 1，如图 9-61 所示。

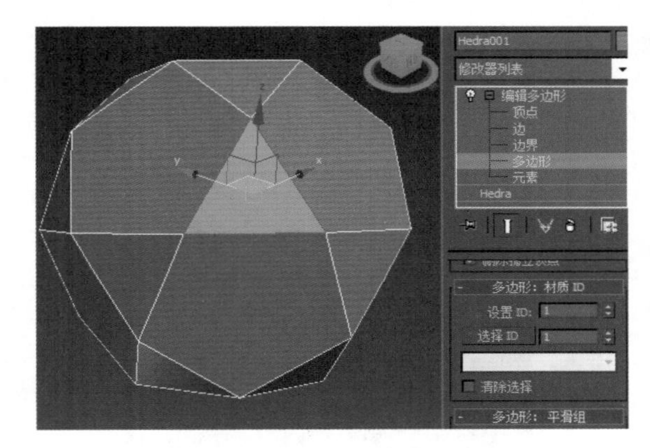

图 9-61 选取对象（1）

Step 2 选择两个多边形，设置其材质 ID 为 2，如图 9-62 所示。

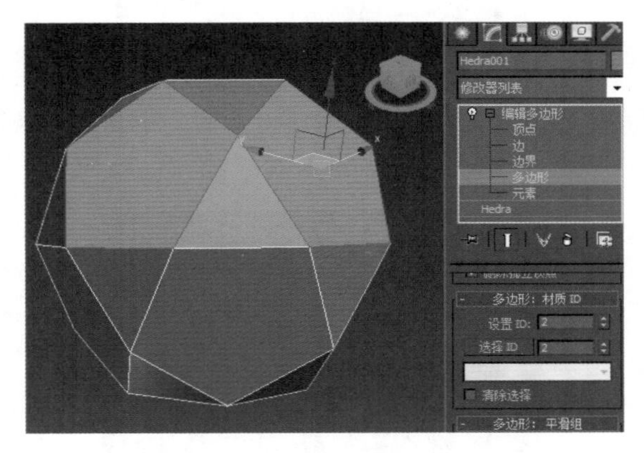

图 9-62 选取对象（2）

Step 3 选择两个多边形，设置其材质 ID 为 3，如图 9-63 所示。

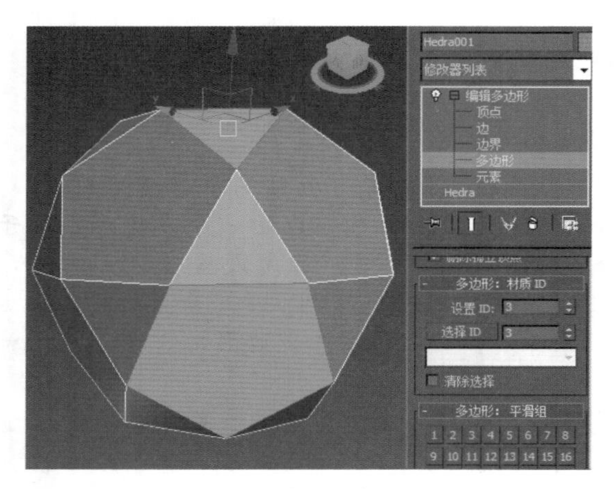

图 9-63　选取对象（3）

Step 4 ▶ 在“材质编辑器”的“多维 / 子对象基本参数”卷展栏中单击“设置数量”按钮，在打开的“设置材质数量”对话框中设置“材质数量”为 3，单击“确定”按钮，如图 9-64 所示。

图 9-64　设置数量

Step 5 ▶ 选择 ID1，单击 ID1 对应的“子材质”栏下的“无”按钮，如图 9-65 所示。

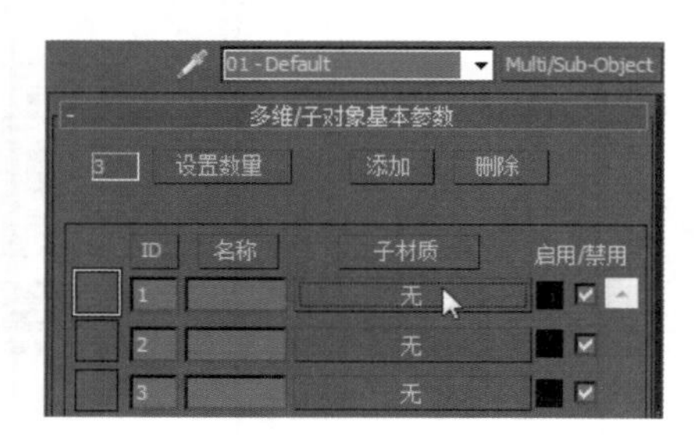

图 9-65　单击按钮

Step 6 ▶ 选择“标准”材质，设置漫反射为红色，如图 9-66 所示。

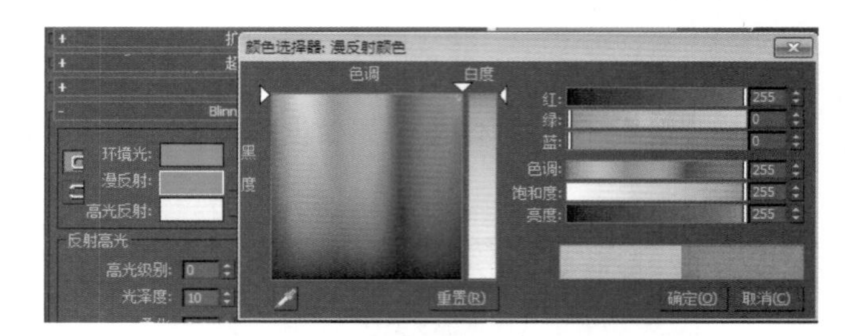

图 9-66　设置颜色

Step 7 ▶ 选择 ID2，单击 ID2 对应的“子材质”栏下的“无”按钮，如图 9-67 所示。

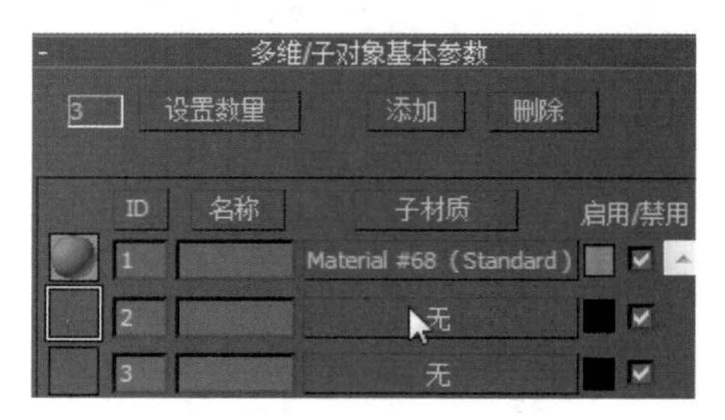

图 9-67　单击按钮

Step 8 ▶ 选择“标准”材质，设置漫反射为绿色，如图 9-68 所示。

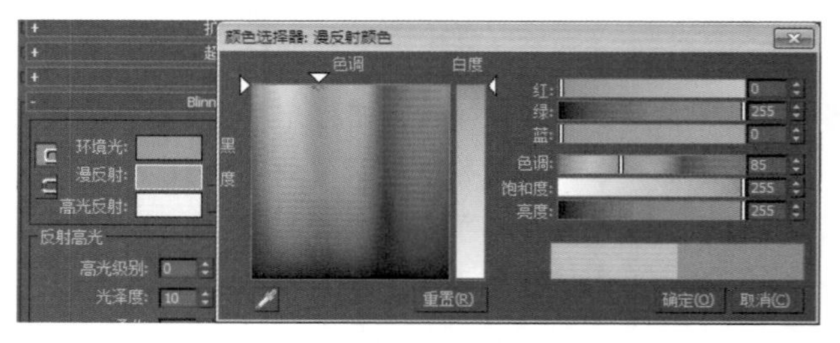

图 9-68　设置颜色（1）

Step 9 ▶ 使用同样的方法设置 ID3 中的漫反射为蓝色，如图 9-69 所示。

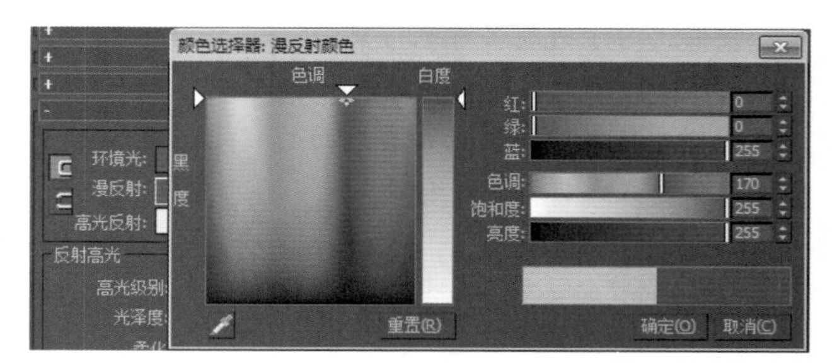

图 9-69　设置颜色（2）

Step 10 ▶ 将设置好的“多维/子对象”材质指定给多边形球体，如图 9-70 所示。

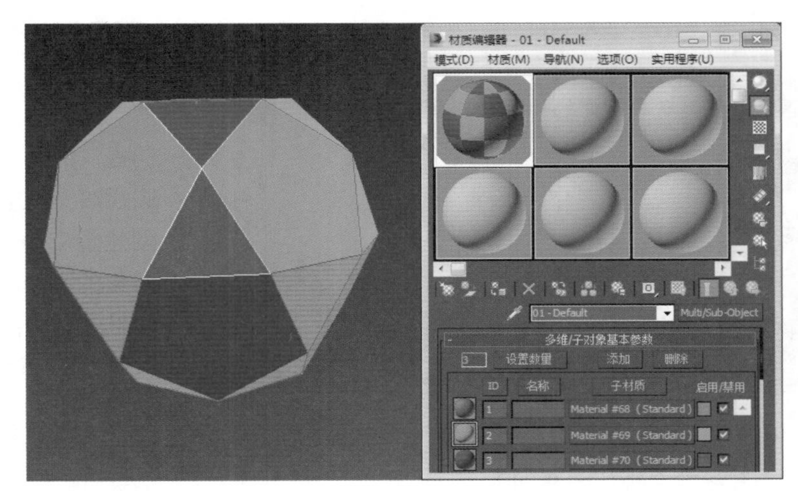

图 9-70　显示效果

9.5.5 虫漆材质

虫漆材质就是将一种材质叠加到另一种材质上的混合材质，其中叠加的材质称为“虫漆材质”，被叠加的材质称为“基础材质”。“虫漆材质”的颜色增加到“基础材质”的颜色上，通过参数控制颜色混合的效果，如图 9-71 所示。

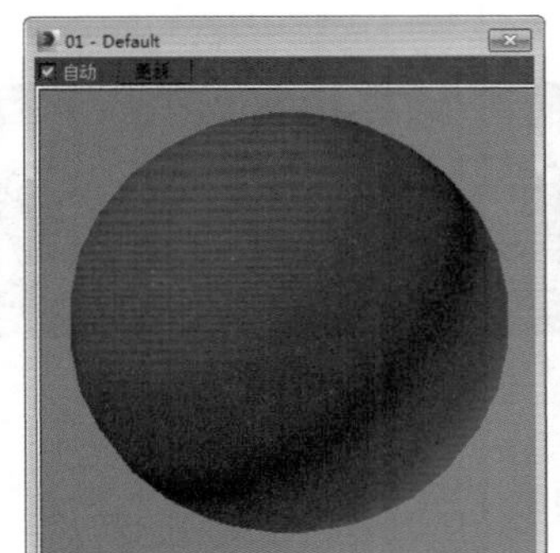

图 9-71　基础材质 / 虫漆材质 /38% 混合的效果

其参数面板如图 9-72 所示。

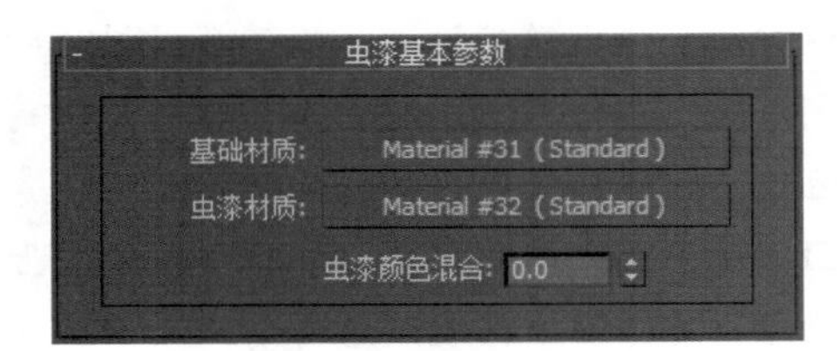

图 9-72　虫漆材质参数面板

读书笔记

知识解析：虫漆材质面板

- **基础材质**：单击可选择或编辑基础材质。默认的基础材质是带有 Blinn 明暗处理的标准材质。
- **虫漆材质**：单击可选择或编辑虫漆材质。默认的虫漆材质是带有 Blinn 明暗处理的标准材质。
- **虫漆颜色混合**：控制颜色混合的量。值为 0 时，虫漆材质不起作用，随着该参数值提高，虫漆材质混合到基础材质中的程度越高。该参数没有上限，默认设置为 0。

9.5.6 顶/底材质

顶/底材质可以给对象指定两个不同的材质，一个位于顶部，另一个位于底部，中间交界处可以产生浸润效果，它们所点据的比例可以调节，如图 9-73

所示。

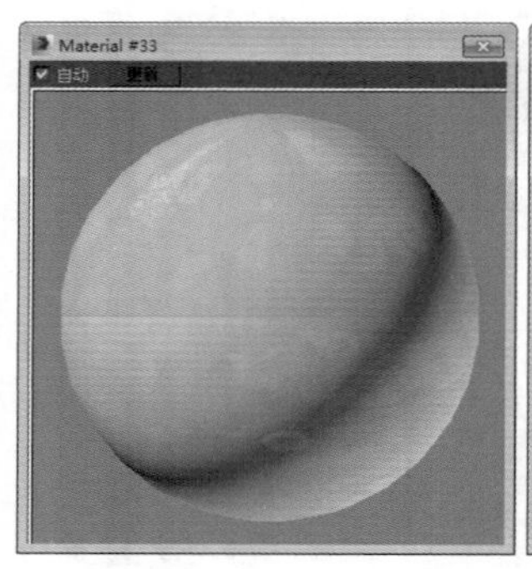

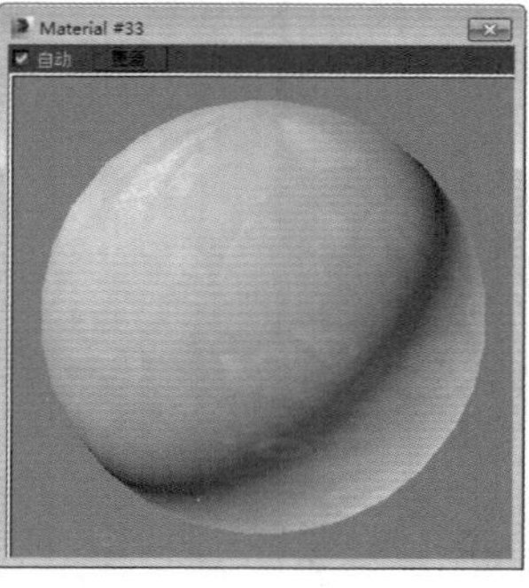

图 9-73　混合值为 0 / 混合值为 100

其参数面板如图 9-74 所示。

图 9-74　“顶 / 底材质”参数面板

知识解析：“顶 / 底材质”面板

- 顶材质：选择一种材质作为顶材质。
- 底材质：选择一种材质作为底材质。
- 交换：单击该按钮可以把两种材质的位置进行交换。
- 坐标：确定上下边界的坐标依据。“世界”是按照场景的世界坐标让各个面朝上或朝下，旋转对象时，顶面和底面之间的边界仍保持不变；“局部”是按照场景的局部坐标让各个面朝上或朝下，旋转对象时，材质随着对象旋转。
- 混合：混合顶材质和底材质之间存在明显的界线；值为 100 时，顶材质和底材质彼此混合。默认设置为 0。
- 位置：确定两种材质在对象上划分的位置。这是一个范围从 0~100 的百分比值。值为 0 时表示划分位置在对象底部，只显示顶材质。值为 100 时表示划分位置在对象顶部，只显示底材质。默认设置为 50。

9.5.7 壳材质

壳材质是为 3ds Max 的“渲染到纹理”功能专门提供的材质类型，“渲染到纹理”就是通常说的“贴图烘焙”，这是一种根据对象在场景中的照明情况，创建相应的烘焙纹理贴图，再将它作为材质指定回对象的特殊渲染方式，而用于放置烘焙纹理贴图的就是壳材质。

壳材质与多维 / 子对象材质类似，都可以看作是放置不同材质的容器，只是壳材质只包含两种材质，一种是渲染中使用的普通材质，另一种是被“渲染到纹理”存储到硬盘而得来的位图，用于“烘焙”或结合到场景内的对象上，称为烘焙材质，其参数面板如图 9-75 所示。

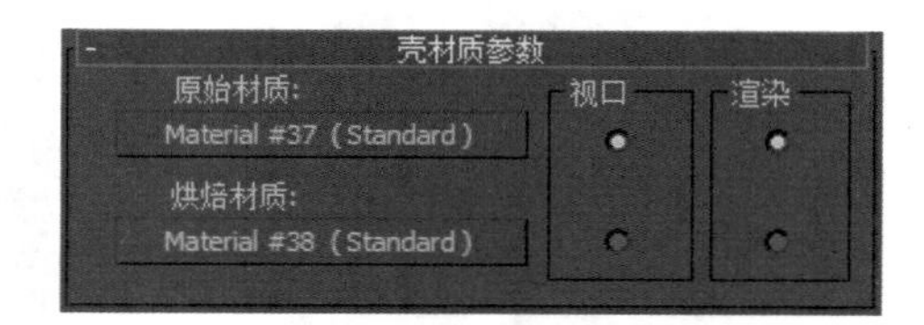

图 9-75　“壳材质”面板

知识解析：“壳材质”面板

- 原始材质：显示原始材质的名称。单击按钮可查看该材质，并调整其设置。
- 烘焙材质：显示烘焙材质的名称。单击按钮可查看该材质，并调整其设置。除了原始材质所使用的颜色和贴图之外，烘焙材质还包含照明阴影和其他信息。此外，烘焙材质具有固定的分辨率。
- 视口：设置哪种材质出现在实体视图中，上方代表原始材质，下方代表烘焙材质。
- 渲染：设置渲染时使用哪种材质，上方代表原始材质，下方代表烘焙材质。

9.5.8 合成材质

合成材质最多可以合成 10 种材质，按照在卷展栏中列出的顺序，从上到下叠加材质。使用相加不透明度、相减不透明度来组合材质，或使用数量值来混合材质，其参数面板如图 9-76 所示。

图 9-76 “合成材质”面板

知识解析：“合成材质”面板

- 基础材质：指定基础材质，默认为标准材质。
- 材质 1 ~ 9：在此选择要进行复合的材质，默认情况是没有指定材质的。前面的复选框控制是否使用该材质，默认为选中。
- A（增加不透明度）：各个材质的颜色依据其不透明度进行相加，总计作为最终的材质颜色。
- S（减少不透明度）：各个材质的颜色依据其不透明度进行相减，总计作为最终的材质颜色。
- M（基于数量混合）：各个材质依据其数量进行混合。
- 数量：默认设置为 100。

读书笔记

9.6 3ds Max 程序贴图

程序贴图是 3ds Max 材质功能的重要组成部分，它可以在不增加对象模型的复杂程度的基础上增加对象的细节程度，例如可以创建反射、折射、凹凸和镂空等多种效果，其最大的用途就是提高材质的真实程度，此外程序贴图还可以用于创建环境或灯光的投影。

9.6.1 认识程序贴图

贴图提供图像、图案、颜色以及其他效果，将它应用在材质中可以改善材质的外观和真实感。可以将贴图指定给构成材质的大多数组件。包含一个或多个图像的材质称为贴图材质。通过将贴图指定给材质的不同组件，可以影响其颜色、不透明度、曲面的平滑度等。

展开标准材质的“贴图”卷展栏。在该卷展栏下有很多贴图通道，在这些贴图通道中可以加载程序贴图来表现物体的相应属性，如图 9-77 所示。

随意单击一个通道的按钮，在弹出的“材质 / 贴图浏览器”对话框中可以观察到很多程序贴图，主要包括“标准”程序贴图和 VRay 程序贴图，如图 9-78 所示。

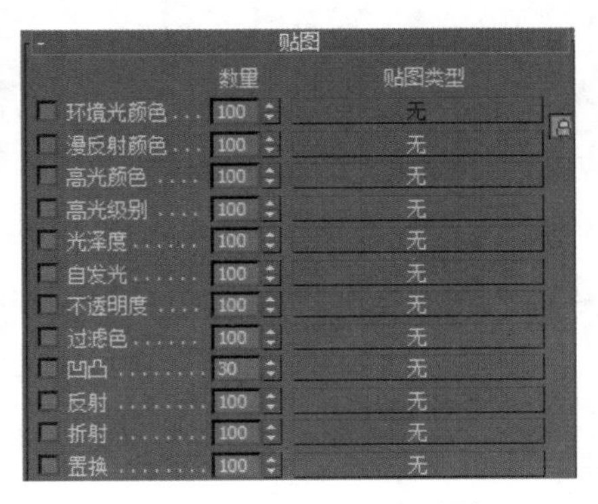

图 9-77 “贴图”卷展栏

“标准”程序贴图的种类非常多，其中最主要的两类是 2D 贴图和 3D 贴图，除此之外还有合成贴图、颜色修改以及其他。2D 贴图将图像文件直接投射到对象的表面或是指定给环境贴图作为场景的背景；3D 贴图可以自动产生各种纹理，如木纹、水波、大理石等，使用时也不需要指定贴图坐标，对对象的内外全部进行了指定。

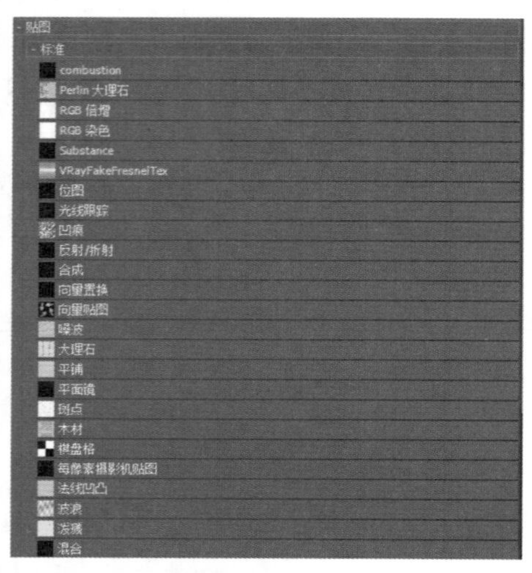

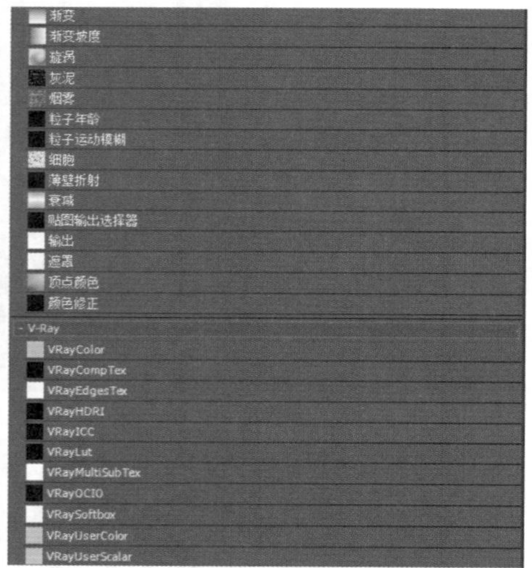

图 9-78 “材质 / 贴图浏览器”中的贴图

贴图与材质的层级结构很像，一个贴图既可以使用单一的贴图，也可以由很多贴图层级构成。使用贴图时必须要了解两个重要的概念：贴图类型与贴图坐标。

1. 贴图类型

（1）2D 贴图：在二维平面上进行贴图，常用于环境背景和图案商标，最简单也是最重要的 2D 贴图是“位图”，除此之外的其他二维贴图都属于程序贴图。

- 位图：通常在这里加载磁盘中的位图贴图，这是一种最常用的贴图，如图 9-79 所示。

图 9-79 位图

- 平铺：可以用来制作平铺图像，如地砖，如图 9-80 所示。

图 9-80 平铺

- 棋盘格：可以产生黑白交错的棋盘格图案，如图 9-81 所示。

图 9-81 棋盘格

- Combustion：可以同时使用 Autodesk Combustion 软件和 3ds Max 以交互方式创建贴图。使用

Combustion 在位图上进行绘制时，材质将在“材质编辑器”对话框和明暗处理视口中自动更新。

◆ **渐变**：使用 3 种颜色创建渐变图像，如图 9-82 所示。

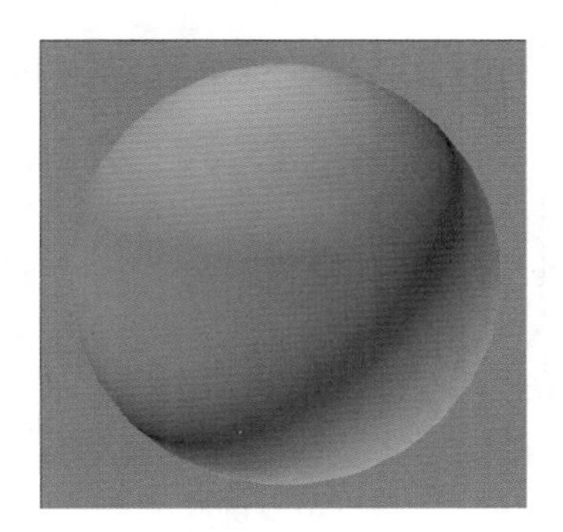

图 9-82　渐变

◆ **渐变坡度**：可以产生多色渐变效果，如图 9-83 所示。

图 9-83　渐变坡度

◆ **漩涡**：可以创建两种颜色的漩涡形效果，如图 9-84 所示。

图 9-84　漩涡

（2）3D 贴图：属于程序类贴图，它们依靠程序参数产生图案效果，能给对象从里到外进行贴图，有自己特定的贴图坐标系统，大多由 3D Studio 的 SXP 程序演化而来。

◆ **细胞**：可以用来模拟细胞图案，如图 9-85 所示。

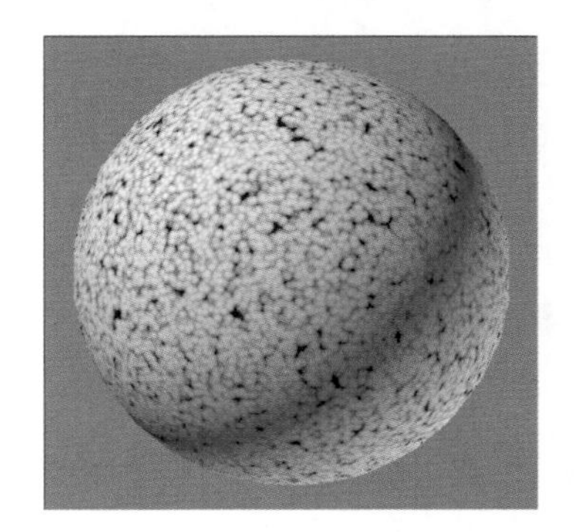

图 9-85　细胞

◆ **凹痕**：这是一种 3D 程序贴图。在扫描线渲染过程中，凹痕贴图会根据分开噪波产生随机图案，如图 9-86 所示。

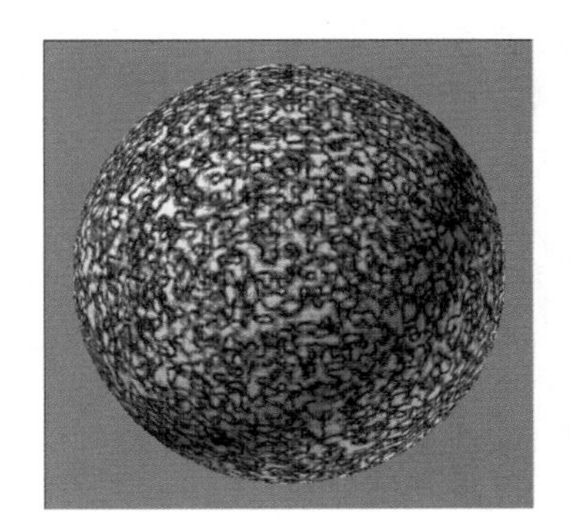

图 9-86　凹痕

◆ **衰减**：基于几何体曲面上面法线的角度衰减来生成从白到黑的过渡效果，如图 9-87 所示。

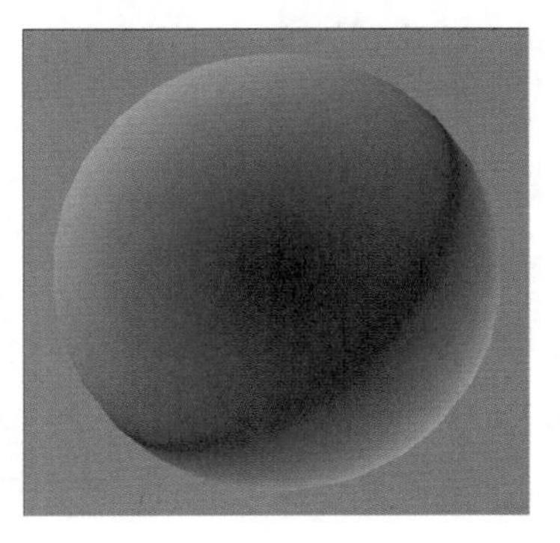

图 9-87　衰减

◆ Perlin 大理石：通过两种颜色混合，产生类似于珍珠岩的纹理，如图 9-88 所示。

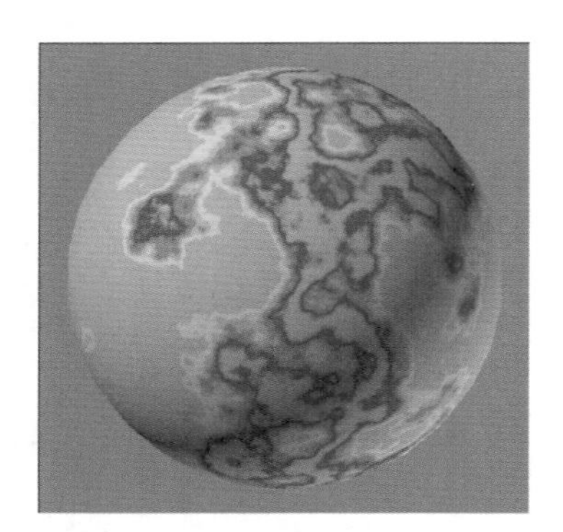

图 9-88　Perlin 大理石

◆ 大理石：针对彩色背景生成带有彩色纹理的大理石曲面，如图 9-89 所示。

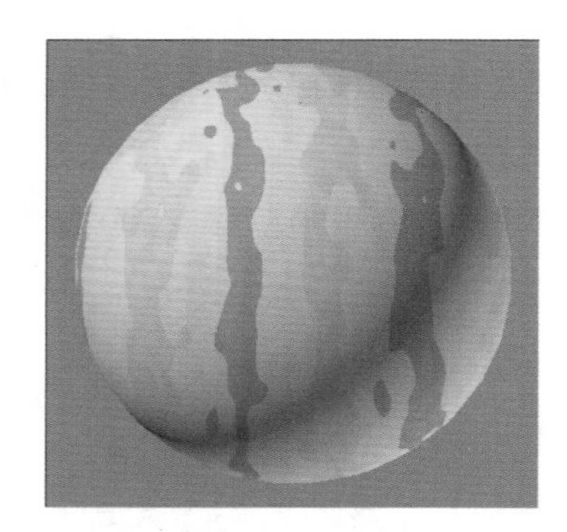

图 9-89　大理石

◆ 噪波：通过两种颜色或贴图的随机混合，产生一种无序的杂点效果，如图 9-90 所示。

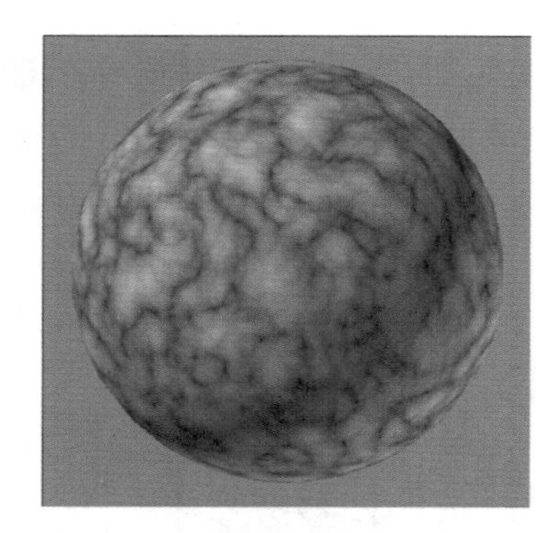

图 9-90　噪波

◆ 粒子年龄：专门用于粒子系统，通常用来制作彩色粒子流动的效果。

◆ 粒子运动模糊：根据粒子速度产生模糊效果。

◆ 斑点：这是一种 3D 贴图，可以生成斑点状表面图案，如图 9-91 所示。

图 9-91　斑点

◆ 灰泥：用于制作腐蚀生锈的金属和破败的物体，如图 9-92 所示。

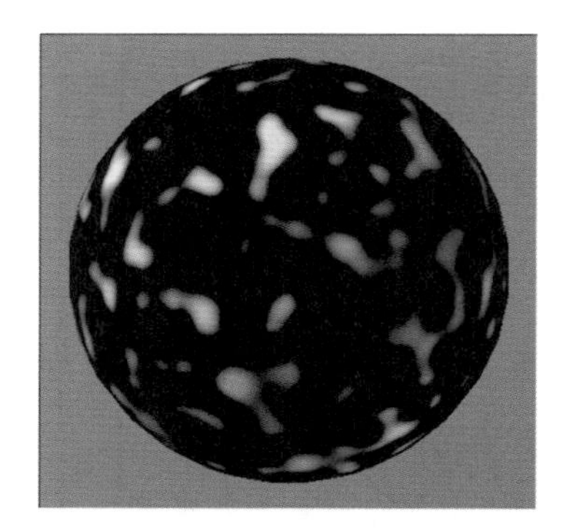

图 9-92　灰泥

◆ 烟雾：产生丝状、雾状或絮状等无序的纹理效果，如图 9-93 所示。

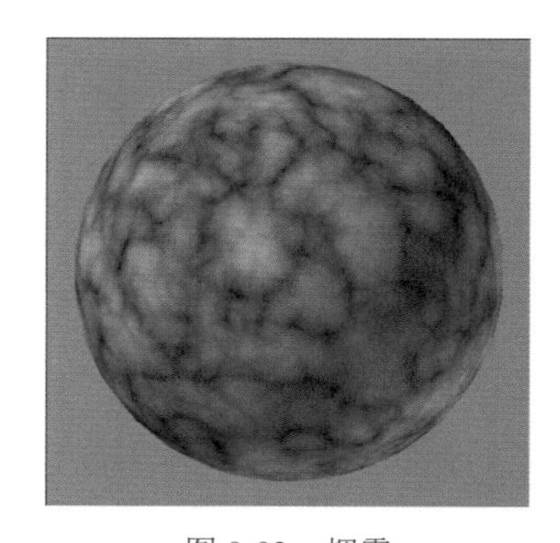

图 9-93　烟雾

◆ 泼溅：产生类似油彩飞溅的效果，如图 9-94 所示。

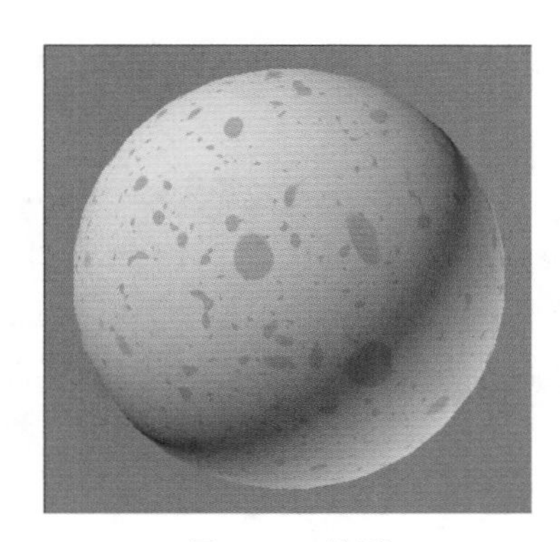

图 9-94　波溅

◆ **木材**：用于制作木材效果，如图 9-95 所示。

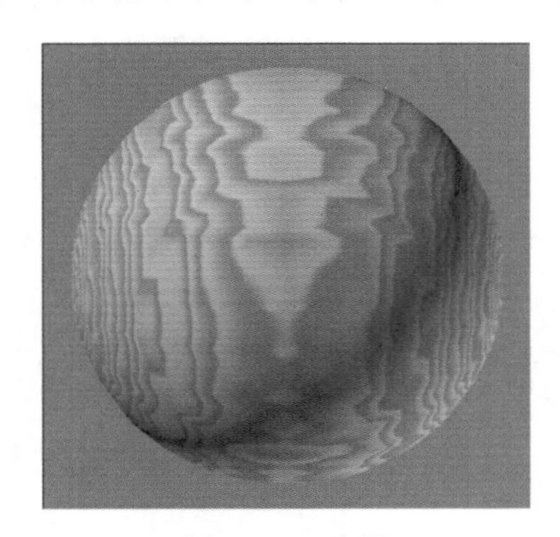

图 9-95　木材

◆ **波浪**：这是一种可以生成水花或波纹效果的 3D 贴图，如图 9-96 所示。

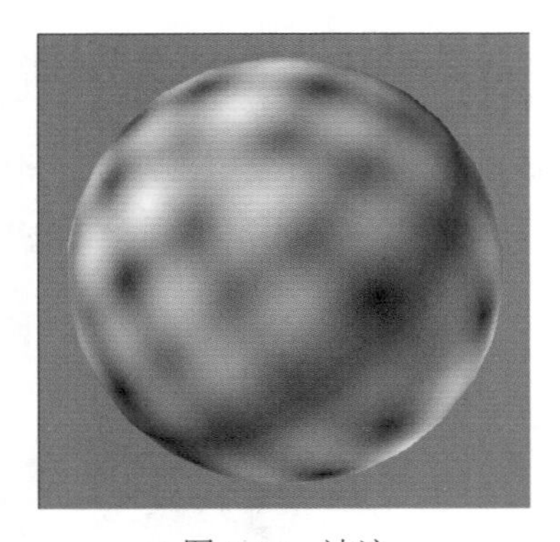

图 9-96　波浪

（3）合成贴图：提供混合方式，将不同的贴图和颜色进行混合处理，在进行图像处理时，合成贴图能够将两种或者更多的图像按指定方式结合在一起，合成贴图包括合成、混合、遮罩、RGB 倍增。

◆ **合成**：可以将两个或两个以上的子材质合成在一起。

◆ **混合**：将两种贴图混合在一起，通常用来制作一些多个材质渐变整合成覆盖的效果。

◆ **遮罩**：使用一张贴图作为遮罩。

◆ **RGB 倍增**：通常用作凹凸贴图，但是要组合两个贴图，以获得正确的效果。

（4）颜色更改：这种程序贴图可以通过图像的各种通道来更改纹理的颜色、亮度、饱和度和对比度，调整的方式包括 RGB 颜色、音色、反转或自定义，可以调整的通道包括各个颜色通道和 Alpha 通道。

◆ **颜色修正**：用来调节材质的色调、饱和度、亮度和对比度。

◆ **输出**：专门用来弥补某些无输出设置的贴图。

◆ **RGB 染色**：可以调整图像中 3 种颜色通道的值。3 种色样代表 3 种通道，更改色样可以调整其相关颜色通道的值。

◆ **顶点颜色**：根据材质或原始顶点的颜色来调整 RGB 或 RGBA 纹理，如图 9-97 所示。

图 9-97　顶点颜色效果

（5）其他：用于创建反射和折射效果的贴图。

◆ **薄壁折射**：模拟缓进或偏移效果，如果查看通过一块玻璃的图像就会看到这种效果。

◆ **法线凹凸**：可以改变曲面上的细节和外观。

◆ **反射 / 折射**：可以产生反射与折射效果。

◆ **光线跟踪**：可以模拟真实的完全反射与折射效果。

◆ **每像素摄影机贴图**：将渲染后的图像作为物体的纹理贴图，以当前摄影机的方向贴在物体上，可以进行快速渲染。

◆ **平面镜**：使共平面的表面产生类似于镜面反射的

效果。

◆ Substance：使用这个纹理库，可获得各种范围的材质。

◆ **向量置换**：可以在 3 个维度上置换网格，与法线贴图类似。

2. 贴图坐标

贴图坐标用于控制贴图在指定材质后的模型表面上的显示方式，即指定如何在几何体上放置贴图、调整贴图方向以及进行缩放。贴图坐标通常以 U、V 和 W 指定，其中 U 是水平维度，V 是垂直维度，W 是可选的第三维度，它指示深度。

3ds Max 2014 提供了多种用于生成贴图坐标的方式：

◆ 创建基本体对象时，请使用“生成贴图坐标”选项。此选项（对于大多数对象，在默认情况下此选项处于启用状态）自动提供贴图坐标，投影适用于对象类型的图形。贴图坐标需要额外的内存，因此，如果不需要的话，请禁用此选项。

◆ 应用“UVW 展开”修改器。此功能强大的修改器提供了大量的工具和选项，可用于编辑贴图坐标。

◆ 应用 UVW 贴图修改器。可以从多种类型的投影中选择；通过定位贴图 Gizmo，自定义对象上贴图坐标的放置；然后设置贴图坐标变换的动画。

在创建几何体时，系统会自动选中该几何体对应的“参数”卷展栏中的“生成贴图坐标”复选框，表示系统已为几何体内置了贴图坐标，即确定了贴图在模型表面的显示方式。

（1）贴图坐标的类别

3ds Max 2014 提供了 7 种贴图坐标类别，分别是“平面”、“柱形”、“球形”、“收缩包裹”、“长方体”、“面”和“XYZ 到 UVW”贴图坐标。

◆ **“平面”贴图坐标**：从对象上的一个平面投影贴图，在某种程度上类似于投影幻灯片，其工作示意图如图 9-98 所示。

◆ **“柱形”贴图坐标**：从圆柱体投影贴图，使用它包裹对象。位图接合处的缝是可见的，除非使用无缝贴图。柱形贴图方式实用于形状为圆柱形的对象。其工作示意图如图 9-99 所示。

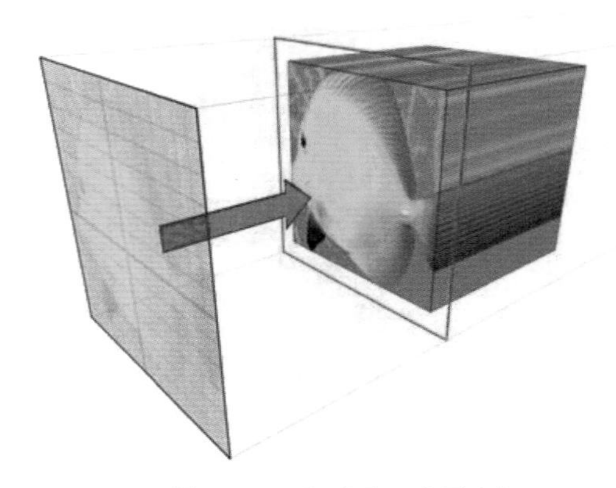

图 9-98　“平面”贴图坐标

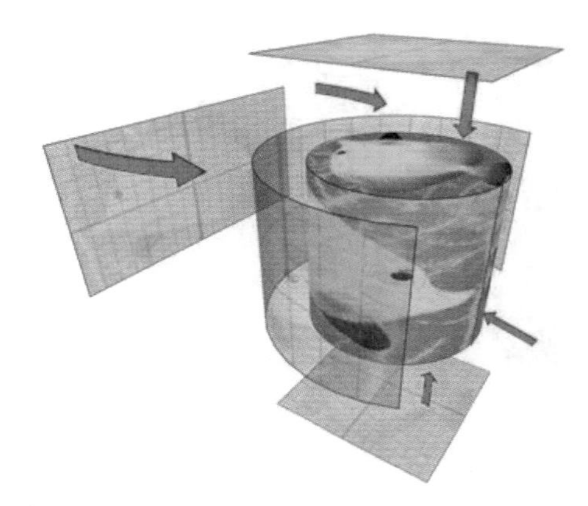

图 9-99　“柱形”贴图坐标

◆ **“球形”贴图坐标**：通过从球体投影贴图来包围对象。在球体顶部和底部，位图边与球体两极交汇处会看到缝和贴图极点。球形投影用于基本形状为球形的对象。其工作示意图如图 9-100 所示。

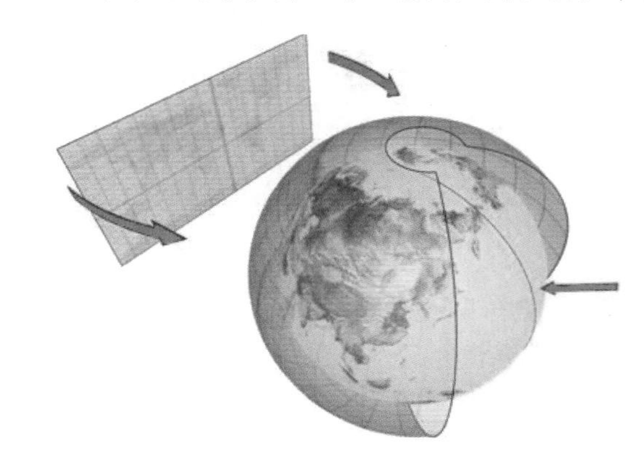

图 9-100　“球形”贴图坐标

◆ **“收缩包裹”贴图坐标**：以球体方式投射贴图来包围对象，它与球形贴图不同之处在于使用球形贴图，但是它会截去贴图的各个角，然后在一个单独极点将它们全部结合在一起，仅创建一个极点。而收缩包裹贴图用于隐藏贴图极点。其工作示意图如图 9-101 所示。

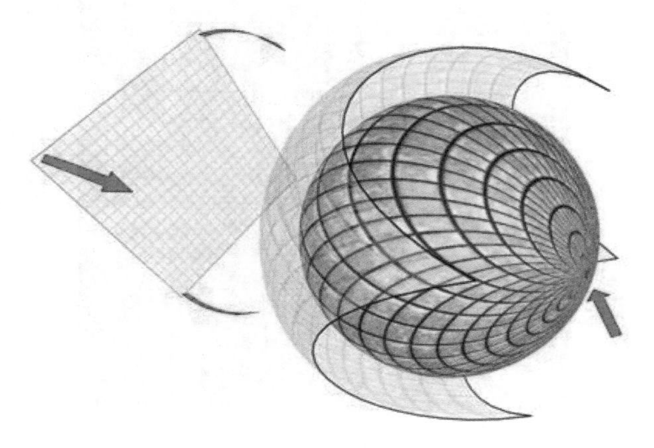

图 9-101　“收缩包裹”贴图坐标

◆ **“长方体”贴图坐标**：从长方体的 6 个侧面投影贴图。每个侧面投影为一个平面贴图。其工作示意图如图 9-102 所示。

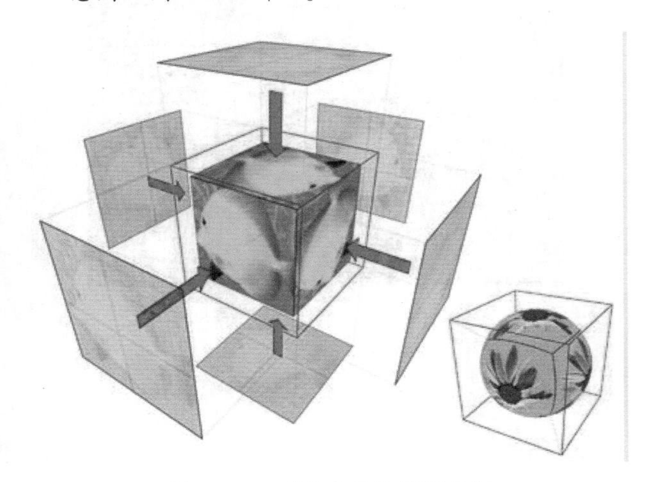

图 9-102　“长方体”贴图坐标

◆ **“面”贴图坐标**：在模型表面中每一个面上投影相同的贴图。其工作示意图如图 9-103 所示。

◆ **“XYZ 到 UVW”贴图坐标**：将贴图锁定到模型表面，当模型被拉伸时，贴图也会被拉伸，不会造成贴图在表面流动的效果，如图 9-104 所示。

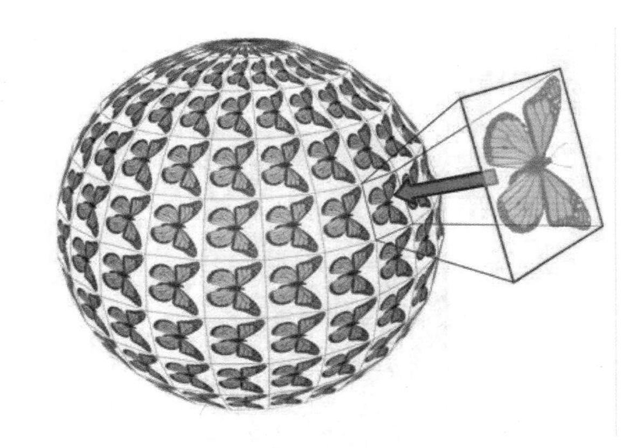

图 9-103　“面”贴图坐标

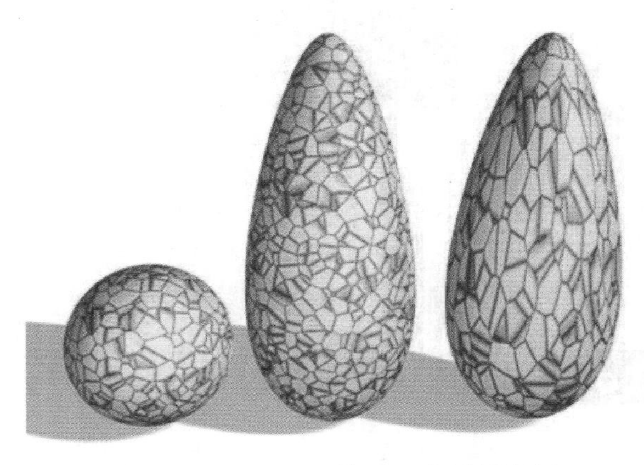

图 9-104　“XYZ 到 UVW”贴图坐标

（2）贴图坐标的修改方法

为模型指定材质后，如果贴图在模型表面显示不正确，说明系统为模型默认的贴图方式不符合要求，这时用户可通过“UVW 贴图”修改器来修改模型的贴图坐标，其操作步骤如下：

① 在场景中选择要修改贴图坐标的模型。

② 进入“修改”面板，在“修改器列表”下拉列表框中选择“UVW 贴图”修改器。

③ 在展开的“参数”卷展栏的“贴图”栏中选择需要的贴图坐标类型单选按钮，并调整相应的尺寸和平铺次数，如图 9-105 所示。

◆ **“贴图”选项组**：确定所使用的贴图坐标的类型。通过贴图在几何上投影到对象上的方式以及投影与对象表面交互的方式，来区分不同种类的贴图。

◆ **“长度”、“宽度”和“高度”数值框**：用来控制贴图的显示尺寸，指定“UVW 贴图”Gizmo

的尺寸。在应用修改器时，贴图图标的默认缩放由对象的最大尺寸定义。

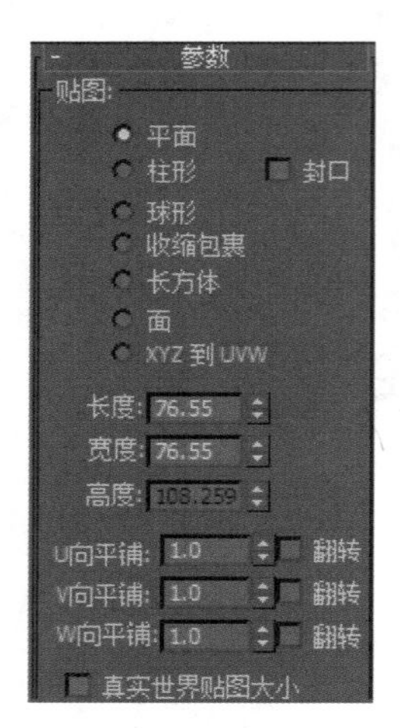

图 9-105 “参数”卷展栏

◆ “U 向平铺”、“V 向平铺”和“W 向平铺”数值框：分别用来控制贴图沿 X 轴、Y 轴和 Z 轴平铺图的次数。

9.6.2 位图

位图是由彩色像素的固定矩阵生成的图像，如马赛克。位图可以用来创建多种材质，从木纹和墙面到蒙皮和羽毛。位图的格式一般为 bmp、jpg、tga、tif 等，如图 9-106 所示为显示不同效果的位图贴图。

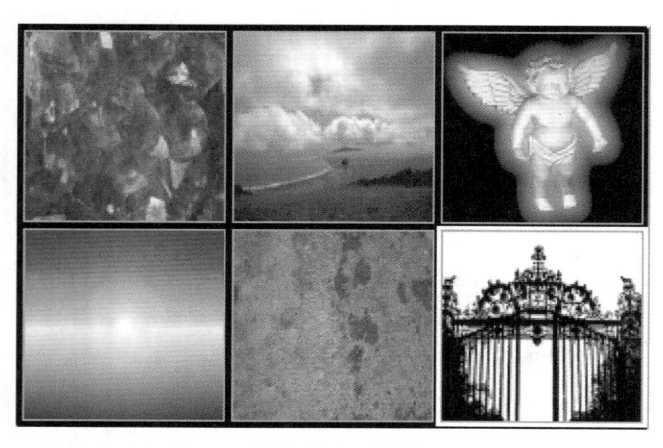

图 9-106 位图

位图贴图一般被加载到“漫反射颜色”贴图通道中，以作为材质的显示颜色或图案，如图 9-107 所示。单击“漫反射颜色”贴图通道右侧的“无”按钮，选择位图，在打开的“选择位图图像文件”对话框中选择图像，即可在打开的“位图参数”卷展栏中对其进行修改，如图 9-108 所示。

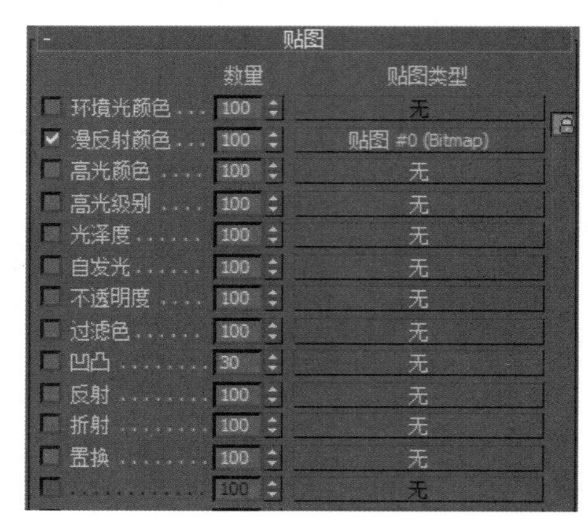

图 9-107 贴图通道

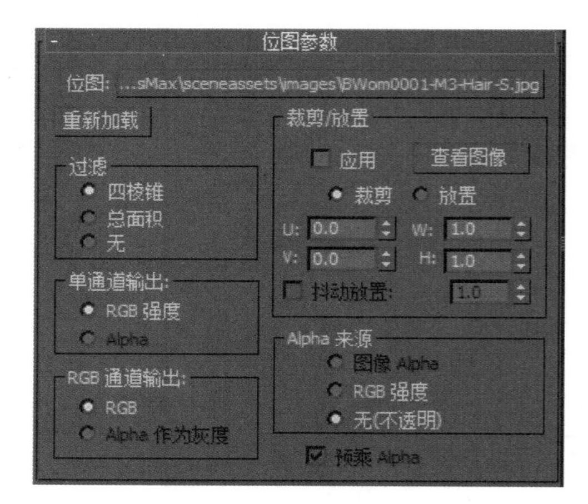

图 9-108 “位图参数”卷展栏

知识解析：“位图参数”卷展栏

◆ 位图：使用标准文件浏览器选择位图。选中之后，此按钮上显示完整的路径名称。

◆ 重新加载：对使用相同名称和路径的位图文件进行重新加载。在绘图程序中更新位图后，无须使用文件浏览器重新加载该位图。单击重新加载场景中任意位图的实例可在所有示例窗中更新贴图。

◆ “过滤”选项组：允许选择抗锯齿位图中平均使

用的像素方法。

◆ **“裁剪 / 放置”选项组**：用来裁剪位图贴图，被裁切的部分图像将不规则地显示在材质上。要完成裁切，应先选中“应用”复选框，然后单击“查看图像”按钮，最后在打开的“指定裁剪 / 放置”对话框中拖动矩形裁剪框调整其框选范围即可。

◆ **U/V 数值框**：调整位图位置。

◆ **W/H 数值框**：调整位图或裁剪区域的宽度和高度。

◆ **“Alpha 来源”选项组**：该选项组中的控件根据输入的位图确定输出 Alpha 通道的来源。

9.6.3 平铺

平铺贴图一般也被加载到“漫反射颜色”贴图通道中，常用来表现建筑瓷砖、彩色瓷砖或材质贴图，如图 9-109 所示。平铺贴图对应的标准控制参数如图 9-110 所示。

图 9-109 显示效果

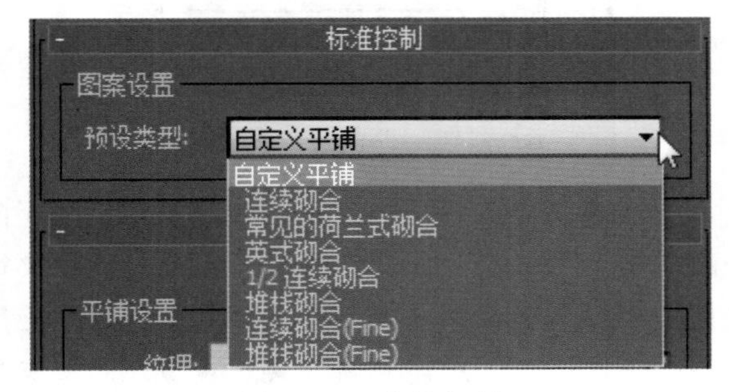

图 9-110 参数控制

平铺贴图对应的高级控制如图 9-111 所示。

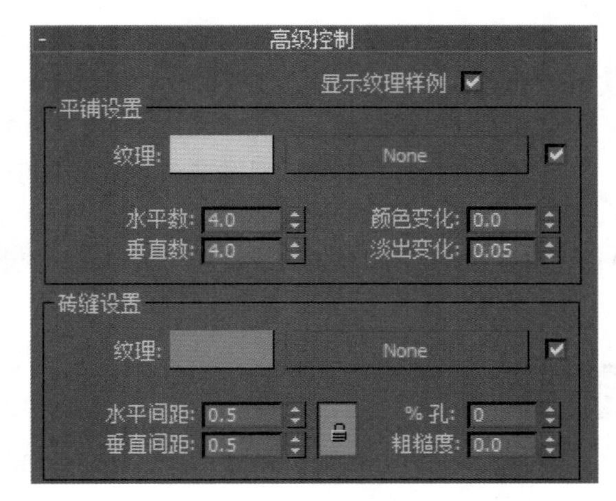

图 9-111 参数控制

知识解析：参数控制面板

◆ **“预设类型”下拉列表**：该下拉列表中列出定义的建筑瓷砖砌合、图案、自定义图案，这样可以通过选择“高级控制”和“堆垛布局”卷展栏中的选项来设计自定义的图案。如图 9-112 所示为 6 种平铺预设类型的平铺效果。

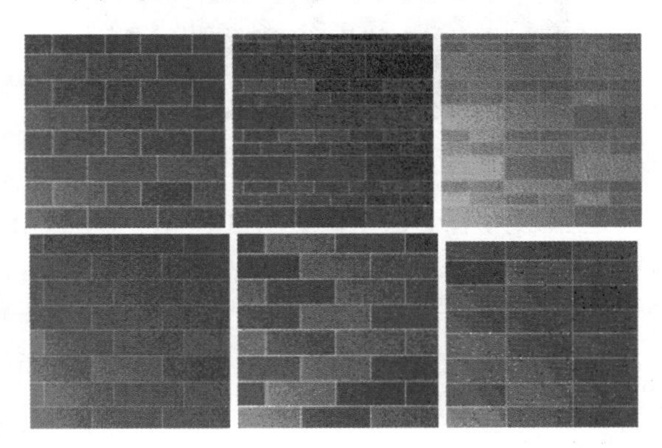

图 9-112 平铺效果

◆ **“平铺设置”选项组**：该选项组中的“纹理”颜色块用来设置砖块的颜色，也可以通过位于其右侧的 None 按钮加载贴图来控制砖面的显示纹理；“水平数”和“垂直数”数值框用来控制砖面平铺的行数和列数；“颜色变化”和“淡出变化”数值框分别用来控制砖面的颜色变化和颜色渐隐变化。

◆ **“砖缝设置”选项组**：该选项组中的纹理颜色块用来替换砖缝的颜色，也可以通过加载贴图来控制其颜色；“水平间距”和“垂直间距”数值框分别用来控制砖缝在水平和垂直方向上的大小。

◆ **“随机种子”数值框**：对瓷砖应用颜色变化的随机图案。不用进行其他设置就能创建完全不同的图案。

◆ **“交换纹理条目”按钮**：在瓷砖间和砖缝间交换纹理贴图或颜色。

9.6.4 渐变

渐变从一种颜色到另一种颜色进行明暗处理，其参数卷展栏如图 9-113 所示。

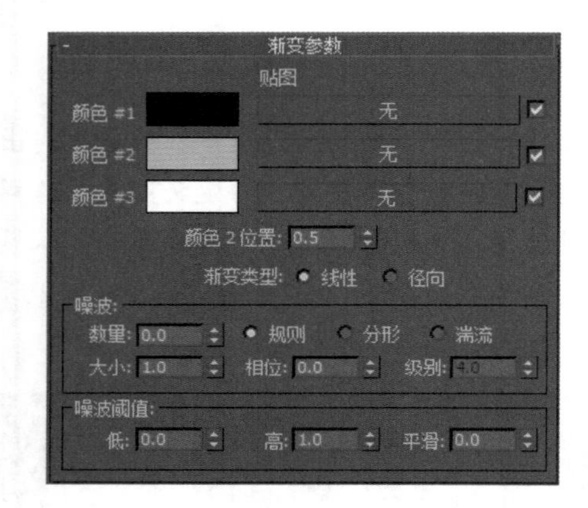

图 9-113　渐变参数

还可以为渐变指定两种或 3 种颜色，3ds Max 将插补中间值。渐变贴图是 2D 贴图，如图 9-114 所示为渐变贴图应用于信号灯以及场景的背景。为贴图通道加载渐变贴图后，可以通过如图 9-115 所示的“渐变参数”卷展栏调整渐变的效果。

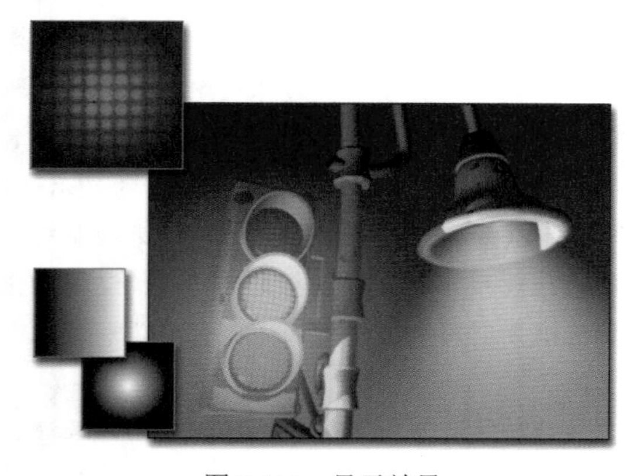

图 9-114　显示效果

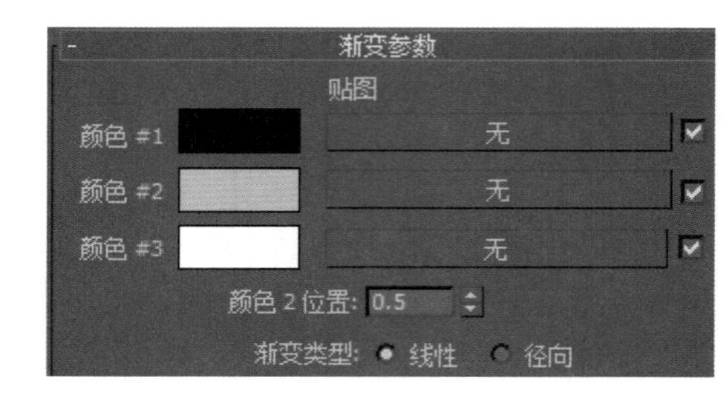

图 9-115　“渐变参数”卷展栏

9.6.5 衰减

“衰减”贴图基于几何体曲面上面法线的角度衰减来生成从白到黑的值，用于指定角度的衰减方向会随着所选的方法而改变。其参数卷展栏如图 9-116 所示。

图 9-116　“衰减”卷展栏

根据默认设置，贴图会在法线从当前视图指向外部的面上生成白色，而在法线与当前视图相平行的面上生成黑色。如图 9-117 所示为衰减贴图应用于模型上后产生的颜色衰减效果。衰减对应的参数控制区如图 9-118 所示。用户可以通过调整这些参数来达到需要的贴图效果。

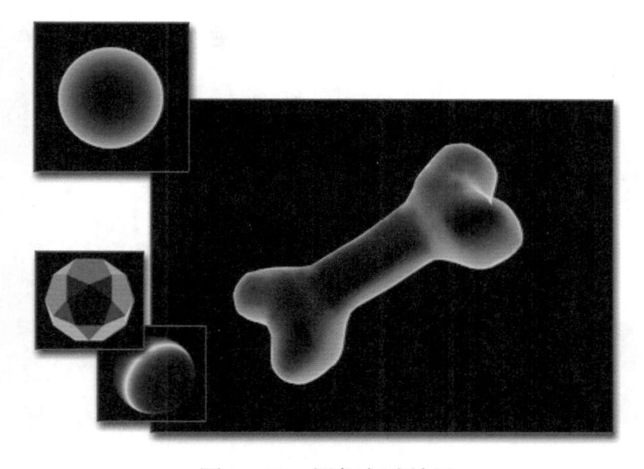

图 9-117　颜色衰减效果

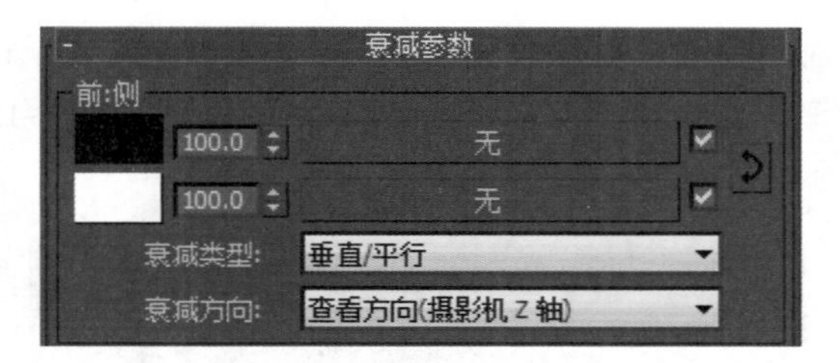

图 9-118　衰减对应的参数控制区

知识解析：“衰减参数”卷展栏

- **衰减类型：** 设置衰减的方式。分为 5 种，分别是“垂直 / 平行”：在与衰减方向相垂直的面法线和与衰减方向相平等的法线之间设置角度衰减范围。“朝向 / 背离”：在面向衰减方向的面法线和背离衰减方向的法线之间设置角度衰减范围。Fresnel：基于 IOR（折射率）在面各视图的曲面上产生暗淡反射，而在有的面上产生较明亮的反射。“阴影 / 灯光”：基于落在对象上的灯光，在两个子纹理之间进行调节。“距离混合”：基于“近端距离”和“远端距离”值，在两个子纹理之间进行调节。
- **衰减方向：** 设置衰减的方向。
- **混合曲线：** 设置曲线的形状，可以精确地控制由任何衰减类型所产生的渐变。

9.6.6 噪波

噪波贴图基于两种颜色或材质的交互创建曲面的随机扰动，当其加载到“凹凸”或置换“贴图”通道中时，将产生类似无序棉花状效果，常用来再现坑洼的地表、路面和山脉等，如图 9-119 所示。当其加载到“漫反射颜色”贴图通道中时，将使用两种颜色来定义材质表面显示的效果。噪波贴图对应的“噪波参数”卷展栏如图 9-120 所示。

图 9-119　显示效果

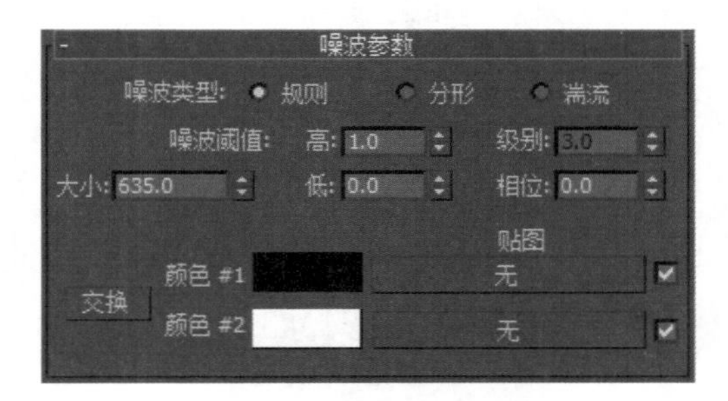

图 9-120　“噪波参数”卷展栏

知识解析：“噪波参数”卷展栏

- **“噪波类型”组：** 用来控制噪波的显示方式，主要有“规则”、“分形”和“湍流”3 种类型，它们对应的效果如图 9-121 所示。其中，规则（默认设置）生成普通噪波。基本上类似于“级别”设置为 1 的“分形”噪波。当噪波类型设为“规则”时，“级别”微调器处于非活动状态（因为“规则”不是分形功能）。分形使用分形算法生成噪波。“层级”选项设置分形噪波的迭代数。湍流生成应用绝对值函数来制作故障线条的分形噪波。
- **“大小”数值框：** 用来控制噪波的大小，以 3ds Max 为单位设置噪波函数的比例。默认设置为 25.0。

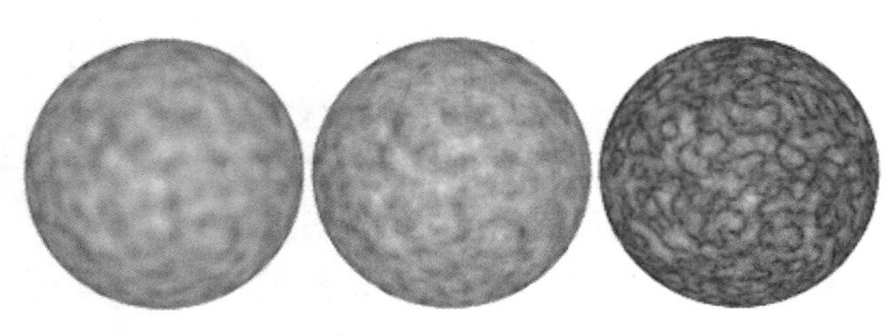

图 9-121 “规则”、“分形”和“湍流”

9.6.7 混合

通过“混合贴图”可以将两种颜色或材质合成在曲面的一侧。也可以将“混合数量”参数设为动画，然后画出使用变形功能曲线的贴图，来控制两个贴图随时间混合的方式。如图 9-122 所示表示将其上面的两个贴图进行混合，以得到下面的混合效果。混合贴图对应的“混合参数”卷展栏如图 9-123 所示，混合参数的设置方法与混合物材质对应的“混合基本参数”卷展栏中的各参数的设置方法完全一样，只是前者只能编辑贴图，而后者只能编辑材质。

图 9-122 混合效果

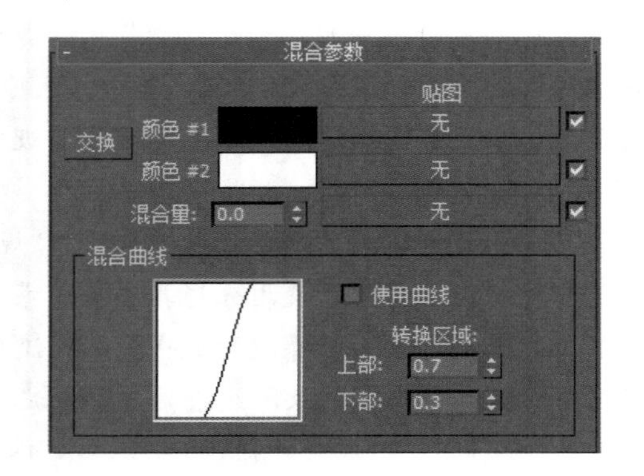

图 9-123 “混合参数”卷展栏

知识解析：“混合参数”卷展栏

- ◆ 交换：交换两个颜色或贴图的位置。
- ◆ 颜色 #1/#2：设置混合的两种颜色。
- ◆ 混合量：设置混合的比例。
- ◆ 混合曲线：用曲线来确定对混合效果的影响。
- ◆ 转换区域：调整“上部”和“下部”的级别。

9.6.8 光线跟踪

光线跟踪贴图一般用在“反射”或“折射”贴图通道中。用来使具有光滑表面的物体产生镜面反射效果，或使具有透明度的物体产生折射效果。要控制反射或折射率相关参数，只需在其对应的贴图通道中修改其参数即可。其参数卷展栏如图 9-124 所示。

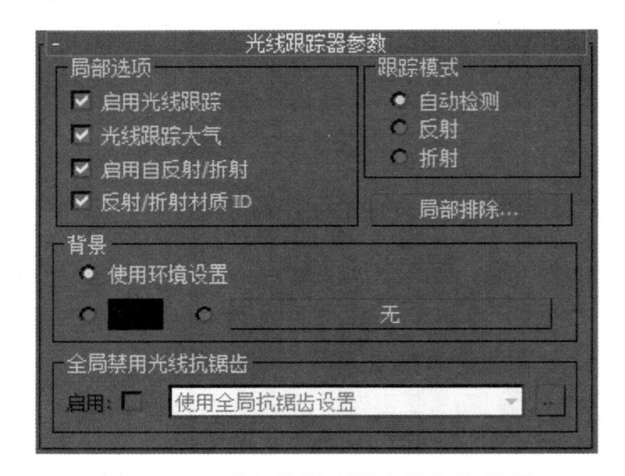

图 9-124 “光线跟踪器参数”卷展栏

9.6.9 无光 / 投影材质

使用无光 / 投影材质可将整个对象（或面的任何子集）转换为显示当前背景色或环境贴图的无光对象。

使用无光 / 投影材质后，灯光的阴影会透过赋予天光材质的对象直接将阴影投射到环境或环境贴图上，且赋予天光材质的对象在场景中不可见。对应的材质编辑面板如图 9-125 所示。如图 9-126 所示是对背景加外框的照片的简单渲染会将照片显示于背景的前面。

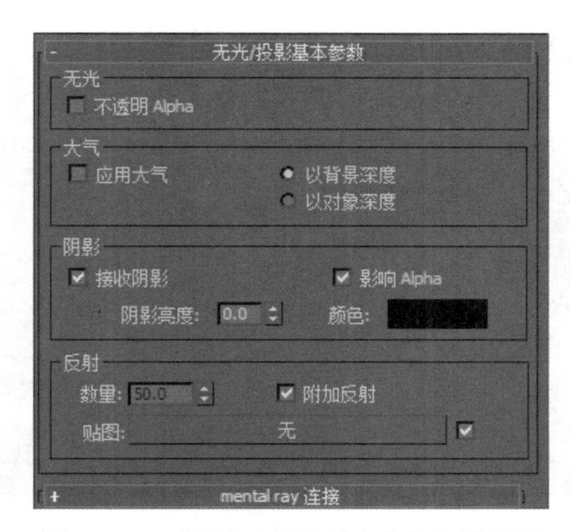

图 9-125 “无光 / 投影基本参数”卷展栏

图 9-126 将照片显示于背景的前面

知识解析：“无光 / 投影”面板

◆ 不透明 Alpha：确定无光材质是否显示在 Alpha 通道中。如果禁用“不透明 Alpha”，无光材质将不会构建 Alpha 通道，并且图像将用于合成，就好像场景中没有隐藏对象一样。默认设置为禁用状态。

◆ “大气”选项组：该选项组中的选项确定雾效果是否应用于无光曲面和它们的应用方式。

◆ “阴影”选项组：该选项组确定无光曲面是否接收投射于其上的阴影和接收方式。

◆ “反射”选项组：该选项组中的控制器确定无光曲面是否具有反射。使用阴影贴图创建无光反射。

读书笔记

9.7 提高实例——制作青花瓷器材质

材质的制作无疑是非常重要的，一个好的模型，没有精确的材质，那也无法表达出设计师们想要的效果，但在实际工作中，基本的材质可以在网络下载后直接调用，而对于一些不常用的特殊的材质，则需要设计者掌握材质的物理性能和 3ds Max 的材质设置方法，才能够游刃有余地制作出自己需要的材质。

瓷器材质是工业产品或室内设计中最为常见的材质之一，本例制作的是适用于 3ds Max 程序贴图渲染使用的材质，最终效果如图 9-127 所示。

图 9-127 显示效果

9.7.1 案例分析

瓷器产品是家装行业经常使用到的材质，如地板砖、墙砖以及餐具等。瓷器产品以其表面光滑透亮、反射明显的特点，受到消费者的青睐，现在越来越多的高端瓷器产品已经走入了人们的生活中。

9.7.2 操作思路

为更快完成本例的制作，并且尽可能运用本章讲解的知识，本例的操作思路如下。

（1）创建模型。

（2）创建基本颜色。

（3）创建贴图。

（4）设置参数。

（5）渲染出图。

读书笔记

9.7.3 操作步骤

制作青花瓷材质的具体操作步骤如下。

Step 1 在“创建”面板中单击“几何体”按钮，在场景中创建一个茶壶，如图 9-128 所示。

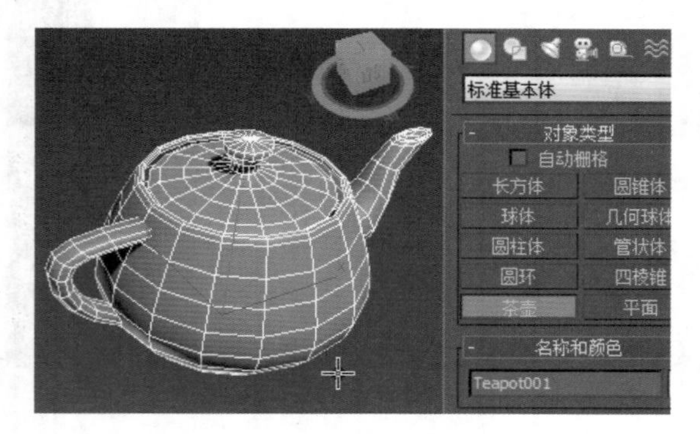

图 9-128　创建模型

Step 2 单击“修改”按钮，设置模型“半径”为 50，“分段”为 12，其他参数设置如图 9-129 所示。

图 9-129　设置参数

Step 3 在主工具栏中单击“材质编辑器”按钮，打开“材质编辑器”对话框，单击选择一个材质球，在漫反射后面的白色框内单击，打开“颜色选择器：漫反射颜色”对话框，设置颜色为白色，设置完成后单击“确定”按钮，如图 9-130 所示。

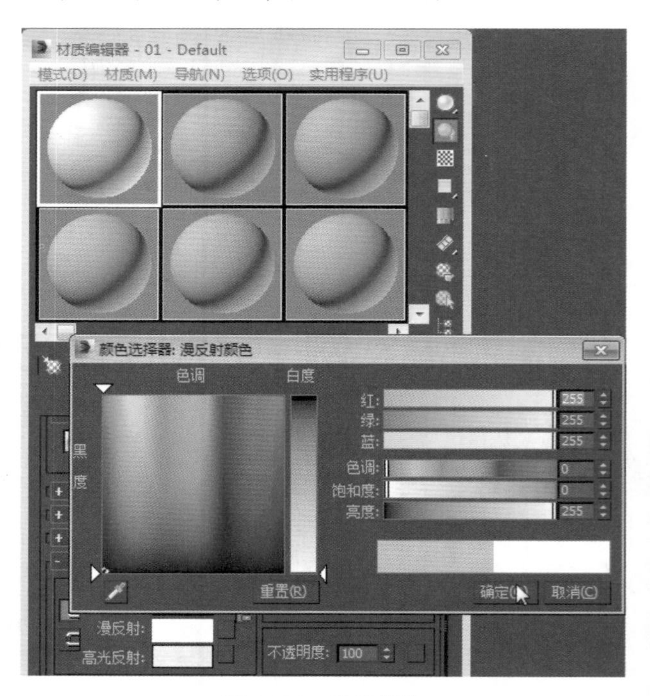

图 9-130　选取颜色

Step 4 当前材质球即显示设置效果，在“Blinn 基本参数”卷展栏的“反射高光”选项组中设置“高光级别”为 72，“光泽度”为 10，“柔化”为 0.3，其他参数设置如图 9-131 所示。

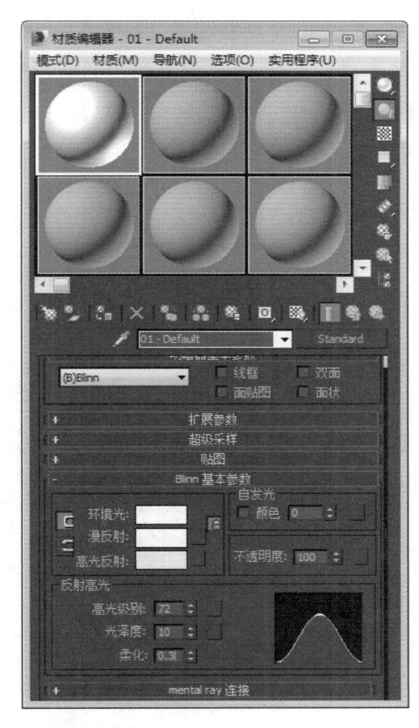
图 9-131　调整参数

图 9-132　赋予材质

图 9-133　显示效果

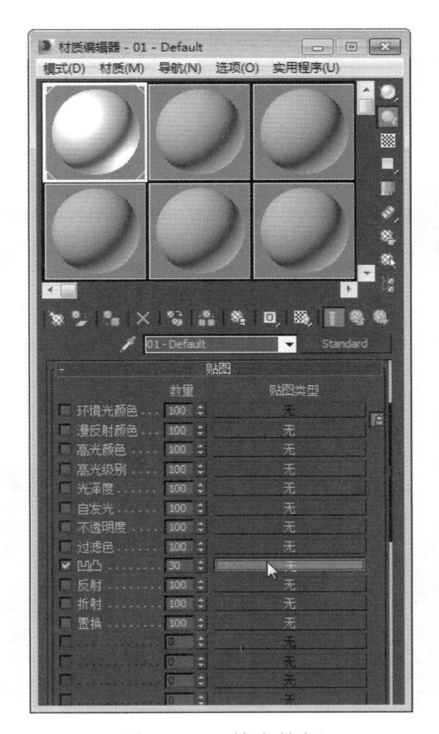
图 9-134　单击按钮

?答疑解惑：

Blinn 和 Phong 有什么相同点和不同点呢？

Blinn 和 Phong 都是以光滑的方式进行表现渲染，效果非常相似，Blinn 高光点周围的光晕是旋转混合的，Phong 是发散混合的；背光处 Blinn 的反光点开关近圆形，Phong 的高光点为菱形，影响周围的区域较小；如果增大柔化参数，Blinn 的反光点仍然保持尖锐的形态，而 Phong 则趋向于均匀柔和的反光；从色调上看，Blinn 趋向于冷色，Phong 趋向于暖色。综上所述，可见 Phong 更易于表现暖色柔和的材质，常用于塑性材质，可以精确地反映出凹凸、不透明、反光、高光和反射贴图效果；Blinn 易表现冷色坚硬的材质，它们之间的差别并不是很大。

Step 5 ▶ 在设置完成的材质球上单击并按住鼠标左键不放，将其拖动到场景中的对象上释放鼠标左键，如图 9-132 所示。

Step 6 ▶ 效果显示如图 9-133 所示。

Step 7 ▶ 在“贴图”卷展栏的“凹凸”通道后的“无”按钮上单击，如图 9-134 所示。

Step 8 ▶ 打开“材质 / 贴图浏览器”对话框，在“贴图”材质下方双击“位图”选项，如图 9-135 所示。

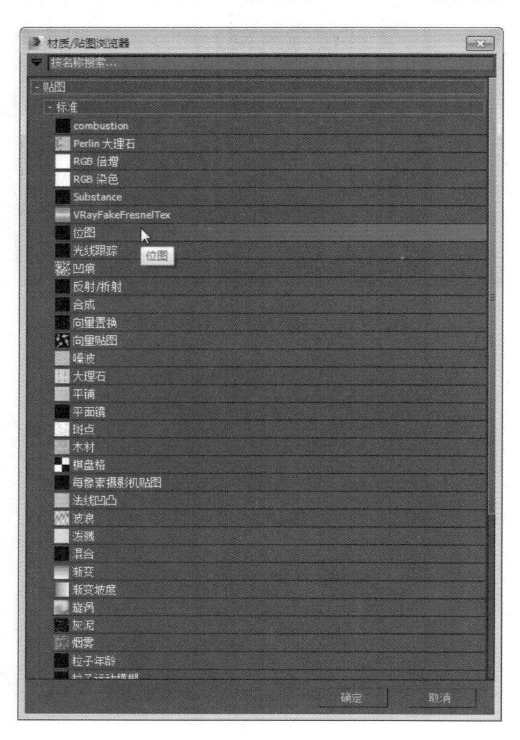

图 9-135　选择贴图

Step 9 ▶ 打开“选择位图图像文件”对话框，单击选择需要的文件，然后单击“打开”按钮，如图 9-136 所示。

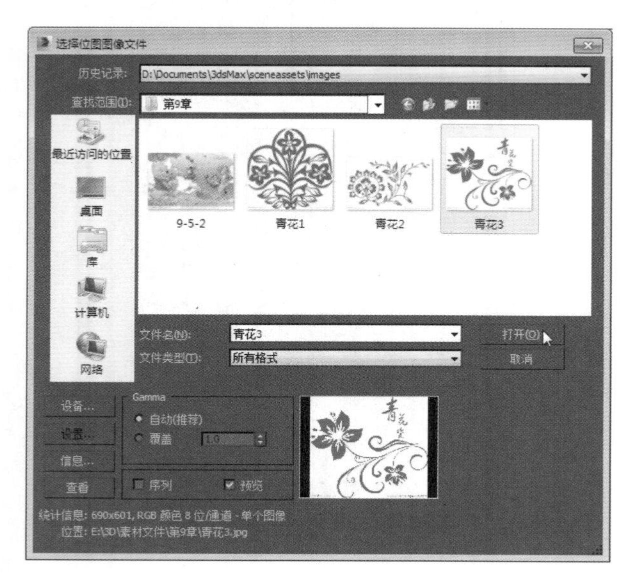

图 9-136　选择文件

Step 10 ▶ 返回“材质编辑器”对话框，在“坐标”卷展栏的“瓷砖”下方的 J 数值框中输入“5”，在 V 数值框中输入“2”，单击“转到父对象”按钮，如图 9-137 所示。

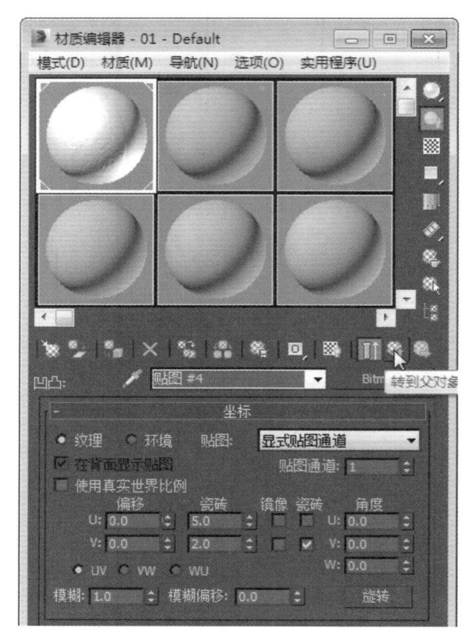

图 9-137　设置参数

Step 11 ▶ 在“凹凸”通道后的文本框中输入值 150，效果如图 9-138 所示。

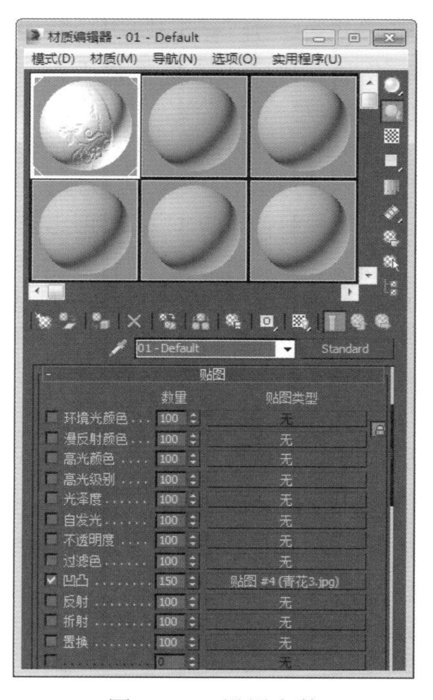

图 9-138　设置参数

Step 12 ▶ 在“Blinn 基本参数”卷展栏的“环境光”后的白色框内单击，如图 9-139 所示。

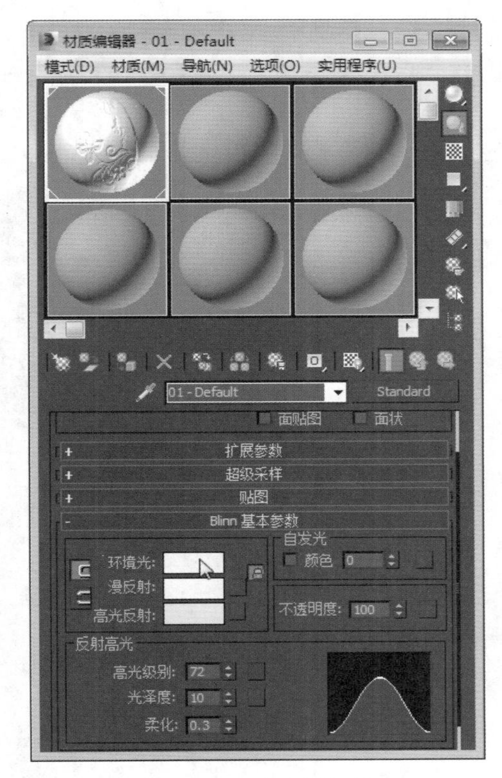

图 9-139　单击颜色框

Step 13 ▶ 打开“颜色选择器：环境光颜色”对话框，设置颜色参数，具体参数设置如图 9-140 所示。

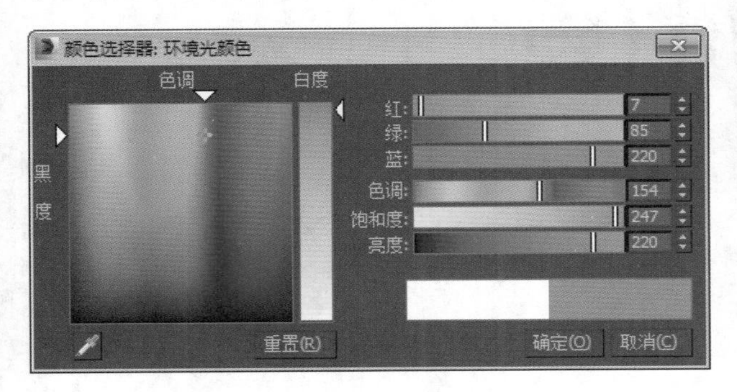

图 9-140　选取颜色

Step 14 ▶ 设置完成后单击“确定”按钮，效果如图 9-141 所示。

Step 15 ▶ 按 F9 键渲染当前场景，最终效果如图 9-142 所示。

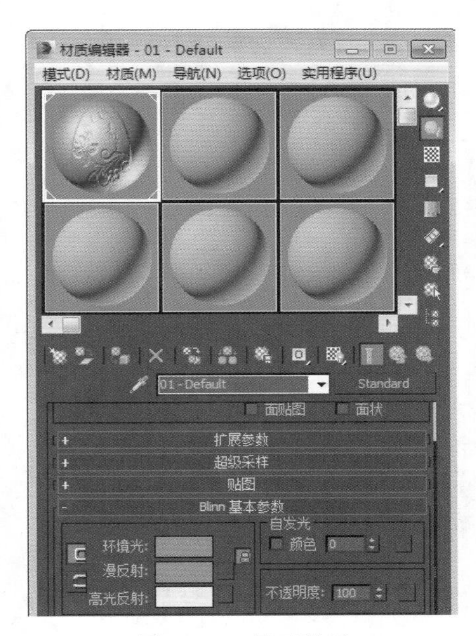

图 9-141　显示效果

图 9-142　渲染模型

读书笔记

01 02 03 04 05 06 07 08 09 10 11 12 ……

环境和效果

本章导读

在 3ds Max 中，通过“环境和效果”功能，可以给渲染场景设置各种环境效果或制作各种特殊效果，这些效果是经过渲染计算产生的，通过它们可制作出真实的火焰、烟雾和光线效果。本章将介绍如何使用“环境和效果”功能在场景中产生雾、火焰等特殊效果及学习如何设置场景的背景贴图。

10.1 环境

在现实世界中，所有物体都不是独立存在的，周围都存在相对应的环境。最常见的环境有阳光、闪电、大风、沙尘、雾等。环境对场景的氛围起到了至关重要的作用。在 3ds Max 2014 中，可以为场景添加云、雾、火、体积雾和体积光等环境效果，如图 10-1 所示。

图 10-1　效果图

技巧秒杀

几乎所有的环境效果设置都包含在了“环境和效果”对话框中，在这里，系统为用户提供了多种特效工具，使得 3ds Max 2014 的特效功能相当强大，有效地利用好环境效果设置可以创建出许多各种各样绚丽的效果。

10.1.1 公用参数

一幅优秀的作品，不仅要有着精细的模型、真实的材质和合理的渲染参数，同时还要求有符合当前场景的背景和全局照明效果，这样才能烘托出场景的气氛。在 3ds Max 中，背景与全局照明都在“环境和效果”对话框中进行设定。

打开“环境和效果”对话框主要有以下几种方法：

（1）执行“渲染”→“环境”命令。

（2）执行“渲染”→“效果”命令。

（3）按主键盘中的 8 键，打开的对话框效果如图 10-2 所示。

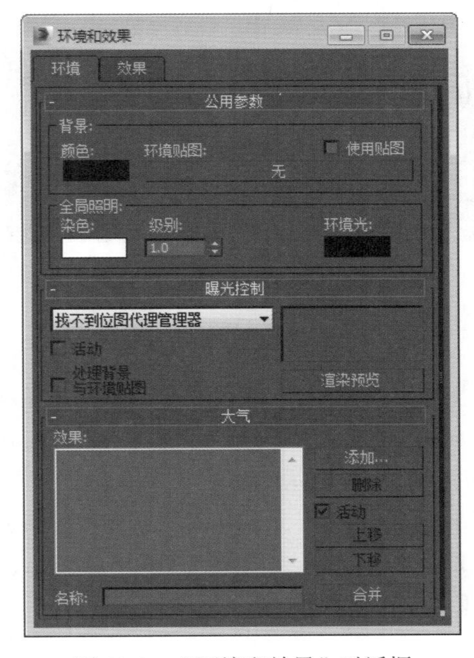

图 10-2　“环境和效果”对话框

知识解析：“环境”选项卡

（1）“背景”选项组

◆ 颜色：设置环境的背景颜色。

◆ 环境贴图：在其贴图通道中加载一张“环境”贴图来作为背景。

◆ 使用贴图：使用一张贴图作为背景。

（2）“全局照明”选项组

◆ 染色：如果该颜色不是白色，那么场景中的所有灯光（环境光除外）都将被染色。

◆ 级别：增加或减弱场景中所有灯光的亮度。值为1时，所有灯光保持原始设置；增加该值可以加强场景的整体照明；减少该值可以减弱场景的整体照明。

◆ 环境光：设置环境光的颜色。

10.1.2 曝光控制

“曝光控制”用于调整渲染的输出级别和颜色范围的插件，就像调整胶片曝光一样。展开“曝光控制”的类型下拉列表，可以观察到 3ds Max 2014 的曝光控制类型共有 6 种，如图 10-3 所示。

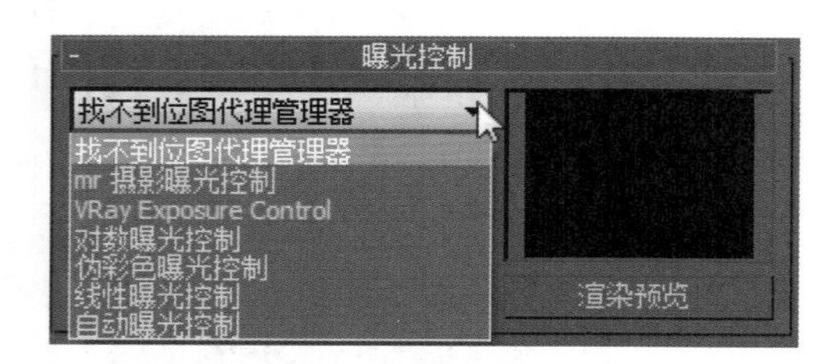

图 10-3 “曝光控制”卷展栏

知识解析：“曝光控制”卷展栏

◆ mr 摄影曝光控制：可以提供像摄影机一样控制，包括快门速度、光圈和胶片速度以及对高光、中间调和阴影的图像控制。

◆ VRay Exposure Control（VRay 曝光控制）：用来控制 VRay 的曝光效果，可调节曝光值、快门速度、光圈等数值。

◆ 对数曝光控制：用于亮度、对比度，以及在有天光照明的室外场景中。“对数曝光控制”类型适用于动态“阈值”非常高的场景。

◆ 伪彩色曝光控制：实际上是一个照明分析工具，可以直观地观察和计算场景中的照明级别。

◆ 线性曝光控制：可以从渲染中进行采样，并且可以使用场景的平均亮度来将物理值映射为 RGB 值。“线性曝光控制”最适合用在动态范围很低的场景中。

◆ 自动曝光控制：可以从渲染图像中进行采样，并生成一个直方图，以便在渲染的整个动态范围中提供良好的颜色分离。

1. 自动曝光控制

在“曝光控制”卷展栏中设置曝光类型为“自动曝光控制”时，其参数设置面板如图 10-4 所示。

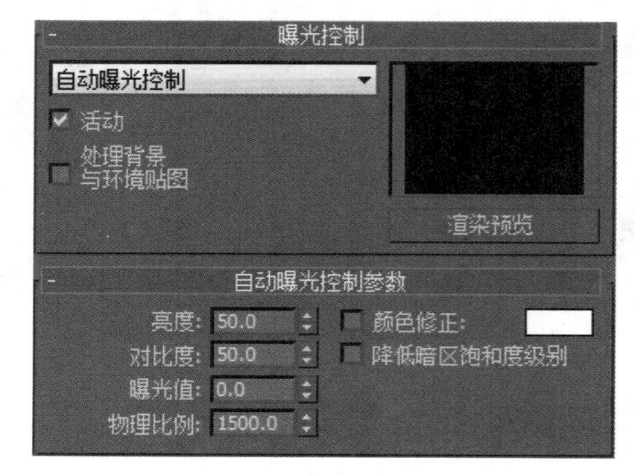

图 10-4 “自动曝光控制”卷展栏

知识解析：“自动曝光控制”卷展栏

◆ 活动：控制是否在渲染中开启曝光控制。

◆ 处理背景与环境贴图：选中该复选框时，场景背景贴图和场景环境贴图将受曝光控制的影响。

◆ 渲染预览：单击该按钮，可以预览要渲染的缩略图。

◆ 亮度：调整转换颜色的亮度，范围为 0 ~ 200，默认值为 50。

◆ 对比度：调整转换颜色的对比度，范围为 0 ~ 100，默认值为 50。

◆ 曝光值：调整渲染的总体亮度，范围为 -5 ~ 5。负值可以使图像变暗，正值可以使图像变亮。

◆ 物理比例：设置曝光控制的物理比例，主要用在非物理灯光中。

◆ 颜色修正：选中该复选框后，“颜色修正”会改变所有颜色，使色样中的颜色显示为白色。

◆ 降低暗区饱和度级别：选中该复选框后，渲染出来的颜色会变暗。

2. 对数曝光控制

在“曝光控制”卷展栏中设置曝光类型为“对数曝光控制”时，其参数设置面板如图 10-5 所示。

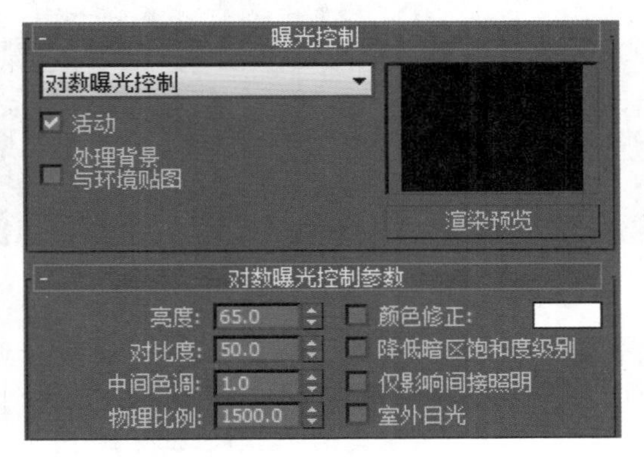

图 10-5 “对数曝光控制参数”卷展栏

知识解析：“对数曝光控制参数”卷展栏

- 仅影响间接照明：选中该复选框时，仅应用于间接照明的区域。
- 室外日光：选中该复选框时，可转换适合室外场景的颜色。

10.1.3 大气

3ds Max 中的大气环境效果可以用来模拟自然界中的云、雾、火和体积光等环境效果。使用这些特殊环境效果可以逼真地模拟出自然界的各种气候，同时还可以增加场景的景深感，使场景显得更为广阔，有时还能起到烘托场景气氛的作用，其参数设置面板如图 10-6 所示。

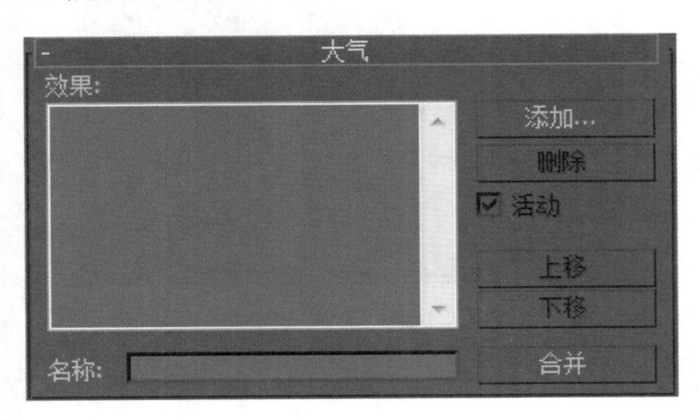

图 10-6 “大气”卷展栏

知识解析：“大气”卷展栏

- 效果：显示已添加的效果名称。
- 名称：为列表中的效果自定义名称。
- 添加：单击该按钮，打开“添加大气效果”对话框，在该对话框中可添加大气效果，如图 10-7 所示。

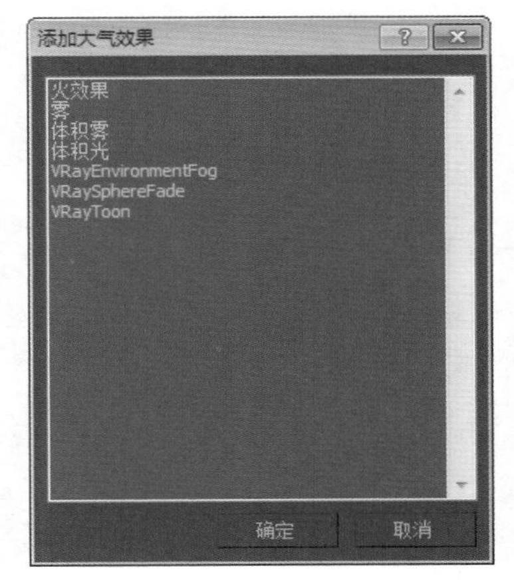

图 10-7 添加大气效果

- 删除：在“效果”列表中选择效果以后，单击该按钮可删除选中的大气效果。
- 活动：选中该复选框可以启用添加的大气效果。
- 上移 / 下移：更改大气效果的应用顺序。
- 合并：合并其他 3ds Max 场景文件中的效果。

1. 火效果

使用“火效果”环境可以制作出火焰、烟雾和爆炸等效果，如图 10-8 所示。“火效果”不产生任何照明效果，若要模拟产生的灯光效果，可以用灯光来实现，其参数设置面板如图 10-9 所示。

图 10-8 火效果

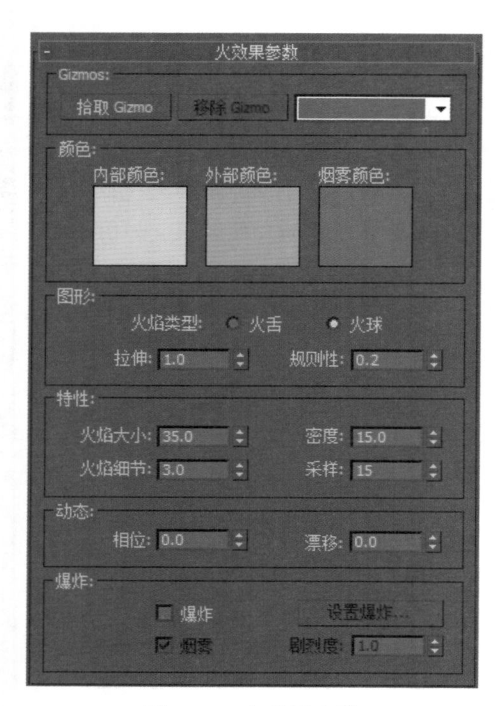

图 10-9　火效果参数

实例操作：蜡烛燃烧

本例将使用火效果制作蜡烛。首先打开素材文件，使用“辅助对象”创建面板中的球体 Gizmo 创建一球体大气装置，接着使用缩放工具将其拉伸；最后添加火效果并设置其参数，完成蜡烛燃烧的制作，实例效果如图 10-10 所示。

图 10-10　蜡烛燃烧

具体操作步骤如下。

Step 1 ▶ 新建一个空白场景文件，打开配套光盘 \ 第 10 章 \ 素材文件 \“蜡烛 .max”文件，如图 10-11 所示。

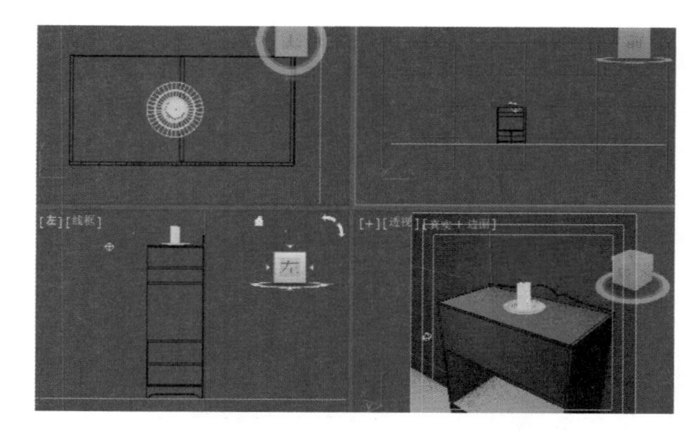

图 10-11　打开素材

Step 2 ▶ 单击“辅助对象”创建面板中的 球体 Gizmo 按钮，在顶视图中创建一球体大气装置并调整到烛芯位置，再利用缩放工具将其拉伸，如图 10-12 所示。

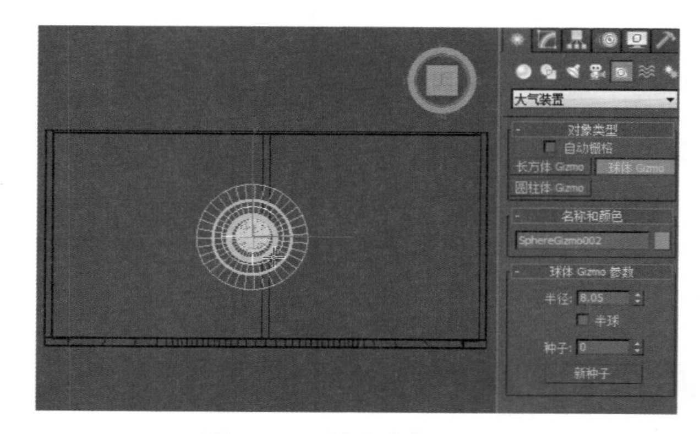

图 10-12　创建球体 Gizmo

Step 3 ▶ 在“修改”面板的“大气和效果”卷展栏中为其添加一个“火效果”特效，如图 10-13 所示。

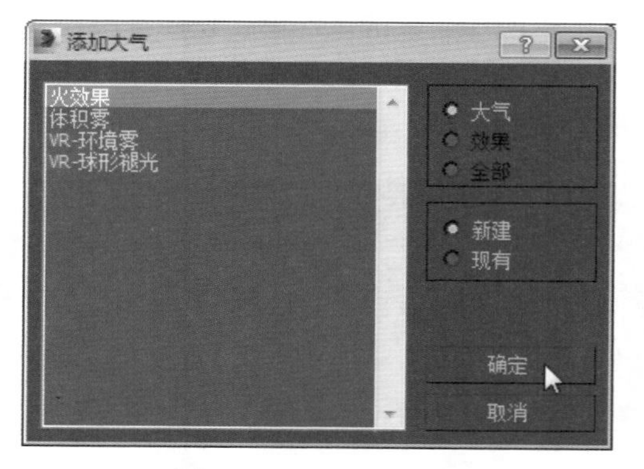

图 10-13　添加火效果

Step 4 ▶ 在“球体 Gizmo 参数”卷展栏中设置“半径”为 253.101，“种子”为 0，如图 10-14 所示。

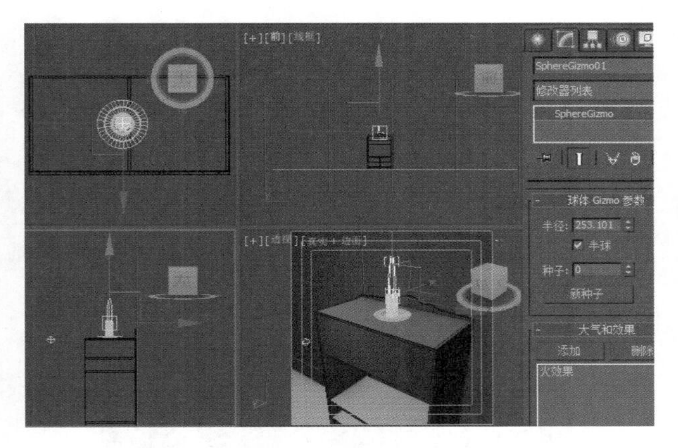
图 10-14　设置参数

Step 5 ▶ 单击“大气和效果”卷展栏中的 设置 按钮，弹出“环境和效果”对话框，再展开“火效果参数”卷展栏，单击“内部颜色”下的颜色框，打开“颜色选择器：内部颜色”对话框，并设置其参数，如图 10-15 所示。

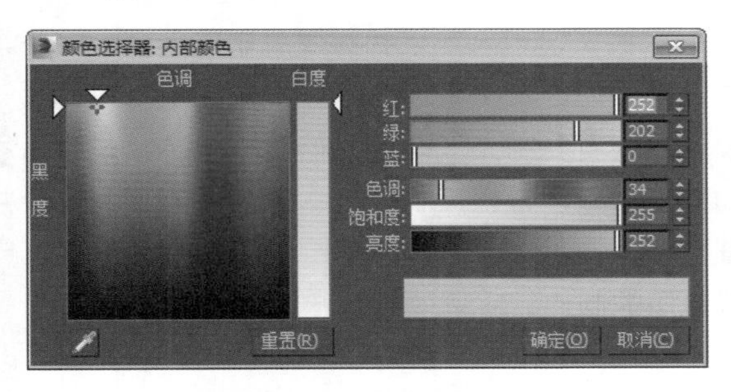

图 10-15　设置颜色值（1）

Step 6 ▶ 单击“外部颜色”下的颜色框，打开“颜色选择器：外部颜色”对话框，并设置其参数，如图 10-16 所示。

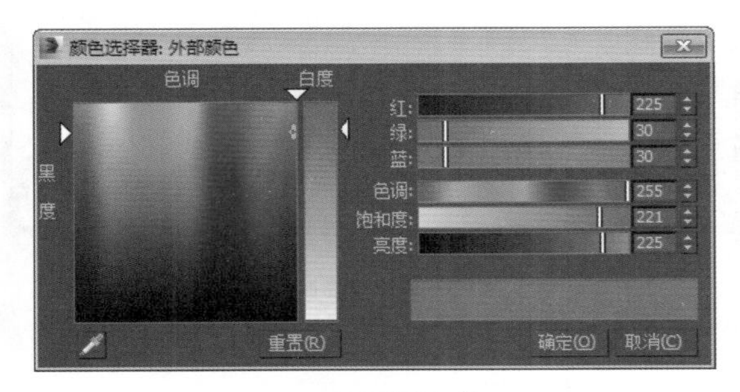

图 10-16　设置颜色值（2）

Step 7 ▶ 单击“烟雾颜色”下的颜色框，打开“颜色选择器：烟雾颜色”对话框，并设置其参数，如图 10-17 所示。

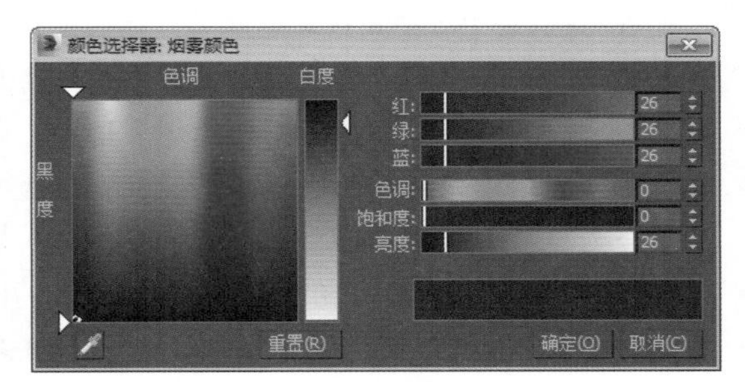

图 10-17　设置颜色值（3）

Step 8 ▶ 设置完成后的效果如图 10-18 所示。最后选择透视图，单击工具栏中的“渲染”按钮渲染模型。

图 10-18　显示效果

知识解析：“火效果参数”卷展栏

- 拾取 Gizmo：单击该按钮，可以拾取场景中要产生火效果的 Gizmo 对象。
- 移除 Gizmo：单击该按钮，可以移除列表中所选的 Gizmo，移除 Gizmo 后，Gizmo 仍在场景中，但是不产生火效果。
- 内部颜色：设置火焰中最密集部分的颜色。
- 外部颜色：设置火焰中最稀薄部分的颜色。
- 烟雾颜色：当选中“爆炸”复选框时，该选项才可以使用，主要用来设置爆炸的烟雾颜色。

- 火焰类型：共有“火舌”和“火球”两种类型。“火舌”是沿着中心使用纹理创建带方向的火焰，这种火焰类似于篝火，其方向沿着火焰装置的局部 Z 轴；“火球”是创建圆形的爆炸火焰。
- 拉伸：将火焰沿着装置的 Z 轴进行绽放，该选项最适合创建“火舌”火焰。
- 规则性：修改火焰填充装置的方式，范围为 0 ～ 1。
- 火焰大小：设置装置中各个火焰的大小。装置越大，需要的火焰也越大，使用 15 ～ 30 范围内的值可以获得最佳的火效果。
- 火焰细节：控制每个火焰中显示的颜色更改量和边缘的尖锐度，范围为 0 ～ 10。
- 密度：设置火焰效果的不透明度和亮度。
- 采样：设置火焰效果的采样率。值越高，生成的火焰效果越细腻，但是会增加渲染时间。
- 相位：控制火焰效果的速率。
- 漂移：设置火焰沿着火焰装置的 Z 轴的渲染方式。
- 爆炸：选中该复选框后，火焰将产生爆炸效果。
- 设置爆炸：单击该按钮，打开“设置爆炸相位曲线”对话框，在该对话框中可以调整爆炸的“开始时间”和“结束时间”。
- 烟雾：控制爆炸是否产生烟雾。
- 剧烈度：改变“相位”参数的涡流效果。

2. 雾效果

使用“雾”环境可以制作出雾、烟雾和蒸汽等特殊环境效果，如图 10-19 所示。“雾”效果的类型分为“标准”和“分层”两种，其参数设置面板如图 10-20 所示。

图 10-19　雾效果

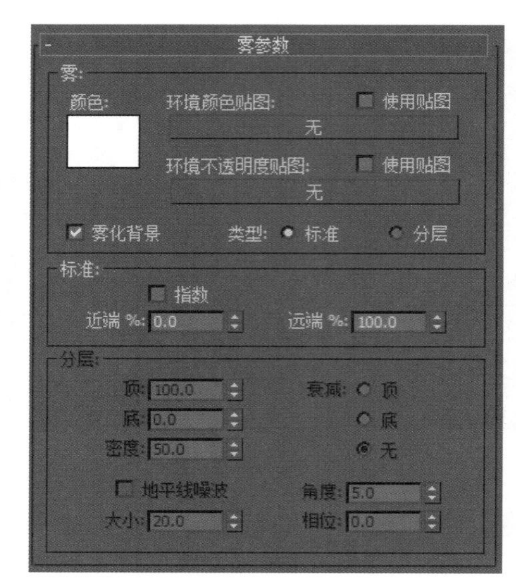

图 10-20　雾参数

实例操作：制作云海效果

本例将使用火效果和雾效果制作云海。打开素材文件后，首先使用长方体 Gizmo 创建长方体大气装置，接着复制大气装置并调整相关参数，然后添加雾效果并设置相关参数和颜色，再添加火效果并进行相关设置，最后创建贴图并进行相关设置，完成云海的制作，实例效果如图 10-21 所示。

图 10-21　云海效果

具体操作步骤如下。

Step 1 ▶ 打开 3ds Max 2014，新建一个空白场景文件，打开配套光盘 \ 第 10 章 \ 素材文件 \ “云海 .max” 文件，打开场景如图 10-22 所示。

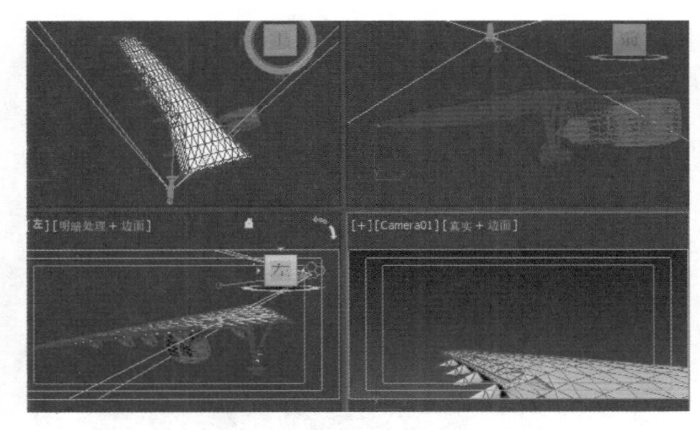

图 10-22　打开素材

Step 2 ▶ 单击“辅助对象”创建面板中“大气装置”层级下的 长方体 Gizmo 按钮，在顶视图中创建一个长方体大气装置，创建效果和设置参数如图 10-23 所示。

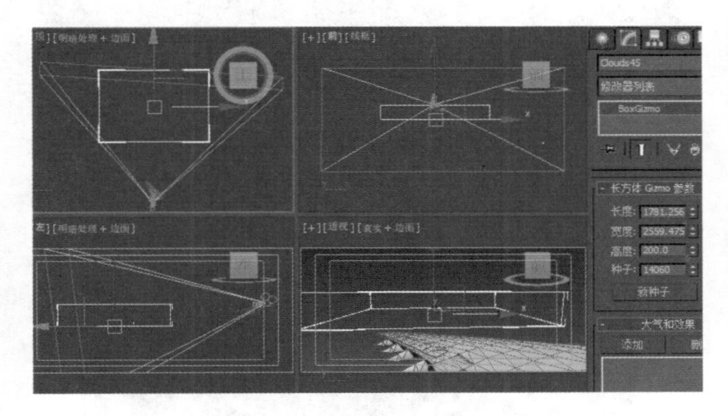

图 10-23　创建长方体 Gizmo

Step 3 ▶ 将大气装置在顶视图中以“复制”的方式复制一个，调整位置和修改参数如图 10-24 所示。

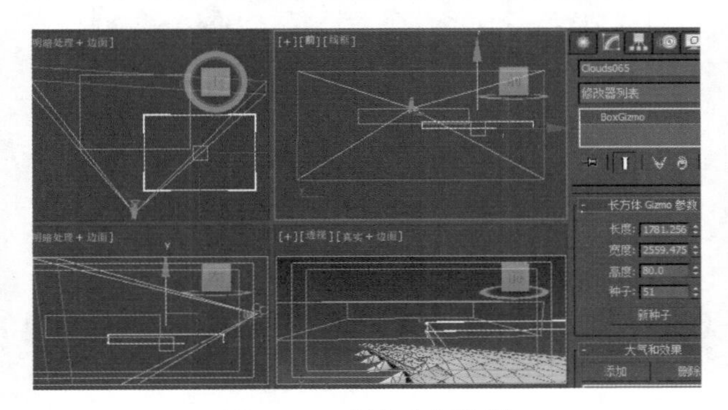

图 10-24　复制大气装置

Step 4 ▶ 使用同样方法，再次将 Step3 中复制的大气装置以“复制”的方式复制一个，调整位置和修改参数，如图 10-25 所示。

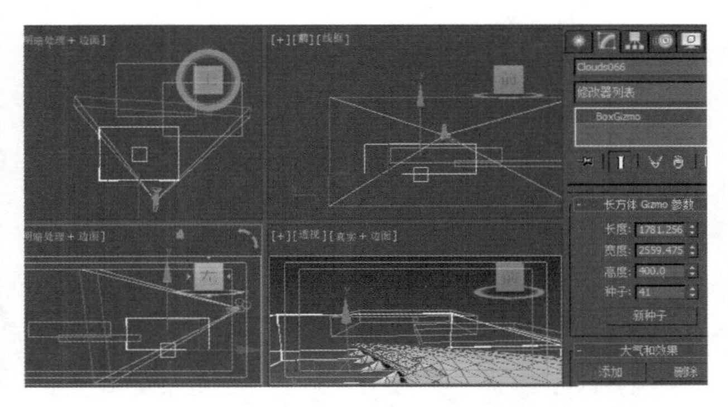

图 10-25　复制大气装置

Step 5 ▶ 继续将 Step4 中复制的大气装置以“复制”的方式复制一个，调整位置和修改参数如图 10-26 所示。

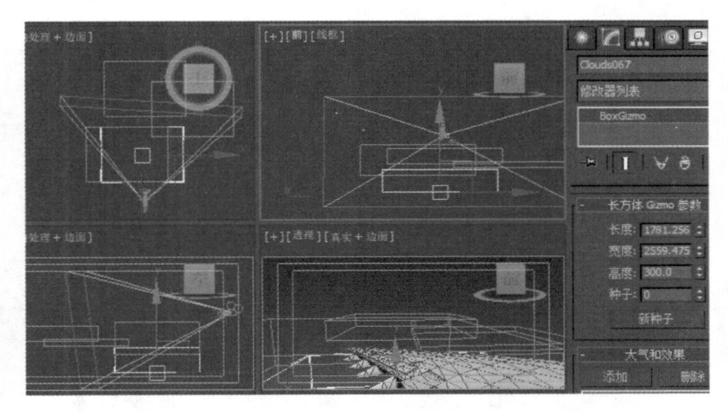

图 10-26　复制大气装置

Step 6 ▶ 继续将 Step5 中复制的大气装置以“复制”的方式复制一个，调整位置和修改参数，如图 10-27 所示。

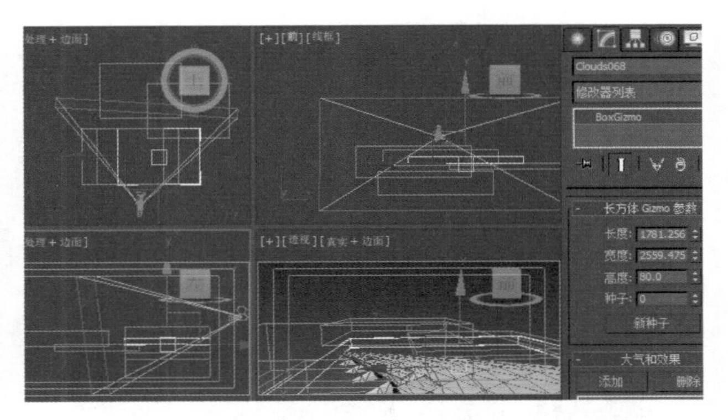

图 10-27　复制大气装置

Step 7 ▶ 选择所有的大气装置，在顶视图中将其以“实例”的方式复制 3 次，并在前视图中调整它们的位置，效果如图 10-28 所示。

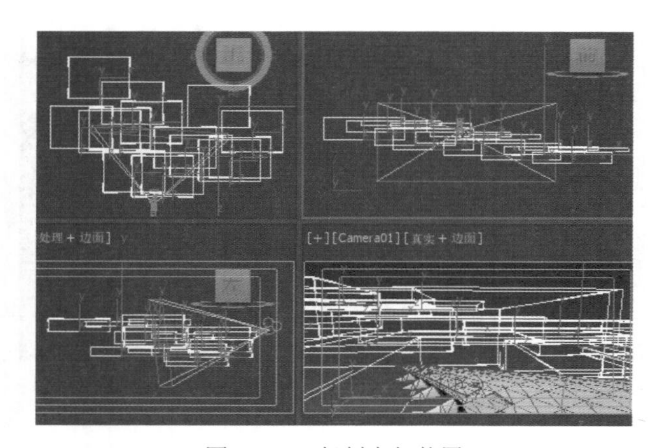

图 10-28　复制大气装置

Step 8 ▶ 制作环境特效，执行“渲染”→“环境”命令，在弹出的“环境和效果”对话框中单击“大气”卷展栏中的“添加”按钮，在弹出的“添加大气效果”对话框中选择“雾”，然后单击“确定”按钮，如图 10-29 所示。

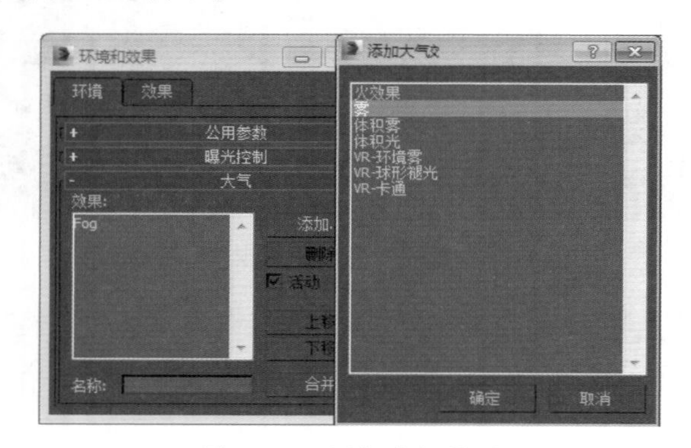

图 10-29　添加大气效果

Step 9 ▶ 进入“雾参数”卷展栏，单击“雾”选项组中的颜色框按钮，在弹出的“颜色选择器：雾颜色”对话框中设置雾的颜色参数，如图 10-30 所示。

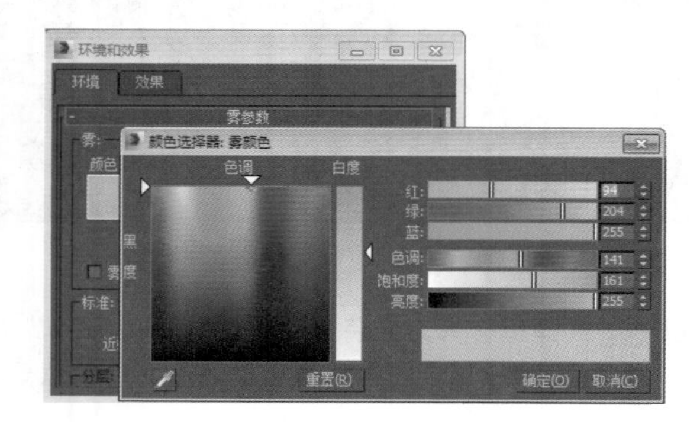

图 10-30　设置颜色

Step 10 ▶ 制作大气装置的环境特效，执行“渲染”→“环境”命令，在弹出的“环境和效果”对话框中单击“大气”卷展栏中的“添加”按钮，在弹出的“添加大气效果”对话框中选择“火效果”，然后单击“确定”按钮，如图 10-31 所示。

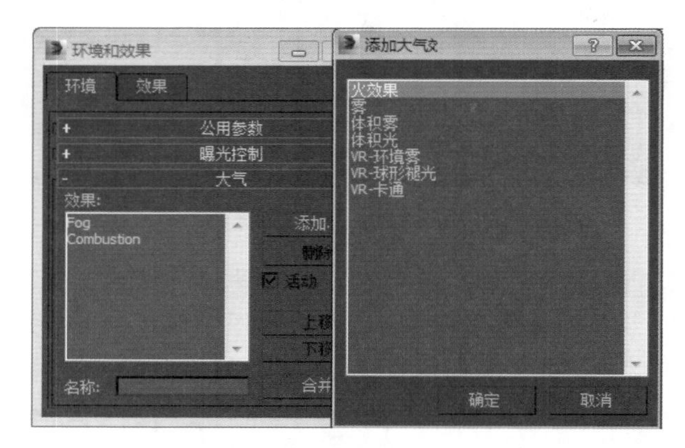

图 10-31　添加大气效果

Step 11 ▶ 添加“火效果”特效后，即可展开“火效果参数”卷展栏，单击 Gizmo 选项组中的“拾取 Gizmo”按钮，如图 10-32 所示。

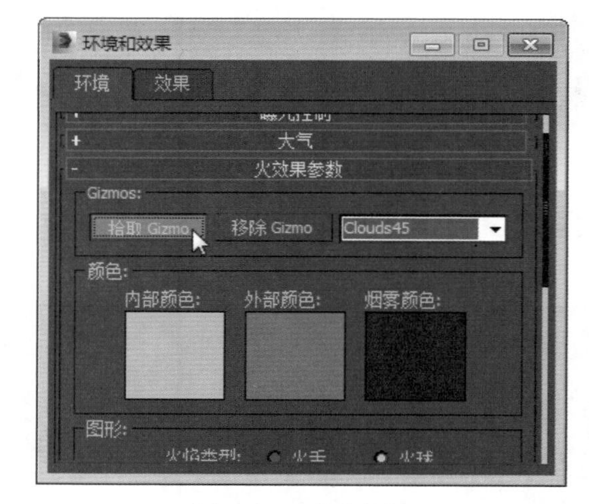

图 10-32　单击按钮

Step 12 ▶ 按 H 键，在弹出的“拾取对象”对话框中单击“全部”按钮，再单击“拾取”按钮，即可将“火效果”特效指定给所有的大气装置，如图 10-33 所示。

Step 13 ▶ 设置“火效果参数”卷展栏中“颜色”选项组的“内部颜色”颜色参数，如图 10-34 所示。

Step 14 ▶ 设置“外部颜色”的颜色参数，如图 10-35 所示。

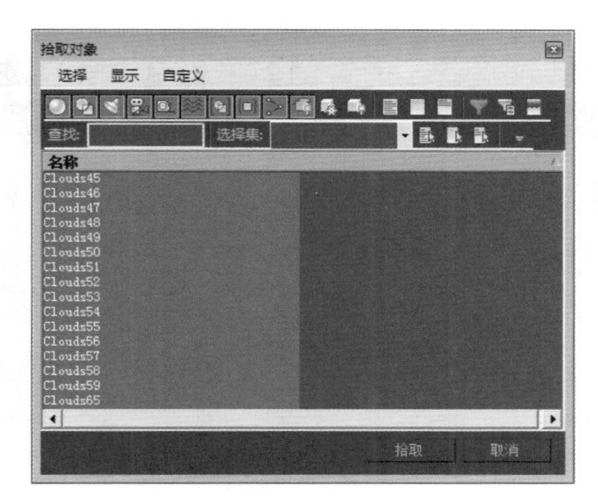

图 10-33　拾取对象

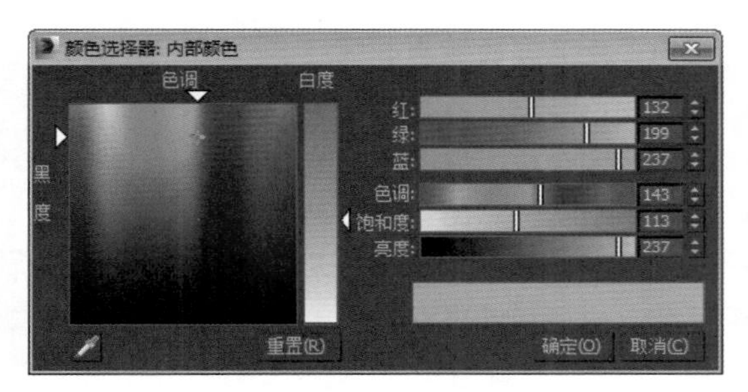

图 10-34　设置颜色

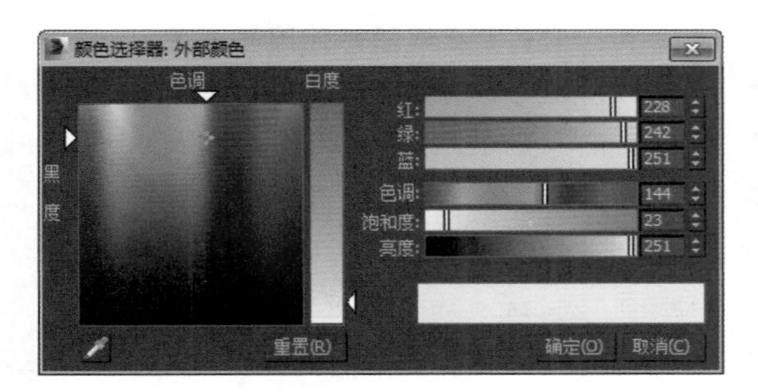

图 10-35　设置颜色

Step 15 设置“烟雾颜色”的颜色参数，如图 10-36 所示。

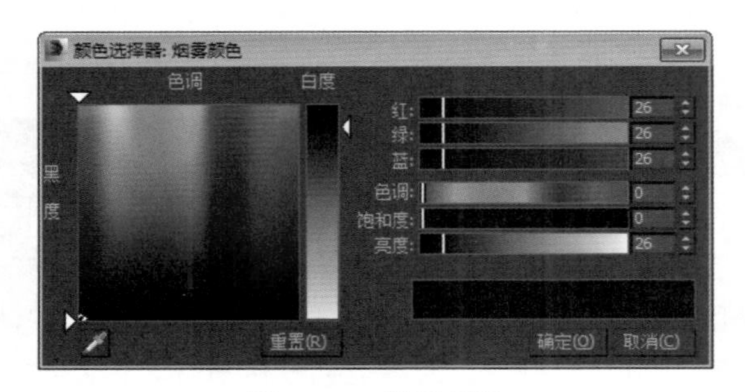

图 10-36　设置颜色

Step 16 使用“选择并移动”工具将两组花朵移动到花瓶中，再将另一丛花朵也移动到花瓶中，如图 10-37 所示。

图 10-37　设置参数

Step 17 制作天空环境，打开“环境和效果”对话框，单击“公用参数”卷展栏中“环境贴图”下的 None 按钮，在弹出的“材质 / 贴图浏览器”对话框中选择“渐变”贴图类型，如图 10-38 所示。

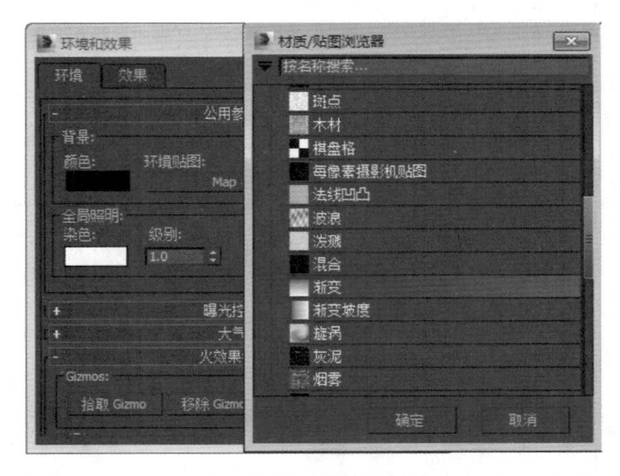

图 10-38　添加贴图

Step 18 将“公用参数”卷展栏下“环境贴图”贴图通道中的“渐变”贴图用鼠标将其拖曳到材质编辑器中的任意一个空白材质样本球上，并在弹出的对话框中选择“实例”，如图 10-39 所示。

Step 19 进入“渐变参数”卷展栏，单击“颜色 1”、“颜色 2”和“颜色 3”右侧的颜色框按钮，在弹出的“颜色选择器”中设置颜色参数，分别如图 10-40 ~

图 10-42 所示。

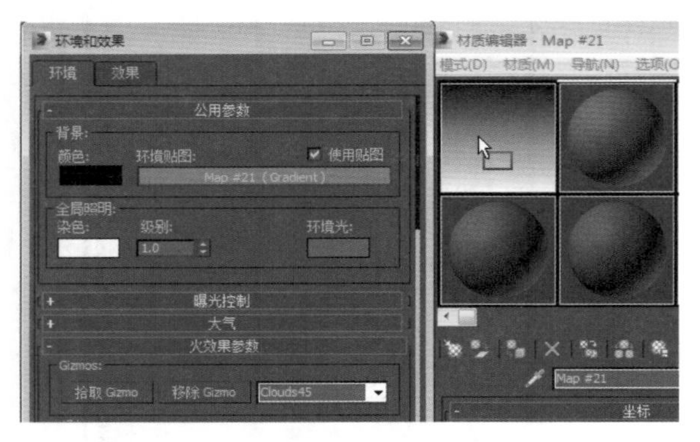

图 10-39　复制贴图

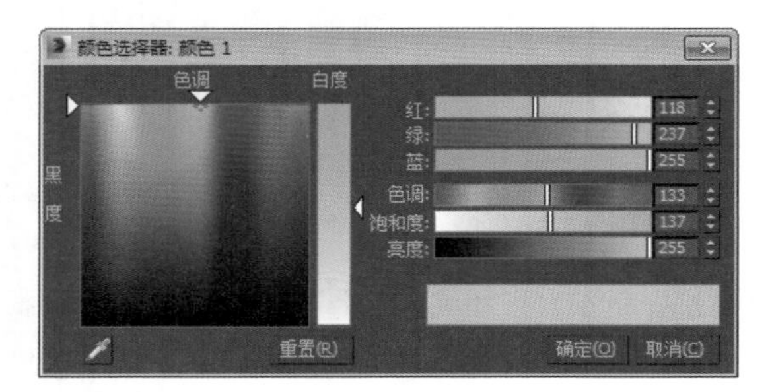

图 10-40　设置颜色 1

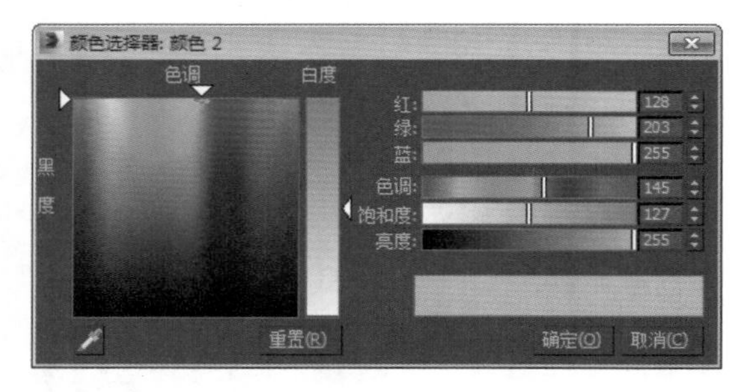

图 10-41　设置颜色 2

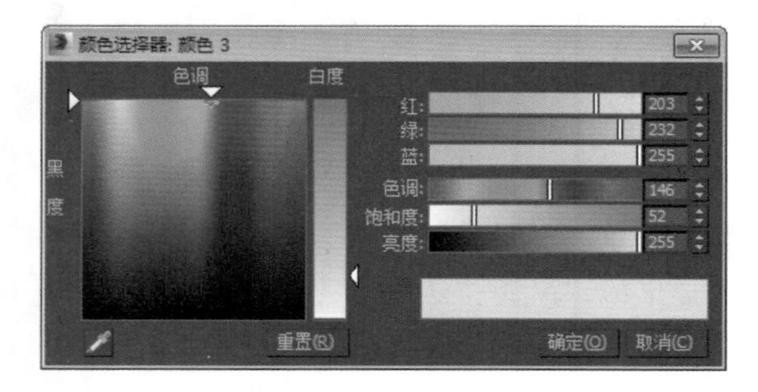

图 10-42　设置颜色 3

Step 20 ▶ 选择摄像机视图，单击工具栏中的“渲染“按钮将其渲染，渲染结果如图 10-43 所示。

图 10-43　渲染模型

知识解析：“雾参数”卷展栏

- 颜色：设置雾的颜色。
- 环境颜色贴图：从贴图导出雾的颜色。
- 使用贴图：使用贴图来产生雾效果。
- 环境不透明度贴图：使用贴图来更改雾的密度。
- 雾化背景：将雾应用于场景的背景。
- 标准：使用标准雾。
- 分层：使用分层雾。
- 指数：随距离按指数增大密度。
- 近端 %：设置雾在近距离范围的密度。
- 远端 %：设置雾在远距离范围的密度。
- 顶：设置雾层的上限（使用世界单位）。
- 底：设置雾层的下限（使用世界单位）。
- 密度：设置雾的总体密度。
- 衰减顶 / 底 / 无：添加指数衰减效果。
- 地平线噪波：启用“地平线噪波”系统。“地平线噪波”系统仅影响雾层的地平线，用来增强雾的真实感。
- 大小：应用于噪波的绽放系数。
- 角度：确定受影响的雾与地平线的角度。
- 相位：用来设置噪波动画。

3. 体积雾

“体积雾”环境可以允许在一个限定的范围内设置和编辑雾效果。“体积雾”和“雾”最大的一个区别在于“体积雾”是三维的雾，是有体积的。“体积雾”用来模拟烟、云等有体积的气体，其参数设置面板如图 10-44 所示。

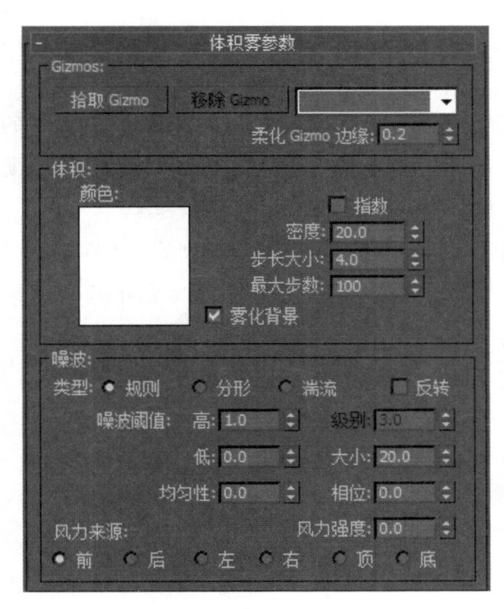

图 10-44　体积雾参数

知识解析：“体积雾参数”卷展栏

- 拾取 Gizmo：单击该按钮，可以拾取场景中要产生体积雾效果的 Gizmo 对象。
- 移除 Gizmo：单击该按钮，可以移除列表中所选的 Gizmo，移除 Gizmo 后，Gizmo 仍在场景中，但是不再产生体积雾效果。
- 柔化 Gizmo 边缘：羽化体积雾效果的边缘。值越大，边缘越柔滑。
- 颜色：设置雾的颜色。
- 指数：随距离按指数增大密度。
- 密度：控制雾的密度，范围为 0 ~ 20。
- 步长大小：确定雾采样的粒度，即雾的“细度”。
- 最大步数：限制采样量，以便雾的计算不会永远执行。该选项适合于雾密度较小的场景。
- 雾化背景：将体积雾应用于场景的背景。
- 类型：有规则、分形、湍流和反转 4 种类型可供选择。
- 噪波阈值：限制噪波效果，范围为 0 ~ 1。
- 级别：设置噪波迭代应用的次数，范围为 1 ~ 6。
- 大小：设置烟卷或雾卷的大小。
- 相位：控制风的种子。如果“风力强度”大于 0，雾体积会根据风向来产生动画。
- 风力强度：控制烟雾远离风向（相对于相位）的速度。
- 风力来源：定义风来自于哪个方向。

4. 体积光

“体积光”环境可以用来制作带有光束的光线，可以指定给灯光（部分灯光除外，如 VRay 太阳）。这种体积光可以被物体遮挡，从而形成光芒透过缝隙的效果，常用来模拟树与树之间的缝隙中透过的光束，如图 10-45 所示。其参数设置面板如图 10-46 所示。

图 10-45　体积光效果

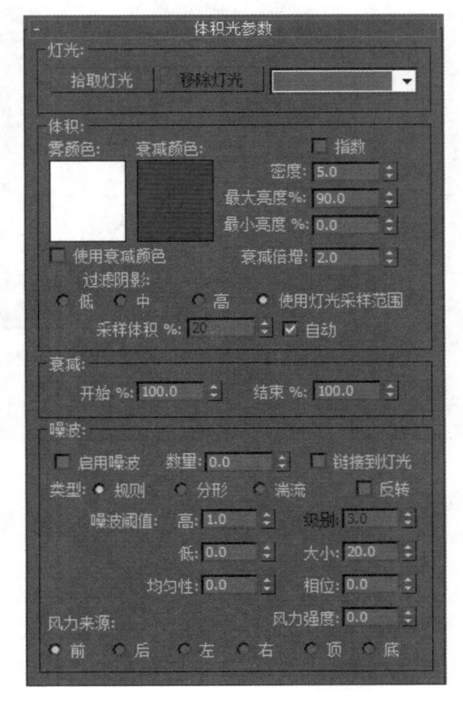

图 10-46　体积光参数

知识解析：“体积光参数”卷展栏

- 拾取灯光：单击该按钮，可以拾取要产生体积光的光源。
- 移除灯光：将灯光从列表中移除。
- 雾颜色：设置体积光产生的雾的颜色。
- 衰减颜色：体积光随距离而衰减。
- 指数：随距离按指数增大密度。
- 密度：控制雾的密度。
- 最大 / 最小亮度 %：设置可以达到的最大和最小的光晕效果。
- 衰减倍增：设置“衰减颜色”的强度。
- 过滤阴影：通过提高采样率（以增加渲染时间为代价）来获得更高质量的体积光效果，包括低、中、高 3 个级别。
- 使用灯光采样范围：根据灯光阴影参数中的“采样范围”值来使体积光中投射的阴影变模糊。
- 采样体积 %：控制体积的采样率。
- 自动：自动控制“采样体积 %”的参数。
- 开始 %/ 结束 %：设置灯光效果开始和结束衰减的百分比。
- 启用噪波：控制是否启用噪波效果。
- 数量：应用于雾的噪波的百分比。
- 链接到灯光：将噪波效果链接到灯光对象。

10.2 效果

在“效果”选项卡中可以为场景添加 Hair 和 Fur（头发和毛发）、镜头效果、模糊、亮度和对比度、色彩平衡、景深、文件输出、胶片颗粒、运动模糊和 VRay 镜头特效等效果，如图 10-47 所示。

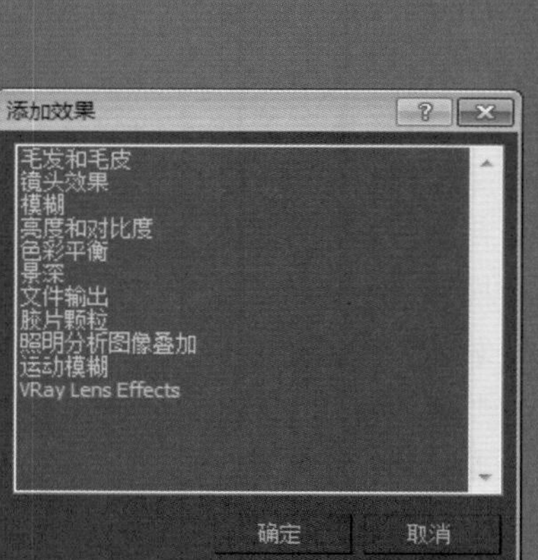

图 10-47　添加效果

10.2.1 镜头效果

使用“镜头效果”可以模拟照相机拍照时镜头所产生的光晕效果，这些效果包括光晕、光环、射线、自动二级光斑、手动二级光斑、星形和条纹，如图 10-48 所示。

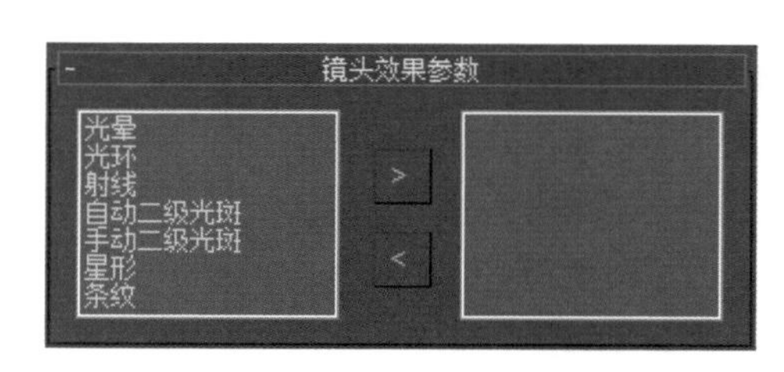

图 10-48　“镜头效果参数”卷展栏

?答疑解惑：

怎么添加和删除镜头效果？

在“镜头效果参数”卷展栏中选择镜头效果，如“光环”，单击 > 按钮，如图 10-49 所示，即可将其加载到右侧的列表中，如图 10-50 所示。

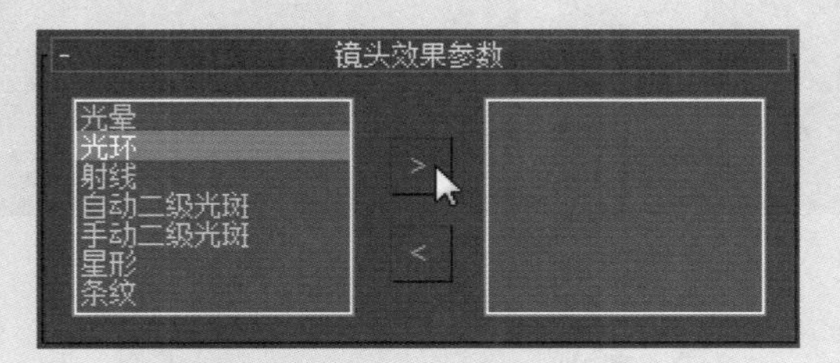

图 10-49 添加效果

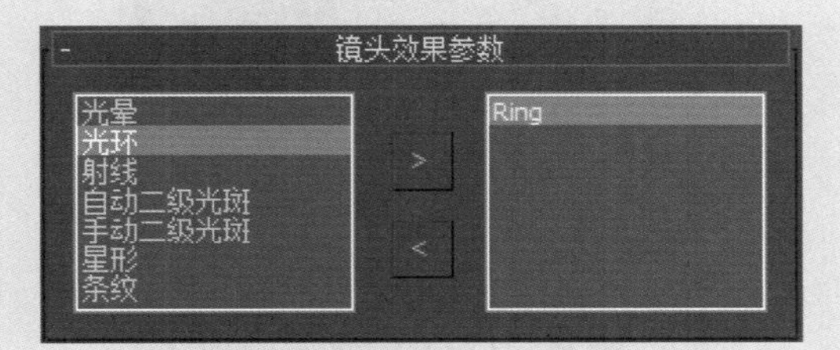

图 10-50 显示结果

在右侧的列表中选择要删除的镜头效果，如“条纹”，单击 < 按钮，如图 10-51 所示，即可将其在右侧的列表中删除，如图 10-52 所示。

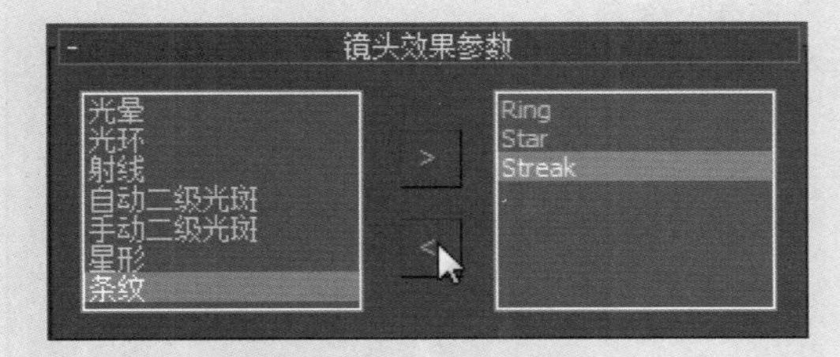

图 10-51 删除效果

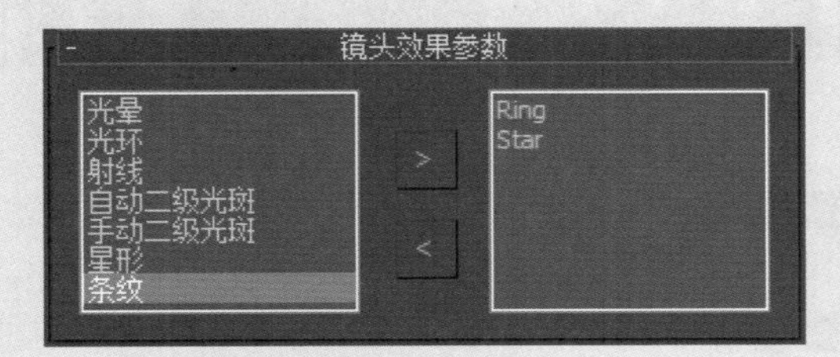

图 10-52 显示结果

“镜头效果”包含一个“镜头效果全局”卷展栏，该卷展栏分为“参数”和“场景”两个选框卡，如图 10-53 和图 10-54 所示。

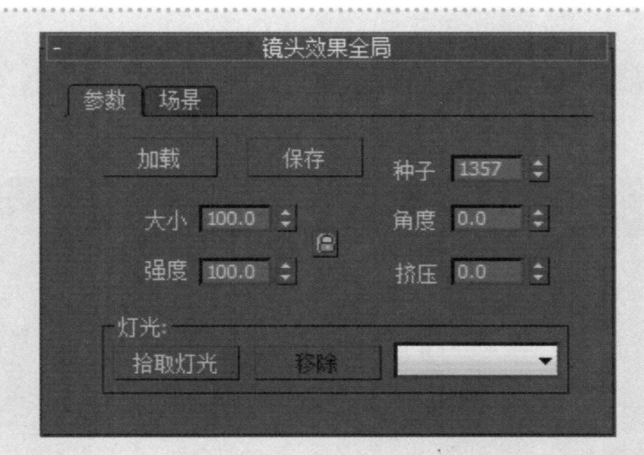

图 10-53 “参数”选项卡

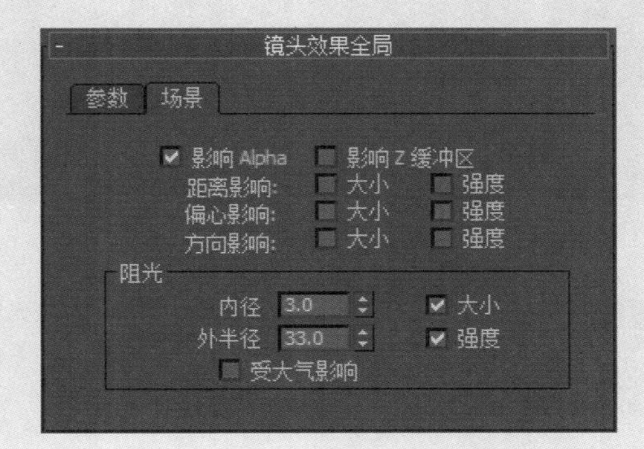

图 10-54 “场景”选项卡

实例操作：制作恒星效果

本例将使用镜头效果中的光晕制作恒星效果。首先打开素材文件，使用泛光灯创建一盏泛光灯，接着添加“镜头效果”中的光晕，最后设置“光晕元素”完成恒星效果的制作，实例效果如图 10-55 所示。

图 10-55 恒星效果

具体操作步骤如下。

Step 1 ▶ 打开 3ds Max 2014，打开配套光盘\第 10 章\素材库\“恒星 .max”文件，如图 10-56 所示。

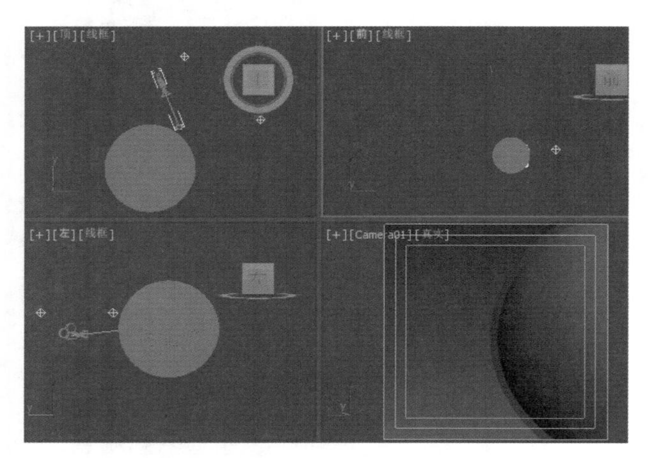

图 10-56　打开素材

Step 2 ▶ 制作恒星，单击灯光创建面板中的 泛光灯 按钮，在顶视图中创建一盏泛光灯，调整位置和设置参数，如图 10-57 所示。

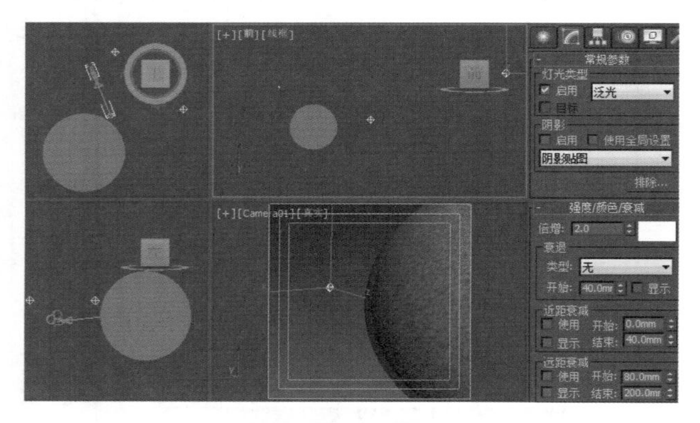

图 10-57　设置参数

Step 3 ▶ 确认选择泛光灯，进入“修改”面板并展开“大气和效果”卷展栏，单击“添加”按钮，在弹出的“添加大气或效果”对话框中选择“镜头效果”选项，然后再单击“确定”按钮，现在镜头特效列在“大气和效果”卷展栏中，如图 10-58 所示。

Step 4 ▶ 单击“大气和效果”卷展栏中的“设置”按钮，进入“环境和效果”对话框，如图 10-59 所示。

Step 5 ▶ 进入“镜头效果参数”卷展栏，选择左侧列表中的 Glow 选项，单击右箭头 > 按钮将效果移至右侧列表中，如图 10-60 所示。

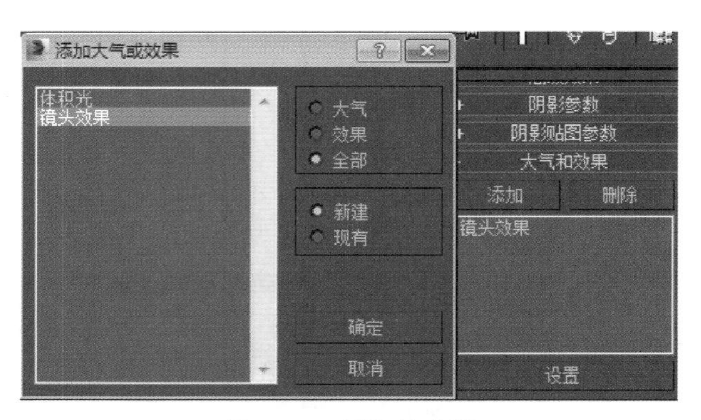

图 10-58　添加修改器

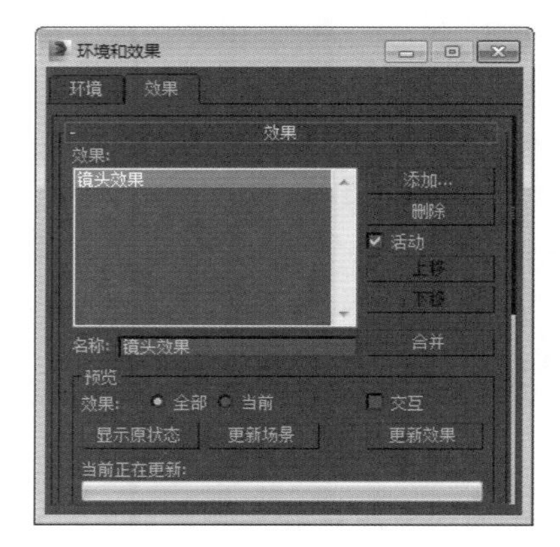

图 10-59　“环境和效果”对话框

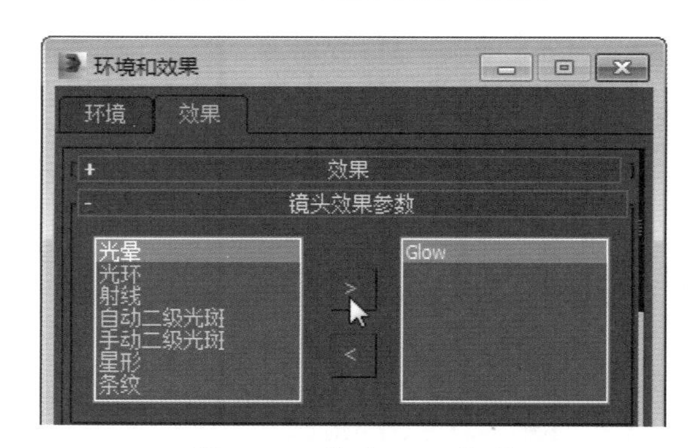

图 10-60　移动 Glow 选项

Step 6 ▶ 完成上一步操作后，即可显示出“光晕元素”卷展栏，设置卷展栏中各项参数如图 10-61 所示。

Step 7 ▶ 单击“径向颜色”选项组中的中心颜色框按钮，并在弹出的颜色选择器中设置其参数，如图 10-62 所示。

Step 8 ▶ 单击“径向颜色”选项组中的边缘颜色框按钮，并在弹出的颜色选择器中设置其参数，如图 10-63 所示。

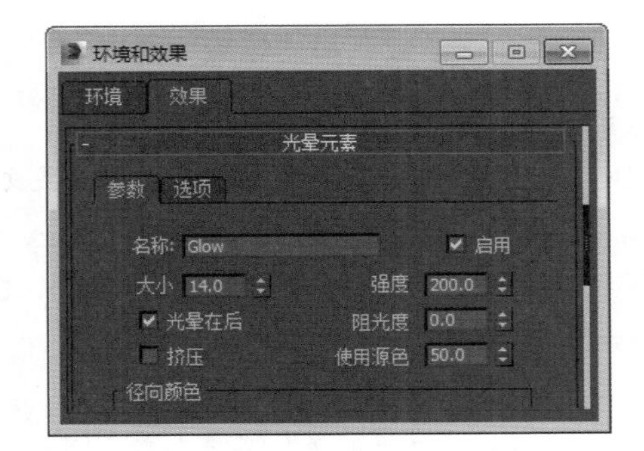

图 10-61 “光晕元素”卷展栏

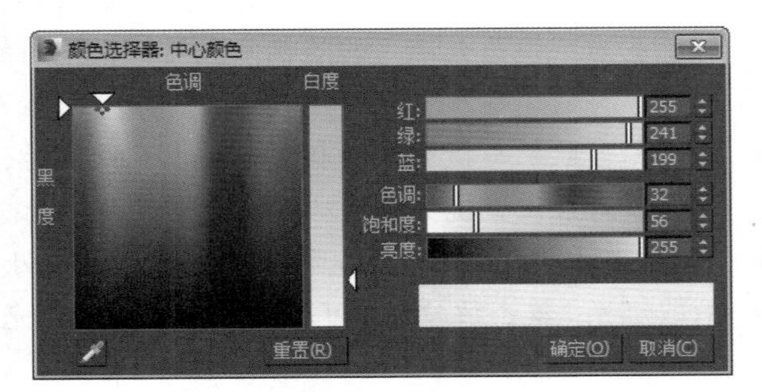

图 10-62 设置参数

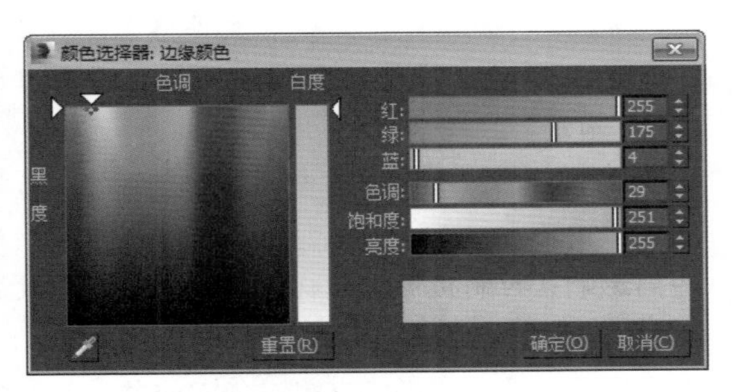

图 10-63 设置参数

Step 9 ▶ 返回到“镜头效果参数”卷展栏，使用同样的方法将Ring选项移至右侧的列表中，然后进入“光环元素”卷展栏，如图10-64所示。

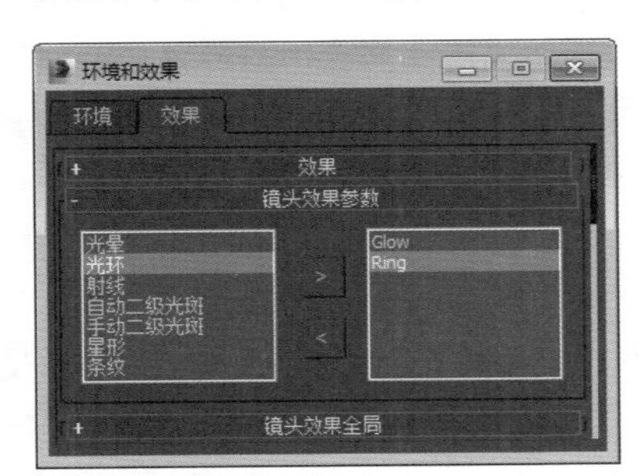

图 10-64 移动Ring选项

Step 10 ▶ 设置其参数，如图10-65所示。

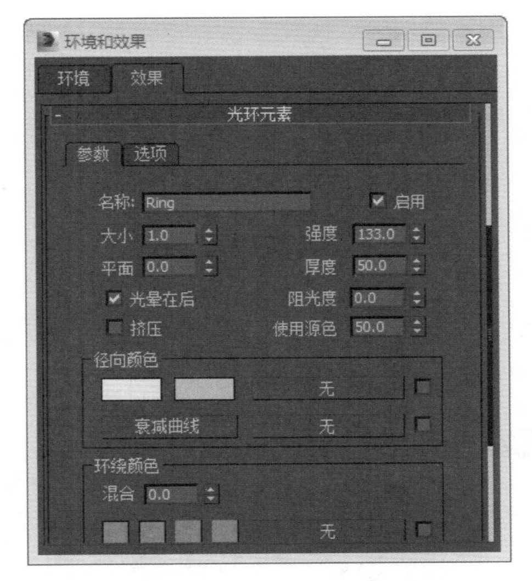

图 10-65 “光环元素”卷展栏

Step 11 ▶ 单击“径向颜色”选项组中的中心颜色框按钮，并在弹出的颜色选择器中设置其参数，如图10-66所示。

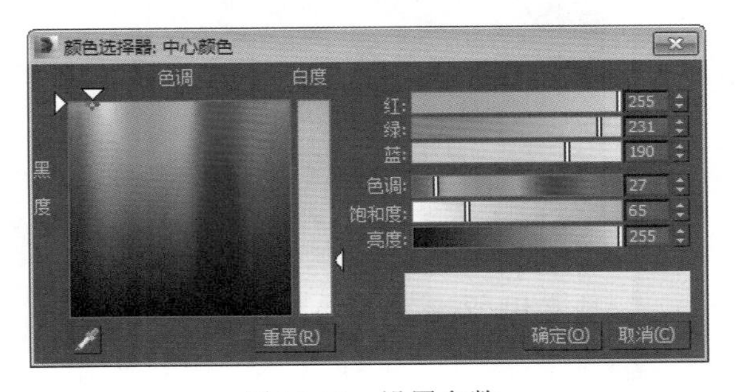

图 10-66 设置参数

Step 12 ▶ 单击“径向颜色”选项组中的边缘颜色框按钮，并在弹出的颜色选择器中设置其参数，如图10-67所示。

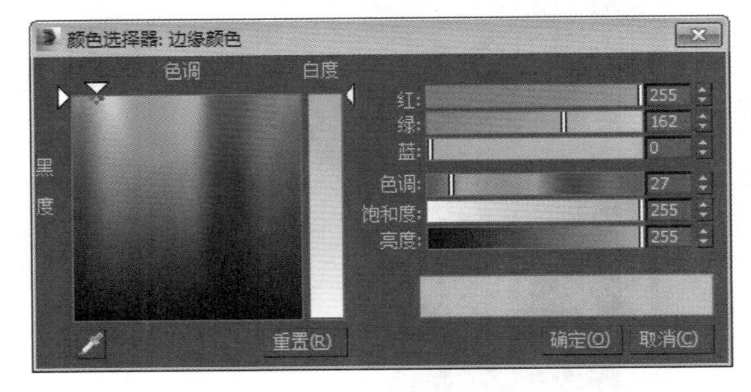

图 10-67 设置参数

Step 13 ▶ 再次转到“镜头效果参数”卷展栏，使用同样的方法将Star选项移至右侧的列表中，然后进入“星形元素”卷展栏，如图10-68所示。

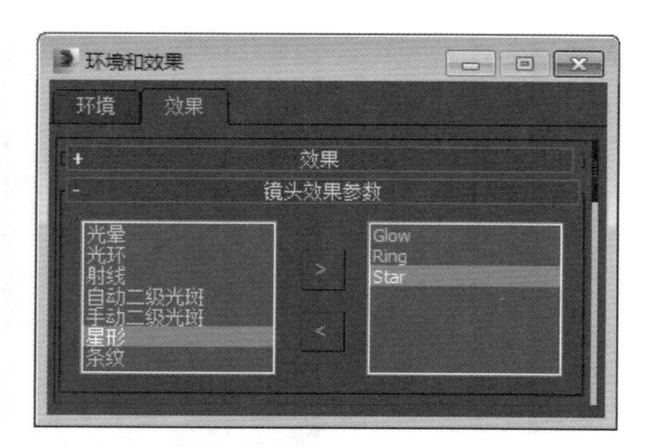

图 10-68　移动 Star 选项

Step 14 ▶设置其参数，如图 10-69 所示。

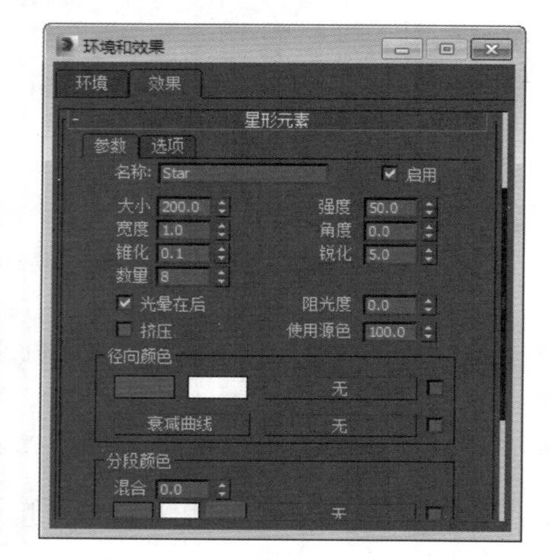

图 10-69　“星形元素”卷展栏

Step 15 ▶将泛光灯命名为“恒星”并选择摄像机视图，单击工具栏中的按钮，渲染摄像机视图，渲染结果如图 10-70 所示。

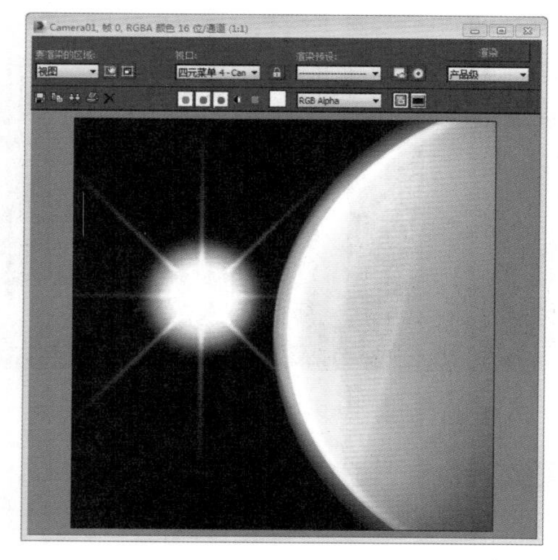

图 10-70　渲染结果

知识解析：“参数”和“场景”选项卡

（1）“参数”面板

- 加载：单击该按钮，打开“加载镜头效果文件”对话框，在该对话框中可选择要加载的 lzv 文件。
- 保存：单击该按钮，打开“保存镜头效果文件”对话框，在该对话框中可保存 lzv 文件。
- 大小：设置镜头效果的总体大小。
- 强度：设置镜头效果的总体亮度和不透明度。值越大，效果越亮越不透明；值越小，效果越暗越透明。
- 种子：为“镜头效果”的随机生成器提供不同的起点，并创建略有不同的镜头效果。
- 角度：当效果与摄影机的相对位置发生改变时，该选项用来设置镜头效果从默认位置的旋转量。
- 挤压：在水平方向或垂直方向挤压镜头的总体大小。
- 拾取灯光：单击该按钮，可以在场景中拾取灯光。
- 移除：单击该按钮，可以移除所选择的灯光。

（2）“场景”面板

- 影响 Alpha：如果图像以 32 位文件格式来渲染，那么该选项用来控制镜头效果是否影响图像的 Alpha 通道。
- 影响 Z 缓冲区：存储对象与摄影机的距离。Z 缓冲区用于光学效果。
- 距离影响：控制摄影机或视口的距离对光晕效果的大小和强度的影响。
- 偏心影响：产生摄影机或视口偏心的效果，影响其大小和强度。
- 方向影响：聚光灯相对于摄影机的方向，影响其大小或强度。
- 内径：设置效果周围的内径，另一个场景对象必须与内径相交才能完全阻挡效果。
- 外半径：设置效果周围的外径，另一个场景对象必须与外径相交才能开始阻挡效果。
- 大小：减小所阻挡效果的大小。
- 强度：减小所阻挡效果的强度。
- 受大气影响：控制是否允许大气效果阻挡镜头效果。

10.2.2 模糊

使用“模糊”效果可以通过 3 种不同的方法使

图像变得模糊，分别是均匀型、方向型和径向型。“模糊”效果根据“像素选择”选项卡下所选择的对象来应用各个像素，使整个图像变模糊，其参数包含“模糊类型”和“像素选择”两个部分，如图 10-71 和图 10-72 所示。

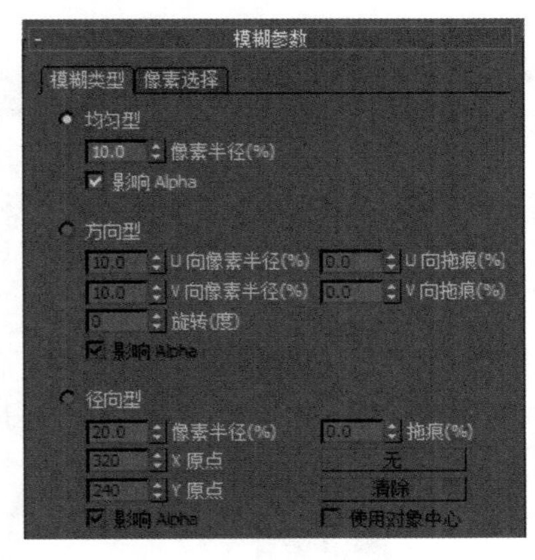

图 10-71　模糊类型

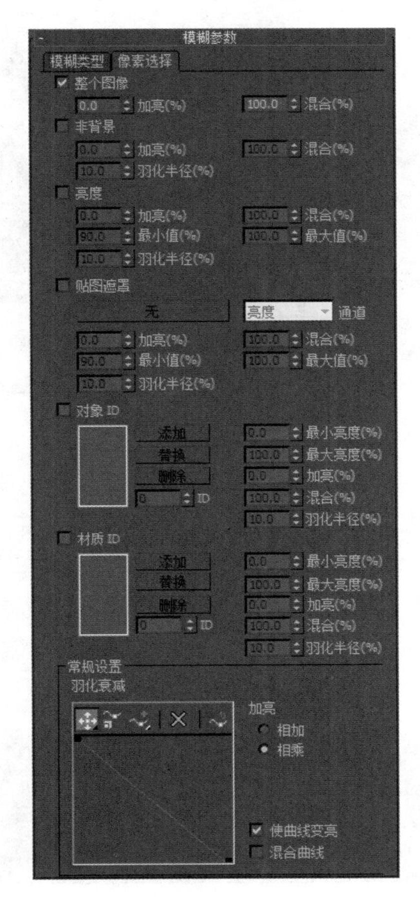

图 10-72　像素选择

知识解析：“模糊类型”和“像素选择”选项卡

（1）“模糊类型”选项卡

- 均匀型：将模糊效果均匀应用在整个渲染图像中。
- 方向型：按照“方向型”参数指定的任意方向应用模糊效果。
- 径向型：以径向的方式应用模糊效果。

（2）“像素选择”选项卡

- 整个图像：选中该复选框后，模糊效果将影响整个渲染图像。
- 非背景：选中该复选框后，模糊效果将影响除背景图像或动画以外的所有元素。
- 亮度：影响亮度值介于“最小值”和“最大值”微调器之间的所有像素。
- 贴图遮罩：通过在“材质/贴图浏览器”对话框中选择的通道和应用的遮罩来应用模糊效果。
- 对象 ID：如果对象匹配过滤器设置，会将模糊效果应用于对象或对象中具有特定对象 ID 的部分（在 G 缓冲区中）。
- 材质 ID：如果对象匹配过滤器设置，会将模糊效果应用于该材质或材质中具有特定材质效果通道的部分。
- 羽化衰减：使用曲线来确定基于图形的模糊效果的羽化衰减区域。

10.2.3 亮度和对比度

使用“亮度和对比度”效果可以调整图像的亮度和对比度，其参数设置面板如图 10-73 所示。

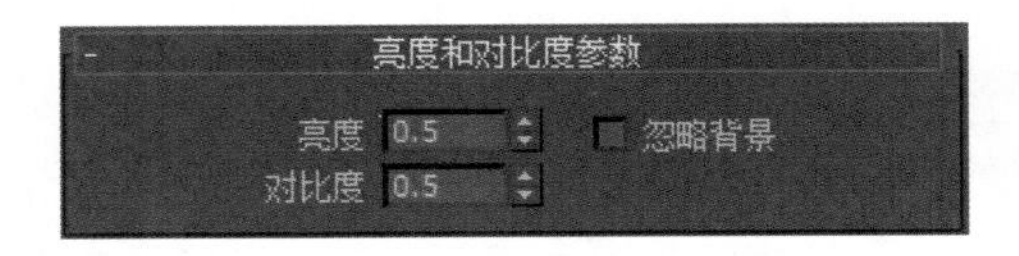

图 10-73　亮度和对比度参数

读书笔记

知识解析：“亮度和对比度参数”卷展栏

- 亮度：增加或减少所有色元（红色、绿色和蓝色）的亮度，取值范围为 0 ~ 1。
- 对比度：压缩或扩展最大黑色和最大白色之间的范围，取值范围为 0 ~ 1。
- 忽略背景：是否将效果应用于除背景以外的所有元素。

10.2.4 色彩平衡

使用“色彩平衡”效果可以通过调节青 - 红、洋红 - 绿、黄 - 蓝 3 个通道来改变场景或图像的色调，其参数设置面板如图 10-74 所示。

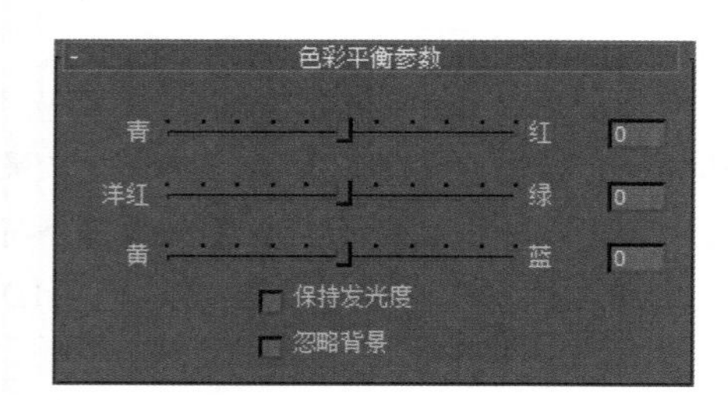

图 10-74　色彩平衡参数

知识解析：“色彩平衡参数”选项卡

- 青 - 红：调整“青 - 红”通道。
- 洋红 - 绿：调整“洋红 - 绿”通道。
- 黄 - 蓝：调整“黄 - 蓝”通道。
- 保持发光度：选中该复选框后，在修正颜色的同时将保留图像的发光度。
- 忽略背景：选中该复选框后，可以在修正图像时不影响背景。

10.2.5 胶片颗粒

“胶片颗粒”效果主要用于在渲染场景中重新创建胶片颗粒，同时还可以作为背景的源材质与软件中创建的渲染场景相匹配，其参数设置面板如图 10-75 所示。

图 10-75　胶片颗粒参数

知识解析：“胶片颗粒参数”卷展栏

- 颗粒：设置添加到图像中的颗粒数，其取值范围为 0 ~ 1。
- 忽略背景：屏蔽背景，使颗粒仅应用于场景中的几何体对象。

10.2.6 运动模糊

“运动模糊”效果在渲染输出时对图像应用运动模糊。在 3ds Max 中有很多方法可以使场景对象产生运动模糊的效果。最简单的方法是当在摄影机镜头快门打开的瞬间，场景中的对象发生了改变（如移动、旋转等），渲染图片则会产生模糊运动的效果，如图 10-76 所示为游戏中的运动模糊特效。

图 10-76　电影中的运动模糊

在“运动模糊参数”卷展栏中可控制其运动模糊参数，如图 10-77 所示。如果在该卷展栏中选中“处理透明”复选框，即使处于透明对象后的对象同样会产生运动模糊效果。“持续时间”设置虚拟镜头在拍摄动画过程中的开启时间，该参数会影响运动模糊时产生的虚影长度。

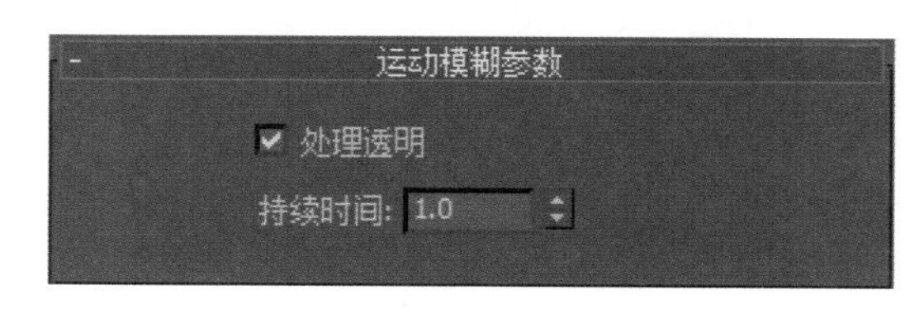

图 10-77　“运动模糊参数”卷展栏

10.3 提高实例——制作光环效果

10.3.1 案例分析

在一张图像作品中，如果背景是太空中的环境，无疑会使图像更夺人眼球。所以掌握利用镜头效果来制作各种恒星的技巧非常重要，并能举一反三，制作出更多不同类型的恒星和光晕特效。巩固对镜头效果的学习，能更深入地理解镜头效果的各种功能和技巧。

10.3.2 操作思路

为更快完成本例的制作，并且尽可能运用本章讲解的知识，本例的操作思路如下。

（1）打开素材模型。

（2）设置对象属性。

（3）分别给对象添加镜头效果。

（4）分别给对象添加光晕效果。

（5）设置参数。

（6）渲染出图。

10.3.3 操作步骤

具体操作步骤如下。

Step 1 打开素材文件“光环效果 .max”，如图 10-78 所示。

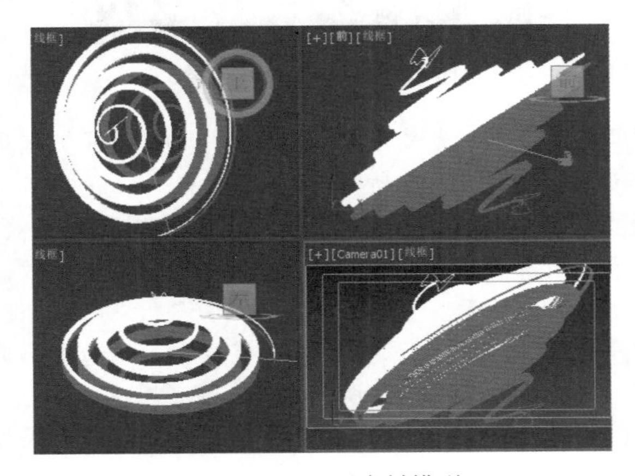

图 10-78　打开素材模型

Step 2 在视图中选择“光环 01”的对象，单击鼠标右键，在弹出的快捷菜单中选择“对象属性”命令，如图 10-79 所示。

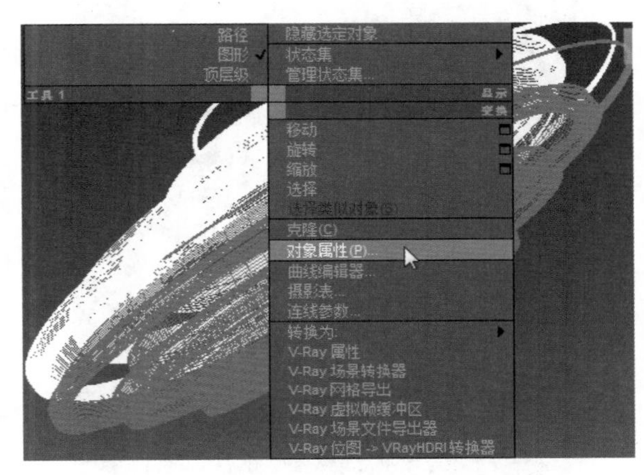

图 10-79　选择命令

Step 3 在弹出的“对象属性”对话框中设置“G 缓冲区”选项组中的“对象 ID”为 1，如图 10-80 所示，然后再单击“确定”按钮。

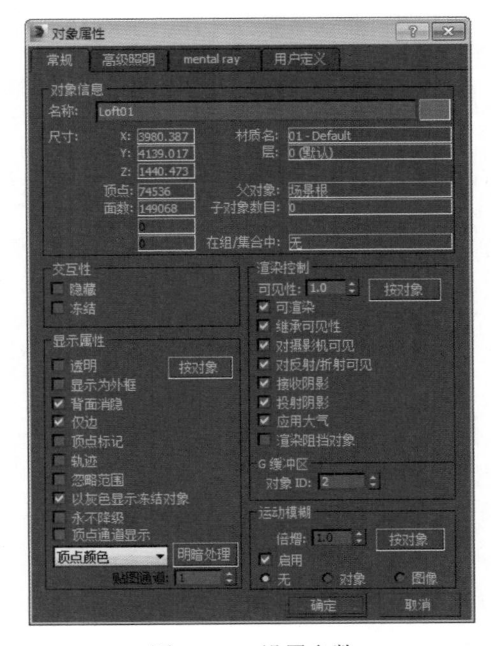

图 10-80　设置参数

Step 4 ▶ 选择名称为“光环02”的对象，在“对象属性”对话框中设置“G缓冲区”中的“对象ID”为2，如图10-81所示，再单击“确定”按钮。

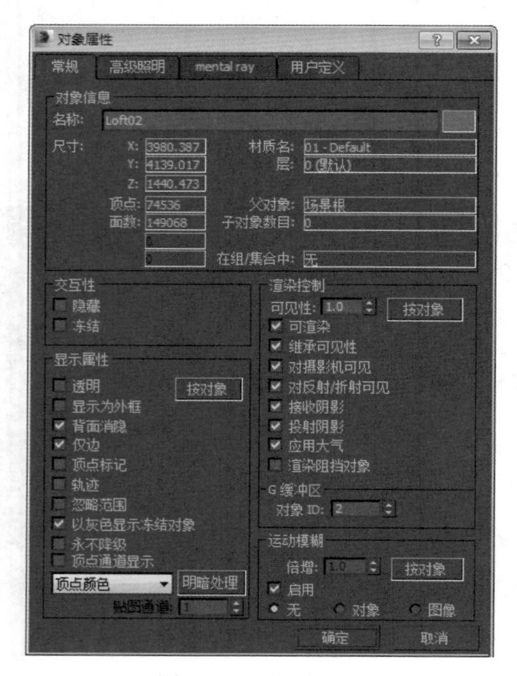

图10-81　设置参数

Step 5 ▶ 执行“渲染”→“效果”命令，在弹出的“环境和效果”对话框中单击 添加... 按钮，并在弹出的对话框中选择“镜头效果”选项，如图10-82所示。

图10-82　添加镜头效果

Step 6 ▶ 在“镜头效果参数”卷展栏中选择Glow选项并将其添加进右侧的列表框中，效果如图10-83所示。

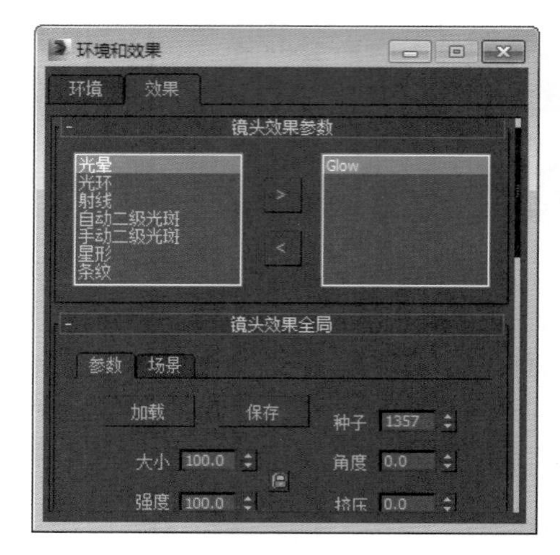

图10-83　添加光晕

Step 7 ▶ 设置“光晕元素”卷展栏中的“参数”选项卡参数，如图10-84所示。

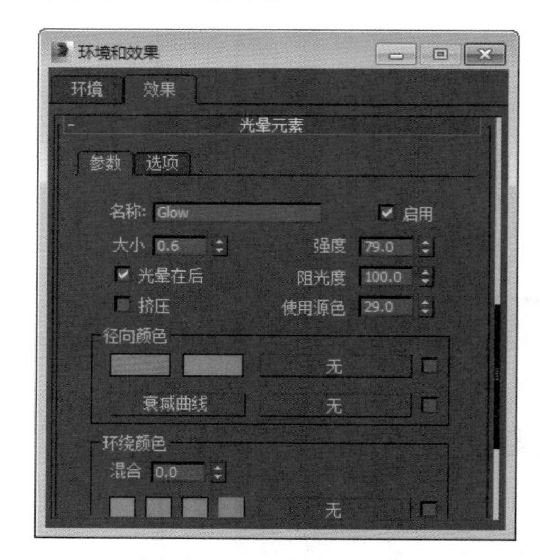

图10-84　设置参数内容

Step 8 ▶ 设置“光晕元素”卷展栏中的“选项”选项卡参数，如图10-85所示。

Step 9 ▶ 再次添加一个“镜头效果”选项和Glow特效，设置“光晕元素”卷展栏中的“参数”选项卡参数，如图10-86所示。

Step 10 ▶ 设置“光晕元素”卷展栏中的“选项”选项卡参数，如图10-87所示。

Step 11 ▶ 选择摄像机视图并将其渲染，渲染效果如图10-88所示。

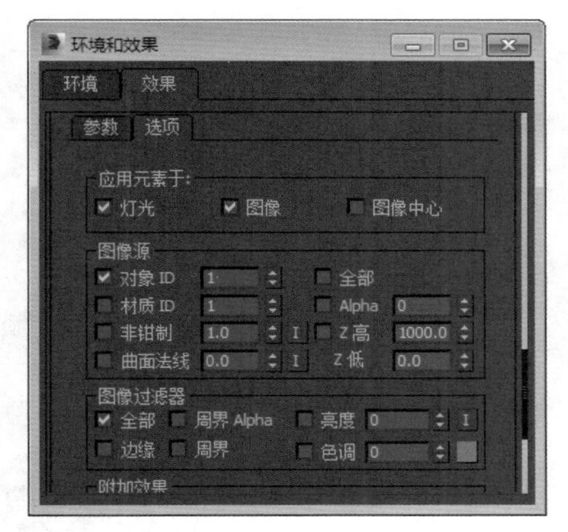

图 10-85　设置选项内容

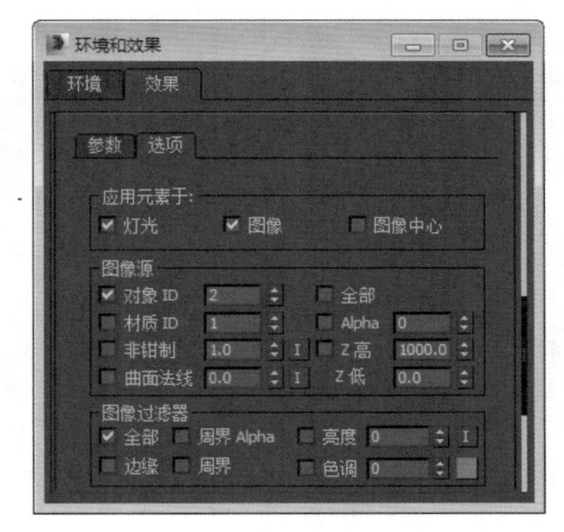

图 10-87　设置选项内容

图 10-86　设置参数内容

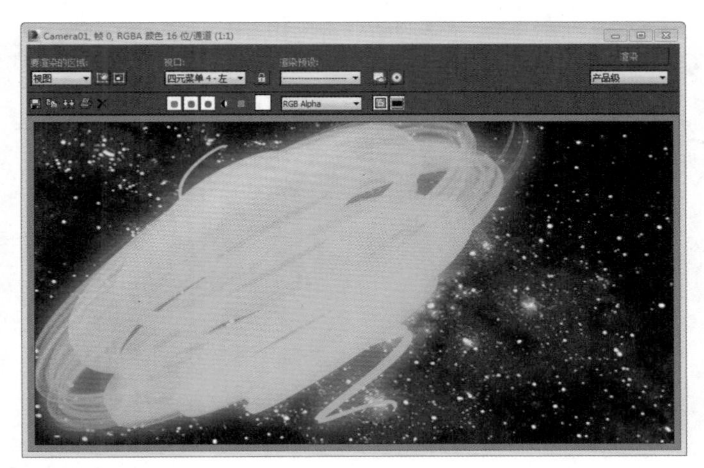

图 10-88　渲染效果

读书笔记

01 02 03 04 05 06 07 08 09 10 11 12……

摄影机

本章导读

本章主要讲解摄影机的创建与编辑方法，摄影机是 3ds Max 的关键功能之一，与现实中的摄影机拍摄原理基本一致，同时要讲究取景、视角、构图、景深等，由此可见摄影机对表达作品的重要性。

11.1 摄影机的相关术语

在 3ds Max 中，摄影机其实就是通常所说的相机，首先来了解一下真实摄影机的结构与相关术语，如图 11-1 所示。

图 11-1 摄影机

11.1.1 镜头

镜头在影视中有两指，一指电影摄影机、放映机用以生成影像的光学部件，由多片透镜组成。各种不同的镜头，各有不同的造型特点，它们在摄影造型上的应用，构成光学表现手段；二指从开机到关机所拍摄下来的一段连续的画面，或两个剪接点之间的片段，也叫一个镜头。一指和二指，是两个完全不同的概念，为了区别两者的不同，常把一指称光学镜头，把二指称镜头画面，如图 11-2 所示。

图 11-2 镜头

影视中所指的镜头，并非物理含义或者光学意义上的镜头，而是指承载影像、能够构成画面的镜头。

镜头是组成整部影片的基本单位。若干个镜头构成一个段落或场面，若干个段落或场面构成一部影片。因此，镜头也是构成视觉语言的基本单位。它是叙事和表意的基础。在影视作品的前期拍摄中，镜头是指摄影机从启动到静止这期间不间断摄取的一段画面的总和；在后期编辑时，镜头是两个剪辑点间的一组画面；在完成片中，一个镜头是指从前一个光学转换到后一个光学转换之间的完整片段。

1. 定焦镜头

定焦镜头没有变焦功能。定焦镜头的设计相对变焦镜头而言要简单得多，但一般变焦镜头在变焦过程中对成像会有所影响，而定焦镜头相对于变焦机器的最大好处就是对焦速度快，成像质量稳定。不少拥有定焦镜头的数码相机所拍摄的运动物体图像清晰而稳定，对焦非常准确，画面细腻，颗粒感非常轻微，测光也比较准确。

2. 标准镜头

标准镜头：以适用于 35 毫米单镜头反光照相机的交换镜头为例，标准镜头通常是指焦距在 40 ～ 55 毫米之间的摄影镜头，它是所有镜头中最基本的一种摄影镜头。

标准镜头给人以记实性的视觉效果画面，所以在实际的拍摄中，它的使用频率是较高的。但是，从另一方面看，由于标准镜头的画面效果与人眼视觉效果十分相似，故用标准镜头拍摄的画面效果又是十分普通的，甚至可以说是十分“平淡”的，它很难获得广角镜头或远摄镜头那种渲染画面的艺术性效果。标准镜头还是一种成像质量上佳的镜头，它对于被摄体细节的表现非常有效。

3. 长焦镜头

长焦镜头视角在 20° 以内，焦距可达几十毫米或上百毫米。长焦距镜头又分为普通远摄镜头和超远摄镜头两类。

4. 鱼眼镜头

鱼眼镜头的体积较大，以适用于 35 毫米单镜头反光照相机的交换镜头为例，鱼眼镜头是一种焦距约在 6 ~ 16 毫米之间的短焦距超广角摄影镜头，“鱼眼镜头”是它的俗称。为使镜头达到最大的摄影视角，这种摄影镜头的前镜片直径且呈抛物状向镜头前部凸出，与鱼的眼睛颇为相似，“鱼眼镜头”因此而得名。

5. 变焦镜头

变焦镜头实现了镜头焦距可按摄影者意愿变换的功能。在一定范围内可以变换焦距，从而得到不同宽窄的视场角，不同大小的影像和不同景物范围的照相机镜头称为变焦镜头。

变焦镜头在不改变拍摄距离的情况下，可以通过变动焦距来改变拍摄范围，因此非常有利于画面构图。

11.1.2 焦平面

焦平面是通过镜头折射后的光线聚集起来形成清晰的、上下颠倒的影像的地方。经过离摄影机不同距离的运行，光线会被不同程度地折射后聚合在焦平面上，因此就需要调节聚集装置，前后移动镜头距摄影机后背的距离。当镜头聚焦准确时，胶片的位置和焦平面应叠合在一起。

11.1.3 光圈

光圈是一个用来控制光线透过镜头，进入机身内感光面的光量的装置，它通常是在镜头内。表达光圈大小用 F 值。对于已经制造好的镜头，我们不可能随意改变镜头的直径，但是可以通过在镜头内部加入多边形或者圆形，并且面积可变的孔状光栅来达到控制镜头通光量，这个装置就叫做光圈。

1. 光圈大小

光圈的作用在于决定镜头的进光量。在快门不变的情况下，F 后面的数值越小，光圈越大，进光量越多，画面比较亮；值越大，光圈越小，进光量越少，画面比较暗。

2. 光圈的作用

光圈能调节进入镜头里面的光线的多少，例如，在拍照时，光线强烈，就要缩小光圈，光线暗淡，就要放大光圈。也就是说 F 值越小的相机（其他参数不变），越有利于夜景拍摄。旋转镜头上的调节环或者数码相机机身上的旋钮，就是用来调节光圈大小的。

光圈是决定景深大小最重要的因素：光圈大（光圈值小），景深小；光圈小（光圈值大），景深大。套用摄影的术语，就是缩小光圈，增加景深。

读书笔记

11.2 摄影机的参数设置

在场景中创建摄影机后，必须通过对摄影机的相关参数进行适当的调整才可能达到满意的视度效果。选中摄影机并单击按钮，进入“修改”面板，摄影机的修改卷展栏如图 11-3 所示。

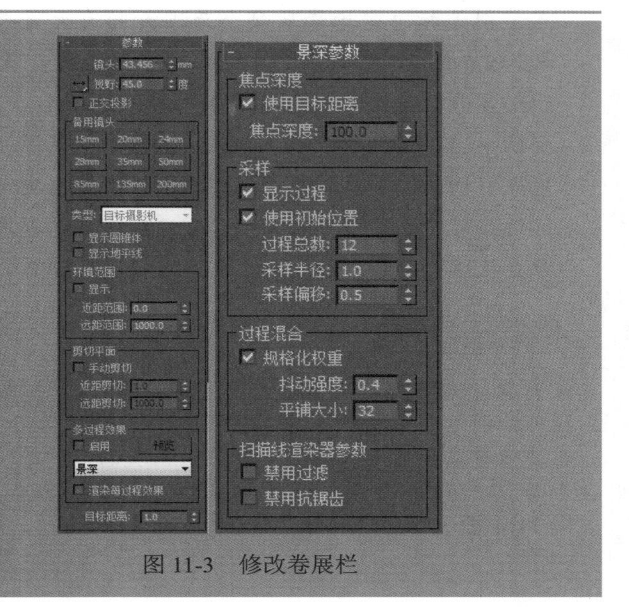

图 11-3　修改卷展栏

11.2.1 “参数”卷展栏

基本参数卷展栏中有 4 个选项组，分别为备用镜头、环境范围、剪切平面和多过程效果。镜头以毫米为单位设置摄影机的焦距。系统默认为 43.456 毫米。使用“镜头”微调器来指定焦距值，而不是指定在“备用镜头”选项组中按钮上的预设“备用”值。更改“渲染设置”对话框中的“光圈宽度”值，也会更改镜头微调器字段的值。这样并不通过摄影机更改视图，但将更改“镜头”值和 FOV 值之间的关系，也将更改摄影机锥形光线的纵横比。

- FOV 方向弹出按钮：可以选择怎样应用视野（FOV）值用于控制摄影机的拍摄范围，系统默认为 40°，用户可以利用、、3 个按钮分别对水平、垂直、对角 3 种方式来调整摄影机的视角。
- 水平（默认设置）：水平应用视野。这是设置和测量 FOV 的标准方法。
- 垂直：垂直应用视野。
- 对角线：在对角线上应用视野，从视口的一角到另一角。
- 视野：决定摄影机查看区域的宽度（视野）。当“视野方向”为水平（默认设置）时，视野参数直接设置摄影机的地平线的弧形，以度为单位进行测量。也可以设置“视野方向”来垂直或沿对角线测量 FOV。也可以通过使用 FOV 按钮在摄影机视口中交互地调整视野。
- 正交投影：选中该复选框，将去掉摄影机的透视效果，摄影机视图看起来就像“用户”视图。取消选中该复选框后，摄影机视图好像标准的透视视图。当“正交投影”有效时，视口导航按钮的行为如同平常操作一样，“透视”除外。“透视”功能仍然移动摄影机并且更改 FOV，但“正交投影”取消执行这两个操作，以便禁用“正交投影”后可以看到所做的更改。如果使用正交摄影机，则不能使用大气渲染选项。
- 备用镜头：该选项组中包括 9 种不同焦距的镜头的预设置，不同库存镜头则效果不同。
- 显示圆锥体：显示摄影机视野定义的锥形光线（实际上是一个四棱锥）。锥形光线出现在其他视口，但是不出现在摄影机视口中。
- 显示地平线：显示地平线。在摄影机视口中的地平线层级显示一条深灰色线条。

◆ 环境范围：该选项组用来控制大气效果，其中近点范围是指决定场景从哪个范围开始有大气效果，远点范围是指大气作用的最大范围选中。“显示”复选框在视图中可以看到环境的设置。

◆ 剪切平面：该选项组用于设置渲染对象的范围，近点剪切和远点剪切是根据到摄影机的距离决定远近裁剪平面。“手动剪切”复选框决定是否可以在视图中看到剪切平面。

技巧秒杀

极大的“远距剪切”值可以产生浮点错误，该错误可能引起视口中的 Z 缓冲区问题，如对象显示在其他对象的前面，而这是不应该出现的。“近”距剪切平面和“远”距剪切平面的概念图像如图 11-4 所示。

图 11-4　显示效果

◆ 多过程效果：该选项组可以多次对同一帧进行渲染，选中“启用”复选框，使用者可以通过预览或渲染的方式看到添加的效果。选中“渲染每过程效果”复选框，表示每次合成效果有变化都会进行渲染。

技巧秒杀

景深和运动模糊效果相互排斥。由于它们基于多个渲染通道，将它们同时应用于同一个摄影机会使速度慢得惊人。如果想在同一个场景中同时应用景深和运动模糊，则使用多通道景深（使用这些摄影机参数）并将其与对象运动模糊组合使用。

◆ 目标距离：用于设置摄影机到目标点的距离参数值。

11.2.2 “景深参数”卷展栏

“景深参数”卷展栏中有 4 个选项组，分别为焦点深度、采样、过程混合和扫描线渲染器参数，如图 11-5 所示。

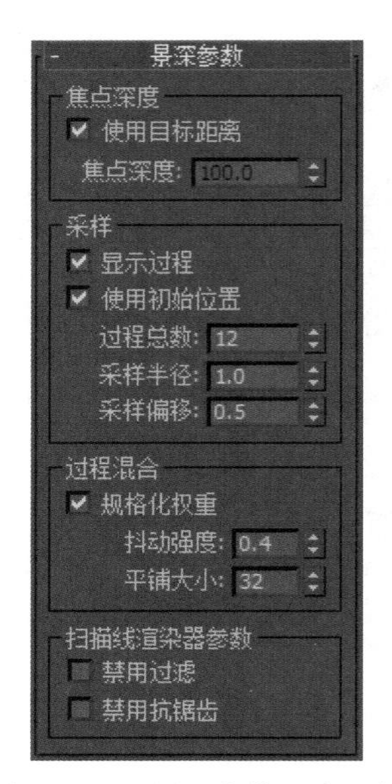

图 11-5　“景深参数”卷展栏

知识解析：“景深参数”卷展栏

◆ 焦点深度：该选项组用来控制摄影机的聚焦距离，如果选中“使用目标距离”复选框，则是使用摄影机本身的目标距离，不需要手动调节。如果不选中“使用目标距离”复选框，则可以手工输入距离。当焦距的值设置较小时，有强烈的景深效果；当焦距设置的值较大，将只模糊场景中的远景部分。

◆ 采样：该选项组决定图像的最终输出质量。

◆ 过程混合：当渲染多遍摄影机效果时，渲染器将轻微抖动每遍渲染的结果，以混合每遍的渲染。

◆ 扫描线渲染器参数：该选项组的参数可以使用户取消多遍渲染的过滤和反走样。

读书笔记

11.3 标准摄影机

3ds Max 2014 提供了“目标摄影机”和“自由摄影机”两种摄像机类型。

11.3.1 目标摄影机

“目标摄影机”查看目标对象周围的区域。创建目标摄影机时，看到一个两部分的图标，该图标表示摄影机和其目标(一个白色框)，如图 11-6 所示。摄影机和摄影机目标可以分别设置动画，以便当摄影机没有沿路径移动时，方便使用摄影机。通过摄影机渲染之后的效果如图 11-7 所示。

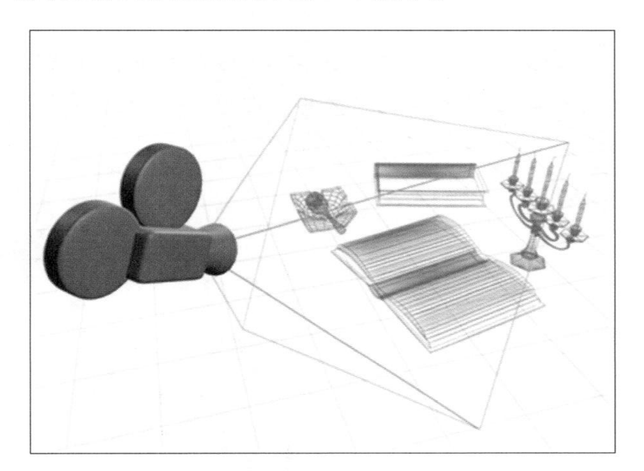

图 11-6　目标摄影机

图 11-7　显示效果

“目标摄影机”参数面板如图 11-8 所示。

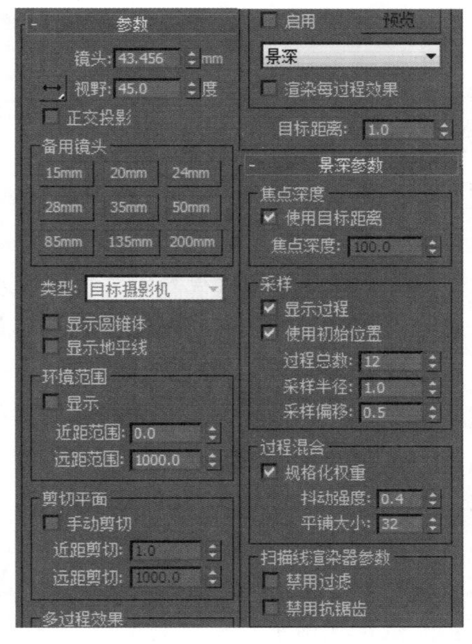

图 11-8　“目标摄影机”参数面板

知识解析：“目标摄影机”面板

（1）“参数”卷展栏

- **镜头**：以毫米为单位设置摄影机的焦距。系统默认为 43.456 毫米。使用“镜头”微调器来指定焦距值，而不是指定在“备用镜头”选项组中按钮上的预设“备用”值。更改“渲染设置”对话框中的“光圈宽度”值也会更改镜头微调器字段的值。这样并不通过摄影机更改视图，但将更改“镜头”值和 FOV 值之间的关系，也将更改摄影机锥形光线的纵横比。
- **视野**：决定摄影机查看区域的宽度（视野）。当“视野方向”为水平（默认设置）时，视野参数直接设置摄影机的地平线的弧形，以度为单位进行测量。也可以设置“视野方向”来垂直或沿对角线测量 FOV。也可以通过使用 FOV 按钮在摄影机视口中交互地调整视野。
- **正交投影**：选中该复选框时，将去掉摄影机的透视效果，摄影机视图看起来就像“用户”视图。

选中该复选框后，摄影机视图好像标准的透视视图。当“正交投影”有效时，视口导航按钮的行为如同平常操作一样，“透视”除外。“透视”功能仍然移动摄影机并且更改 FOV，但“正交投影”取消执行这两个操作，以便禁用“正交投影”后可以看到所做的更改。如果使用正交摄影机，则不能使用大气渲染选项。

◆ 备用镜头：该选项组中包括 9 种不同焦距的镜头的预设置，不同库存镜头则效果不同。

◆ 类型：切换摄影机的类型，包括目标摄影机和自由摄影机。

◆ 显示圆锥体：显示摄影机视野定义的锥形光线（实际上是一个四棱锥）。锥形光线出现在其他视口，但是不出现在摄影机视口中。

◆ 显示地平线：显示地平线。在摄影机视口中的地平线层级显示一条深灰色的线条。

◆ 环境范围：该选项组用来控制大气效果，其中近点范围是指决定场景从哪个范围开始有大气效果，远点范围是指大气作用的最大范围。选中“显示”复选框在视图中可以看到环境的设置。

◆ 剪切平面：该选项组用于设置渲染对象的范围，近点剪切和远点剪切是根据到摄影机的距离决定远近裁剪平面。“手动剪切”复选框决定是否可以在视图中看到剪切平面。

技巧秒杀

极大的“远距剪切”值可以产生浮点错误，该错误可能引起视口中的 Z 缓冲区问题，如对象显示在其他对象的前面，而这是不应该出现的。“近”距剪切平面和“远”距剪切平面的概念图像如图 11-9 所示。

图 11-9　显示效果

◆ 多过程效果：该选项组可以多次对同一帧进行渲染，选中“启用”复选框，使用者可以通过预览或渲染的方式看到添加的效果。选中“渲染每过程效果”复选框，表示每次合成效果有变化都会进行渲染。

技巧秒杀

景深和运动模糊效果相互排斥。由于它们基于多个渲染通道，将它们同时应用于同一个摄影机会使速度慢得惊人。如果想在同一个场景中同时应用景深和运动模糊，则使用多通道景深（使用这些摄影机参数）并将其与对象运动模糊组合使用。

◆ 目标距离：用于设置摄影机到目标点的距离参数值。

（2）“景深参数”卷展栏

景深是摄影机中一个非常重要的功能，在实际工作中的使用频率也非常高，常用于表面画面的中心点，如图 11-10 和图 11-11 所示。

图 11-10　显示效果

图 11-11　显示效果

当设置“多过程效果”为“景深”时，系统会自动显示出“景深参数”卷展栏，如图 11-12 所示。

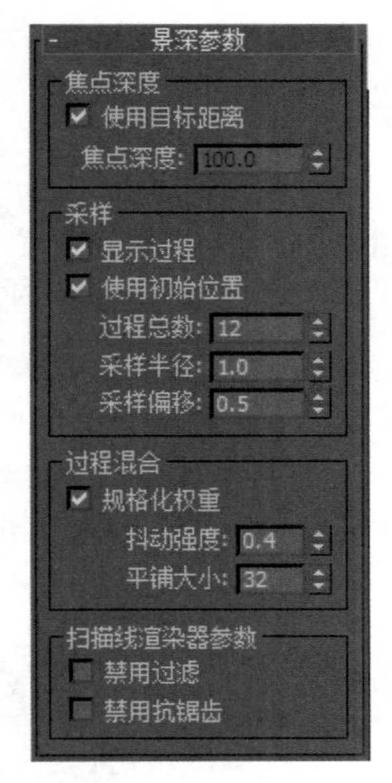

图 11-12　“景深参数”卷展栏

- 焦点深度：该选项组用来控制摄影机的聚焦距离，如果选中“使用目标距离”复选框，则是使用摄影机本身的目标距离，不需要手动调节。如果不选中“使用目标距离”复选框，则可以手工输入距离。当焦距的值设置较小时，有强烈的景深效果；当焦距设置的值较大时，将只模糊场景中的远景部分。
- 采样：该选项组决定图像的最终输出质量。
- 过程混合：当渲染多遍摄影机效果时，渲染器将轻微抖动每遍渲染的结果，以混合每遍的渲染。
- 扫描线渲染器参数：该选项组的参数可以使用户取消多遍渲染的过滤和反走样。

（3）“运动模糊”参数

运动模糊一般运用在动画中，常用于表现运动对象调整运动时产生的模糊效果，如图 11-13 和图 11-14 所示。

当设置“多过程效果”为“运动模糊”时，系统会自动显示出“运动模糊参数”卷展栏，如图 11-15 所示。

图 11-13　显示效果

图 11-14　显示效果

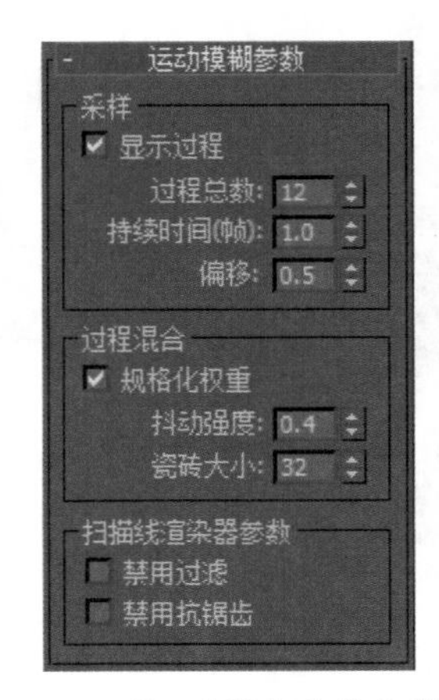

图 11-15　“运动模糊参数”卷展栏

- 采样：该选项组决定运动的最终效果。
- 过程混合：当渲染多遍摄影机效果时，渲染器将轻微抖动每遍渲染的结果，以混合每遍的渲染。
- 扫描线渲染器参数：该选项组的参数可以使用户取消多遍渲染的过滤和反走样。

?答疑解惑：

怎么隐藏或显示摄影机？

第一种方法是在“显示”面板的“按类别隐藏”卷展栏下，禁用或启用“摄影机”。

第二种方法是执行“工具”→“显示浮动框”菜单命令，在“对象层级”选项卡上启用或禁用“摄影机”。

当禁用“隐藏”→“摄影机”时，摄影机会出现在视口中；当启用“隐藏”→“摄影机”时，它们不出现。

当显示摄影机图标时，“最大化显示”命令在视图中包含这些图标。当不显示摄影机图标时，“最大化显示”命令将忽略它们。

目标摄影机由两部分组成，即摄影机和摄影机目标点，而摄影机表示观察点。创建目标摄影机的步骤如下。

Step 1 打开配套光盘中的“源文件与素材\第11章\宗教摆设.max”文件，如图11-16所示。

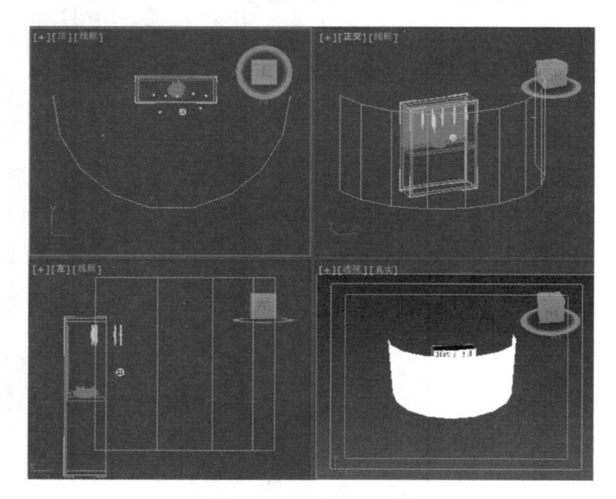

图 11-16　打开文件

Step 2 缩小顶视图，留出创建摄影机的位置；在“创建”面板中单击“摄影机”按钮，进入摄影机创建面板，单击 目标 按钮，在顶视图中拖动一个目标摄影机，并单击视图控制区的按钮，效果如图11-17所示。

Step 3 激活透视图，按C键，将透视图转换成Camera摄影机视图，如图11-18所示。

Step 4 单击工具栏中的（移动）工具，在各个视图中对摄影机进入调整，直到满意为止，效果如图11-19所示。

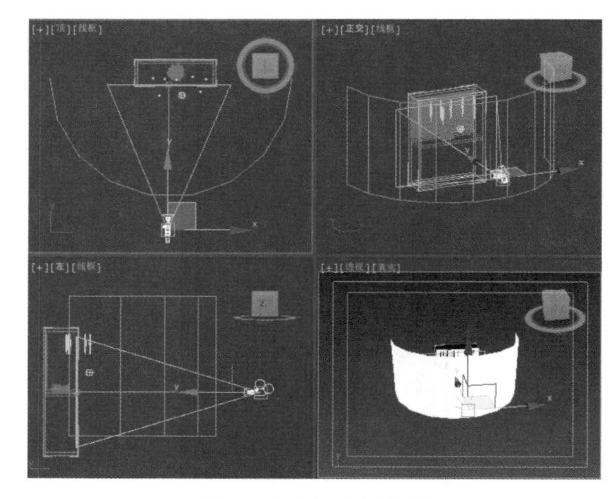

图 11-17　创建摄影机

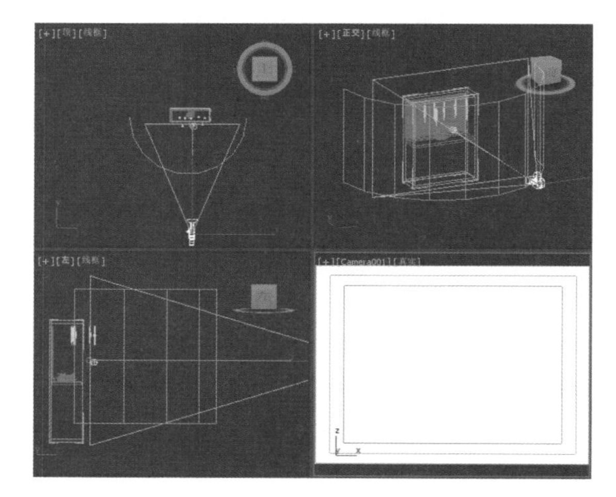

图 11-18　转换视图

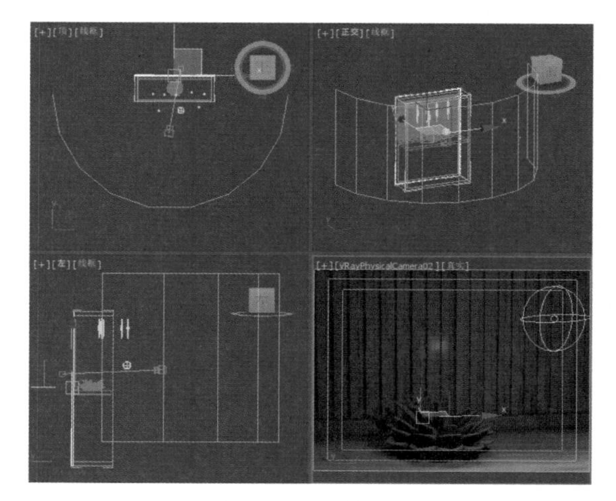

图 11-19　调整角度

知识大爆炸——摄影机的相关使用知识

1. 创建摄影机的方法

除了在摄影机面板创建摄影机的方法外，还有如下两种方法可以进行创建：

（1）可以从“创建”→“摄影机”子菜单中创建摄影机，或通过单击“创建”面板上的“摄影机”按钮创建摄影机。

（2）也可以通过激活“透视”视口，然后选择“视图”→“从视图创建摄影机”命令，创建一个摄影机。

2. 摄影机的使用技巧

（1）创建一个摄影机之后，可以更改视口以显示摄影机的观察点。当摄影机视口处于活动状态时，导航按钮更改为摄影机导航按钮。可以将“修改”面板与摄影机视口结合使用来更改摄影机的设置。

（2）当使用摄影机视口的导航控件时，可以只使用 Shift 键约束移动、平移和旋转运动为垂直或水平。

（3）可以移动选定的摄影机，以便其视图与“透视”“聚光灯”或其他“摄影机”视图的视图相匹配。

11.3.2 自由摄影机

自由摄影机在摄影机指向的方向查看区域，其参数面板如图 11-20 所示。

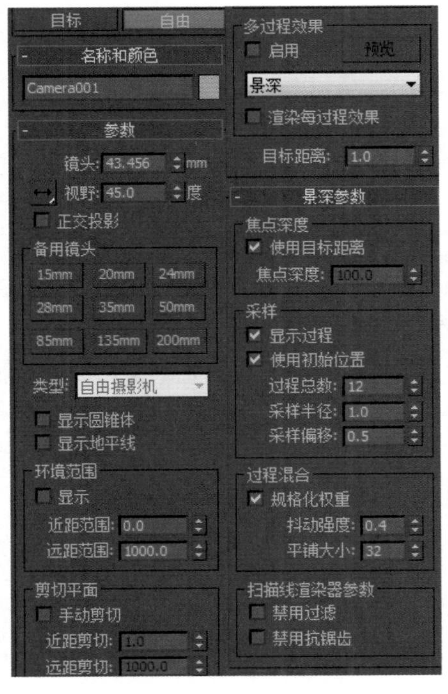

图 11-20　自由摄影机参数面板

创建自由摄影机时，看到一个图标，该图标表示摄影机和其视野。摄影机图标与目标摄影机图标看起来相同，但是不存在要设置动画的单独的目标图标。当摄影机的位置沿一个路径被设置动画时，更容易使用自由摄影机。

创建自由摄影机的步骤如下。

Step 1 ▶ 新建一个场景，在场景中创建一个茶壶，如图 11-21 所示。

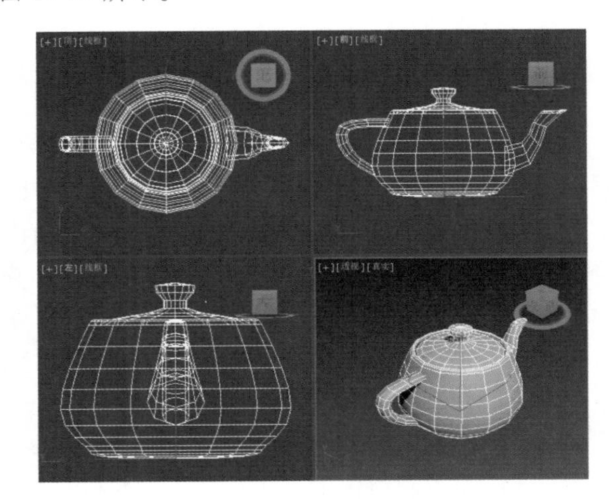

图 11-21　创建模型

Step 2 ▶ 单击“创建”面板中的“摄影机”按钮，

在摄影机创建面板中单击 自由 按钮，在顶视图中单击即创建好一个自由摄影机，使用“移动”工具在前视图调整像机的位置，如图 11-22 所示。

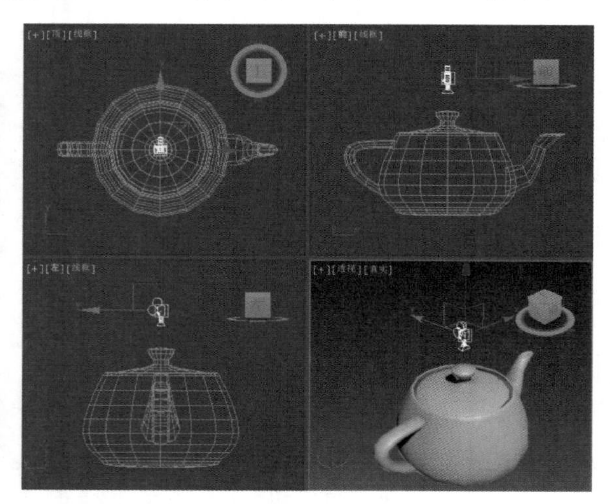

图 11-22　创建摄影机

技巧秒杀

所谓自由摄影机就是说该摄影机有被拉伸、倾斜以及自由移动等特点，与目标摄影机最明显的区别是没有摄影机目标点。自由摄影机不具有目标。目标摄影机具有目标子对象。

Step 3 ▶ 激活透视图，按 C 键，把“透视图”转换成“Camera”视图，效果如图 11-23 所示。

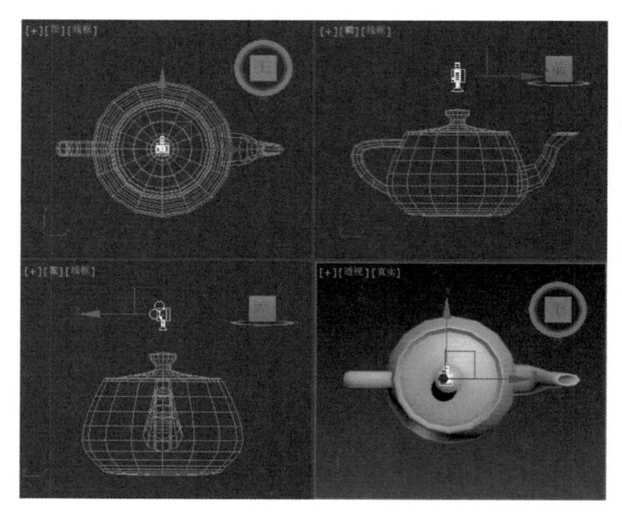

图 11-23　切换视图

3ds Max 中包含法线对齐功能，该特性能使摄影机同一个对象的法线对齐，这是唯一真正快速地使一个自由摄影机对齐对象的方法。可使用“移动”或“旋转”变换把摄影机对准对象，更为方便的是使用 Camera 视图控制按钮对摄影机进行变换操作。

知识大爆炸——调整摄影机动画

1. 设置摄影机的动画

当“设置关键点或自动关键点”按钮处于启用状态时，通过在不同的关键帧中变换或更改其创建参数设置摄影机的动画。3ds Max 在关键帧之间插补摄影机变换和参数值，就像其用于对象几何体一样。

通常，在场景中移动摄影机时，最好使用自由摄影机，而在固定摄影机位置时，则使用目标摄影机。

2. 摄影机平移动画

按照下面的步骤可以很轻松地设置任何摄影机的平移动画：

（1）选择摄影机。

（2）激活摄影机视口。

（3）启用 自动关键点 （自动关键点），并将时间滑块移动到任何帧。

（4）启用视口导航工具中的（平移），然后拖动鼠标平移摄影机。

3. 摄影机环游动画

按照下面的步骤可以很轻松地设置任何摄影机的环游动画：

（1）选择摄影机。

（2）激活摄影机视口。

（3）启用自动关键点（自动关键点），并将时间滑块移动到任何帧。

（4）启用视口导航工具中的（环绕），然后拖动鼠标环绕摄影机。

（5）目标摄影机沿着其目标旋转，而自由摄影机沿着其目标距离旋转。

4. 摄影机缩放动画

通过更改镜头的焦距使用缩放朝向或背离摄影机主旨进行移动。它与推位不同，是物理移动，但使焦距保持不变。可以通过设置摄影机 FOV 参数值的动画进行缩放。

5. 沿路径移动摄影机

使摄影机跟随路径是创建建筑穿行、过山车等的常用方式。

如果摄影机必须倾斜或接近垂直方向（像在过山车上一样），则应使用自由摄影机。将路径约束直接指定给摄影机对象。沿路径移动摄影机，可以通过添加平移或旋转变换调整摄影机的视点。这相当于手动上胶卷的摄影机。

对于目标摄影机，将摄影机和其目标链接到虚拟对象，然后将路径约束指定给虚拟对象。这与安装在三轴架的推位摄影机相当。例如，在分离摄影机和其目标方面很好管理。

6. 跟随移动对象

可以使用注视约束让摄影机自动跟随移动对象。

（1）注视约束使对象替换摄影机目标。

如果摄影机是目标摄影机，则可以忽略以前的目标。如果摄影机是自由摄影机，则理所当然成为目标摄影机。当注视约束指定起作用时，自由摄影机无法沿着局部 X 和 Y 轴旋转，并且由于上向量约束，而无法垂直注视。

（2）一种替代方法是将摄影机目标链接到对象。

11.4 提高实例——制作景深效果

11.4.1 案例分析

在一张摄影作品中，景深效果可以提升图片的层次，突出图片要表现的主体。要得到景深效果就必须调整光圈大小，光圈大小虽然不会对画面元素的位置与平衡关系产生影响，但是会影响一幅摄影作品的整体效果。合理地运用大光圈的浅景深原理，可以使作品更具有艺术效果。如果为了突出画面的某一个局部，不妨尝试大光圈浅景深，这里必须要注意的是摄影者对于画面焦点的选择和确定，这一点对于微距摄影尤为重要。

11.4.2 操作思路

为更快完成本例的制作，并且尽可能运用本章讲解的知识，本例的操作思路如下。

（1）打开素材模型。

（2）创建摄影机。

（3）调整摄影机位置。

（4）设置参数。

（5）渲染出图。

11.4.3 操作步骤

制作景深效果的具体操作步骤如下。

Step 1 ▶ 打开素材文件“船和花瓶 .max”，在“创建”面板中单击“摄影机”按钮，然后单击“目标”摄影机，如图 11-24 所示。

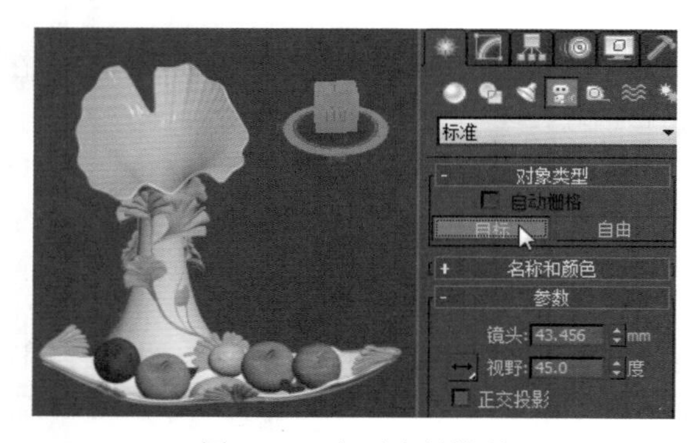

图 11-24　打开素材模型

Step 2 ▶ 在场景中单击并拖曳创建摄影机，如图 11-25 所示。

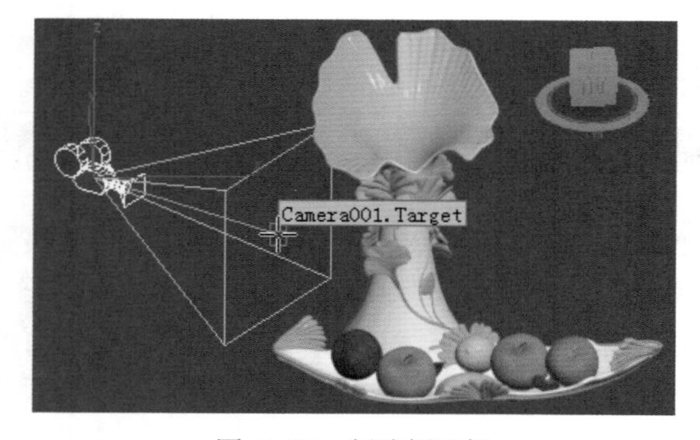

图 11-25　创建摄影机

Step 3 ▶ 在各个视口中调整摄影机的位置，效果如图 11-26 所示。

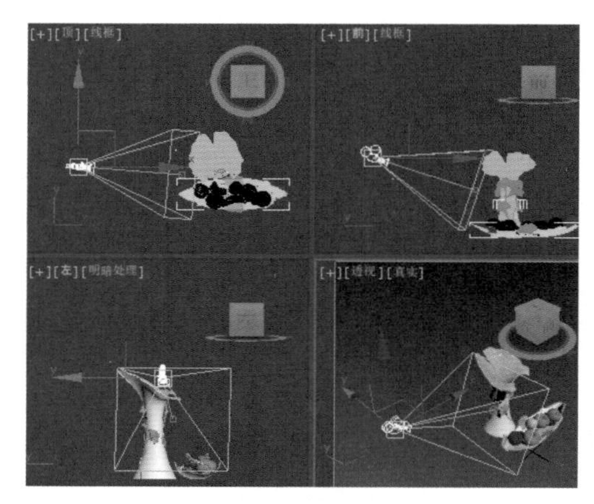

图 11-26　调整位置

Step 4 ▶ 在“参数”卷展栏中设置“镜头”为 41.845，“视野”为 41.234，如图 11-27 所示。

图 11-27　设置参数

Step 5 ▶ 在“参数”卷展栏中设置“目标距离”为 112mm，其他参数设置及模型效果如图 11-28 所示。

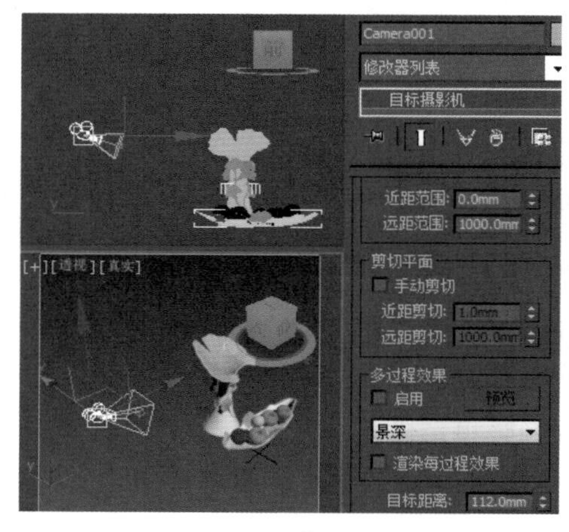

图 11-28　设置参数

Step 6 ▶ 在透视图中按C键切换到摄影机视图，效果如图11-29所示。

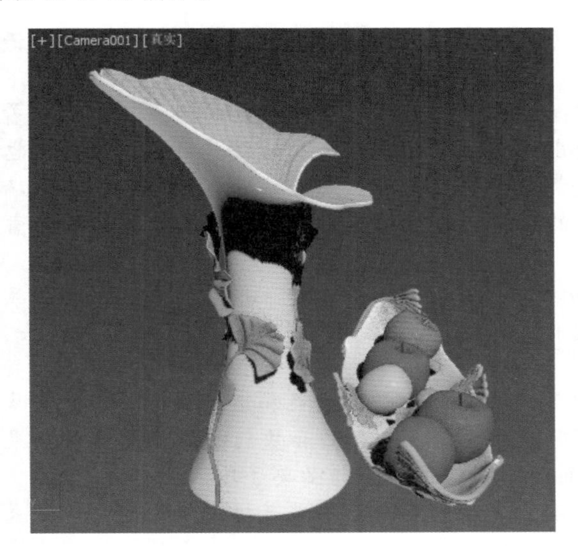

图11-29 显示效果

Step 7 ▶ 按F9键，渲染当前场景，效果如图11-30所示。

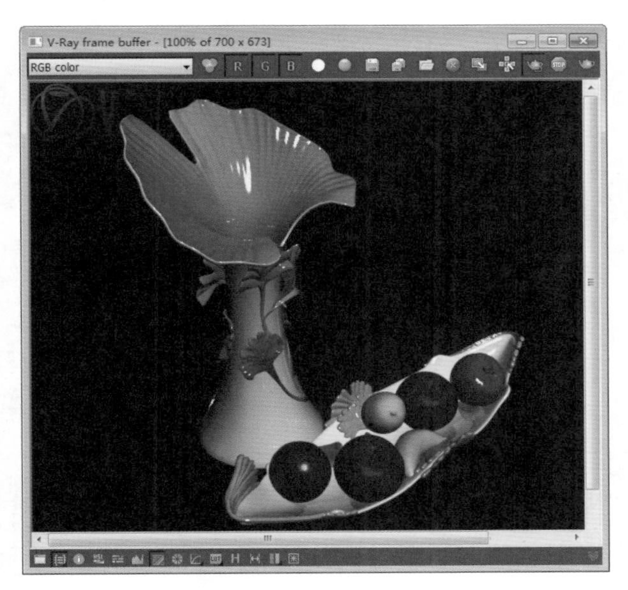

图11-30 渲染效果

Step 8 ▶ 按F11键，打开“渲染设置”对话框，选择V-Ray选项卡，展开Camera卷展栏，选中Depth of field复选框，设置Aperture为1mm，单击“渲染”按钮，如图11-31所示。

Step 9 ▶ 渲染效果如图11-32所示。

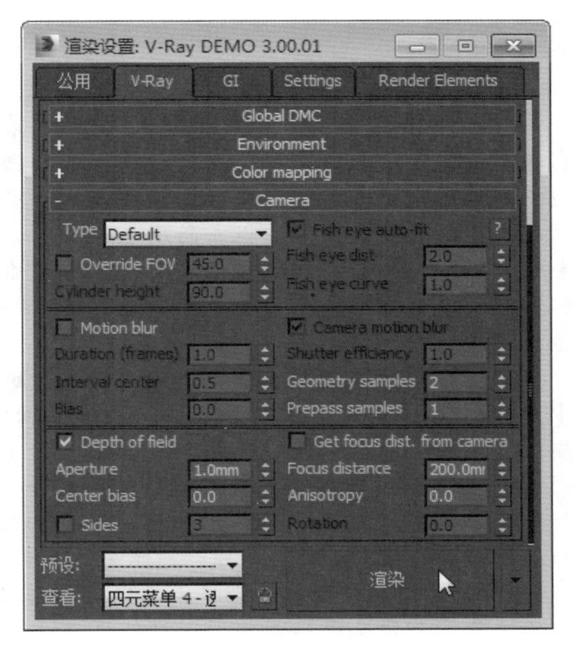

图11-31 设置参数

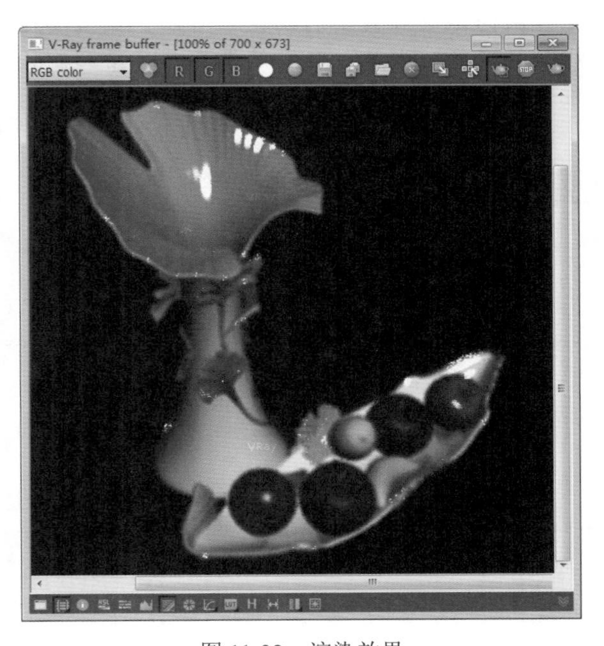

图11-32 渲染效果

读书笔记

?答疑解惑:

什么是摄影机？使用摄影机应该注意什么？

一幅渲染出来的图像其实就是一幅画面。在模型定位之后，光源和材质决定了画面的色调，而摄影机就决定了画面的构图。在确定摄影机的位置时，总是考虑到大众的视觉习惯，在大多数情况下视点不应高于正常人的身高，也经常会根据室内的空间结构，选择是采用人蹲着的视点高度、坐着的视点高度还是站立时的视点高度来布置，这样渲染出来的图像就会符合人的视觉习惯，看起来也会很舒服。在使用站立时的视点高度时，目标点一般都会在视点的同一高度，也就是平视。这样墙体和柱子的垂直廓线才不会产生透视变形，给人稳定的感觉，这种稳定感和舒适感就是靠摄影机营造出来的。

当然，摄影机的位置必须考虑观察者所处的位置和习惯，否则画面会看起来很别扭。在影视作品中，摄影机的自由度会大得多，为了表现特殊的情感效果，有时会故意使用一些夸张甚至极端的镜头，要注意区别对待。

在三维软件中的摄影机除了影响构图之外，还有其他的作用，即景深效果和运动模糊。这两种特效与摄影机密不可分，因为摄影机（或照相机）都有光圈和快门，而光圈和快门就是产生景深效果和运动模糊的直接原因，所以，运用好这两种特效是再现真实摄像效果的必要手段。

三维软件里的摄影机，除了上面提到的内容外，还有更复杂的部分，那就是摄影机的运动。如果你的工作不会涉及动画制作，可以忽略与摄影机运动有关的内容，但不论怎样，花点时间看看摄像方面的书籍是很有帮助的。要知道影视作品和平时照相不同，照相注重构图和用光，影视作品更讲究镜头的运动和镜头的切换。所以，如果要运用好“虚拟摄影机”，就必须参考专业类的书籍，不能只凭想象。当然，这种结果在三维动画制作中并不多见，原因是三维动画制作通常都是先有了分镜头脚本（也叫故事板）才开始制作的。

读书笔记

01 02 03 04 05 06 07 08 09 10 11 12

渲染输出

本章导读

渲染输出是 3ds Max 工作流程的最后一步，也是呈现作品最终效果的关键一步。一部 3D 作品能否正确、直观、清晰地展现其魅力，渲染是必要的途径；3ds Max 的渲染模块能够清晰、完美地帮助制作人员完成作品的最终输出。

12.1 渲染常识

渲染是指使用三维场景中设置的灯光、材质和环境为场景中的几何体着色，即为几何体添加颜色、阴影和照明效果，从而模拟几何体在现实生活中的真实显示效果。如图 12-1 所示为渲染前的三维场景，如图 12-2 所示为渲染后的效果。

图 12-1　渲染前效果

图 12-2　渲染后效果

12.1.1 渲染输出的作用

使用 3ds Max 创作作品，一般都遵循“建模→灯光→材质→渲染”这个最基本的步骤，渲染是最后一道工序（后期处理除外）。渲染的英文为 Render，翻译为“着色”，也就是对场景进行着色的过程，它是通过复杂的运算，将虚拟的三维场景投射到二维平面上，这个过程需要对渲染器进行设置，然后经过一定时间的运算并输出，如图 12-3 所示。这是一些比较优秀的渲染作品，都是从模型阶段开始，到最终渲染输出为成品。

12.1.2 常用渲染器的类型

在 CG 领域，渲染器的种类非常多，发展也非常快，此起彼伏，令人眼花缭乱，从商业应用的角度来看，近十年来，有的渲染器死掉了（如 Lightscape），有的一直不温不火（如 Brazil、FinalRender），有的则大红大紫（如 VRay、mental ray、Renderman），还有的技术比较前沿但商业价值还未得到认可（如 Fay Render、Maxwell）。这些渲染器虽然各不相同，但它们都是“全局光渲染器（Lightscape 除外）”，也就是说现在是全局光渲染器时代了。

图 12-3　渲染成品

3ds Max是目前应用最为广泛的一个3D平台，其软件的通用性和用户数量都是绝对的行业领导者，因此绝大部分渲染器都支持在这个平台上运行，这就给广大的3ds Max用户带来了福音，最起码大家有更多的选择，可以根据自己的习惯、爱好、工作性质等诸多因素来选择最适合自己的渲染器。

3ds Max 2014默认安装的渲染器有iray渲染器、mental ray渲染器、Quicksilver硬件渲染器、默认扫描线渲染器和VUE文件渲染器，在安装好VRay渲染器之后也可以使用VRay渲染器来渲染场景。当然也可以安装一些其他的渲染插件，如Renderman、Brazil、FinalRender、Maxwell等。

12.2 渲染基本参数设置

12.2.1 渲染命令

默认状态下，主要的渲染命令集中在主工具栏的右侧，通过单击相应的工具图标可以快速执行这些命令，如图12-4所示。

图12-4 渲染命令

知识解析：“渲染命令”按钮

- 渲染设置：这是最标准的渲染命令，单击该按钮，会弹出渲染设置对话框，以便对各项进行渲染设置，具体参数请参见后面的相关内容。执行“渲染”→“渲染设置”命令与此工具的用途相同。通常对一个新场景进行渲染时，应首先使用此工具进行参数设置。此后渲染相同场景时，可以使用另外3个工具，按照已指定的设置进行渲染，从而跳过设置环节，加快制作速度。
- 渲染帧窗口：是一个用于显示渲染输出的窗口，单击该按钮，打开“渲染帧窗口”对话框，在该对话框中可以选择渲染区域、切换通道和储存渲染图像等任务。
- 渲染产品：根据渲染设置对话框中的输出设置，进行产品级别的快速渲染，单击该按钮就直接进入渲染状态。该工具和渲染设置一起，在实际工作中的使用频率最高。
- 渲染迭代：可在迭代模式下渲染场景，这是一种快速渲染工具，在现有图像上进行更新，一般用于最终聚集、反射或者其他特定对象的更改调试，迭代渲染会忽略文件输出、网络渲染、多帧渲染、导出到MI文件，以及电子邮件通知。
- ActiveShade（动态着色）：单击该按钮，能够在新窗口中创建动态着色效果，它的参数设置独立于产品级快递渲染的设置。

技巧秒杀

对于产品级和动态着色渲染，可以各自指定不同的渲染器，在渲染设置面板的“指定渲染器”卷展栏中进行指定。

知识大爆炸——渲染的方法

3ds Max 2014提供了两种渲染方法，即快速渲染和精度渲染。快速渲染通常使用较低参数，快速渲染出当前的模型效果，以查看场景中的整体效果；而精度渲染多用于渲染出图，因此渲染速度较慢。

1. 快速渲染

快速渲染一般用来测试当前场景的渲染效果，并根据渲染结果有选择性地对场景进行修改，如调整材质、灯光的摄影机等。具体操作步骤如下。

Step 1 ▸ 将要进行渲染的视图置为当前工作视图，单击主工具栏中的“渲染产品”按钮，系统将在打开的有视图名称的对话框中自上而下进行渲染。

Step 2 ▸ 如图 12-5 和图 12-6 所示分别为在不同时间点上的渲染结果。

图 12-5　渲染效果（1）

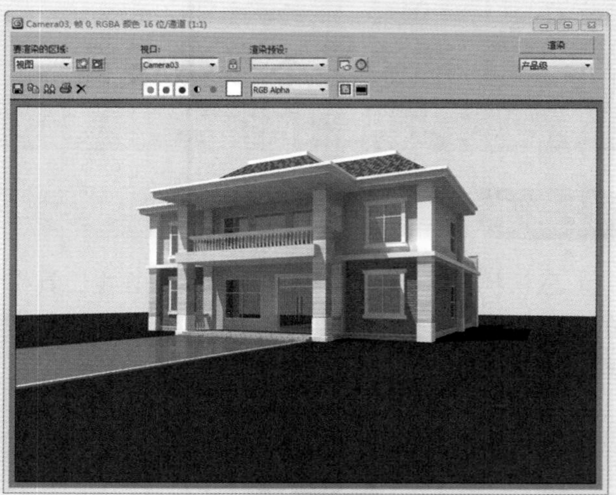

图 12-6　渲染效果（2）

知识解析：“渲染帧”窗口

- 要渲染的区域：单击该下拉列表，显示要渲染的区域选项，如图 12-7 所示。
- 编辑区域：可以调整控制手柄来重新调整渲染图像的大小。
- 自动选定对象区域：激活该按钮，系统会将区域、裁剪和放大自动设置为当前选择。
- 视口：显示当前渲染的是哪个视图。若渲染的是“透视图”，那么这里就显示为透视图，如图 12-8 所示。

图 12-7　要渲染的区域

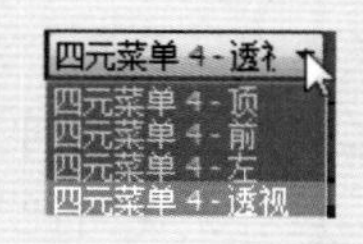

图 12-8　视口选择

- 锁定到视口：激活该按钮后，系统就只渲染视图列表中的视图。
- 渲染预设：选择与预设渲染相关的选项。
- 渲染设置：单击该按钮，可以打开“渲染设置”对话框。
- “保存图像”按钮：单击该按钮，可在打开的对话框中将渲染后的图像进行存储，以将其打印输出或作为效果后期处理的对象。
- “克隆渲染帧窗口”按钮：单击该按钮，系统将自动复制一个渲染窗口。当再次渲染时，渲染后的变化只发生在前一个渲染窗口中，而复制后的渲染窗口还是显示上一次渲染的结果。
- “渲染通道”按钮：从左至右分别为红通道按钮、绿通道按钮、蓝通道按钮和 Alpha 通道按钮，当分别使它们呈激活状态时，显示的效果如图 12-9 ~ 图 12-12 所示。

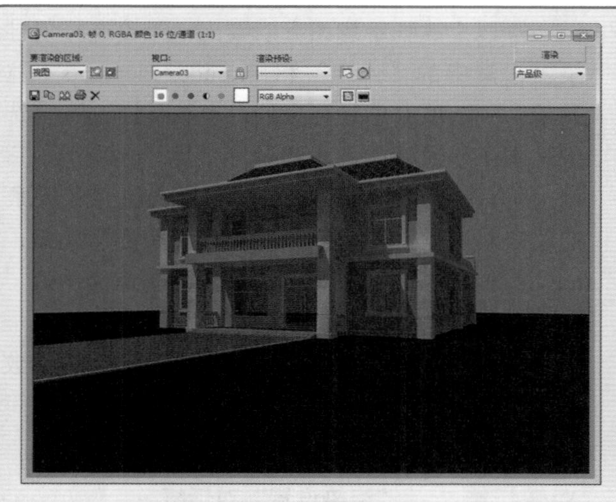

图 12-9　红通道效果

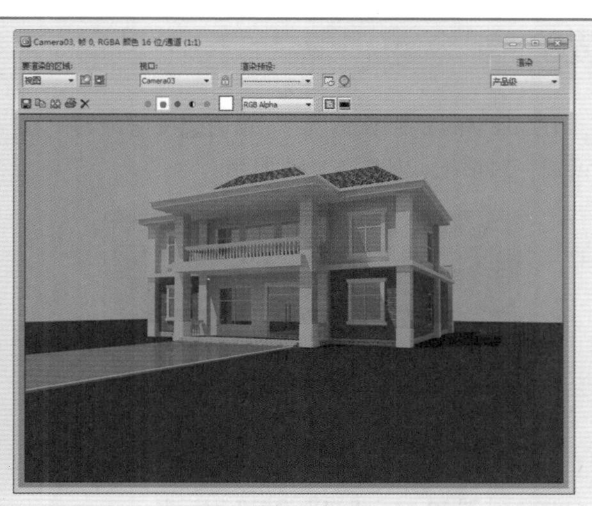

图 12-10　绿通道效果

图 12-11　蓝通道效果

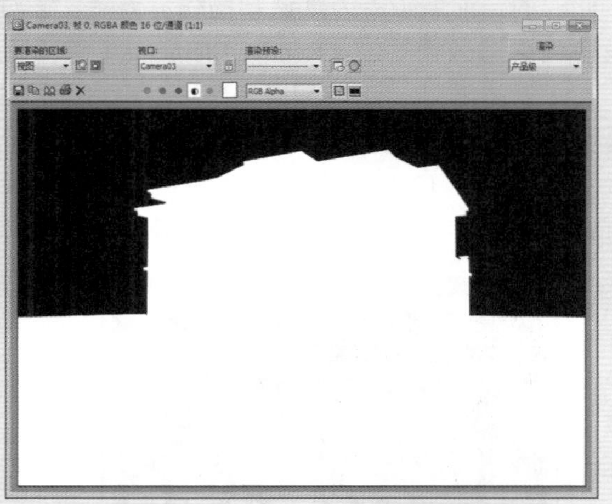

图 12-12　Alpha 通道效果

◆ “清除”按钮 ：单击该按钮，将清除渲染窗口中的渲染图像，此时渲染窗口中呈黑色显示。

2. 精度渲染

使用快速渲染方法渲染时，系统按照默认的渲染尺寸对场景进行渲染，而使用精度渲染方法不但能自定义渲染尺寸，而且还可以进行其他设置，如贴图的显示与隐藏、阴影的显示与隐藏、反射 / 折射的深度，以及模型的抗锯齿等。具体操作步骤如下。

Step 1 ▶ 单击主工具栏中的“渲染场景对话框”按钮 ，打开如图 12-13 所示的“渲染设置：默认扫描线渲染器”对话框。

Step 2 ▶ 设置好要渲染的视图及渲染的尺寸等参数，并单击“渲染”按钮。

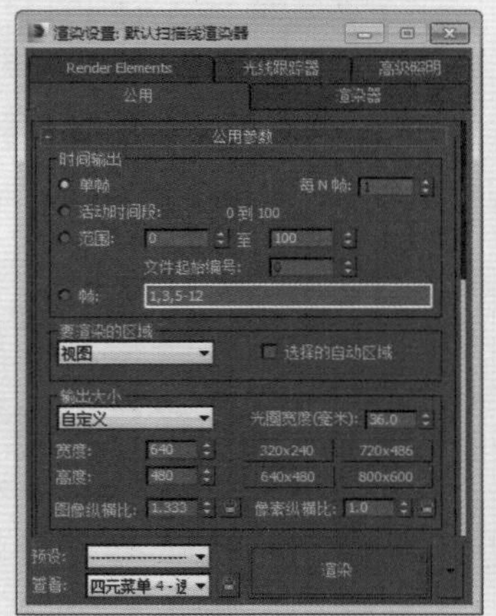

图 12-13　“渲染设置：默认扫描线渲染器”对话框

12.2.2 渲染设置

在3ds Max的默认情况下，单击按钮，打开“渲染设置”对话框，如图12-14所示。

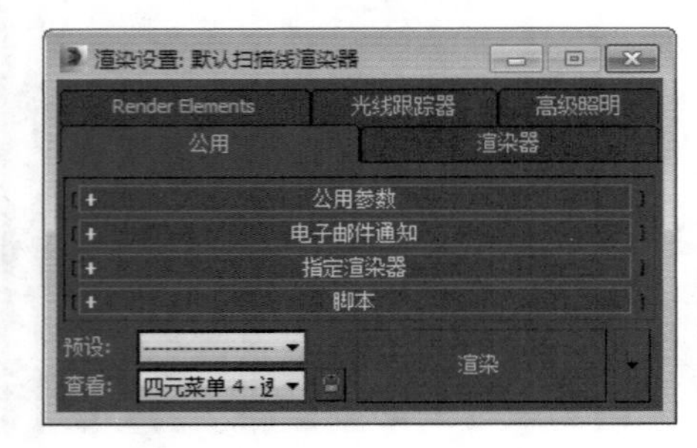

图12-14 “渲染设置”对话框

此时的当前渲染器为默认扫描线渲染器，该对话框中包含“公用”、“Render Elements（渲染元素）”、“渲染器”、“光线跟踪器”和“高级照明”5个选项卡。如果将当前渲染器设置为VRay，则渲染设置对话框如图12-15所示；如果将当前渲染器设置为mental ray，则渲染设置对话框如图12-16所示。

图12-15 “VRay渲染器”对话框

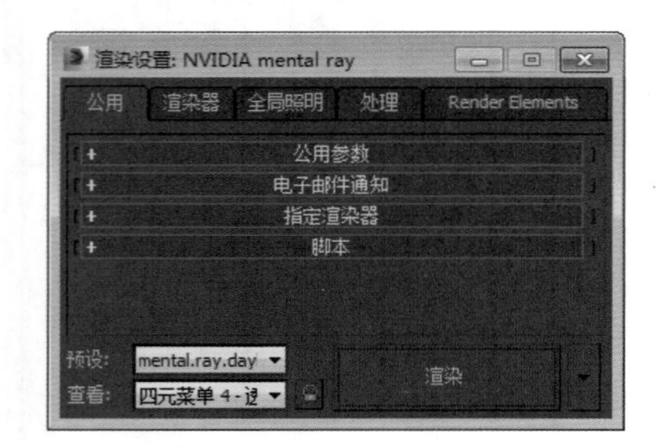

图12-16 “mental ray渲染器”对话框

从以上3张示意图可以看出，无论选择何种渲染器，其中的“公用”和“Render Elements（渲染元素）”选项卡总是存在的，也就是说这两个选项卡基本上是通用的，尤其是“公用”选项卡，它适用于所有的渲染器。而“Render Elements(渲染元素)”选项卡略有差别，它不能适用于所有的渲染器，如iray渲染器或VUE文件渲染器为当前渲染器时，该选项卡不会出现在“渲染设置”对话框中。

关于“渲染设置”对话框各选项卡下的参数，将在本章后续的内容中陆续进行讲解，这里先简单介绍该对话框底部的几个参数的含义。

知识解析：“渲染设置”对话框

- 产品/迭代：选择是在“产品”级模式下渲染，还是在“迭代”模式下渲染。
- ActiveShade（动态着色）：设置动态着色渲染参数，用于渲染动态着色渲染窗口，帮助用户实时预览灯光和材质产生的效果。
- 预设：用于从预设渲染参数集中进行选择，加载或保存渲染参数设置，用户可以调用3ds Max自身提供的多种预设方案，还可以使用自己的预设方案。
- 查看：在该下拉菜单中选择要渲染的视图。这里只提供当前屏幕中存在的视图类型，选择后会激活相应的视图。后面的“锁”图标工具用于锁定视图列表中的某个视图，当在别的视图中进行操作（改变当前激活视图）后，系统还会渲染被锁定的视图；如果禁用该锁定工具，则系统总是当前激活的视图。
- 渲染：单击该按钮，系统将按照以上的参数设置开始渲染计算。

读书笔记

12.2.3 渲染设置的“公用”选项卡

1. “公用参数”卷展栏

“公用参数”卷展栏可以设置帧数、大小、效果选项、保存文件等参数，这些设置对于各种渲染器都是通用的，其参数面板如图 12-17 所示。

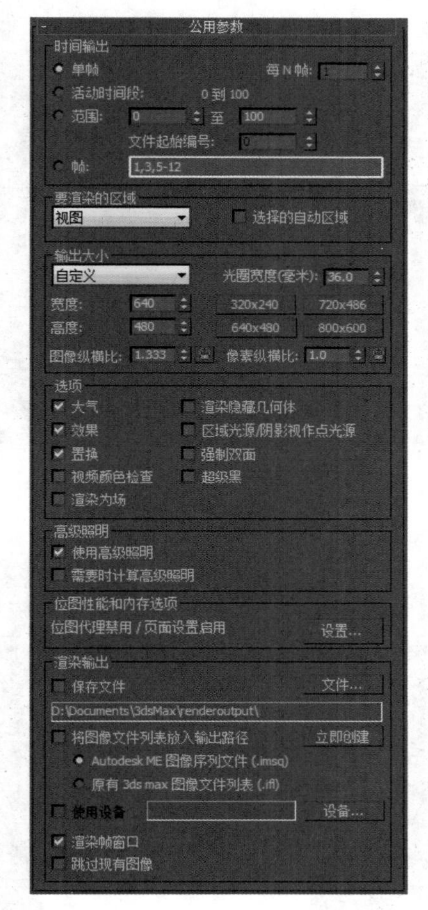

图 12-17 “公用参数”卷展栏

知识解析：“公用参数”卷展栏

（1）“时间输出”选项组：设置将要对哪些帧进行渲染。

- 单帧：只对当前帧进行渲染，得到静态图像。
- 活动时间段：对当前活动的时间段进行渲染，当前时间段根据屏幕下方时间滑块来设置。
- 范围：手动设置渲染的范围，这里还可以指定为负数。
- 帧：特殊指定单帧或时间段进行渲染，单帧用“，”号隔开，时间段之间用“-”连接。例如 1，3，5 ~ 12 表示对第 1 帧、第 3 帧、第 5 ~ 12 帧进行渲染。对时间段，还可以控制间隔渲染的帧和起始计数的帧号。
- 每 N 帧：设置间隔多少帧进行渲染，例如输入“3”，表示每隔 3 帧渲染 1 帧。即渲染 1、4、7、10 等帧。对于较长时间的动画，可以使用这种方式来简略观察动作是否完整。
- 文件起始编号：设置起始帧保存时文件的编号。对于逐帧保存的图像，它们会按照自身的帧号增加文件序号，例如第 2 帧为 File 0002，因为默认的“文件起始编号”为 0，所以所有的文件序号都和当前帧的数字相同。如果更改这个序号，保存的文件序号名称将和真正的帧号发生偏移，例如当“文件起始编号”为 5 时，原来的第 1 帧保存后，自动增加的文件名序号会由 File 0001 变为 File 0006。

技巧秒杀

“文件起始编号”参数有一个比较重要的应用，就是通过设置它的数值，对动画片段进行渲染，而将片段的文件名用从 0 开始的名称进行输出，而且它们是负数。例如渲染从第 50 ~ 55 帧，原来保存的文件名会是 File 0050 ~ File 0055，如果设置“文件起始编号”为 -50，那么输出结果为 File 0000 ~ File 0005，设置范围为 -99999 ~ 99999。

（2）“要渲染的区域”选项组：主要用于设置被渲染的区域。

该选项组的下拉列表提供了 5 种不同的渲染类别，主要用于控制渲染图像的尺寸和内容，分别如下，如图 12-18 所示。

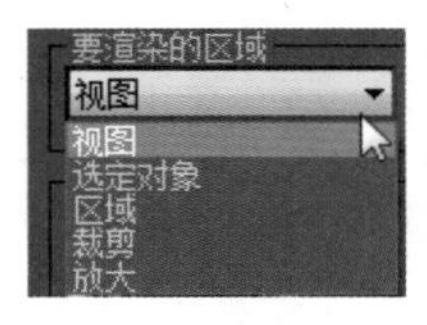

图 12-18 “要渲染的区域”选项组

- 视图：对当前激活视图的全部内容进行渲染，是默认渲染类型，如图 12-19 所示。

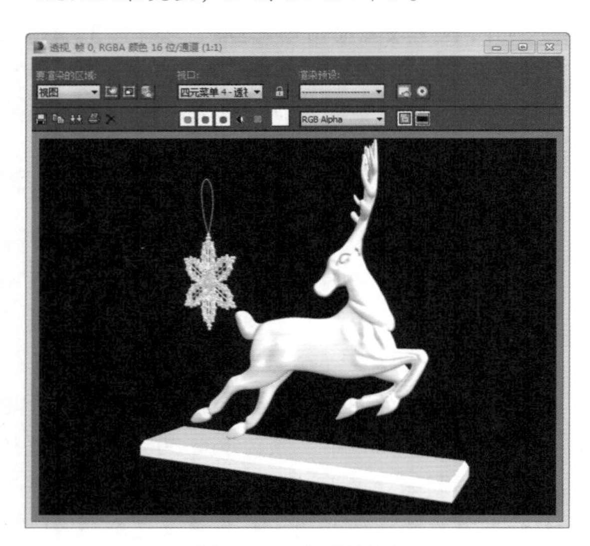

图 12-19　视图效果

◆ 选定对象：只对当前激活视图中选择的对象进行渲染，如图 12-20 所示。

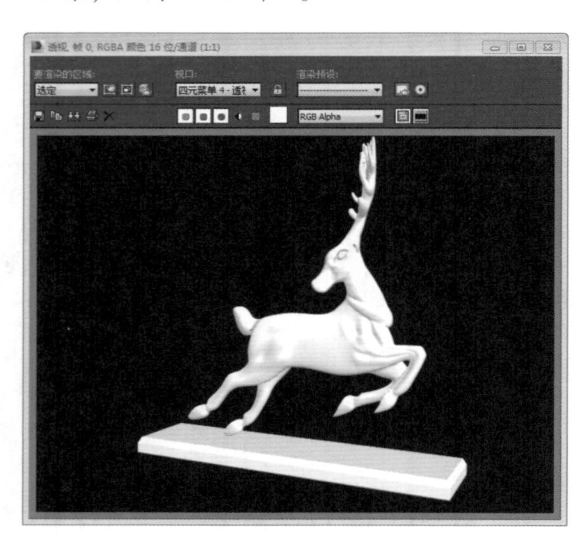

图 12-20　选定对象效果

◆ 区域：只对当前激活视图中被指定的区域进行渲染，进行这种类型的渲染时会在激活视图中出现一个虚线框，用来调节要渲染的区域，如图 12-21 所示，这种渲染仍保留渲染设置的图像尺寸。

◆ 放大：选择一个区域放大到当前的渲染尺寸进行渲染，与“区域”渲染方式相同，不同的是渲染后的图像尺寸。“区域”渲染方式相当于在原效果图上切一块进行渲染，尺寸不发生任何变化；“放大”渲染是将切下的一块按当前渲染设置中的尺寸进行渲染，这种放大可以看作是视野上的变化，所以渲染图像的质量不会发生变化，如图 12-22 所示。

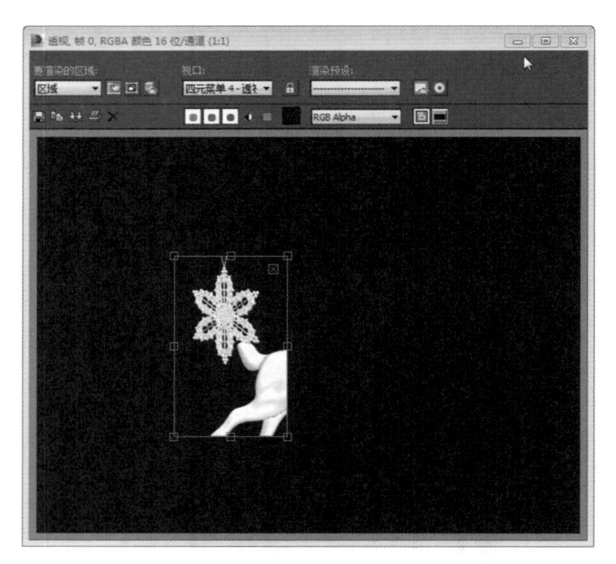

图 12-21　区域效果

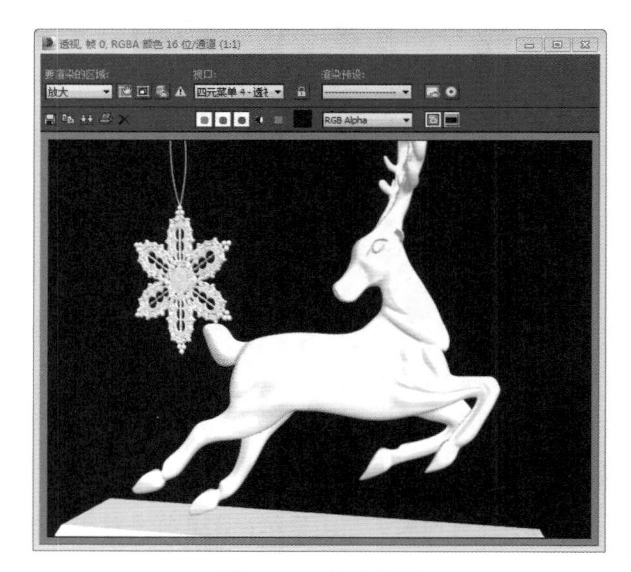

图 12-22　放大效果

技巧秒杀

采用“放大”方式进行渲染时，选择的区域在调节时会保持长宽不变，符合渲染设置定义的长宽比例。

◆ 裁剪：只渲染被选择的区域，并按区域面积进行裁剪，产生与框选区域等比例的图像，如图 12-23 所示。

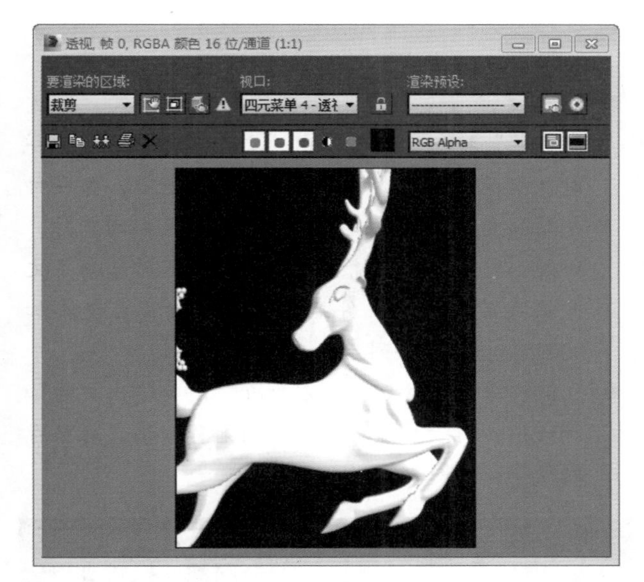

图 12-23　裁剪效果

◆ 选择的自动区域：选中该复选框后，如果要渲染的区域设置为“区域”、“裁剪”和“放大”渲染方式，那么渲染的区域会自动定义为选中的对象。如果将要渲染的区域设置为“视图”或“选择对象”渲染方式，则选中该复选框后将自动切换为“区域”模式。

（3）“输出大小”选项组：在该选项组中确定渲染图像的尺寸大小。

◆ 尺寸类型下拉列表：在这里默认为“自定义”尺寸类型，可以自定义下面的参数来改变渲染尺寸。3ds Max 还提供了其他的固定尺寸类型，以方便有特殊要求的用户。

◆ 宽度 / 高度：分别设置图像的宽度和高度，单位为像素，可以直接输入数值或调节微调器，也可以从右侧的 4 种固定尺寸中选择。

◆ 固定尺寸：直接定义尺寸。3ds Max 提供了 4 个固定尺寸按钮，它们也可以进行重新定义，在任意按钮上单击鼠标右键，弹出“配置预设”对话框，如图 12-24 所示。在该对话框中可以重新设置当前按钮的尺寸，按钮可以直接将当前已设定的长宽尺寸和比例读入，作为当前按钮的设置参考。

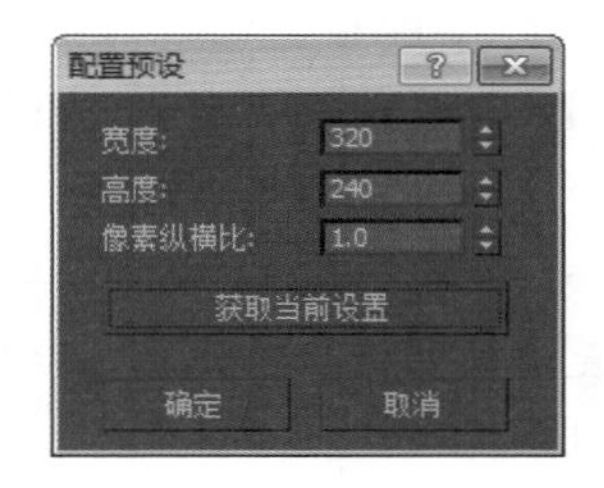

图 12-24　“配置预设”对话框

◆ 图像纵横比：设置图像长度和宽度的比例，当长宽值指定后，它的值也会自动计算出来，图像纵横 = 长度 / 宽度。在自定义尺寸类型下，该参数可以进行调节，它的改变影响高度值的改变；如果按下它右侧的锁定按钮，则会固定图像的纵横比，这时对长度值的调节也会影响宽度值；对于已定义好的尺寸类型，图像纵横比被固化，不可调节。

◆ 像素纵横比：为其他的显示设置像素的形状。有时渲染后的图像在其他显示设备上播放时，可能会发生挤压变形，这时可以通过调整像素纵横比来修正它。如果选择了已定义好的其他尺寸类型，它将变为固定设置值。如果按下它右侧的锁定按钮，将会固定图像像素的纵横比。

◆ 光圈宽度（毫米）：针对当前摄影机视图的摄影机设置，确定它渲染输出的光圈宽度，它的变化将改变摄影机的镜头值，同时也定义了镜头与视野参数之间的相对关系，但不会影响摄影机视图中的观看效果。如果选择了已定义的其他尺寸类型，它将变为固定设置。

技巧秒杀

根据选择输出格式的不同，图像的纵横比和分辨率会随之产生变化。

（4）“选项”选项组。

◆ 大气：是否对场景中的大气效果进行渲染处理，如雾、体积光。

◆ 效果：是否对场景设置的特殊效果进行渲染，如镜头效果。

◆ 置换：是否对场景中的转换贴图进行渲染计算。

◆ 视频颜色检查：检查图像中是否有像素的颜色超过了 NTSC 制或 PAL 制电视的阈值，如果有，则将对它们作标记或转换为允许的范围值。

◆ 渲染为场：当为电视创建动画时，设定渲染到电视的场扫描，而不是帧。如果将来要输出到电视，必须考虑是不是要将此项开启，否则画面可能会出现抖动现象。

◆ 渲染隐藏几何体：如果将它打开，将会对场景中所有对象进行渲染，包括被隐藏的对象。

◆ 区域光源 / 阴影视作点光源：将所有的区域光源或阴影都当作是从点对象发出的，以此进行渲染，这样可以加快渲染速度。

◆ 强制双面：对对象内外表面都进行渲染，这样虽然会减慢渲染速度，但能够避免法线造成的不正确表面渲染，如果发现有法线的错误（镂空面、闪烁面），最简单的解决方法就是将这个选项打开。

◆ 超级黑：被视频压缩而对几何体渲染的黑色进行限制，一般情况下不要将它打开。

（5）“高级照明”选项组。

◆ 使用高级照明：选中该复选框，3ds Max 将会调用高级照明系统进行渲染，默认情况是打开的，因为高级照明系统有启用开关，所以如果系统没有打开，即使这里打开了也没有作用，不会影响正常的渲染速度。这时若需要暂时在渲染时关闭高级照明，只要在这里取消选中该复选框即可，不要关闭高级照明系统的有效开关，这样做的原因是不会改变已经调节好的高级照明参数。

◆ 需要时计算高级照明：选中该复选框可以判断是否需要重复进行高级照明的光线分布计算。一般默认是关闭的，表示不进行判断，每帧进行高级照明的光线分布计算，这样对于静帧无所谓，但对于动画来说就有些浪费，因为如果是没有对象和灯光动画（例如，仅仅是摄影机的拍摄动画），就不必去进行光线分布计算，从而节约大量的渲染时间。但对有对象的相对位置发生了变化的场景，整个场景的光线分布也会随之变化，所以必须要逐帧进行光线分布计算。如果选中该复选框，系统会对场景进行自动决断，在没有对象相对位置发生变化的帧不进行光线分布的重复计算，而在有对象相对位置发生变化的帧进行光线重复计算，这样既保证了渲染效果的正确性，又提高了渲染速度。

（6）“渲染输出”选项组。

◆ 保存文件：设置渲染后文件的保存方式，通过“文件”按钮设置要输出的文件名称和格式。一般包括两种文件类型，一种是静帧图像，另一种是动画文件，对于广播级录像带或电影的制作，一般都要求逐帧地输出静态图像，这时选择了文件格式后，输入文件名，系统会为其自动添加 0001、0002 等序列后缀名称。

◆ 文件：单击该按钮，可以打开“渲染输出文件”对话框，用于指定输出文件的名称、格式与保存路径等，如图 12-25 所示。

图 12-25　“渲染输出文件”对话框

◆ 将图像文件列表放入输出路径：选中该复选框可创建图像序列文件，并将其保存在与渲染相同的目录中。

◆ 立即创建：单击该按钮，用手动方式创建图像序列文件，首先必须为渲染自身选择一个输出文件。

◆ Autodesk ME 图像序列文件（.imsq）：选中该单选按钮后，创建图像序列（IMSQ）文件。

◆ 使用设备：设置是否使用渲染输出的视频硬件设备。

◆ 设备：用于选择视频硬件设置，以便进行输出操作。

◆ 渲染帧窗口：设置是否在渲染帧窗口中输出渲染结果。

◆ 网络渲染：设置是否进行网络渲染，选中该选项后，在渲染时将看到网络任务分配对话框。

◆ 跳过现有图像：如果发现存在与渲染图像名称相同的文件，将保留原来的文件，不进行覆盖。

2. “电子邮件通知”卷展栏

该卷展栏可以使渲染任务像网络渲染一样发送电子邮件通知，这类邮件在执行诸如动画渲染之类的大型渲染任务时非常有用，使用户不必将所有注意力都集中在渲染系统上，其参数面板如图 12-26 所示。

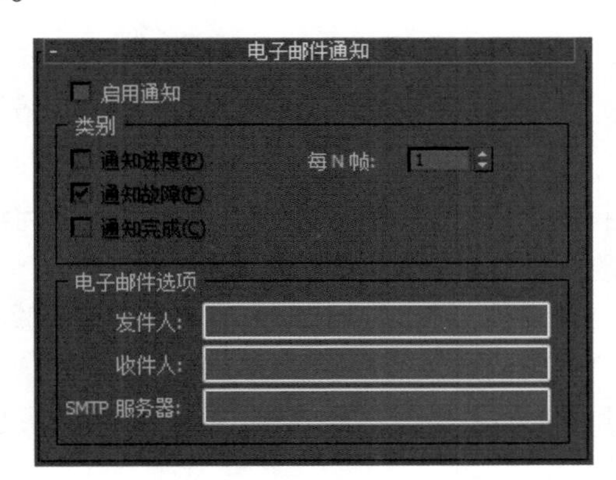

图 12-26 “电子邮件通知”卷展栏

知识解析：“电子邮件通知”卷展栏

（1）启用通知：选中该复选框，渲染器才会在出现情况时发送电子邮件通知，默认为关闭。

（2）“类别”选项组。

◆ 通知进度：发送电子邮件以指示渲染进程。每当“每 N 帧”数值框中所指定的帧数渲染完毕时，就会发送一份电子邮件。

◆ 通知故障：只有在出现阻碍渲染完成的情况下才发送电子邮件通知，默认为开启。

◆ 通知完成：当渲染任务完成时发送电子邮件通知，默认为关闭。

◆ 每 N 帧：设置“通道进度”所间隔的帧数，默认为 1，通常都会将这个值设置得大一些。

（3）“电子邮件选项”选项组。

◆ 发件人：输入开始渲染任务人的地址。

◆ 收件人：输入要了解渲染情况人的地址。

◆ SMTP 服务器：输入作为邮件服务器系统的 IP 地址。

3. “指定渲染器”卷展栏

通过“指定渲染器”卷展栏可以方便地进行渲染器的更换，其参数面板如图 12-27 所示。

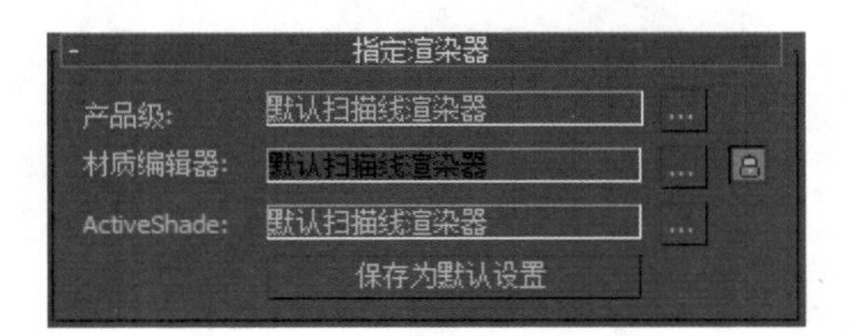

图 12-27 “指定渲染器”卷展栏

知识解析：“指定渲染器”卷展栏

◆ 产品级：当前使用的渲染器的名称将显示在其中，单击右侧的■按钮，可以打开“选择渲染器”对话框，如图 12-28 所示。该对话框中列出了当前可以指定的渲染器，但不包括当前使用的渲染器（如当前使用的默认扫描线渲染器就不在其中）。在渲染器列表中选择一个要使用的渲染器，然后单击“确定”按钮，即可改变当前渲染器。

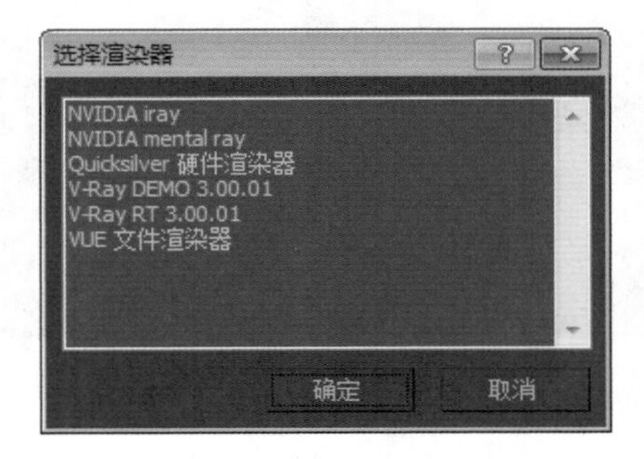

图 12-28 “选择渲染器”对话框

◆ 材质编辑器：用于渲染材质编辑器中样本窗的渲染器。当右侧的■按钮处于启用状态时，将锁定材质编辑器和产品级使用相同的渲染器。默认设置为启用。

◆ ActiveShade（动态着色）：用于动态着色窗口显示使用的渲染器。在3ds Max自带的渲染器中，只有默认扫描线渲染器可以用于动态着色视口渲染。

4. “脚本”卷展栏

“脚本”卷展栏如图12-29所示。

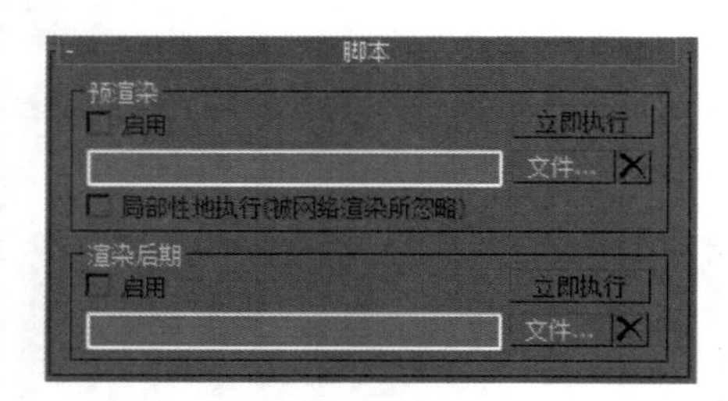

图12-29 “脚本”卷展栏

知识解析：“脚本”卷展栏

（1）“预渲染”选项组。

◆ 启用：选中该复选框，启用预渲染脚本。

◆ 立即执行：单击该按钮，立即运行预渲染脚本。

◆ 文件：单击该按钮，设定要运行的预渲染脚本，单击右侧的☒按钮，可以移除预渲染脚本。

◆ 局部性地执行（被网络渲染所忽略）：选中该复选框，则预渲染脚本只在本机运行，如果使用网络渲染，将忽略该脚本。

（2）启用：选中该复选框，启用渲染脚本。

（3）立即执行：单击该按钮，立即运行渲染后期脚本。

（4）文件：单击该按钮，设定要运行的渲染后期脚本。单击右侧的☒按钮，可以移除渲染后期脚本。

12.2.4 渲染设置的“渲染元素”选项卡

使用渲染元素功能可以将场景中的不同信息（如反射、折射、阴影、高光、Alpha通道等）分别渲染为一个个单独的图像文件，其参数面板如图12-30所示。

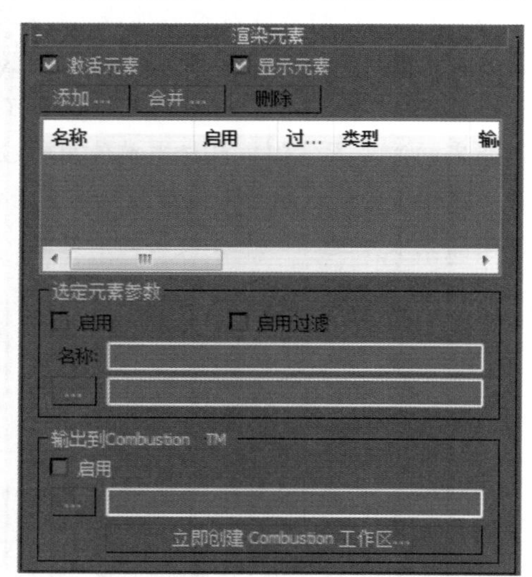

图12-30 “渲染元素”卷展栏

这项功能的主要目的是方便合成制作，将这些分享的图像导入到合成软件中（如Photoshop）合成，用不同的方式叠加在一起，如果觉得阴影过暗，可以单独将它变亮一些；如果觉得反射太强，可以单独将它变弱一些。由于这些工作是在后期合成软件中进行的，所以处理速度很快，并且不会因为细微的修改就要重新渲染整个三维场景。

通常来讲，元素在合成时没有非常固定的顺序，但大气、背景以及黑白阴影这3种元素例外，最终的元素合成顺序如下，但这种方法并不考虑彩色照明的情况。

（1）顶部：大气元素。

（2）从顶部第2层：黑白阴影元素，用于暗淡阴影区域的颜色。

（3）中部：漫反射、高光等元素。

（4）底部：背景元素。

知识解析：“渲染元素”面板

（1）激活元素：选中该复选框，单击渲染按钮，可以按照下面的元素列表进行分离渲染。

（2）显示元素：选中该复选框，每个渲染元素分别显示在各自的渲染帧窗口中，在渲染时会弹出多个观察窗口。

（3）添加：单击该按钮，可以打开“渲染元素”

对话框，如图 12-31 所示。

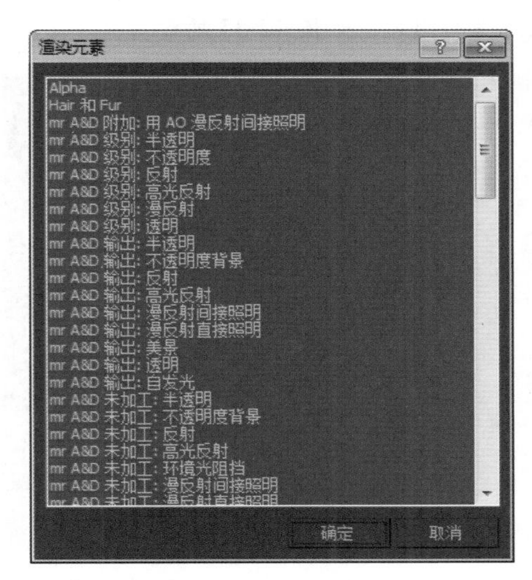

图 12-31 “渲染元素”对话框

技巧秒杀

“渲染元素”对话框中的渲染元素比较多，有 3ds Max 默认扫描线渲染器提供的渲染元素，有 mental ray 渲染器提供的渲染元素。如果安装了其他渲染器，还会有更多的渲染元素，如 VRay 渲染元素。

（4）合并：从别的 3ds Max 场景中合并渲染元素。

（5）删除：从列表中删除选择的渲染元素。

（6）名称：显示和修改渲染元素的名称。

（7）启用：显示该渲染元素是否处于有效状态。

（8）过滤器：显示该元素的抗锯齿过滤计算是否有效。

（9）类型：显示元素类型。

（10）输出路径：显示元素的输出路径和文件名称。

（11）“选定元素参数”选项组。

◆ 启用：选中该复选框，选定的渲染元素有效。取消选中该复选框时，不渲染选定的元素。

◆ 启用过滤：选中该复选框，选定元素的抗锯齿过滤计算有效；取消选中该复选框时，选定的元素在渲染时不使用抗锯齿过滤计算。

◆ 名称：显示当前选定元素的名称，还可以用来对元素重新命名。

◆ 浏览：用于指定渲染元素输出的存储位置、名称和类型，右侧的文本框中，可以直接输入元素的路径和名称。

（12）“输出到 Combustion TM”选项组。直接生成一个含有渲染元素分层信息的 CWS 文件（combustion 工作文件），可以直接在 combustion 合成软件中打开该文件，里面已经自动将这些分层的素材进行了正确的合成，只要分别选择各自的层进行调节即可。

读书笔记

12.2.5 渲染设置的“渲染器”选项卡

“渲染器”选项卡由“默认扫描线渲染器”卷展栏组成，其参数面板如图 12-32 所示。

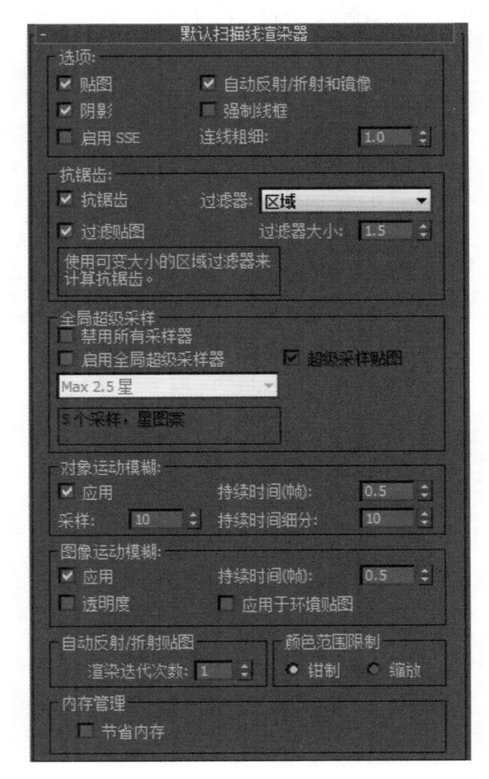

图 12-32 “默认扫描线渲染器”卷展栏

?答疑解惑：

什么是“默认扫描线渲染器”？

“默认扫描线渲染器”是一种多功能渲染器，可以将场景渲染为从上到下生成的一系列扫描线。“默认扫描线渲染器”的渲染速度特别快，但是渲染功能不强，商业应用极少。按F10键，打开“渲染设置”对话框，3ds Max默认的渲染器就是“默认扫描线渲染器”。一般情况下，因其渲染质量不高，渲染参数比较复杂，所以商业制作都很少用到该渲染器。

知识解析：“默认扫描线渲染器”卷展栏

（1）“选项”选项组

该选项组用来控制场景中物体渲染后的表现方式。

◆ “贴图”复选框：选中该复选框，渲染后将显示贴图，如图 12-33 所示；否则将不显示贴图，如图 12-34 所示。

图 12-33　显示“贴图”效果

图 12-34　不显示“贴图”效果

◆ “阴影”复选框：不选中该复选框，将不渲染灯光产生的阴影，如图 12-35 所示。

图 12-35　不显示“阴影”效果

◆ “自动反射 / 折射和镜像”复选框：选中该复选框，将对材质设置的反射、折射和镜面反射进行渲染，如图 12-36 所示；否则将不进行渲染，如图 12-37 所示。

图 12-36　“自动反射 / 折射和镜像”显示效果

图 12-37　未渲染的显示效果

◆ "启用SSE"复选框：用于确定渲染时是否使用SSE，选中该复选框后，渲染"流SIDM扩展"（SSE），这取决于系统的CPU频率，SSE可以缩短渲染时间。

◆ "强制线框"复选框：选中该复选框后，物体以线框方式进行渲染，可在"线框厚度"数值框中设置线框的厚度。如图12-38和图12-39所示分别为使用不同厚度的渲染效果。

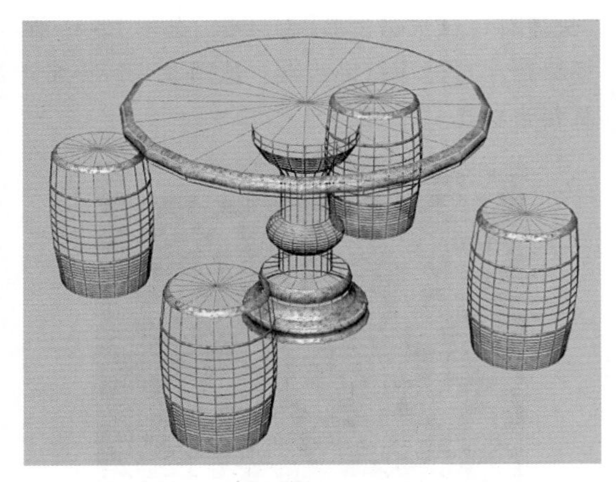

图12-38 设置线框厚度的显示效果（1）

图12-39 设置线框厚度的显示效果（2）

（2）"抗锯齿"选项组

该选项组用来设置场景在渲染时采用哪种过滤方式，在"过滤器"下拉列表中可以选择不同的抗锯齿方式，这里保持系统默认的参数设置即可。

（3）"全局超级采样"选项组

该选项组用来设置是否对场景使用全局超级采样器。

◆ "禁用所有采样器"复选框：选中该复选框，在渲染的过程中将禁止使用采样器。

◆ "启用全局超级采样器"复选框：用来设置在渲染时是否启用全局超级采样器，选中该复选框后，可在随后激活的下拉列表中选择不同的采样器。

（4）"对象运动模糊"选项组

对于对象的模糊效果，扫描线渲染提供了两种方式：对象模糊和图像模糊。

?答疑解惑：

为什么渲染设置框设置了参数后没有效果？

在制作运动模糊效果时首先要对对象进行指定，执行"编辑"→"对象属性"命令或在对象上右击，在弹出的快捷菜单的右下角有运动模糊控制区域，默认为无，可以选择对象或图像两种方式之一。在这里指定后，渲染设置框中相应的参数才会发生作用。

（5）"图像运动模糊"选项组

与对象运动模糊目的相同，也是为了制作出对角快速移动时产生的模糊效果，只是它从渲染后的图像出发，对图像进行了虚化处理，模拟运动产生的模糊效果。这种方式在渲染速度上要快于对象运动模糊，而且得到的效果也更光滑均匀，在使用时与对角运动模糊相同，先要在对象属性对话框中打开图像设置，才能使渲染设置中的参数生效。

（6）"自动反射/折射贴图"选项组

该选项组用来控制材质中反射和折射在不同物体间的反射次数，值越大，反射和折射效果越好，但这会增加渲染的时间，这里只需保持设置即可。

（7）"颜色范围限制"选项组

该选项组用来平衡场景中物体受光后产生的高亮度问题，这里只需保持设置即可。

（8）"内在管理"选项组

该选项组用来管理渲染时对内存的使用情况，选中"节省内存"复选框，渲染时将使用更少的内存，但会增加渲染时间，即可节约15%～20%的内存，而渲染时间大约增加4%。

12.2.6 渲染设置的“光线追踪”选项卡

“光线追踪”选项卡由“光线跟踪器全局参数”卷展栏组成，其参数面板如图 12-40 所示。

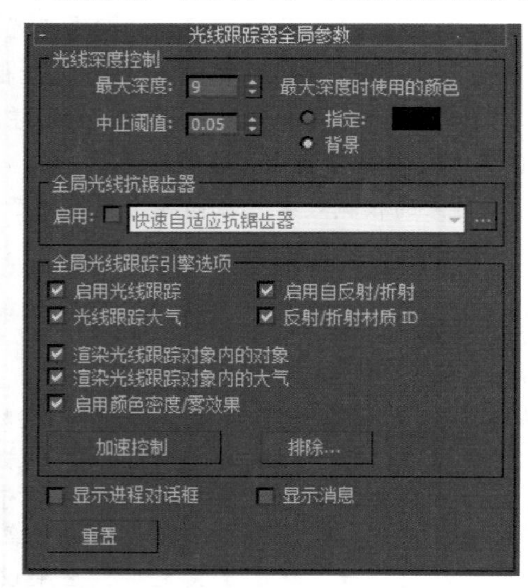

图 12-40　“光线跟踪器全局参数”卷展栏

知识解析：“光线跟踪器全局参数”卷展栏

（1）“光线深度控制”选项组

光线尝试也可以理解为递归深度，也就是光线在消失以前允许进行的反弹次数。

- 最大深度：设置循环反射次数的最大值，这个值越大，渲染效果越真实，渲染时间也越长，调节范围为 0 ~ 100，默认值为 9。如果不是很强烈的反射材质，此值设为 3 ~ 5 即可。
- 中止阈值：设置适配光程度的中止阈值。当光线对渲染像素颜色的影响低于中止阈值时，该光线就会被中止。这样可以节省渲染时间，默认值为 0.05（即渲染像素颜色的 5%）。

（2）“全局光线抗锯齿器”选项组

- 启用：设置场景中全部的光线跟踪材质和贴图使用抗锯齿。只有选中该复选框，自身光线跟踪的抗锯齿功能才可用。
- 快速自适应抗锯齿器：单击后面的■按钮，打开“快速自适应抗锯齿器”对话框，如图 12-41 所示。
- 多分辨率自适应抗锯齿器：使用多分辨率自适应抗锯齿功能。

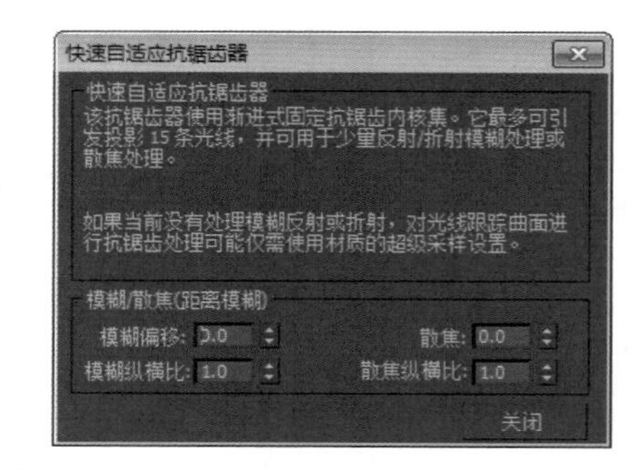

图 12-41　“快速自适应抗锯齿器”对话框

（3）“全局光线跟踪引擎选项”选项组

- 启用光线跟踪：设置是否进行光线跟踪计算。
- 光线跟踪大气：设置是否对场景中的大气效果进行光线跟踪计算，大气效果包括火、雾、体积光等。
- 启用自反射/折射：设置是否使用自身反射/折射。

技巧秒杀

这些参数用来控制灯光投射的光线在场景中物体间的反射深度，主要影响场景中所有光线跟踪材质和光线跟踪贴图。

12.2.7 渲染设置的“高级照明”选项卡

“高级照明”选项卡可以设置“光跟踪器”和“光能传递”，其参数面板如图 12-42 所示。

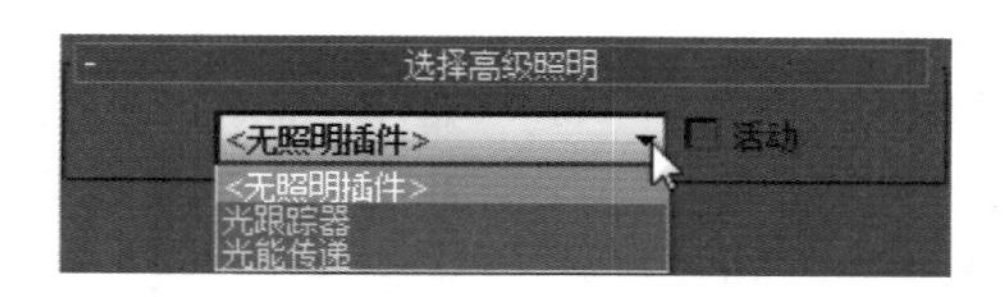

图 12-42　“选择高级照明”卷展栏

（1）在选择“光跟踪器”之后，其参数面板如图 12-43 所示。

图 12-43 “光跟踪器”卷展栏

光跟踪器是一种使用光线跟踪技术的全局照明系统，它通过在场景中进行点采样并计算光线的反弹（反射），从而创建较为逼真的照明效果。尽管照明追踪方式并没有精确遵循自然界的光线跟踪照明法则，但产生的效果却已经很接近真实了，操作时也只设置就可以获得满意的效果。

技巧秒杀

光跟踪器是基于采样点进行工作的，首先按照规则的间距对图像进行采样，并且通过自适应欠采样功能在对象的边缘和对比强烈的位置进行次级采样（进一步采样）。每个采样点都随机投射出一定数量的光线对环境进行检测，碰到物体的光线所形成的光被添加到采样点上，没有碰到物体的光线则被视为天光处理。这是一个统计的过程，如果采样点设置得过低，产生的光线数量不足，采样点之间的变化情况就会很明显地显现出来，形成表面上的黑斑。

知识解析：“光跟踪器”参数卷展栏

◆ “全局倍增”数值框：用来控制灯光对场景的总体照明强度，如图 12-44 和图 12-45 所示为将全局倍增值分别设置为 0.5 和 1.6 时的渲染效果。

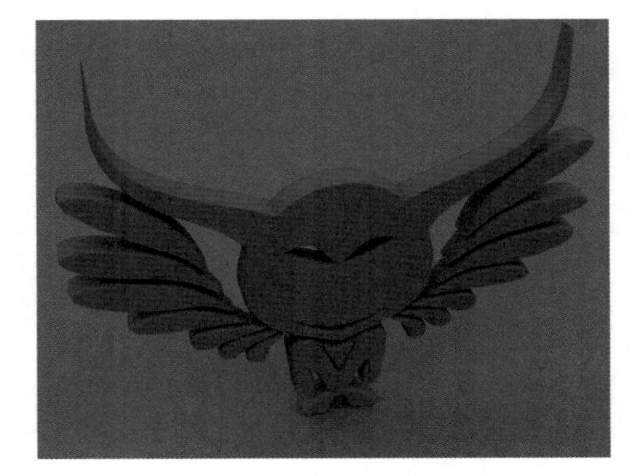

图 12-44 “全局倍增”为 0.5

图 12-45 “全局倍增”为 1.6

◆ “对象倍增”数值框：用来控制场景中的对象对光照的反射照明级，当值大小为 1 时，物体表面对光的反射增加，这样即可增加场景的光照亮度，否则会降低场景的光照亮度。如图 12-46 和图 12-47 所示是将对象倍增值分别设置为 2 和 3 时的渲染效果。

图 12-46 “对象倍增”为 2

图 12-47　“对象倍增”为 3

◆ “天光”复选框：系统默认选中该复选框，表示渲染时应用天光效果，并可在其右侧的数值框中输入数值来控制天光的照射强度。

◆ “颜色溢出”数值框：用来控制物体受光后颜色的扩散程度，如阳光照射在几何模型上，其表面颜色会发生很微妙的色相变化。只有反弹值大于或等于 2 时，该设置才起作用。如图 12-48 和图 12-49 所示为将颜色值分别设置为 0 和 10 时的渲染效果。

图 12-48　“颜色溢出”为 0

图 12-49　“颜色溢出”为 10

◆ “光线 / 采样”数值框：用来控制每个投射的光线数目，增大该值可以增加效果的平滑度，但同时也增加渲染时间；减小该值导致颗粒效果更明显，但是渲染更快。如图 12-50 ~ 图 12-53 所示为设置不同数值时的渲染效果。

图 12-50　值为 250

图 12-51　值为 200

图 12-52　值为 100

图 12-53　值为 5

◆ “过滤器大小”数值框：用来控制渲染后生成图像中噪波的大小，值越大，效果越好。如图 12-54 所示为当其他数值一定，设置过滤器不同数值时的渲染效果。

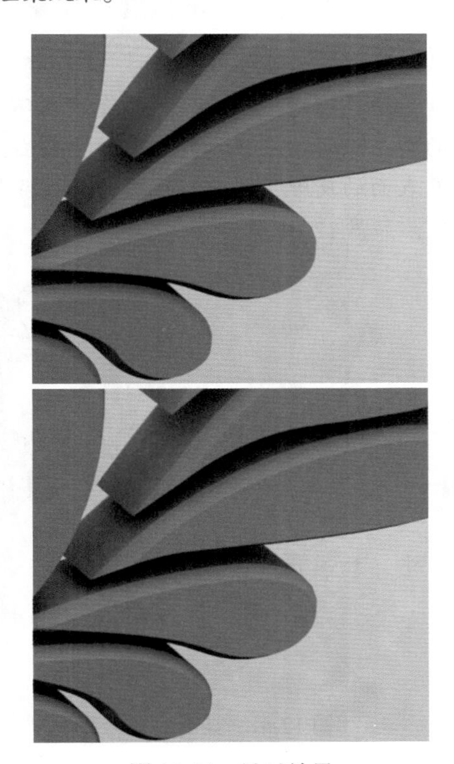

图 12-54　显示效果

◆ 颜色过滤器：用来控制过滤投向在对象上的所有灯光，可设置为除白色外的其他颜色以丰富整体色彩效果，相当于为场景增加一层环境光。

◆ 附加环境光：当设置为除黑色外的其他颜色时，可以在对象上添加该颜色作为附加环境光。

◆ “光线偏移”数值框：与对阴影光线的跟踪偏移相同，通过该数值框可以调整反射光效果的位置，以更正渲染的不真实效果。

◆ “反弹”数值框：用来控制被跟踪的光线的反弹次数，值越大，光线在物体间反弹的次数就越多，渲染后就越亮，并且图像更加清晰，但同时也将花费更多的渲染时间，如图 12-55 所示为设置不同反弹次数时的渲染效果。

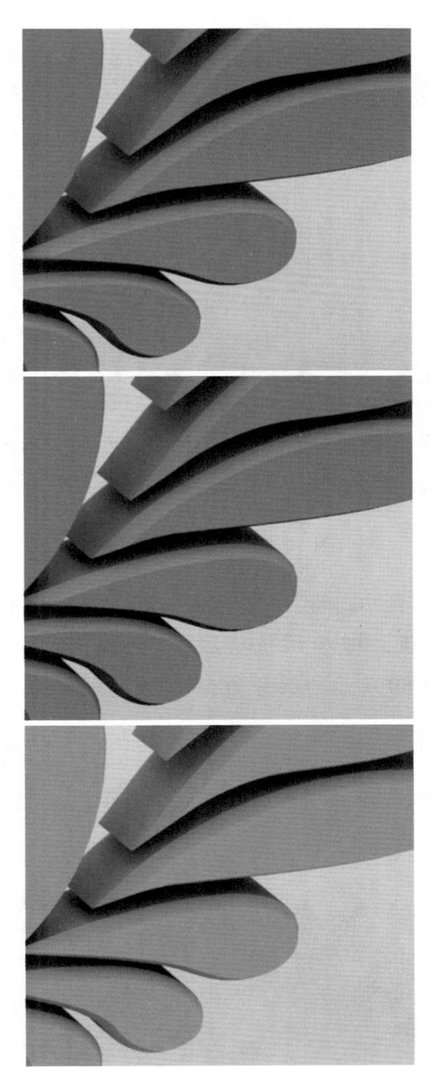

图 12-55　显示效果

◆ “初始采样间距”下拉列表：用来控制图像初始采样的栅格间距，以像素为单位进行衡量，默认设置为 16×16，该值越小，采样越精细，得到的效果越好。如图 12-56 和图 12-57 所示为使用不同采样范围值时的采样意图。

图 12-56　像素为 2×2

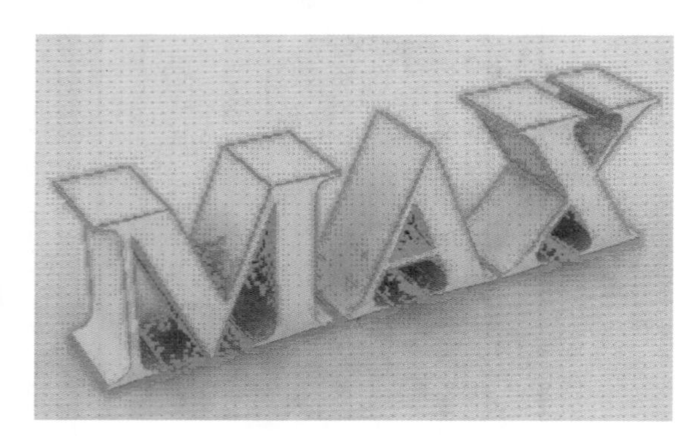

图 12-57　像素为 8×8

◆ “细分对比度”数值框：用来控制细分采样间距值，增加该值将减少细分，如图 12-58 和图 12-59 所示为细分为 5 和 1.5 时的细分示意图。

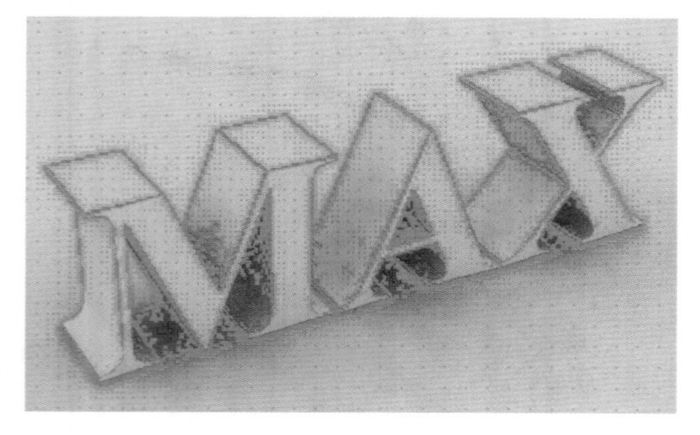

图 12-58　“细分对比度”为 5

（2）在选择“光能传递”之后，其参数面板如图 12-60 所示。

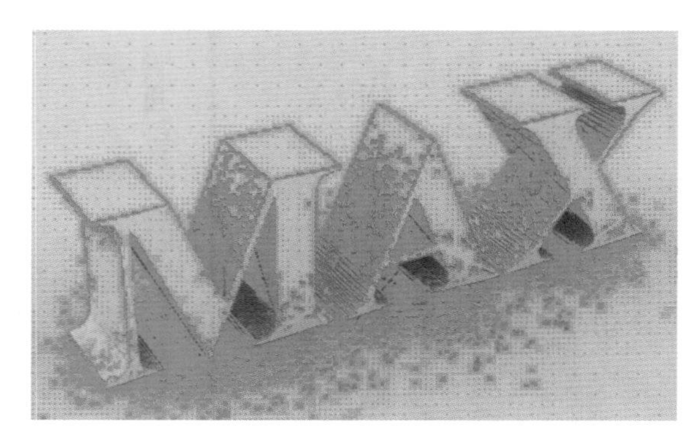

图 12-59　“细分对比度”为 1.5

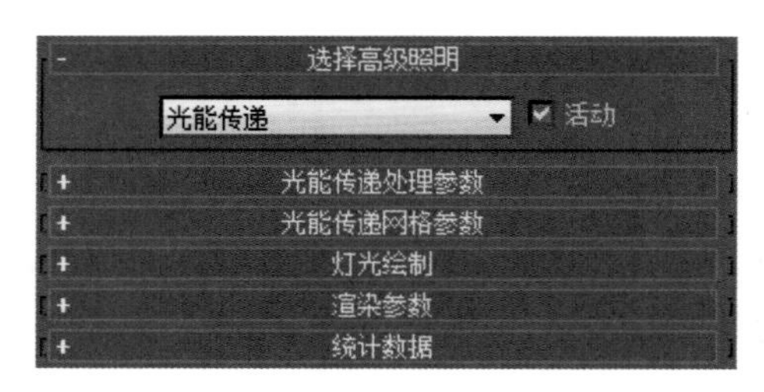

图 12-60　“光能传递”卷展栏

光能传递是一种能够真实模拟光线在环境中相互作用的全局照明渲染技术，它能够重建自然光在场景对象表面的反弹，从而实现更为真实和精确的照明结果，如图 12-61 所示。

图 12-61　显示效果

与其他渲染技术相比，光能传递具有以下几项特点：

（1）一旦完成光能传递解算，就可以从任意视角观察场景，解算结果保存在 MAX 文件中。

（2）可以自定义对象的光能传递解算质量。

（3）不需要使用附加灯光来模拟环境光。

（4）自发光对象能够作为光源。

（5）配合光度学灯光，光能传递可以为照明分析提供精确的结果。

（6）光能传递解算的效果可以直接显示在视图中。

展开“光能传递处理参数”卷展栏，其参数面板如图 12-62 所示。

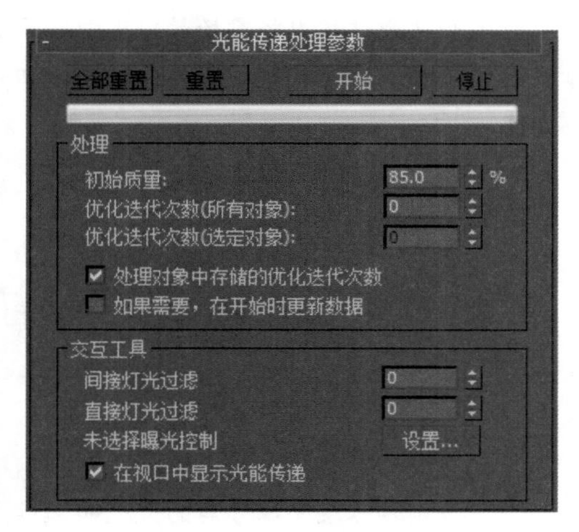

图 12-62 “光能传递处理参数”卷展栏

技巧秒杀

当以任何方式添加、移除、移动或更改对象或灯光时，光能传递解决方案都无效。

知识解析：“光能传递处理参数”卷展栏

◆ “开始”按钮：单击该按钮，系统将开始对场景中的灯光分布进行计算。在计算过程中“停止”按钮变为可用，单击该按钮可停止计算。停止计算后单击“全部重置”和“重置”按钮可将已经完成的光能传递恢复到初始状态。

◆ “初始质量”数值框：该数值框用来控制灯光计算的百分比，当灯光计算到该数值框预设的百分比后将自动停止计算。在测试光能传递时一般设置为 30%，最终渲染时设置为 80% ~ 85% 即可。如图 12-63 ~ 图 12-65 所示为设置不同初始质量百分比时光能传递效果。

◆ “间接灯光过滤”数值框：用于消除灯光计算时产生的黑斑，值越大，产生的黑斑越少。通常设为 3 或 4 就已够，如果设置的值太高，则可能会在场景中丢失详细信息。如图 12-66 和图 12-67 所示为设置值分别为 0 和 3 时的光能传递效果。

图 12-63 “初始质量”为 15%

图 12-64 “初始质量”为 45%

图 12-65 “初始质量”为 90%

◆ “直接灯光过滤”数值框：该数值框也是用于消除黑斑，但该值只用于消除直接照明产生的黑斑。

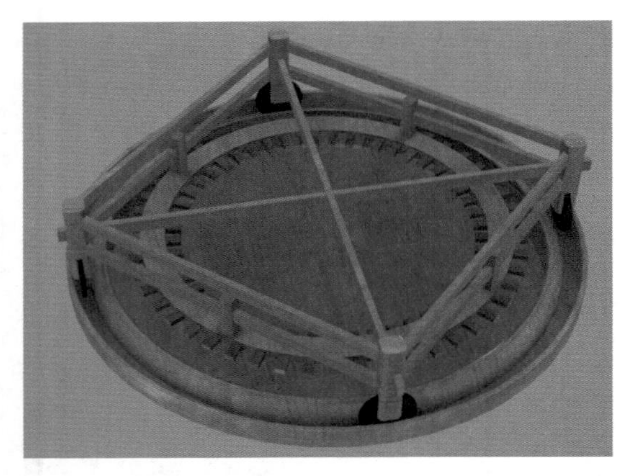

图 12-66　“间接灯光过滤”为 0

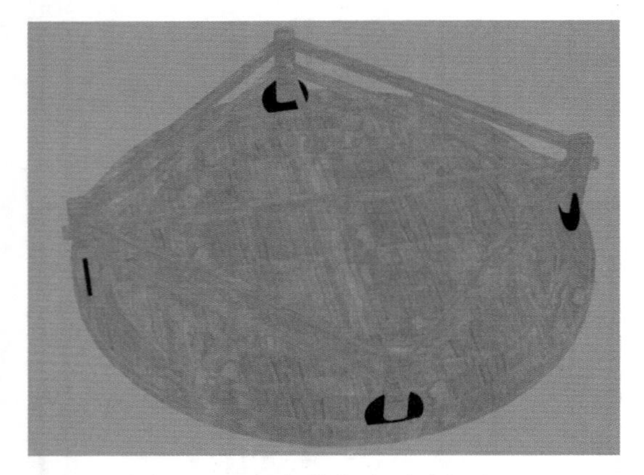

图 12-67　“间接灯光过滤”为 3

展开“光能传递网格参数”卷展栏，其参数面板如图 12-68 所示。

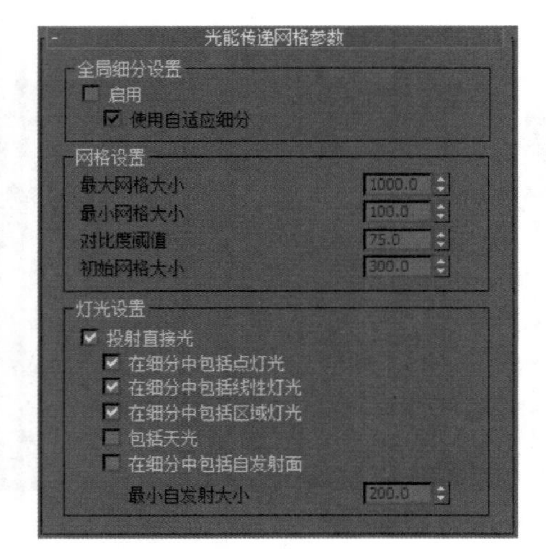

图 12-68　“光能传递网格参数”卷展栏

“光能传递网格参数”卷展栏用于选择是否进行风格化处理，网格元素的尺寸按世界单位设置。进行场景快速调试时，可以选择不使用网格化设置，这样画面会显得很单调，但光能传递求解仍能表现出整体照明的情况。网格化越精细，场景的照明细节越准确，但所耗费的时间和内存也就越多。

知识解析：“光能传递网格参数”卷展栏

- “全局细分设置”选项组：选中“启用”复选框，灯光在反弹过程中将对场景中模型表面进行细分。如图 12-69 所示为灯光对长方体的细分示意图。

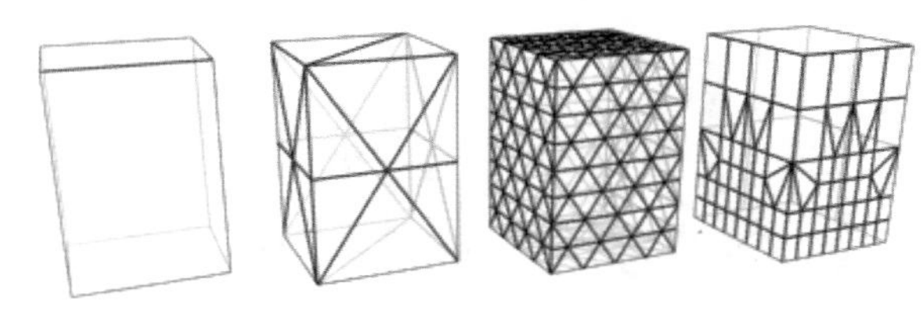

图 12-69　显示效果

- “最大网格大小”和“最小网格大小”数值框：分别用来控制物体表面细分后的最大面和最小面的大小，默认单位为厘米。如图 12-70 所示为固定最小面大小后，分别设置不同最大面大小后的细分效果。

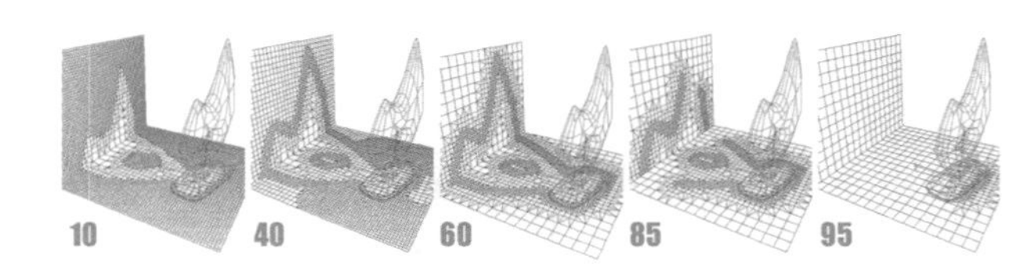

图 12-70　显示效果

展开“灯光绘制”卷展栏，其参数面板如图 12-71 所示。通过这些参数可以手动调节对象的照明与阴影区域，可以对阴影进行润色，对图像上的漏光错误进行手工修补，而不必重新修改或重新计算光能传递。

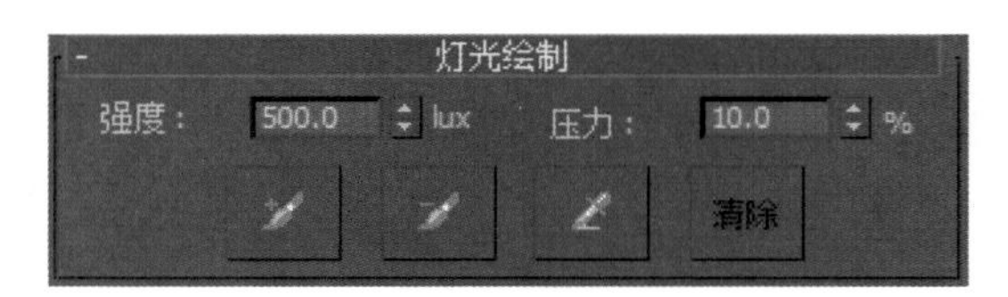

图 12-71　“灯光绘制”卷展栏

展开“渲染参数”卷展栏，其参数面板如图 12-72 所示。该面板内容主要用于对渲染光能传递处理过的场景进行参数设置。默认情况下，3ds Max 先从照明对象产生的阴影开始重新计算，然后将光能传递网格结果作为环境光添加进来。

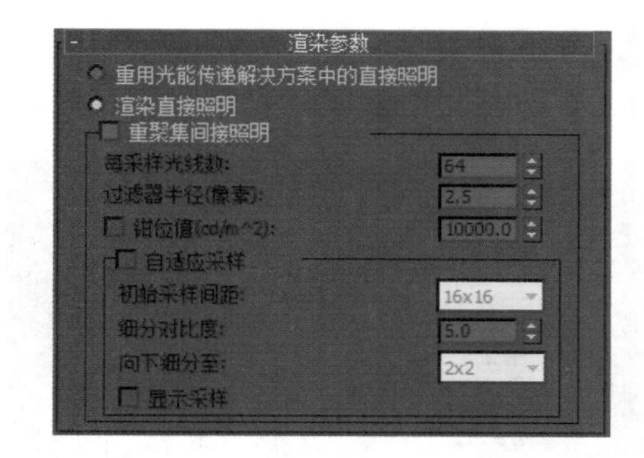

图 12-72 “渲染参数”卷展栏

12.3 提高实例——制作水墨画效果

12.3.1 案例分析

使用 3ds Max 制作国画效果，可以对模型后期的处理和设计起到极大的帮助作用。现在国学文化越来越受到大众的推崇和喜爱，在产品后期加入这些元素，对产品的销售、推广都是有好处的。

图 12-73 打开素材模型

12.3.2 操作思路

为更快完成本例的制作，并且尽可能运用本章讲解的知识，本例的操作思路如下。

（1）打开素材模型。

（2）创建材质。

（3）设置渲染内容。

（4）渲染模型。

（5）保存图片。

12.3.3 操作步骤

制作水墨画效果的具体操作步骤如下。

Step 1 ▶ 打开素材文件“水墨画素材.max”，如图 12-73 所示。

Step 2 ▶ 按 M 键，打开“材质编辑器”对话框，选择一个空白材质球，将材质命名为“水墨画”，如图 12-74 所示。

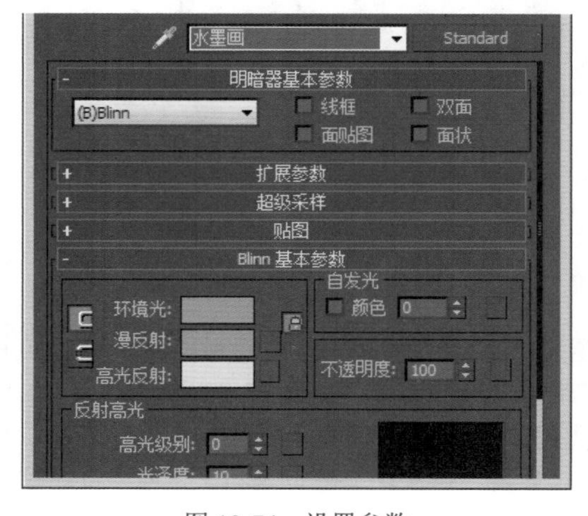

图 12-74 设置参数

Step 3 ▶ 在“Blinn基本参数”卷展栏中，单击“环境光”后的颜色框，如图12-75所示。

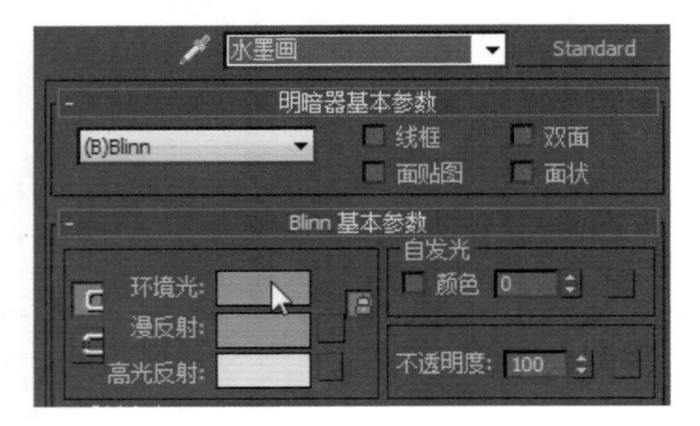

图12-75　单击颜色框

Step 4 ▶ 设置红绿蓝的颜色均为87，如图12-76所示。

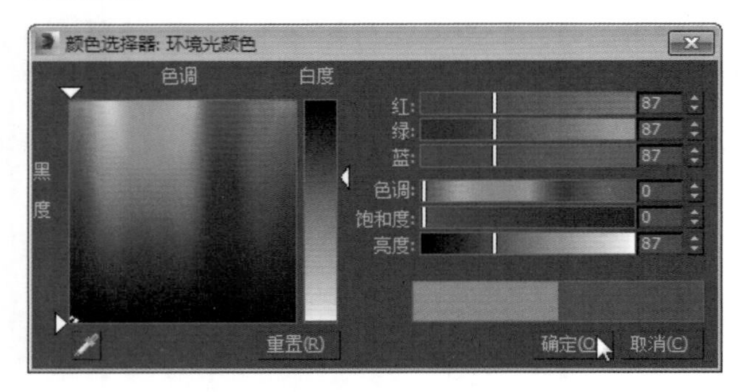

图12-76　设置颜色值

Step 5 ▶ 单击“漫反射”颜色框后的“无”按钮■，如图12-77所示。

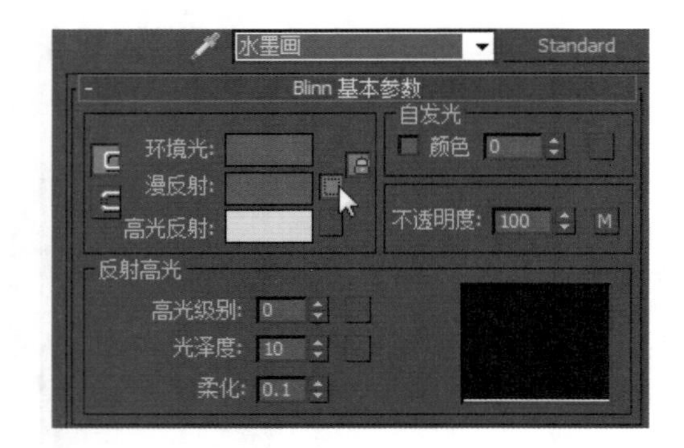

图12-77　单击按钮

Step 6 ▶ 在打开的“材质/贴图浏览器”对话框中双击“衰减”程序贴图，如图12-78所示。

Step 7 ▶ 在打开的“混合曲线”卷展栏中单击“添加点”按钮，在曲线上单击添加点；再单击“移动”按钮，在新添加的点上右击，在弹出的快捷菜单中选择“Bezier-平滑”命令，如图12-79所示。

图12-78　双击选项

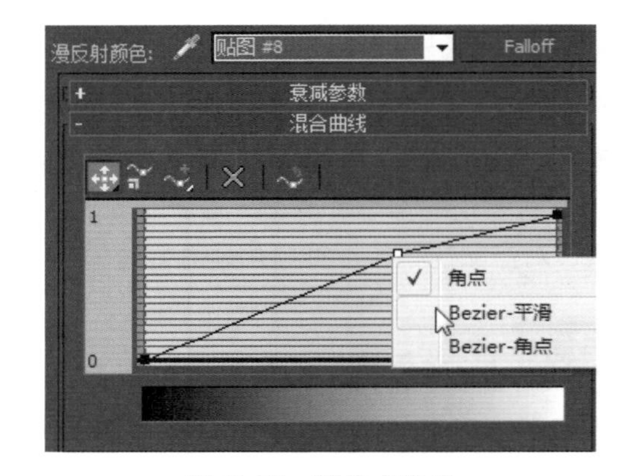

图12-79　转换点类型

Step 8 ▶ 移动并调整点，完成后的曲线形状如图12-80所示。

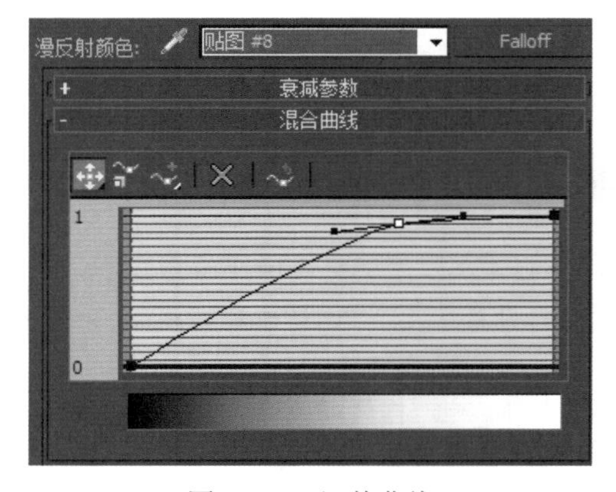

图12-80　调整曲线

Step 9 ▶ 设置完成后单击“转到父对象”按钮，在“漫反射”颜色框后的“无”按钮上右击，在弹出的快捷菜单中选择“复制”命令，其他参数设置如图 12-81 所示。

图 12-81　复制贴图

Step 10 ▶ 在“高光反射”颜色框后的“无”按钮上右击，在弹出的快捷菜单中选择“粘贴（复制）”命令，如图 12-82 所示。

图 12-82　粘贴贴图

Step 11 ▶ 按 F10 键，打开“渲染设置”对话框，设置输出大小为 720×486，单击“渲染”按钮，如图 12-83 所示。

Step 12 ▶ 渲染效果如图 12-84 所示。

Step 13 ▶ 在“渲染窗口”中单击“保存图像”按钮，打开“保存图像”对话框，输入文件名，如“鹦鹉”；单击“保存类型”下拉按钮，单击选择 PNG 格式，如图 12-85 所示。

图 12-83　设置内容

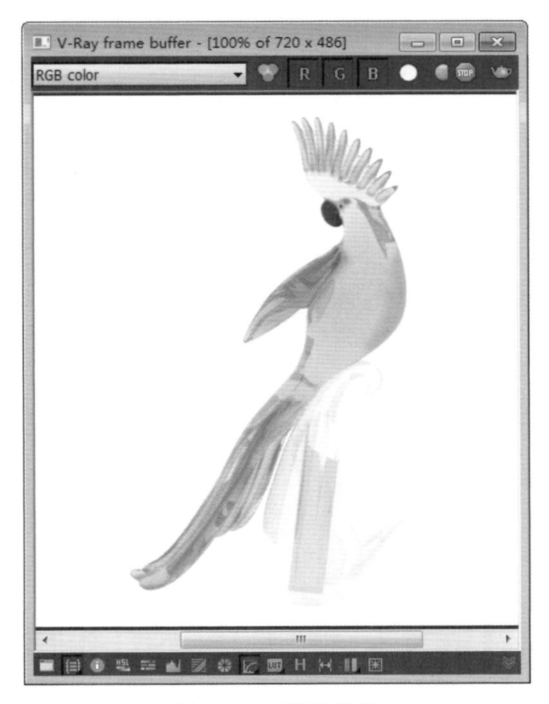

图 12-84　渲染效果

图 12-85　选择文件格式

Step 14 ▶ 单击“保存”按钮，弹出“PNG 配置”对话框，选择颜色为“RGB24 位（1670 万色）”，单击“确定”按钮，即可将当前渲染图像保存，如图 12-86 所示。

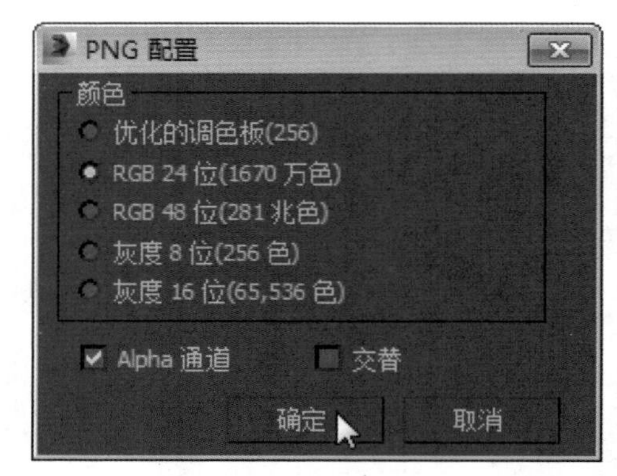

图 12-86　设置内容

读书笔记

12 13 14 15 16 17 18

初识 VRay 渲染器

本章导读

初步认识 VRay Adv 3.00.03 渲染器，了解渲染器功能模块的主要用途，了解渲染器的一些基本概念。

13.1 安装 VRay Adv 3.00.03 渲染器

VRay Adv 3.00.03 是一款功能强大的渲染插件，本书将以目前市面上版本最流行的 VRay Adv 3.00.03 版来进行讲解，下面介绍 VRay Adv 3.00.03 的安装过程。

Step 1 首先下载 VRay Adv 3.00.03 安装程序，然后解压 VRay_Adv_3.00.03_for_3dsMax2014 文件夹，双击 CH_VRay_Adv_3.00.03_for_3dsMax2014(64bit)_switch_setup_reconditeness 安装文件，将打开如图 13-1 所示的安装对话框。

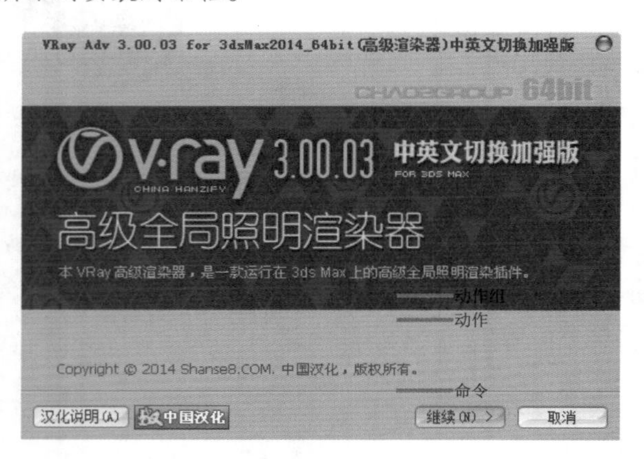

图 13-1　安装对话框

Step 2 单击 继续(N) > 按钮，进入如图 13-2 所示的 VRay 的授权页面。

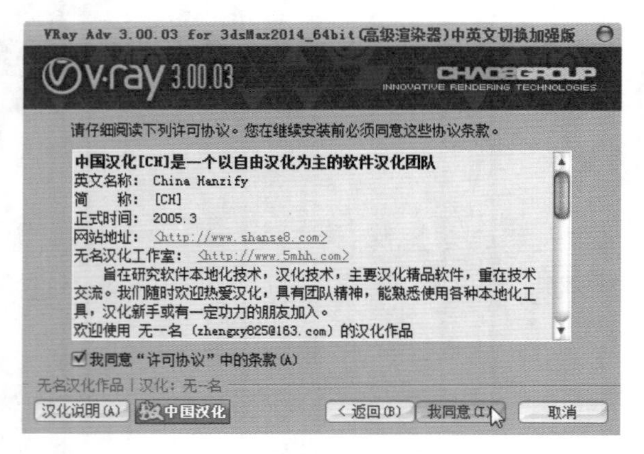

图 13-2　授权页面

Step 3 单击 我同意(I) 按钮，进入 VRay 的安装路径页面，用户无须进行手动设置安装路径，VRay 渲染器会自动搜索使用者的 3ds Max 2014 安装路径，如图 13-3 所示。

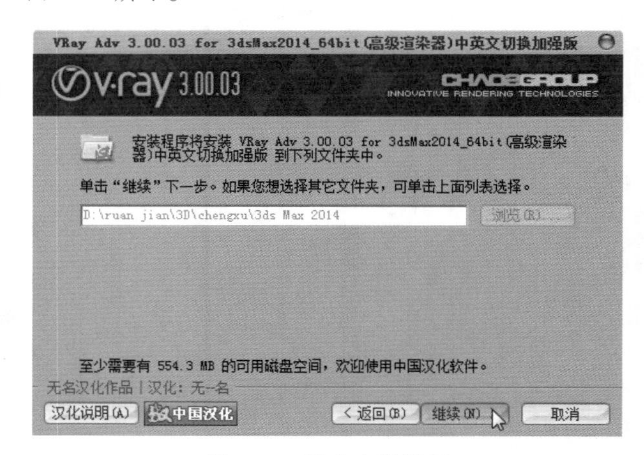

图 13-3　指定安装路径

Step 4 单击 继续(N) > 按钮，进入选择安装组件对话框，选择需要安装的组件，如图 13-4 所示。

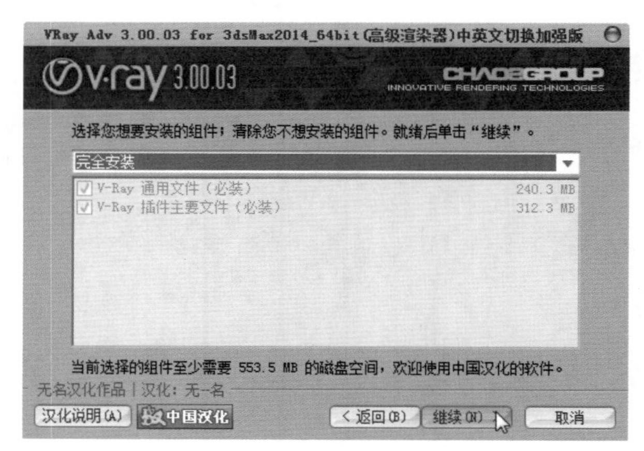

图 13-4　指定安装组件

Step 5 单击 继续(N) > 按钮，打开安装中文版本或英文版本的模式，如图 13-5 所示。

Step 6 单击 继续(N) > 按钮，确认安装的各项内容，如图 13-6 所示。

图 13-5　指定安装模式版本

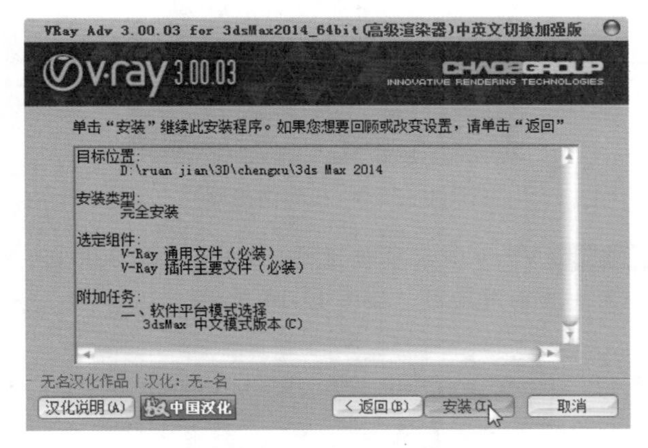

图 13-6　确认安装内容

Step 7 ▶ 单击 继续(N) > 按钮，VRay 3.0 开始自动安装，如图 13-7 所示。

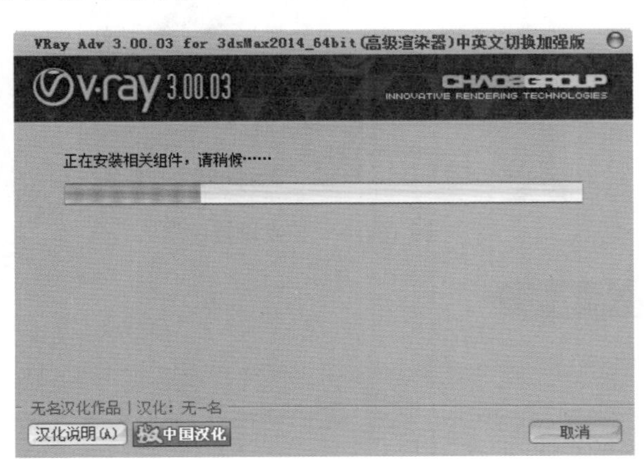

图 13-7　安装

Step 8 ▶ 单击 继续(N) > 按钮，打开安装完成对话框，单击"完成"按钮完成安装，如图 13-8 所示。

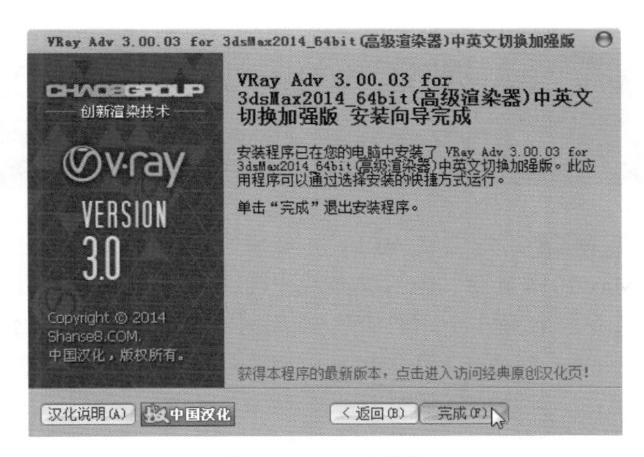

图 13-8　完成安装

Step 9 ▶ 启动 3ds Max 2014 应用程序，打开"渲染场景"菜单，选择 V-Ray Adv 3.00.03 渲染器，如图 13-9 所示。

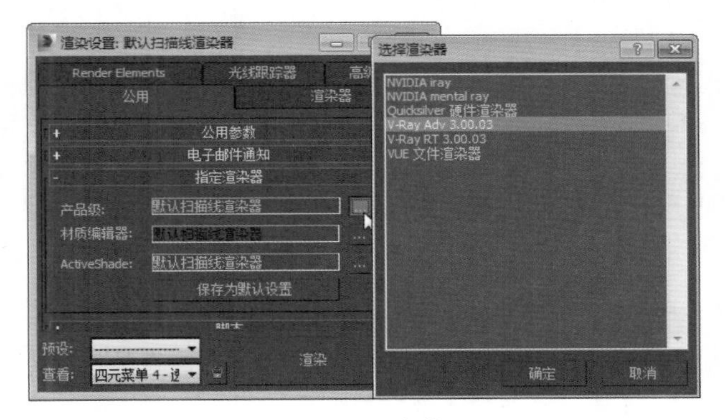

图 13-9　安装

Step 10 ▶ 选择 V-Ray 选项卡，各卷展栏如图 13-10 所示。

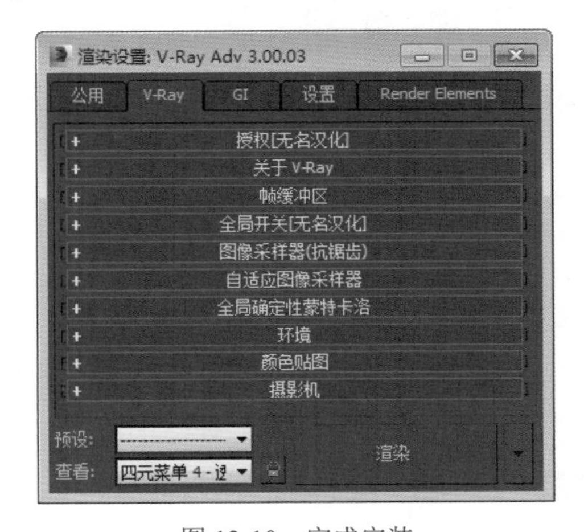

图 13-10　完成安装

13.2 激活 VRay Adv 3.00.03 渲染器

VRay 作为 3ds Max 的插件，需要将其激活才能够使用，其操作步骤如下。

Step 1 ▶ 安装完成 VRay 渲染器后，即可打开 3ds Max 2014 软件，执行菜单栏中的“文件”→“打开”命令，在弹出的“打开”对话框中选择程序默认文件 bmw 7.max 并将其打开，如图 13-11 所示。

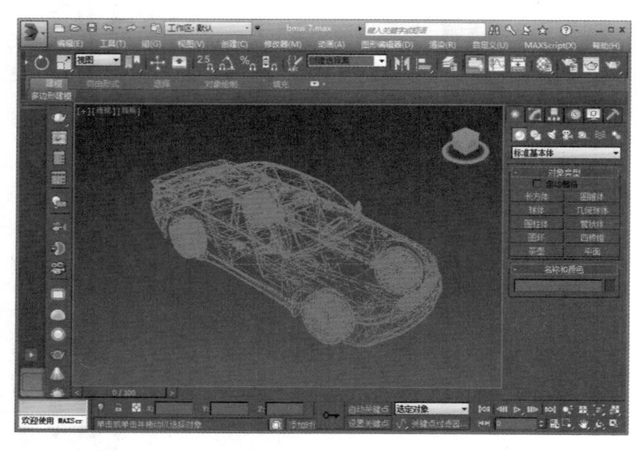

图 13-11　打开文件

Step 2 ▶ 单击工具栏中的“渲染设置”按钮，在弹出的“渲染场景”面板中单击“指定渲染器”卷展栏，单击“产品级”选项右侧的“添加”按钮，如图 13-12 所示。

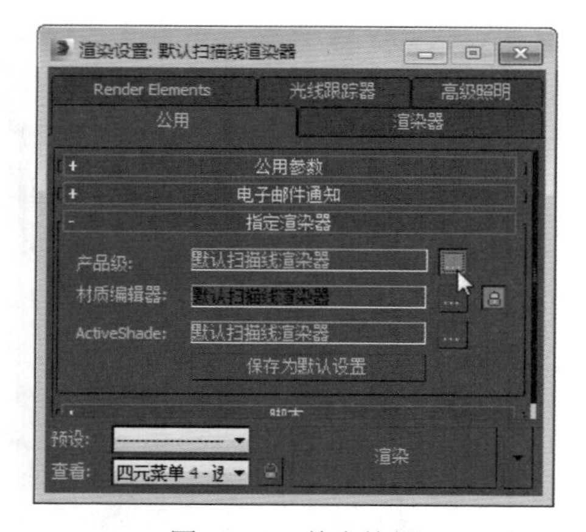

图 13-12　单击按钮

Step 3 ▶ 在弹出的“选择渲染器”对话框中选择 V-Ray Adv 3.00.03 选项，单击“确定”按钮，如图 13-13 所示。

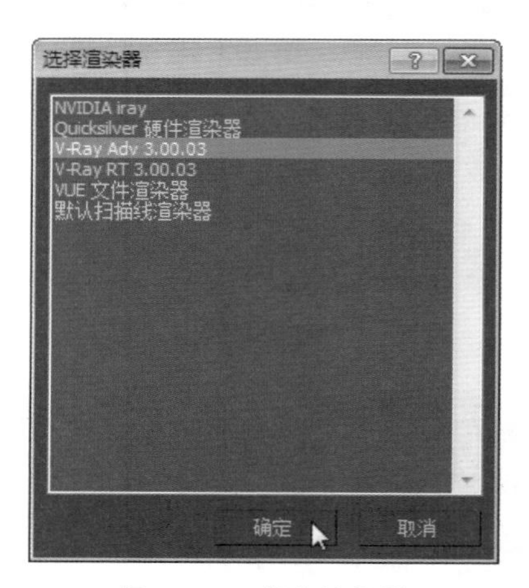

图 13-13　指定渲染器

Step 4 ▶ VRay 渲染器被激活，V-Ray Adv 3.00.03 被指定为当前渲染器，如图 13-14 所示。

图 13-14　完成设置

读书笔记

13.3 VRay 模块功能简介

VRay Adv 3.00.03 渲染器在 3ds Max 2014 中可分为 4 大模块，分别为渲染模块、材质模块、灯光/摄像机模块和物体模块，它们各自拥有不同的功能而又相互联系，下面将简要介绍 VRay 的 4 大模块。

13.3.1 渲染模块

渲染模块是 VRay 插件中最常用的模块，它承担着用户渲染过程中的各个方面，指定 VRay 为当前渲染器，在 VRay 工具栏中单击“渲染设置”对话框中的按钮，即可进入 VRay 的渲染设置面板，如图 13-15 所示。

图 13-15 VRay 渲染面板

读书笔记

13.3.2 材质模块

VRay 不仅兼容几乎所有的 3ds Max 默认材质，而且自身还自带了 VRay 特有的材质，它们全都位于 VRay 的材质模块中。

指定 VRay 为当前渲染器，打开材质编辑器，单击 Standard 按钮，即可在弹出的“材质/贴图浏览器”对话框中看到 VRay 的材质列表，如图 13-16 所示。

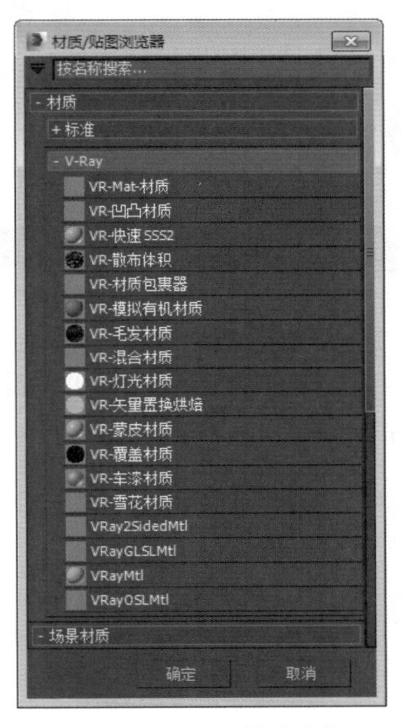

图 13-16 VRay 材质列表

使用 VRay 材质可以制作出很多 3ds Max 默认材质无法表现的特殊效果，例如 3S 材质效果，如图 13-17 所示。

图 13-17 VRay 的 3S 材质效果

图 13-17　VRay 的 3S 材质效果（续）

13.3.3 灯光 / 摄像机模块

1. 灯光模块

VRay 为用户提供了 VRay 特有的灯光，并且 VRay 兼容所有的 3ds Max 默认灯光，单击“灯光”创建面板，再选择下拉列表中的 VRay 选项，即可看到 VRay 的灯光面板，如图 13-18 所示。

图 13-18　VRay 灯光面板

VRay 提供的灯光可以用于设置场景的补光，以及制作太阳光光照等效果，如图 13-19 所示为 VRay 的太阳光光照效果。

图 13-19　VRay 的太阳光光照效果

2. 摄像机模块

VRay 为用户提供了 VRay 自身的物理摄像机和自由摄像机，并且 VRay 兼容 3ds Max 默认的摄像机，单击摄像机创建命令面板，再选择下拉列表中的 VRay 选项，即可看到 VRay 的摄像机面板，如图 13-20 所示。

图 13-20　摄像机面板

技巧秒杀

使用 VRay 的摄像机可以更精确地模拟真实摄像机的诸多功能，如快门、抖动等。

13.3.4 物体模块

VRay 还为用户提供了 VRay 自身一些附加模块，它们主要起着一些辅助设计和制作毛发等作用。

单击“几何体”创建命令面板，再选择其下拉列表中的 VRay 选项，即可看到 VRay 的物体面板，如图 13-21 所示。

图 13-21　VRay 物体面板

读书笔记

13.4 VRay 相对其他渲染器的优势对比

对现代商业效果图设计师以及各种三维静态帧艺术设计家们来说，三维设计最大的瓶颈是速度太慢，想要以比较满意的速度渲染出非常优秀的作品，一般情况下则需要设计师拥有非常强大的电脑硬件以及图形加速卡，这对于很多“草根”级的艺术爱好者以及个人来说，却只能望而却步。

VRay 渲染器一经面市，就产生了很大的商业效应，到现在为止，VRay 的用户已经和 MentalRay、FinalRender、Brazil 等国际著名的渲染器并驾其驱，其渲染效果相比这些知名渲染器，也毫不逊色，如图 13-22 所示为使用 VRay 渲染器渲染的室内效果图。

图 13-22　VRay 渲染的厨房效果

13.4.1 速度优势对比

目前市面上问世的渲染器大多是采用的 Radiosity（热辐射照明）或者 Global Illumination（全局照明）技术，这两种技术从渲染的效果来看，相差无几，所不同的是这两种照明方式的原理，使用 Radiosity 的照明方式会精确地计算场景中的物体并同时占用大量的时间和系统内存，并且 Radiosity 照明方式还要求场景空间必须是按照实际尺寸来进行物体的布置，这对于部分制作者来说，是相当耗时和耗力的，相比之下，Global Illumination（全局照明）系统则不需要参考场景中的物体表面分布和尺寸，这一点的意思就是允许制作者任意调节场景空间的比例或大小，可以大大方便制作者的设计过程。

使用 Radiosity（热辐射照明）渲染器的内核采用 Monte Carlo（蒙特卡罗）算法，这种算法由于会对场景中的所有几何体对象的面进行细分，从而使得运算速度非常慢，而基于 Global Illumination（全局照明）的渲染器的内核采用了 Quasi-Monte Carlo（类蒙特卡罗）算法，其算法的速度相比 Monte Carlo 有了相当明显的提高，如图 13-23 所示。

图 13-23　使用 Quasi-Monte Carlo 可以更快地运算高像素的图像

13.4.2 材质、灯光、阴影优势对比

VRay 的材质相比其他渲染软件如 Lightscape 渲染器而言，VRay 对于 3ds Max 常用的凹凸材质、混合材质以及透明材质都是兼容和支持的，而

Lightscape 渲染器则不同，它只提供了部分用于制作效果图所需的常用材质，并且 Lightscape 渲染器不支持 3ds Max 的默认材质。

VRay 除了兼容 3ds Max 所有的材质以外，还自带了 VRayMtl、VRayMtlWrapper 以及 VRayMap 等材质和贴图，使用 VRay 自带的材质可以获得更好、更快的渲染效果，如图 13-24 所示为使用 VRay 的材质渲染效果。

图 13-24　VRay 材质效果

另外，VRay 还提供了专用的 VRayLight 灯光、VRaySun 太阳光和 VRay Shadows 阴影。

13.4.3 接口和模型的优势

在现在市面上，最早使用的渲染器当属 Lightscape 渲染器，Lightscape 渲染器不同于 VRay，它是一个独立的软件，使用此软件只能用于材质、灯光和渲染方面的功能，而且 Lightscape 渲染器还无法识别 3ds Max 文件，必须通过 3ds Max 将其做好的场景导出为 Lightscape 渲染器认可的文件，然后再将其在 Lightscape 渲染器中打开并渲染，这无疑会大大增加工作时间以及降低工作效率。

VRay 渲染器是内置在 3ds Max 软件中的，所以和 3ds Max 中的模型、材质、灯光等都可以非常好地兼容并支持，无须将 3ds Max 文件导出，直接在软件中生成模型便可以渲染。

另外，使用过 Lightscape 渲染器的读者应该知道 Lightscape 渲染器是以"Radiosity"（热辐射照明）算法为基础的，所以要求模型和模型之间不允许相交，不允许模型随意更改等，否则边角会出现阴影或者黑斑。而 VRay 渲染器则不会对模型有过多的要求，因为 VRay 渲染器是以 Global Illumination（全局照明）算法为基础的，它可以自动识别模型和模型之间的相交，并且只计算可见面的受光影响，这大大方便了设计师的操作以及工作流程，如图 13-25 和图 13-26 所示。

图 13-25　Lightscape 中模型相交而产生的错误

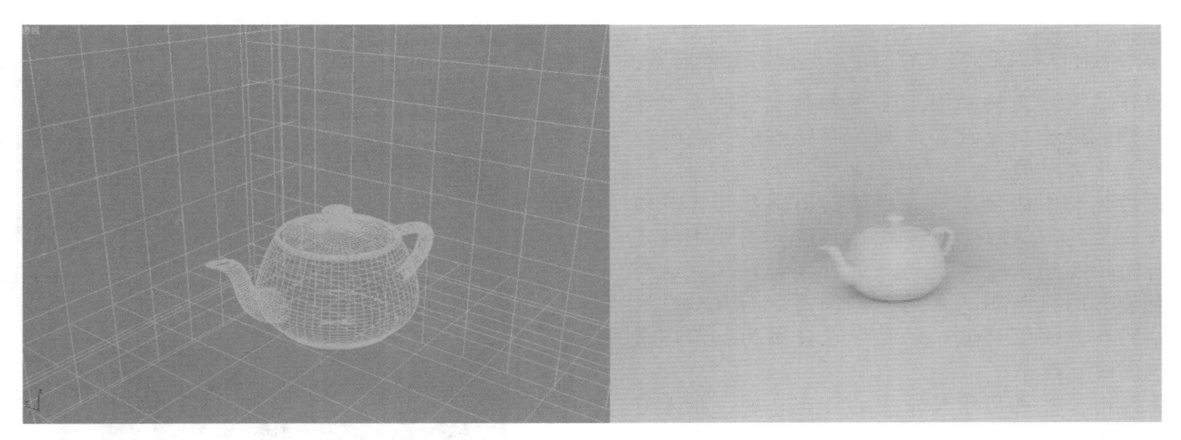

图 13-26　相同的场景 VRay 渲染则没有出现阴影现象

13.5 VRay 中的基本概念

要熟练掌握 VRay 的运用技巧，必须要了解 VRay 中的一些基本概念，这样有助于进一步认识和了解 VRay 的各项功能。

13.5.1 光照贴图和光子贴图

VRay 渲染器提供了两种照明贴图方式，即光照贴图（Irradiance map）（其面板如图 13-27 所示）和光子贴图（Photon map）（其面板如图 13-28 所示）。

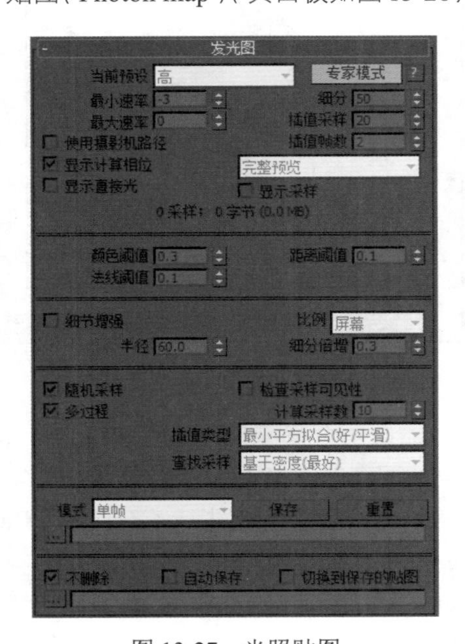

图 13-27　光照贴图

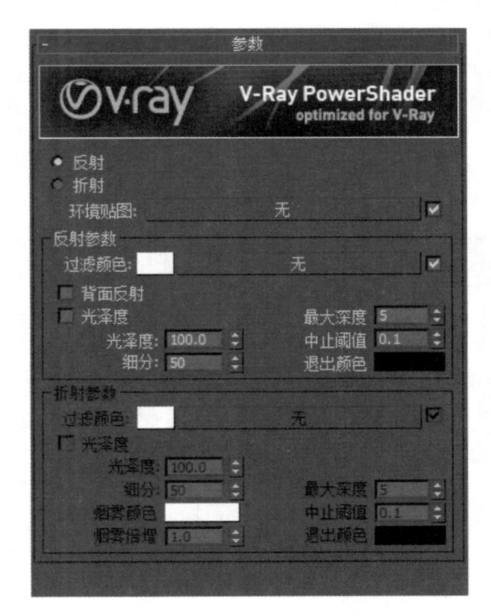

图 13-28　光子贴图

读书笔记

技巧秒杀

这两种贴图方式的共同点在于都属于空间点云集合，都能快速接受计算，都可以保留贴图文件以方便下一次应用。
而这两种贴图的区别是：光照贴图是基于光照缓存基础上的，这种贴图方式是只计算场景中特定点的间接照明，对其余的点进行插补计算，这样做会丢失间接照明产生的一些细节，而且如果光照贴图参数设置过低，动画中也会因为细节不足而产生闪烁现象。
光子贴图虽然也用于场景中的灯光表现，但是它却是基于追踪场景中光源发射的光子基础上计算的，场景中光子不断地来回反弹，碰触不同的影响面，这些碰触后的数据被存储在光子贴图中，它可以非常快地计算并模拟灯光效果，却无法对 VRay 提供的天光进行计算。
在通常情况下，光照贴图产生的照明要比光子贴图产生的照明精确一些，尤其是具有大量细节的场景中，这是因为光照贴图和光子贴图虽然都会或多或少产生黑斑，但是光照贴图的自适应采样会减轻这种效果，而光子贴图则不行。
两种贴图方式各有千秋，用户需要根据实际需要来确定自己使用哪种贴图来进行照明，当然如果能结合使用的话，不仅会得到更完美的场景图像，还会节约大量的计算时间。

13.5.2 直接照明和间接照明

3ds Max 提供了大量的灯光类型让制作者模拟真实世界中的光源，但这些灯光只能解决光源的直接照明，而真实世界中的照明除了直接照明外，还存在漫反射和折射现象，VRay 能模拟真实的相片级的图像，就是因为它引入了间接照明的概念。

如图 13-29 所示为用直接照明渲染的场景，从图中可以看到，除了被光线照到的区域为亮色，其他区域则完全为黑色，几乎没有过渡区域，使得场景看起来很假。

如图 13-30 所示为使用了 VRay 的间接照明渲染的场景，从图中可以看到，被光照到的区域和没有被光照到的区域之间有了过渡色，并且地面因吸收灯光和物体自身漫反射的影响，也蒙上了淡淡的一层与之对应的颜色。

图 13-29　直接照明

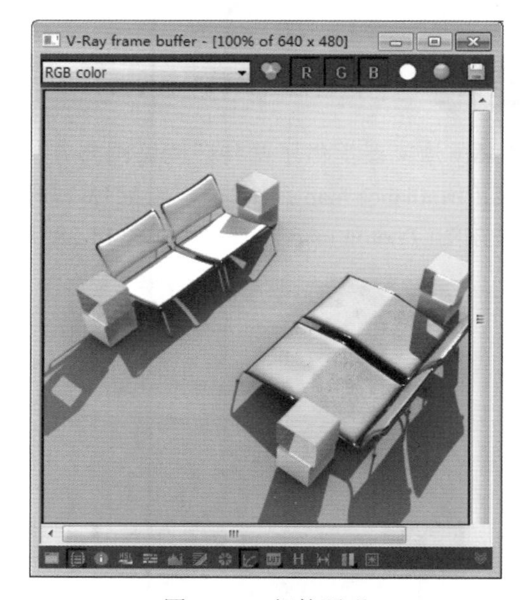

图 13-30　间接照明

通过上面两个场景的对比可以发现，间接照明所渲染的图像非常接近于真实世界中的图像，而目前最常见的间接照明算法技术有两种：Radiosity（Monte Carlo）和 Quasi-Monte Carlo。

Radiosity（Monte Carlo）技术原理上是将场景中的模型进行细分，以存储其光照信息，这种技术虽然可以得到非常真实的灯光和漫反射，但是速度却很慢，而且由于对光源处理比较复杂，致使不易产生光滑的表面。目前使用 Radiosity（Monte Carlo）技术的渲染器有 Lightscape、Insight 和 3ds VIZ，如图 13-31 所示为 Lightscape 3.2 渲染器的渲染界面。

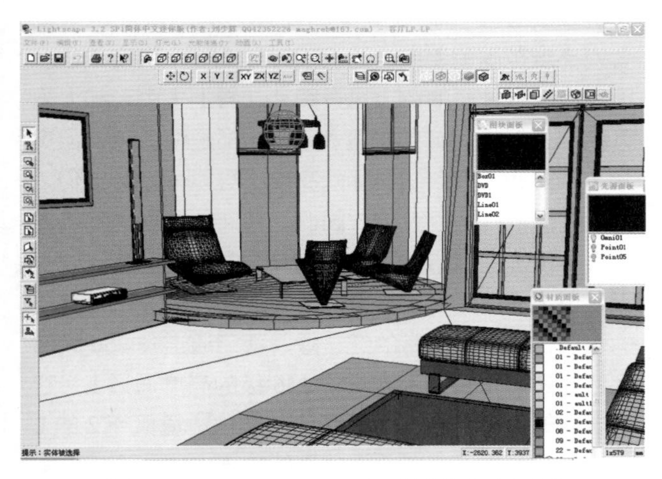

图 13-31　Lightscape 3.2 渲染器的渲染界面

Quasi-Monte Carlo 技术原理上是通过光线跟踪来计算光照信息的，虽然也可以得到非常逼真的效果，但是最终的图像与观察方向有关系，比较复杂，目前使用 Quasi-Monte Carlo 技术的渲染器有 FinalRender、MentalRay 以及 VRay，如图 13-32 和图 13-33 所示为使用 FinalRender、MentalRay 渲染器渲染的场景效果。

图 13-32　FinalRender 的渲染效果

Radiosity（Monte Carlo）技术和 Quasi-Monte Carlo 技术这两种计算方式得到的结果在视觉上几乎没有什么不同，唯一的区别是在渲染的时间上，Quasi-Monte Carlo 技术要快得多，这也是为什么现在比较流行采用 Quasi-Monte Carlo 技术作为内核的原因。

图 13-33　MentalRay 的渲染效果

13.5.3 HDRI 照明

HDRI 是 High Dynamic Range Image（高动态范围图像）的缩写，它是在 2001 年 SIGRAPH 会议上提出的一种基于图像的照明技术。

在实际运用中，HDRI 不仅是一种照明技术，它更是常常用于玻璃和金属等反射或半发射物体的反射贴图，使用它可以渲染出相当逼真的玻璃或者金属等效果，如图 13-34 和图 13-35 所示。

图 13-34　使用 HDRI 图像渲染的陶瓷效果

图 13-35　使用 HDRI 图像渲染的金属效果

HDRI 图像与常规图像的区别是：HDRI 是超越普通光照颜色和强度的光照图像，计算机在表示图像时是用 8bit（256）级或 16bit（65536）级来区分图像的亮度的，但几百或几万级别无法再现真实自然的光照情况。目前普通的图片都是由三原色——红、绿、蓝组成的，这是针对 CRT 显示器显示的图像而制定的规范，通过这 3 种颜色的组合，任何颜色都可以在屏幕上显示出来，颜色的强度等级在 256 个灰度单位以内，也就是说，普通的图形文件每个像素只有 0 ~ 255 的灰度范围，这实际上是不够的。上述的规格是在从前计算机制造工艺不发达的前提下作出的折中选择，也就是说自然界的光线颜色和强度是上述的规格无法囊括的，一些极亮和极暗的光线不能通过上述的规格来表现。所以 HDR 文件是一种特殊图形文件格式，每一个像素除了普通的 RGB 信息，还有该点的实际亮度信息。想象一下太阳的发光强度和一个纯黑的物体之间的灰度范围或者说亮度范围的差别，远远超过了 256 个灰度单位。因此，一张普通的白天风景图片，看上去白云和太阳可能都呈现是同样的灰度 / 亮度，都是纯白色，但实际上白云和太阳之间实际的亮度不可能一样，他们之间的亮度差别是巨大的。因此，普通的图形文件格式是很不精确的，远远没有记录到现实世界的实际状况。于是出现 HDRI 高动态范围图片，它和一般图片格式的差别在于：除通常的红、绿、蓝三通道各 256 级灰度外，还有个特别的亦可达 256 级的亮度通道 L，它能表现的灰度范围就以如红色 = 红色通道值 ×2 的 L 次方的方式扩充，以此为特别的扩充方式，这样的图片就很适合于作为球状环境光源的强度控制。

HDRI 所用的 HDRI 图像文件是一种亮度范围很广的图像，如图 13-36 所示为 HDRI 图像效果。

图 13-36　HDRI 图像效果

13.5.4 反射和折射

在现实生活中，我们一眼就可以分辨出光滑和粗糙的物体，原因是光滑表面的物体总是会出现明显的高光效果，如玻璃、金属等，如图 13-37 所示，而粗糙的物体表面，是不存在高光的，例如石头、地面等，如图 13-38 所示。

读书笔记

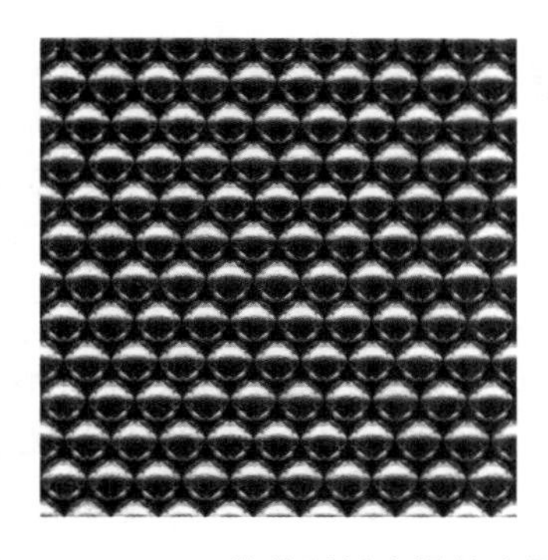

图 13-37　VRay 物体面板光滑的金属球

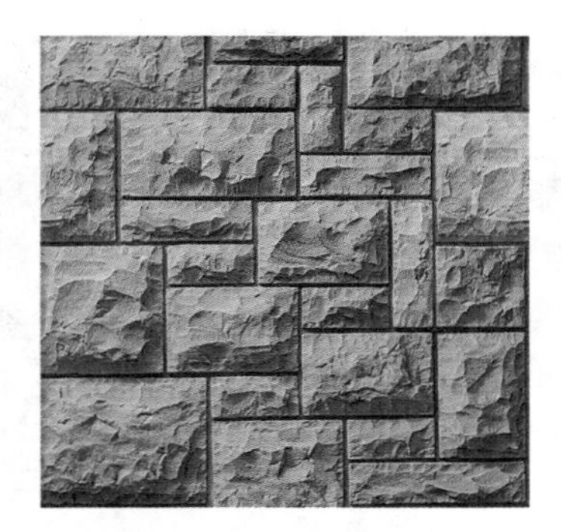

图 13-38　VRay 粗糙的砖墙

这两类物体之所以会呈现出两种不同的物理效果，是因为它们对光线的反射不同。光线反射分为平行反射和扩散反射两种。平行反射又称镜面反射，意思就是将投射来的光线原样、平行地射出去。形成平行反射的物体因为有色光线很少被物体吸收，所以光线一到物体表面就马上被反射出去，如果物体表面特别光滑，则会形成完全平行（镜面）反射，该物体表面呈现的几乎全部都是光源色，而将自身的固有色则全部或者大部分隐藏起来。

扩散反射又称为漫反射，即物体表面选择吸收部分投射的光线，并不规则地反射未吸收的部分。扩散反射物体的色彩是光线投射到物体表面即被反射回来，加上表面的反射光形成的，所以扩散反射物体色的感觉比光源色弱且灰。

以上这些情况都是由于光线的反射作用于这些物体而给人产生的感觉。光滑物体的表面对光源的位置和颜色都是非常敏感的，当有光线影响此物体时，它的表面会反射出光线，这也就是高光，物体表面越光滑，那么对光线的反射就越清晰，它的颜色是由作用于它的光源颜色来决定的。当光线的传播到透明物体时，光线便会自由穿过此透明物体，也就是物体背后的其他物体。由于自然界中的各种透明物体的物体组成不同，它们的密度也不同，光线射入后会发生变形现象，这就是折射，如图 13-39 所示为城市的背后因为光线的折射而出现海市蜃楼的现象。

图 13-39　因光线折射而出现的海市蜃楼

13.5.5 景深

景深是 VRay 所提供的一种特殊的摄像机效果，从景深理论上来说，景深是根据摄像机的镜头成像原理，当焦点只有一个，且焦点目标在视觉上出现清晰的图像时，在所调整的焦点前后延伸出的可接受的清晰区域，这个区域即是景深，如图 13-40 所示为 VRay 的景深效果。

图 13-40　景深效果

景深的概念分为两种，一种是焦点（Focus），一种是容许弥散圆（Permissible Circle of Confusion）。

1. 焦点

与光轴平行的光线射入凸透镜时，理想的镜头应该是所有的光线聚集在一点后，再以锥状扩散开来，这个聚集所有光线的一点，就叫做焦点，如图 13-41 所示。

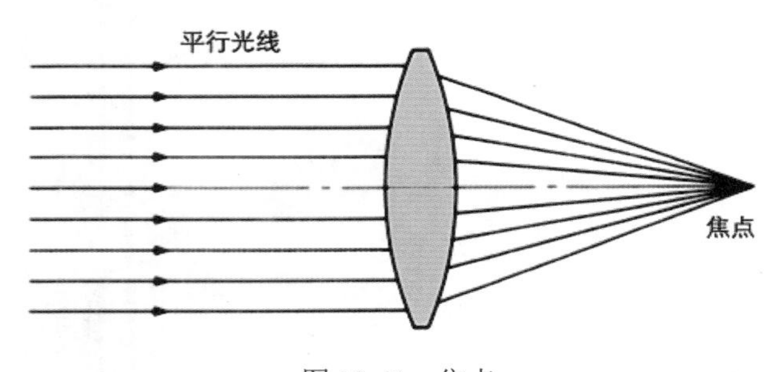

图 13-41 焦点

2. 容许弥散圆

在现实当中，观赏拍摄的影像是以某种方式（如投影、放大成照片等）来观察的，人的肉眼所感受到的影像与放大倍率、投影距离及观看距离有很大的关系，如果弥散圆的直径小于人眼的鉴别能力，在一定范围内实际影像产生的模糊是不能辨认的，这个不能辨认的弥散圆就称为容许弥散圆（Permissible Circle of Confusion），如图 13-42 所示。

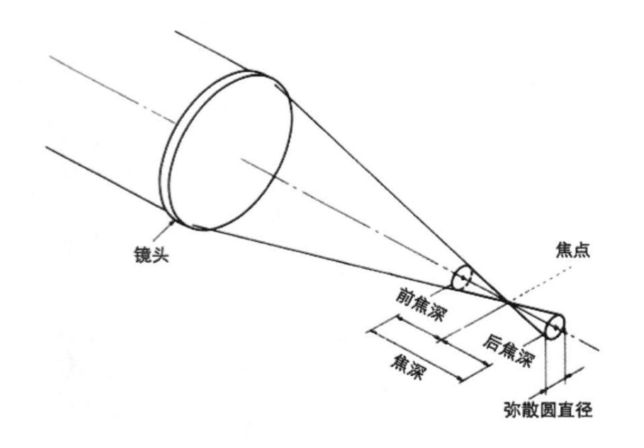

图 13-42 容许弥散圆

13.5.6 材质模块

一个物体被灯光照射以后所发射或者折射出来的影像被称之为焦散，从理论上来说，焦散是通过计算从一个光源发射出的光子，在经过一个高反射、透明或者半透明的物体时发生发射、折射、弹跳、反射等情况，最后到达一个接受焦散物体上的效果，其中反射后产生的焦散就是反射焦散，折射以后产生的焦散就是焦散，如图 13-43 所示。

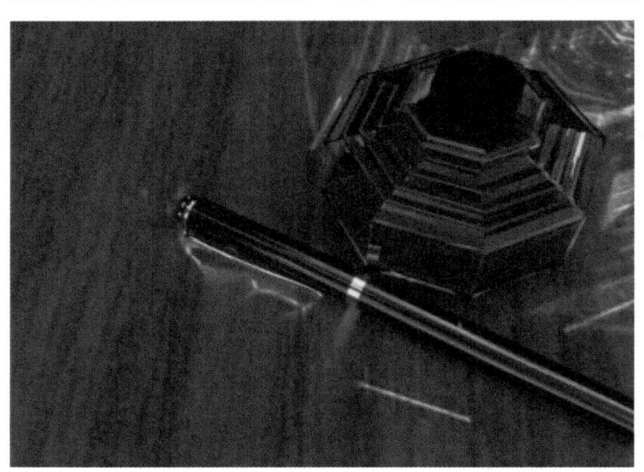

图 13-43 集散效果

通俗地说，焦散效果也是间接照明所产生的一种特殊效果，现实生活中的焦散是指光线进行反射或者是再到达散射表面之前进行了多次的反射而产生的效果。

13.5.7 运动模糊

VRay 渲染器提供了生成运动模糊的功能，运动

模糊是胶片有一定的曝光时间而引起的现象。当一个对象在摄像机之前运动时，快门需要打开一定的时间来曝光胶片，而在这个时间内对象还会移动一定的距离，这就使对象在胶片上出现了模糊的现象，如图 13-44 所示为游戏中的运动模糊的效果。

图 13-44 运动模糊效果

使用运动模糊效果的图像会给人们视觉上更强的动感，不难发现，在电影或电视中，运动模糊是经常出现的，甚至于你不会注意到它，另一方面，在计算机图形中，你就会发现缺少运动模糊，由此也带来了失真。

读书笔记

13.5.8 光源色、固有色和环境色概念

从物理学的角度来看，一切物体的颜色都是由于光线照射的结果，但人们在日常生活中还是习惯把物体在正常日光下呈现的颜色叫“固有色”，以此同在有色光线照射下所产生的“光源色”相区别。

1. 固有色

固有色是指物体在正常日光照射下所呈现出的固有的色彩，如图 13-45 和图 13-46 所示。

图 13-45 固有色为蓝色的茶壶

图 13-46 固有色为橘色的茶壶

2. 光源色

光源色是指某种光线（如太阳光、月光、灯光、蜡烛光等）照射到物体后所产生的色彩变化。

如图 13-47 所示为白色的茶壶在蓝色的光照下，虽然茶壶的固有色是白色，但在光源色是蓝色的情

况下，依旧呈现出淡蓝色的色彩，如图 13-48 所示为茶壶的固有色为蓝色，但在光源色为红色的情况下，茶壶表面颜色呈现出暗蓝色，这是因为茶壶的固有色吸收了光源。

图 13-47　白色的茶壶受到蓝色光源的照射效果

在日常生活中，同样一个物体，在不同的光线照射下会呈现不同的色彩变化。例如同是阳光，早晨、中午、傍晚的色彩也是不相同的，早晨偏黄色、玫瑰色；中午偏白色，而黄昏则偏橘红、橘黄色。

阳光还因季节的不同，呈现出不同的色彩，夏天阳光直射，光线偏冷，而冬天阳光则偏暖。光源颜色越强烈，对固有色的影响也就越大，甚至可以改变固有色，例如一堵白墙，在中午阳光照射下呈现白色，在早晨的阳光下则呈淡黄色，在晚霞的照射下又呈橘红色，在月亮下则呈灰蓝色。所以光线的颜色直接影响物体固有色的变化，光源色在制作场景效果中尤为重要，只有熟悉这种关系才能在三维效果图中准确地表现色彩规律，得到完美的色彩效果。

图 13-48　蓝色的茶壶受到红色光源的照射效果

读书笔记

13 14 15 16 17 18

VRay渲染器功能详解

本章导读

本章主要熟悉 VRay 渲染器的渲染面板中各菜单的详细含义，以及 VRay 内置的灯光、阴影、材质的各个参数的详细含义。

14.1 渲染面板功能详解

打开 3ds Max 2014，按 F10 键，在“公用”选项卡中指定 VRay Adv 3.00.03 为当前渲染器，进入“渲染器”面板，即可看到 VRay Adv 3.00.03 版渲染器的渲染面板，设置内容主要分布在 V-Ray 与 GI 两个选项卡中，共分为以下 14 个卷展栏，如图 14-1 和图 14-2 所示。

图 14-1　V-Ray 选项卡

图 14-2　GI 选项卡

14.1.1 帧缓冲区

指定 VRay 为当前渲染器，单击工具栏中的“渲染设置”按钮，进入 VRay 的渲染设置面板，展开“帧缓冲区”卷展栏，如图 14-3 所示，此卷展栏中各项参数的主要作用是设置渲染分辨率以及帧缓存等。

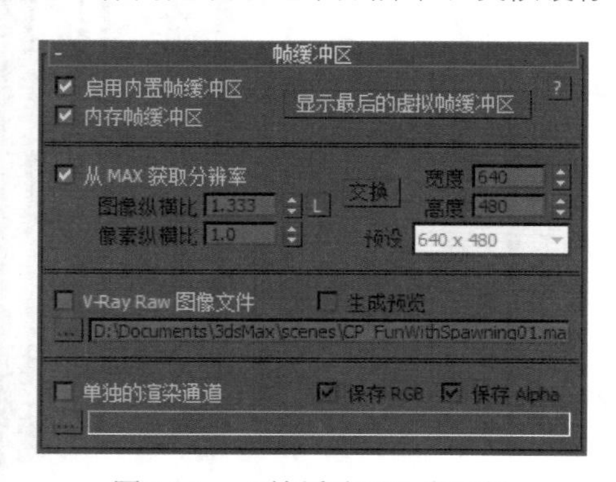

图 14-3　“帧缓冲区”卷展栏

知识解析：“渲染帧”窗口

◆ 启用内置帧缓冲区：选中该复选框，即可使用 VRay 渲染器内置的帧缓存。

◆ 从 MAX 获取分辨率：选中该复选框时，VRay 将使用设置的 3ds Max 的分辨率来渲染图像。

◆ 显示最后的虚拟帧缓冲区：显示上次渲染的 VFB 窗口设置。

◆ V-Ray Raw 图像文件：这个选项类似于 3ds Max 的渲染图像输出，不会在内存中保留任何数据。

◆ 生成预览：生成预览效果。

14.1.2 全局开关

展开“全局开关”卷展栏，如图 14-4 所示。该卷展栏中各项参数的主要作用是设置整个场景中如灯光、阴影、置换以及贴图等。

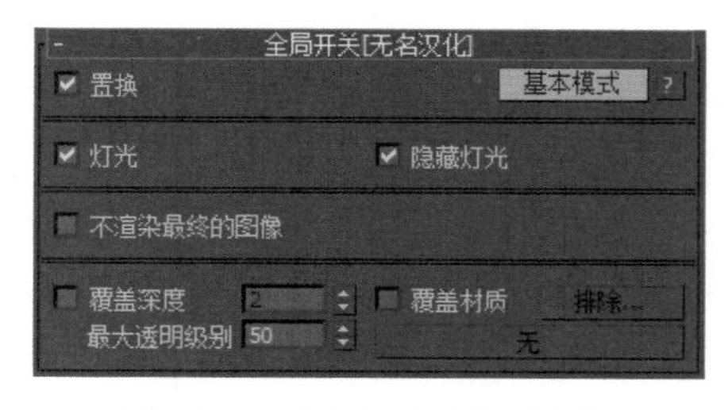

图 14-4　“全局开关”卷展栏

知识解析：“全局开关”卷展栏

- **置换**：选中该复选框，即可使用 VRay 自身的置换贴图，但与 3ds Max 本身的置换贴图并无任何关系。
- **灯光**：开启或者关闭直接照明。
- **隐藏灯光**：选中该复选框，系统会渲染场景中被隐藏的灯光。
- **不渲染最终的图像**：选中该复选框，VRay 渲染器则只计算相应的全局光照贴图（光子贴图、灯光贴图和发光贴图）。这个功能通常可用于渲染动画。
- **覆盖深度**：用于用户设置 VRay 贴图或材质中反射 / 折射的最大反弹次数。
- **最大透明级别**：控制透明物体被光线追踪的最大深度。

14.1.3 图像采样器（抗锯齿）

单击“图像采样器（抗锯齿）”卷展栏，其参数面板如图 14-5 所示。此卷展栏中各项参数的主要作用是设置渲染图像的采样方式以及设置抗锯齿等。

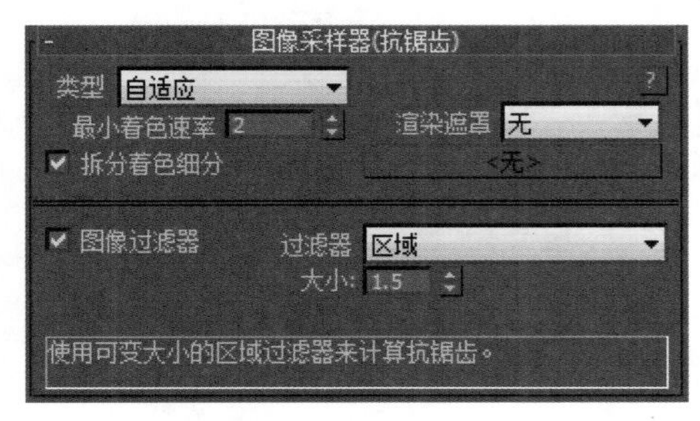

图 14-5 “图像采样器（抗锯齿）”卷展栏

知识解析：“图像采样器（抗锯齿）”卷展栏

（1）单击“类型”右侧的下拉按钮，即可在弹出的下拉列表中选择图像采样的方式，如图 14-6 所示。

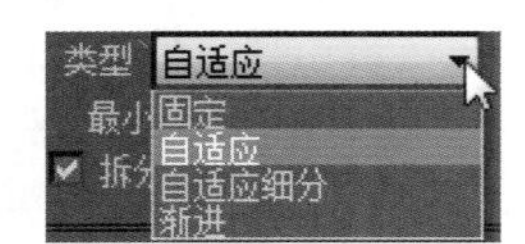

图 14-6 “类型”选项

- **固定比率采样器**：这是 VRay 中最简单的采样器，对于每一个像素它使用一个固定数量的样本，如图 14-7 所示为使用固定比率采样器渲染的图像，仔细观察渲染图像可发现少许锯齿。

图 14-7 固定比率采样器

- **自适应 QMC 采样器**：这个采样器根据每个像素和它相邻像素的亮度差异产生不同数量的样本，如图 14-8 所示为使用自适应 QMC 采样器渲染的图像，仔细观察渲染图像可发现锯齿没有了。

图 14-8 自适应 QMC 采样器

- **自适应细分**：相对于前两种采样器，它能以较少的时间运算来获得相同的图像质量，所以通常在没有 VRay 模糊特效（直接 GI、景深、运动模糊等）的场景中，它是最好的首选采样器。如图 14-9 所示为使用自适应细分采样器渲染的图像，仔细观察渲染图像可发现效果与自适应 QMC 采样器渲染出来的效果相差无几，但是却渲染得很快，节约了时间。

图 14-9　自适应细分

除了以上所说的 3 种采样器以外，在“图像采样器（抗锯齿）”卷展栏中还提供了基于 G-buffer 的抗锯齿过滤器选项，单击“区域”下拉按钮，即可弹出其下拉列表，如图 14-10 所示。

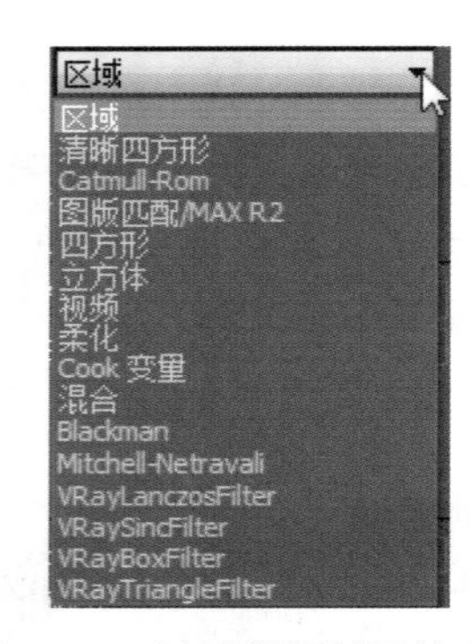

图 14-10　过滤器区域下拉列表

- 清晰四方形：选择该项可得到比较平滑的边缘，如图 14-11 所示为使用“清晰四方形”过滤器渲染的图像。

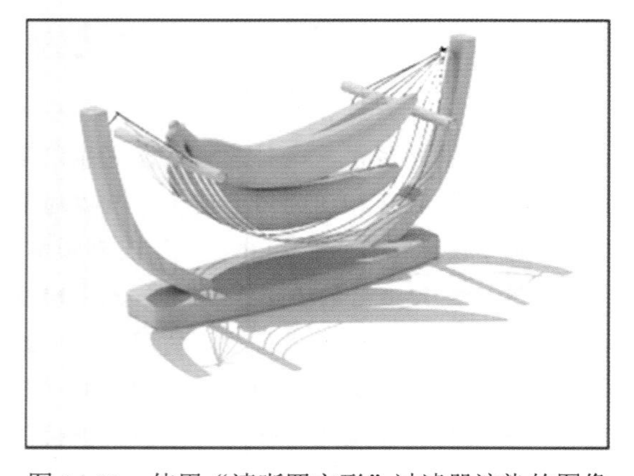

图 14-11　使用“清晰四方形”过滤器渲染的图像

- Catmull Rom：选择该项可得到非常锐利的边缘，常被用于最终渲染，如图 14-12 所示为使用 Catmull Rom 过滤器渲染的图像。

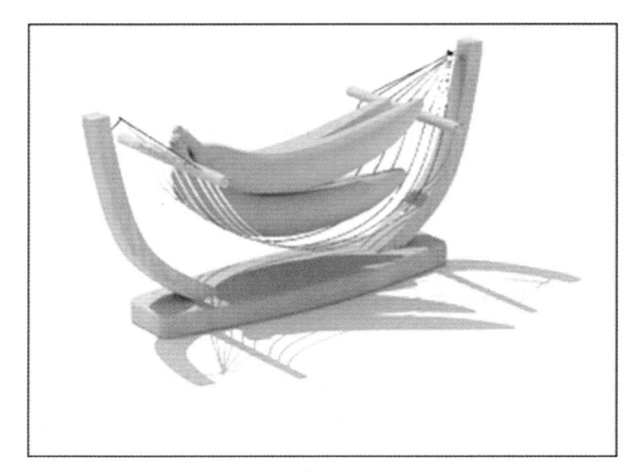

图 14-12　使用 Catmull Rom 过滤器渲染的图像

- 柔化：设置尺寸为 2.5 时，得到较平滑和较快的渲染速度，如图 14-13 所示为使用“柔化”过滤器渲染的图像。

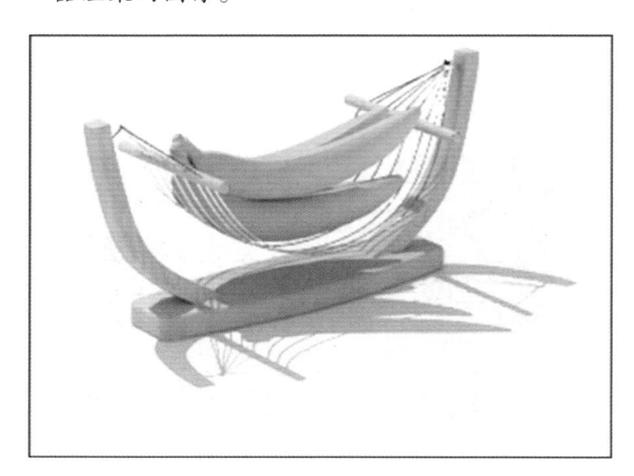

图 14-13　使用“柔化”过滤器渲染的图像

（2）图像过滤器：开启抗锯齿过滤器。
（3）大小：设置过滤大小。

14.1.4 自适应图像采样器

单击“自适应图像采样器”卷展栏，展开如图 14-14 所示，此卷展栏中各项参数的主要作用是当用户选择自适应图像采样器时所设置的参数。

图 14-14 “自适应图像采样器”卷展栏

知识解析：“自适应图像采样器”卷展栏

◆ 最小细分：定义每个像素使用的样本的最小数量。值为 0 意味着一个像素使用一个样本，-1 意味着每两个像素使用一个样本，-2 则意味着每 4 个像素使用一个样本，依次类推。

◆ 最大细分：定义每个像素使用的样本的最大数量。值为 0 意味着一个像素使用一个样本，1 意味着每个像素使用 4 个样本，2 则意味着每个像素使用 8 个样本，依次类推。

◆ 颜色阈值：这个参数决定采样器对场景颜色变化的敏感程度。

14.1.5 全局确定性蒙特卡洛

单击“全局确定性蒙特卡洛”卷展栏，展开如图 14-15 所示，此卷展栏中各项参数的主要作用是当用户选择“全局确定性蒙特卡洛”渲染引擎作为初级或次级漫射反弹引擎时所设置的采样参数。

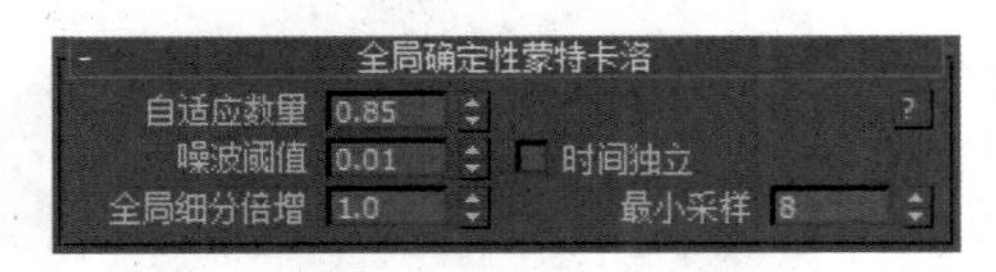

图 14-15 “全局确定性蒙特卡洛”卷展栏

知识解析：“全局确定性蒙特卡洛”卷展栏

◆ 自适应数量：设置计算过程中使用的近似的样本数量。

> **技巧秒杀**
>
> 这个数值并不是 VRay 发射的追踪光线的实际数量，这些光线的数量近似于这个参数的平方值，同时也会受到 QMC 采样器的限制。

◆ 全局细分倍增：是一种非常优秀的计算 GI 的方法，它会单独地验算每一个阴影点的全局光照明，因而速度很慢，但效果也是最精确的，尤其是需要表现大量细节的场景，如图 14-16 所示为使用“全局确定性蒙特卡洛”引擎渲染的图像。

图 14-16 使用“全局确定性蒙特卡洛”引擎渲染的图像

14.1.6 环境

单击“环境”卷展栏，展开如图 14-17 所示，此卷展栏中各项参数的主要作用是指定全局光环境、反射 / 折射环境的颜色以及其贴图。

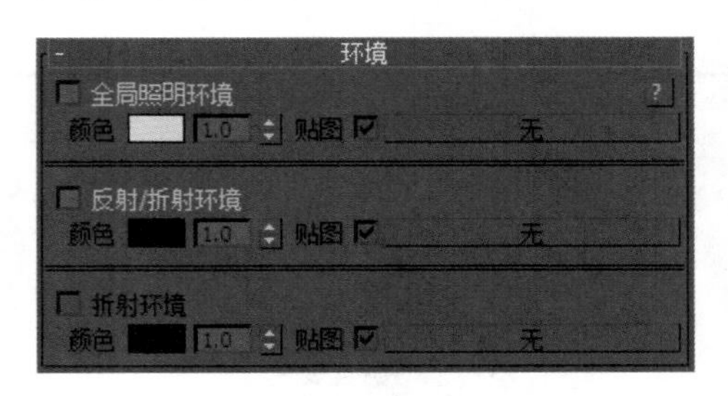

图 14-17 “环境”卷展栏

知识解析：“环境”卷展栏

（1）“全局照明环境”选项组

◆ 全局照明环境：选中该复选框，将会把 3ds Max 中设置的环境贴图和光照系统屏蔽，直接采用 VRay 中的设置。

◆ 颜色：定义环境颜色（天光色）。

◆ 环境照明倍增器：数值越大，环境照明就越强烈。

◆ 贴图：定义环境贴图路径，在这里可以选择环境贴图或者 HDRI 贴图的路径。

技巧秒杀

检查框为选中的状态下，环境贴图才会生效。

（2）“反射 / 折射环境”选项组

“反射 / 折射环境”选项组，在计算反射 / 折射时替代 3ds Max 自身的反射和折射环境设置。

如图 14-18 所示是当全局光照明为橘黄色时的渲染效果，可以看出场景被蒙上了橘黄色，如图 14-19 所示为指定 HDRI 贴图给反射 / 折射环境的渲染效果，可以看出金属表面的反射效果。

图 14-18 全局光照明为橘黄色时的渲染效果

图 14-19 指定 HDRI 贴图给反射 / 折射环境的渲染效果

14.1.7 颜色贴图

单击“颜色贴图”卷展栏，展开如图 14-20 所示，此卷展栏中各项参数的主要作用是设置最终图像的色彩转换。

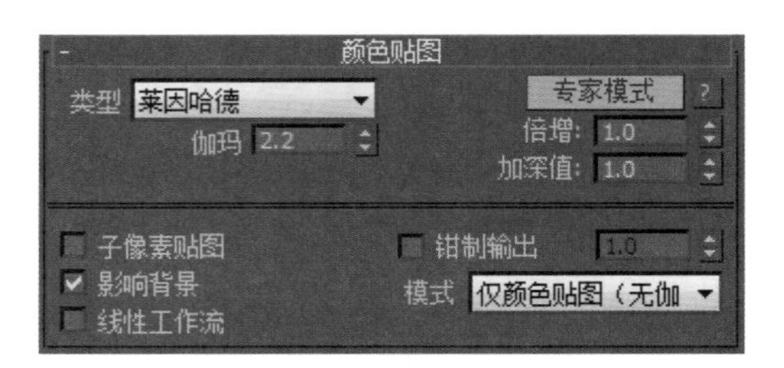

图 14-20 “颜色贴图”卷展栏

知识解析：“颜色贴图”卷展栏

类型：定义色彩转换使用的类型，单击即可弹出其下拉列表，如图 14-21 所示。

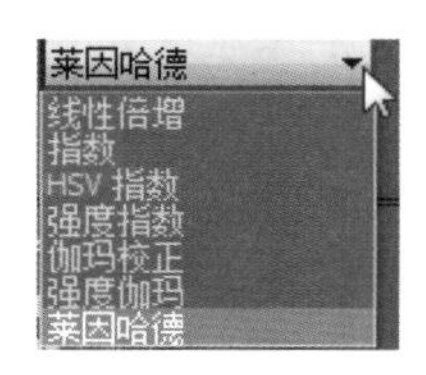

图 14-21 “类型”下拉列表

- 线性倍增：这种模式将基于最终图像色彩的亮度来进行简单的倍增，但可能会导致靠近光源的点过分明亮，其渲染效果如图 14-22 所示。

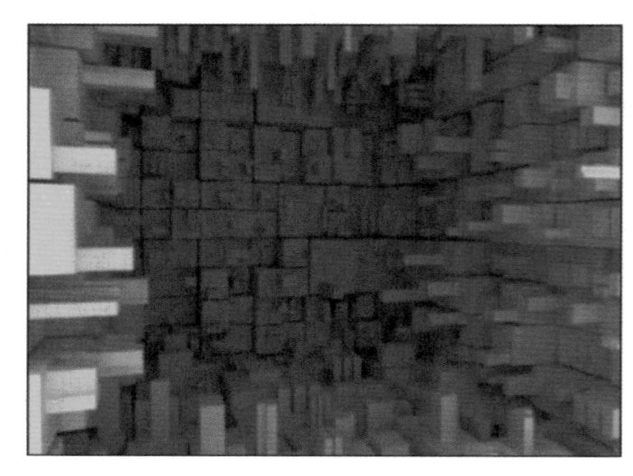

图 14-22 采用“线性倍增”的渲染效果

- 指数：这个模式将基于亮度来使之更饱和。这对预防非常明亮的区域（如光源的周围区域等）曝光是很有用的。其渲染效果如图 14-23 所示。
- HSV 指数：与“指数”模式相似，但是它会保护色彩的色调和饱和度。其渲染效果如图 14-24 所示。
- 伽玛校正：通过调整图像的对比度来进行简单的

倍增。其渲染效果如图 14-25 所示。

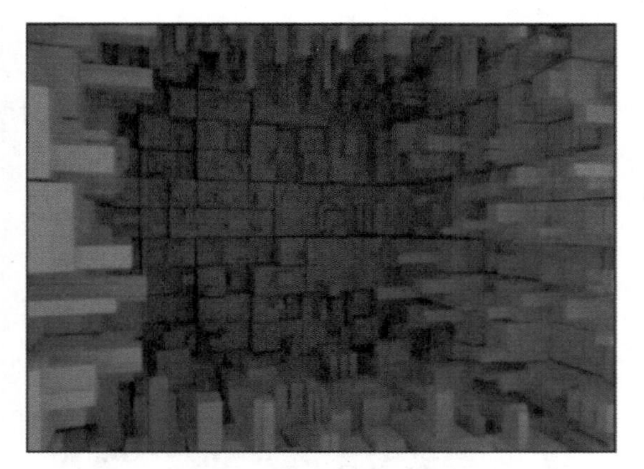

图 14-23　采用“指数”的渲染效果

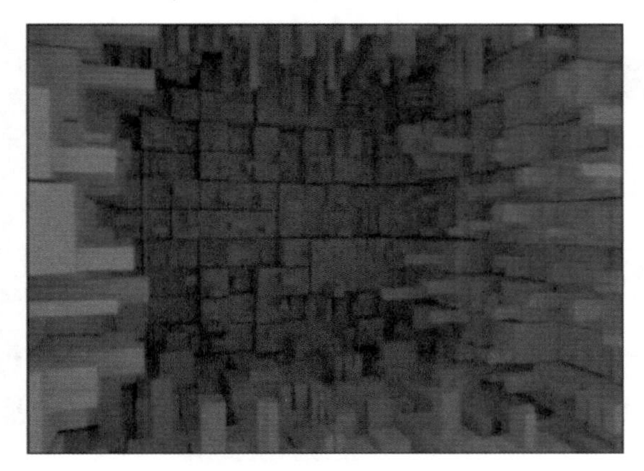

图 14-24　采用“HSV 指数”的渲染效果

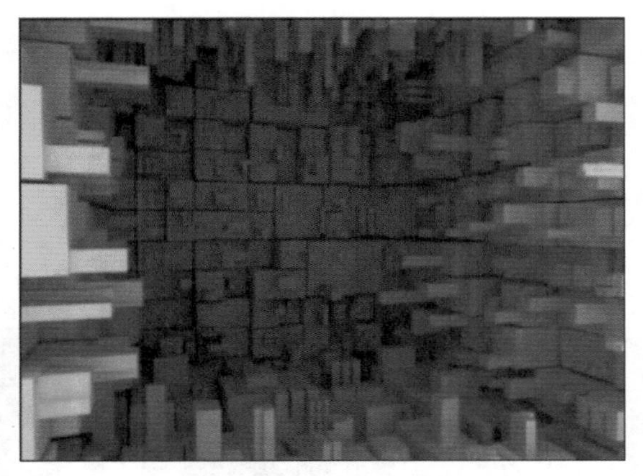

图 14-25　采用“伽玛校正”的渲染效果

14.1.8 摄像机

单击“摄像机”卷展栏，展开如图 14-26 所示，此卷展栏中各项参数的主要作用是设置摄像机的类型以及制作景深和运动模糊等效果。

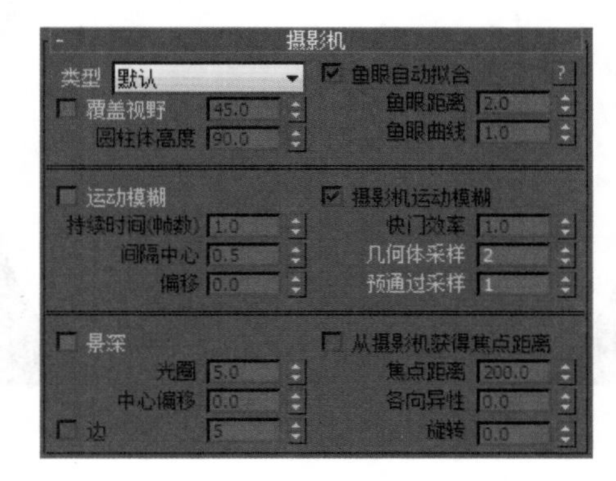

图 14-26　“摄像机”卷展栏

知识解析：“摄像机”卷展栏

类型：单击其下拉按钮，即可弹出下拉列表，如图 14-27 所示。

- 默认：标准的针孔摄像机。
- 球形：球形的摄像机。
- 圆柱（点）：柱状中心点摄像机。
- 圆柱（正交）：柱状正交摄像机。
- 长方体：长立方体摄像机。
- 鱼眼：鱼眼镜头摄像机。

默认
默认
球形
圆柱(点)
圆柱(正交)
长方体
鱼眼
变形球(旧式)
正交
透视
球形全景

图 14-27　“类型”下拉列表

如图 14-28 所示是摄像机类型为“默认”的渲染效果，图 14-29 为摄像机类型为“鱼眼”的渲染效果，可以看到 VRay 模拟鱼眼镜头摄像机的效果。

图 14-28　“默认”的渲染效果

图 14-29　“鱼眼”的渲染效果

14.1.9 发光图

单击“发光图”卷展栏，展开如图 14-30 所示，此卷展栏中各项参数的主要作用是，当用户选择“发光图”渲染引擎作为初级或次级漫反射引擎时所设置的参数。

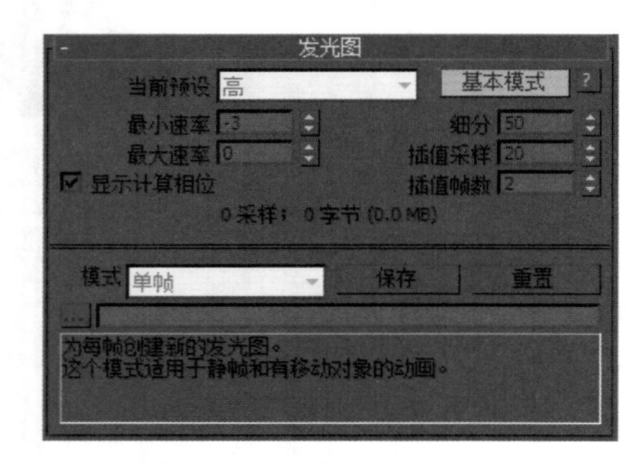

图 14-30　“发光图”卷展栏

14.1.10 焦散

单击“焦散”卷展栏，展开如图 14-31 所示，此卷展栏中各项参数主要是设置制作焦散效果时所用到的参数。

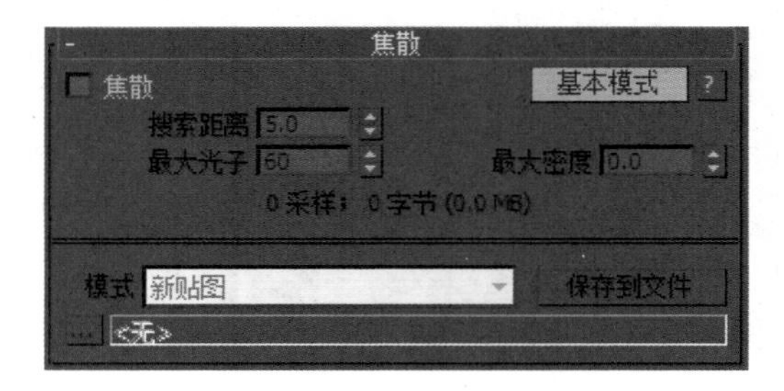

图 14-31　“焦散”卷展栏

读书笔记

14.2 VRay 灯光

安装好 VRay 渲染器后，在“灯光”创建面板中就可以选择 VRay 灯光。VRay 灯光包含 4 种类型，如图 14-32 所示。

图 14-32　VRay 灯光

14.2.1 VRay 光源

VRay 光源主要用来模拟室内光源，是效果图制作中使用频率最高的一种灯光，其参数设置面板如图 14-33 所示。

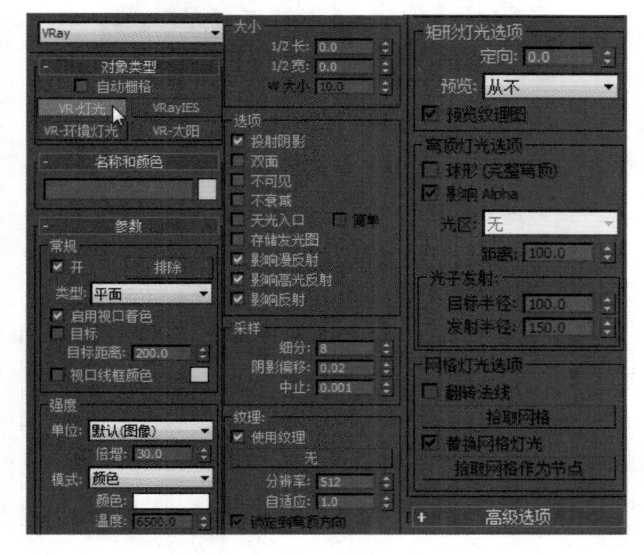

图 14-33 “VRay 光源”卷展栏

技巧秒杀

“VRay 灯光”在灯光类型中是一种较为常用的光源。该光源以一个平面区域的方式显示，以该区域来照亮场景，由于该光源能够均匀柔和照亮场景，因此常用于模拟自然光源或大面积的反光，例如天光或者墙壁的反光等。

读书笔记

实例操作：焦散效果

VRay 被许多数字艺术家以及三维设计师们称作为“焦散之王”，VRay 获此称号并不是徒有虚名。本例将制作如图 14-34 所示的焦散，通过学习本例，掌握 VRay 焦散功能的使用方法和技巧。

图 14-34 最终效果

制作焦散效果的具体操作步骤如下。

Step 1 新建一个空白场景文件，打开配套光盘中\第 14 章\玻璃手镯 .max 文件，如图 14-35 所示。

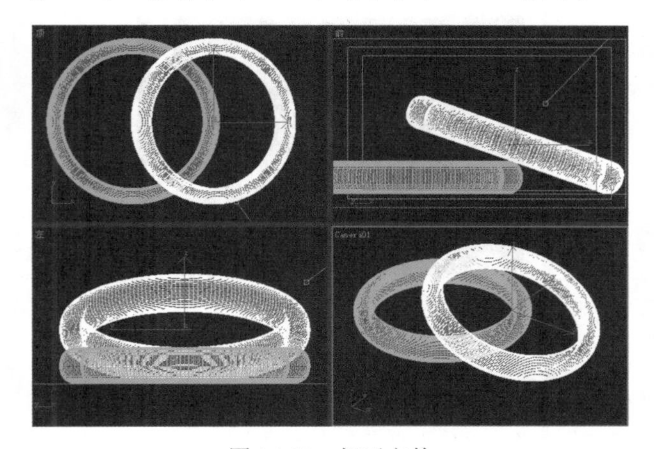

图 14-35 打开文件

Step 2 在“渲染场景”对话框中指定 VRay 渲染器为当前渲染器，如图 14-36 所示。

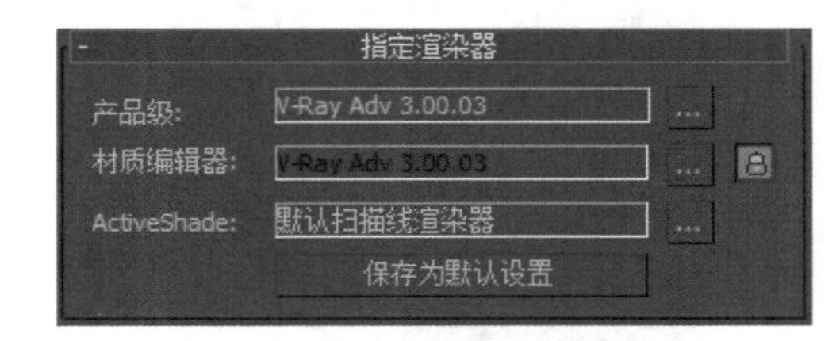

图 14-36 指定 VRay 渲染器

Step 3 进入 VRay 的渲染面板，展开“全局开关”卷展栏，取消选中“隐藏灯光”复选框，关闭 VRay 的默认照明，如图 14-37 所示。

Step 4 ▶ 展开 GI 卷展栏，选中“启用全局照明”复选框，开启 VRay 的间接和全局照明系统，并设置卷展栏中的其他各项参数，如图 14-38 所示。

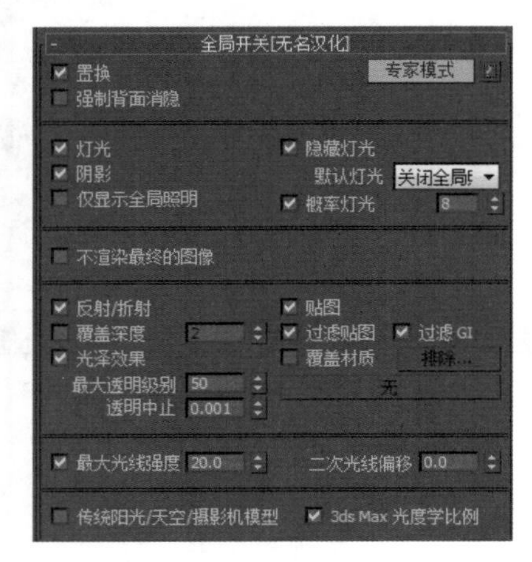

图 14-37　VRay 的渲染面板

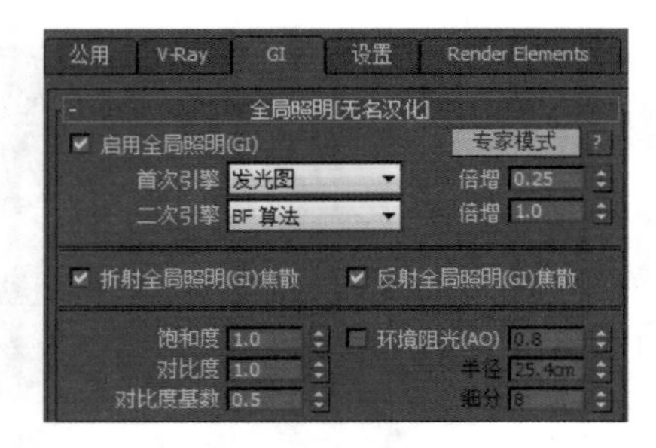

图 14-38　GI 卷展栏

Step 5 ▶ 展开“发光图”卷展栏，单击“当前预设”选项组右侧的▼按钮，在弹出的下拉列表中选择“自定义”选项，然后设置“最小速率”为 -3，“最大速率”为 0，设置“细分”为 50，其他参数为默认设置，如图 14-39 所示。

图 14-39　设置内容（1）

Step 6 ▶ 对场景的环境进行设置，展开“环境”卷展栏，选中“全局照明环境”复选框，开启 VRay 全局光环境照明系统，然后设置值为 1.0，如图 14-40 所示。

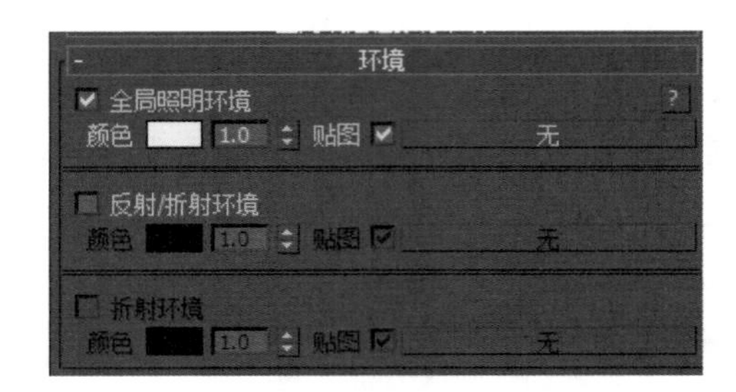

图 14-40　设置内容（2）

Step 7 ▶ 单击“全局照明环境”选项组中的颜色框按钮，在弹出的颜色选择器中设置颜色参数，如图 14-41 所示。

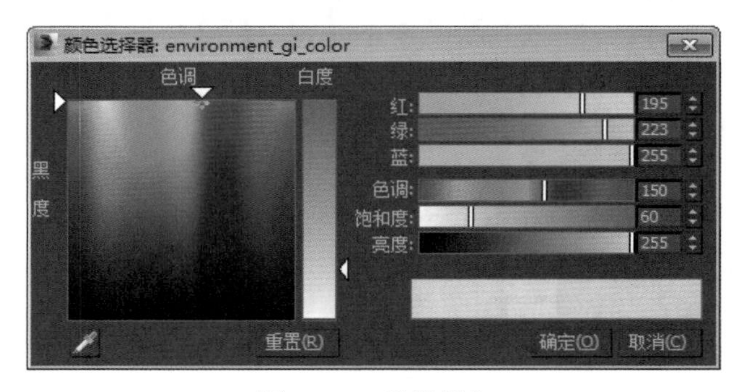

图 14-41　设置颜色

Step 8 ▶ 展开“系统”卷展栏，如图 14-42 所示。

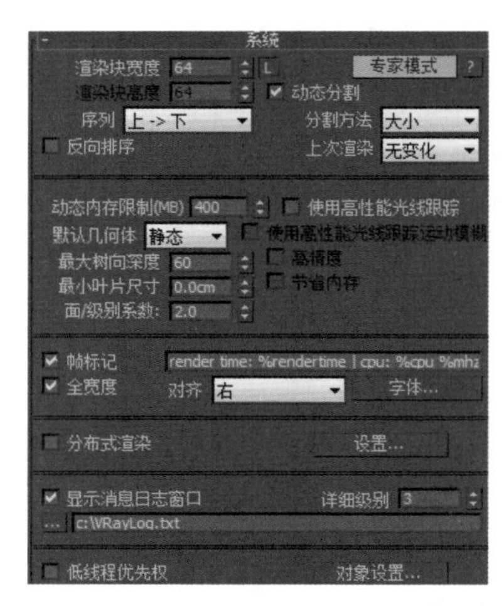

图 14-42　设置内容（1）

Step 9 ▶ 单击“对象设置”按钮，在弹出的“VRay 对象属性”对话框中选择 Loft01、Loft02 和 FLOOR_to-size 对象，并选中“生成焦散”和“接收焦散”复选框，使其能够产生焦散和接收焦散，如图 14-43 所示。

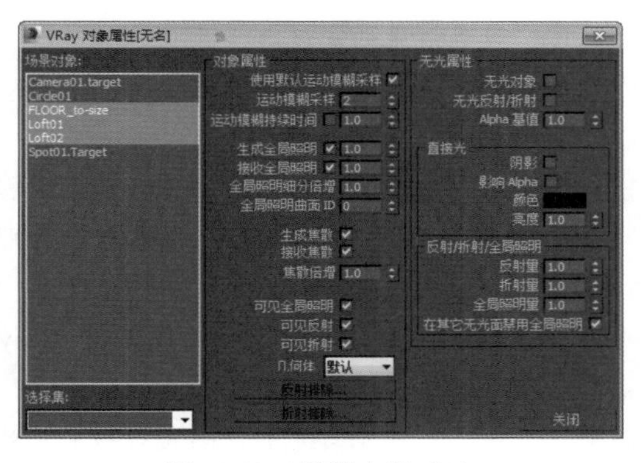

图 14-43　设置内容（2）

Step 10 ▶ 创建灯光，单击灯光创建面板中的 目标灯光 按钮，在顶视图中创建一盏目标聚光灯，调整位置如图 14-44 所示。

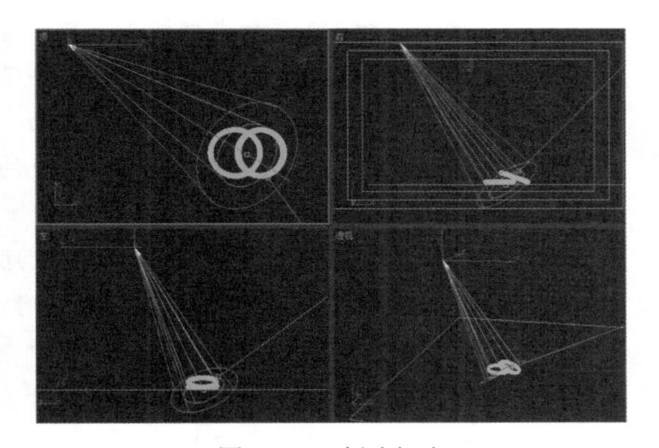

图 14-44　创建灯光

Step 11 ▶ 选择目标聚光灯，进入“修改”面板，在“常规参数”卷展栏的“灯光类型”选项组中设置灯光类型为“聚光灯”，并选中“阴影”选项组中的“启用”复选框，设置阴影类型为“VR- 阴影”，如图 14-45 所示。

Step 12 ▶ 展开“强度 / 颜色 / 衰减”卷展栏，设置“倍增”为 1.5，如图 14-46 所示。

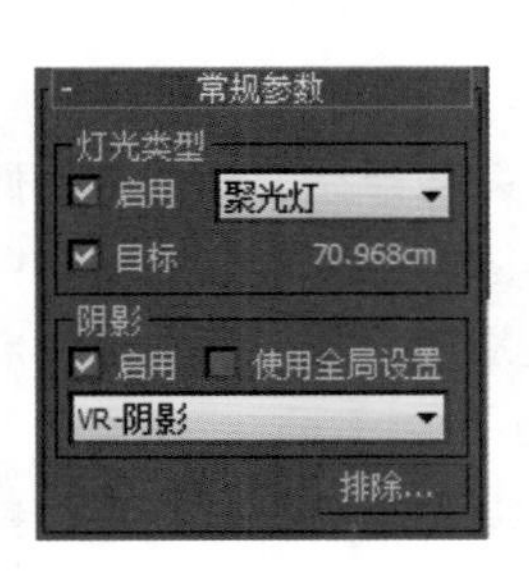

图 14-45　设置内容　　图 14-46　设置参数（1）

Step 13 ▶ 进入“聚光灯参数”卷展栏，设置“聚光区 / 光束”和“衰减区 / 区域”的参数，如图 14-47 所示。

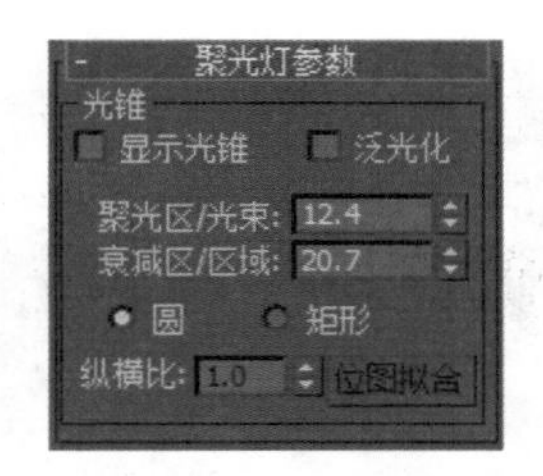

图 14-47　设置参数（2）

Step 14 ▶ 再次展开 VRay 渲染面板中的“系统”卷展栏，单击“灯光设置”按钮，在弹出的“VRay 灯光属性”对话框中选择 Spot01 选项，并选中“生成焦散”复选框，使其产生焦散属性，然后设置“焦散细分”为 1500，如图 14-48 所示。

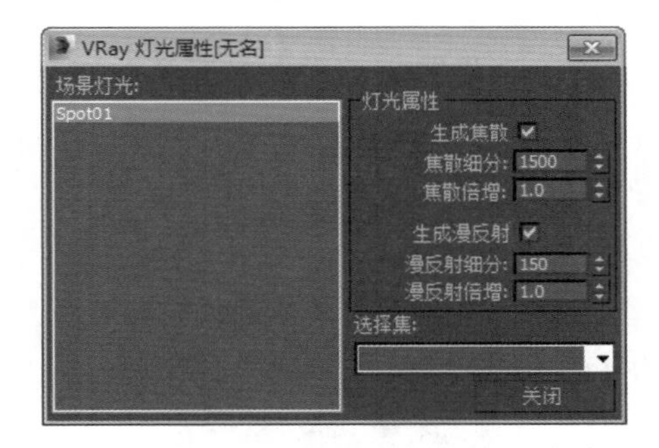

图 14-48　设置内容（1）

Step 15 ▶ 展开“焦散”卷展栏，选中“焦散”复选框，开启焦散发生器，并设置“倍增”为 600，如图 14-49 所示。

图 14-49　设置内容（2）

Step 16 ▶选择摄像机视图，单击工具栏中的渲染按钮，渲染并观察渲染结果，如图 14-50 所示。

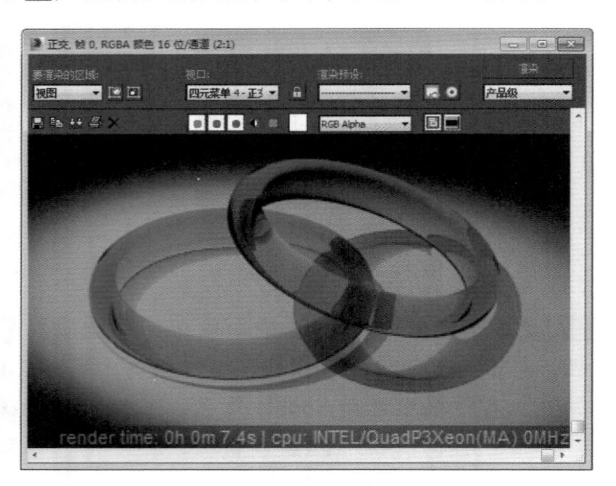

图 14-50　渲染效果

知识解析：“VRay 光源”卷展栏

（1）“常规”选项组

- 开：控制是否开启 VRay 光源。
- 排除：用来排除灯光对物体的影响。
- 类型：设置 VRay 光源的类型，共有平面、穹顶、球体和网格 4 种类型，如图 14-51 所示。

图 14-51　“VRay 光源”类型

（2）“亮度”选项组

- 单位：指定 VRay 光源的 V 光单位，共有默认、光通量、发光强度、辐射量和辐射强度 5 种。
- 倍增器：设置 VRay 光源的强度。
- 模式：设置 VRay 光源的颜色模式，共有颜色和色温两种。
- 颜色：指定灯光的颜色。
- 色温：以色温模式来设置 VRay 光源的颜色。

（3）“大小”选项组

- 半长度：设置灯光的长度。
- 半宽度：设置灯光的宽度。
- U/V/W 向尺寸：当前这个参数还没有被激活。

（4）“选项”选项组

- 投射影阴影：控制是否对物体的光照产生阴影。
- 双面：用来控制是否让灯光的双面都产生照明效果。
- 不可见：用来控制最终渲染时是否显示 VRay 光源的形状。
- 忽略灯光法线：控制灯光的发射是否按照淘汰的法线进行发射。
- 不衰减：在物理世界中，所有的光线都是有衰减的。如果选中该复选框，VRay 将不计算灯光的衰减效果。
- 天光入口：该选项把 VRay 灯光转换为天光，这时的 VRay 光源就变成了“间接照明”，失去了直接照明。选中该复选框，投射影阴影、双面、不可见等参数将不可用，这些参数将被 VRay 的天光参数所取代。
- 储存在发光贴图中：选中该复选框，同时将“间接照明”中的“首次反弹”引擎设置为发光贴图时，VRay 光源的光照信息将保存在“发光贴图”中。在渲染光子时将变得更慢，但是在渲染出图时，渲染速度会提高很多。完成光子渲染后，可关闭或删除该光源，它对最后的渲染效果没有影响，因为它的光照信息已经保存在了“发光贴图”中。
- 影响漫反射：该选项决定灯光是否影响物体材质属性的漫反射。
- 影响高光：该选项决定灯光是否影响物体材质属性的高光。
- 影响反射：选中该复选框，灯光将对物体的反射区进行光照，物体可以将光源进行反射。

（5）“采样”选项组

- 细分：控制 VRay 光源的采样细分。当值比较低时，会增加阴影区域的杂点，但渲染速度较快；值较高时，会减少阴影区域的杂点，但会减慢渲染速度。
- 阴影偏移：用来控制物体与阴影的偏移距离，较高的值会使阴影向灯光的方向偏移。

◆ 阈值：设置采样的最小阈值。

（6）“纹理”选项组

◆ 使用纹理：控制是否用纹理贴图作为半球光源。

◆ None（无）：选择纹理贴图。

◆ 分辨率：设置纹理贴图的分辨率，最高为 2048。

◆ 自适应：设置数值后，系统会自动调节纹理贴图的分辨率。

14.2.2 VRay 天空

VRay 天空即是环境灯光。提供的是在不同位置和方向上强度都相同的光源，相当于光照模型中各物体之间的反射光，因此通常用来表现光强中非常弱的那部分光，好比阳光下看到的阴影部分。其参数设置面板如图 14-52 所示。

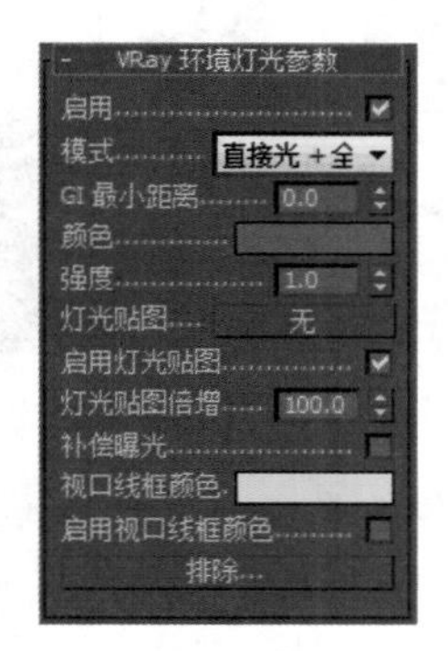

图 14-52 “VRay 天空”卷展栏

知识解析：“VRay 天空”卷展栏

◆ 手设太阳节点：当取消选中该复选框时，VRay 天空的参数将从场景中的 VRay 太阳的参数里自动匹配；选中该复选框时，用户就可以从场景中选择不同的淘汰，在这种情况下，VRay 太阳将不再控制 VRay 天空的效果，VRay 天空将用它自身的参数来改变天光的效果。

◆ 太阳节点：单击后面的 None（无）按钮可以选择太阳光源，这里除了可以选择 VRay 太阳之外，还可以选择其他的光源。

◆ 阳光混浊：控制空气的混浊度，它影响 VRay 太阳和 VRay 天空的颜色。

◆ 阳光臭氧：指空气中臭氧的含量，较小值的阳光比较黄，较大值的阳光比较蓝。

> **技巧秒杀**
>
> 当阳光穿过大气层时，一部分冷光被空气中的浮尘吸收，照射到大地上的光就会变暖。

◆ 阳光强度倍增：指阳光的亮度，默认值为 1。

◆ 太阳尺寸倍增：指太阳的大小，它的作用主要表现在阴影的模糊程度上，较大的值可以使阳光阴影比较模糊。

◆ 太阳不可见：开启该项后，在渲染的图像中将不会出现太阳的形状。

◆ 天空模式：选择天空的模式，可以选晴天，也可以选阴天。

14.2.3 VRay 太阳

VRay 太阳是 VRay 的一个新功能，它能模拟物理世界里的真实阳光和天光的效果，阳光的效果变化随着 VRay 太阳位置的变化而变化。其参数设置面板如图 14-53 所示。

图 14-53 “VRay 太阳参数”卷展栏

实例操作：海边小镇

VRay 的太阳光是在 VRay1.47 版本以后才有的，其新加入的灯光使得 VRay 渲染更加完善。本例将制作如图 14-54 所示的阳光效果，通过本例的学习，将掌握 VRay 太阳光能的使用方法和技巧。

图 14-54　最终效果

海边小镇的阳光效果具体操作步骤如下：

Step 1 ▶ 新建一个空白场景文件，打开配套光盘中\第 14 章\海边小镇 .max 文件，打开场景如图 14-55 所示，场景中的材质已经制作完毕，无须调试。

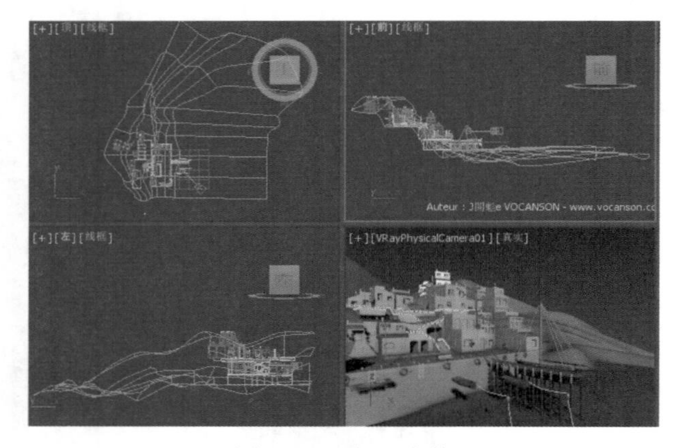
图 14-55　打开文件

Step 2 ▶ 在“渲染场景”对话框中指定 VRay 渲染器为当前渲染器，如图 14-56 所示。

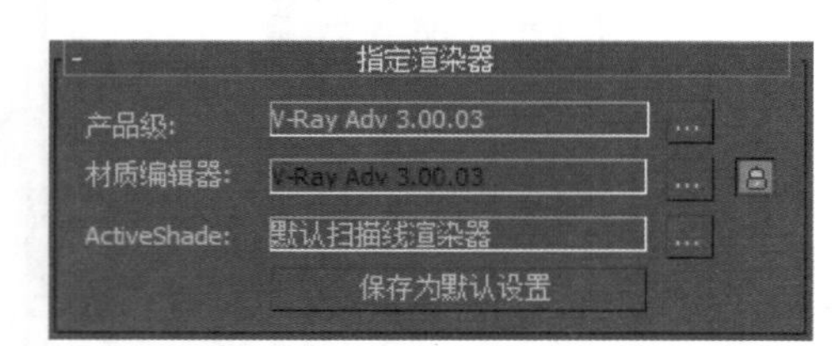

图 14-56　设置渲染器

Step 3 ▶ 单击灯光创建面板中 VRay 层级下的 VR-太阳 按钮，在顶视图中创建一盏“VRay 太阳”，调整位置如图 14-57 所示。

Step 4 ▶ 暂时保留 VRaySun 的灯光参数为默认参数，先渲染一下透视图，观察渲染结果，如图 14-58 所示。

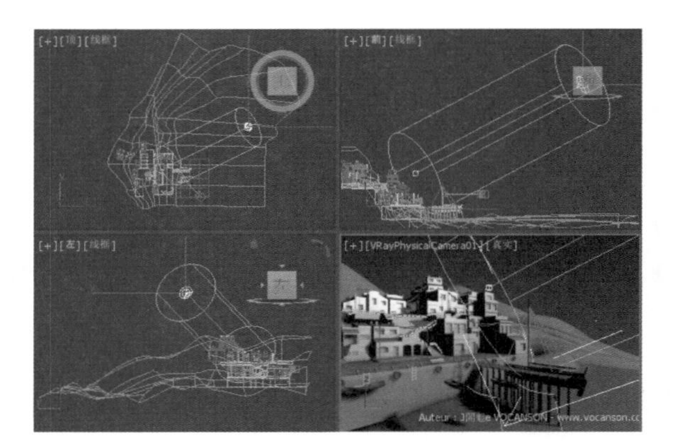
图 14-57　创建光源

图 14-58　渲染效果

Step 5 ▶ 从渲染的效果中可以看出场景中的 VRay 太阳的强度太亮，并且场景中无任何全局光照效果。选择 VRay 太阳灯光，进入“修改”面板，设置“VRay 太阳参数”卷展栏中的参数，如图 14-59 所示。

VRay 太阳参数
启用 ☑
不可见 ☐
影响漫反射 ☑
影响高光 ☑
投射大气阴影 ☑
浊度 3.0
臭氧 0.35
强度倍增 0.3
大小倍增 1.0
过滤颜色
颜色模式 过滤
阴影细分 8
阴影偏移 0.2
光子发射半径 169.5

图 14-59　调整参数

Step 6 ▶ 现在再次渲染透视图，渲染结果如图 14-60 所示。

图 14-60　渲染效果

操作解谜　从渲染的效果可以看出现在场景的灯光强度变暗了许多，已经有了少许太阳光的感觉，现在先暂时保留 VRay 太阳的参数设置，接下来开始设置场景的全局光照。

Step 7 进入 VRay 的渲染面板中，展开“全局开关”卷展栏，取消选中“隐藏灯光”复选框，关闭 3ds Max 的默认灯光照明，如图 14-61 所示。

图 14-61　设置参数

Step 8 展开“全局照明”卷展栏，选中“启用全局照明”复选框，开启 VRay 的间接 / 全局光照明系统，如图 14-62 所示。

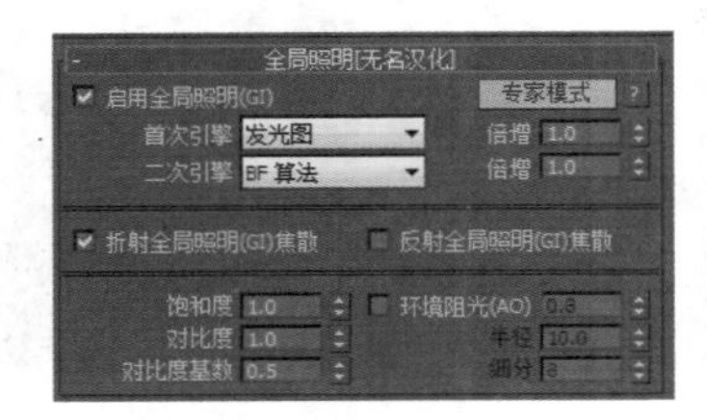

图 14-62　设置参数

操作解谜　卷展栏中的各项参数为默认值。

Step 9 展开“发光图”卷展栏，设置“当前预设”为“自定义”选项，“最小速率”为 -3，“最大速率”为 0，“细分”为 20，如图 14-63 所示。

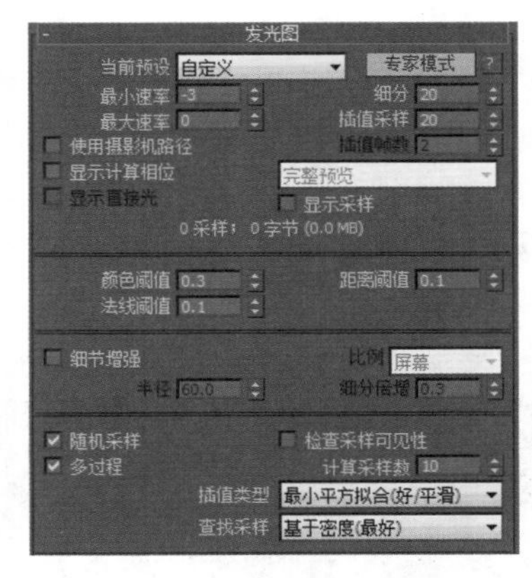

图 14-63　设置参数（1）

Step 10 展开“环境”卷展栏，选中“全局照明环境”复选框，开启 VRay 的环境光照明系统，如图 14-64 所示。

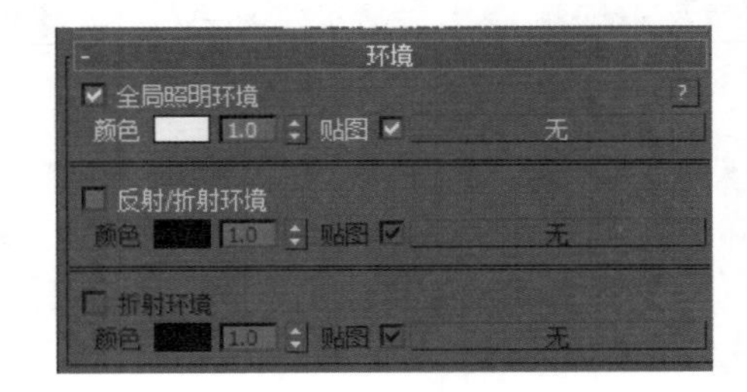

图 14-64　设置参数（2）

Step 11 再次渲染透视图，渲染结果如图 14-65 所示。

图 14-65　显示效果

操作解谜 从渲染的效果中可以看出现在阳光的感觉已经很明显了，并且由于添加了全局光照明，使得场景效果看起来很逼真，接下来开始制作天空背景。

Step 12 执行菜单栏中的“渲染”→“环境”命令，在弹出的“环境和效果”对话框中单击“环境贴图”下的“无”按钮，在弹出的“材质/贴图浏览器”对话框中选择VRay天空选项，再单击“确定”按钮，如图14-66所示。将VRay天空指定给“环境贴图”的贴图通道中。

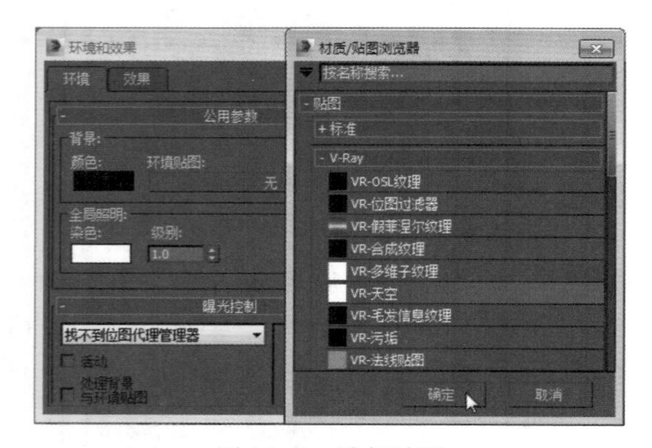

图 14-66　选择贴图

Step 13 按M键，打开材质编辑器，用将Step12中“环境贴图”的VRaySky贴图拖动到材质编辑器中任意一个空白材质样本球上，并在弹出的对话框中选中“实例”单选按钮，如图14-67所示。

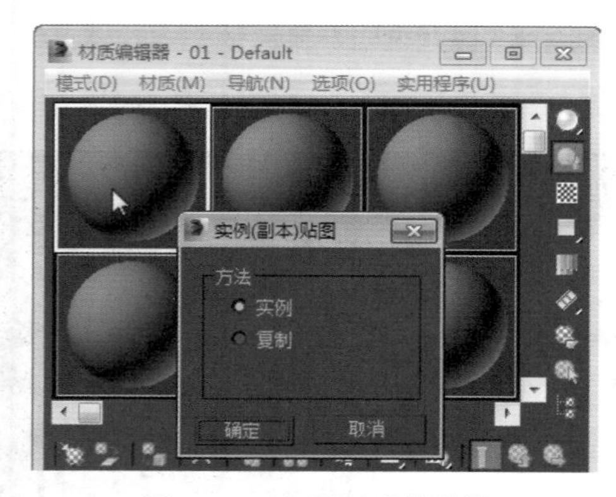

图 14-67　打开材质编辑器

Step 14 在材质编辑器中展开 VRaySky Parameters （VRaySky参数）卷展栏，选中 manual sun node （关联太阳光），再单击 sun node 右侧的None按钮，并按H键，在弹出的“拾取对象”对话框中选择VRaySun01选项，单击 拾取 按钮，将VRaySun01关联进VRaysky材质中，如图14-68所示。

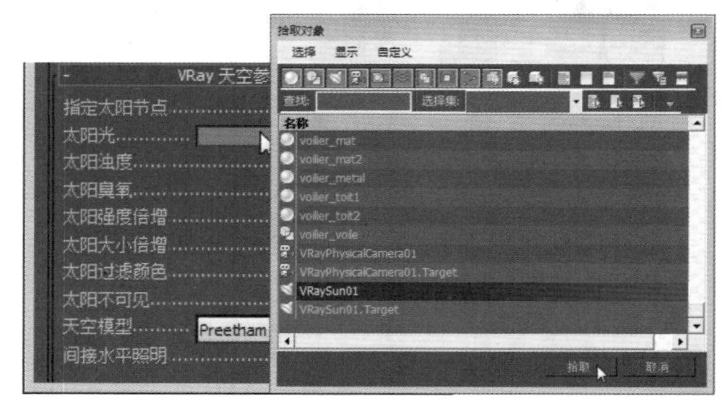

图 14-68　选择选项

Step 15 设置“VRay天空参数”卷展栏中的其他各项参数，如图14-69所示。

图 14-69　显示面板

Step 16 再次将其渲染，渲染结果如图14-70所示。

图 14-70　渲染效果

知识解析：“VRay 太阳参数”卷展栏

- **启用：**开启面光源。
- **不可见：**选中该复选框后 VRaySun 不显示，这个选项和 VRay 灯光中的意义一样。
- **太阳浊度：**大气的混浊度，这个数值是 VRaySun 参数面板中比较重要的参数值，它控制大气混浊度的大小。早晨和日落时阳光的颜色为红色，中午为很亮的白色，原因是太阳光在大气层中穿越的距离不同，即因地球的自转使我们看太阳时因大气层的厚度不同而呈现不同的颜色，早晨和黄昏太阳光在大气层中穿越的距离最远，大气的混浊度也比较高，所以会呈现红色的光线，反之正午时混浊度最小光线也非常亮，非常白。
- **太阳臭氧：**该参数控制着臭氧层的厚度，随着臭氧层变薄，特别是南极和北极地区，到达地面的紫外光辐射越来越多，但臭氧减少和增多对太阳光线的影响甚微，该参数对画面的影响并不是很大。
- **强度倍增：**该参数比较重要，它控制着阳光的强度，数值越大，阳光越强。
- **大小倍增：**该参数可以控制太阳的尺寸的大小，阳光越大，阴影越模糊，使用它可以灵活调节阳光阴影的模糊程度。
- **阴影细分：**即阴影的细分值，这个参数在每个 VRay 灯光中都有，细分值越高产生阴影的质量就越高。
- **阴影偏移：**阴影的偏差值，其中 Bias 参数值为 1.0 时，阴影有偏移，大于 1.0 时阴影远离投影对象，小于 1.0 时，阴影靠近投影对象。

?答疑解惑：

什么是“VRay 天空”？

其实“VRay 天空”是 VRay 系统中的一个程序贴图，主要用来作为环境贴图或作为天光来照亮场景。在创建 VRay 太阳时，3ds Max 会弹出如图 14-71 所示的对话框，提示是否将“VRay 天空”环境贴图自动加载到环境中。

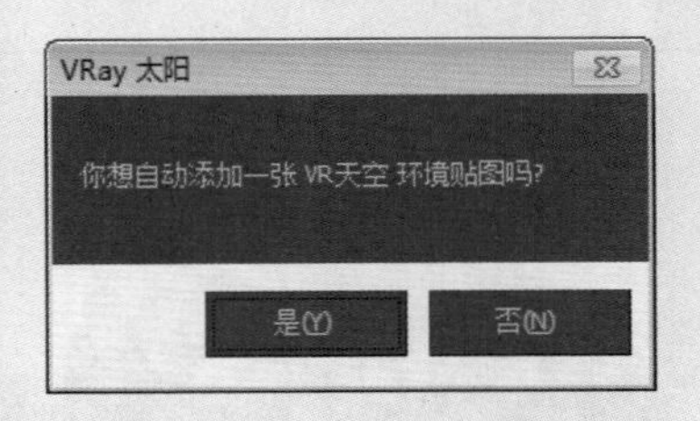

图 14-71　“VRay 太阳”对话框

知识大爆炸——影响 VRay 渲染速度的因素

VRay 的渲染速度固然很快，但是遇到一些比较复杂的场景或者需要渲染较多的特效时，渲染速度还是相当慢的，毕竟制约三维设计发展瓶颈的速度问题还没有得到根本的解决，而 VRay 的速度也只是相对于现在已开发出来的渲染器而言的，那么如何在现有的硬件和软件条件上充分发挥 VRay 的速度优势呢，下面将介绍几种实用的方法供读者学习和参考。

1. 优化采样设置

采样的设置直接关系到渲染的速度，但是采样数值设置得太低，虽然速度提高了，但是渲染的质量却会变得很差，因此要把握好这两种关系之间的平衡。

制作步骤如下：

（1）新建一个空白场景文件，制作模型，以下将通过渲染这个场景来学习优化采样设置的技巧。

（2）进入 VRay 的渲染设置面板并展开“发光图”卷展栏，分别依照图 14-72 和图 14-73 所示，更改 VRay 的采样数值。

图 14-72　设置参数

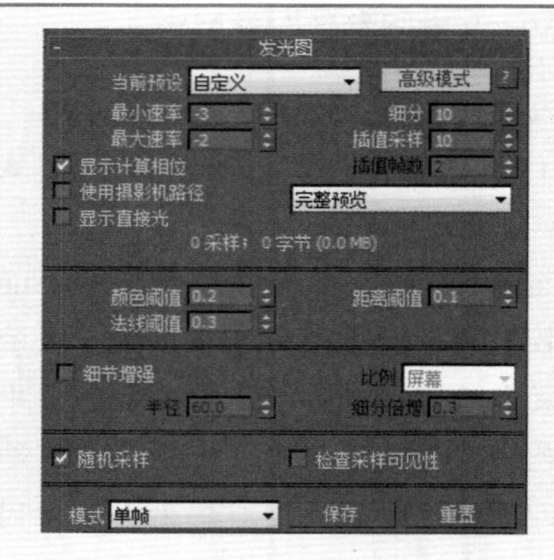

图 14-73　更改参数

操作解谜　如果不想重新建模，可使用其他“.max”文件来进行观察。

（3）单击“渲染”按钮，分别将其渲染并作比较，结果如图 14-74 和图 14-75 所示。

图 14-74　采样值为 -3，-2 的渲染时间及效果

图 14-75　采样值为 -3，0 的渲染时间及效果

2. 抗锯齿的影响

新建一个空白场景文件，制作模型，下面将通过渲染这个场景来学习优化 / 抗锯齿设置的技巧。

制作步骤如下：

（1）进入 VRay 的渲染设置面板并展开“图像采样器”（抗锯齿）卷展栏，单击“类型”右侧的下拉按钮，并在弹出的下拉列表中分别选择“固定”、“自适应”和“自适应细分”3 个抗锯齿类型，如图 14-76 所示。

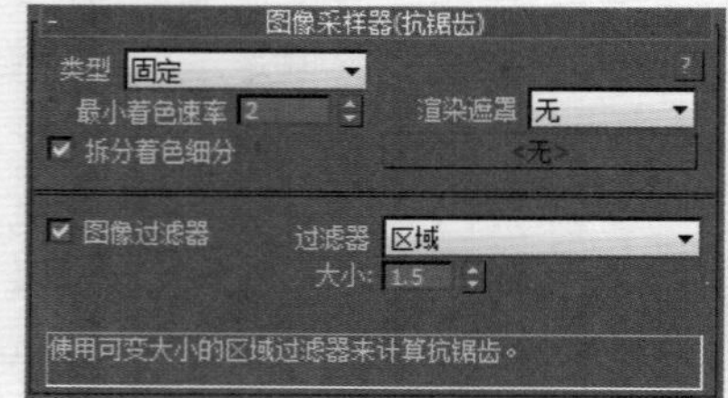

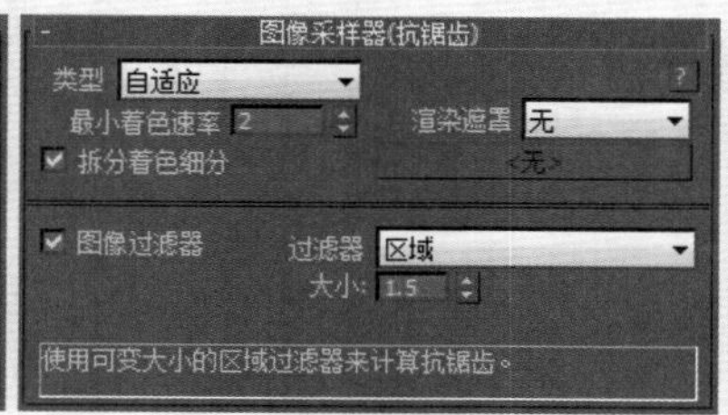

图 14-76　选择抗锯齿类型

（2）单击“渲染”按钮，分别将其渲染并作比较，结果如图 14-77 ~ 图 14-79 所示。

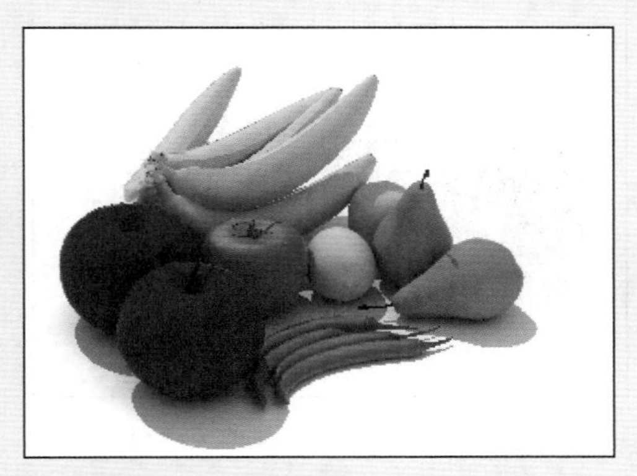

图 14-77　采用“固定”类型的渲染结果

图 14-78　采用“自适应”类型的渲染结果

图 14-79　采用“自适应细分”类型的渲染结果

3. 优化材质

新建一个空白场景文件，制作模型，下面将通过渲染这个场景来学习优化材质的技巧。

制作步骤如下：

（1）打开材质编辑器并选择名称为“blinn”的材质球，展开“基本参数”卷展栏并分别设置“反射”选项组中的“细分”分别为 4 和 10，如图 14-80 所示。

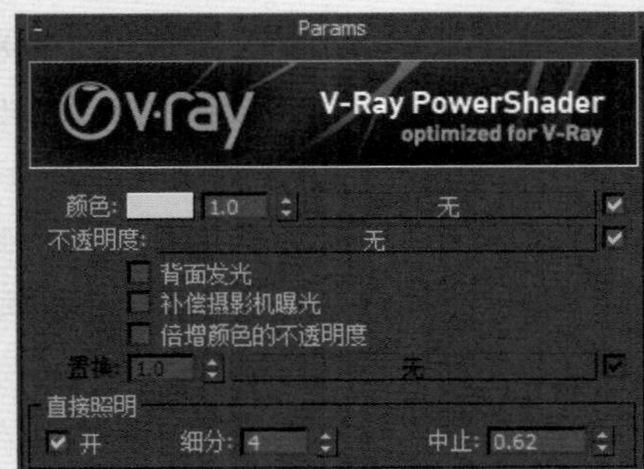

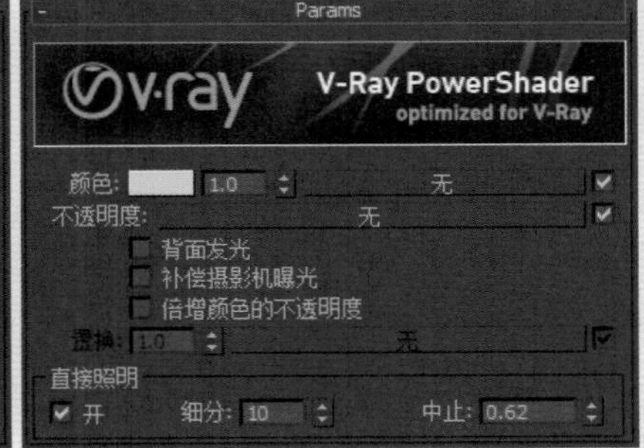

图 14-80　设置不同的“柔化”参数

（2）单击“渲染”按钮，分别将其渲染并作比较，结果如图 14-81 和图 14-82 所示。

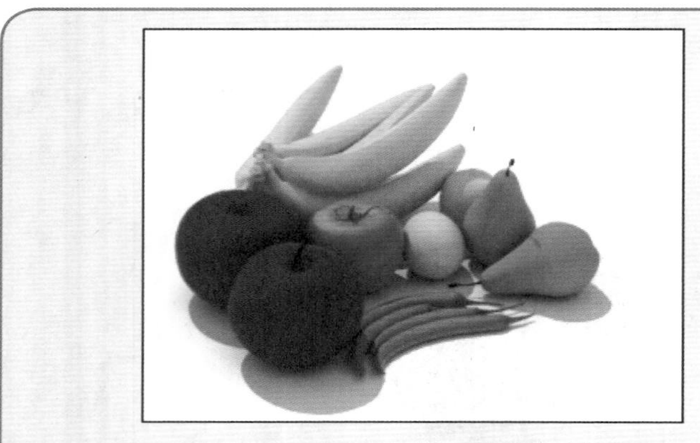
图 14-81 “柔化”为 10 的速度和效果

图 14-82 “柔化”为 4 的速度和效果

14.3 VRay 材质

VRay 材质是 VRay 渲染器的专用材质，只有将 VRay 渲染器设为当前渲染器后才能使用这些材质，下面对这些材质进行详细介绍。

14.3.1 VRayMtl 材质

在材质编辑器中，选择任意一个材质样本球，单击 Standard 按钮，在弹出的“材质/贴图浏览器”对话框中选择 VRayMtl 材质类型，即可将原有的 3ds Max 默认的标准材质转换为 VRayMtl 材质，其参数面板如图 14-83 所示。

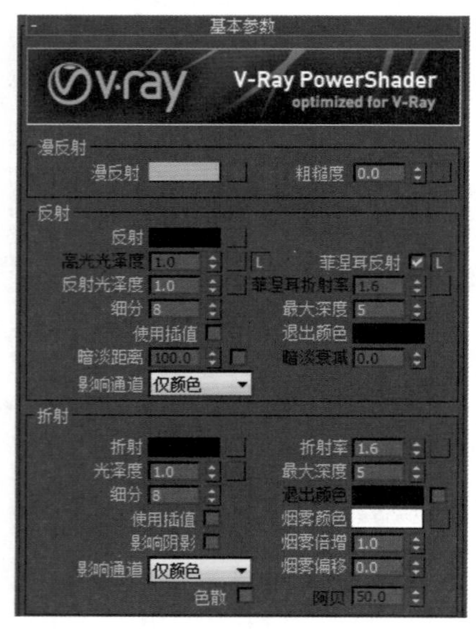

图 14-83 “VRayMtl 材质”参数面板

知识解析：“VRayMtl 材质”参数面板

1. “基本参数”卷展栏

（1）“漫反射”选项组

- 漫反射：材质的漫反射颜色，也可以使用一个贴图覆盖。

（2）“反射”选项组

- 反射：反射倍增器，黑色代表完全无反射效果，白色代表完全反射效果，也可以使用一个贴图覆盖。
- 反射光泽度：光泽度、平滑度材质的光泽度大小，值为 0.0 时将会得到非常模糊的反射效果，值为 1.0，将会得到非常清晰的反射效果。
- 细分：反射光泽采样数值，定义反射光泽的采样数量，值为 1.0 镜面反射时此数值无意义。
- 菲涅耳反射：以法国著名的物理学家提出的理论命名的反射方式，当选中该复选框时，反射将具有真实世界的玻璃反射。这意味着当角度在光线和表面法线之间角度值接近 0°时，反射将衰减（当光线几乎平行于表面时，反射可见性最大；当光线垂直于表面时，几乎无反射发生）。
- 最大深度：光线跟踪贴图的最大深度。

（3）“折射”选项组

◆ 折射：折射倍增器，黑色代表完全无折射效果，白色代表完全垂直折射效果，也可以使用一个贴图覆盖。
◆ 光泽度：光泽度、平滑度，这个值表示材质的光泽度大小，值为 0.0，意味着得到非常模糊的折射效果；值为 1.0，将得到非常清晰的折射效果 。
◆ 细分：折射光泽采样数值，定义折射光泽采样数量，值为 1.0 垂直折射时此数值无意义。
◆ 折射率：定义材质的折射率。
◆ 烟雾颜色：体积雾颜色。
◆ 烟雾倍增：体积雾倍增器，较小的值产生更透明的雾。
◆ 影响阴影：开启或者关闭阴影效果。
◆ 影响通道：开启或者关闭透明通道效果。

（4）“半透明”选项组

◆ 半透明：开启半透明性质。
◆ 厚度：定义半透明层的厚度，当光线进入半透明材质的强度超过此值后，VRay 不会计算材质更深处的光线，此选项只有开启了半透明性质后才可使用。
◆ 灯光倍增器：定义材质内部的光线反射强弱，此选项只有开启了半透明性质后才可使用。
◆ 散射控制：定义半透明物体的表面下散射光线的方向。值为 0.0 时意味着在表面下的光线将向各个方向上散射；值为 1.0 时，光线和初始光线的方向一致。
◆ 向前 / 向后控制：定义半透明物体表面下的散射光线多少。值为 1.0 意味着所有的光线将向前传播；值为 0.0 时，所有的光线将向后传播。

2. “选项”卷展栏

展开 VRayMtl 材质面板中的“选项”卷展栏，即可进入如图 14-84 所示的参数面板。

◆ 跟踪反射：开启或者关闭反射。
◆ 跟踪折射：开启或者关闭折射。
◆ 双面：选中该复选框，VRay 将假定所有的几何体的表面为双面。

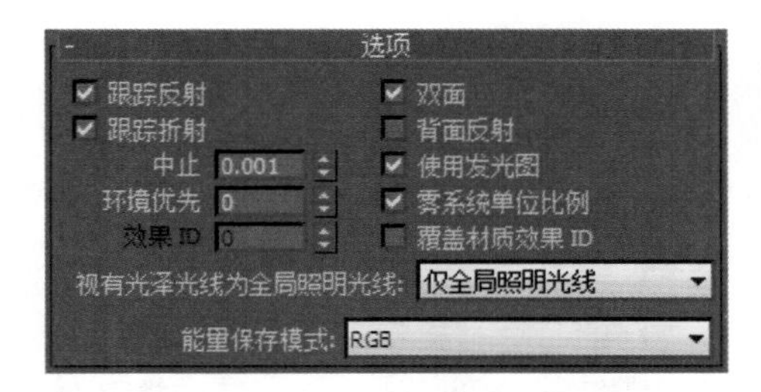

图 14-84 “选项”卷展栏

◆ 背面反射：选中该复选框，将强制 VRay 总是跟踪反射（甚至表面的背面）。
◆ 使用发光图：选中该复选框，材质物体使用光照贴图来进行照明。

3. “双向反射分布函数”卷展栏

展开 VRayMtl 材质面板中的“双向反射分布函数”卷展栏，即可进入如图 14-85 所示的参数面板。

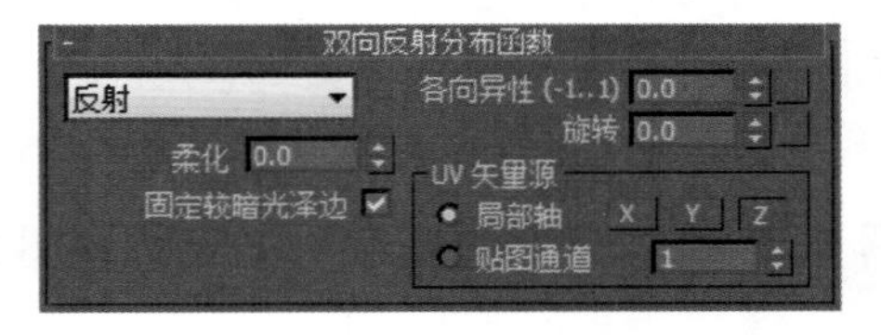

图 14-85 “双向反射分布函数”卷展栏

◆ 各向异性：各向异性，以在各个点为中心，逐渐化成椭圆形。
◆ 旋转：旋转的数量。
◆ UV 矢量源：UV 坐标向量导出。
◆ 局部轴：本地轴向锁定。

4. “贴图”卷展栏

展开 VRayMtl 材质面板中的“贴图”卷展栏，即可进入如图 14-86 所示的参数面板。

◆ 漫反射：漫反射贴图通道，定义材质的漫反射颜色或贴图。
◆ 反射：反射贴图通道，定义材质的反射颜色或贴图。
◆ 反射光泽：反射光泽贴图通道，定义材质的反射光泽颜色或贴图。
◆ 菲涅耳折射率：折射贴图通道，定义材质的折射颜色或贴图。

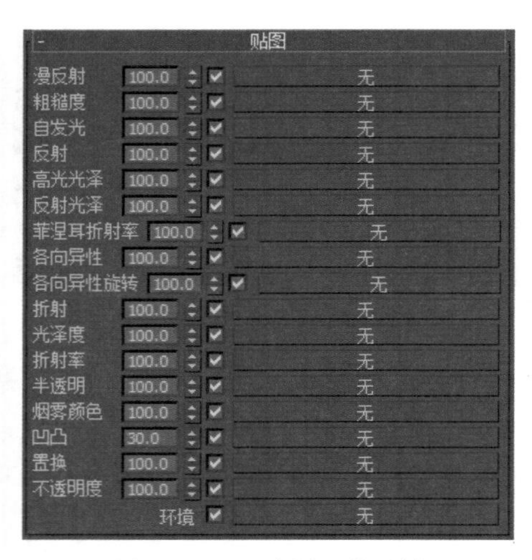

图 14-86　“贴图”卷展栏

- 光泽度：折射光泽贴图通道，定义材质的折射光泽颜色或贴图。
- 凹凸：凹凸贴图通道，用于模拟几何体表面的凹凸不平粗糙感。
- 置换：置换贴图，定义材质的置换颜色或贴图。

5. “反射 / 折射插补参数”卷展栏

展开 VRayMtl 材质面板中的“反射插值”和“折射插值”卷展栏，即可进入如图 14-87 所示的参数面板。

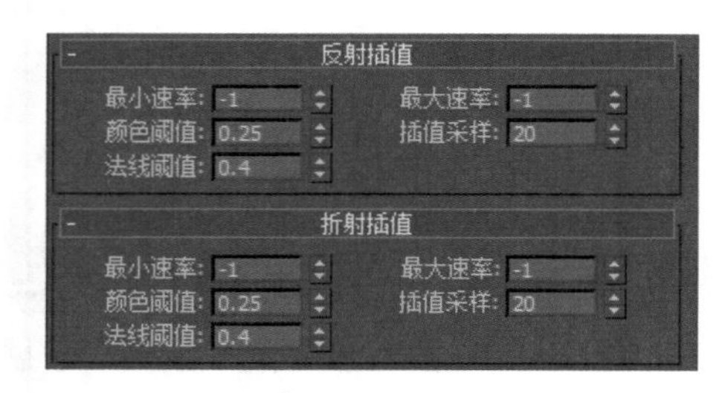

图 14-87　“反射 / 折射插值”卷展栏

- 最小速率：最小采样临界值。
- 最大速率：最大比率。
- 插值采样：采样比率。

读书笔记

实例操作：制作果皮

VRayMtl 材质中的置换贴图的用途范围相当广泛，不仅可以用于表现布料的绒毛效果，也可以用于制作水果表皮的凹凸效果。本例将制作如图 14-88 所示的柠檬果皮材质，通过本例的制作，掌握利用“细胞”贴图来制作柠檬果皮凹凸效果的方法和技巧。

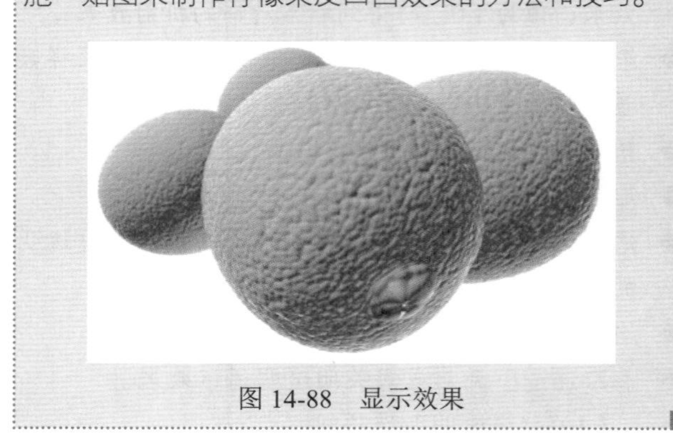

图 14-88　显示效果

具体制作步骤如下。

Step 1 ▶ 新建一个空白场景文件，打开配套光盘中\第 14 章\柠檬 .max 文件，打开场景如图 14-89 所示。

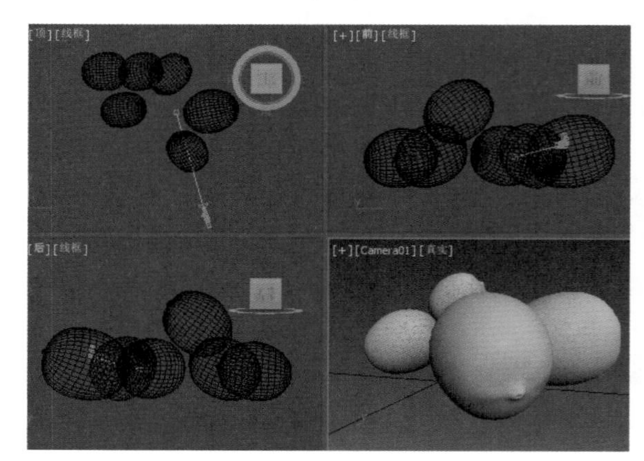

图 14-89　打开素材文件

Step 2 ▶ 单击工具栏中的材质编辑器按钮，在弹出的材质编辑器中选择一个空白材质样本球，将其命名为“柠檬”，再单击 Standard 按钮，在弹出的“材质 / 贴图浏览器”对话框中选择 VRayMtl 材质类型，如图 14-90 所示。

Step 3 ▶ 单击“基本参数”卷展栏下“漫反射”右侧的颜色框按钮，如图 14-91 所示。

Step 4 ▶ 在弹出的颜色选择器中设置材质的漫反射颜

色参数，颜色是与柠檬表皮接近的柠檬黄，如图 14-92 所示。

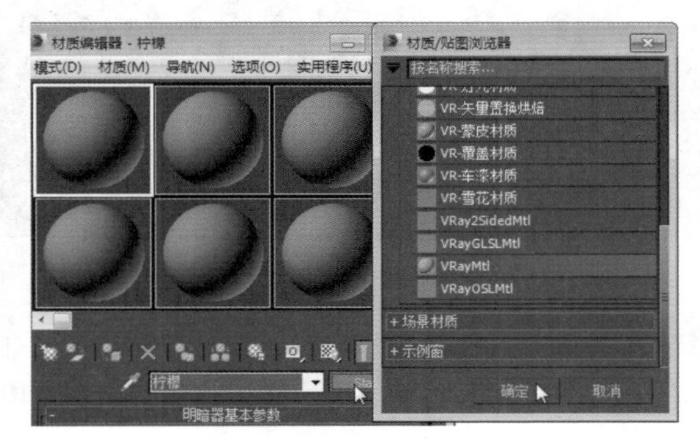

图 14-90　选择材质

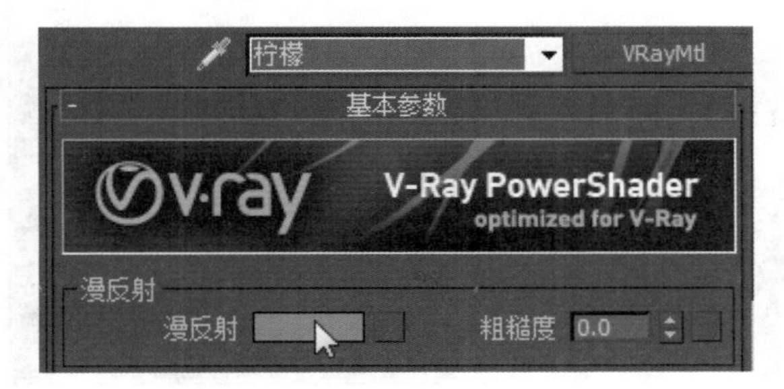

图 14-91　单击按钮

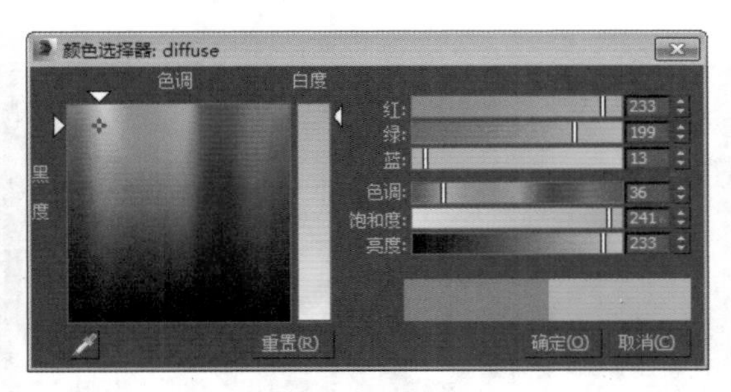

图 14-92　设置颜色

Step 5 ▶ 为了增加柠檬表皮的光泽度，设置“reflection”的颜色参数，如图 14-93 所示。

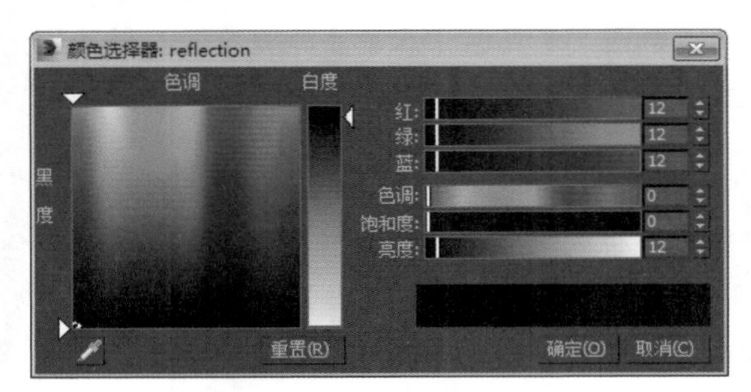

图 14-93　“Reflect”颜色参数

Step 6 ▶ 再设置“reflect_exitColor”的颜色参数如图 14-94 所示。

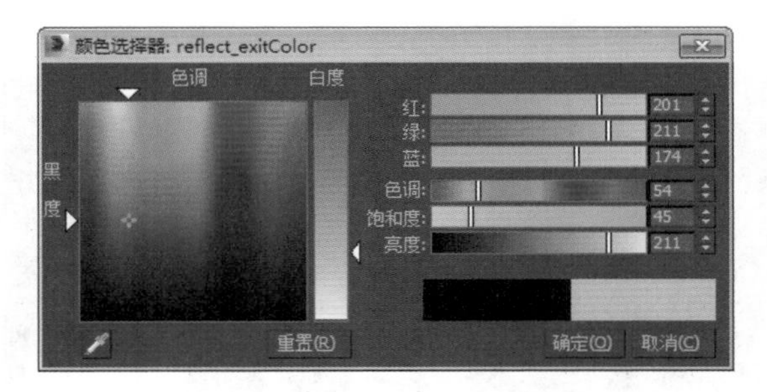

图 14-94　“reflect_exitColor”颜色参数

Step 7 ▶ 为了使柠檬的表皮颜色看起来有层次感，需要在“贴图”卷展栏中单击“漫反射”右侧的“无”按钮，在弹出的“材质 / 贴图浏览器”对话框中选择“衰减”贴图类型，如图 14-95 所示，然后再单击“确定”按钮。

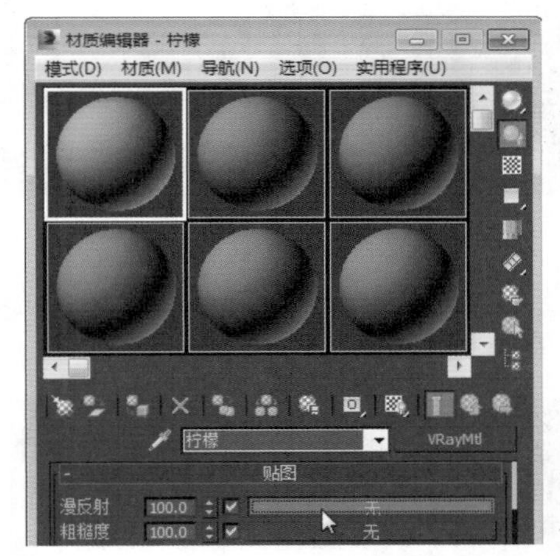

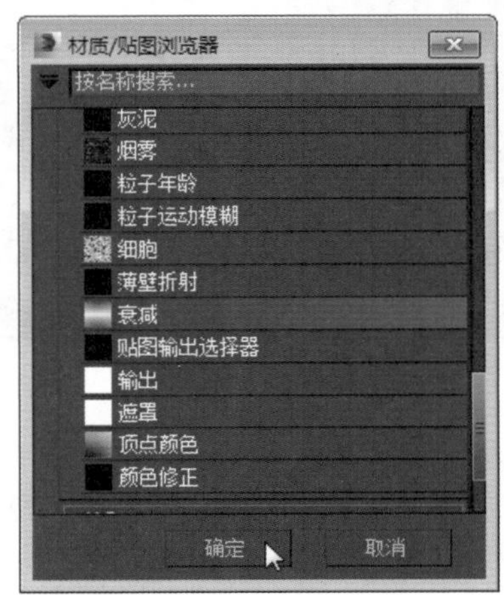

图 14-95　选取材质

Step 8 ▸ 进入“衰减参数”卷展栏中，分别设置“前侧”选项组中的“颜色 1”和“颜色 2”的颜色参数，如图 14-96 和图 14-97 所示。

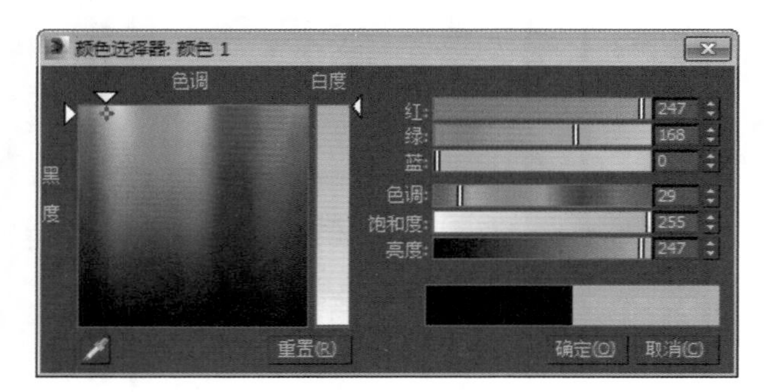

图 14-96　设置颜色（1）

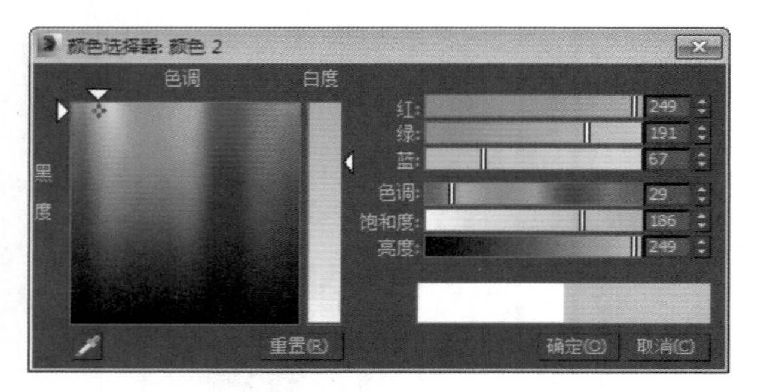

图 14-97　设置颜色（2）

Step 9 ▸ 再设置“衰减参数”卷展栏中的其他各项参数，如图 14-98 所示。

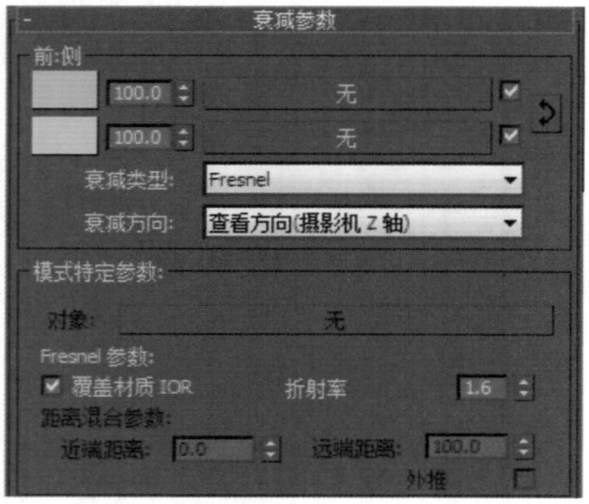

图 14-98　设置参数

Step 10 ▸ 为了使柠檬的表皮的光泽效果看起来有层次感，需要在“贴图”卷展栏中，将“漫反射”的衰减贴图拖曳到“反射”贴图通道中，并在弹出的对话框中选中“复制”单选按钮，如图 14-99 所示。

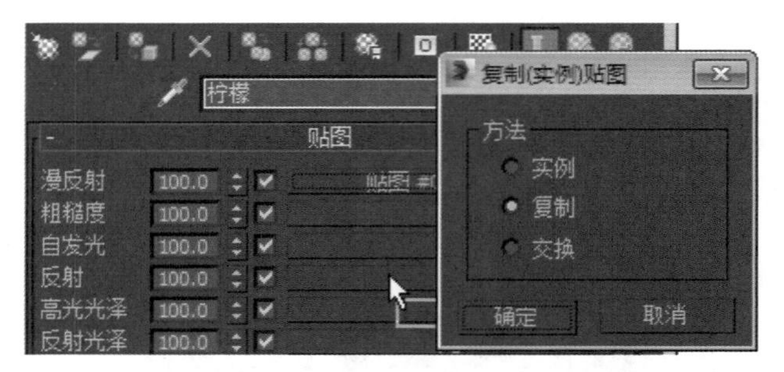

图 14-99　复制漫反射贴图给“反射”贴图通道

Step 11 ▸ 进入“衰减参数”卷展栏中，修改“颜色 1”和“颜色 2”的颜色参数，分别如图 14-100 和图 14-101 所示。

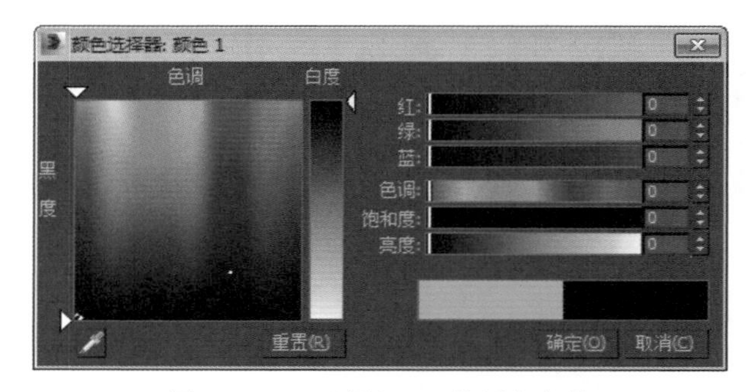

图 14-100　“颜色 1”的颜色参数

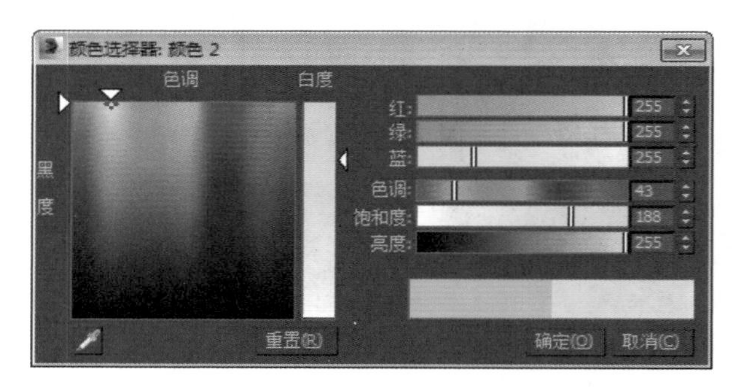

图 14-101　“颜色 2”的颜色参数

Step 12 ▸ 制作柠檬表皮的凹凸效果，单击按钮，转到“贴图”卷展栏中，单击“置换”右侧的“无”按钮，在弹出的“材质 / 贴图浏览器”对话框中选择“细胞”贴图类型，如图 14-102 所示。再单击“确定”按钮。

Step 13 ▸ 进入“细胞参数”卷展栏中，单击“细胞颜色”选项组中的颜色框按钮，如图 14-103 所示。

Step 14 ▸ 在弹出的颜色选择器中设置颜色参数，如图 14-104 所示。

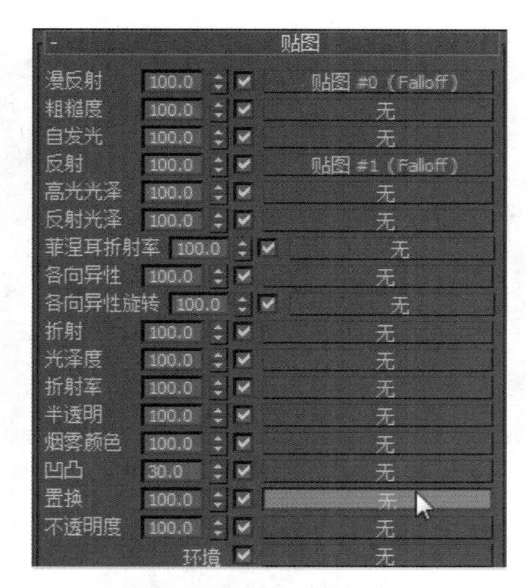

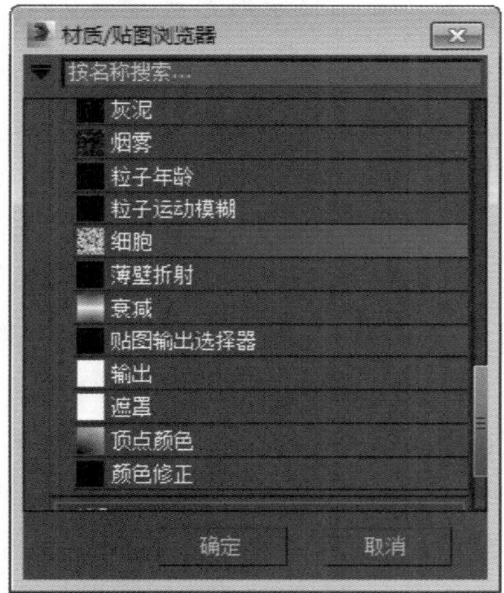

图 14-102 添加贴图

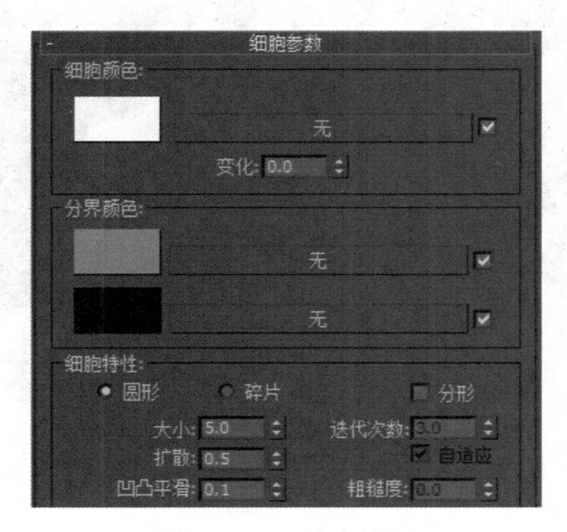

图 14-103 单击按钮

Step 15 ▶ 设置“分界颜色”选项组中“边界颜色 1”和“边界颜色 2”的颜色参数，如图 14-105 和图 14-106 所示。

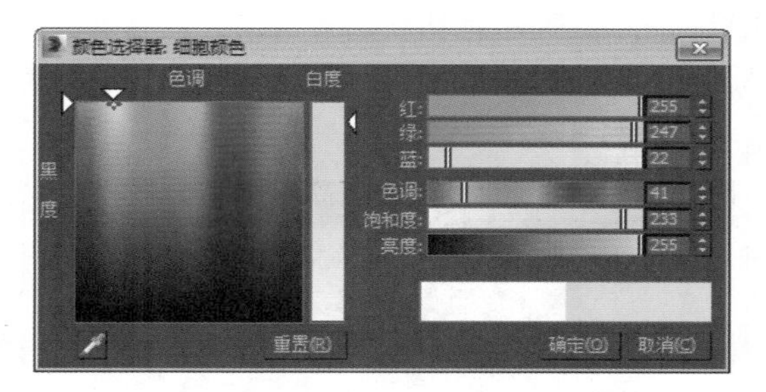

图 14-104 设置颜色

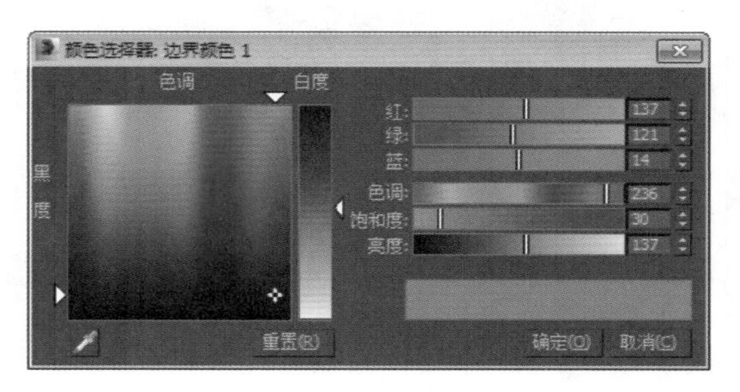

图 14-105 “边界颜色 1”的颜色参数

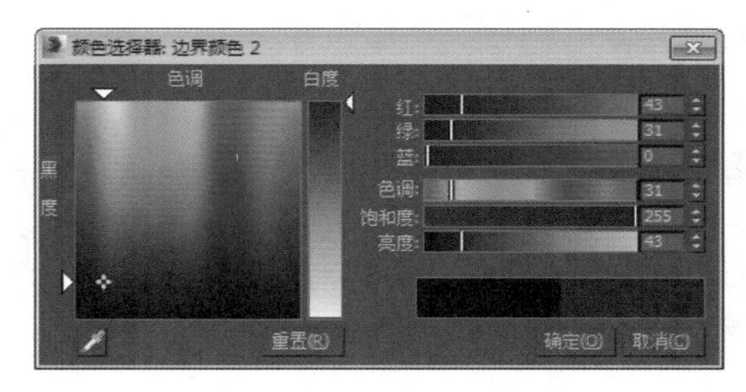

图 14-106 “边界颜色 2”的颜色参数

Step 16 ▶ 设置“细胞特性”选项组中的各项参数，如图 14-107 所示。

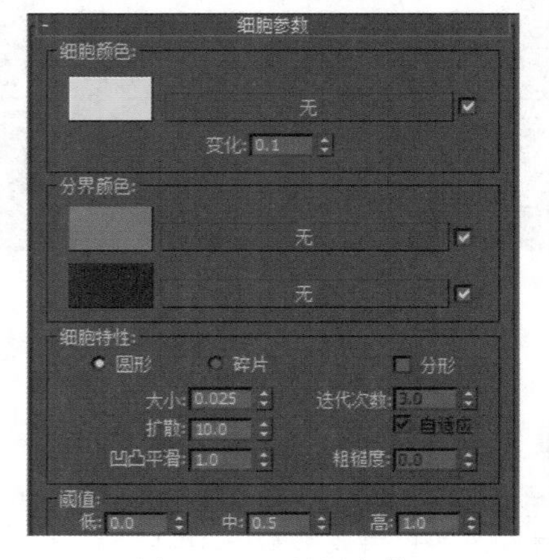

图 14-107 设置参数

Step 17 在视图中选择名称为“柠檬”的对象，单击按钮，将调好的材质赋予它们，然后再选择摄像机视图，将其渲染，渲染结果如图 14-108 所示。

图 14-108　渲染结果

14.3.2 VRay 灯光材质

在材质编辑器中选择任意一个材质样本球，单击 Standard 按钮，在弹出的“材质 / 贴图浏览器”对话框中选择“VRay 灯光材质”材质类型，即可将原有的 3ds Max 默认的标准材质转换为“VRay 灯光材质”，其参数面板如图 14-109 所示。

图 14-109　“贴图”卷展栏

技巧秒杀

“VRay 灯光材质”可用于室内或室外的发光对象的材质，其应用效果如图 14-110 所示。

图 14-110　“VRay 灯光材质”的应用效果

- 颜色：定义材质的颜色。
- 不透明度：定义材质的灯光强度，数值越大，材质的灯光强度越强。

实例操作：制作 3S 材质

3S 效果是由“吸收”、“半透明”和“次表面反射”这 3 种效果合成起来的材质效果。从光学角度上来说，3S 效果是指解决灯光传入物体表面而向物体内部传播的现象，因此 3S 材质常用于制作人体的皮肤、玉器以及各种半透明的物体。本例将制作效果如图 14-111 所示的 3S 材质，通过本例的制作，学习 3S 材质的制作方法和技巧。

图 14-111　显示效果

具体制作步骤如下：

Step 1 新建一个空白场景文件，打开“配套光盘\第 14 章\3S 材质 .max”文件，打开场景如图 14-112 所示。

Step 2 ▶ 按 F10 键，在弹出的“渲染场景”对话框中将渲染器指定为 VRay 渲染器，如图 14-113 所示。

图 14-112　打开素材

图 14-113　指定渲染器

Step 3 ▶ 打开材质编辑器，选择一个空白材质样本球，并将此材质球的材质类型指定为 VRayMtl 材质类型，进入“基本参数”卷展栏，分别单击“漫反射”和“反射”右侧的颜色框按钮，并在弹出的颜色选择器中设置其颜色参数，如图 14-114 和图 14-115 所示。

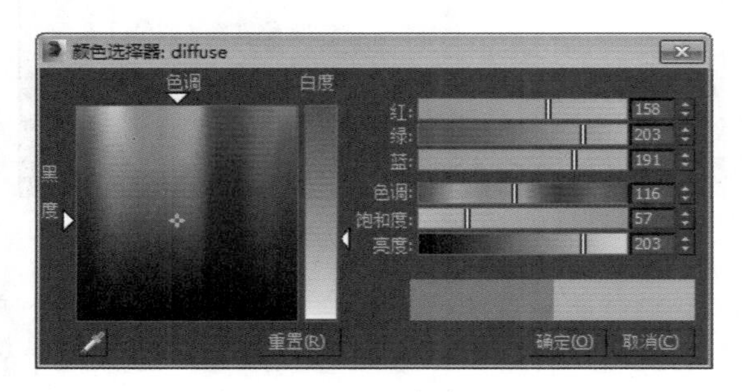

图 14-114　设置颜色（1）

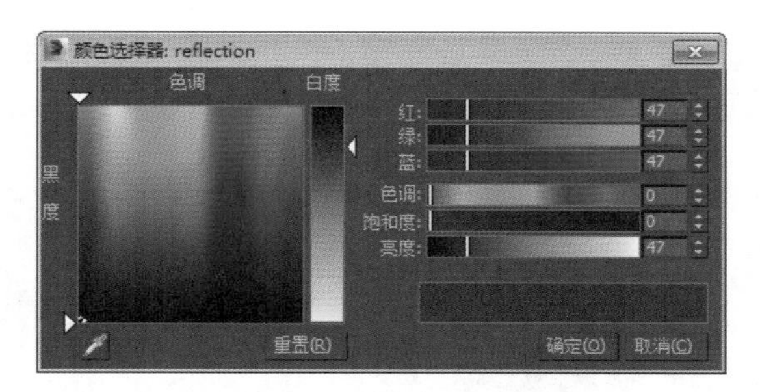

图 14-115　设置颜色（2）

Step 4 ▶ 单击“折射”右侧的颜色框按钮，并在弹出的颜色选择器中设置其颜色参数，如图 14-116 所示。

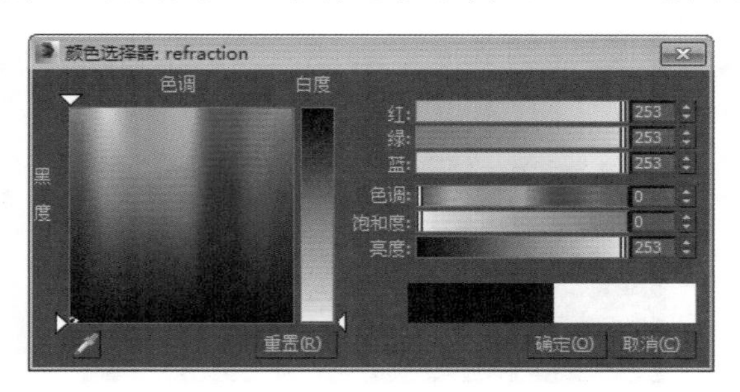

图 14-116　设置颜色（3）

Step 5 ▶ 单击“半透明”选项组中“类型”右侧的▼按钮，在弹出的下拉列表中选择“硬（蜡）模型”选项，如图 14-117 所示。

图 14-117　选择选项

Step 6 ▶ 单击“背面颜色”右侧的颜色框按钮，设置其颜色参数，如图 14-118 所示。

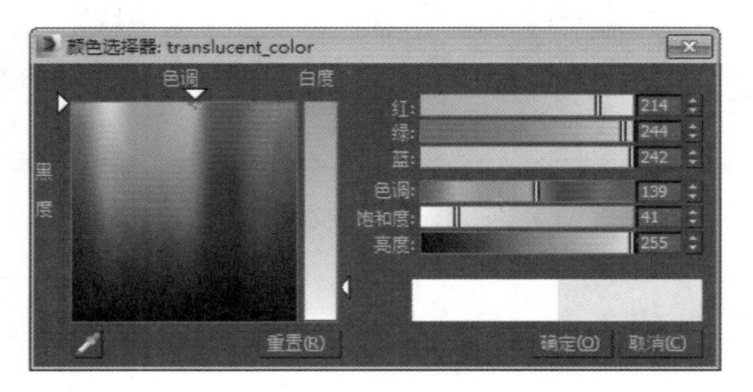

图 14-118　设置颜色

Step 7 ▸ 单击“折射”选项组中“烟雾颜色”右侧的颜色框按钮，设置其颜色参数如图 14-119 所示。

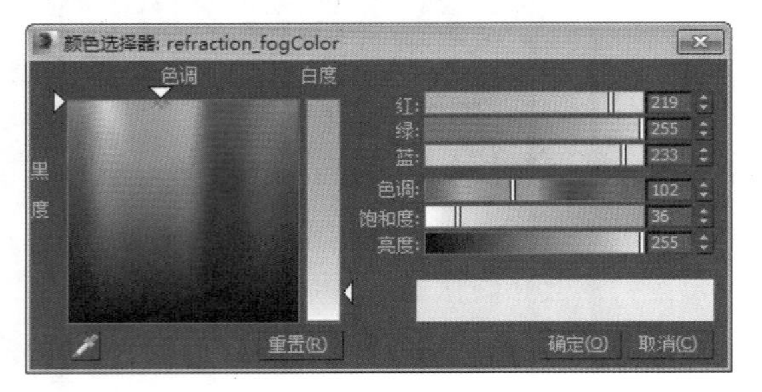

图 14-119　设置颜色

Step 8 ▸ 设置“灯光倍增”的参数为 1.8，如图 14-120 所示。

图 14-120　设置参数

Step 9 ▸ 在视图中选择名称为“马车”的对象，将调好的材质赋予它，然后选择摄像机视图，将其渲染，渲染结果如图 14-121 所示。

图 14-121　渲染效果

14.3.3 VRayMap（VRay 贴图）材质

在 VRay 渲染器被激活的状态下，可以在“反射”贴图通道和“折射”贴图通道中使用 VRayMap 贴图，其参数面板如图 14-122 所示，主要用途是替代 3ds Max 自身的“光线跟踪”贴图，其应用效果如图 14-123 所示。

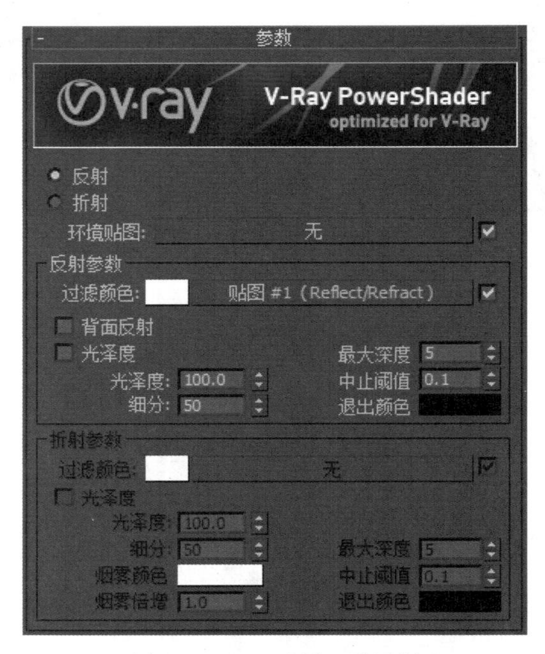

图 14-122　“贴图”卷展栏

图 14-123　应用效果

◆ 反射：选中该单选按钮后，VRayMap 贴图会产生反射效果，可以通过“反射参数”选项组中的参数来进行调节，如图 14-124 所示。

读书笔记

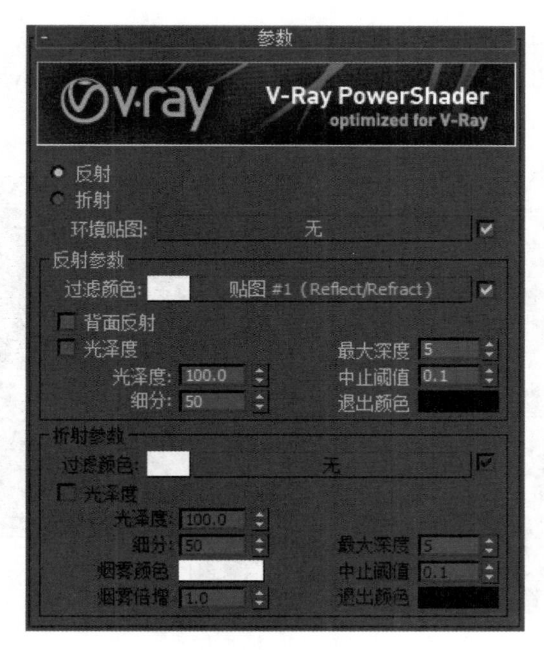

图 14-124　反射参数

技巧秒杀

只有选中“折射”单选按钮后，“反射参数”选项组才会开启。

◆ 折射：选中该单选按钮后，VRayMap 贴图会产生折射效果，可以通过“折射参数”选项组中的参数来进行调节。

◆ 反射 / 折射环境贴图：用于为 VRayMap 的反射 / 折射提供一张环境贴图，该通道支持 HDRI 贴图。

（1）“反射参数”选项组

◆ 过滤颜色：反射滤色控制。用于控制反射强度。

◆ 背面反射：此选项开启后，VRay 会始终追踪光线的反射和折射，会增加运算时间。

◆ 光泽度：反射模糊数值。数值越小，反射效果就越模糊，数值默认为 100，此时表面镜面反射。

◆ 细分：反射模糊采样。数值越大，计算的反射模糊采样就越多，运算时也会相应增加。

技巧秒杀

当“光泽度”数值为 100 时，此选项无效。

◆ 最大深度：反射贴图最大深度，当反射强度大于此数值时将反射输出颜色。

◆ 中止阈值：偏移临界值，这是一个对反射的效果阈值设定，如果反射效果底于此数值的话，那么此效果将被忽略，从而提升运算速度。

◆ 退出颜色：输出颜色。反射强度大于反射贴图最大深度时，将反射此设定颜色。

（2）“折射参数”选项组

◆ 过滤颜色：折射滤色控制。用于控制折射强度。

◆ 光泽度：开启光泽折射选项。

◆ 光泽度：折射模糊数值。数值越小，折射效果就越模糊，数值默认为 100，此时表面垂直折射。

◆ 细分：折射模糊采样。数值越大，计算的折射模糊采样就越多，运算时也会相应增加。

◆ 最大深度：折射贴图最大深度，当折射强度大于此数值时将折射输出颜色。

◆ 中止阈值：偏移临界值，这是一个对折射的效果阈值设定，如果折射效果底于此数值的话，那么此效果将被忽略，从而提升运算速度。

◆ 退出颜色：输出颜色。折射强度大于折射贴图最大深度时，将折射此设定颜色。

◆ 烟雾颜色：雾色。VRay 支持用体积雾来填充透明或半透明物体，此选项可以调节体积雾的颜色。

◆ 烟雾倍增：体积雾效果倍增器。用于调节体积雾的透明度，数值越小，产生的体积雾就越透明。默认数值为 1.0。

读书笔记

实例操作：制作金属材质

VRay 的光线跟踪材质和 3ds Max 本身的光线跟踪材质相比，其渲染的逼真性好不了多少，但是 VRay 支持 HDRI 环境光照明系统，使得 VRay 在渲染金属以及玻璃等物体时，可表现出强大的渲染优势。本例将制作效果如图 14-125 所示的金属材质，通过本例的制作，熟练掌握使用 HDRI 环境光照明系统来制作金属材质的方法和技巧。

图 14-125　显示效果

具体操作步骤如下：

Step 1 ▶ 新建一个空白场景文件，打开配套光盘中\第 14 章\咖啡壶 .max 文件，打开场景如图 14-126 所示。

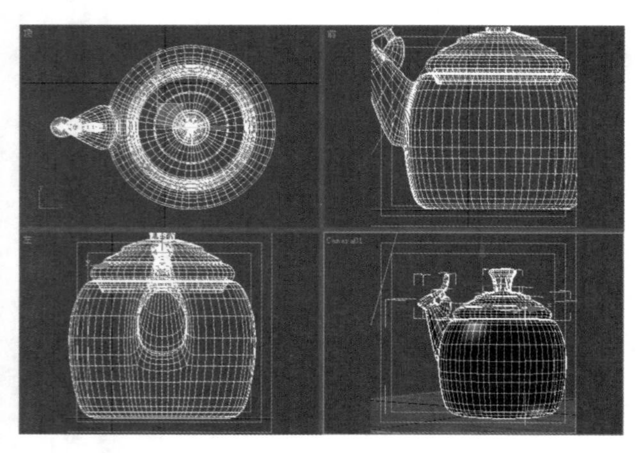

图 14-126　打开素材

Step 2 ▶ 单击工具栏中的材质编辑器按钮，在弹出的材质编辑器中选择一个空白材质样本球，将其命名为“咖啡金属外壳”，再单击 Standard 按钮，在弹出的“材质 / 贴图浏览器”对话框中选择 VRayMtl 材质类型，如图 14-127 所示。

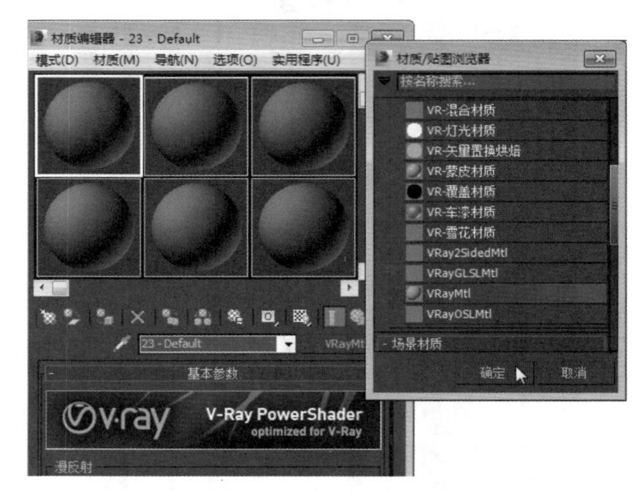

图 14-127　添加材质

Step 3 ▶ 单击“基本参数”卷展栏下“漫反射”右侧的颜色框按钮，在弹出的颜色选择器中设置材质的漫反射颜色参数，如图 14-128 所示。

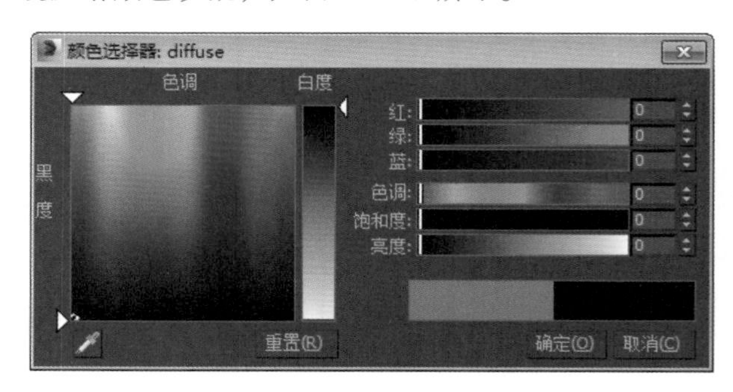

图 14-128　设置颜色

Step 4 ▶ 咖啡壶的金属外壳具有强烈的镜面不锈钢反射效果，设置“反射”的颜色参数，如图 14-129 所示。

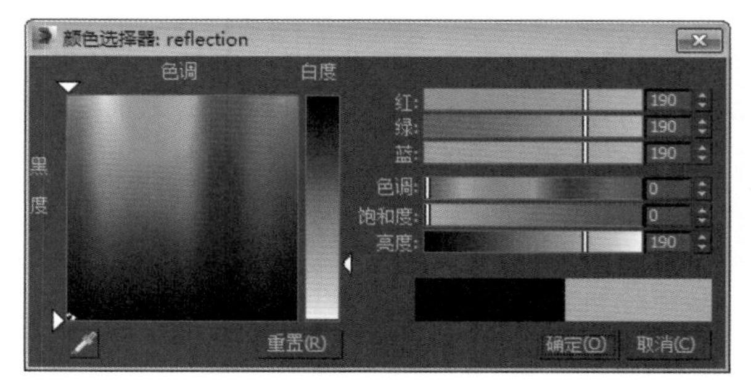

图 14-129　设置颜色

Step 5 ▶ 将“反射”选项组中“反射光泽度”的值调整到 0.97，目的是使金属外壳具有略微模糊的反射效果，如图 14-130 所示。

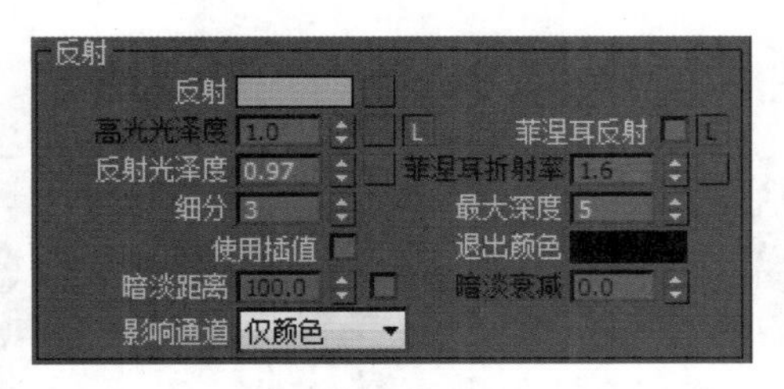

图 14-130　调整参数

Step 6 ▶ 展开“双向反射分布函数”卷展栏，单击▼按钮，在弹出的下拉列表中选择“沃德”选项，并设置“各向异性”为 0.7，“旋转”为 0.5，如图 14-131 所示。

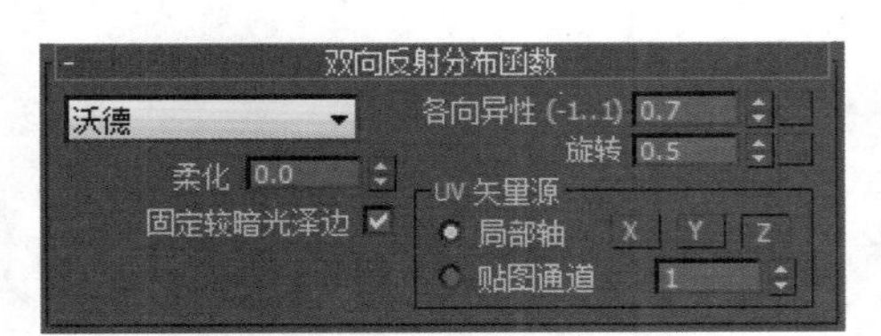

图 14-131　调整参数

Step 7 ▶ 使金属外壳具有模糊的磨砂反射效果，如图 14-132 所示。

Step 8 ▶ 在视图中选择名称为“金属外壳”的对象，将调好的材质赋予它，然后选择摄像机视图，将其渲染，渲染结果如图 14-133 所示。

图 14-132　显示效果

图 14-133　渲染效果

读书笔记

13 14 15 16 17 18

粒子系统与空间扭曲

本章导读

粒子系统与空间扭曲工具都是动画制作中非常有用的特效工具。粒子系统可以模拟自然界中真实的烟、雾、飞溅的水花、星空等效果。空间扭曲听起来好像是科幻影片中的特殊效果，其实它是不可渲染的对象，可以通过多种奇特的方式来影响场景中的对象，如产生引力、风吹、涟漪等特殊效果。

15.1 粒子系统

3ds Max 2014 的粒子系统是一种很强大的动画制作工具，可以通过设置粒子系统来控制密集对象群的运动效果。粒子系统通常用于制作云、雨、风、火、烟雾、暴风雪以及爆炸等动画效果，如图 15-1 ~ 图 15-3 所示。

图 15-1　云雾效果

图 15-2　火效果

图 15-3　雪效果

粒子系统作为单一的实体来管理特定的成组对象，通过将所有粒子对象组合成单一的可控系统，可以很容易地使用一个参数来修改所有对象，而且拥有良好的"可控性"和"随机性"。在创建粒子时会占用很大的内存储资源，而且渲染速度相当慢。

3ds Max 2014 包含 7 种粒子，分别是"粒子流源"、"喷射"、"雪"、"超级喷射"、"暴风雪"、"粒子阵列"和"粒子云"，如图 15-4 所示。这 7 种粒子在顶视图中的显示效果如图 15-5 所示。

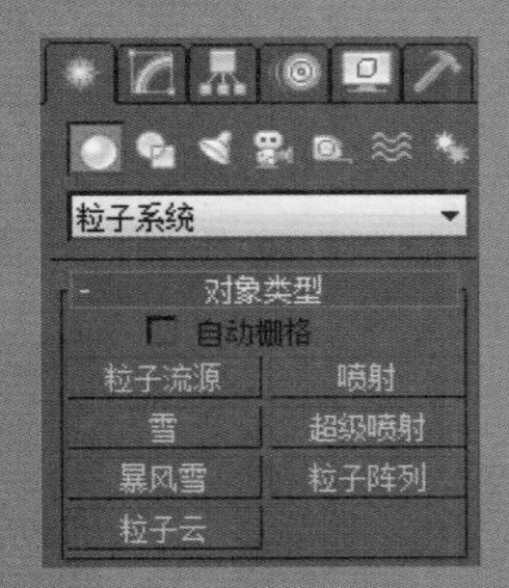

图 15-4　粒子系统面板

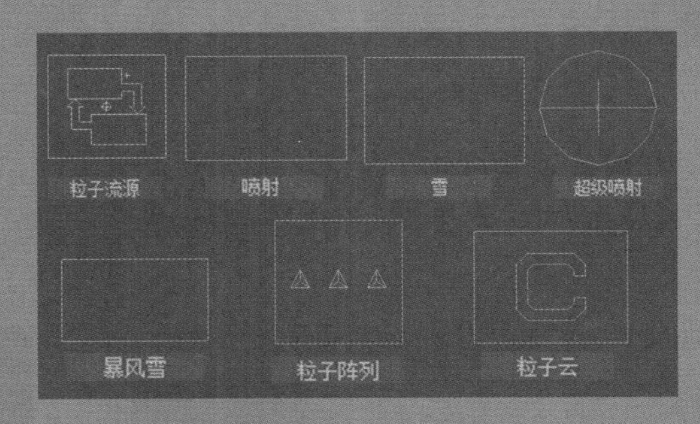

图 15-5　粒子效果

15.1.1 PF Source（粒子流源）

PF Source（粒子流源）是每个流口的视口图标，同时也可以作为默认的发射器。在默认情况下，它显示为带有中心徽标的矩形，如图 15-6 所示。

进入"修改"面板，可以观察到 PF Source（粒子流源）的参数包括"设置"、"发射"、"选择"、"系统管理"和"脚本"5 个卷展栏，如图 15-7 所示。

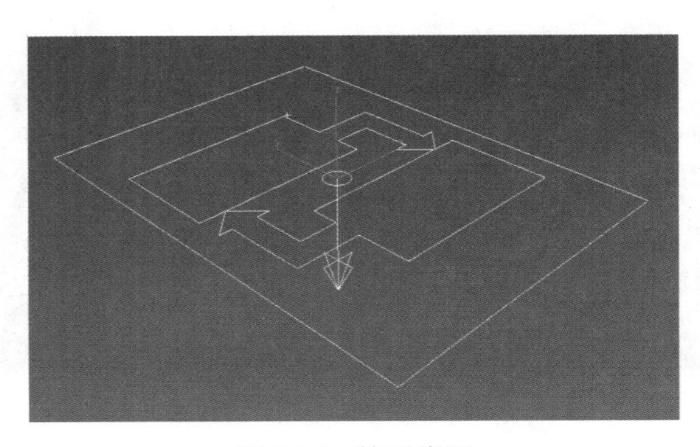

图 15-6　粒子流源

图 15-7 “粒子流源”参数

知识解析：“粒子流源”面板

（1）“设置”卷展栏

展开“设置”卷展栏，如图 15-8 所示。

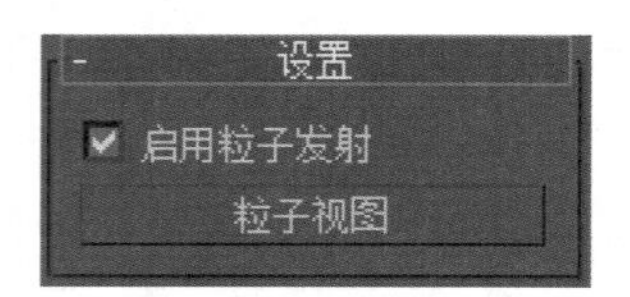

图 15-8 “设置”卷展栏

- 启用粒子发射：控制是否开启粒子系统。
- 粒子视图：单击该按钮，可以打开“粒子视图”对话框，如图 15-9 所示。

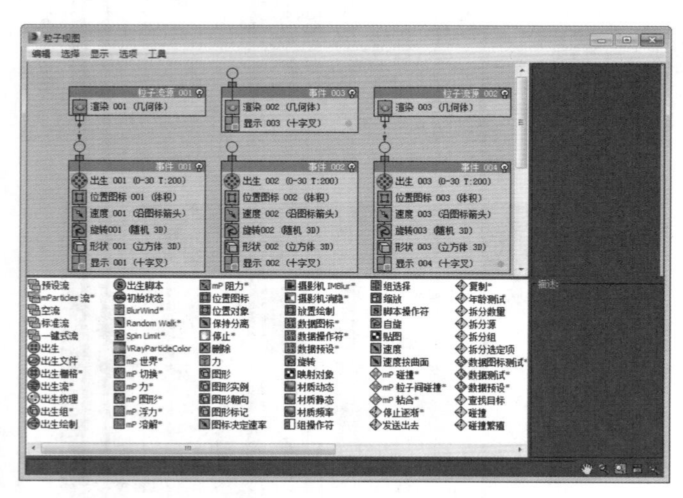

图 15-9 “粒子视图”对话框

（2）“发射”卷展栏

展开“发射”卷展栏，如图 15-10 所示。

- 徽标大小：主要用来设置粒子流中心徽标的尺寸，其大小对粒子的发射没有任何影响。
- 图标类型：主要用来设置图标中的显示方式，有“长方形”、“长方体”、“圆形”和“球体”4 种方式，默认为“长方形”。
- 长度：当“图标类型”设置为“长方形”或“长方体”时，显示的是“长度”参数；当“图标类型”设置为“圆形”或“球体”时，显示的是“直径”参数。
- 宽度：用来设置“长方形”或“长方体”徽标的宽度。
- 高度：用来设置“长方体”徽标的高度。
- 显示：主要用来控制是否显示标志或徽标。
- 视口 %：主要用来设置视图中显示的粒子数量，该参数的值不会影响最终渲染的粒子数量，其取值范围为 0 ~ 10000。
- 渲染 %：主要用来设置视图中显示的粒子的数量百分比，该参数的大小会直接影响到最终渲染的粒子数量，其取值范围为 0 ~ 10000。

（3）“选择”卷展栏

展开“选择”卷展栏，如图 15-11 所示。

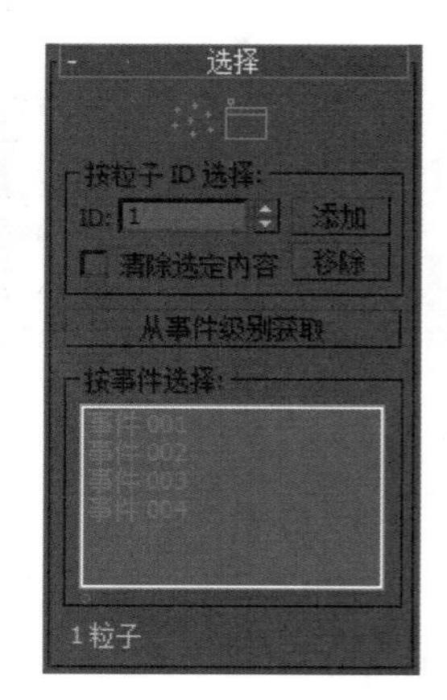

图 15-10 “发射”卷展栏　图 15-11 “选择”卷展栏

- 粒子：激活该按钮后，可以选择粒子。
- 事件：激活该按钮后，可以选择事件来选择粒子。

◆ ID：使用该选项可以设置要选择的粒子的ID号。注意，每次只能设置一个数字。

> 操作解谜
> 每个粒子都有唯一的ID号，从第1个粒子使用1开始，并递增计数。使用这些控件可按粒子ID号选择和取消选择粒子，但只能在"粒子"级别使用。

◆ 添加：设置完要选择的粒子的ID号后，单击该按钮可以将其添加到选择中。
◆ 移除：设置完要取消选择的粒子的ID号后，单击该按钮可以将其从选择中移除。
◆ 清除选定内容：选中该复选框后，单击"添加"按钮选择粒子，会取消选择所有其他粒子。
◆ 从事件级别获取：单击该按钮，可以将"事件"级别选择转换为"粒子"级别。
◆ 按事件选择：该列表显示粒子流中的所有事件，并高亮显示选定事件。

（4）"系统管理"卷展栏

展开"系统管理"卷展栏，如图15-12所示。

◆ 上限：用来限制粒子的最大数值，默认值为100000，其取值范围为0～10000000。
◆ 视口：设置视图中的动画回放的综合步幅。
◆ 渲染：用来设置渲染时的综合步幅。

（5）"脚本"卷展栏

展开"脚本"卷展栏，如图15-13所示。该卷展栏可以将脚本应用于每个积分步长以及查看的每帧的最后一个积分步长处的粒子系统。

图15-12 "系统管理"卷展栏

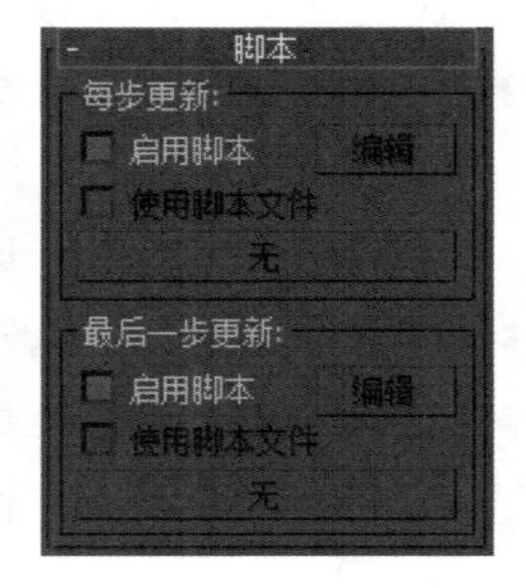

图15-13 "脚本"卷展栏

◆ 每步更新："每步更新"脚本在每个积分步长的末尾，计算完粒子系统中所有动作和所有粒子后，最终会在各自的事件中进行计算。
◆ 启用脚本：选中该复选框后，可以引起按每积分步长执行内存中的脚本。
◆ 编辑：单击该按钮，可以打开具有当前脚本的文本编辑器对话框，如图15-14所示。

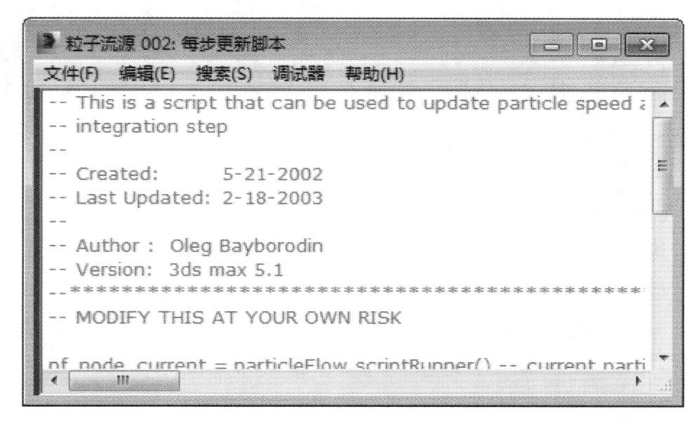

图15-14 文本编辑器对话框

◆ 使用脚本文件：选中该复选框，可以通过单击下面的"无"按钮来加载脚本文件。
◆ 无：单击该按钮，打开"打开"对话框，在该对话框中可以指定要从磁盘加载的脚本文件。
◆ 最后一步更新：当完成所查看（或渲染）的每帧的最后一个积分步长后，系统会执行"最后一步更新"脚本。
◆ 启用脚本：选中该复选框后，可以引起在最后的积分步长后执行内存中的脚本。
◆ 编辑：单击该按钮，可以打开具有当前脚本的文本编辑器对话框。
◆ 使用脚本文件：选中该复选框后，可以通过单击下面的"无"按钮来加载脚本文件。
◆ 无：单击该按钮，打开"打开"对话框，在该对话框中可以指定要从磁盘加载的脚本文件。

读书笔记

?答疑解惑：

在使用粒子流时，当转到不同的帧时，为什么有时 3ds Max 好像暂时冻结了？

“粒子流”中的多数动画依赖于历史，即为了能够绘制特定帧中的粒子，“粒子流”需要了解以前所有帧中发生的事件。

通常情况下，更改参数值时，“粒子流”需要重新计算开始和当前帧之间的所有帧。如果转到不同帧，“粒子流”必须重新计算一个或多个动画帧。如果向前转到某一帧，“粒子流”必须计算当前帧和将要转到帧之间的帧。因此，如果只是转到下一帧，需要进行的相关计算工作较少。但如果向后转到某一帧，即使是一个帧，也必须计算从动画开始到将要转至帧之间的所有帧。

如果需要大量计算，此项工作会产生延迟。同时，3ds Max 会在状态栏上显示如“粒子流源 01 更新 xx%（按 Esc 键可取消）”的消息，因而可以了解重新计算的进度。如果看到此消息时，按 Esc 键，则“粒子流”会显示消息为“单击‘确定’关闭‘粒子流源 01’”的警告。如果单击“确定”，则重新计算停止，可以利用此机会优化动画（例如，可以减少用于测试目的的粒子数量）。必须重新打开此源，才能继续。如果单击“取消”，此计算将继续。

提高重新计算和渲染粒子的速度的简单方式是调整粒子的总数量。

15.1.2 喷射

“喷射”粒子常用来模拟雨和喷泉等效果，其参数设置面板如图 15-15 所示。

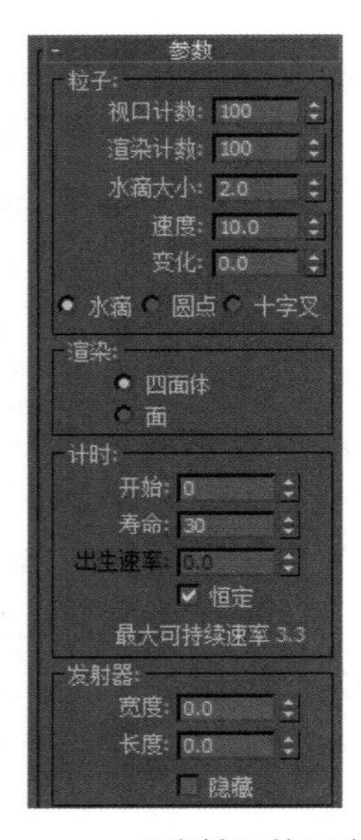

图 15-15 “喷射”粒子参数

知识解析：“喷射”面板

（1）“粒子”选项组

◆ 视口计数：在指定的帧处，设置视图中显示的最大粒子数量。

◆ 渲染计数：在渲染某一帧时设置可以显示的最大粒子数量（与“计时”选项组下的参数配合使用）。

◆ 水滴大小：设置水滴粒子的大小。

◆ 速度：设置每个粒子离开发射器时的初始速度。

◆ 变化：设置粒子的初始速度和方向。数值越大，喷射越强，范围越广。

◆ 水滴 / 圆点 / 十字叉：设置粒子在视图中的显示方式。

（2）“渲染”选项组

◆ 四面体：将粒子渲染为四面体。

◆ 面：将粒子渲染为正方形面。

（3）“计时”选项组

◆ 开始：设置每个粒子的帧编号。

◆ 寿命：设置每个粒子的寿命。

◆ 出生速率：设置每一帧产生的新粒子数。

◆ 恒定：选中该复选框后，“出生速率”选项将不可用，此时的“出生速率”等于最大可持续速率。

（4）“发射器”选项组

◆ 宽度 / 长度：设置发射器的长度和宽度。

◆ 隐藏：选中该复选框后，发射器将不会显示在视图中（发射器不会被渲染出来）。

15.1.3 雪

“雪”粒子主要用模拟飘落的雪花或撒落的纸

屑等动画效果，其参数设置面板如图 15-16 所示。

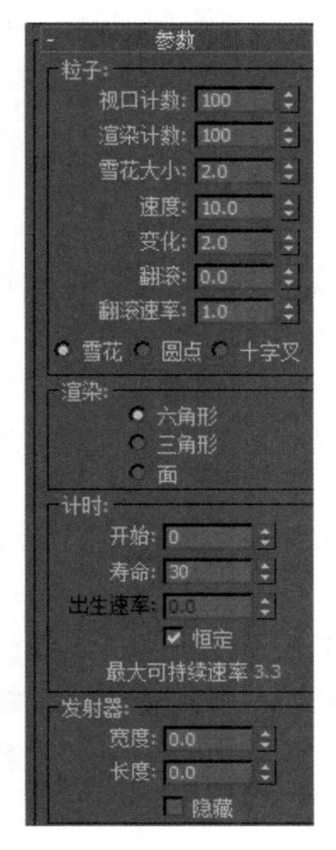

图 15-16　“雪”粒子参数

知识解析：“雪”面板

- 雪花大小：设置粒子的大小。
- 翻滚：设置雪花粒子的随机旋转量。
- 翻滚速率：设置雪花的旋转速度。
- 雪花 / 圆点 / 十字叉：设置粒子在视图中的显示方式。
- 六角形：将粒子渲染为六角形。
- 三角形：将粒子渲染为三角形。
- 面：将粒子渲染为正方形面。

读书笔记

15.1.4 超级喷射

“超级喷射”粒子可以用来制作暴雨和喷泉等效果，若将其绑定到“路径跟随”空间扭曲上，还可以生成瀑布效果，其参数设置面板如图 15-17 所示。

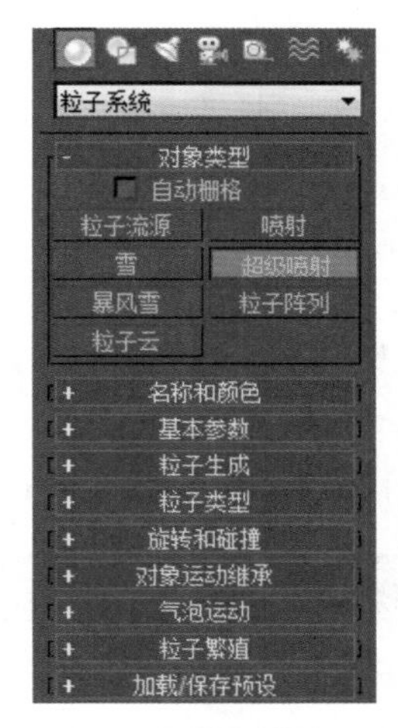

图 15-17　“超级喷射”粒子

知识解析：“超级喷射”面板

1. “基本参数”卷展栏

展开“基本参数”卷展栏，如图 15-18 所示。

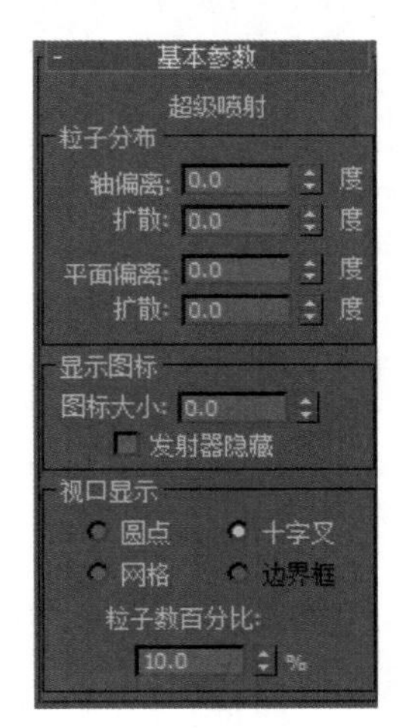

图 15-18　“基本参数”卷展栏

（1）“粒子分布”选项组

- 轴偏离：影响粒子流与 Z 轴的夹角（沿着 X 轴的平面）。
- 扩散：影响粒子远离发射向量的扩散（沿着 X 轴的平面）。
- 平面偏离：影响围绕 Z 轴的发射角度。如果设置为 0，则该选项无效。
- 扩散：影响粒子围绕“平面偏离”轴的扩散。如果设置为 0，则该选项无效。

（2）“显示图标”选项组

◆ 图标大小：设置“超级喷射”粒子图标的大小。

◆ 发射器隐藏：选中该复选框后，可以在视图中隐藏发射器。

（3）“视口显示”选项组

◆ 圆点 / 十字叉 / 网格 / 边界框：设置粒子在视图中的显示方式。

◆ 粒子数百分比：设置粒子在视图中的显示百分比。

2. “粒子生成”卷展栏

展开“粒子生成”卷展栏，如图 15-19 所示。

图 15-19 “粒子生成”卷展栏

（1）“粒子数量”选项组

◆ 使用速率：指定每帧发射的固定粒子数。

◆ 使用总数：指定在系统使用寿命内产生的总粒子数。

（2）“粒子运动”选项组

◆ 速度：设置粒子在出生时沿着法线的速度。

◆ 变化：对每个粒子的发射速度应用一个变化百分比。

（3）“粒子计时”选项组

◆ 发射开始 / 停止：设置粒子开始在场景中出现和停止的帧。

◆ 显示时限：指定所有粒子均消失的帧（无论其他设置如何）。

◆ 寿命：设置每个粒子的寿命。

◆ 变化：指定每个粒子的寿命可以从标准值变化的帧数。

◆ 子帧采样：启用以下 3 个选项中的任意一个后，可以通过以较高的子帧分辨率对粒子进行采样，有助于避免粒子“膨胀”。

◎ 创制时间：允许向防止随时间发生膨胀的运动等方式添加时间偏移。

◎ 发射器平移：如果基于对象的发射器在空间中移动，在沿着可渲染位置之间的几何体路径的位置上以整数倍数创建粒子。

◎ 发射器旋转：如果旋转发射器，选中该复选框可以避免膨胀，并产生平滑的螺旋形效果。

（4）“粒子大小”选项组

◆ 大小：根据粒子的类型指定系统中所有粒子的目标大小。

◆ 变化：设置每个粒子的大小可以从标准值变化的百分比。

◆ 增长耗时：设置粒子从很小增长到“大小”值经历的帧数。

◆ 衰减耗时：设置粒子在消亡之前缩小到其“大小”值的 1/10 所经历的帧数。

（5）“唯一性”选项组

◆ 新建：随机生成新的种子值。

◆ 种子：设置特定的种子值。

3. “粒子类型”卷展栏

展开“粒子类型”卷展栏，如图 15-20 所示。

（1）“粒子类型”选项组

◆ 标准粒子：使用几种标准粒子类型中的一种，例如三角形、立方体、四面体等。

◆ 变形球粒子：使用变形球粒子。这些变形球粒子是以水滴或粒子流形式混合在一起的。

◆ 实例几何体：生成粒子，这些粒子可以是对象、对象链接层次或组的实例。

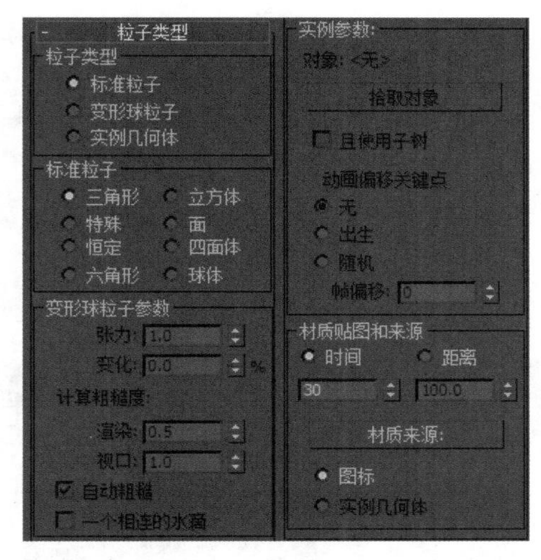

图 15-20 “粒子类型”卷展栏

（2）“标准粒子”选项组

◆ 三角形 / 立方体 / 特殊 / 面 / 恒定 / 四面体 / 六角形 / 球体：如果在“粒子类型”选项组中选择了“标准粒子”，则可以在此指定一种粒子类型。

（3）“变形球粒子参数”选项组

◆ 张力：确定有关粒子与其他粒子倾向的紧密度。张力越大，聚集越难，合并也越难。
◆ 变化：指定张力效果的变化的百分比。
◆ 渲染：设置渲染场景中的变形球粒子的粗糙度。
◆ 视口：设置视口显示的粗糙度。
◆ 自动粗糙：如果选中该复选框，则将根据粒子大小自动设置渲染的粗糙度。
◆ 一个相连的水滴：如果取消选中该复选框，则将计算所有粒子；如果选中该复选框，则仅计算和显示彼此相连和邻近的粒子。

（4）“实例参数”选项组

◆ 对象：显示所拾取对象的名称。
◆ 拾取对象：单击该按钮，在视图中可以选择要作为粒子使用的对象。
◆ 且使用子树：如果要将拾取的对象的链接子对象包括在粒子中，则应该选中该复选框。
◆ 动画偏移关键点：如果要为实例对象设置动画，则使用该选项可以指定粒子的动画计时。
◆ 无：所有粒子的动画的计时均相同。
◆ 出生：第 1 个出生的粒子是粒子出生时源对象当前动画的实例。
◆ 随机：当“帧偏移”设置为 0 时，该选项等同于“无”；否则每个粒子出生时使用的动画都将与源对象出生时使用的动画相同。
◆ 帧偏移：指定从源对象的当前计时的偏移值。

（5）“材质贴图和来源”选项组

◆ 时间：指定从粒子出生开始完成粒子的一个贴图所需的帧数。
◆ 距离：指定从粒子出生开始完成粒子的一个贴图所需的距离。
◆ 材质来源：使用该按钮可以更新粒子系统携带的材质。
◆ 图标：粒子使用当前为粒子系统图标指定的材质。
◆ 实例几何体：粒子使用实例几何体指定的材质。

4. “旋转和碰撞”卷展栏

展开“旋转和碰撞”卷展栏，如图 15-21 所示。

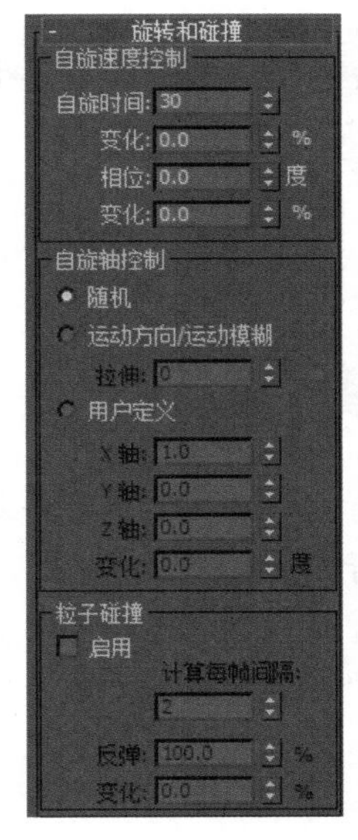

图 15-21 “旋转和碰撞”卷展栏

（1）“自旋速度控制”选项组

◆ 自旋时间：设置粒子一次旋转的帧数。如设置为 0，则粒子不进行旋转。
◆ 变化：设置自旋时间的变化的百分比。
◆ 相位：设置粒子的初始旋转。
◆ 变化：设置相位的变化的百分比。

（2）“自旋轴控制”选项组

◆ 随机：每个粒子的自旋轴是随机的。
◆ 运动方向 / 运动模糊：围绕由粒子移动方向形成的向量旋转粒子。
◆ 拉伸：如果该值大于 0，则粒子会根据其速度沿运动轴拉伸。
◆ 用户定义：使用 X 轴、Y 轴和 Z 轴中定义的向量。
◆ X/Y/Z 轴：分别指定 X 轴、Y 轴和 Z 轴的自旋向量。
◆ 变化：设置每个粒子的自旋轴从指定的 X 轴、Y 轴和 Z 轴设置变化的量。

（3）“粒子碰撞”参数组

◆ 启用：在计算粒子移动时启用粒子间碰撞。
◆ 计算每帧间隔：设置每个渲染间隔的间隔数，期间会进行粒子碰撞测试。
◆ 反弹：设置在碰撞后速度恢复到正常的程度。
◆ 变化：设置应用于粒子的“反弹”值的随机变化百分比。

5. “对象运动继承”卷展栏

展开“对象运动继承”卷展栏，如图 15-22 所示。

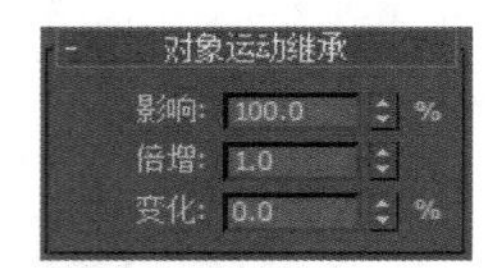

图 15-22 “对象运动继承”卷展栏

◆ 影响：在粒子产生时，设置继承基于对象的发射器的运动粒子所占的百分比。
◆ 倍增：设置修改发射器运动影响粒子运动的量。
◆ 变化：设置“倍增”值的变化的百分比。

6. “气泡运动”卷展栏

展开“气泡运动”卷展栏，如图 15-23 所示。

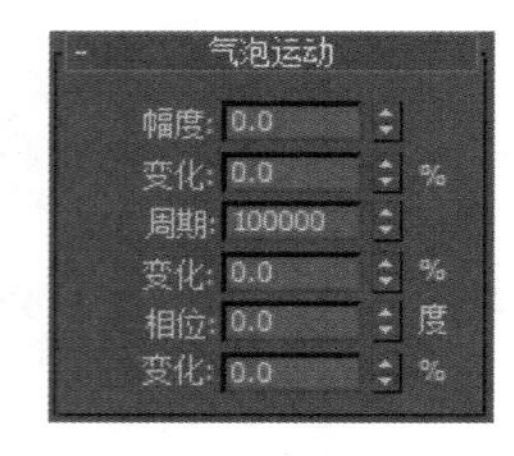

图 15-23 “气泡运动”卷展栏

◆ 幅度：设置粒子离开通常的速度矢量的距离。
◆ 变化：设置每个粒子所应用的振幅变化的百分比。
◆ 周期：设置粒子通过气泡“波”的一个完整振动的周期（建议设置为 20 ～ 30 之间的值）。
◆ 变化：设置每个粒子的周期变化的百分比。
◆ 相位：设置气泡图案沿着矢量的初始置换。
◆ 变化：设置每个粒子的相位变化的百分比。

7. “粒子繁殖”卷展栏

展开“粒子繁殖”卷展栏，如图 15-24 所示。

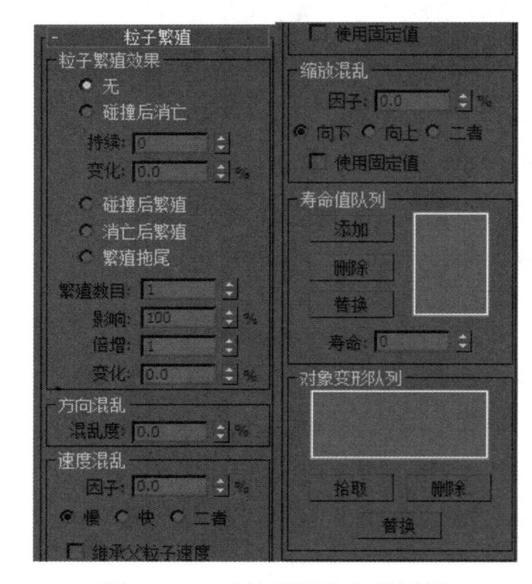

图 15-24 “粒子繁殖”卷展栏

（1）“粒子繁殖效果”选项组

◆ 无：不使用任何繁殖方式，粒子按照正常方式活动。
◆ 碰撞后消亡：选中该单选按钮后，粒子在碰撞到绑定的导向器时会消失。
◆ 持续：设置粒子在碰撞后持续的寿命（帧数）。
◆ 变化：当“持续”大于 0 时，每个粒子的“持续”值将各有不同。使用该选项可以羽化粒子的密度。
◆ 碰撞后繁殖：选中该单选按钮后，在与绑定的导向器碰撞时会产生繁殖效果。
◆ 消亡后繁殖：选中该单选按钮后，在每个粒子的寿命结束时会产生繁殖效果。
◆ 繁殖拖尾：选中该单选按钮后，在现在粒子寿命的每个帧会从相应粒子繁殖粒子。

◆ 繁殖数目：除原粒子以外的繁殖值。例如，如果此选项设置为 1，并在消亡时繁殖，每个粒子超过寿命后繁殖一次。
◆ 影响：设置将繁殖的粒子的百分比。
◆ 倍增：设置倍增每个繁殖事件繁殖的粒子数。
◆ 变化：逐帧指定“倍增”值将变化的百分比范围。

（2）“方向混乱”选项组

◆ 混乱度：指定繁殖的粒子的方向可以从父粒子的方向变化的量。

（3）“速度混乱”选项组

◆ 因子：设置繁殖的粒子的速度相对于父粒子的速度变化的百分比范围。
◆ 慢：随机应用速度因子，并减慢繁殖的粒子的速度。
◆ 快：根据速度因子随机加快粒子的速度。
◆ 二者：根据速度因子让有些粒子加快速度或让有些粒子减慢速度。
◆ 继承父粒子速度：除了速度因子的影响外，繁殖的粒子还继承母体的速度。
◆ 使用固定值：将“因子”值作为设置值，而不是作为随机应用于每个粒子的范围。

（4）“寿命值队列”选项组

◆ 添加：将“寿命”值加入列表窗口。
◆ 删除：删除列表窗口中当前高亮显示的值。
◆ 替换：使用“寿命”值替换队列中的值。
◆ 寿命：使用该选项可以设置一个值，然后使用“添加”按钮将该值添加到列表窗口中。

（5）“对象变形队列”选项组

◆ 拾取：单击该按钮后，可以在视口中选择要加入列表的对象。
◆ 删除：删除列表窗口中当前高亮显示的对象。
◆ 替换：使用其他对象替换队列中的对象。

8. “加载 / 保存预设”卷展栏

展开“加载 / 保存预设”卷展栏，如图 15-25 所示。

◆ 预设名：定义设置名称的可编辑预设名。
◆ 保存预设：显示所有保存的预设名。
◆ 加载：加载“保存预设”列表中当前高亮显示的预设。

图 15-25 “加载 / 保存预设”卷展栏

◆ 保存：将“预设名”保存到“保存预设”列表中。
◆ 删除：删除“保存预设”列表中的选定项。

使用“螺旋线”工具可创建开口平面或螺旋线。

15.1.5 暴风雪

“暴风雪”粒子是“雪”粒子的升级版，可以用来制作暴风雪等动画效果，其参数设置面板如图 15-26 所示。

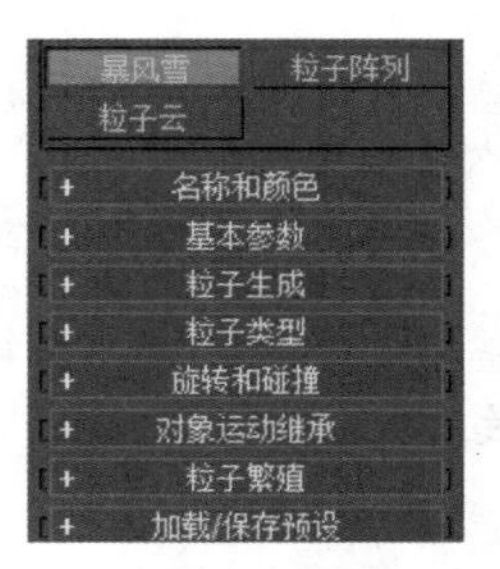

图 15-26 “暴风雪”粒子

读书笔记

15.1.6 粒子阵列

“粒子阵列”粒子可以用来创建复制对象的爆炸效果，其参数设置面板如图 15-27 所示。

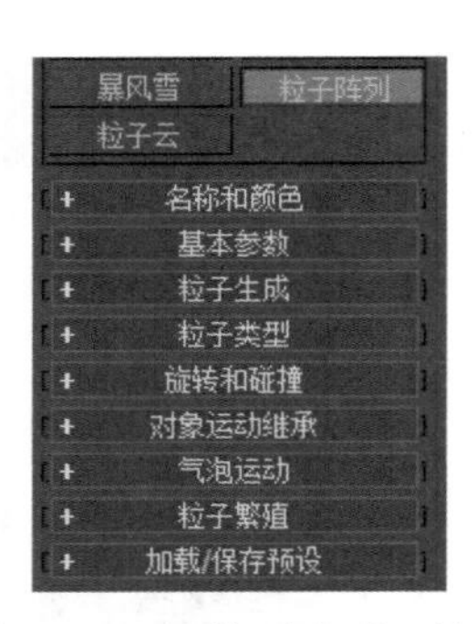

图 15-27 “粒子阵列”粒子

15.1.7 粒子云

“粒子云”粒子可以用来创建类似体积雾效果的粒子群。使用“粒子云”能够将粒子限定在一个长方体、球体、圆柱体之内，或限定在场景中拾取的对象的外形范围之内（二维对象不能使用“粒子云”），其参数设置面板如图 15-28 所示。

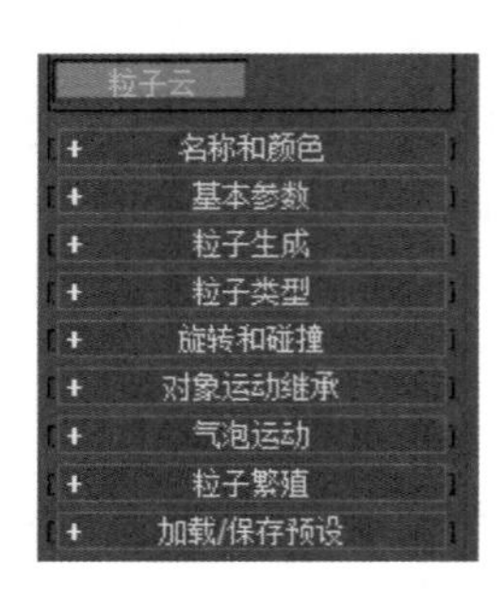

图 15-28 “粒子云”粒子

15.2 空间扭曲

“空间扭曲”从字面意思来看比较难懂，可以将其比喻为一种控制场景对象运动的无形力量，如重力、风力和推力等。使用空间扭曲可以模拟真实世界中存在的“力”效果，当然空间扭曲需要与粒子系统一起配合使用才能做出动画效果。

技巧秒杀

空间扭曲和粒子系统是附加的建模工具。空间扭曲是使其他对象变形的“力场”，从而创建出涟漪、波浪和风吹等效果。粒子系统能生成粒子子对象，从而达到模拟雪、雨、灰尘等效果的目的（粒子系统主要用于动画中）。两者结合使用的效果如图 15-29 所示。

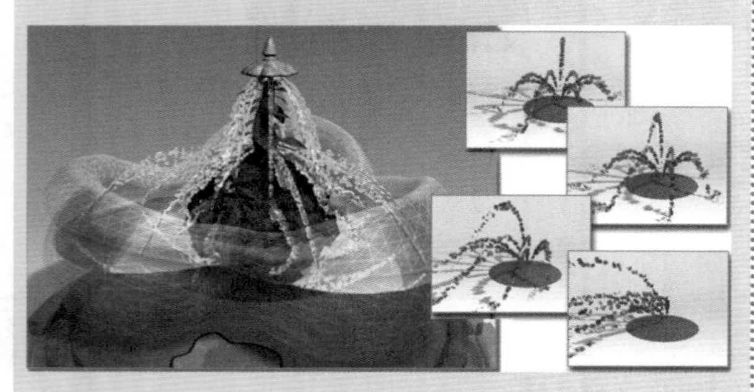

图 15-29 “空间扭曲和粒子系统”效果

读书笔记

空间扭曲包括5种类型，分别是“力”、“导向器”、“几何/可变形”、“基于修改器”和“粒子和动力学”，如图 15-30 所示。

图 15-30 “空间扭曲”类型

15.2.1 力

“力”可以为粒子系统提供外力影响，共有 9 种类型，分别是“推力”、“马达”、“旋涡”、“阻力”、“粒子爆炸”、“路径跟随”、“重力”、“风”和“置换”，如图 15-31 所示，这些力在视图中显示图标，如图 15-32 所示。

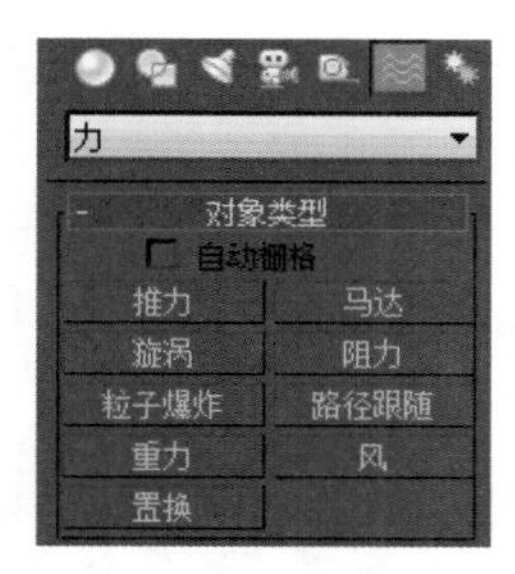

图 15-31 “力”面板

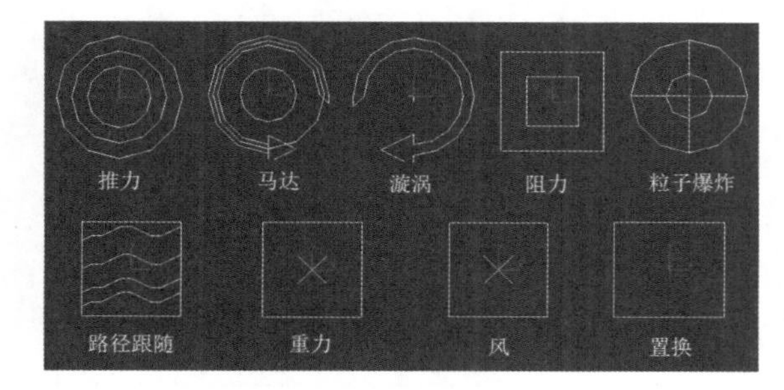

图 15-32 “力”类型

知识解析：“力”面板

◆ 推力：可以为粒子系统提供正向或负向的均匀单向力，如图 15-33 所示。

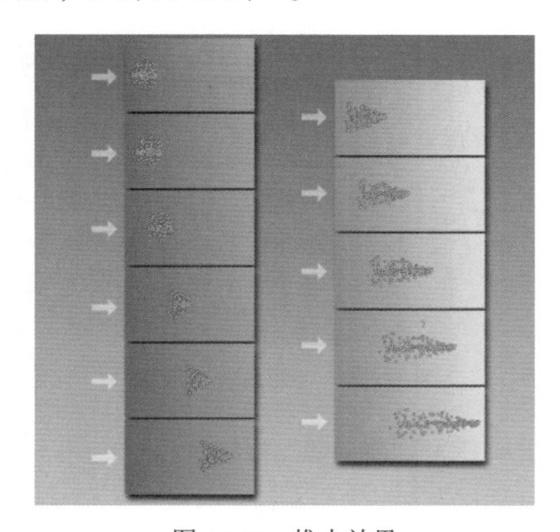

图 15-33 推力效果

◆ 马达：对受影响的粒子或对象应用传统的马达驱动力（不是定向力），如图 15-34 所示。

◆ 漩涡：可以将力应用于粒子，使粒子在急转的漩涡中进行旋转，然后让它们向下移动形成一个长而窄的喷流或漩涡井，常用来创建黑洞、涡流和龙卷风，如图 15-35 所示。

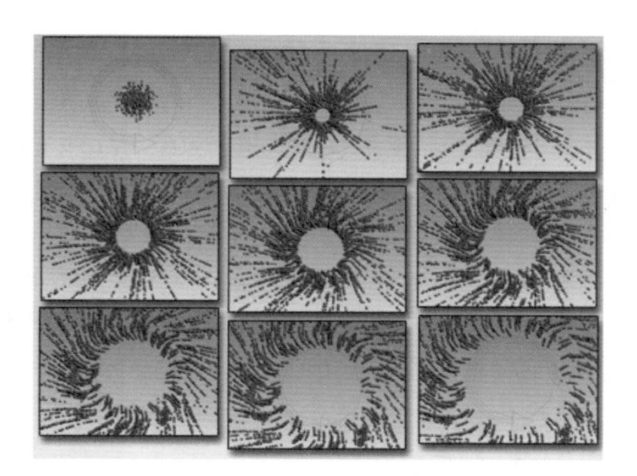

图 15-34 马达效果

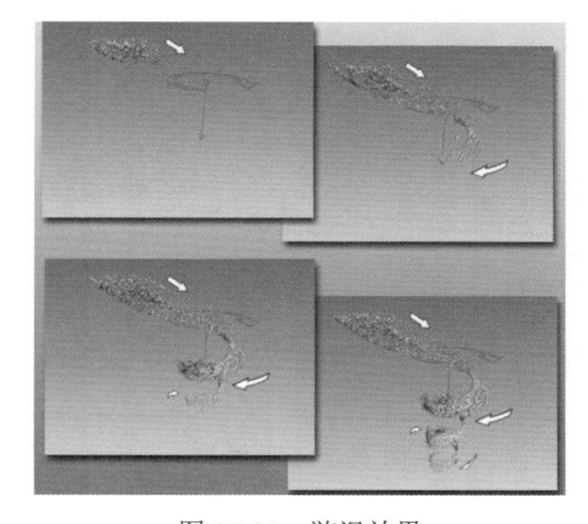

图 15-35 漩涡效果

◆ 阻力：这是一种在指定范围内按照指定量来降低粒子速率的粒子运动阻尼器。应用阻尼的方式可以是“线性”、“球形”或“圆柱体”，如图 15-36 所示。

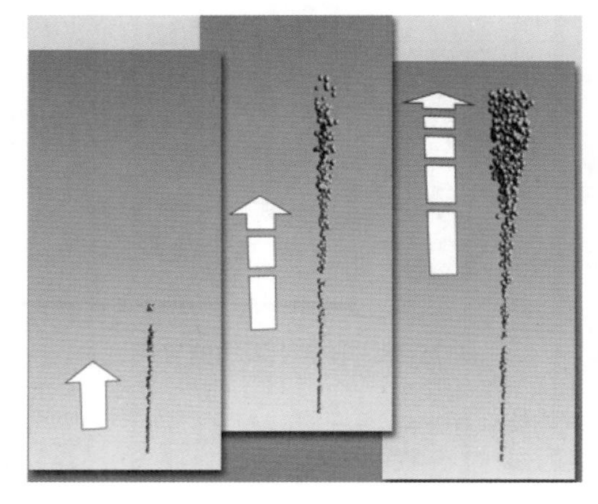

图 15-36 阻力效果

◆ **粒子爆炸**：可以创建一种粒子系统发生爆炸的冲击波。

◆ **路径跟随**：可以强制粒子沿指定的路径进行运动。路径通常为单一的样条线，也可以具有多条样条线，但粒子只会沿其中一条样条线运动。

◆ **重力**：用来模拟粒子受到的自然重力，重力具有方向性，沿重力箭头方向的粒子为速度运动，沿重力箭头逆向的粒子为减速运动。

◆ **风**：用来模拟风吹粒子所产生的飘动效果，如图 15-37 所示。

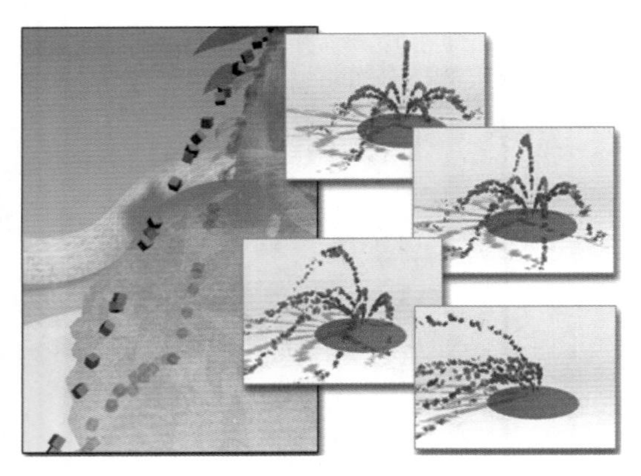

图 15-37　风效果

◆ **置换**：以力场的形式推动和重塑对象的几何外形，对几何体和粒子系统都会产生影响，如图 15-38 所示。

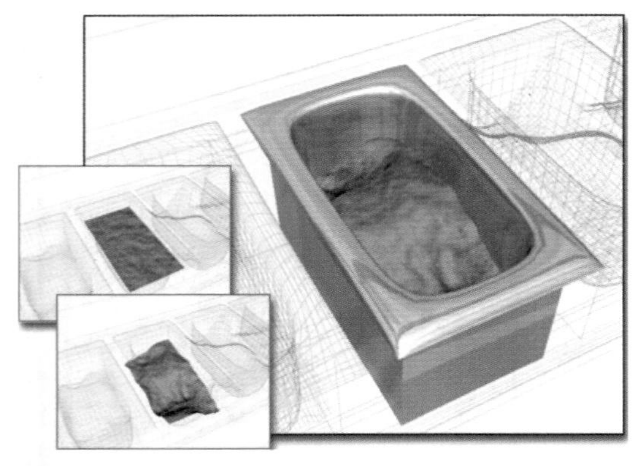

图 15-38　容器中表面的置换

15.2.2 导向器

“导向器”空间扭曲起着平面防护板的作用，它能排斥由粒子系统生成的粒子。例如，使用导向器可以模拟被雨水敲击的公路。将“导向器”空间扭曲和“重力”空间扭曲结合在一起可以产生瀑布和喷泉效果。当两个料子流撞击两个导向器时，效果如图 15-39 所示。

图 15-39　显示效果

“导向器”可以为粒子系统提供导向功能，共有 6 种类型，分别是“泛方向导向板”、“泛方向导向球”、“全泛方向导向”、“全导向器”、“导向球”和“导向板”，如图 15-40 所示。

图 15-40　“导向器”面板

知识解析：“导向器”面板

◆ **泛方向导向板**：这是空间扭曲的一种平面泛方向导向器。它能提供比原始导向器空间扭曲更强大的功能，包括折射和繁殖能力。

◆ **泛方向导向球**：这是空间扭曲的一种球形泛方向导向器。它提供的选项比原始的导向球更多。

◆ **全泛方向导向**：这个导向器比原始的“全导向器”更强大，可以使用任意几何对象作为粒子导向器。

◆ **全导向器**：这是一种可以使用任意对象作为粒子

导向器的全导向器。

- ◆ 导向球：这是空间扭曲起着球形粒子导向器的作用。
- ◆ 导向板：这是一种平面装的导向器，也是一种特殊类型的空间扭曲，它能让粒子影响动力学状态下的对象。

15.2.3 几何 / 可变形

“几何 / 可变形”空间扭曲主要用于变形对象的几何形状，包括 7 种类型，分别是“FFD(长方体)”、“FFD (圆柱体)”、“波浪”、“涟漪”、“置换”、“一致”和“爆炸”，如图 15-41 所示。

图 15-41 “几何 / 可变形”面板

知识解析：“几何 / 可变形”面板

- ◆ FFD (长方体)：这是一种类似于原始 FFD 修改器的长方体形状的晶格 FFD 对象，它既可以作为一种对象修改器，也可以作为一种空间扭曲。
- ◆ FFD (圆柱体)：该空间扭曲在其晶格中使用柱形控制点阵列，它既可以作为一种对象修改器，也可以作为一种空间扭曲。
- ◆ 波浪：该空间扭曲可以在整个世界空间中创建线性波浪。
- ◆ 涟漪：该空间扭曲可以在整个世界空间中创建同心波纹。
- ◆ 置换：该空间扭曲的工作方式和“置换”修改器类似。
- ◆ 一致：该空间扭曲修改绑定对象的方法是按照空间扭曲图标所指示的方向推动其顶点，直至这顶点碰到指定目标对象，或从原始位置移动到指定距离。
- ◆ 爆炸：该空间扭曲可以把对象炸成许多单独的面。

15.2.4 基于修改器

“基于修改器”空间扭曲可以应用于许多对象，它与修改器的应用效果基本相同，包含 6 种类型，分别是“弯曲”、“扭曲”、“锥化”、“倾斜”、“噪波”和“拉伸”，如图 15-42 所示。

图 15-42 “基于修改器”面板

知识解析：“基于修改器”面板

- ◆ 弯曲：该修改器允许将当前选中对象围绕单独轴弯曲 360°，并在对象几何体中产生均匀弯曲。
- ◆ 扭曲：该修改器可以在对象几何体中产生一个旋转效果（就像拧湿抹布）。
- ◆ 锥化：该修改器可以通过缩放几何体的两端产生锥化轮廓。
- ◆ 倾斜：该修改器可以在对象几何体中产生均匀的偏移。
- ◆ 噪波：该修改器可以沿着 3 个轴的任意组合调整对象顶点的位置。
- ◆ 拉伸：该修改器可以模拟挤压和拉伸的传统动画效果。

读书笔记

知识大爆炸——空间扭曲的相关知识

1. 空间扭曲的基础知识

（1）空间扭曲是影响其他对象外观的不可渲染对象。空间扭曲能创建使其他对象变形的力场，从而创建出涟漪、波浪和风吹等效果。

（2）空间扭曲的行为方式类似于修改器，只不过空间扭曲影响的是世界空间，而几何体修改器影响的是对象空间。

（3）创建空间扭曲对象时，视口中会显示一个线框来表示它。可以像对其他 3ds Max 对象那样变换空间扭曲。空间扭曲的位置、旋转和缩放会影响其作用，如图 15-43 所示。

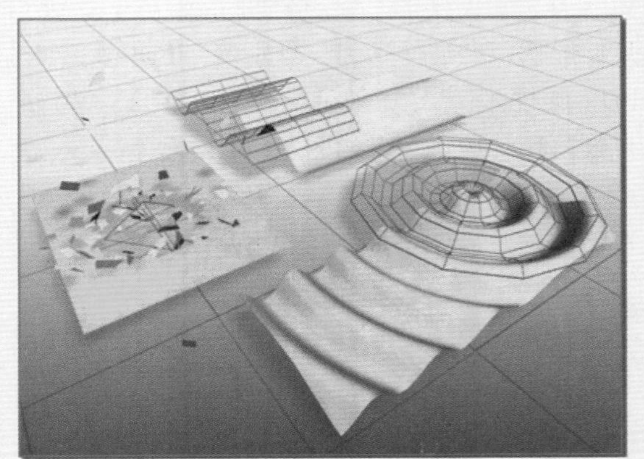

图 15-43　被“空间扭曲”变形的表面

2. 空间扭曲和其他对象

（1）空间扭曲只会影响和它绑定在一起的对象。扭曲绑定显示在对象修改器堆栈的顶端。空间扭曲总是在所有变换或修改器之后应用。

（2）当把多个对象和一个空间扭曲绑定在一起时，空间扭曲的参数会平等地影响所有对象。不过，每个对象距空间扭曲的距离或者它们相对于扭曲的空间方向可以改变扭曲的效果。由于该空间效果的存在，只要在扭曲空间中移动对象就可以改变扭曲的效果。

（3）也可以在一个或多个对象上使用多个空间扭曲。多个空间扭曲会以应用它们的顺序显示在对象的堆栈中。

15.3 精通实例——制作下雪效果

15.3.1 案例分析

本例将制作下雪的效果。下雪时的景致美不胜收，但科学家和工艺美术师赞叹的还是小巧玲珑的雪花图案。雪花的基本形状是六角形，但是大自然中却几乎找不出两朵完全相同的雪花，无论下雪时天气如何寒冷，人们依然喜欢漫天飘雪的浪漫。

15.3.2 操作思路

为更快完成本例的制作，并且尽可能运用本章讲解的知识，本例的操作思路如下。

（1）选择工具并设置参数。

（2）创建雪花效果。

（3）添加贴图。

（4）渲染效果。

15.3.3 操作步骤

制作下雪效果的具体操作步骤如下。

Step 1 ▶ 在“创建”面板中单击“几何体”面板下方的“标准基本体”下拉按钮，选择“粒子系统”选项，如图 15-44 所示。

Step 2 ▶ 单击“雪”工具，展开“参数”卷展栏，设置“视口计数”为 400，“渲染计数”为 400，“雪花大小”为 2，“速度”为 10，“变化”为 10，其他参数设置如图 15-45 所示。

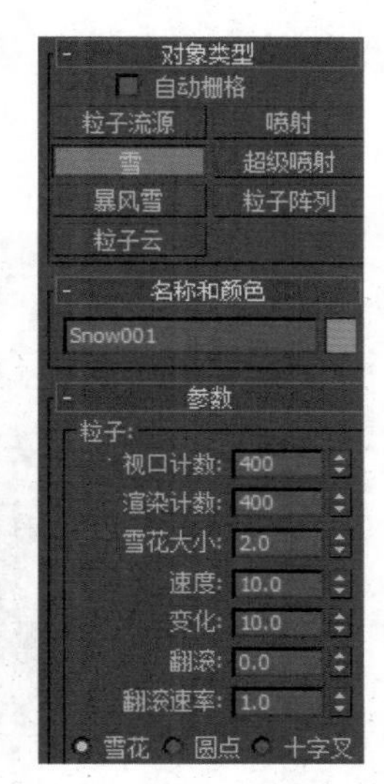

图 15-44 选择对象类型　　图 15-45 设置参数

Step 3 ▶ 在“参数”卷展栏的“计时”选项组中设置“开始”为 -30，“寿命”为 30，如图 15-46 所示。

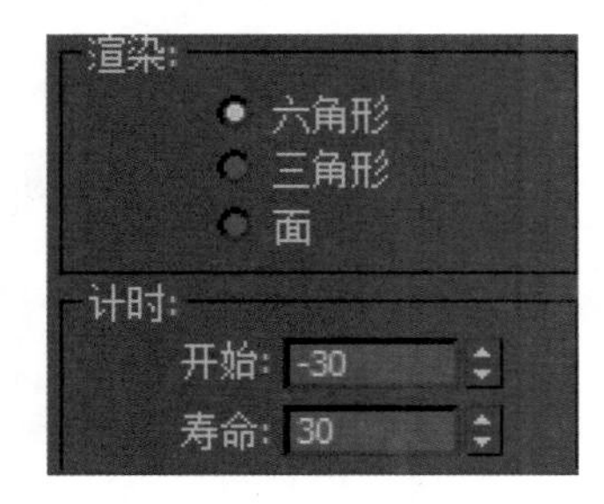

图 15-46 设置参数

Step 4 ▶ 在透视图中创建雪，效果如图 15-47 所示。

Step 5 ▶ 在主键盘上按 8 键，打开“环境和效果”对话框，单击打开贴图中的“无”按钮，如图 15-48 所示。

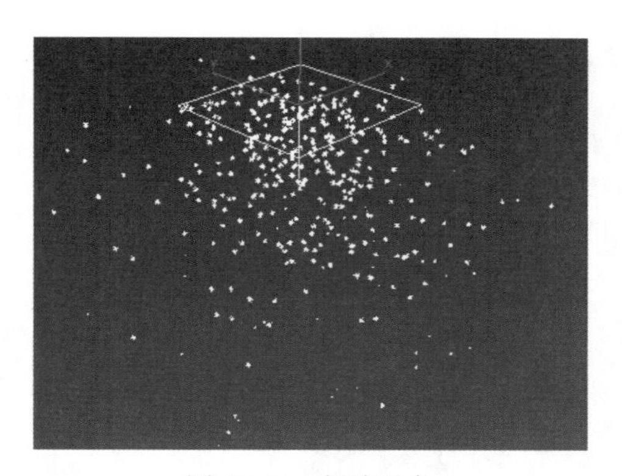

图 15-47 创建对象

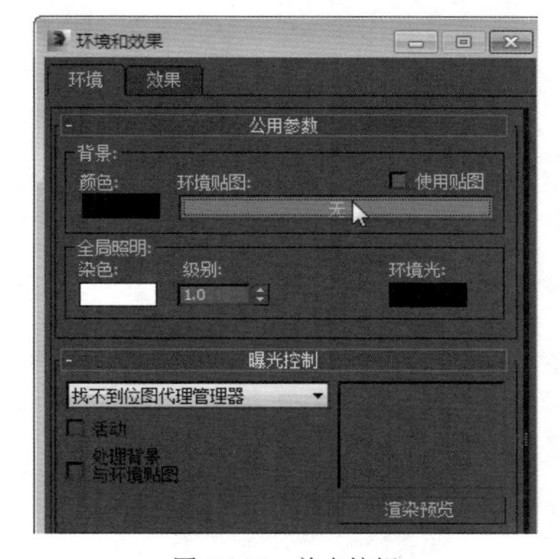

图 15-48 单击按钮

Step 6 ▶ 打开“材质 / 贴图浏览器”对话框，双击“位图”选项，如图 15-49 所示。

图 15-49 双击选项

Step 7 ▶ 加载图片“夜景.jpg”按钮，在“曝光控制”卷展栏中单击“渲染预览”按钮，观察效果，如图 15-50 所示。

图 15-50　渲染预览

Step 8 ▶ 在“参数”卷展栏的“发射器”选项组中设置“宽度”为 500，“长度”为 500，如图 15-51 所示。

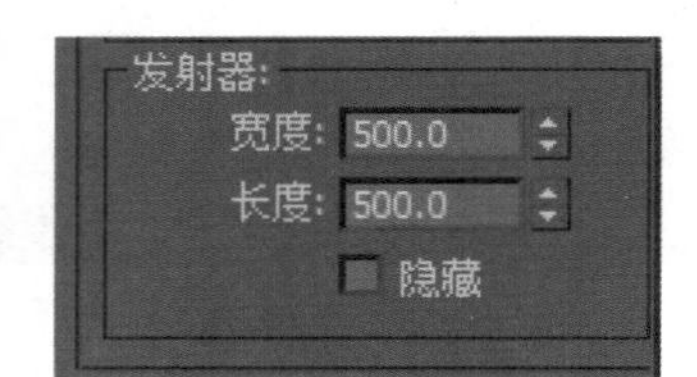

图 15-51　设置参数

Step 9 ▶ 按 F9 键渲染当前场景，如图 15-52 所示。

Step 10 ▶ 拖动时间帧，按 F9 键渲染当前帧，效果如图 15-53 所示。

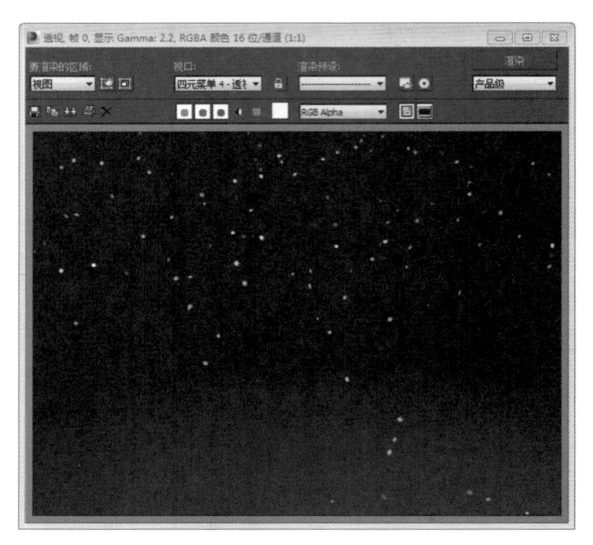

图 15-52　渲染场景（1）

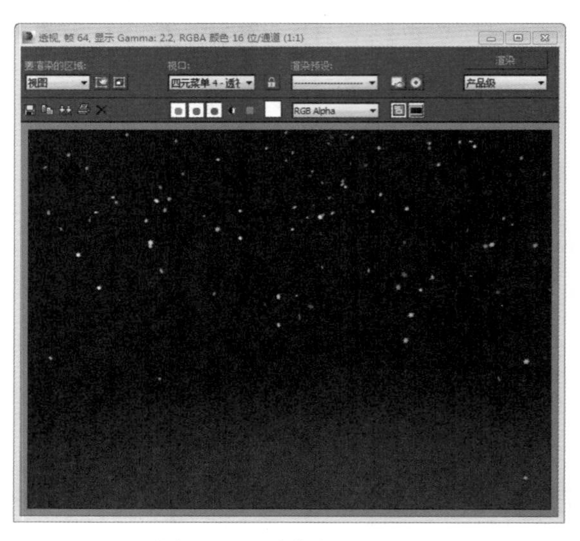

图 15-53　渲染场景（2）

读书笔记

13 14 15 16 17 18

毛发系统

本章导读

毛发系统工具主要用来创建毛发效果，还可以用于创建树叶、花朵、草丛等植物对象。3ds Max 自带的毛发工具是 Hair 和 Fur，如果安装了 VRay 渲染器，还可以使用 VRay 头发功能。这些毛发工具非常智能化，操作简便，不仅能够在选定的对象上生成毛发效果，还可以进一步调整形态、创建动力学动画等。

16.1 Hair 和 Fur（WSM）修改器

毛发在静帧和角色动画制作中非常重要，同时毛发也是动画制作中最难模拟的，如图 16-1 所示是一些比较优秀的毛发作品。

图 16-1　效果图

Hair 和 Fur（WSM）（头发和毛发 WSM）修改器是毛发系统的核心。该修改器可以应用在要生长毛发的任何对象上（包括网格对象和样条线对象）。如果是网格对象，毛发将从整个曲面上生长出来；如果是样条线对象，毛发将在样条线之间生长出来。

创建一个物体，然后为其加载一个 Hair 和 Fur（WSM）（头发和毛发 WSM）修改器，可以观察到加载修改器之后，物体表面就生长出了毛发效果，如图 16-2 所示。

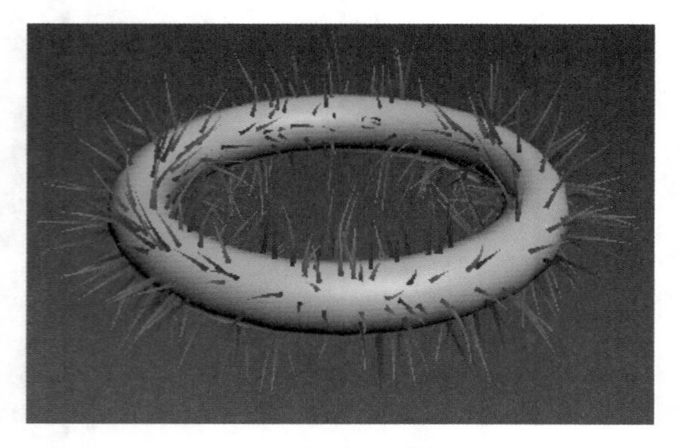

图 16-2　显示效果

Hair 和 Fur（WSM）（头发和毛发 WSM）修改器的参数非常多，一共有 11 个卷展栏，如图 16-3 所示。下面依次对各卷展栏下的参数进行介绍。

+ 选择
+ 工具
+ 设计
+ 常规参数
+ 材质参数
+ mr 参数
+ 海市蜃楼参数
+ 成束参数
+ 卷发参数
+ 纽结参数
+ 多股参数
+ 动力学
+ 显示
+ 随机化参数

图 16-3　“Hair 和 Fur（WSM）”卷展栏

读书笔记

16.1.1 “选择”卷展栏

展开“选择”卷展栏，其参数设置面板如图 16-4 所示。

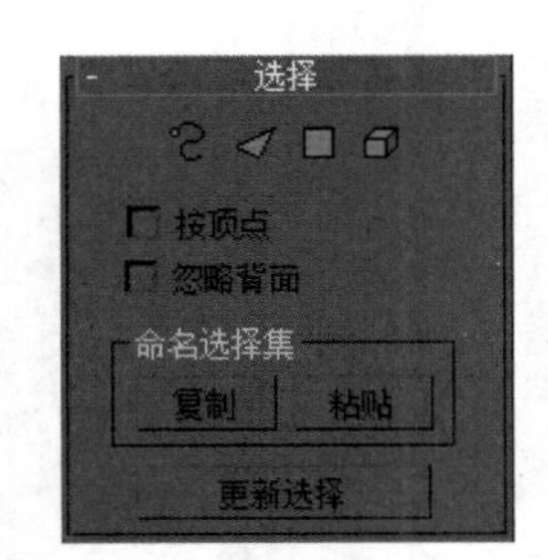

图 16-4 “选择”卷展栏

知识解析：“选择”卷展栏

- 导向：这是一个子对象层级，单击该按钮后，“设计”卷展栏中的“设计发型”工具将自动启用。
- 面：这是一个子对象层级，可以选择三角形面。
- 多边形：这是一个子对象层级，可以选择多边形。
- 元素：这是一个子对象层级，可以通过单击一次鼠标左键来选择对象中的所有连续多边形。
- 按顶点：该选项只在面、多边形和元素级别中使用。选中该复选框后，只需要选择子对象的顶点就可以选中子对象。
- 忽略背面：该选项只在面、多边形和元素级别中使用。选中该复选框后，选择子对象时只影响面对着用户的面。
- 复制：将命名选择集放置到复制缓冲区。
- 粘贴：从复制缓冲区中粘贴命名的选择集。
- 更新选择：根据当前子对象来选择重新要计算毛发生长的区域，然后更新显示。

读书笔记

16.1.2 “工具”卷展栏

展开“工具”卷展栏，其参数设置面板如图 16-5 所示。

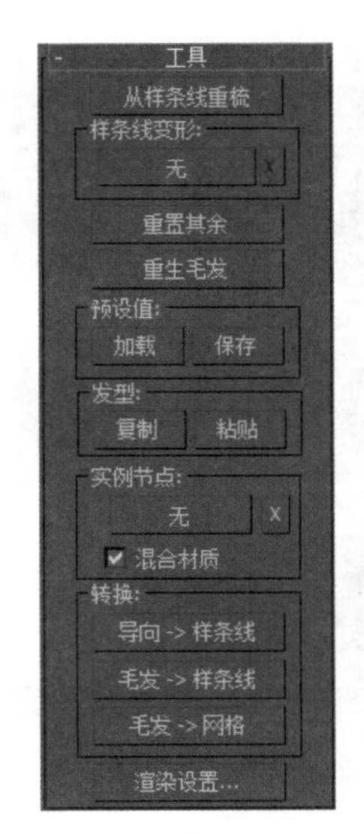

图 16-5 “工具”卷展栏

知识解析：“工具”卷展栏

- 从样条线重梳：创建样条线后，使该工具在视图中拾取样条线，可以从样条线重梳毛发，如图 16-6 所示。

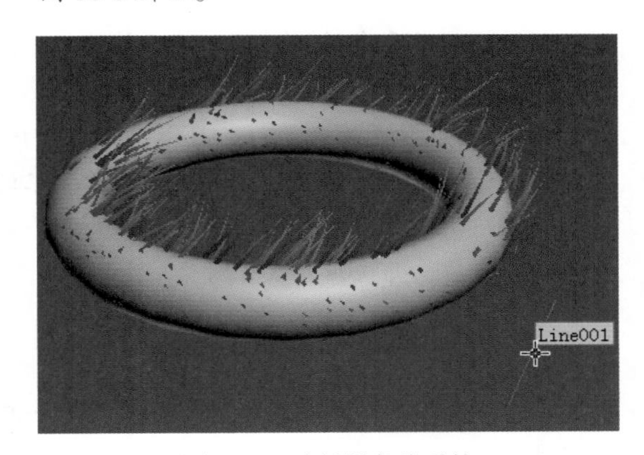

图 16-6 选择样条线重梳

- 样条线变形：可以用样条线来控制发型与动态效果。这是 3ds Max 2014 版本以后新增的功能。
- 重置其余：在曲面上重新分布头发的数量，以得到较为均匀的结果。
- 重生头发：忽略全部样式信息，将头发复位到默认状态。
- 加载：单击该按钮，可以打开“Hair 和 Fur 预设值”对话框，在该对话框中可以加载预设的毛发样式，如图 16-7 所示。

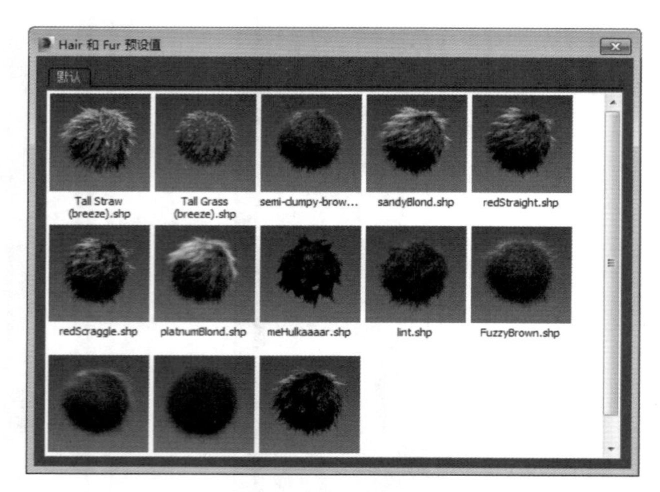

图 16-7 “Hair 和 Fur 预设值”对话框

- **保存**：调整好毛发以后，单击该按钮，可以将当前的毛发保存为预设的毛发样式。
- **复制**：将所有毛发设置和样式信息复制到粘贴缓冲区。
- **粘贴**：将所有毛发设置和样式信息粘贴到当前的毛发修改对象中。
- **无**：如果要指定毛发对象，可以单击该按钮，然后拾取要应用毛发的对象。
- **X**：如果要停止使用实例节点，可以单击该按钮。
- **混合材质**：选中该复选框后，应用于生长对象的材质以及应用于毛发对象的材质将合并为单一的多子对象材质，并应用于生长对象。
- **导向 -> 样条线**：将所有导向复制为新的单一样条线对象。
- **毛发 -> 样条线**：将所有毛发复制为新的单一样条线对象。
- **毛发 -> 网格**：将所有毛发复制为新的单一网格对象。
- **渲染设置**：单击该按钮，可以打开“环境和效果”对话框，在该对话框中可以对毛发的渲染效果进行更多的设置。

16.1.3 “设计”卷展栏

展开“设计”卷展栏，其参数设置面板如图 16-8 所示。

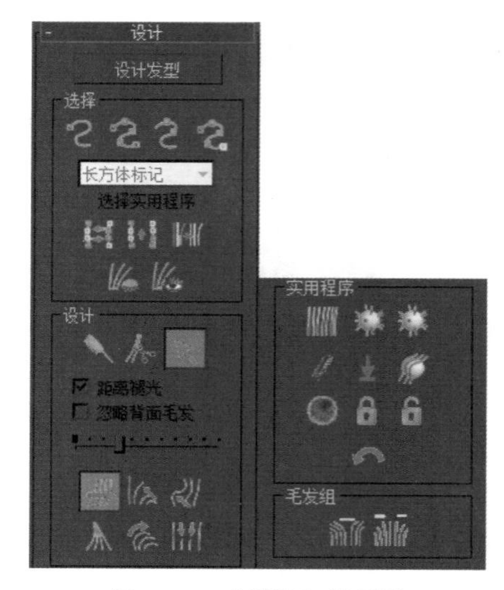

图 16-8 “设计”卷展栏

知识解析：“设计”卷展栏

（1）设计发型

单击“设计发型”按钮可以设计毛发的发型，此时该按钮会变成凹陷的“完成设计”按钮，单击“完成设计”按钮，可以返回到“设计发型”状态。

（2）“选择”选项组

- **由头梢选择头发**：可以只选择每根导向头发末端的顶点。
- **选择全部顶点（默认设置）**：选择导向头发中的任意顶点时，会选择该导向头发中的所有顶点。初次打开“设计发型”时，Hair 将激活此模式并选择所有导向毛发上的全部顶点。
- **选择导向顶点**：可以选择导向头发上的任意顶点。
- **由根选择导向**：可以只选择每根导向头发根处的顶点，此操作将选择相应导向头发上的所有顶点。
- **顶点显示下列列表**：选择选定顶点在视口中的显示方式。
- **选择工具**：标有“选择工具”的按钮用来处理选择内容。
- **反转选择对象**：反转顶点的选择，快捷键为 Ctrl+I。
- **轮流选择对象**：旋转空间中的选择。
- **展开选择对象**：通过递增的方式增大选择区域，从而扩展选择。

◆ **隐藏选定对象**：隐藏选定的导向头发。

技巧秒杀

如果视口中交互式发型设置速度很慢，请尝试隐藏那些当前不使用的导向。

◆ **显示隐藏对象**：取消隐藏任何隐藏的导向头发。

（3）“设计”选项组

◆ **发梳（默认设置）**：在这种样式模式下，拖动鼠标置换影响画刷区域中的选定顶点。启用“头发画刷”时，画刷 Gizmo 会显示在视口中。在活动视口中，画刷显示为圆形，但正如在其他视口中所见的一样，画刷实际上是三维圆柱形区域。

◆ **剪头发**：可以修剪导向头发。

技巧秒杀

修剪头发实际上并未去除顶点，只是缩放导向毛发。使用缩放工具或 Pop 命令即可恢复导向毛发的初始长度。

◆ **选择**：进入选择模式，在该模式下可以使用 3ds Max 的各种选择工具，根据“选择”选项组中选定的约束（“全部顶点”和“末端”等）选择导向顶点。

◆ **距离褪光**：只适用于“头发画刷”。选中该复选框时，刷动效果朝着画刷的边缘褪光，从而提供柔和效果。取消选中该复选框时，刷动效果会以同样方式影响选定的所有顶点，从而提供边缘清晰的效果。默认设置为启用。

◆ **忽略背面头发**：只适用于“头发画刷”和“头发修剪”。取消选中该复选框时，背面的头发不受画刷的影响。默认设置为禁用状态。

◆ **画刷大小滑块**：通过拖动此滑块更改画刷的大小。键盘快捷键为 Shift+Ctrl++ 拖动操作，只有启用“头发画刷”时，“画刷大小滑块”下方的样式按钮才可用。

◆ **平移**：按照鼠标的拖动方向移动选定的顶点。

◆ **站立**：向曲面的垂直方向推选定的导向。

◆ **蓬松发根**：向曲面的垂直方向推选定的导向头发。此工具作用的偏离处更加靠近毛发的根部而非末端点。

◆ **丛**：强制选定的导向之间相互更加靠近（向左拖动鼠标）或更加分散（向右拖动鼠标）。

◆ **旋转**：以光标位置为中心（位于发梳中心）旋转导向头发顶点。

◆ **缩放**：放大（向右拖动鼠标）或缩小（向左拖动鼠标）选定的导向。

（4）“实用程序”选项组

该选项组是调整头发效果的工具按钮组。

◆ **衰减长度**：根据底层多边形的曲面面积来缩放选定的导向。这一工具比较实用，例如将毛发应用到动物模型上时，毛发较短的区域多边形通常也较小。例如，动物脚爪上的多边形通常比胸部的小，而且胸部的毛发通常比较长。

◆ **选定弹出**：沿曲面的法线方向弹出选定头发。

◆ **弹出大小为零**：与“选定弹出”类似，但只能对长度为零的头发操作。

◆ **重梳**：使导向与曲面平行，使用导向的当前方向作为线索。

◆ **重置剩余**：使用生长网格的连接性执行头发导向平均化。使用“重梳”之后，此功能特别有用。

◆ **切换碰撞**：如果启用此选项，设计发型时将考虑头发碰撞。如果禁用此选项，设计发型时会忽略碰撞。默认设置为禁用状态。对于设计发型时要使用的碰撞，需要使用“动力学”卷展栏已经至少添加一个碰撞对象。如果没有指定碰撞，此按钮不起作用。

技巧秒杀

如果启用碰撞，且交互式设计发型的速度似乎很慢，请尝试禁用“切换碰撞”。

◆ **切换头发**：切换生成的（插补的）头发的视口显示。这不会影响头发导向的显示。默认值为启用（即显示头发）。

◆ **锁定**：将选定的顶点相对于最近曲面的方向和距离锁定。锁定的顶点可以选择但不能移动。这对于创建不同类型的头发形状非常实用。例如要编一条辫子，需要先梳理一些直管，然后锁定这些管的顶点。然后，在 3ds Max 中扭曲这些管时，

头发就会自然生长。锁定的顶点不再是动态的，尽管其会匹配其所在的曲面，但是如果相同导向上的其他顶点没有锁定，这些顶点可以和平常一样自由移动。

◆ 解除锁定：解除对锁定的所有导向头发的锁定。

（5）“毛发组”选项组

◆ 拆分选定头发组：将选定的导向拆分为一个组。

◆ 合并选定头发组：重新合并选定的导向。

知识大爆炸——重梳

推荐的操作步骤如下：

（1）启用“头发画刷”，使用“选择整个导向”选择导向，然后移动导向，此时不用担心皮肤的穿透和毛发的形状，只是要表示毛发垂向。

（2）频繁单击“重梳”，头发会朝着所需的方向自由舞动。

（3）在取得所需方向之后，可以设置其他发型。

操作解谜

使用“重梳”工具，可能无须再使用 Comb Away。得到满意的垂向之后，可以开始缩放、修剪导向、移动发梢、设计毛发样式或形状等设计。

16.1.4 “常规参数”卷展栏

展开“常规参数”卷展栏，其参数设置面板如图 16-9 所示。

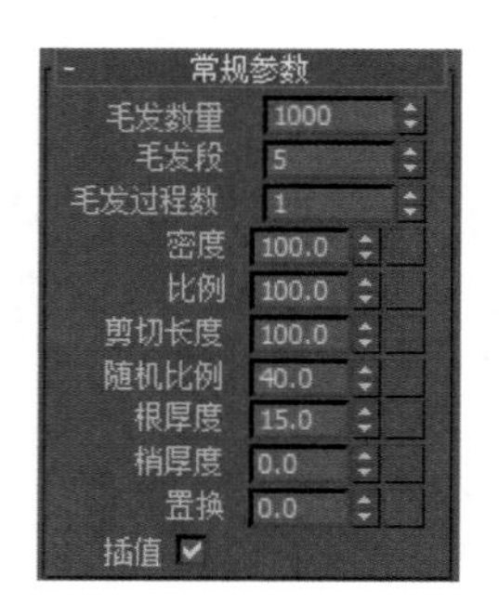

图 16-9 “常规参数”卷展栏

读书笔记

知识解析：“常规参数”卷展栏

◆ 毛发数量：设置生成的毛发总数，如图 16-10 所示是毛发数量为 1000 和 9000 时的效果对比。

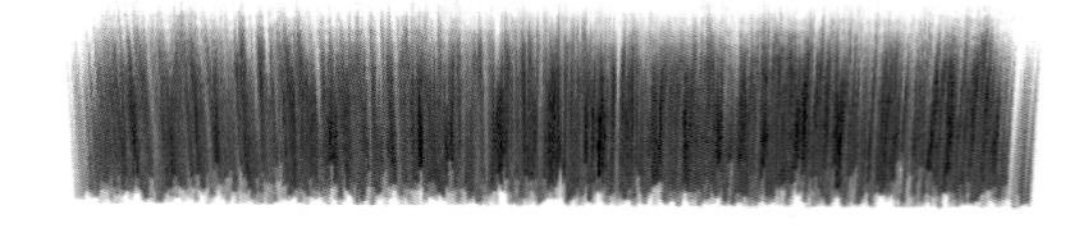

图 16-10 毛发数量为 1000 和 9000 时的效果对比

◆ 毛发段：设置每根毛发的段数。段数越多，毛发越自然，但是生成的网格对象就越大（对于非常直的直发，可将毛发段设置为 1），如图 16-11 所示是毛发段为 10 和 100 时的效果对象。

图 16-11 毛发段为 10 和 100 时的效果对比

◆ 毛发过程数：设置毛发的透明度，取值范围为 1~20。如图 16-12 所示是毛发过程数为 1 和 4 时的效果对象。

图 16-12 毛发段为 1 和 4 时的效果对比

技巧秒杀

Hair的缓冲渲染取代了解析实际毛发透明度的是，毛发采用不同的随机种子渲染多次（如不透明的毛发）。这些缓冲随后混合在一起，增加毛发通透数值，毛发的透明度（或纤细性）也会增加。此外，增加该值也将增加渲染毛发的实际数量，尽管额外的透明度所产生的外观密度或填充数似乎相同。渲染时间也会线性增加。

- ◆ 密度：设置头发的整体密度。
- ◆ 比例：设置头发的整体缩放比例。
- ◆ 剪切长度：设置将整体的头发长度进行缩放的比例。
- ◆ 随机比例：设置在渲染头发时的随机比例。
- ◆ 根厚度：设置发根的厚度。如图 16-13 所示是“根厚度”设置从左到右为 2、10、20 和 30。

图 16-13 “根厚度”从左到右为2、10、20 和 30 的效果对比

技巧秒杀

“根厚度”值会沿生成的对象高度对对象产生一致的影响，而“梢厚度”值则不会产生任何影响。

- ◆ 梢厚度：设置发梢的厚度。
- ◆ 置换：设置头发从根到生长对象曲面的置换量。
- ◆ 插值：选中该复选框后，头发生长将插入到导向头发之间。

16.1.5 “材质参数”卷展栏

展开“材质参数”卷展栏，其参数设置面板如图 16-14 所示。

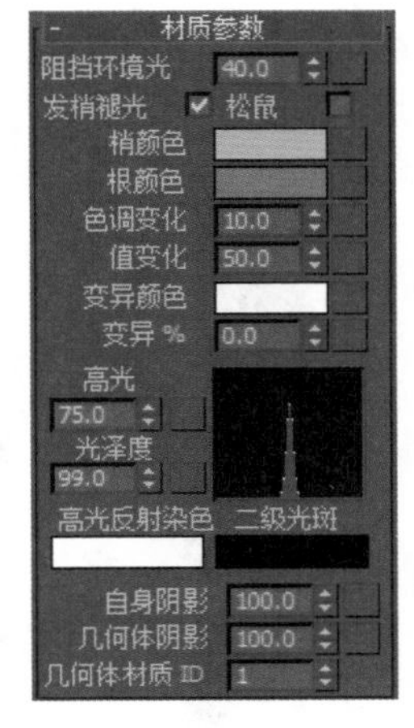

图 16-14 “材质参数”卷展栏

知识解析：“材质参数”卷展栏

- ◆ 阻挡环境光：在照明模型时，控制环境光或漫反射对模型影响的偏差，如图 16-15 所示分别是“阻挡环境光”为 0 和 100 时的毛发效果。

图 16-15 “阻挡环境光”为 0 和 100 时的毛发效果

◆ 发梢褪光：选中该复选框后，毛发将朝向梢部而产生淡出到透明的效果。该选项只适用于 mental ray 渲染器。
◆ 梢 / 根颜色：设置距离生长对象曲面最远或最近的毛发梢部 / 根部的颜色。
◆ 色调 / 值变化：设置头发颜色或亮度的变化量。
◆ 变异颜色：设置变异毛发的颜色。
◆ 变异 %：设置接受变异颜色的毛发的百分比。
◆ 高光：设置在毛发上高亮显示的亮度。
◆ 光泽度：设置在毛发上高亮显示的相对大小。如图 16-16 所示分别是“光泽度”为 0、75 和 0.1 时的毛发效果。

图 16-16 “光泽度”依次为 0、75 和 0.1 时的毛发效果

◆ 高光反射染色：设置反射高光的颜色。
◆ 自身阴影：设置毛发自身阴影的大小。如图 16-17 所示是“自身阴影”为 0、50 和 100 时的效果对比。

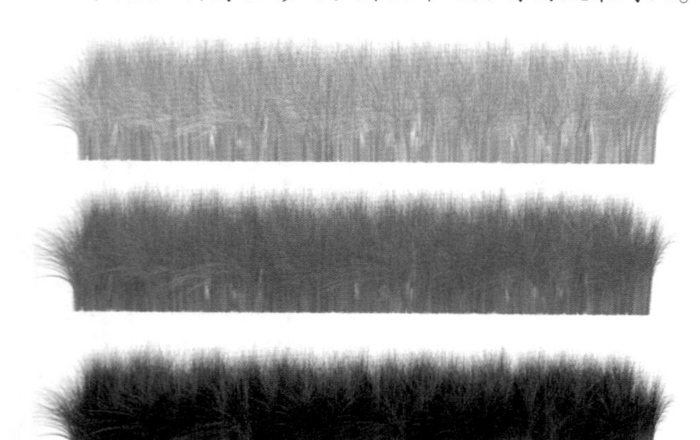

图 16-17 “自身阴影”为 0、50、100 的效果对比

技巧秒杀

控制自身阴影的多少，即毛发在相同 Hair 和 Fur 修改器中对其他毛发投影的阴影。值为 0.0 将禁用自阴影，值为 100.0 产生的自阴影最大。默认值为 100.0。范围为 0.0 ~ 100.0。

◆ 几何体阴影：设置头发从场景中的几何体接收到的阴影量。
◆ 几何体材质 ID：在渲染几何体时设置头发的材质 ID。

16.1.6 “mr 参数”卷展栏

展开“mr 参数”卷展栏，其参数设置面板如图 16-18 所示。

图 16-18 “mr 参数”卷展栏

知识解析：“mr 参数”卷展栏

◆ 应用 mr 明暗器：选中该复选框后，可以应用 mental ray 的明暗器来生成头发。
◆ 无：单击该按钮，可以在弹出的“材质 / 贴图浏览器”对话框中指定明暗器。

16.1.7 “海市蜃楼参数”卷展栏

展开“海市蜃楼参数”卷展栏，其参数设置面板如图 16-19 所示。

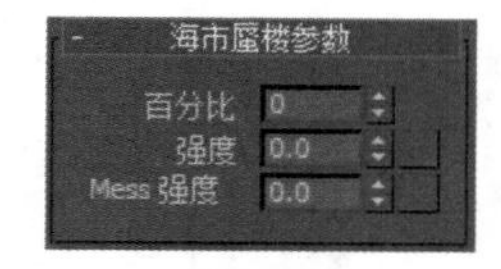

图 16-19 “海市蜃楼参数”卷展栏

知识解析：“海市蜃楼参数”卷展栏

◆ 百分比：设置要对其应用“强度”和“Mess 强度”值的毛发百分比，范围为 0 ~ 100。
◆ 强度：强度指定海市蜃楼毛发伸出的长度，范围为 0.0 ~ 1.0。

◆ **Mess 强度**：Mess 强度将卷毛应用于海市蜃楼毛发，范围为 0.0 ~ 1.0。

16.1.8 “成束参数”卷展栏

展开“成束参数”卷展栏，其参数设置面板如图 16-20 所示。

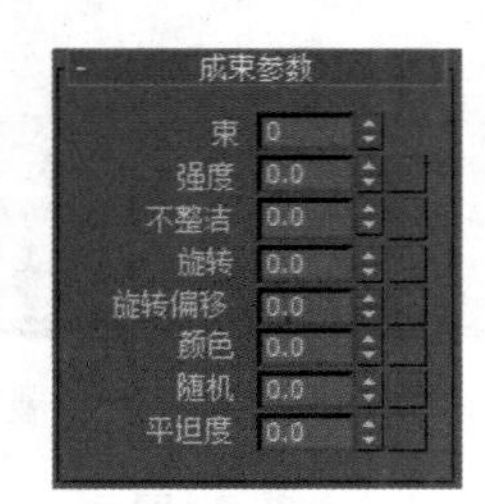

图 16-20 “成束参数”卷展栏

知识解析：“成束参数”卷展栏

◆ **束**：相对于总体毛发数量，设置毛发束数量。

◆ **强度**：“强度”越大，束中各个梢彼此之间的吸引越强，范围为 0.0 ~ 1.0。

◆ **旋转**：扭曲每个束，范围为 0.0 ~ 1.0。

◆ **旋转偏移**：从根部偏移束的梢，范围为 0.0 ~ 1.0。较高的“旋转”和“旋转偏移”值使束更卷曲。

◆ **颜色**：非零值可改变束中的颜色，范围为 0.0 ~ 1.0。

◆ **平坦度**：在垂直于梳理方向的方向上挤压每个束，效果是缠结毛发，使其类似于诸如猫或熊等的毛。

16.1.9 “卷发参数”卷展栏

展开“卷发参数”卷展栏，其参数设置面板如图 16-21 所示。

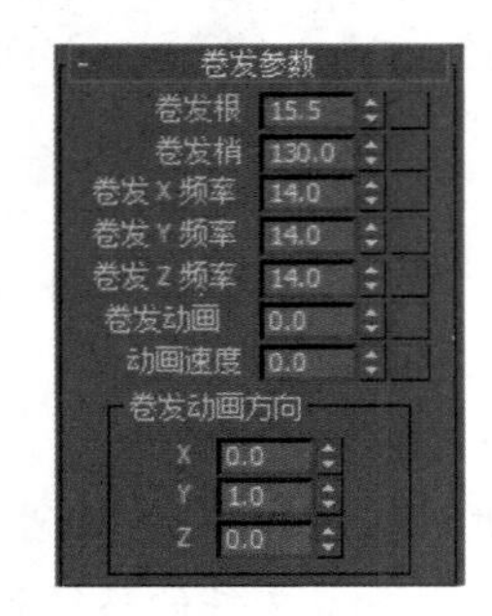

图 16-21 “卷发参数”卷展栏

知识解析：“卷发参数”卷展栏

◆ **卷发根**：控制头发在其根部的置换，默认设置为 15.5，范围为 0.0 ~ 360.0。

◆ **卷发梢**：控制毛发在其梢部的置换，默认设置为 140.0，范围为 0.0 ~ 360.0。

◆ **卷发 X/Y/Z 频率**：控制 3 个轴中每个轴上的卷发频率效果，默认设置为 16.0，范围为 0.0 ~ 100.0。

技巧秒杀

和卷发一样，卷发动画使用噪点域取代毛发。其差异在于可以移动噪点域以创建动画置换，产生波浪运动，无须再利用其他动态计算。

◆ **卷发动画**：设置波浪运动的幅度。默认设置为 0.0，范围为 -9999.0 ~ 9999.0。

◆ **动画速度**：此倍增控制动画噪波场通过空间的速度。此值将乘以卷发动画方向属性的 X、Y 和 Z 分量，以确定动画噪点域的每帧偏移。默认设置为 0.0，范围为 -9999.0 ~ 9999.0。

16.1.10 “纽结参数”卷展栏

展开“纽结参数”卷展栏，其参数设置面板如图 16-22 所示。

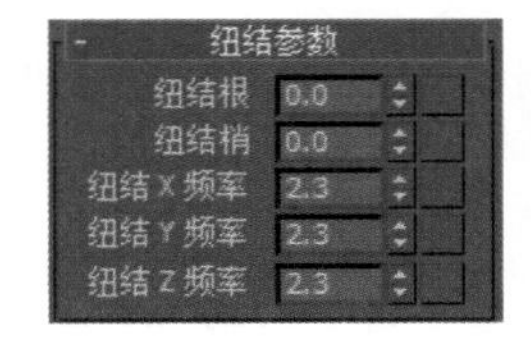

图 16-22 “纽结参数”卷展栏

知识解析：“纽结参数”卷展栏

◆ **纽结根**：控制毛发在其根部的纽结置换量，默认值为 0.0，范围为 0.0 ~ 100.0。

◆ **纽结梢**：控制毛发在其梢部的纽结置换量，默认值为 0.0，范围为 0.0 ~ 100.0。

◆ **纽结 X/Y/Z 频率**：控制 3 个轴中每个轴上的纽结频率效果，默认值为 0.0，范围为 0.0 ~ 100.0。

16.1.11 “多股参数”卷展栏

展开“多股参数”卷展栏，其参数设置面板如图 16-23 所示。

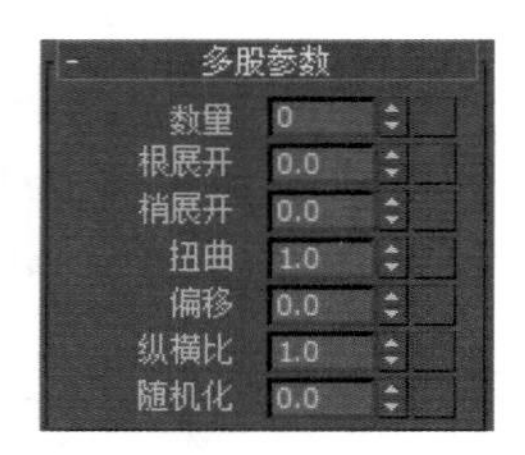

图 16-23 “多股参数”卷展栏

知识解析：“多股参数”卷展栏

- 数量：每个聚集块的头发数量。
- 根展开：为根部聚集块中的每根毛发提供随机补偿。
- 梢展开：为梢部聚集块中的每根毛发提供随机补偿。
- 扭曲：使用每束的中心作为轴扭曲束。
- 偏移：使束偏移其中心。离尖端越近，偏移越大。

技巧秒杀

“扭曲”和“偏移”结合使用可以创建螺旋发束。

- 纵横比：在垂直于梳理方向的方向上挤压每个束，效果是缠结毛发，使其类似于诸如猫或熊等的毛。
- 随机化：随机处理聚集块中的每根毛发的长度。

读书笔记

16.1.12 “动力学”卷展栏

展开“动力学”卷展栏，其参数设置面板如图 16-24 所示。

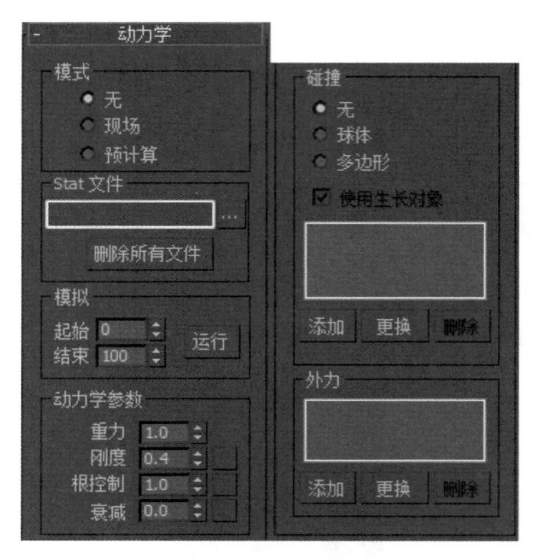

图 16-24 “动力学”卷展栏

知识解析：“动力学”卷展栏

（1）“模式”选项组

- 无：“头发”不模拟动力学效果。
- 现场：“头发”在视口中以交互方式模拟动力学效果，但是不为动力学效果生成动画关键帧或 Stat 文件。

技巧秒杀

如果在使用现场动力学效果时按 Esc 键，3ds Max 会显示一个对话框，询问是否希望停止现场动力学效果，如图 16-25 所示。“冻结”和“停止”都会将该模式重置为“无”，但是“冻结”会在其当前位置冻结该头发。可以将此作为预计算动力学效果的起始点，或作为设计头发设计的点。

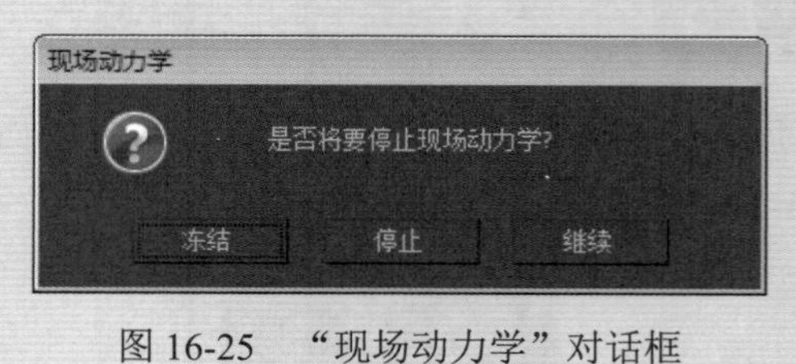

图 16-25 “现场动力学”对话框

- 预计算：用于为渲染设置了动力学效果动画的头发生成 Stat 文件。

（2）“Stat 文件”选项组

Stat 文件可用于记录和回放 Hair 生成的动态模拟。

- 文本字段：显示 Stat 文件的路径和文件名。

◆ ▣：单击该按钮，将打开“另存为”对话框。

◆ 删除所有文件：从目标目录删除 Stat 文件。文件必须有使用▣按钮指定的名称前缀。

（3）“动力学参数”选项组

这些控件指定了动力学模拟的基本参数。

◆ 重力：用于指定在全局空间中垂直移动毛发的力。负值上拉毛发，正值下拉毛发。要令毛发不受重力影响，可将该值设置为 0.0，默认值为 1.0，范围为 −999.0 ~ 999.0。

◆ 刚度：控制动力学效果的强弱。如果将刚度设置为 1.0，动力学不会产生任何效果。默认值为 0.4，范围为 0.0 ~ 1.0。

◆ 根控制：与刚度类似，但只在头发根部产生影响。默认值为 1.0，范围为 0.0 ~ 1.0。

◆ 衰减：动态头发承载前进到下一帧的速度。增加衰减将增加这些速度减慢的量。因此，较高的衰减值意味着头发动态效果较为不活跃（头发还可以开始“漂浮”）。默认值为 0.0，范围为 0.0 ~ 1.0。

（4）“碰撞”选项组

使用这些设置确定毛发在动态模拟期间碰撞的对象和计算碰撞的方式，有无、球体、多边形 3 种方式。

◆ 使用生长对象：开启之后，头发和生长（网格）对象碰撞。

◆ 对象列表：列出头发将与之碰撞的场景对象的名称。

◆ 添加：要在列表中添加对象，单击“添加”按钮，然后在视口中单击对象。

◆ 替换：要替换对象，先在列表中高亮显示其名称并单击“替换”按钮，然后在视口中单击不同的对象。

◆ 删除：要从列表中删除对象，在列表中高亮显示该对象的名称，然后单击“删除”按钮。

读书笔记

16.1.13 “显示”卷展栏

展开“显示”卷展栏，其参数设置面板如图 16-26 所示。

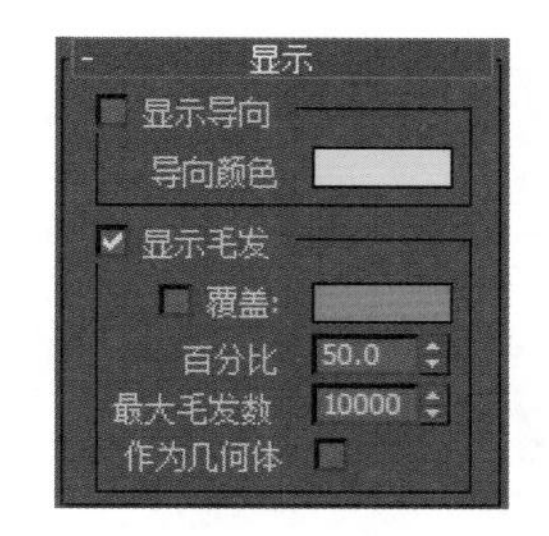

图 16-26 “显示”卷展栏

知识解析：“显示”卷展栏

（1）“显示导向”选项组

◆ 显示导向：开启之后，头发在视口中使用色样中所示颜色显示导向。默认设置为禁用。

> **技巧秒杀**
> 在“导向”子对象层级，导向总是出现在视口中。

◆ 导向颜色：单击以显示“颜色选择器”，并更改显示导向所采用的颜色。

（2）“显示毛发”选项组

◆ 显示头发：开启之后，Hair 在视口中显示头发。默认设置为启用。

◆ 覆盖：禁用之后，3ds Max 使用与其渲染颜色近似的颜色显示毛发。开启之后，则使用色样中所示颜色显示头发。默认设置为禁用。

◆ 色样：在“覆盖”启用后，单击以显示“颜色选择器”，并更改显示头发所使用的颜色。

> **技巧秒杀**
> 当毛发显示为几何体时（如下所示），将忽略颜色设置。

◆ 百分比：在视口中显示的全部毛发的百分比。降低此值将改善视口中的实时性能。默认设置为 50.0。

◆ 最大毛发数：无论百分比值为多少，在视口中显示的最大毛发数。默认设置为 10000。

◆ 作为几何体：开启之后，将头发在视口中显示为要渲染的实际几何体，而不是默认的线条。默认设置为禁用。

读书笔记

?答疑解惑：

在3ds Max中，制作毛发的方法主要有哪些？

主要有以下 3 种。

第 1 种：使用 Hair 和 Fur（WSM）（头发和毛发 WSM）修改器来进行制作。

第 2 种：使用 VRay 毛发工具进行制作。

第 3 种：使用不透明贴图来进行制作。

16.2 VRay 毛发

VRay 毛发是 VRay 渲染器自带的一种毛发制作工具，经常用来制作地毯、草地和毛制品等，如图 16-27 所示。

图 16-27　VRay 毛发效果

16.2.1 创建 VRay 毛发

要在 3ds Max 中创建 VRay 毛发，必须先加载 VRay 渲染器，然后根据下列步骤即可创建 VRay 毛发。

Step 1▶ 绘制一个物体，在“几何体类型”下拉列表中选择 VRay 选项，如图 16-28 所示。

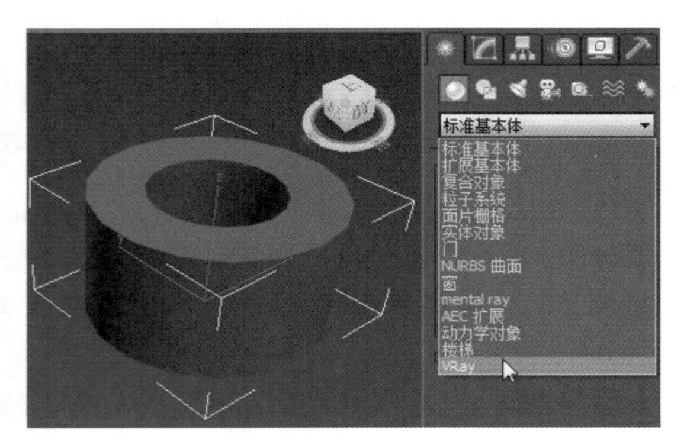

图 16-28　挤出对象

Step 2▶ 在 VRay 面板中单击“VRay 毛发”按钮，即可为所选中的对象创建 VRay 毛发，如图 16-29 所示。“VRay 毛发”的参数只有 3 个卷展栏，分别是参数、贴图和视口显示卷展栏。

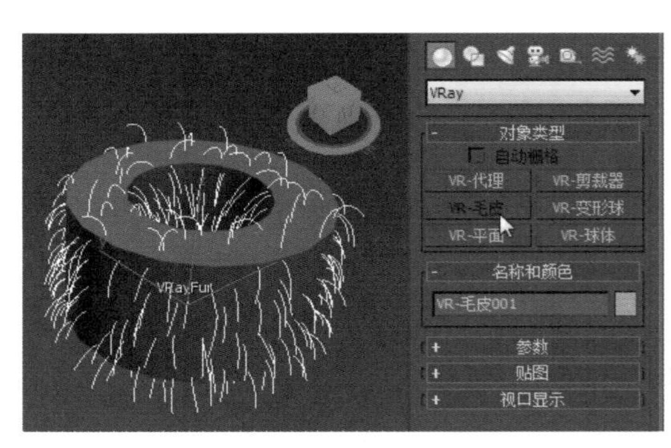

图 16-29　显示效果

读书笔记

16.2.2 “参数”卷展栏

展开“参数”卷展栏，如图 16-30 所示。

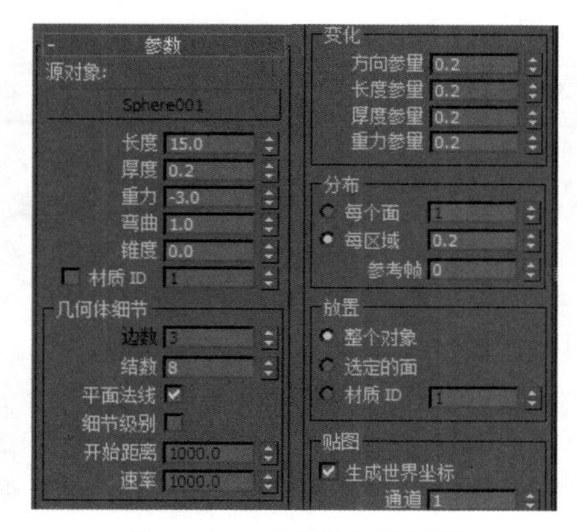

图 16-30 “参数”卷展栏

知识解析：“参数”卷展栏

（1）“源对象”选项组

- **源对象**：指定需要添加毛发的物体。
- **长度**：设置毛发的长度。
- **厚度**：设置毛发的厚度。
- **重力**：控制毛发在 Z 轴方向被下拉的力度，也就是通常所说的重量。
- **弯曲**：设置毛发的弯曲程序。
- **锥度**：用来控制毛发锥化的程度。

（2）“几何体细节”选项组

- **边数**：目前这个参数还不可用，在以后的版本中将开发多边形的毛发。
- **结数**：用来控制毛发弯曲时的光滑程度。值越大，表示段数越多，弯曲的毛发越光滑。
- **平面法线**：用来控制毛发的呈现方式。当选中该复选框时，毛发将以平面方式呈现；当取消选中该复选框时，毛发将以圆柱体方式呈现。

（3）“变化”选项组

- **方向参量**：控制毛发在方向上的随机变化。值越大，表示变化越强烈；0 表示不变化。
- **长度参量**：控制毛发长度的随机变化。1 表示变化强烈，0 表示不变化。
- **厚度参量**：控制毛发粗细的随机变化。1 表示变化强烈，0 表示不变化。
- **重力参量**：控制毛发受重力影响的随机变化。1 表示变化强烈，0 表示不变化。

（4）“分布”选项组

- **每个面**：用来控制每个面产生的毛发数量，因为物体的每个面不都是均匀的，所以渲染出来的毛发也不均匀。
- **每区域**：用来控制每单位面积中的毛发数量，这种方式下渲染出来的毛发比较均匀。
- **参考帧**：指定源物体获取到计算面大小的帧，获取的数据将贯穿整个动画过程。

（5）“放置”选项组

- **整个对象**：选中该单选按钮后，全部的面都将产生毛发。
- **选定的面**：选中该单选按钮后，只有被选择的面才能产生毛发。
- **材质 ID**：选中该单选按钮后，只有指定了材质 ID 的面才能产生毛发。

（6）“贴图”选项组

- **生成世界坐标**：所有的 UVW 贴图坐标都是从基础物体中获取，但该选项的 W 坐标可以修改毛发的偏移量。
- **通道**：指定在 W 坐标上将被修改的通道。

16.2.3 “贴图”卷展栏

展开“贴图”卷展栏，如图 16-31 所示。

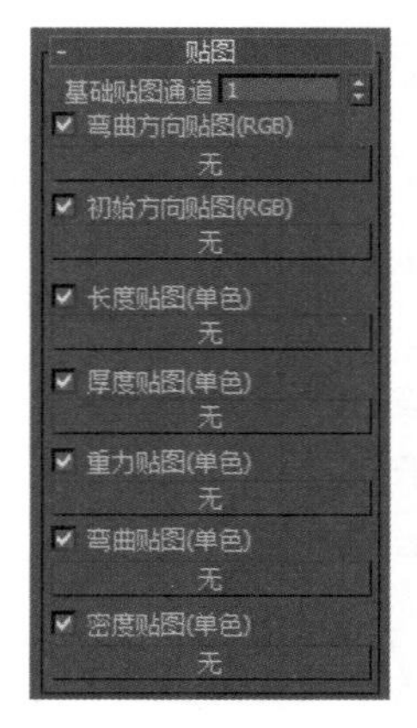

图 16-31 “贴图”卷展栏

知识解析：“贴图”卷展栏

- 基础贴图通道：选择贴图的通道。
- 弯曲方向贴图（RGB）：用彩色贴图来控制毛发的弯曲方向。
- 初始方向贴图（RGB）：用彩色贴图来控制毛发根部的生长方向。
- 长度贴图（单色）：用灰度贴图来控制毛发的长度。
- 厚度贴图（单色）：用灰度贴图来控制毛发的粗细。
- 重力贴图（单色）：用灰度贴图来控制毛发受重力的影响。
- 弯曲贴图（单色）：用灰度贴图来控制毛发的弯曲程度。
- 密度贴图（单色）：用灰度贴图来控制毛发的生长密度。

16.2.4 “视口显示”卷展栏

展开“视口显示”卷展栏，如图 16-32 所示。

图 16-32 “视口显示”卷展栏

读书笔记

知识解析：“视口显示”卷展栏

- 视口预览：当选中该复选框时，可以在视图中预览毛发的生长情况。
- 最大毛发：数值越大，就可以更加清楚地观察毛发的生长情况。
- 图标文本：选中该复选框后，可以在视图中显示 VRay 毛发的图标和文字。
- 自动更新：选中该复选框后，当改变毛发参数时，3ds Max 会在视图中自动更新毛发的显示情况。
- 手动更新：单击该按钮，可以手动更新毛发在视图中的显示情况。

实例操作：制作毛巾

本例将首先使用平面工具创建毛巾主体，然后使用 VRay 毛发工具制作毛巾的毛发效果，最后渲染出图。

具体操作步骤如下。

Step 1 在“创建”面板中单击“几何体”按钮，再单击“平面”按钮，在场景中创建一个平面，在“参数”卷展栏中设置“长度”为 350，“宽度”为 800，“长度分段”为 20，“宽度分段”为 10，如图 16-33 所示。

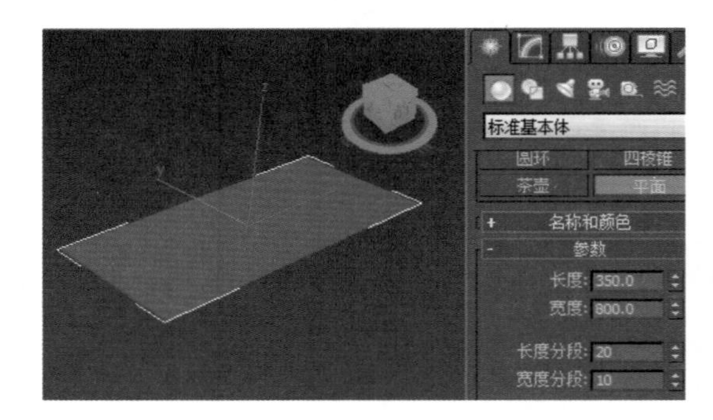

图 16-33 创建平面

Step 2 单击进入“修改”面板，在修改器下拉列表中选择“弯曲”修改器，如图 16-34 所示。

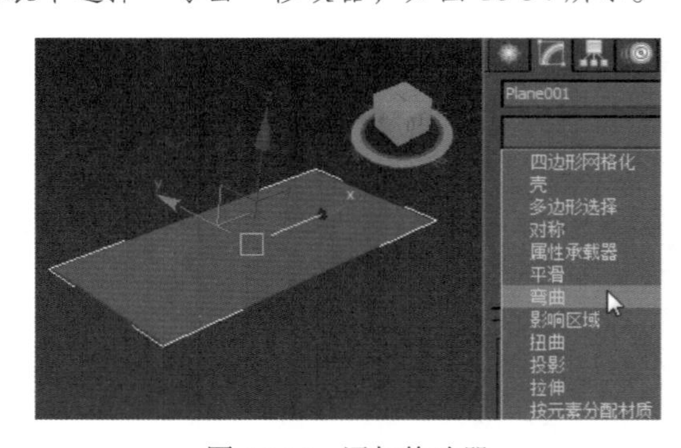

图 16-34 添加修改器

Step 3 在“参数”卷展栏中设置“弯曲”的“角度”为 200，“弯曲轴”为 X，效果如图 16-35 所示。

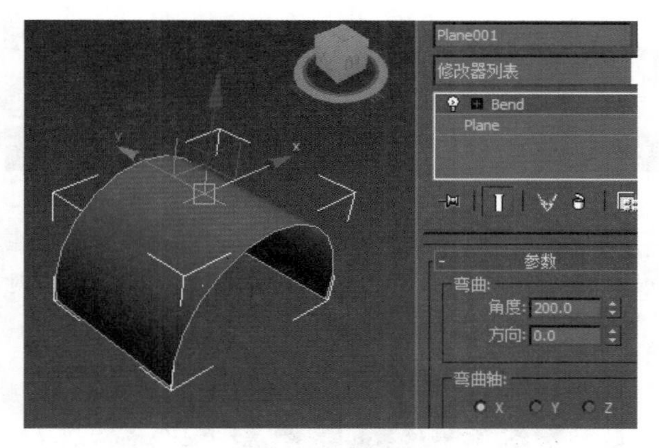

图 16-35　设置参数

Step 4 ▶ 选择“选择并非均匀缩放”工具，将模型的 X 轴向右方拖曳以缩小距离，如图 16-36 所示。

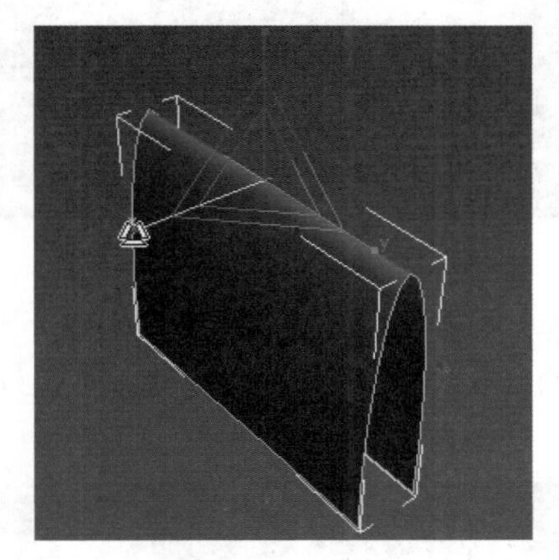

图 16-36　缩小模型

Step 5 ▶ 单击进入“创建”面板，在“几何体”面板中选择 VRay 对象类型，单击 VRayFur 按钮，模型则自动添加毛发效果，如图 16-37 所示。

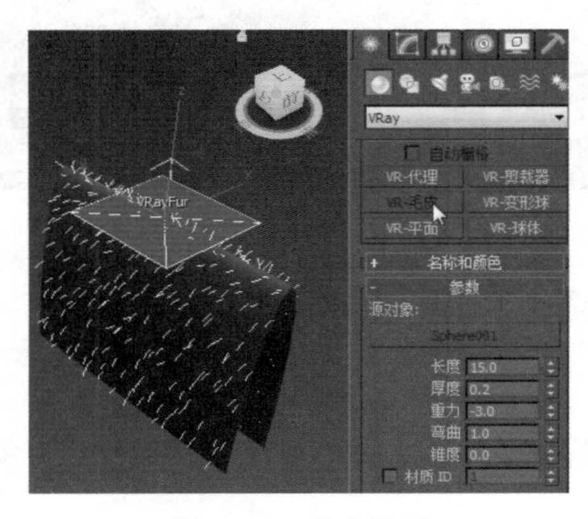

图 16-37　单击按钮

Step 6 ▶ 在“参数”卷展栏的“源对象”选项组中设置“长度”为 3，“厚度”为 0.2，“重力”为 -3，“弯曲度”为 0.8，具体参数设置如图 16-38 所示。

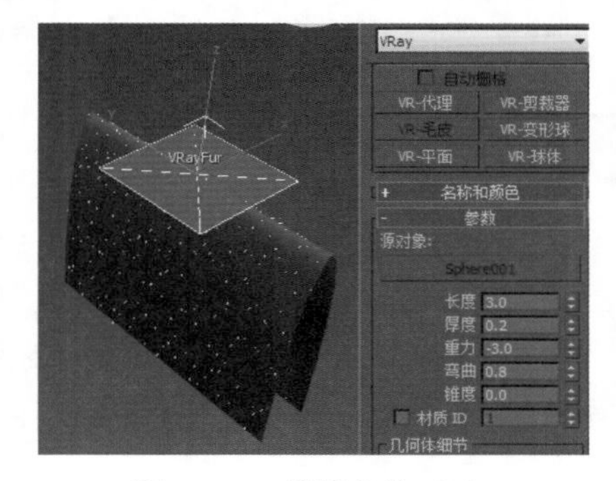

图 16-38　设置参数（1）

Step 7 ▶ 在“变量”参数组中设置“方向变化”为 0.1，“重力变化”为 1，具体参数设置如图 16-39 所示。

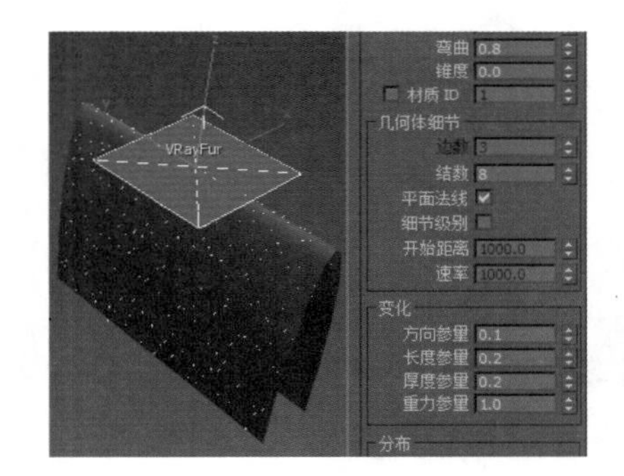

图 16-39　设置参数（2）

Step 8 ▶ 按 F9 键渲染当前场景，最终效果如图 16-40 所示。

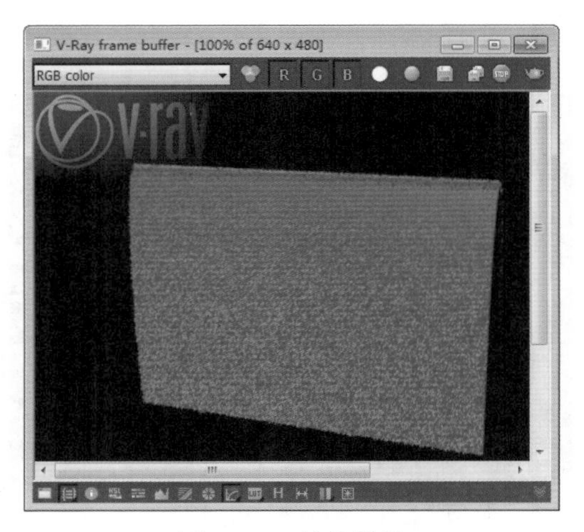

图 16-40　渲染模型

16.3 精通实例——制作牙刷

16.3.1 案例分析

本例将制作牙刷。牙刷是每天都必须使用的生活必需品，所以牙刷的形状、颜色、材质、新功能等都成为消费者购买的考虑因素。如何使牙刷使用起来更方便、更有效，是所有设计师的共同目标。

16.3.2 操作思路

为更快完成本例的制作，并且尽可能运用本章讲解的知识，本例的操作思路如下。

（1）创建牙刷主体。

（2）创建牙刷毛发。

（3）调整牙刷毛发的参数。

（4）完成制作。

16.3.3 操作步骤

具体操作步骤如下。

Step 1 ▶ 使用“切角长方体”工具创建牙刷主体，在“参数”卷展栏中设置“长度”为 120，“宽度”为 10，“高度”为 2，“圆角”为 10；“长度分段”为 12，“宽度分段”为 5，“高度分段”为 2，“圆角分段”为 3，具体参数设置如图 16-41 所示。

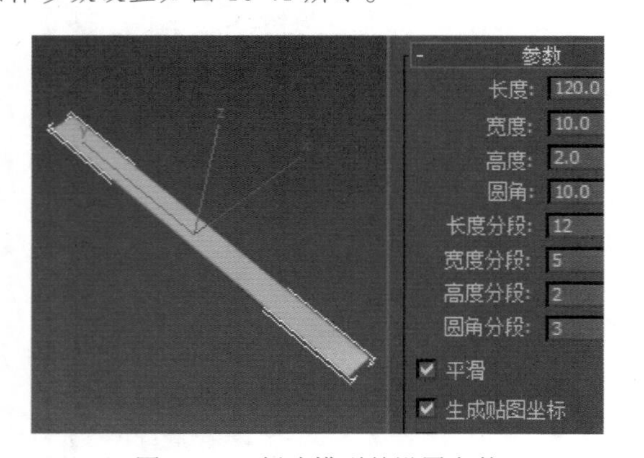

图 16-41　创建模型并设置参数

Step 2 ▶ 将“切角长方体”转换为“编辑网格”，在修改堆栈中选择“顶点”次物体层级，选择模型对象的顶点，如图 16-42 所示。

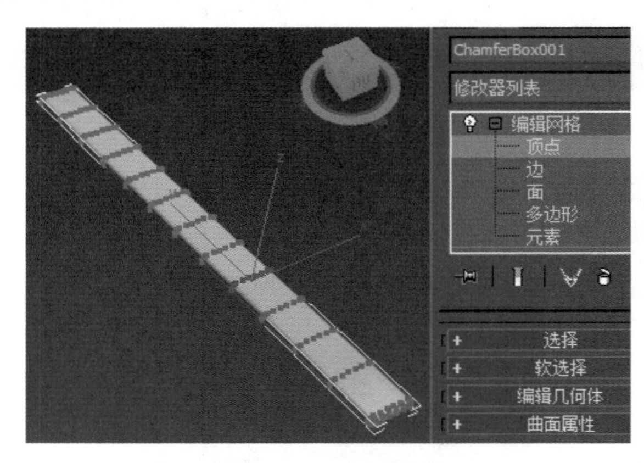

图 16-42　选择顶点

Step 3 ▶ 按 R 键，选择“选择并非均匀缩放”工具，将 X 轴向右拖曳，缩小所选顶点之间的距离，如图 16-43 所示。

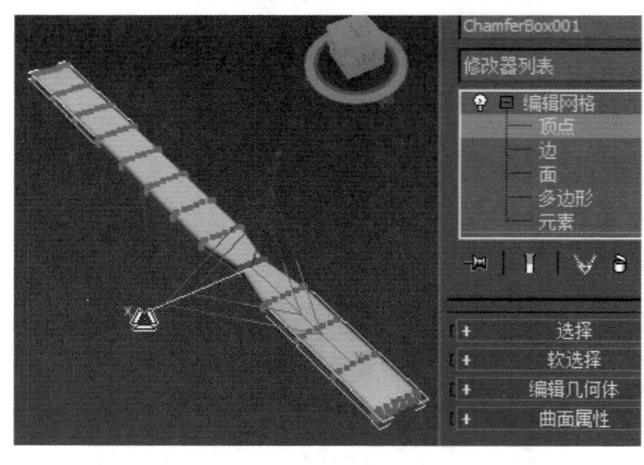

图 16-43　缩小顶点间的距离

Step 4 ▶ 将所选顶点调整到合适大小，单击“编辑网格”，退出“顶点”次物体层级；为模型添加“Hair 和 Fur（WSM）”修改器，如图 16-44 所示。

Step 5 ▶ 模型添加“Hair 和 Fur（WSM）”修改器后的效果如图 16-45 所示。

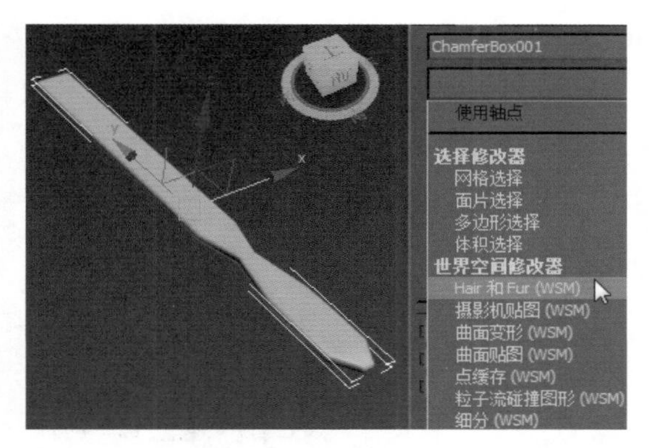

图 16-44　添加修改器

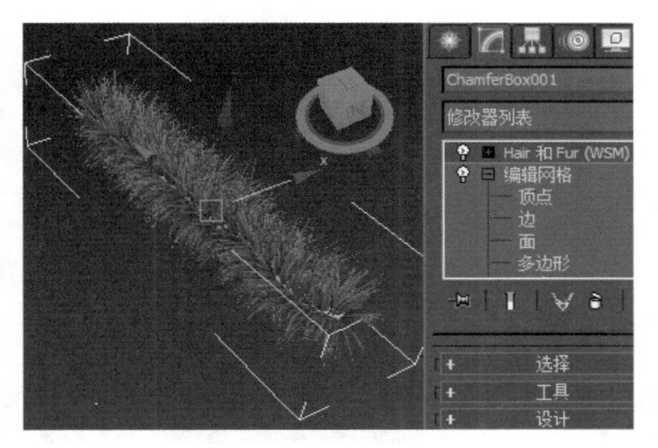

图 16-45　显示效果

Step 6 ▶ 单击“Hair 和 Fur（WSM）”修改器的“多边形”次物体层级，在“常规参数”卷展栏中设置“毛发数量”为 1000，其他参数设置及模型效果如图 16-46 所示。

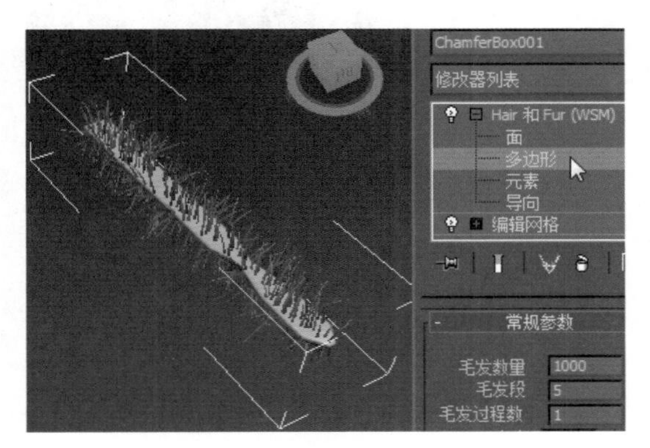

图 16-46　设置参数

Step 7 ▶ 按住 Ctrl 键，依次单击选择需要添加牙刷毛发的多边形，效果如图 16-47 所示。

Step 8 ▶ 单击“Hair 和 Fur（WSM）”修改器总层级，模型效果如图 16-48 所示。

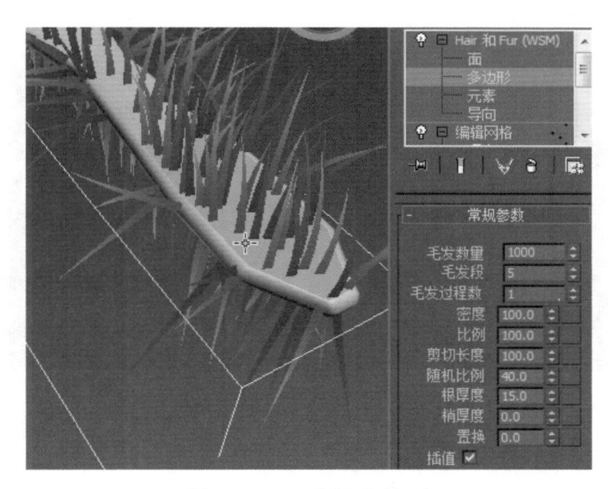

图 16-47　选择多边形

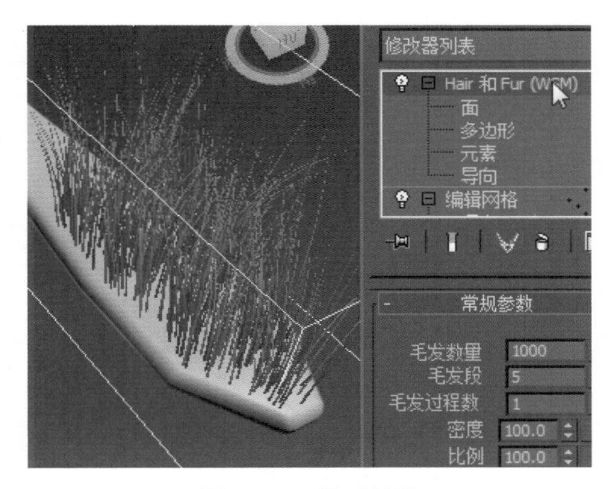

图 16-48　显示效果

Step 9 ▶ 在“常规参数”卷展栏中设置“毛发数量”为 100，其他参数设置及模型效果如图 16-49 所示。

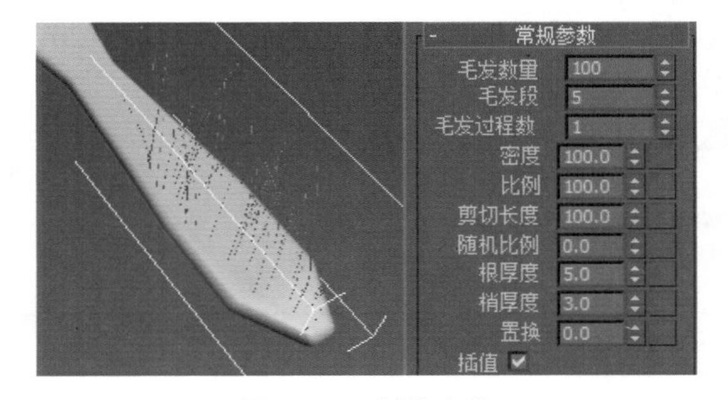

图 16-49　调整参数

Step 10 ▶ 在“材质参数”卷展栏中单击“根颜色”后的白色方框，在弹出的“颜色选择器：根颜色”对

话框中设置红、绿、蓝的颜色值均为255，如图16-50所示。

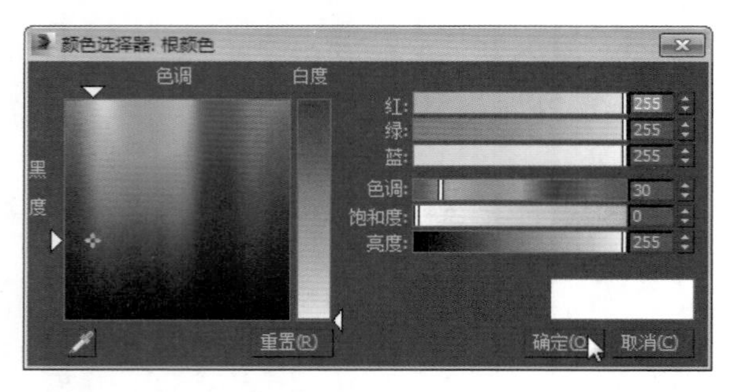

图 16-50 设置颜色

Step 11 ▶ 在“材质参数”卷展栏中设置“梢颜色”和“根颜色”均为白色，“高光”为58，“光泽度”为75，如图16-51所示。

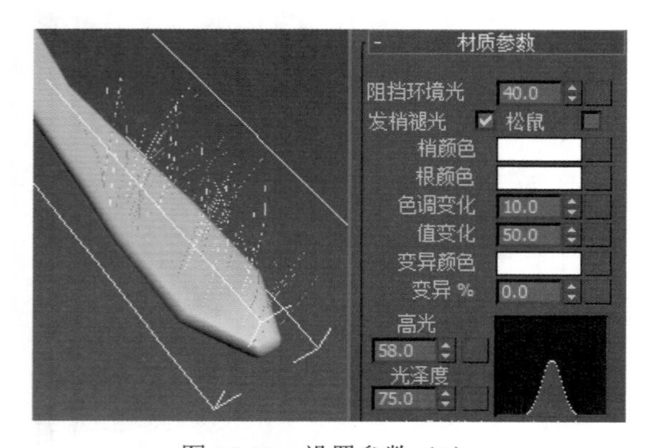

图 16-51 设置参数（1）

Step 12 ▶ 展开“卷发参数”卷展栏，设置“卷发根”为0，“卷发梢”为4，其他参数设置如图16-52所示。

Step 13 ▶ 展开“多股参数”卷展栏，设置“数量”为107，“根展开”为0.1，“梢展开”为0.26，其他参数设置如图16-53所示。

Step 14 ▶ 展开“显示”卷展栏，设置“百分比”为100，其他参数设置及模型效果如图16-54所示。

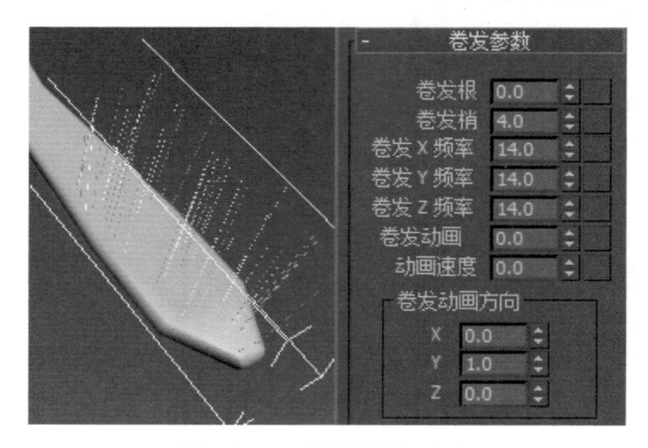

图 16-52 设置参数（2）

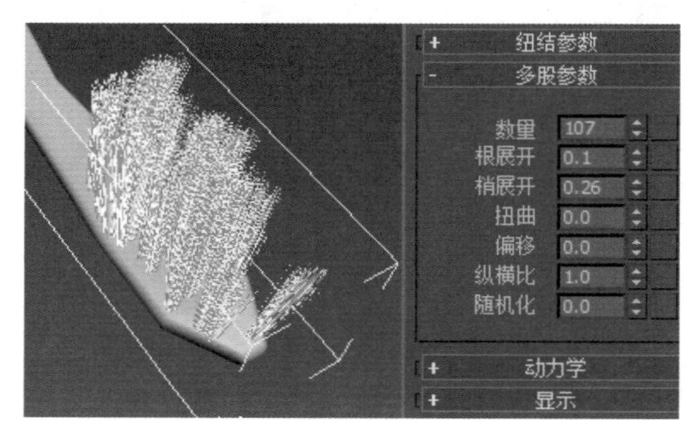

图 16-53 设置参数（3）

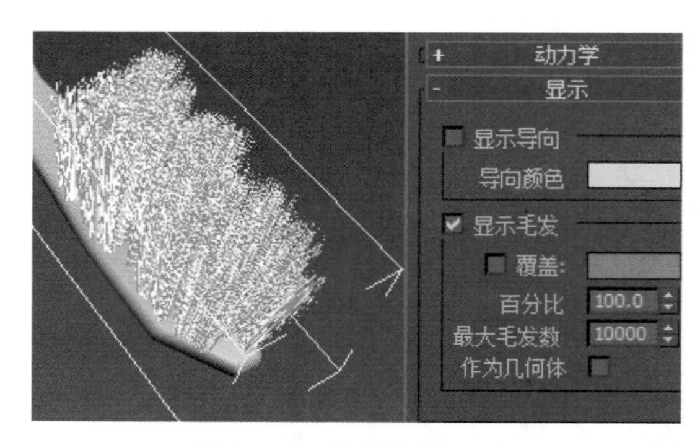

图 16-54 设置参数（4）

读书笔记

13 14 15 16 17 18

基础动画

本章导读

动画是基于人的视觉原理创建运动图像，在一定时间内连续快速观看一系列系统相关联的静止画面时，会感觉成连续动作，每个单幅画面被称为帧。在 3ds Max 中创建动画，只需要创建记录每个动画序列的起始、结束和关键帧，这些关键帧被称为 Keys（关键点），关键帧之间的插值由软件自动计算完成。3ds Max 可以将场景中的任意参数进行动画记录，当对象的参数被确定之后，就可以通过软件进行渲染输出，生成高质量动画。

17.1 动画概述

动画是通过把人物的表情、动作、变化等分解后画成许多动作瞬间的画幅，再用摄影机连续拍摄成一系列画面，给视觉造成连续变化的图画。它的基本原理与电影、电视一样，都是视觉暂留原理。

动画是一门综合艺术，是工业社会人类寻求精神解脱的产物，它是集合了绘画、漫画、电影、数字媒体、摄影、音乐、文学等众多艺术门类于一身的艺术表现形式，将多张连续的单帧画面连在一起就形成了动画，如图 17-1 所示。

图 17-1　动画过程展示图

3ds Max 2014 作为世界上最为优秀的三维软件之一，为用户提供了一套非常强大的动画系统，包括基本动画系统和骨骼动画系统。无论采用哪种方法制作动画，都需要动画师对角色或物件的运动有着细致的观察和深刻的体会，抓住了运动的“灵魂”才能制作出生动逼真的动画作品，如图 17-2 ～图 17-4 所示是一些非常优秀的动画作品。

图 17-2　显示效果（1）

图 17-3　显示效果（2）

图 17-4　显示效果（3）

17.1.1 认识动画

人类具有“视觉暂停”的特征，也就是说人看到一幅画后，该画面会在人眼中停留 1/24s。动画就是利用这一原理以每秒 24 幅图的速度播放图像，人眼就会觉得每一幅图像是连接起来的，从而在大脑中产生图像“运动”的印象。因而，动画其实是由连续播放的一系列图像画面组成的。

17.1.2 基本概念

制作动画之前，首先要建立基本概念，这里先了解一下各个关键名词。

（1）帧。人们把组成动画的图像称为帧。

（2）关键帧。关键帧是指在图像画面变换中具有动作变换的图像画面，即按照动画的顺序表现动作变换时的图像画面，只要有动作的变换，就必须设置关键帧。

（3）帧速率。帧速率就是指每秒连续播放的动画帧数，用字母 fps 表示。

技巧秒杀

电影播放的帧速率一般为 24 帧 / 秒（30fps），而录像带上的帧速率为 30 帧 / 秒（30fps）。

（4）视频制式。视频制式是指在视频动画中所采用的显示速率。一般分为 PAL 和 NTSC 两种制式。PAL 制式的播放速率为 25 帧 / 秒，NTSC 制式的播放速率为 30 帧 / 秒。不同国家和地区采用的制式不同，我国采用的是 PAL 制式。

17.1.3 计算机动画

用计算机制作表面真实对象和模拟对象随时间变化的行为和动作，即称为计算机动画。

运用计算机制作动画能大大降低动画制作的工作量，而且修改起来十分方便、快捷。

其实，计算机动画制作是非常复杂的一项工作，不仅要求制作人员十分熟练地掌握动画制作软件和动画设计思想，而且对计算机系统性能的要求也是很高的。

17.1.4 计算机动画的应用

随着计算机动画的迅速发展，其应用范围日益广泛，已经渗透在生活中的方方面面，主要应用于以下几个领域。

（1）电影和电视领域。用计算机动画制作的电影电视可产生许多现实中不可能拍摄到的效果和场景，使得作品的艺术性得到完美的发挥，如在《星球大战前传》系列科幻电影中，就大量地采用计算机动画来制作。

（2）广告制作。在现在的商业广告中，几乎所有的广告都是通过计算机动画软件制作完成的。

（3）科学研究。当今一些高端的科学研究项目，如导弹发射、航天工程等，若进行真实的实验，将造成极大的浪费，而计算机动画则可帮助科研人员真实地以运动学、动力学、控制学等出发模拟各种行为。

（4）建筑设计。在这一方面，房地产开发商多用计算机动画模拟建成后的建筑物室内或者室外真实场景，以达到吸引购房者的购买欲望。这就是通常所说的巡游动画（分室内和室外漫游）。建筑动画广泛地应用到工程招标、宣传广告中，一幅精美的建筑效果图画面不仅有较高的欣赏价值，还可以提前让人们看到建筑完工后的模样。

（5）游戏开发。在这一方面，三维动画游戏越来越受广大游戏爱好者的喜欢。主要原因就是游戏场景越来越逼真，游戏画面越来越漂亮，动画特技越来越刺激、精彩，而所有这些都离不开计算机动画的艺术表现魅力。

读书笔记

17.2 动画制作工具

本节主要介绍制作动画的一些基本工具，如关键帧设置工具、播放控制器和“时间配置”对话框。掌握好这些基本工具的用法，可以制作出一些简单动画。

17.2.1 关键帧设置

3ds Max 界面的右下角是一些设置动画关键帧的相关工具，如图 17-5 所示。

图 17-5　工具

知识解析：工具面板

◆ 自动关键点：单击该按钮或按 N 键可以自动记录关键帧。在该状态下，物体的模型、材质、灯光和渲染都将被记录为不同属性的动画。启用“自动关键点”功能后，时间尺会变成红色，拖曳时间滑块可以控制动画的播放范围和关键帧等，如图 17-6 所示。

◆ 设置关键点：在“设置关键点”动画模式中，可以使用“设置关键点”工具和“关键点过滤器”的组合为选定对象的各个轨迹创建关键点。与“自动关键点”模式不同，利用“设置关键点”模式可以控制设置关键点的对象以及时间。它可以设置角色的姿势（或变换任何对象），如果满意，可以使用该姿势创建关键点。如果移动到另一个时间点而没有设置关键点，那么该姿势将被放弃。

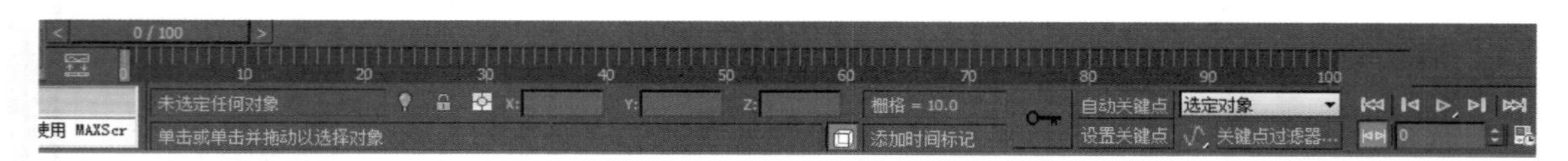

图 17-6　自动关键点

实例操作：向前跳动的小球

通过这个小动画，可以掌握关键帧动画和曲线编辑器的使用方法，并能举一反三，制作出不同类型的关键帧动画，显示效果如图 17-7 所示。

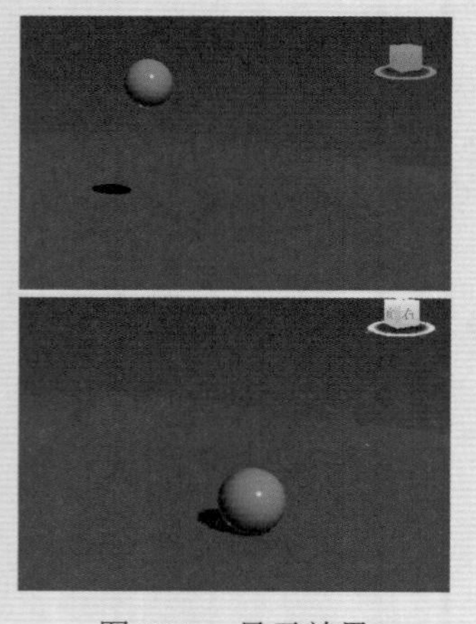

图 17-7　显示效果

具体操作步骤如下。

Step 1 新建一个空白场景文件，打开配套光盘中\第 17 章\向前跳动的小球 .max 文件，打开场景如图 17-8 所示。

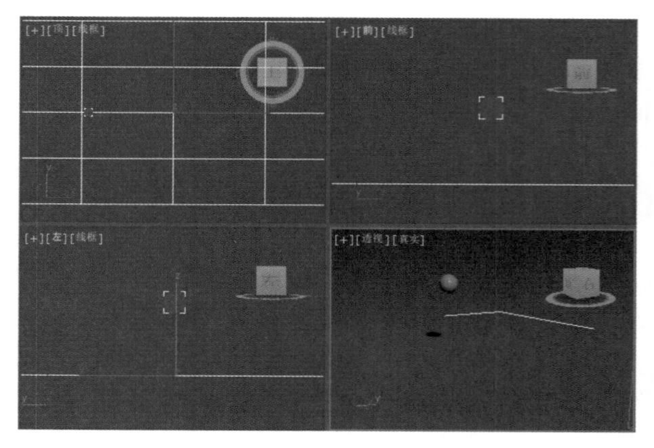

图 17-8　打开素材文件

Step 2 开启自动设置关键点模式，将时间滑块移动到第10帧位置，并利用移动工具在前视图中将小球向前下方移动到如图17-9所示位置，这时系统自动记录下小球的下落过程的关键帧。

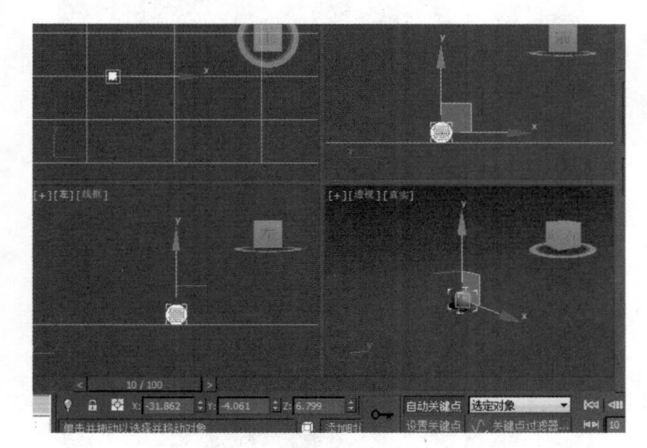

图17-9　第10帧时小球所在位置

Step 3 ▶ 确认选择小球，将时间滑块移动到第20帧位置，然后将小球向前上方移动到如图17-10所示位置。

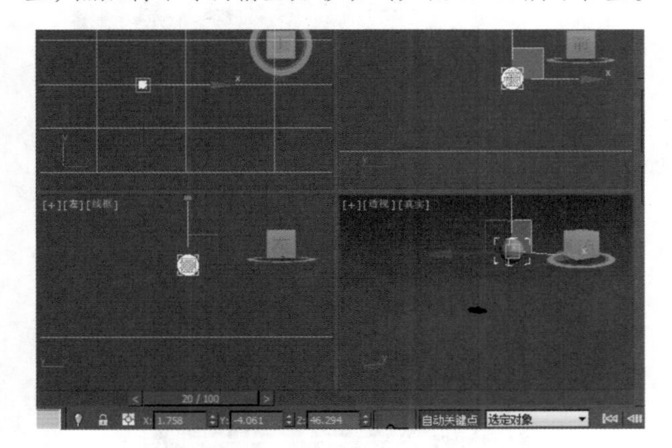

图17-10　第20帧时小球所在位置

Step 4 ▶ 单击工具栏中的“轨迹视图”按钮，在弹出的曲线编辑器中展开其右侧的层级列表，并选择Sphere01子对象栏中的“Z位置”选项，即可在编辑窗口中显示出Sphere01子对象在Z轴的动画曲线，如图17-11所示。

Step 5 ▶ 单击曲线编辑器右下角的按钮，框选整个轨迹曲线，在编辑窗口将曲线放大，如图17-12所示。

Step 6 ▶ 利用曲线编辑器工具栏中的移动按钮，在编辑窗口中选择曲线上的第2个关键点，再单击曲线编辑器工具栏上的按钮，曲线改变如图17-13所示。

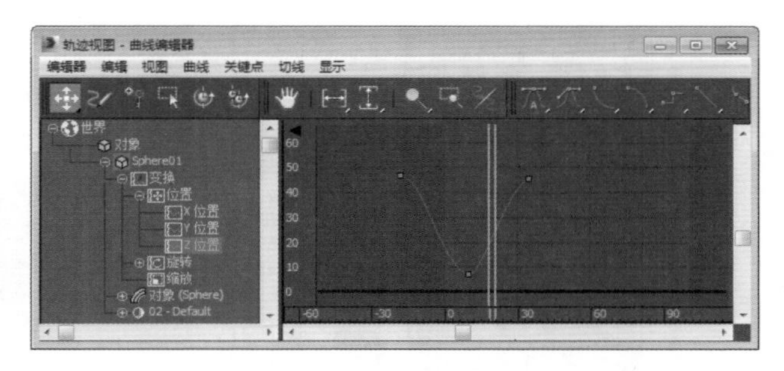

图17-11　展开子对象栏

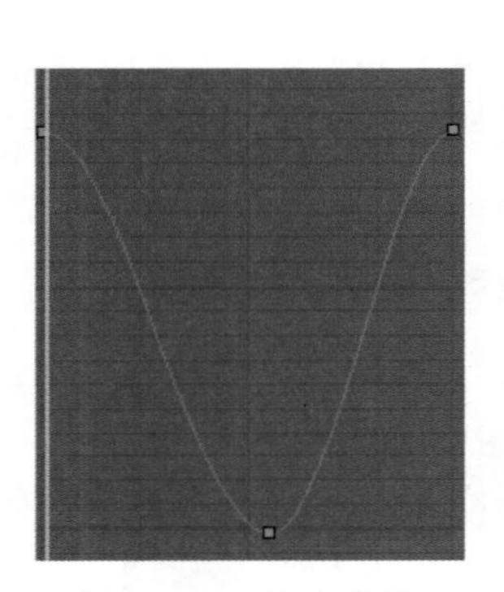

图17-12　放大曲线　　图17-13　编辑Z位置曲线

Step 7 ▶ 选择“Sphere01”子对象栏中的“X位置”选项，并在编辑窗口中选择第2个关键点，按Delete键将其删除，再按住Ctrl键不放，选择第1个和第3个关键点，然后再单击曲线编辑器工具栏中的按钮，则曲线改变为直线，如图17-14所示。

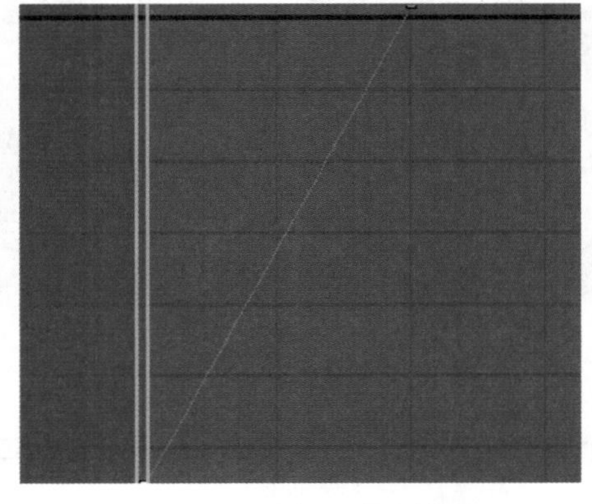

图17-14　编辑X位置曲线

Step 8 ▶ 选择“Z位置”选项，选择“编辑”→“控制器”→“超出范围类型”命令，如图17-15所示。

图 17-15 执行命令

Step 9 ▶ 在弹出的“参数曲线超出范围类型”对话框中单击“循环”选项，曲线改变结果如图 17-16 所示。

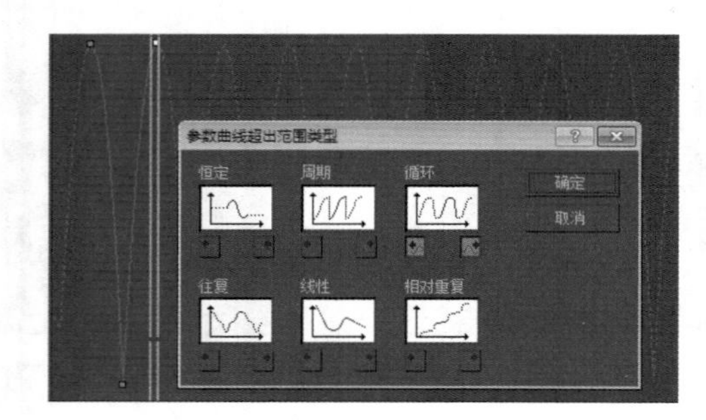

图 17-16 编辑 Z 位置曲线

Step 10 ▶ 选择“X 位置”选项，打开“参数曲线超出范围类型”对话框，单击“相对重复”选项，曲线改变结果如图 17-17 所示。

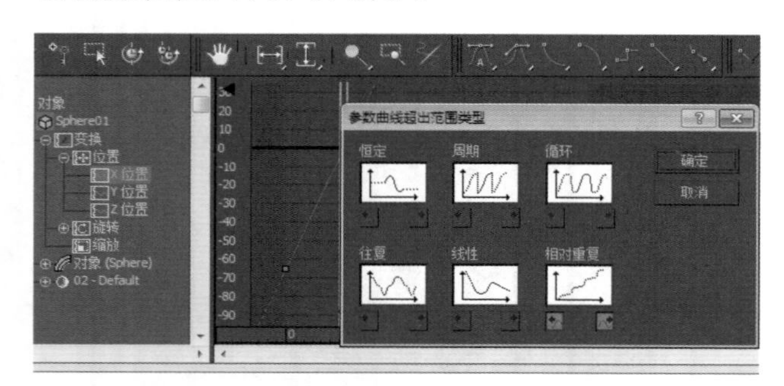

图 17-17 编辑 X 位置曲线

Step 11 ▶ 切换到透视图，单击动画控制区中的按钮，即可在视图中播放并预览动画，如图 17-18 和图 17-19 所示。

Step 12 ▶ 将制作好的动画进行渲染并输出，单击工具栏中的“渲染场景”按钮，在弹出的“渲染场景”对话框中设置渲染的“范围”为 0 ~ 100 帧，输出大小为 640×480，渲染的视图为透视图，如图 17-20 所示。

图 17-18 播放动画（1）

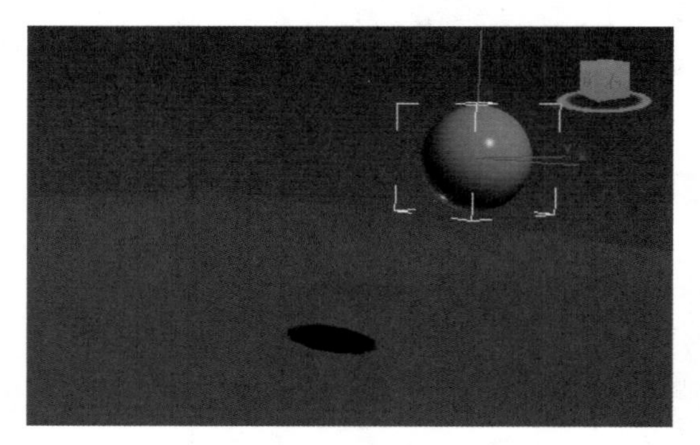

图 17-19 播放动画（2）

图 17-20 设置参数

Step 13 ▶ 单击“渲染输出”下的“文件”按钮，在弹出的“渲染输出文件”对话框中，为将要输出的动画文件设置名称、格式和存放路径，保存动画。

17.2.2 播放控制器

在关键帧设置工具的旁边是一些控制动画播放的相关工具，如图 17-21 所示。

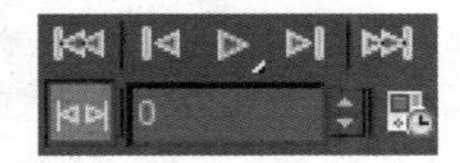

图 17-21 动画播放工具

知识解析：动画播放工具

- 转至开头：如果当前时间线滑块没有处于第 0 帧位置，那么单击该按钮可以跳转到第 0 帧。
- 上一帧：将当前时间滑块向前移动一帧。
- 播放动画 / 播放选定对象：单击“播放动画”按钮，可以播放整个场景中的所有动画；单击“播放选定对象”按钮，可以播放选定对象的动画，而未选定的对象将静止不动。
- 下一帧：将当前时间滑块向后移动一帧。
- 转至结尾：如果当前时间线滑块没有处于结束帧位置，那么单击该按钮可以跳转到最后一帧。
- 关键点模式切换：单击该按钮可以切换到关键点设置模式。
- 时间跳转输入框：在这里可以输入数字来跳转时间线滑块，例如输入 60，按 Enter 键就可以将时间线滑块跳转到第 60 帧。
- 时间配置：单击该按钮可以打开“时间配置”对话框，该对话框中的参数将在下面的内容中进行讲解。

读书笔记

17.2.3 时间配置

使用“时间配置”对话框可以设置动画时间的长短及时间显示格式等。单击“时间配置”按钮，打开“时间配置”对话框，如图 17-22 所示。

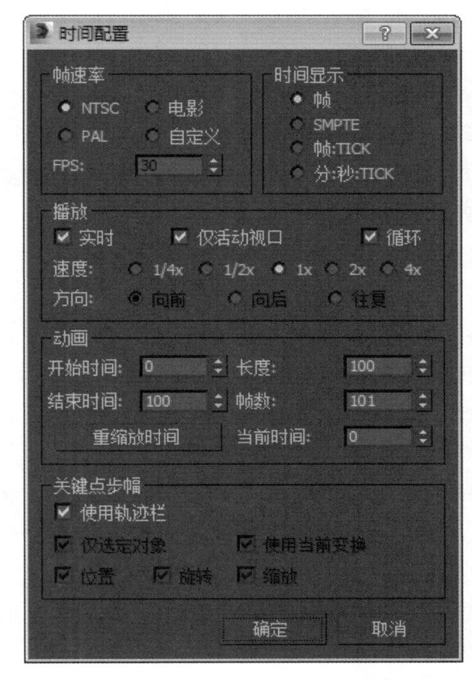

图 17-22 “时间配置”对话框

知识解析：“时间配置”对话框

（1）“帧速率”选项组

- 帧速率：共有 NTSC（30 帧 / 秒）、PAL（25 帧 / 秒）、电影（24 帧 / 秒）和自定义 4 种方式可供选择，但一般情况都采用 PAL（25 帧 / 秒）方式。
- FPS（每秒帧数）：采用每秒帧数来设置动画的帧速率。视频使用 30FPS 的帧速率、电影使用 24FPS 的帧速率，而 Web 和媒体动画则使用更低的帧速率。

（2）“时间显示”选项组

- 帧 /SMPTE/ 帧:TICK/ 分:秒:TICK：指定在时间线滑块及整个 3ds Max 中显示时间的方法。

（3）“播放”选项组

- 实时：使视图中播放的动画与当前“帧速率”的设置保持一致。

◆ 仅活动视口：使播放操作只在活动视口中进行。
◆ 循环：控制动画只播放一次或者循环播放。
◆ 速度：选择动画的播放速度。
◆ 方向：选择动画的播放方向。

（4）“动画”选项组

◆ 开始时间 / 结束时间：设置在时间线滑块中显示的活动时间段。
◆ 长度：设置显示活动时间段的帧数。
◆ 帧数：设置要渲染的帧数。
◆ 重缩放时间：拉伸或收缩活动时间段内的动画，以匹配指定的新时间段。
◆ 当前时间：指定时间线滑块的当前帧。

（5）“关键点步幅”选项组

◆ 使用轨迹栏：选中该复选框后，可以关键点模式遵循轨迹栏中的所有关键点。
◆ 仅选定对象：在使用“关键点步幅”模式时，该选项仅考虑选定对象的变换。
◆ 使用当前变换：禁用“位置”、“旋转”和“缩放”选项时，该选项可以在关键点模式中使用当前变换。
◆ 位置 / 旋转 / 缩放：指定关键点模式所使用的变换模式。

实例操作：角色注视动画

通过这个小动画，可以掌握利用注视约束制作角色注视动画的技巧，显示效果如图 17-23 所示。

图 17-23　显示效果

具体操作步骤如下。

Step 1 ▶ 新建一个空白场景文件，打开配套光盘中\第 17 章\角色注视动画 .max 文件，打开场景如图 17-24 所示。

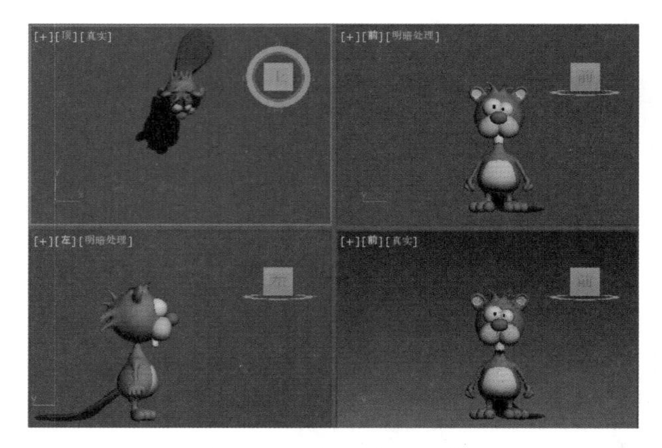

图 17-24　打开素材文件

Step 2 ▶ 在顶视图中创建一虚拟对象，调整位置，然后在顶视图中将其以“复制”的方式复制两个，调整位置和大小如图 17-25 所示。

图 17-25　创建对象并调整位置

Step 3 ▶ 在透视图中选择角色的左眼，执行菜单栏中的“动画”→“约束”→“注视约束”命令，将鼠标移动到与左眼相对应的虚拟对象上，单击鼠标左键，将它所对应的虚拟对象作为注视约束对象，如图 17-26 所示。

Step 4 ▶ 用同样的方法，选择角色的右眼并执行同样的操作，如图 17-27 所示。

Step 5 ▶ 按住 Ctrl 键选择两个虚拟对象，单击工具栏中的“选择并链接”按钮，再按 H 键，在弹出的“选择父对象”对话框中单击 Dummy01 选项，如图 17-28 所示。

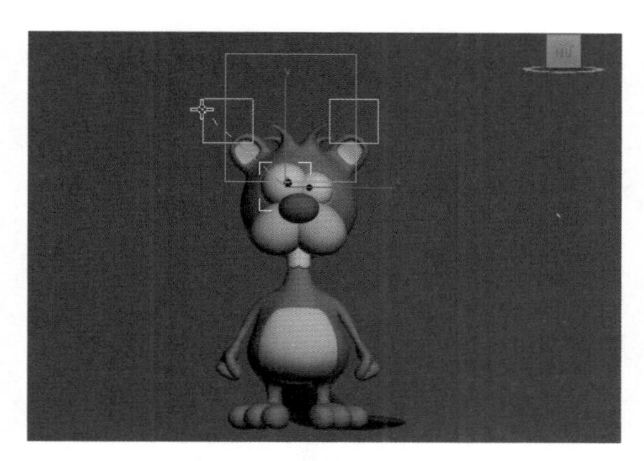

图 17-26　约束注视（1）

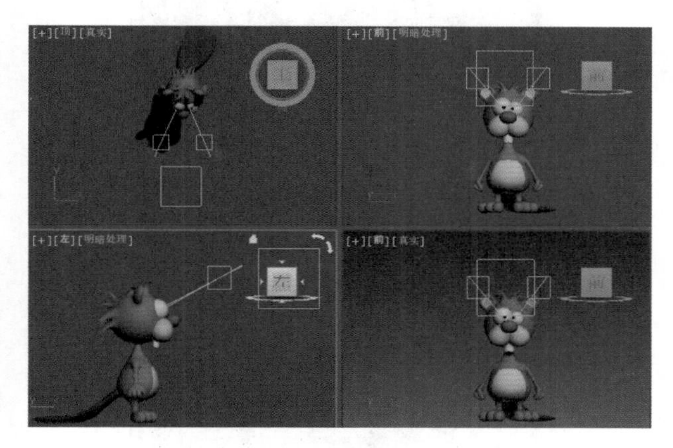

图 17-27　约束注视（2）

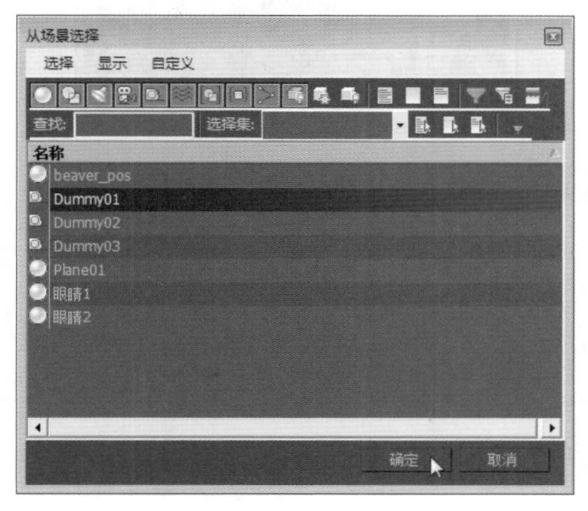

图 17-28　选择对象

Step 6 单击“确定”按钮，将名称为 Dummy01 的虚拟对象作为父对象，链接结果如图 17-29 所示。

Step 7 开启自动设置关键帧模式，在“时间配置”对话框中设置“结束时间”为 250 帧，如图 17-30 所示。

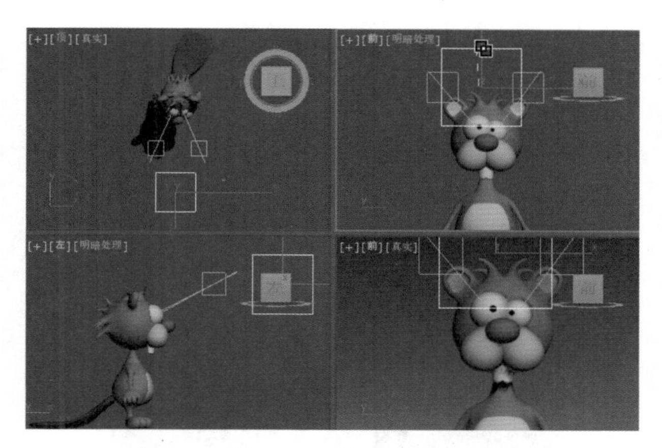

图 17-29　链接对象

图 17-30　设置参数（1）

Step 8 将时间滑块移动到第 100 帧位置，选择父对象，在前视图中将其移动到如图 17-31 所示的位置。

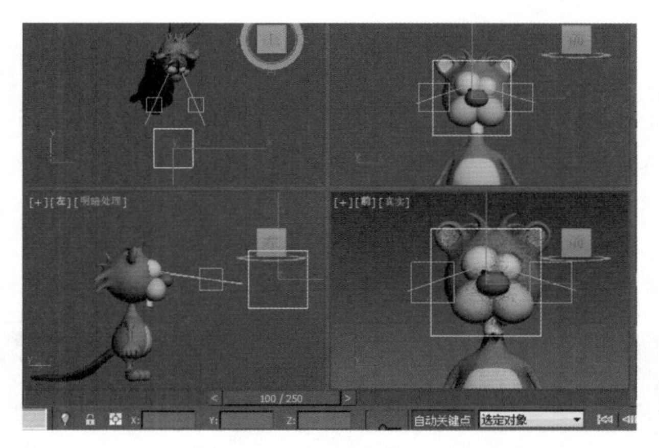

图 17-31　设置参数（2）

Step 9 ▶ 移动时间到 150 帧位置，在前视图中移动虚拟对象到如图 17-32 所示位置。

图 17-32　设置关键帧（1）

Step 10 ▶ 移动时间到 200 帧位置，在前视图中移动虚拟对象到如图 17-33 所示位置。

图 17-33　设置关键帧（2）

Step 11 ▶ 继续移动时间到 250 帧位置，在前视图中移动虚拟对象到如图 17-34 所示位置。

Step 12 ▶ 将制作好的动画进行渲染并输出，单击工具栏中的"渲染场景"按钮，在弹出的"渲染场景"对话框中设置渲染的"范围"为 0 ~ 250 帧，输出大小为 640×480，渲染的视图为透视图，如图 17-35 所示。

图 17-34　设置关键帧（3）

图 17-35　设置参数

读书笔记

17.3 曲线编辑器

"曲线编辑器"是制作动画时经常使用到的一个编辑器。使用"曲线编辑器"可以快速地调节曲线来控制物体的运动状态。单击主工具栏中的"曲线编辑器（打开）"按钮，打开"轨迹视图 - 曲线编辑器"对话框，如图 17-36 所示。

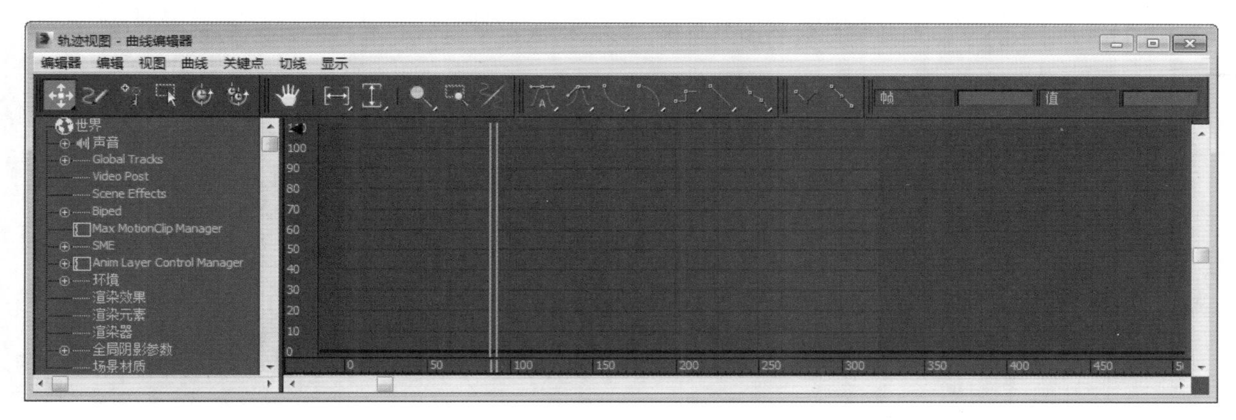

图 17-36 “轨迹视图 - 曲线编辑器”对话框

为物体设置动画属性以后，在“轨迹视图 - 曲线编辑器”对话框中就会有与之相对应的曲线，如图 17-37 所示。

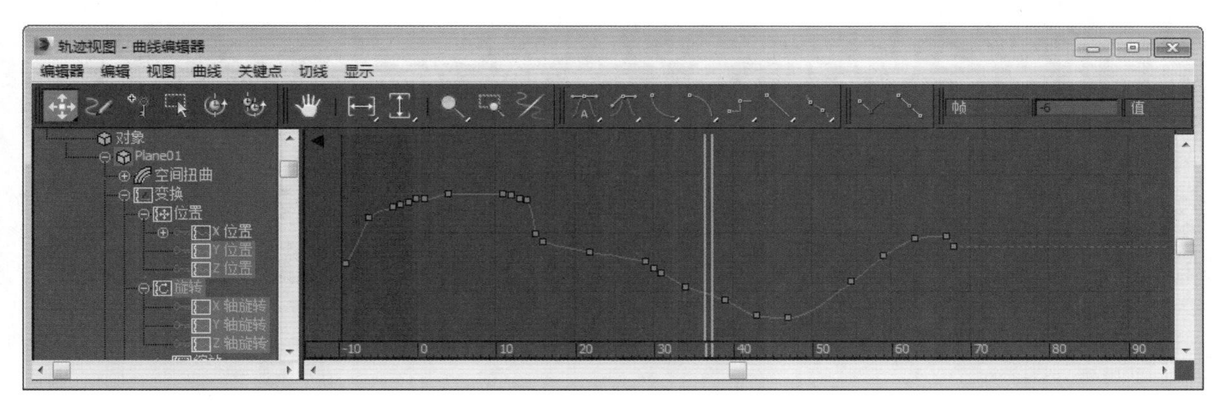

图 17-37 “轨迹视图 - 曲线编辑器”对话框

技巧秒杀

在“轨迹视图 - 曲线编辑器”对话框中，X 轴默认使用红色曲线来表示，Y 轴默认使用绿色来表示，Z 轴默认使用紫色曲线来表示，这 3 条曲线与坐标轴的 3 条轴线的颜色相同，如图 17-38 所示的 X 轴曲线为水平直线，表示物体在 X 轴上未发生移动。

图 17-38 X 轴

如图 17-39 所示的 Y 轴曲线为倾斜的均匀曲线，表示物体在 Y 轴方向上处于匀速运动状态。

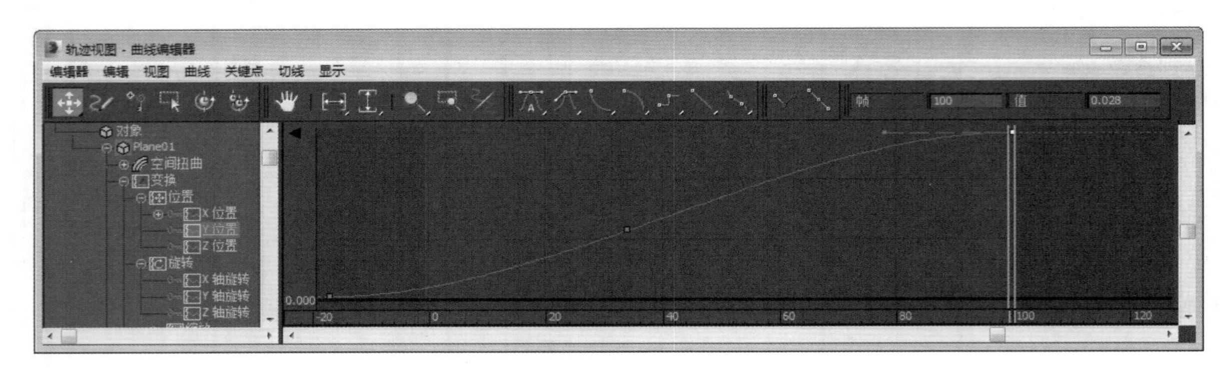

图 17-39　Y 轴

如图 17-40 所示的 Z 轴曲线为抛物线，表示物体在 Z 轴方向上正处于加速运动状态。

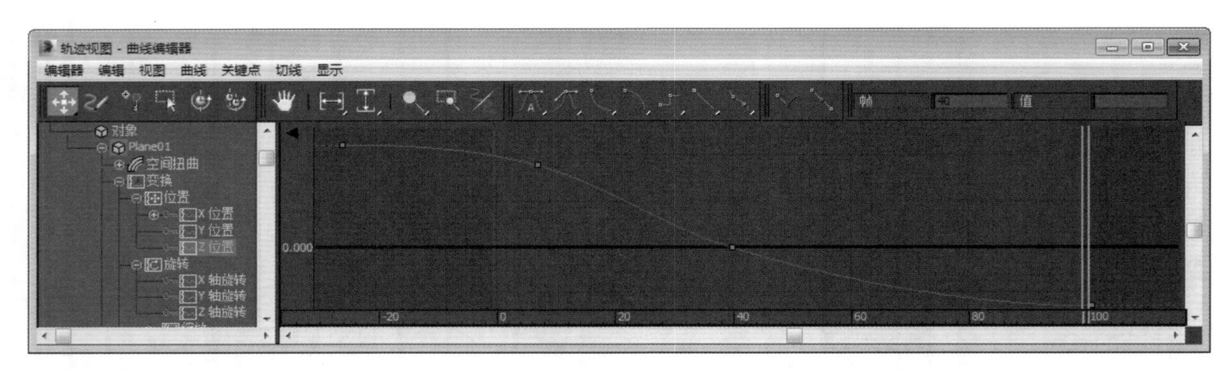

图 17-40　Z 轴

17.3.1 “关键点控制”工具栏

“关键点控制”工具栏中的工具主要是用来调整曲线的基本形状，同时也可以插入关键点，如图 17-41 所示。

图 17-41　“关键点控制”工具

读书笔记

知识解析：“关键点控制”工具面板

- 移动关键点：在函数曲线图上任意、水平或垂直移动关键点。
- 绘制曲线：使用该工具可以绘制新曲线，当然也可以直接在函数曲线图上绘制草图为修改已有曲线。
- 插入关键点：在现有曲线上创建关键点。
- 区域工具：使用该工具可以在矩形区域中移动和缩放关键点。

17.3.2 “关键点切线”工具栏

“关键点切线”工具栏中的工具可以为关键点指定切线（切线控制着关键点附近运动的平滑度和速度），如图 17-42 所示。

图 17-42 “关键点切线”工具栏

知识解析：“关键点切线”工具面板

（1）将切线设置为自动：按关键点附近的功能曲线的形状进行计算，将选择的关键点设置为自动切线。

◆ 将内切线设置为自动：仅影响传入切线。

◆ 将外切线设置为自动：仅影响传出切线。

（2）将切线设置为样条线：将选择的关键点设置为样条线切线。样条线具有关键点控制柄，可以在“曲线”视图中拖动进行编辑。

◆ 将内切线设置为样条线：仅影响传入切线。

◆ 将外切线设置为样条线：仅影响传出切线。

（3）将切线设置为快速：将关键点切线设置为快。

◆ 将内切线设置为快速：仅影响传入切线。

◆ 将外切线设置为快速：仅影响传出切线。

（4）将切线设置为慢速：将关键点切线设置为慢。

◆ 将内切线设置为慢速：仅影响传入切线。

◆ 将外切线设置为慢速：仅影响传出切线。

（5）将切线设置为阶梯式：将关键点切线设置为步长，并使用阶跃来冻结从一个关键点到另一个关键点的移动。

◆ 将内切线设置为阶梯式：仅影响传入切线。

◆ 将外切线设置为阶梯式：仅影响传出切线。

（6）将切线设置为线性：将关键点切线设置为线性。

◆ 将内切线设置为线性：仅影响传入切线。

◆ 将外切线设置为线性：仅影响传出切线。

（7）将切线设置为平滑：将关键点切线设置为平滑。

◆ 将内切线设置为平滑：仅影响传入切线。

◆ 将外切线设置为平滑：仅影响传出切线。

17.3.3 “切线动作”工具栏

“切线动作”工具栏中的工具可以用于统一和断开动画关键点切线，如图 17-43 所示。

图 17-43 “切线动作”工具栏

知识解析：“切线动作”工具面板

◆ 断开切线：允许将两条切线（控制柄）连接到一个关键点，使其能够独立移动，以便不同的运动能够进出关键点。

◆ 统一切线：如果切线是统一的，按任意方向移动控制柄，可以让控制柄之间保持最小角度。

17.3.4 “关键点输入”工具栏

在“关键点输入”工具栏中可以从键盘编辑单个关键点的数值，如图 17-44 所示。

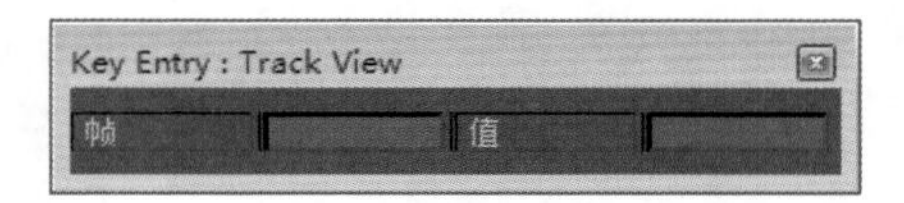

图 17-44 “关键点输入”工具栏

知识解析：“关键点输入”工具面板

◆ 帧：显示选定关键点的帧编号（在时间中的位置）。可以输入新的帧数或输入一个表达式，以将关键点移至其他帧。

◆ 值：显示选定关键点的值（在空间中的位置）。可以输入新的数值或表达式来更改关键点的值。

17.3.5 “导航”工具栏

“导航”工具栏中的工具主要用于导航关键点或曲线的控件，如图 17-45 所示。

图 17-45 “导航”工具栏

知识解析：“导航”工具面板

（1）平移：使用该工具可以平移轨迹视图。

（2）水平方向最大化显示：单击该按钮，可以在水平方向上最大化显示轨迹视图。

◆ 水平方向最大化显示关键点：单击该按钮，可以在水平方向上最大化显示选定的关键点。

（3）最大显示值：单击该按钮，可以最大化显示关键点的值。

◆ 最大显示值范围：单击该按钮，可以最大化显示关键点的值范围。

（4）缩放：使用该工具可以在水平和垂直方向上缩放时间的视图。

◆ 缩放时间：使用该工具可以在水平方向上缩放轨迹视图。

◆ 缩放值：使用该工具可以在垂直方向上缩放轨迹视图。

（5）缩放区域：使用该工具可以框选出一个矩形缩放区域，松开鼠标左键后这个区域将充满窗口。

（6）孤立曲线：孤立选择当前选择的动画曲线。

17.4 约束

所谓“约束”就是将事物的变化限制在一个特定的范围内。将两个或多个对象绑定在一起后，使用“动画”→“约束”菜单下的子命令可以控制对象的位置、旋转或缩放。“动画”→“约束”菜单下包含7个约束命令，分别是“附着约束”、“曲面约束”、“路径约束”、“位置约束”、“链接约束”、“注视约束”和“方向约束”，如图17-46所示。

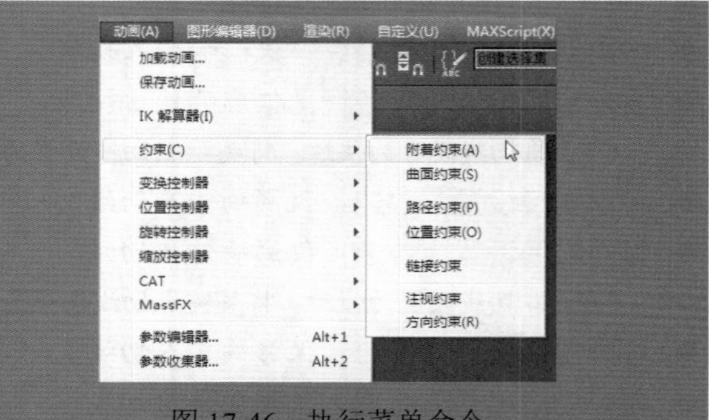

图17-46 执行菜单命令

17.4.1 附着约束

“附着约束”是一种位置约束，它可以将一个对象的位置附着到另一个对象的面上（目标对象不用必须是网格，但必须能够转换为网格），其参数设置面板如图17-47所示。

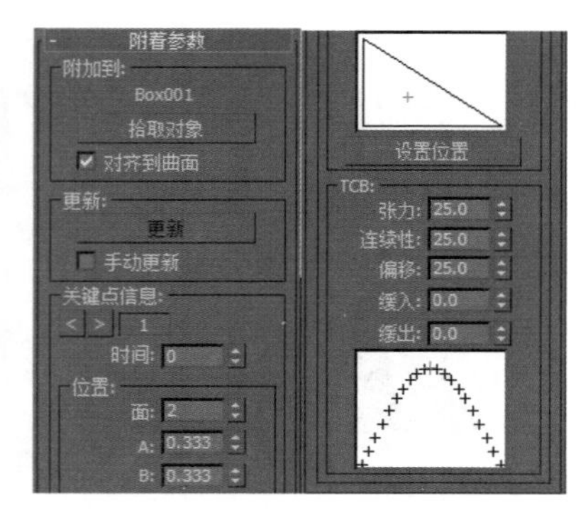

图17-47 “附着约束”参数设置面板

知识解析：“附着约束”面板

（1）“附加到”选项组

◆ 对象名称：显示所要附着的目标对象。

◆ 拾取对象：在视图中拾取目标对象。

◆ 对齐到曲面：选中该复选框后，可以将附着对象的方向固定在其所指定的面；关闭该选项后，附着对象方向将不受目标对象上的面的方向影响。

（2）“更新”选项组

◆ 更新：更新显示附着效果。

◆ 手动更新：选中该复选框后，可以使用“更新”按钮。

（3）“关键点信息”选项组

◆ 当前关键点：显示当前关键点编号并可以移动到其他关键点。

◆ 时间：显示当前帧，并可以将当前关键点移动到不同的帧中。

（4）“位置”选项组

◆ 面：提供对象所附着到的面的索引。
◆ A/B：设置面上附着对象的位置的重心坐标。
◆ 显示窗口：在附着面内部显示源对象的坐标。
◆ 设置位置：在目标对象上调整源对象的放置。

（5）TCB 选项组

◆ 张力：设置 TCB 控制器的张力，范围为 0 ~ 50。
◆ 连续性：设置 TCB 控制器的连续性，范围为 0 ~ 50。
◆ 偏移：设置 TCB 控制器的偏移量，范围为 0 ~ 50。
◆ 缓入：设置 TCB 控制器的缓入位置，范围为 0 ~ 50。
◆ 缓出：设置 TCB 控制器的缓出位置，范围为 0 ~ 50。

17.4.2 曲面约束

使用“曲面约束”可以将对象限制在另一对象的表面上，其参数设置面板如图 17-48 所示。

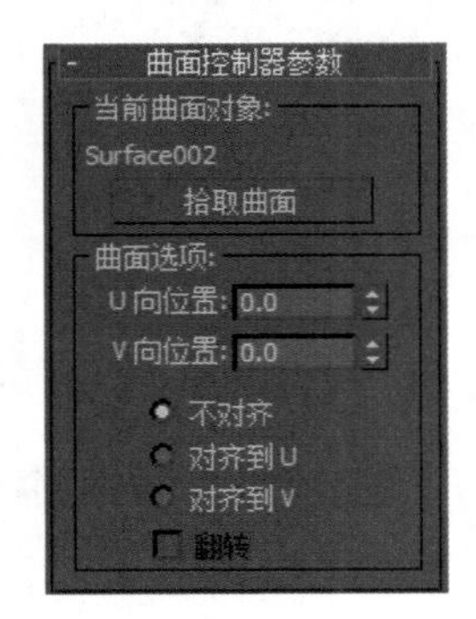

图 17-48　“曲面约束”参数设置面板

知识解析：“曲面约束”面板

（1）“当前曲面对象”选项组

◆ 对象名称：显示选定对象的名称。
◆ 拾取曲面：选择需要作用曲面的对象。

（2）“曲面选项”选项组

◆ U 向位置：调整控制对象在曲面对象 U 坐标轴上的位置。
◆ V 向位置：调整控制对象在曲面对象 V 坐标轴上的位置。
◆ 不对齐：选中该单选按钮后，不管控制对象在曲面对象上的什么位置，它都不会重定向。
◆ 对齐到 U：将控制对象的局部 Z 轴对齐到曲面对象的曲面法线，同时将 X 轴对齐到曲面对象的 U 轴。
◆ 对齐到 V：将控制对象的局部 Z 轴对齐到曲面对象的曲面法线，同时将 X 轴对齐到曲面对象的 V 轴。
◆ 翻转：翻转控制对象局部 Z 轴的对齐方式。

17.4.3 路径约束

使用“路径约束”（这是约束里面最重要的一种）可以将一个对象沿着样条线或在多个样条线间的平均距离间的移动进行限制。其参数设置面板如图 17-49 所示。

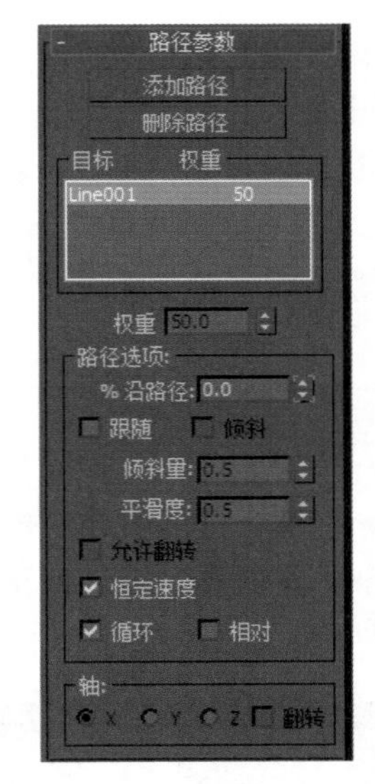

图 17-49　“路径约束”参数设置面板

知识解析：“路径约束”面板

◆ 添加路径：添加一个新的样条线路径使之对约束对象产生影响。
◆ 删除路径：从目标列表中移除一个路径。
◆ 目标 / 权重：该列表用于显示样条线路径及其权重值。

◆ 权重：为每个目标指定并设置动画。

◆ % 沿路径：设置对象沿路径的位置百分比。

技巧秒杀

注意“% 沿路径”的值基于样条线路径的 U 值。一个 NURBS 曲线可以没有均匀的空间 U 值，因此如果“% 沿路径”的值为 50，可能不会直观地转换为 NURBS 曲线长度的 50%。

◆ 跟随：在对象跟随轮廓运动同时将对象指定给轨迹。

◆ 倾斜：当对象通过样条线的曲线时允许对象倾斜（滚动）。

◆ 倾斜量：调整这个量使倾斜从一边或另一边开始。

◆ 平滑度：控制对象在经过路径中的转弯时翻转角度改变的快慢程度。

◆ 允许翻转：选中该复选框后，可以避免在对象沿垂直方向的路径行进时有翻转的情况。

◆ 恒定速度：选中该复选框后，可以沿着路径提供一个恒定的速度。

◆ 相对：选中该复选框后，可以保持约束对象的原始位置。

◆ 轴：定义对象的轴与路径轨迹对齐。

17.4.4 位置约束

使用“位置约束”可以引起对象跟随一个对象的位置或者几个对象的权重平均位置，其参数设置面板如图 17-50 所示。

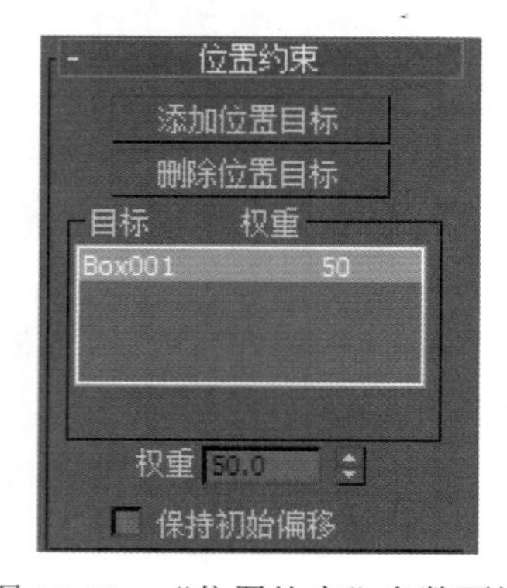

图 17-50 “位置约束”参数面板

知识解析：“位置约束”面板

◆ 添加位置目标：添加影响受约束对象位置的新目标对象。

◆ 删除位置目标：移除位置目标对象。一旦将目标对象移除，它将不再影响约束的对象。

◆ 目标 / 权重：该列表用于显示目标对象及其权重值。

◆ 权重：为每个目标指定并设置动画。

◆ 保持初始偏移：选中该复选框后，可以保存受约束对象与目标对象的原始距离。

17.4.5 链接约束

使用“链接约束”可以创建对象与目标对象之间彼此链接的动画，其参数面板如图 17-51 所示。

图 17-51 “链接约束”参数面板

知识解析：“链接约束”参数面板

◆ 添加链接：添加一个新的链接目标。

◆ 链接到世界：将对象链接到世界（整个场景）。

◆ 删除链接：移除高亮显示的链接目标。

◆ 开始时间：指定或编辑目标的帧值。

◆ 无关键点：选中该单选按钮后，在约束对象或目标中不会写入关键点。

◆ 设置节点关键点：选中该单选按钮后，可以将关键帧写入到指定的选项，包含“子对象”和“父对象”两种。

◆ 设置整个层次关键点：用指定选项在层次上部设置关键帧，包含“子对象”和“父对象”两种。

17.4.6 注视约束

使用“注视约束”可以控制对象的方向，并使它一直注视另一个对象，其参数设置面板如图 17-52 所示。

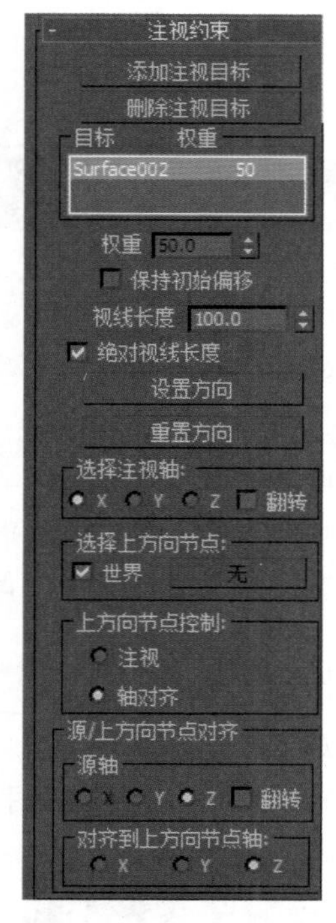

图 17-52 “注视约束”参数设置面板

知识解析：“注视约束”面板

- 添加注视目标：用于添加影响约束对象的新目标。
- 删除注视目标：用于移除影响约束对象的目标对象。
- 权重：用于为每个目标指定权重值并设置动画。
- 保持初始偏移：将约束对象的原始方向保持为相对于约束方向上的一个偏移。
- 视线长度：定义从约束对象轴到目标对象轴所绘制的视线长度。
- 绝对视线长度：选中该复选框后，3ds Max 仅使用“视线长度”设置主视线的长度。
- 设置方向：允许对约束对象的偏移方向进行手动定义。
- 重置方向：将约束对象的方向设置为默认值。
- 选择注视轴：用于定义注视目标的轴。
- 选择上方向节点：选择注视的上部节点，默认设置为“世界”。
- 上方向节点控制：允许在注视的上部节点控制器和轴对齐之间快速翻转。
- 源轴：选择与上部节点轴对齐的约束对象的轴。
- 对齐到上方向节点轴：选择与选中的源轴对齐的上部节点轴。

17.4.7 方向约束

使用“方向约束”可以使某一个对象的方向沿着另一个对象的方向或若干对象的平均方向，其参数设置面板如图 17-53 所示。

图 17-53 “方向约束”参数设置面板

知识解析：“方向约束”面板

（1）添加方向目标：添加影响受约束对象的新目标对象。

（2）将世界作为目标添加：将受约束对象与世界坐标轴对齐。

（3）删除方向目标：移除目标对象。移除目标对象后，将不再影响受约束对象。

（4）权重：为每个目标指定并设置动画。

（5）保持初始偏移：选中该复选框后，可以保留受约束对象的初始方向。

（6）变换规则：将“方向约束”应用于层次中的某个对象后，即确定了是将局部节点变换还是将父变换用于“方向约束”。

◆ 局部→局部：选中该单选按钮后，局部节点变换将用于“方向约束。”

◆ 世界→世界：选中该单选按钮后，将应用父变换或世界变换，而不是应用局部节点变换。

读书笔记

17.5 变形器

本节将介绍制作变形动画的两个重要变形器，即“变形器”修改器与“路径变形”修改器。

17.5.1 “变形器”修改器

“变形器”修改器可以用来改变网格、面片和NURBS模型的形状，同时还支持材质变形，一般用于制作3D角色的口型动画和与其同步的面部表情动画。“变形器”修改器的参数设置面板包含5个卷展栏，如图17-54所示。

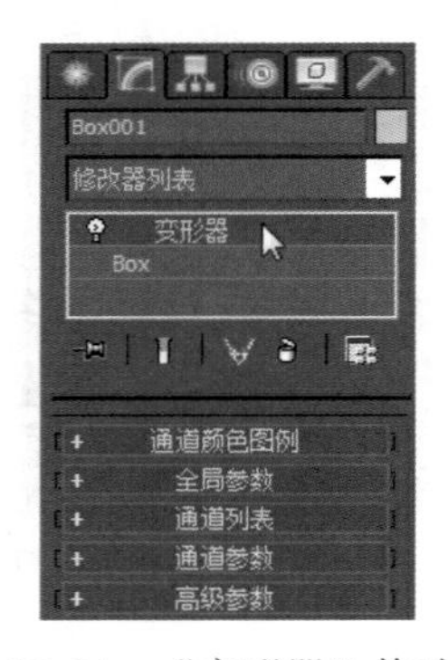

图 17-54 “变形器”修改器

知识解析：“变形器”参数面板

（1）“通道颜色图例”卷展栏

展开“通道颜色图例”卷展栏，如图17-55所示。

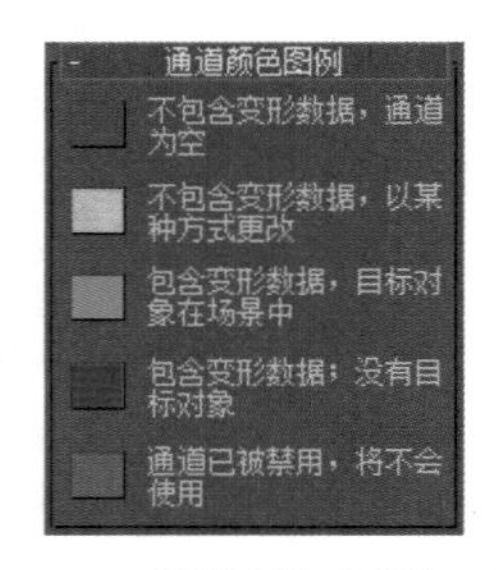

图 17-55 “通道颜色图例”卷展栏

◆ 灰色：表示通道为空且尚未编辑。

◆ 橙色：表示通道已在某些方面更改，但不包含变形数据。

◆ 绿色：表示通道处于活动状态。通道包含变形数据，且目标对象仍然存在于场景中。

◆ 蓝色：表示通道包含变形数据，但尚未从场景中删除目标。

◆ 深灰色：表示通道已被禁用。

（2）“全局参数”卷展栏

展开“全局参数”卷展栏，如图17-56所示。

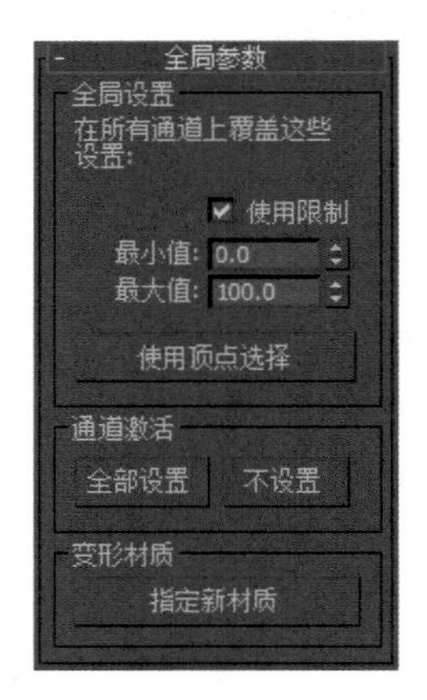

图 17-56 “全局参数”卷展栏

① “全局设置”选项组

◆ 使用限制：为所有通道使用最小和最大限制。

◆ 最小值：设置最小限制。

◆ 最大值：设置最大限制。

◆ 使用顶点选择：单击该按钮后，可以限制选定顶点的变形。

②“通道激活”选项组

◆ 全部设置：单击该按钮，可以激活所有通道。

◆ 不设置：单击该按钮，可以取消激活所有通道。

③“变形材质”选项组

◆ 指定新材质：单击该按钮，可以将“变形器”材质指定给基础对象。

（3）“通道列表”卷展栏

展开“通道列表”卷展栏，如图 17-57 所示。

图 17-57 “通道列表”卷展栏

◆ 标记下拉列表：在该列表中可以选择以前保存的标记。

◆ 保存标记：在“标记下拉列表”中输入标记名称后，单击该按钮可以保存标记。

◆ 删除标记：从“标记下拉列表”中选择要删除的标记名，然后单击该按钮可以将其删除。

◆ 通道列表：“变形器”修改器最多可以提供 100 个变形通道，每个通道具有一个百分比值。为通道指定变形目标后，该目标的名称将显示在通道列表中。

◆ 列出范围：显示通道列表中的可见通道范围。

◆ 加载多个目标：单击该按钮，可以打开“加载多个目标”对话框，在该对话框中可以选择对象，并将多个变形目标加载到空通道中。

◆ 重新加载所有变形目标：单击该按钮，可以重新加载所有变形目标。

◆ 活动通道值清零：如果已启用“自动关键点”功能，那么单击该按钮，可以为所有活动变形通道创建值为 0 的关键点。

◆ 自动重新加载目标：选中该复选框后，可以允许“变形器”修改器自动更新动画目标。

（4）“通道参数”卷展栏

展开“通道参数”卷展栏，如图 17-58 所示。

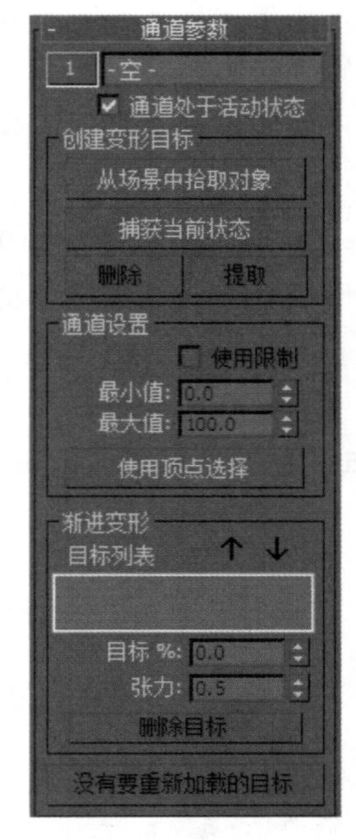

图 17-58 “通道参数”卷展栏

◆ 通道编号：单击通道图标会弹出一个菜单。使用该菜单中的命令可以分组和组织通道，还可以查找通道。

◆ 通道名：显示当前目标的名称。

◆ 通道处于活动状态：切换通道的启用和禁用状态。

◆ 从场景中拾取对象：使用该按钮在视图中单击一个对象，可以将变形目标指定给当前通道。

◆ 捕获当前状态：单击该按钮可以创建使用当前通道值的目标。

◆ 删除：删除当前通道的目标。

◆ 提取：选择蓝色通道并单击该按钮，可以使用变形数据创建对象。

◆ 使用限制：如果在“全局参数”卷展栏中关闭了“使用限制”选项，那么启用该选项可以在当前通道上使用限制。

◆ 最小值：设置最低限制。

◆ 最大值：设置最高限制。

◆ 使用顶点选择：仅变形当前通道上的选定顶点。

◆ 目标列表：列出与当前通道关联的所有中间变形目标。

◆ 上移：在列表中向上移动选定的中间变形目标。

◆ 下移：在列表中向下移动选定的中间变形目标。

◆ 目标 %：指定选定中间变形目标在整个变形解决方案中所占的百分比。

◆ 张力：指定中间变形目标之间的顶点变换的整体线性。

◆ 删除目标：从目标列表中删除选定的中间变形目标。

◆ 重新加载变形目标：将数据从当前目标重新加载到通道中。

（5）“高级参数”卷展栏

展开“高级参数”卷展栏，如图 17-59 所示。

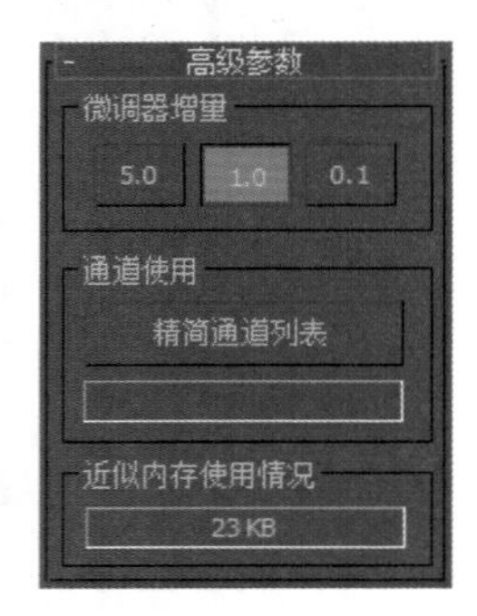

图 17-59 “高级参数”卷展栏

◆ 微调器增量：指定微调器增量的大小。5 为大增量，0.1 为小增量，默认值为 1。

◆ 精简通道列表：通过填充指定通道之间的所有空通道来精简通道列表。

◆ 近似内存使用情况：显示当前的近似内存的使用情况。

17.5.2 “路径变形”修改器

使用“路径变形”修改器可以根据图标、样条线或 NURBS 曲线路径来变形对象，其参数设置面板如图 17-60 所示。

图 17-60 “路径变形”修改器

知识解析：“路径变形”面板

（1）“路径变形”选项组

◆ 路径：显示选定路径对象的名称。

◆ 拾取路径：使用该按钮可以在视图中选择一条样条线或 NURBS 曲线作为路径使用。

◆ 百分比：根据路径长度的百分比沿着 Gizmo 路径移动对象。

◆ 拉伸：使用对象的轴点作为缩放的中心沿着 Gizmo 路径缩放对象。

◆ 旋转：沿着 Gizmo 路径旋转对象。

◆ 扭曲：沿着 Gizmo 路径扭曲对象。

（2）“路径变形轴”选项组

◆ X/Y/Z：选择一条轴以旋转 Gizmo 路径，使其与对象的指定局部轴相对齐。

读书笔记

17.6 精通实例——制作跑车行驶动画

17.6.1 案例分析

本例将制作跑车行驶的动画。动画制作分为二维动画制作、三维动画制作和定格动画制作，二维动画和三维动画是当今世界上运用比较广泛的动画形式。动画制作应用的范围不仅仅是动画片制作，还包括影视后期、广告等方面。三维动画是建立在以电脑上大量进行后期加工制作的动画表现方式之一，是现今影视剧的主要制作手段中的一种。

17.6.2 操作思路

为更快完成本例的制作，并且尽可能运用本章讲解的知识，本例的操作思路如下。

（1）打开素材模型。

（2）创建样条线。

（3）创建约束。

（4）调整细节。

（5）完成制作。

17.6.3 操作步骤

制作跑车行驶动画的具体操作步骤如下。

Step 1 ▸ 打开“跑车.max”文件，如图 17-61 所示。

图 17-61　打开模型

Step 2 ▸ 在“创建”面板中单击“图形”按钮，单击“弧”按钮，在顶视图中创建弧，如图 17-62 所示。

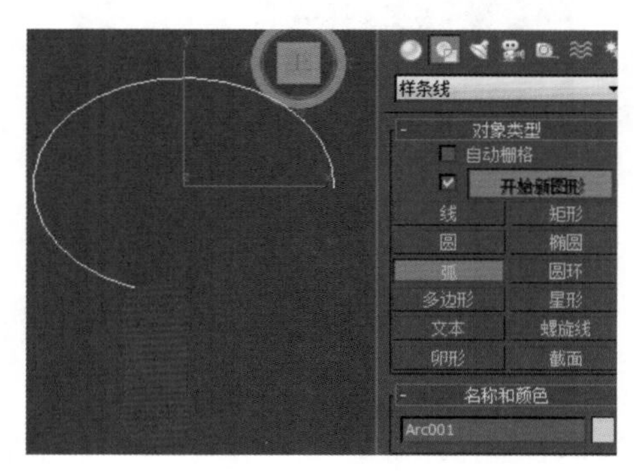

图 17-62　创建图形

Step 3 ▸ 单击选择模型对象，如图 17-63 所示。

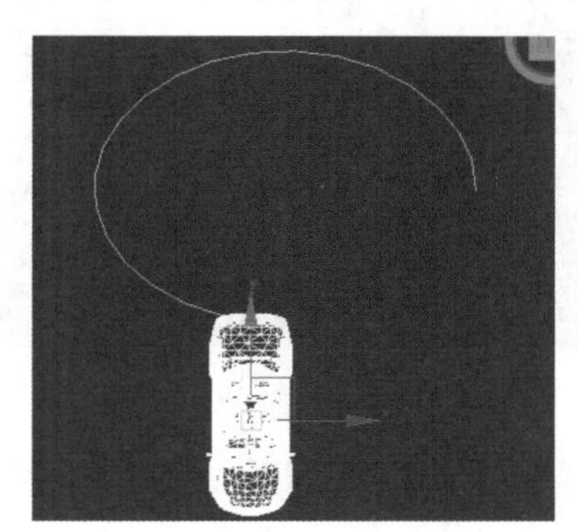

图 17-63　选择模型

Step 4 ▸ 执行“动画”→“约束”→“路径约束”命令，如图 17-64 所示。

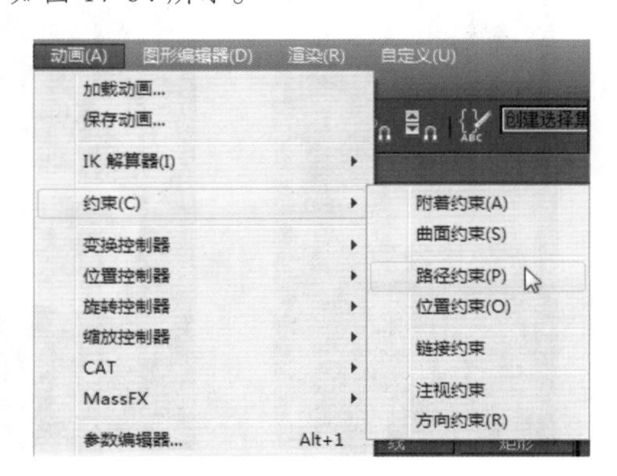

图 17-64　执行命令

Step 5 ▶ 将虚线拖曳到圆弧上单击，如图 17-65 所示。

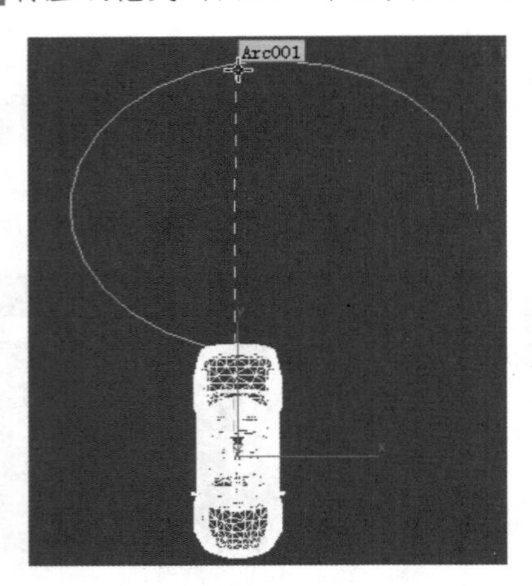

图 17-65　创建约束

Step 6 ▶ 跑车即移动到弧线上，如图 17-66 所示。

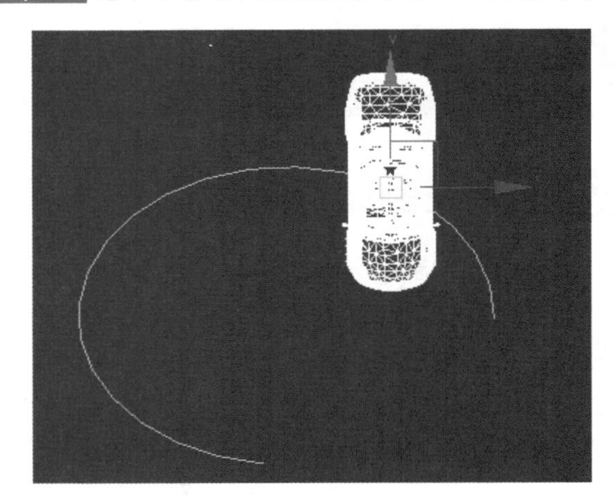

图 17-66　显示效果

Step 7 ▶ 单击“播放动画”按钮，效果如图 17-67 所示。

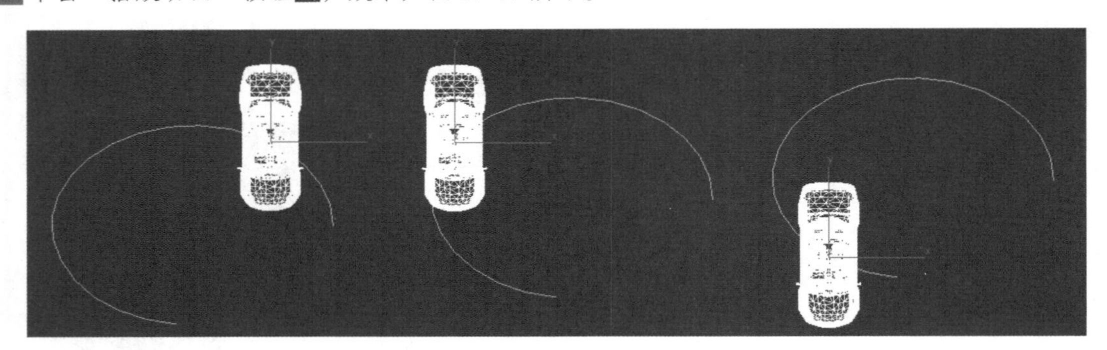

图 17-67　动画效果

Step 8 ▶ 单击“运动”面板，展开“路径参数”卷展栏，选中“跟随”复选框，如图 17-68 所示。

Step 9 ▶ 跑车与弧线的位置如图 17-69 所示。

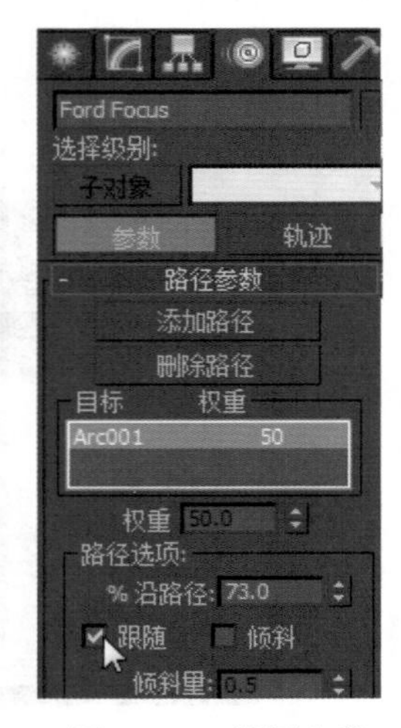

图 17-68　设置参数

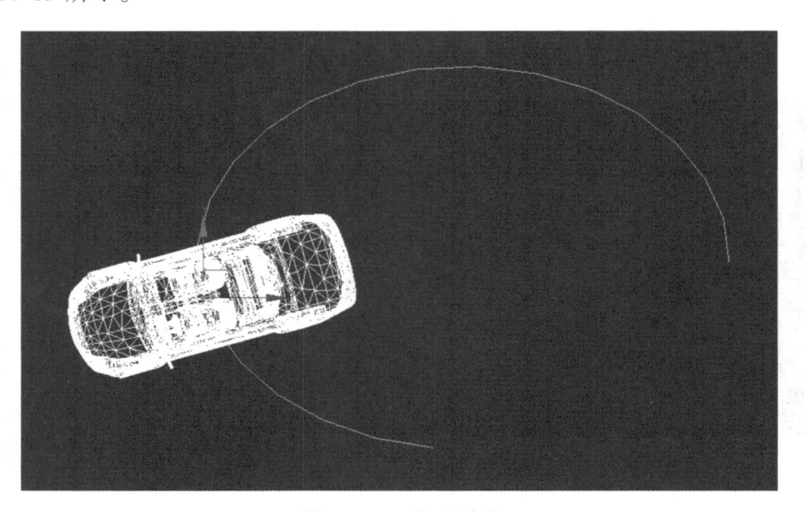

图 17-69　显示效果

Step 10 ▶ 设置轴为 Y 轴，跑车与弧线的位置如图 17-70 所示。

Step 11 ▶ 选择效果比较明显的帧，按 F9 键渲染这些单帧动画，最终效果如图 17-71 所示。

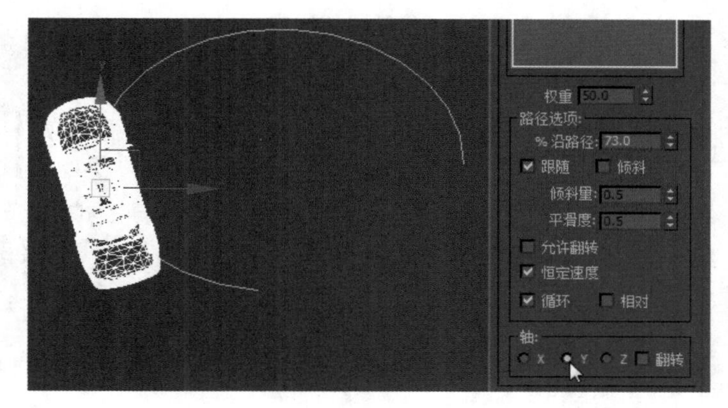

图 17-70　设置参数

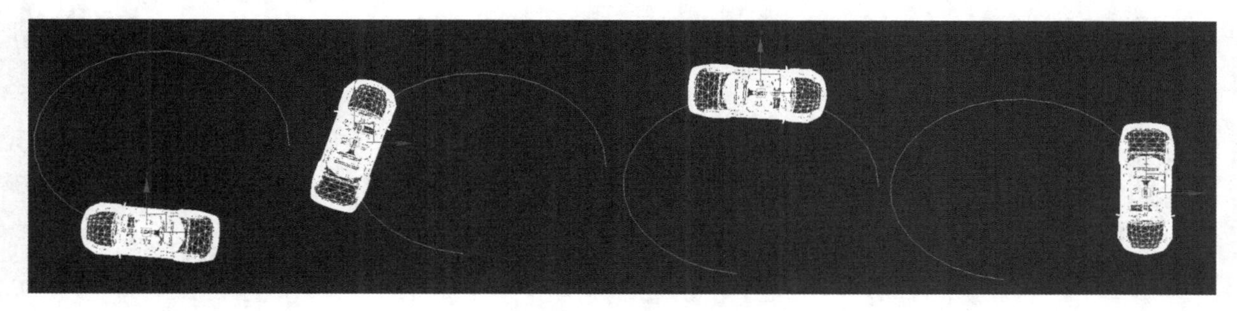

图 17-71　动画效果

知识大爆炸
——制作三维动画的具体步骤

制作三维动画的具体步骤如下。

（1）布景：完善三维场景模型。这一步中需要建立很多的模型（如建筑、植物等）。

（2）布局：按照故事板制作三维场景的 Layout。更准确地体现出场景布局和人物之间的位置关系，能让导演看到准确的镜头的走位、长度、切换和角色的基本姿势等信息，就能达到目的。

（3）关键帧：这一步需要动画师按照布景和 Layout 中设计好的镜头来制作，就是把动作的关键动作（Key Pose）设置好，这里已经能够比较细致地反映出角色的肢体动作、表情神态等信息。

（4）动作制作：经过上一步之后，动画师就可以根据关键动作来进一步制作动画细节。加上挤压拉伸、跟随、重叠和次要动作等（如说话时的口型）。到这一步，动画师的动作就已经完成了。这也是影片的核心之处。

（5）模拟：制作与动力学相关的事物，如毛发、布料等。

（6）材质贴图：使模型人物和背景有颜色和纹理，模型看起来更细致、真实、自然。

（7）特效：制作火、烟雾、水流等效果。

（8）灯光：通过放置虚拟光源来模拟自然界中的光，给场景打上灯光后，与自然界的景色就接近了。

（9）渲染：是三维动画制作的最后一步，渲染计算机中繁杂的数据并输出，之前几步的效果都需要经过渲染才能以图像的形式表现出来。

15 16 17 18

综合实例

本章导读

本章综合讲解本书所学知识，通过片头动画的制作，练习动画相关知识的综合应用；通过两个三维实体造型，熟悉应用三维建模相关知识；最后通过建筑室内效果图制作，综合训练三维建模、材质、灯光、渲染相关技术以及 Photoshop 后期处理相关技能。

18.1 制作片头动画

18.1.1 案例分析

片头动画创意制作通常可以分为宣传片片头动画、游戏片头动画、电视片头动画、电影片头动画、节目片头动画、产品演示片头动画、广告片头动画等。片头的制作流程通常是首先创建三维模型，然后赋材质、制作动画、创建灯光、渲染，最后进行后期合作和添加特效等。

18.1.2 操作思路

为更快完成本例的制作，并且尽可能地引领读者一步一步地学习片头动画的制作，本例的操作思路如下。

（1）打开素材模型。介绍创建动画场景中的标志。

（2）倒角工具的使用。

（3）创建摄像机和灯光。

（4）赋予场景对象材质。

（5）特效动画的制作。

读书笔记

18.1.3 操作步骤

1. 制作标志

Step 1 ▶ 新建一个空白场景文件，单击几何体创建面板中的 平面 按钮，在前视图中创建一平面，其参数设置如图 18-1 所示。

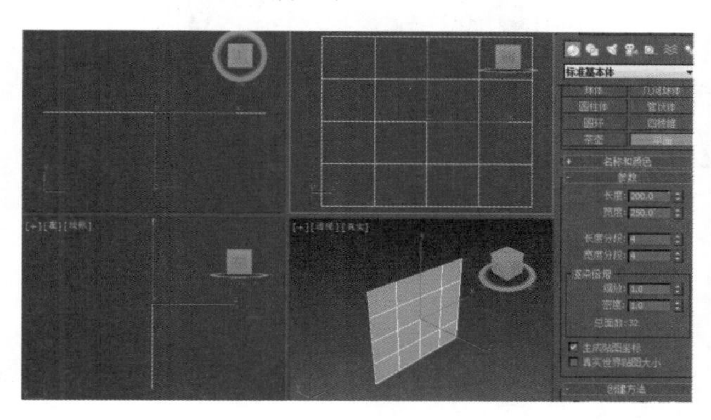

图 18-1 绘制平面

Step 2 ▶ 单击工具栏中的“材质编辑器”按钮，在弹出的材质编辑器中选择一个空白材质样本球，在“Blinn 基本参数”卷展栏中单击“漫反射”右侧的按钮，如图 18-2 所示。

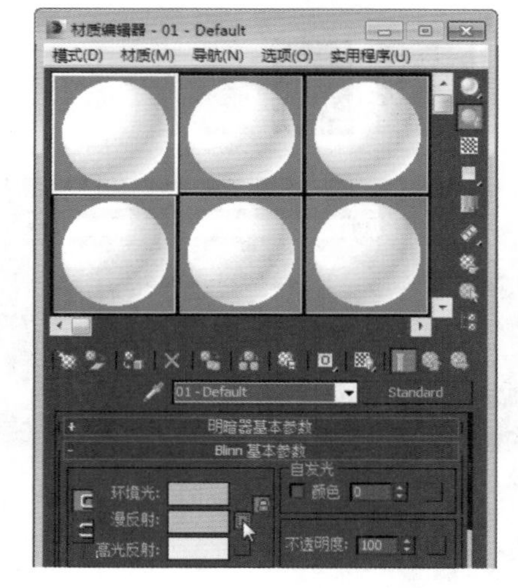

图 18-2 打开“材质编辑器”对话框

技巧秒杀

平面“参数”卷展栏中的“渲染倍增”选项组是用来设置平面渲染缩放比例及其密度的。它包括“缩放”和“密度”两个参数。

Step 3 ▶ 在弹出的“材质/贴图浏览器”对话框中双击“位图”选项，如图 18-3 所示。

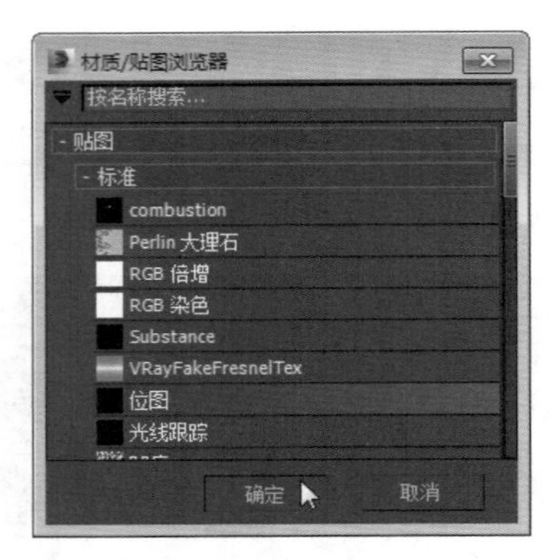

图 18-3　双击选项

Step 4 ▶ 在打开的“选择位图图像文件”对话框中选择本书光盘\第 18 章\素材中的“标志背景.jpg”文件，如图 18-4 所示。

图 18-4　选择位图文件

技巧秒杀

也可以直接用鼠标将计算机硬盘文件夹中的位图图片拖到材质编辑器窗口中任一空白材质样本球上，以指定该材质的漫反射贴图。

Step 5 ▶ 在前视图中选择平面，单击材质编辑器中的按钮，将材质赋给所选择的平面，如图 18-5 所示。

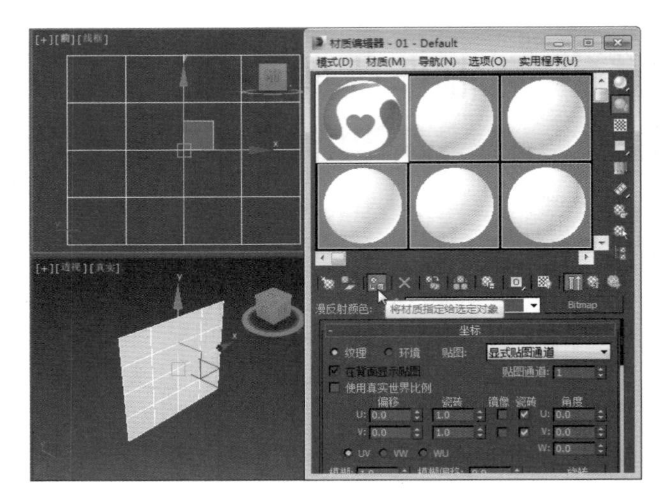

图 18-5　将材质赋予平面

Step 6 ▶ 将材质赋予其选择对象后，单击材质编辑器工具栏上的按钮，即可在视图中显示出该材质贴图，如图 18-6 所示。

图 18-6　指定显示方式

?答疑解惑:

为什么在制作动画时要导入图像文件?

在 3ds Max 中绘制标志时，为了方便起见，常常将标志图案导入 3ds Max 视图中作为参考图片。这里使用贴图的方法来显示图案，将图案作为背景参照物，然后用直线工具直接在图案上面勾出大致形状，再编辑调整即可。

Step 7 ▶ 激活前视图，单击视图控制区中的“最大化”按钮（或按 Alt+W 快捷键），将其最大化显示，然后按 F3 键，将视口显示模式转换为“真实”模式，如图 18-7 所示。

图 18-7　显示效果

Step 8 ▶ 单击二维图形创建命令面板中的“线”按钮，在前视图中模拟绘制的标志图形中最上面的封闭图形，单击“确定”按钮，如图 18-8 所示。

图 18-8　封闭图形

Step 9 ▶ 进入“修改”面板，单击“选择”卷展栏中的■按钮，在前视图中框选闭合线框中所有的节点，单击鼠标右键，在弹出的快捷菜单中选择“Bezier 角点”命令，如图 18-9 所示。

Step 10 ▶ 利用移动工具在前视图中调节曲线节点上的 Bezier 控制杆，使之最大限度地接近图像形状，调整后的效果如图 18-10 所示。

Step 11 ▶ 采用同样的方法，绘制出整个标志形状的闭合线条，选择其中任一条曲线，单击“修改”面板下的“几何体”卷展栏中的“附加”按钮，如图 18-11 所示。

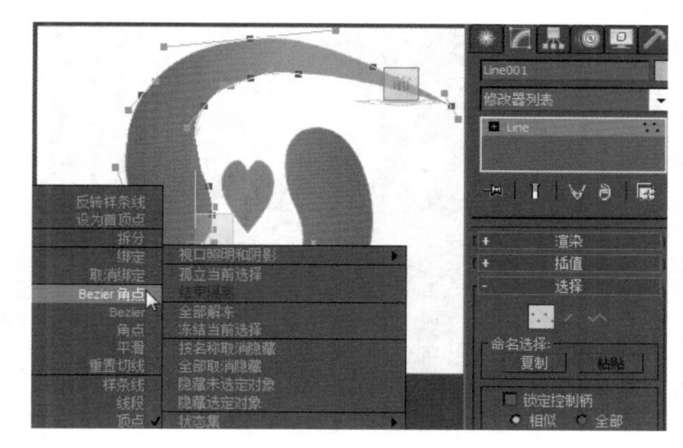

图 18-9　选择节点

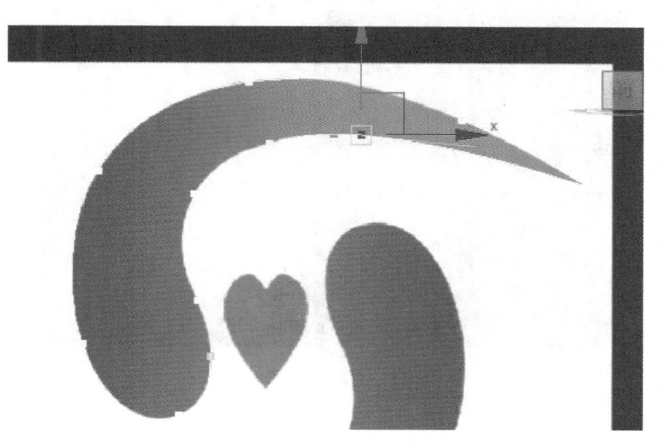

图 18-10　调整二维曲线形状

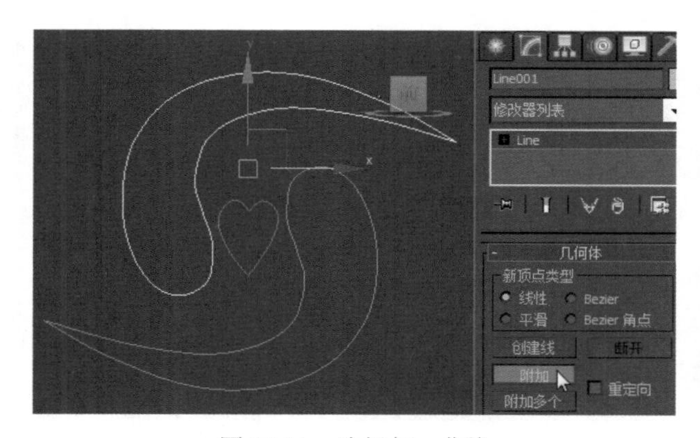

图 18-11　选择任一曲线

Step 12 ▶ 单击视图中的其他线条曲线，将其他线条逐一附加进来，此时所有附加曲线将成为一个图形，它们的颜色将会统一为一种颜色，效果如图 18-12 所示。

Step 13 ▶ 选择附加后的样条曲线，单击“修改”面板中的“修改器列表”下拉按钮，在弹出的下拉列表中选择“倒角”选项，如图 18-13 所示。

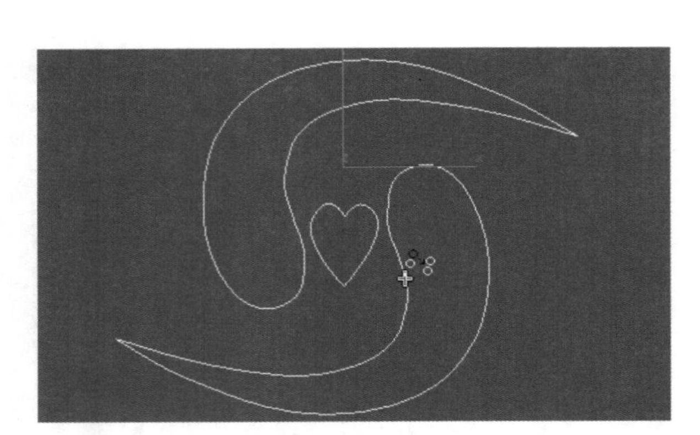

图 18-12　附加图形

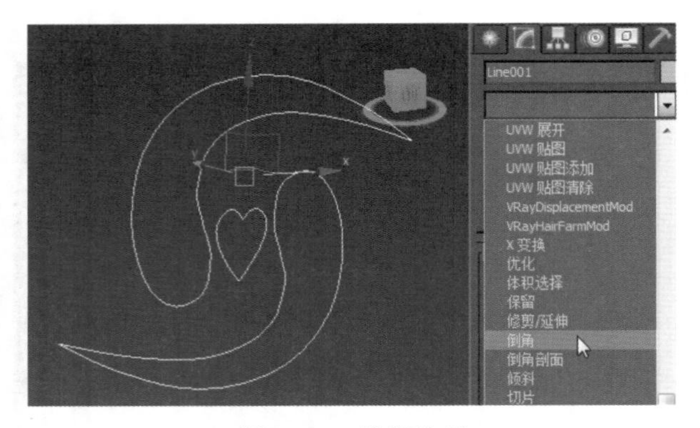

图 18-13　选择选项

Step 14 ▶ 将其转换为三维实体，其参数设置及效果如图 18-14 所示。

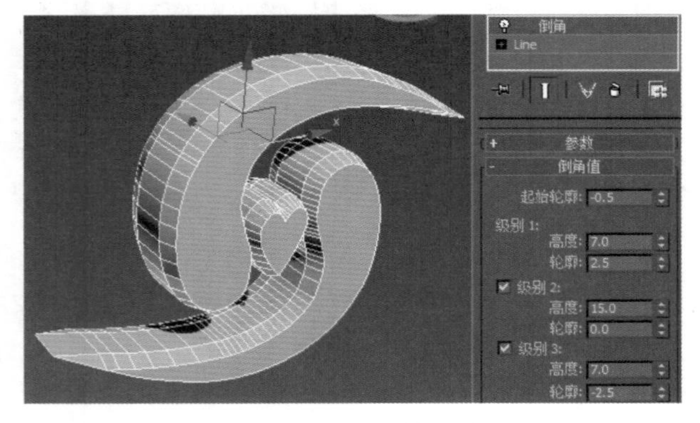

图 18-14　设置参数及效果

2. 制作三维字体

Step 1 ▶ 单击“二维图形”面板中的“文本”按钮，进入“修改”面板，在“修改”面板的“参数”卷展栏的“文本”文本框中输入“MU KPOC 电影频道”字样，并设置其字体参数，如图 18-15 所示。

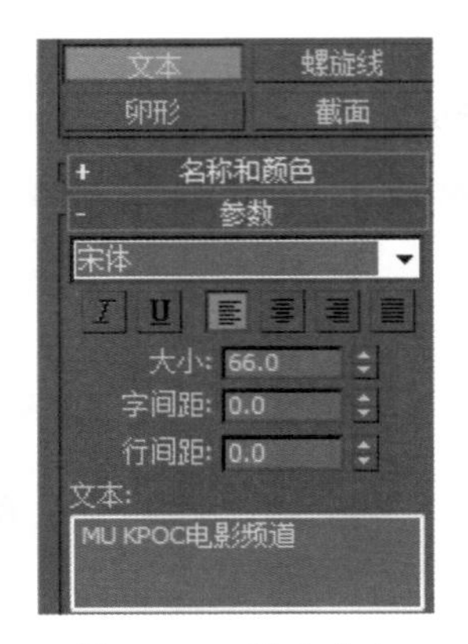

图 18-15　输入文字

Step 2 ▶ 激活并最大化前视图，在前视图中单击鼠标左键以创建文本，如图 18-16 所示。

图 18-16　创建文本

Step 3 ▶ 进入“修改”面板，选择“修改器列表”下拉列表中的“倒角”选项，将其转换为三维对象，其参数设置如图 18-17 所示。

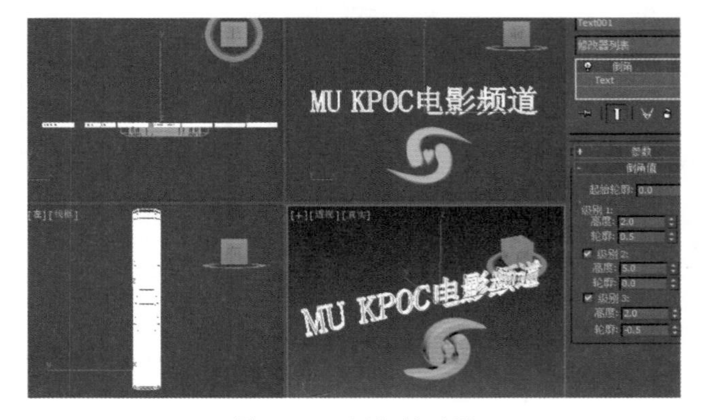

图 18-17　添加修改器

Step 4 ▶ 选择并删除视图中的平面，分别选择标志和文字，将其移动到如图 18-18 所示的位置。

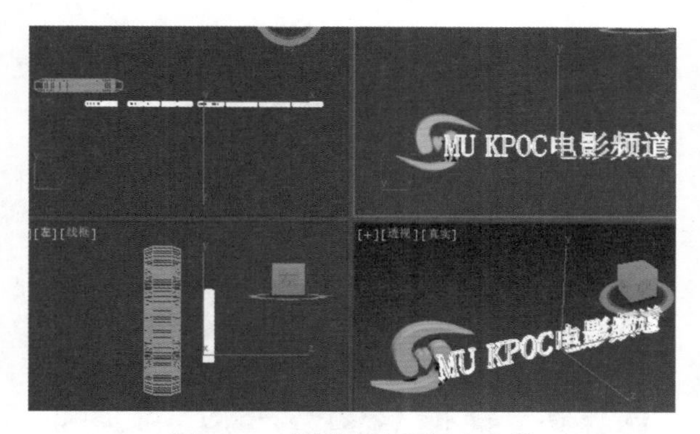
图 18-18　调整文字和标志位置

技巧秒杀

倒角工具只能用于二维图形，能将二维图形拉伸成三维模型，与“挤出”工具不同的是，它还可以为生成的三维模型边界加入直角形或圆形的倒角效果。

Step 5 ▶ 选择标志，右键单击工具栏中的“旋转”按钮，在弹出的“旋转变换输入”对话框中设置参数，如图 18-19 所示。

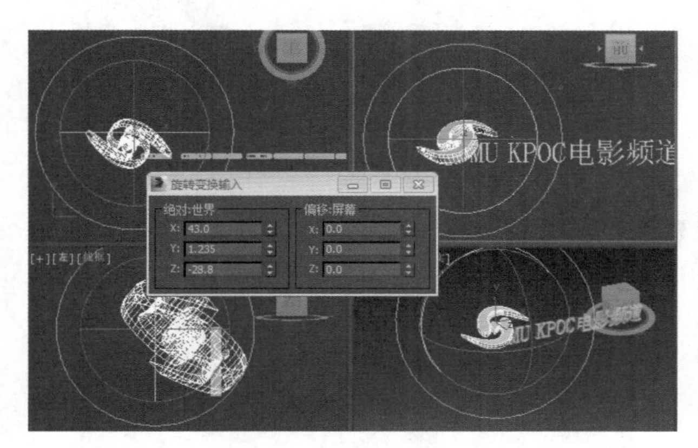

图 18-19　标志旋转变换参数

Step 6 ▶ 选择文字，右键单击工具栏中的“旋转”按钮，在弹出的“旋转变换输入”对话框中设置参数，如图 18-20 所示。

3. 创建摄像机

Step 1 ▶ 单击摄像机创建面板中的 目标 按钮，在顶视图中创建一台目标摄像机，如图 18-21 所示。

Step 2 ▶ 调整摄像机位置和设置其参数，如图 18-22 所示。

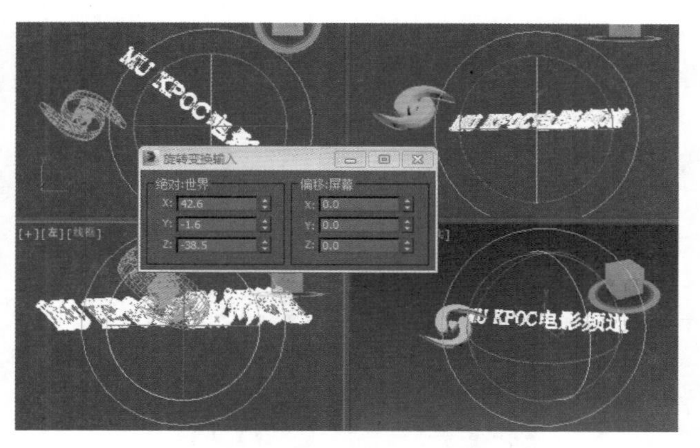

图 18-20　文字旋转变换参数

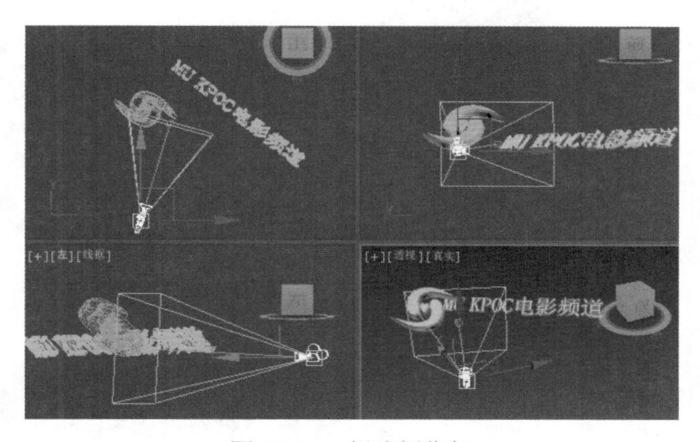

图 18-21　创建摄像机

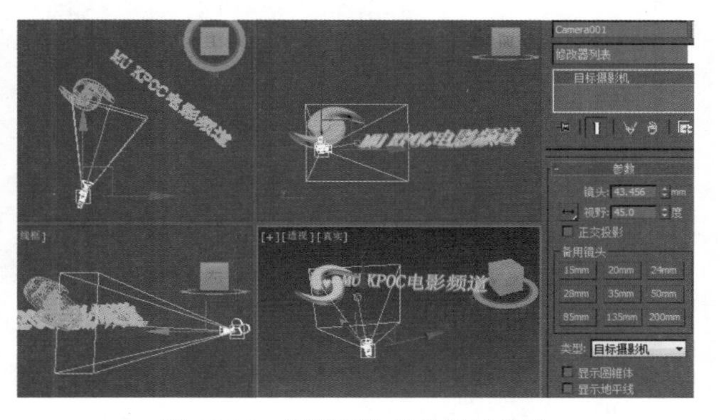

图 18-22　调整摄像机位置和参数

技巧秒杀

选择任意视图，然后按 Ctrl+C 快捷键，即可在视图中创建摄像机，按 C 键，可将视图切换为相机视图。

Step 3 ▶ 单击工具栏中的“渲染”按钮，在弹出的“渲染设置”对话框中设置“输出大小”的参数，如

图 18-23 所示。

图 18-23 设置参数

Step 4 ▶ 在透视图左上角单击鼠标右键，在弹出的快捷菜单中选择“显示安全框”命令，如图 18-24 所示。

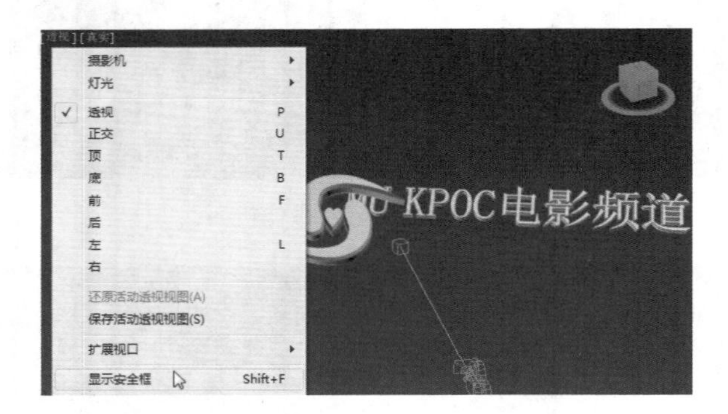

图 18-24 显示安全框

?答疑解惑：

为什么要显示安全框？

“显示安全框”选项的主要目的是显示在 TV 监视器上工作的安全区域。

在摄像机视口中显示安全框后，将会显示 3 个矩形，一个是黄色，一个是绿色，另一个是浅蓝色。外围的黄色视频矩形是当前显示的区域和纵横比。中间的绿色矩形是操作安全区域。内部的浅蓝色矩形是标题安全区域。

4. 创建灯光

Step 1 ▶ 单击灯光创建面板中的 目标聚光灯 按钮，在顶视图中创建一盏聚光灯，其参数设置如图 18-25 所示。

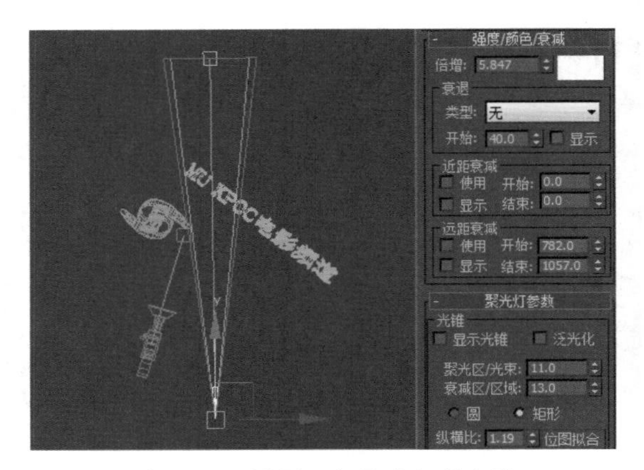

图 18-25 设置目标聚光灯的参数

Step 2 ▶ 调整聚光灯的位置，如图 18-26 所示。

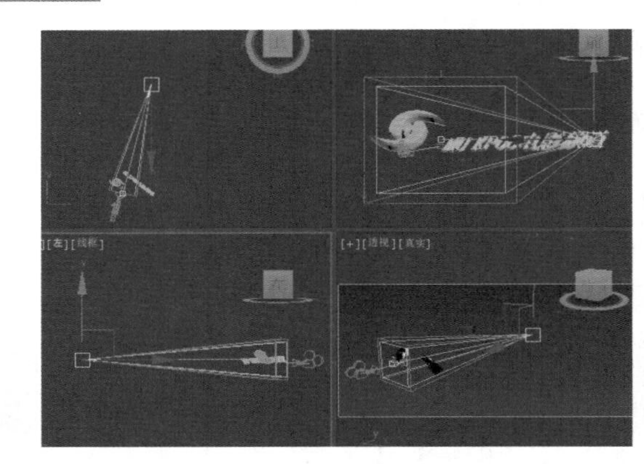

图 18-26 调整目标聚光灯的位置

Step 3 ▶ 单击“泛光”按钮，在顶视图中创建一盏泛光灯，作为跟随并照亮标志的灯，调整的位置如图 18-27 所示。

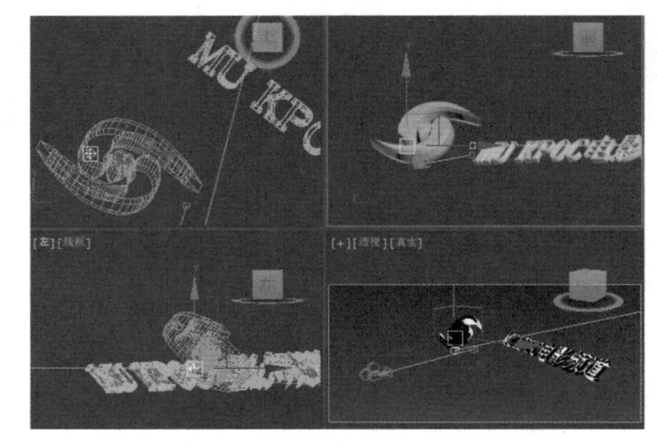

图 18-27 创建泛光灯

Step 4 ▶ 其参数设置如图 18-28 所示。

Step 5 ▶ 同样，创建另一盏泛光灯，作为跟随并照亮文字的灯，调整的位置和参数设置如图 18-29 所示。

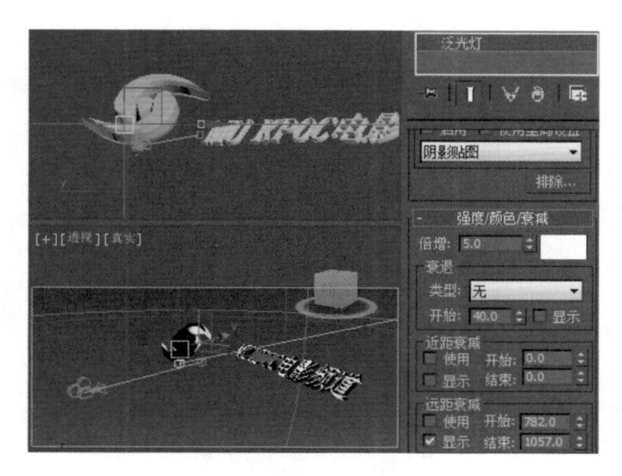

图 18-28　设置泛光灯参数

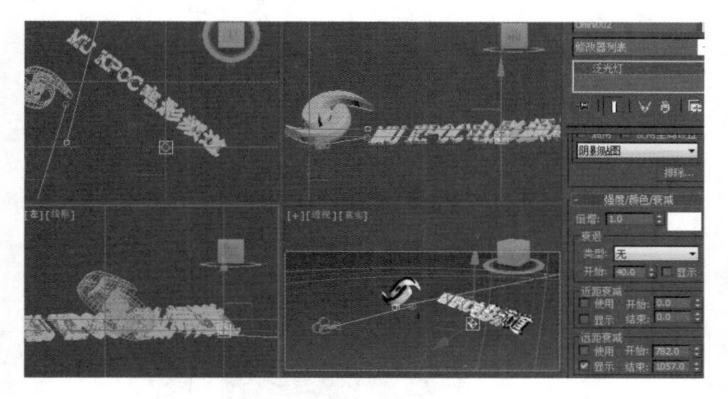

图 18-29　创建泛光灯

5. 赋予材质

Step 1▶ 单击工具栏中的按钮，打开“材质编辑器”对话框。选择一个空白材质样本球，在“明暗器基本参数”卷展栏中设置材质样式为“半透明明暗器”，单击“漫反射”右侧颜色框按钮，如图 18-30 所示。

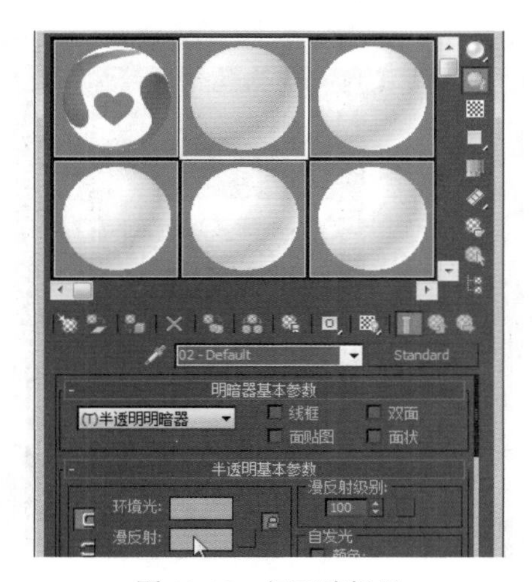

图 18-30　打开编辑器

Step 2▶ 设置其颜色，如图 18-31 所示。

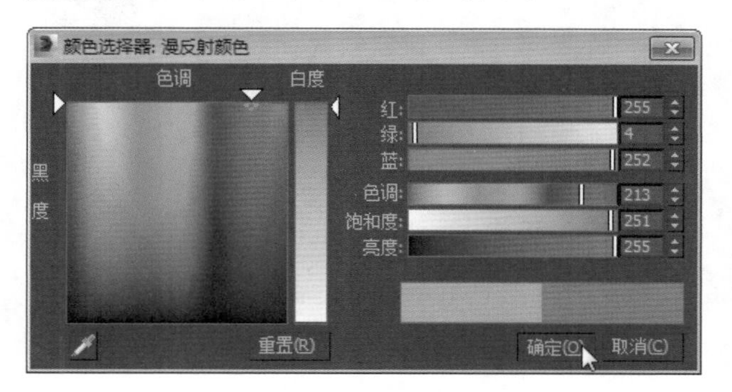

图 18-31　设置颜色

Step 3▶ 单击“半透明基本参数”卷展栏下的“半透明颜色”颜色框按钮，设置半透明颜色参数，然后设置“自发光”和“反射高光”选项组中的参数，如图 18-32 所示。

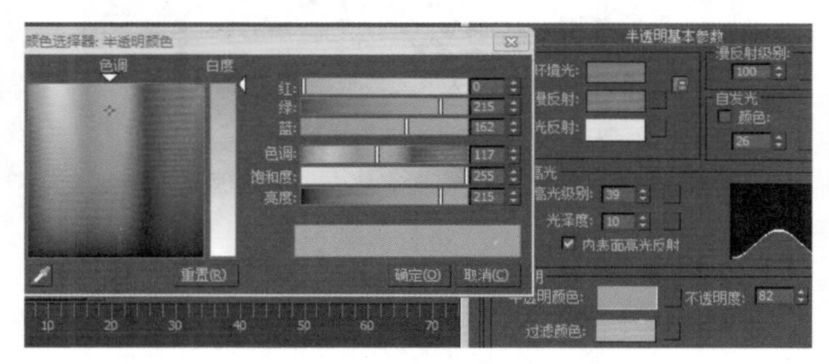

图 18-32　设置半透明颜色和自发光参数

Step 4▶ 选择标志，单击材质编辑器工具栏中的按钮，将调整好的材质赋给它，效果如图 18-33 所示。

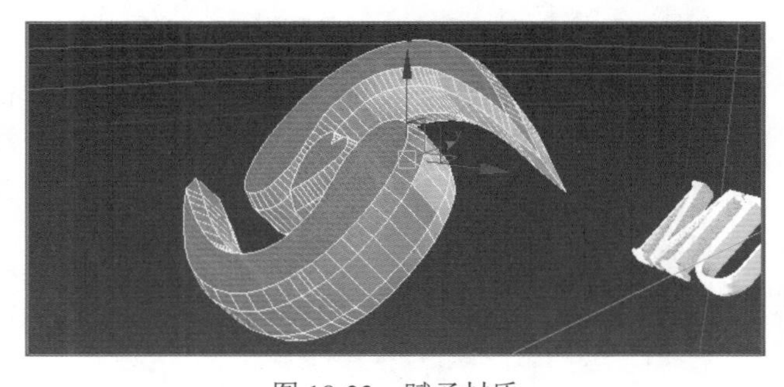

图 18-33　赋予材质

Step 5▶ 在材质编辑器中选择另一个空白材质样本球，在“明暗器基本参数”卷展栏中设置材质样式为“多层”，设置自发光参数为 8，然后在“多层基本参数”卷展栏中设置“漫反射”颜色参数和高光反射层参数，如图 18-34 所示。

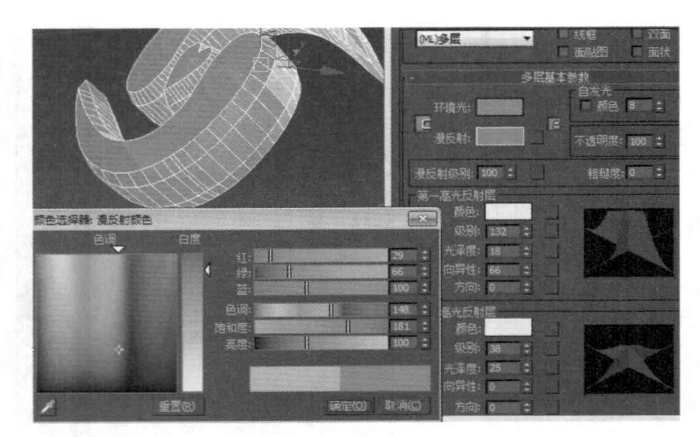

图 18-34　添加颜色

Step 6 ▶ 选择文字，单击“材质编辑器”按钮，为其赋予材质，效果如图 18-35 所示。

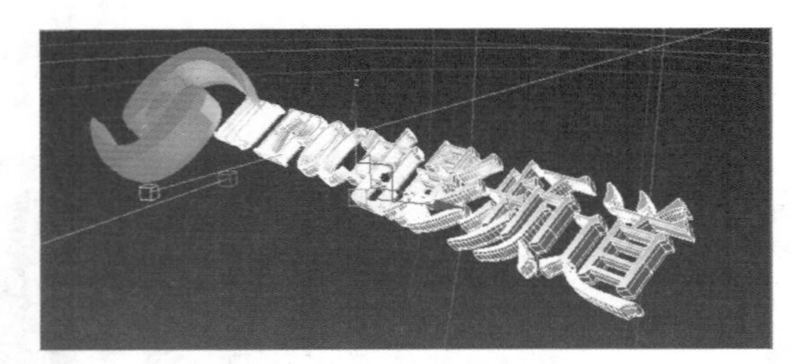

图 18-35　将材质赋予文字

Step 7 ▶ 选择聚光灯，进入“修改”面板，打开“高级效果”卷展栏，单击“投影贴图”选项组中的“无”按钮，如图 18-36 所示。

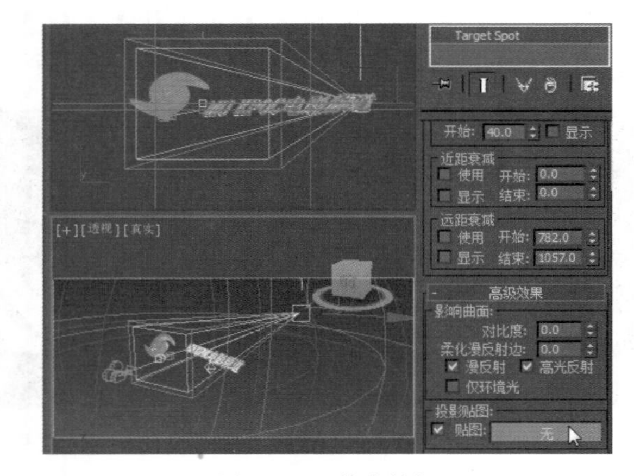

图 18-36　单击按钮

6. 制作灯光特效

Step 1 ▶ 在弹出的“材质 / 贴图浏览器”对话框中双击“噪波”选项，如图 18-37 所示。

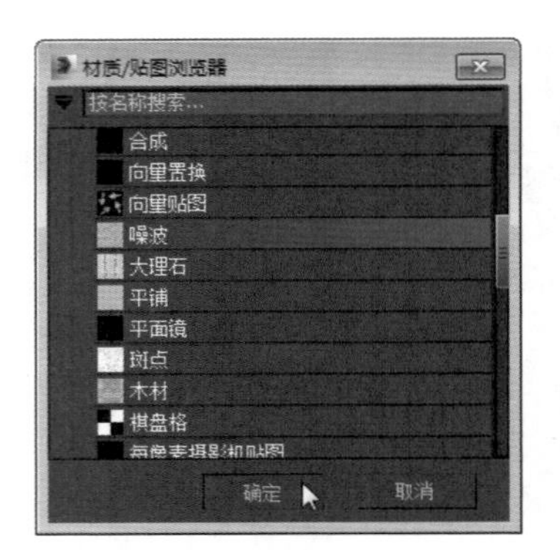

图 18-37　添加贴图

Step 2 ▶ 用鼠标将“高级效果”卷展栏中“投影贴图”选项组中的“噪波”贴图拖动到材质编辑器中任一空白材质样本球上，在弹出的对话框中选中“实例”单选按钮，如图 18-38 所示。

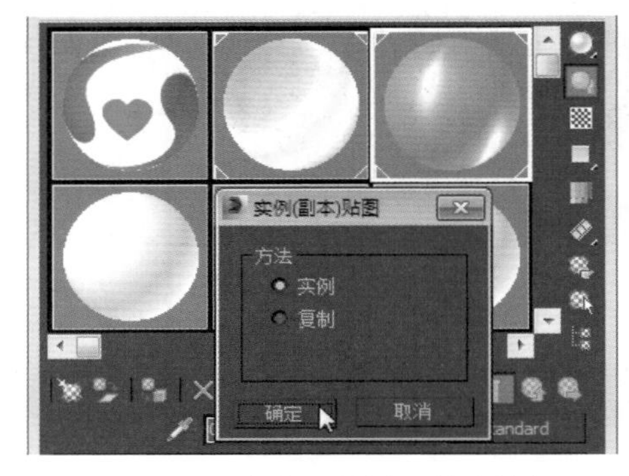

图 18-38　选中“实例”单选按钮

Step 3 ▶ 单击“噪波参数”卷展栏中“颜色 1”右侧的颜色框按钮，设置其颜色参数，如图 18-39 所示。

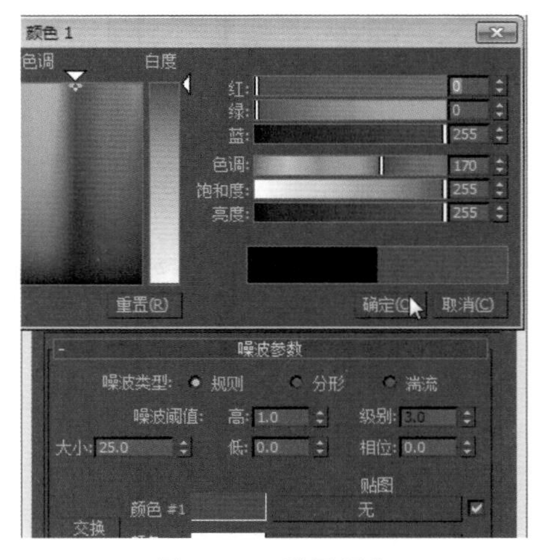

图 18-39　设置颜色

Step 4 单击“噪波参数”卷展栏中“颜色 2”右侧的颜色框按钮，设置其颜色参数，如图 18-40 所示。

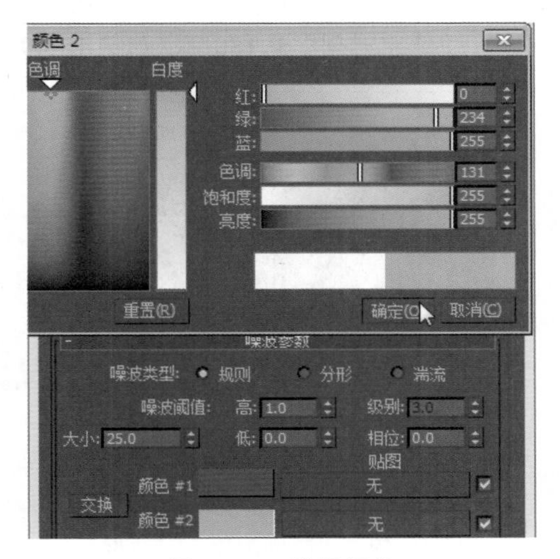

图 18-40　设置颜色

Step 5 单击“修改”面板中“大气和效果”卷展栏中的“添加”按钮，在弹出的“添加大气或效果”对话框中选择“体积光”选项，如图 18-41 所示。

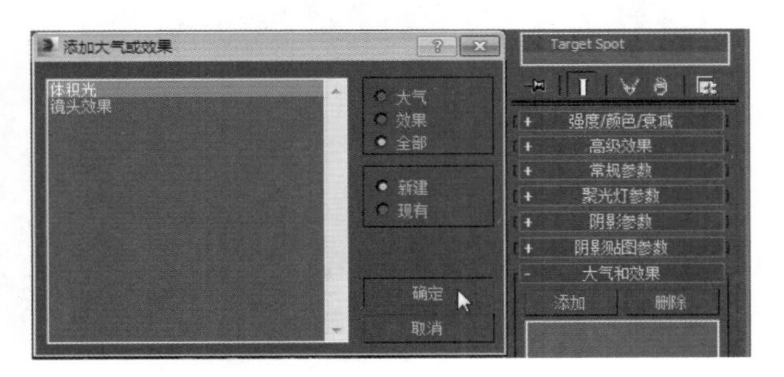

图 18-41　添加体积光效果

Step 6 在“大气和效果”卷展栏中选择“体积光”选项，单击“设置”按钮，弹出“环境和效果”对话框，如图 18-42 所示。

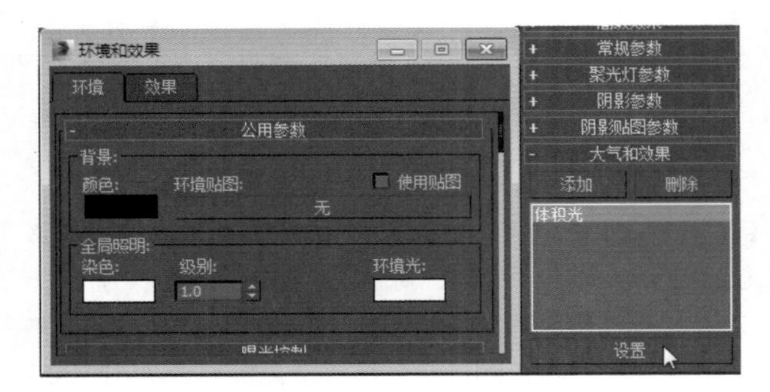

图 18-42　打开编辑器

Step 7 在“环境和效果”对话框中单击“体积光参数”卷展栏下的“衰减颜色”按钮，在弹出的对话框中设置颜色衰减参数，如图 18-43 所示。

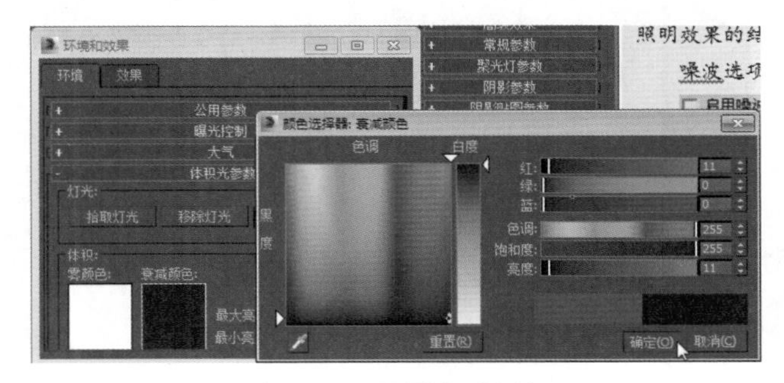

图 18-43　设置衰减颜色

Step 8 设置其他参数，效果如图 18-44 所示。

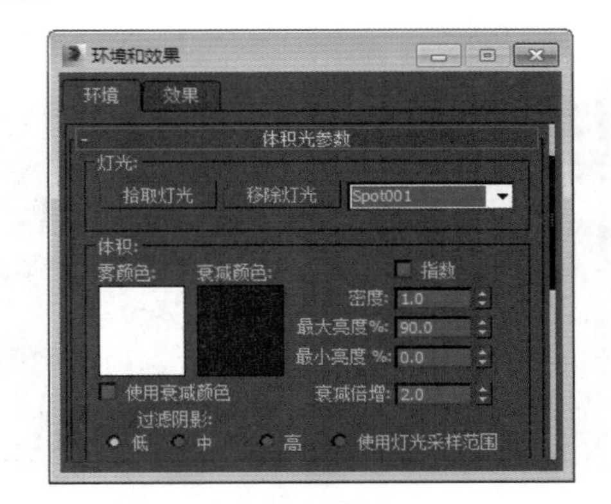

图 18-44　体积光参数

7. 指定标志动画路径

Step 1 切换到左视图，单击二维图形创建面板中的“线”按钮，在左视图中绘制一样条线，作为标志的动画路径，如图 18-45 所示。

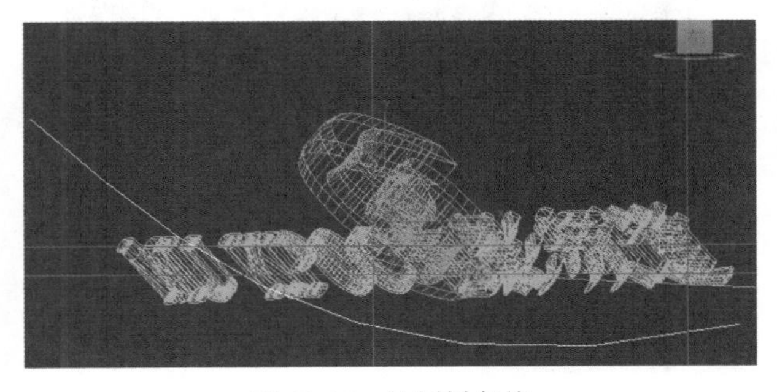

图 18-45　绘制样条线

Step 2 调整样条线的位置，如图 18-46 所示。

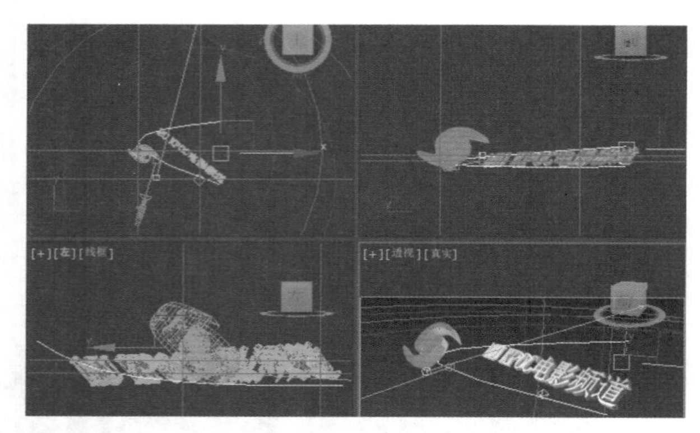

图 18-46　调整样条线位置

Step 3 ▶ 选择标志，执行“动画”→“约束”→“路径约束”命令，然后将光标移动到样条线上单击鼠标左键，将样条线作为路径指定给标志，如图 18-47 所示。

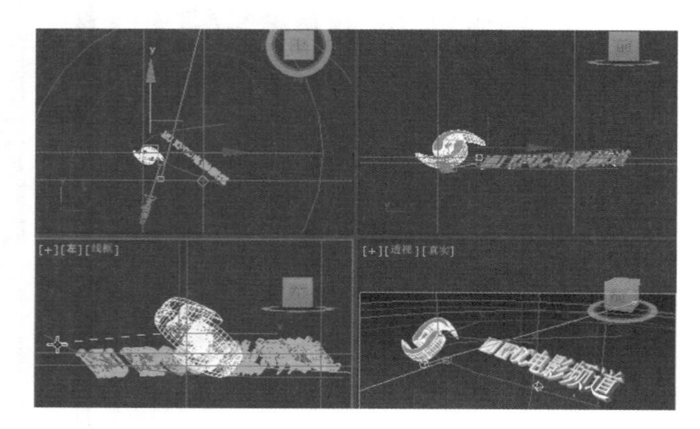

图 18-47　选择模型

Step 4 ▶ 单击视图窗口右下角动画控制区的“设置关键点”按钮，开启手动设置关键点模式，单击“时间配置”按钮，如图 18-48 所示。

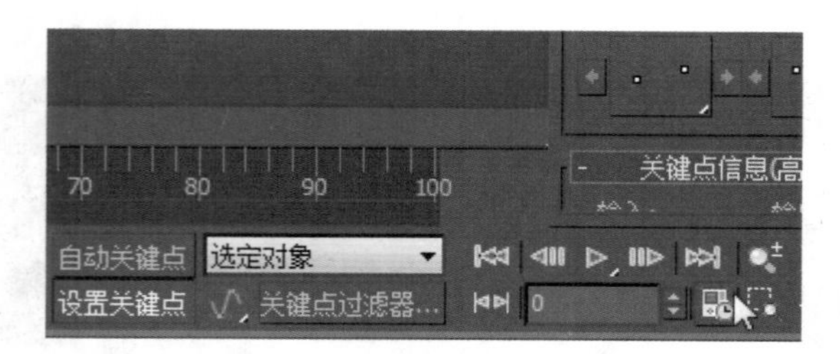

图 18-48　执行命令

技巧秒杀

“时间滑块” 用于显示当前帧，可以通过它移动到活动时间段中的任何帧上。

8. 制作标志动画

Step 1 ▶ 在弹出的“时间配置”对话框中设置帧速率为“电影”，“结束时间”为 180 帧，如图 18-49 所示。

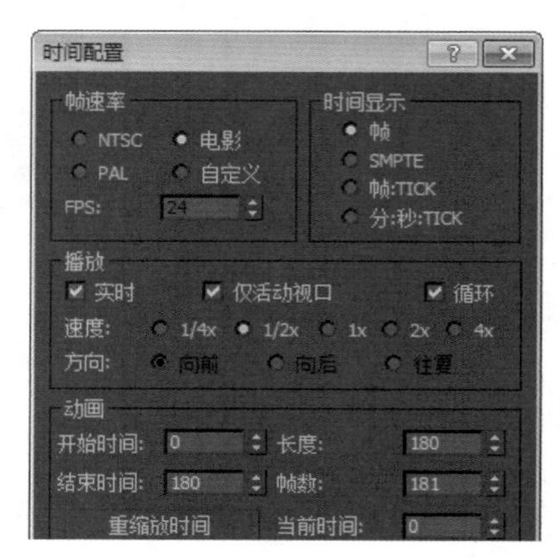

图 18-49　“时间配置”对话框

Step 2 ▶ 单击动画控制区中的“关键点过滤器”按钮，在弹出的对话框中选中“全部”复选框，如图 18-50 所示。

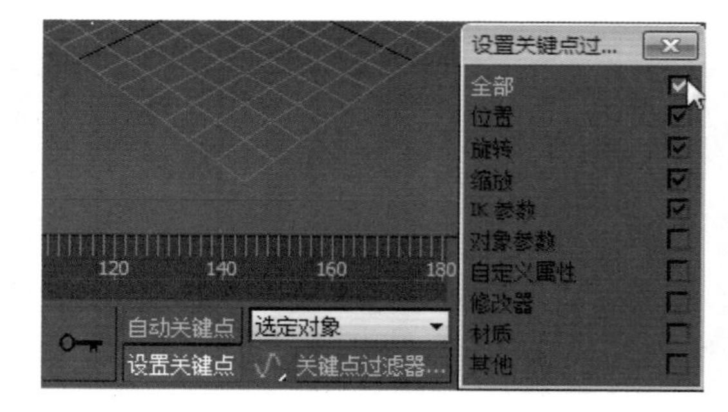

图 18-50　设置关键点过滤器

技巧秒杀

（1）自动关键点：启用“自动关键点”模式，系统可根据对象的变换自动生成关键帧。

（2）设置关键点：设置关键点又称作手动设置关键点。启用“设置关键点”模式，在变换或者更改对象参数后，单击设置关键点按钮，则记录下关键帧。

Step 3 ▶ 选择标志，将轨迹栏中的时间滑块移动到第 0 帧位置，单击“运动”面板，进入“运动”面板，设置“路径参数”卷展栏下的“% 沿路径”为 0.0，单击动画控制区中的按钮，记录下关键帧，如图 18-51 所示。

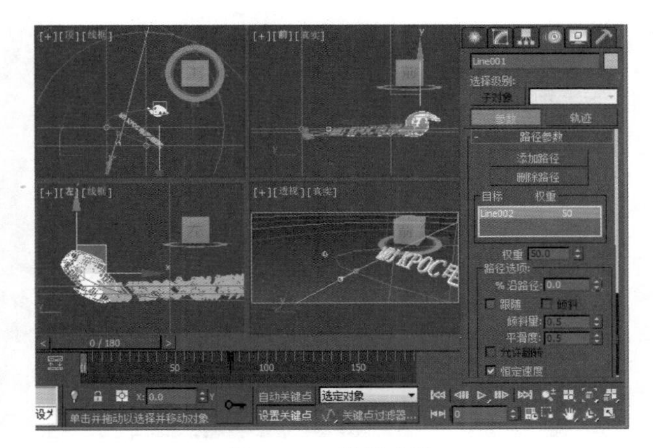

图 18-51　设置参数

Step 4 ▶ 将时间滑块移动到第 40 帧位置，设置“% 沿路径”为 25，如图 18-52 所示，然后记录下关键帧。

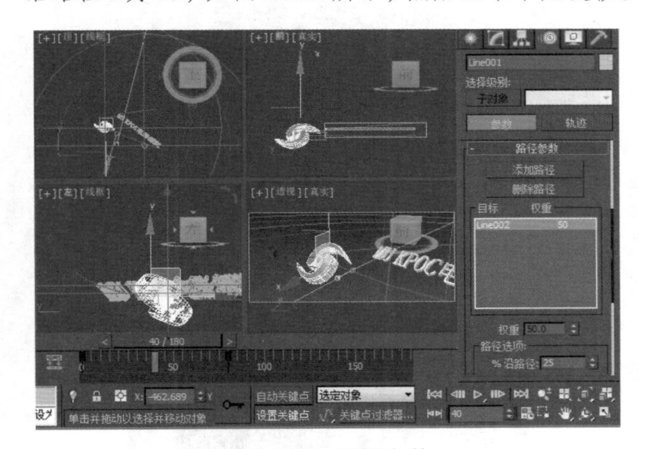

图 18-52　设置参数

Step 5 ▶ 右键单击工具栏中的旋转工具按钮，在弹出的“旋转变换输入”对话框中设置参数，效果和参数设置如图 18-53 所示。

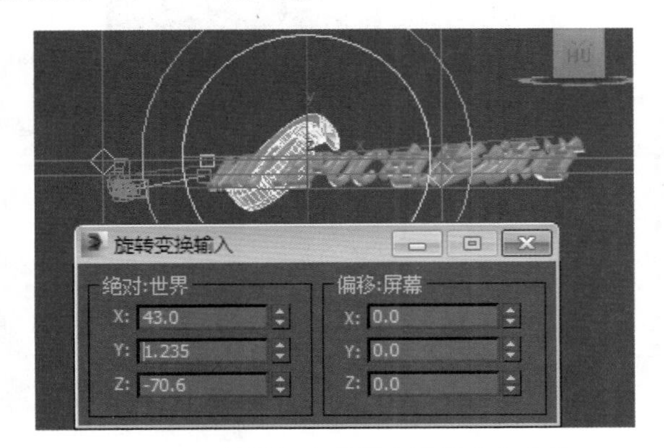

图 18-53　旋转标志结果和旋转变换参数

Step 6 ▶ 选择标志和路径样条线，单击鼠标右键，在弹出的快捷菜单中选择“隐藏未选定对象”命令，这样做的目的是更好地观察和设置当前对象的动画，如图 18-54 所示。

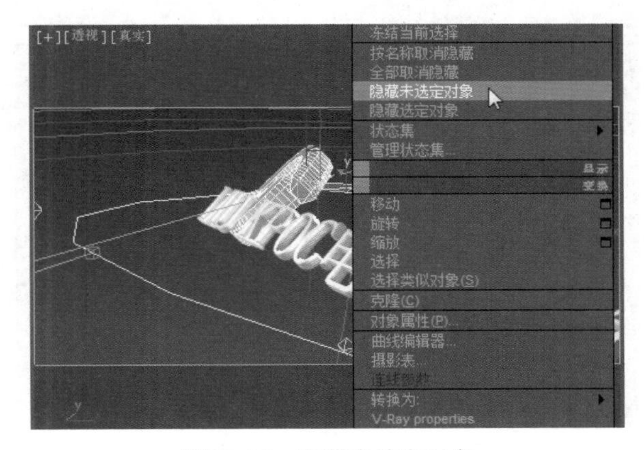

图 18-54　隐藏未选定对象

?答疑解惑：

为什么要隐藏对象？

将暂时不需要进行动画调节的对象隐藏起来，有利于观察和设置需要进行动画调节的对象。这是因为在一些比较复杂的大型动画制作中，过多的场景对象会使动画制作者眼花缭乱，同时，观看过多的场景对象会影响配置较低的电脑的运行速度，这会严重影响动画制作的进度和质量。

Step 7 ▶ 将时间滑块移动到第 57 帧位置，设置“% 沿路径”为 34.6，记录关键帧，如图 18-55 所示。

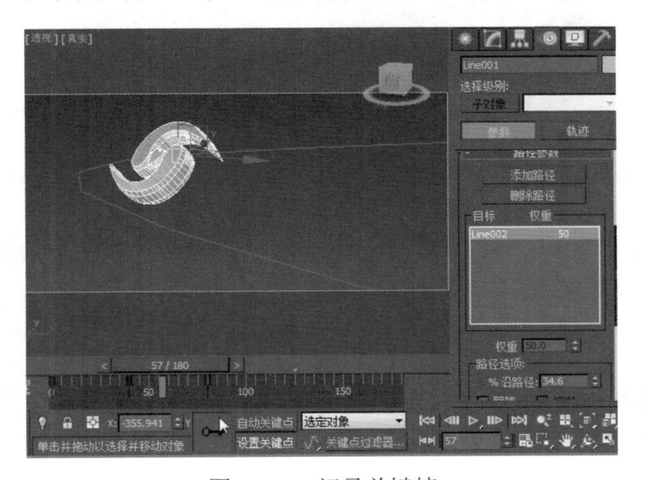

图 18-55　记录关键帧

Step 8 ▶ 将时间滑块移动到第 72 帧位置，设置“% 沿路径”为 49.5，然后设置旋转变换参数，参数和旋转结果如图 18-56 所示，然后记录下关键帧。

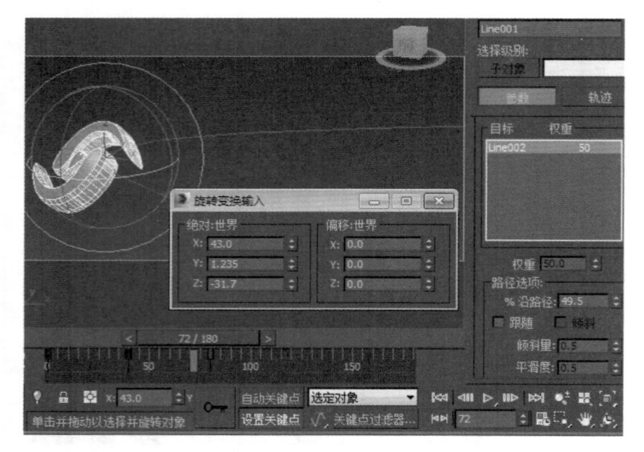

图 18-56　旋转标志结果和旋转变换参数

Step 9 ▶ 继续将时间滑块移动到第 100 帧位置，设置“% 沿路径”为 94.5，设置旋转变换参数和旋转结果如图 18-57 所示，然后记录下关键帧。

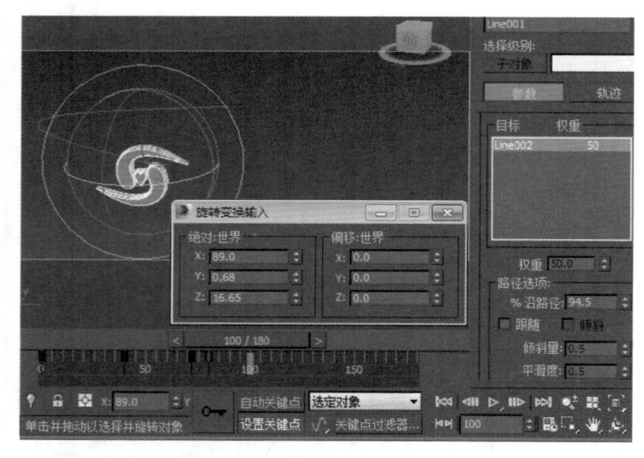

图 18-57　旋转标志结果和旋转变换参数

Step 10 ▶ 将时间滑块移动到第 180 帧位置，设置旋转变换参数，参数和旋转效果如图 18-58 所示，然后记录下关键帧。

Step 11 ▶ 单击工具栏中的按钮，打开“轨迹视图”对话框，可观看到标志的动画轨迹曲线，如图 18-59 所示。

Step 12 ▶ 单击“曲线编辑器”工具栏中的按钮，可使用曲线关键点上的 Bezier 控制杆调整标志的动画轨迹曲线，使其曲线尽量平滑，如图 18-60 所示。

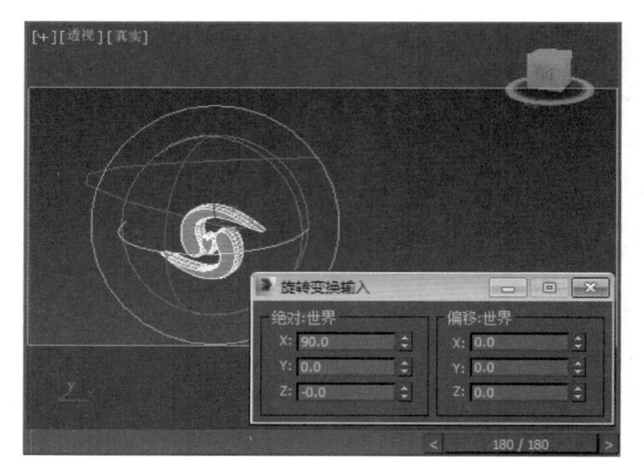

图 18-58　旋转标志结果和旋转变换参数

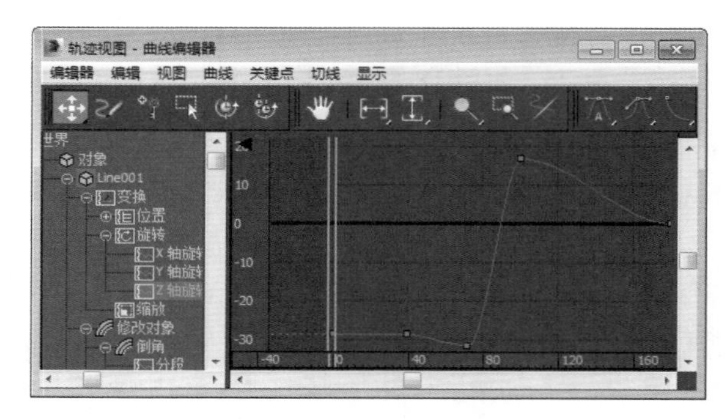

图 18-59　打开曲线编辑器

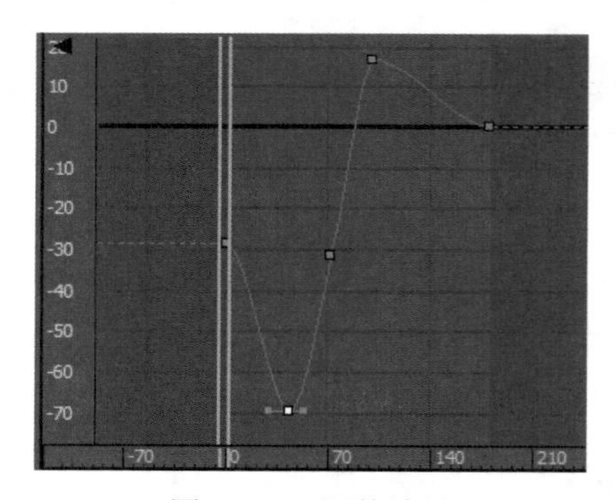

图 18-60　调整效果

读书笔记

知识大爆炸——轨迹视图

使用“轨迹视图”可查看和编辑所创建的所有关键点。

在“轨迹视图”中还可以指定动画控制器，以便插补或控制场景对象的所有关键点和参数。

“轨迹视图”有两种不同的模式：“曲线编辑器”和“摄影表”。“曲线编辑器”模式可以将动画显示为功能曲线。“摄影表”模式可以将动画显示为关键点和范围的电子表格。另外，“轨迹视图”的布局会随 MAX 文件一起存储。

9. 制作文字动画

Step 1 ▶ 在视图中单击鼠标右键，在弹出的快捷菜单中选择“按名称取消隐藏”命令，在弹出的“取消隐藏对象”对话框中选择“Text01”选项，再单击“取消隐藏”按钮，取消文字隐藏，如图 18-61 所示。

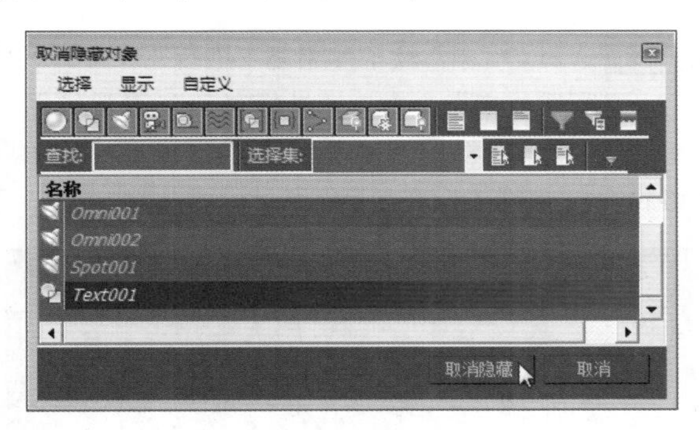

图 18-61　取消文字隐藏

Step 2 ▶ 确认选择的文字，将时间滑块移动到第 80 帧的位置，单击按钮，记录下关键帧，如图 18-62 所示。

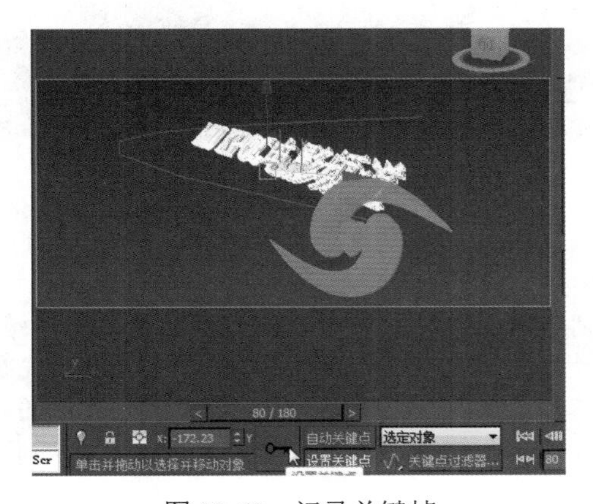

图 18-62　记录关键帧

技巧秒杀

使用手动设置关键点制作动画时，通常需要记录下被设置对象的初始位置或参数，然后移动时间滑块，再变换对象或更改对象参数，并记录下关键帧；否则，更改对象的位置或者参数将不被记录为动画。

Step 3 ▶ 将时间滑块移动到第 140 帧的位置，然后使用移动工具将文字移动到如图 18-63 所示的位置。

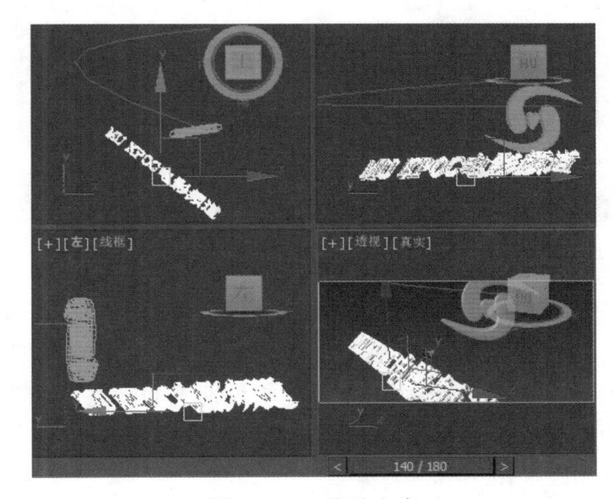

图 18-63　移动文字

Step 4 ▶ 右键单击工具栏中的“旋转”按钮，在弹出的“旋转变换输入”对话框中设置旋转变换参数将文字旋转，如图 18-64 所示，然后记录下关键帧。

10. 设置粒子流动画和赋予粒子材质

Step 1 ▶ 单击几何体创建面板“粒子系统”层级中的 喷射 按钮，在左视图中创建一喷射粒子发射器，其参数设置如图 18-65 所示。

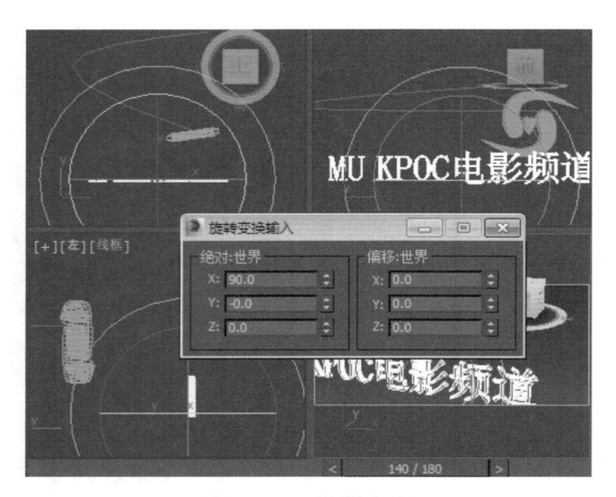

图 18-64　旋转角度

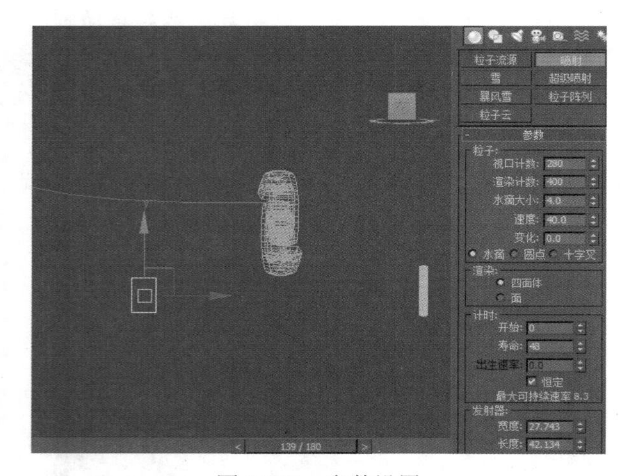

图 18-65　参数设置

Step 2 ▶ 单击图形创建面板中的 圆 按钮，在左视图中创建一圆形闭合线框，将其作为“喷射”粒子发射器的动画路径，其参数设置和调整的位置如图 18-66 所示。

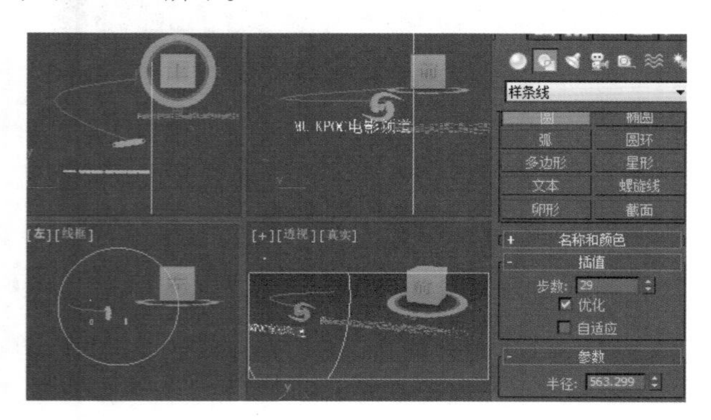

图 18-66　创建线框

Step 3 ▶ 右键单击工具栏中的“旋转”按钮，在弹出的“旋转变换输入”对话框中设置参数以调整线框的状态，如图 18-67 所示。

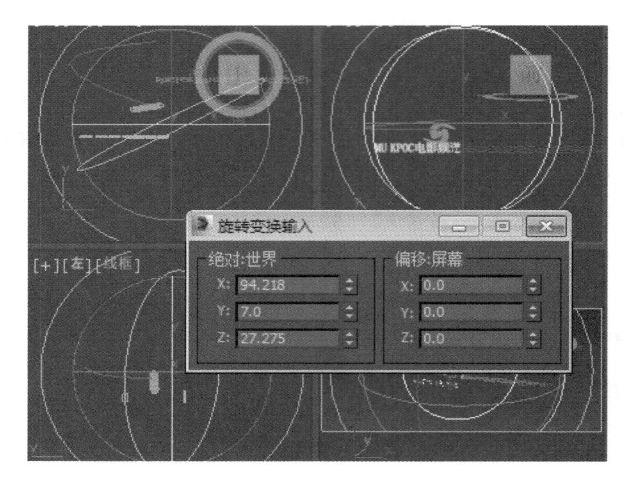

图 18-67　设置参数

Step 4 ▶ 选择“喷射”粒子发射器，执行“动画”→“约束”→“路径约束”命令，将光标移动到圆形线框上，单击鼠标左键，将圆形线框指定为“喷射粒子的动画路径”，如图 18-68 所示。

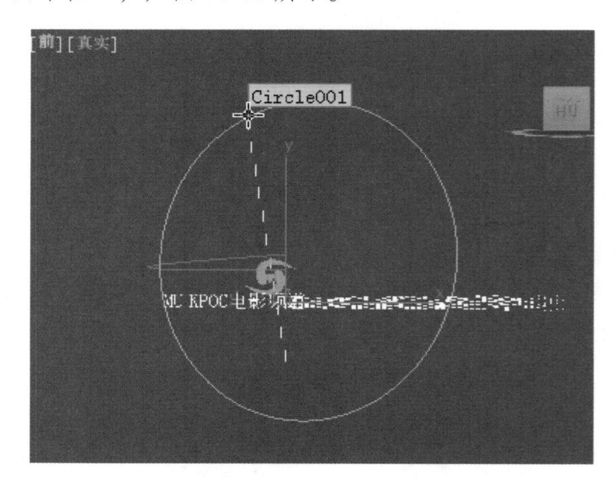

图 18-68　执行命令

技巧秒杀

使用“路径约束”命令将圆形线框指定为“喷射”粒子发射器的动画路径后，“喷射”粒子发射器便依照指定的路径运动，但发射器发射出的粒子却并不受到路径约束的影响，它只受“空间扭曲”系统的影响。

Step 5 ▶ 将时间滑块移动到第 52 帧位置，选择圆形线框，将它移动到如图 18-69 所示的位置，然后记录下关键帧。

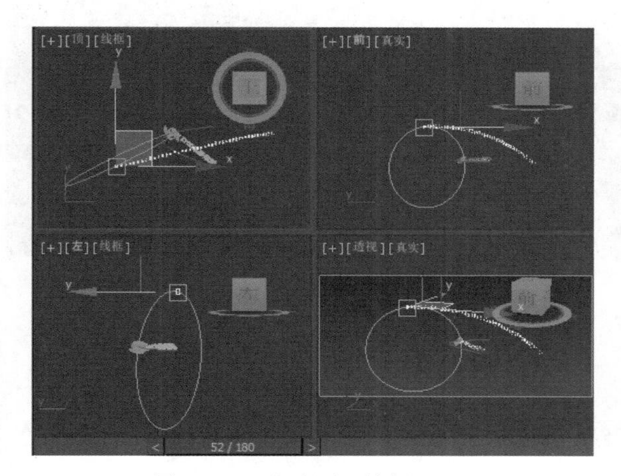

图 18-69　移动圆形线框（1）

Step 6 ▶ 将时间滑块移动到第 92 帧的位置，在前视图中移动圆形线框到如图 18-70 所示的位置，然后记录下关键帧。

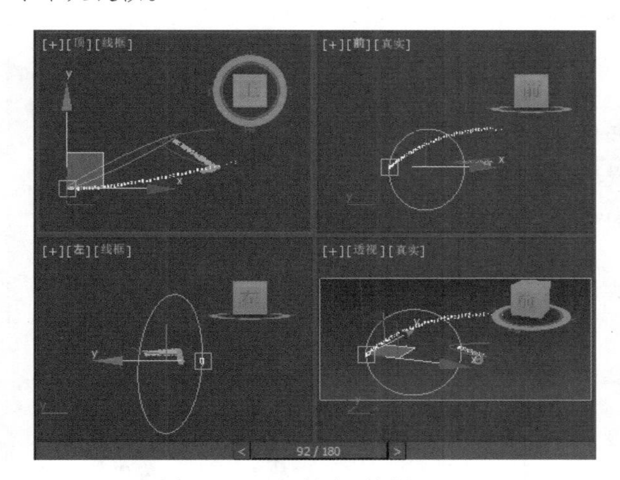

图 18-70　移动圆形线框（2）

技巧秒杀

很多的现象都可以用粒子系统进行模拟，如火焰、喷泉、爆炸、鱼群与星空等。

一个粒子系统由拥有各种属性的对象组成，它们必须遵循一定的行为规范。具体需要选用哪些属性和粒子的行为规范取决于需要模拟什么。一些粒子系统可能需要很多属性和复杂的规则，而有的则可能极为简单。

Step 7 ▶ 将时间滑块移动到第 120 帧的位置，在前视图中移动圆形线框到如图 18-71 所示的位置，然后记录下关键帧。

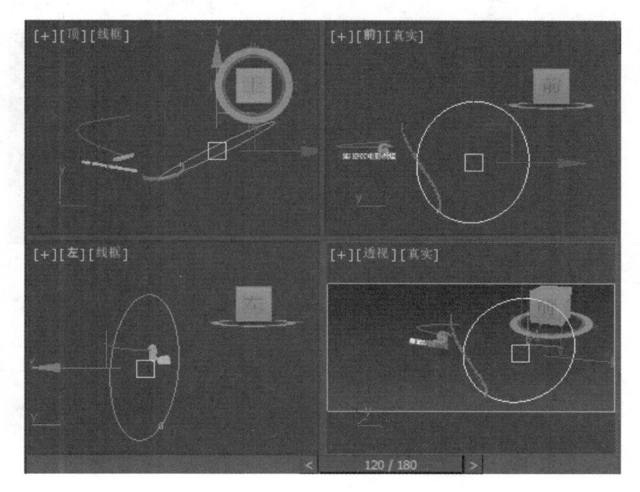

图 18-71　移动圆形线框（3）

Step 8 ▶ 将时间滑块移动到第 188 帧的位置，在前视图中移动圆形线框到如图 18-72 所示的位置，然后记录下关键帧。

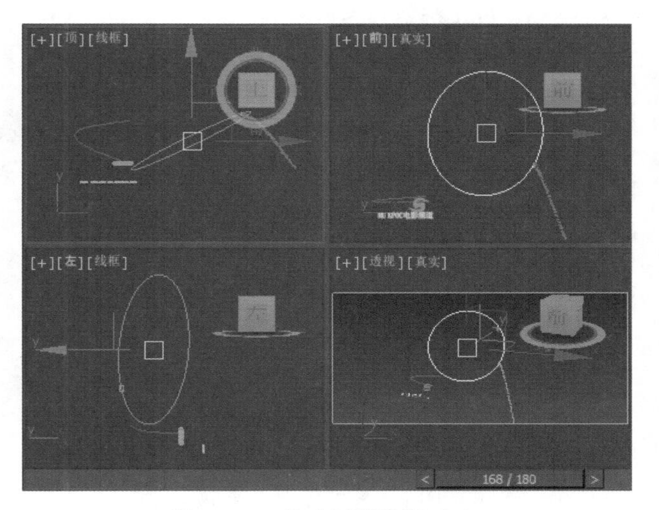

图 18-72　移动圆形线框（4）

Step 9 ▶ 选择喷射粒子发射器，将时间滑块移动到第 0 帧的位置，进入“运动”面板，设置“% 沿路径”为 −122.5，如图 18-73 所示，然后记录下关键帧。

Step 10 ▶ 将时间滑块移动到第 187 帧的位置，设置“% 沿路径”为 −22.504，如图 18-74 所示，然后记录下关键帧。

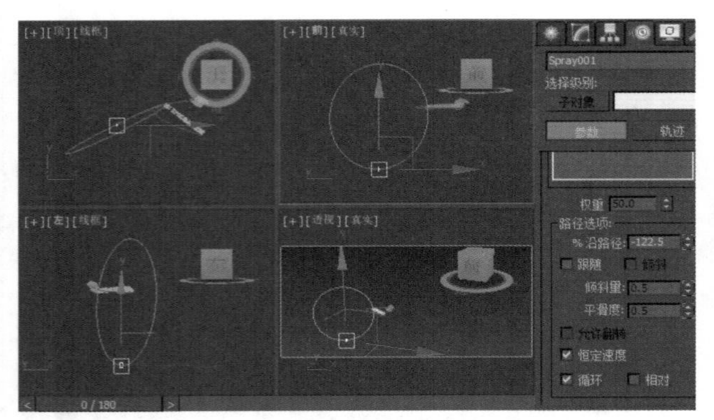
图 18-73　设置发射器第 0 帧时 % 沿路径参数

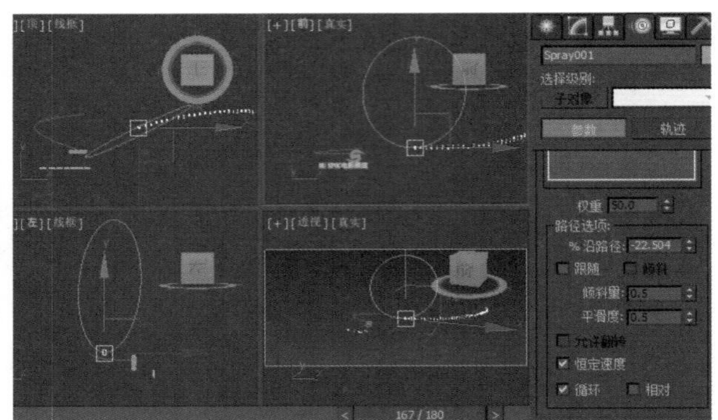
图 18-74　设置发射器第 187 帧时 % 沿路径参数

知识大爆炸 ——“运动”面板的“路径参数”卷展栏

进入“运动”面板，在“路径参数”卷展栏中各选项的作用如下所述。

- 添加路径：用于添加一个新的样条线路径，使之对约束对象产生影响。
- 删除路径：用于移除目标路径。“权重”为每个目标指定并设置动画。
- 路径选项：该选项组中的“% 沿路径”用于设置对象沿路径的位置百分比。
- 跟随：用于跟随指定的轨迹。
- 倾斜：用于设置对象滚动。
- 倾斜量：用于调整这个量，使倾斜从一边或另一边开始。
- 平滑度：用于控制对象在经过路径中的转弯时的快慢程度。
- 允许翻转：启用该选项，可避免在对象沿着垂直方向路径行进时有翻转的情况。
- 恒定速度：沿着路径提供一个恒定的速度。
- 循环：对象循环沿路径或不循环沿路径。
- 相对：启用该项，保持约束对象的原始位置。

Step 11 单击设置关键点按钮，关闭手动设置关键点模式。单击工具栏中的“材质编辑器”按钮，在材质编辑器中选择一空白材质样本球，作为喷射粒子的材质。选中“Blinn 基本参数”卷展栏的“自发光”选项组中的颜色复选框，如图 18-75 所示。

Step 12 单击其右侧的颜色框按钮，设置自发光颜色参数，如图 18-76 所示。

Step 13 单击材质编辑器“贴图”卷展栏中“不透明度”贴图通道右侧的“无”按钮，在弹出的“材质 / 贴图浏览器”对话框中选择“渐变坡度”贴图类型，然后单击“确定”按钮，如图 18-77 所示。

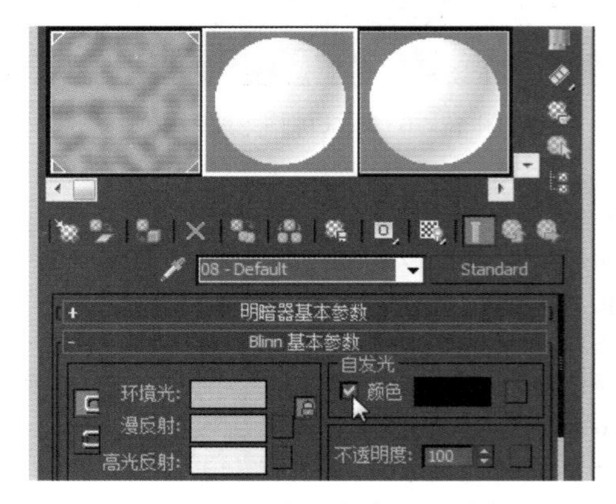

图 18-75　选中“颜色”复选框

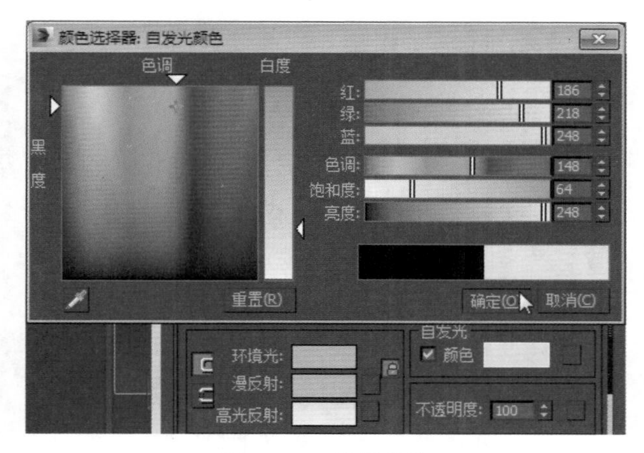

图 18-76 设置参数

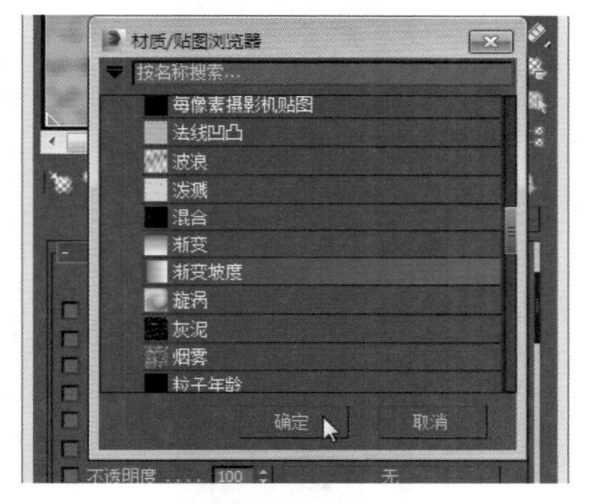

图 18-77 选择模型

Step 14 ▶ 设置“渐变坡度参数”卷展栏中的“渐变类型”为“径向”，然后在“输出”卷展栏中选中“反转”复选框，如图 18-78 所示。

图 18-78 设置参数

?答疑解惑：

“渐变坡度”是什么贴图?

“渐变坡度”是与“渐变”贴图相似的 2D 贴图。它是从一种颜色到另一种颜色进行着色，而且几乎所有的“渐变坡度”参数都可以设置为动画。

在“渐变坡度参数”卷展栏中，“渐变类型”用于选择渐变的类型，“插值”用于选择插值的类型，“源贴图”用于将贴图指定给贴图渐变，“数量”用于设置噪波数量，“大小”用于设置噪波功能的比例，“规则”用于生成普通噪波，“分形”用于使用分形算法生成噪波，“湍流”用于生成分形噪波，“相位”用于控制噪波动画的速度，“级别”用于设置湍流的分形迭代次数，“低”用于设置低阈值，“高”用于设置高阈值，“平滑”用于实现从阈值到噪波值较为平滑的变换。

Step 15 ▶ 单击“材质编辑器”按钮，转到父级面板，设置“反射高光”选项组中的参数，如图 18-79 所示。

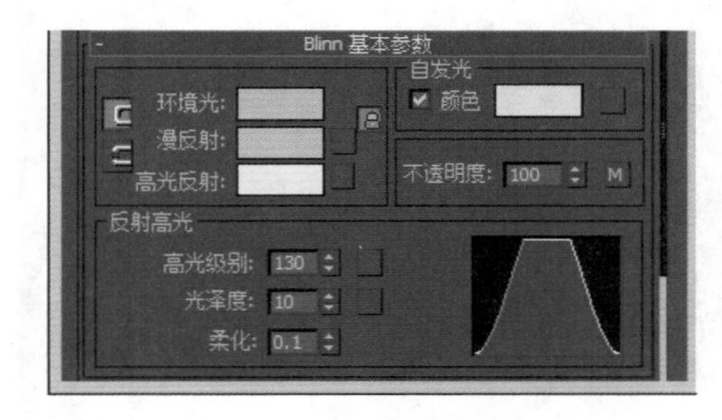

图 18-79 设置参数

Step 16 ▶ 选择喷射粒子发射器，单击“材质编辑器”按钮，将材质赋给它，如图 18-80 所示。

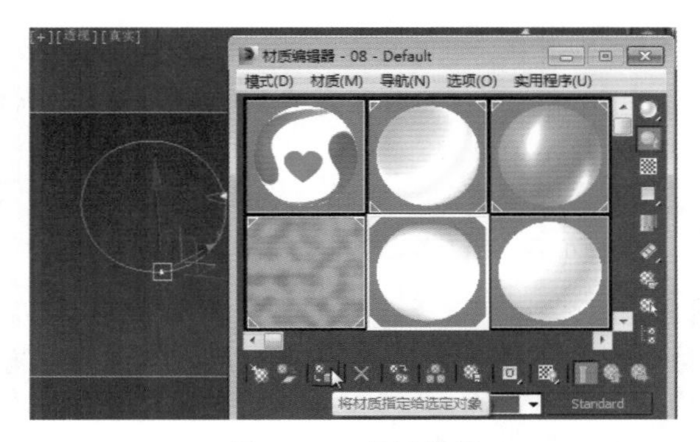

图 18-80 显示效果

11. 制作灯光动画

Step 1 在视图中单击鼠标右键，在弹出的快捷菜单中选择“按名称取消隐藏”命令，在弹出的“取消隐藏对象”对话框中选择所有的灯光，将泛光灯和聚光灯取消隐藏，如图 18-81 所示。

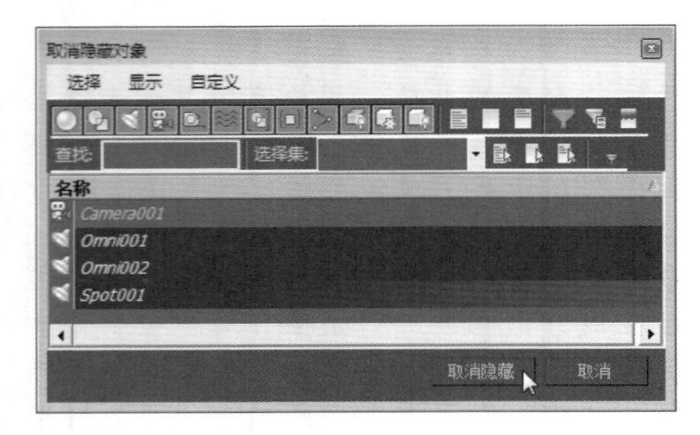

图 18-81 取消隐藏

Step 2 单击“设置关键点”按钮，重新开启手动设置关键点模式，将时间滑块移动到第 0 帧位置，选择聚光灯，记录下关键帧，如图 18-82 所示。

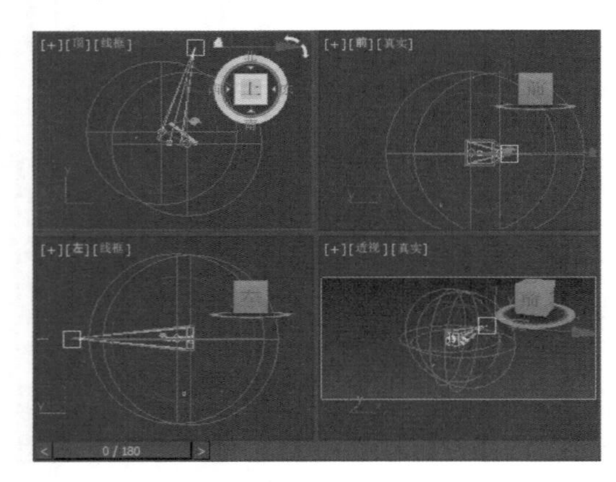

图 18-82 动画效果

Step 3 下面开始制作聚光灯的动画。将时间滑快移动到第 70 帧位置，在顶视图将聚光灯向左移动到如图 18-83 所示的位置。

Step 4 进入“修改”面板，设置聚光灯参数，如图 18-84 所示，然后记录下关键帧。

> **技巧秒杀**
>
> 在制作聚光灯动画时，由于聚光灯的特点是它有目标点和投射点，所以需要分别对它的目标点和投射点单独制作动画。

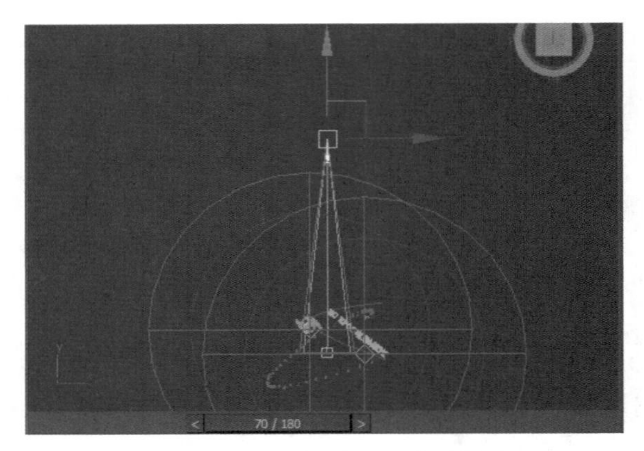

图 18-83 聚光灯第 70 帧时位置

图 18-84 第 70 帧时聚光灯参数

Step 5 将时间滑块移动到 127 帧位置，设置聚光灯参数如图 18-85 所示，然后记录下关键帧。

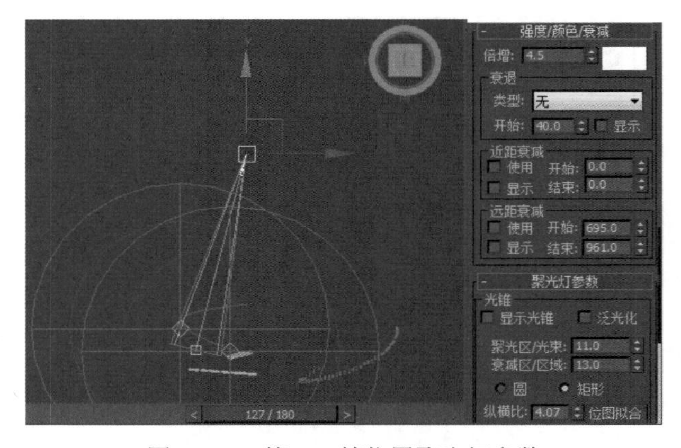

图 18-85 第 127 帧位置聚光灯参数

Step 6 继续将时间滑块移动到第 188 帧位置，设置聚光灯参数，如图 18-86 所示，然后记录下关键帧。

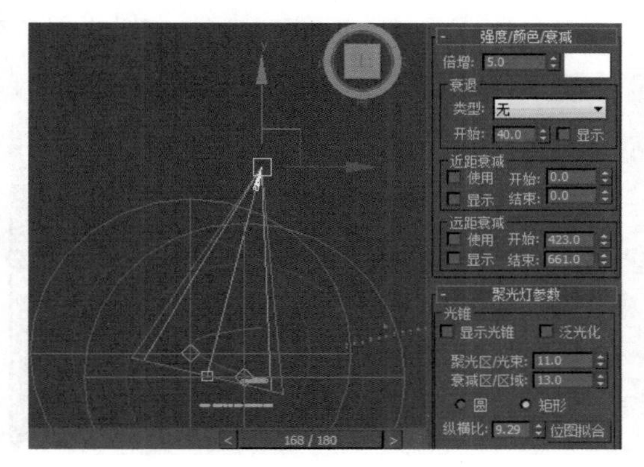

图 18-86　第 188 帧位置聚光灯参数

技巧秒杀

在设置对象参数动画时，更改完对象参数并记录下关键点后，对象的参数面板中便会出现红色线框，这表示该参数的更改可以被记录为动画。

Step 7 选择聚光灯目标点，将时间滑块移动到第 0 帧的位置，然后记录下关键帧，如图 18-87 所示。

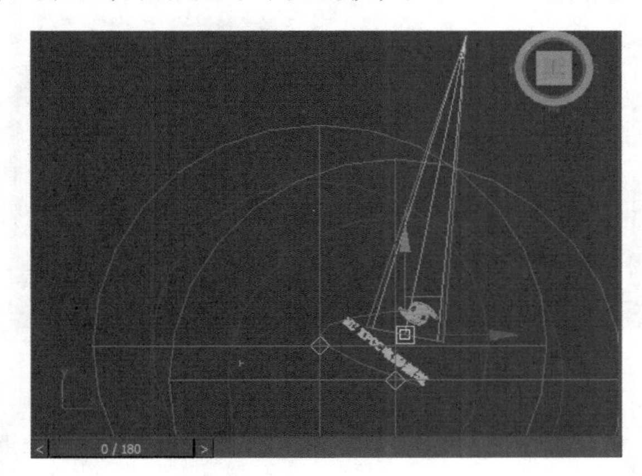

图 18-87　第 0 帧时目标点位置

Step 8 制作聚光灯目标点的动画。将时间滑块移动到第 70 帧的位置，在顶视图中向右移动聚光灯目标点到如图 18-88 所示的位置，然后记录下关键帧。

Step 9 将时间滑块移动到第 120 帧的位置，移动聚光灯目标点到如图 18-89 所示的位置，然后记录下关键帧。

Step 10 移动时间滑块到第 140 帧的位置，移动聚光灯目标点到如图 18-90 所示的位置，然后记录下关键帧。

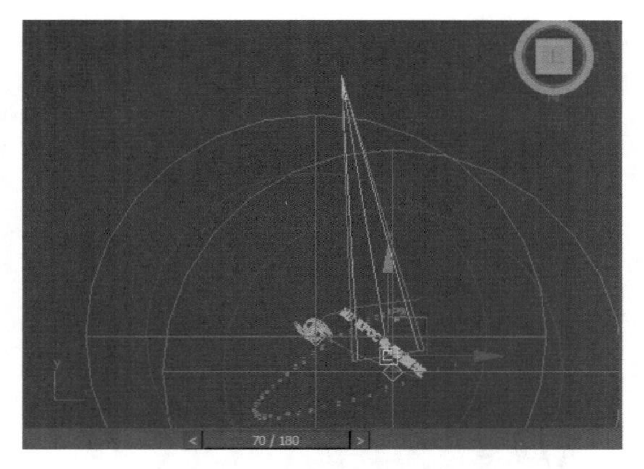

图 18-88　第 70 帧时目标点位置

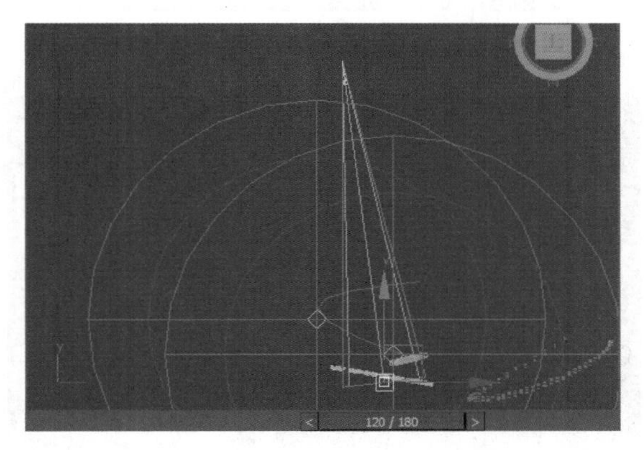

图 18-89　第 120 帧时目标点位置

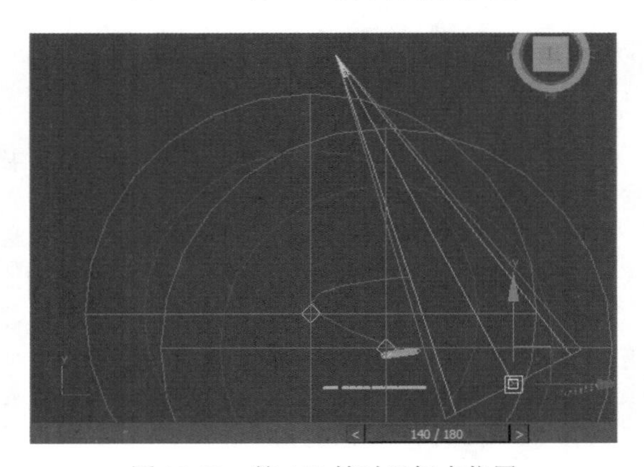

图 18-90　第 140 帧时目标点位置

Step 11 将时间滑块移动到第 188 帧的位置，移动聚光灯目标点到如图 18-91 所示的位置，然后记录关键帧。

Step 12 采用同样的方法，设置两盏泛光灯动画，主要是为了使两盏泛光灯在动画过程中分别跟随在标志和文字的正前方以照亮它们。这里需要注意的是，跟随文字的泛光灯参数在第 100 帧时起，其“强

度 / 颜色 / 衰减”卷展栏中的“倍增”将迅速变为 0，此数值将一直保持在动画结束，如图 18-92 所示。

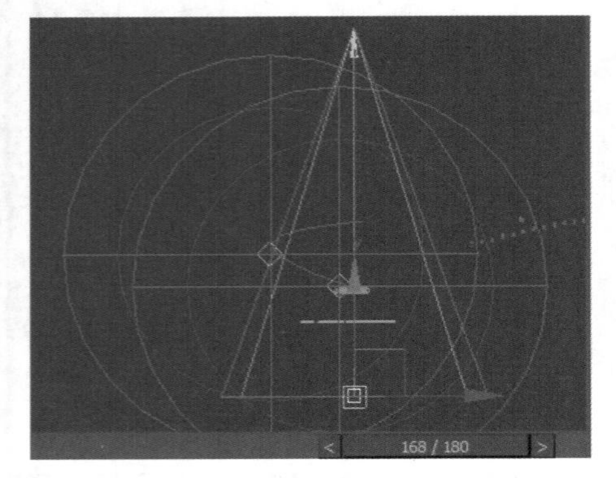

图 18-91　第 188 帧时目标点位置

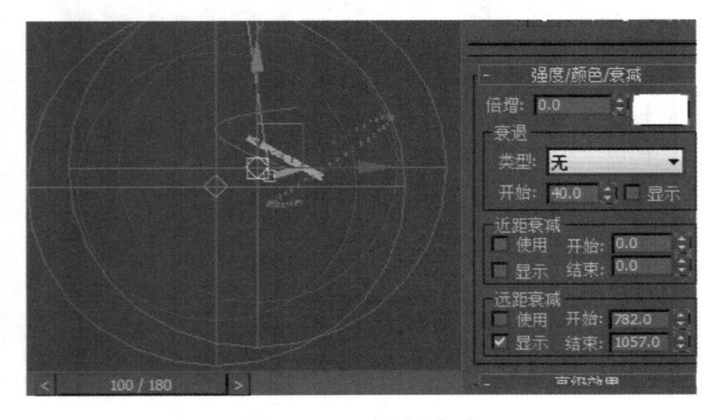

图 18-92　执行命令

?答疑解惑：

如果灯光太多怎么办？

当不需要某个或多个对象被所选灯光照射时，可使用灯光排除工具。

“排除 / 包含”对话框决定选定的灯光不照亮哪些对象或在无光渲染元素中考虑哪些对象。

该功能在需要精确控制场景中的照明时非常有用。例如，有时专门添加灯光来照亮单个对象而不是其周围环境，或希望灯光对一个对象（而不是其他对象）投射阴影。

在默认情况下，没有为新灯光排除的对象。

在“排除 / 包含”对话框中，“排除”与“包含”用于决定灯光是排除还是包含右侧列表中的对象。“照明”用于排除或包含对象表面的照明。“阴影投影”用于排除或包含灯光照射对象产生的阴影。“二者兼有”排除或包含上述两者。

“场景对象”用于选择将要被排除或包含的所有对象的列表。

Step 13 ▶ 选择跟随标志的泛光灯，进入“修改”面板，单击“常规参数”卷展栏下的 排除... 按钮，如图 18-93 所示。

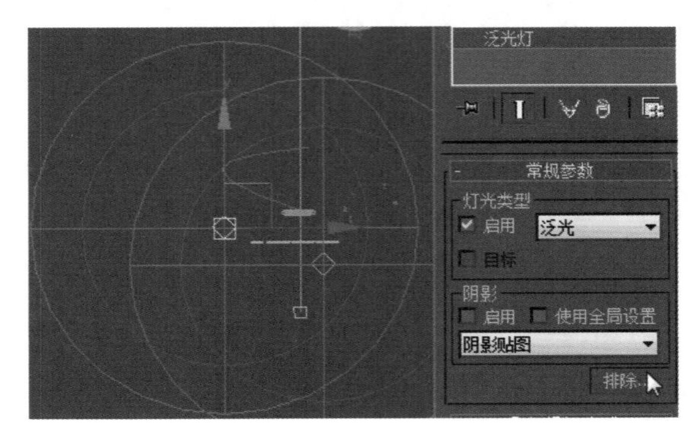

图 18-93　单击“排除”按钮

Step 14 ▶ 在弹出的“排除 / 包含”对话框中选择 Text01 选项，单击 » 按钮，再单击“确定”按钮，将 Text01 从它的光照范围中排除，如图 18-94 所示。

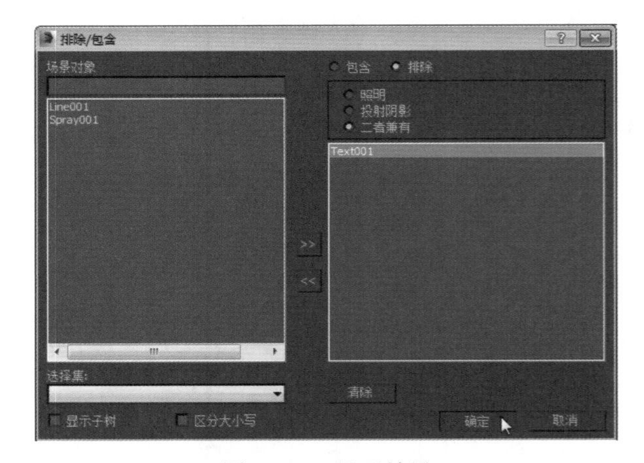

图 18-94　显示效果

12. 制作特效动画

Step 1 ▶ 关闭手动设置关键点模式，单击灯光创建面板中的 泛光灯 按钮，在前视图中创建一盏泛光灯，将其命名为“特效灯”，并调整位置和设置参数，如图 18-95 所示。

Step 2 ▶ 进入“修改”面板，单击“大气和效果”卷展栏中的 添加 按钮，在弹出的对话框中选择“镜头效果”选项，单击“确定”按钮添加“镜头效果”，如图 18-96 所示。

Step 3 ▶ 单击“大气和效果”卷展栏中的 设置 按钮，弹出“环境和效果”对话框，如图 18-97 所示。

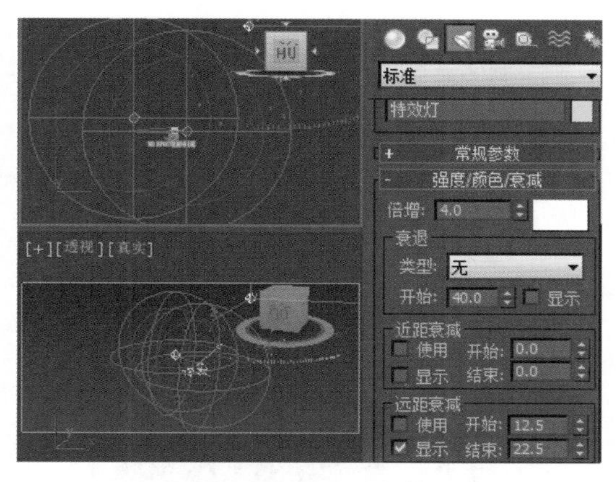

图 18-95　设置参数

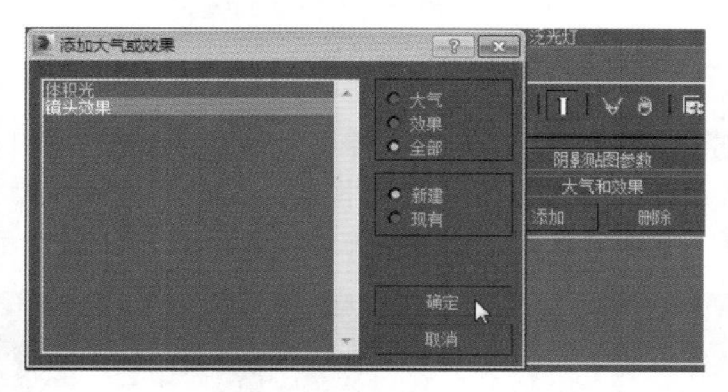

图 18-96　添加“镜头效果”

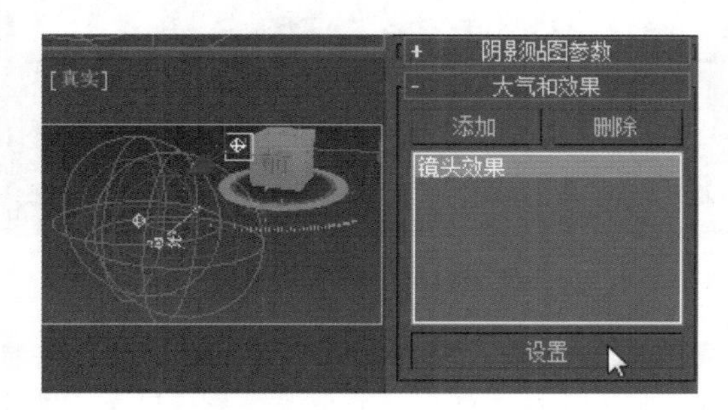

图 18-97　单击“设置”按钮

Step 4 ▶ 先后单击“环境和效果”对话框中“镜头效果参数”卷展栏中左侧效果列表框中的 Star（星形镜头）和 Glow（光晕镜头）选项，在每选择一项后单击 > 按钮，将其添加到右侧的选择列表框内，如图 18-98 所示。

Step 5 ▶ 选择“镜头效果参数”卷展栏右侧列表框中的 Star 选项，展开“星形元素”卷展栏，设置其参数，如图 18-99 所示。

Step 6 ▶ 分别单击“星形元素”卷展栏中“径向颜色”选项组中的各颜色框按钮，设置径向颜色参数，如图 18-100 所示。

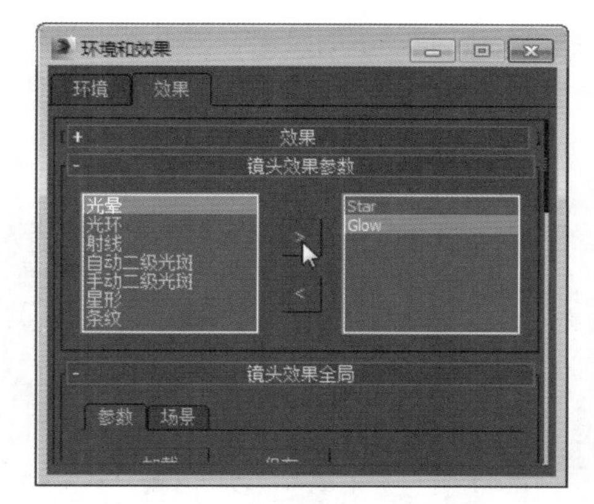

图 18-98　选择镜头效果选项

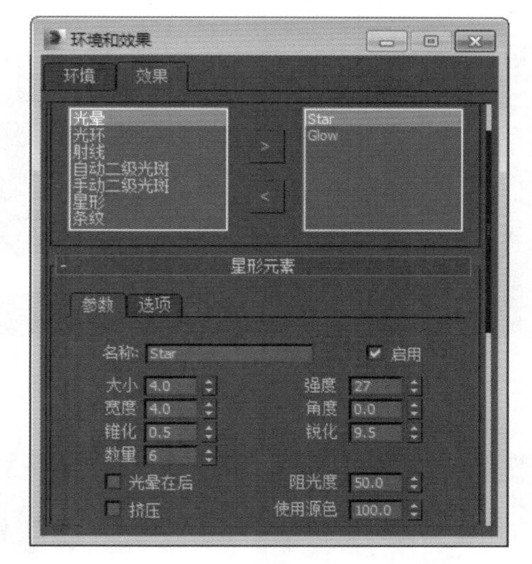

图 18-99　星形镜头效果参数

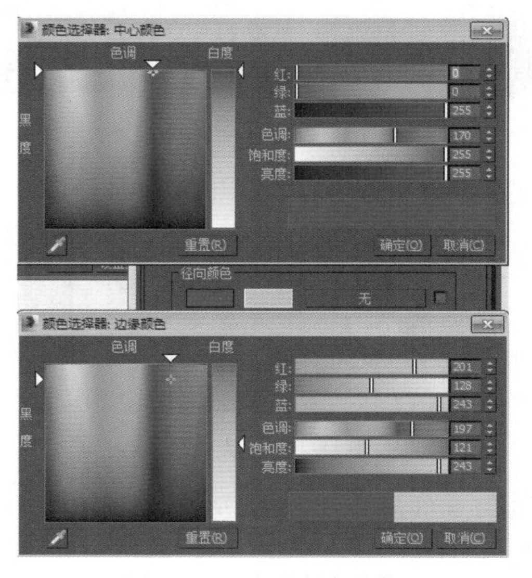

图 18-100　径向颜色参数

Step 7 ▸ 分别单击“分段颜色”区域中的各颜色框按钮，设置各分段颜色参数，如图 18-101 ~ 图 18-103 所示。

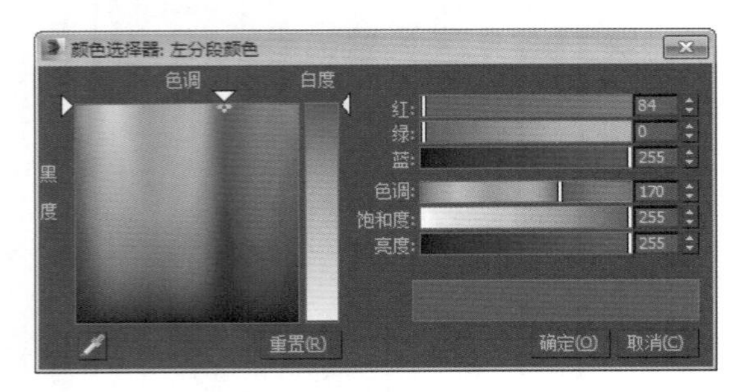

图 18-101　左分段颜色

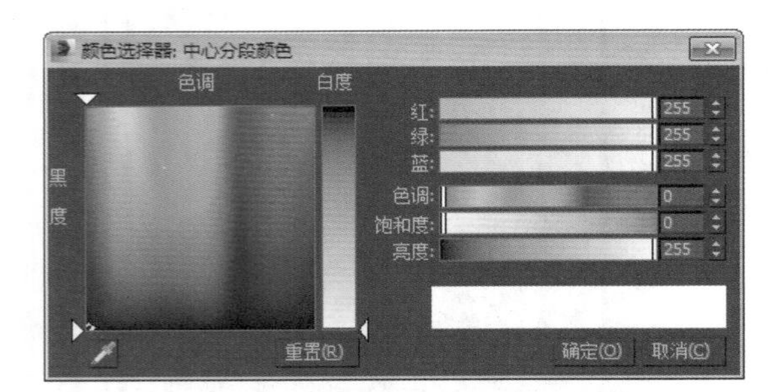

图 18-102　中心分段颜色

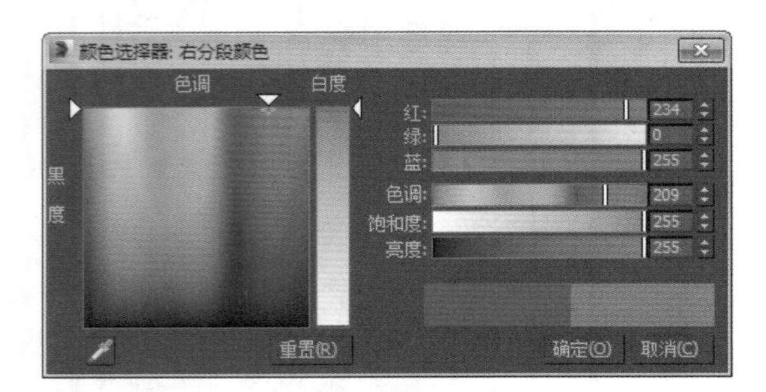

图 18-103　右分段颜色

Step 8 ▸ 设置完成后的效果如图 18-104 所示。

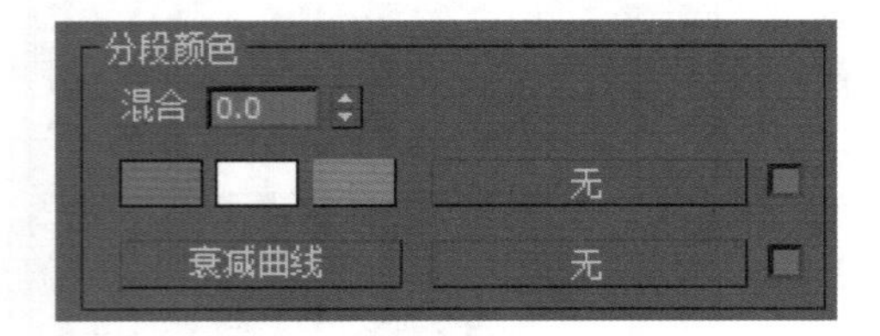

图 18-104　显示效果

Step 9 ▸ 采用同样的方法，在选择列表框内选择 Glow 选项，并设置“光晕元素”卷展栏中的参数，如图 18-105 所示。

图 18-105　设置光晕镜头效果参数

Step 10 ▸ 关闭“环境和效果”对话框，选择特效灯，然后开启手动设置关键点模式，将时间滑块移动到第 180 帧的位置，记录下关键帧，如图 18-106 所示。

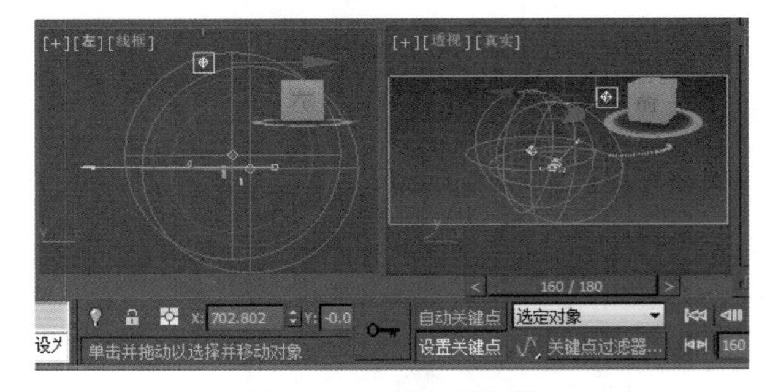

图 18-106　设置关键帧

Step 11 ▸ 将时间滑块移动到第 180 帧的位置，将特效灯移动到如图 18-107 所示的位置，最后记录关键帧。

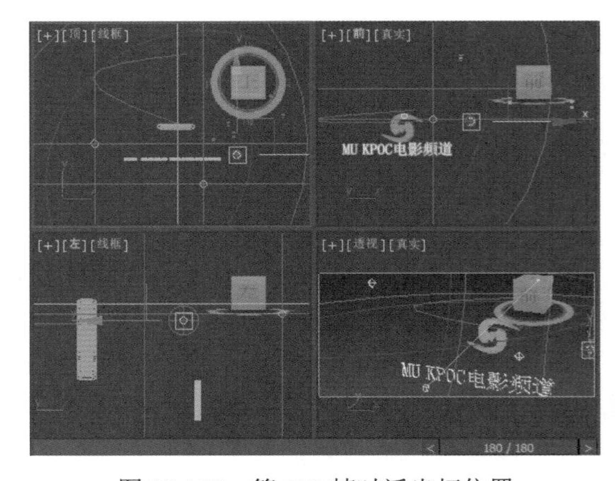

图 18-107　第 180 帧时泛光灯位置

Step 12 在弹出的“排除/包含”对话框中选择Text01选项，单击»按钮，再单击“确定”按钮，将Text01从它的光照范围中排除。

13. 制作背景

Step 1 关闭手动设置关键点模式，执行“渲染”→“环境”命令，弹出“环境和效果”对话框，单击“公用参数”卷展栏中“环境贴图”下的“无”按钮，在弹出的“材质/贴图浏览器”对话框中选择“渐变”贴图类型，然后单击“确定”按钮，如图18-108所示。

图18-108 创建约束

Step 2 将设置好的渐变贴图用鼠标拖动到材质编辑器中任一空白材质样本球上，在弹出的“实例(副本)贴图”对话框中选中“实例”单选按钮，如图18-109所示。

图18-109 复制环境贴图到材质编辑器

Step 3 分别单击材质编辑器“渐变参数”卷展栏中的“颜色1”“颜色2”“颜色3”右侧的颜色框按钮，设置其颜色参数，分别如图18-110～图18-112所示。

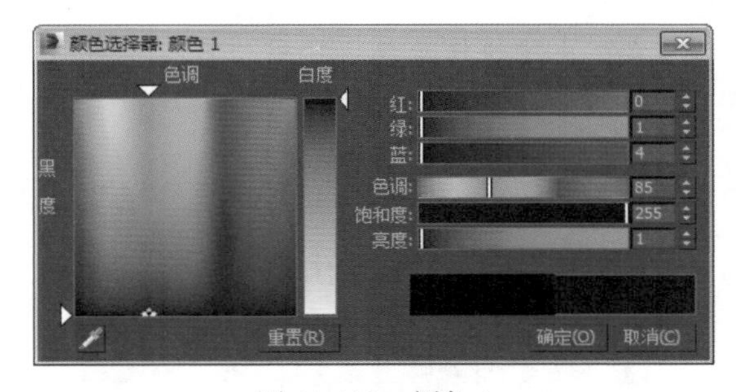

图18-110 颜色1

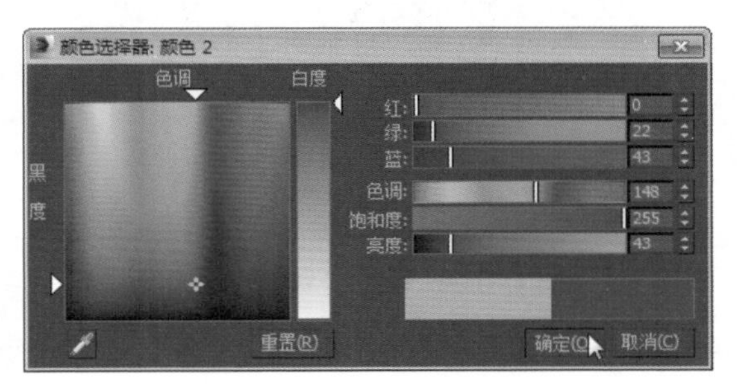

图18-111 颜色2

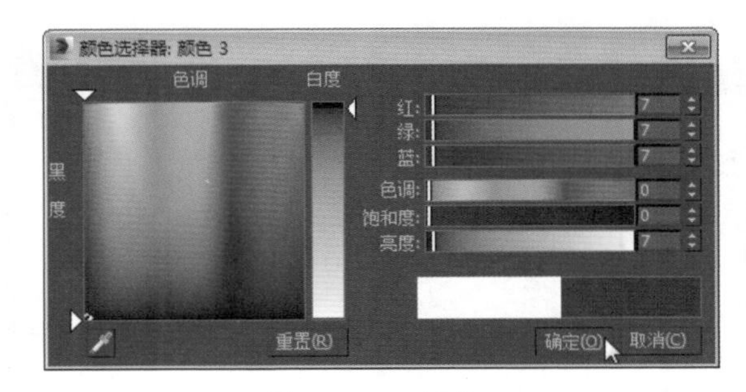

图18-112 颜色3

Step 4 设置“颜色2位置”为0.0，最终效果如图18-113所示。

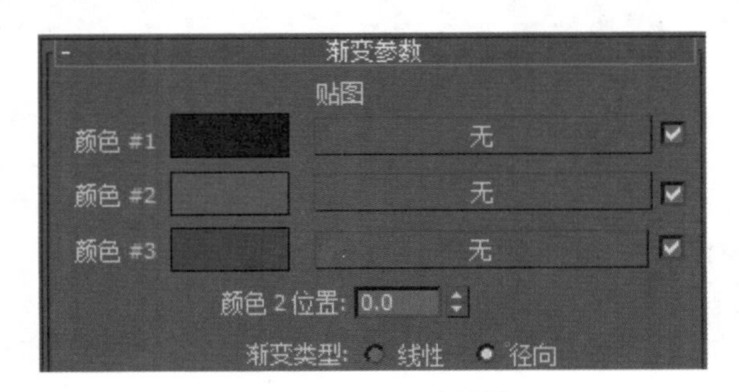

图18-113 显示效果

14. 为动画添加音频文件

Step 1 ▶ 单击工具栏中的“曲线编辑器”按钮，弹出动画曲线编辑器。右键单击编辑器中的“声音”选项，在弹出的快捷菜单中选择“属性”命令，如图 18-114 所示。

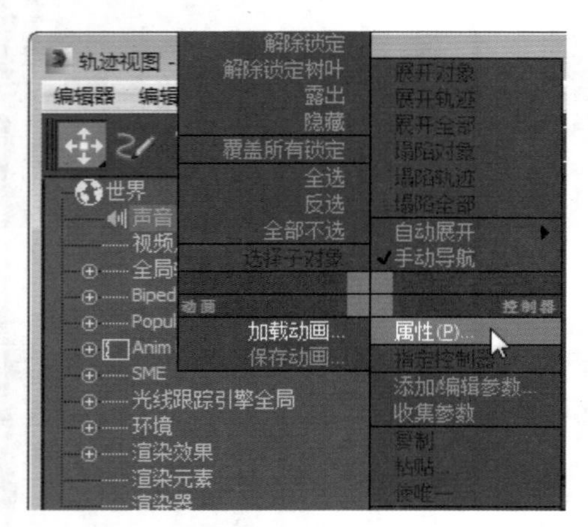

图 18-114　选择“属性”命令

Step 2 ▶ 在“打开”对话框中选择音乐文件，单击“打开”按钮，如图 18-115 所示。

图 18-115　径向颜色参数

Step 3 ▶ 添加音频文件后，在“专业声音”对话框中取消选中默认的“活动”选项，然后单击“关闭”按钮，如图 18-116 所示。

Step 4 ▶ 至此，动画制作全部完成。选择场景中的所有对象，执行曲线编辑器菜单栏中的“显示”→“显示未选定曲线”命令，可观看到所有对象的动画轨迹曲线，还可以在这里更细微地调整对象的动画轨迹，如图 18-117 所示。

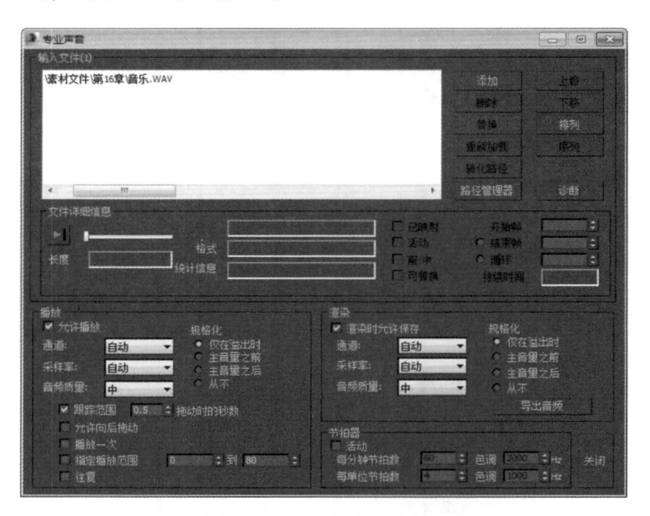

图 18-116　左分段颜色

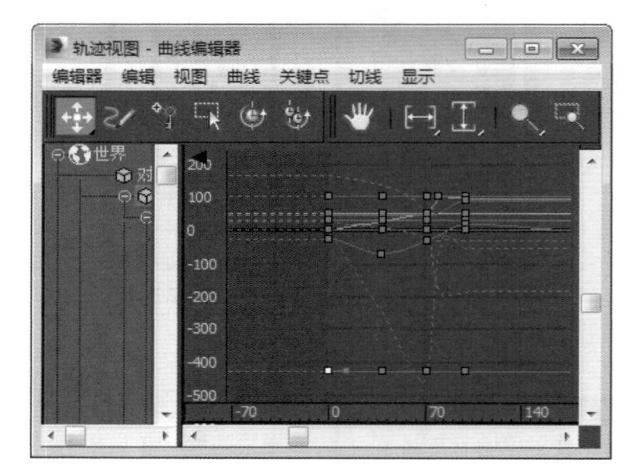

图 18-117　中心分段颜色

15. 输出动画

Step 1 ▶ 单击工具栏中的“渲染场景”按钮，弹出“渲染场景”面板，设置时间的输出范围为 0 ~ 180 帧，设置“输出大小”为 440×220，“视口”为 Camera01，单击“渲染输出”选项组中的“文件”按钮，如图 18-118 所示。

Step 2 ▶ 在弹出的“渲染输出文件”对话框中设置输出的名称、格式和存放路径，如图 18-119 所示。

Step 3 ▶ 单击工具栏中的“渲染”按钮，开始渲染并输出动画。

图 18-118　设置参数

图 18-119　渲染场景参数和输出格式

18.2 制作太阳帽

18.2.1 案例分析

本例将制作太阳帽，太阳帽的帽顶呈半球形，有的在前额或两侧加附荷叶边。有些帽子会有一块向外伸延的檐蓬，称为帽舌。戴帽子在不同的地区有不同的礼仪，这在西洋文化中尤其重要，因为戴帽子在过去是社会身份的象征。

太阳帽常用布、草、塑料等制成。太阳帽具有阴天遮风，晴天遮阳的功能，是男女老少不可少的一种日常生活用品，所以有广泛的市场。

18.2.2 操作思路

为更快完成本例的制作，并且尽可能运用本章讲解的知识，本例的操作思路如下。

（1）创建球体。

（2）创建帽顶。

（3）创建帽檐。

（4）创建样式。

（5）创建装饰。

（6）合并文件。

18.2.3 操作步骤

Step 1 ▶ 在“几何体”面板的“标准基本体”类型下单击“球体”工具，绘制一个球体，在“参数”卷展栏中设置“半径”为 400，“分段”为 32，如图 18-120 所示。

图 18-120　创建球体

Step 2 ▶ 将球体转换为可编辑网格对象，进入“顶点”级别，如图 18-121 所示。

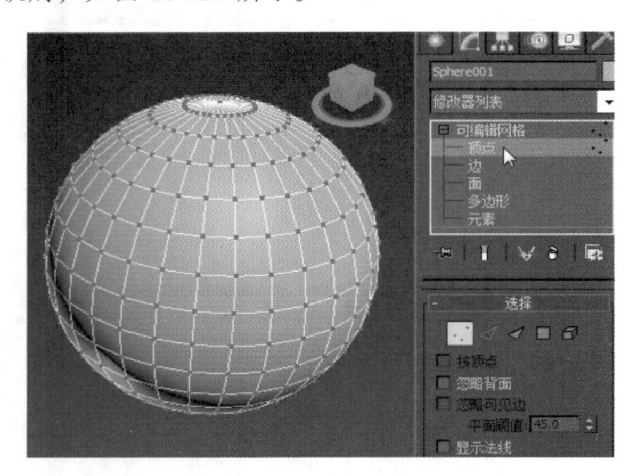

图 18-121　转换对象类型

Step 3 ▶ 在前视图中选择如图 18-122 所示的顶点。

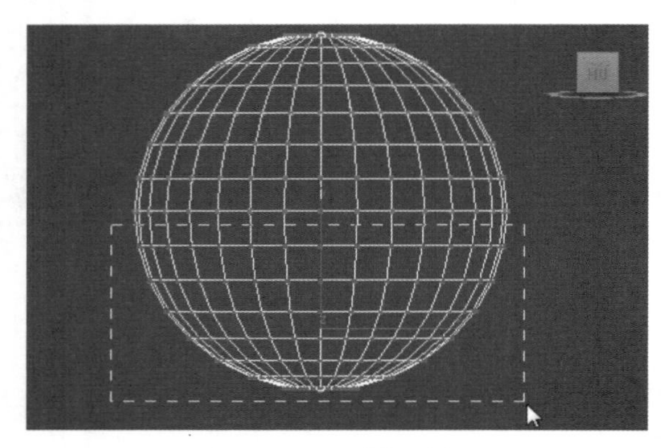

图 18-122　选择顶点

Step 4 ▶ 按 Delete 键删除所选顶点，进入“边”级别，单击选择如图 18-123 所示的边。

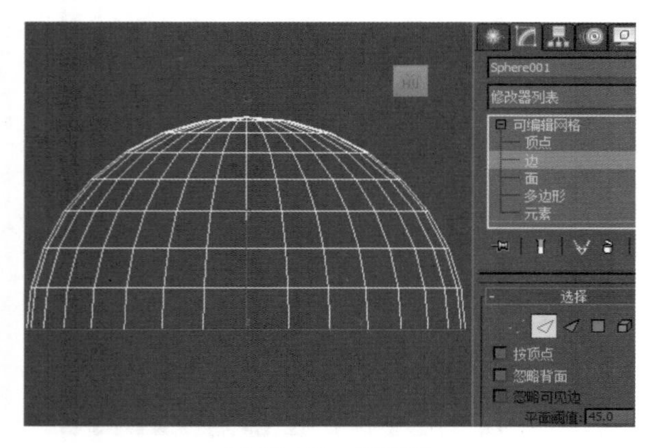

图 18-123　选择边

Step 5 ▶ 在顶视图中按住 Shift 键等比例使用“选择并均匀缩放”工具将所选边向外拖曳 3 次，如图 18-124 所示。

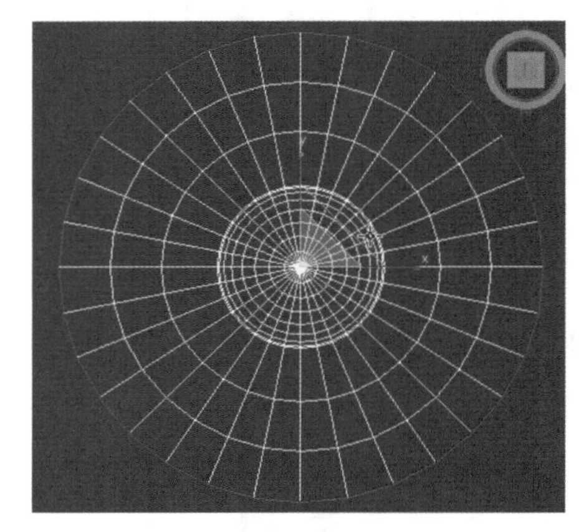

图 18-124　缩放复制边

Step 6 ▶ 缩放完成后的效果如图 18-125 所示。

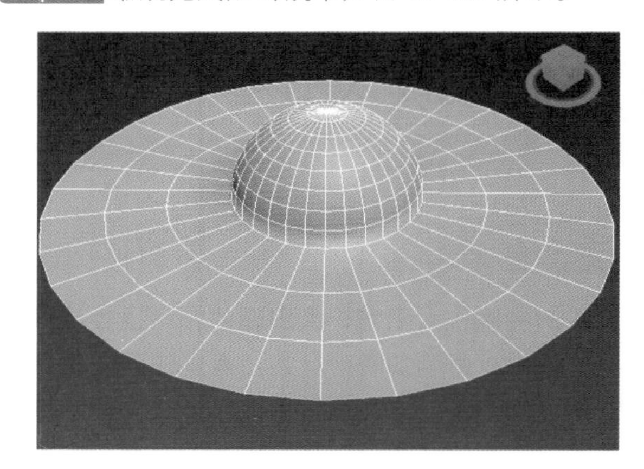

图 18-125　显示效果

Step 7 ▶ 在顶视图中选择边，如图 18-126 所示。

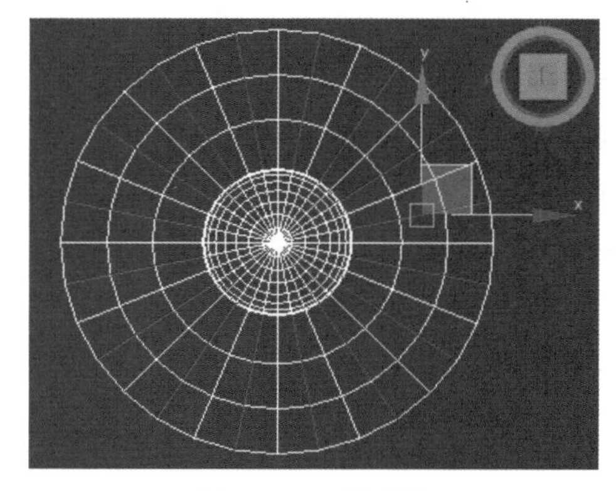

图 18-126　选择边

Step 8 ▶ 使用“选择并移动”工具在前视图中将所选边向下拖曳一段距离，如图 18-127 所示。

图 18-127　移动边

Step 9 ▶ 进入透视图，效果如图 18-128 所示。

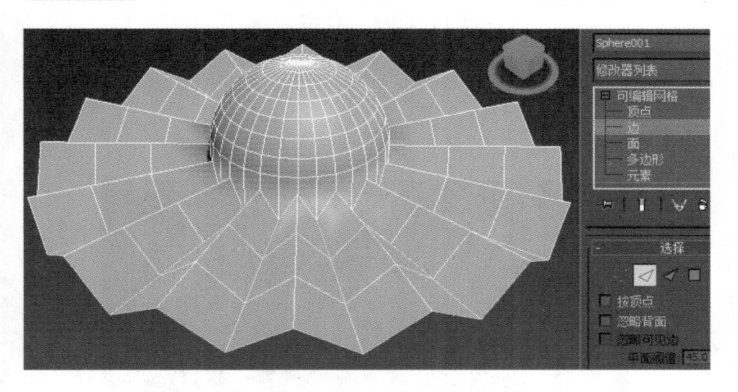

图 18-128　显示效果

Step 10 ▶ 加载“网格平滑”修改器，在“细分量”卷展栏中设置“迭代次数”为 2，具体参数设置及模型效果如图 18-129 所示。

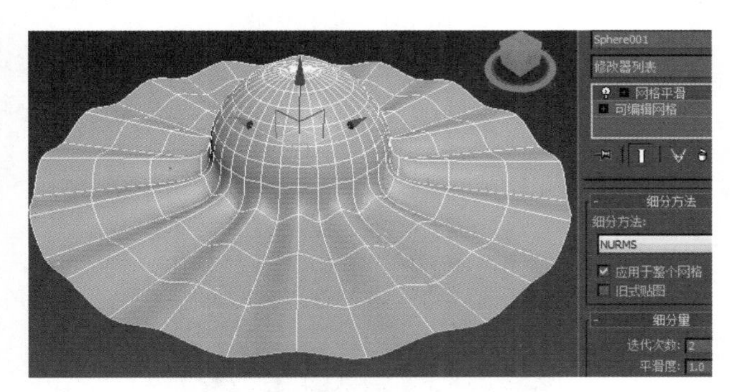

图 18-129　加载修改器

Step 11 ▶ 在“创建”面板中单击“图形”按钮，单击“圆”按钮，在场景中绘制一个半径为 400 的圆，如图 18-130 所示。

Step 12 ▶ 绘制一个球体，设置“半径”为 21，“分段”为 16，具体参数设置及模型位置如图 18-131 所示。

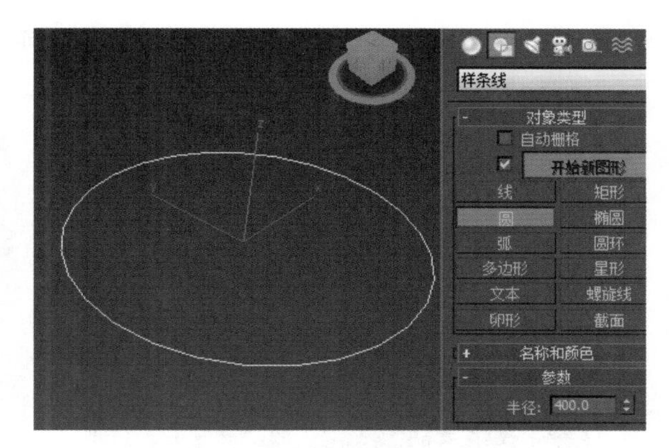

图 18-130　创建图形

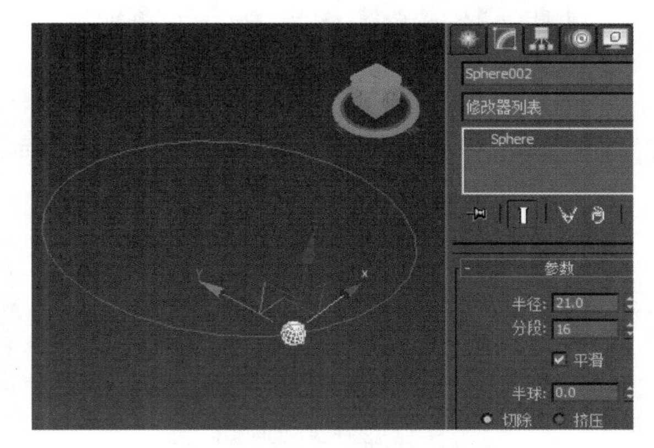

图 18-131　创建球体

Step 13 ▶ 在主工具栏中的空白区域右击，在弹出的快捷菜单中选择“附加”命令，如图 18-132 所示。

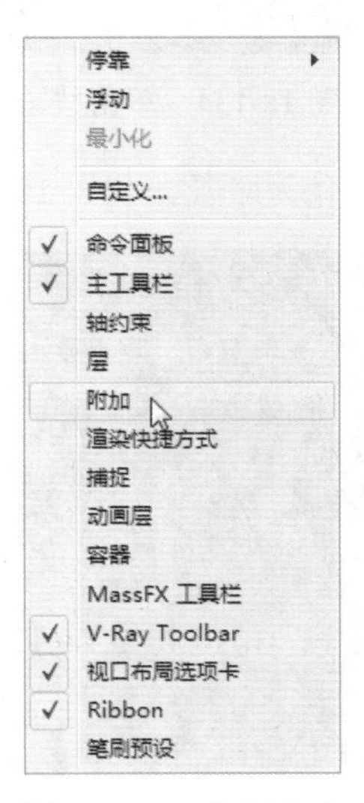

图 18-132　执行命令

Step 14 ▶ 在弹出的“附加”工具栏中单击“间隔工具”

按钮，打开“间隔工具”对话框，如图 18-133 所示。

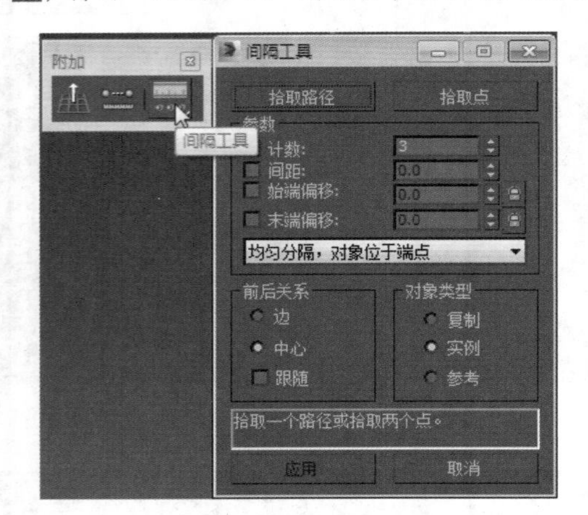

图 18-133　打开对话框

Step 15 ▶ 单击“拾取路径”按钮，如图 18-134 所示。

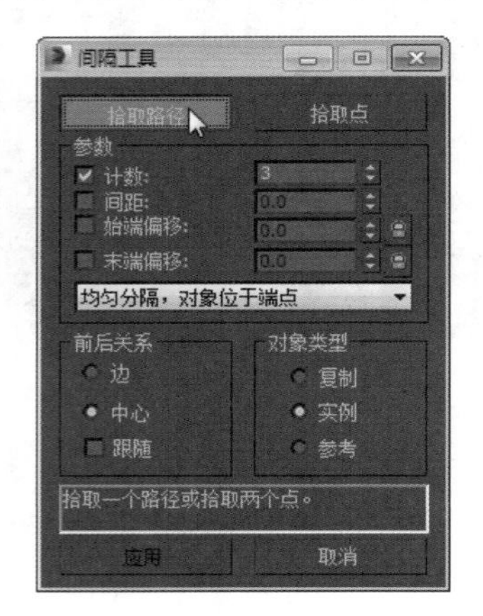

图 18-134　单击按钮

Step 16 ▶ 单击圆作为路径，如图 18-135 所示。

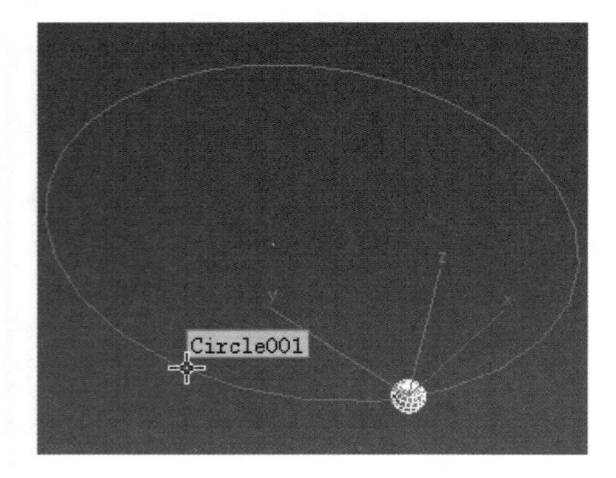

图 18-135　选择路径

Step 17 ▶ 设置“计数”为 50，具体参数设置如图 18-136 所示。单击“应用”按钮，然后单击“关闭”按钮。

图 18-136　设置参数

Step 18 ▶ 设置完成后效果如图 18-137 所示。选择球体和圆。

图 18-137　显示效果

Step 19 ▶ 执行“组”→“组”菜单命令，打开“组”对话框，输入组名为“组 001”，单击“确定”按钮，如图 18-138 所示。

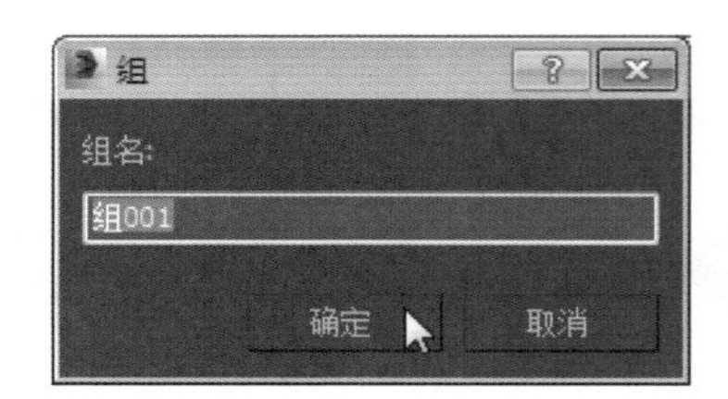

图 18-138　创建组

Step 20 ▶ 在各个视图中将帽子和组对象调整到适当位置，如图 18-139 所示。

Step 21 ▶ 单击“应用程序”图标，执行“导入”→“合并”菜单命令，打开“合并文件”对话框，选择需要合并的文件后打开“合并”对话框，选择需要合并的对象，单击“确定”按钮，如图 18-140 所示。

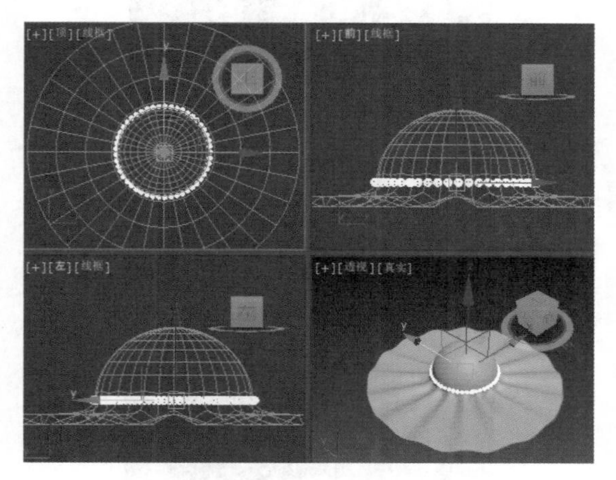

图 18-139　调整位置

图 18-140　合并模型

Step 22 将新合并进来的模型进行相应的调整后移动到适当位置，模型的最终效果如图 18-141 所示。

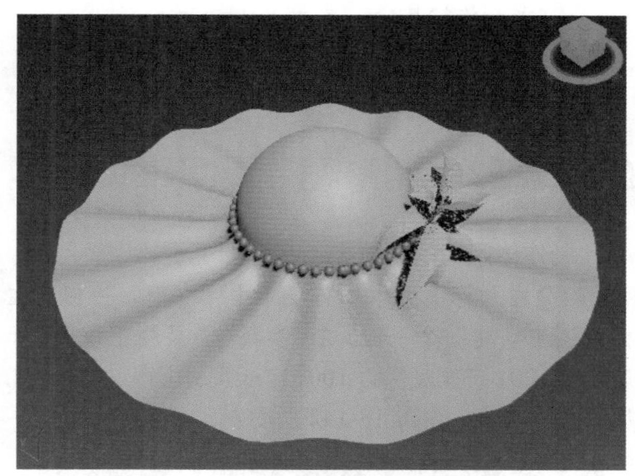

图 18-141　显示效果

读书笔记

18.3 制作休闲椅

18.3.1 案例分析

本例将制作休闲椅，休闲椅就是平常享受闲暇时光用的椅子，这种椅子并不像餐椅和办公椅那样正式，有一些小个性，能够给视觉和身体的双重舒适感。大家可以发挥想象制作出满意的作品。

18.3.2 操作思路

为更快完成本例的制作，并且尽可能运用本章讲解的知识，本例的操作思路如下。

（1）制作平面。

（2）调整形状。

（3）制作椅身。

（4）调整细节。

（5）制作椅垫。

（6）制作靠背。

（7）完成绘制。

18.3.3 操作步骤

制作休闲椅的具体操作步骤如下：

Step 1 在“标准基本体”下单击“平面”按钮，在前视图中创建一个平面，在“参数”卷展栏中设置“长度”为 120，“宽度”为 100，“长度分段”为 2，“宽度分段”为 3，如图 18-142 所示。

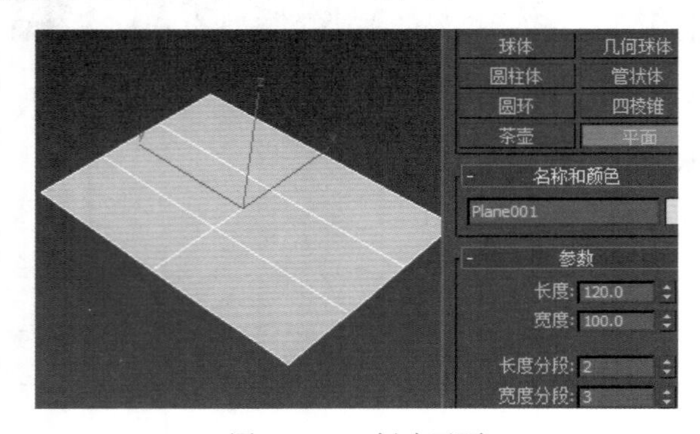

图 18-142　创建平面

Step 2 将平面转换为可编辑多边形，进入“顶点”级别，如图 18-143 所示。

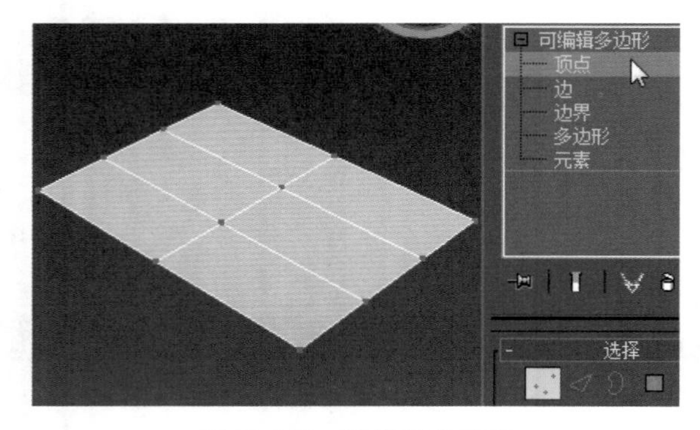

图 18-143　转换对象类型

Step 3 在顶视图中选择水平中部的顶点，如图 18-144 所示。

Step 4 使用“选择并移动”工具将其向下拖曳一段距离，如图 18-145 所示。

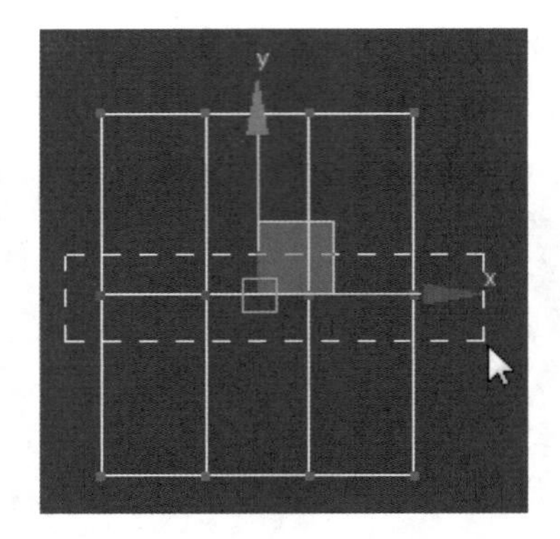

图 18-144　选择顶点

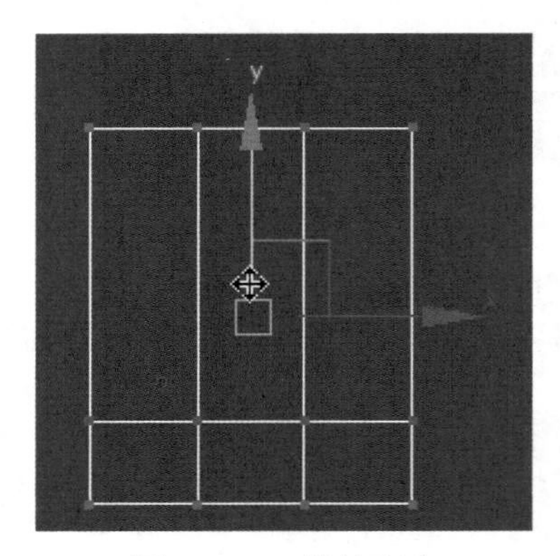

图 18-145　缩放顶点

Step 5 在顶视图中选择垂直中部的顶点，如图 18-146 所示。

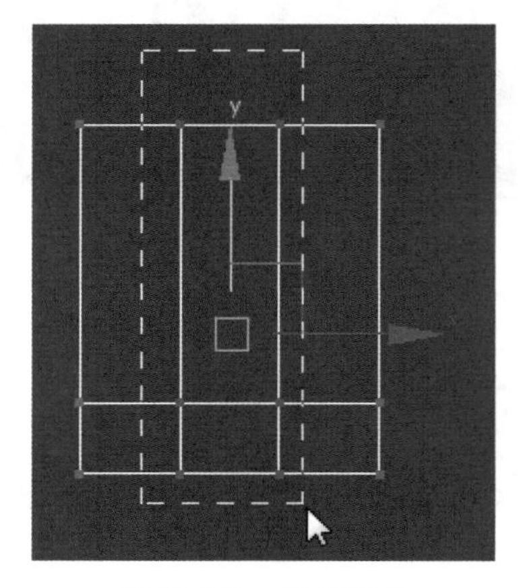

图 18-146　选择顶点

Step 6 使用“选择并均匀缩放”工具将其向内缩放，效果如图 18-147 所示。

Step 7 在顶视图中选择左上角和右上角的顶点，如图 18-148 所示。

Step 8 ▶ 将其向下拖曳一段距离，如图 18-149 所示。

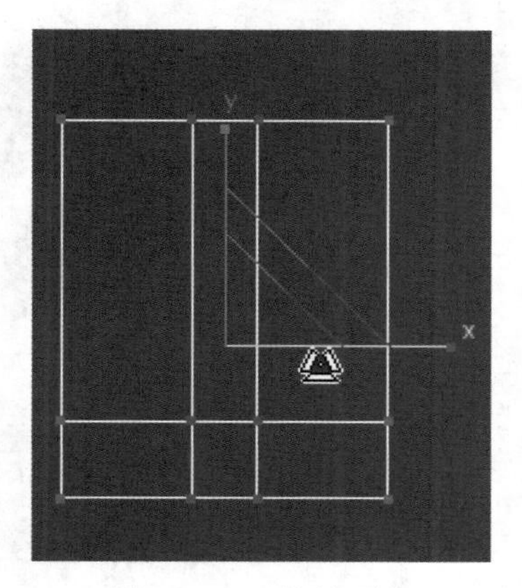

图 18-147　缩放顶点

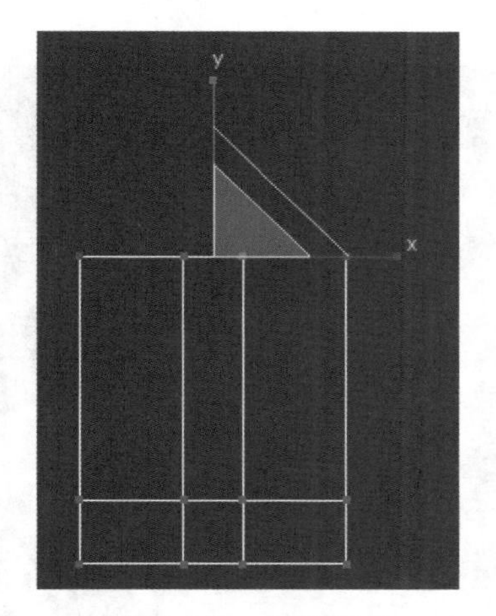

图 18-148　选择顶点

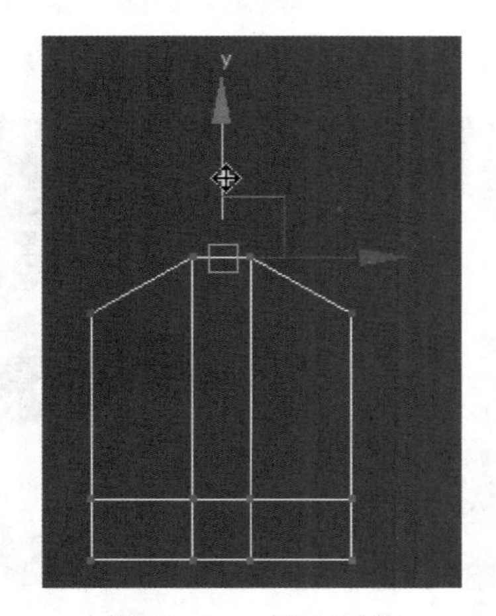

图 18-149　移动顶点

Step 9 ▶ 使用“选择并均匀缩放”工具将其向内缩放，效果如图 18-150 所示。

Step 10 ▶ 在顶视图中选择左下角和右下角的顶点，如图 18-151 所示。

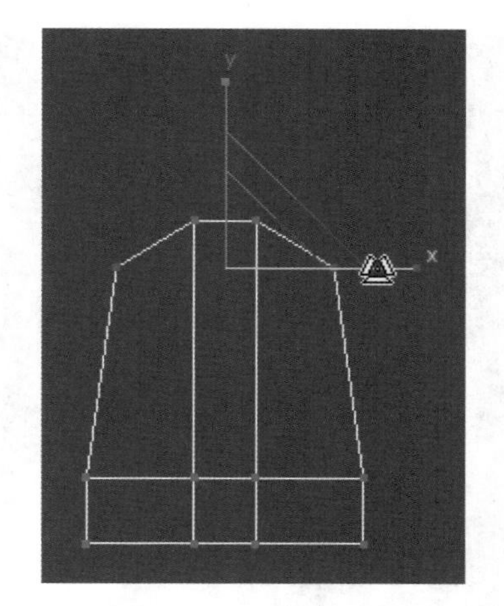

图 18-150　缩放顶点

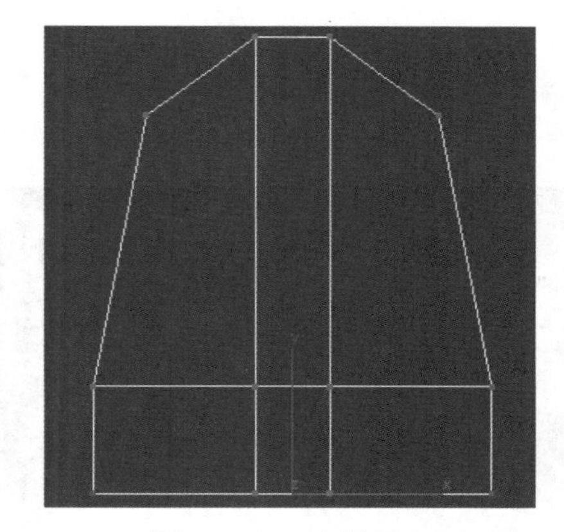

图 18-151　选择顶点

Step 11 ▶ 使用“选择并均匀缩放”工具将其向内缩放，效果如图 18-152 所示。

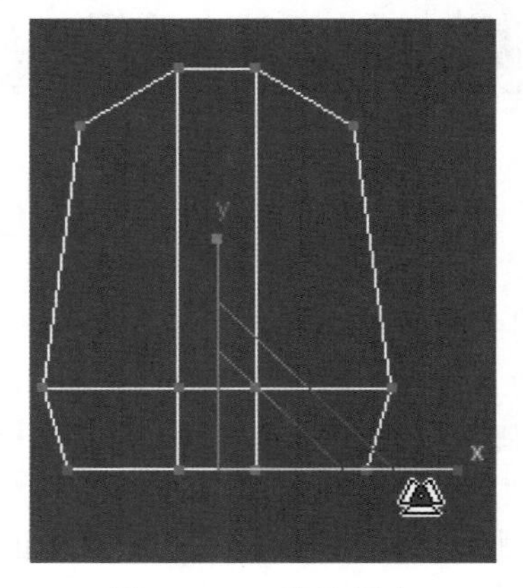

图 18-152　缩放顶点

Step 12 ▶ 进入“边”级别，依次选择如图 18-153 所示的外围边。

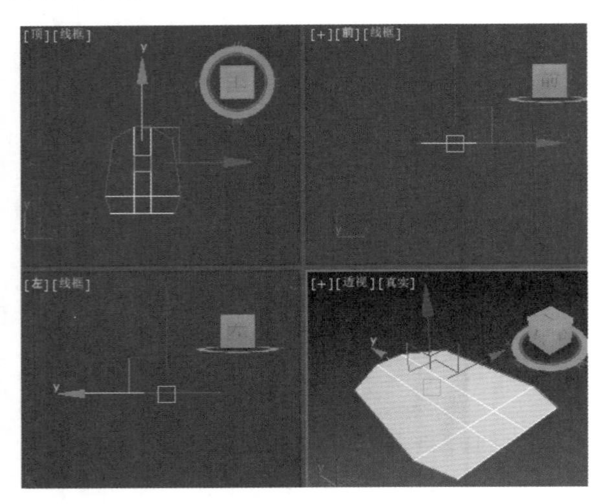

图 18-153　选择边

Step 13 ▶ 按住 Shift 键使用“选择并移动”工具将其向上拖曳两次，得到如图 18-154 所示的效果。

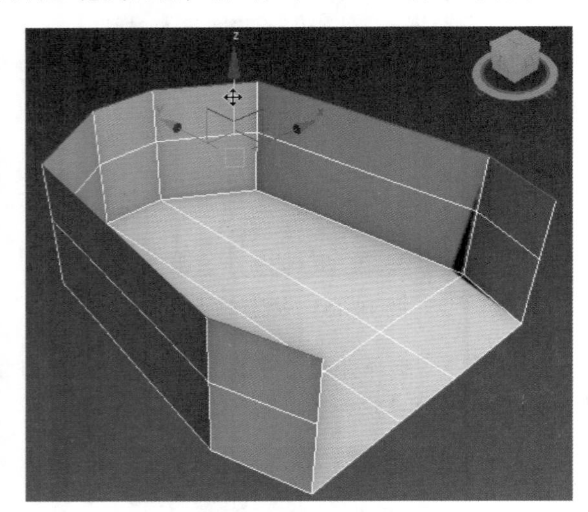

图 18-154　复制边

Step 14 ▶ 使用“选择并均匀缩放”工具将其向内缩放，效果如图 18-155 所示。

Step 15 ▶ 按住 Shift 键使用“选择并移动”工具将所选边继续向上拖曳，效果如图 18-156 所示。

Step 16 ▶ 使用“选择并均匀缩放”工具将其向内缩放，依次将边调整为如图 18-157 所示的效果。

Step 17 ▶ 进入“顶点”级别，在顶视图中选择如图 18-158 所示的顶点。

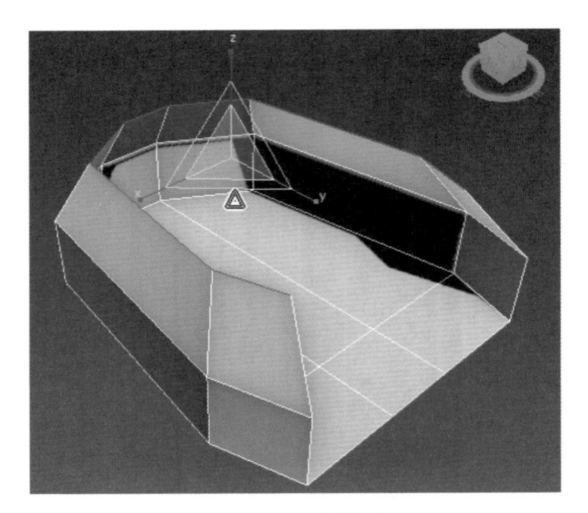

图 18-155　缩放边

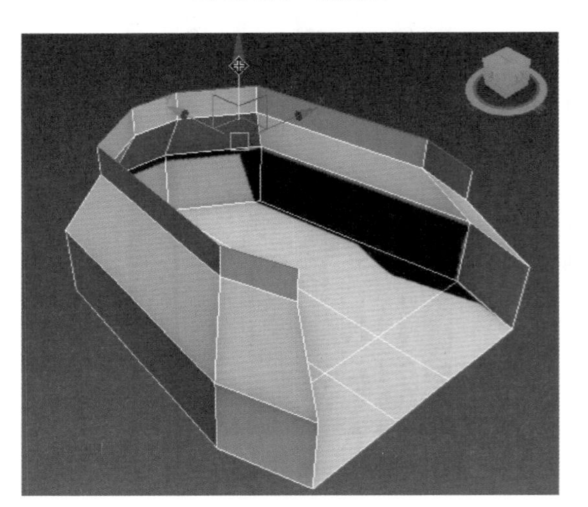

图 18-156　复制边

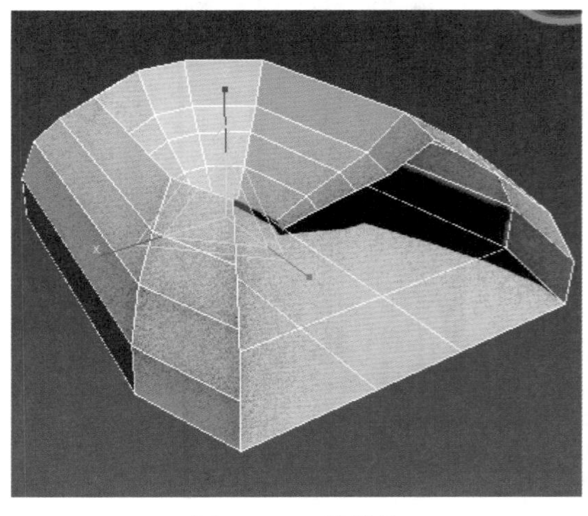

图 18-157　缩放边

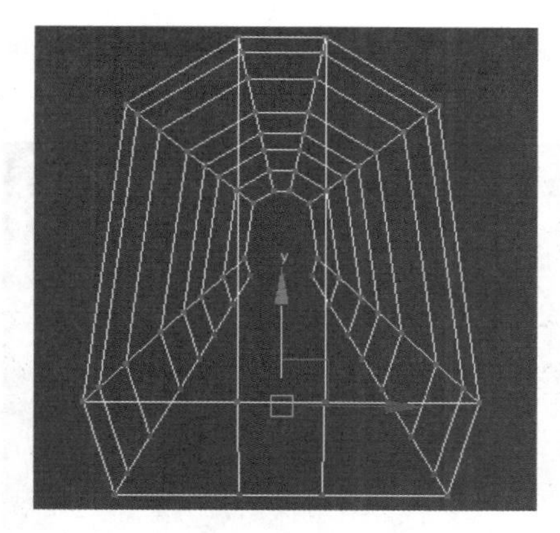

图 18-158　选择顶点

Step 18 ▶ 使用“选择并均匀缩放”工具，在 Y 轴上按住鼠标左键不放向下缩放，效果如图 18-159 所示。

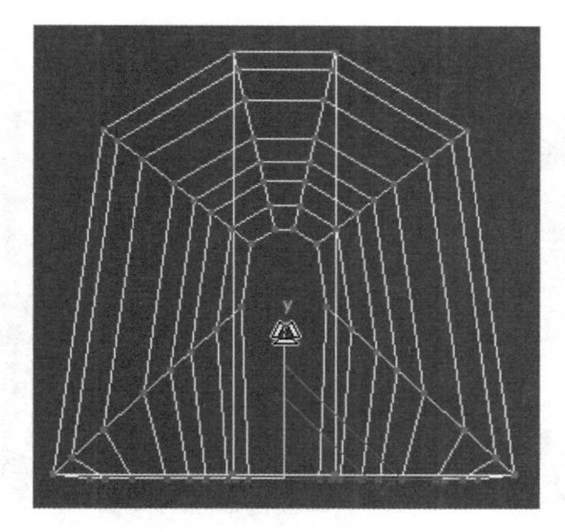

图 18-159　缩放顶点

Step 19 ▶ 使用“选择并移动”工具将所选边向下拖曳一段距离，如图 18-160 所示。

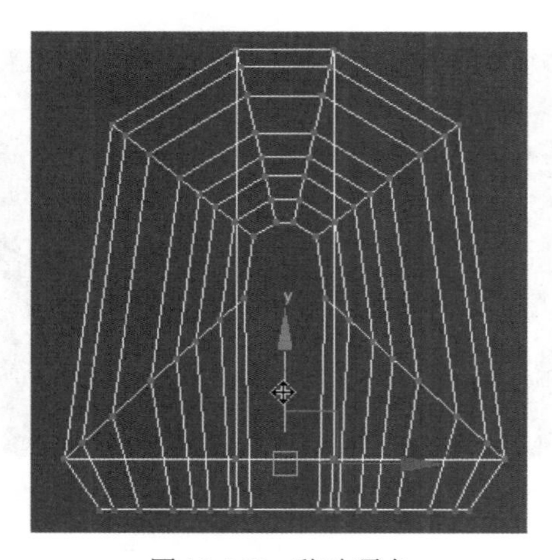

图 18-160　移动顶点

Step 20 ▶ 进入“边”级别，在顶视图中选择边，在“编辑边”卷展栏中单击“桥”按钮，如图 18-161 所示。

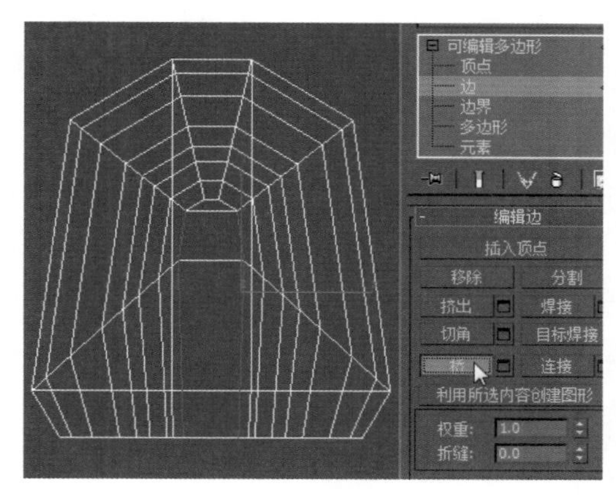

图 18-161　选择边

Step 21 ▶ 其效果如图 18-162 所示。

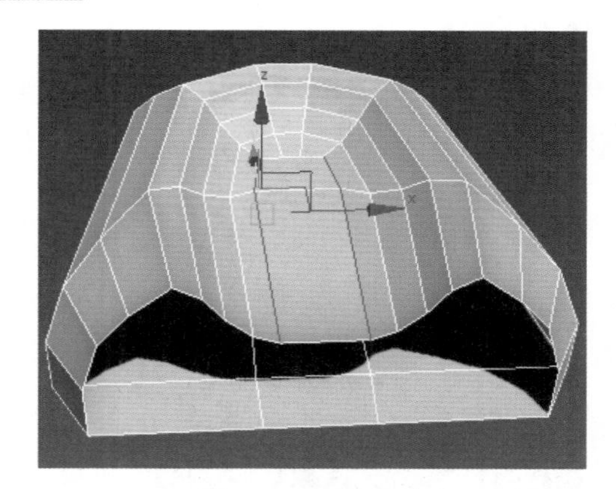

图 18-162　连接边

Step 22 ▶ 在顶视图中选择边，在“编辑边”卷展栏中单击“连接”后面的“设置”按钮，如图 18-163 所示。

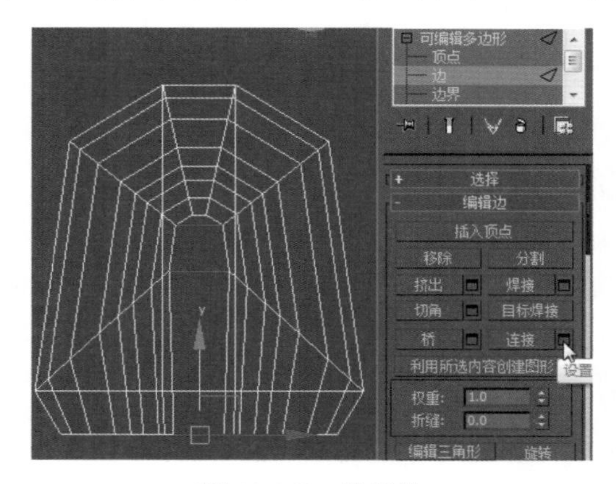

图 18-163　选择边

Step 23 ▶ 设置“分段”为 2，单击“确定”按钮，如图 18-164 所示。

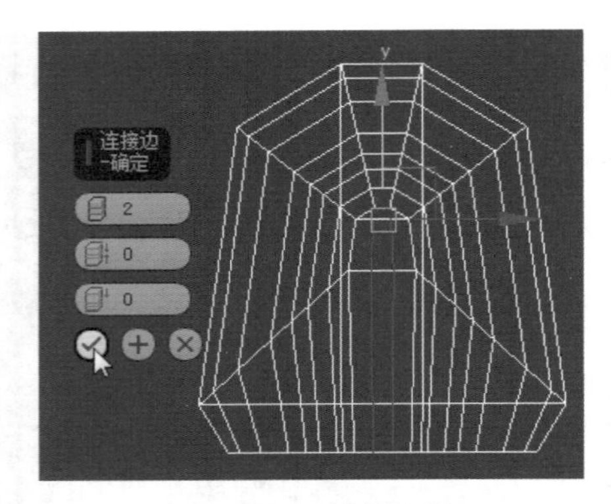

图 18-164　设置参数

Step 24 ▶ 进入“顶点”级别，在顶视图中选择顶点，在“编辑顶点”卷展栏中单击“目标焊接”按钮，如图 18-165 所示。

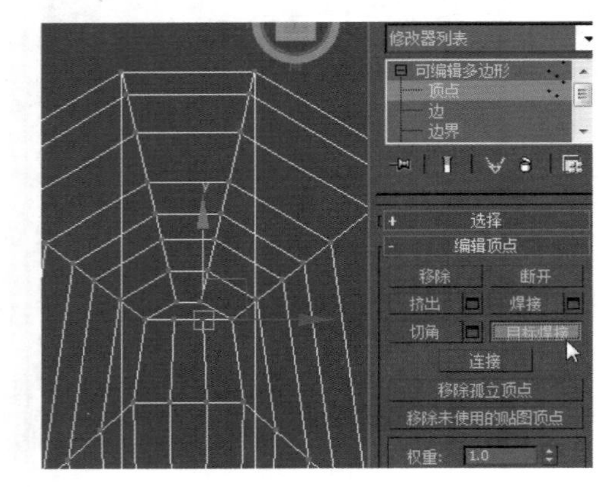

图 18-165　选择顶点

Step 25 ▶ 将焊接虚线的终点拖曳到如图 18-166 所示的顶点处。

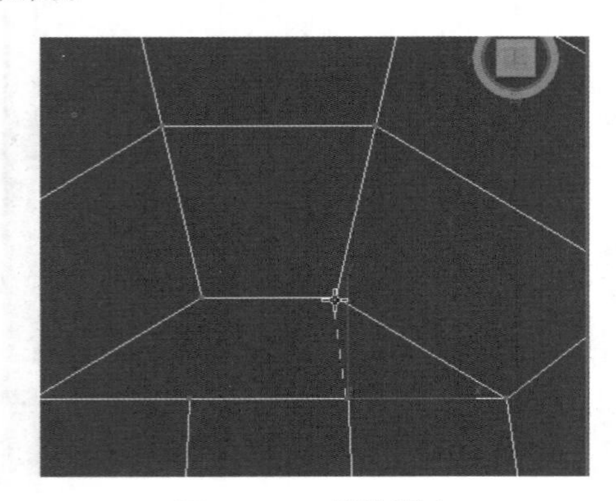

图 18-166　焊接顶点

Step 26 ▶ 这两个顶点即完成焊接，效果如图 18-167 所示。

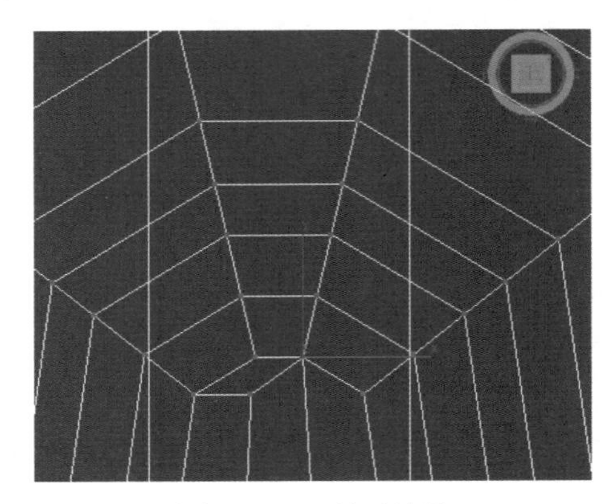

图 18-167　显示效果

Step 27 ▶ 采用相同的方法将左侧的两个顶点焊接起来，完成后的效果如图 18-168 所示。

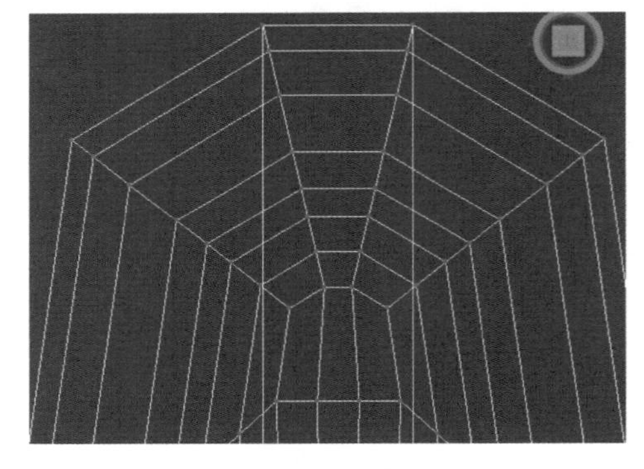

图 18-168　显示效果（1）

Step 28 ▶ 采用相同的方法焊接顶点，完成后的效果如图 18-169 所示。

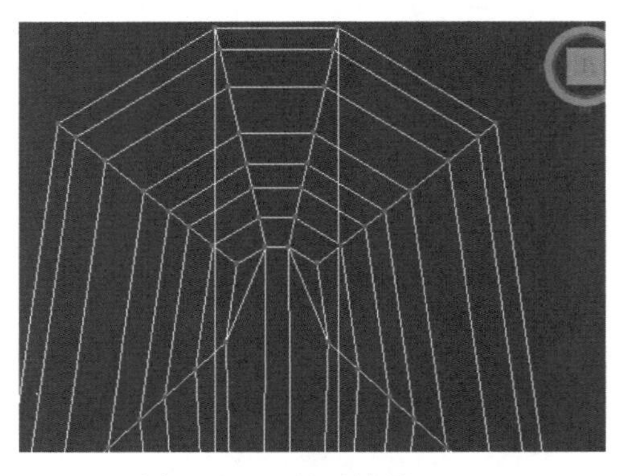

图 18-169　显示效果（2）

Step 29 ▶ 进入“边”级别，在顶视图中选择边，在“编辑边”卷展栏中单击“连接”后的“设置”按钮■，如图 18-170 所示。

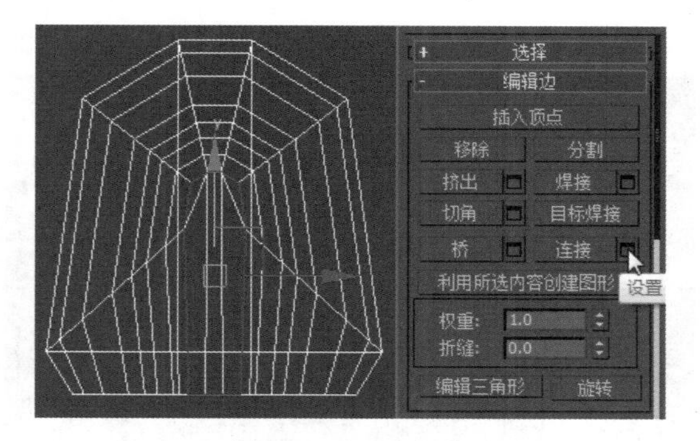

图 18-170　选择边

Step 30 ▶ 设置“分段”为 1，单击“确定”按钮，如图 18-171 所示。

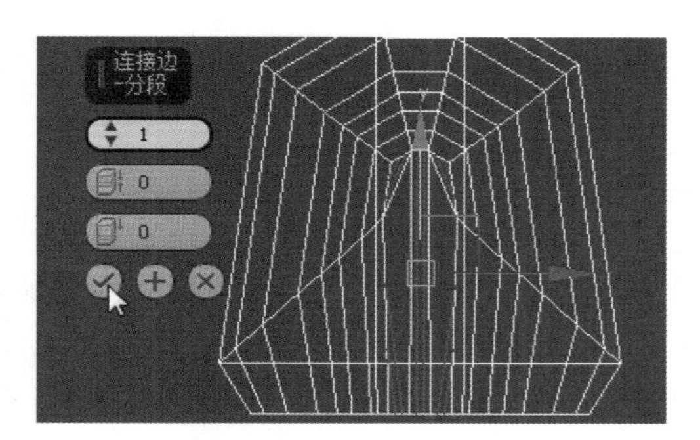

图 18-171　设置参数

Step 31 ▶ 进入“多边形”级别，选择模型底部的多边形，如图 18-172 所示。

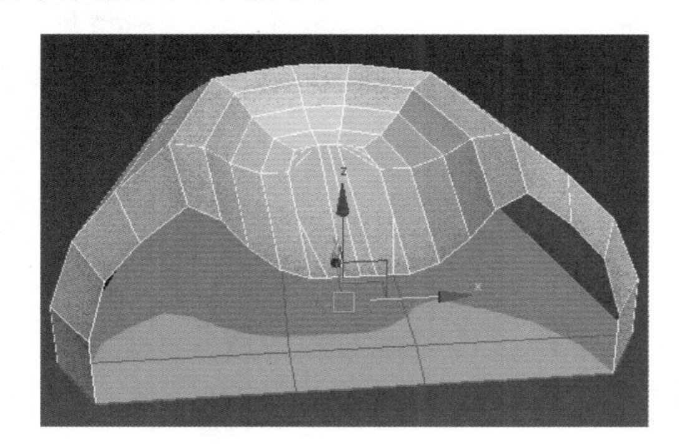

图 18-172　选择多边形

Step 32 ▶ 按 Delete 键将所选多边形删除，为模型加载一个“细化”修改器，在“参数”卷展栏中设置“操作于”为“多边形”，“张力”为 8，“迭代次数”为 2，具体参数设置及模型效果如图 18-173 所示。

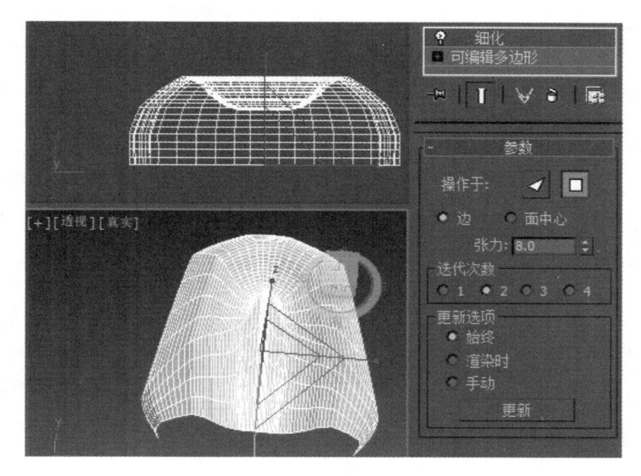

图 18-173　添加修改器

Step 33 ▶ 设置完成后效果如图 18-174 所示。将模型转换为可编辑多边形。

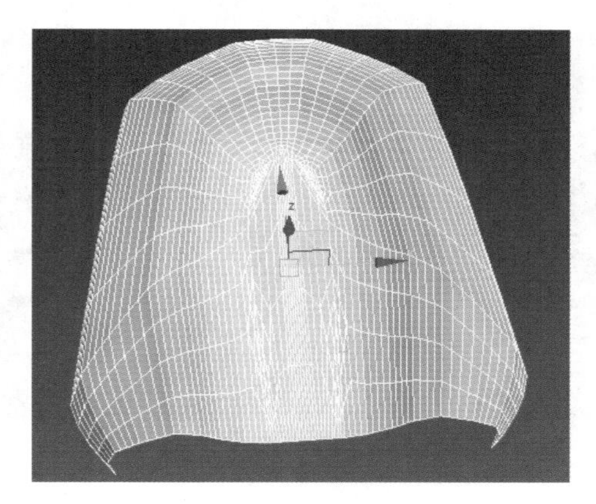

图 18-174　显示效果

Step 34 ▶ 进入“边”级别，选择模型最外沿的边，在“编辑边”卷展栏中单击“利用所选内容创建图形”按钮，如图 18-175 所示。

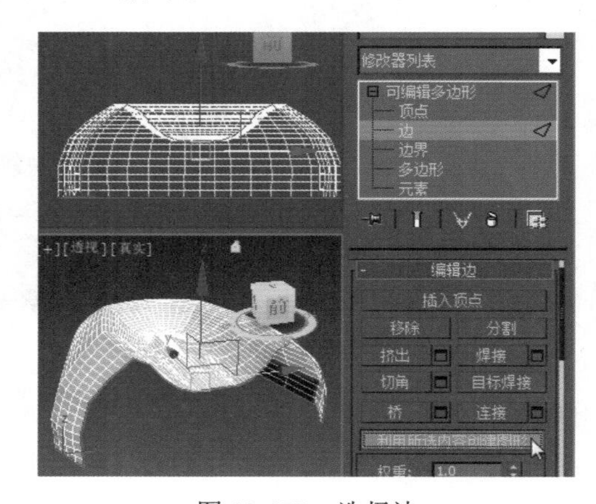

图 18-175　选择边

Step 35 ▶ 在弹出的“创建图形”对话框中输入曲线名“椅边 001”，设置“图形类型”为“线性”，单击“确定”按钮，如图 18-176 所示。

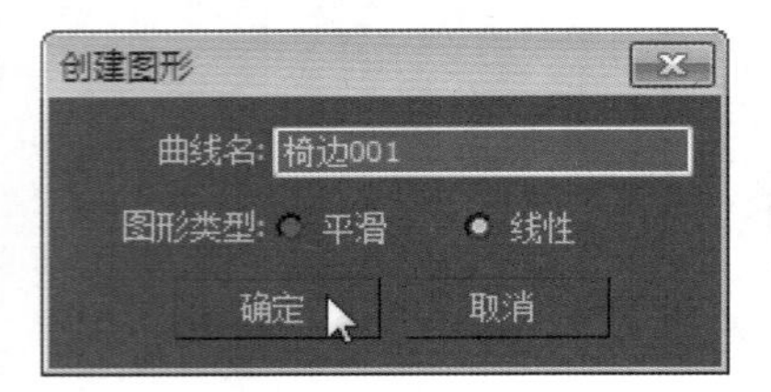

图 18-176 输入内容

Step 36 ▶ 模型效果如图 18-177 所示。

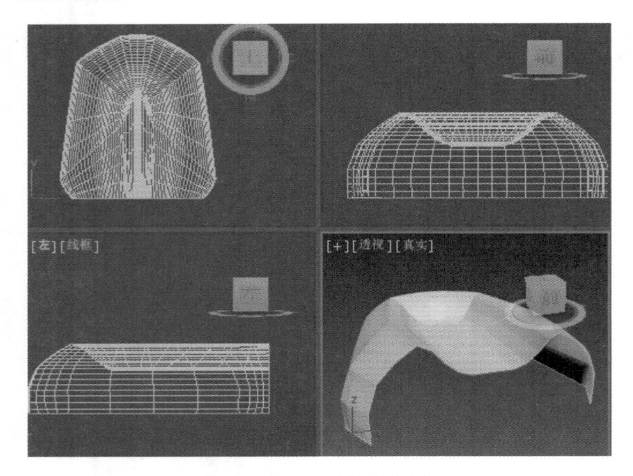

图 18-177 显示效果

Step 37 ▶ 选择“椅边 001”，在“渲染”卷展栏中选中“在渲染中启用”和“在视口中启用”复选框，设置径向“厚度”为 2，效果如图 18-178 所示。

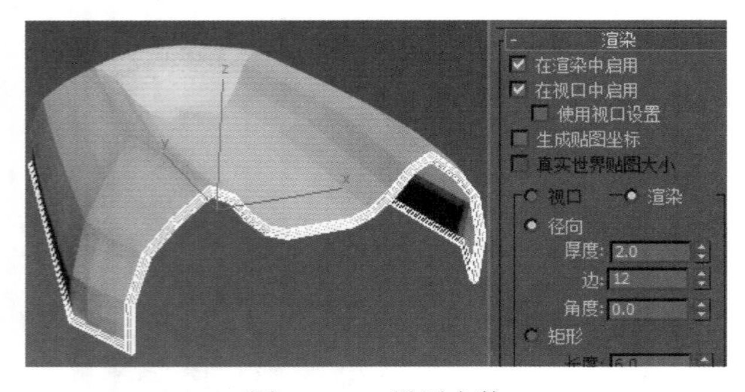

图 18-178 设置参数

Step 38 ▶ 将“椅边 001”冻结，进入“边”级别，单击“利用所选内容创建图形”按钮，如图 18-179 所示。

Step 39 ▶ 在弹出的“创建图形”对话框中输入曲线名“椅面”，设置“图形类型”为“线性”，单击“确定”按钮，如图 18-180 所示。

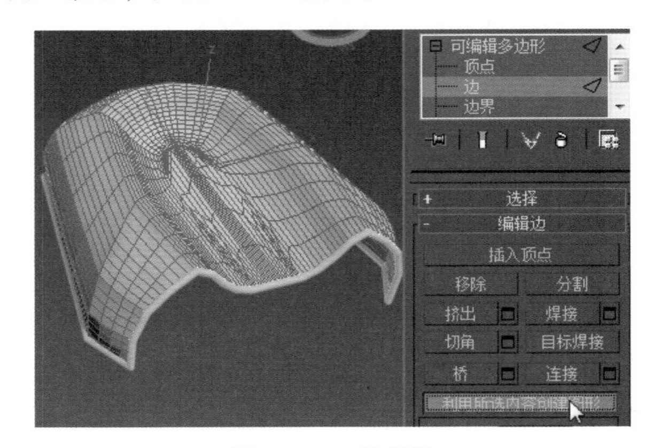

图 18-179 选择边

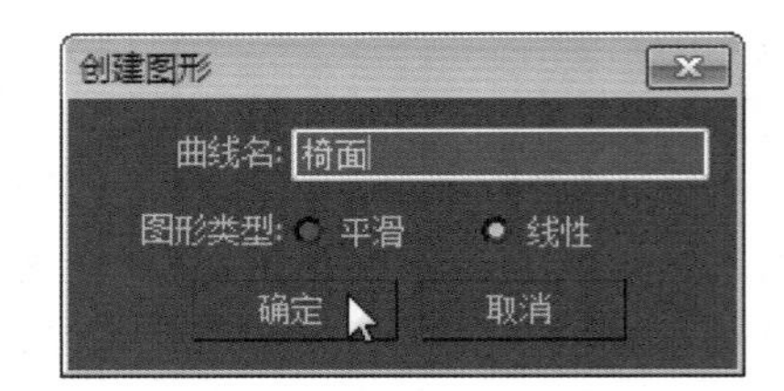

图 18-180 输入内容

Step 40 ▶ 设置完成后效果如图 18-181 所示。

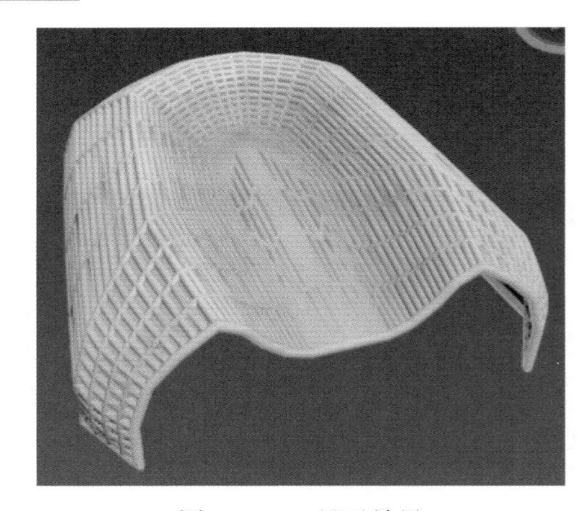

图 18-181 显示效果

Step 41 ▶ 选择“椅面”，在“渲染”卷展栏中选中“在渲染中启用”和“在视口中启用”复选框，设置径向“厚度”为 1，如图 18-182 所示。

Step 42 ▶ 选择原始的休闲椅底模型，按 Delete 键将其删除，设置完成后的效果如图 18-183 所示。

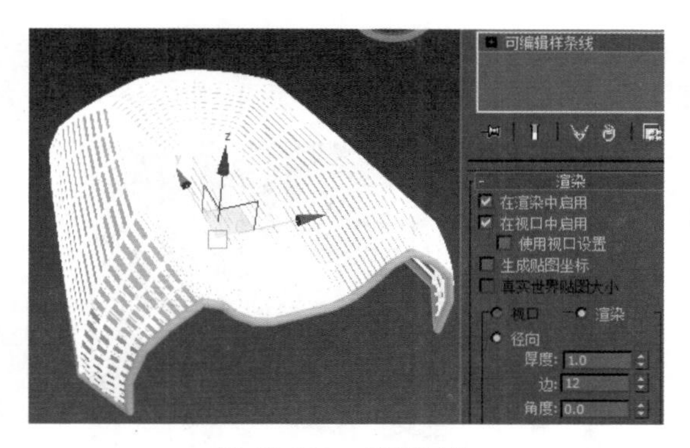

图 18-182　选择对象

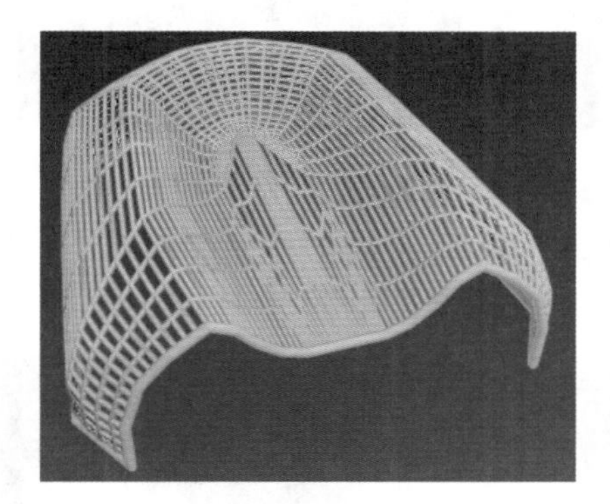

图 18-183　显示效果

Step 43 ▶ 解冻“椅边 001”，选择“椅边 001”和“椅面”，执行“组”→“组”菜单命令，在“组”对话框中输入组名“椅底”，单击“确定”按钮，如图 18-184 所示。

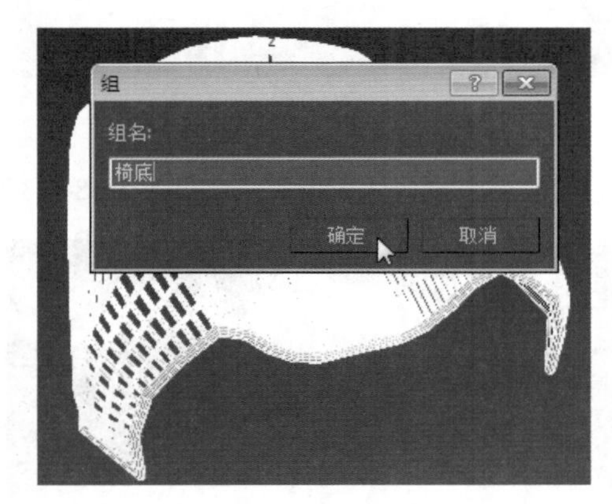

图 18-184　组对象

Step 44 ▶ 为模型加载一个 FFD 3×3×3 修改器，然后进入“控制点”次物体层级，如图 18-185 所示。

Step 45 ▶ 选择控制点，使用“选择并移动”工具将其向上拖曳一段距离，如图 18-186 所示。在各个视图中调整控制点位置。

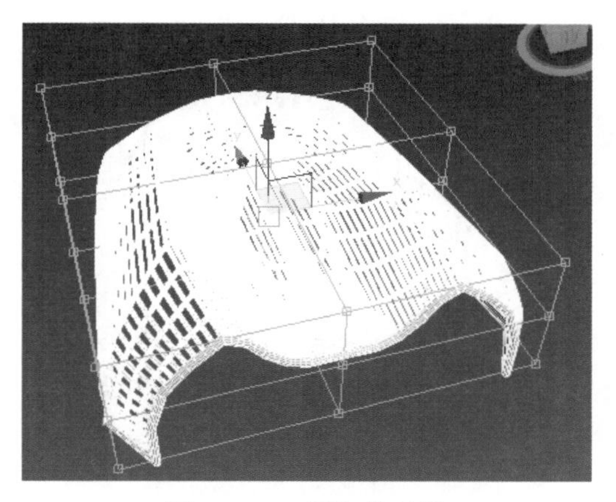

图 18-185　添加修改器

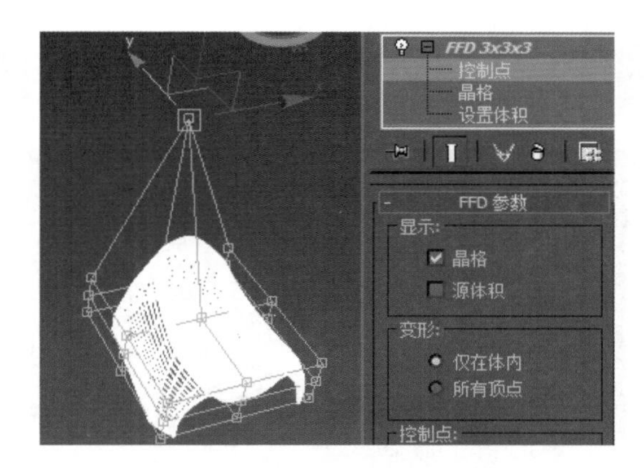

图 18-186　编辑控制点

Step 46 ▶ 使用切角长方体工具在场景中创建一个切角长方体，在“参数”卷展栏中设置“长度”为 65，“宽度”为 60，“高度”为 10，“圆角”为 3；“长度分段”为 10，“宽度分段”为 10，“高度分段”为 1，“圆角分段”为 2；具体参数设置如图 18-187 所示。

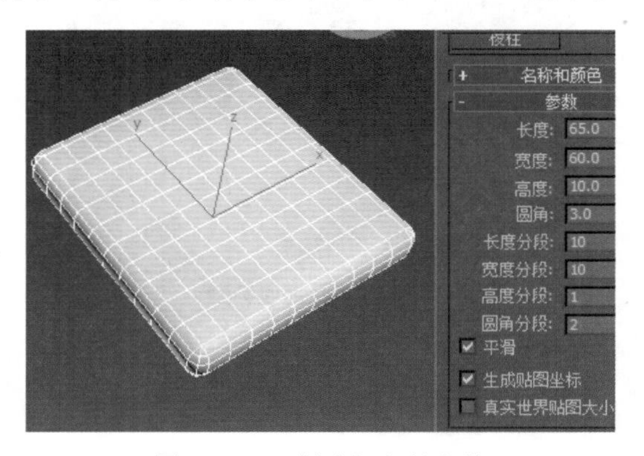

图 18-187　创建切角长方体

Step 47 使用“选择并移动”工具将其移动到椅子上方适当位置，如图 18-188 所示。

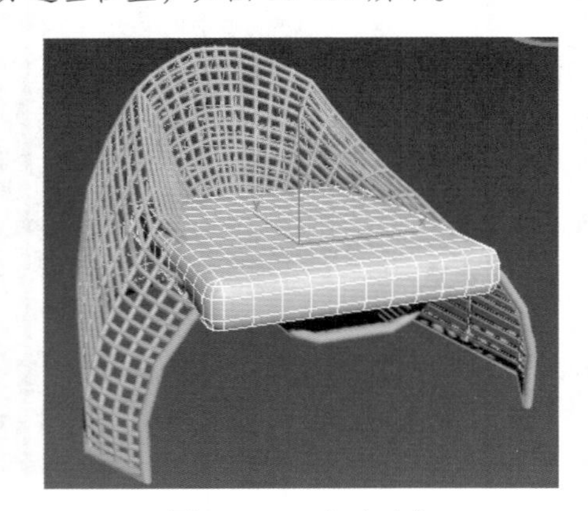

图 18-188　移动对象

Step 48 为模型加载一个 FFD 4×4×4 修改器，然后进入“控制点”次物体层级，如图 18-189 所示。

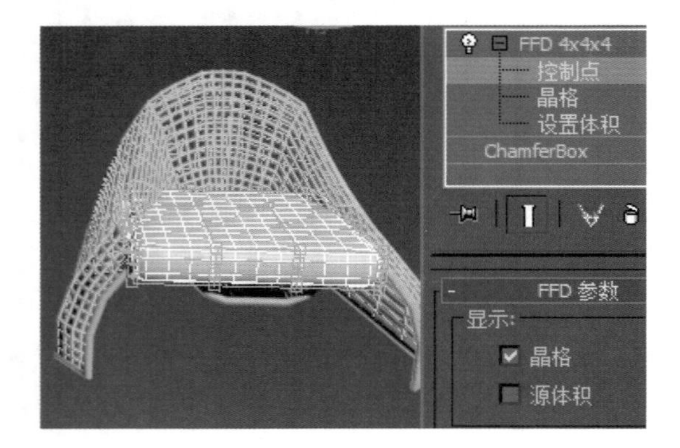

图 18-189　添加修改器

Step 49 将切角长方体的形状进行调整，如图 18-190 所示。

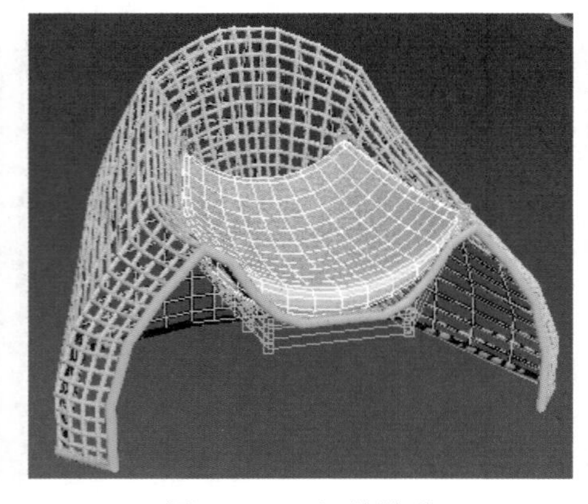

图 18-190　调整模型

Step 50 选择座垫模型，按住 Shift 键使用“选择并旋转”工具复制一个模型作为靠背，如图 18-191 所示。

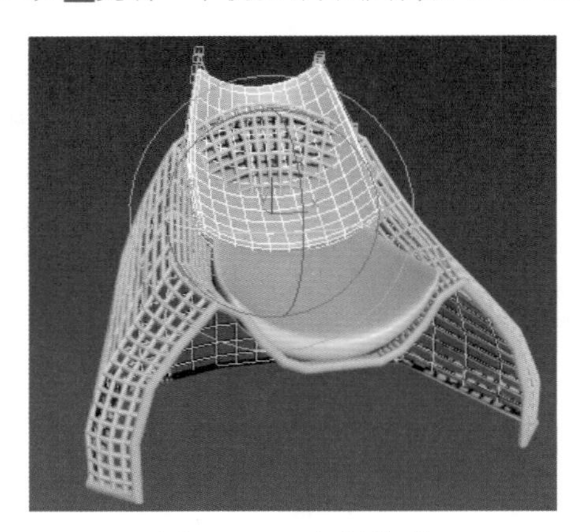

图 18-191　复制模型

Step 51 使用“选择并移动”工具和“选择并非均匀缩放”工具调整靠背形状和位置，如图 18-192 所示。

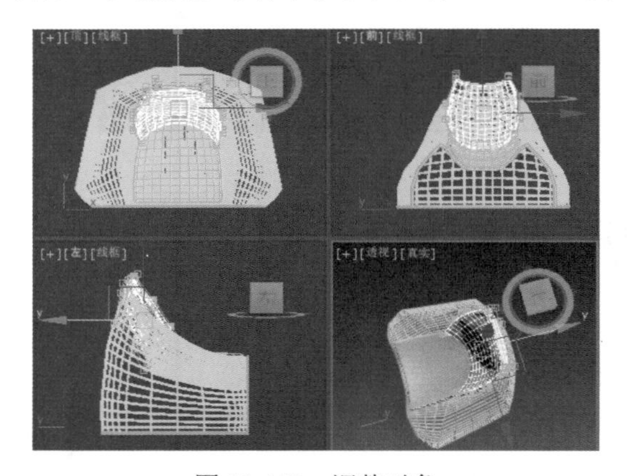

图 18-192　调整对象

Step 52 绘制完成的休闲椅最终效果如图 18-193 所示。

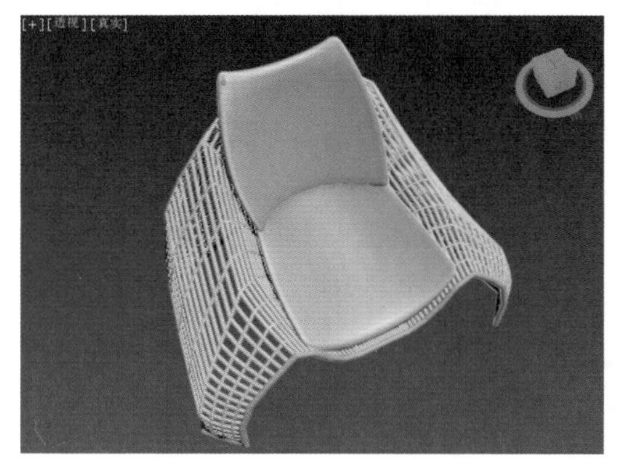

图 18-193　显示效果

18.4 制作室内效果图

18.4.1 案例分析

室内设计是指按照不同的空间功能、特点以及使用目的，从美学角度对建筑物的内部空间进行装饰、美化，也就是通常所说的对室内天花、墙面、地面等进行装修处理。

目前最流行的室内装饰设计风格有：现代简约风格、现代前卫风格、雅致风格、新中式风格、欧式古典风格、美式乡村风格。

18.4.2 操作思路

本例将制作一个现代会客厅效果图，最终效果如图 18-194 所示。

图 18-194　现代会客厅效果图

为更快完成本例的制作，并且尽可能运用本章讲解的知识，本例的操作思路如下。

（1）制作平面。

（2）调整形状。

（3）制作椅身。

（4）调整细节。

（5）制作椅垫。

（6）制作靠背。

（7）完成绘制。

18.4.3 操作步骤

制作室内效果图的具体操作步骤如下：

室内效果图的制作有以下几大部分：一是室内建模，二是赋材质，三是布置灯光与创建相机，四是进行渲染输出，五是后期处理。制作流程如图 18-195 所示。

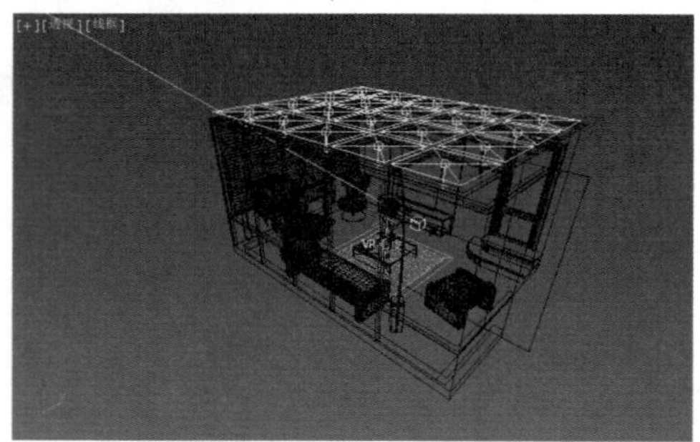

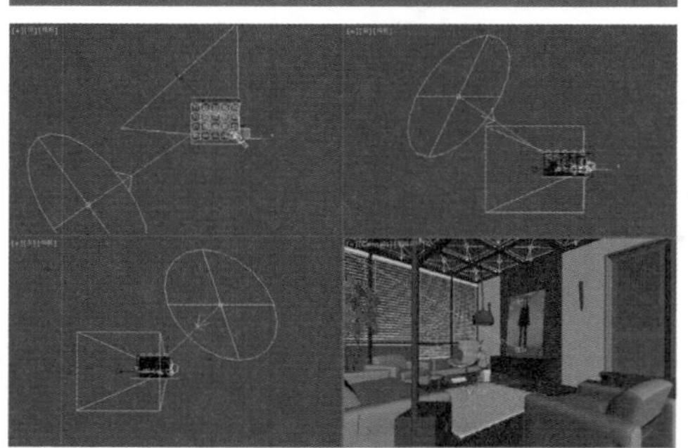

图 18-195　客厅效果图制作流程

1. 前期建模

Step 1 ▶ 执行菜单栏中的“自定义”→“单位设置”命令，在弹出的“单位设置”对话框中选择 公制 单位为 毫米 选项，然后再单击 系统单位设置 按钮，弹出“系统单位设置”对话框，设置 系统单位比例 为 毫米 选项，如图 18-196 所示，再单击 确定 按钮，完成单位设置操作。

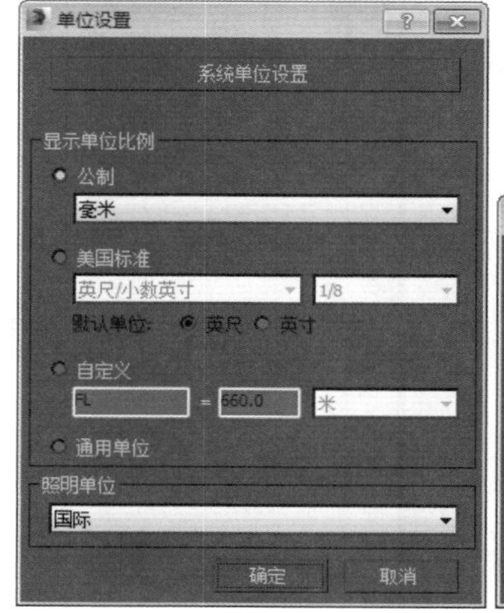

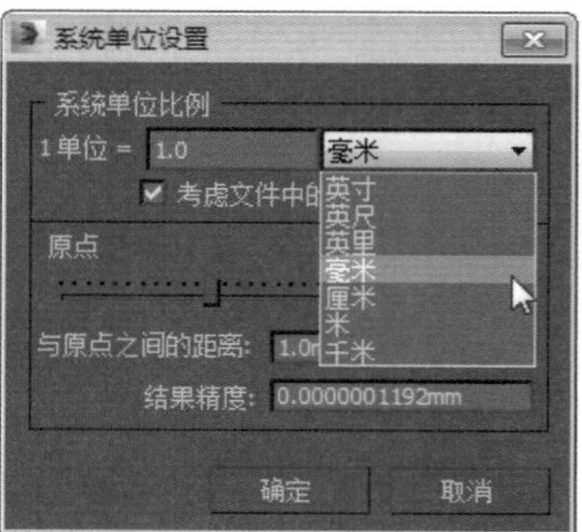

图 18-196　设置系统单位

Step 2 ▶ 首先创建墙脚线，单击图形创建面板中的 矩形 按钮，在顶视图中绘制一个矩形线框，创建效果和参数设置如图 18-197 所示，然后将其命名为“墙脚线”。

Step 3 ▶ 选择矩形“墙脚线”，将其转换为可编辑样条线，进入“修改”面板，单击“选择”卷展栏中的按钮，进入顶点编辑模式，然后单击“几何体”卷展栏中的 优化 按钮，将鼠标放在如图 18-198 所示位置并单击，添加一个顶点，如图 18-199 所示。

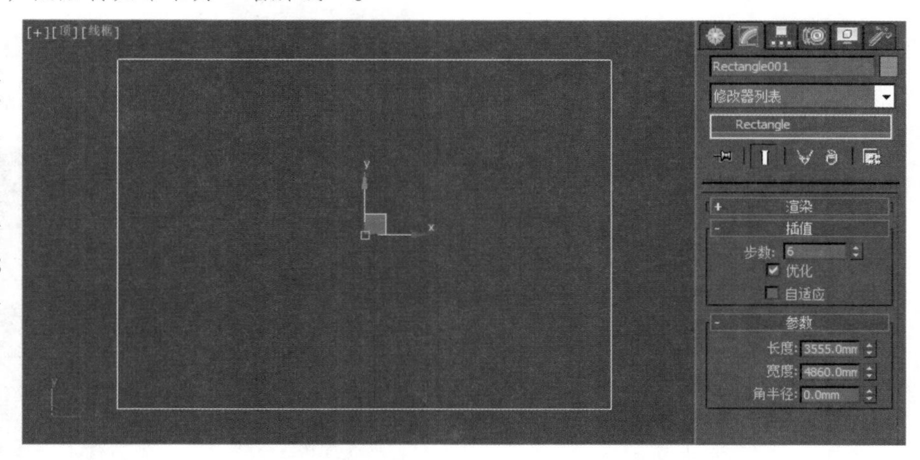

图 18-197　绘制矩形线框和参数设置

图 18-198　移动鼠标位置

图 18-199　添加顶点

Step 4 ▶ 单击“选择”卷展栏中的按钮，进入线段编辑模式，选择如图 18-200 所示线段，按 Delete 键将其删除，删除结果如图 18-201 所示。

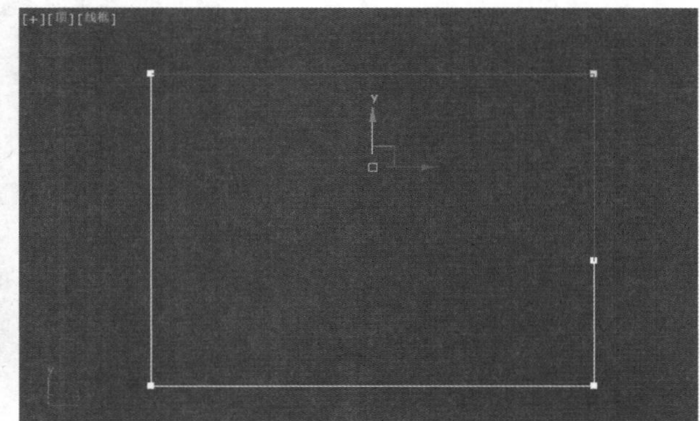

图 18-200　选择线段

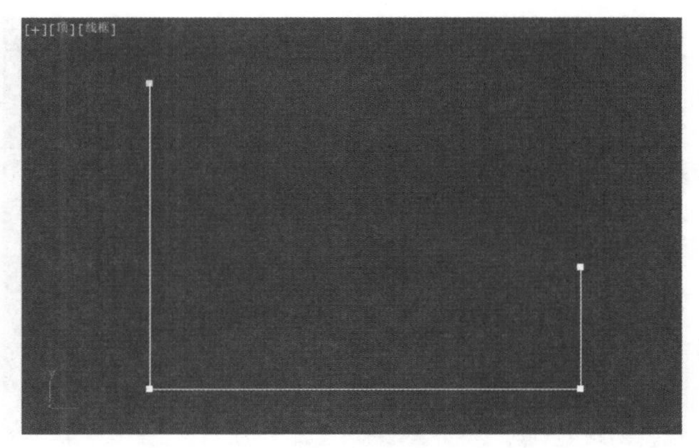

图 18-201　删除选择的线段

Step 5 ▶ 确认选择样条线，单击“选择”卷展栏中

的按钮，进入样条线编辑模式，单击“几何体”卷展栏中的 轮廓 按钮，在其右侧的数值框中输入参数值145mm，如图18-202所示，轮廓效果如图18-203所示。

Step 6 ▶ 选择样条线，进入“修改”面板，单击“修改器列表”下拉列表中的“挤出”命令，挤出效果和参数设置如图18-204所示。

Step 7 ▶ 选择墙脚线，按住Shift键，在前视图将墙脚线沿Y轴向上进行移动复制一个，如图18-205所示，然后进入“修改”面板，修改“挤出”的数量参数为60，参数与效果如图18-206所示，然后将其命名为“玻璃横框01”。

Step 8 ▶ 确认选择“玻璃横框01”，进入“修改”面板，选择 Line 并展开它的堆栈栏，单击 线段 选项，进入线段编辑模式，在顶视图中选择如图18-207所示线段并按Delete键将其删除，删除结果如图18-208所示。

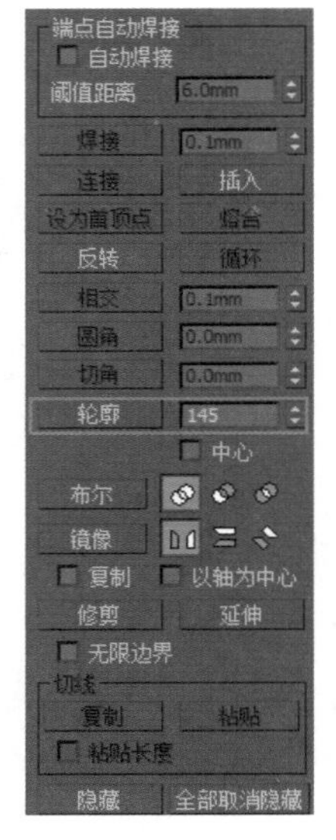

图 18-202　设置“轮廓”的数值

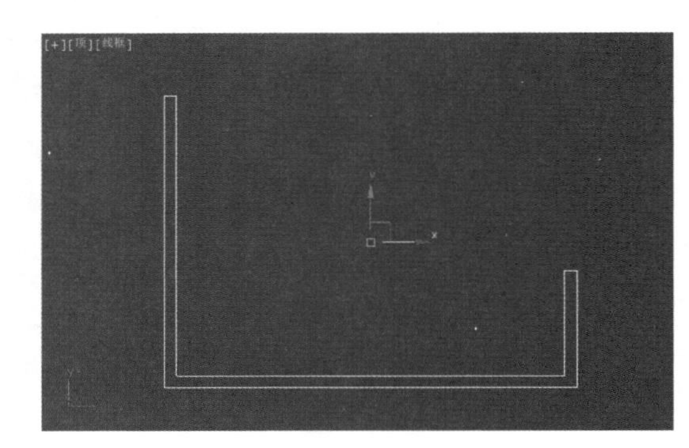

图 18-203　轮廓效果

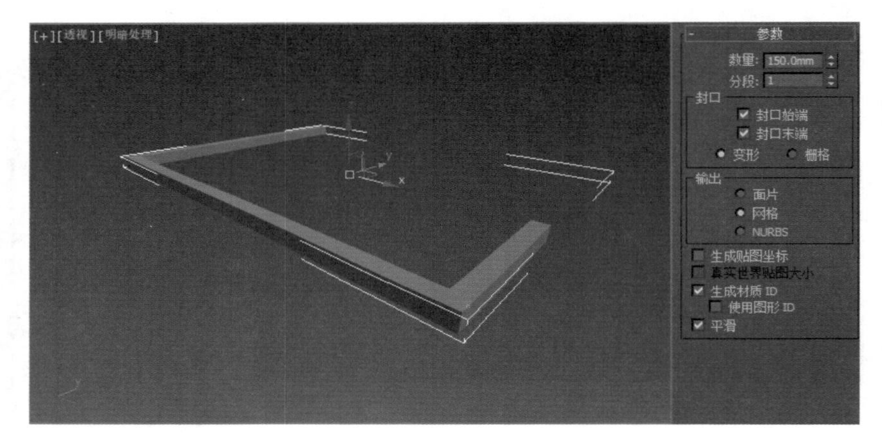

图 18-204　挤出效果和参数设置

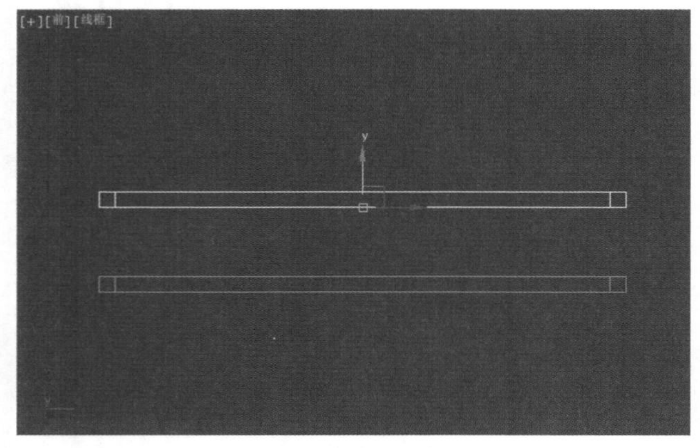

图 18-205　复制“墙脚线”对象

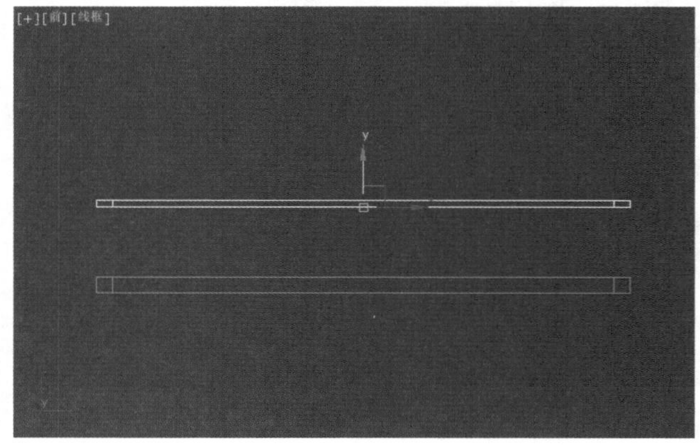

图 18-206　修改参数和修改效果

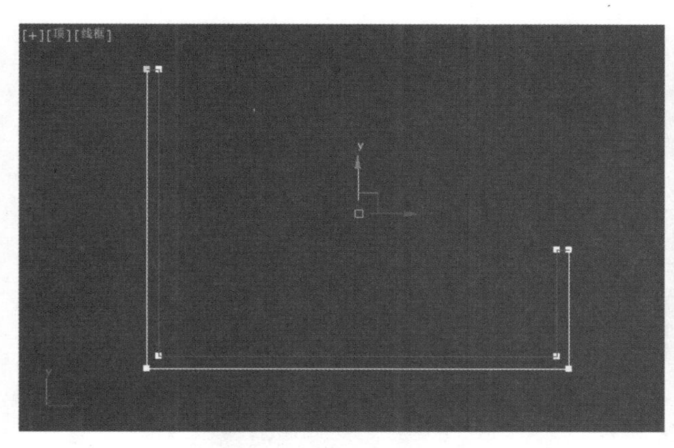

图 18-207　选择线段

图 18-208　删除选择的线段

Step 9 ▶ 再单击 样条线 选项，进入样条线编辑模式，单击“几何体”卷展栏中的 轮廓 按钮，在其右侧的数值框中输入参数值 60mm，如图 18-209 所示。

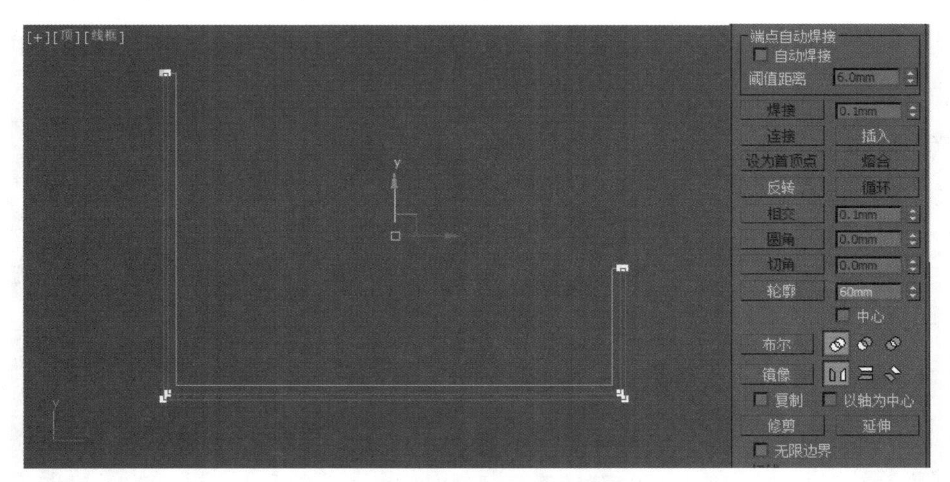

图 18-209　轮廓效果和参数设置

Step 10 ▶ 选择“玻璃横框 01”，按住 Shift 键，在前视图中将其沿 Y 轴向上以“实例”的方式移动复制一个，位置如图 18-210 所示，然后将其命名为“玻璃横框 02”。

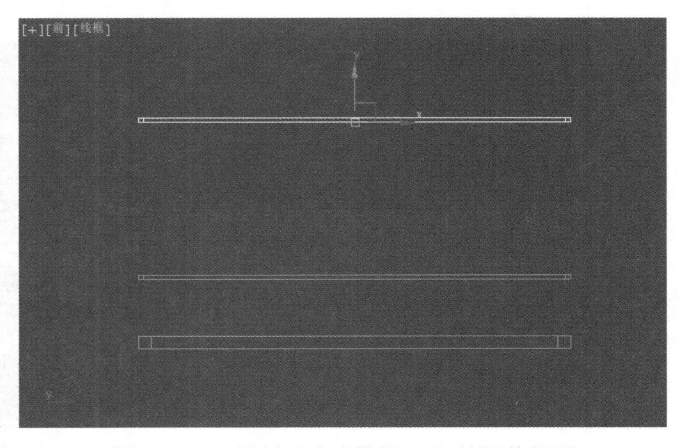

图 18-210　复制“玻璃横框 01”并调整位置

Step 11 ▶ 制作“玻璃竖框”，单击 几何体创建面板中的 长方体 按钮，在前视图中创建一个长方体，调整位置和参数设置如图 18-211 所示。

Step 12 ▶ 再次在前视图中创建一个长方体，调整位置和参数设置如图 18-212 所示。

Step 13 ▶ 选择创建的两个长方体，执行菜单栏中的“组”→“成组”命令，在弹出的“组”对话框中设置“组名”为“玻璃竖框 01”，然后再单击“确定”按钮，如图 18-213 所示。

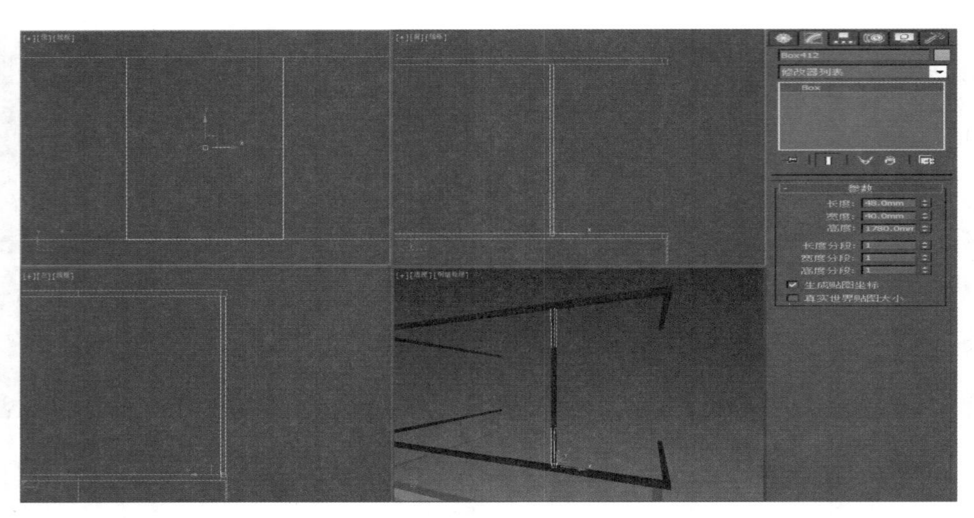

图 18-211　调整长方体位置并进行参数设置（1）

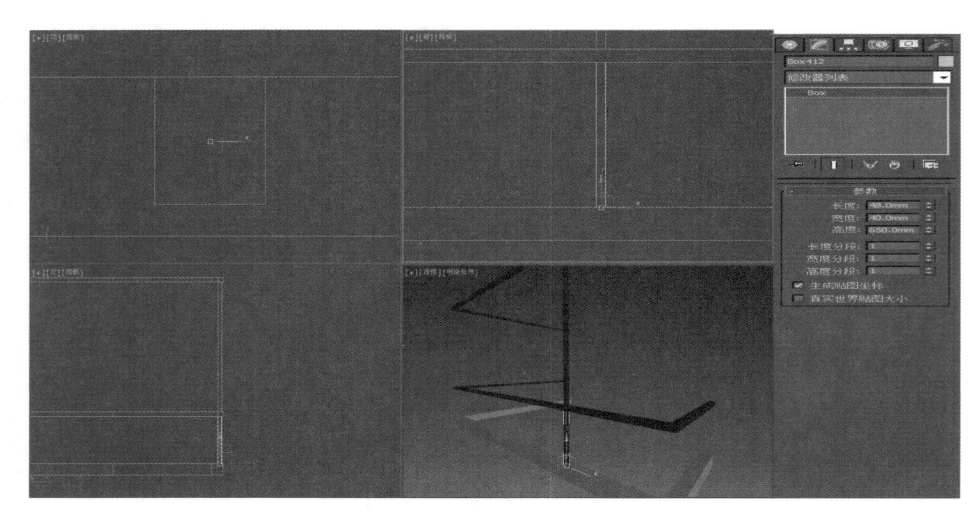

图 18-212　调整长方体位置并进行参数设置（2）

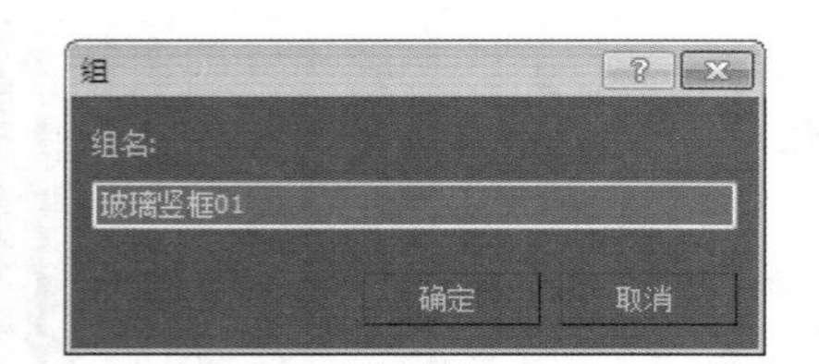

图 18-213　“组”对话框

Step 14 ▶ 选择“玻璃竖框 01”，在顶视图将其沿 X 轴向左以“实例”的方式移动复制 4 个，调整位置如图 18-214 所示。

Step 15 ▶ 选择“玻璃竖框 05”对象，在顶视图中将其沿 Y 轴向上以“实例”的方式移动复制 4 个，调整位置如图 18-215 所示。

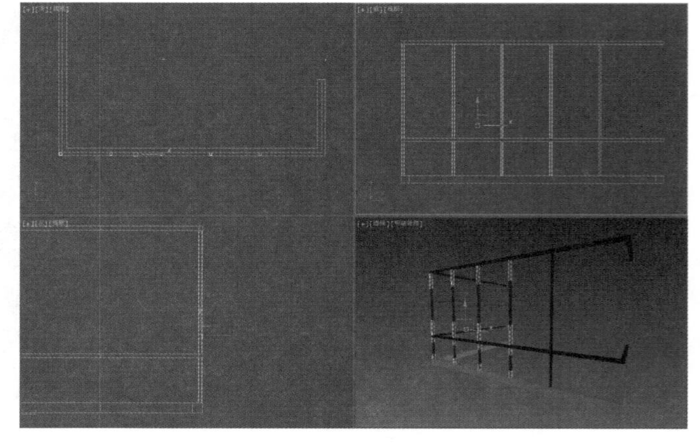

图 18-214　复制“玻璃竖框 01”并调整位置

图 18-215　复制“玻璃竖框 05”并调整位置

Step 16 ▶ 选择“玻璃竖框 08-09”，将其群组并命名为“玻璃竖框”，如图 18-216 所示。

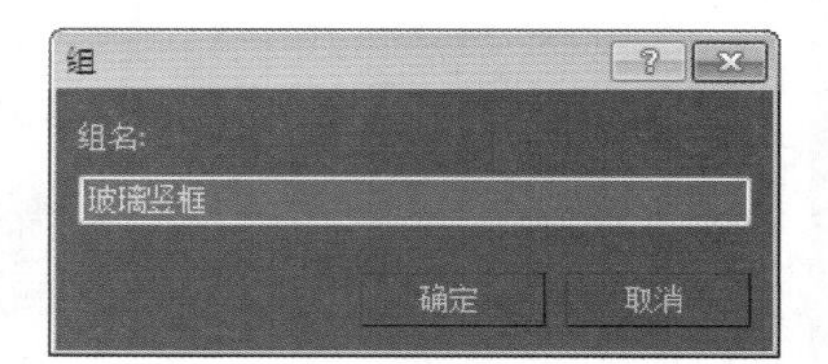

图 18-216　“组”对话框

Step 17 ▶ 制作“天窗钢架”，单击几何体创建面板中的 平面 按钮，在顶视图中创建一个平面，调整位置和参数设置如图 18-217 所示。

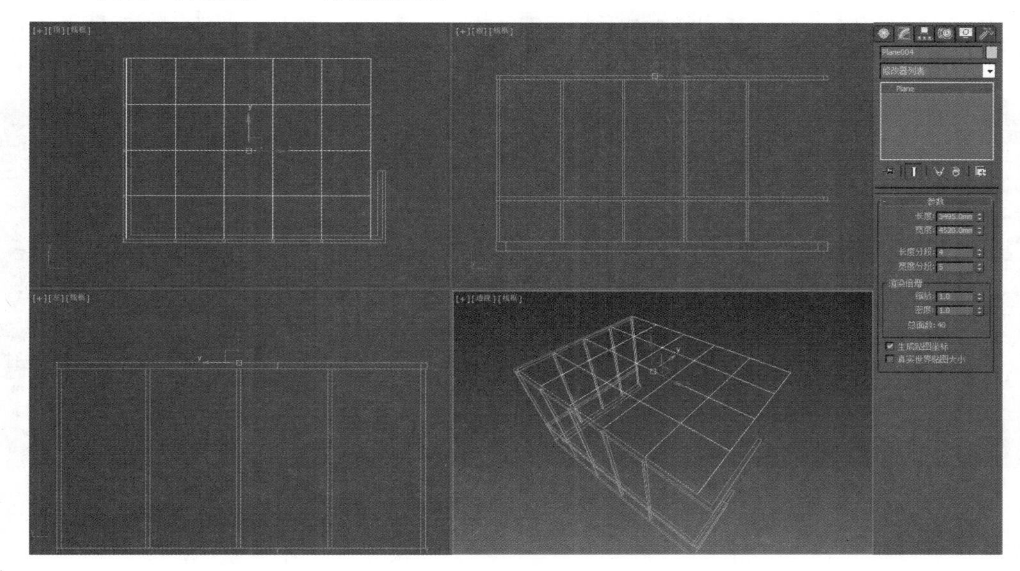

图 18-217　创建平面并进行参数设置

Step 18 ▶ 选择平面，将其转换为可编辑多边形，然后进入“修改”面板，单击按钮，进入多边形编辑模式，在顶视图中选择如图 18-218 所示的多边形。

Step 19 ▶ 确认当前编辑模式为多边形编辑模式，单击“编辑多边形”卷展栏中 插入 右侧的按钮，在弹出的“插入多边形”对话框中进行参数设置，如图 18-219 所示。

Step 20 ▶ 选择如图 18-220 所示的多边形。

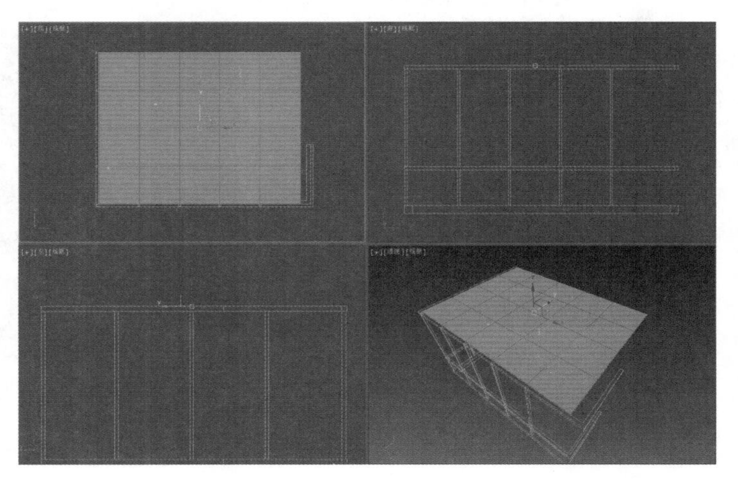

图 18-218　选择多边形

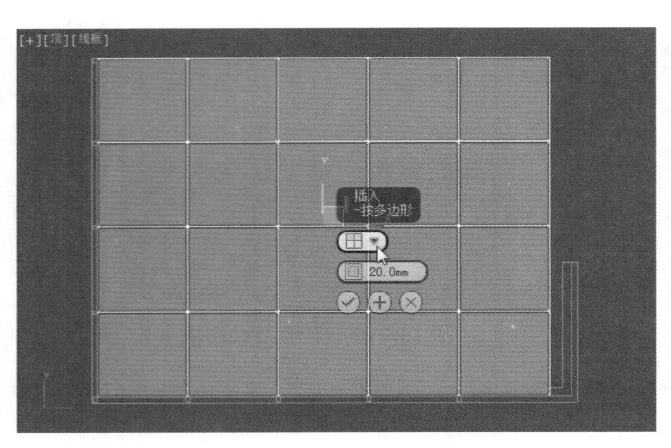

图 18-219　插入结果

图 18-220　选择多边形

Step 21 ▶ 单击“编辑多边形”卷展栏中 挤出 右侧的□按钮，在弹出的“挤出多边形”对话框中进行参数设置，挤出结果如图 18-221 所示。

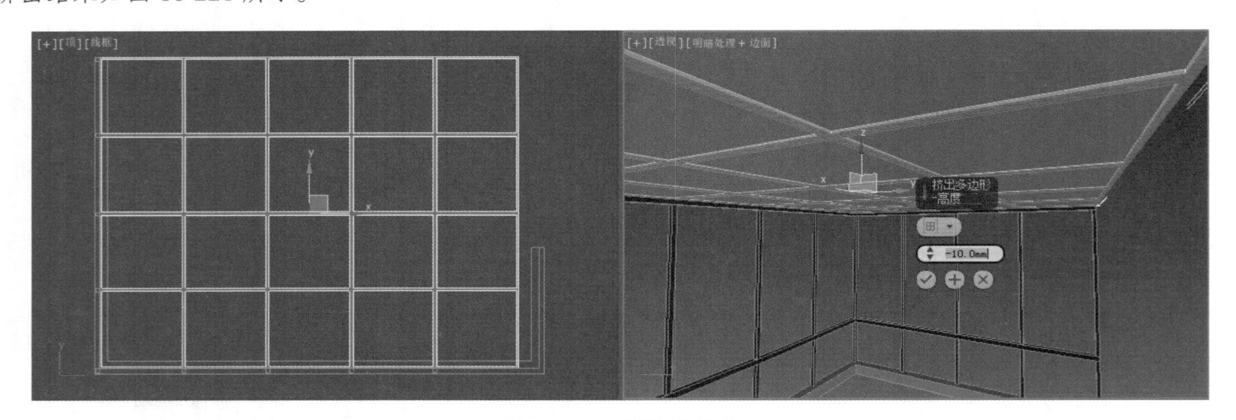

图 18-221　挤出多边形

Step 22 ▶ 选择多边形如图 18-222 所示。

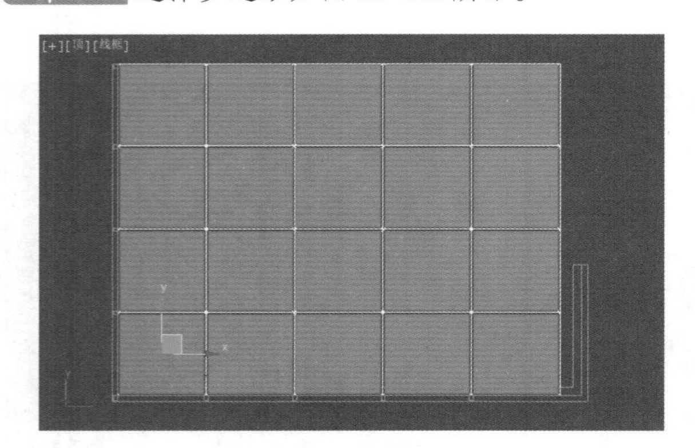

图 18-222　选择多边形

Step 23 ▶ 单击“编辑多边形”卷展栏中 插入 右侧的□按钮，在弹出的“插入多边形”对话框中进行参数设置，如图 18-223 所示，再单击“确定”按钮，插入结果如图 18-224 所示。

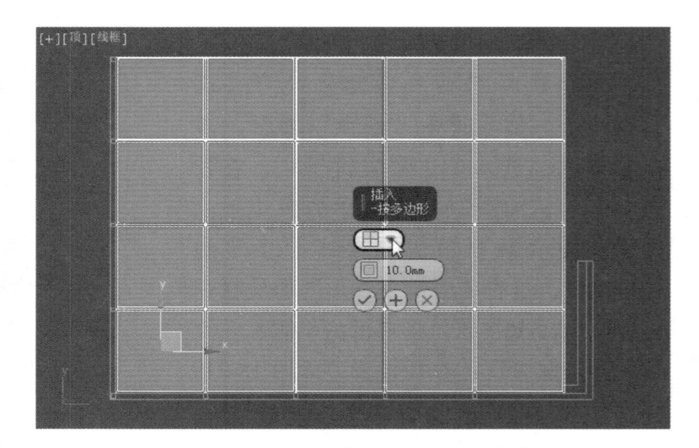

图 18-223　“插入多边形”对话框

Step 24 ▶ 单击“确定”按钮，挤出结果如图 18-225 所示。

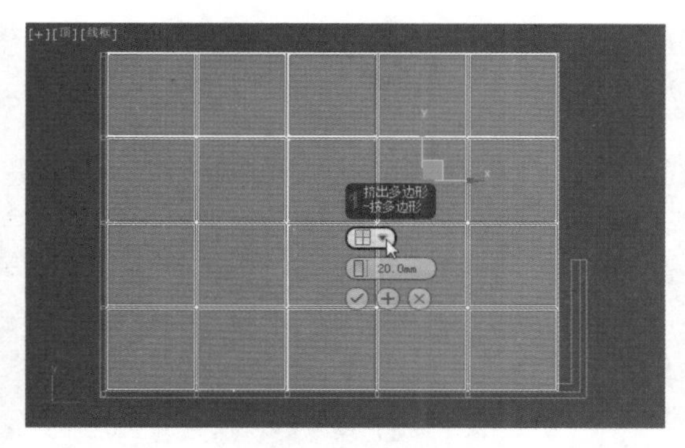
图 18-224　插入结果

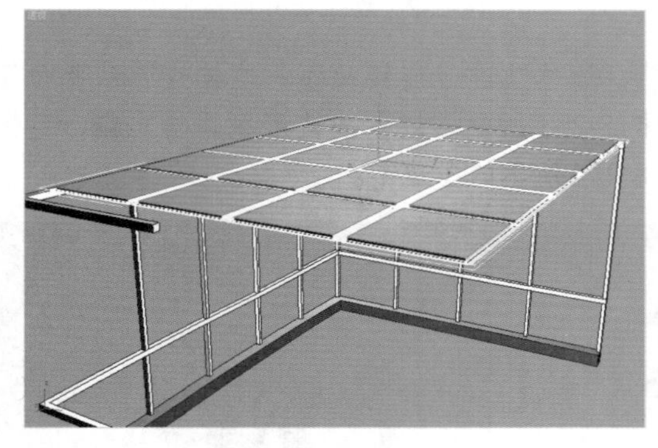
图 18-225　挤出结果

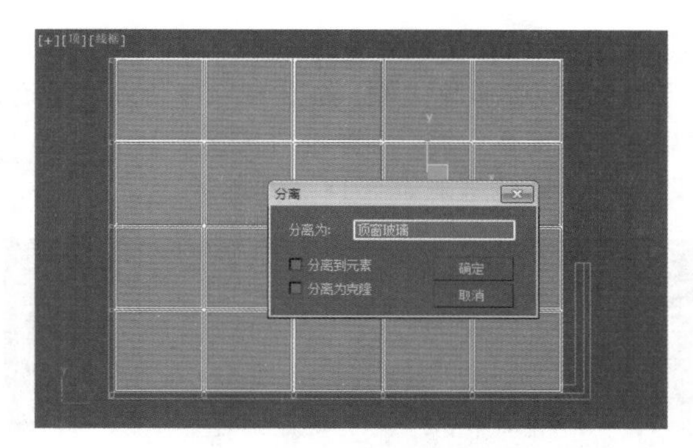

图 18-226　选择多边形

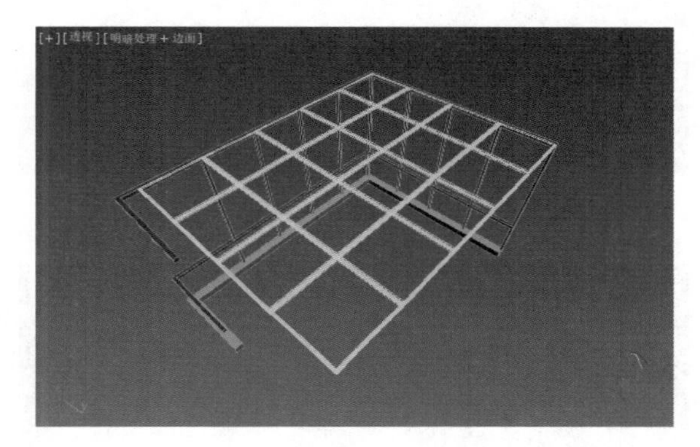
图 18-227　删除选择多边形

Step 25 ▶ 选择如图 18-226 所示的多边形，单击“编辑几何体”卷展栏中的 分离 按钮，在弹出的“分离”对话框中设置“分离为”的名称为“顶窗玻璃”，再单击“确定”按钮，分离结果如图 18-227 所示。

Step 26 ▶ 制作“墙体”，单击几何体创建面板中的 长方体 按钮，在前视图中创建一个长方体，调整位置和参数设置如图 18-228 所示，然后将其命名为“墙体 01”。

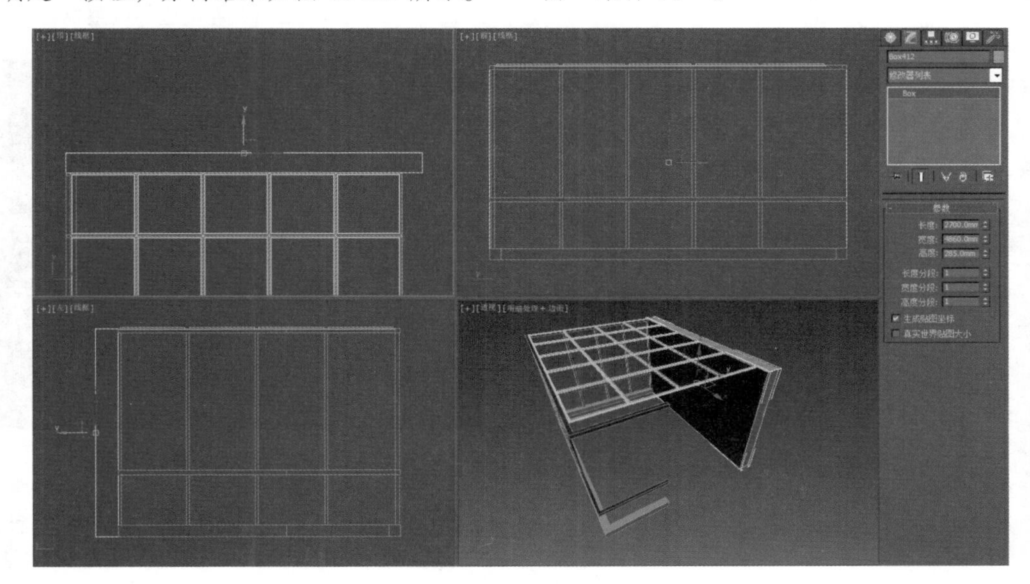
图 18-228　创建长方体并进行参数设置

Step 27 ▶ 将 Step26 中创建的长方体转换为可编辑多边形，进入边编辑模式，如图 18-229 所示选择边，然后再单击鼠标右键，在弹出的快捷菜单中选择“连接”命令，连接结果如图 18-230 所示。

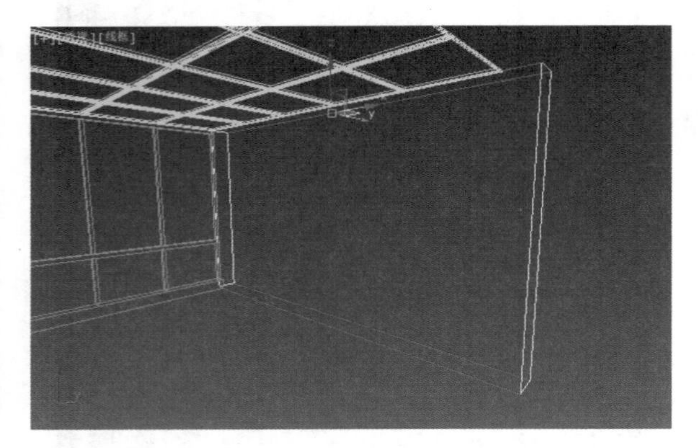

图 18-229　选择边

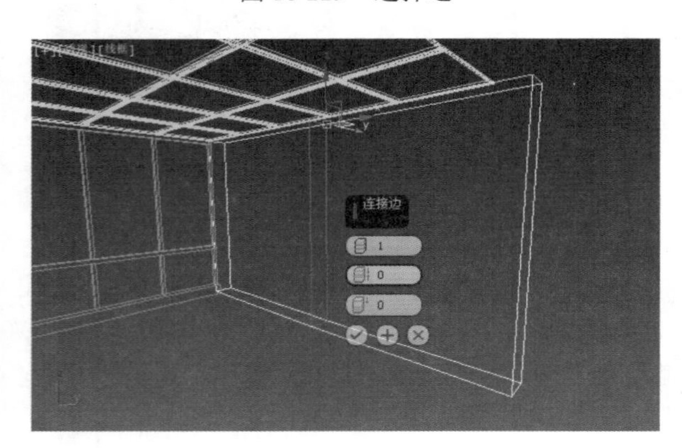

图 18-230　连接边

Step 28 ▶ 利用移动工具，调整连接边的位置，结果如图 18-231 所示，然后再使用同样的方法，再次连接出一条边并调整位置，如图 18-232 所示。

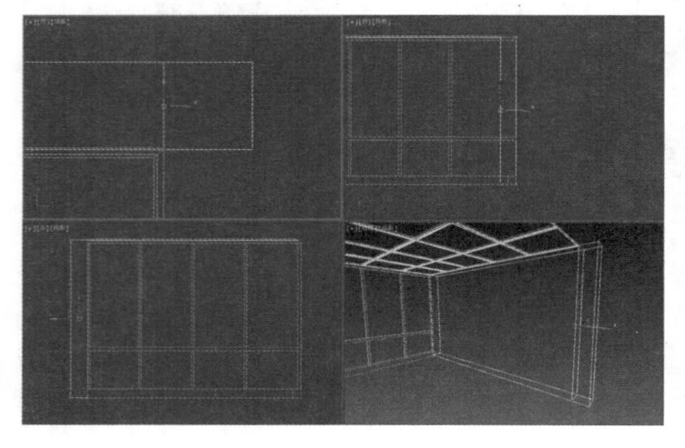

图 18-231　调整连接边位置

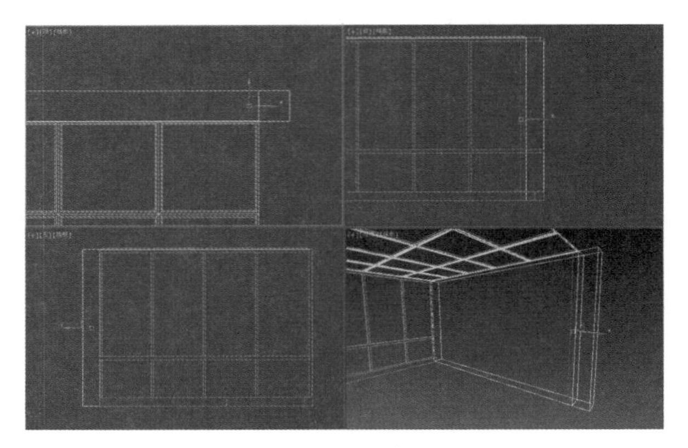

图 18-232　连接边并调整位置

Step 29 ▶ 继续进行连接操作，连接边并调整位置，如图 18-233 所示。进入多边形编辑模式，选择如图 18-234 所示的多边形。

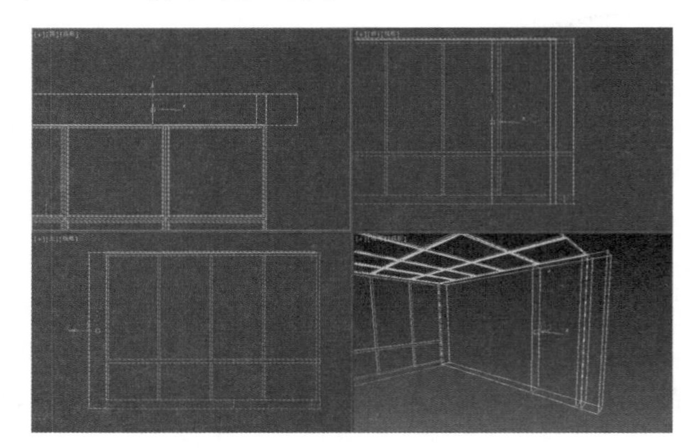

图 18-233　连接边并调整位置

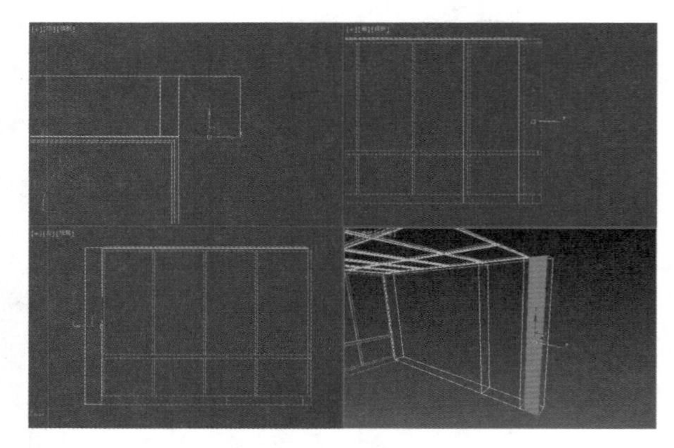

图 18-234　选择多边形

Step 30 ▶ 单击“编辑多边形”卷展栏中的 挤出 右侧的按钮，在弹出的“挤出多边形”对话框中进行参数设置，挤出结果如图 18-235 所示。

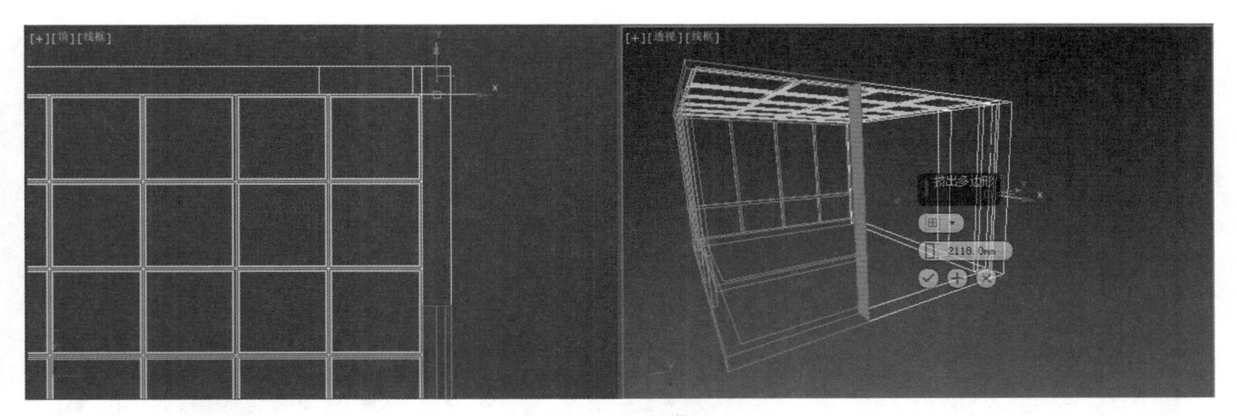

图 18-235　挤出结果

Step 31 ▶ 进入边编辑模式，选择如图 18-236 所示的边，将其进行“连接”操作，调整连接边位置如图 18-237 所示。

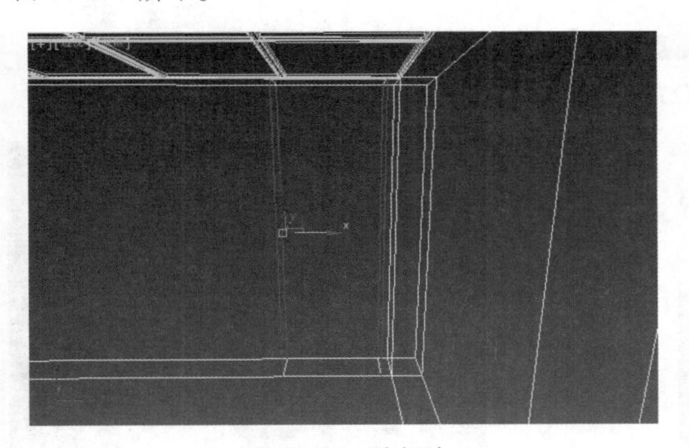

图 18-236　选择边

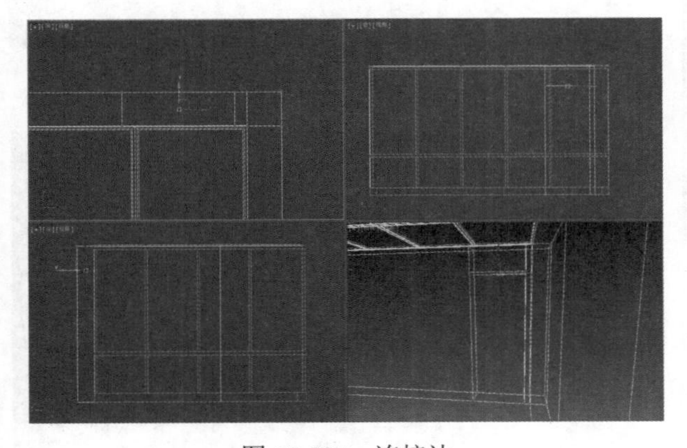

图 18-237　连接边

Step 32 ▶ 进入多边形编辑模式，选择如图 18-238 所示的多边形，按 Delete 键将其删除，删除结果如图 18-239 所示。

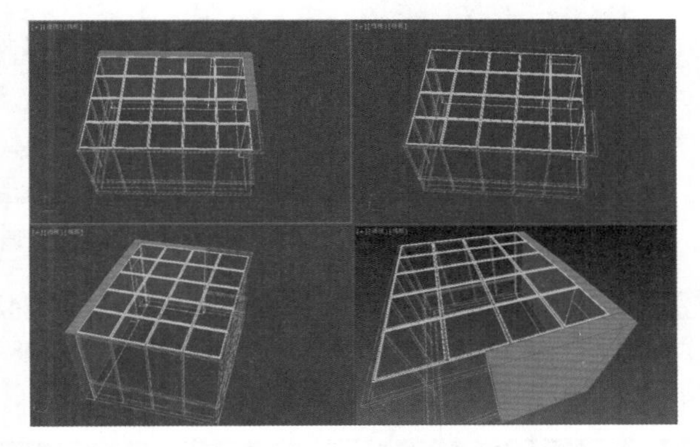

图 18-238　选择多边形

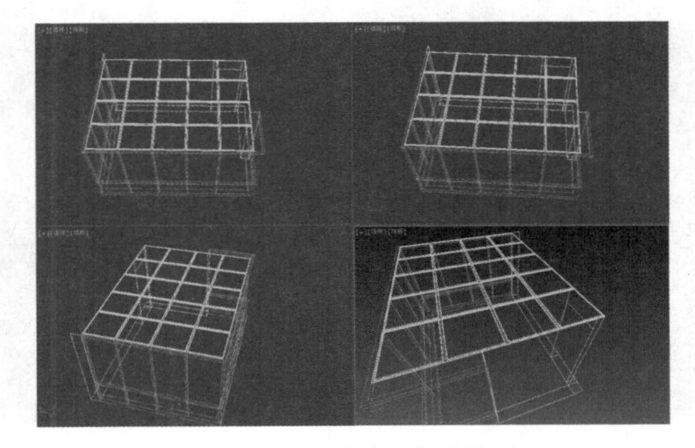

图 18-239　删除选择多边形

Step 33 ▶ 创建“墙体 02”，单击几何体创建面板中的 平面 按钮，在前视图中创建一个平面，调整位置和参数设置如图 18-240 所示。

Step 34 ▶ 将平面转换为可编辑多边形，进入“修改”面板，单击“选择”卷展栏中的按钮，进入顶点编辑模式，在前视图中调整多边形上的顶点位置，调整位置如图 18-241 所示。

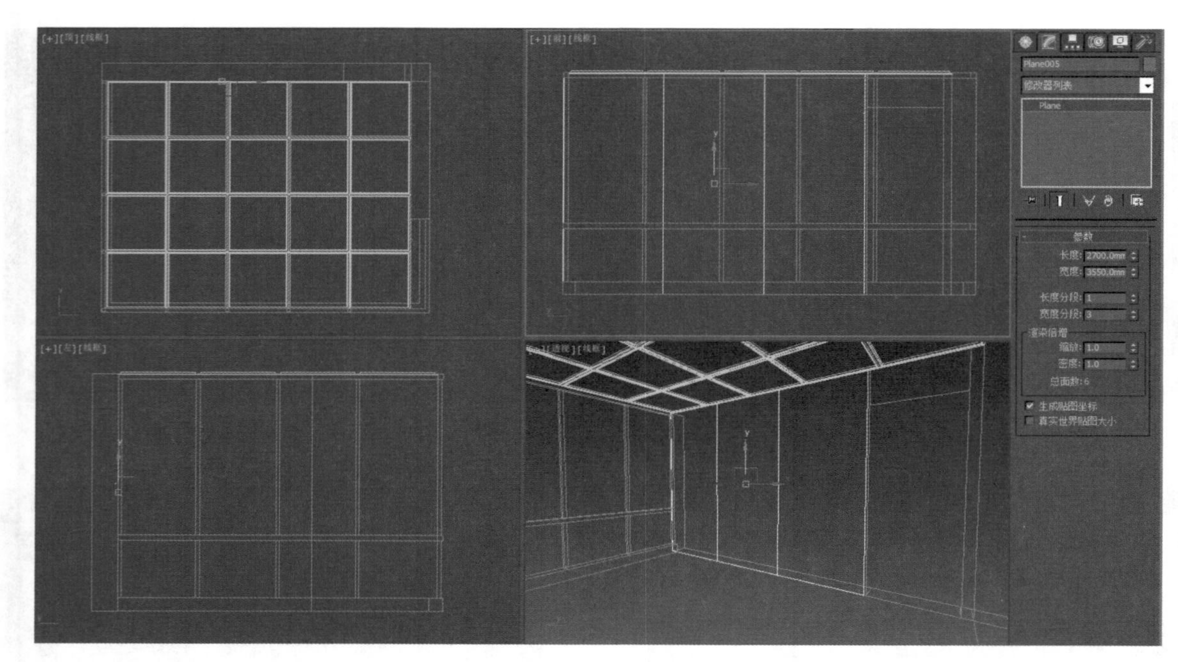

图 18-240　调整位置和参数设置

Step 35 ▶ 进入多边形编辑模式，选择如图 18-242 所示多边形，按 Delete 键将其删除，删除结果如图 18-243 所示。

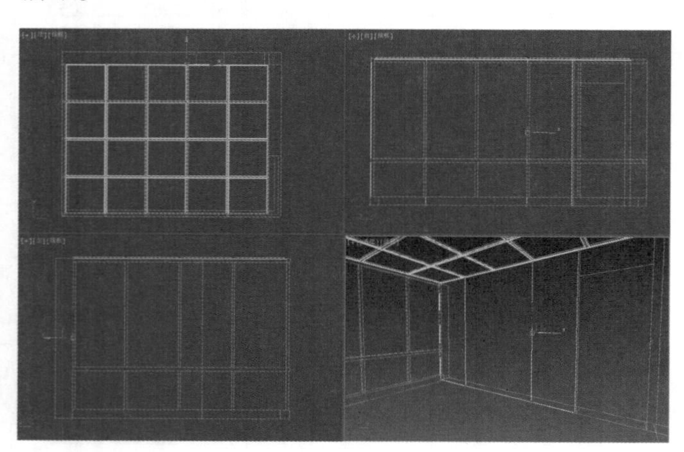

图 18-241　调整顶点位置

Step 36 ▶ 制作“墙体 03”，单击几何体创建面板中的 长方体 按钮，在前视图中创建一个长方体，调整位置和参数设置如图 18-244 所示。

Step 37 ▶ 制作“地面”，单击几何体创建面板中的“平面”按钮，在顶视图中创建一个平面，调整位置和参数设置如图 18-245 所示。

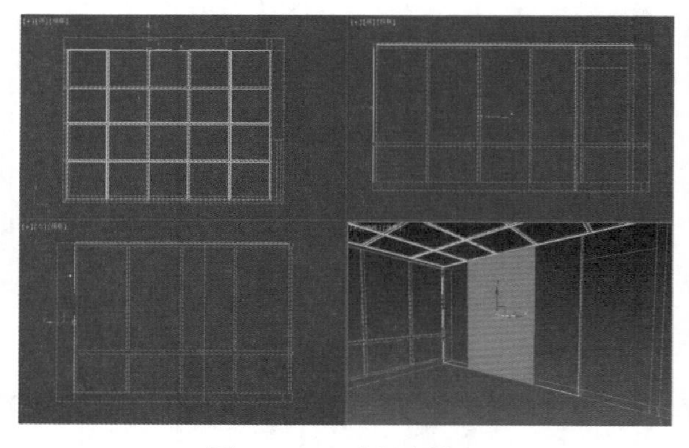

图 18-242　选择多边形

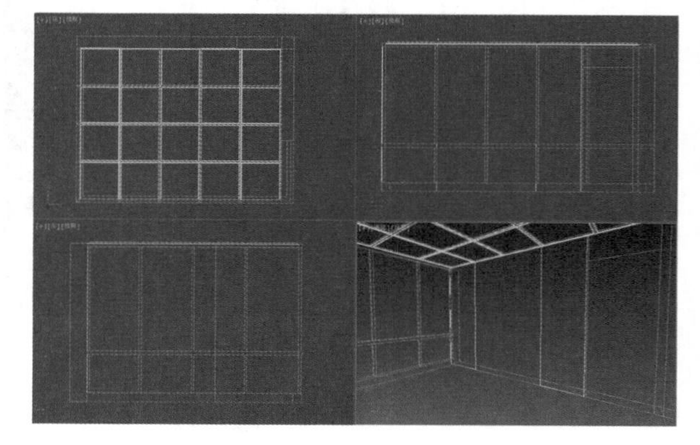

图 18-243　删除选择多边形

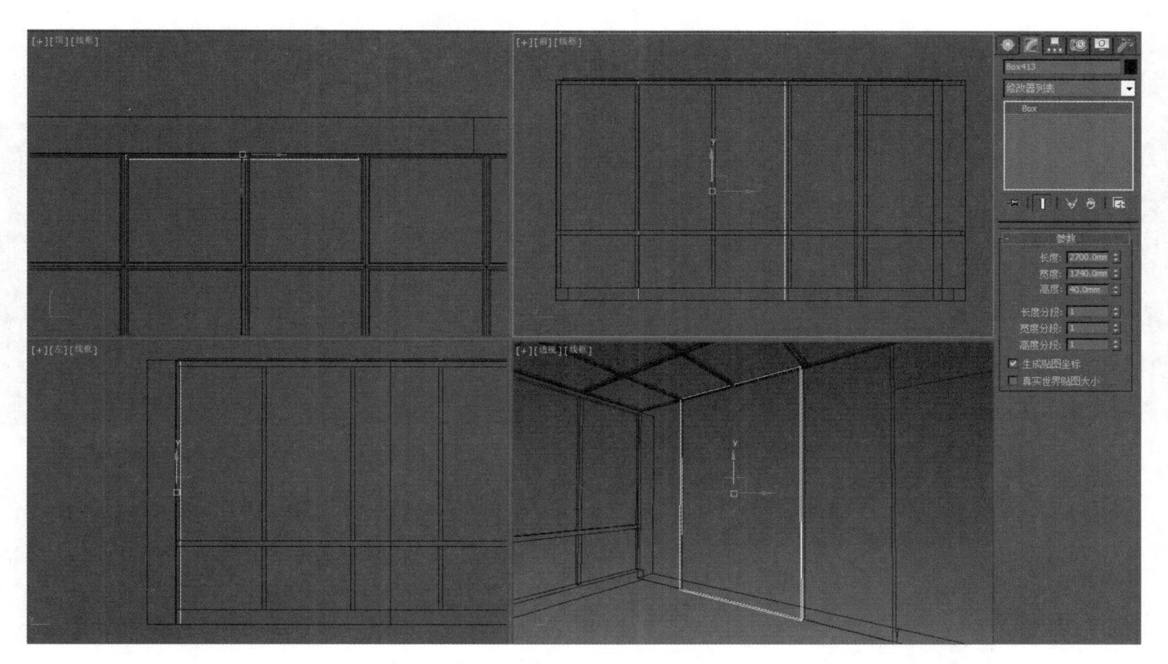

图 18-244　调整位置和参数设置

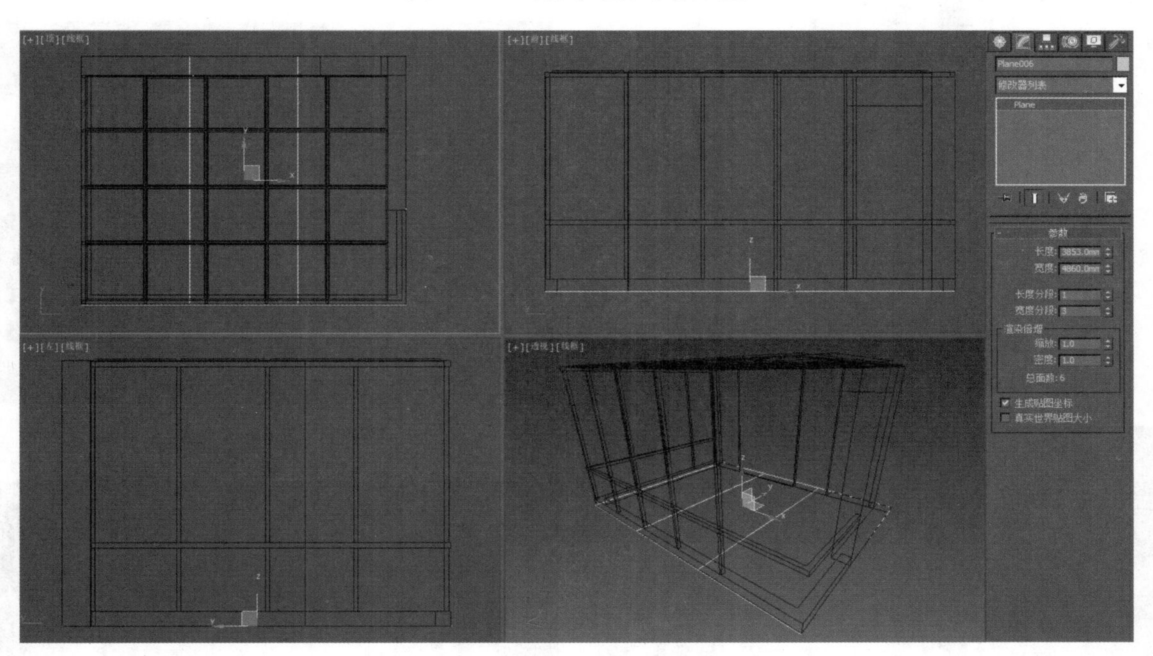

图 18-245　调整位置和参数设置

Step 38 ▶ 制作“窗玻璃”，单击图形创建面板中的 线 按钮，在顶视图中绘制一根样条线，绘制结果和调整位置如图 18-246 所示。

Step 39 ▶ 确认选择样条线，进入“修改”面板，单击“选择”卷展栏中的按钮，进入样条线编辑模式，单击“几何体”卷展栏中的 轮廓 按钮，并在其右侧的数值框中输入参数值 12mm，如图 18-247 所示，轮廓效果如图 18-248 所示。

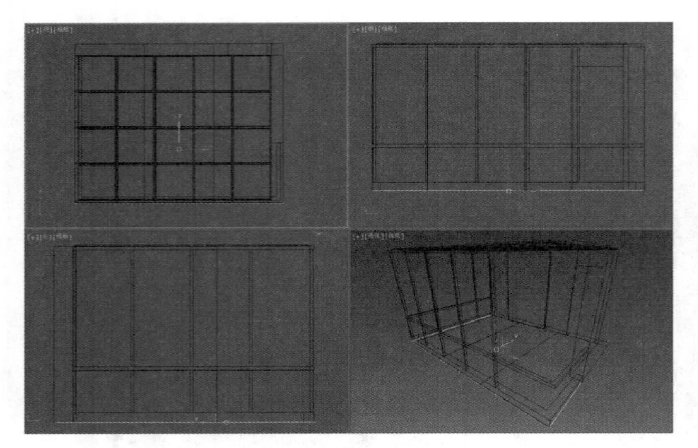

图 18-246 绘制样条线

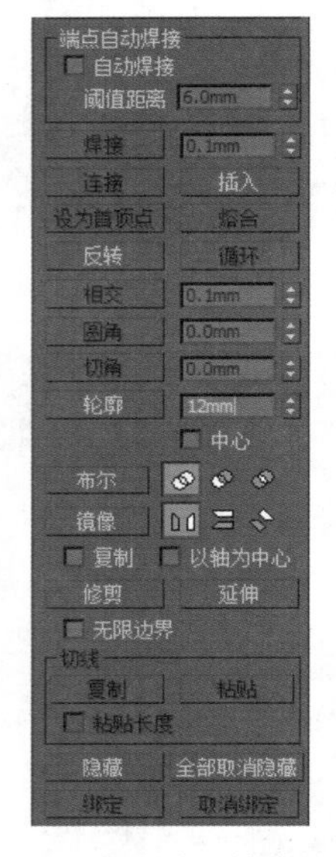

图 18-247 设置“轮廓”数值

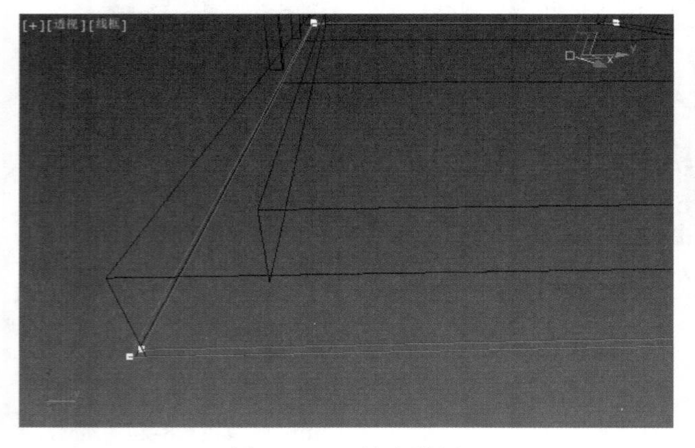

图 18-248 轮廓效果

Step 40 ▶ 选择“修改器列表”下拉列表中的“挤出”选项，挤出结果和参数设置如图 18-249 所示，然后将其命名为“窗玻璃 01”。

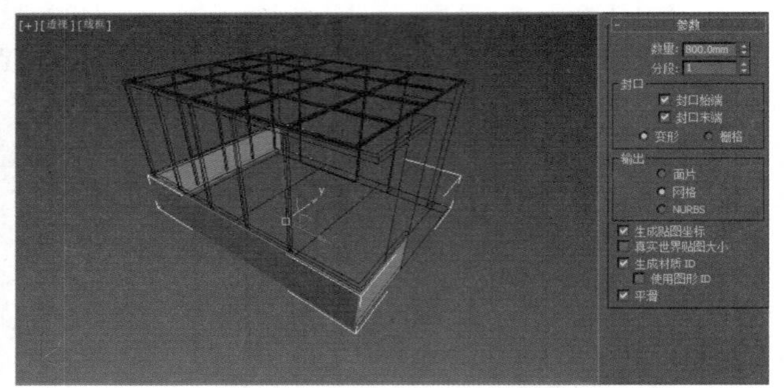

图 18-249 挤出结果和参数设置

Step 41 ▶ 选择“窗玻璃 01”，按住 Shift 键，在前视图中将其沿 Y 轴向上移动复制一个，位置如图 18-250 所示，再进入“修改”面板，修改参数和修改结果如图 18-251 所示，然后将其命名为“窗玻璃 02”，前期建模至此结束。

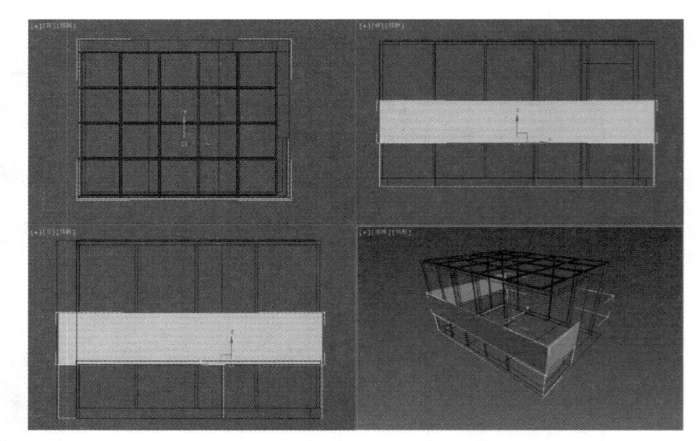

图 18-250 复制对象

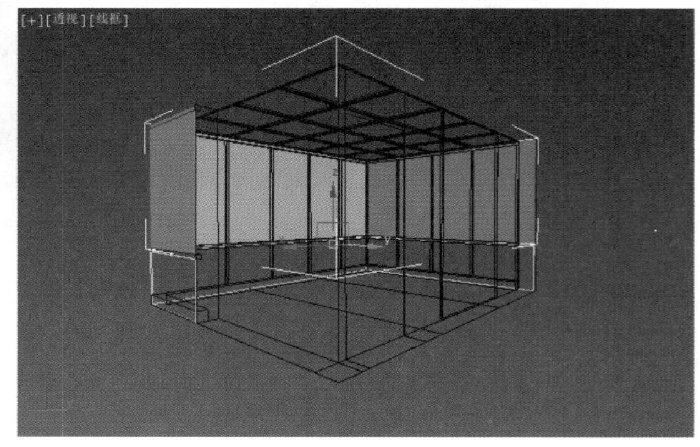

图 18-251 修改参数和修改结果

2. 合并场景对象模型

Step 1 ▶ 单击“应用程序”按钮，在弹出的下拉菜单中选择“合并”命令，在弹出的“合并文件”对话框中打开配套光盘\第 18 章\素材库\沙发.max 文件，如图 18-252 所示，并在弹出的“合并”对话框中单击 全部(A) 按钮，然后单击“确定”按钮，如图 18-253 所示。

图 18-252 “合并文件”对话框

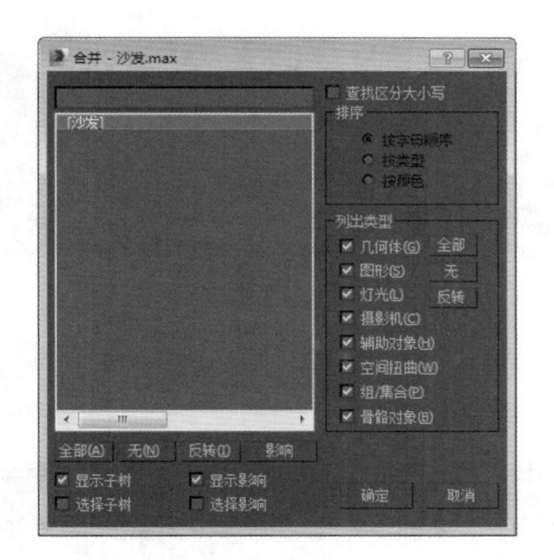

图 18-253 “合并”对话框

Step 2 ▶ 利用移动工具和旋转工具，将合并到场景中的“沙发”模型的位置与角度进行调整，结果如图 18-254 所示。

Step 3 ▶ 再使用同样方法，将配套光盘\第 18 章\素材库\休闲椅.max 文件合并到场景中并调整位置，结果如图 18-255 所示。

Step 4 ▶ 再将配套光盘\第 18 章\素材库\植物.max 文件合并到场景中并调整位置，结果如图 18-256 所示。

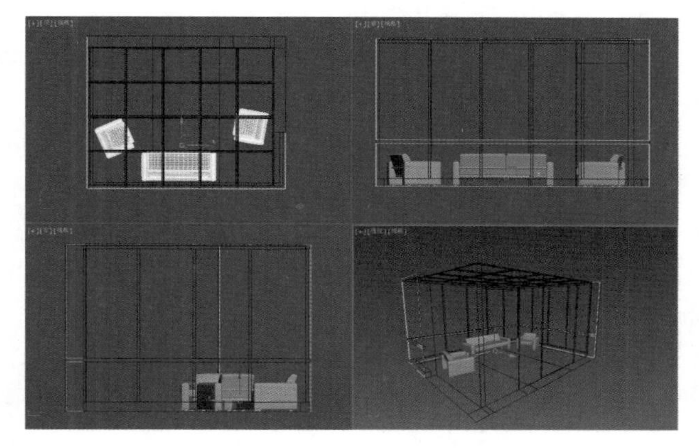

图 18-254 调整沙发模型位置

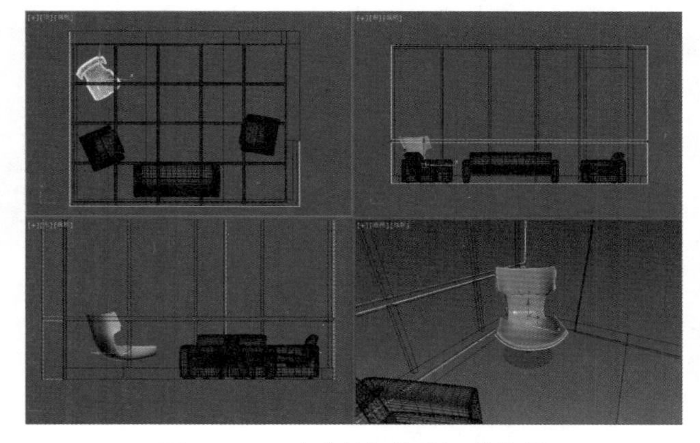

图 18-255 合并休闲椅并调整位置

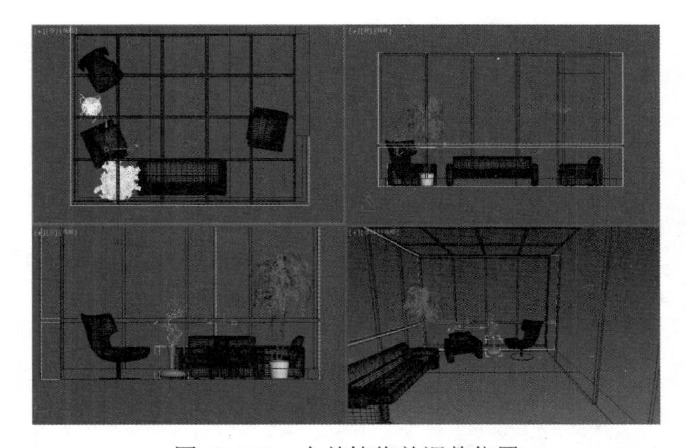

图 18-256 合并植物并调整位置

Step 5 ▶ 将配套光盘\第 18 章\素材库\茶几.max 文件合并到场景中并调整位置，结果如图 18-257 所示。

Step 6 ▶ 将配套光盘\第 18 章\素材库\几柜.max 文件合并到场景中并调整位置，结果如图 18-258 所示。

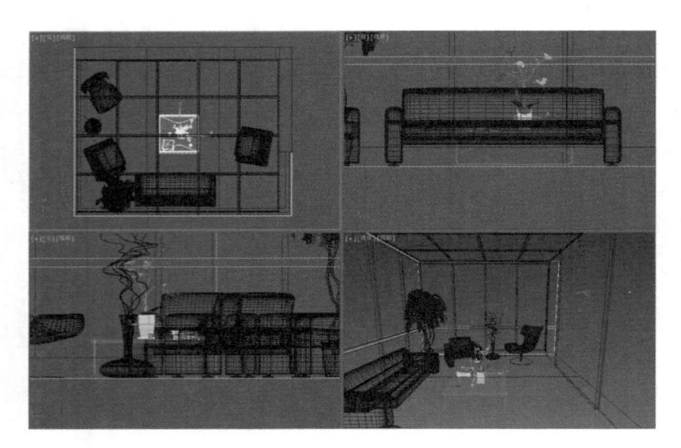

图 18-257　合并茶几并调整位置

图 18-258　合并几柜并调整位置

Step 7 ▶ 将配套光盘\第 18 章\素材库\画板 .max 文件合并到场景中并调整位置，结果如图 18-259 所示。

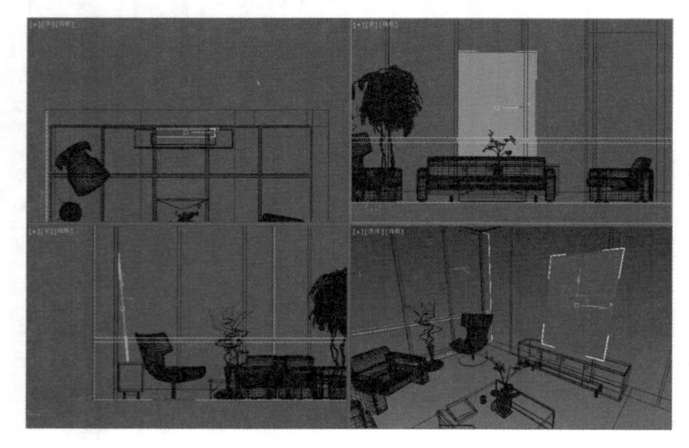

图 18-259　合并画板并调整位置

Step 8 ▶ 将配套光盘\第 18 章\素材库\落地灯 .max 文件合并到场景中并调整位置，结果如图 18-260 所示。

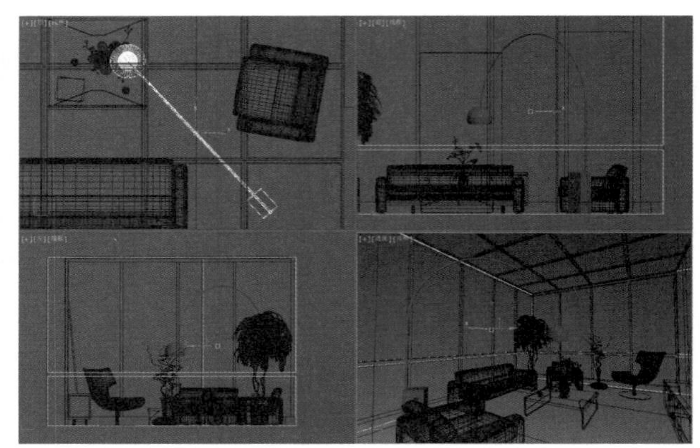

图 18-260　合并落地灯并调整位置

Step 9 ▶ 将配套光盘\第 18 章\素材库\壁灯 .max 文件合并到场景中并调整位置，结果如图 18-261 所示。

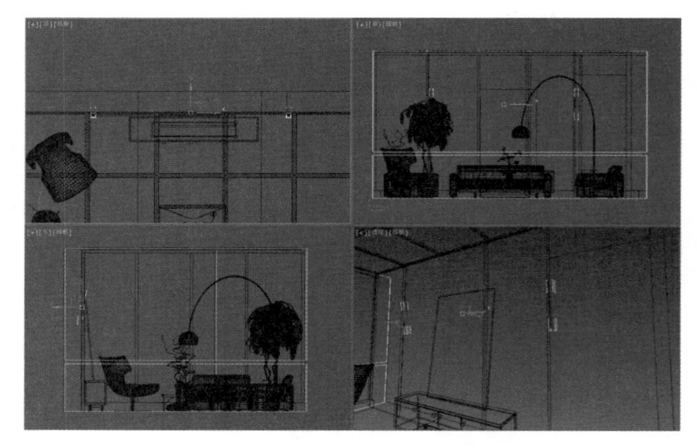

图 18-261　合并壁灯并调整位置

Step 10 ▶ 将配套光盘\第 18 章\素材库\百叶窗 .max 文件合并到场景中并调整位置，结果如图 18-262 所示。

图 18-262　合并百叶窗并调整位置

Step 11 ▶ 将配套光盘\第18章\素材库\门.max文件合并到场景中并调整位置，结果如图18-263所示。

Step 12 ▶ 单击 切角长方体 按钮，在顶视图中创建“长度”为1590，“宽度”为1590，“高度”为13，“圆角”为20，“长度分段”为26，“宽度分段”为27，“圆角分段”为2的切角长方体，调整位置如图18-264所示。

Step 13 ▶ 将其转换为可编辑多边形，然后进入“修改”面板，单击■按钮，进入多边形编辑模式，在透视图中选择如图18-265所示的多边形。

图 18-263　合并门并调整位置

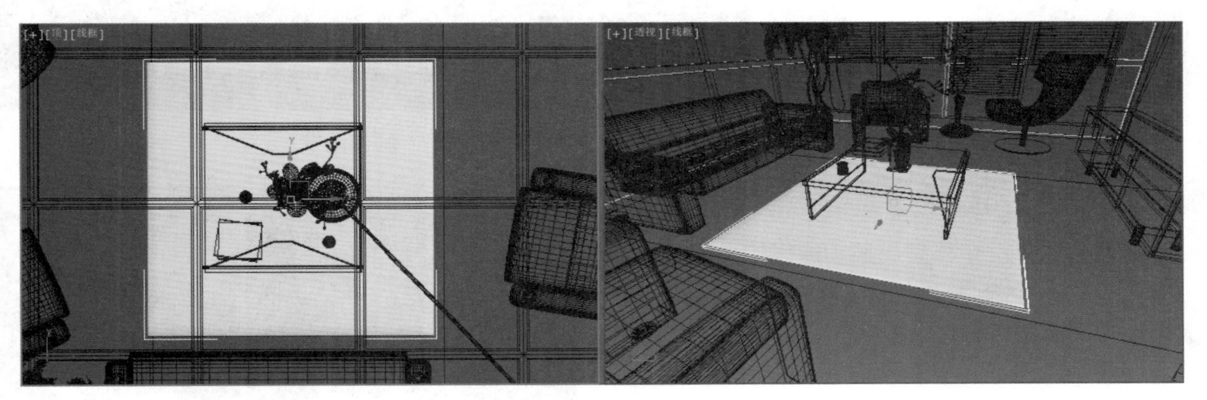

图 18-264　创建切角长方体

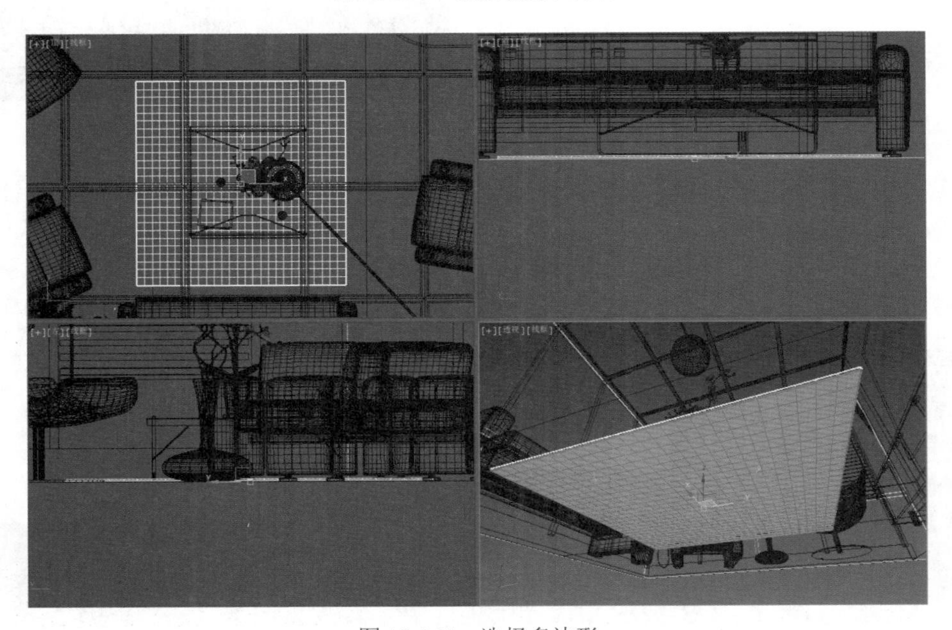

图 18-265　选择多边形

Step 14 ▶ 按 Delete 键将其删除。

Step 15 ▶ 单击“创建”面板下的按钮，在“标准基本体”下选择 VRay 选项，如图 18-266 所示。

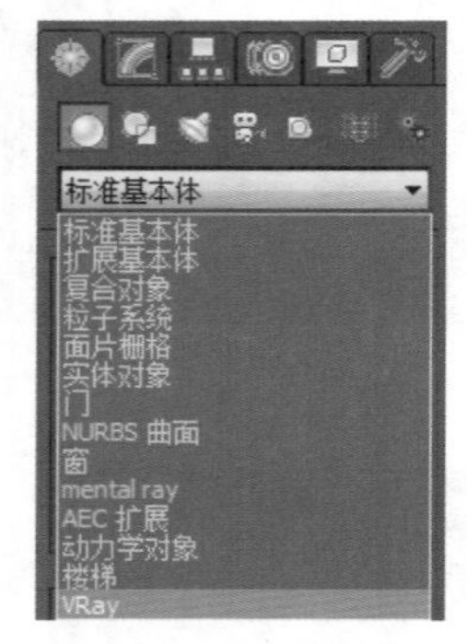

图 18-266 “创建”面板

Step 16 ▶ 选择创建的切角长方体，然后在“对象类型”卷展栏中单击 VR毛皮 按钮，在“参数”卷展栏中设置参数，如图 18-267 所示。

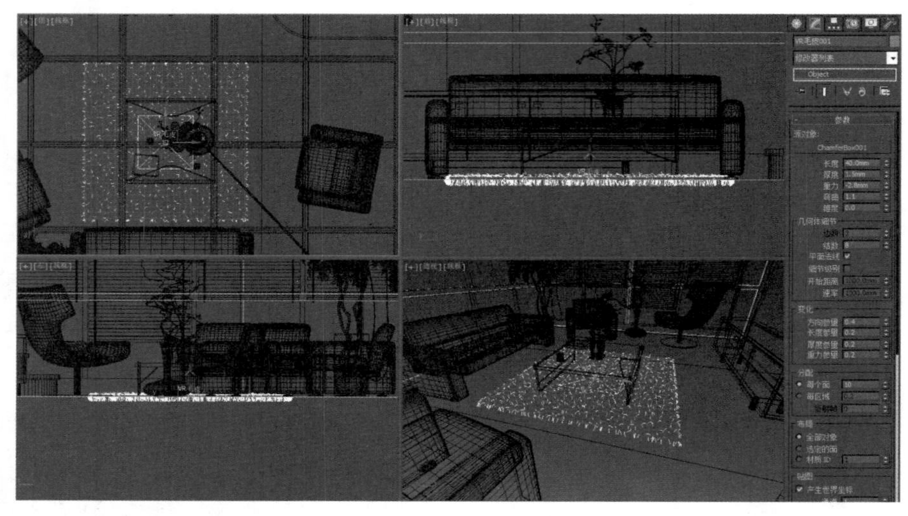

图 18-267 制作毛发

3. 测试渲染参数设置

可以看到这是一个模型已经创建好的大厅场景。下面首先设置一个合理的构图角度，然后进行渲染参数设置，再设置灯光。

在设置渲染参数前，首先指定渲染器，再设置测试渲染参数。

Step 1 ▶ 按 F10 键，打开“渲染设置”场景面板。将渲染尺寸设置为较小的尺寸 500×375。

Step 2 ▶ 在“公用”选项卡的“指定渲染器”卷展栏中单击“产品级”右侧的按钮，然后在弹出的“选择渲染器”对话框中选择安装好的 V-Ray Adv 2.40.03 渲染器，如图 18-268 所示。

Step 3 ▶ 打开 V-Ray 选项卡，在“V-Ray:: 全局开关”卷展栏中关闭默认灯光。

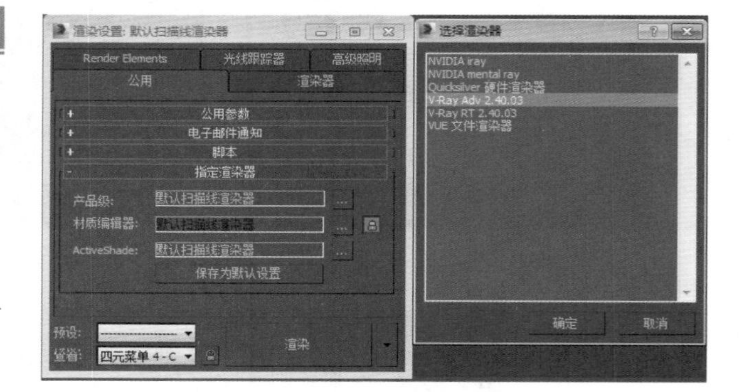

图 18-268 指定渲染器

Step 4 ▶ 进入“V-Ray:: 图像采样器（反锯齿）”卷展栏，设置“图像采样器”类型为“固定”，关闭抗锯齿过滤器，然后在“V-Ray:: 颜色贴图”卷展栏中选择“指数”曝光方式，参数设置如图 18-269 所示。

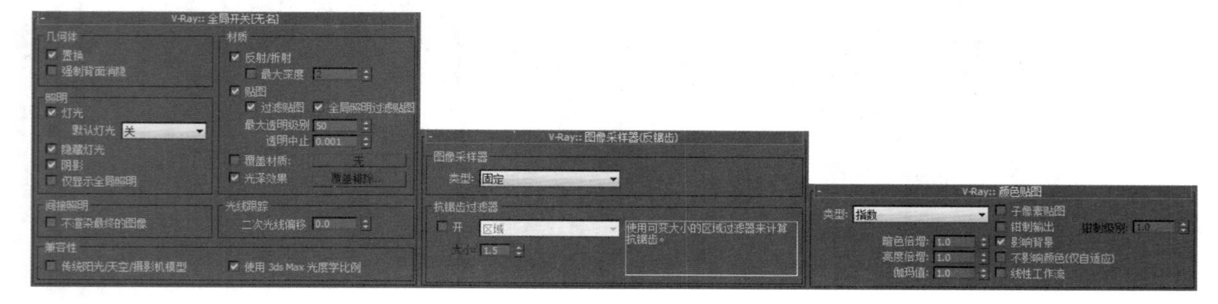

图 18-269 V-Ray 选项卡参数设置

Step 5 ▶ 打开“间接照明”选项卡，在“V-Ray:: 间接照明（GI）”卷展栏中打开全局光，设置“二次反弹”选项组中的“全局照明引擎”为“灯光缓存”，在“V-Ray:: 灯光缓存”卷展栏中设置“细分”为 200，通过降低灯光缓存的渲染品质以节约渲染时间，在“V-Ray:: 发光图”卷展栏中设置“当前预置”为“非常低”，如图 18-270 所示。

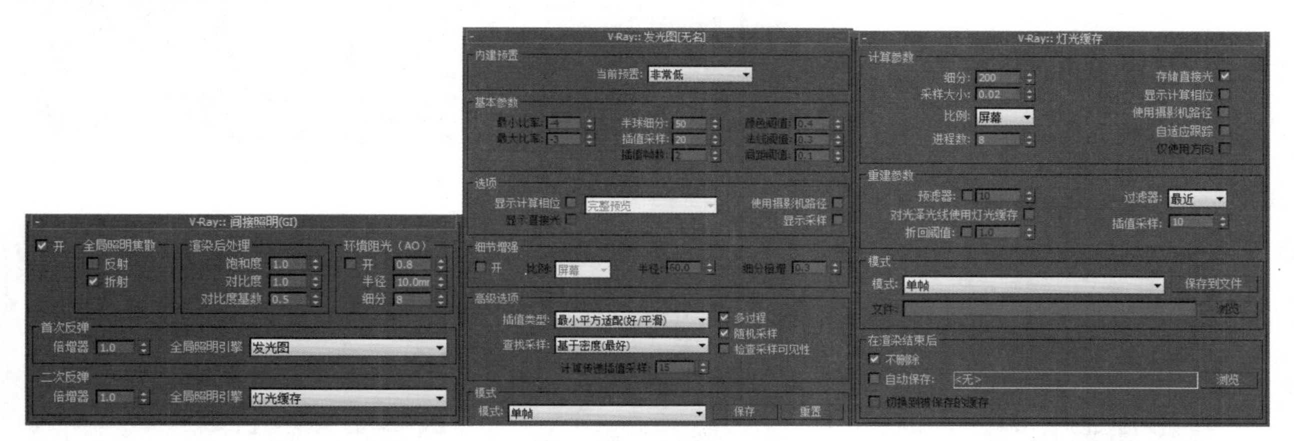

图 18-270 “间接照明”选项卡参数设置

4. 赋予场景对象材质

Step 1 ▶ 按 M 键，打开“材质编辑器”对话框，选择一个空白材质样本球并将其命名为“白墙”，单击按钮，将其赋予给场景中名称为“白墙”的对象。

Step 2 ▶ 确认选择 Step1 中的材质样本球，单击材质编辑器中的 Standard 按钮，在弹出的“材质 / 贴图浏览器”对话框中选择 VRayMtl 选项。

Step 3 ▶ 在“基本参数”卷展栏中设置“漫反射”为白色，如图 18-271 所示。

图 18-271 “基本参数”设置

Step 4 ▶ 制作“墙”材质，将制作完成的白墙材质样本球用鼠标拖曳到另一个空白材质样本球上，将其复制并重命名为“墙”，在“基本参数”卷展栏中单击“漫反射”右侧的按钮，在弹出的“材质 / 贴图浏览器”对话框中双击“位图”，选择本书配套光盘 \ 第 18 章 \ 素材库下的 600-600.jpg 文件。

Step 5 ▶ 在透视图中选择名称为“墙”的对象，将调好的材质赋予它，如图 18-272 所示。

Step 6 ▶ 在“坐标”卷展栏中设置U瓷砖为2，V瓷砖为2，如图18-273所示。

Step 7 ▶ 单击按钮，返回上一级，在“参数”卷展栏中单击“反射”右侧的按钮，在弹出的“材质/贴图浏览器”对话框中选择“衰减”贴图类型。然后在“衰减参数”卷展栏中设置“衰减类型”为Fresnel，如图18-274所示。

图18-272 “基本参数”设置

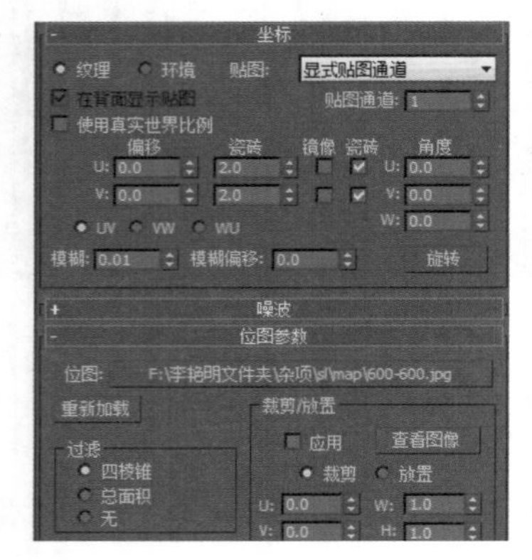

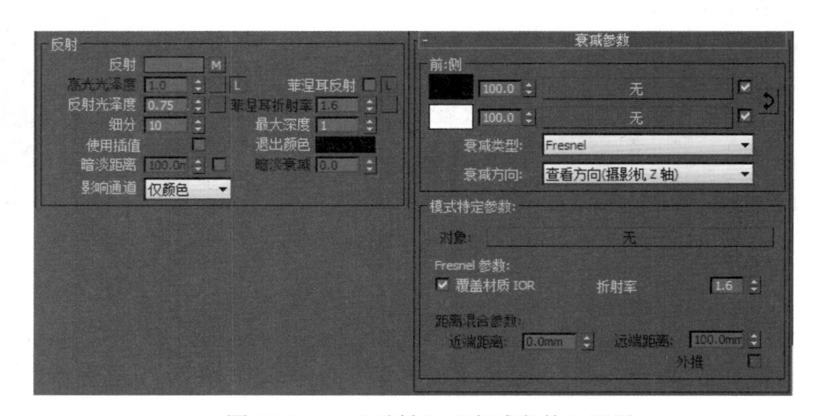

图18-273 “坐标”卷展栏参数设置

图18-274 “反射”“衰减参数”设置

Step 8 ▶ 在透视图中选择名称为“墙”的对象，将调好的材质赋予它，如图18-275所示。

图18-275 赋予墙材质

Step 9 ▶ 制作“玻璃竖框”、“玻璃横框”和“天窗钢架”的材质，将制作完成的“红墙”材质样本球用鼠标拖曳到另一个空白材质样本球上，将其复制并重命名，单击Standard按钮，为其指定VRayMtl材质。

Step 10 ▶ 在“基本参数”卷展栏中设置“漫反射”为黑色，调整反射颜色为灰色，使其产生反射效果，其他参数设置如图18-276所示。

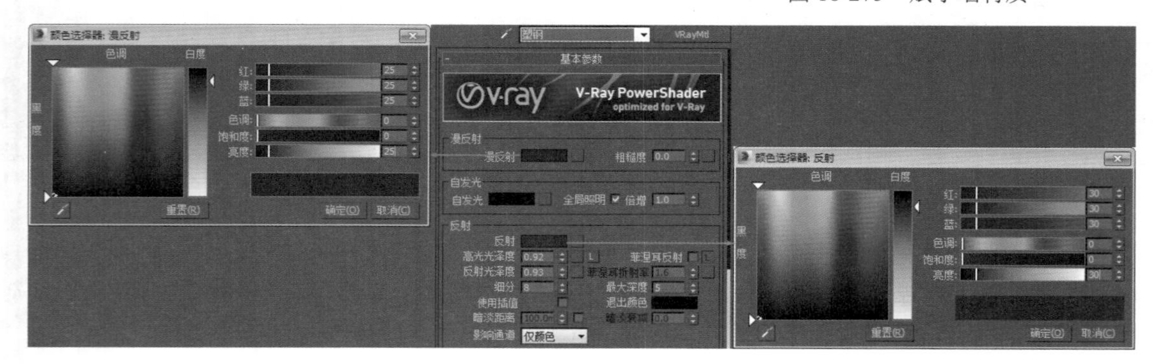

图18-276 “基本参数”的设置

Step 11 ▶ 在视图中选择名称为“玻璃竖钢”、“玻璃横框”和“天窗钢架”的对象，将调好的材质赋予给它，如图 18-277 所示。

Step 12 ▶ 制作“墙脚线”材质（木纹），将制作完成的“玻璃竖钢”、“玻璃横框”和“天窗钢架”的材质样本球用鼠标拖曳到另一个空白材质样本球上，将其复制并重命名。

Step 13 ▶ 在“基本参数”卷展栏中调整反射颜色为灰色，使该材质略产生反射，单击“漫反射”右侧的■按钮，在弹出的“材质/贴图浏览器”对话框中双击“位图”，选择本书配套光盘\第 18 章\素材库目录下的“窗户材质.jpg”文件，如图 18-278 所示。

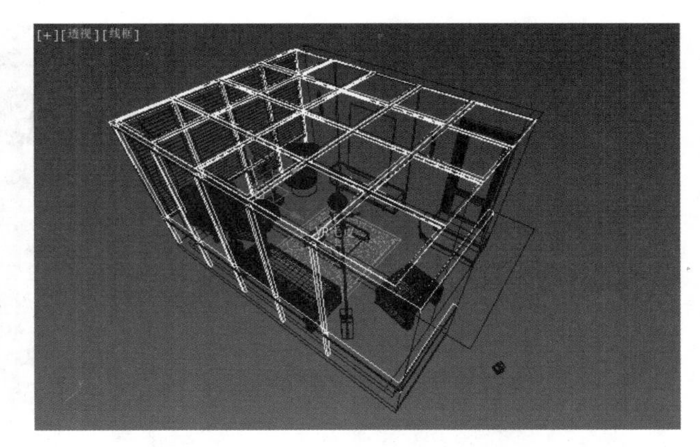

图 18-277　赋予“玻璃竖钢”、“玻璃横框”和“天窗钢架”的材质

图 18-278　“墙脚线”材质参数设置

Step 14 ▶ 在视图中选择名称为“墙脚线”的对象，将调好的材质赋予它，如图 18-279 所示。

Step 15 ▶ 制作“玻璃窗”和“顶窗玻璃”对象的窗玻璃材质，将制作完成的“墙脚线”材质样本球用鼠标拖曳到另一个空白材质样本球上，将其复制并重命名。单击 Standard 按钮，为其指定 VRayMtl 材质。

Step 16 ▶ 在“基本参数”卷展栏中设置“漫反射”为灰色，调整反射颜色为深灰色，使其略微产生反射效果，调整折射颜色为白色，使其产生透明，其他参数设置如图 18-280 所示。

Step 17 ▶ 在视图中选择名称为“窗玻璃”和“顶窗玻璃”的对象，将调好的材质赋予它，如图 18-281 所示。

图 18-279　赋予“墙脚线”材质

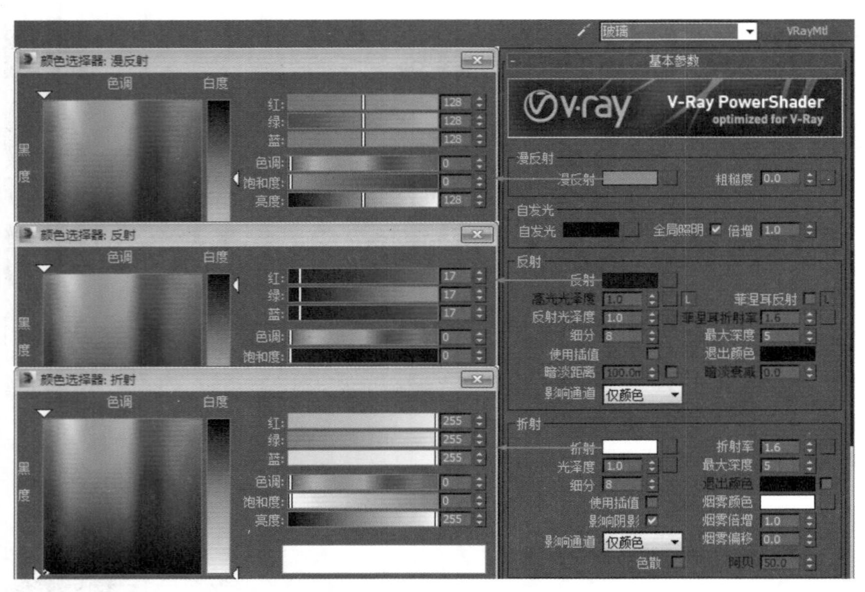

图 18-280　“基本参数”设置

Step 18 ▶ 制作“地面”对象的木地板材质，将制作完成的“窗玻璃”和“顶窗玻璃”的材质样本球用鼠标拖曳到另一个空白材质样本球上，将其复制并重命名，单击 Standard 按钮，为其指定 VRayMtl 材质。单击“漫反射”右侧的■按钮，在弹出的“材质 / 贴图浏览器”对话框中双击“位图”，选择本书配套光盘 / 第 18 章 / 素材库目录下的 70079649.jpg 文件，如图 18-282 所示。

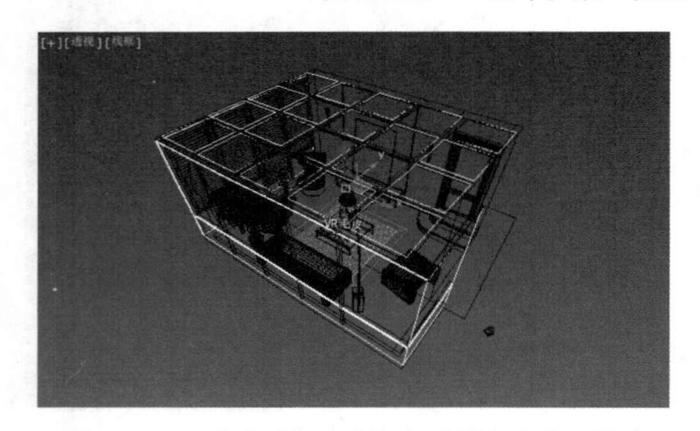

图 18-281　赋予“窗玻璃”和“顶窗玻璃”材质

图 18-282　设置模板类型

Step 19 ▶ 单击■按钮，返回上一级，在“参数”卷展栏中单击“反射”右侧的按钮，在弹出的“材质 / 贴图浏览器”对话框中选择“衰减”贴图类型。然后在“衰减参数”卷展栏中设置“衰减类型”为 Fresnel，如图 18-283 所示。

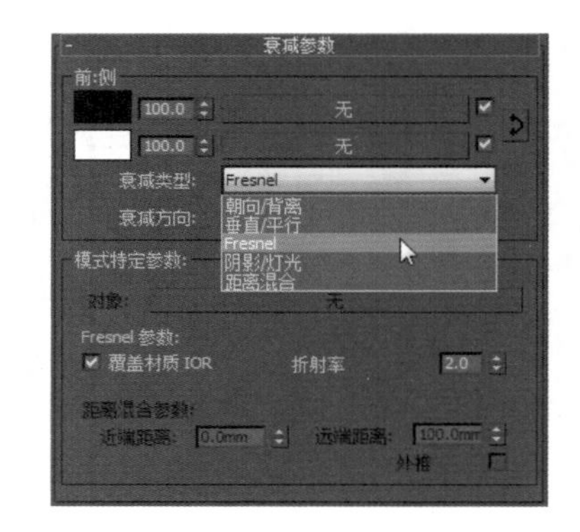

图 18-283　“参数”“衰减参数”设置

Step 20 ▶ 在视图中选择名称为“地面”的对象，将调好的材质赋予它们，如图 18-284 所示。

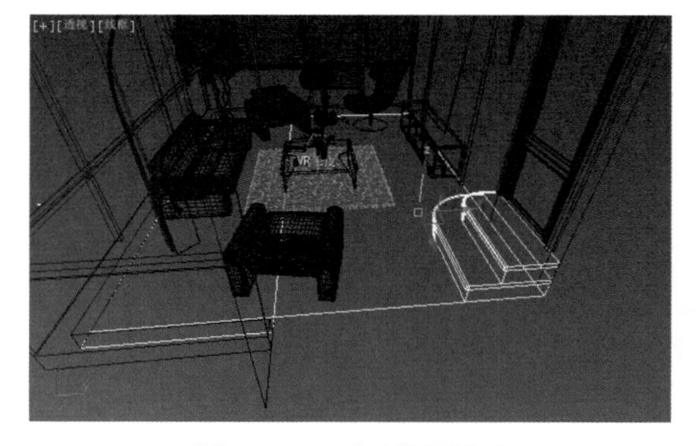

图 18-284　赋予地面材质

Step 21 制作“地毯”的布料材质，将Step20中完成的“地面”材质样本球用鼠标拖曳到另一个空白材质样本球上，将其复制并重命名，单击 Standard 按钮，为其指定VRayMtl材质。在“基本参数”卷展栏中设置“漫反射”为白色，如图18-285所示。

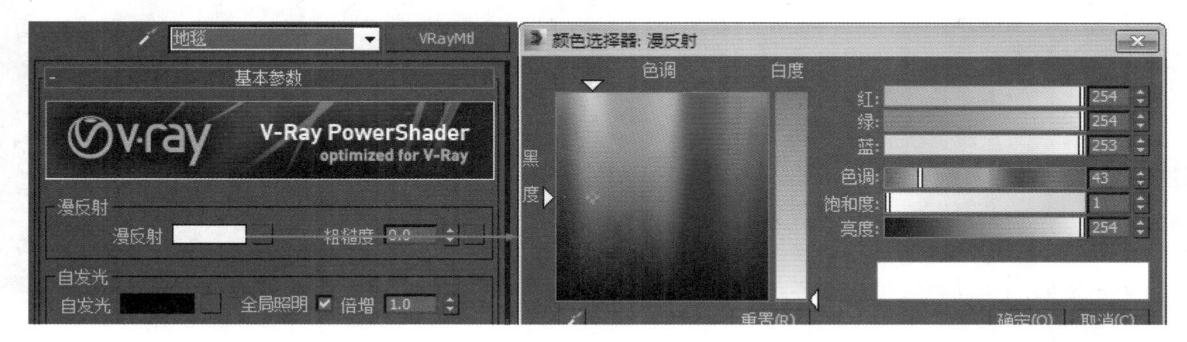

图18-285 “基本参数”设置

Step 22 在视图中选择名称为“地毯”的对象，将调好的材质赋予它们，如图18-286所示。

Step 23 制作“茶几玻璃”的玻璃材质，将Step22中完成的“地毯”材质样本球用鼠标拖曳到另一个空白材质样本球上，将其复制并重命名，单击 Standard 按钮，为其指定VRayMtl材质。

Step 24 在“基本参数”卷展栏中设置“漫反射”为蓝色，调整反射颜色为深灰色，使其略微产生反射效果，调整折射颜色为白色，使其产生透明，其他参数设置如图18-287所示。

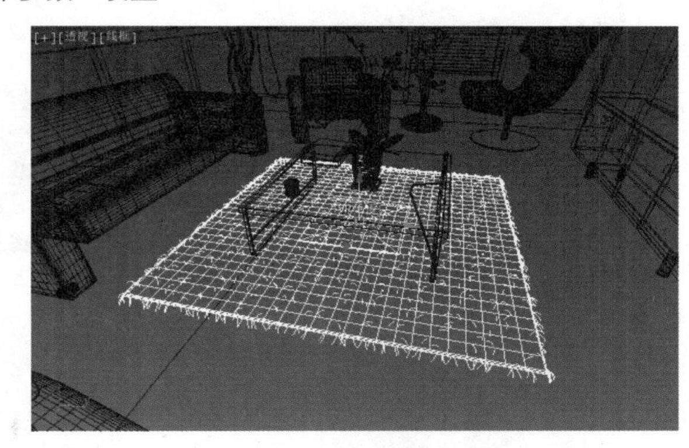

图18-286 赋予地毯材质

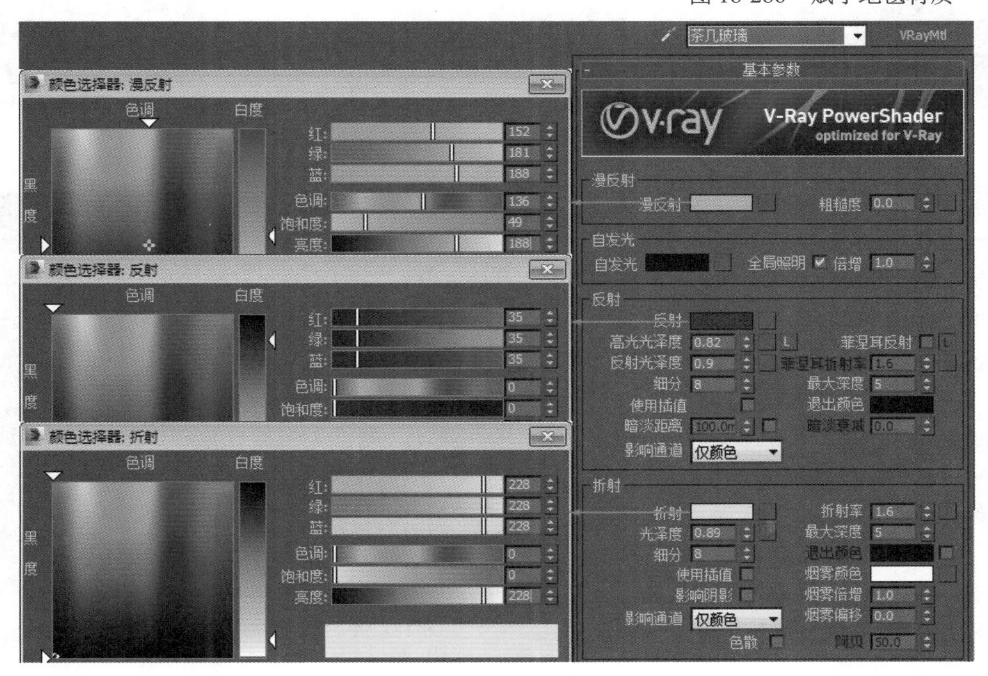

图18-287 设置“茶几玻璃”材质

Step 25 ▶ 在视图中选择名称为“茶几玻璃”的对象，将调好的材质赋予它，如图 18-288 所示。

Step 26 ▶ 制作“茶几钢架”和“落地灯灯罩”的不锈钢金属材质，将制作完成的“茶几玻璃”的材质样本球用鼠标拖曳到另一个空白材质样本球上，将其复制并重命名，单击 Standard 按钮，为其指定 VRayMtl 材质。

Step 27 ▶ 在“基本参数”卷展栏中设置“漫反射”为灰色，调整反射颜色为浅灰色，使其产生反射效果，其他参数设置如图 18-289 所示。

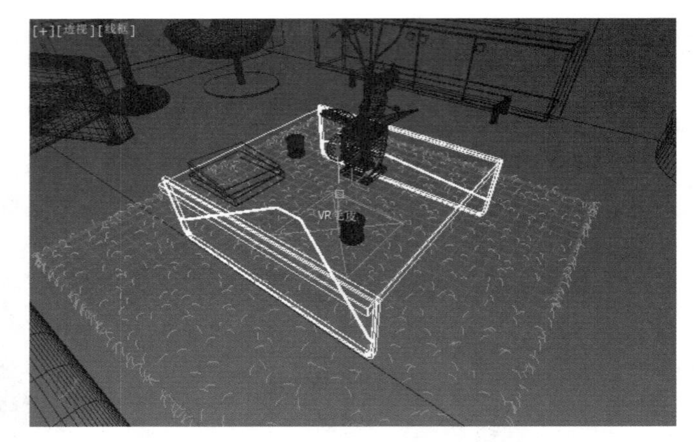

图 18-288　赋予茶几玻璃材质

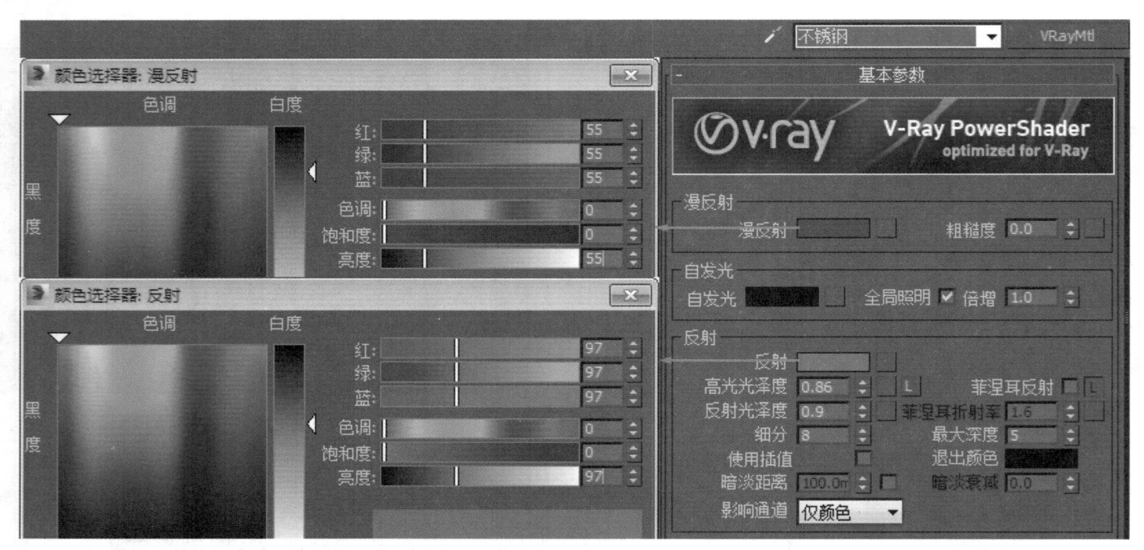

图 18-289　设置“不锈钢”材质

Step 28 ▶ 在视图中选择名称为“茶几钢架”和“落地灯灯罩”的对象，将调好的材质赋予它们，如图 18-290 所示。

Step 29 ▶ 制作“休闲椅上层”的“塑料”材质，将 Step28 中制作完成的“茶几钢架”和“落地灯灯罩”的金属材质样本球，用鼠标拖曳到另一个空白材质样本球上，将其复制并重命名，单击 Standard 按钮，为其指定 VRayMtl 材质。在“基本参数”卷展栏中设置“漫反射”为橘黄色，调整反射颜色为白色，使其产生反射效果，其他参数设置如图 18-291 所示。

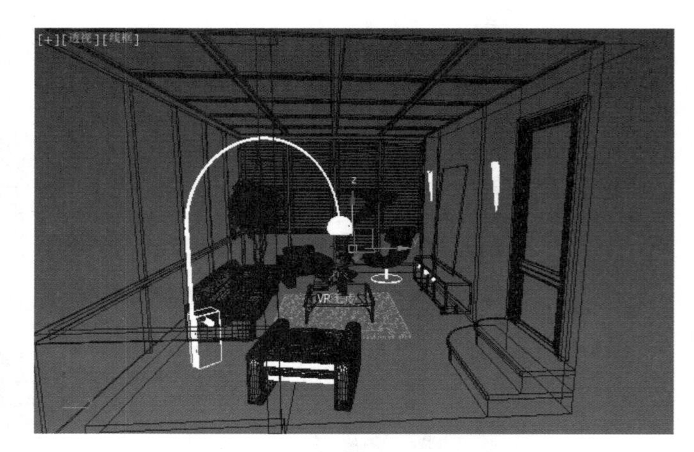

图 18-290　赋予“茶几钢架”和“落地灯灯罩”的金属材质

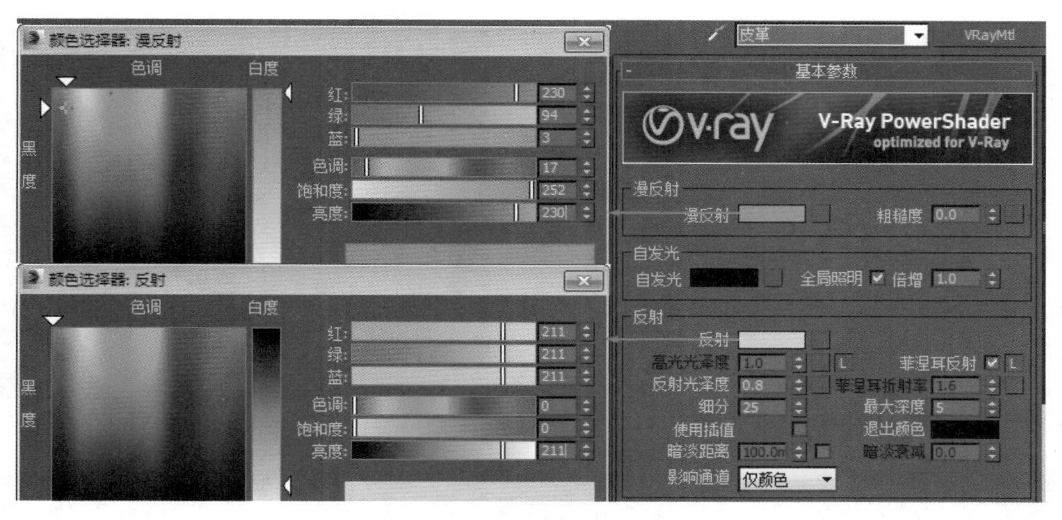

图 18-291 “基本参数”设置

Step 30 ▶ 在视图中选择名称为“休闲椅上层”的对象，将调好的材质赋予它们，如图 18-292 所示。

Step 31 ▶ 制作“休闲椅下层”材质，将制作完成的“休闲椅上层”的塑料材质样本球用鼠标拖曳到另一个空白材质样本球上，将其复制并重命名，单击 Standard 按钮，为其指定 VRayMtl 材质。在“基本参数”卷展栏中设置“漫反射”为白色，调整反射颜色为灰色，使其略微产生反射效果，其他参数设置如图 18-293 所示。

图 18-292 赋予“休闲椅上层”材质

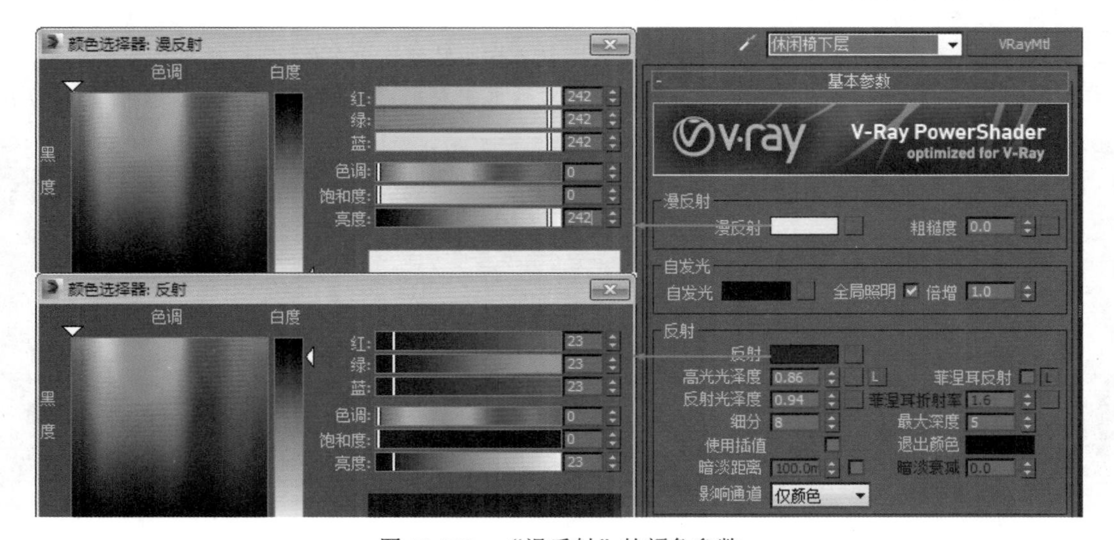

图 18-293 “漫反射”的颜色参数

Step 32 ▶ 在视图中选择名称为“休闲椅下层”的对象，将调好的材质赋予它们，如图 18-294 所示。

Step 33 ▶ 制作“花瓶”材质，将制作完成的“花瓶”的塑料材质样本球用鼠标拖曳到另一个空白材质样本球上，将其复制并重命名，单击 Standard 按钮，为其指定 VRayMtl 材质。在“基本参数”卷展栏中设置“漫反射”为绿色，调整反射颜色为灰色，使其略微产生反射效果，其他参数设置如图 18-295 所示。

Step 34 ▶ 选择视图中名称为“花瓶”的对象，将调好的材质赋予它，如图 18-296 所示。

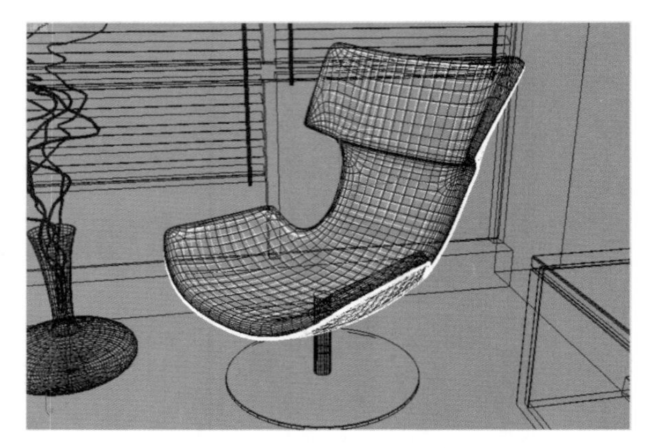

图 18-294　赋予“休闲椅下层”材质

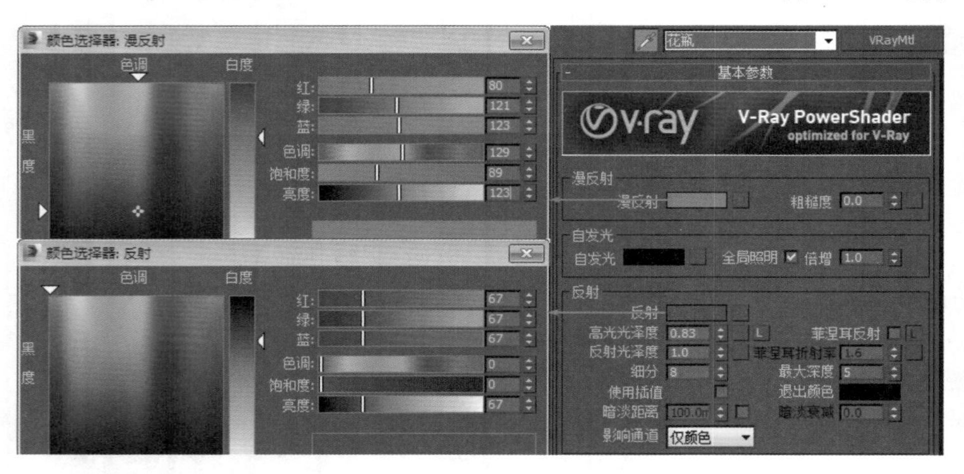

图 18-295　“漫反射”的颜色参数

图 18-296　赋予“花瓶”材质渲染效果

Step 35 ▶ 制作“沙发”的“沙发布料”的材质，将花瓶中“干支”的材质样本球用鼠标拖曳到另一个空白材质样本球上，将其复制并重命名，在“基本参数”卷展栏中调整反射颜色为灰色，使该材质略产生反射，单击“漫反射”右侧的■按钮，在弹出的“材质 / 贴图浏览器”对话框中双击“衰减”贴图类型，如图 18-297 所示。

图 18-297　“沙发布纹”材质

Step 36 ▶ 在“衰减参数”卷展栏中设置颜色2为灰色，再单击颜色1右侧的通道按钮，在弹出的“材质/贴图浏览器”对话框中双击“位图”，选择本书配套光盘\第18章\素材库目录下的213713.jpg文件，如图18-298所示。

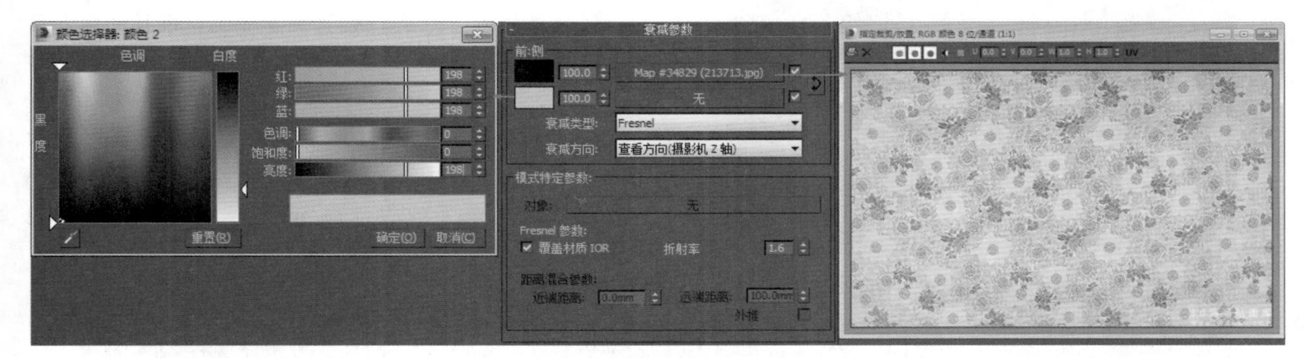

图18-298　“衰减参数”卷展栏参数设置

Step 37 ▶ 选择视图中名称为“沙发布料”的对象，将调好的材质赋予它，如图18-299所示。

Step 38 ▶ 制作“几柜”的“木材”材质，将制作完成的“沙发杠”的“金属”材质样本球用鼠标拖曳到另一个空白材质样本球上，将其复制并重命名，在“基本参数”卷展栏中调整反射颜色为灰色，使该材质略产生反射，单击“漫反射”右侧的■按钮，在弹出的“材质/贴图浏览器”对话框中双击“位图”，选择本书配套光盘\第18章\素材库目录下的“樱桃木深.jpg”文件，如图18-300所示。

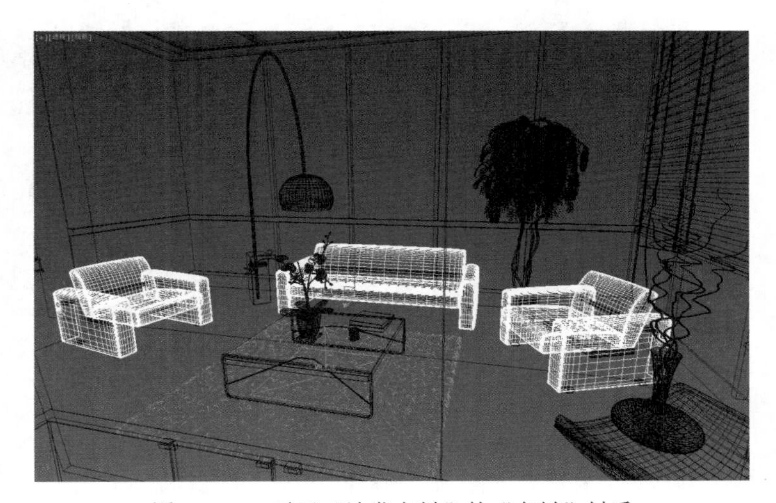

图18-299　赋予“沙发布料”的“布料”材质

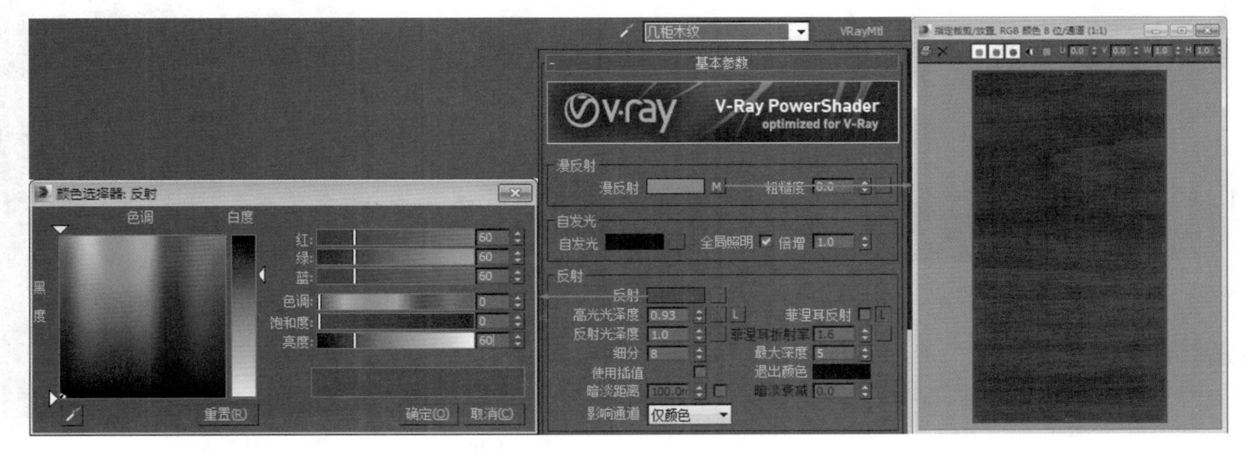

图18-300　指定贴图给“漫反射贴图”的贴图通道

Step 39 ▶ 在视图中选择名称为“几柜”的对象，将调好的材质赋予它，如图18-301所示。

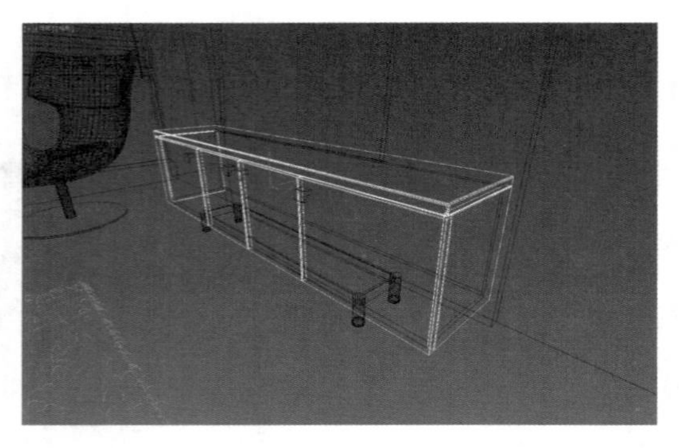

图 18-301　赋予“几柜”的“木材”材质

Step 40 ▶ 制作“壁画”材质，将制作完成的“几柜把手”和“几柜脚”的“金属”材质样本球用鼠标拖曳到另一个空白材质样本球上，将其复制并重命名，在“基本参数”卷展栏中调整反射颜色为灰色，使该材质略产生反射，单击“漫反射”右侧的■按钮，在弹出的“材质 / 贴图浏览器”对话框中双击“位图”，选择本书配套光盘 \ 第 18 章 \ 素材库目录下的“壁画 .jpg”文件，如图 18-302 所示。

图 18-302　壁画材质参数设置

Step 41 ▶ 在视图中选择名称为“壁画”的对象，单击“材质编辑器”对话框中的■按钮，将调好的材质赋予它，如图 18-303 所示。

图 18-303　赋予“壁画”材质

Step 42 ▶ 制作“百叶窗”的“塑料”材质，将制作完成的“百叶窗吊杆”的“塑料”材质样本球用鼠标拖曳到另一个空白材质样本球上，将其复制并重命名，单击 Standard 按钮，为其指定 VRayMtl 材质。在“基本参数”卷展栏中设置“漫反射”为蓝色，调整反射颜色为白色，使其产生反射效果，设置折射颜色为白色，使其产生透明效果，其他参数设置如图 18-304 所示。

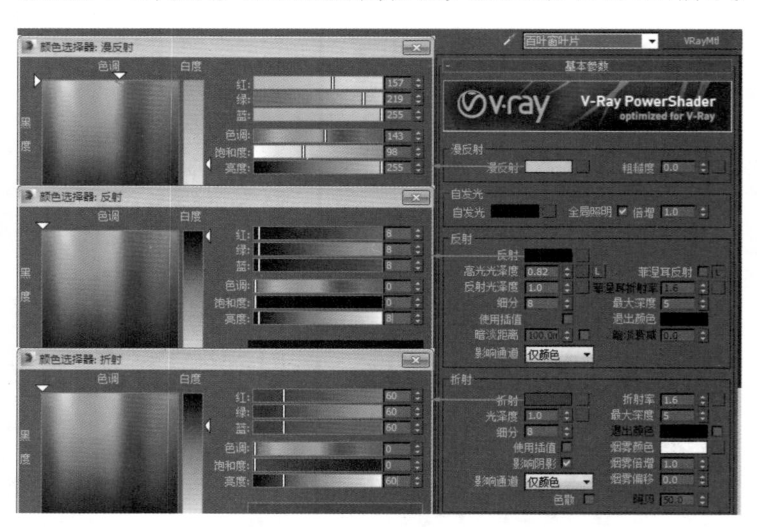

图 18-304　设置“百叶窗叶片”材质

Step 43 ▶ 在视图中选择名称为“百叶窗”的对象，将调好的材质赋予它，如图 18-305 所示。

图 18-305　赋予“百叶窗”的“塑料”材质

Step 44 ▶ 制作“门”的“木材”材质，将制作完成的“百叶窗”的“塑料”材质样本球用鼠标拖曳到另一个空白材质样本球上，将其复制并重命名。

Step 45 ▶ 在“基本参数”卷展栏中调整反射颜色为灰色，使该材质略产生反射，单击“漫反射”右侧的■按钮，在弹出的“材质 / 贴图浏览器”对话框中双击“位图”，选择本书配套光盘 \ 第 18 章 \ 素材库目录下的“窗户材质 .jpg”文件，如图 18-306 所示。

Step 46 ▶ 在视图中选择名称为“门”的对象，将调好的材质赋予它，如图 18-307 所示。

图 18-306　门框材质参数设置

Step 47 ▶ 至此，场景对象的材质制作结束，完成材质制作后的场景图如图 18-308 所示。

图 18-307　赋予“门”的“木材”材质

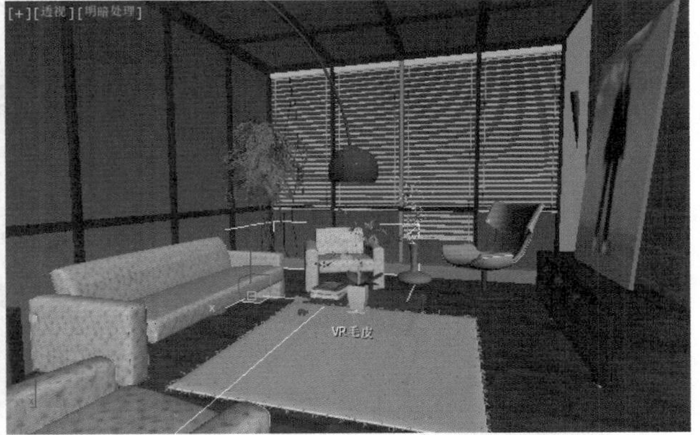

图 18-308　完成材质制作后的场景图

5. 设置场景灯光及最终渲染设置

Step 1 ▶ 单击“创建”面板■中的■按钮，在“对象类型”卷展栏中单击 目标 按钮，然后在顶视图中创建目标摄影机，在“参数”卷展栏中设置“镜头”为 20.955，“视野”为 83.974，调整摄影机角度如图 18-309 所示。

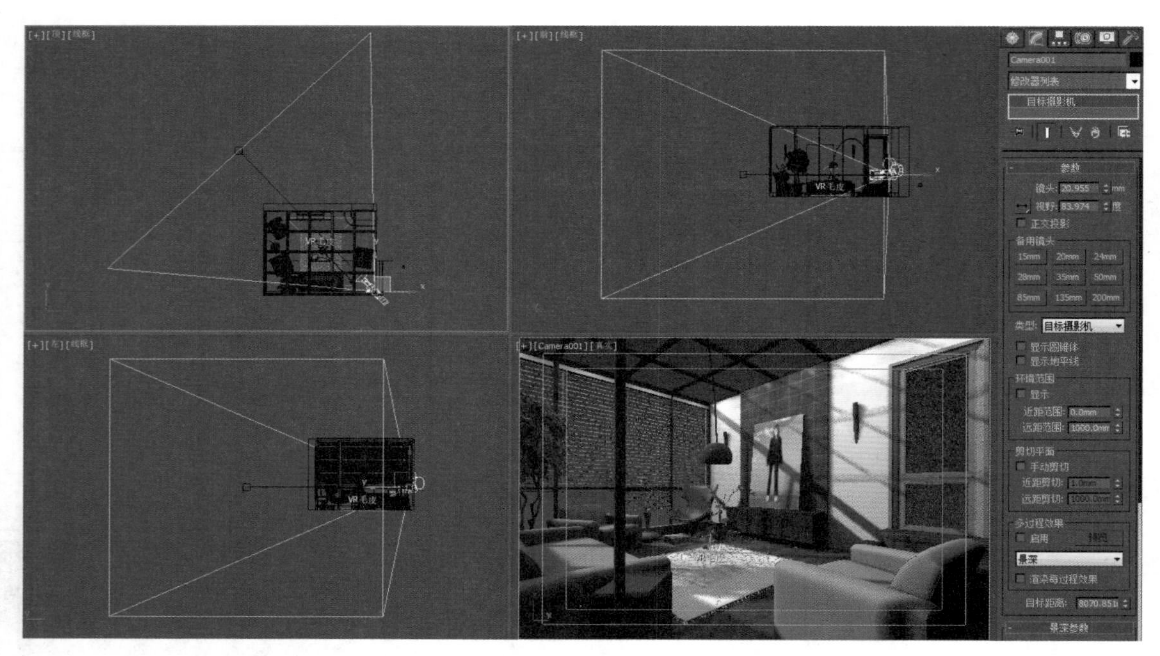

图 18-309　创建目标平行光并设置参数

Step 2 ▶ 单击灯光创建面板，在“光度学”下拉列表中选择 VRay，然后在“对象类型”卷展栏中单击 VR_太阳 按钮，在顶视图中创建一盏 VRay 太阳光，调整位置和参数设置如图 18-310 所示。

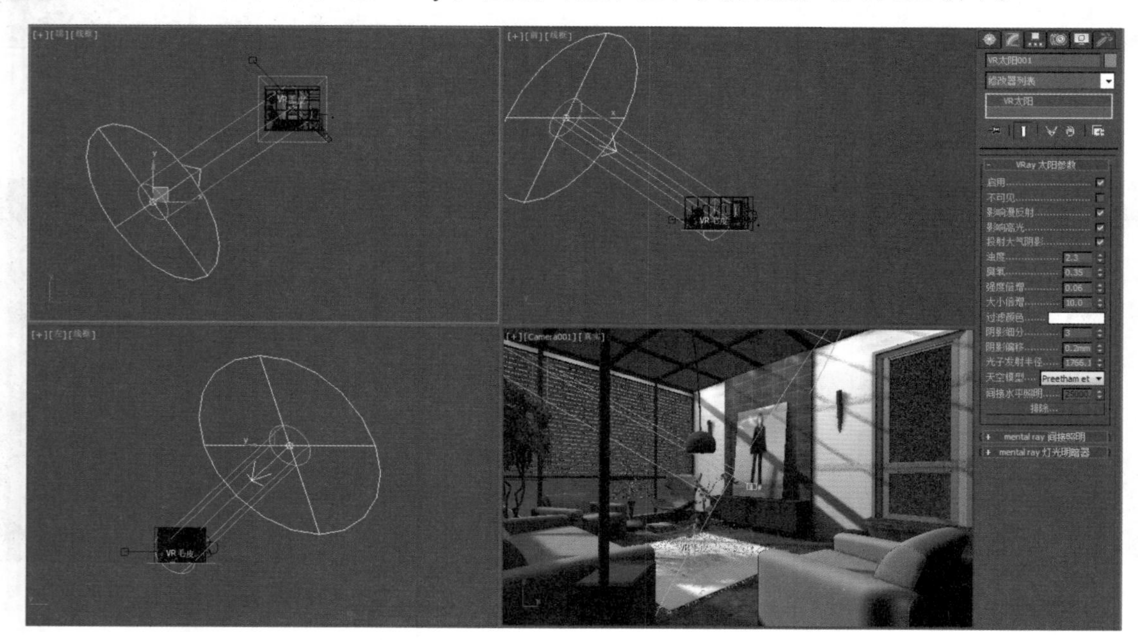

图 18-310　创建太阳光并设置参数

Step 3 ▶ 这时会弹出一个对话框，提示用户是否添加一张 VR 天空环境贴图，如图 18-311 所示，单击 是(Y) 按钮。

Step 4 ▶ 选择透视图，单击工具栏中的“渲染”按钮，将其渲染，渲染结果如图 18-312 所示。

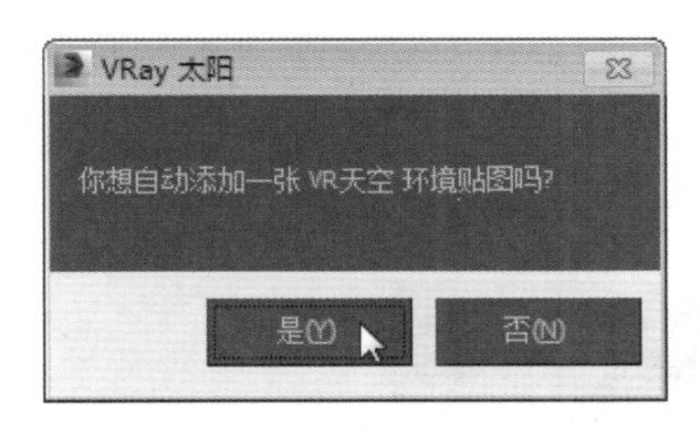

图 18-311 “VRay 太阳”对话框

Step 5 ▶ 从这次的渲染可以看出，大片的黑暗阴影已经不存在了，但是整个屋内的灯光还是很暗淡，这就需要架设补光，单击灯光创建面板中的 VR_光源 按钮，在顶视图中拖动鼠标创建一盏 VR 光源，调整位置和参数设置如图 18-313 所示。

图 18-312 渲染结果

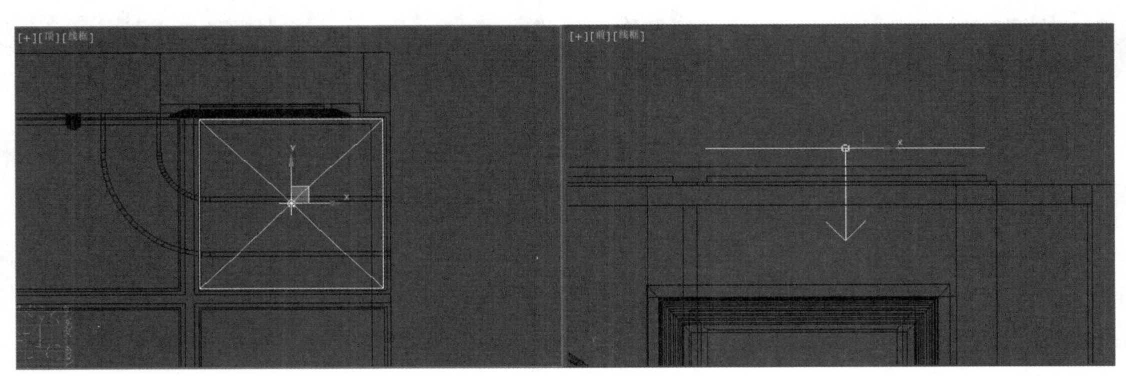

图 18-313 创建自由面光源并设置参数

Step 6 ▶ 在视图中选择上面创建的灯光，单击“修改”按钮，在“参数”卷展栏中修改灯光“倍增器”为 2，设置灯光大小，然后选中“选项”选项组中的“不可见”复选框，参数设置如图 18-314 所示。

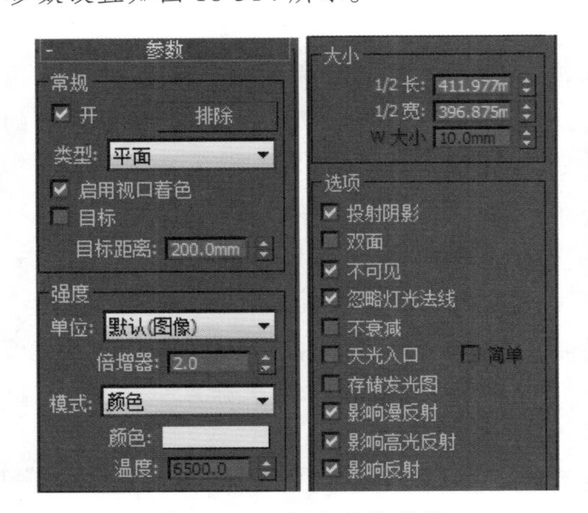

图 18-314 灯光参数设置

Step 7 ▶ 选择 Step6 中创建的 VR 灯光，在顶视图中将其沿 X 轴向左以“实例”的方式复制 4 个。

Step 8 ▶ 在顶视图中选择所有的 VR 灯光，将其沿 Y 轴向下复制 3 次，复制结果如图 18-315 所示。

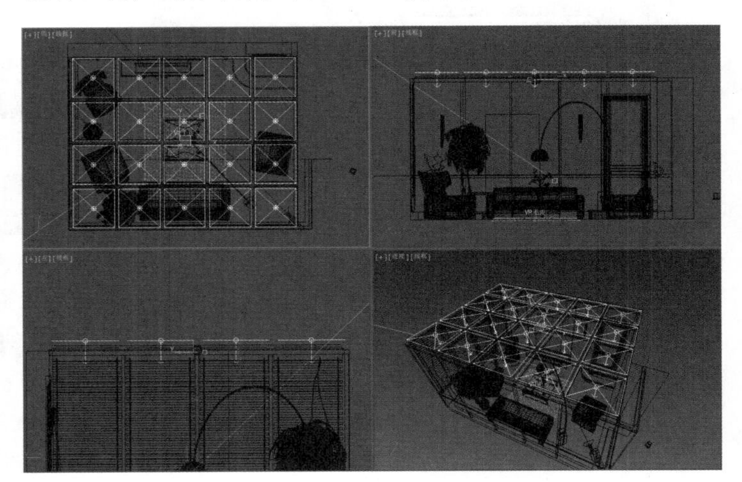

图 18-315 复制 VR 光源

Step 9 ▶ 选择透视图，单击工具栏中的“渲染”按钮，将其渲染，渲染结果如图 18-316 所示。

图 18-316　渲染结果

6. 最终渲染参数设置及后期处理

为了更快地渲染出比较大尺寸的最终图像，可以先使用小的图像尺寸渲染并保存发光贴图和灯光的贴图，然后再渲染大尺寸的最终图像。

Step 1 ▶ 打开渲染场景面板。在 V-Ray 选项卡中打开“V-Ray:: 图像采样器（反锯齿）”卷展栏，设置图像采样器类型为“自适应细分”、“抗锯齿过滤器”为“Catmull-Rom”，如图 18-317 所示。

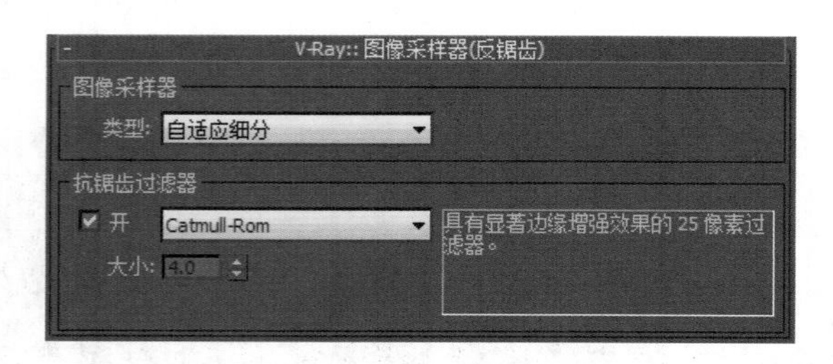

图 18-317　V-Ray 选项卡参数设置

Step 2 ▶ 打开“间接照明”选项卡，在“V-Ray: 发光贴图”卷展栏中设置“当前预置”为“高”，选择“在渲染结束后”选项组中的“自动保存”和“切换到保存的贴图”选项卡，再单击 浏览 按钮，将光子图保存到相应的目录下，然后在“V-Ray:: 灯光缓存”卷展栏中设置“细分”为 800，如图 18-318 所示。

Step 3 ▶ 渲染完成后，系统自动弹出“加载发光图”对话框，然后加载前面保存的光子图，如图 18-319 所示。

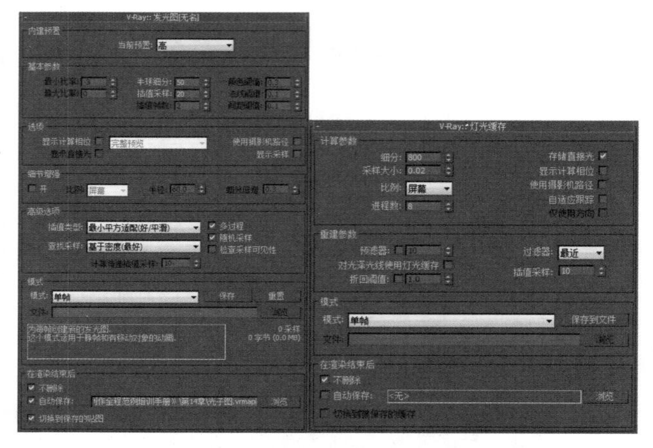

图 18-318　“间接照明”选项卡参数设置

图 18-319　加载光子图

Step 4 ▶ 再返回到“公用”选项卡，设置渲染输出的图像大小为 2000×1350，单击“渲染输出”下的 文件... 按钮，将渲染的图像保存路径。

Step 5 ▶ 单击按钮，进行渲染输出。

为了方便后期处理环境的添加，我们可以渲染一个通道，这样便于选择区域。操作步骤如下：

Step 1 ▶ 单击“应用程序”按钮，选择“另存为”命令，在弹出的“文件另存为”对话框中将文件另存为“现代会客厅－通道”。

Step 2 ▶ 选择“贴图玻璃”示例球，单击 VRayMtl

按钮，在弹出的“材质 / 贴图浏览器”对话框中选择“VR 灯光材质”。

Step 3 ▶ 在“参数”卷展栏中单击“颜色”右侧的色块，设置其 RGB 值为纯色，如图 18-320 所示。

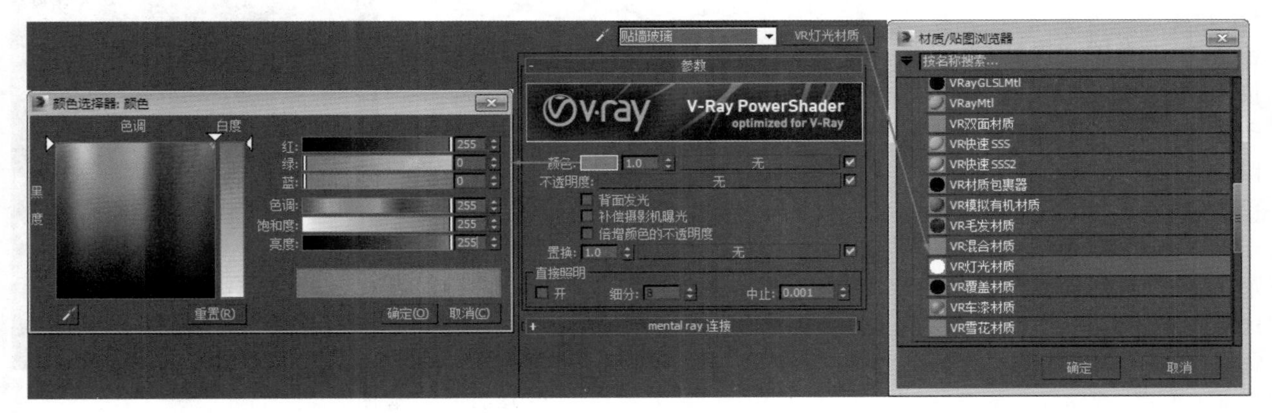

图 18-320　新建图层渲染通道参数设置

Step 4 ▶ 用相同的方法分别将其他材质设置为单色。单击按钮，进行渲染输出。

使用 Photoshop 软件对图像的亮度、对比度和饱和度进行调整，使效果更加生动、逼真。主要使用的命令有“曲线”、“色阶”和“渐变映射”等。

Step 1 ▶ 启动 Photoshop 软件，选择“文件”→“打开”命令，打开本书光盘第 18 章 \ 素材文件夹下的“现代会客厅 .tif”和“现代会客厅 - 通道 .tif”文件。

Step 2 ▶ 按 F7 键，打开“图层”面板，双击“背景”图层，弹出“新建图层”对话框，将背景层转换为“图层 0”，单击 确定 按钮，如图 18-321 所示。

图 18-321　新建图层

Step 3 ▶ 切换到“现代会客厅 - 通道 .tif”文件。按 Ctrl+A 快捷键，再切换到“现代会客厅 .tif”文件，按 Ctrl+V 快捷键，将其复制到现代会客厅文件中。调整图层次序如图 18-322 所示。

Step 4 ▶ 将“图层 1”处于当前图层，按 W 键，激活魔棒工具，通过单色通道选择玻璃区域部分，如图 18-323 所示。

Step 5 ▶ 切换到“图层 0”，按 Shift+Ctrl+J 组合键，将选择的区域通过剪切建立新的图层，如图 18-324 所示。

图 18-322　调整图层次序

图 18-323　选择玻璃选区

Step 6▶ 在蓝图层代码板中将“图层 2”关闭，如图 18-325 所示。

Step 7▶ 切换到“图层 0”，按 Shift+Ctrl+J 组合键，将选择的区域通过剪切建立新的图层，如图 18-326 所示。

Step 8▶ 双击图像窗口，打开本书光盘第 18 章 \ 素材目录下的“天空 .psd”文件，这是一幅天空图片文件，按 V 键，激活移动工具，将其拖至图像中，调整图层位置，然后在“图层”面板中调整“不透明度”为 76%，如图 18-327 所示。

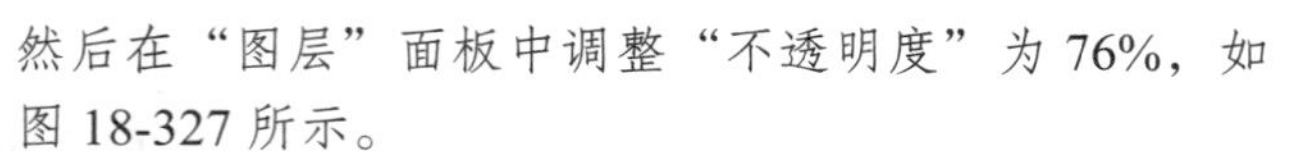

图 18-324　新建图层

图 18-327　添加“天空”

图 18-325　关闭“图层 2”的效果

Step 9▶ 用同上的方法，打开本书光盘第 18 章 \ 素材目录下的“环境 .psd”文件，这是一幅天空图片文件，按 V 键，激活移动工具，将其拖至图像中，调整图层位置，然后在“图层”面板中调整“不透明度”为 69%，效果如图 18-328 所示。

图 18-326　添加白色背景的效果

图 18-328　添加环境

Step 10 ▶ 在“图层”面板中单击“创建新的填充或调整图层”按钮，在弹出的快捷菜单中选择“曲线”命令，调整图像亮度，如图 18-329 所示。

图 18-329　调整亮度

Step 11 ▶ 在“图层”面板中单击“创建新的填充或调整图层”按钮，在弹出的快捷菜单中选择“色相 / 饱和度”命令，调整图像饱和度，如图 18-330 所示。

图 18-330　调整饱和度

Step 12 ▶ 在“图层”面板中单击“创建新的填充或调整图层”按钮，在弹出的快捷菜单中选择“曝光度”命令，调整图像曝光度，如图 18-331 所示。

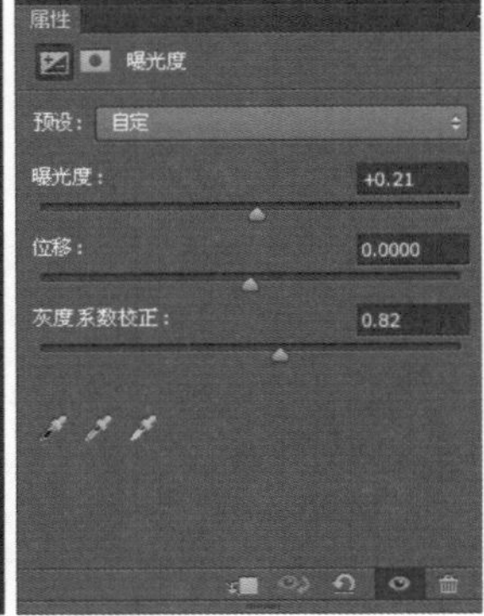

图 18-331　调整曝光度

Step 13 ▶ 按 Shift+Ctrl+Alt+E 组合键，拼合新建可见图层 1。选择“滤镜”→“其他”→“高反差保留”命令，在弹出的“高反差保留”对话框中设置“半径”为 1.0，如图 18-332 所示。

图 18-332　“高反差保留”对话框

Step 14 ▶ 确定操作后在“图层”面板中设置图层的混合模式为“叠加”方式，处理的最终效果如图 18-333 所示。

图 18-333　处理后的最终效果

Step 15 ▶ 选择“应用程序”→“保存”命令，将图像另存为“现代会客厅 .psd”文件。用户可以在随书配套光盘第 18 章 \ 结果文件夹下找到。

读书笔记